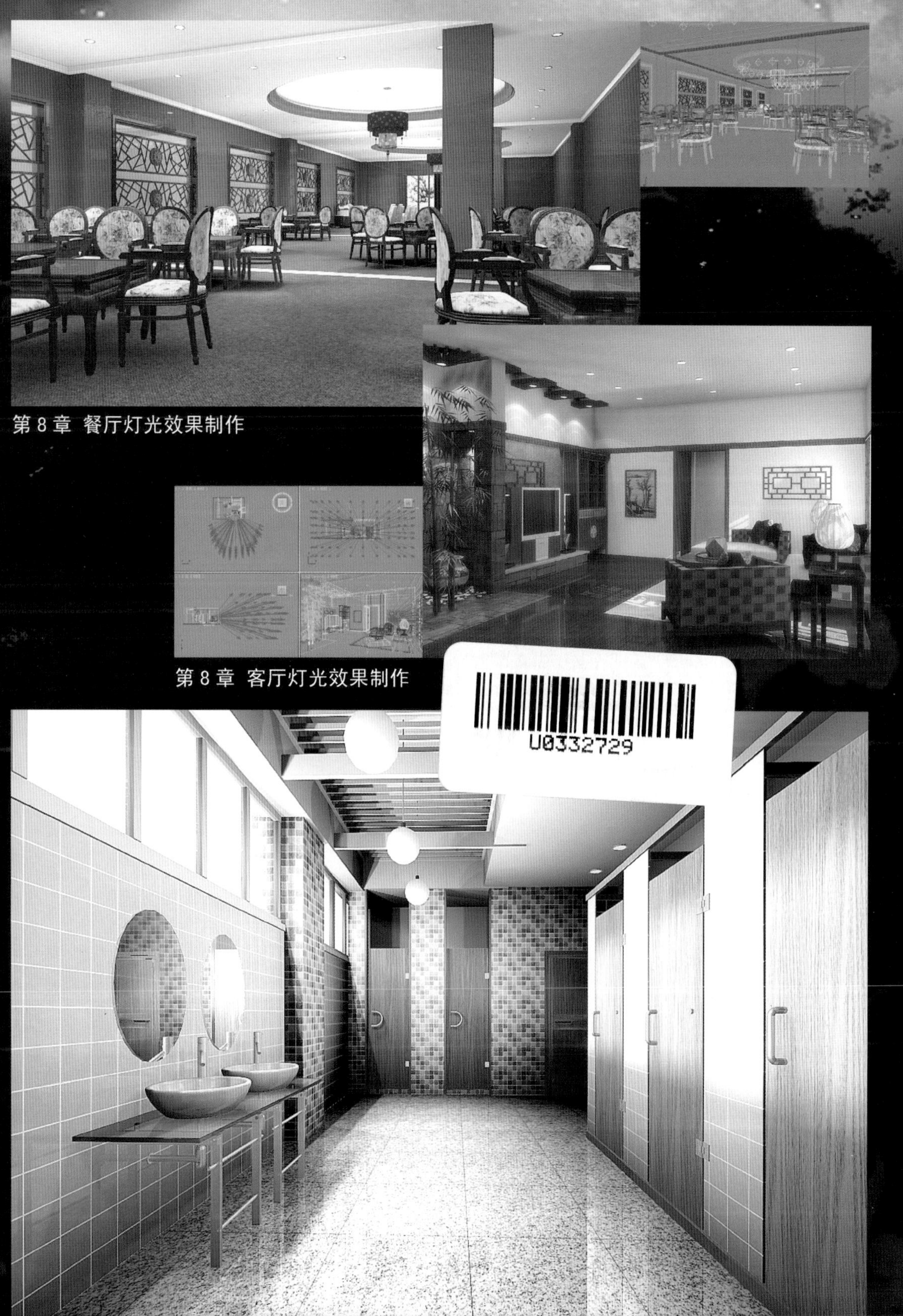

第 8 章 餐厅灯光效果制作

第 8 章 客厅灯光效果制作

第 8 章 洗手间灯光效果制作

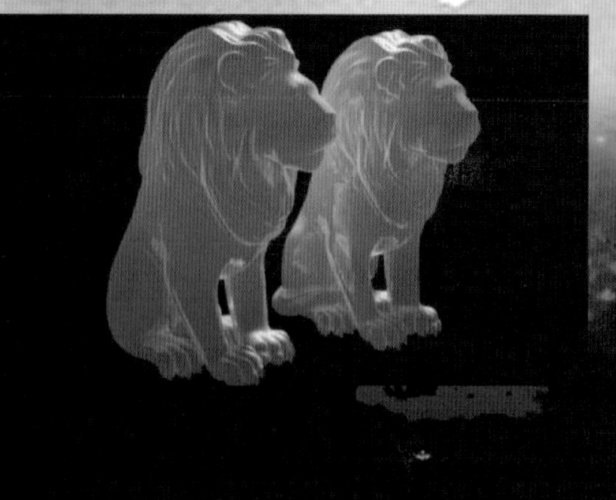

第 9 章 各类材质制作

第 11 章 蝴蝶动画制作

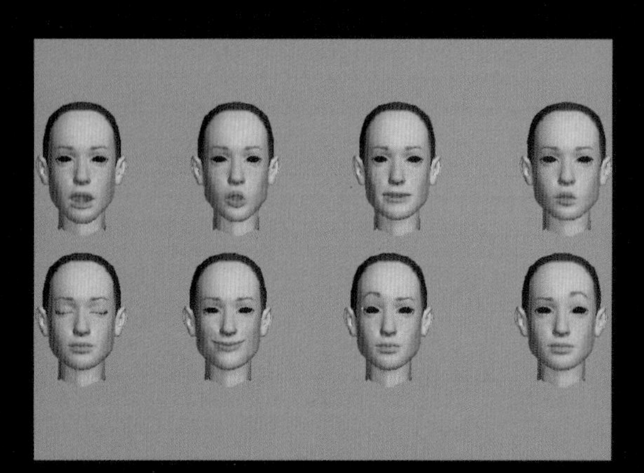

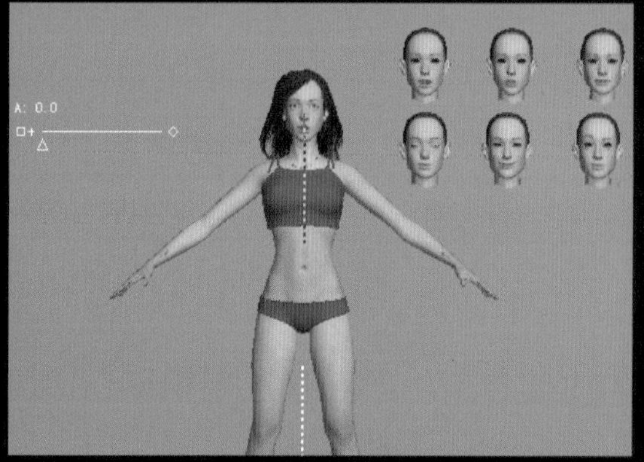

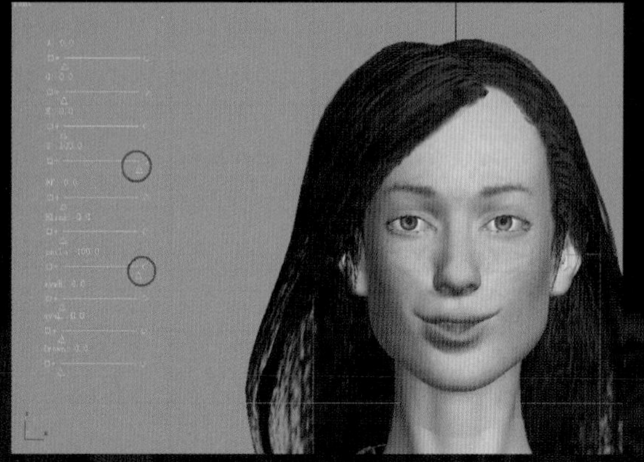

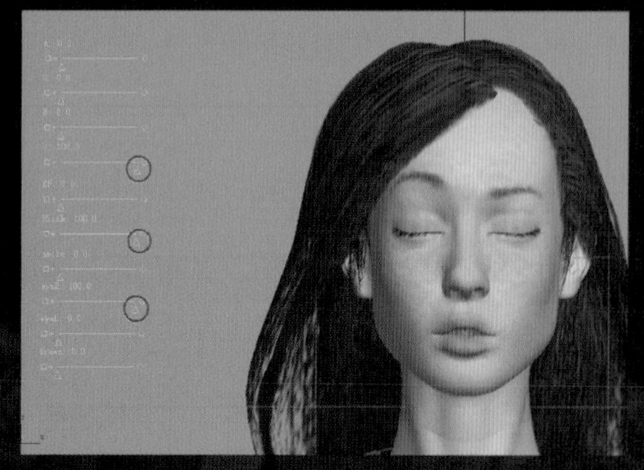

第 13 章 面部表情动画制作

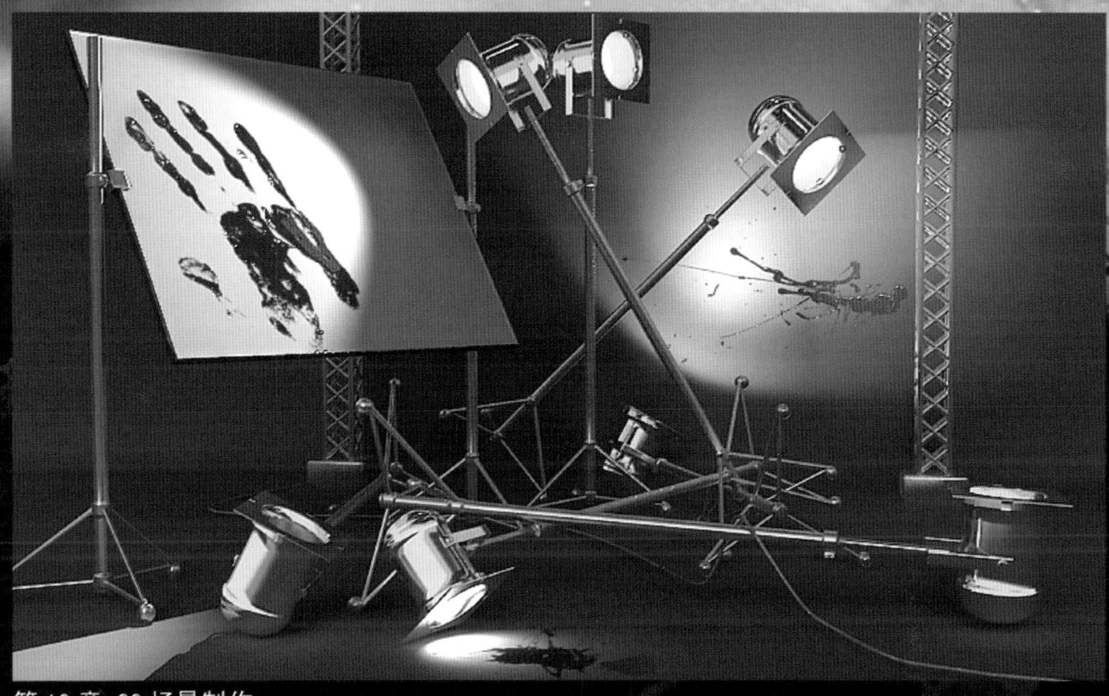

第 13 章 CG 场景制作

第 13 章 建筑动画制作

游戏角色制作欣赏

3ds Max 实战应用宝典

案例版

◎ 邢洪斌　等编著

机械工业出版社
CHINA MACHINE PRESS

本书全面介绍 3ds Max 2012 的所有知识点，内容涵盖 3ds Max 软件的基础操作、模型创建、灯光特效、材质贴图、基础动画、动力学和角色动画等知识。全书共分为 13 章，每章内容都是以理论知识配合应用案例的形式进行讲解。通过对本书的学习，读者可以完全掌握 3ds Max 软件的操作和应用，并可以进行相关行业的实际制作。随书光盘附赠全书案例涉及源文件、最终效果文件，以方便读者学习参考。本书适合于 3ds Max 的初学者，三维设计从业人员，以及各大中专院校相关专业学生。

图书在版编目（CIP）数据

3ds Max实战应用宝典：案例版 / 邢洪斌等编著. —北京：机械工业出版社，2012.6

ISBN 978-7-111-39107-4

Ⅰ. ①3… Ⅱ. ①邢… Ⅲ. ①三维动画软件 Ⅳ. ①TP391.41

中国版本图书馆CIP数据核字（2012）第152824号

机械工业出版社（北京市百万庄大街22号 邮政编码100037）

责任编辑：丁 伦

责任印制：杨 曦

保定市中画美凯印刷有限公司印刷

2012 年 11 月第 1 版 · 第 1 次印刷

184mm×260mm · 30.25 印张 · 2 插页 · 749 千字

0001—3500册

标准书号：ISBN 978-7-111-39107-4

ISBN 978-7-89433-666-8（光盘）

定价：79.90 元（含1DVD）

凡购本书，如有缺页、倒页、脱页，由本社发行部调换

电话服务	网络服务
社服务中心：（010）88361066	教材网：http://www.cmpedu.com
销售一部：（010）68326294	机工官网：http://www.cmpbook.com
销售二部：（010）88379649	机工官博：http://weibo.com/cmp1952
读者购书热线：（010）88379203	**封面无防伪标均为盗版**

前言

随着计算机软硬件性能的不断提高，人们已不再满足于平面效果图形，三维图形已是计算机图形领域及应用的热点之一。其中，欧特克公司的 3ds Max 已被广大用户熟知。3ds Max 以其强大的功能、形象直观的使用方法和高效的制作流程赢得了广大用户的青睐。

这些功能自然很好，但同时也为用户增加了学习难度。如果想制作出一幅精美的作品，就需要应用 3ds Max 各方面的功能。如对模型的分析和分解，创建各种复杂的模型，然后指定逼真的材质，还要设置灯光和环境以营造气氛，最后才能渲染输出作品。如此一个复杂的制作过程，对初学者而言确实有些困难。当然，就学习本身来讲，都要从基础开始，然后通过不断地实践，才能创作出好的作品。

三维模型的制作在 3ds Max 中处于绝对的主导地位。3ds Max 提供的建模方法非常丰富，且有各自不同的应用场合。从几何体建模到修改器建模，再到复合建模、多边形建模、NURBS 建模等高级建模方法，能够让读者根据自己的需要选择合适的建模方法，从而创建出逼真的模型。

全书共分 13 章。第 1 章为 3ds Max 2012 基础知识；第 2 ～ 3 章为基本操作，分别讲述了对象选择、变换和场景管理；第 4 ～ 7 章为建模部分，分别讲述了复合建模、修改器建模、多边形建模、NURBS 建模；第 8 ～ 10 章为显示效果部分，分别讲述了灯光、材质、摄影机和环境效果等内容；第 11 ～ 12 章为动画部分，分别讲述关键帧动画、约束动画、骨骼动画和粒子特效动画；第 13 章是综合案例部分。各章之间既有一定的连续性，又可作为完整、独立的章节使用。

如果读者是初学三维建模，就建议从第 1 章开始学起。如果读者已经掌握初级建模技术，就可以快速浏览前 3 章，开拓视野，然后直接进入后面的高级建模部分。

本书最大的特色在于图文并茂，对大量的图片都做了标示和对比，力求让读者通过有限的篇幅学习尽可能多的知识。基础部分采用参数讲解与举例应用相结合的方法，使读者在明白参数意义的同时，最大限度地学会应用。每章后面都有课后习题，加深读者所学的知识。随书光盘提供了场景文件，其中包含书中所有的实例源文件、贴图及效果图。

参与本书编写的人员有肖亭、关敬、王巧转、卢晓春、刘波、张志敏、闫武涛、张婷、杜婷、马晓彤、惠颖、韩登锋、钱政娟、李斌、刘正旭、邢洪斌、朱立银、黄剑。

由于时间仓促、作者水平有限，书中不足和疏漏之处在所难免，还望广大读者朋友批评指正。

作　者

目录

第 3 章 场景文件的管理和界面定制

第4章 基本物体的创建

第5章 复合对象的应用

第 6 章 使用修改器和编辑工具

第 7 章 NURBS 曲面建模

第8章 灯光

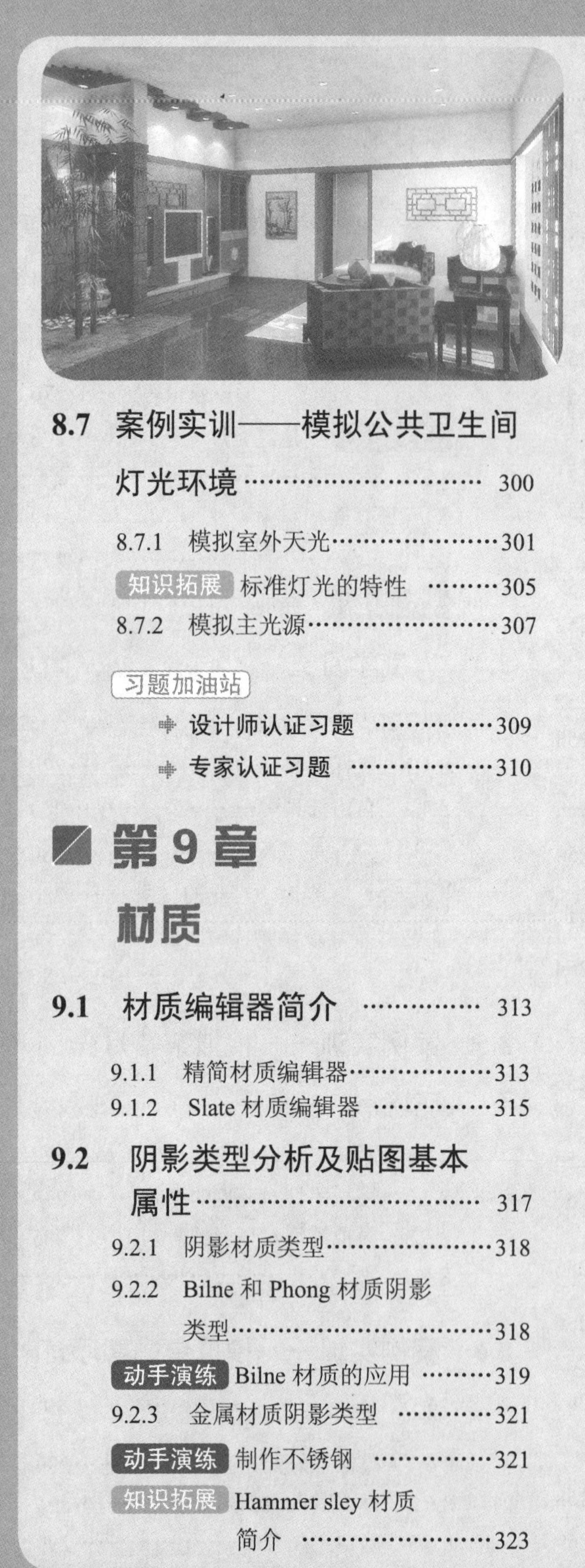

第 9 章 材质

第10章 摄影机和环境

第11章 动画制作

第 12 章 粒子系统

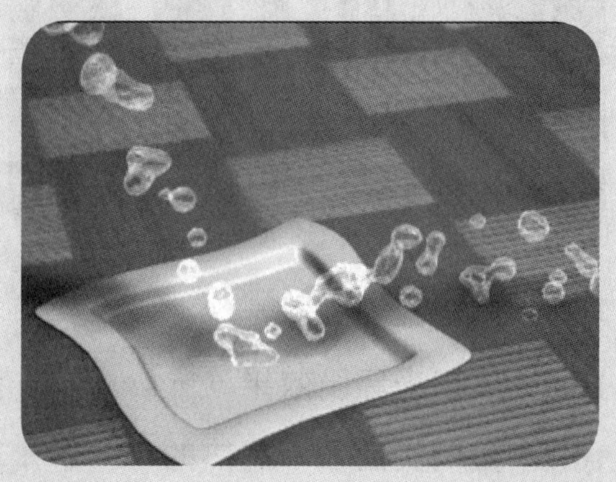

第13章 综合实例

第 1 章 3ds Max基础知识

内容提要：

大师作品欣赏：

这幅作品表现的是让人视觉上很享受的一个香水瓶，通过熟练的操作技能和对产品造型的把握，以及贴图和渲染的巧妙运用，最终完成这幅作品。

这幅作品的场景组成元素非常简单，并且唯一的场景元素可以通过放样完成制作。其中，最主要的制作是在贴图和渲染方面。

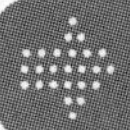

1.1 3ds Max 的应用领域

随着社会的发展、软件技术的进步，从行业上来看，三维动画的分工越来越细，目前已经广泛应用于几个比较重要的行业。

1.1.1 建筑行业

3ds Max 在建筑行业的应用，主要表现在建筑效果图的制作、建筑动画和虚拟现实技术。随着经济的发展，房地产行业的持续升温，在一些大型的规划项目中应用了虚拟现实技术，说明 3ds Max 在建筑行业中的应用日趋完善。

1.1.2 广告包装行业

一个好的广告包装往往是创意和技术的完美结合，所以广告包装对三维软件的技术要求比较高，一般包括复杂的建模、角色动画和实景合成等方面。随着我国广告相关制度的健全和人们对产品品牌意识的提高，这一行业有着更加广阔的发展空间。

1.1.3 电视行业

3ds Max 在电视行业的应用，主要分为两个方面：电视片头动画和电视台的栏目包装。电视行业有其自身的特点，最主要的就是高效率，一般一个完整的片子几天就必须完成，所以需要团队作业。下图是 5DS 公司的一些优秀的电视栏目包装。

1.1.4 电影行业

近几年来，三维动画和合成技术在电影特技中得到了广泛的应用，像《星球大战 3：杰迪归来》中就使用了大量的三维动画镜头，三维动画技术创造出了许多现实中无法实现的场景，而且大大降低了制作成本。

目前，国内的电影三维动画特技也是初显起色，国产电影《英雄》、《功夫》中就使用了大量的三维动画特技，在效果上丝毫不逊色于欧美大片。

在制作电影特技方面，Maya、SoftImage 做得比较好，但是随着 3ds Max 的不断升级，其功能在不断向电影特技靠拢，因而得到了广泛应用。

1.1.5 游戏开发行业

3ds Max 在全球应用最广的就是游戏开发行业，上世纪末游戏开发在美国、日本及韩国都是支柱性的娱乐产业，但是在中国开发游戏的公司却很少。究其原因，一是国内相关制度不健全，盗版市场猖獗；二是国内缺少高级的游戏开发人员。近几年，随着外国游戏的不断传入，很多国内投资商也看到了这一行业的商机，纷纷推出自主开发的游戏，这一行业在国内得到了长足的发展。

这个行业需要的制作人员一般要有很好的美术功底，能熟练掌握多边形建模、手绘贴图、程序开发、角色动画等多项技术，所以必须团队合作。目前，这方面的技术人员缺口还很大，相信会有越来越多的人投入到这一行业中。

1.2 3ds Max 2012 的新增功能

Autodesk 3ds Max 2012 相对以前的版本功能更强大，且简单易用。

Autodesk 3ds Max 2012 New Features（新功能简介）

- 氮化图形加速器
- 物质组成程序贴图
- MassFX刚体动力学
- Iray渲染器
- 直通式的工作相互协同工作功能
- Autodesk以及Alias产品协同工作的互通性
- 增强后的分解坐标系统
- 支持矢量置换贴图
- 增强后的雕刻与绘画功能
- 风格化渲染
- 增强后的超级多边形优化

欧特克公司在 3ds Max 2012 中加入了一种新的格式导入——.wire。这种格式比之前常用的模型文件带有更多的信息与可调性，对于导入模型后的调节与控制也有很大的帮助。

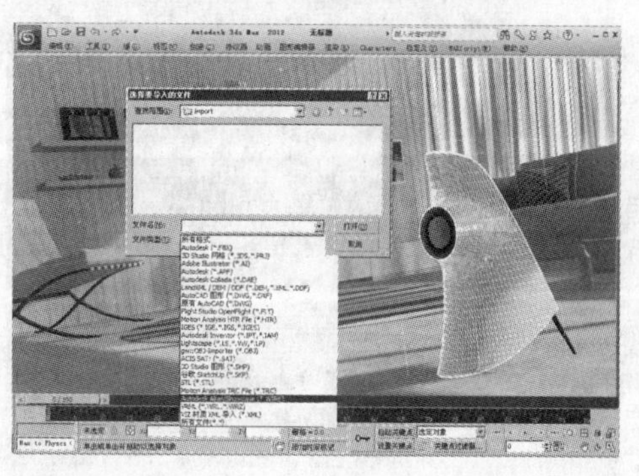

3ds Max 2012 增加了全新的分解与编辑坐标功能，不仅增加了以前需要使用眼睛来矫正的分解比例，更增加了超强的分解固定功能。此功能不仅让复杂模型的分解变得效率倍增，还让更多畏惧分解的新手更容易地学会如何分解多面或复杂的模型。

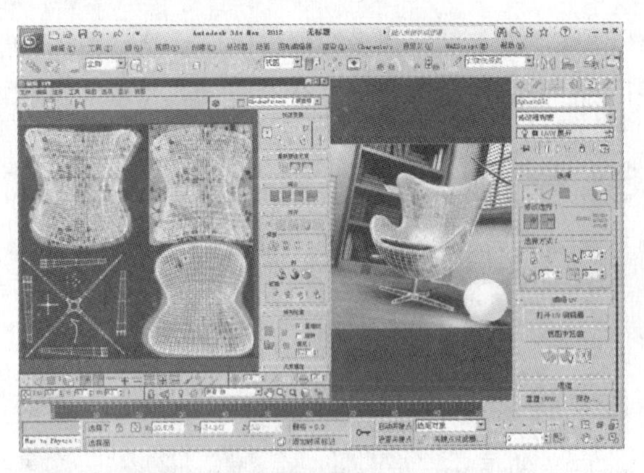

在使用了多年的古董级动力学系统 Reactor 之后，3ds Max 2012 终于引入了新的刚体动力学系统——MassFX。这套刚体动力学系统，可以配合多线程的 Nvidia 显示引擎进行 MAX 视图的实时运算，并且可以得到更为真实的动力学效果。

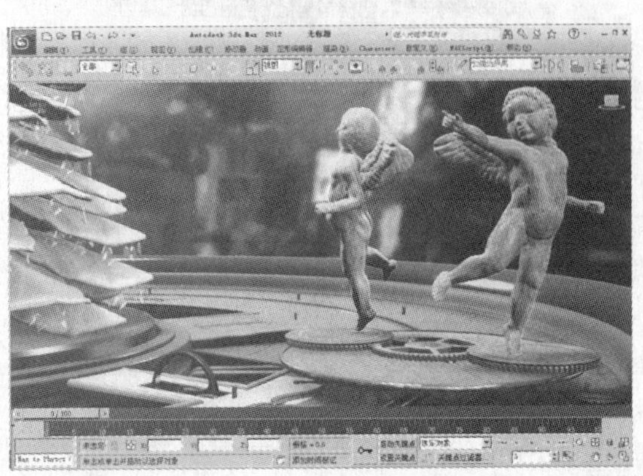

为了让更多的用户无须担心渲染与灯光的设置问题，在 3ds Max 2012 中加入了一个强有力的渲染引擎——Iray 渲染器，不管是使用简易度，还是效果的真实度，都是前所未有的。

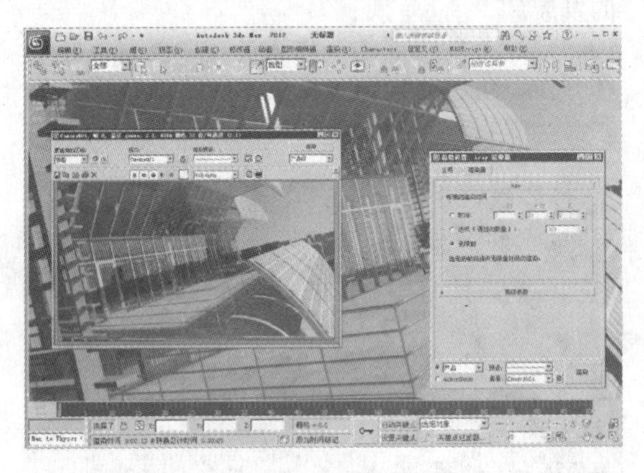

在视图显示引擎技术上，3ds Max 2012 也表现出了极大的进步。在此版本软件中，针对多线程 GPU 技术，尝试性地加入了更富有艺术性的全新的视图显示引擎技术，在预览视图时将更多的数据量以更快的速度渲染出来。淡化图形内核，不仅能提供更多的显示效果，还可以提供渲染无限灯光、阴影、环境闭塞空间、风格化贴图、高精度透明等的环境显示。

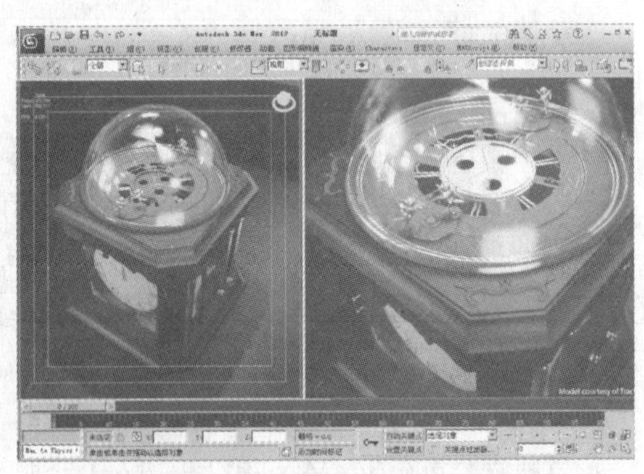

3ds Max 2012 增强了之前版本的超级多边形优化工具，使其可以提供更快的模型优化速度、更有效率的模型资源分配、更完美的模型优化结果。新的超级多边形优化功能还提供了法线与坐标功能，并可以让高精模型的法线表现到低精度模型上去。

3ds Max 2012 把与 Mudbox2012、MotionBuilder2012、Softiamge2012 之间的文件互通做了一个简单的通道。通过该功能，可以把 MAX 场景内容直接导入 Mudbox 中进行雕刻与绘画，然后即时更新 MAX 中的模型内容；也可以把 MAX 场景内容直接导入 MotionBuilder 中进行动画的制作，并且无须考虑文件格式之类的要素，即时更新 MAX 中的场景内容；还可以把在 SoftIamge 中制作的 IGE 粒子系统直接导入 MAX 场景中。

3ds Max 2012 对渲染效果也做了强化与改进，增加了不少渲染效果。而且，这些风格化效果可以在视图与渲染中表现一致。此功能主要是为了实现更多艺术表现手法与前期设计艺术风格的交流。

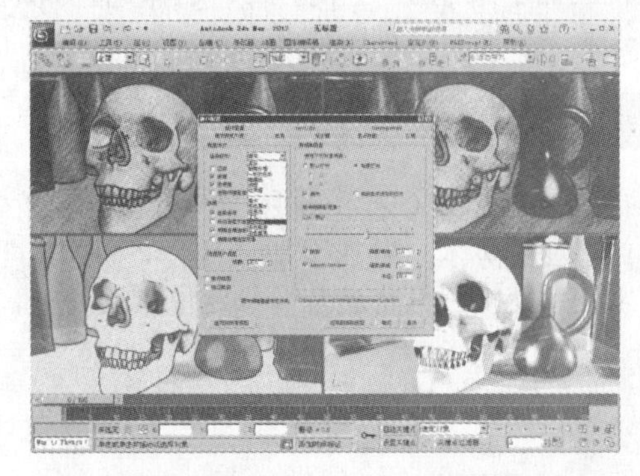

3ds Max 2012 新增加了一种程序贴图，此贴图已经记录下了数十种自然物质的贴图组成，在使用时，可以根据不同的物质组成制作出逼真的材质效果。而且，此贴图还可以通过第三方软件导入游戏引擎中使用。

3ds Max 2012 提供了对矢量置换贴图的使用支持。一般的置换贴图在进行转换时，只能做到上下凹凸。但矢量置换贴图可以对置换模型的方向进行控制，从而制作出更为有趣、生动的复杂模型。在 3ds Max 2012 中，MR 和 IRAY 都支持矢量置换贴图。

1.3 3ds Max 的工作流程

3ds Max 可以创造专业品质的 CG 模型、照片级的静态图像以及电影品质的动画。所以在最初了解 3ds Max 的工作流程是十分重要的。3ds Max 的工作流程一般分为 6 步，分别是设置场景、建立对象模型、使用材质、放置灯光及摄影机、设置场景动画和渲染场景。下面将每一步作为一节进行讲述。

1.3.1 设置场景

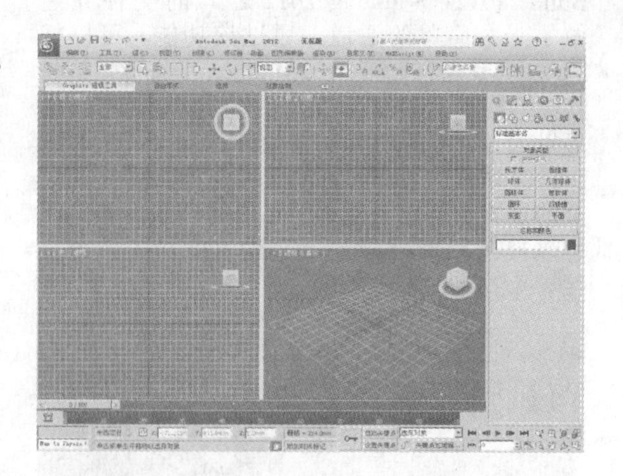

设置场景包括3个方面。首先打开3ds Max软件，然后通过设置系统单位、栅格间距及视图显示来建立一个场景。具体设置方法在后续章节中会有详细的讲述。

1.3.2 建立对象模型

建立模型是创建出标准对象，如3D几何体或者2D物体，为其添加修改器。另外，也可以使用变换工具将这些对象定位到场景中。

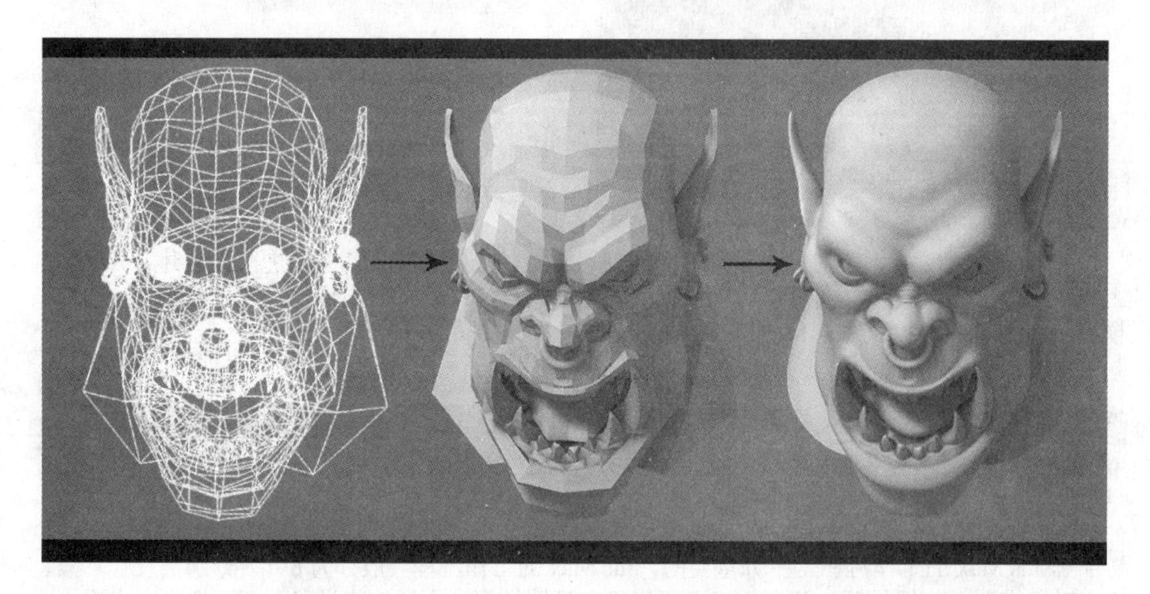

1.3.3 使用材质

可以使用“材质编辑器”制作材质和贴图，从而控制对象曲面的外观。贴图也可以用于控制环境效果的外观，如灯光、雾和背景等。通过应用贴图可以控制曲面的属性，如纹理、凹凸度、不透明度和反射，从而增加材质的真实度。大多数基本属性都可以使用贴图进行增强。

任何图像文件，如在画图程序中（比如Photoshop软件）创建的文件，都可以作为贴图使用，或者可以根据具体设置的参数来选择创建图案的程序贴图。右侧上图为一辆汽车的模型，下图为使用材质后的效果。

1.3.4 放置灯光和摄影机

默认照明均匀地为整个场景提供照明。当建模时，虽然此类照明很有用，但缺乏美感和真实感。此时，可以从“创建”面板的“灯光”类别中创建和放置灯光。

此外，还可以从“创建”面板的“摄影机”类别中创建和放置摄影机。摄影机定义用来渲染的视图，还可以通过设置摄影机动画来产生电影的效果。下侧左图为建立灯光和摄影机的示意图，右图是在摄影机视角渲染后的场景。

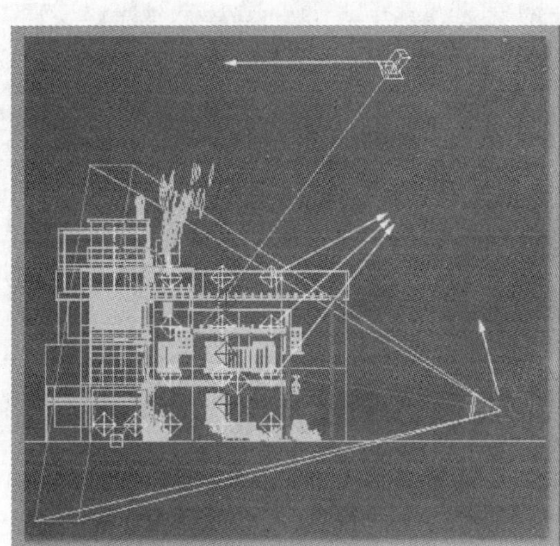

1.3.5 设置场景动画

用户可以对场景中的几乎任何东西进行动画设置。单击“自动关键点”按钮，启用自动创建动画，拖动时间滑块，并在场景中做出相应的更改来创建动画效果。此时，可以打开“轨迹视图”窗口或更改“运动”面板上的选项来编辑动画。“轨迹视图”就像一张电子表格，它沿时间线显示动画关键点，更改这些关键点，就可以编辑动画。

1.3.6 渲染场景

渲染是将颜色、阴影、照明效果等加入到几何体中。可以设置最终输出的大小和质量，制作出专业级别的电影和视频属性及效果，如反射、抗锯齿、阴影属性和运动模糊等。

1.4 认识 3ds Max 的界面

首先看 3ds Max 的主菜单。主菜单包括修改器、动画及渲染等多个子菜单。关于子菜单功能的具体应用，在后续章节中会逐步涉及。

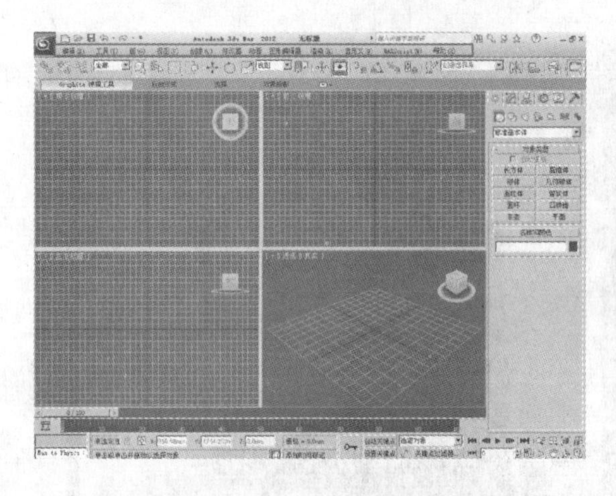

3ds Max 的主工具栏包括很多常用命令，在计算机屏幕不能完全显示的情况下，可以通过滑动鼠标滚轮进行查看。

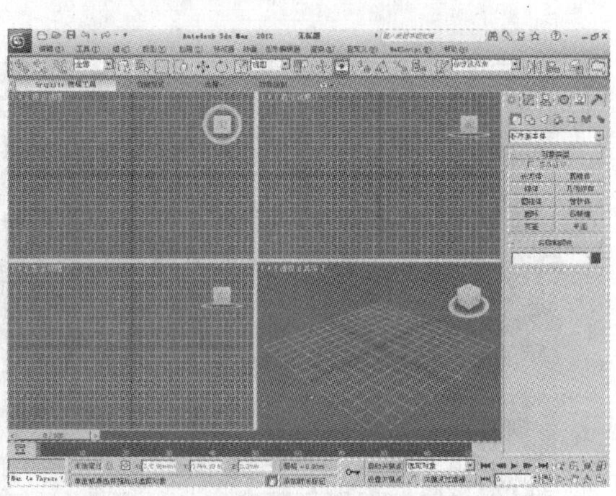

在主工具栏上单击，可以将隐藏的一些工具面板打开。

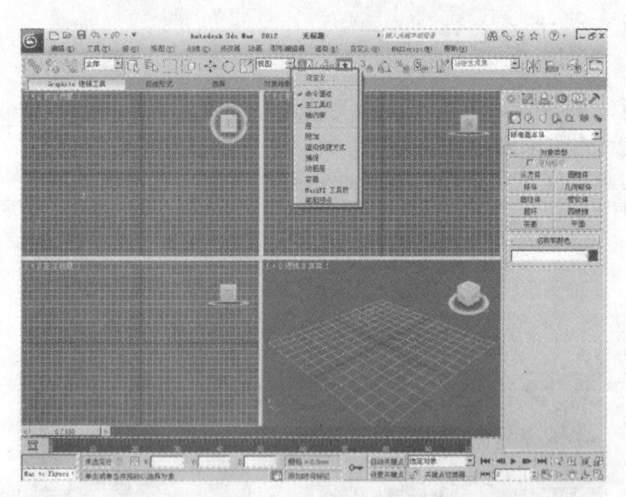

“命令”面板包括 6 个子面板。

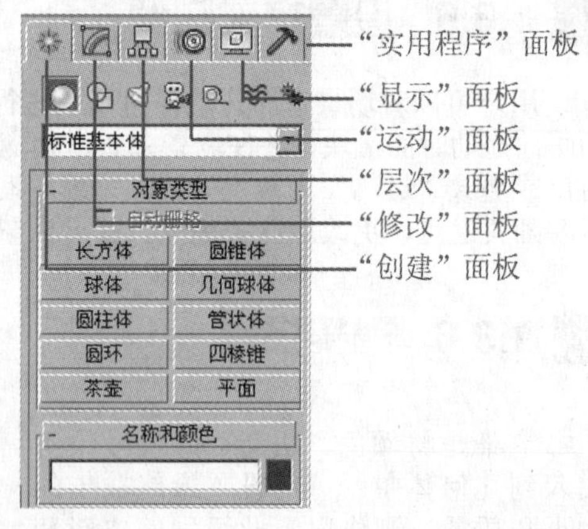

“创建”面板用于创建模型、图形、灯光、摄影机及辅助体等。“修改”面板主要用于提供对模型各种各样的修改功能。“层次”面板用于设置层级的物体关系，包括 IK 设置、链接信息等。“运动”面板主要用于调节运动控制器，如果对当前的物体指定了不同的运动控制器，那么它的参数可以在此面板上进行设置。“显示”面板主要用于调整对场景中模型的显示控制能力，包括将指定的模型隐藏或者显示。“实用程序”面板主要用于提供一些辅助程序，它是独立运行的。

正中央是视图区，是主要的工作区域，它可以划分成不同的视图方式或者进行不同方式的视图大小比例的定位。

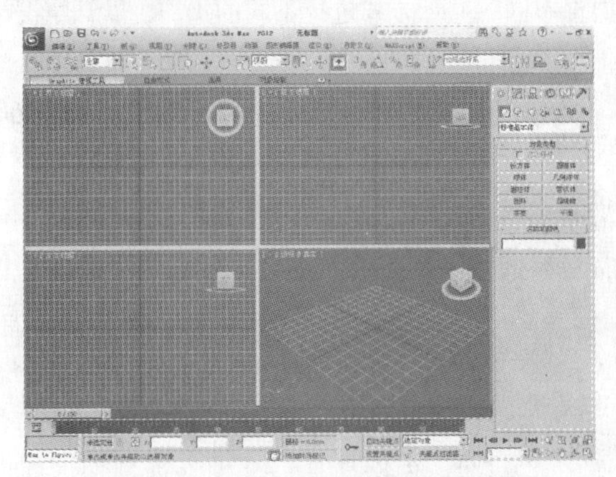

动画控制区包括用于播放动画的滑块及滑块下面的时间片段。在制作动画时，很多操作都在这个区域进行。

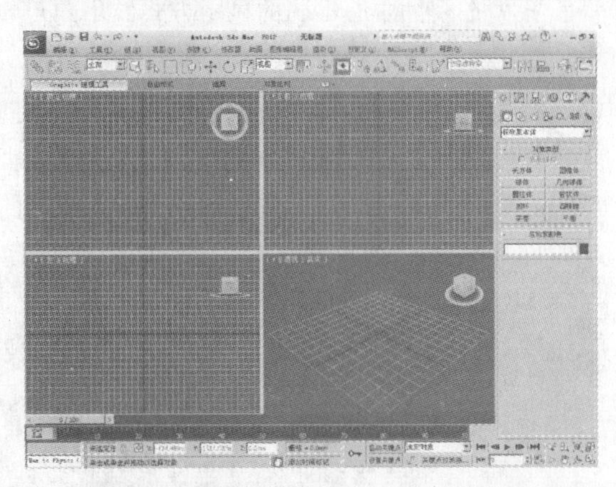

单击“打开迷你曲线编辑器”按钮，就会显示出“曲线编辑器”，使用“曲线编辑器”可以轻松地实现多个场景的管理和动画控制任务。

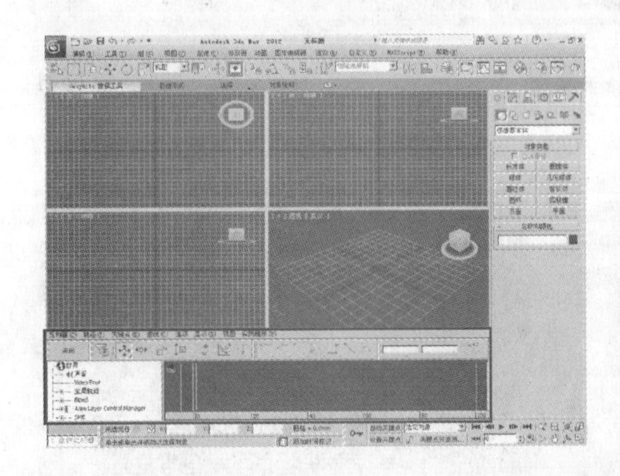

“信息”面板包括输入3ds Max脚本语言和命令，当前的操作状态并提示下一步的操作，还有一个固定的坐标输入方式。

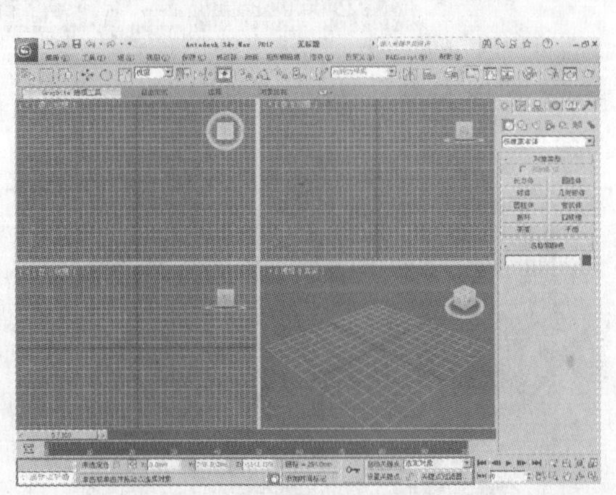

视图控制区主要用于实现对当前视图的操作，例如，可以控制摄影机的角度或者将它切换成单视图显示方式等。

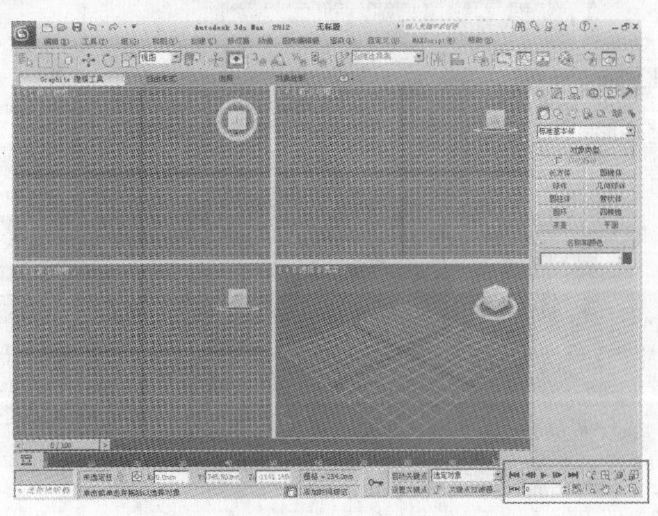

动手演练 | 3ds Max 中物体的显示

模型在视图中有不同的显示方式，用户可以根据不同的显示方式进行不同的操作。默认情况下，模型是以实体显示的。

步骤 01 “真实”方式：即“真实”的显示方式，可以在视图中看到物体明暗的显示面及灯光效果（光盘文件 \ 第 1 章 \ 物体的显示 .max）。

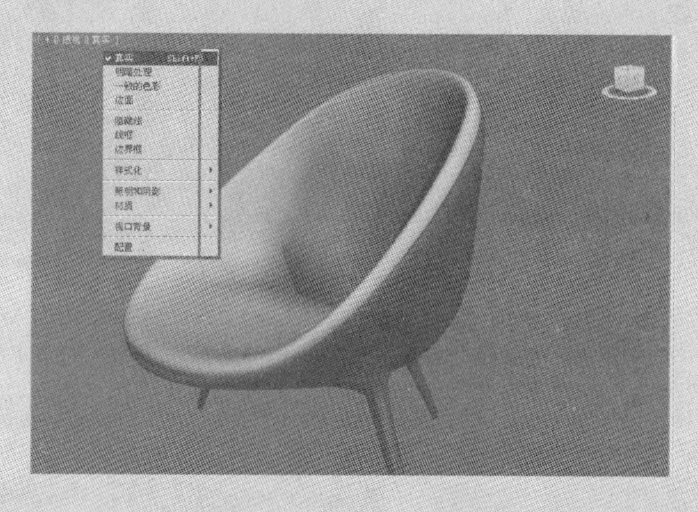

步骤 02 “明暗处理”方式：视图中的物体没有灯光效果。

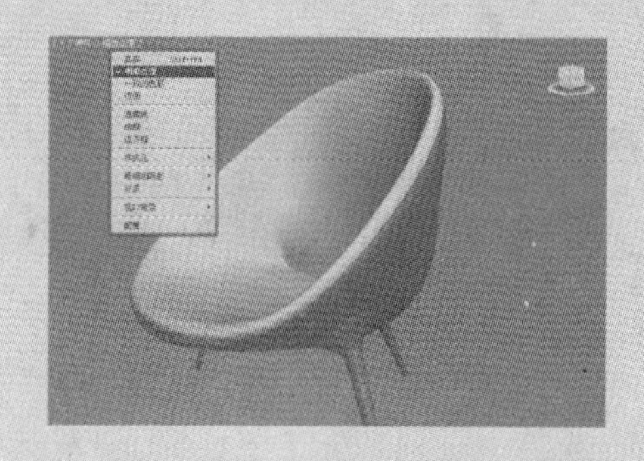

步骤 03 “一致的色彩”方式：视图中的物体以贴图效果显示。

步骤 04 “边面”显示方式：在物体显示的基础上以线框构造形式显示，但必须与真实、明暗处理、一致的色彩一起使用。

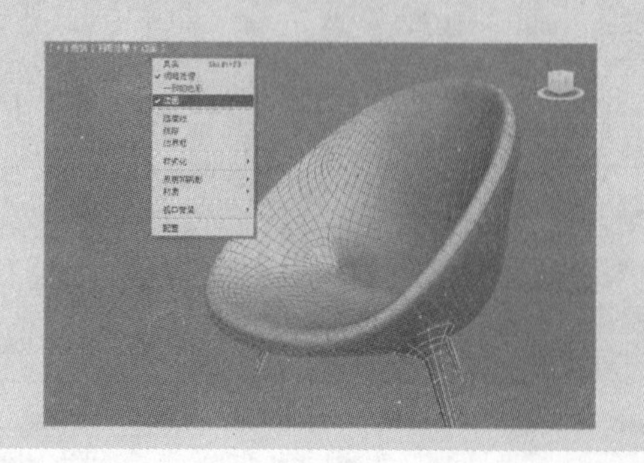

步骤 05 “线框”显示方式：模型以它本身的网格线框形式显示，这个时候模型的材质是没有意义的。

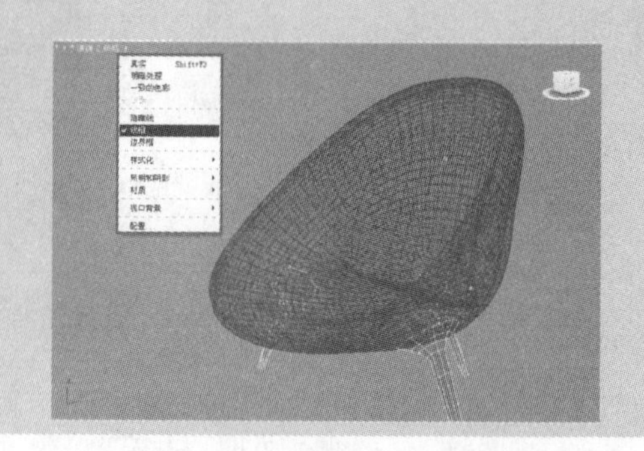

步骤 06 “边界框”显示方式：是最简单的一种显示方式，比较适合大型的场景，用这种显示方式来加快视图的显示速度。

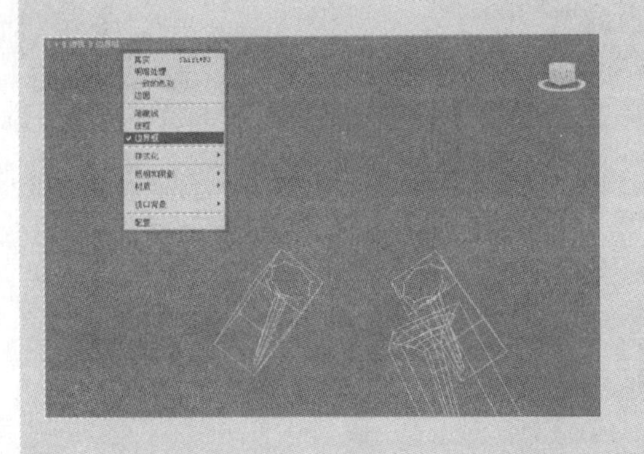

步骤 07 在“真实”显示方式打开的时候，还可以打开“边面”显示方式。这样，模型既可显示出平滑的阴影面，又可看到模型的线框结构，该方式也是比较常用的显示方式。

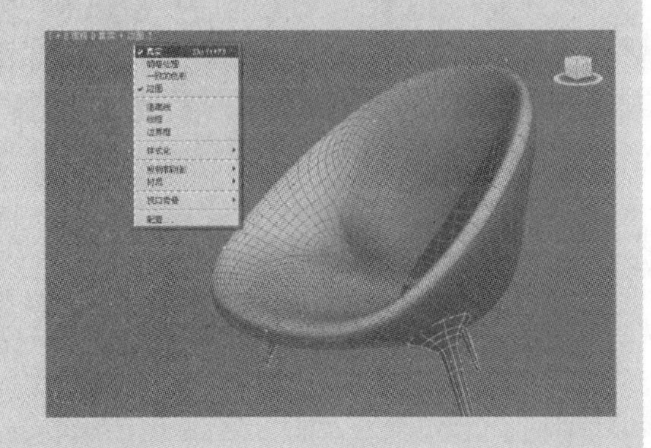

1.5　3ds Max 的视图布局

3ds Max 的视图布局，在默认的 3ds Max 屏幕上是 4 视图布局方式，4 个视图是均匀划分的，左上角是它的当前属性标志。

4 个常用视图，即“顶”视图、“前”视图、“左”视图和“透视”视图。

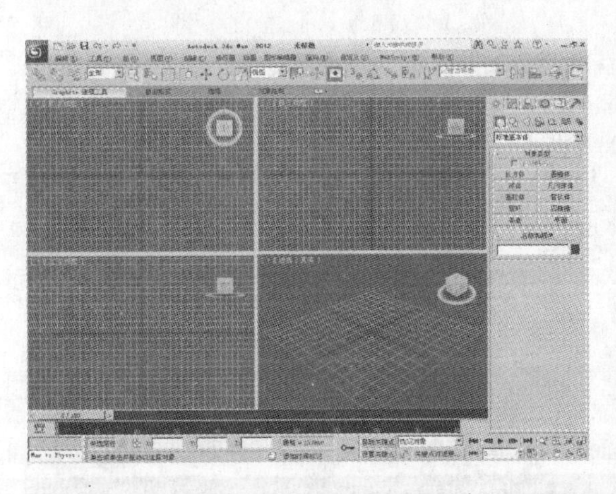

想要切换到其他视图，具体操作方法是右击将要修改的视图，弹出快捷菜单，选择将要更换的视图。

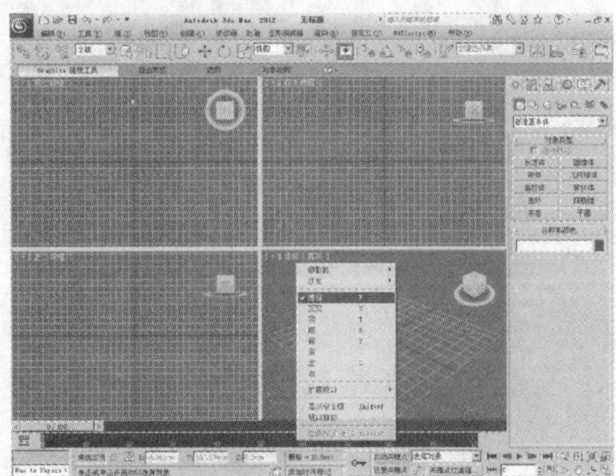

动手演练　3ds Max 的视图设置

设置视图的具体操作方法是，在主菜单中选择“视图”→“视口配置”命令，打开“视口配置”对话框。

步骤 01 视图设置一共有 5 个区域。第一个区域是视觉样式外观区域，用于设置一些不同的渲染级别及渲染属性。

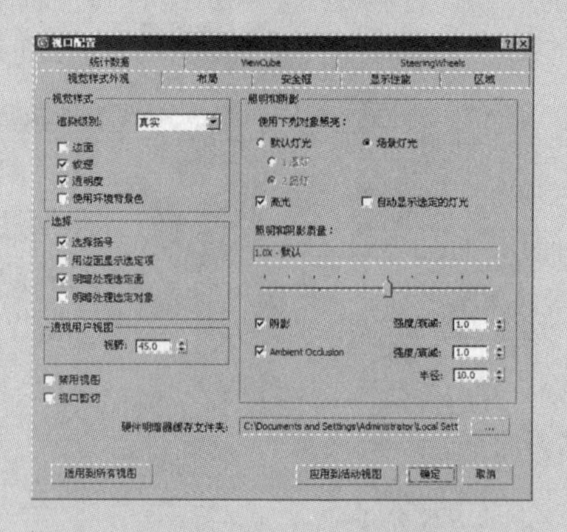

步骤 02 第二个区域是布局区域，即通过更改视图设置来改变视图的布局，可以很方便地设置适合用户工作的视图布局。

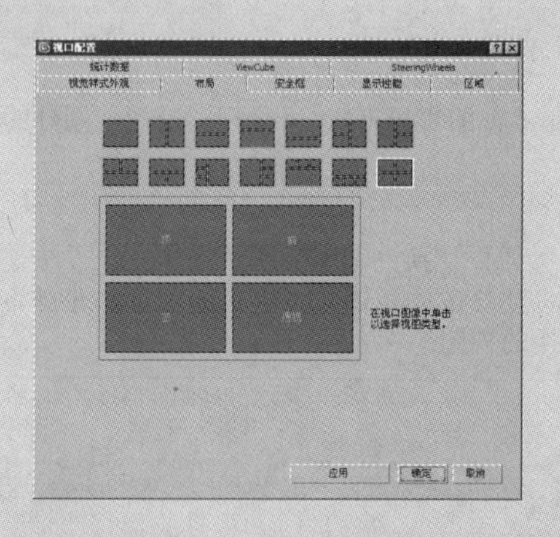

步骤 03 第三个区域是安全框区域，主要表明显示在 TV 监视器上的工作的安全区域。

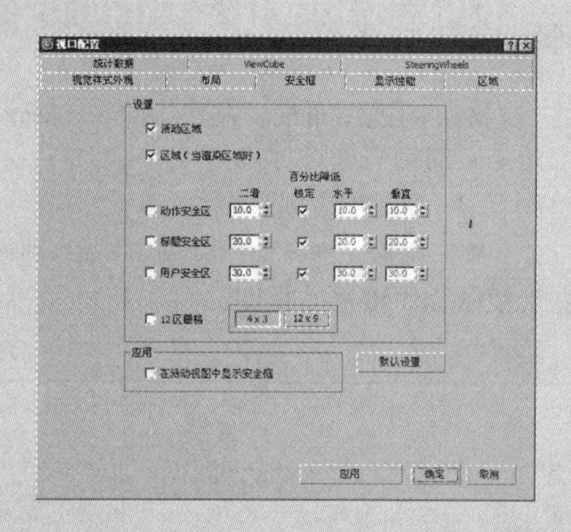

步骤 04 第四个区域是显示性能区域，可以更改着色视图中的显示状态，以便使显示能够与当前操作同步。

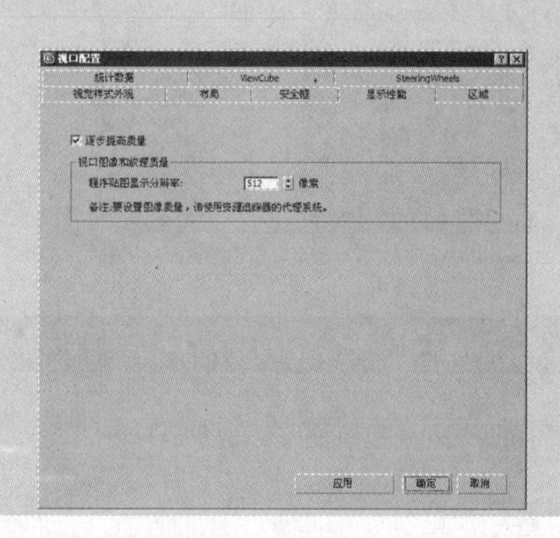

步骤 05 最后一个区域用于指定“放大区域”和“子区域”的默认选择矩形大小，以及设置虚拟视图的参数。

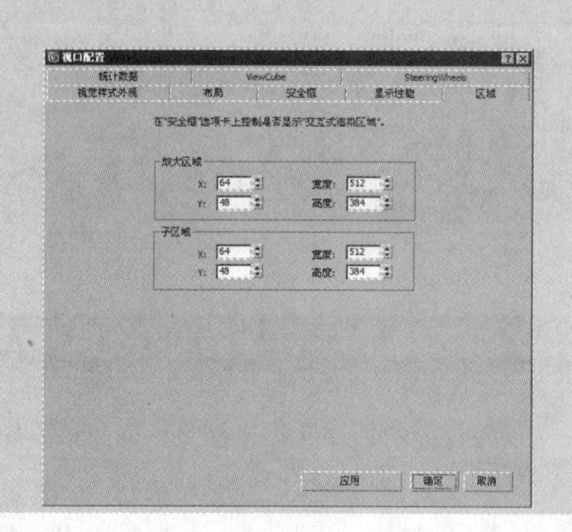

动手演练 | 3ds Max 的视图背景

视图背景的作用是，在当前窗口区域，将图像引入作为用户制作的参考图像。具体的操作方法是，选择“视图”→“视口背景”→“视口背景”命令，打开“视口背景”对话框。下面详细讲述如何将准备好的图片作为视图背景显示。

步骤 01 单击“文件”按钮，打开“选择背景图像”对话框。然后选择准备好的图片，单击“打开”按钮。

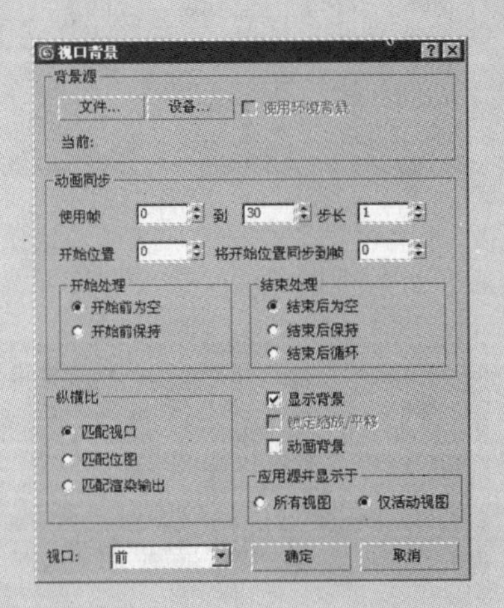

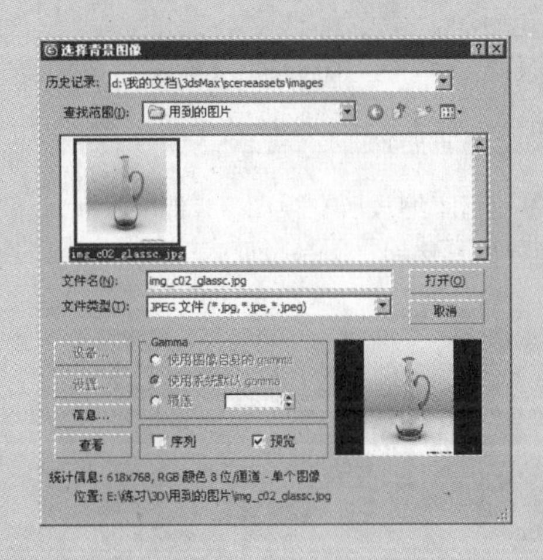

步骤 02 单击“打开”按钮后，会返回“视口背景”对话框。在“纵横比”选项组中单击“匹配位图”单选按钮，这样图片加入到背景视图中会自动匹配视图。

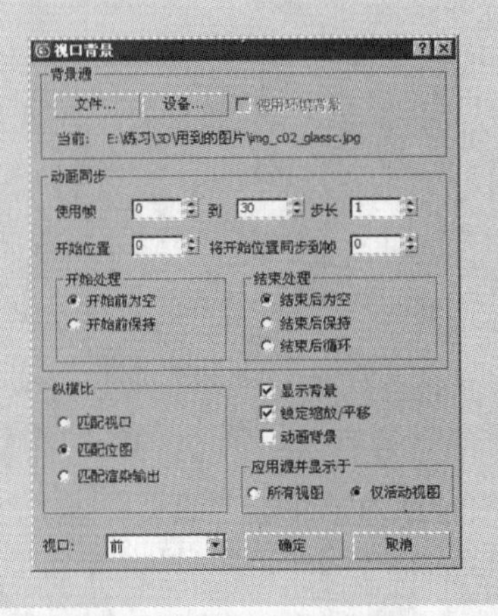

步骤 03 设置完成后，单击“确定”按钮，图片就会出现在3ds Max的窗口视图中，这个图片可以作为制作模型的参考。

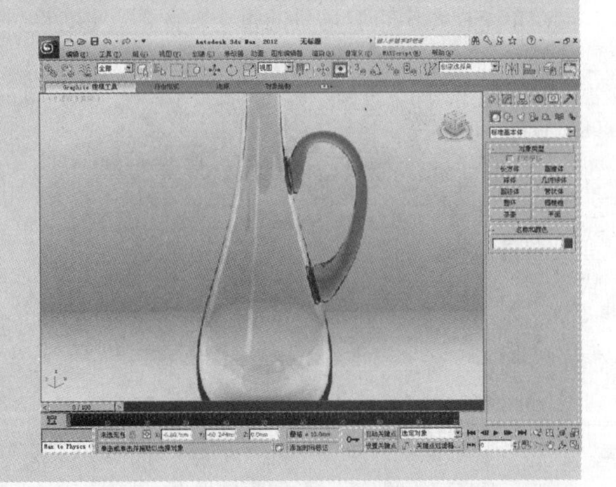

动手演练 | 操作视图

操作视图主要通过右下角的视图操作工具进行，根据视图的内容不同，它的内容也会发生相应的变化。

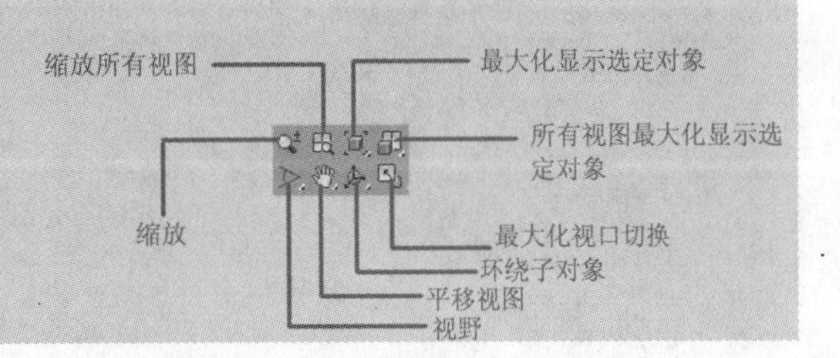

步骤 01 当在“透视”或“正交”视图中进行拖动时，使用“缩放”工具可调整视图的放大值。缩放视图后，物体在窗口中的显示将变小（光盘文件 \ 第 1 章 \ 操作视图 .max）。

步骤 02 使用“缩放所有视图”工具可以同时调整所有“透视”和“正交”视图的放大值。默认情况下，“缩放所有视图”工具将放大或缩小视图的中心，缩放后所有的视图均变小。

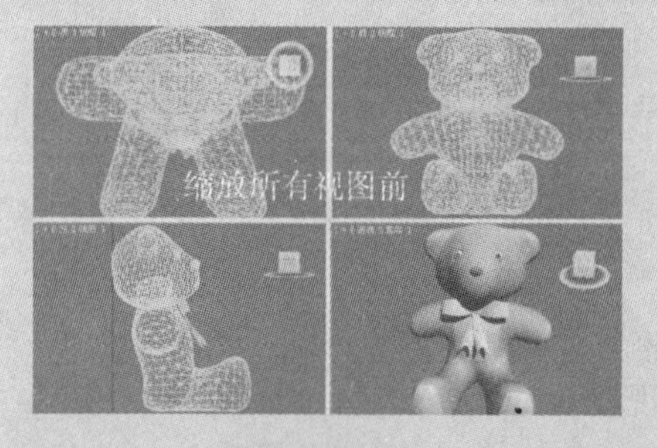

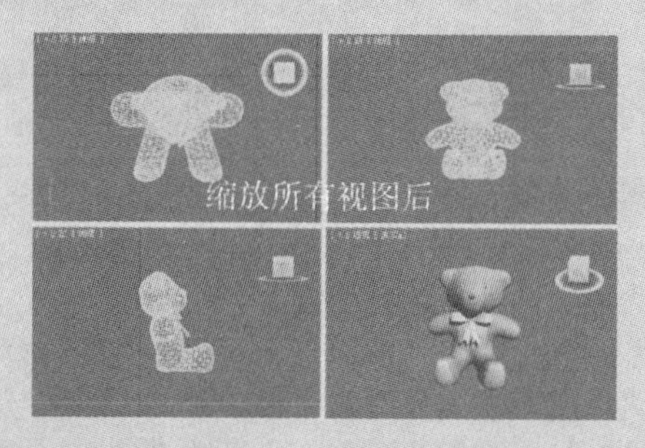

步骤 03 “最大化显示选定对象”工具，将所有可见的对象在“透视”或“正交”视图中居中显示。当在单个视图中查看场景的每个对象时，该功能非常有用。

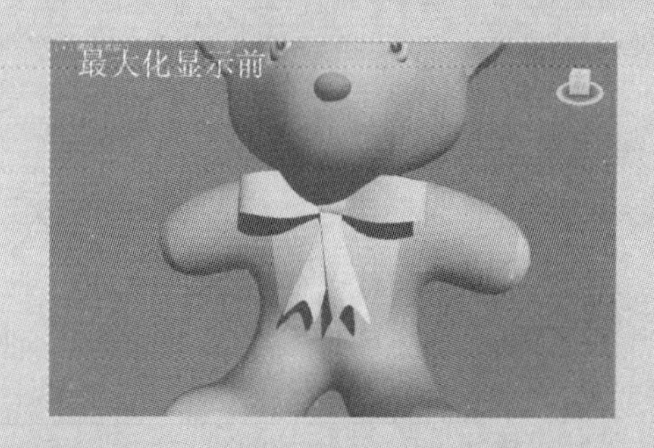

步骤 04 “所有视图最大化显示选定对象”工具，将选定的对象或对象集在“透视”或“正交”视图中居中显示。当要浏览在复杂场景中容易丢失的小对象时，该功能非常有用。

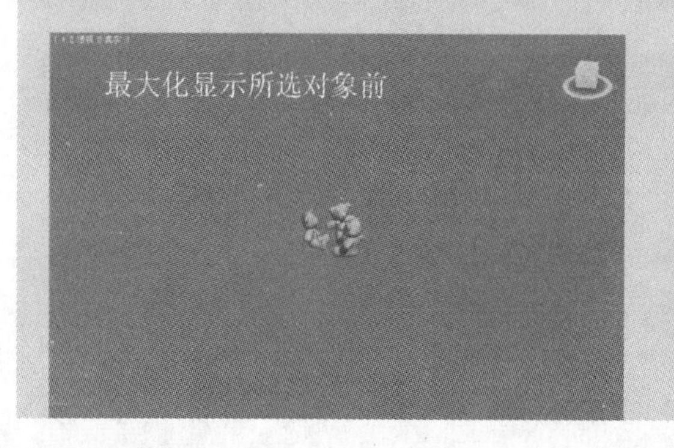

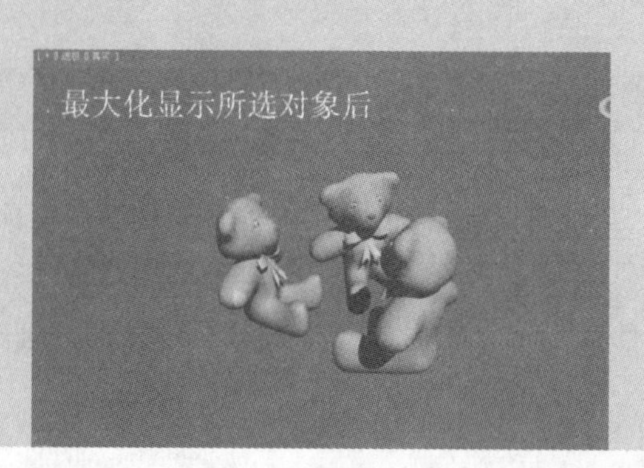

步骤 05 使用“视野”工具，可放大视图内拖动的矩形区域。仅当活动视图是“正交”、“透视”或“用户三向投影”视图时，该功能才可用，并且该功能不可用于摄影机视图。

步骤 06 “平移视图”工具可以在与当前视图平面平行的方向上移动视图，还可以通过滑动鼠标滚轮进行平移，从而无须启用“平移”按钮即可进行平移。

步骤 07 使用“环绕子对象”工具，可以使视图围绕中心自由旋转。

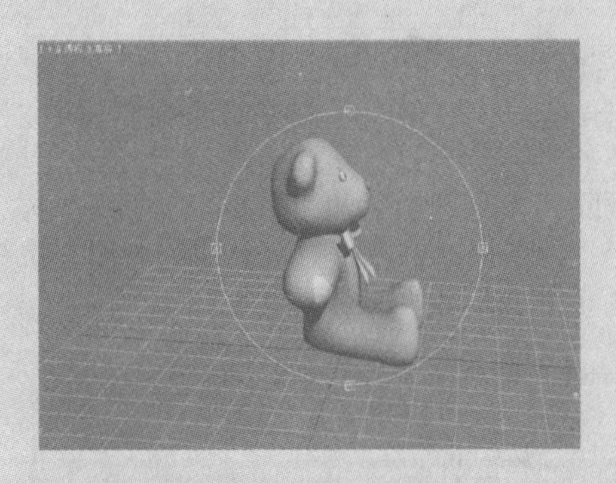

步骤 08 使用“最大化视口切换”工具，可在其正常大小和全屏大小之间进行切换。

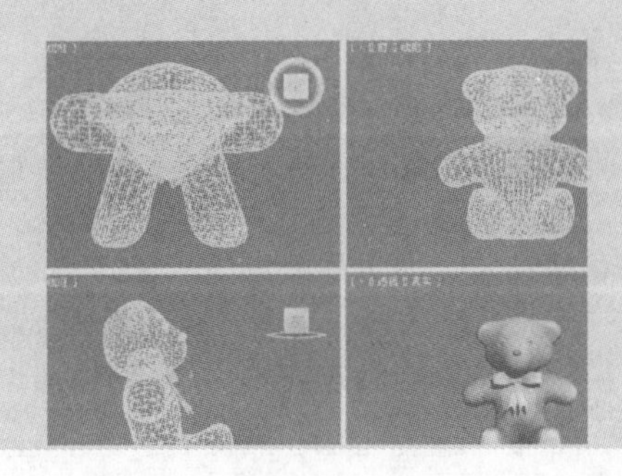

动手演练 | 加速显示

在对较大的模型或者场景进行显示操作时，需要掌握一些加速显示的技巧。

比如在单视图方式下显示比较复杂的室内模型时，为了加速显示，可以去除显示的过程。具体的操作方法是在视图菜单中选择“边界框”命令。这样，在移动或者旋转模型时，会以模型的边界框显示，以加快显示速度。

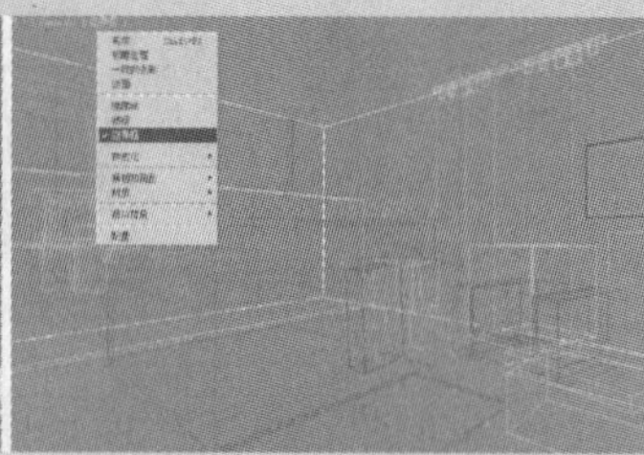

动手演练 | 隐藏冻结物体

对视图中物体的显示，可以进行隐藏和冻结等操作。一般情况下，使用“显示”面板进行隐藏和冻结的设置。首先介绍一下“隐藏”展卷栏（光盘文件\第1章\隐藏物体.max）。

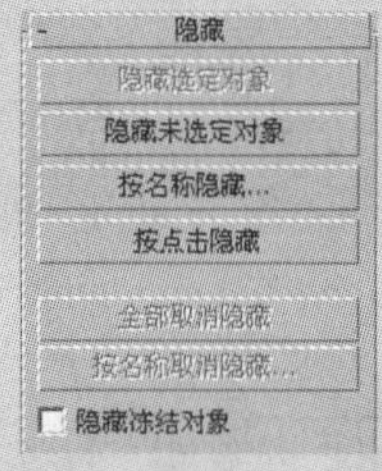

步骤 01 隐藏选定对象，意思是将选中的物体在视图中加以隐藏。选择 Teapot01，单击“隐藏选定对象”按钮，蓝色的茶壶迅速被隐藏。

步骤 02 隐藏未选定对象，是指隐藏除选择对象以外的其他所有可见对象。使用此方法，可以隐藏除正在处理的对象以外的其他所有对象。选择蓝色茶壶，单击“隐藏未选定对象”按钮，其他 6 个茶杯迅速被隐藏。

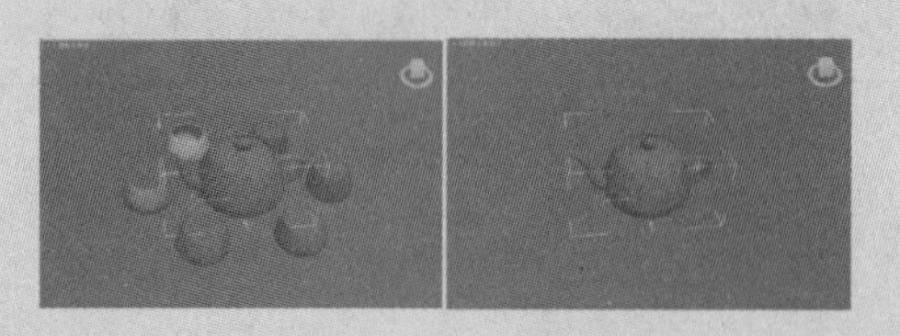

步骤 03 单击“按名称隐藏”按钮，将显示一个对话框，可以隐藏从列表中选择的对象。打开“隐藏对象”对话框，选择 Teapot01，然后单击“隐藏”按钮，蓝色的 Teapot01 迅速被隐藏。

步骤 04 按点击隐藏，是指隐藏在视图中单击的所有对象。如果按住 Ctrl 键的同时选择某对象，则将隐藏该对象和其他所有子对象。要退出“按点击隐藏”模式，可右击鼠标、按 Esc 键或选择其他功能。如果隐藏场景中的所有对象，则此模式将自动关闭。单击“按点击隐藏”按钮，然后单击蓝色的茶壶和紫色的茶杯，两个物体立刻被隐藏。

步骤05 全部取消隐藏，是指将所有隐藏的对象取消隐藏。仅在指定隐藏一个或多个对象时，该按钮才可用。下图是将场景中的所有物体隐藏，如果想全部显示，单击“全部取消隐藏”按钮，被隐藏的物体就会显示在视图中。

步骤06 单击“按名称取消隐藏”按钮，将显示一个对话框，可以取消隐藏从列表中选择的对象。打开“取消隐藏对象”对话框，选择Teapot01和Teapot03，单击“取消隐藏”按钮，被隐藏的物体通过名字的选择被显示出来。

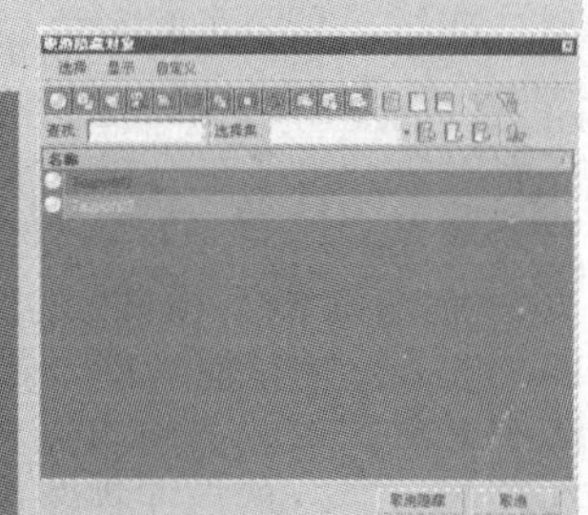

步骤07 最终，选择的物体重新显示在视图中。

下面介绍“冻结”展卷栏，它提供了通过选择单独对象来对其进行冻结或者解冻的控制。使用冻结控制后，冻结的对象仍会保留在屏幕上，但是不能对其进行选择、变换或修改。默认情况下，冻结的对象呈现暗灰色。

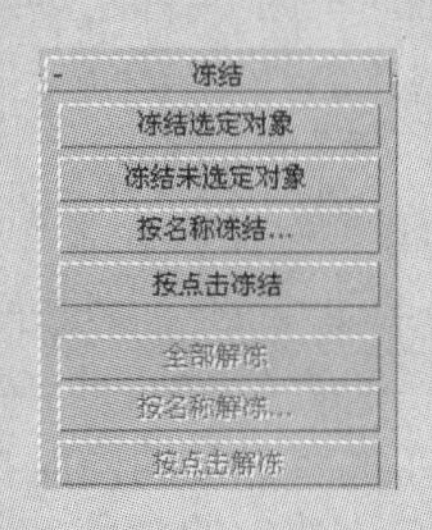

步骤01 冻结选定对象，是指冻结所选择的物体。下面用3个颜色不同的卡通模型作为实验对象（光盘文件\第1章\冻结物体.max）。选择红色卡通模型，单击“冻结选定对象”按钮，红色卡通模型立刻呈现暗灰色，表示红色卡通模型被冻结。

步骤02 冻结未选定对象，是指冻结除选定对象外的其他所有可见对象。使用此方法，可以快速冻结除正在处理的对象以外的其他所有对象。选择白色卡通模型，单击“冻结未选定对象”按钮，其他两个模型被冻结。

步骤03 单击“按名称冻结”按钮，将显示一个对话框，用于从列表中选择要冻结对象。场景中没有冻结的物体，此时单击“按名称冻结”按钮，打开“冻结对象”对话框，选择灰色卡通模型，然后单击“冻结”按钮，灰色卡通模型被冻结，变成了暗灰色。

步骤04 按点击冻结，是指冻结在视图中单击的所有对象。如果在选择对象的同时按住 Ctrl 键，该对象及其所有子对象会全部被冻结。要退出“按点击冻结”模式，可单击鼠标右键、按 Esc 键或选择其他功能。如果冻结了场景中的所有对象，该模式将自动禁用。单击“按点击冻结”按钮，然后在视图中单击白色卡通模型和红色卡通模型，两个物体被冻结。

步骤05 全部解冻，是指将所有冻结的对象解冻。大图是 3 个物体全部被冻结，单击“全部解冻”按钮，如右下角小图所示，3 个物体全部被解冻。

步骤06 单击“按名称解冻”按钮，将显示一个对话框，用于从列表中选择要解冻对象。视图中有三个物体被冻结，现在使其中的红色卡通模型解冻。单击“按名称解冻”按钮，打开“解冻对象”对话框，在“名称”列表框中选择 pompisred，单击“解冻”按钮，红色卡通模型被解冻。

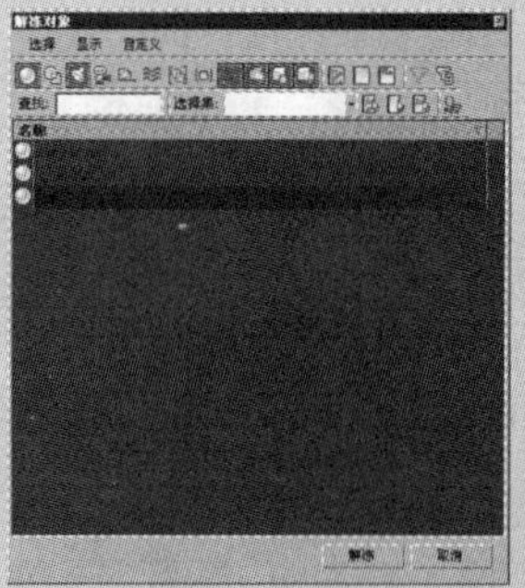

步骤07 按点击解冻，是指解冻在视图中单击的所有对象。如果在选择对象的同时按住 Ctrl 键，该对象及其所有子对象会全部解冻。左图是两个物体被冻结，现在让其中的白色卡通模型解冻。单击“按点击解冻”按钮，然后在视图中单击白色卡通模型，该模型被解冻。

习题加油站

本章介绍了3ds Max中最基础的知识，这些基础知识可以帮助读者更好地掌握后面章节中所要学习的内容，是学习中不可忽略的一部分。

下面将对本章涉及的知识点进行疑问解答，帮助读者深入了解本章内容的精粹。

设计师认证习题

Q 当场景制作完毕后，更改图中哪一组单位，将会影响场景比例__________。

A A. 1　B. 2　C. 3　D. 4

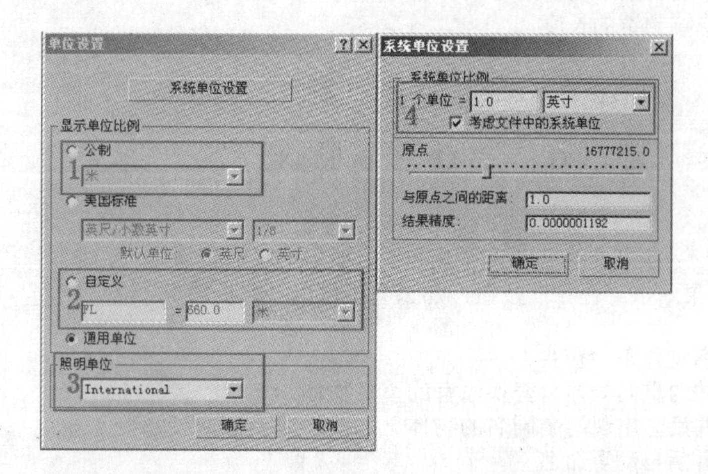

Q 默认情况下，3ds Max的自动备份文件夹是以下哪个目录__________。

A A. scenes　B. autoback　C. plugins　D. scripts

Q 如果将x :/3ds Max目录下的3ds Max.ini文件删除，将会__________。

A A. 3ds Max将无法启动
B. 3ds Max将需要激活
C. 3ds Max还可以正常启动
D. 3ds Max将无法打开.max文件

Q 有关物体的冻结，下列叙述错误的是__________。

A A. 物体被冻结后仍会在视图中显示出来，但是无法被选择和操作
B. 取消勾选“对象属性”中的“以灰色显示冻结对象”复选框，可以使冻结对象不显示为灰色
C. 被冻结物体的材质无法在视图中显示出来
D. 默认状态下，冻结物体会以灰色显示

专家认证习题

Q 使用 3ds Max 的时候，屏幕分辨率推荐调至 ________。

A A. 640　B. 800　C. 320　D. 1024×768 及更高

Q 如果改变了“时间配置”面板中“帧数”的数值，将会出现哪种情况？ ________。

A
A. 当前场景中全部关键点动画的长度也会一起跟着改变
B. 只影响时间显示长度
C. 只影响所选中物体的动画长度
D. 只影响预览的长度

Q 3ds Max 不能直接导入以下哪种格式的文件？ ________。

A A. 3DS　B. DWG　C. LP　D. MAX

Q 当使用“合并”命令合并两个场景时，如果出现重名物体，系统会弹出一个“重复名称”对话框。如果单击“合并”按钮，那么会出现以下哪种情况 ________。

A
A. 重名物体不会被合并
B. 合并的重名物体会替换原有的重名物体
C. 合并后会出现两个同名的物体
D. 合并后自动重命名

Q 在保留原来场景的情况下，导入 3D Studio Max 文件时，应选择的命令是 ________。

A A. 合并　B. 导入　C. 替换　D. 新建

Q 在 3ds Max 默认设置下，“变换 Gizmo Y 轴约束”的快捷键是 ________。

A A. F5　B. F6　C. F7　D. F8

Q 有关“合并”和“替换”命令，下列说法正确的是 ________。

A
A. “合并”命令用于将其他场景中的对象合并到当前场景中
B. “替换”命令只是将相同名称的对象进行替换
C. “替换”命令可以将对象的材质一同进行替换
D. “合并”命令可以将对象的材质一同合并到当前场景中

第 2 章 对象的选择和变换

内容提要：

2.1 选择对象的基本知识
2.2 变换命令
2.3 变换坐标和坐标中心
2.4 变换约束
2.5 变换工具
2.6 捕捉

大师作品欣赏：

这是一幅静帧表现作品，场景中的人物造型独特、诙谐，场景的构造元素也很简单，只有用标准几何体制作的台阶和用放样制作的舞台幕布。

将人物和动物结合在一起制作的模型，这幅作品表现得非常好。兔子的五官加上人类的肢体，还有那把枪和兔子最后的表情，将这幅作品表现得尤为生动。

2.1　选择对象的基本知识

最基本的选择技术是使用鼠标或鼠标与键盘的配合使用，即在物体不同的显示方式下对物体进行选择。

2.1.1　按区域选择

选择的方式一般有两种：一是单击工具栏的选择按钮；二是在任何视图中，将光标移到要选择的对象上。当光标位于可选择对象上时，会变成小十字叉。对象的有效选择区域取决于对象的类型及视图中的显示模式：在着色模式中，对象的任一可见曲面都有效；在线框模式中，对象的任一边或分段都有效，包括隐藏的线。当光标显示为选择十字叉时，单击以选择该对象（并取消选择任何先前选择的对象），此时选定的线框对象变成白色，选定的着色对象在其边界框的各角处显示白色边框。

借助于区域选择工具，使用鼠标即可通过轮廓或区域选择一个或多个对象。如果在指定区域时按住 Ctrl 键，则影响的对象将被添加到当前选择中。反之，如果在指定区域时按住 Alt 键，则影响的对象将从当前选择中移除。

按区域选择，主要包括 5 个方面的内容，即矩形选择区域、圆形选择区域、围栏选择区域、套索选择区域和绘制选择区域。

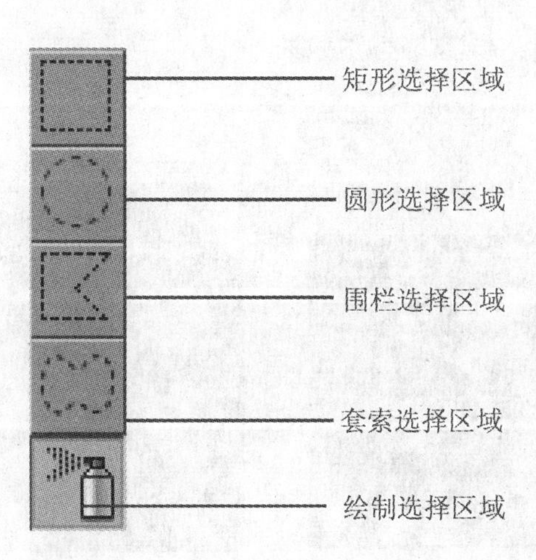

动手演练 | 按区域选择实例

步骤 01 打开场景文件（光盘文件 \ 第 2 章 \ 按区域选择 .max）。

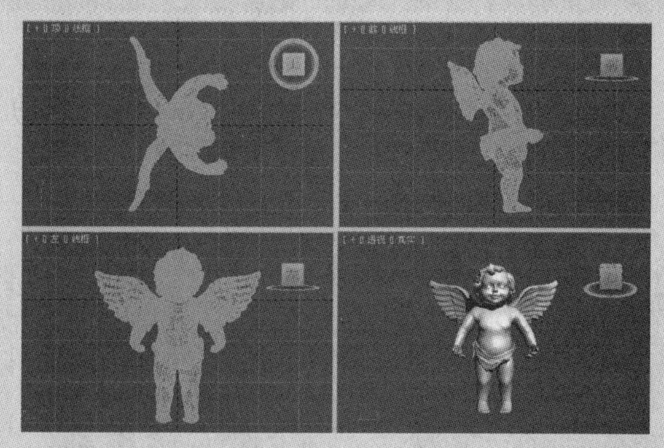

步骤 02 选择模型，在“修改”面板中选择“面”层级，单击“矩形选择区域”按钮，在视图中拖动，然后释放鼠标。单击的第一个位置是矩形的一个角，释放鼠标的位置是相对的角。要取消该选择，单击鼠标右键即可。

步骤 03 单击“圆形选择区域”按钮，在视图中拖动，然后释放鼠标。单击的第一个位置是圆形的圆心，释放鼠标的位置定义了圆的半径。要取消该选择，单击鼠标右键即可。

步骤 04 单击“围栏选择区域”按钮，拖动鼠标绘制多边形的第一条线段，然后释放鼠标。此时，光标会附有一个“橡皮筋线”，固定在释放点。移动鼠标并单击以定义围栏的下一个线段，可根据需要任意重复此步骤。要完成该围栏，单击第一个点即可。

步骤 05 单击“套索选择区域”按钮，围绕要选择的对象拖动鼠标，以绘制图形，然后释放鼠标。

步骤 06 单击“绘制选择区域”按钮，将鼠标拖至对象的上方，然后释放鼠标。在进行拖放时，鼠标周围会出现一个以笔刷大小为半径的圆圈。

2.1.2 按名称选择

在“选择对象”对话框中，可以按对象的名称选择指定对象，从而完全避免了鼠标的单击操作。尤其在物体比较多的场景中，按名称选择用得比较多。

动手演练 | 按名称选择实例

步骤 01 打开一个 3ds Max 实例场景（光盘文件 \ 第 2 章 \ 按名称选择 .max），场景中有很多相似的物体，这样用鼠标选择的时候很容易出现错误。

步骤 02 在工具栏上单击“按名称选择”按钮，打开“从场景选择”对话框，在“名称”列表框中选择要选择的物体，单击“确定”按钮。

步骤 03 此时，选择的物体如下图所示。

2.1.3 使用命名选择集

使用“命名选择集”可以为当前选择指定名称，然后通过从列表中选取其名称来重新选择这些对象。还可以把不同类型的物体建立不同的集合，而且在场景中，每个物体均是单独的个体。下面通过一个例子说明选择集合是如何操作的。

动手演练 | 命名选择集的应用

步骤 01 首先认识一下“命名选择集”对话框，单击“编辑命名选择集”按钮，打开“命名选择集”对话框。

步骤 02 打开 3ds Max 软件，引入一个场景（光盘文件 \ 第 2 章 \ 使用命名选择集 .max），可以看出这个场景中有 A、B、C 3 种大小的物体。

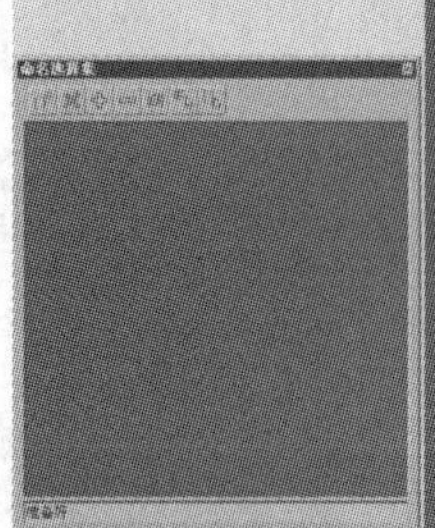

步骤 03 选择两个颜色一样的 C 物体，单击“编辑命令选择集”按钮，可以看到这两个物体自动组成了一个集合。

步骤 04 选择两个颜色一样的 B 物体，单击“创建新集”按钮，可以看到在 C 集合下面又有了一个新的 B 集合。

步骤 05 当然，如果要将剩余的一个 C 物体加入到刚才由两个颜色一样的 C 物体组成的集合中也很简单，只要选择剩余的一个 C 物体，单击“+”号（添加选定对象）就可以了。该操作表示添加一个新的物体到现有的集合中。

步骤 06 同理，如果要从现有的集合中去掉一个物体，则首先双击选择要去除的物体，然后单击“-”号（减去选定对象）就可以了。该操作表示从现有的集合中去掉一个物体，即表示将“组 006”从现有的集合中去除。

步骤 07　选择集内的对象，是指选择当前命名集中的所有对象。这里需要注意的是，在“命名选择集”对话框中，只有双击才能选择视图中的物体，比如双击 C 集合，则场景中 Cone01、Cone02 和 Cone03 物体同时被选中，双击 Cone01，则表示视图中的 Cone01 物体被选中，单击只是选择了物体的名称，视图中的物体不能被选中。但是单击 Cone02，然后单击“选择集内的对象”按钮，则场景中的物体会被选中。

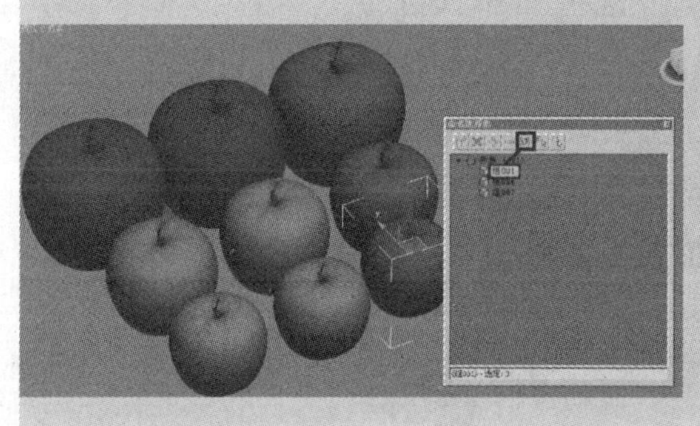

步骤 08　单击“按名称选择对象”按钮，打开“选择对象”对话框，选择将要成为集合的对象，然后单击“选择”按钮，Cone01、Cone02 和 Cone03 物体将会成为一个集合。

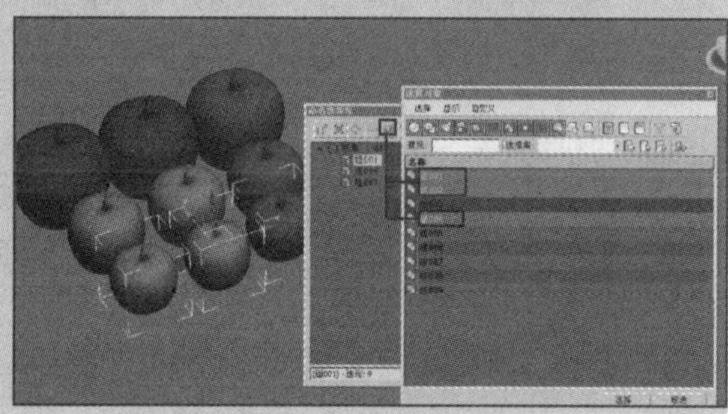

2.1.4　使用选择过滤器

单击主工具栏上的“选择过滤器”列表，可以禁用特定类别对象的选择。默认情况下，可以选择所有类别，还可以设置选择过滤器，以便仅选择一种类别（如 L- 灯光），也可以创建过滤器组合添加至列表中。为了在处理动画时更易于操作，可以通过选择过滤器仅选择骨骼、IK 链对象或点等。

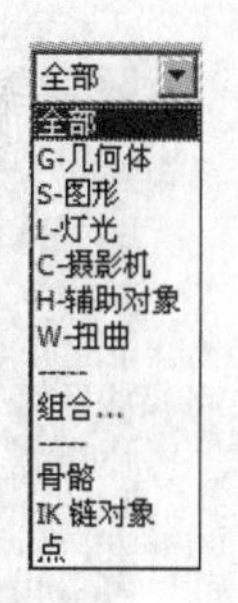

- 全部：可以选择所有类别，为默认选项。
- G- 几何体：只能选择几何对象，包括网格、面片及该列表未明确包括的其他类型对象。
- S- 图形：只能选择图形。
- L- 灯光：只能选择灯光（及其目标）。
- C- 摄影机：只能选择摄影机（及其目标）。
- H- 辅助对象：只能选择辅助对象。
- W- 扭曲：只能选择空间扭曲。
- 组合：显示用于创建自定义过滤器的“过滤器组合”对话框。
- 骨骼：只能选择骨骼对象。
- IK 链对象：只能选择 IK 链中的对象。
- 点：只能选择点对象。

动手演练 | 选择过滤器的应用

步骤 01 打开一个实例场景（光盘文件\第 2 章\使用选择过滤器 .max），在“选择过滤器”列表中选择“G- 几何体”选项，表示只能选择几何体，这个时候视图中的灯光是不能被选择的。

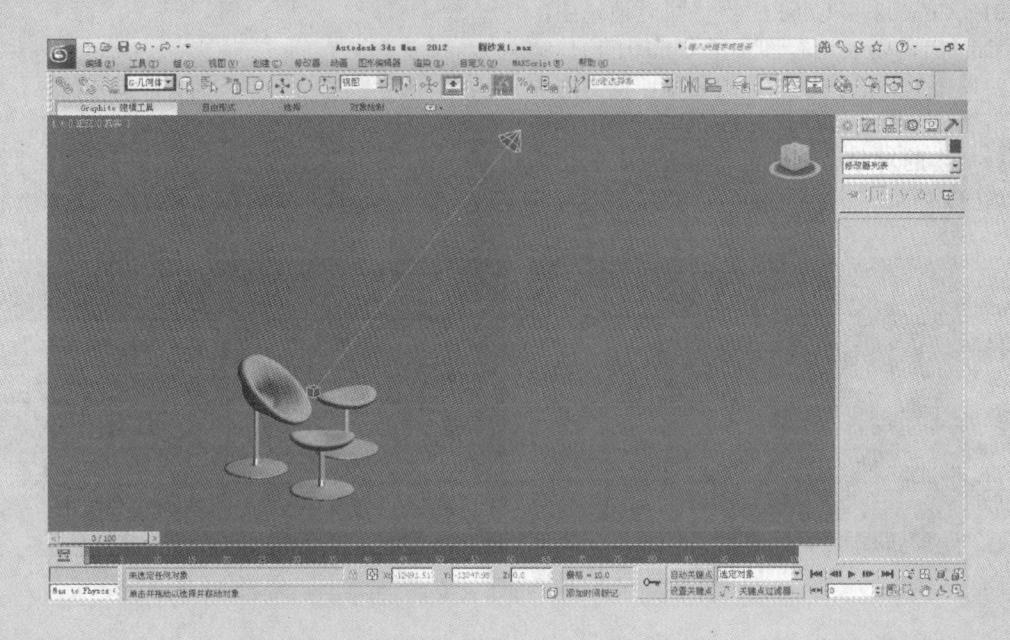

步骤 02 如果选择“L- 灯光”选项，则表示只能选择灯光（及其目标），这个时候视图中的几何体是不能被选择的。

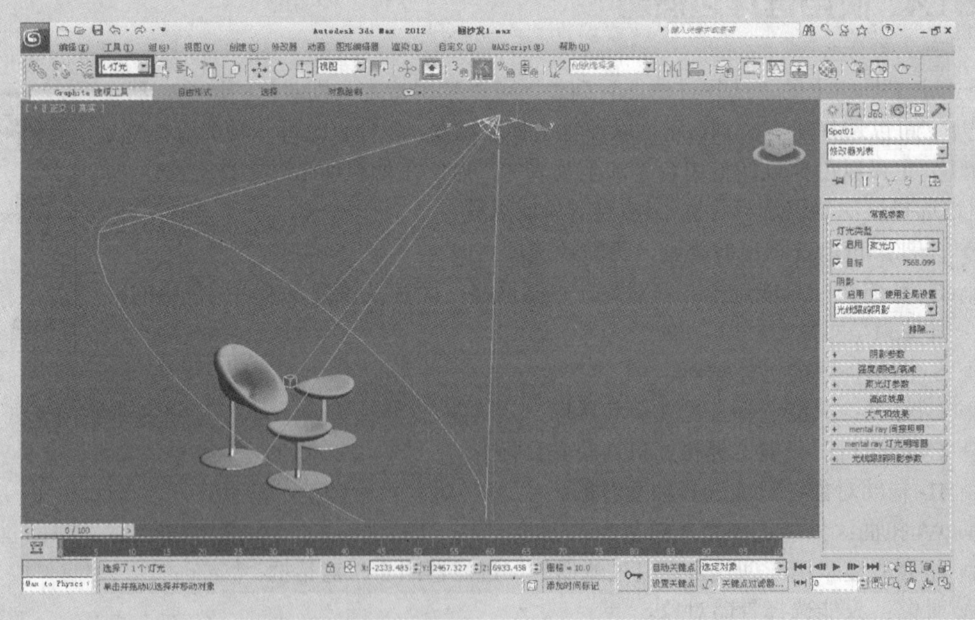

动手演练 | 创建组合过滤器

步骤 01 打开“选择过滤器”列表，选择“组合”选项，弹出“过滤器组合”对话框。

步骤 02 在“创建组合”选项组中启用一个或多个复选框，在此选择几何体、灯光和摄影机，然后单击“添加”按钮，在“当前组合”列表框中会出现 GLC，表示创建组合成功。

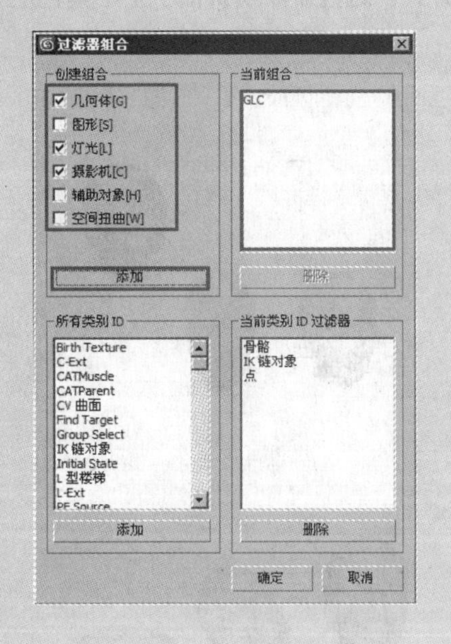

步骤 03 单击“确定”按钮，新组合项目将显示在“选择过滤器”列表中。

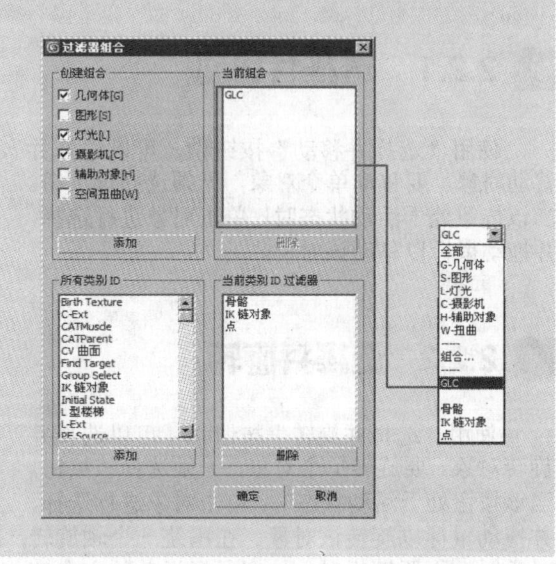

2.1.5 孤立当前选择

在“工具”菜单中，可以选择“孤立当前选择”命令，“孤立当前选择”命令常用于在暂时隐藏场景其余对象的基础上编辑单一或一组对象，避免在处理选定对象时选择其他对象，从而专注于当前对象，无须为周围的环境分散注意力。同时，也可以避免由于在视图中显示其他对象而造成的显示速度过慢。

动手演练 | 孤立当前选择实例

步骤 01 打开一个实例场景（光盘文件\第 2 章\孤立当前选择 .max），场景中有一组沙发，分别为 Sofa、SofaSeat 和 Ottoman。现在要对 Sofa 进行操作，此时就需要用到“孤立当前选择”命令。

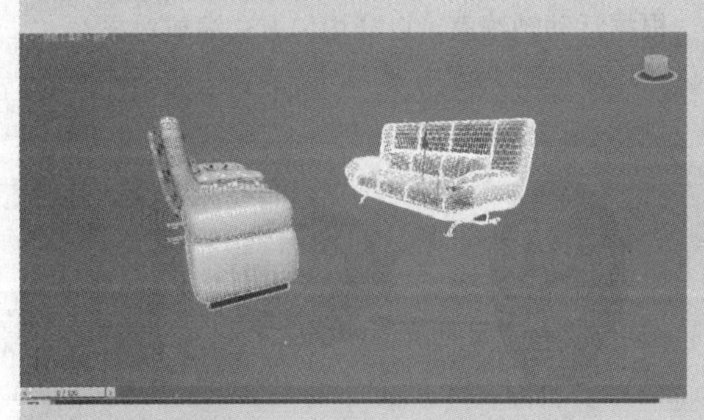

步骤 02 选择 Sofa 模型，然后选择“工具”→“孤立当前选择”命令，Sofa 物体被孤立，此时可以对 Sofa 进行任意操作而不受其他影响。如果要想退出当前模式也很简单，只需单击“退出孤立模式”按钮即可。

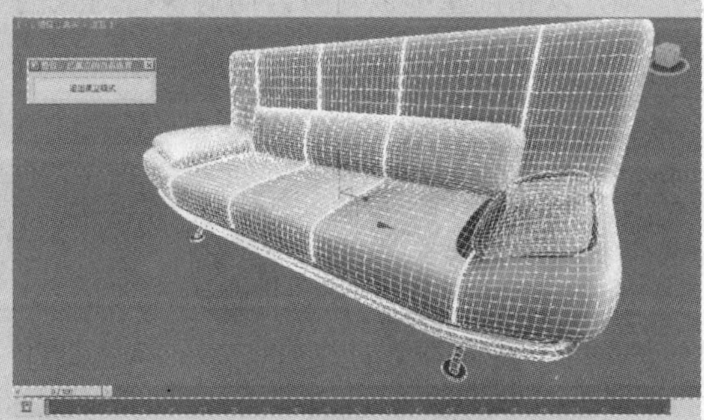

2.2 变换命令

变换命令是更改对象的位置、旋转或缩放的最直接方式。这些命令默认位于主工具栏上，在四元菜单中也提供了这些命令。

2.2.1 选择并移动

使用“选择并移动”按钮，可以选择并移动对象。要移动单个对象，无须选择该按钮。当该按钮处于活动状态时，单击对象进行选择，并拖动鼠标以移动该对象。

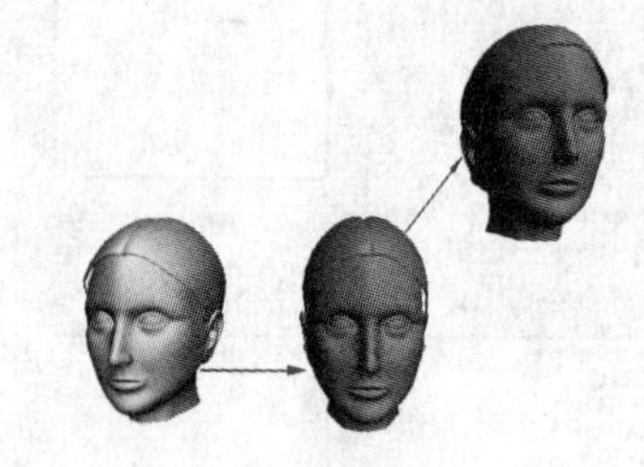

2.2.2 选择并旋转

使用“选择并旋转”按钮，可以选择并旋转对象。要旋转单个对象，无须选择该按钮。当该按钮处于活动状态时，单击对象进行选择，并拖动鼠标以旋转该对象。在围绕一个轴旋转对象时，不要期望对象按照鼠标运动的方向来旋转，只要直上直下地移动鼠标即可。朝上旋转对象与朝下旋转对象的方式相反。

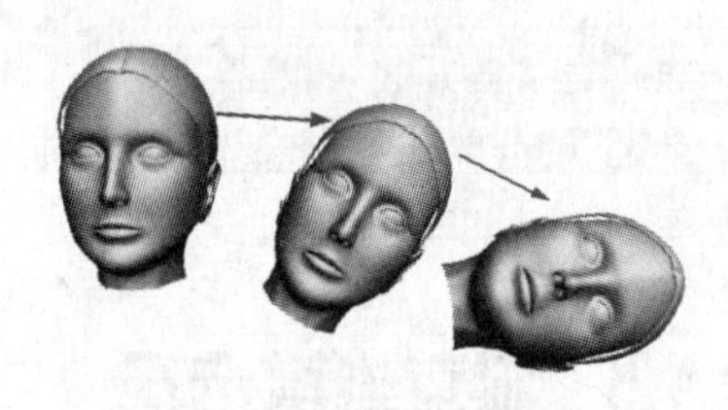

2.2.3 选择并缩放

“选择并缩放”按钮提供了对用于更改对象大小的 3 种工具的访问。这些工具依次为：

- 选择并均匀缩放；
- 选择并非均匀缩放；
- 选择并挤压。

1. 选择并均匀缩放

单击“选择并均匀缩放”按钮，可以沿 3 个轴，以相同量缩放对象，同时保持对象的原始比例。

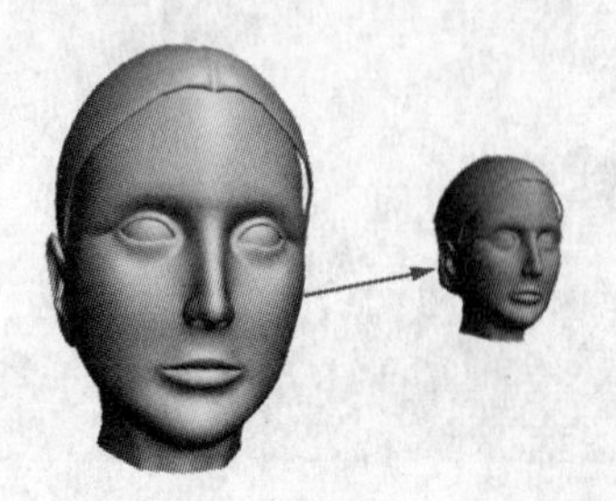

2. 选择并非均匀缩放

单击“选择并非均匀缩放”按钮，可以根据活动轴约束，以非均匀方式缩放对象。

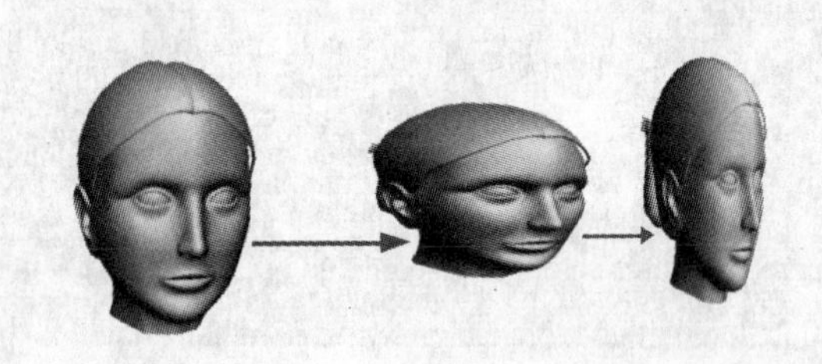

3. 选择并挤压

单击“选择并挤压”按钮，可以根据活动轴约束来缩放对象。挤压对象势必涉及在一个轴上按比例缩小对象，同时在另两个轴上均匀地按比例增大对象。

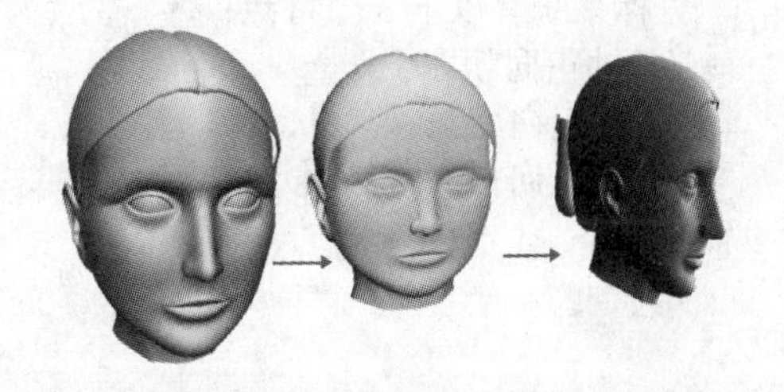

2.3 变换坐标和坐标中心

变换坐标和坐标中心，用于设置坐标系的控件，以及变换要使用的活动中心，默认位于主工具栏上。

2.3.1 参考坐标系

使用“参考坐标系”列表，可以指定变换（移动、旋转和缩放）所用的坐标系，其选项包括视图、屏幕、世界、父对象、局部、万向、栅格、工作和拾取。

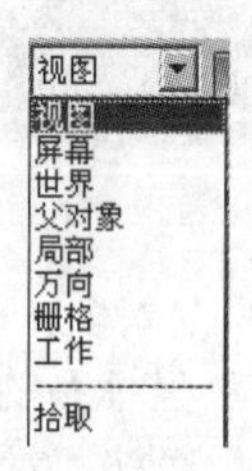

- 视图：在默认的“视图”坐标系中，所有正交视图中的 X、Y 和 Z 轴都相同。使用该坐标系移动对象时，会相对于视图空间移动对象。

打开一个汽车模型的实例场景选择汽车模型，会发现“视图”坐标系有以下 3 个特点：

- X 轴始终朝右。
- Y 轴始终朝上。
- Z 轴始终垂直于屏幕指向用户。

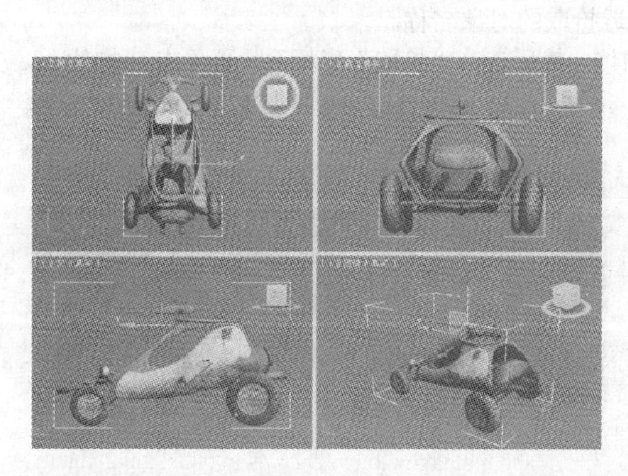

- 屏幕：将活动视图屏幕用做坐标系，因为“屏幕”模式取决于其方向的活动视图，所以非活动视图中的三轴架上的 X、Y 和 Z 标签显示当前活动视图的方向。当激活该三轴架所在的视图时，上面的标签会发生变化。“屏幕”坐标系始终相对于观察点。

选择汽车模型，会发现“屏幕”坐标系统有以下 3 个特点：

- X 轴为水平方向，正向朝右。
- Y 轴为垂直方向，正向朝上。
- Z 轴为深度方向，正向指向用户。

- 世界：“世界”坐标系始终固定。同样选择汽车模型，会发现“世界”坐标系统有以下 3 个特点：
- X 轴正向朝右。
- Z 轴正向朝上。
- Y 轴正向指向背离用户的方向。
- 栅格：以栅格对象（可以自己创建）自身的坐标轴作为坐标系统，主要用来辅助制作。

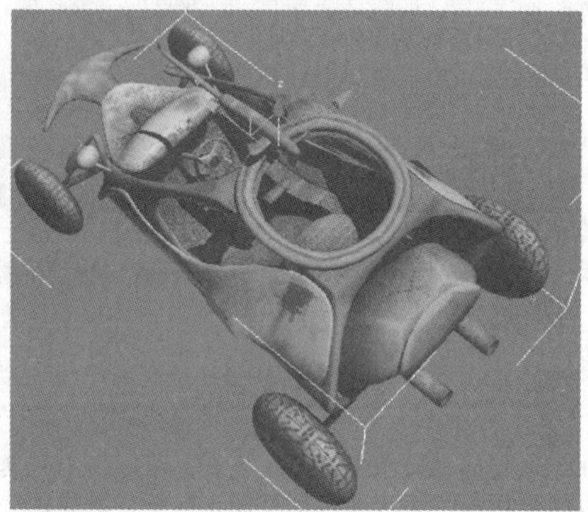

- 父对象：使用选定对象的父对象的坐标系。如果对象未链接至特定对象，则其为“世界”坐标系的子对象，其父坐标系与“世界”坐标系相同。
- 局部：对象的“局部”坐标系由其轴点支撑。使用“层次”面板上的选项，可以相对于对象调整“局部”坐标系的位置和方向。

如果“局部”处于活动状态，则“使用变换中心”按钮会处于非活动状态，并且所有变换使用局部轴作为变换中心。在若干个对象的选择集中，每个对象使用其自身中心进行变换。“局部”为每个对象使用单独的坐标系。

- 万向：与“局部”类似，但其 3 个旋转轴互相之间不一定成直角。对于移动和缩放变换，“万向”坐标系与“父对象”坐标系相同。
- 拾取：使用场景中另一个对象的坐标系。选择“拾取”选项后，单击要使用其坐标系的单个对象，对象的名称会显示在“变换坐标系”列表中。由于 3ds Max 软件将对象的名称保存在该列表中，用户可以拾取对象的坐标系，更改活动坐标系，并在以后重新使用该对象的坐标系。该列表可保存 4 个最近拾取的对象名称。

A 物体和 B 物体有各自的坐标系，选择 A 物体，然后选择“拾取”坐标系，再单击 B 物体，此时 A 物体和 B 物体的坐标系就是一样的了。

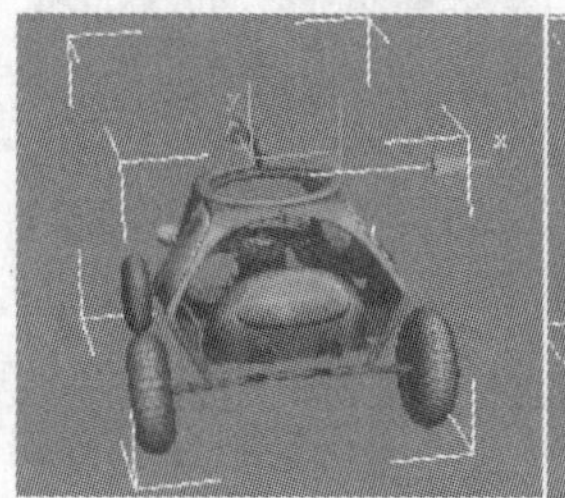

2.3.2 使用轴点中心

单击“使用轴点中心”按钮，可以围绕其各自的轴点旋转、缩放一个或多个对象。

下图是对单独的对象进行旋转操作。

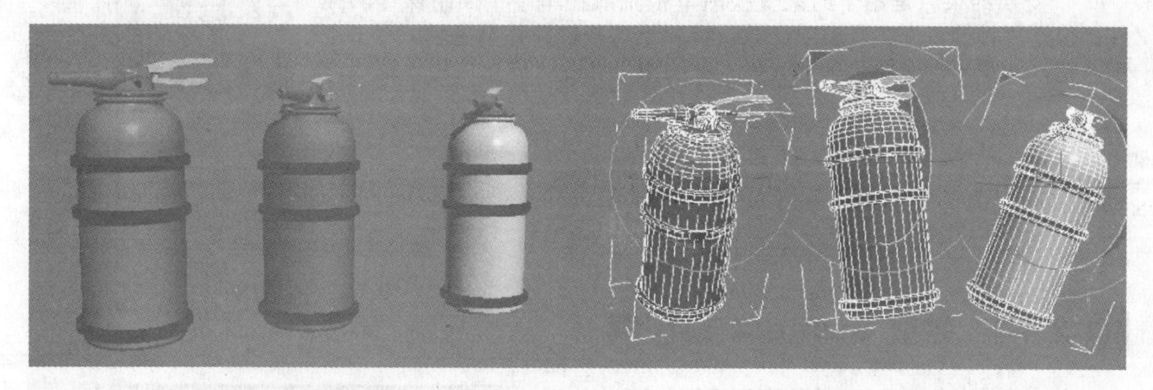

2.3.3 使用选择中心

单击“使用选择中心”按钮，可以围绕一个共同的几何中心旋转、缩放一个或多个对象。如果变换多个对象，3ds Max 软件会计算所有对象的平均几何中心，并将此几何中心用作变换中心。

同时选择 3 个对象进行旋转，发现它们在旋转时使用一个共同的几何中心进行转动。

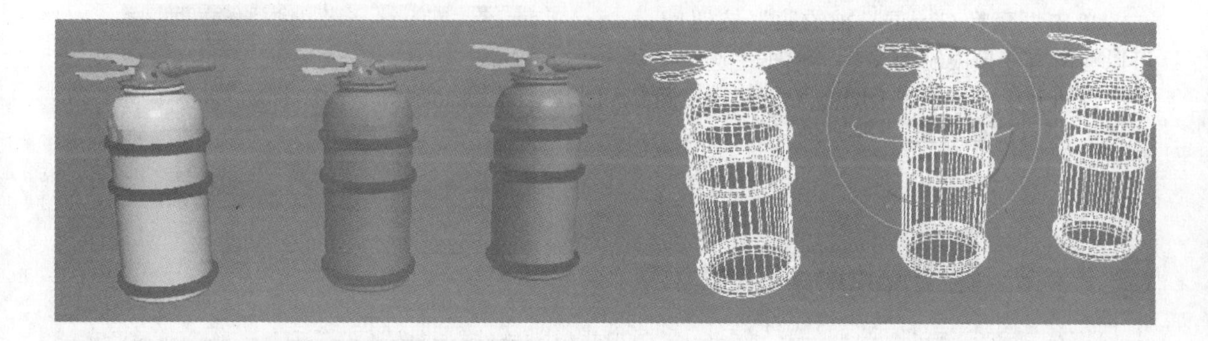

2.3.4 使用变换坐标中心

单击“使用变换坐标中心”按钮，可以围绕当前坐标系的中心旋转、缩放一个或多个对象。当使用“拾取”功能将其他对象指定为坐标系时，坐标中心是该对象轴的位置。

选择中间的一个对象，使用变换坐标中心进行旋转。

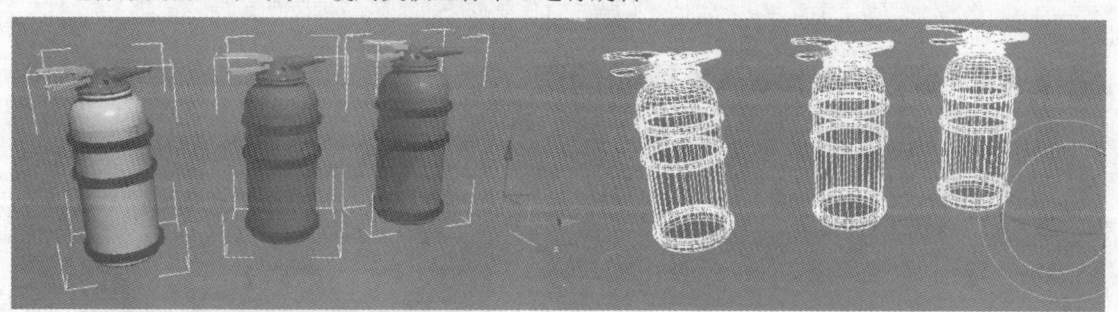

2.4 变换约束

“变换约束”是用于约束变换沿单根轴或在单个平面中操作的控件，位于“轴约束”工具栏中，默认情况下这些控件并不显示。右击主工具栏，从弹出的快捷菜单中选择“轴约束”命令，即可启用该选项。

自定义...
✔ 命令面板
✔ 主工具栏
轴约束
层
附加
渲染快捷方式
捕捉
动画层
容器
MassFX 工具栏
笔刷预设

2.4.1 变换 Gizmo X 轴约束

单击“变换 Gizmo X 轴约束”按钮，可以将所有变换（移动、旋转和缩放）限制到 X 轴。单击“选择并移动”按钮并单击“变换 Gizmo X 轴约束”按钮 X 时，将只能在该轴上移动对象。

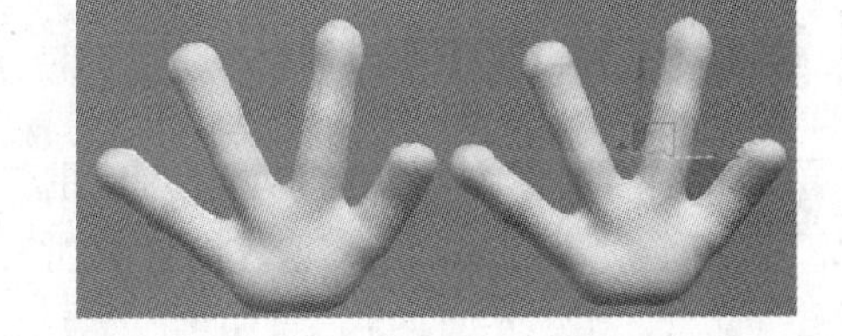

2.4.2 变换 Gizmo Y 轴约束

单击“变换 Gizmo Y 轴约束”按钮 Y，可以将所有变换限制到 Y 轴。单击“选择并移动”按钮并单击“变换 Gizmo Y 轴约束”按钮 Y 时，将只能在该轴上移动对象。

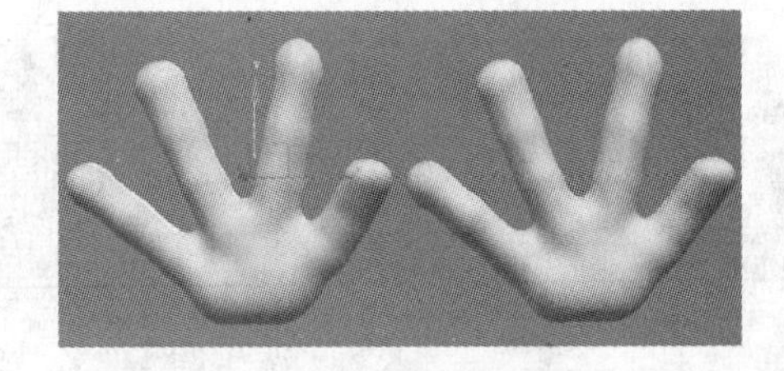

2.4.3 变换 Gizmo Z 轴约束

单击“变换 Gizmo Z 轴约束”按钮 Z，可以将所有变换限制到 Z 轴。单击“选择并移动”按钮并单击“变换 Gizmo Z 轴约束”按钮 Z 时，将只能在该轴上移动对象。

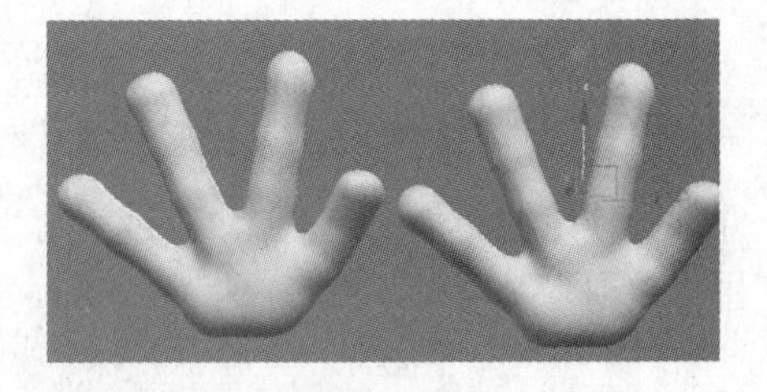

2.4.4 变换 Gizmo XY 平面约束

单击“变换 Gizmo XY 平面约束”按钮 XY，可以将所有变换限制到 XY 轴（默认情况下，与“顶”视图平行）。

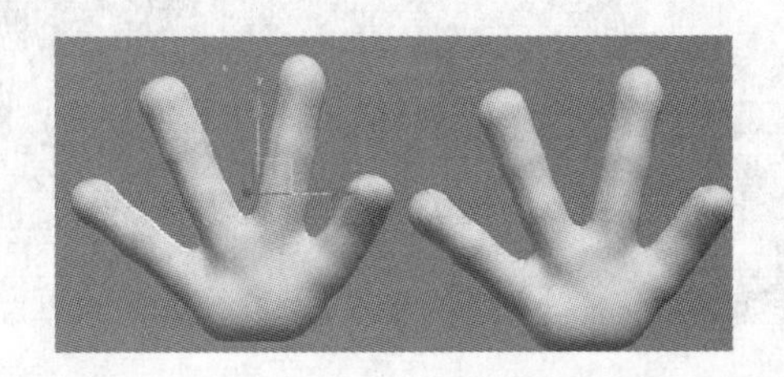

2.5 变换工具

变换工具可以根据特定条件变换对象，是平时比较常用的工具类型，包括“镜像”、“阵列”和“对齐”工具等。

2.5.1 “镜像”工具

单击“镜像”工具，弹出“镜像”对话框，可以在镜像一个或多个对象的方向时移动这些对象，还可以围绕当前坐标系中心镜像当前选择。另外，使用“镜像”对话框可以同时创建克隆对象。

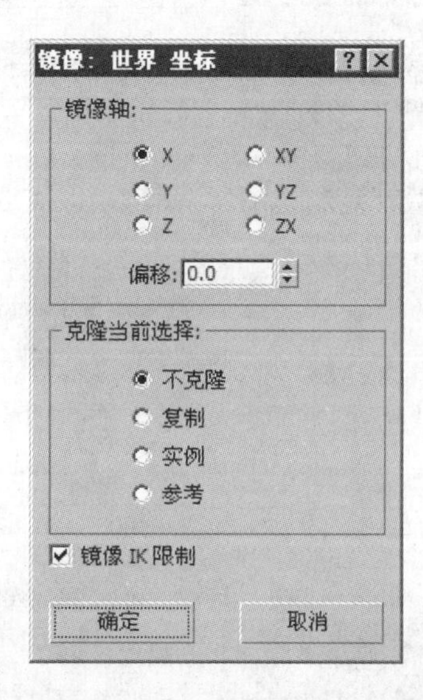

动手演练　“镜像”工具的使用

步骤 01 选择“层次”面板，默认物体的“轴点”在物体的几何中心处，单击“仅影响轴”按钮，然后移动轴点的位置（光盘文件 \ 第 2 章 \ 镜像工具 .max）。

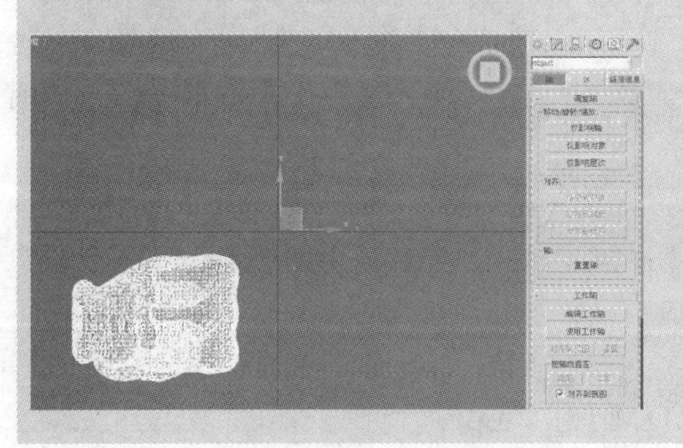

步骤 02 选择“顶”视图，然后选择物体，在主工具栏上单击“镜像”按钮。设置“镜像轴”为 X 轴，查看镜像前后的变化。

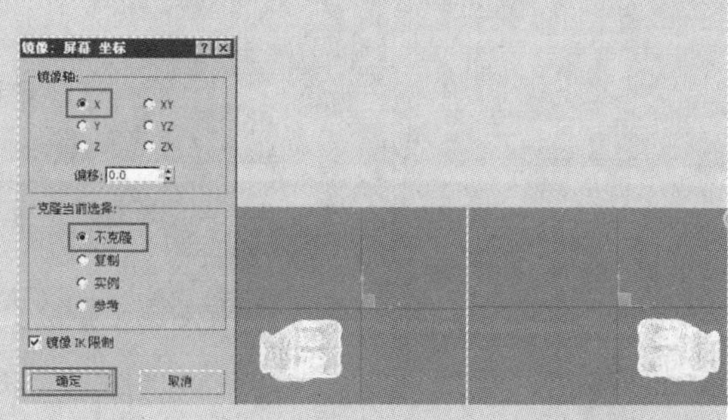

步骤 03 设置“镜像轴”为 Y 轴，查看镜像前后的变化。

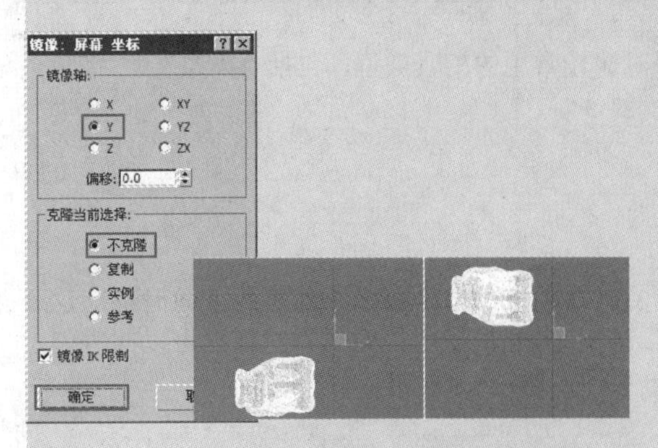

步骤 04 设置“镜像轴”为 Z 轴，查看镜像前后的变化。

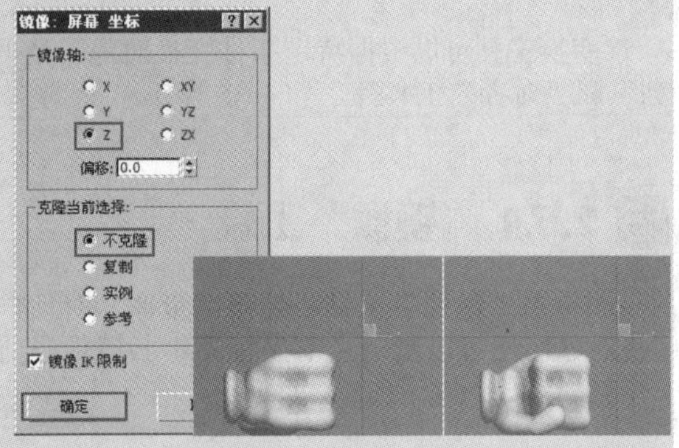

步骤 05 同样选择“顶”视图，选择物体，在主工具栏上单击“镜像”按钮。设置“镜像轴”为 XY 轴，并在“克隆当前选择”中选择“复制”，之后查看镜像前后的变化，可以看到复制出了一个新的物体。

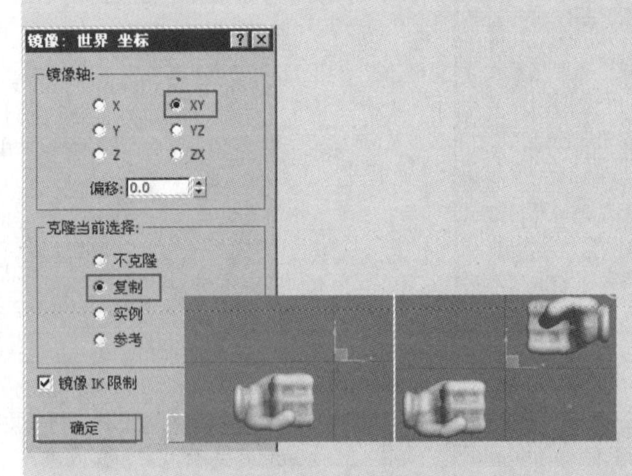

步骤 06 设置“镜像轴”为 YZ 轴，查看镜像前后的变化。

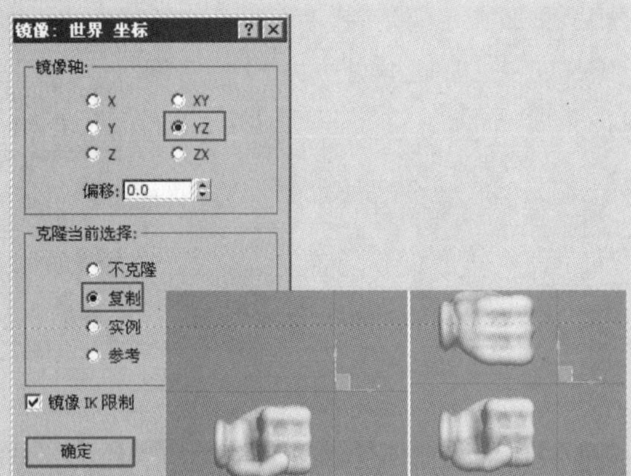

步骤 07 设置“镜像轴”为 ZX 轴，查看镜像前后的变化。

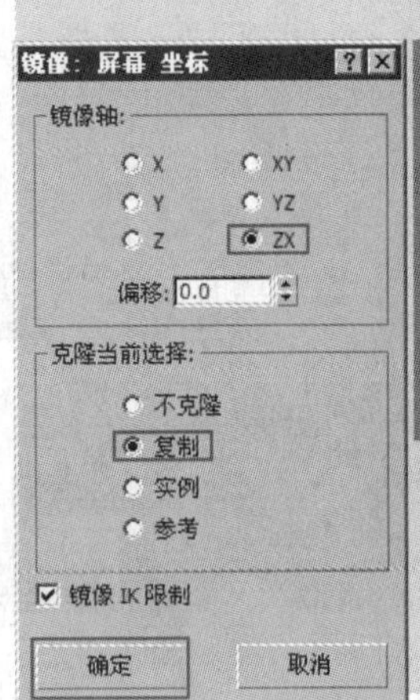

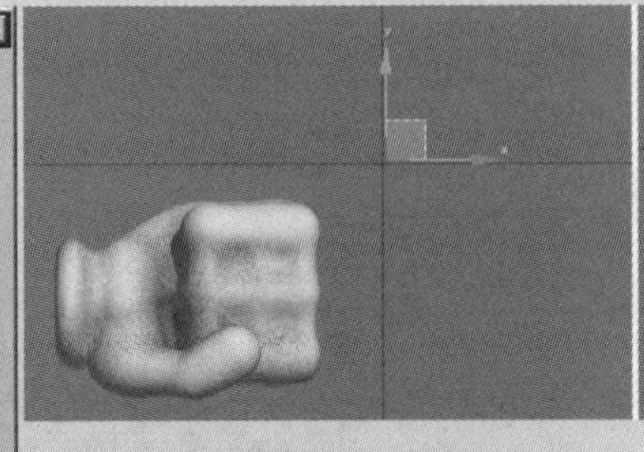

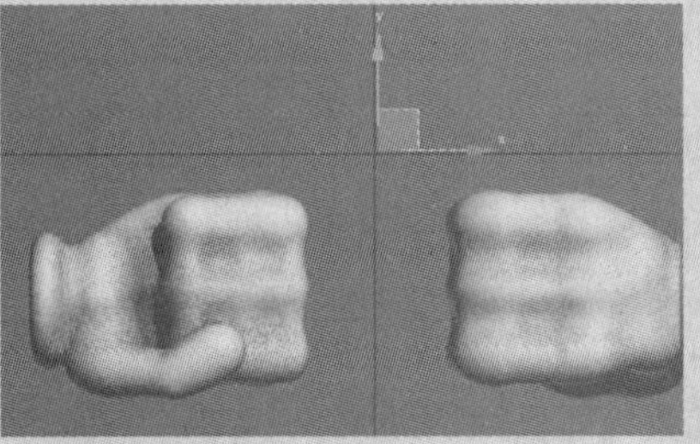

知识拓展：克隆

关于克隆当前选择区域的实例、参考，只局限在“镜像”这一功能，其结果和复制的结果是一样的。关于它们之间的差异，在后续章节中会详细讲述。

2.5.2 “阵列”工具

选择“工具”→“阵列”命令，弹出“阵列”对话框，利用该对话框，可以基于当前选择创建对象阵列。通过“阵列维度”选项组，可以创建一维、二维和三维阵列。

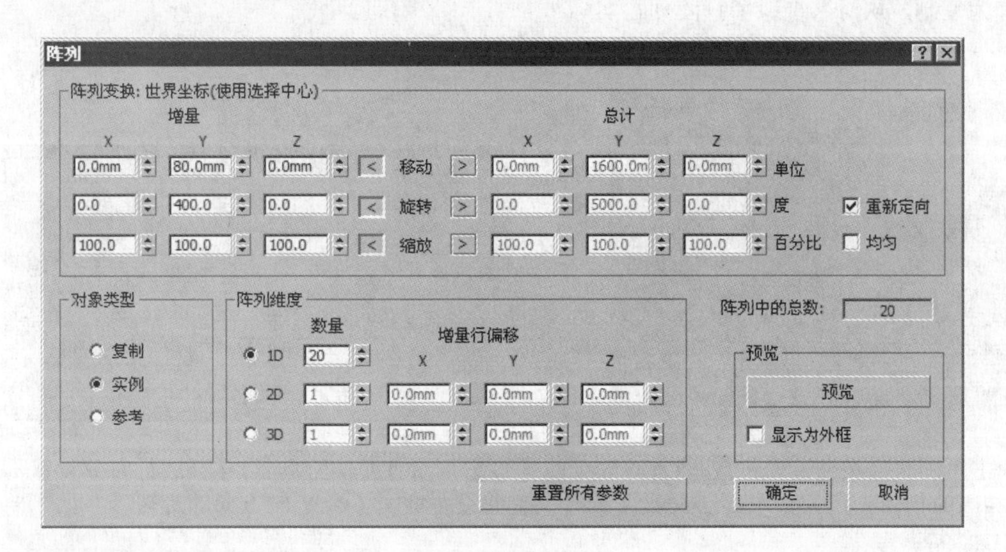

“增量”选项组

- 移动：指定沿 X、Y 和 Z 轴方向每个阵列对象之间的距离（以单位计）。
- 旋转：指定阵列中每个对象围绕 3 个轴中的任一轴旋转的度数（以度计）。
- 缩放：指定阵列中每个对象沿 3 个轴中的任一轴缩放的百分比（以百分比计）。

“总计”选项组

- 移动：指定沿 3 个轴中每个轴的方向，所得阵列中两个外部对象轴点之间的总距离。例如，要为 6 个对象编排阵列，并将“移动 X”总计设置为 100，则这 6 个对象将按以下方式排列在一行中：行中两个外部对象轴点之间的距离为 100 个单位。
- 旋转：指定沿 3 个轴中的每个轴应用于对象旋转的总度数。例如，可以使用此方法创建旋转总度数为 260° 的阵列。
- 重新定向：将生成的对象围绕世界坐标旋转的同时，使其围绕其局部轴旋转。取消选中此复选框时，对象会保持其原始方向。
- 缩放：指定对象沿 3 个轴中的每个轴缩放的总计。

“对象类型”选项组：确定由“阵列”功能创建的副本的类型，默认设置为“复制”。

- 复制：将选定对象的副本排列到指定位置。
- 实例：将选定对象的实例排列到指定位置。
- 参考：将选定对象的参考排列到指定位置。

“阵列维度”选项组：用于添加阵列变换维数。附加维数只用于定位，未使用旋转和缩放。

- 1D：根据“阵列变换”区域中的设置，创建一维阵列。
- 数量：指定在阵列的该维中对象的总数。对于一维阵列，此值即为阵列中对象的总数。
- 2D：创建二维阵列。
- 数量：指定在阵列第二维中对象的总数。
- X、Y、Z：指定沿阵列第二维的每个轴方向的增量偏移距离。
- 3D：创建三维阵列。
- 数量：指定在阵列第三维中对象的总数。
- X、Y、Z：指定沿阵列第三维的每个轴方向的增量偏移距离。

动手演练 “阵列”工具的使用

步骤 01 打开一个实例场景（光盘文件\第2章\阵列工具.max），然后对场景进行一维、二维、三维的阵列复制，从而系统地了解阵列在实际中的应用。

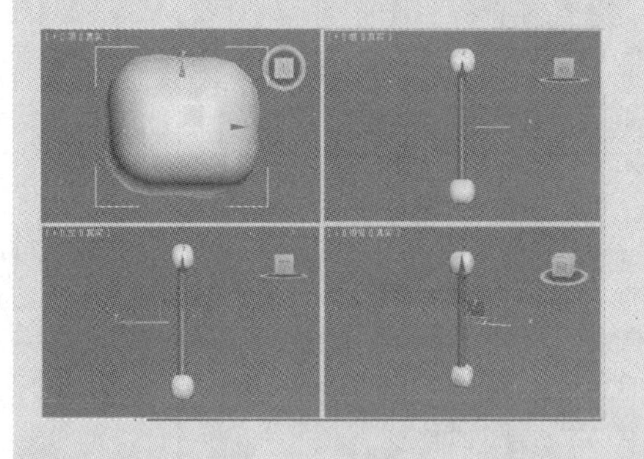

步骤 02 选择“工具”→“阵列”命令，打开“阵列”对话框，设置其参数。

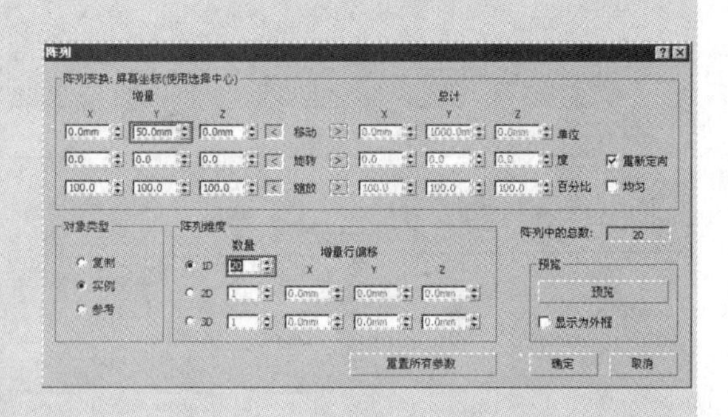

步骤 03 单击“确定”按钮后，沿 Y 轴方向阵列出 20 个相同的物体。

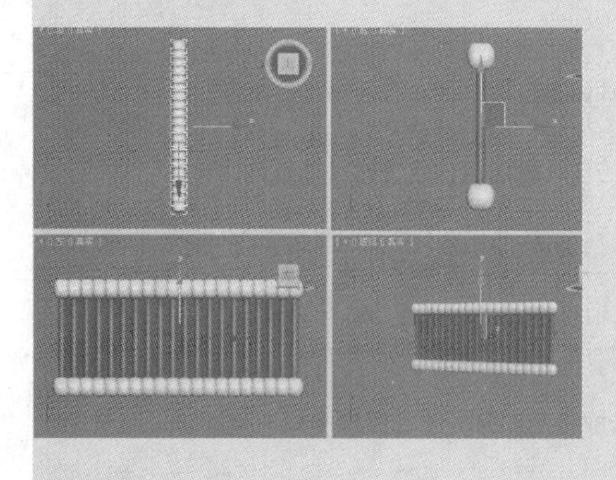

步骤 04 再次打开实例场景，重新进行参数设置，在此设置增加了沿 Y 轴方向的旋转。

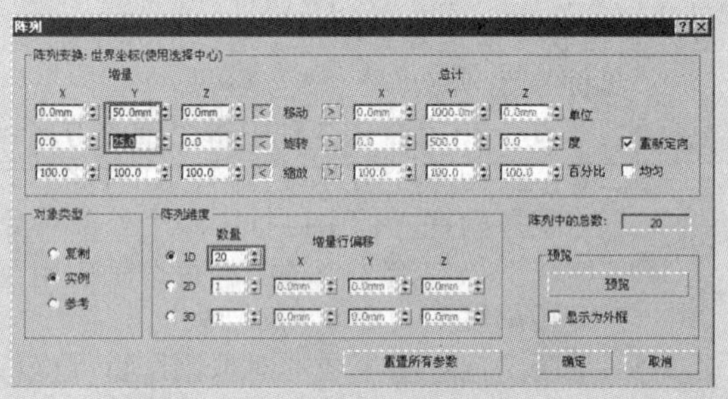

步骤 05 单击“确定”按钮后，物体在沿 Y 轴方向阵列的同时伴随着自身的旋转。

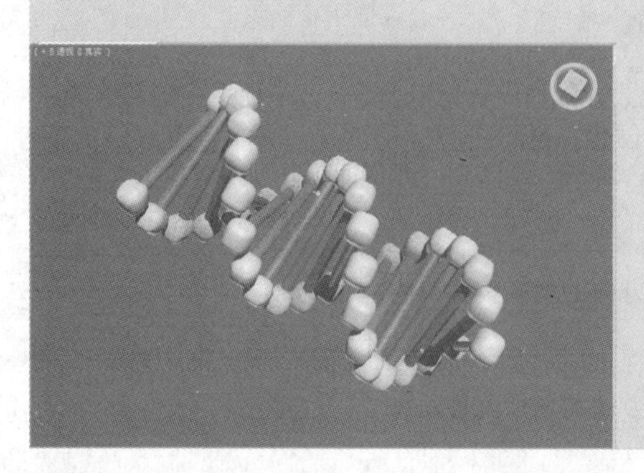

步骤 06 二维阵列也就是二维空间的一个阵列，重新打开实例场景，设置其参数。

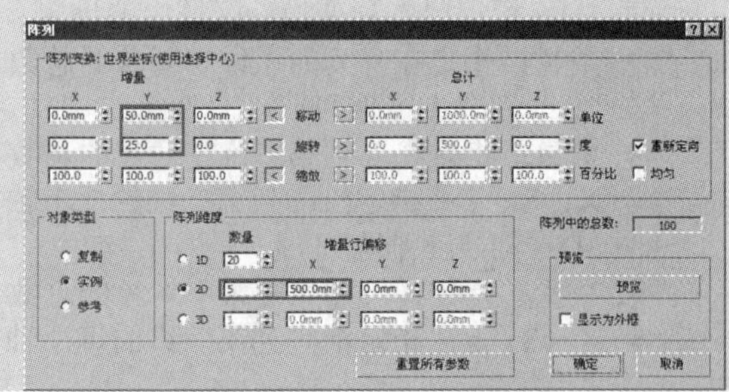

步骤 07 单击“确定”按钮后，在原来的基础之上又沿 X 轴方向移动了 500 个单位。

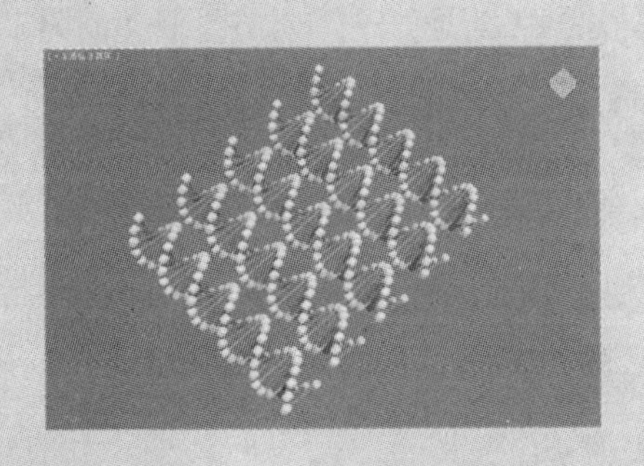

步骤 08 创建三维阵列。重新打开实例场景，设置其参数。

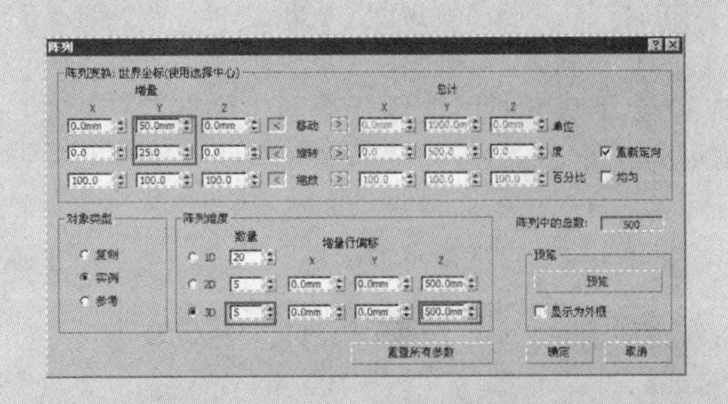

步骤 09 单击“确定”按钮后，在 Z 轴方向上又阵列出新的 5 组物体。

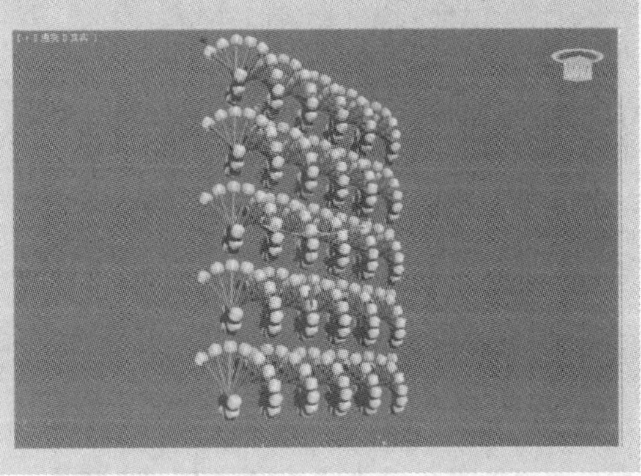

2.5.3 “间隔”工具

选择“工具”→“对齐”→“间隔工具”命令，会弹出“间隔工具”对话框。使用“间隔”工具可以基于当前选择沿样条线或由一对点定义的路径分布对象。通过拾取样条线或两个点并设置参数，可以定义路径。也可以指定对象之间间隔的方式，以及对象的轴点是否与样条线的切线对齐。

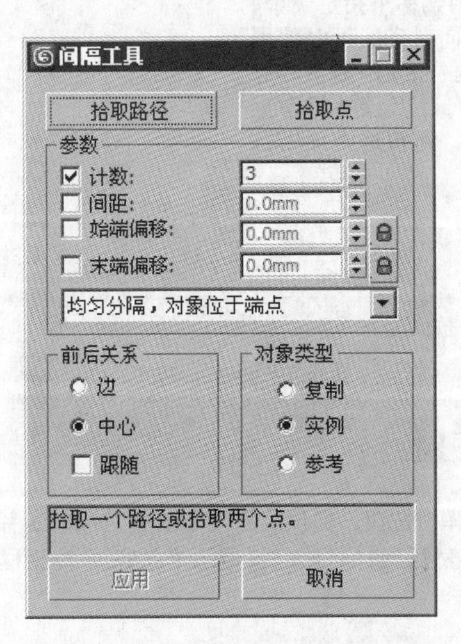

动手演练 | “间隔”工具的使用

步骤 01 打开一个实例场景(光盘文件\第2章\间隔工具 .max)，这是由一个模型和一个线条组成的场景，下面用该场景演示“间隔”工具的使用。

步骤 02 选择“工具”→“对齐”→“间隔工具”命令，弹出“间隔工具”对话框，设置相应的参数，单击“应用”按钮，模型就会均匀地分布在线条上。

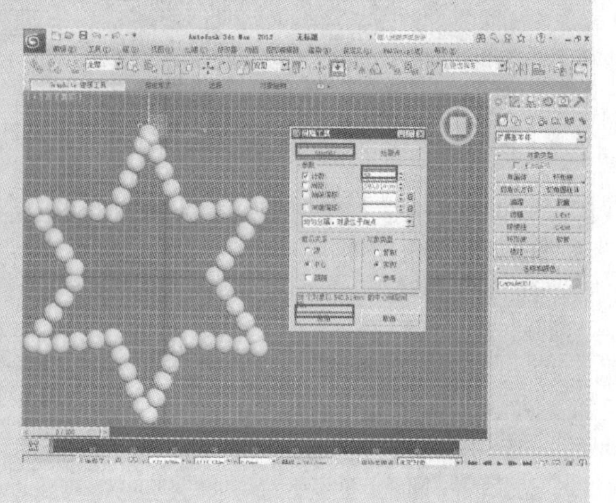

2.5.4 “克隆并对齐”工具

使用“克隆并对齐”工具，可以基于当前选择将源对象分布到目标对象的第二选择上。例如，可以使用同样的家居布置来填充多个房间。可以通过指定任意数目的目标对象来确定克隆数或克隆集。也可以使用偏移来指定一个、两个或三个轴上的位置和方向对齐。可以使用任意一个源对象和目标对象。在使用多个源对象的情况下，“克隆并对齐”工具保持每个克隆组成员间的位置关系不变，而将选中项以目标的轴为中心进行对齐。

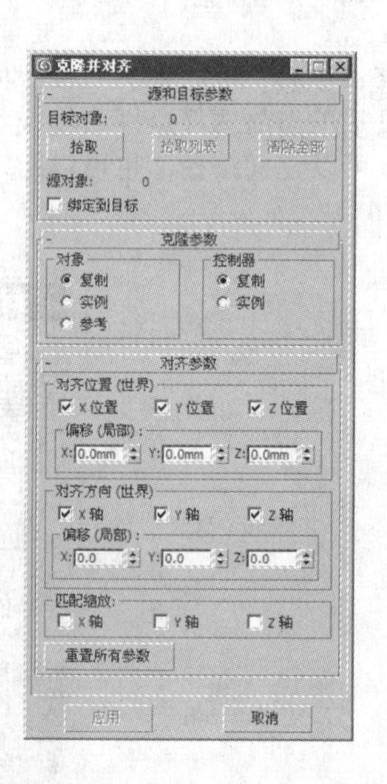

2.5.5 “对齐”工具

主工具栏上的“对齐”弹出按钮，提供了对用于对齐对象的 6 种不同工具的访问。

单击“对齐”按钮，然后选择对象，将显示“对齐” 对话框，使用该对话框可将当前选择与目标选择对齐。

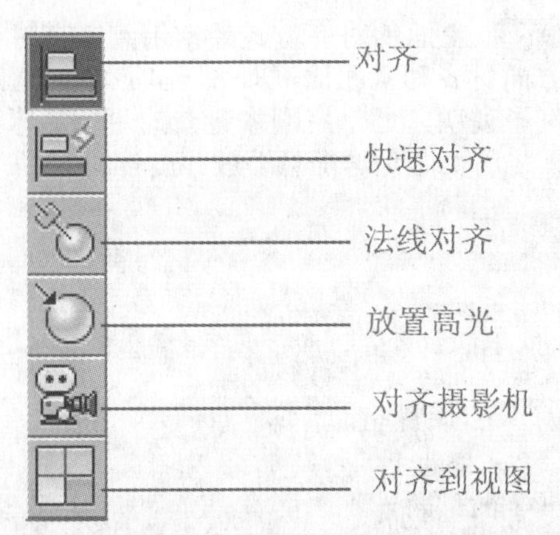

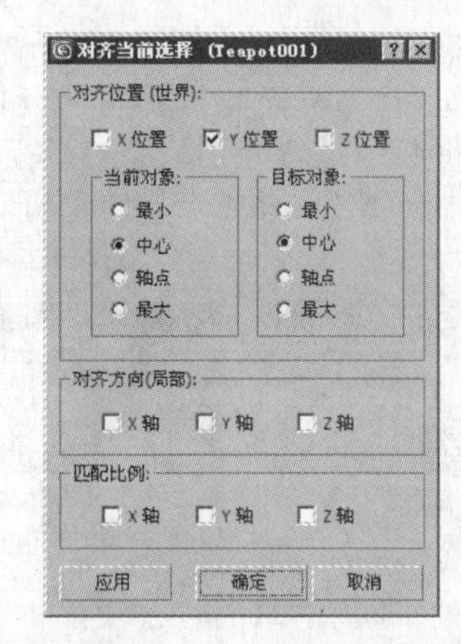

“对齐位置（世界）”选项组：指定要在其中执行对齐操作的一个或多个轴。启用 3 个选项，可以将当前对象移动到目标对象位置。

“当前对象”、“目标对象”选项组：指定对象边界框上用于对齐的点，可以为当前对象和目标对象选择不同的点。例如，可以将当前对象的轴点与目标对象的中心对齐。

- 最小：将具有最小 X、Y 和 Z 值的对象边界框上的点与在其他对象上选定的点对齐。
- 中心：将对象边界框的中心与其他对象上的选定点对齐。
- 轴点：将对象的轴点与其他对象上的选定点对齐。
- 最大：将具有最大 X、Y 和 Z 值的对象边界框上的点与在其他对象上选定的点对齐。

“对齐方向（局部）”选项组：这些设置用于在轴的任意组合上匹配两个对象之间的局部坐标系的方向。该选项与“对齐位置（世界）”无关。可以不管位置设置，直接使用方向复选框旋转当前对象，以与目标对象的方向匹配。“对齐位置（世界）”使用世界坐标，而“对齐方向（局部）”使用局部坐标。

“匹配比例”选项组：使用“X 轴”、“Y 轴”和“Z 轴”选项，可匹配两个选定对象之间的缩放轴值。该操作仅对变换输入中显示的缩放值进行匹配，这不一定会导致两个对象的大小相同。如果两个对象之前都未进行缩放，则其大小不会更改。

动手演练 “对齐”工具的使用

打开一个实例场景（光盘文件 \ 第 2 章 \ 对齐工具 .max），该场景是两个足球物体。下面通过这个场景，详细说明“对齐”工具在使用中是如何操作的。

步骤 01 切换到“顶”视图，在“对齐位置（世界）”选项组中勾选“X 位置”复选框，将两个足球分别最小与最小、最小与中心、最小与轴点、最小与最大对齐。

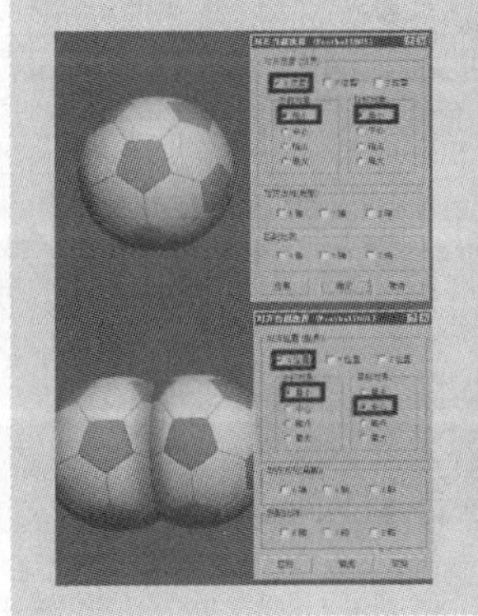

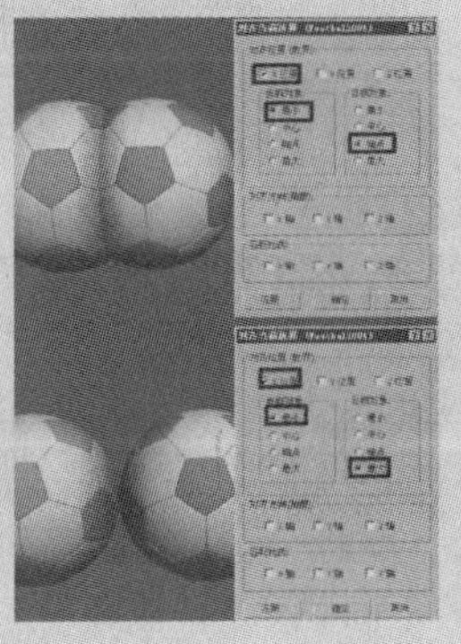

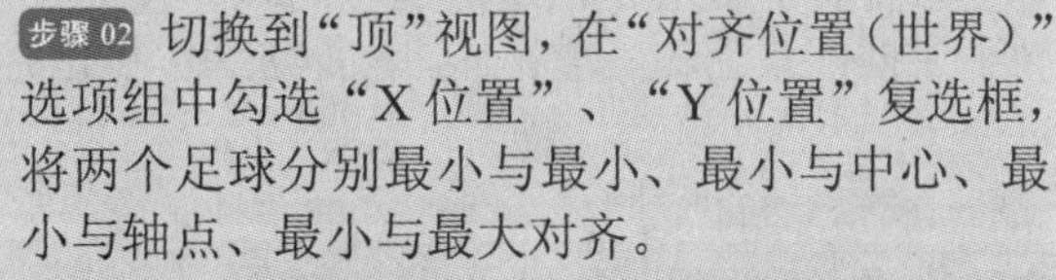

步骤 02 切换到“顶”视图，在“对齐位置（世界）”选项组中勾选“X 位置”、“Y 位置”复选框，将两个足球分别最小与最小、最小与中心、最小与轴点、最小与最大对齐。

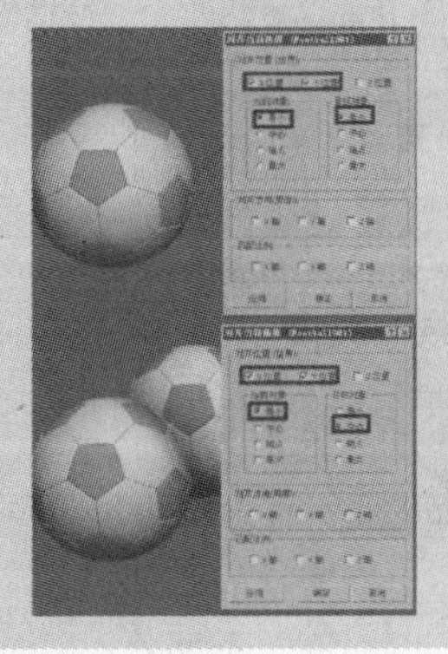

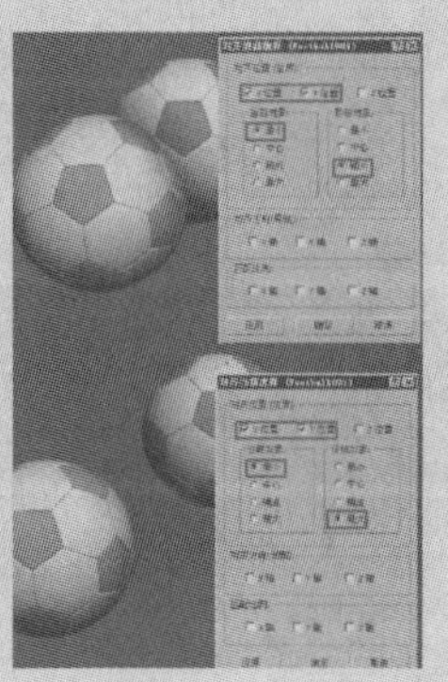

步骤03 切换到"前"视图，在"对齐位置（世界）"选项组中勾选"X位置"、"Y位置"和"Z位置"复选框，将两个足球分别最小与最小、最小与中心、最小与轴点、最小与最大对齐。

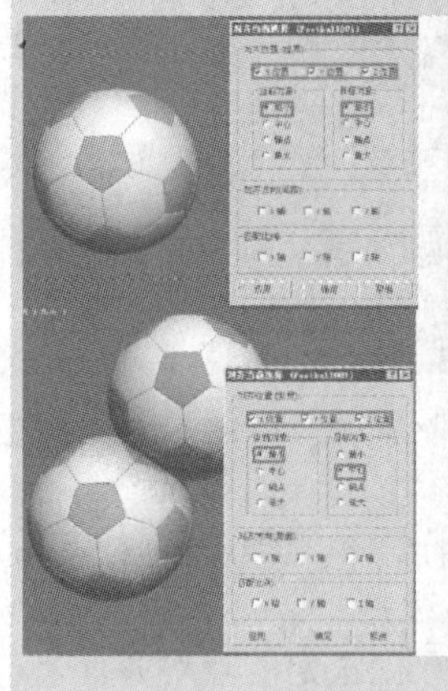

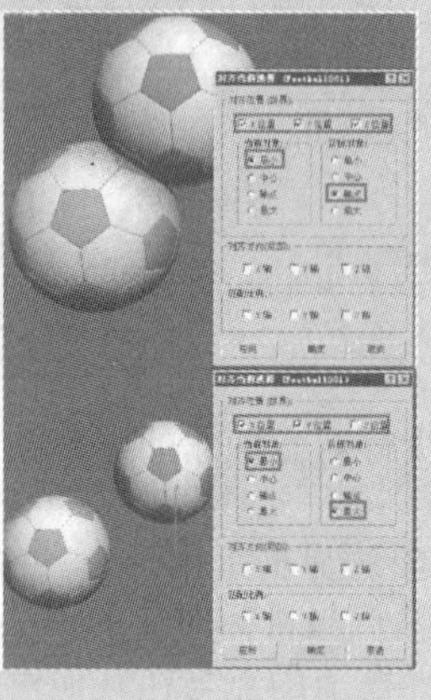

步骤04 上面的对齐方式经常用到，有时会用到方向对齐和匹配比例对齐方式。下面通过一个例子说明，还是用刚才建立的两个足球物体，首先将两个足球随意缩放并旋转。

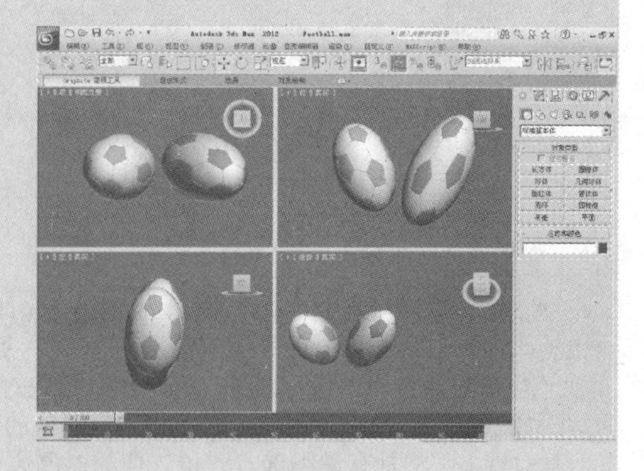

步骤05 在"方向对齐（局部）"选项组中勾选"X位置"和"Y位置"复选框，可以看到X、Y方向上已经对齐了，然后单击"应用"按钮，确定它们在X、Y方向上的对齐。

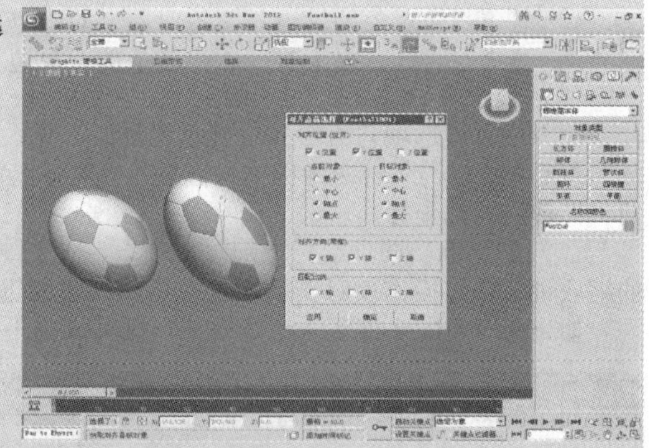

步骤06 在"匹配比例"选项组中勾选"X位置"和"Y位置"复选框，这时红色足球物体会在比例上匹配蓝色的足球物体，单击"应用"按钮。

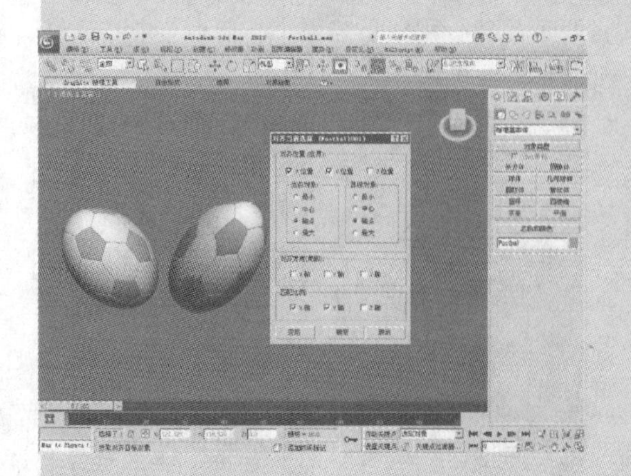

步骤07 在"对齐位置（世界）"选项组中进行与步骤5和6同样的操作，发现两个足球物体已经完全重合在一起。

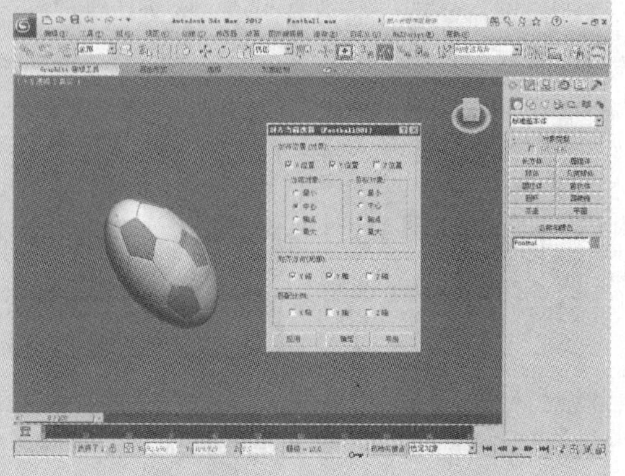

动手演练 “快速对齐”工具的使用

步骤 01 由于“快速对齐”没有用户界面或选项，下面用一个实例讲述它具体是如何实现的（光盘文件 \ 第 2 章 \ 快速对齐 .max）。

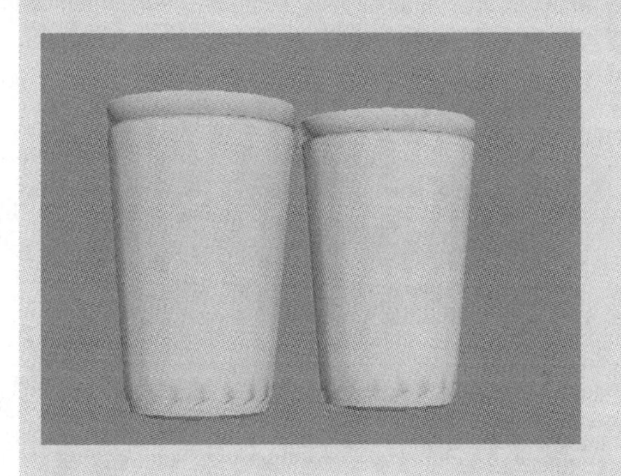

步骤 02 在视图中选择蓝色的物体，然后选择“工具”→“对齐”→“快速对齐”命令，当光标变为“闪电”符号时，单击红色的物体，则这两个物体即实现了完全对齐。

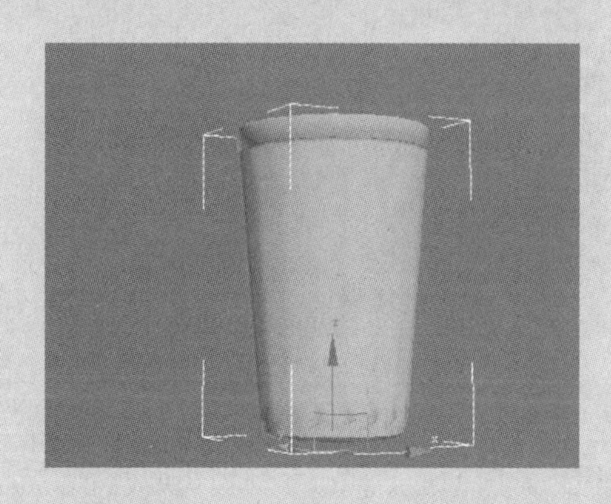

动手演练 “法线对齐”工具的使用

步骤 01 选择红色长方体，然后选择“工具”→“对齐”→“法线对齐”命令。

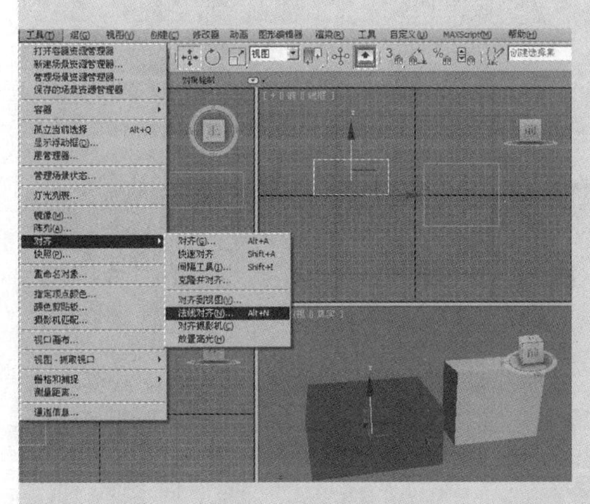

步骤 02 在红色长方体上拖动鼠标，将显示“法线对齐”光标，其上附有一对十字线，光标的蓝色箭头指示当前法线。

步骤 03 单击蓝色长方体，将弹出“法线对齐”对话框，调节参数后单击“确定”按钮，最终效果如右图所示。

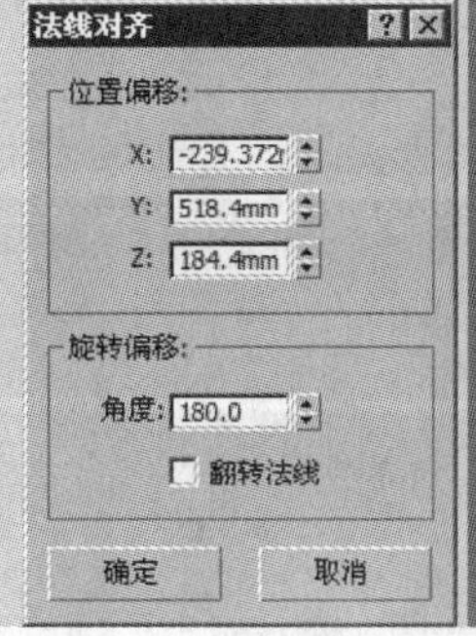

动手演练 “放置高光”工具的使用

步骤 01 打开一个实例场景（光盘文件\第 2 章\放置高光 .max），这是一个沙发的模型，现在通过这个模型演示“放置高光”工具的使用。

步骤 02 放置一个自由灯光，如果想要在模型的某一部分放置高光，则可以使用“放置高光”工具。

步骤 03 选择灯光，单击“放置高光”工具，在模型上拖动放置高光，鼠标指示的面显示面法线，当法线或目标显示要高光显示的面时，释放鼠标。

动手演练 “对齐摄影机”工具的使用

步骤 01 打开一个实例场景（光盘文件\第 2 章\对齐摄影机 .max），这是一个由圆桌模型和一个摄影机组成的场景。下面使用这个场景演示“对齐摄影机”工具的使用。

步骤 02 选择摄影机，在工具栏上单击“对齐摄影机”工具，在对象曲面上拖动鼠标以选择面。当选择的面法线在光标下显示蓝色箭头时，释放鼠标以执行对齐操作。3ds Max 软件会自动移动摄影机，以使其面向和居中摄影机视图中的选定法线。

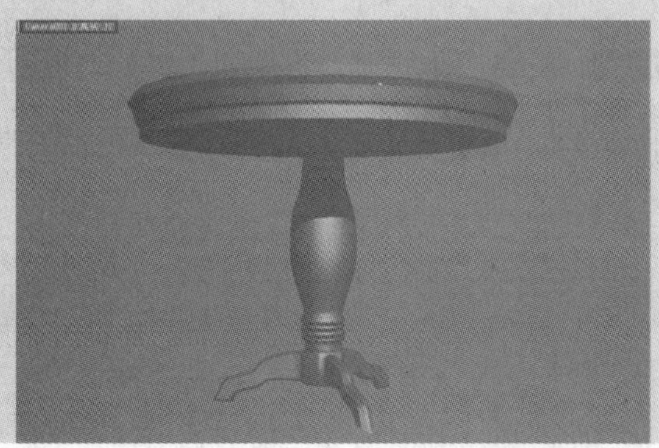

动手演练 | “对齐到视图”工具的使用

步骤 01 打开一个实例场景（光盘文件\第 2 章\对齐到视图 .max），这是一个汽车模型。之所以选择这个模型，是为了更清楚地表达在使用“对齐到视图”工具时模型的变化。

步骤 02 选择模型，在主工具栏上单击“对齐到视图”按钮，打开“对齐到视图”对话框。在“轴”选项组中选择“对齐 X”选项，右边是勾选“翻转”复选框的效果。

步骤 03 选择模型，在主工具栏上单击“对齐到视图”按钮，打开“对齐到视图”对话框。在“轴”选项组中选择“对齐 Y”选项，右边是勾选“翻转”复选框的效果。

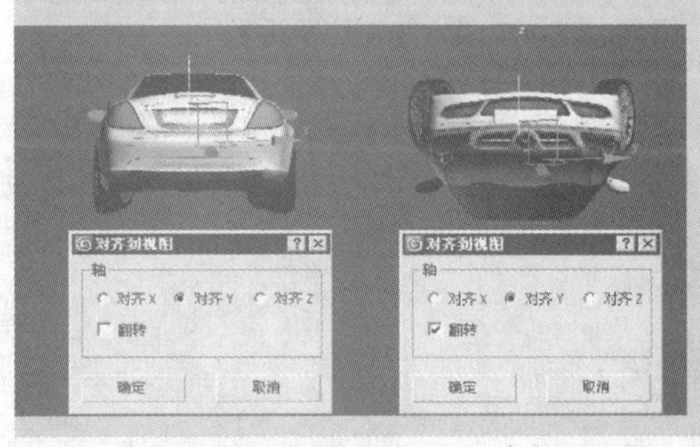

步骤 04 选择模型，在主工具栏上单击“对齐到视图”按钮，打开“对齐到视图”对话框。在“轴”选项组中选择“对齐 Z”选项，右边是勾选“翻转”复选框的效果。

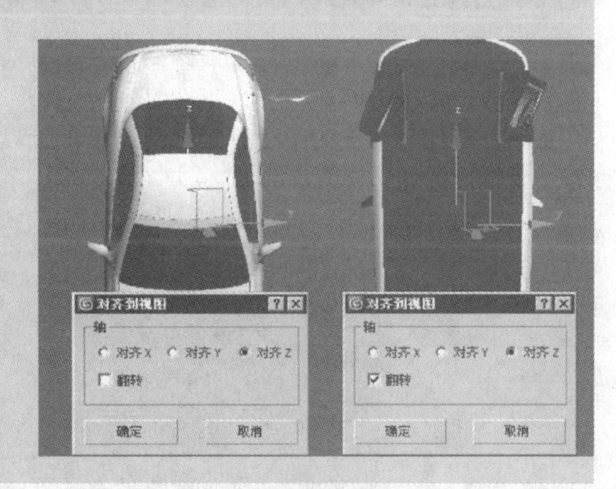

2.6 捕捉

使用捕捉可以在创建、移动、旋转和缩放对象时进行控制，因为它们可以在对象或子对象的创建和变换期间捕捉到现有几何体的特定部分。

这里列举了全部关于捕捉的命令，包括 2D 捕捉、2.5D 捕捉、3D 捕捉、角度捕捉切换、百分比捕捉切换和微调器捕捉切换。其中，前 3 个命令用于捕捉处于活动状态位置的二维空间的控制范围。

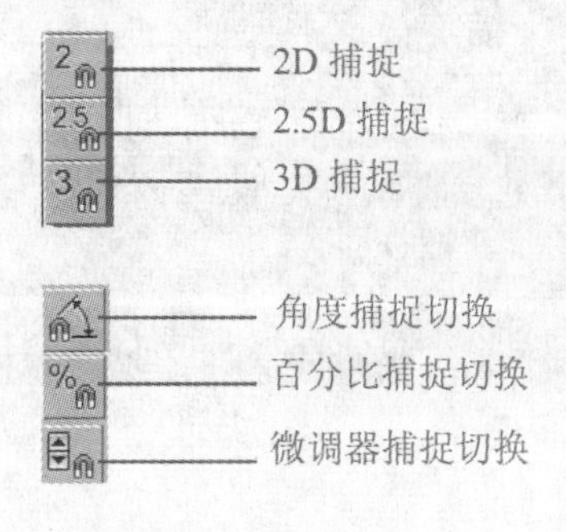

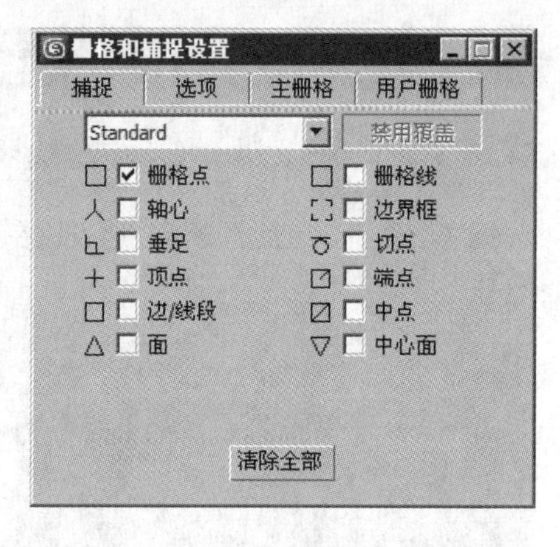

- 2D 捕捉：光标仅捕捉活动构建栅格，包括该栅格平面上的任何几何体，将忽略 Z 轴或垂直尺寸。
- 2.5D 捕捉：光标仅捕捉活动栅格上对象投影的顶点或边缘。
- 3D 捕捉：这是默认设置。光标直接捕捉二维空间中的任何几何体。2D 捕捉用于创建和移动所有尺寸的几何体，而不考虑构造平面。
- 角度捕捉切换：确定多数功能的增量旋转，包括标准“旋转”变换。随着旋转对象（或对象组），对象将以设置的增量围绕指定轴进行旋转。
- 百分比捕捉切换：通过指定的百分比增加对象的缩放。
- 微调器捕捉切换：设置 3ds Max 中所有微调器的单击对应的增加或减少值。

任意用鼠标右键单击以上 6 个按钮中的一个，将弹出“栅格和捕捉设置”对话框。在“捕捉”选项卡下，可以看出捕捉类型大致分为 4 类：第一类是二维空间捕捉，包括顶点、边 / 线段、面、中心面、中点和端点；第二类是平面捕捉，包括垂足和切点；第三类是物体的捕捉，包括轴心和边界框；第四类是栅格的捕捉，包括栅格点和栅格线。

动手演练 | 捕捉类型

步骤 01 选择“顶点”捕捉，如下图中的两点。上图是通过捕捉使两点重合，下图是通过捕捉建立一个球体，球体的半径等于绿色线框的高度，达到了创建物体的目的。

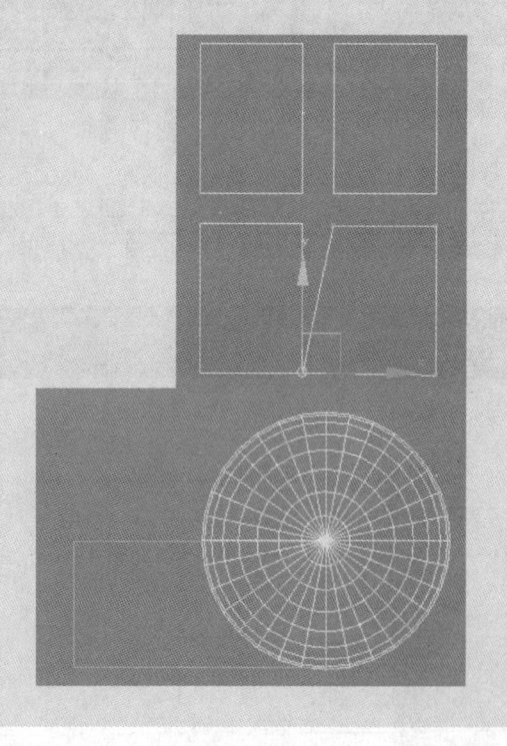

步骤 02 选择“边 / 线段”捕捉，左图是边与边的对齐操作，右图是在四面体的一条边上建立球体，球体中心始终在这条边上。

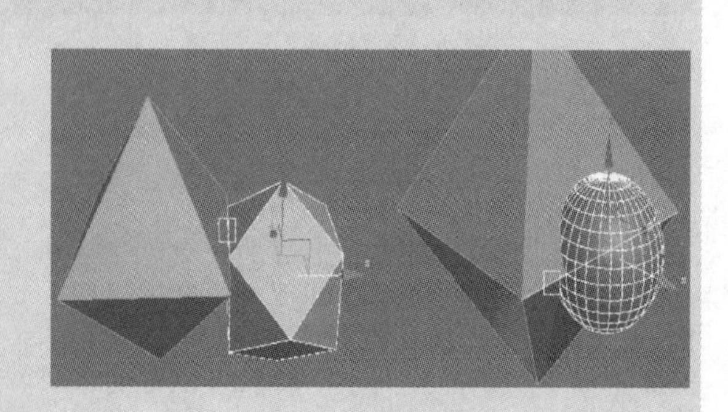

步骤 03 选择“面”捕捉，左图是两个长方体相临的两个面对齐，右图是通过捕捉，在长方体上建立一个茶壶模型物体，茶壶物体的底面和长方体的上面相切。

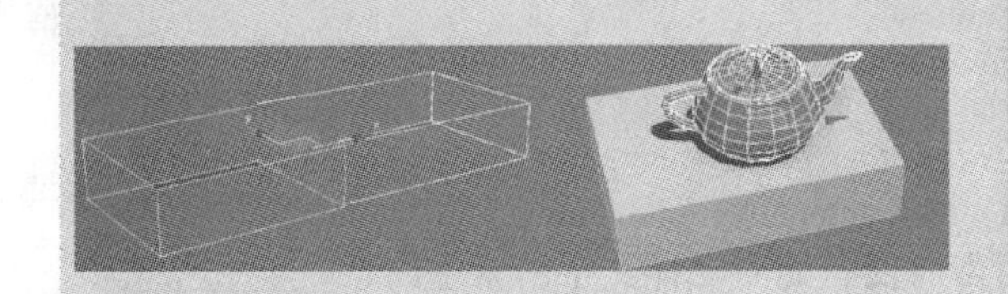

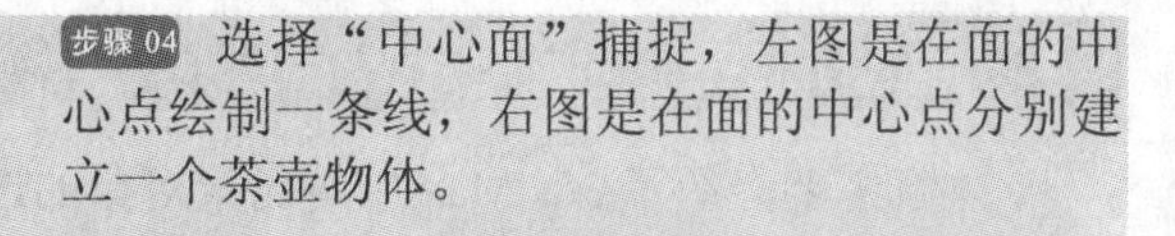

步骤 04 选择“中心面”捕捉，左图是在面的中心点绘制一条线，右图是在面的中心点分别建立一个茶壶物体。

步骤 05 选择“中点”捕捉，左图是以长方体的一条边的中点为圆心建立一个球体，右图是在长方体的中点建立相互垂直的两条线。

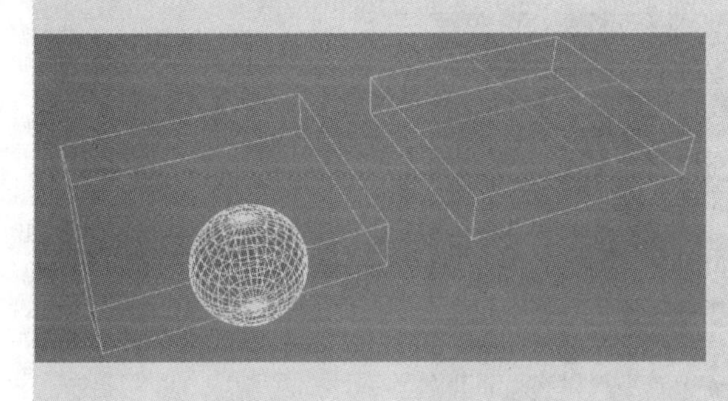

步骤 06 选择“端点”捕捉，左图是利用端点捕捉在长方体上表面建立一个圆，右图是在长方体一个边的两个端点上建立以端点为圆心的球体。

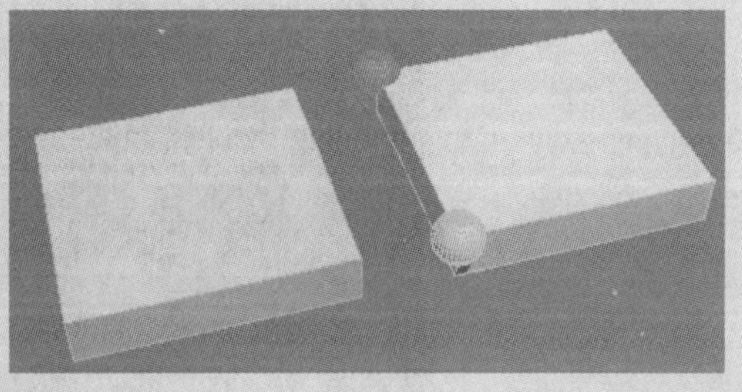

步骤 07 下面介绍两个平面捕捉的类型：“垂足”和“切点”捕捉类型。利用“垂足”捕捉可以建立一个矩形物体，它的 4 个点均在绿色的圆上；利用“切点”捕捉可以建立一条线与圆相切。

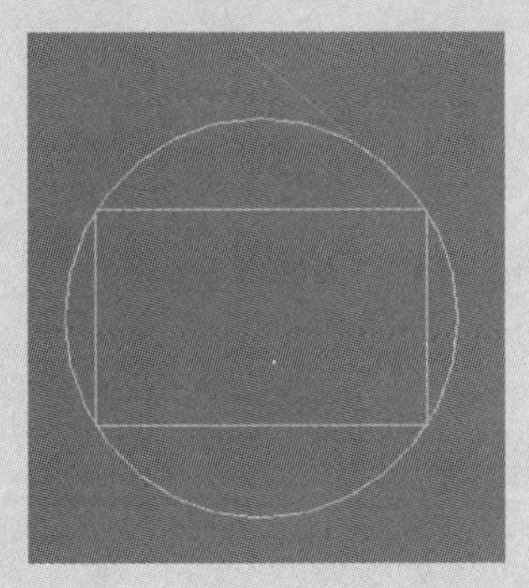

步骤 08 “轴心”和“边界框”两种捕捉类型不是很常用，它们主要用于一个物体与另一个物体的对齐。

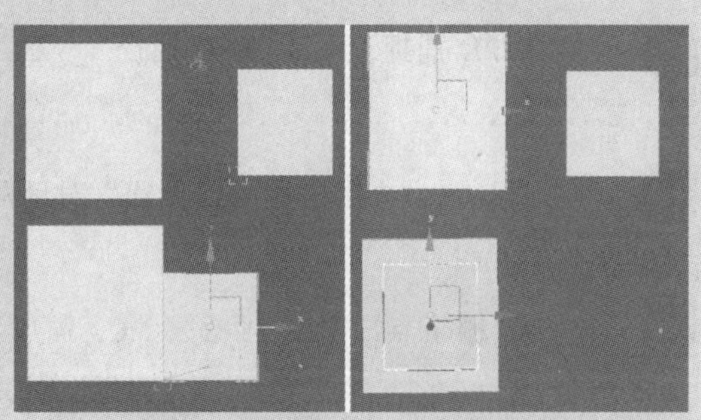

步骤 09 “栅格点”和“栅格线”捕捉类型主要用于直接在栅格上画线或者创建物体。

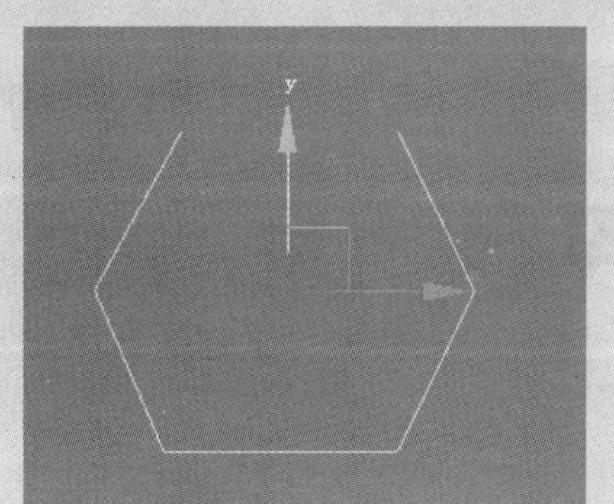

习题加油站

本章主要介绍了 3ds Max 中对场景对象的选择、移动、旋转和缩放，还学习了主工具栏中相关工具的使用，这些知识是建模和制作动画的基础。

设计师认证习题

Q 如图所示，使用下列哪种工具可以使当前视图朝向立体文字的紫色面？________。

A A. 快速对齐　B. 法线对齐　C. 对齐　D. 对齐摄影机

Q 通过哪种捕捉方式创建的对象绝对是在二维平面上分布的？________。

A A. 2D 捕捉　B. 2.5D 捕捉　C. 3D 捕捉　D. 都不能

Q 下列属于“栅格和捕捉设置”对话框的“捕捉”选项卡下的内容是________。

A A. 栅格点　B. 轴心　C. 顶点　D. 面

Q 当主工具栏上的某些工具按钮不能完全显示时，让其显示出来的最快捷方法是________。

A A. 重新启动 3ds Max 软件
B. 依据实际情况提高屏幕分辨率
C. 删除 3ds max.ini 文件，然后重新启动 3ds Max 软件
D. 安装最新版本的 3ds Max 软件

专家认证习题

Q 以下关于选择的描述错误的是 ＿＿＿＿＿＿。

A
A. 选择工具不可以选择冻结对象
B. 在选择对象后，可以通过空格键将对象进行冻结，以避免错误选择其他对象
C. 可以通过选择过滤器，对指定类型的对象进行选择。
D. 在选择过程中，可以配合 Alt 键对选择对象进行减选

Q 下面哪项操作可以快速选择场景中的紫色沙发模型 ＿＿＿＿＿。

A
A. 颜色选择　　B. 按名称选择　　C. 选择过滤器　　D. 材质选择

Q 如图所示，由左图得到右图需要使用“捕捉”工具。为了得到更精确的结果，在操作时必须开启 ＿＿＿ 功能。

A
A. 显示标记　　B. 使用轴约束　　C. 捕捉到冻结对象　　D. 显示橡皮筋

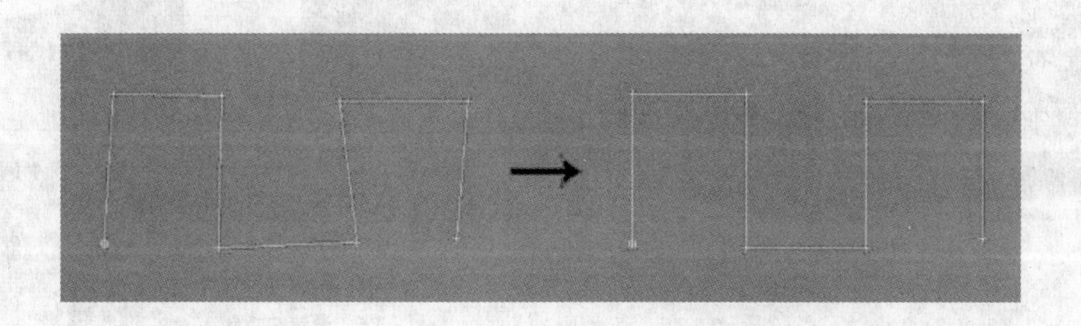

第3章 场景文件的管理和界面定制

内容提要：

大师作品欣赏:

这幅作品里鲜活的角色造型和逼真的场景，无不让读者眼前一亮，这都要归功于 3ds Max 贴图功能的强大。

这幅作品足以以假乱真，在造型方面几乎接近完美，而对最终效果的掌握上，贴图是功不可没的。

3.1 处理场景文件

对于制作一个三维场景，需要用户对场景文件进行整理保存和另存等操作，本节将详细介绍处理文件和各种三维模型文件的相关命令和方法。

3.1.1 解读项目文件夹

安装好 3ds Max 2012 后，会在系统安装盘的 Documents and Settings\ 用户名 \My Documents\3dsmax 路径下自动生成各种文件夹，这些文件夹包括 archives、autoback 等。在使用 3ds Max 2012 时，特定的操作会将文件默认应用到这些文件夹中。

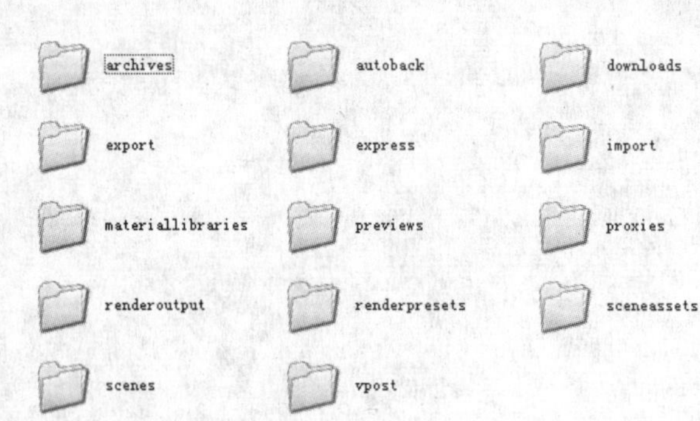

- archives（存档）：存档文件的路径。
- autoback（自动备份）：为自动备份文件设置默认路径，如果使用了“自动备份”功能，则可以使用该目录。
- downloads（下载）：i-drop 文件的路径。
- export（导出）：导出文件的路径。
- express（表达式）：表达式控制器使用的文本文件路径。
- import（导入）：导入文件路径。
- materiallibraries（材质库）：材质库文件的路径。
- previews（预览）：预览渲染的路径。
- proxies（代理）：代理文件的路径。
- renderoutput（渲染输出）：渲染文件输出路径。
- renderpresets（渲染预设）：渲染预设文件的路径。
- scenedssets（场景资源）：场景资源放置的路径。
- scenes（场景）：max 场景文件的路径。
- vpost：加载和保存 Video Post 队列的路径。

设置项目文件夹

单击界面右上角的应用程序图标，选择“管理”→“设置项目文件夹”命令，会弹出“浏览文件夹”对话框，可查看默认项目文件夹所在的位置。

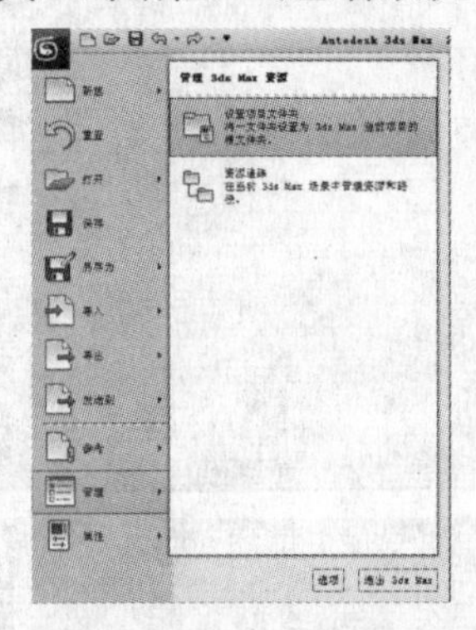

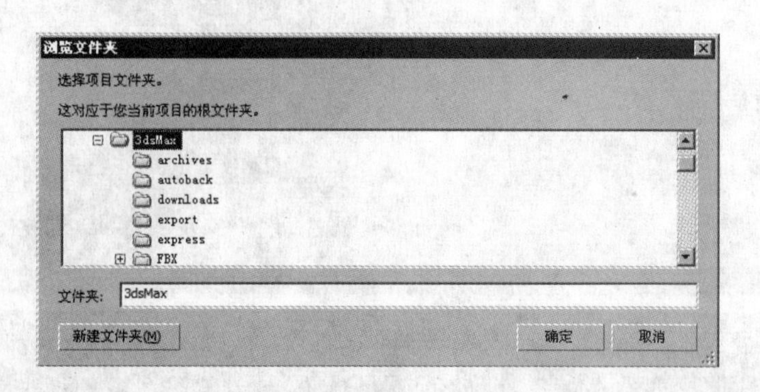

3.1.2 文件操作命令

3ds Max 的默认场景文件格式为 max，可通过程序直接保存下来，是 3ds Max 的保存、合并等命令直接默认的文件格式，也可以通过导入等命令将其他格式的几何体文件转换为 .max 格式。

1. 保存

使用“保存”命令，可通过覆盖上次保存的场景版本更新场景文件。如果之前没有保存此场景，则此命令的工作方式与“另存为”命令相同。

动手演练 | 文件的保存

步骤 01 选择“文件”→“打开”命令（光盘文件\第 3 章\保存文件 .max）。

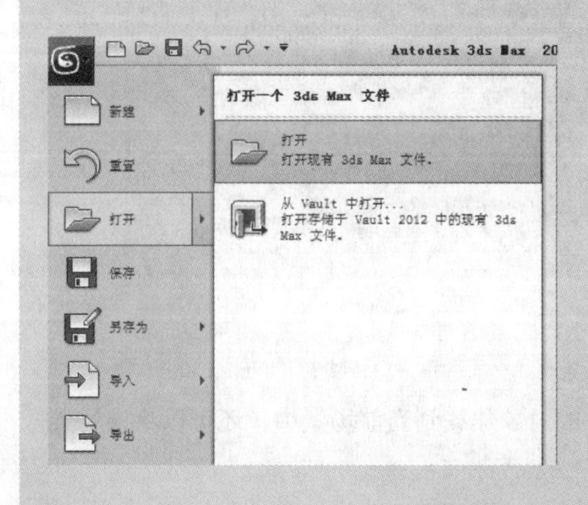

步骤 02 在“打开文件”对话框中选择 05.max 场景文件。

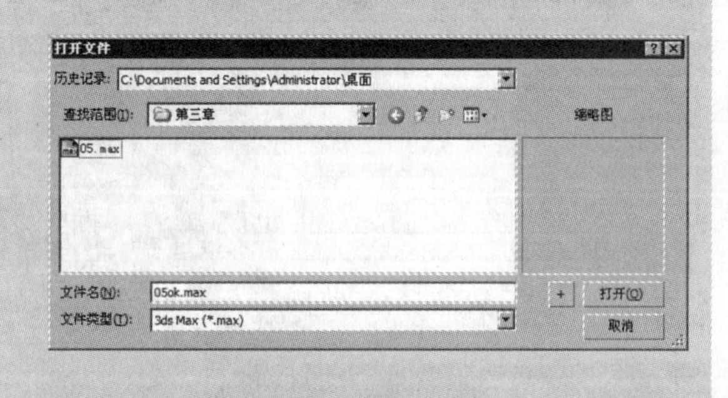

步骤 03 单击“打开”按钮，打开选择的场景文件，可观察到该场景中包含的 3ds Max 对象。

步骤 04 在菜单栏中选择“另存为”→“另存为”命令。

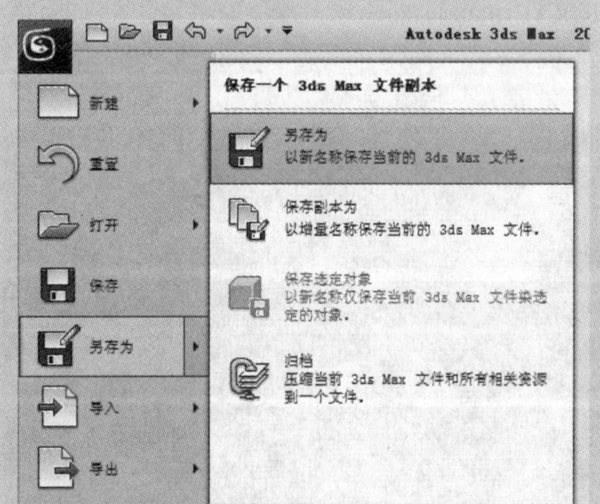

步骤 05 在“文件另存为”对话框中，可将当前场景文件进行重新命名并保存。

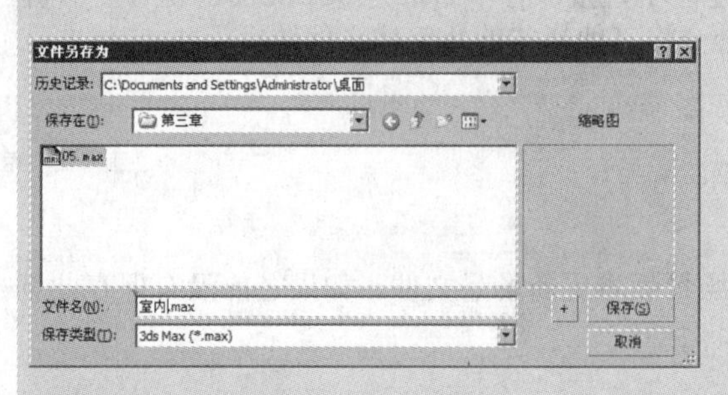

步骤 06 在场景中任意选择部分对象，然后在菜单栏中选择“另存为”→“保存选定对象”命令。

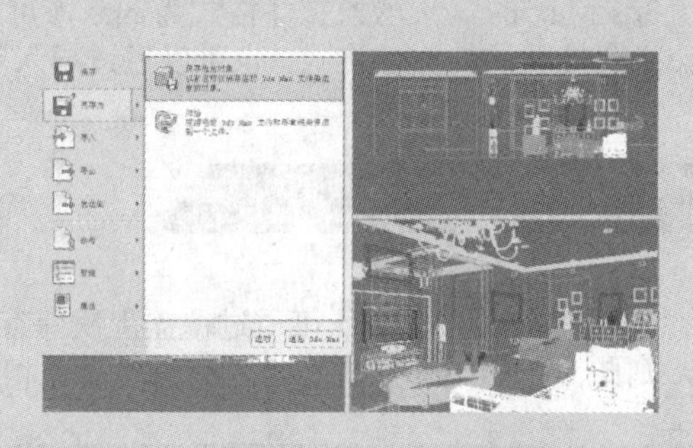

步骤 07 在“文件另存为”对话框中对场景文件重新命名，并进行保存。

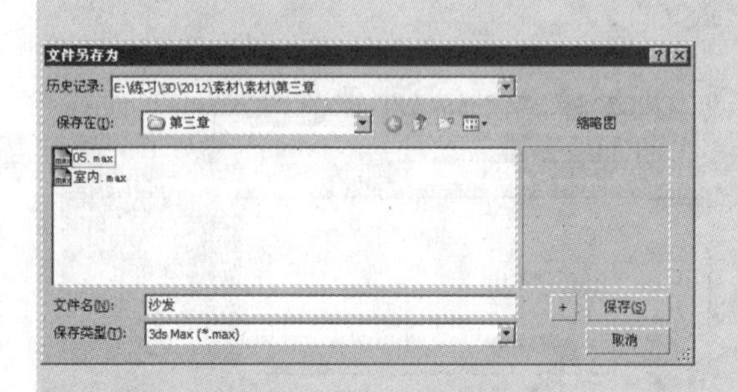

步骤 08 打开另存的“沙发”场景文件，可观察到场景中只有保存时所选择的对象。

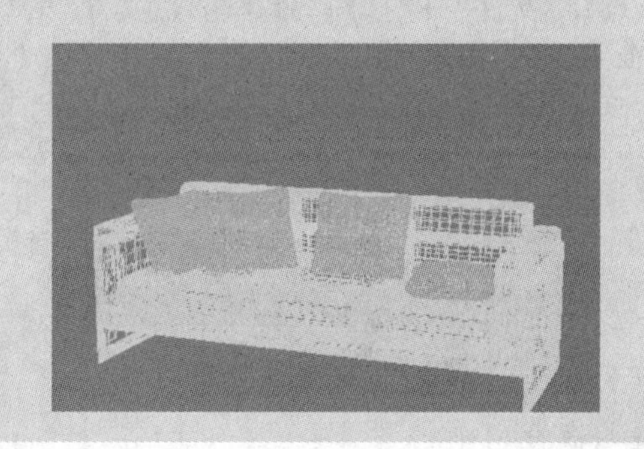

2. 合并

使用“合并”命令，可以将保存的场景文件中的对象加载到当前场景中，还可以将该场景合并到另一个场景中。

动手演练 | 合并文件

步骤 01 打开一个场景文件（光盘文件\第3章\合并文件.max）。

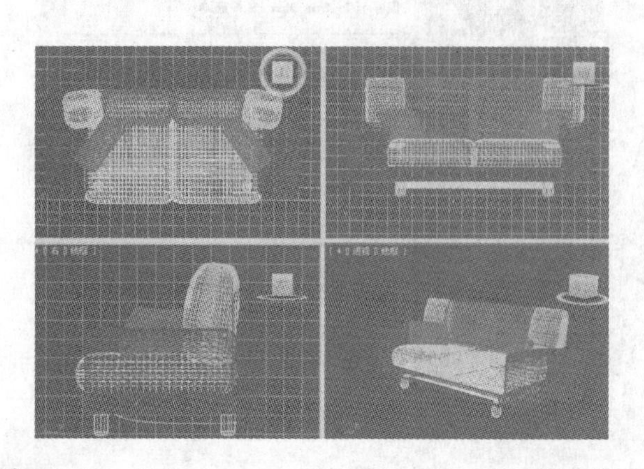

步骤 02 选择“导入”→“合并”命令。

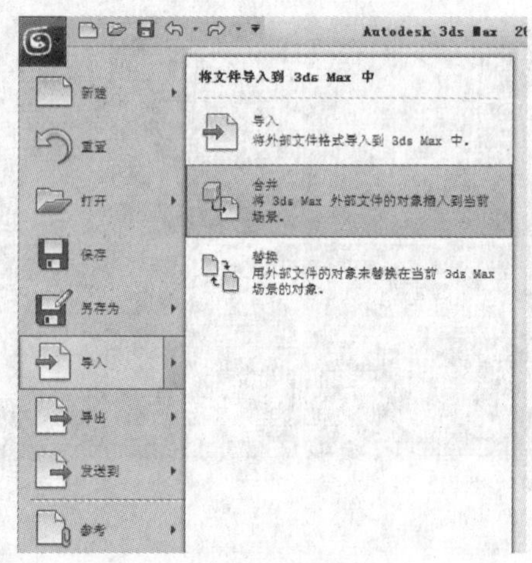

步骤 03 在“合并”对话框中，选择要合并的场景文件 Sofa03.max，可以在列表框中选择需要合并的场景对象。

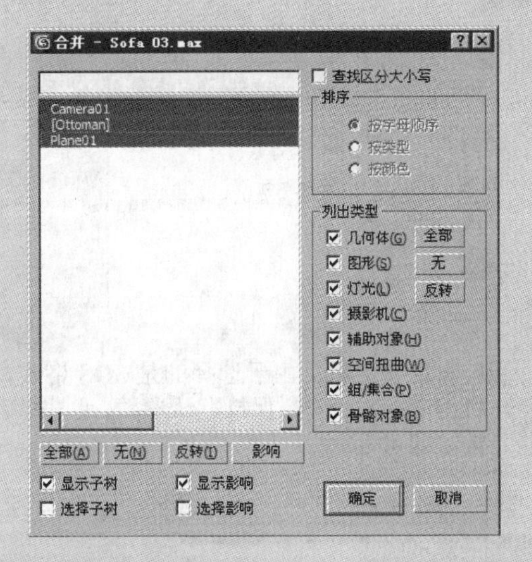

步骤 04 如果要合并的对象与当前场景中的对象发生了重名现象，将弹出“重复命名”对话框，进行相关操作即可。

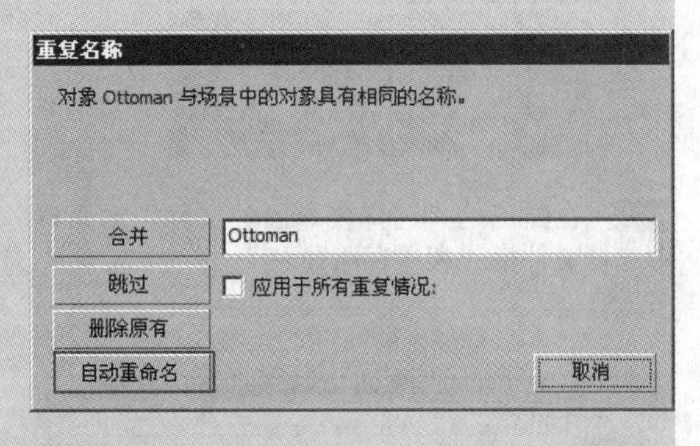

步骤 05 如果材质有重名，会弹出“重复材质名称”对话框。

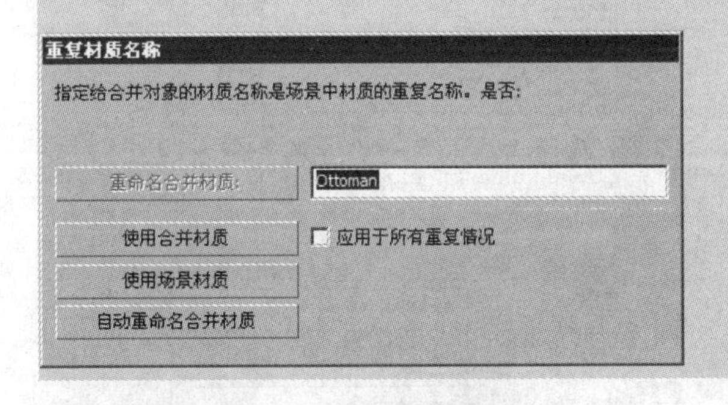

步骤 06 完成所有操作后，选择的场景对象被合并到当前场景中。

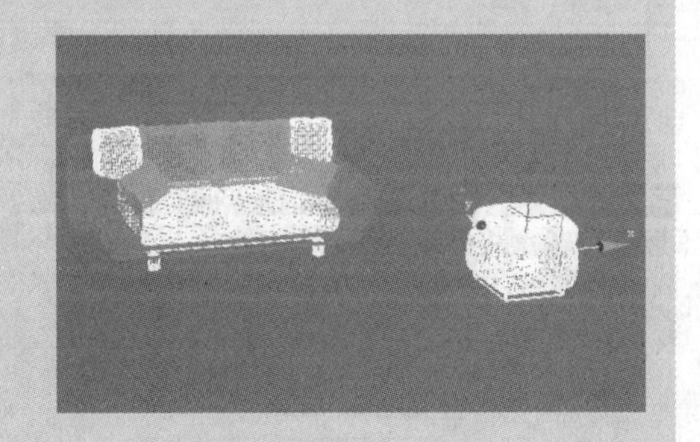

3. 导入和导出

使用“导入”命令，可以加载或合并不是 3ds Max 场景文件的几何体文件。使用“导出”命令，可以采用各种格式转换和导出 3ds Max 场景。

- 3DS 是 3D Studio（DOS）网格文件格式。当导入 3DS 文件时，可以将导入的对象与当前场景合并，或完全替换当前场景。
- PRJ 是 3D Studio 项目文件格式。当导入 PRJ 文件时，可以将导入的对象与当前场景合并，或完全替换当前场景。
- AI 是 Adobe Illustrator（AI88）文件。当导入 AI88 文件时，3ds Max 将多边形转换为图形对象。
- SHP 是 3D Studio 图形文件格式。SHP 文件包含使用 3D Studio 中的 2D Shaper 创建的多边形。当导入包含多个图形的 SHP 文件时，3ds Max 提供了以下选择：要么将所有图形合并为一个对象，要么生成多个导入对象。
- DWG 是在 AutoCAD、Autodesk Revit 和 AutoCAD Architecture、AutoCAD Mechanical 等软件中创建的图形文件的主要格式。该文件格式是用于导入和导出 AutoCAD 图形文件的二进制格式。

动手演练 | 导入和导出文件

步骤 01 打开场景文件（光盘文件 \ 第 3 章 \ 导入和导出文件 .max）。

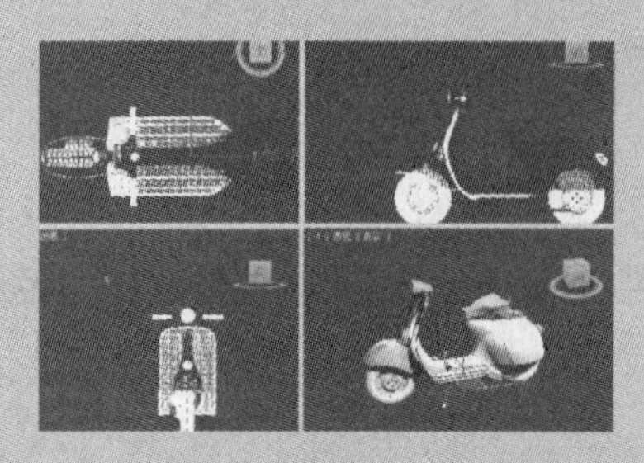

步骤 02 在菜单栏中选择“导出”→“导出”命令。

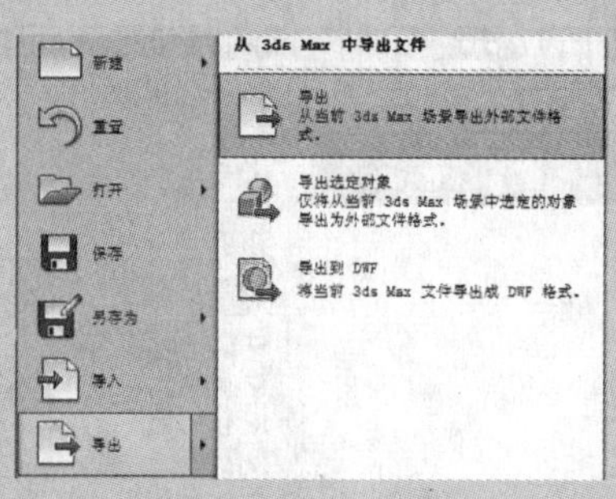

步骤 03 在弹出的“选择要导出的文件”对话框中选择文件格式和保存路径。

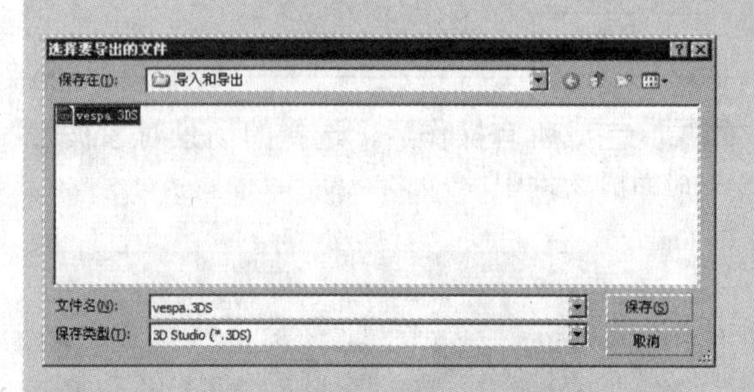

步骤 04 确定导出后，由于选择的是 3DS 格式，会开启相应的对话框，保持默认参数，单击“确定”按钮即可。

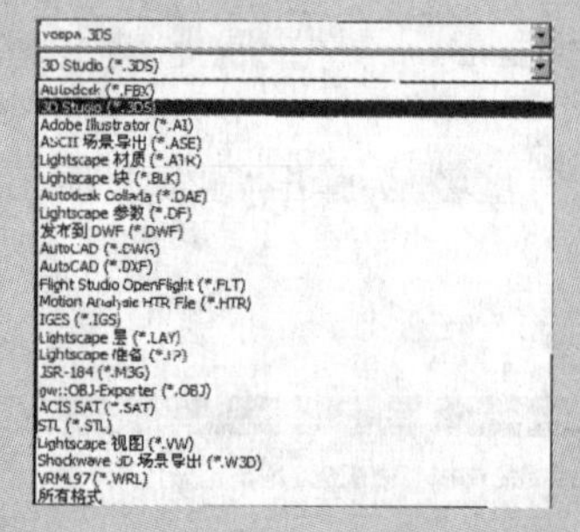

步骤 05 在菜单栏中选择“新建”→“新建全部”命令，新建一个场景。

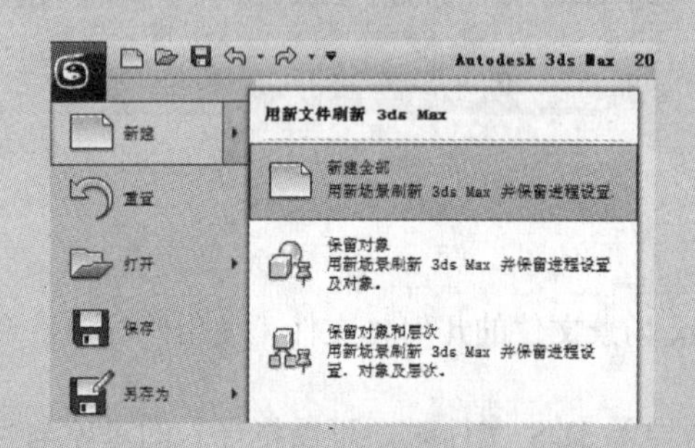

步骤 06 选择“导入”→“导入”命令。

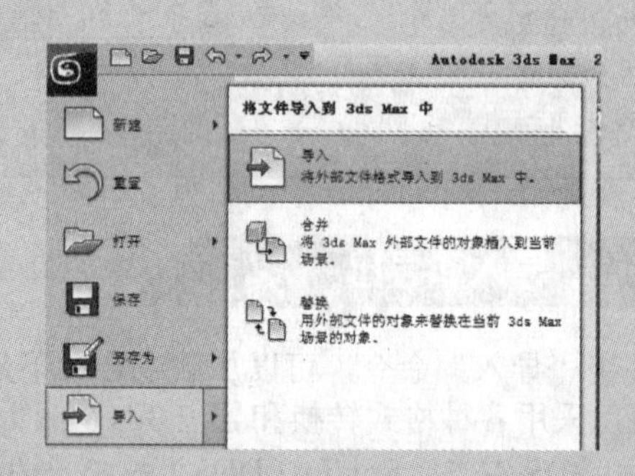

步骤 07 在弹出的“选择要导入的文件”对话框中选择之前导出的 3DS 格式文件。

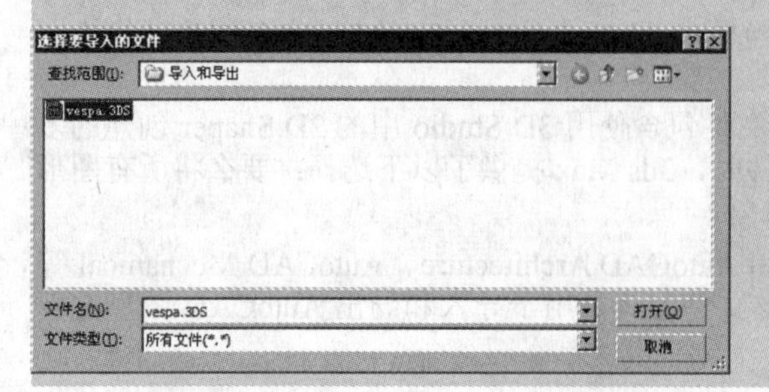

步骤 08 在导入 3DS 文件时，会弹出“3DS 导入”对话框，保持对话框中的默认参数，单击“确定”按钮。

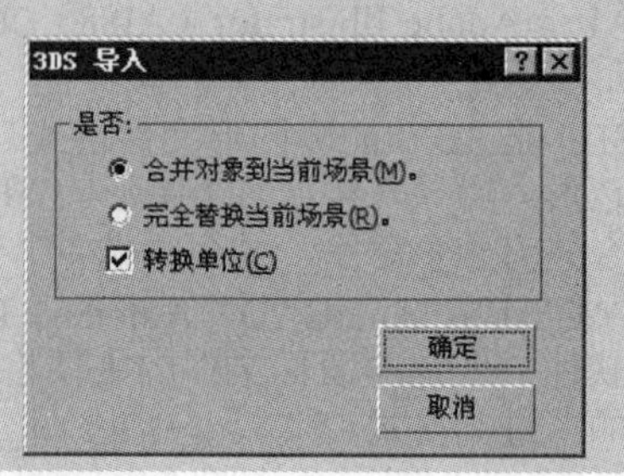

步骤09 完成导入后，可观察到之前导出的场景模型被引入到场景中。

3.2 常用文件处理工具

在3ds Max中，可以通过一系列文件处理工具来操作、管理场景文件，如资源浏览器、位图/光度学路径编辑器等。

3.2.1 资源浏览器

使用“资源浏览器”，从桌面上就可以编辑万维网上的内容。在其内部，可以浏览Internet查找纹理示例和产品模型，包括位图纹理（BMP、JPG、GIF、TIF和TGA），以及几何体文件（MAX、DWG等）。

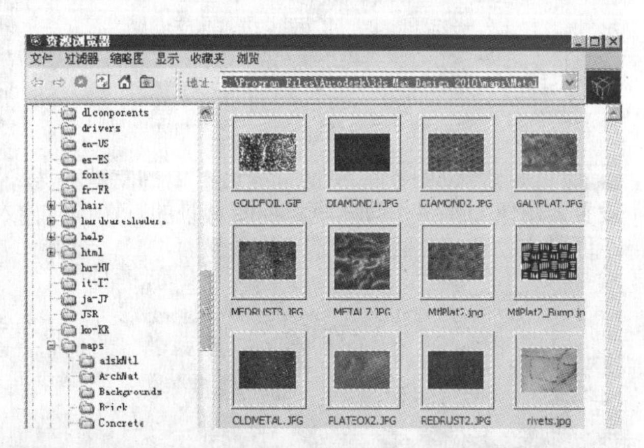

动手演练 | 资源浏览器的应用

步骤01 打开3ds Max，切换到“实用程序”面板。

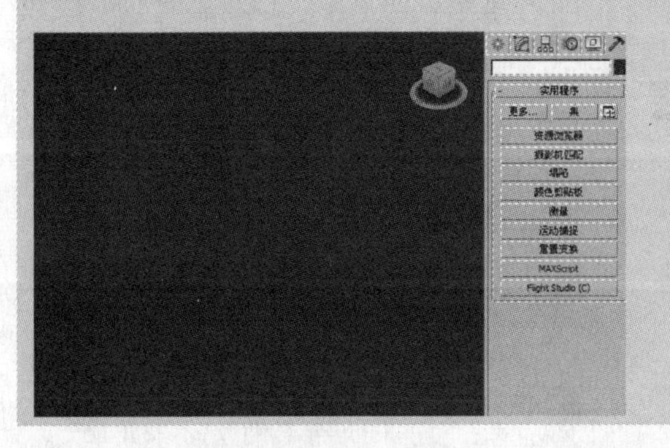

步骤02 单击“资源浏览器”按钮，可打开相应的窗口。

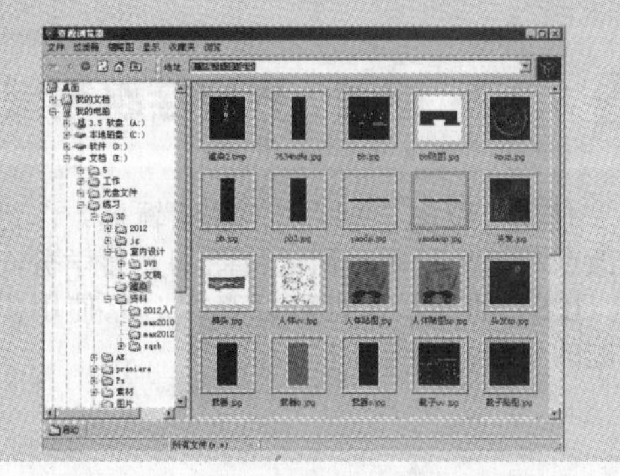

步骤 03 在“资源浏览器”的左侧目录中，可以选择本地或网络计算机的访问路径。

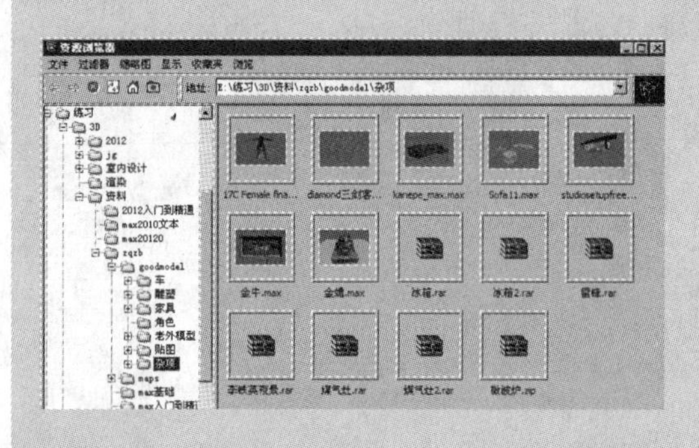

步骤 04 用鼠标右键单击其中的一个图像文件，在弹出的快捷菜单中选择“查看”命令。

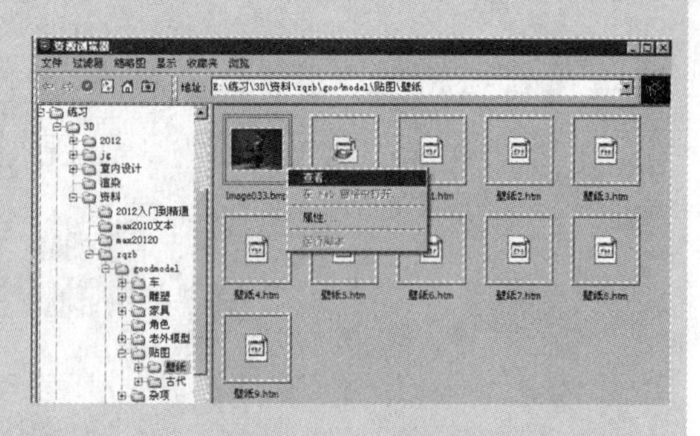

步骤 05 选择快捷键菜单命令后，选择的图像文件会通过帧缓存器打开。

步骤 06 选择图像文件，将其拖动到视图中，会开启“位图视口放置”对话框。

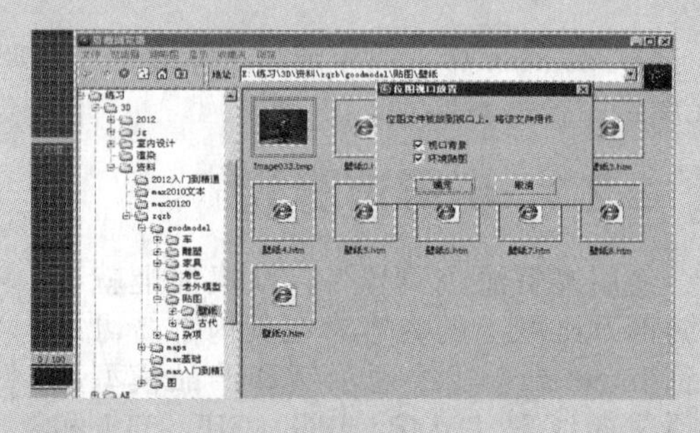

步骤 07 保持“位图视口放置”对话框中的默认设置，图像文件将作为环境和视图背景的贴图。下面是在“透视”视图中显示的效果。

步骤 08 在“资源浏览器”的“地址”文本框中输入网址，即可访问 Internet。

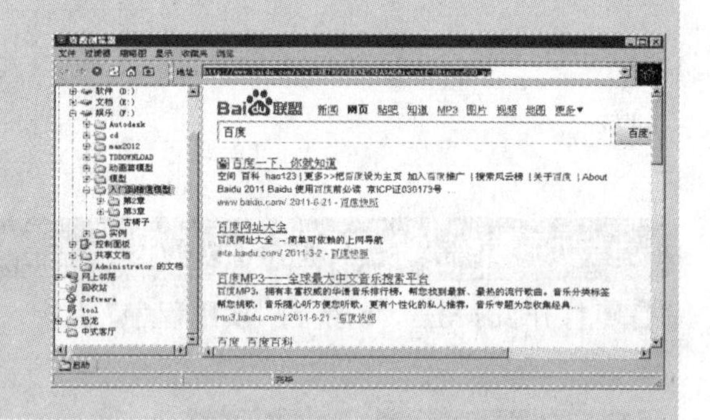

3.2.2 位图 / 光度学路径编辑器

使用“位图 / 光度学路径编辑器”，可以更改或移除场景中使用的位图和光度学分布文件（IES）的路径，也可以查看对象使用出现问题的资源。

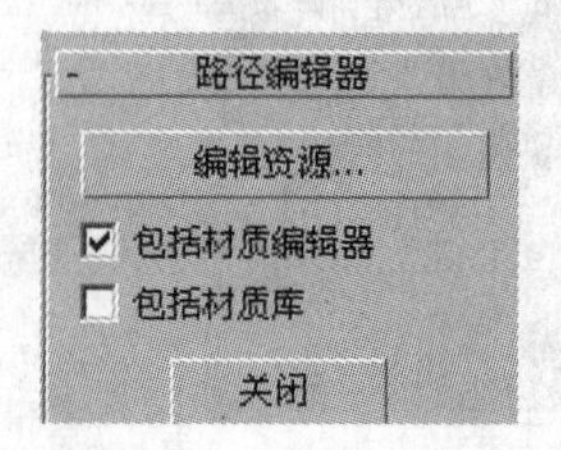

- 编辑资源：单击以显示“位图 / 光度学路径编辑器”对话框，该工具的大多数功能由此对话框提供。
- 包括材质编辑器：当勾选该复选框时，“位图 / 光度学路径编辑器”对话框显示“材质编辑器”中材质及指定给场景中对象的材质，默认设置为勾选状态。
- 包括材质库：当勾选该复选框时，“位图 / 光度学路径编辑器”对话框显示当前材质库中的材质及指定给场景中对象的材质，默认设置为禁用状态。

动手演练 | 查看和编辑文件

步骤 01 在“工具”面板中单击“更多”按钮。

步骤 02 开启“实用程序”对话框，在列表框中选择“位图 \ 光度学路径”选项。

步骤 03 通过选择列表框中的工具，在“命令”面板中可开启“路径编辑器”卷展栏。

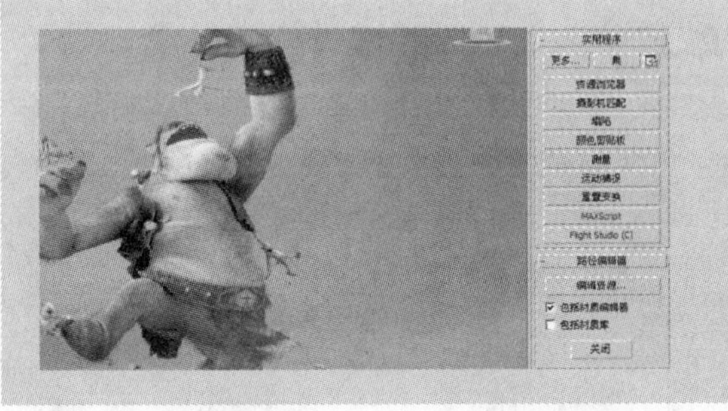

步骤 04 单击“编辑资源”按钮，打开“位图 / 光度学路径编辑器”对话框，在对话框中可对具体位图或光度学文件的详细信息进行查看和编辑。

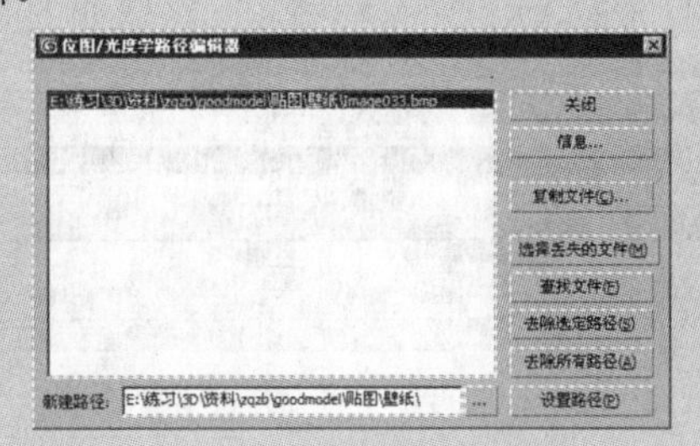

3.2.3 MAX 文件查找程序

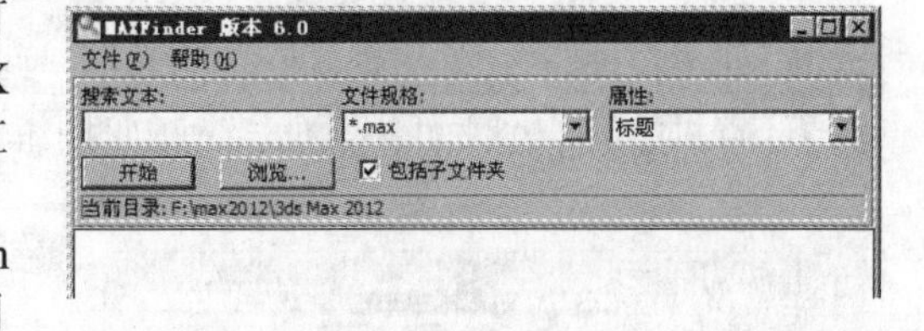

使用 MAXFinder（MAX 文件查找程序），可以搜索包含特定属性的 MAX 文件。例如，MAX 文件查找器可以搜索硬盘驱动器上所有包含“粉红地毯”材质的 MAX 文件。

使用 raymtl.dlt 插件可以，搜索 D:\Program Files\max2012\Autodesk\3ds Max2012 目录及其子目录查找所有 MAX 文件。

该工具有两种格式：标准工具和独立可执行程序。两种格式的使用方法相同。

- “文件”菜单

重置：清除以前找到的任意文件的列表框。

退出：退出应用程序。

- “帮助”菜单

关于：显示查找程序搜索文件时所播放的有用信息。在其对应对话框处于活动状态时，可以继续在背景中进行搜索。

程序窗口

搜索文本：指定要搜索的文本。如果将此字段留为空白，则将查找包含指定属性的所有文件。

文件规格：指定要搜索的文件类型。预定义的文件类型是 *.max。当然，可以输入不同的文件类型，如 *.dwg。要搜索所有文件，需使用 *.*。在下次运行查找器时，将还原此列表中当前选定的选项。

属性：指定要搜索的属性。使用“全部”选项，可搜索任何属性。

开始：激活搜索。在搜索过程中，按钮标题将切换为“取消”。单击“取消”按钮，即可终止搜索。

浏览：使用标准的 Windows“浏览文件夹”对话框指定搜索目录。

包括子文件夹：当勾选此复选框时，查找程序将搜索当前目录和所有子目录。禁用此复选框之后，将只搜索当前目录。

文件列表：列出所有找到并匹配当前搜索条件的文件。

动手演练 | MAXFinder 的应用

步骤 01 打开操作系统的“开始”菜单，在 3ds Max 的程序目录下选择 MAXFind 选项。

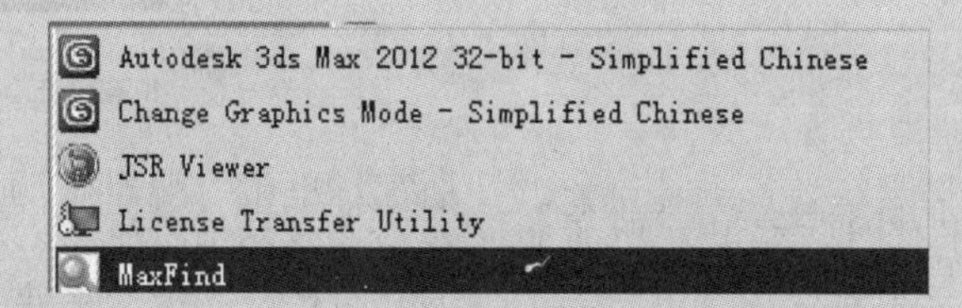

步骤 02 打开 MAXFinder 程序，其窗口如下图。

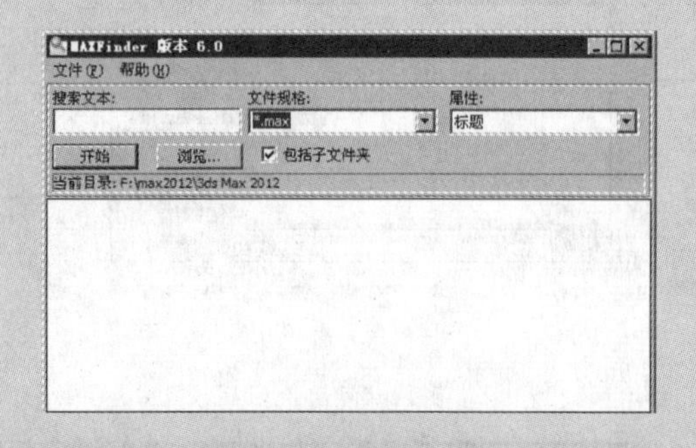

步骤 03 在其中单击“浏览”按钮。

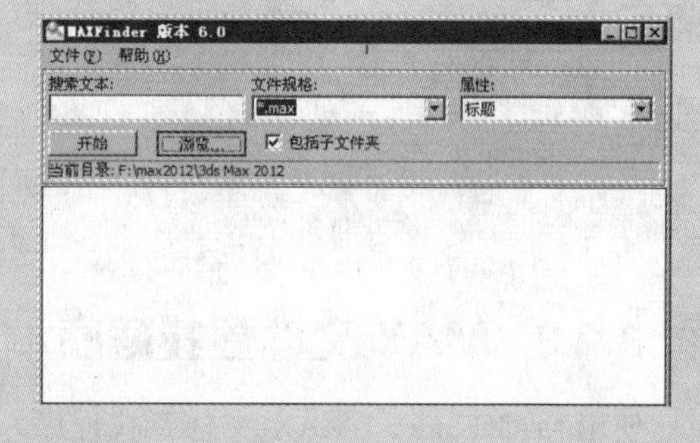

步骤 04 在弹出的“浏览文件夹”对话框中选择本地计算机中的一个文件夹，单击“确定”按钮。

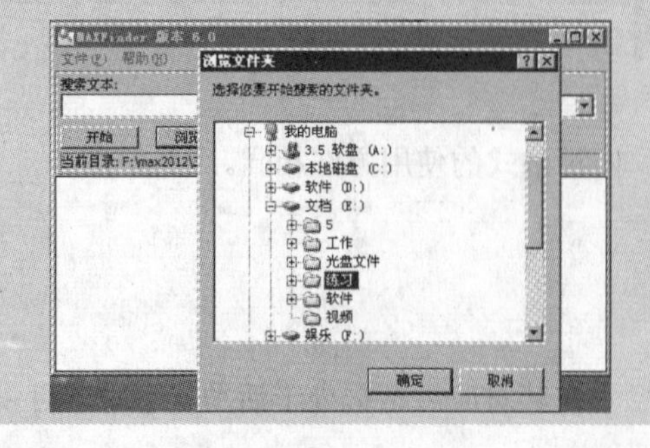

步骤 05 单击“开始”按钮，系统开始在选择的文件夹中查找 MAX 场景文件。

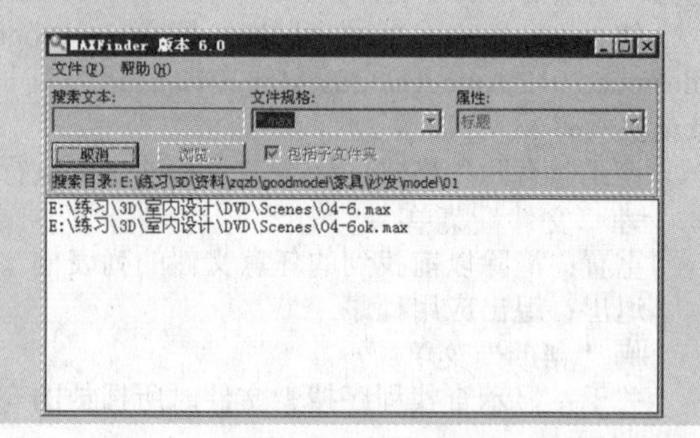

步骤06 双击任意一个搜索结果，可开启相应的对话框，在对话框中可查看到该场景文件的基本信息和具体内容。

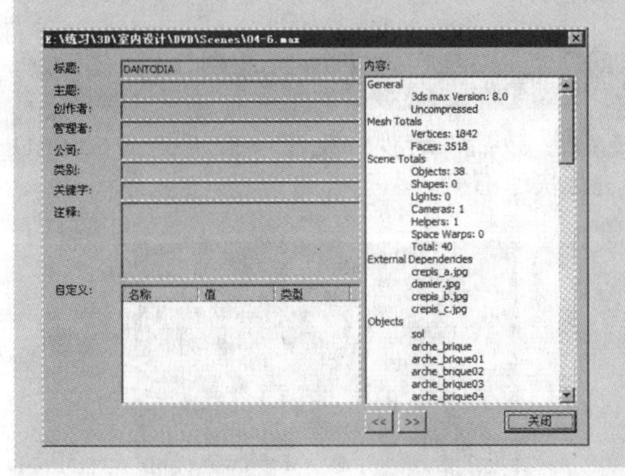

步骤07 在“文件规格”下拉列表框中选择 *.Tif 文件格式，则搜索结果都是 Tif 图像格式文件。

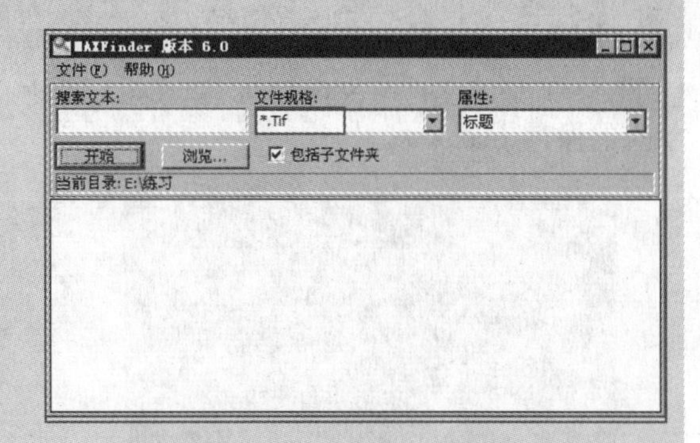

3.3 场景的管理

场景通常通过层来管理，使用场景管理器，可以使复杂的场景变得易于管理。

3.3.1 场景状态的应用

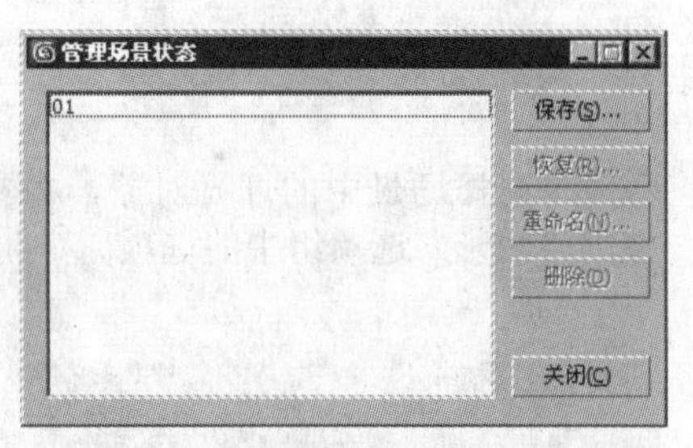

场景状态功能提供了一种用于快速保存场景条件的方法。具有各种灯光、摄影机、材质、环境和对象属性的场景状态，可以随时恢复并进行渲染，从而为模型提供多种插值。

通过“管理场景状态”对话框，可以保存和恢复场景状态，还可以快速对比不同的参数设置如何影响每个场景的外观。由于场景状态与 MAX 文件一同保存，同一个设计队伍中的每个人都能容易地访问它。

场景状态还可以进行不同场景设置实验，而不必每次更改时还要保存整个 MAX 文件。这意味着对同一个模型进行不同条件的渲染时，不需要打开和关闭文件。同时，场景状态不会增加文件的大小。

- 灯光属性：对于每个灯光或光源的参数，比如颜色、强度和阴影设置，随场景记录。
- 灯光变换：记录每个灯光的变换，比如位置、方位和缩放。
- 对象属性：记录每个对象的“当前对象属性”值，包括“高级照明”和 mental ray 中的设置。
- 摄影机变换：记录每个摄影机的变换模式，比如位置、方位和缩放。
- 摄影机属性：记录每个摄影机的参数，比如 FOV 和景深，包括由摄影机修正修改器所做的任意修正。
- 层属性：当保存场景状态时，在“层属性”对话框中记录每个层的设置。
- 层指定：记录每个对象的层指定。

- 材质：记录场景中使用的所有材质和材质指定。
- 环境：记录环境和大气效果设置，如背景、环境光和色彩颜色；“全局照明”的级别；“环境贴图”是打开还是关闭状态；“曝光控制”卷展栏参数设置等记录。

动手演练 | 场景状态的保存

步骤 01 打开场景文件（光盘文件 \ 第 3 章 \ 场景状态的保存 .max）。

步骤 02 激活“透视”视图，按快捷键 Shift+Q 进行快速渲染。

步骤 03 在场景中单击鼠标右键，弹出四元菜单，选择“保存场景状态”命令。

步骤 04 在弹出的“保存场景状态”对话框中，保持默认参数的设置，并为当前状态保存结果命名。

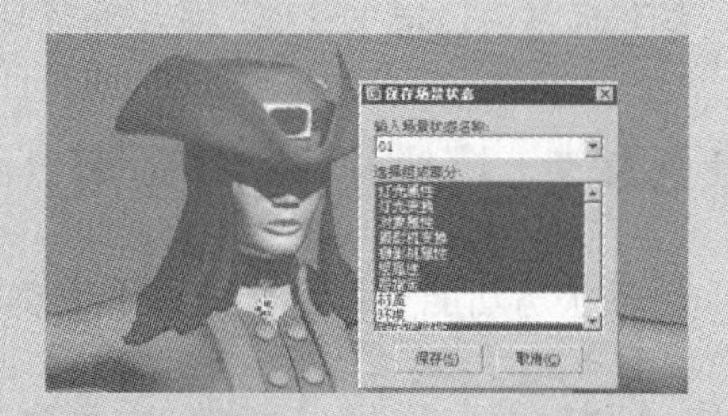

步骤 05 选择场景中的灯光对象，在参数面板中禁用“阴影”选项组中的选项。

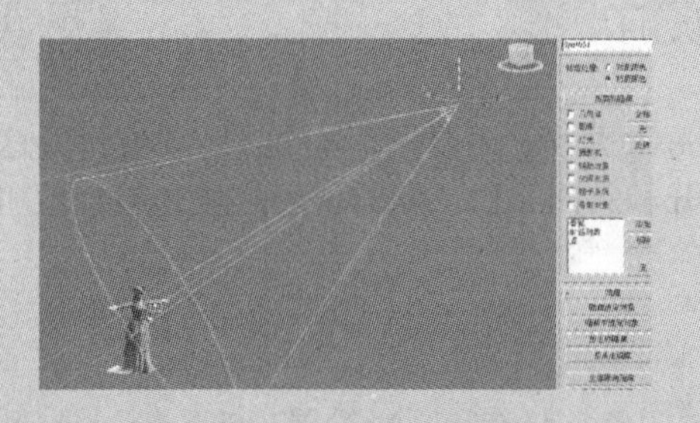

步骤 06 再次通过快捷键 Shift+Q 进行快速渲染，可观察到场景的渲染效果。

步骤 07 选择四元菜单中的“恢复场景状态”命令，选择之前保存过的场景状态。

步骤 08 经过再次渲染，可观察到场景恢复了灯光阴影的效果。

3.3.2 层的应用

层就像透明的叠加，可以用于组织和组合不同类型的场景信息。创建的对象拥有一些常用属性，包括颜色、渲染性和显示。对象可以在创建它的层上采用这些属性。

使用层可以使场景中信息的管理变得更容易。层主要用于控制场景中对象的可见性，同时控制对象的线框视口和 冻结对象的隐藏状态及它们的光能传递属性。

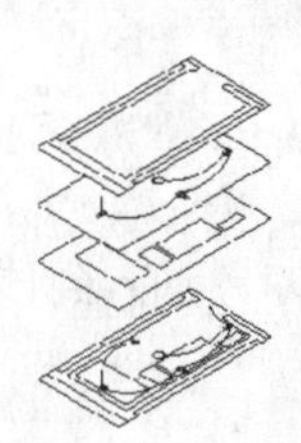

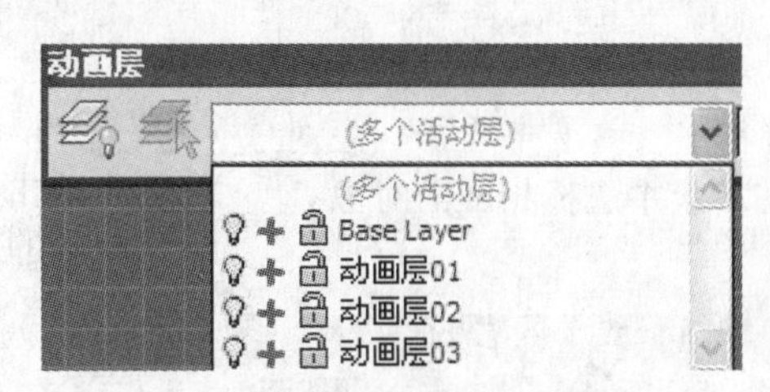

“层管理器”对话框：可通过无模式的“层管理器”对话框（可从主工具栏访问）创建和删除层，还可以查看和编辑场景中所有层的设置，以及与其相关联的对象。使用此对话框，可以指定光能传递解决方案中的名称、可见性、渲染性、颜色及对象和层的包含。

“层属性”对话框：“层属性”对话框类似于“对象属性”对话框。可以在此处更改渲染、运动模糊并显示一个或多个选定层的设置。另外，也可以通过更改高级照明设置，隐藏或冻结一个或多个选定层。

层列表：可以通过层工具栏使用层列表，该列表显示层的名称及其属性。单击属性图标，即可控制层的属性。只需从列表中将其选中，即可使层成为当前层。

新建层：使用“新建层”将创建一个新层，该层包含当前选定的对象。新层名称将自动生成（Layer01、Layer02 等），但可以通过“层管理器”对话框进行更改。

将当前选择添加到当前层：使用“将当前选择添加到当前层”可以将当前对象移动至当前层。

选择当前层中的对象：使用“选择当前层中的对象”将选择当前层中包含的所有对象。

设置当前层为选择的层：使用“设置当前层为选择的层”可将当前层更改为包含当前选定对象的层。

动手演练　利用层管理场景

步骤 01 打开场景文件（光盘文件 \ 第 3 章 \ 层管理场景 .max）。

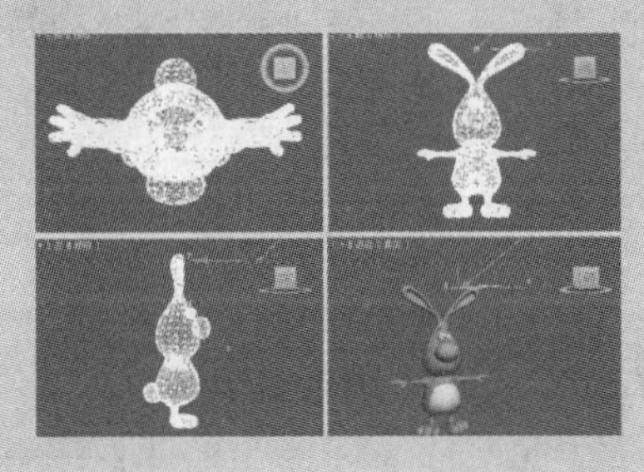

步骤 02 在主工具栏上单击鼠标右键，在弹出的快捷菜单中选择“层”命令。

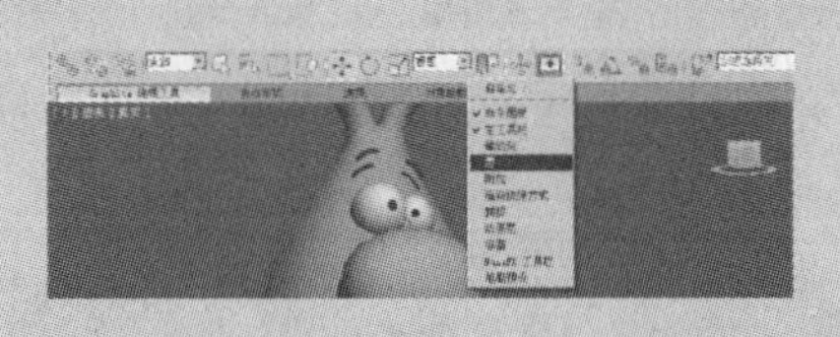

步骤 03 在“层”工具栏中，打开列表可看到场景已经建立的层。

步骤 04 在列表中任意启用一个层的“隐藏”属性，该层中的所有对象将在场景中隐藏。

步骤 05 打开层管理器，查看场景中所有对象的基本属性及各个层的状态。

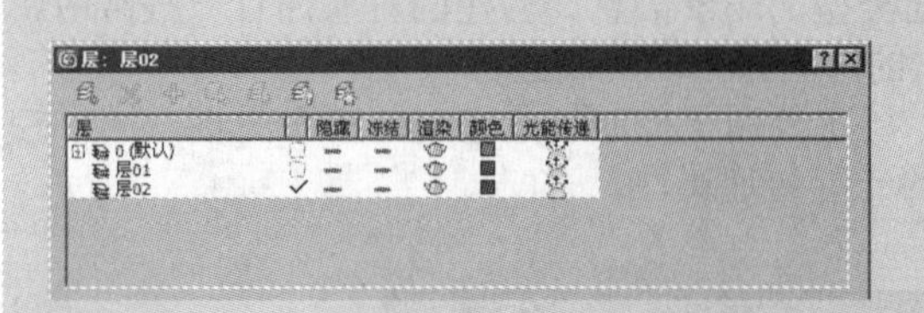

步骤 06 单击“创建新层”按钮，创建一个新层，并进行重命名。

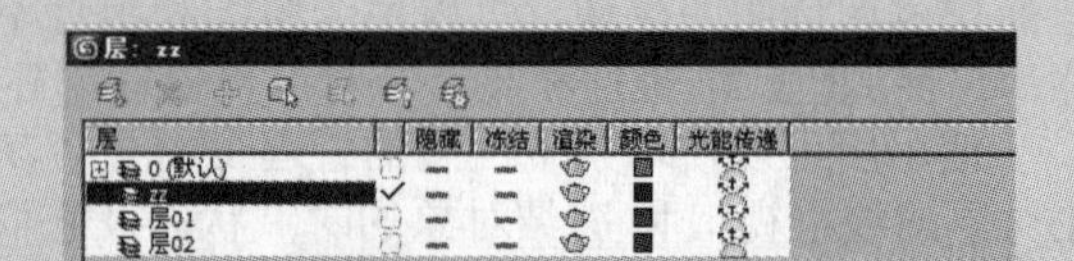

步骤 07 选择对象的名称，单击“选择高亮对象和层”按钮，在场景中选择相应的对象。

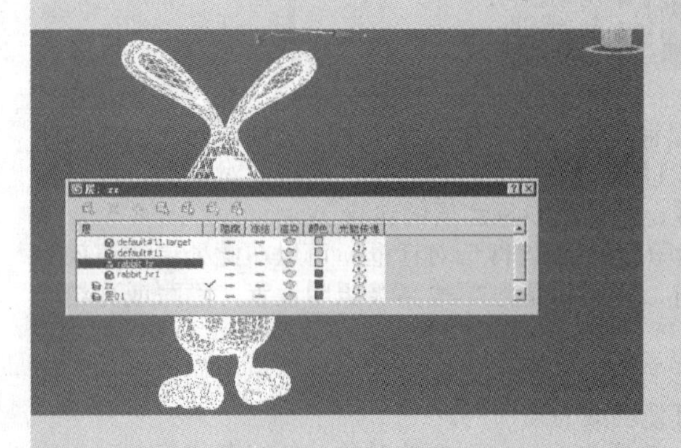

步骤 08 保持场景对象为选中状态，在创建的新层中单击“添加选定对象到高亮层”按钮，将相应的对象加入到该层中。

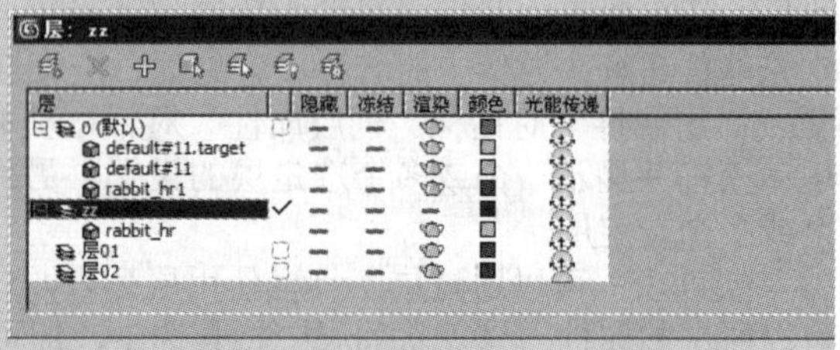

3.3.3 容器资源管理器的应用

“容器资源管理器”是一个无模式窗口，用于查看、排序和选择容器及其内容。它可以提供场景资源管理器的全部功能，以及“容器”工具栏上与容器相关的命令。

在“容器资源管理器”中，显示一组默认的列标题，以提供有关容器及其内容的信息，以及对其进行编辑的方法。

使用场景时，可通过“工具”→“打开资源管理器：容器资源管理器”（或“打开容器资源管理器”）命令打开“容器资源管理器”窗口。

动手演练 | 容器资源管理器的使用

步骤 01 打开场景文件（光盘文件 \ 第 3 章 \ 场景资源管理器 .max）。

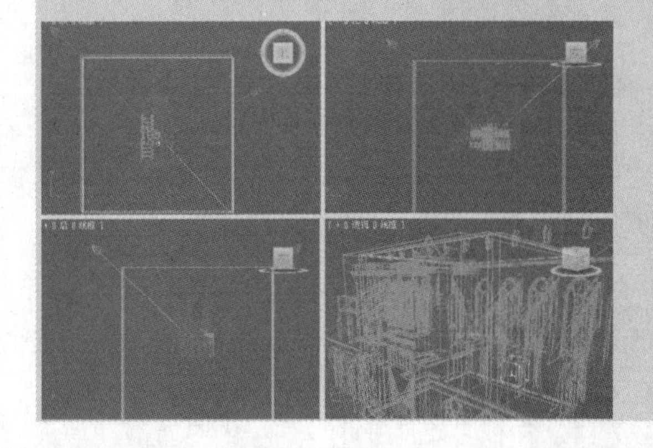

步骤 02 在菜单栏选择“工具”→“打开容器资源管理器”命令。

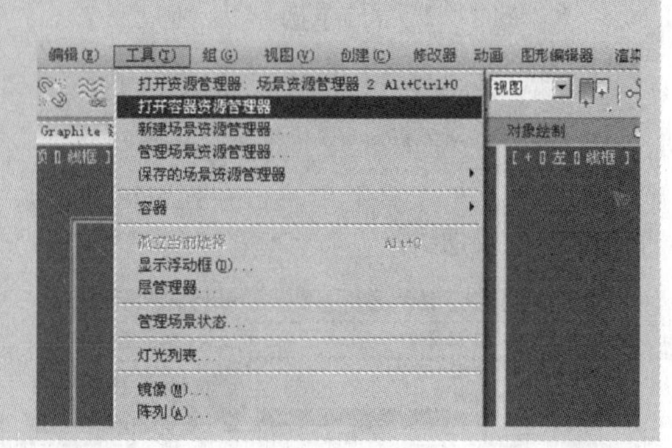

步骤 03 激活“容器资源管理器”窗口。

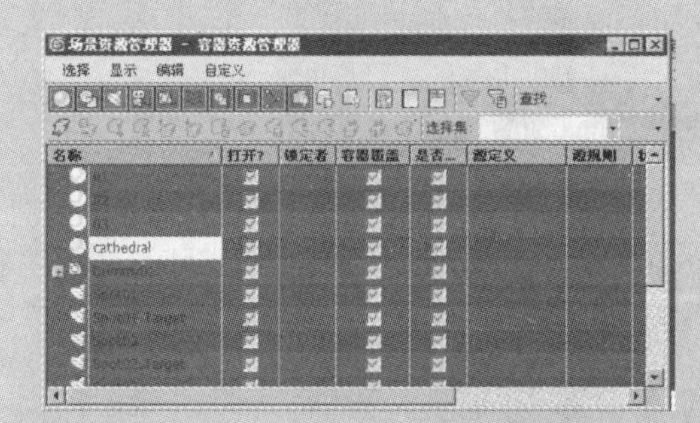

步骤 04 在该窗口中取消“显示摄影机”按钮、“显示辅助对象”按钮和“几何体”按钮等的激活，相应的对象将不被显示。

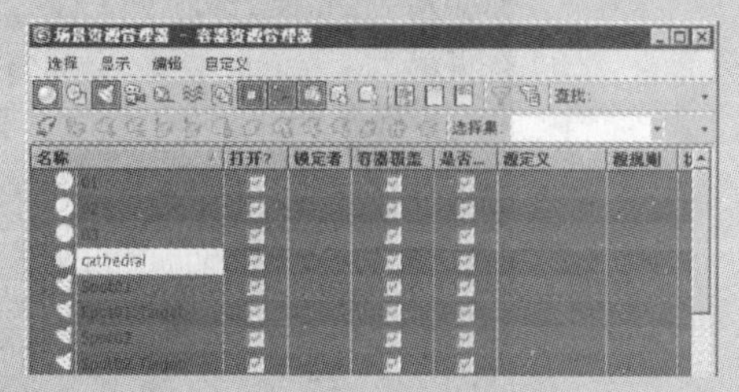

步骤 05 在列表中选择对象名称并单击，可直接更改对象的名称。

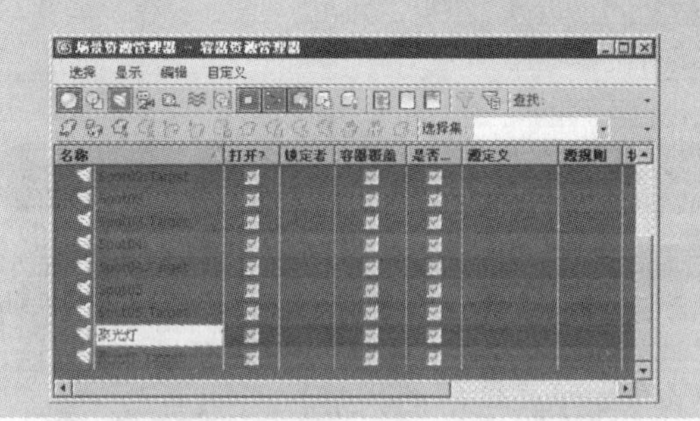

步骤 06 如果创建了多个场景管理器，可以在其中进行切换。在场景管理器中只保持场景对象显示参数的控制，不会影响场景对象的设置。

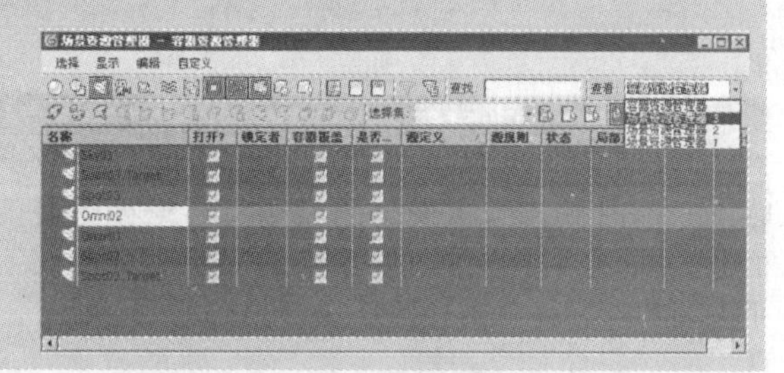

3.4 图解视图

图解视图是基于节点的场景图，通过它可以访问对象的属性、材质、控制器、修改器、层次和不可见场景关系，如关联参数和实例。在主工具栏上单击“图解视图（打开）”按钮，会打开“图解视图”窗口。

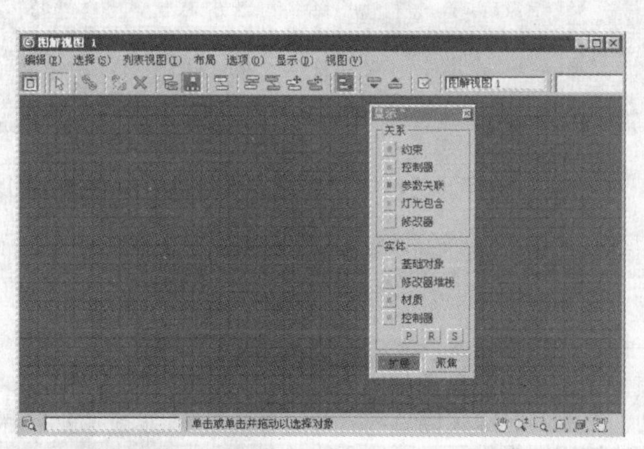

1. 显示命令面板

默认情况下，3ds Max 的命令面板是打开的，命令面板由 6 个用户界面面板组成。使用这些面板可以直接访问 3ds Max 的大多数建模功能，以及一些动画功能、显示选择和其他工具。每次只有一个面板可见，要显示不同的面板，单击命令面板顶部的选项卡即可。

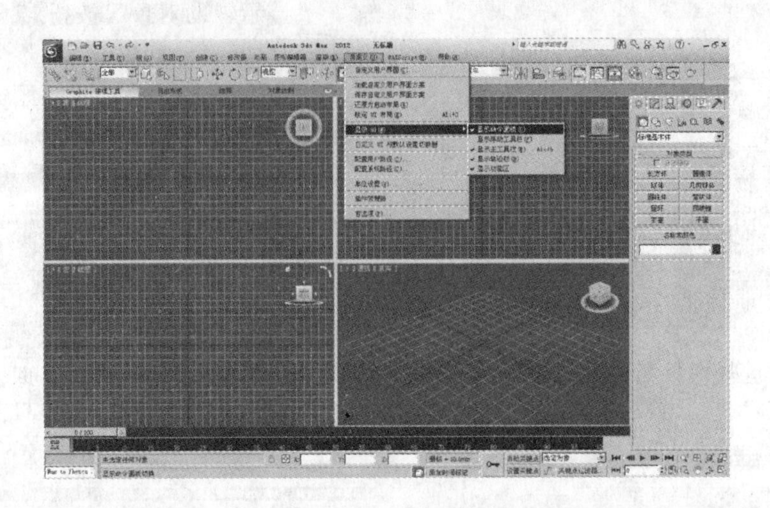

动手演练 | 显示命令面板的介绍

步骤 01 有时候，为了操作的需要，要求视图最大化，可以参照设置，取消勾选显示命令面板的复选框。

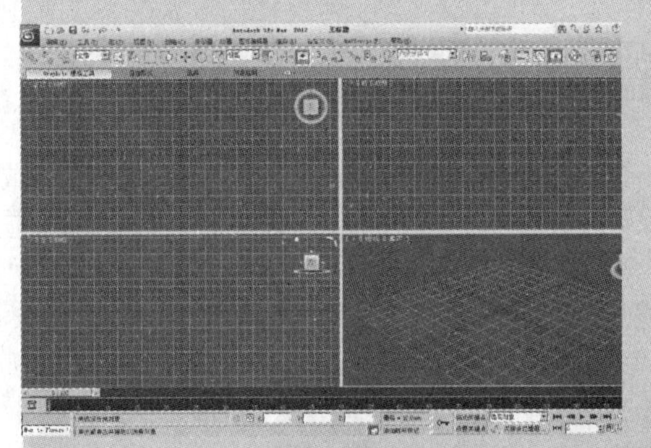

步骤 02 选择“自定义”→“显示 UI”→“显示浮动工具栏”命令，显示浮动的工具栏。浮动工具栏包括“层”工具栏、“笔刷预设”工具栏、“容器”工具栏和“动画层”工具栏等。

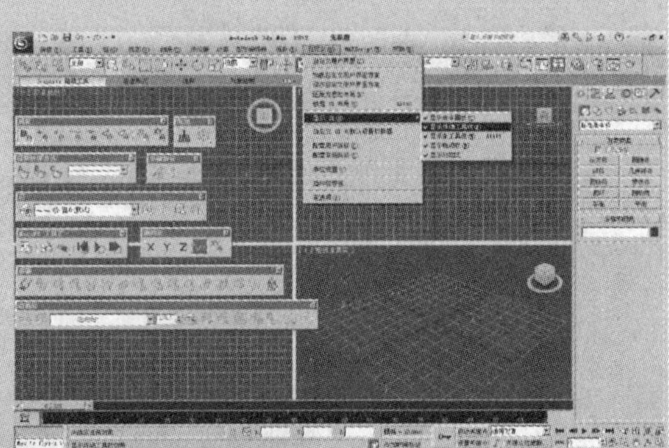

步骤 03 默认情况下，主工具栏是打开的，主工具栏几乎包括了所有操作的快捷方式。

步骤 04 轨迹栏位于时间滑块和状态栏之间。轨迹栏提供了显示帧数（或相应的显示单位）的时间线。这为移动、复制和删除关键点，以及更改关键点属性的轨迹视图提供了一种便捷的替代方式。选择一个对象，可以在轨迹栏上查看其动画关键点。轨迹栏还可以显示多个选定对象的关键点。默认情况下，轨迹栏是打开的。

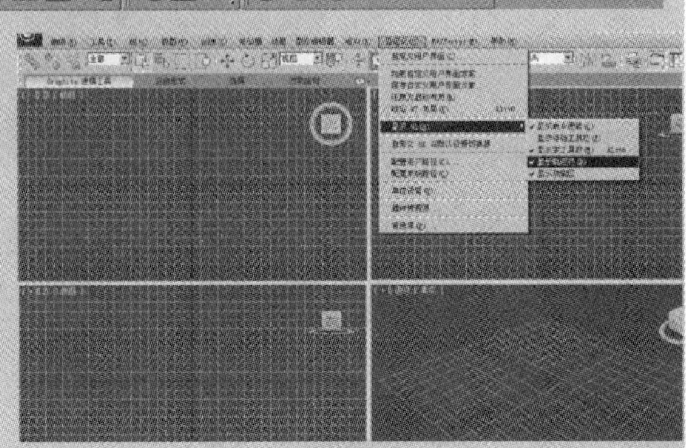

步骤 05　如果选择物体后，物体本身的修改器过多，此时可以用鼠标拖动命令面板进行调整，这样过长的修改器会在右侧的面板中显示出来。

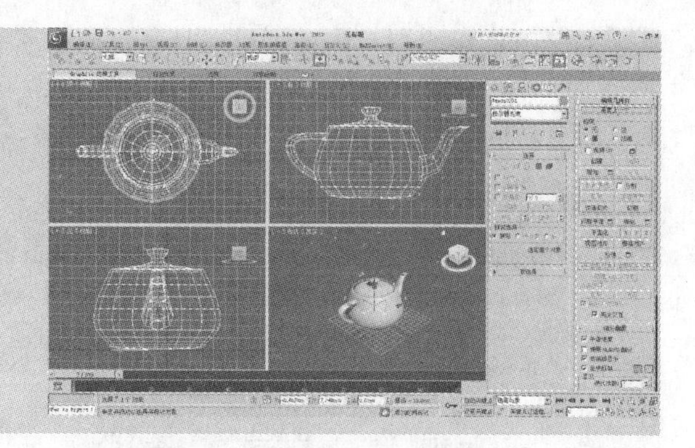

2. 使用自定义用户界面功能

使用 3ds Max 中的自定义用户界面的功能，通过逐项隐藏所选项，可创建自己的专家模式。专家模式是唯一一种可一次性隐藏所有可隐藏项的快速方式。可指定键盘快捷键来隐藏和取消隐藏命令面板、工具栏等，然后在专家模式中使用它们。也可在专家模式中使用四元菜单快速访问工具。单击“取消专家模式”按钮，可以退出专家模式。

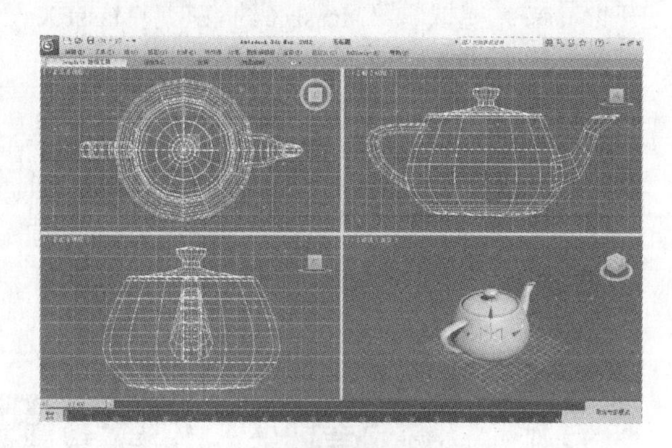

用鼠标右键配合键盘也可以打开很多右键菜单，帮助用户快速找到一些工具和命令。比如，右击可以打开“显示”和“变换”菜单。

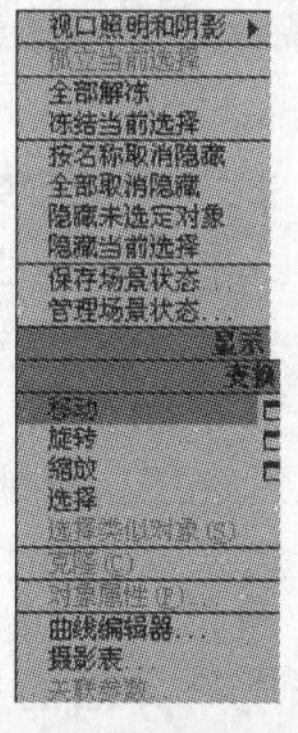

动手演练　自定义用户界面

步骤 01　Ctrl 键配合鼠标右键，可以打“基本几何体”和“变换”菜单，从而很方便地建立一些比较常用的几何物体。

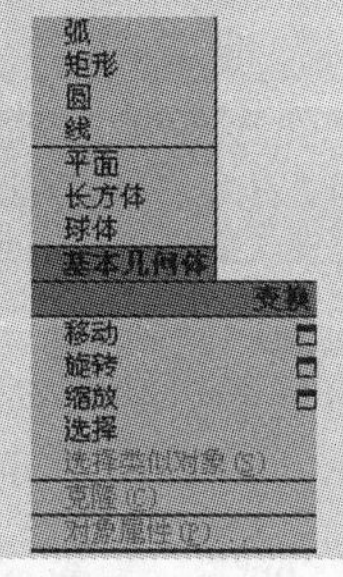

步骤 02　Alt 键配合鼠标右键，可以打开“变换”、“坐标”、“姿势”和“设置”菜单。

步骤 03 Shift 键配合鼠标右键，可以打开“捕捉选项”、“捕捉覆盖”和“捕捉切换”菜单。

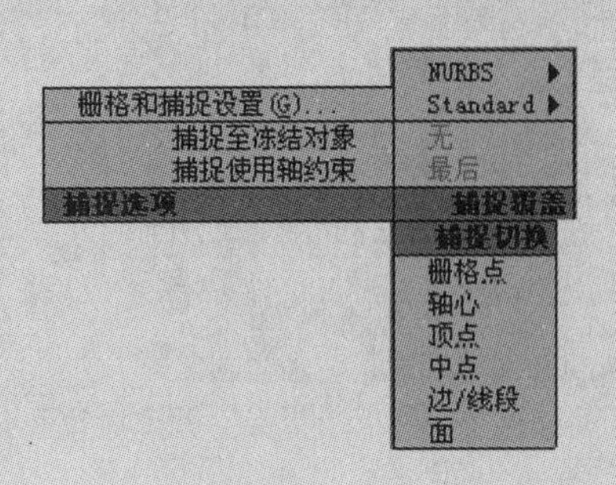

步骤 04 Ctrl+Alt 快捷键配合鼠标右键，可以打开“工具”、“渲染”和“渲染控制属性”菜单。

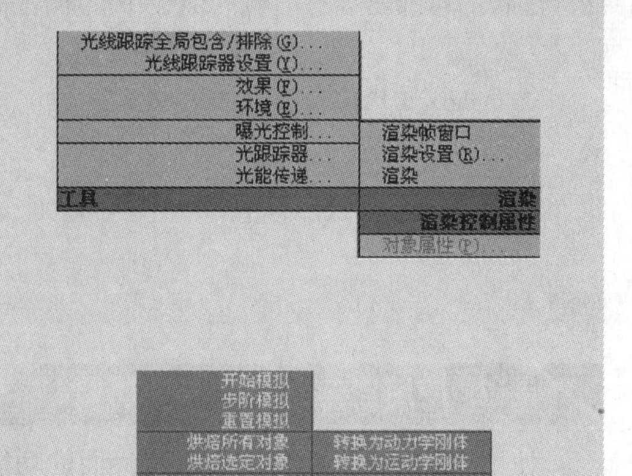

步骤 05 Shift+Alt 快捷键配合鼠标右键，可以打开“MassFX 模拟”、“MassFX 约束”、“MassFX 对象”和“MassFX 工具 ”菜单。

3.5 设置快捷键

3ds Max 本身定义了很多快捷键，对很多常用操作设置了键盘快捷键。如果要修改或添加新的快捷键，则可以通过“自定义用户界面”对话框中的“键盘”选项卡执行此操作。

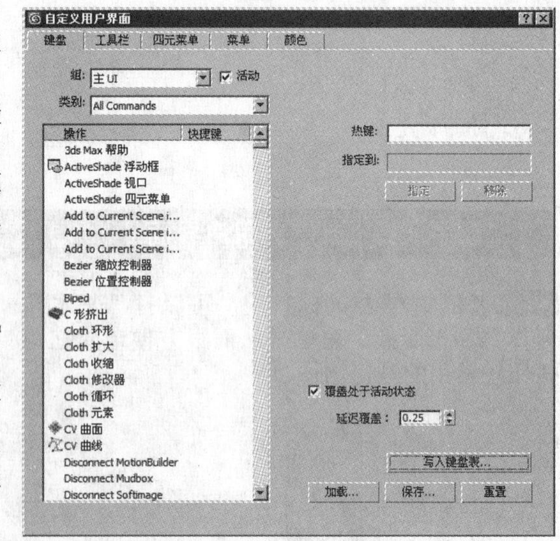

- 组：显示一个下拉列表，从该列表中可以选择要自定义的上下文，例如主UI、轨迹视图、材质编辑器等。
- 活动：切换特定于上下文的键盘快捷键的可用性。启用该复选框后，可以在整个用户界面的上下文之间使用重复的快捷键。例如，A 既可以是“主UI”中“捕捉角度”切换的快捷键，也可以是“将材质指定给选定对象”的快捷键（当在“材质编辑器”中执行操作时）。禁用此复选框之后，为上下文定义的快捷键不可用，默认设置为启用。
- 类别：显示一个下拉列表，该列表中列出了所选上下文用户界面操作的所有可用类别。
- 操作：显示选定组（上下文）和类别的所有可用操作和快捷键。
- 热键：用于输入键盘快捷键。输入快捷键后，“指定”按钮处于活动状态。
- 指定：当在“热键”文本框中输入键盘快捷键时激活此按钮。单击“指定”按钮之后，其将快捷键信息传送到该对话框左侧的“操作”列表中。

- 移除：移除对话框左侧的“操作”列表上选定操作的所有快捷键。
- 写入键盘表：显示“将文件另存为”对话框。单击此按钮，可将对键盘快捷键所做的任何更改保存到可以打印的 TXT 文件中。
- 加载：显示“加载快捷键文件”对话框。使用此按钮，可将自定义快捷键从 KBD 文件中加载到场景中。
- 保存：显示“保存快捷键文件为”对话框。使用此按钮，可将对快捷键所做的任何更改保存到 KBD 文件中。
- 重置：单击此按钮，将对快捷键所做的任何更改重置为默认设置。

3.5.1 自定义工具

本节主要学习如何自主调用和设置 3ds Max 的工具，可以通过“自定义用户界面”对话框中的“工具栏”选项卡执行此操作。

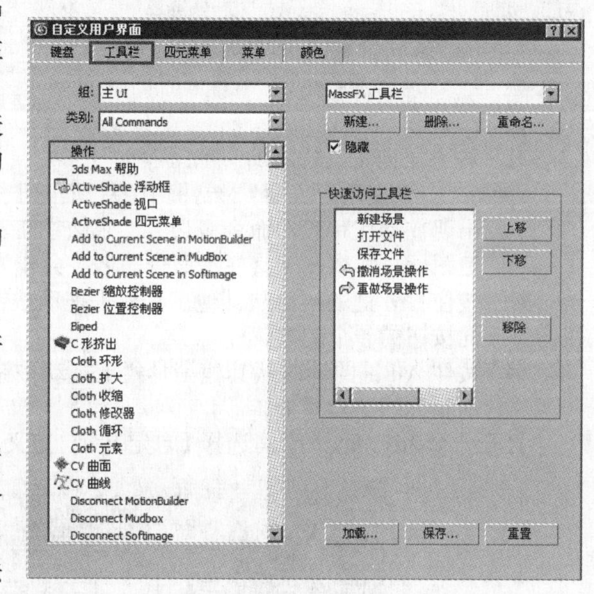

- 组：显示一个下拉列表，从该列表中可以选择要自定义的上下文，例主 UI、轨迹视图、材质编辑器等。
- 类别：显示一个下拉列表，该列表列出了所选上下文用户界面操作的所有可用类别。
- “操作”列表：显示所选组和类别的所有可用操作。
- “工具栏”列表：显示轴约束、附加、层和 Reactor 工具栏，以及使用“新建”按钮创建的其他任何工具栏。
- 新建：显示“新建工具栏”对话框。输入要创建的工具栏的名称，然后单击“确定”按钮，即可新建一个工具栏，新工具栏作为小浮动框出现。创建新工具栏后，有 3 种方法可以添加命令。
  - 在“自定义用户界面”对话框的“工具栏”选项卡中，从“操作列表”中拖动操作到工具栏上。
  - 按住 Ctrl 键的同时从其他工具栏上拖动按钮到新建的工具栏，这样会在新建的工具栏上创建此按钮的一个副本。
  - 按住 Alt 键的同时从其他工具栏上拖动按钮到新建的工具栏，这样会将按钮从原工具栏中移动到新建的工具栏上。
- 删除：删除“工具栏”列表中显示的工具栏项。
- 重命名：显示“重命名工具栏”对话框。从“工具栏”列表中选择工具栏，单击“重命名”按钮，更改工具栏名称，然后单击“确定”按钮，浮动工具栏上的工具栏名称将改变。
- 隐藏：切换“工具栏”列表中活动工具栏的显示。
- 加载：显示“加载用户界面文件”对话框。允许加载自定义用户界面文件到用户的场景中。
- 保存：显示“保存 UI 文件为”对话框。允许保存对用户界面所做的任何修改到 .cui 文件中。
- 重置：将对用户界面所做的任何修改恢复为默认设置。

动手演练 自定义工具的使用

步骤 01 打开一个 3ds Max 场景，选择“自定义”→“自定义用户界面”命令，在弹出的“自定义用户界面”对话框中打开“工具栏”选项卡。单击“新建”按钮，在显示的“新建工具栏”对话框中输入 Tools，然后单击【确定】按钮。

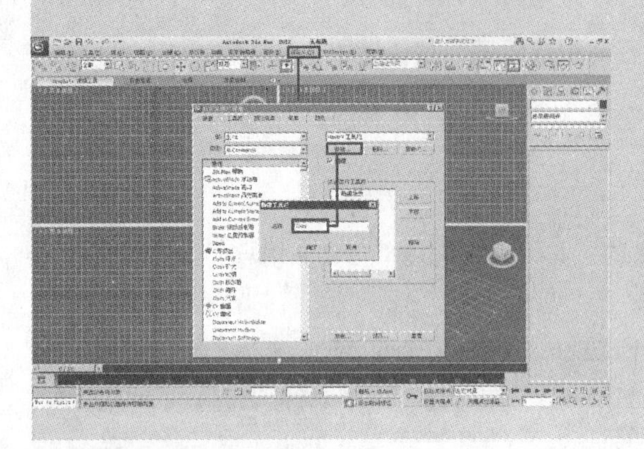

步骤 02 在视图中出现了一个名为 Tools 的浮动框，用户可以通过该方法建立属于自己的工具栏。

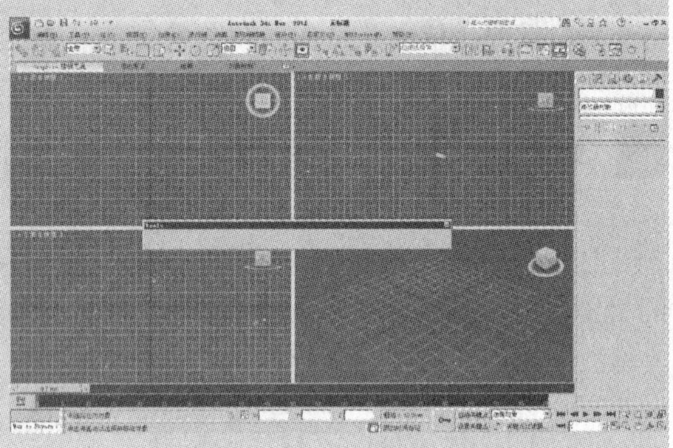

有 3 种方法向工具栏添加命令：

- 在“自定义用户界面”对话框中，从动作列表中拖动命令。如果动作指定有默认的图标（会出现在动作列表的命令旁边），那么在工具栏上会出现该图标的按钮。如果命令没有指定图标，那么在工具栏上命令的名字会作为按钮出现。
- 按住 Ctrl 键的同时从其他工具栏上拖动按钮到你的工具栏。这样会在你的工具栏上创建此按钮的一个副本。
- 按住 Alt 键的同时从其他工具栏上拖动按钮到你的工具栏。这样会将按钮从原工具栏移动到你的工具栏上。

打开一个 3ds Max 场景，选择【自定义\自定义用户界面\工具】菜单命令。打开轴约束面板。

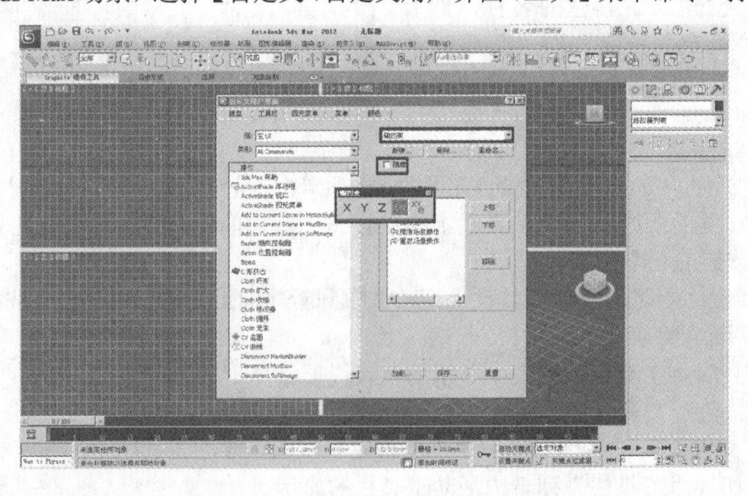

3.5.2 设置快捷菜单

本节主要学习如何对右键快捷菜单隐藏的内容进行设置。在视图上，可以有各种各样的右键快捷菜单，快捷菜单中的命令也可以自由地进行定制，可以通过“自定义”→“用户自定义界面”

命令，打开“自定义用户界面”对话框，在“四元菜单”选项卡中执行具体的操作。

- 组：显示一个下拉列表，从该列表中可以选择要自定义的上下文。
- 类别：显示一个下拉列表，其中包含所选上下文可用的用户界面操作类别。
- “操作”列表：显示所选组和类别的所有可用操作。要向某个特定的四元菜单集添加一项操作，选择该项操作并将其拖动到位于该对话框右侧的“四元菜单”列表中即可。
- “分隔符”列表：显示一条分隔线，用于分开四元菜单中菜单项的各个组。要向某个特定的四元菜单集添加分隔符，选择分隔符并将其拖动到位于该对话框右侧的“四元菜单”列表中即可。
- “菜单”列表：显示所有的3ds Max菜单名称。在此窗口中右击一个菜单，可以删除或重命名该菜单，也可新建一个菜单或清空菜单。要向某个特定的四元菜单集添加一个菜单，选择菜单并将其拖动到位于该对话框右侧的“四元菜单”列表中。
- “四元菜单集”列表：显示可用的四元菜单集。
- 新建：显示“新建四元菜单集”对话框，在“名称”文本框中输入要创建的四元菜单集名称，然后单击“确定”按钮。新的四元菜单集将显示在“四元菜单集”列表中。
- 删除：删除“四元菜单集”列表中显示的条目。
- 重命名：显示“重命名四元菜单集”对话框。从“四元菜单集”列表中选择一个四元菜单集，便可以激活“重命名”按钮。单击“重命名”按钮，在“名称”文本框中更改四元菜单集的名称，然后单击“确定”按钮，即可更改该菜单的名称。
- 四元菜单快捷键：定义显示四元菜单集的键盘快捷方式。输入快捷键并单击“指定”按钮，即可进行更改。
- 显示全部四元菜单：启用此复选框之后，在视图中右击，将显示所有的四元菜单。禁用此复选框之后，在视图中右击，一次只显示一个四元菜单。
- 标签：显示高亮显示的四元菜单的标签（该标签的左侧显示为黄色）。
- “四元菜单”列表：显示当前选中四元菜单及四元菜单集的菜单选项。要添加菜单和命令，将选项从“操作”和“菜单”列表中拖动到此窗口中即可。

包含在四元菜单中的项目只有可用时才显示。例如，如果四元菜单包含“轨迹视图选择”，那么只有在打开四元菜单并选中一个对象时，才会显示该命令。如果打开四元菜单时没有可用的命令，那么将不显示该四元菜单。

在“四元菜单”列表中右击某个条目，便会出现以下几个可用的操作。

- 删除菜单项：从四元菜单中删除选中的操作、分隔符或菜单。
- 编辑菜单项名称：打开“编辑菜单项名称”对话框。只有勾选“自定义名称”复选框，才能编辑菜单名称。在“名称”文本框中输入名称，然后单击“确定”按钮。在四元菜单中菜单项的名称发生更改，但在四元菜单窗口中却不会发生更改。

- 高级选项：打开“高级四元菜单选项”对话框。
- 加载：显示“加载菜单文件”对话框。可以向场景中加载自定义的菜单文件。
- 保存：显示“菜单文件另存为”对话框。可以将对四元菜单所做的更改保存为.mnu文件。
- 重置：将对四元菜单的更改恢复为默认设置。

动手演练 | 快捷菜单的设置

步骤 01 选择“自定义”→“自定义用户界面”命令，弹出“自定义用户界面”对话框。打开“四元菜单”选项卡，单击“新建”按钮，弹出“新建四元菜单集”对话框。在“名称”文本框中输入要建立的四元菜单集的名称，如工具，然后单击“确定”按钮，一个名为“工具”的新的四元菜单集将显示在“四元菜单集”列表中。

步骤 02 设置完成后，可以单击“保存”按钮，在弹出的“菜单文件另存为”对话框中起一个名字，然后单击“保存”按钮，保存自己的设置。

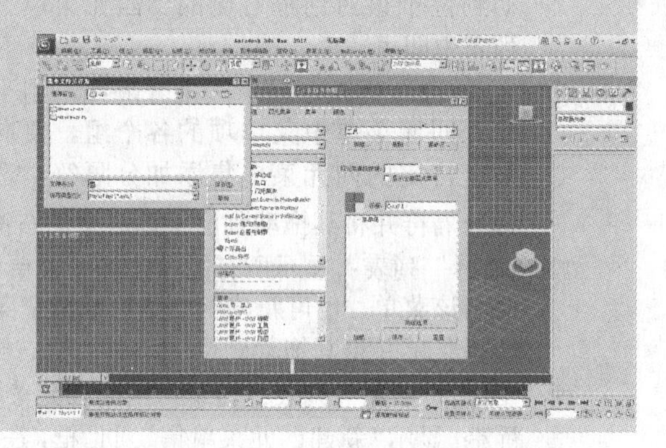

3.5.3 设置菜单

“菜单”选项卡可以自定义软件中使用的菜单，可以编辑现有菜单或创建自己的菜单，也可以自定义菜单标签、功能和布局。

- 组：显示一个下拉列表，从中可以选择要自定义的上下文，如主 UI、轨迹视图、材质编辑器等。
- 类别：显示一个下拉列表，其中包含所选上下文可用的用户界面操作类别。
- “操作”列表：显示所选组和类别的所有可用操作。要向某个特定的菜单添加一项操作，选择该项操作并将其拖动到位于该对话框右侧的“菜单”列表中即可。
- 分隔符列表：显示一条分隔线，用于分开菜单项的各个组。要向某个特定的菜单添加一个分隔符，选择分隔符并将其拖动到位于该对话框右侧的“菜单”列表中。
- “菜单”列表：显示所有菜单的名称。要将一个菜单添加到另一个菜单（显示于“菜单”列表中）中，选择菜单并将其拖动到位于该对话框右侧的“菜单”列表中。在此列表中右击一个菜单，可以删除或重命名该菜单，也可以新建一个菜单或清空菜单。

● 新建：显示“新建菜单”对话框。在“名称”文本框中输入要创建的菜单名称，然后单击“确定”按钮，新菜单将显示在此对话框左侧的“菜单”列表中。

● 删除：删除“菜单列表”中显示的条目。

● 重命名：显示“编辑菜单项名称”对话框。在“菜单”列表中选取一个命令，并单击“重命名”按钮，可以指定一个将在菜单中显示的自定义名称。如果在自定义名称的一个字母前加上一个 & 字符，则该字母将成为菜单的快捷键。

● 主菜单栏：显示“菜单”列表中当前选中菜单的菜单选项。要添加菜单和命令（操作），只需选中选项并将其从“操作”和“菜单”窗口中拖动到此列表中。

- 加载：显示“加载菜单文件”对话框。可以向场景中加载自定义的菜单文件。
- 保存：显示“菜单文件另存为”对话框。可以将对菜单所做的更改保存为 .mnu 文件。
- 重置：将对菜单所做的更改恢复为默认设置。

动手演练｜菜单的设置

步骤 01 选择“自定义”→“用户自定义界面”命令。

步骤 02 在“用户自定义界面”对话框中打开“菜单”选项卡，单击“新建”按钮，弹出“新建菜单”对话框。在“名称”文本框中输入想添加的菜单名称，然后单击“确定”按钮。

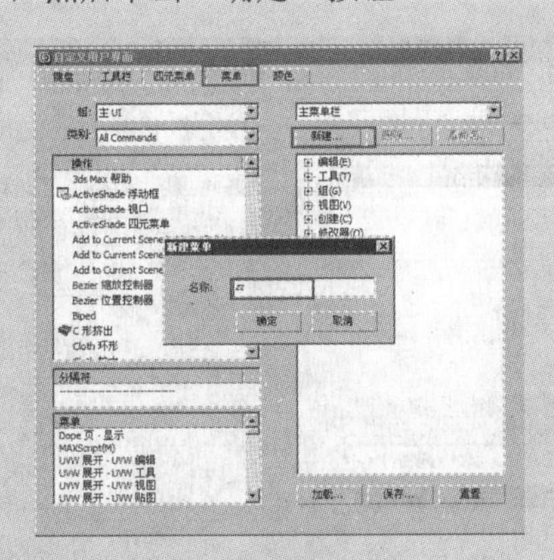

步骤 03 在左下角的“菜单”列表中可以找到刚才创建的名称。

步骤 04 用鼠标拖动这个名称到右边菜单中的“渲染”菜单栏下面，新建一个菜单。

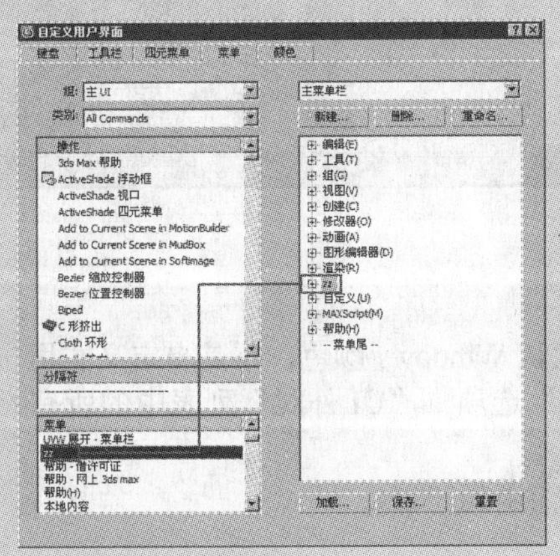

步骤 05 在该名称上单击鼠标右键，在弹出的快捷菜单中选择“编辑菜单项名称”命令。

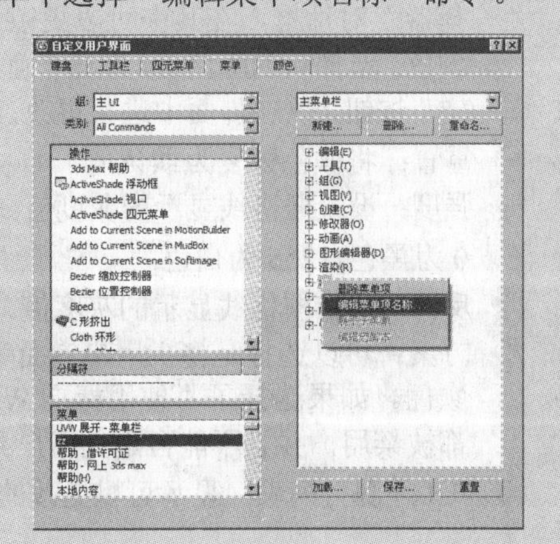

步骤 06 打开“编辑菜单项名称”对话框后，在“名称”文本框中将刚才起的英文名改为中文名，例如改为工具，单击“确定”按钮。

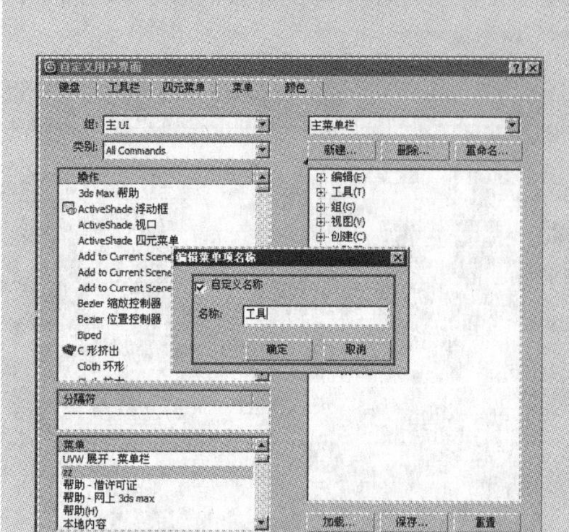

步骤 07 在主菜单的最后面出现一个“工具”菜单按钮，说明一个新的菜单添加成功了。

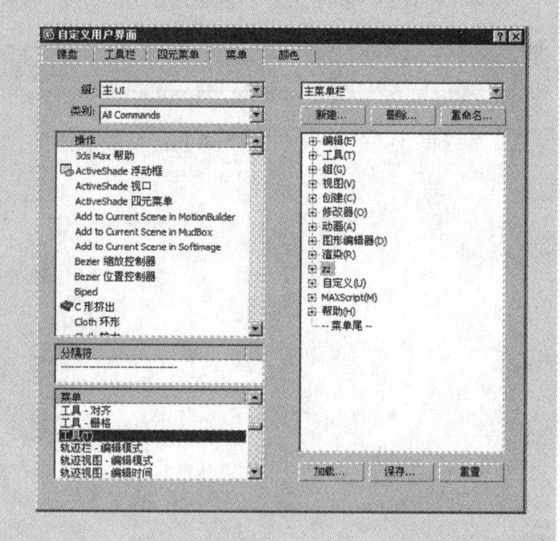

3.5.4 设置颜色

通过“颜色”选项卡可以自定义软件界面的外观，调整界面中几乎所有元素的颜色，自由设计自己独特的风格。

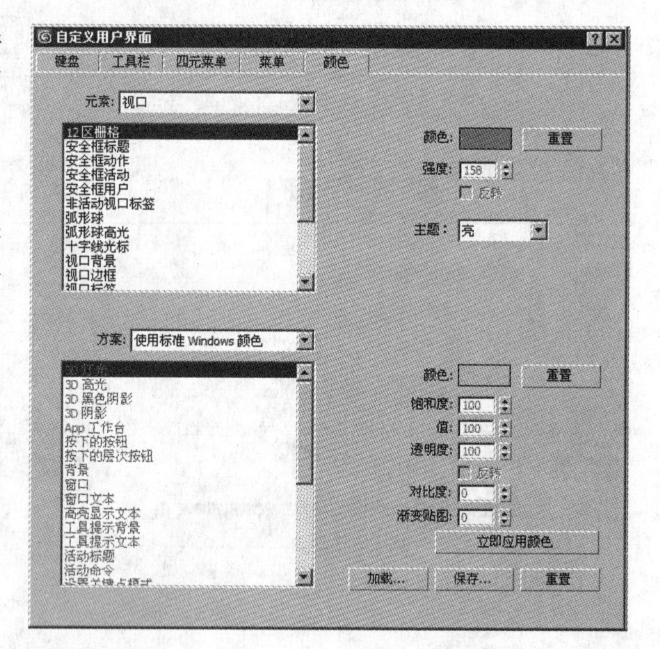

- 元素：显示下拉列表，可以从中选择轨迹栏、几何体、视图、Gizmos、对象、图解视图、卷展栏、动态着色、轨迹视图、操纵器和栅格等。
- “UI 元素”列表：显示选定用户界面类别的可用元素列表。
- 颜色：显示选定类别和元素的颜色。单击颜色块，显示“颜色选择器”对话框，在其中可以更改颜色。选择新的颜色后，单击“确定”按钮，以在界面中进行更改。
- 重置：将颜色恢复为默认值。
- 强度：设置栅格线显示的灰度值。0 为黑色，255 为白色。
- 反转：反转栅格线显示的灰度值。
- 方案：可以选择是将主用户界面颜色设置为默认 Windows 颜色，还是自定义主用户界面颜色。如果选择了“使用标准 Windows 颜色”选项，“UI 外观”列表中的所有元素将都被禁用，并且不能自定义用户界面的颜色。
- “UI 外观”列表：显示可以更改的所有用户界面中的元素。

- 颜色：显示选定用户界面外观项的颜色。单击颜色块，显示“颜色选择器”对话框，在其中可以更改颜色。选择新的颜色后，单击“确定”按钮，以在界面中进行更改。
- 重置：恢复选定的用户界面外观项。
- 饱和度：在用户界面中设置启用或禁用图标的饱和度比例。饱和度越高，颜色越明亮。
- 值：在用户界面中设置启用或禁用图标的比例。值越大，颜色越亮。
- 透明度：在用户界面中设置启用或禁用图标的透明度值比例。透明度越大，图标就越不透明。
- 反转：在用户界面中反转启用或禁用图标显示的 RGB 值。
- 立即应用颜色：可以将自定义的颜色应用于对象。
- 加载：显示“加载颜色文件”对话框。可以将自定义的颜色文件加载到场景中。
- 保存：显示“保存颜色文件为”对话框。可以将对用户界面颜色所做的任何更改保存到 .clr 文件中。
- 重置：将对颜色所做的任何更改恢复为默认设置。

动手演练 | 视图背景颜色的设置

步骤 01 在主菜单中选择“自定义”→“用户自定义界面”命令。

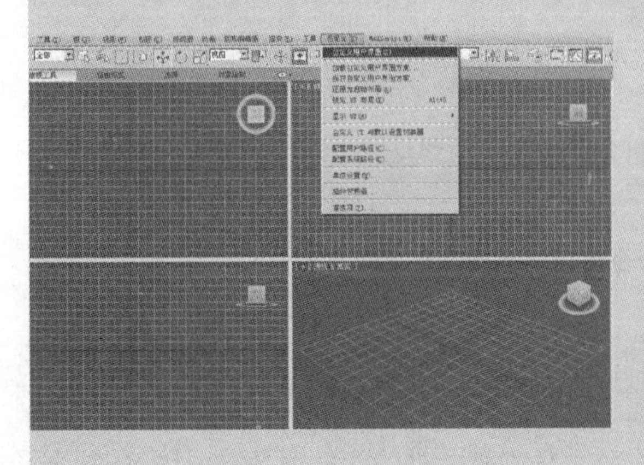

步骤 02 在“用户自定义界面”对话框中打开“颜色”选项卡，在“UI 元素”列表中找到“视口背景”选项，单击“颜色”旁边的色块，弹出“颜色选择器”对话框，在其中选择要更改的颜色。

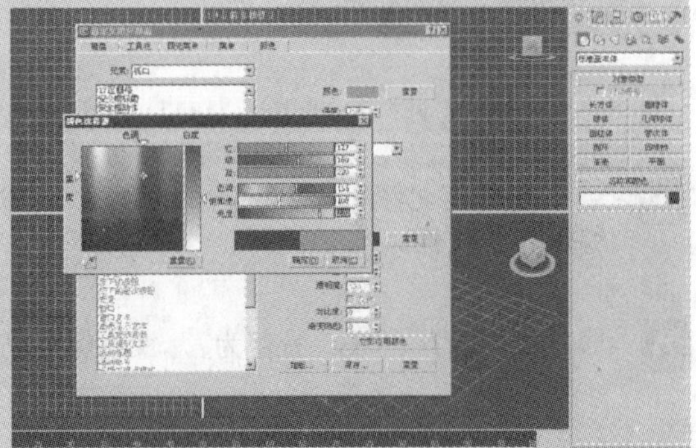

步骤 03 设置完成后，单击“确定”按钮，视口背景的颜色立即变成了所设置的颜色。

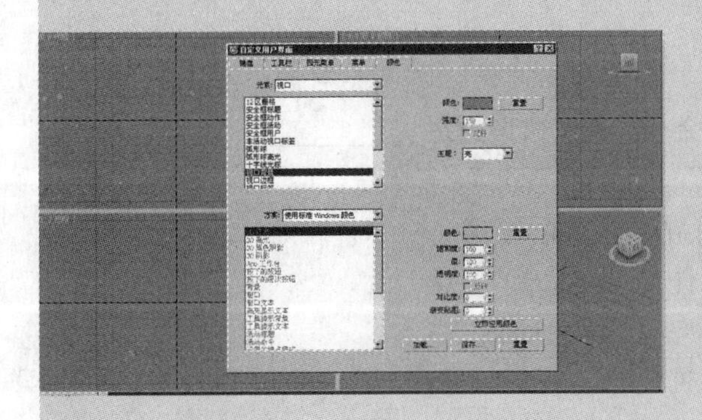

步骤 04 单击“保存”按钮，在弹出的对话框中输入适当的名称，保存为扩展名为 .clr 的文件，以方便以后使用。

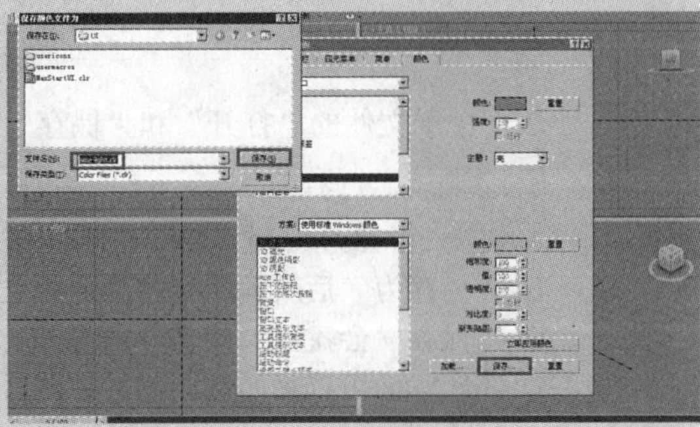

步骤 05 其他界面颜色的设置在操作上是一致的。如果对颜色的设置不满意，可以单击“重置”按钮恢复。

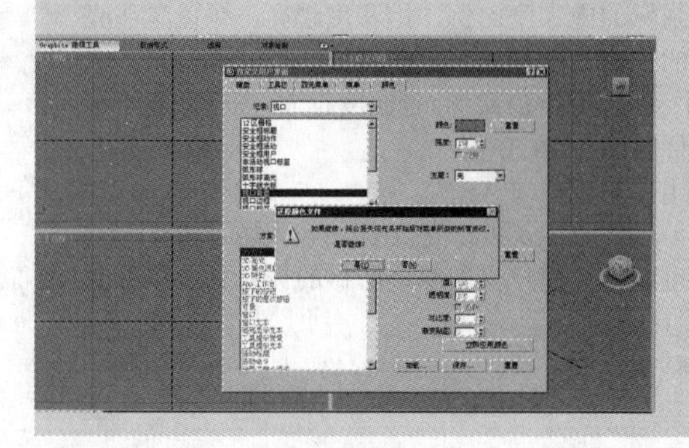

步骤 06 恢复后可以重新进行颜色的设置。

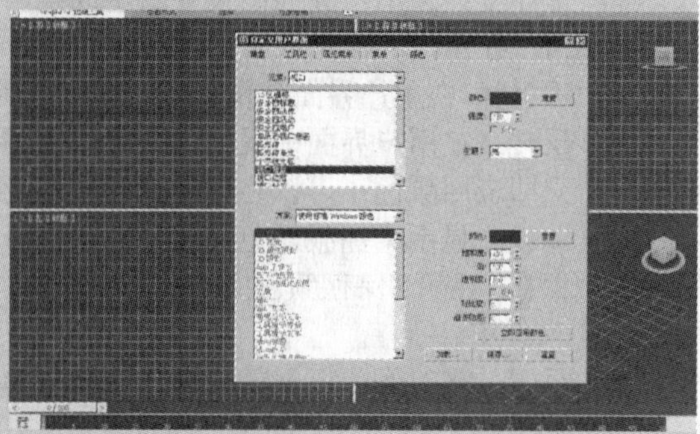

习题加油站

本章主要介绍了通过群组、图解视图、选择集合和设置快捷键 4 个实用操作对场景进行便于操作、有条理地管理。

设计师认证习题

Q 使用“文件”菜单下的 ________ 命令可以将当前文件另外保存一份，同时仍然继续编辑当前文件。

A A. 保存 B. 另存为 C. 保存副本为 D. 保存选择对象

Q 使用 3ds Max 中的“导入”功能不能导入以下哪种文件格式 ________。

A A. *.max B. *.3ds C. *.ai D. *.dwg

Q 以下关于文件的“打开”和“保存”命令，说法错误的是 ________。

A A. 在一个 3ds Max 程序中只能同时打开一个文件
B. “另存为”后所编辑文件为原始文件
C. “保存”会覆盖原始文件信息
D. 3ds Max 可以将所选定的对象进行单独保存

Q 如果在制作中需要调用其他 3ds Max 文件中的对象，需要使用的命令是 ________。

A A. 合并　B. 打开　C. 文件连接管理器　D. 导入

Q ________ 命令可以将当前文件中的对象替换为其他文件中的同名对象。

A A. 合并　B. 文件连接管理器　C. 替换　D. 导入

Q 以下哪项不是场景“摘要信息”中显示的内容 ________。

A A. “面数”信息
B. “对象的运动模糊”信息
C. “对象的材质类型”信息
D. “对象的 ID”信息

专家认证习题

Q 选择“视图”→“视口背景”→“视口背景”命令，可以为当前激活视图设置背景图，如果希望背景图跟随视口同时进行缩放和平移，则需要在“视口背景”对话框中设置的选项有 ________。

A A. 匹配视口、显示背景
B. 使用环境背景、显示背景
C. 匹配视口、显示背景、锁定缩放 / 平移
D. 匹配位图、显示背景、锁定缩放 / 平移

Q 图中显示的图标是 ________。

A A. 物体的 X、Y、Z 轴
B. 物体的移动工具
C. 物体的中心点
D. 以上都不是

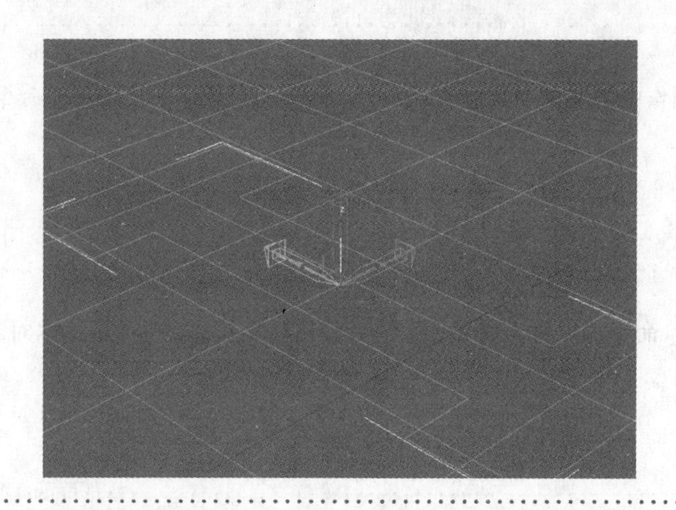

Q “安全框”的作用是提示制作的有效范围。它有 3 种线框范围，分别是最外面的黄色线框、中间的青色线框和内部的橙色线框，3 种线框依次对应的是 ______。

A
A. 动作安全区、活动区域、标题安全区
B. 动作安全区、标题安全区、活动区域
C. 活动区域、标题安全区、动作安全区
D. 活动区域、动作安全区、标题安全区

Q 以下不能通过“视口配置”对话框进行设置的项目是 ______。

A A. 渲染方法　B. 布局　C. 时间配置　D. 安全框

第 4 章 基本物体的创建

内容提要：

大师作品欣赏:

这幅作品表现的是一个卡通造型的汽车产品，其主要应用多边形建模的高级技法，通过熟练的操作技能和对产品造型的把握最终完成模型的创建。

这幅作品是一个综合性的室外场景，通过大量的MAX基本物体创建出室外的建筑模型，最终置入火车完成整个场景的布置。

4.1　创建标准几何体

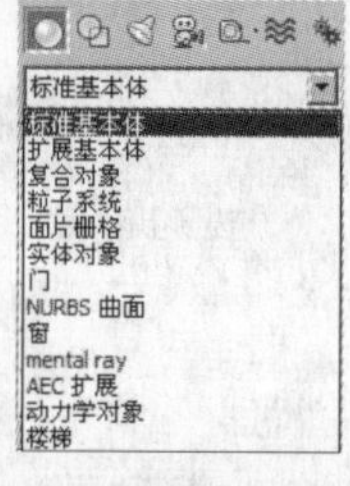

3ds Max 中的几何体是用于创建具有三维空间结构的造型实体，包括以下 13 种类型：标准基本体、扩展基本体、NURBS 曲面、门、窗、AEC 扩展、动力学对象、楼梯、复合对象、粒子系统、面片栅格、实体对象和 mental ray。我们熟悉的几何基本体在现实世界中就是像球体、管道、长方体、圆环、圆锥形、楼梯、火炬这样的对象。在 3ds Max 中，通过创建基本体，对基本体进行复合物体运算，并使用修改器进行进一步编辑，从而完成模型的制作。本章将通过几何体的建模方法来制作不同的模型。

标准基本体的创建命令如下图所示。

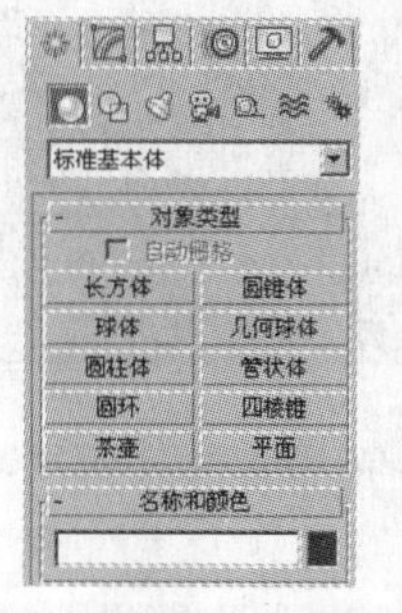

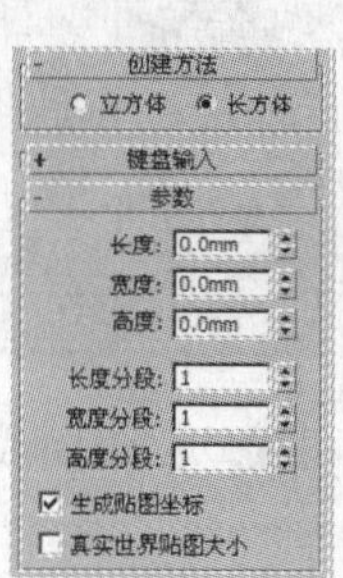

4.2　创建扩展基本体

扩展基本体是 3ds Max 复杂基本体的集合。可以通过“创建”面板上的“对象类型”卷展栏和“创建”→“扩展基本体”命令使用这些基本体。本节主要介绍每种类型的扩展基本体及其创建参数。

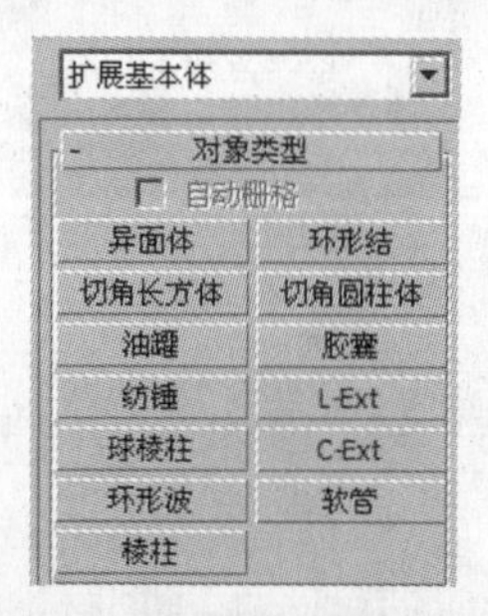

动手演练　创建切角长方体

步骤 01　选择“创建”→“扩展基本体”→“切角长方体”命令（光盘文件 \ 第 4 章 \ 切角长方体 .max）。

步骤 02　拖动鼠标，定义切角长方体底部的对角线角点（按 Ctrl 键，可将底部约束为方形）。

步骤 03 释放鼠标，然后垂直移动鼠标以定义长方体的高度，单击即可设置高度。

步骤 04 对角移动鼠标可定义圆角或切角的高度（向左上方移动可增加宽度；向右下方移动可减小宽度）。

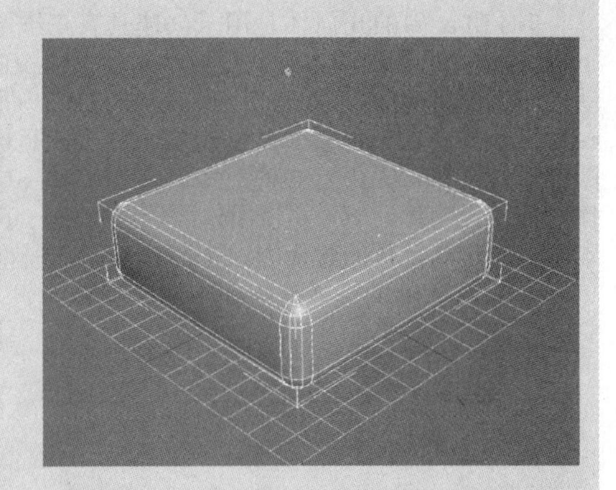

步骤 05 再次单击以完成切角长方体创建。

4.3 创建图形

图形是一种由一条或多条曲线组成的对象。在 3ds Max 中，曲线分为样条线曲线和 NURBS 曲线两种。这些曲线可以作为其他对象组件的二维或三维元素，如右图所示为使用曲线辅助创建的形体。

图形的主要作用如下：

- 生成面片和薄的三维曲面。
- 定义放样组件，如路径和图形，并拟合曲线。
- 生成旋转曲面。
- 生成挤出对象。
- 定义运动路径。

4.3.1 样条线

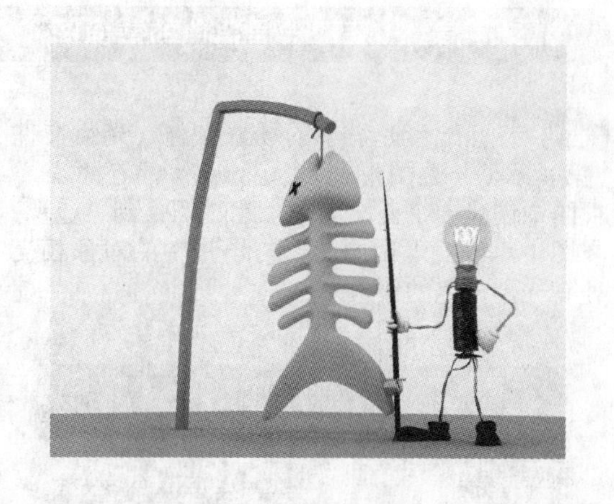

“创建”面板图形对象类别下，“样条线”层级和“扩展样条线”层级提供了在日常生活中经常看到的几何图形，如在右图中出现的电线。

样条线图形包括圆、椭圆、矩形、星形、多边形、截面等 11 种图形，每个图形都具有特定的属性参数。

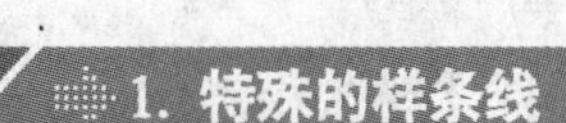

1. 特殊的样条线

样条线包括的几何图形与标准基本体一样，都是较常用的规则图形，这些图形也可以使用鼠标绘制或键盘创建。根据图形的不同，也有不一样的创建方法，如右图所示。

另外，除了线、文本和截面 3 种图形外，所有图形都具有与其外形相符的变量参数。

- 线：利用“线”按钮，可创建多个分段组成的自由形式的样条线，这种样条线包括顶点、线段和样条线 3 个子层级。
- 文本：利用“文本”按钮，可以创建文本图形，并且可以使用系统中安装的 Windows 字体，支持中文输入。
- 截面：一种特殊类型的对象，可以通过网格对象基于横截面切片生成其他形状。

这 3 种特殊的样条线在创建方法上各有不同。其中，线的创建通过绘制点和控制点的属性确定最终效果；文本的创建通过选择字体等操作完成简单的排版；截面则更为特殊，创建该图形的目的是为了得到一个物体的截面图形，如快速获取建筑结构的剖面图形，如右图所示。

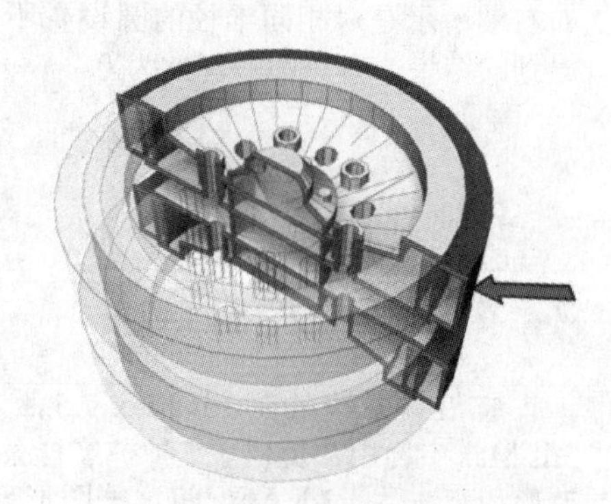

知识拓展：截面对象

截面对象显示为相交的矩形，只需将其移动并旋转，即可通过一个或多个网格对象进行切片，然后单击“生成形状”按钮，即可基于二维相交生成一个形状。

在通过截面创建新图形时，截面与对象的位置关系决定了新图形的外形，主要是指当截面无限放大时与对象的相交位置，而截面本身是否与对象相交完全不影响新图形的创建。

动手演练｜获取卡通角色的截面图

步骤01 打开配套光盘中的场景文件（光盘文件\第4章\卡通图形截面图.max），在“左”视图中创建一个截面图形，此时切换到“透视”视图中可以发现截面图形与场景中的对象相交处有一圈黄色的线。

步骤02 在“截面参数”卷展栏中单击“创建图形”按钮，弹出“命名截面图形”对话框，单击“确定”按钮，此时对象表面的一圈线被创建成一个新的图形。

2. 样条线精度的控制

同一种样条线图形，若将其属性参数设置为不同，则图形会产生不同的形状变化，这仅指图形自身的变量参数，如圆的半径等。

除此之外，所有的样条线都可以通过“插值”卷展栏中的“步数”调整图形的精细程度。如右图所示是对相同半径的圆设置不同的步数得到的结果，右侧圆的步数为0。

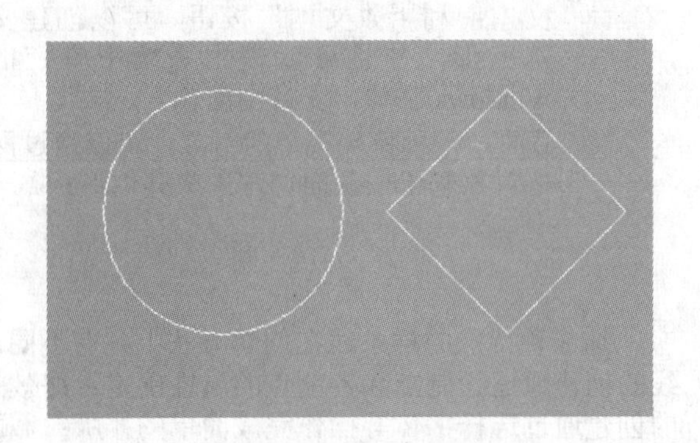

4.3.2 扩展样条线

扩展样条线是在3ds Max 7.5版本中新增加的样条线类别，在3ds Max中为用户提供了5种扩展样条线，分别为墙矩形、通道、角度、T形和宽法兰。3ds Max将这些图形列为独立的创建工具，是因为这些图形在建筑工业造型中会经常用到。这些样条线的创建命令按钮同样位于“创建”主面板的“图形”次面板下，在该面板顶端的“类型”下拉列表中选择“扩展样条线”选项，即可打开扩展样条线的“创建”面板。

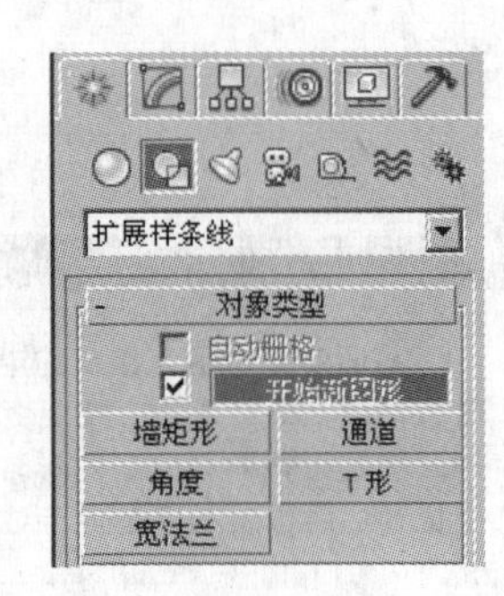

1. 墙矩形

使用“墙矩形”工具，可通过两个同心矩形创建封闭的形状。每个矩形都由4个顶点组成，该工具与“圆环”工具类似，只是其使用矩形而不是圆。

用户可在“参数”卷展栏中对创建的墙矩形对象进行修改。

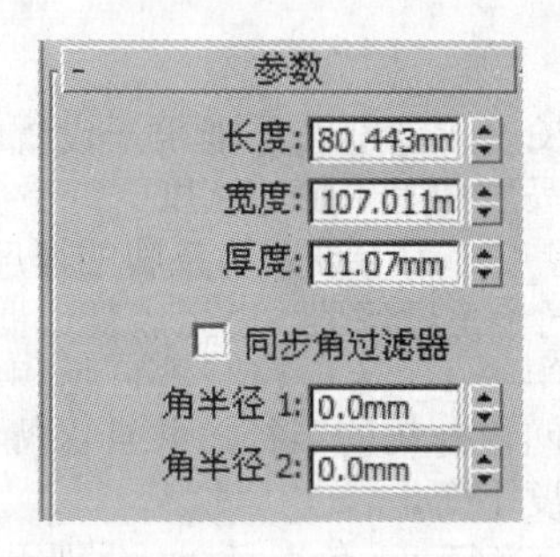

- 长度、宽度：用于设置墙矩形外围矩形的长宽值。
- 厚度：用于设置墙矩形的厚度，即内外矩形的间距。
- 同步角过滤器：启用该复选框后，“角半径1”选项控制墙矩形的内外矩形的圆角半径，并保持截面的厚度不变，同时下面的“角半径2”选项失效。
- 角半径1、角半径2：分别用于设置墙矩形的内外矩形的圆角值。

2. 通道

使用“通道”工具，可以创建一个闭合的形状为C的样条线，还可以设置垂直网和水平腿之间的内部和外部角为圆角。右图为创建的通道示例。

在“参数”卷展栏中，可对创建通道的具体参数进行修改。

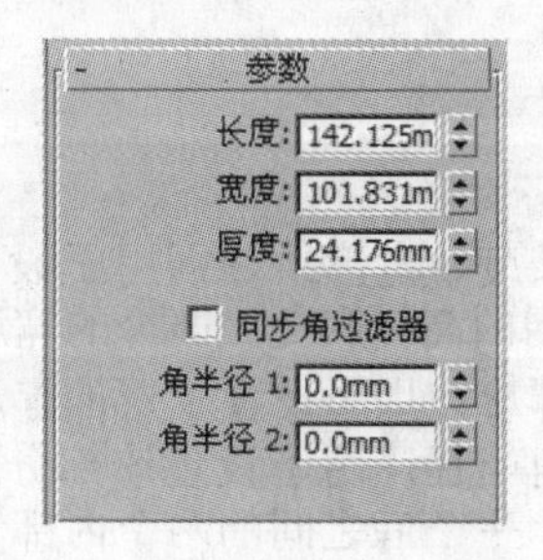

- 长度、宽度：分别用于设置C形槽垂直网的高度和顶部、底部水平腿的宽度。
- 厚度：用于设置C形槽的厚度。
- 同步角过滤器：启用该复选框后，“角半径1”选项控制垂直网和水平腿之间内外角的半径，同时还保持通道的厚度。默认设置为启用。
- 角半径1、角半径2：分别用于设置外侧和内侧的圆角值。

3. 角度

使用“角度”工具，可创建一个闭合的形状为L的样条线。用户还可以选择指定该部分的垂直腿和水平腿之间的角半径。右图为创建的几种不同形状的“角度”样条线。

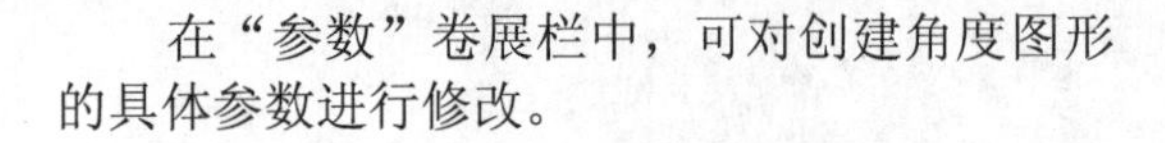
在“参数”卷展栏中，可对创建角度图形的具体参数进行修改。

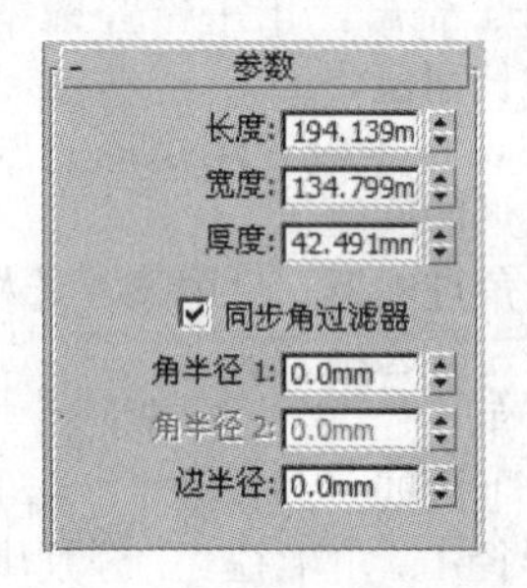

- 长度、宽度：分别用于设置垂直腿的高度和水平腿的宽度。
- 厚度：用于设置两条腿的厚度。
- 同步角过滤器：启用该复选框后，“角半径1”选项控制垂直腿和水平腿之间内外角的半径，并且保持截面的厚度不变。
- 角半径1、角半径2：分别用于设置角度处外侧线和内侧线的圆角值。
- 边半径：用于设置角度两个顶端内侧的圆角值。

4. T形

使用“T形”工具，可创建一个闭合形状为T形的样条线。可指定垂直网和水平凸缘之间的两个内部角半径。右图为创建的T形样条线。

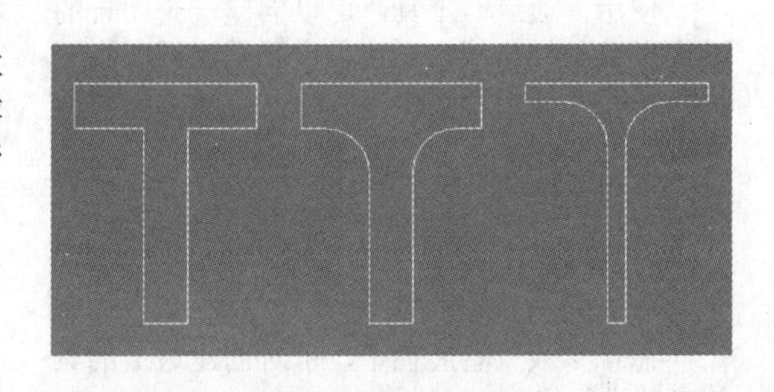

通过“参数”卷展栏，可对T形样条线的具体参数进行设置。

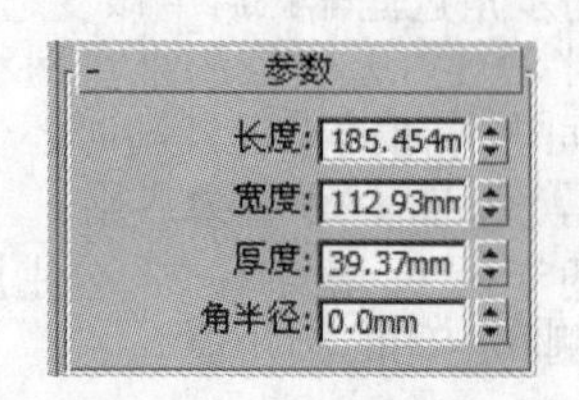

- 长度、宽度：分别用于设置T形垂直网的高度和交叉凸缘的宽度。
- 厚度：用于设置T形的厚度。
- 角半径：用于设置该部分的垂直腿和水平凸缘之间的两个内部角半径。

5. 宽法兰

使用“宽法兰”工具可以创建一个闭合的工字形图形。可以指定该部分的垂直网和水平凸缘之间的内部角为圆角。下图所示为创建的几种“宽法兰”样条线。

在“参数”卷展栏中可对创建的“宽法兰”样条线的具体参数进行设置。

- 长度、宽度：设置宽法兰边界长方形的长宽值。
- 厚度：设置宽法兰的厚度。
- 角半径：设置垂直网和水平凸缘之间的 4 个内部角半径。

4.3.3 NURBS 曲线

NURBS（Non-Uniform Rational B Spline），即统一非有理 B 样条曲线。它是完全不同于多边形模型（Mesh/Poly/Patch）的计算方法，这种方法以曲线来操控三维对象表面（而不是用网格），非常适合于复杂曲面对象的建模。

NURBS 曲线，从外观上来看，它与样条线相当类似，而且二者可以相互转换，但它们的数学模型却是不同的。NURBS 曲线的操控比样条线更加简单，所形成的几何体表面也更加光滑。

- 点曲线：以节点来控制曲线的形状，节点位于曲线上。
- CV 曲线：以 CV 控制点来控制曲线的形状，CV 点不在曲线上，而在曲线的切线上。

点曲线效果如下图所示。

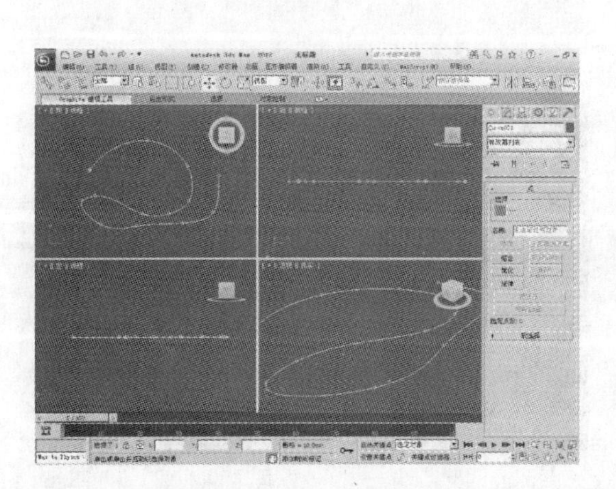

CV 曲线效果如下图所示。

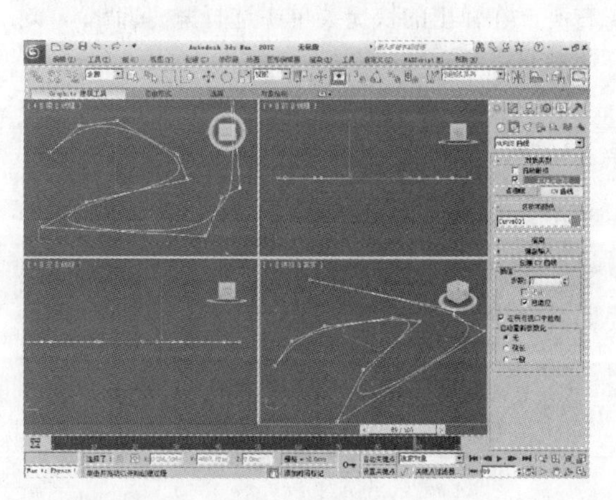

4.4 案例实训——手机建模

手机对于我们来说是不陌生的，现在，倘若没有手机，也许会有很多事情做不了。在当今这个经济飞速发展的时代，各种高端手机在争先恐后地与世人见面。本章，我们就来学习制作手机的模型。

在制作手机模型之前，首先要对其进行分析，下面，我们将手机分为外壳、按钮和其他细节来依次进行制作。

4.4.1 手机机盖的制作

步骤 01 首先在“顶”视图中导入相应的图片，具体操作这里不再详细介绍（光盘文件 \ 第 4 章 \ 手机建模 \ 手机建模 .max）。

步骤 02 单击“创建”按钮，然后单击“图形”按钮在“图形”面板中单击 线 按钮，在“顶”视图中创建一条闭合的样条线。在“选择”卷展栏中激活“顶点”按钮，单击鼠标右键，在弹出的快捷菜单中选择 Bezier 命令，对样条线进行调整。

步骤 03 激活“线段”按钮，选择样条线，然后单击“镜像”按钮，对所选择的样条线进行镜像操作，并做调整。

步骤04 在“图形”面板中单击 圆 按钮，在“顶”视图中创建一条圆形的样条线。然后单击 矩形 按钮，创建长方形样条线，并通过参数进行调整。

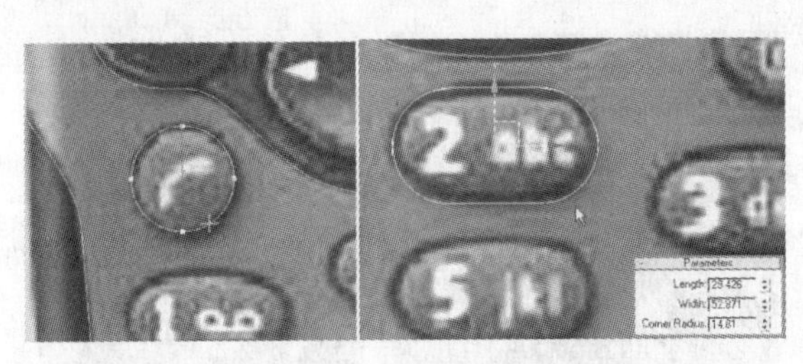

步骤05 将创建的样条线进行复制，然后单击“几何体”卷展栏中的 附加多个 按钮，打开“附加多外”窗口，将复制出来的样条线全部附加在一起。

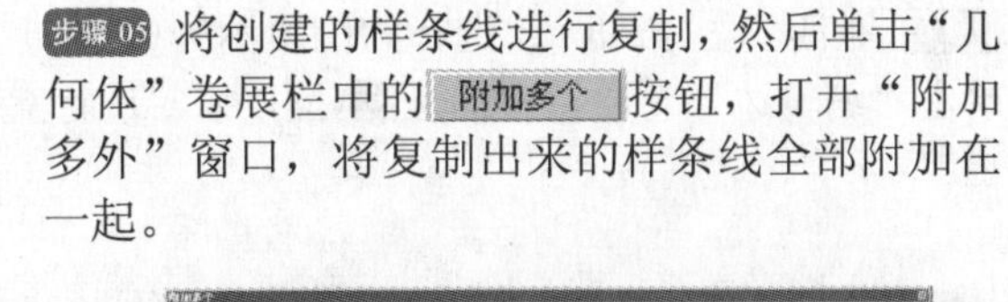

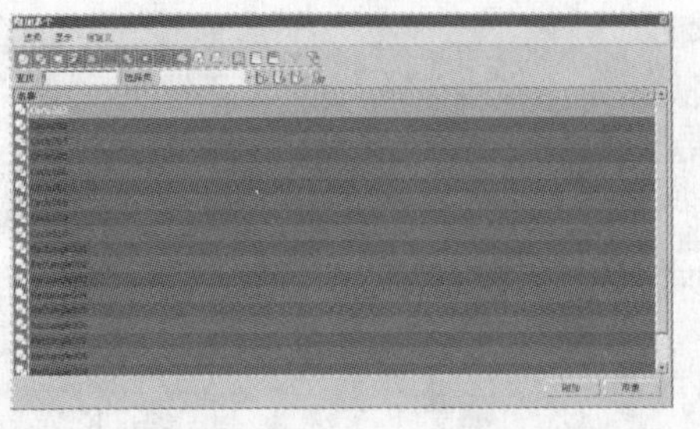

步骤06 单击鼠标右键，在弹出的快捷菜单中选择 转换为可编辑多边形 命令，将样条线转换为可编辑的多边形物体。对模型进行修改和调整，使曲线和节点的分布更加合理。

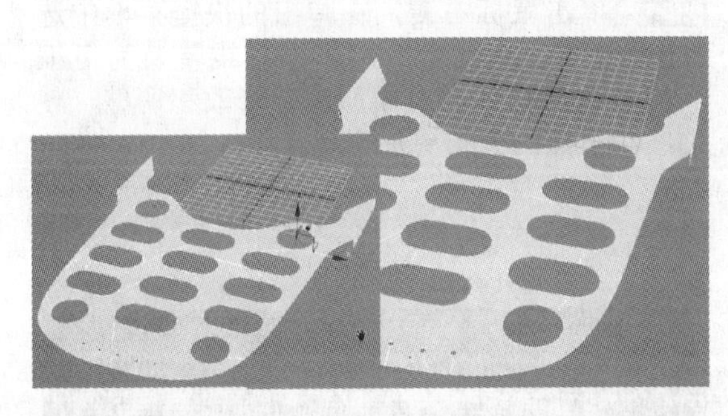

步骤07 单击“修改”按钮，在 修改器列表 下拉列表框中选择 壳 选项，并调整其参数。

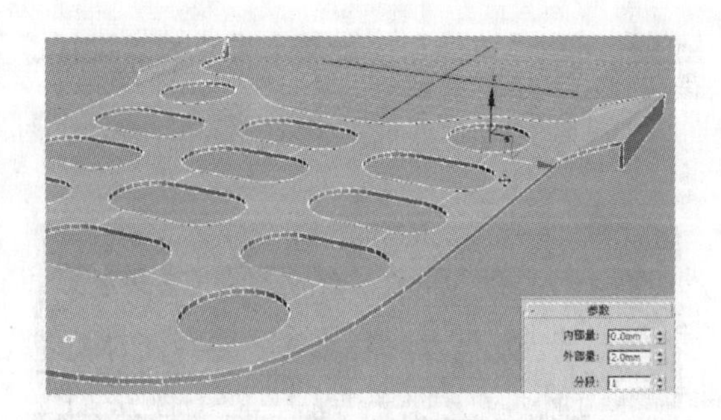

步骤08 单击“编辑几何体”卷展栏中的 切片平面 按钮，对其进行编辑。激活“选择”卷展栏中的“多边形”按钮，选择下图所示的面进行删除操作，并将删除后的边线进行封口，再对细节进行调整。

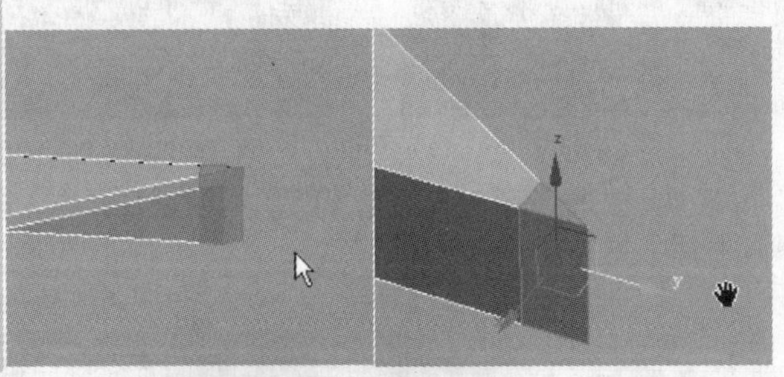

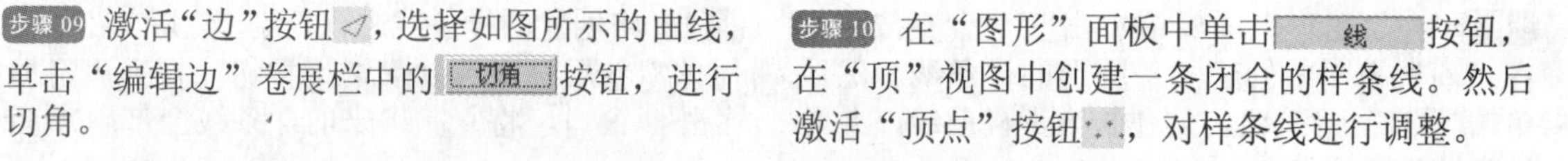

步骤 09 激活“边”按钮，选择如图所示的曲线，单击“编辑边”卷展栏中的 切角 按钮，进行切角。

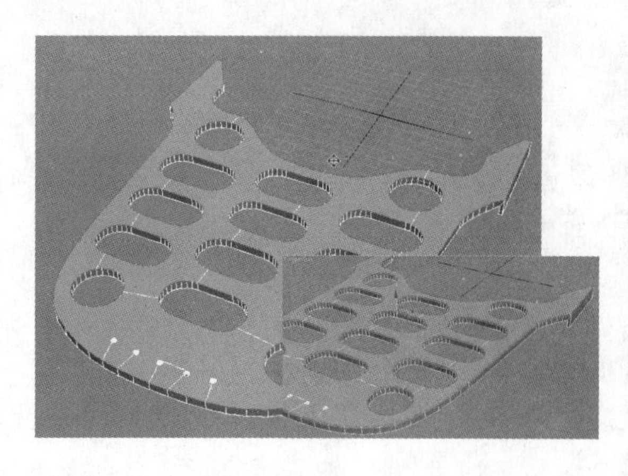

步骤 10 在“图形”面板中单击 线 按钮，在“顶”视图中创建一条闭合的样条线。然后激活“顶点”按钮，对样条线进行调整。

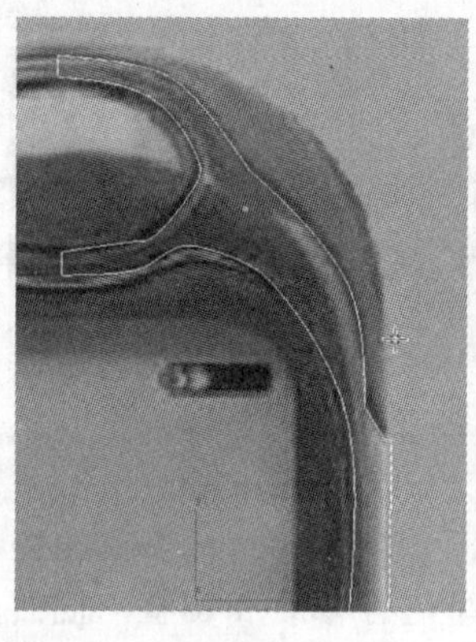

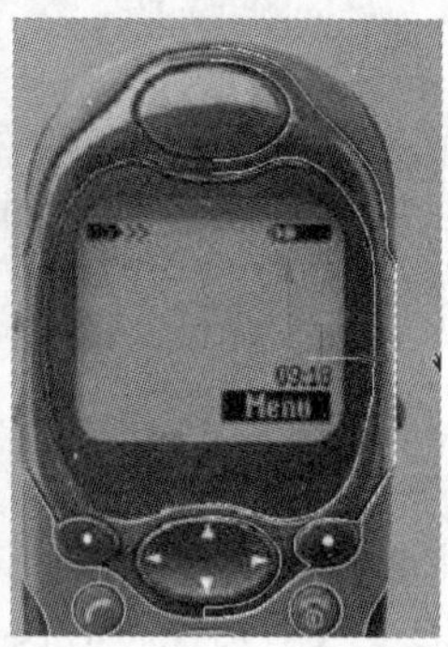

步骤 11 单击“镜像”按钮，对样条线进行镜像操作，并进行调整。

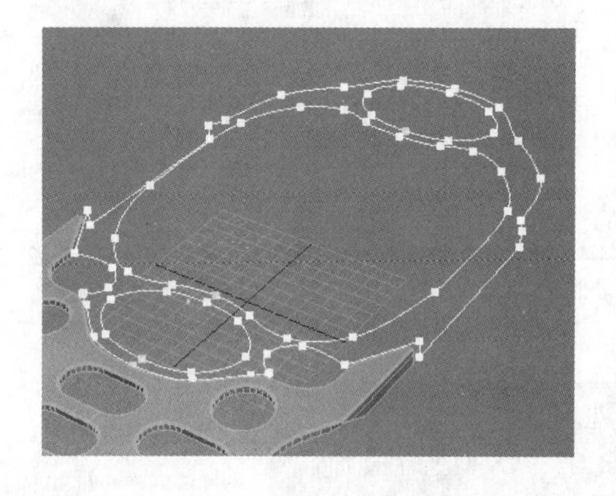

步骤 12 单击鼠标右键，在弹出的快捷菜单中选择 转换为可编辑多边形 命令，将样条线转换为可编辑的多边形物体。对模型进行修改和调整，使曲线和节点的分布更加合理。

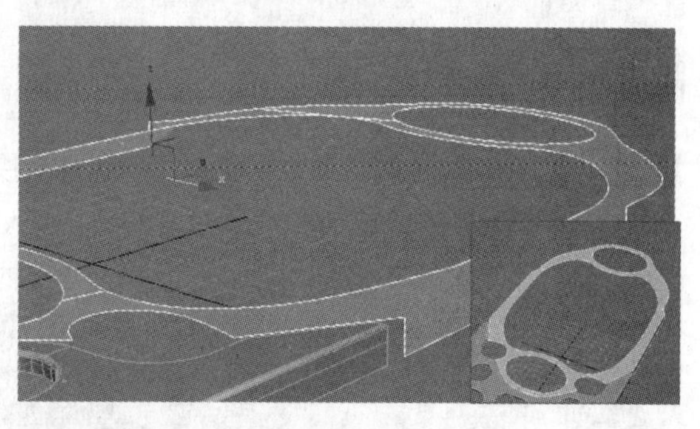

步骤 13 激活“边界”按钮，选择下图所示的边线，按住 Shift 键向下拖动鼠标，创建出新的面。

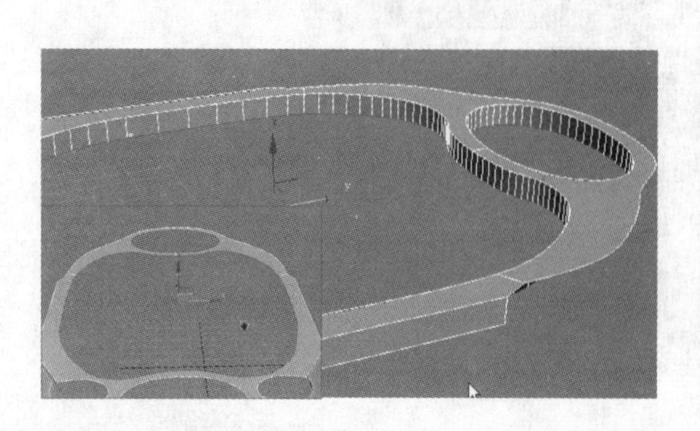

步骤 14 继续重复操作。

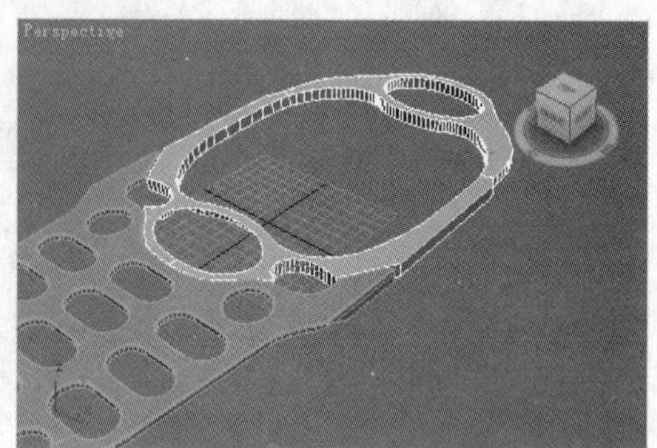

步骤15 激活"边"按钮，选择曲线，单击 切角 按钮进行切角。重复操作曲线，进行切角。

步骤16 单击工具栏中的"材质编辑器"按钮，打开材质编辑器。选择第一个材质球，将材质赋予物体，并修改物体线条的颜色。

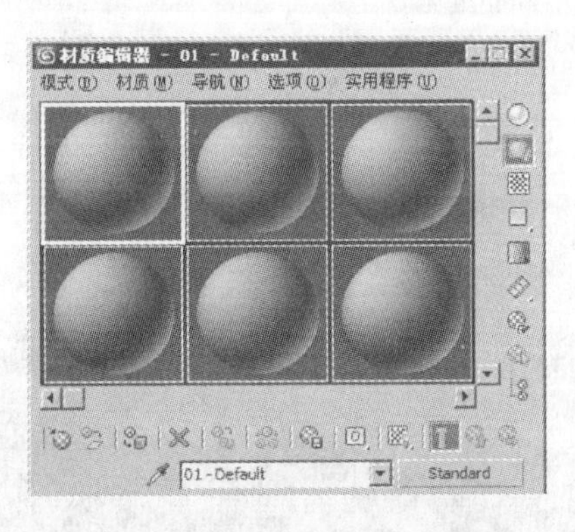

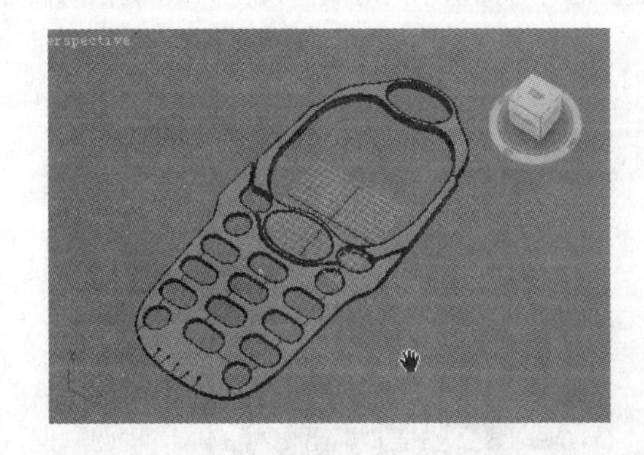

4.4.2 手机屏幕的制作

步骤01 单击"创建"按钮，然后单击"几何体"按钮，在"几何体"面板中单击 平面 按钮，在"顶"视图中创建一个面片物体，将"长度"设置为2。单击右键，在弹出的快捷菜单中选择 转换为可编辑多边形 命令，将面片转换为可编辑的多边形物体，然后按住Shift键拖动鼠标创建出新的面，并在"顶点"模式下对面片进行调整。

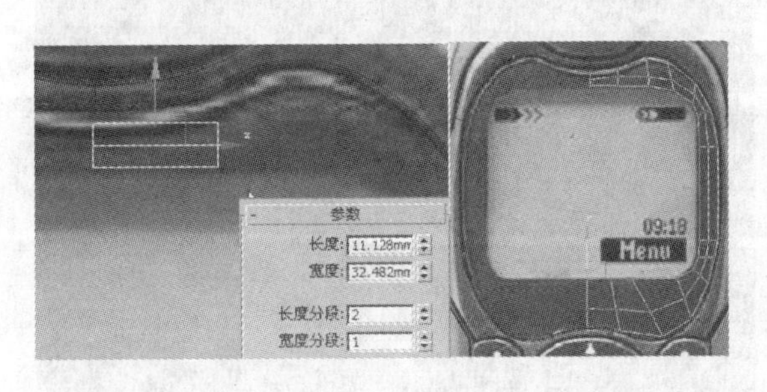

步骤02 继续在"顶点"模式下对模型进行修改。

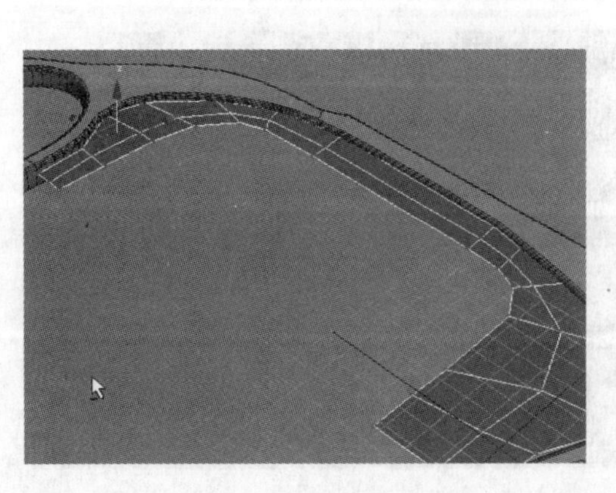

步骤03 单击“修改”按钮，打开“修改”面板，在修改器列表下拉列表框中选择镜像选项，对物体进行镜像操作，并对复制后的模型进行调整。

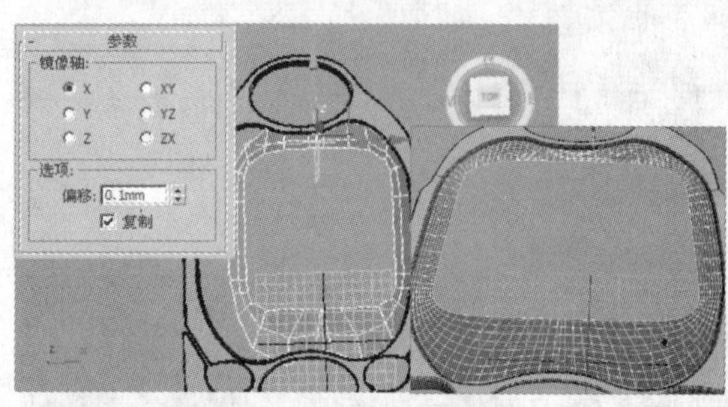

步骤04 激活“边”按钮，选择曲线，进行操作，并设置参数。

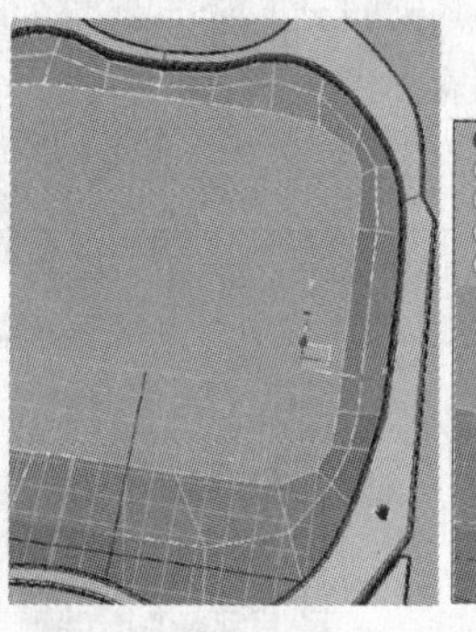

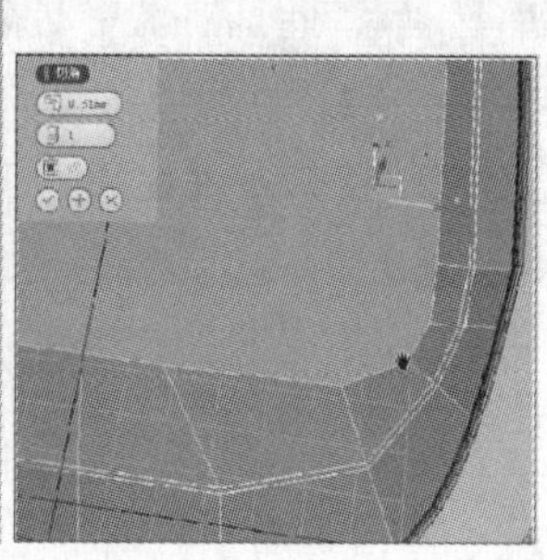

知识拓展：镜像命令

镜像命令，在制作对称物体的时候经常用到，可以使制作更加精确。

步骤05 选择下图所示的边线，按住 Shift 键拖动鼠标创建出新的面。

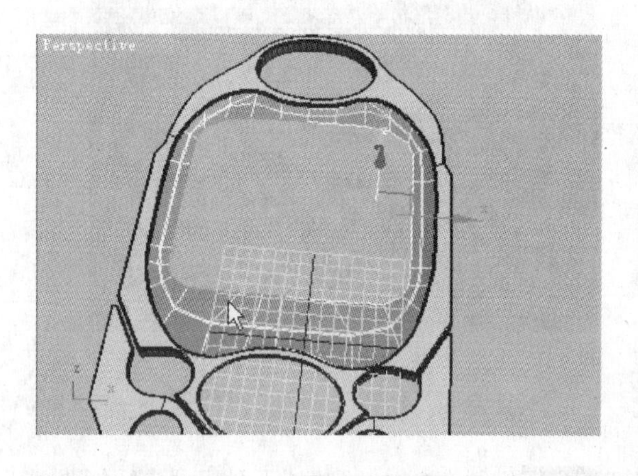

步骤06 单击右键，在弹出的快捷菜单中选择转换为可编辑多边形命令，将物体转换为可编辑的多边形物体，并选择下图所示的边线，单击封口按钮进行封口操作。激活“多边形”按钮，选择下图所示的面，单击分离按钮，将所选择的面进行分离操作。

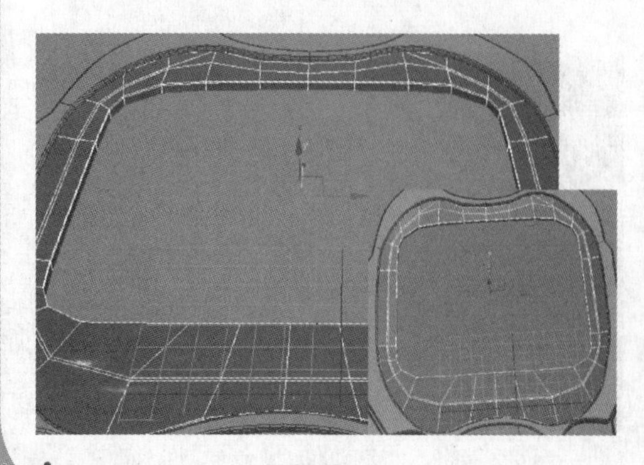

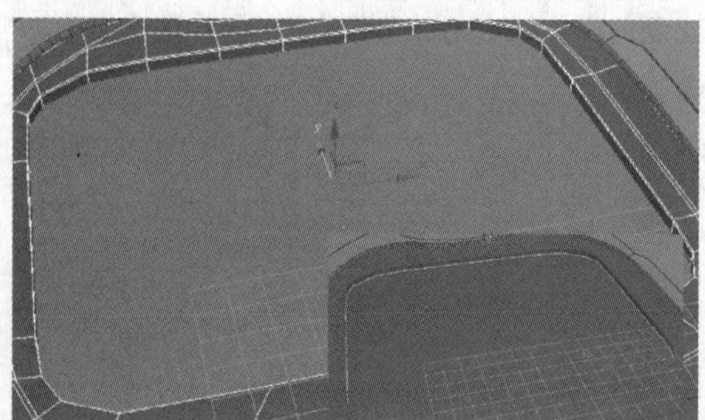

步骤 07 在细节上对模型进行修改。

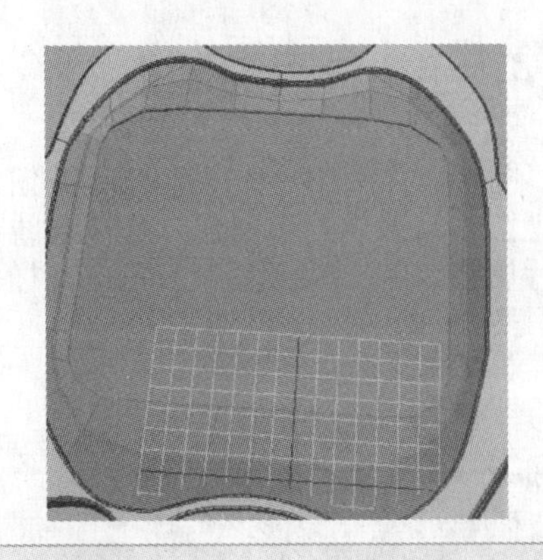

知识拓展：封口按钮

选择边界，然后单击 封口 按钮就可以把边界封闭，非常简便。

4.4.3 手机按键的制作

步骤 01 使用“图形”面板中的各种按钮，在“顶”视图中绘制按键的外形。然后使用“附加”按钮，将创建的所有按键的外形合并在一起。

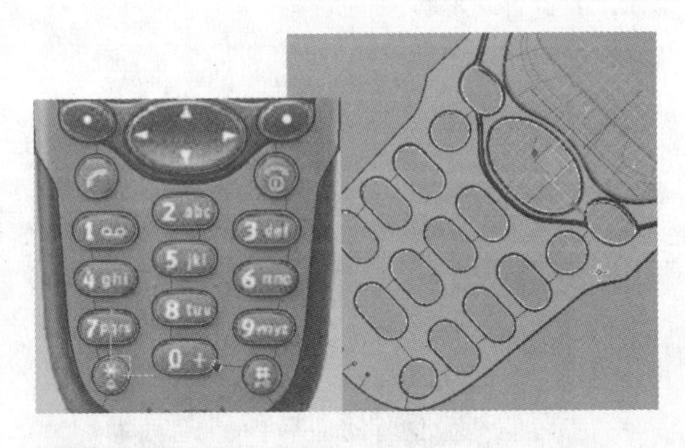

步骤 02 打开“修改”面板，在 编辑多边形 卷展栏中单击 挤出 按钮，进行挤出操作。

步骤 03 单击右键，在弹出的快捷菜单中选择 转换为可编辑多边形 命令，将物体转换为可编辑的多边形物体，然后选择曲线，单击 切角 按钮进行切角操作。

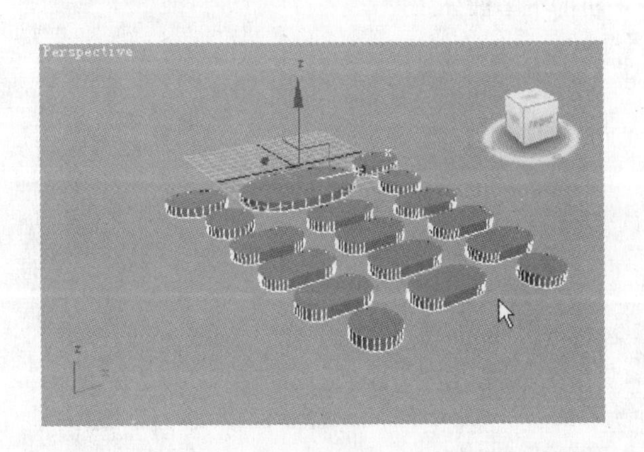

步骤 04 激活“顶点”按钮 ，对按键的形状进行调整，并将材质编辑器中的第一个材质球的材质赋予该物体，修改物体的线条颜色为黑色。

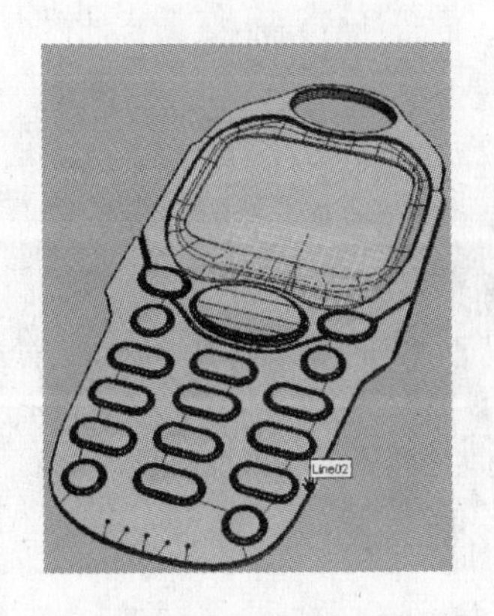

4.4.4 手机外壳的制作

步骤 01 在“图形”面板中单击 线 按钮，在“顶”视图中沿手机外形创建一条样条线，并对其进行调整。单击 横截面 按钮，在样条线上创建网格。

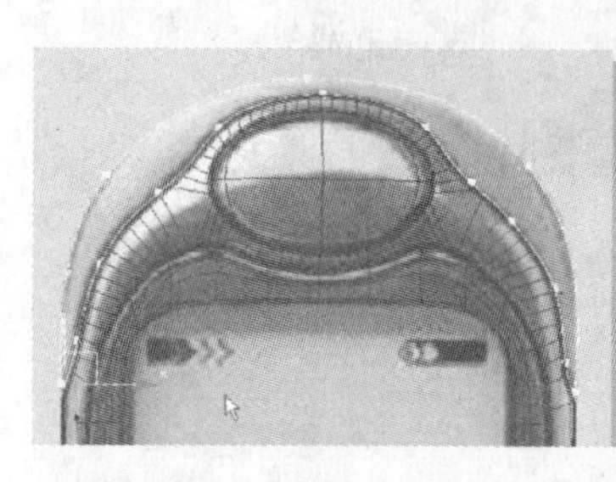

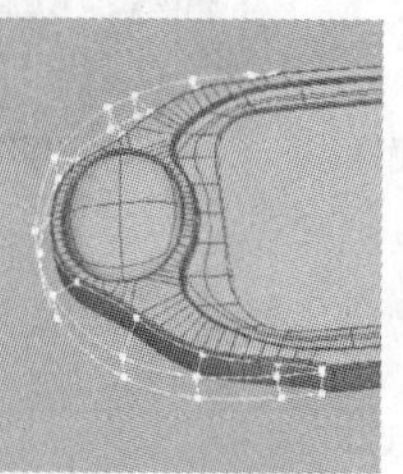

步骤 02 单击 曲面 按钮，将样条线转换成面，并调整其形状。

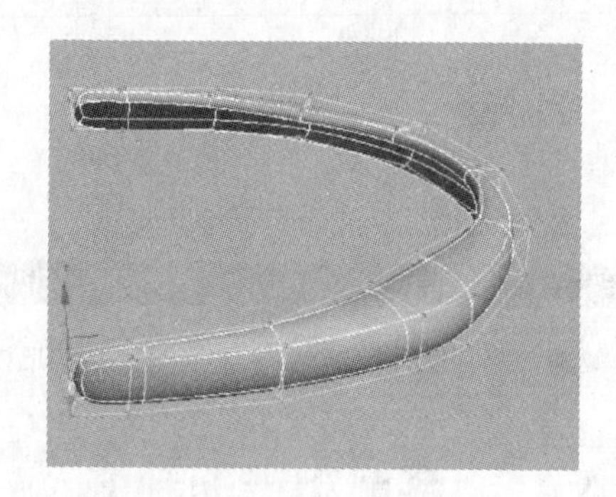

知识拓展：曲面

曲面 是将样条线转换成面的修改命令。用线条勾勒出物体的网格形式后，使用此命令可以将网格线转换成面。

步骤 03 激活“边”按钮◁，选择曲线，进行切角操作，并设置其参数。

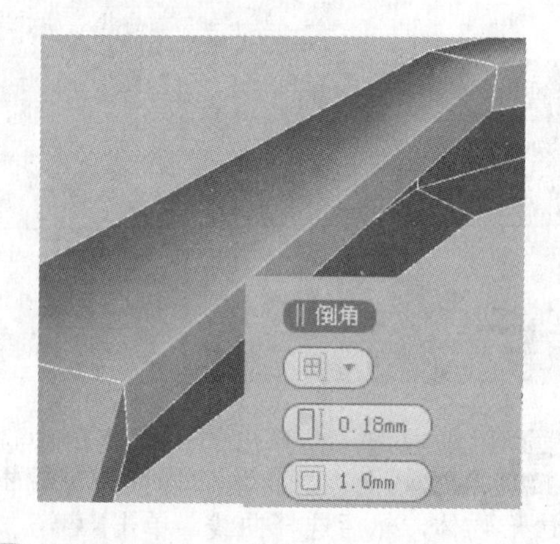

步骤 04 调整细节。

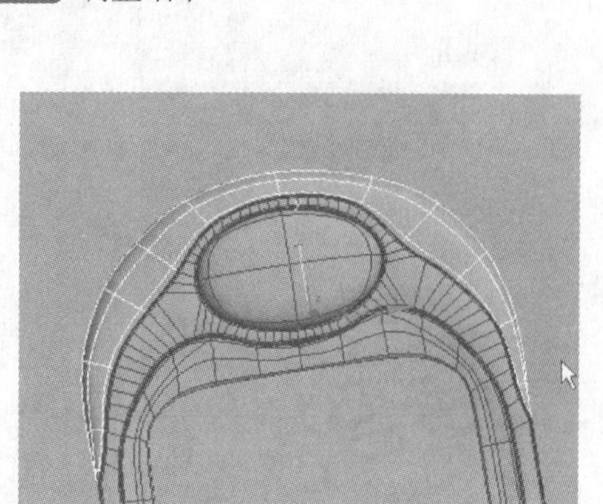

步骤 05 同手机上半部分的制作方法，制作出手机的下半部分。

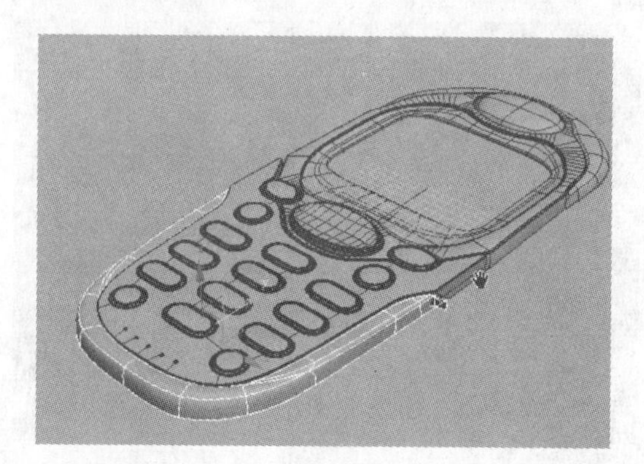

4.4.5 手机后盖的制作

步骤 01 单击“图形”面板中的 长方体 按钮，创建一个盒子物体。单击右键，在弹出的快捷菜单中选择 转换为可编辑多边形 命令，将物体转换为可编辑的多边形物体。为了简化制作，删除半个物体。

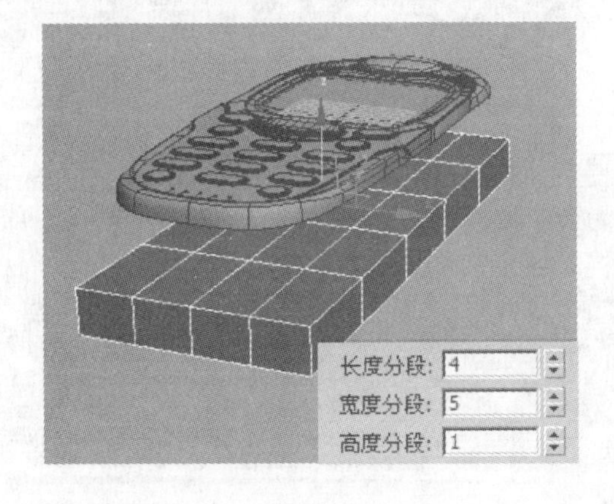

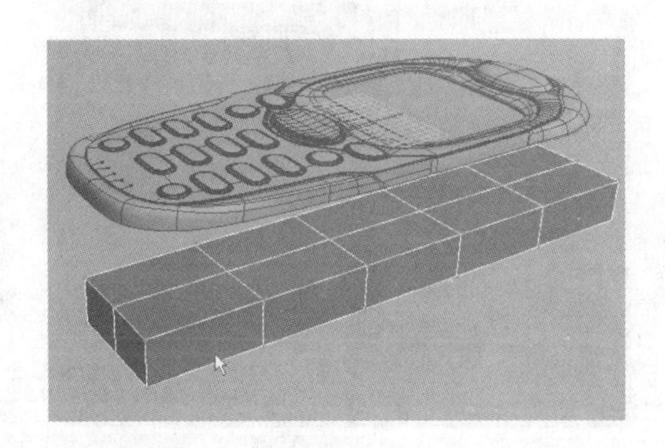

步骤 02 激活“多边形”按钮■，选择下图所示的面，按 Delete 键进行删除。

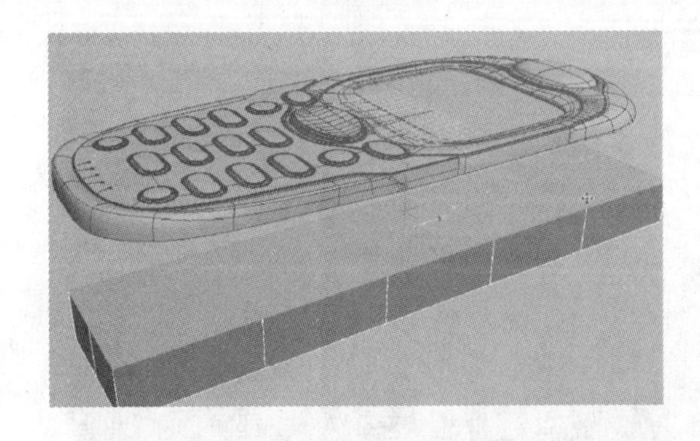

步骤 03 对模型进行调整。打开“修改”面板，在 修改器列表 下拉列表框中选择 镜像 选项，对物体进行镜像操作，并对复制后的模型进行调整。

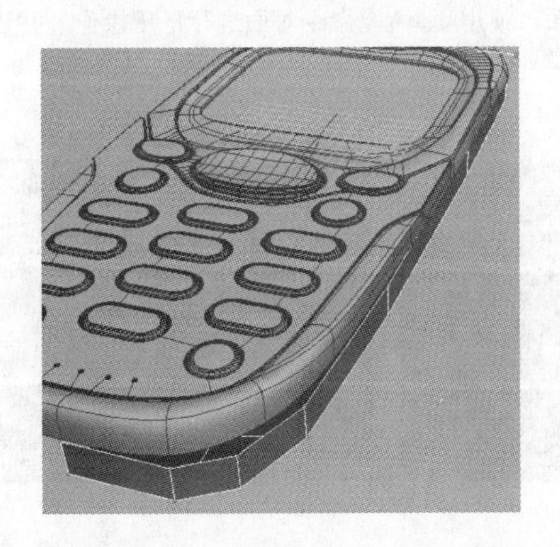

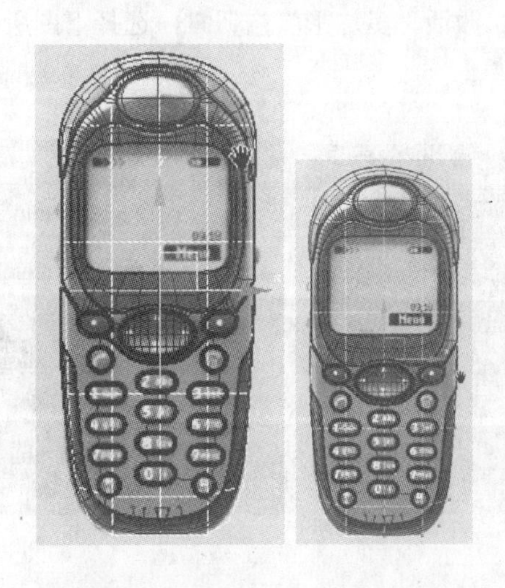

步骤 04 单击右键，在弹出的快捷菜单中选择 切割 命令，在模型上添加细分线。使用 连接 命令在模型上添加细分线，并进行调整。

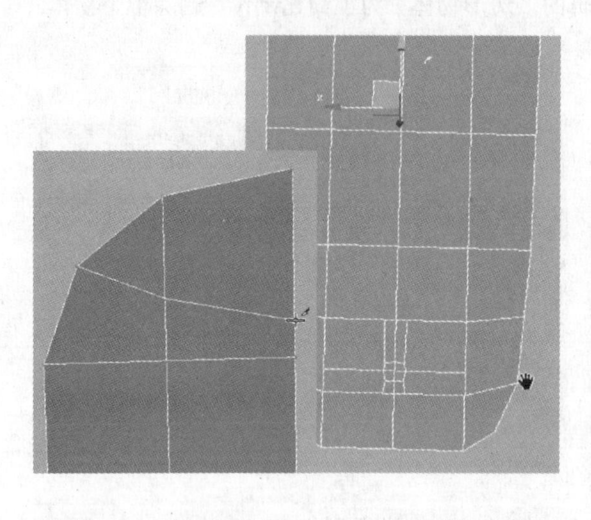

步骤 05 激活“多边形”按钮■，选择面，使用 倒角 命令对面进行挤压操作。

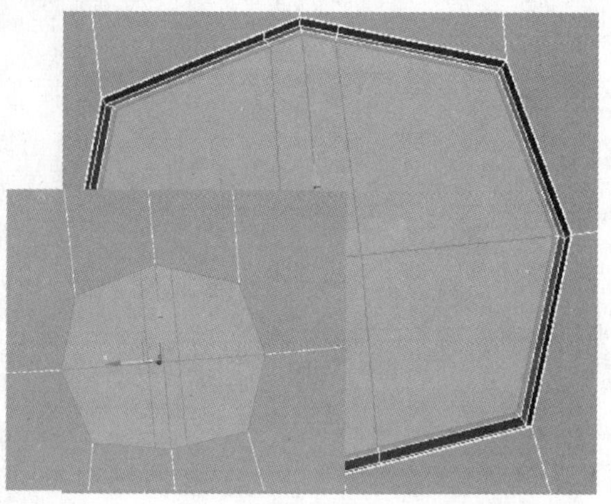

步骤 06 选择下图所示的面，按 Delete 键进行删除。激活“边”按钮◁，选择曲线，单击 封口 按钮对模型进行封口，并添加细分线。

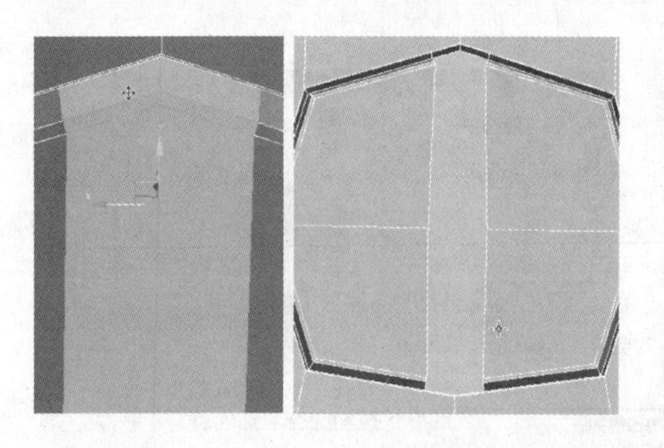

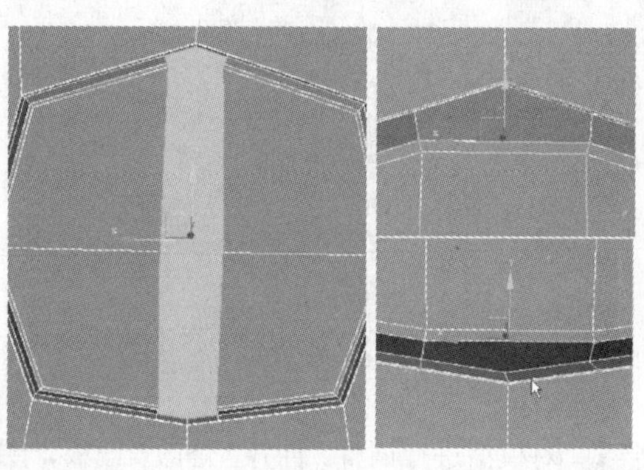

步骤 07 激活“多边形”按钮■，选择下图所示的面，使用 倒角 命令对面进行挤压操作，并进行调整。

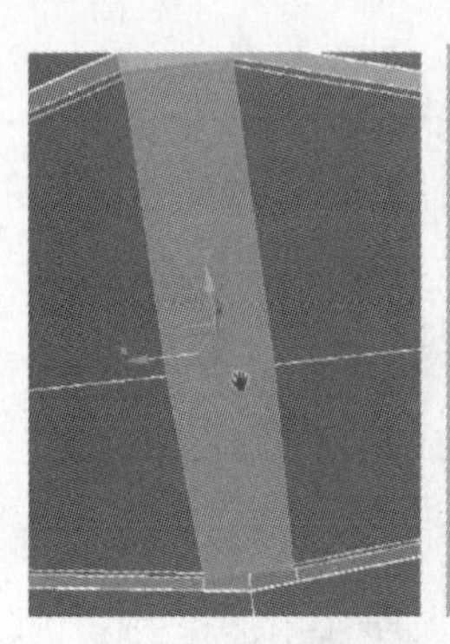

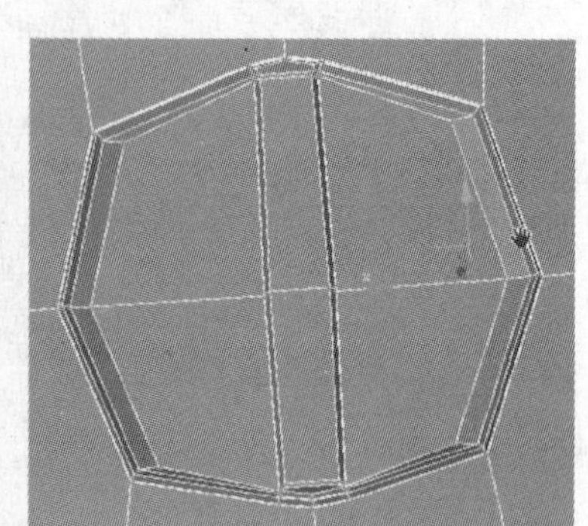

步骤 08 激活“边”按钮◁，选择曲线，进行调整。用同样的方法将其他曲线进行调整。

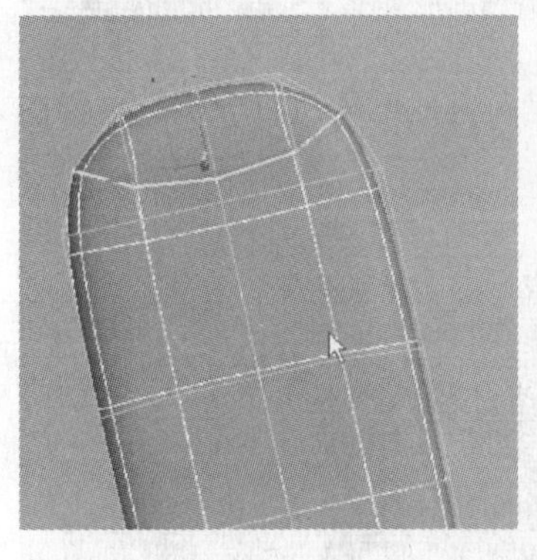
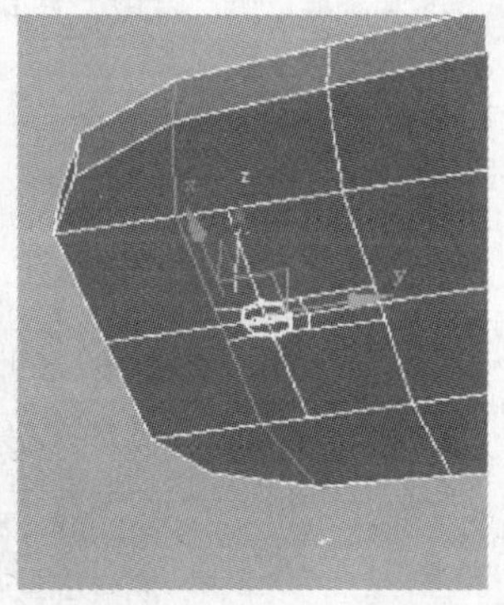
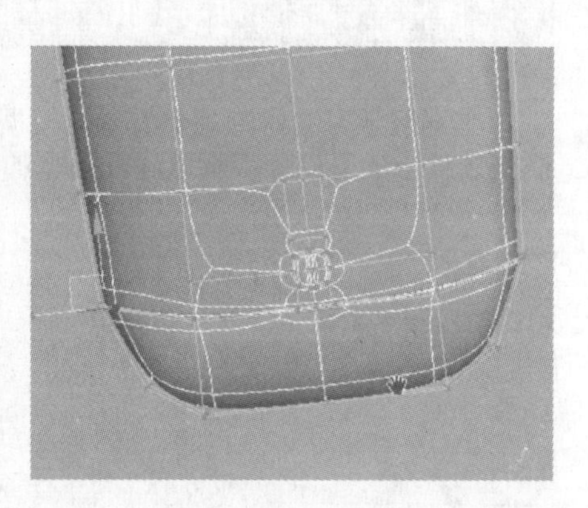

步骤 09 选择曲线，调整其形状。

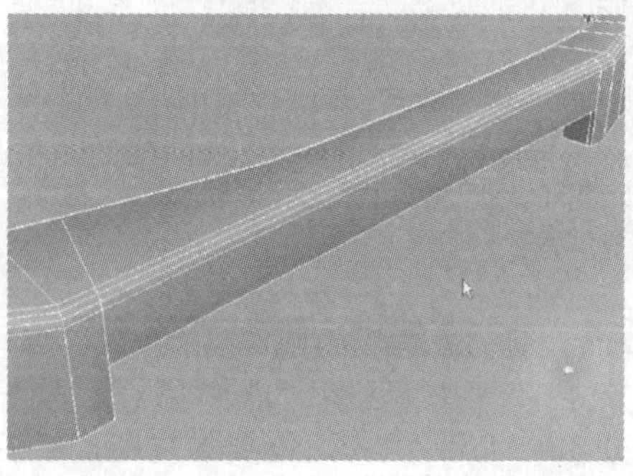

步骤 10 在手机后盖的模型上进行修改，添加侧按键和一些细节。

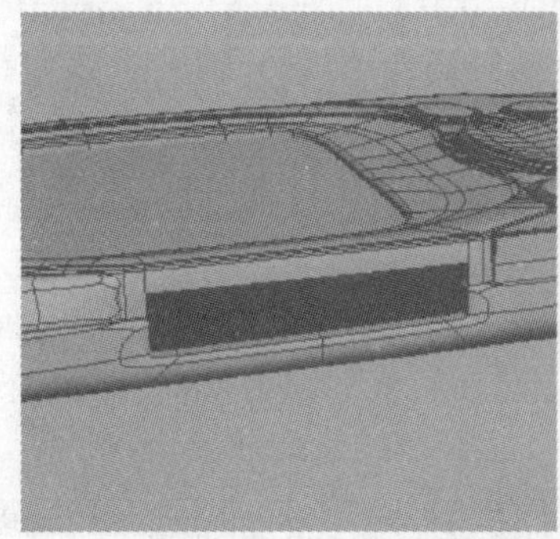

步骤 11 渲染效果如右图所示。

4.5 案例实训——怪物小精灵

本案例学习制作游戏中的卡通模型。首先仔细观察参考图片，对它的结构进行分析，这样在制作过程中就可以分步骤地进行模型的制作了。

4.5.1 整体模型的制作

步骤 01 打开 3ds Max，选择所需要的视图，然后按快捷键 Alt+B，打开“视口背景”对话框。单击“文件”按钮，在“选择背景图像”对话框中找到与视图相对应的素材图片，并设置参数。在此，分别在“前”视图和“左”视图中导入参考图片（光盘文件 \ 第 4 章 \ 怪物小精灵 \ 怪物小精灵 .max）。

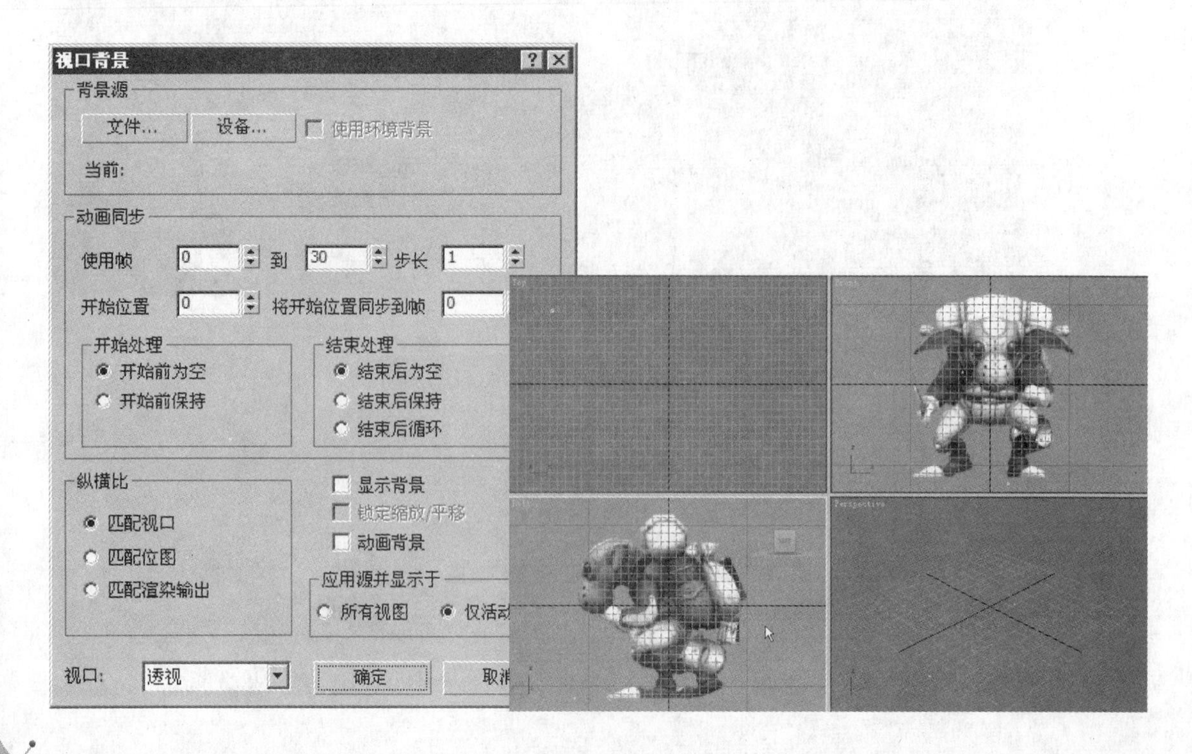

步骤02 单击“创建”按钮，然后单击“几何体”按钮进入“几何体”面板，选择标准基本体类型，单击长方体按钮，创建一个盒子。然后单击右键，在弹出的快捷菜单中选择转换为可编辑多边形命令，将模型转换为可编辑的多边形。激活“顶点”按钮进入点级别，选择盒子左边的部分点，按Delete键删除。

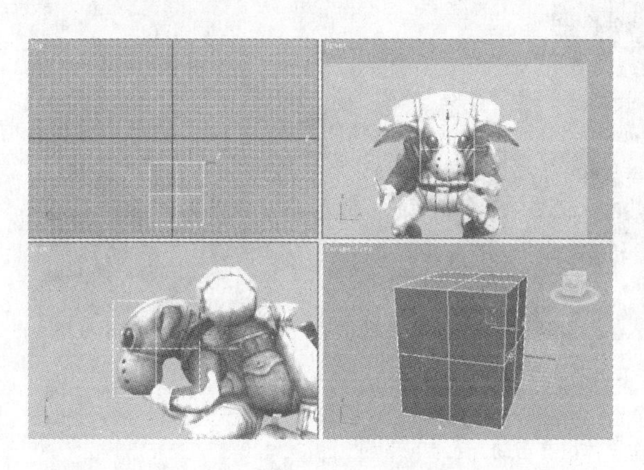

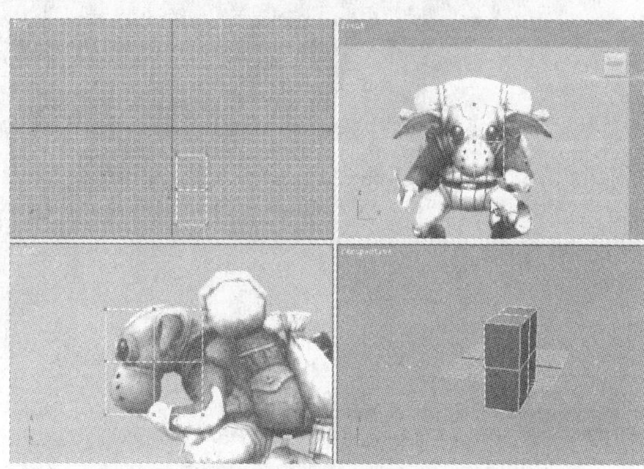

步骤03 使用“选择并旋转”工具，对照参考图调整长方体盒子的角度。然后激活“顶点”按钮，选择下图所示的点进行调整。

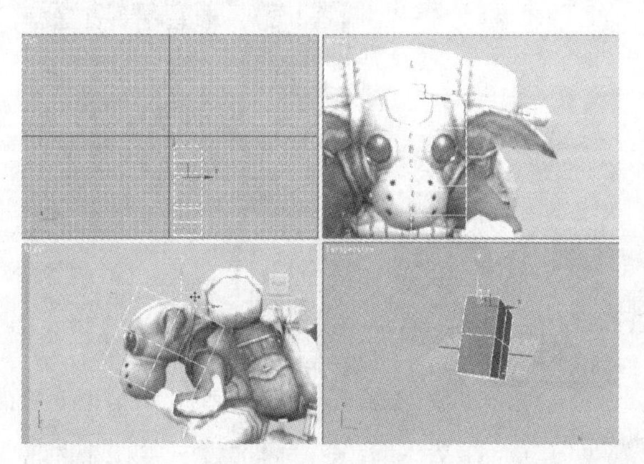

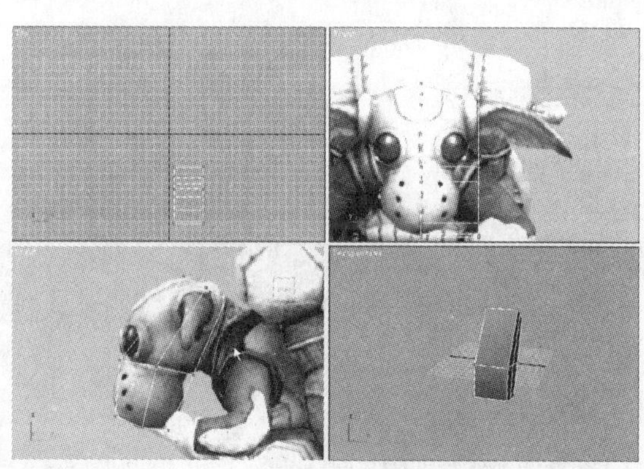

步骤04 激活“边”按钮，选择曲线，单击连接按钮右边的小方块，在弹出的对话框中设置参数，给物体添加新的曲线，然后继续进行调整。

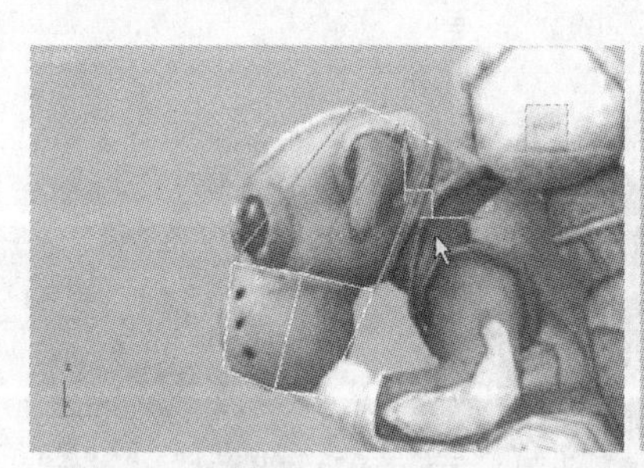

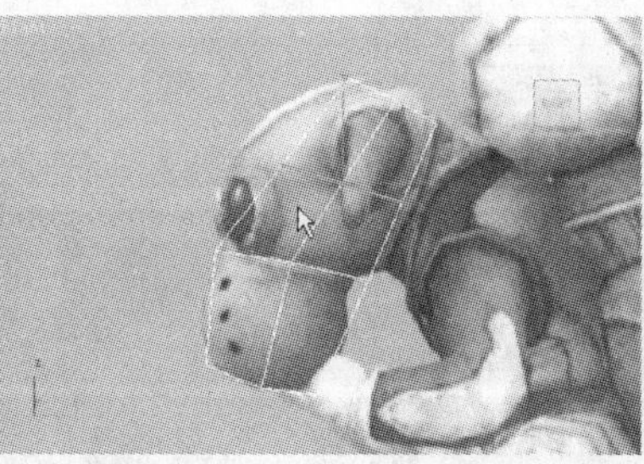

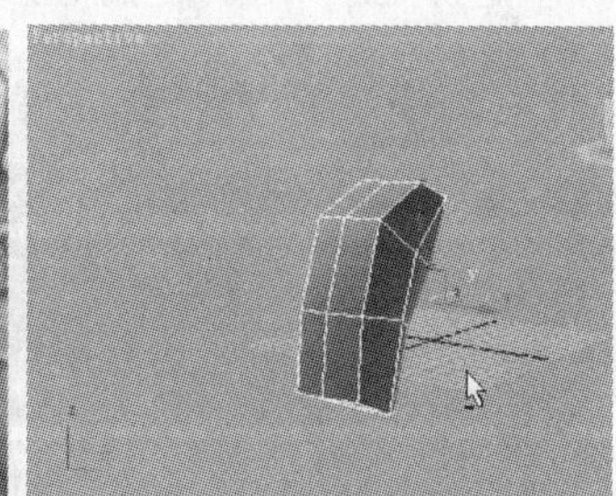

步骤 05 选择曲线，单击 连接 按钮右边的小方块，在弹出的对话框中设置参数，给物体添加新的曲线。同样，选择曲线，添加新的曲线，然后对照参考图进行调整。

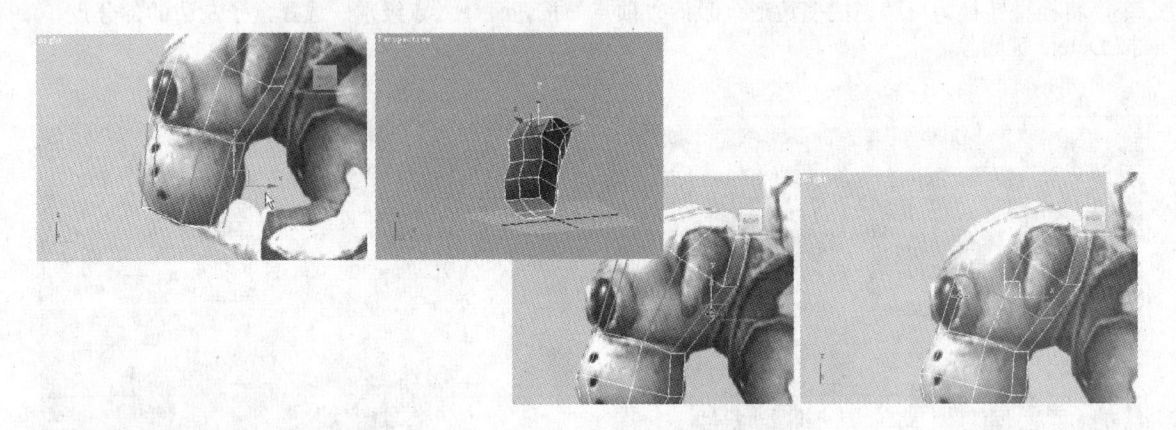

知识拓展：连接命令

此命令可以随时给物体添加曲线，并进行调整，对制作物体很有帮助。

步骤 06 选中盒子，单击工具栏上的“镜像”按钮，在弹出的对话框中设置参数，将选中的物体以关联的方式进行复制。然后激活“顶点”按钮，选择下图所示的点对照参考图进行调整。

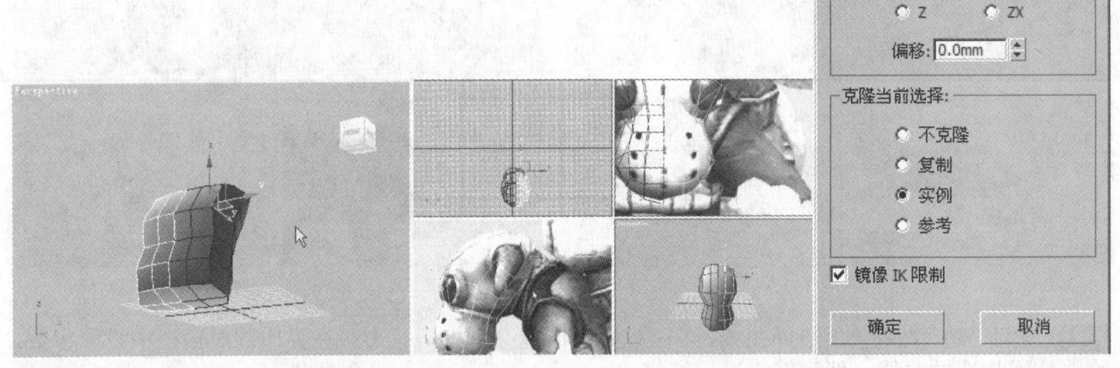

步骤 07 激活“多边形”按钮，选择下图所示的面，单击 倒角 按钮右边的小方块，对所选面进行斜角挤压，并在弹出的对话框中设置参数。

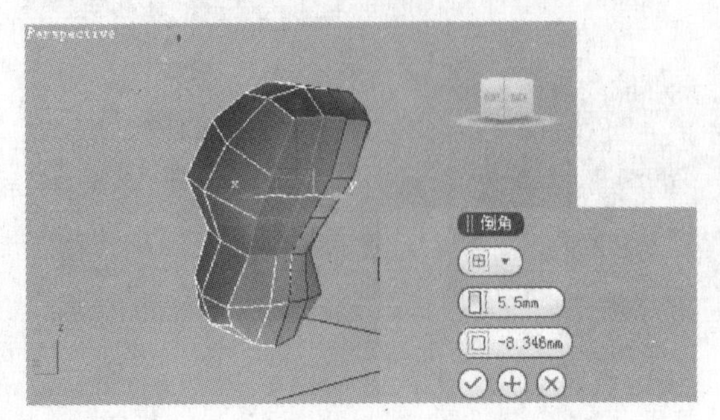

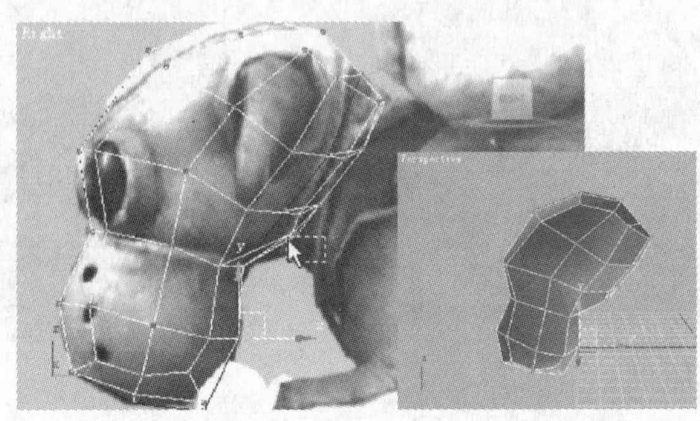

步骤08 激活“多边形”按钮■，选择下图所示的面，使用缩放工具进行放大处理。

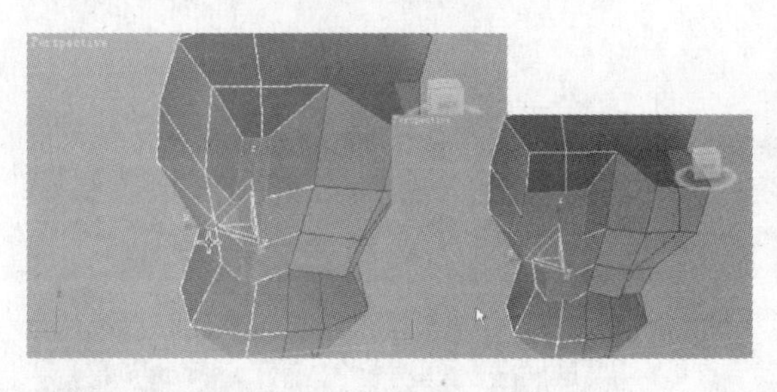

步骤09 选择下图所示的面，按Delete键删除。

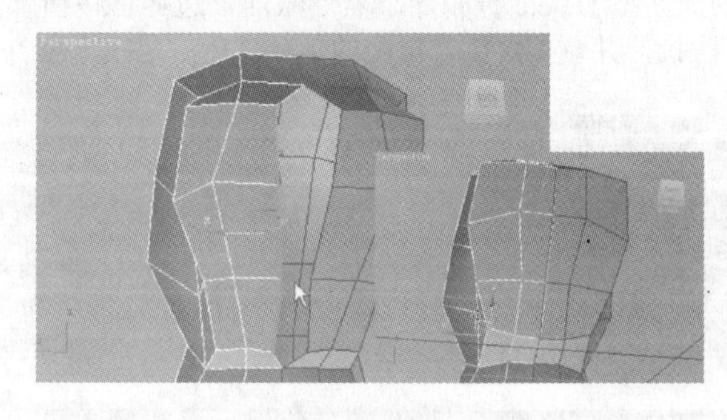

步骤10 激活“边”按钮◁，选择曲线，进行调整。

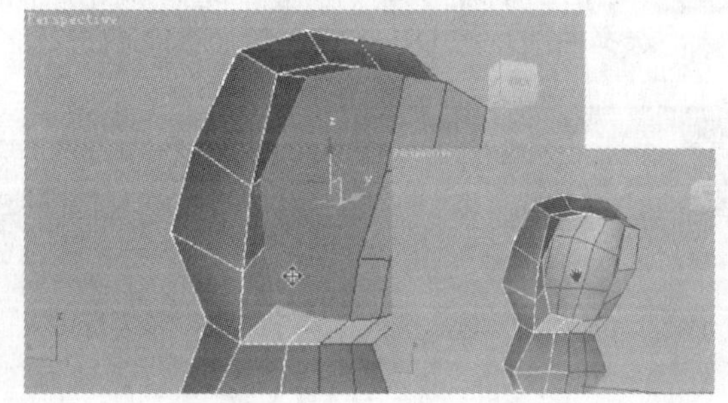

步骤11 激活“多边形”按钮■，选择下图所示的面，按Delete键删除。

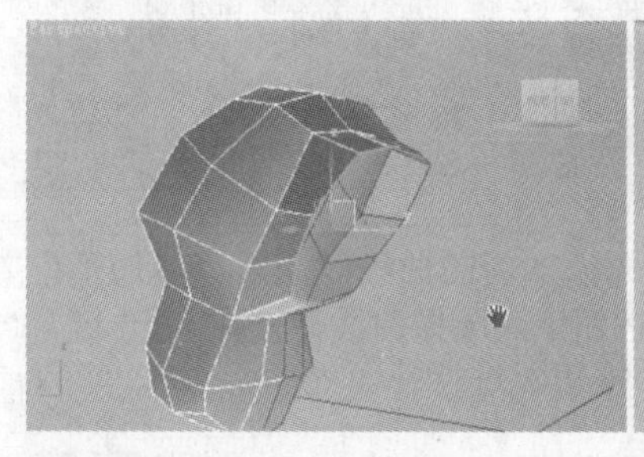

步骤12 激活“边”按钮◁，选择曲线，按住Shift键，对照参考图进行多次拉伸并调整。

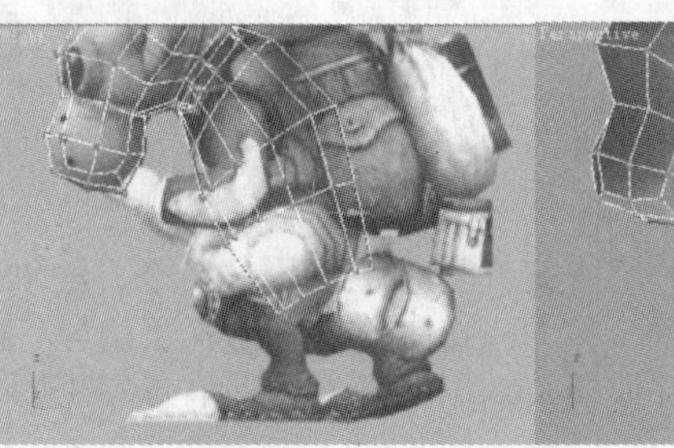

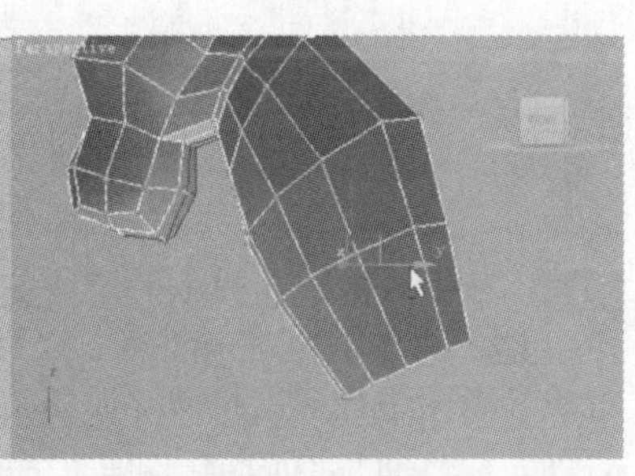

步骤13 单击右键，在弹出的快捷菜单中选择 创建 命令，依次拾取点，进行补面。

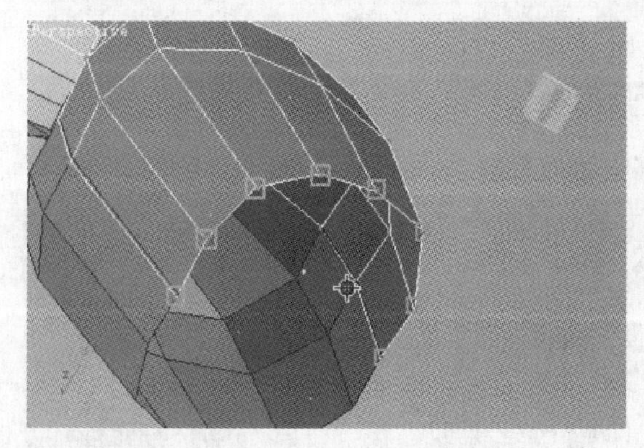

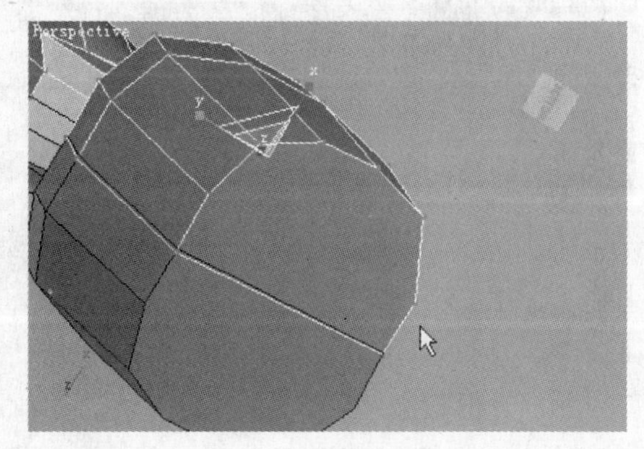

步骤 14 单击右键，在弹出的快捷菜单中选择 切割 命令，给物体添加新的曲线。然后激活“顶点”按钮，选择下图所示的点进行调整。

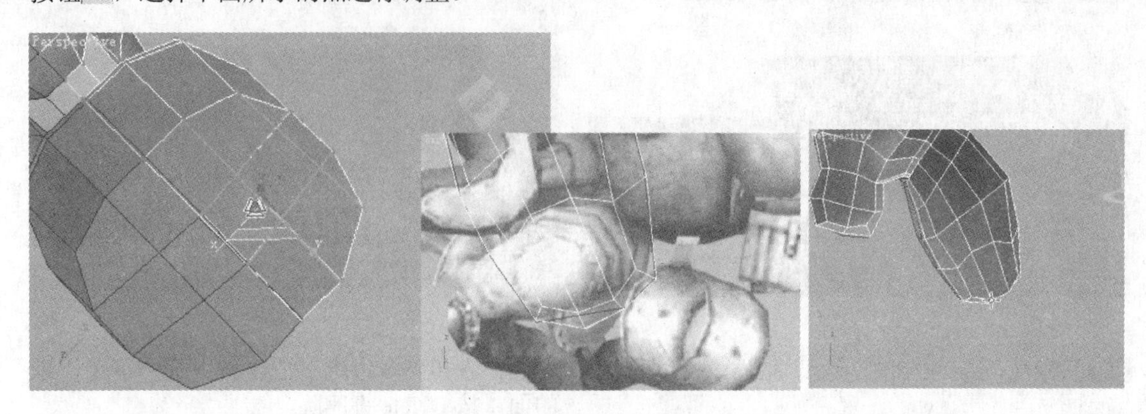

步骤 15 激活“多边形”按钮，选择下图所示的面，按 Delete 键删除。然后激活“边界”按钮，选择曲线，按 Delete 键，对照参考图进行多次拉伸并调整，制作出腿的部分。

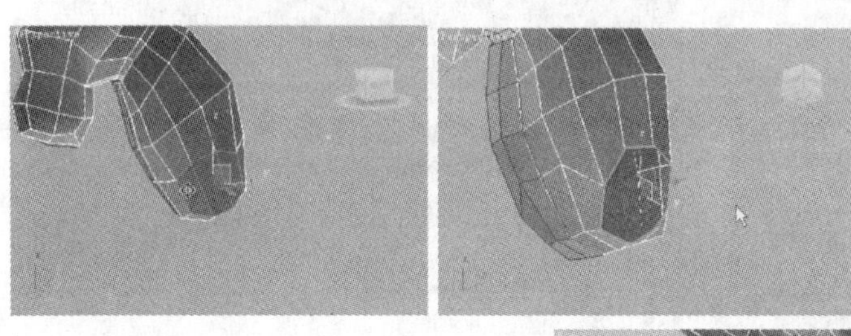

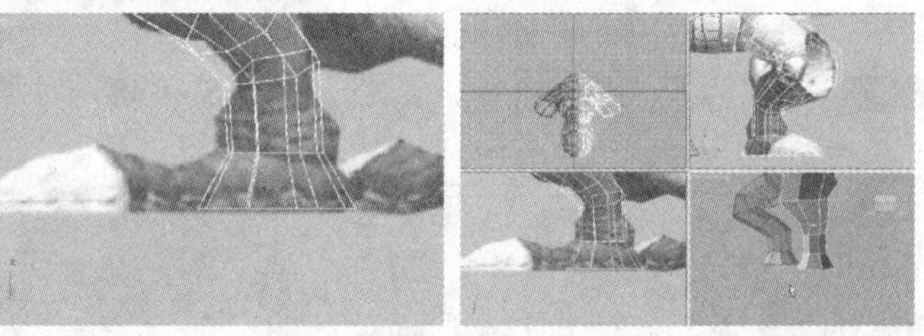

步骤 16 单击右键，在弹出的快捷菜单中选择 切割 命令，给物体添加新的曲线。激活“多边形”按钮，选择下图所示的面，按 Delete 键删除。激活“边界”按钮，选择曲线，按住 Shift 键，对照参考图进行多次拉伸并调整，制作出脚。然后单击 封口 按钮，进行补面处理。

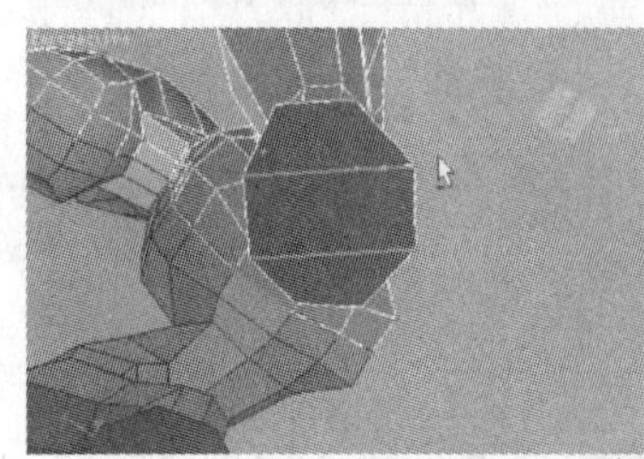

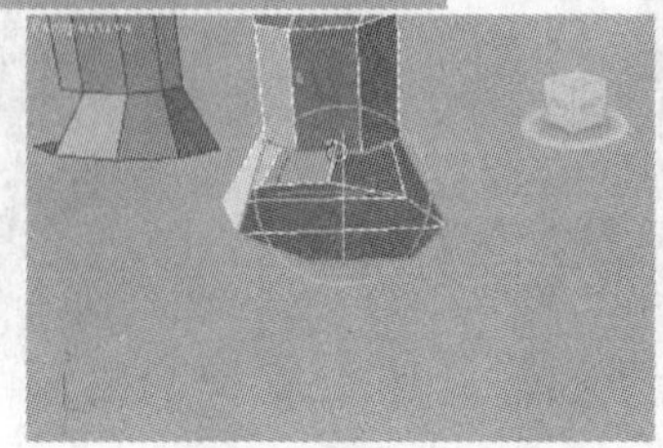

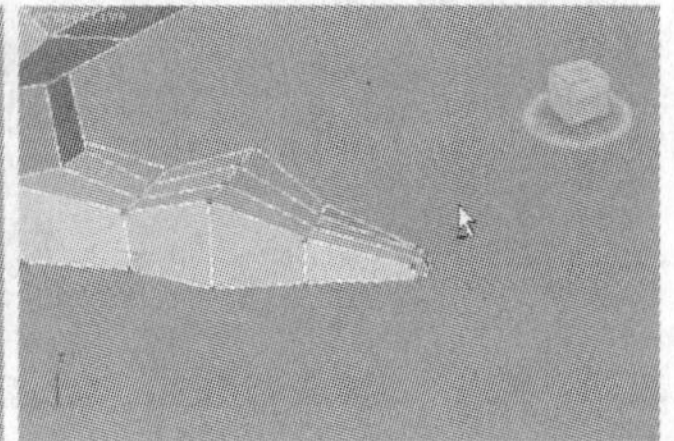

步骤 17 激活“边”按钮，选择曲线，单击 连接 按钮右边的小方块，在弹出的对话框中设置参数，给物体添加新的曲线。然后激活“顶点”按钮，选择下图所示的点进行调整。

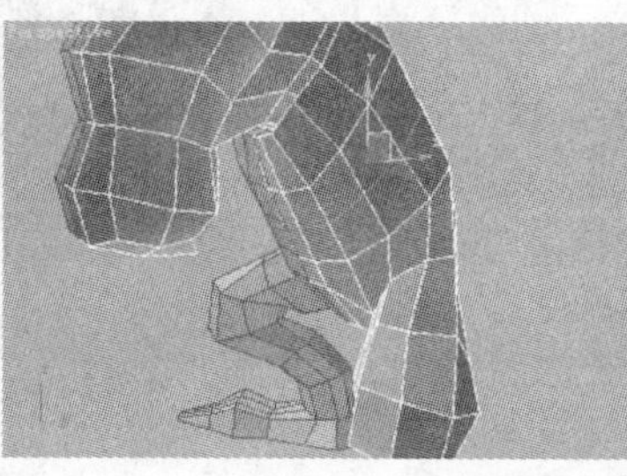
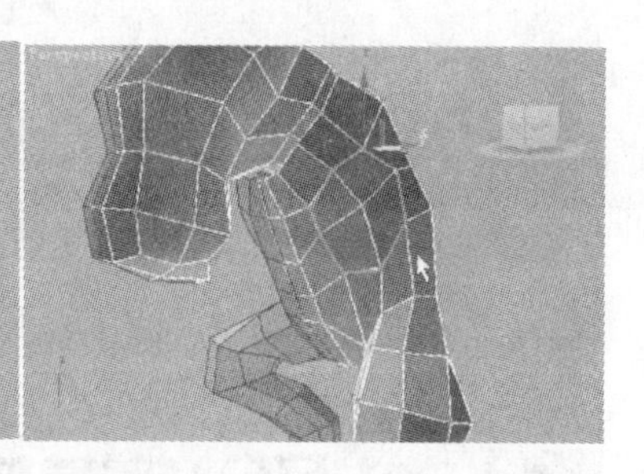

步骤 18 激活“多边形”按钮，选择下图所示的面，按 Delete 键删除。然后激活“边界”按钮，选择曲线，按住 Shift 键，对照参考图进行多次拉伸并调整，制作出胳膊。

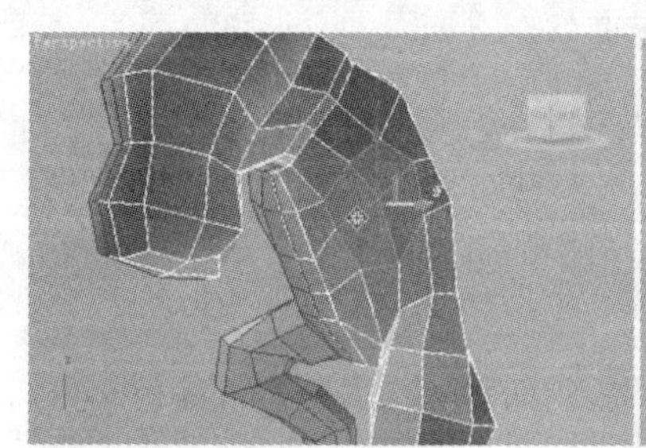
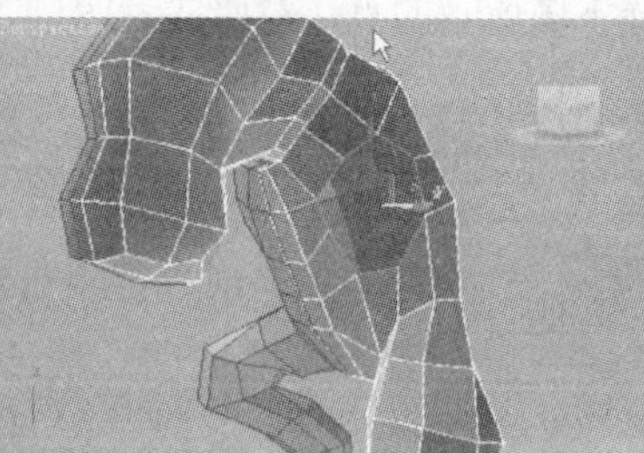

步骤 19 单击 封口 按钮，进行补面处理。然后单击右键，在弹出的快捷菜单中选择 切割 命令，添加新的曲线。再激活“多边形”按钮，选择下图所示的面，沿 Y 轴向外拉伸。

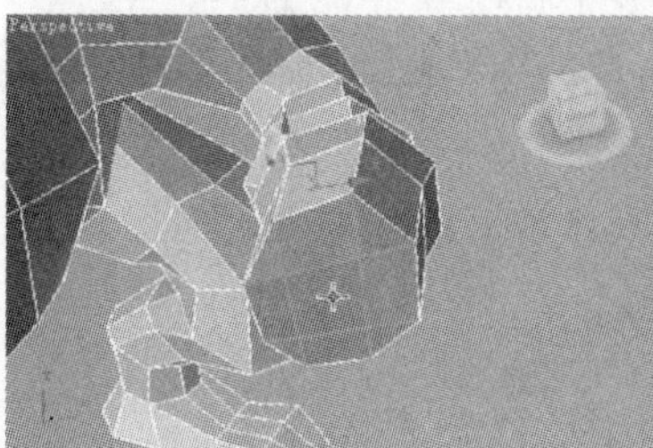

步骤 20 激活“多边形”按钮，选择下图所示的面，按 Delete 键删除。然后激活“边界”按钮，选择曲线，按住 Shift 键，向外拉伸并进行调整，制作出手指。最后单击 封口 按钮进行补面处理。

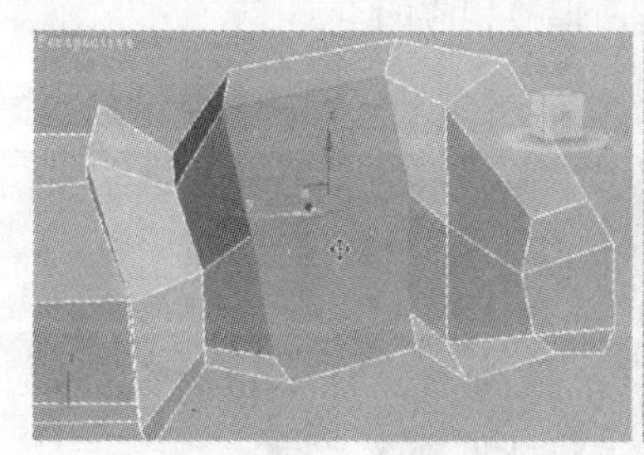
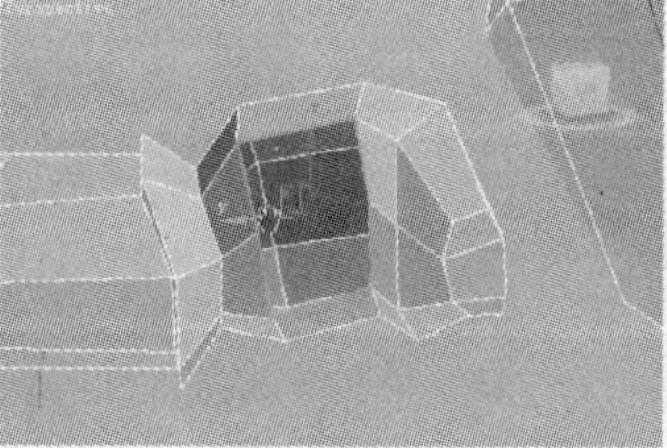

步骤 21 对照参考图进行细节调整，得到初始模型。

4.5.2 耳朵和眼睛的制作

步骤 01 激活“顶点”按钮，选择下图所示的点，单击 切角 按钮右边的小方块，在弹出的对话框中设置参数，对所选的点进行切角处理。然后单击右键，在弹出的快捷菜单中选择 切割 命令，给物体添加新的曲线。最后选择下图所示的点，对照参考图进行调整。

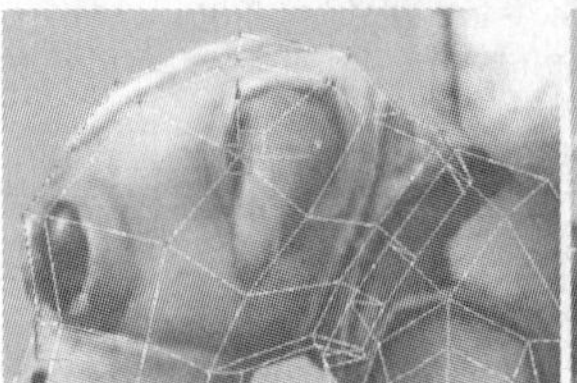
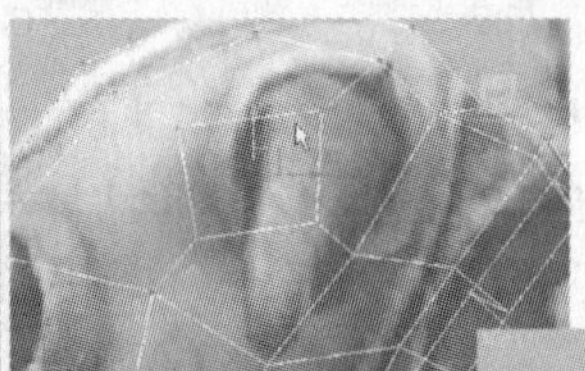
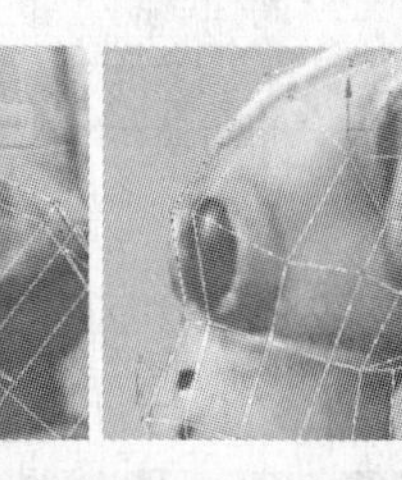

步骤 02 激活“多边形”按钮，选择下图所示的面，按 Delete 键删除。激活“边界”按钮，选择曲线，按住 Shift 键，对照参考图进行多次拉伸并调整，制作出耳朵。

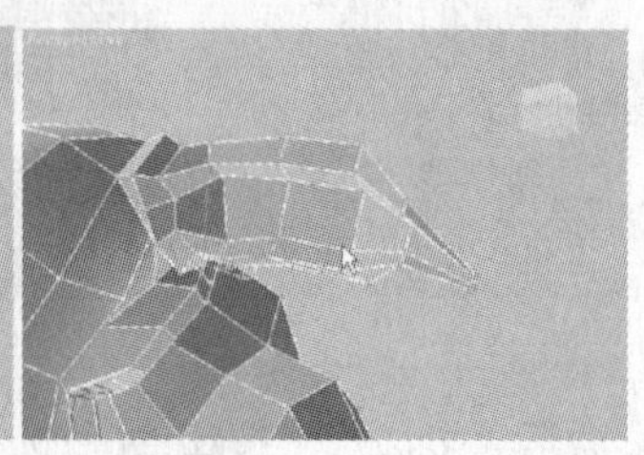

步骤 03 激活“顶点”按钮，选择下图所示的点，单击 切角 按钮右边的小方块，在弹出的对话框中设置参数，对所选的点进行切角处理。然后单击 目标焊接 按钮，焊接相应的点。

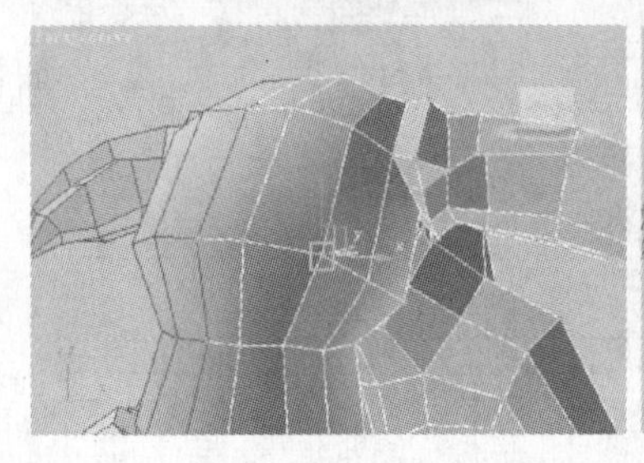
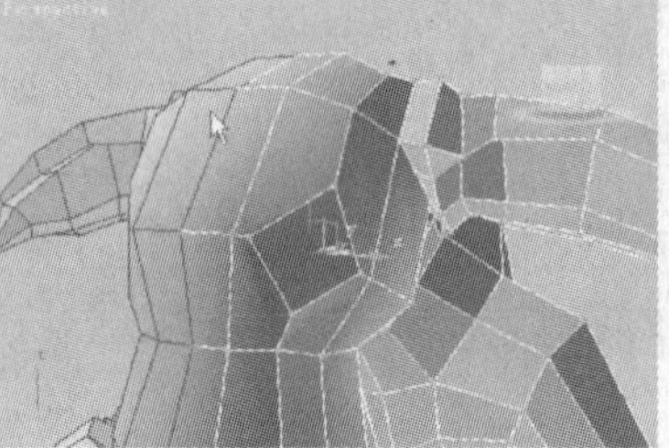

步骤 04 单击右键，在弹出的快捷菜单中选择 切割 命令，给物体添加新的曲线。然后选择下图所示的点，进行调整。

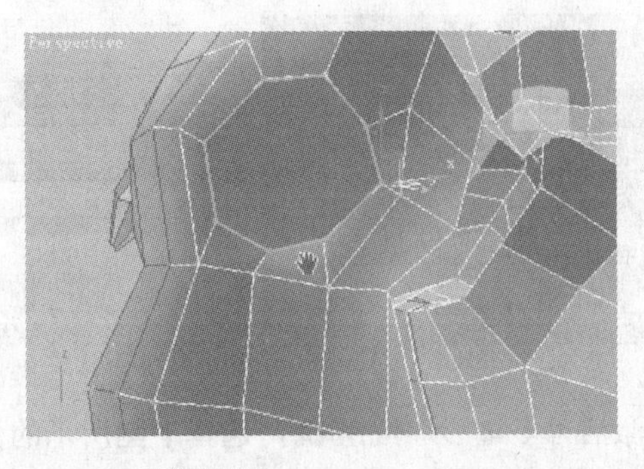

步骤 05 激活“多边形”按钮■，选择下图所示的面，单击 挤出 按钮，在弹出的对话框中设置参数，对所选的面进行挤压，并使用“缩放”工具向里收缩。然后激活“顶点”按钮，单击右键，在弹出的快捷菜单中选择 切割 命令，给物体添加新的曲线。

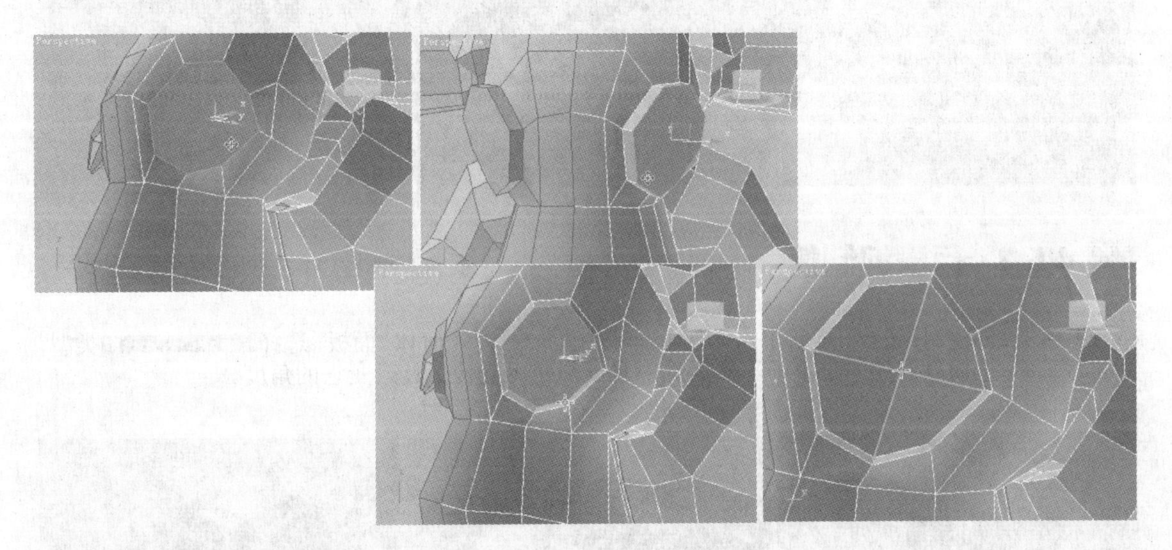

知识拓展：挤出命令

挤出 有两种操作方式，一种是先选择要挤压的顶点，然后单击 挤出 按钮，在视图上单击顶点并拖动鼠标。左右拖动可以控制挤压根部的范围，上下拖动可以控制顶点被挤压后的高度。

步骤 06 激活“边”按钮◁，选择曲线，单击 连接 按钮右边的小方块，给物体添加新的曲线，并设置参数，然后使用缩放工具将其向里收缩。

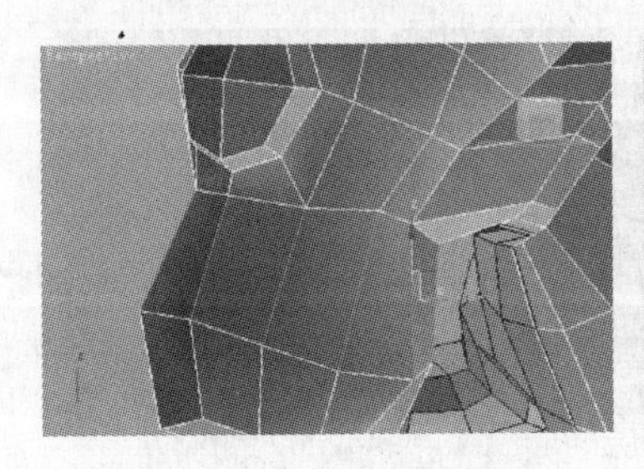
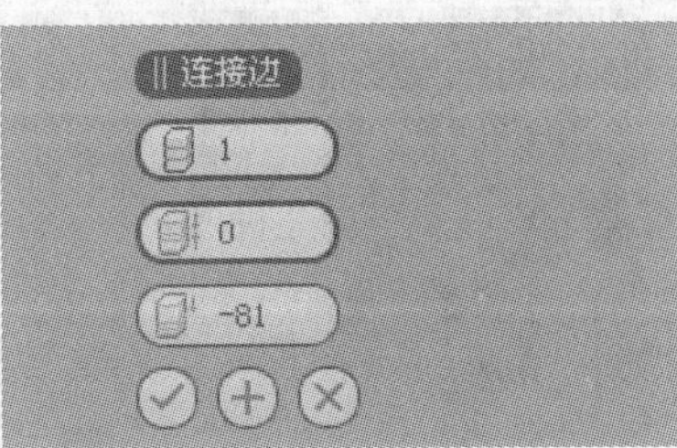

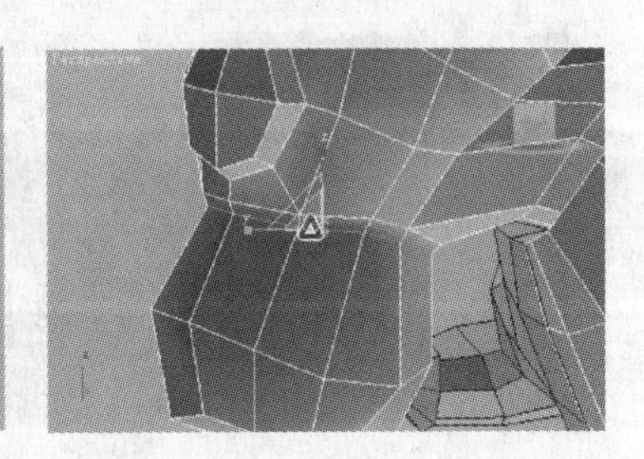

步骤 07 同样，选择曲线，单击 连接 按钮右边的小方块，给物体添加新的曲线。

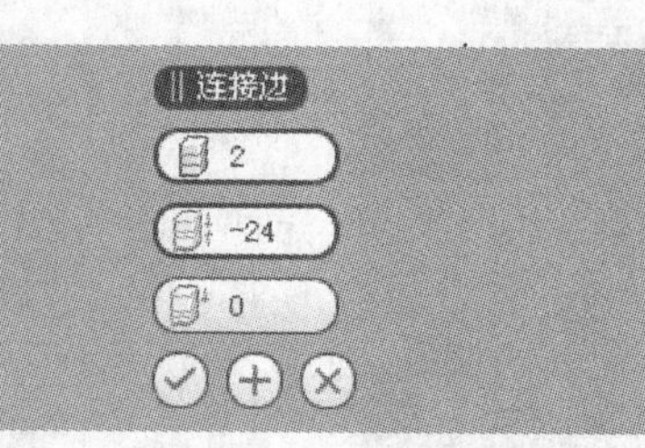

步骤 08 激活“多边形”按钮，选择下图所示的面，单击 挤出 按钮，对所选面进行挤压处理。

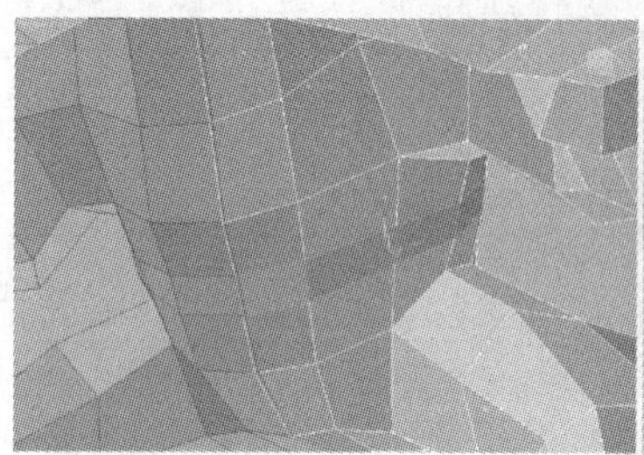
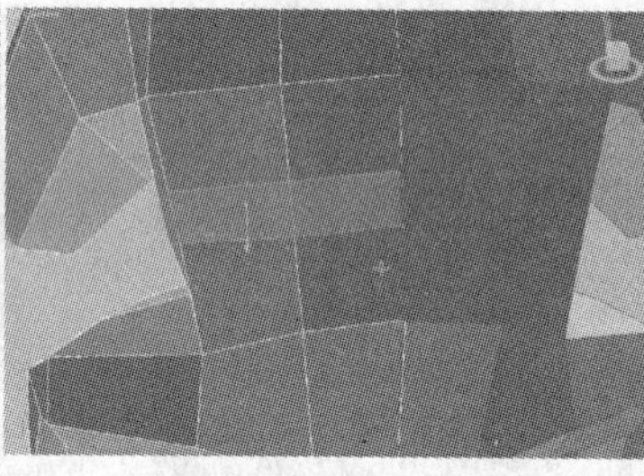
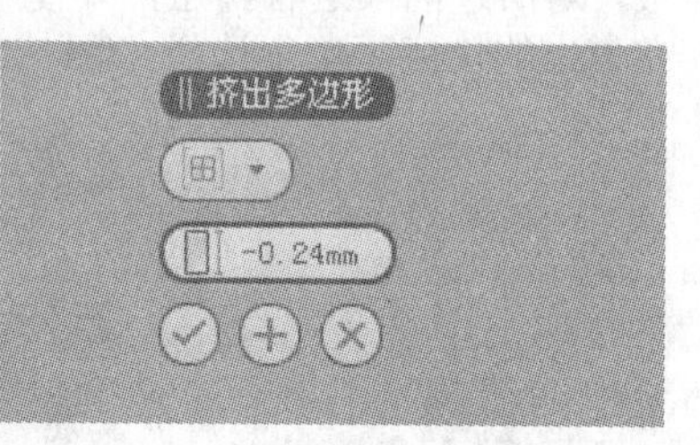

4.5.3 行李的制作

步骤 01 单击“创建”按钮，然后单击“几何体”按钮进入“几何体”面板，选择 标准基本体 类型，单击 长方体 按钮，创建一个盒子。然后选中盒子，使用旋转工具改变它的角度。

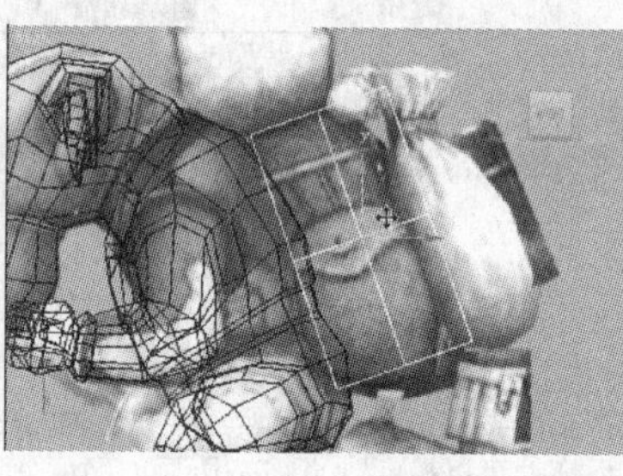

步骤 02 选中盒子，单击右键，在弹出的快捷菜单中选择 转换为可编辑多边形 命令，将模型转换为为可编辑的多边形。然后激活“顶点”按钮，选择下图所示的点进行调整。激活“边”按钮，选择曲线，单击 连接 按钮右边的小方块，在弹出的对话框中设置参数，给物体添加新的曲线。

步骤 03 同样，选择曲线，单击 连接 按钮右边的小方块，在弹出的对话框中设置参数，给物体添加新的曲线。然后激活“顶点”按钮，选择下图所示的点进行调整。

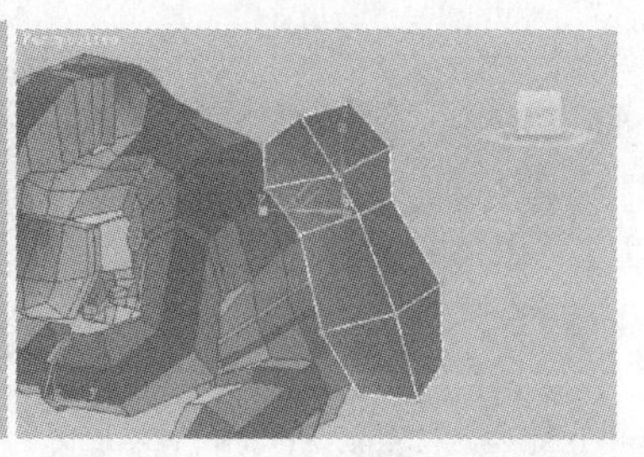

步骤 04 在“几何体”面板中单击 圆柱体 按钮，创建一个圆柱体。单击“修改”按钮进入“修改”面板，在“参数”卷展栏中设置参数。然后单击右键，在弹出的快捷菜单中选择 切割 命令，给物体添加新的曲线。最后对照参考图，选择下图所示的点进行调整。

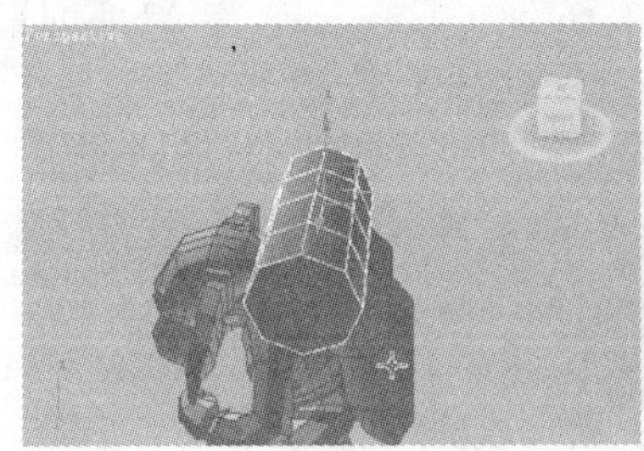
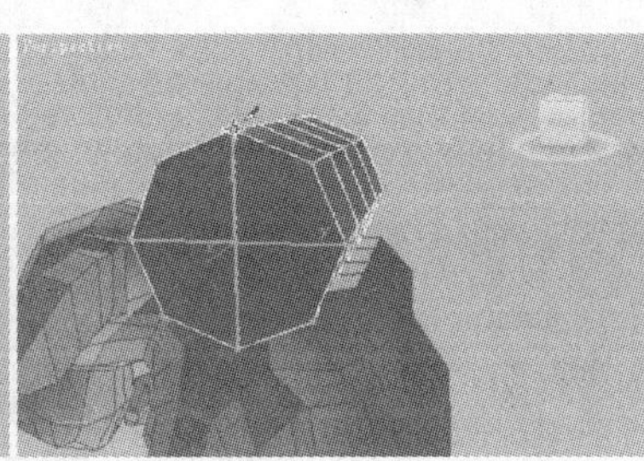
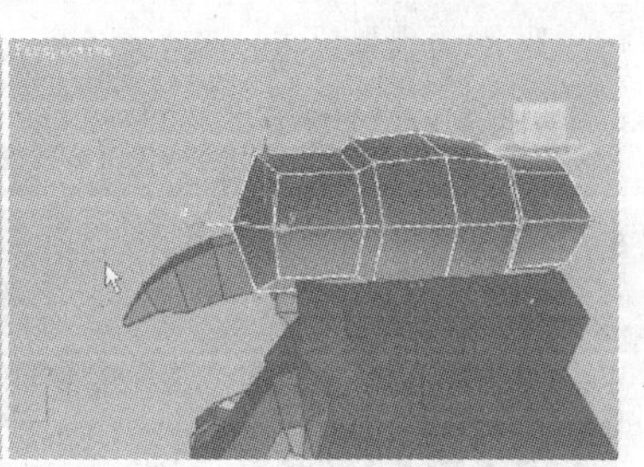

步骤 05 制作袋子。在“创建”面板中单击“几何体”按钮进入“几何体”面板，选择 标准基本体 类型，单击 长方体 按钮，创建一个盒子。单击右键，在弹出的快捷菜单中选择 转换为可编辑多边形 命令，将模型转换为可编辑的多边形。激活“多边形”按钮，选择下图所示的面，按 Delete 键删除，并使用“选择并旋转”工具调整它的角度。

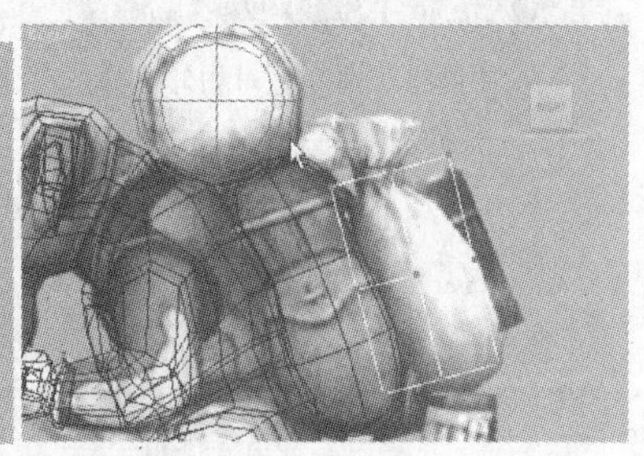

步骤 06 激活“顶点”按钮，选择下图所示的点，沿 Y 轴向上移动，并使用缩放工具向里收缩。同样，选择下图所示的点，向上移动。

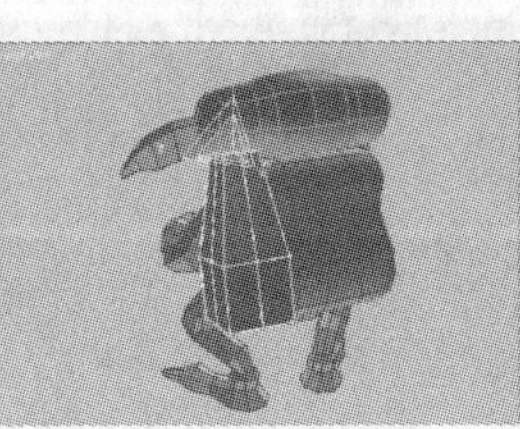

步骤07 激活"边"按钮◁，选择曲线，单击"连接"按钮右边的小方块，在弹出的对话框中设置参数，给物体添加新的曲线。用同样的方法给物体添加曲线，并选择下图所示的点进行调整。

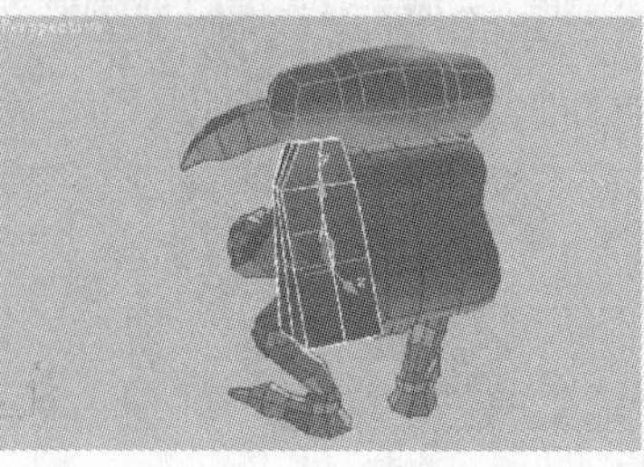

步骤08 选中制作好的袋子，按住Shift键，沿X轴向右复制一个。

步骤09 使用相同的方法，对照参考图制作出其他的小物件。

步骤10 分别选择制作好的物体，单击右键，在弹出的快捷菜单中单击"网络平滑"命令按钮，进行光滑处理。

知识拓展：网络平滑命令

"网络平滑"是对物体进行光滑处理的命令，使用此命令可以使物体变得光滑。

4.6 案例实训——卡通蜜蜂模型

本实例主要介绍了 Symmetry 修改器和 Shell 修改器的使用方法，学习本实例后，大家可以制作出一些昆虫类模型和一些对称的物体等。

4.6.1 制作蜜蜂身体部分

步骤 01 单击“几何体”按钮进入“几何体”面板，选择 标准基本体 类型，单击“圆柱体”按钮，在场景中创建一个圆柱体（光盘文件\第 4 章\卡通蜜蜂\卡通蜜蜂.max）。

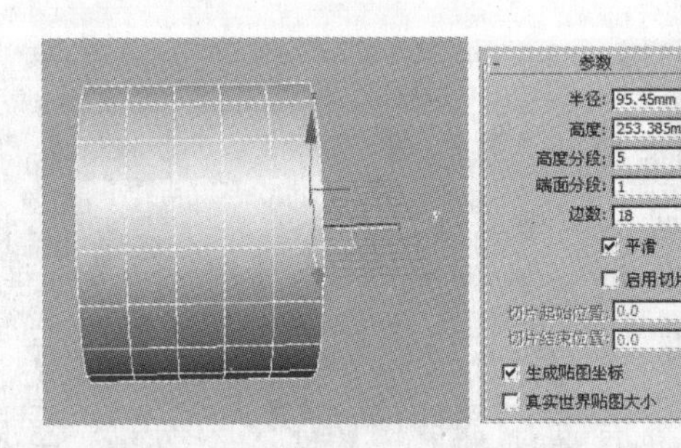

步骤 02 单击“修改”按钮，切换到“修改”面板，设置参数。

步骤 03 单击鼠标右键，在弹出的快捷菜单中选择 转换为可编辑面片 命令，将模型转换为可编辑的面片物体。

步骤 04 选择节点。

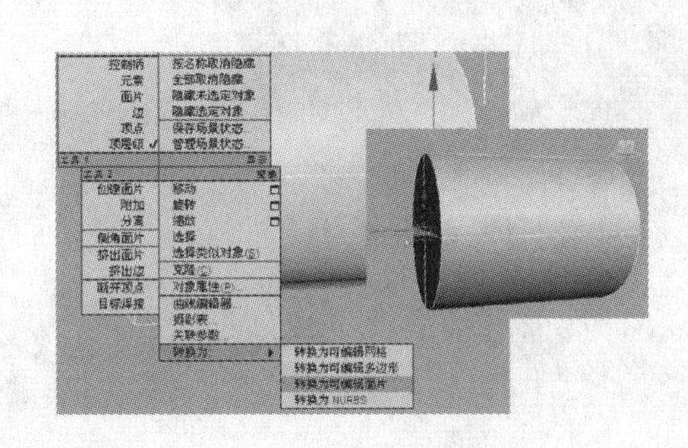

步骤 05 调节节点的位置，并框选出一环平行边。

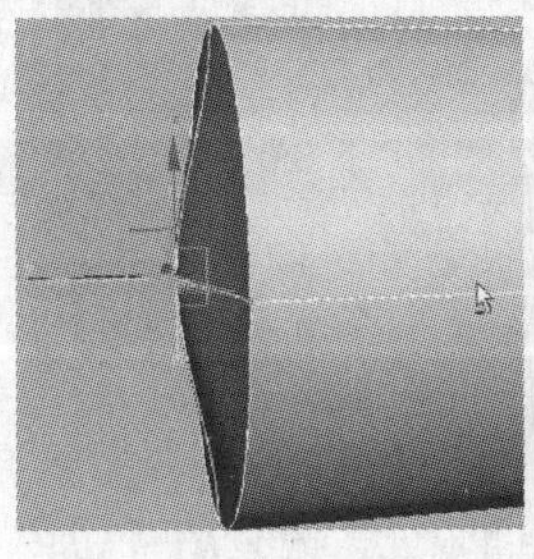

步骤 06 单击“细分”按钮，对边进行细分，然后切换到点级别，调节节点的位置。

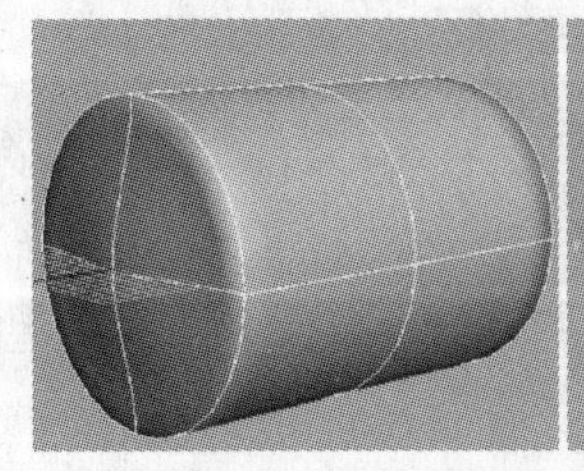

步骤 07 继续调节节点的位置，并框选点。

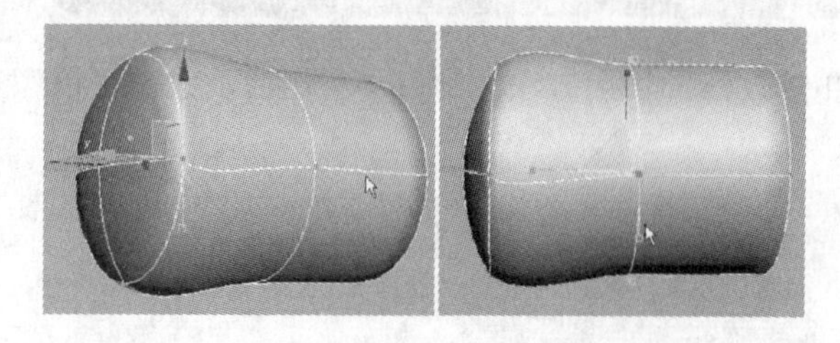

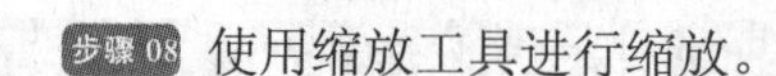

步骤 08 使用缩放工具进行缩放。

步骤 09 选择下图所示的点，移动节点的位置。

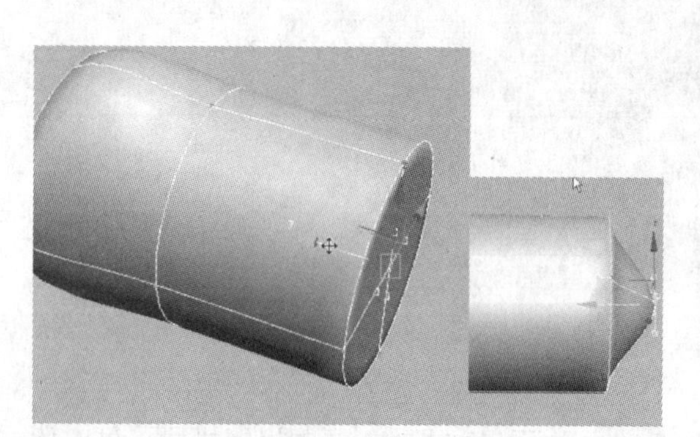

步骤 10 选择下图所示的点进行缩放。

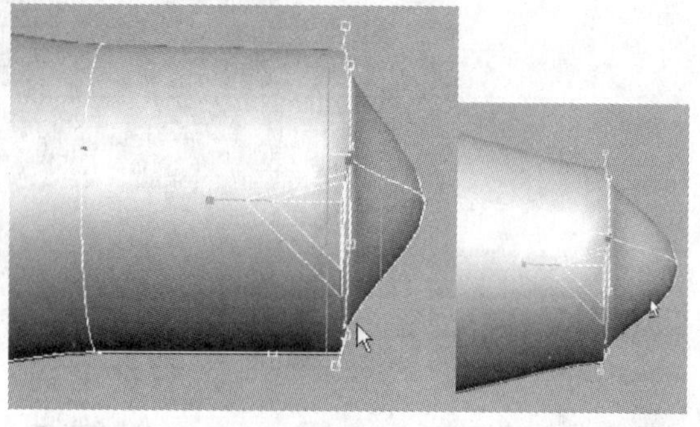

步骤 11 使用快捷键Alt+X对物体进行透明显示，然后调整X轴，取消透明显示。

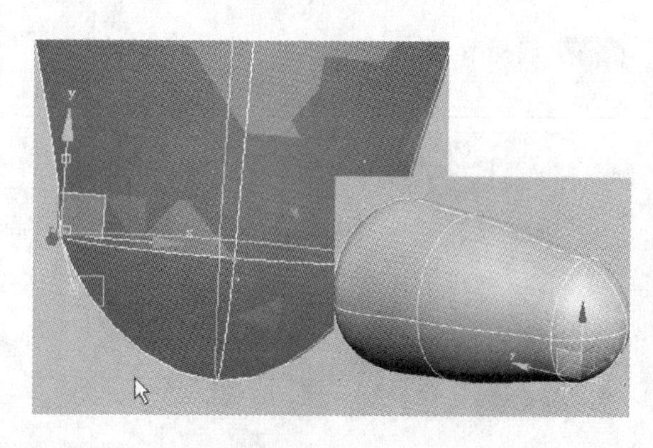

步骤 12 继续调节节点的位置，选择一环平行线。

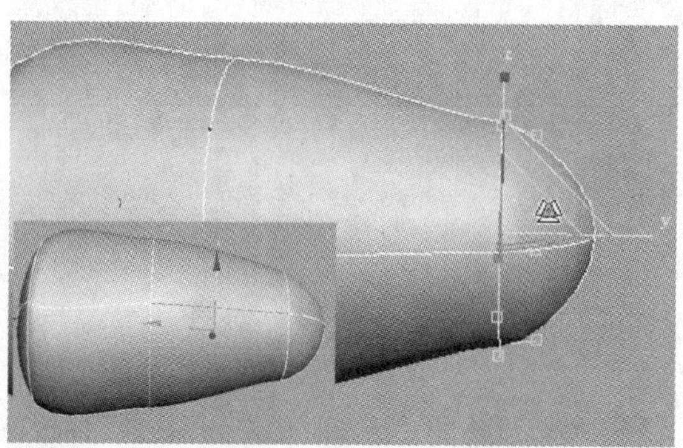

步骤 13 单击 细分 按钮，对模型进行细分。

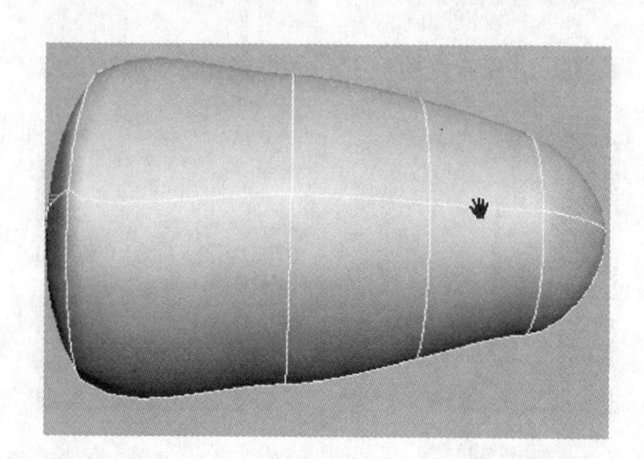

4.6.2　制作蜜蜂身体细节部分

步骤 01 选择一环边，单击 细分 按钮，进行细分。

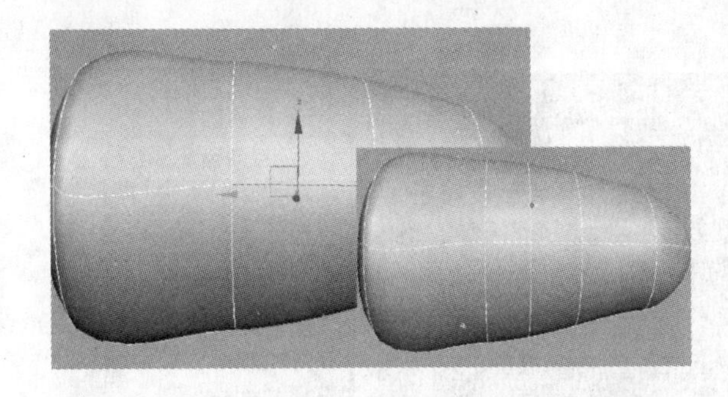

步骤 02 移动并调节节点的位置。

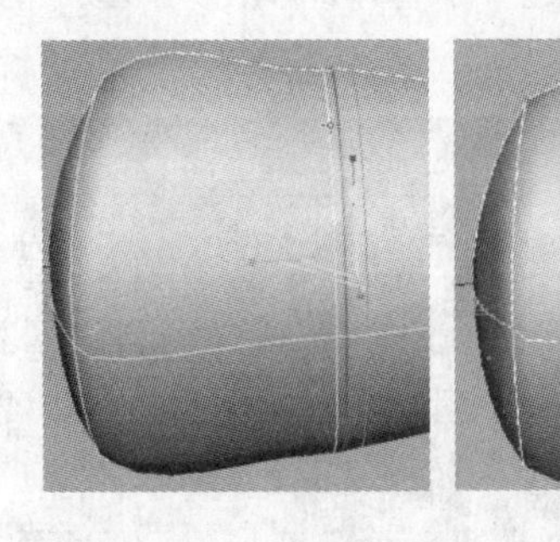

步骤 03 选择下图所示的边，单击 细分 按钮，进行细分。

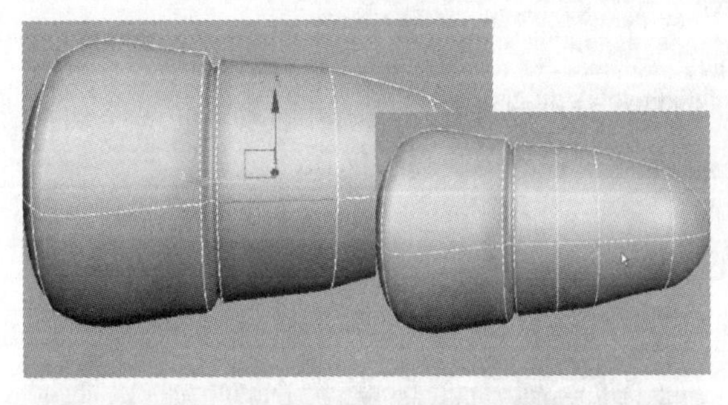

步骤 04 选择下图所示的边，移动边的位置。

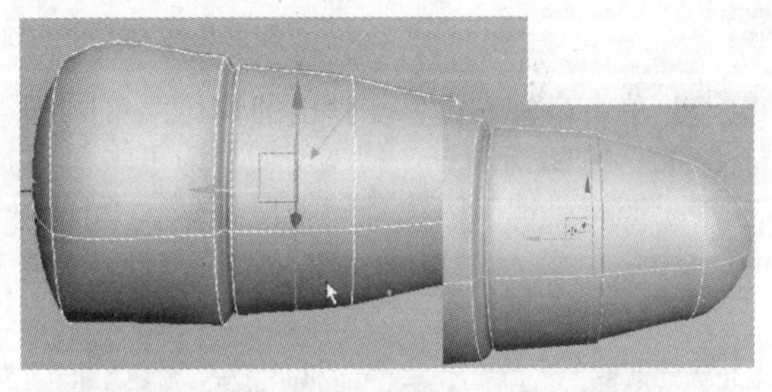

步骤 05 选择下图所示的边，单击 细分 按钮，进行细分。

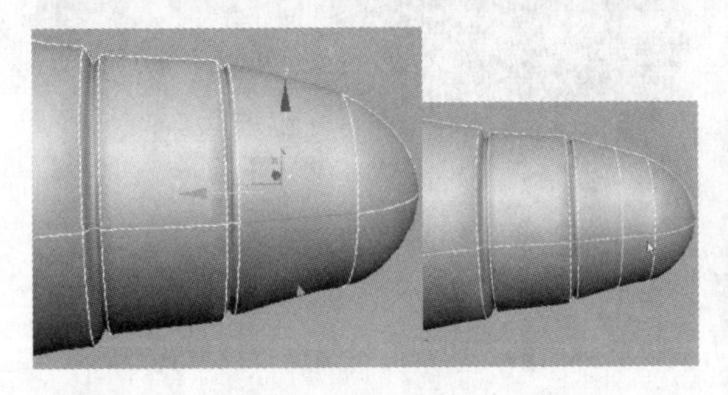

步骤 06 对边进行缩放，并调节边的位置。

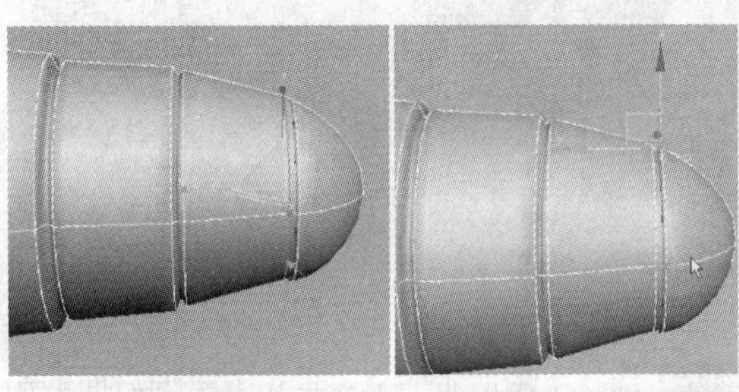

步骤 07 调节节点的位置。

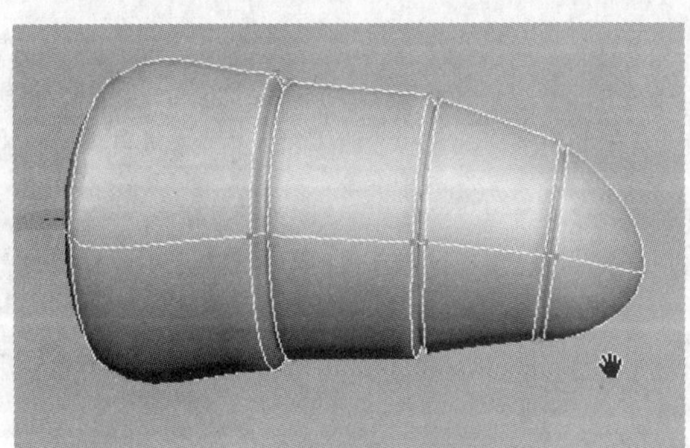

4.6.3 制作蜜蜂头部

步骤 01 单击“几何体”按钮进入“几何体”面板，选择标准基本体类型，单击长方体按钮，在“顶”视图中创建一个物体。单击“修改”按钮，在“修改”面板中设置参数。

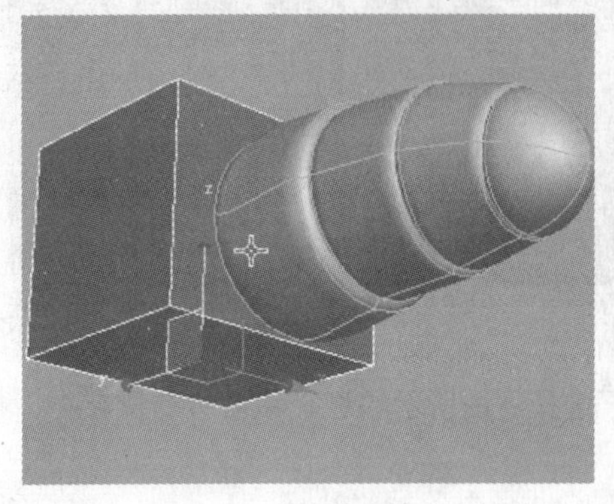

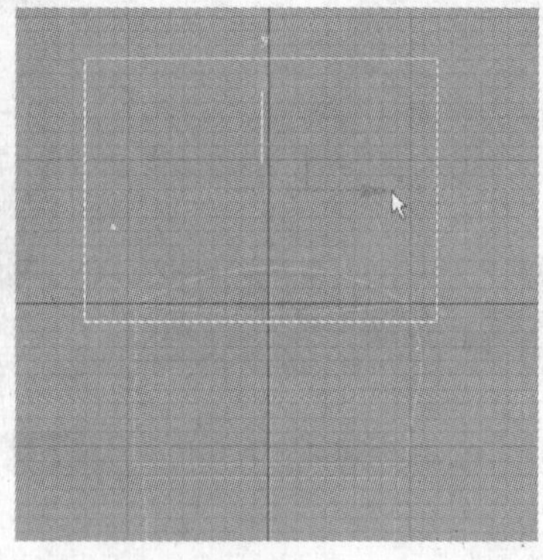

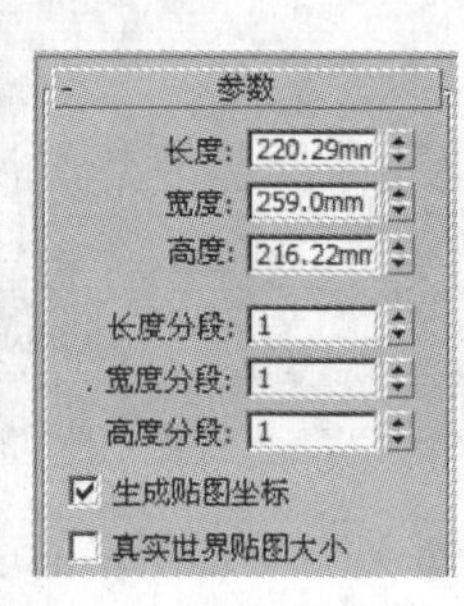

步骤 02 单击鼠标右键，在弹出的快捷菜单中选择转换为可编辑多边形命令，将模型转换为可编辑多边形。然后，使用快捷键 Ctrl+Q 对模型进行光滑显示。

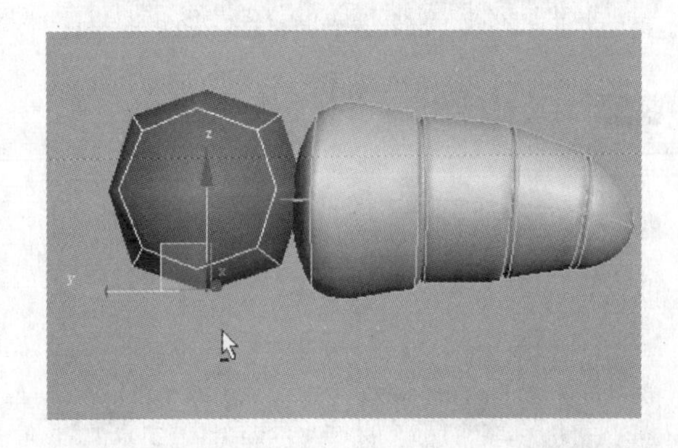

步骤 03 对模型进行缩放，并移动其位置。切换到点级别，调节节点的位置。

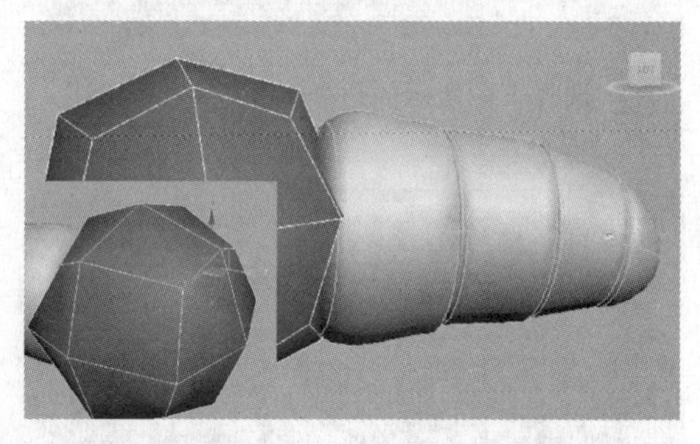

步骤 04 选择下图所示的点，单击切角后面的小方块，在弹出的“切角”对话框中设置参数。

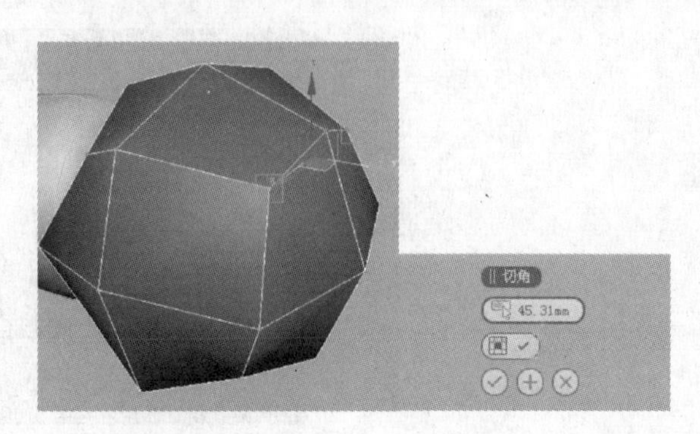

步骤05 单击“多边形”按钮■，切换到面级别，删除选择的面。单击鼠标右键，在弹出的快捷菜单中选择 切割 命令，为模型加线。

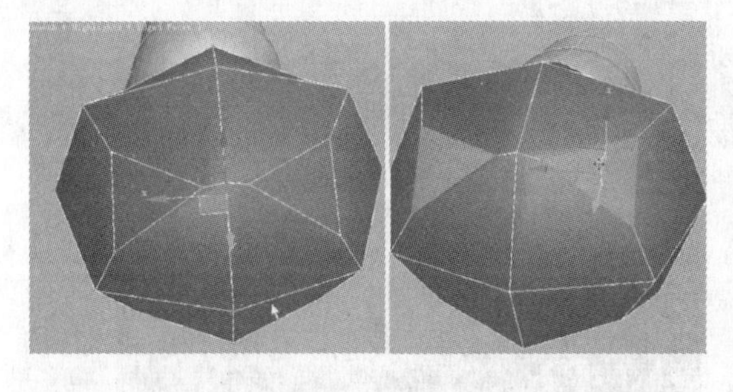

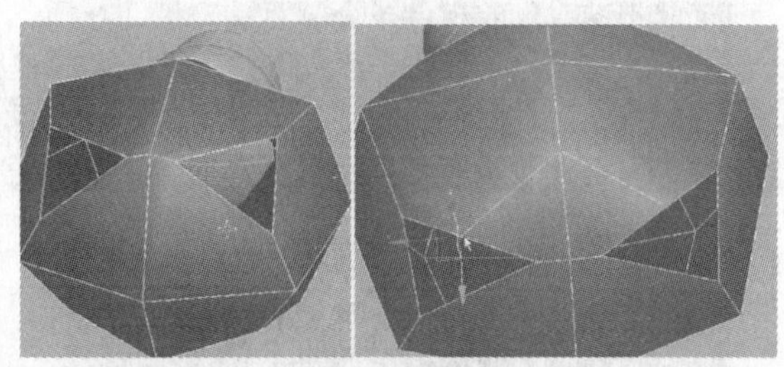

步骤06 调整节点的位置，继续对模型进行加线。

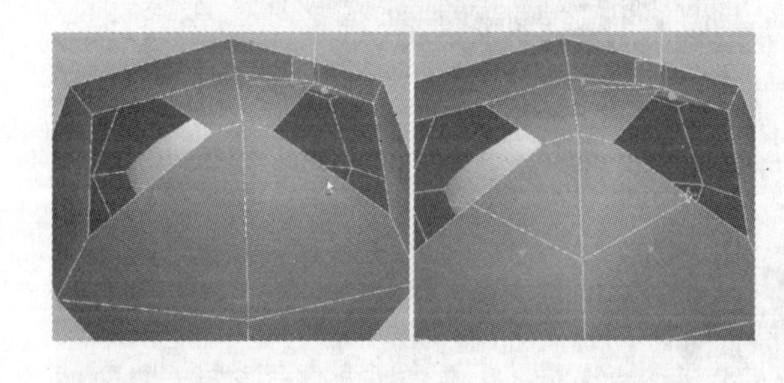

步骤07 选择下图所示的边，使用快捷键 Ctrl+Shift+E 进行细分。

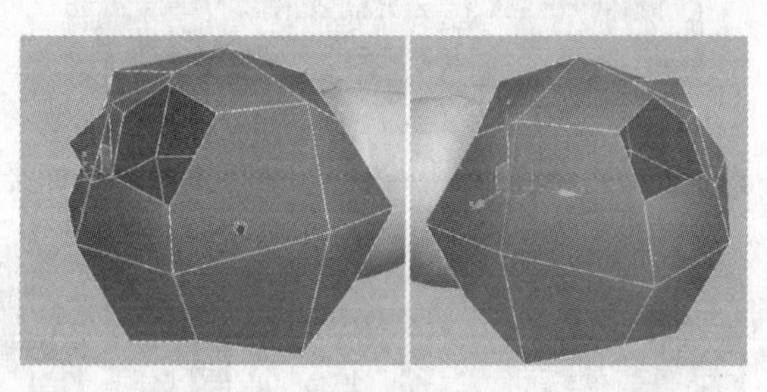

步骤08 选择下图所示的点，使用快捷键 Ctrl+Shift+E 进行加线。

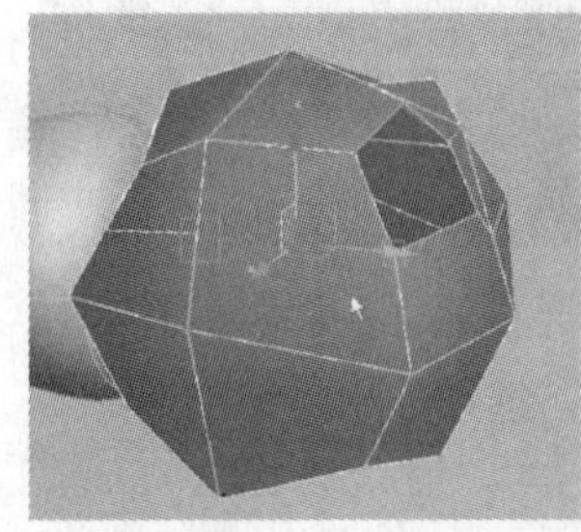

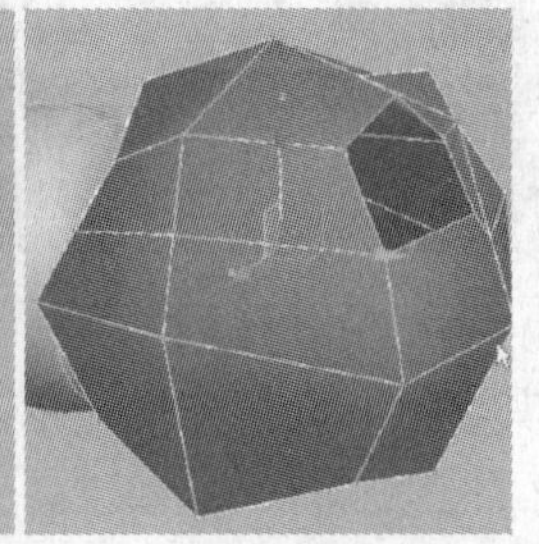

步骤09 使用快捷键 Ctrl+Z 撤销上一步，继续为模型加线。

步骤10 调节节点的位置，选择下图所示的边，单击“选择并移动”按钮，按住 Shift 键进行移动复制。

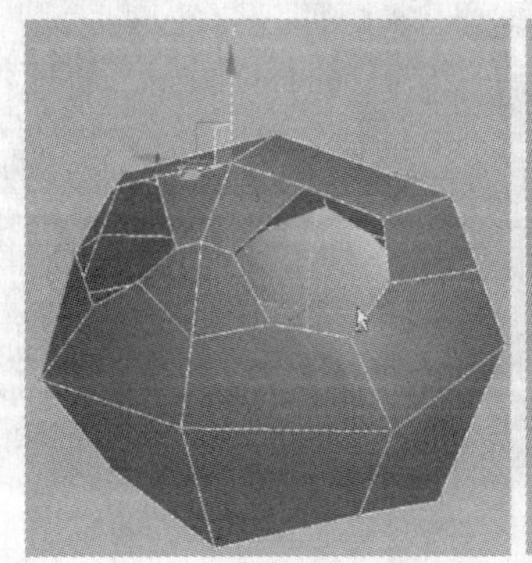

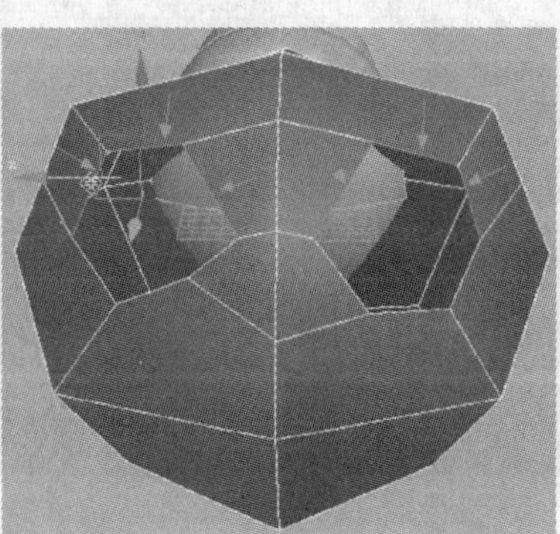

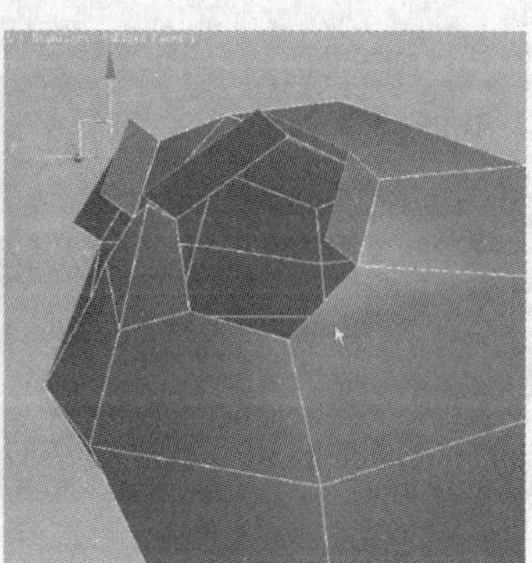

步骤 11 单击 目标焊接 按钮，对节点进行目标焊接。

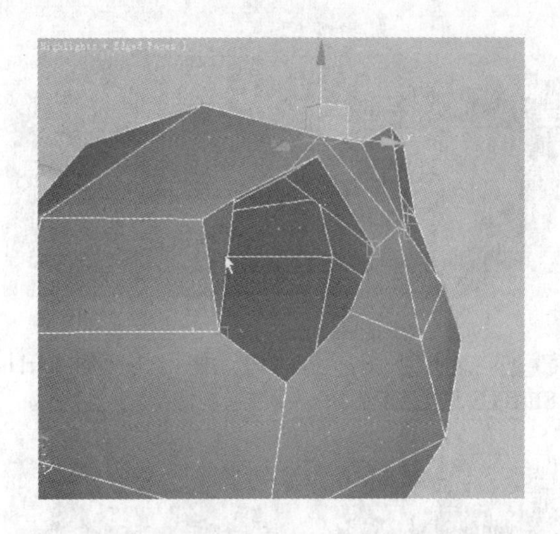

步骤 12 切换到边级别，选择下图所示的边。

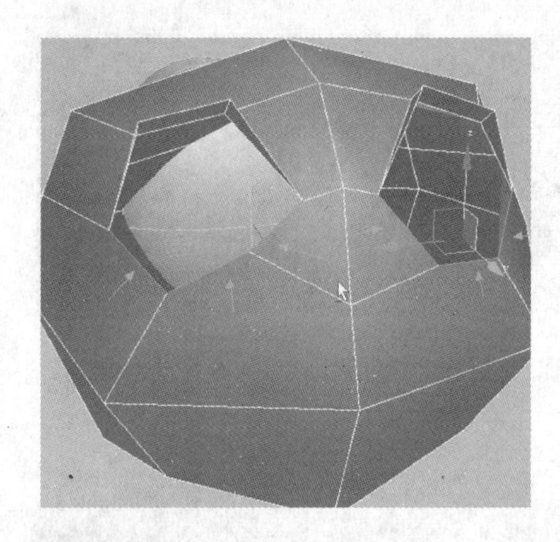

步骤 13 单击 目标焊接 按钮，对节点进行目标焊接，焊接节点后的效果如下图所示。

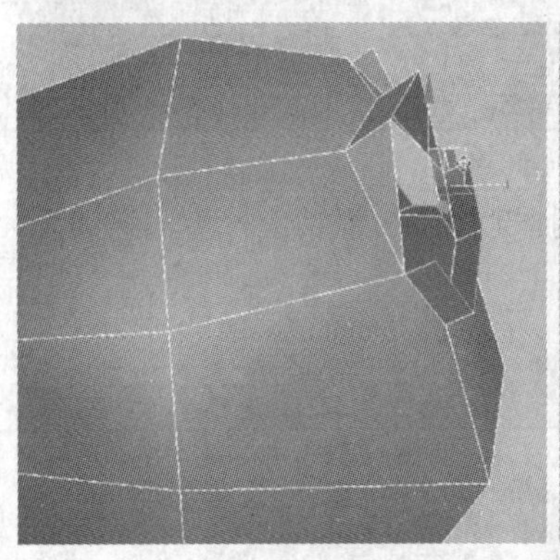

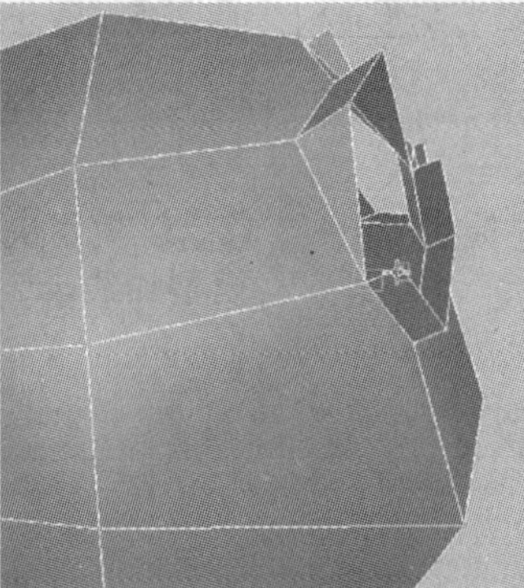

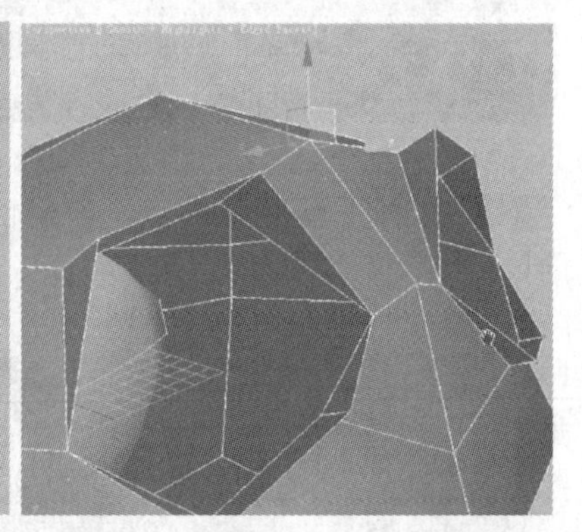

步骤 14 使用快捷键 Ctrl+Q 进行光滑处理，并修改其参数。取消光滑显示，继续使用“切割”命令为模型加线。

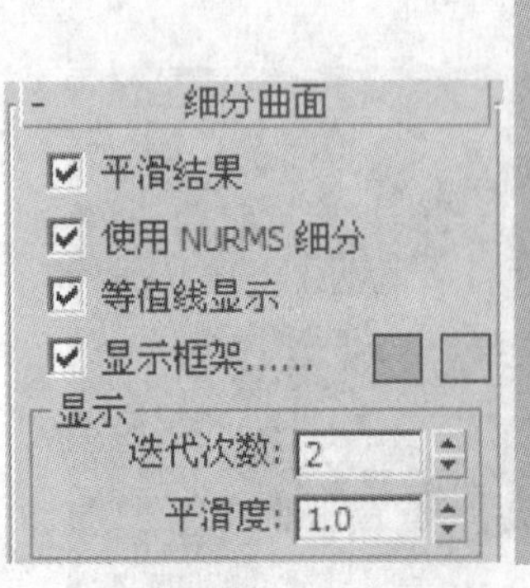

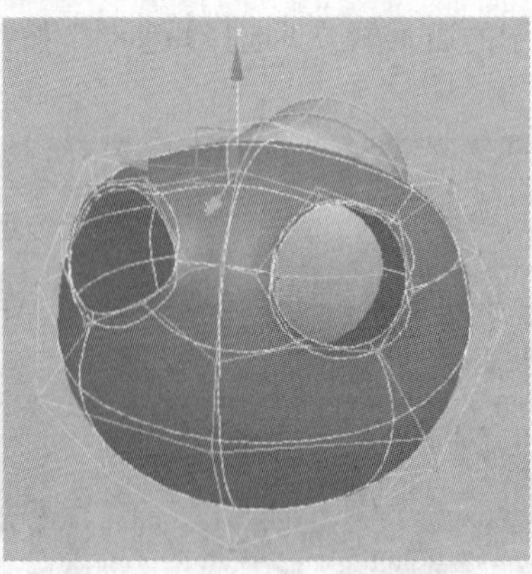

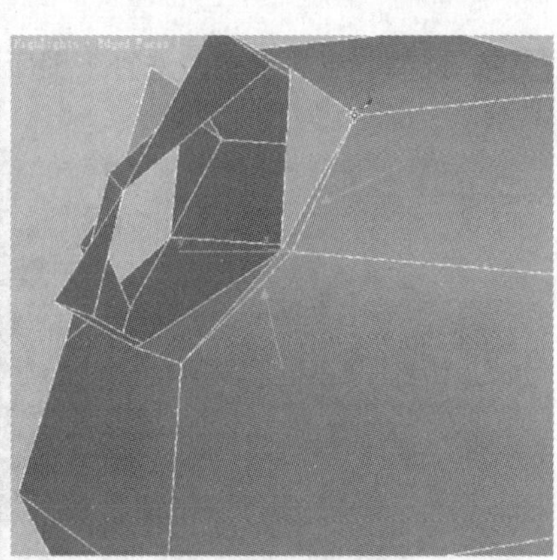

步骤 15 选择下图所示的边，使用 Delete 键将边移除，然后使用“切割”命令为模型加线。

步骤 16 选择下图所示的边，使用 Delete 键，将边移除。使用同样的方法继续对模型加线，并删除多余的边，然后切换到 级别，按住 Shift 键对边进行移动复制。

步骤 17 调节眼睛上节点的位置，使用同样的方法制作另一只眼睛，并使用快捷键 Ctrl+Q 进行光滑显示。取消光滑显示，切换到边级别，选择下图所示的边。

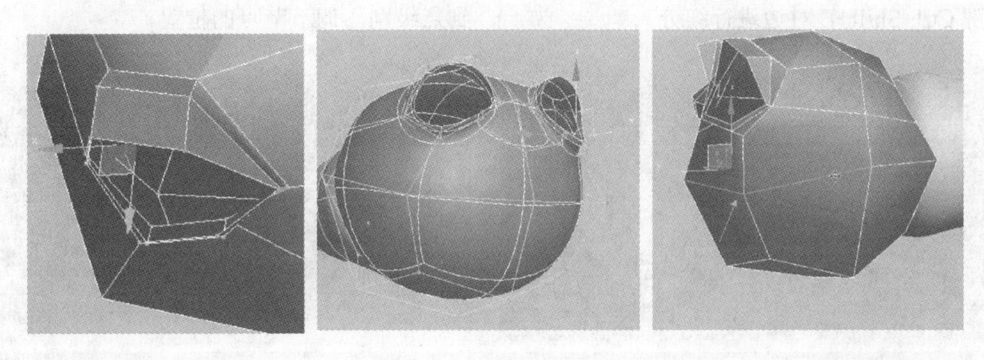

步骤 18 单击 切角 后面的小方块，在弹出的“切角”对话框中设置参数。单击 目标焊接 按钮，焊接下图所示的点。

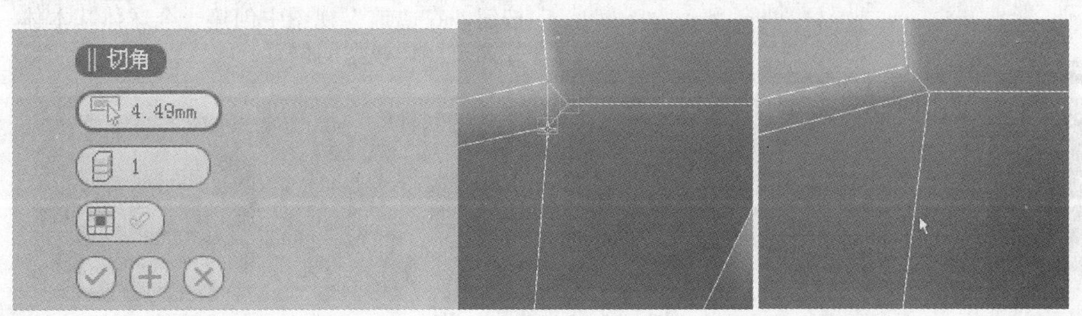

步骤 19 切换到■级别，选择下图所示的面，单击 倒角 按钮后面的小方块，弹出“倒角”对话框，设置参数。

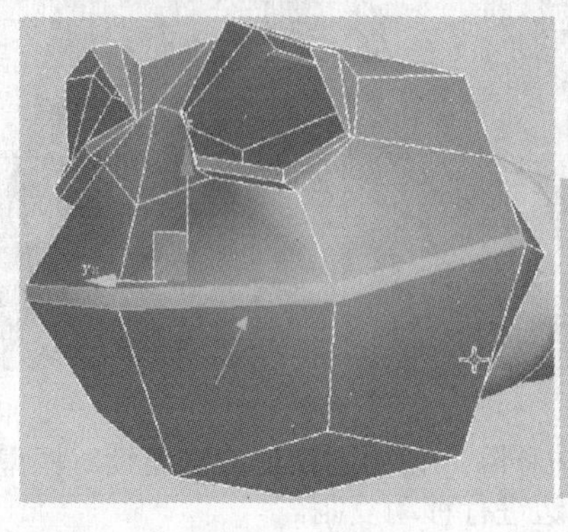

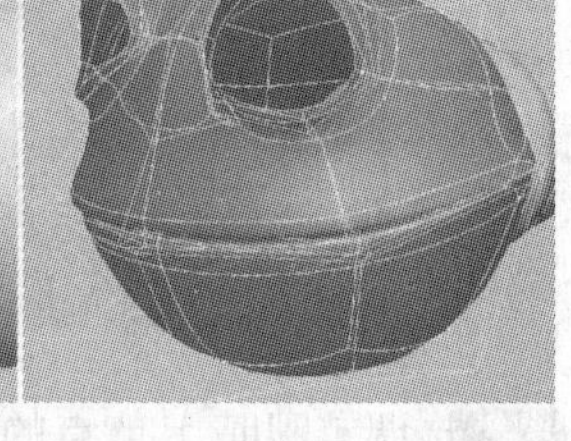

步骤 20 此时，图像效果如下图所示，切换到点级别，调节节点的位置。

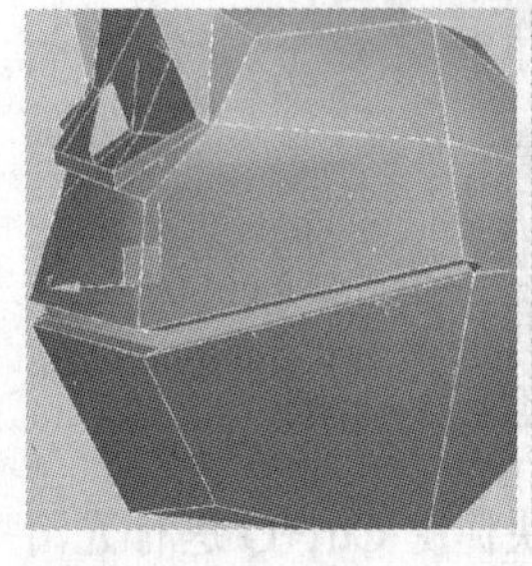

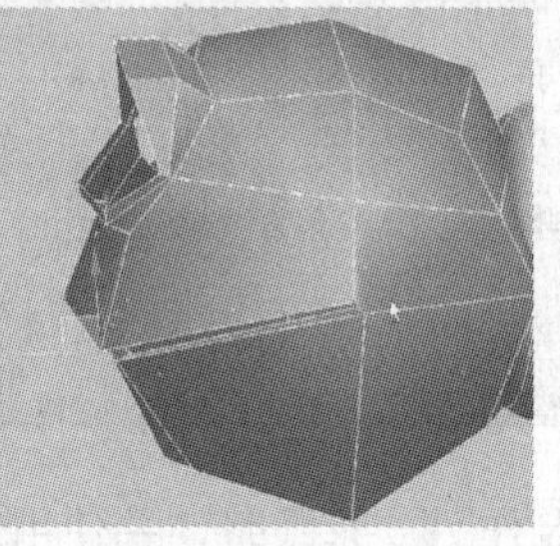

步骤 21 继续使用“切割”命令对模型进行加线，使用快捷键 Ctrl+Q 进行光滑显示。

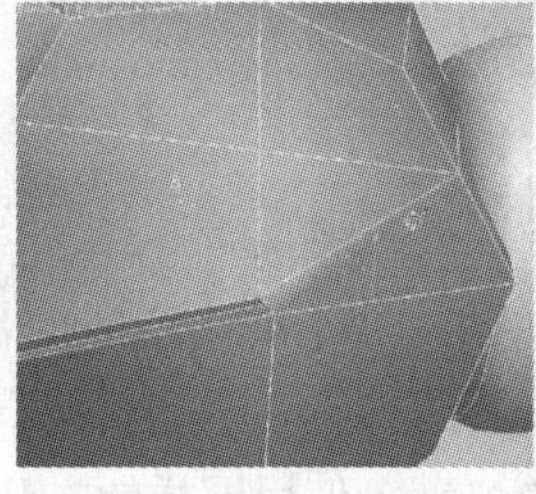

步骤 22 切换到边级别，选择一环平行边，使用快捷键 Ctrl+Shift+E 对边进行细分。

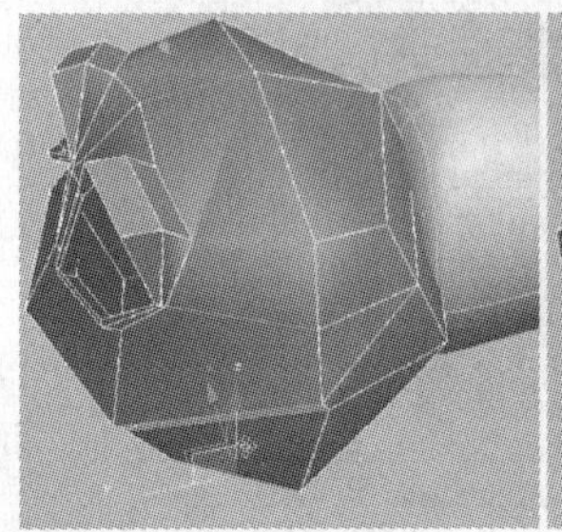

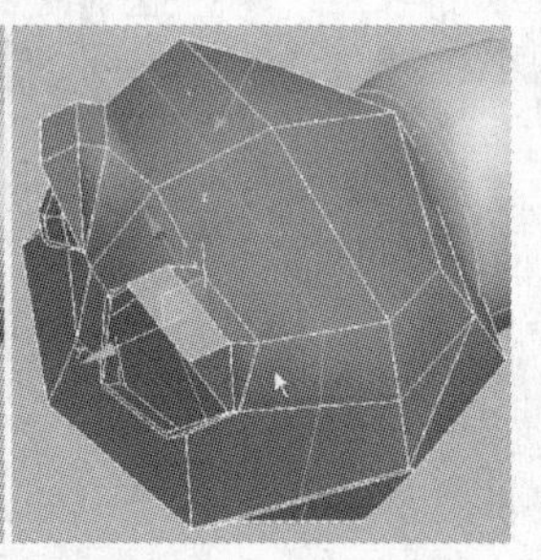

步骤 23 使用缩放工具对边进行缩放操作，切换到点级别，调节节点的位置。

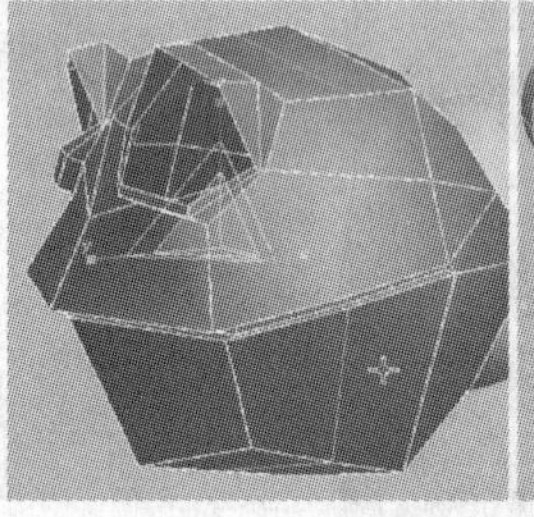

步骤 24 按 F9 键打开渲染窗口进行渲染，然后继续调节节点的位置。

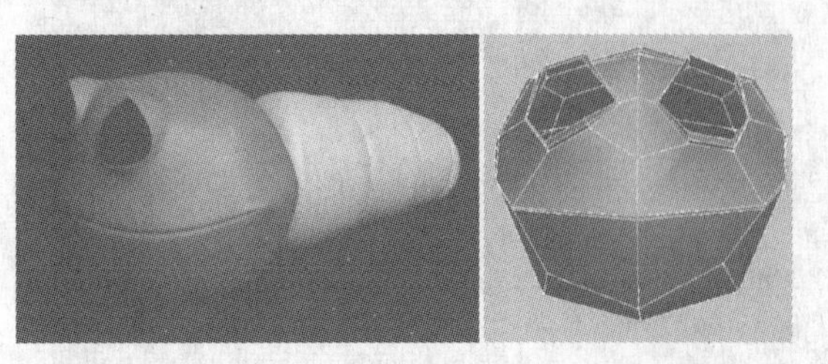

步骤 25 单击“几何体”按钮进入“几何体”面板，选择 标准基本体 类别，单击 球体 按钮，在“前”视图中创建一个球体基本体，并调节球体模型的位置。

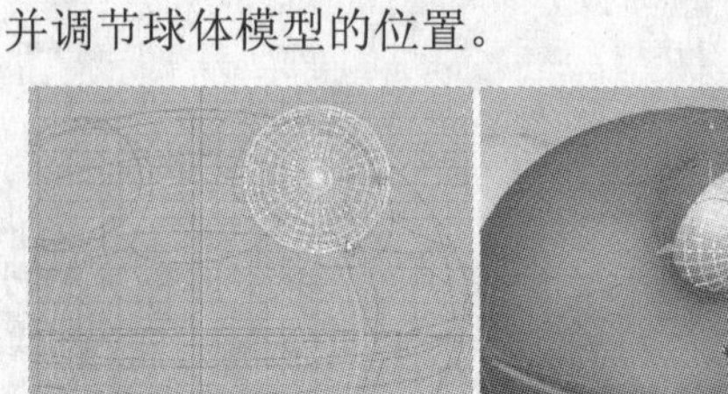

步骤 26　切换到 级别，选择下图所示的边，按住 Shitf 键进行缩放复制。

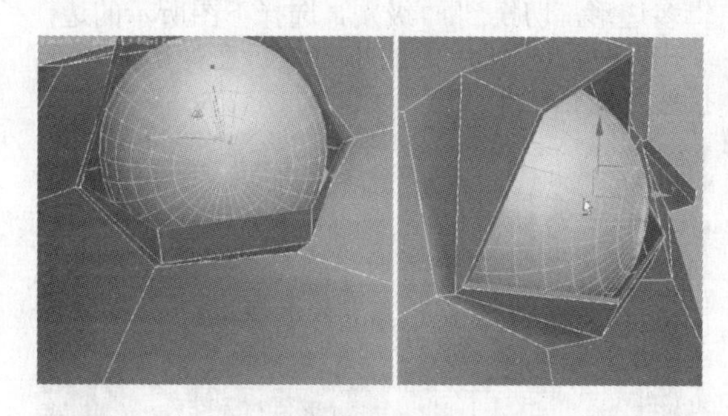

步骤 27　继续对边进行缩放复制，并移动到下图所示的位置，选择下图所示的点，删除头部模型的一半。

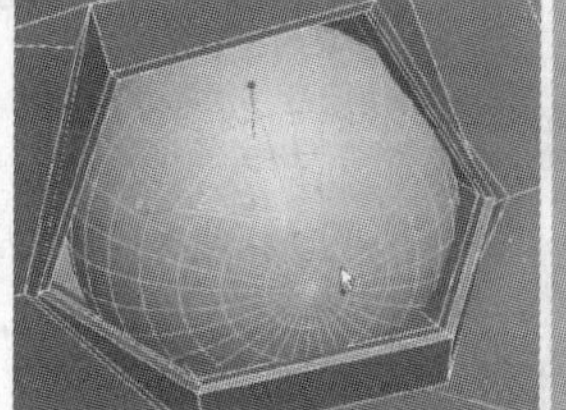

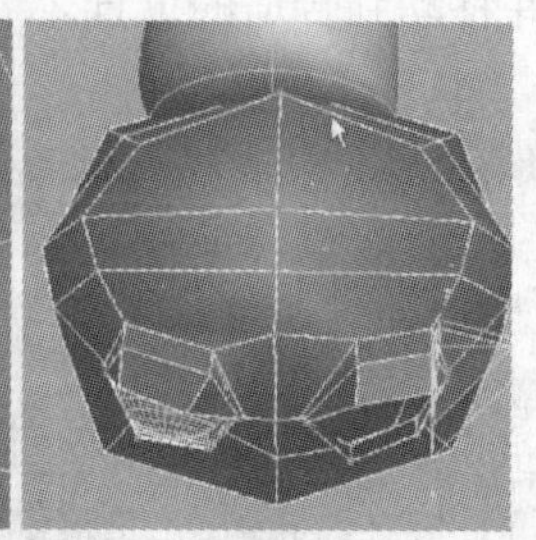

步骤 28　此时，图像效果如下图所示。退出子物体层级，选择头部模型，使用 对称 命令为模型添加对称修改器。

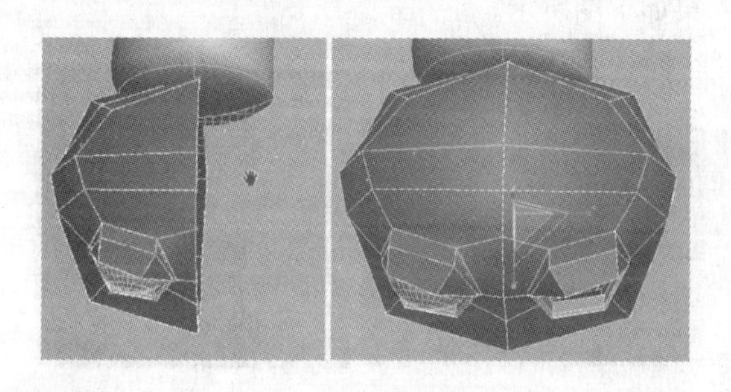

步骤 29　单击鼠标右键，在弹出的快捷菜单中选择 转换为可编辑多边形 命令，将模型转化为可编辑的多边形。使用快捷键 Ctrl+Q 进行光滑显示，设置光滑级别为 2。

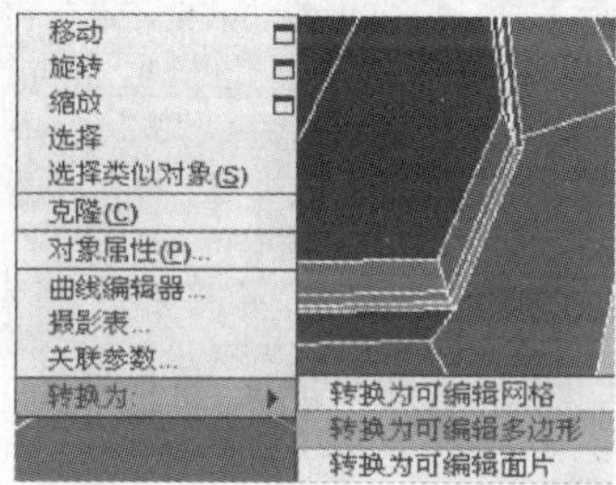

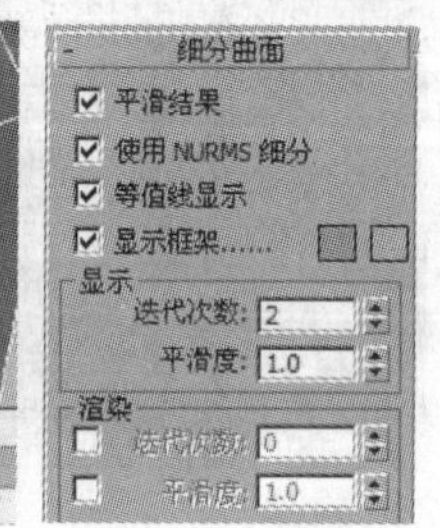

步骤 30　此时，图像效果如下图所示，选择作为眼球的球体。

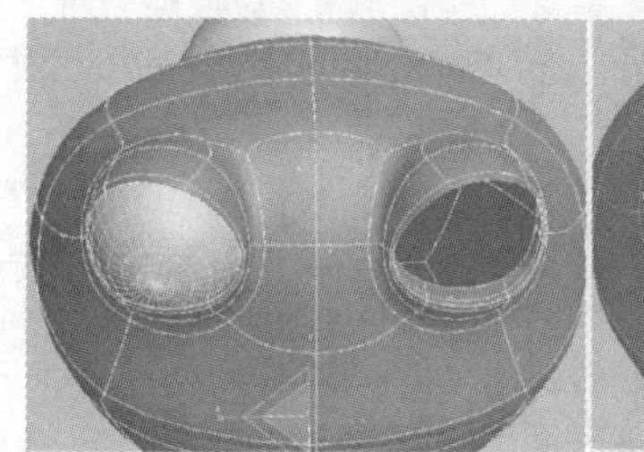

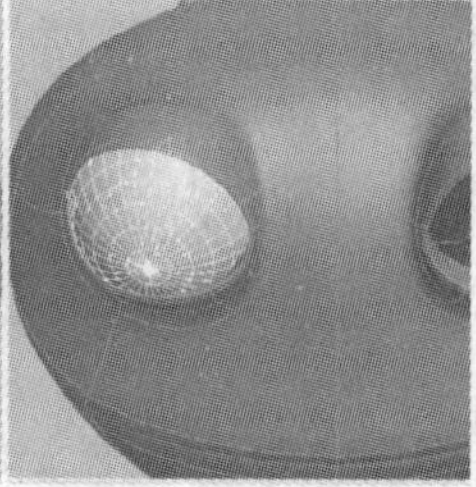

步骤 31　单击“镜像”按钮 对球体进行镜像复制，在弹出的“镜像”对话框中设置参数，移动球体到合适的位置。

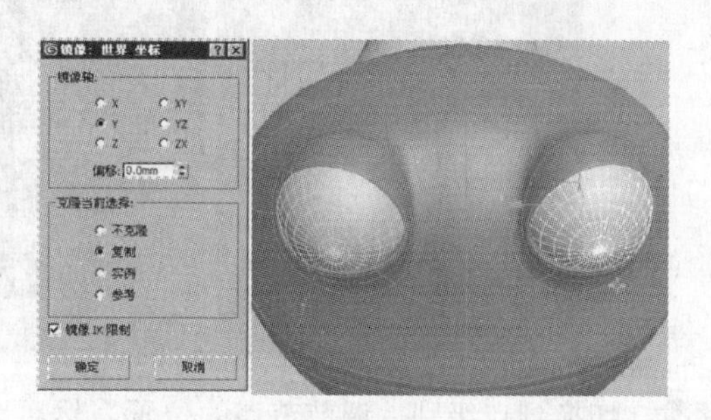

步骤 32　继续调节节点的位置，图像最终效果如下图所示。选择场景中的所有物体，单击“颜色”按钮 ，在弹出的“对象颜色”对话框中选择淡蓝色。

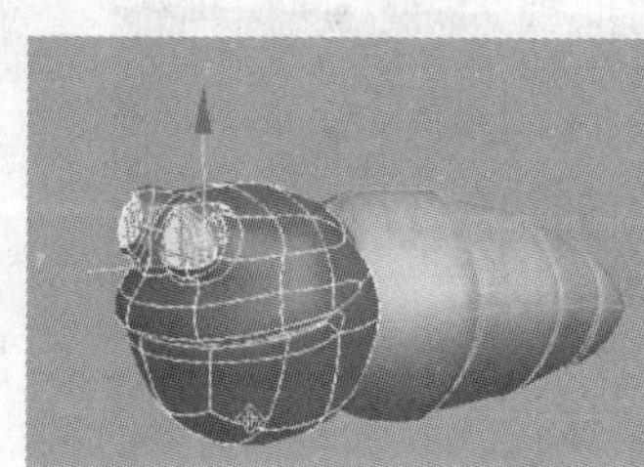

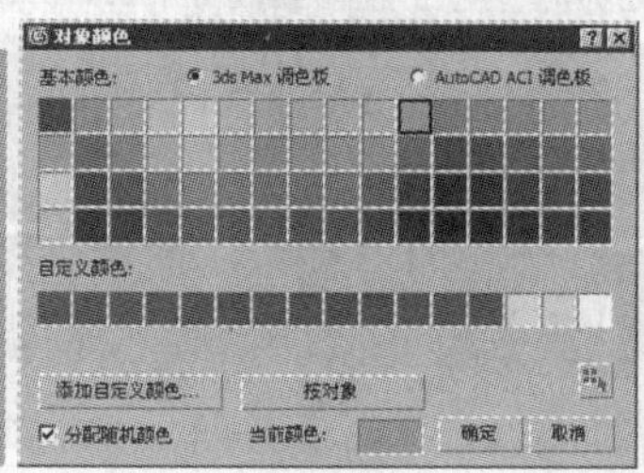

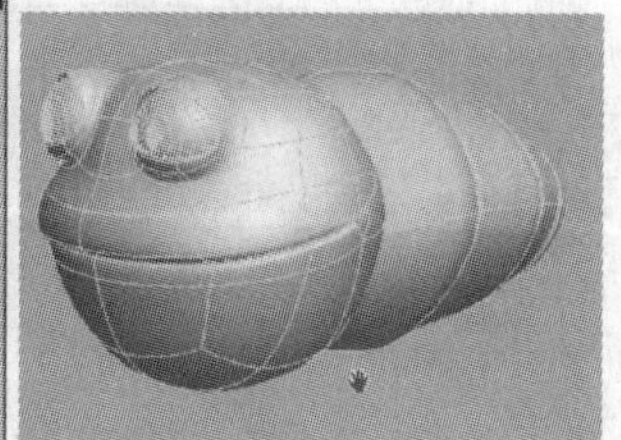

步骤 33 单击“几何体”按钮进入“几何体”面板，选择标准基本体类型，单击长方体按钮，在“顶”视图中创建一个物体，并移动到合适的位置。

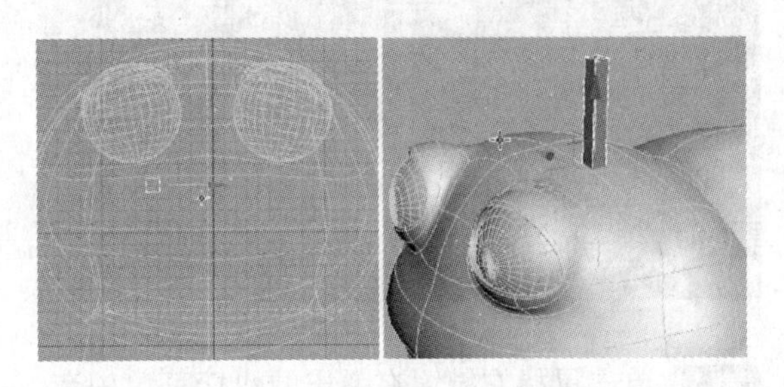

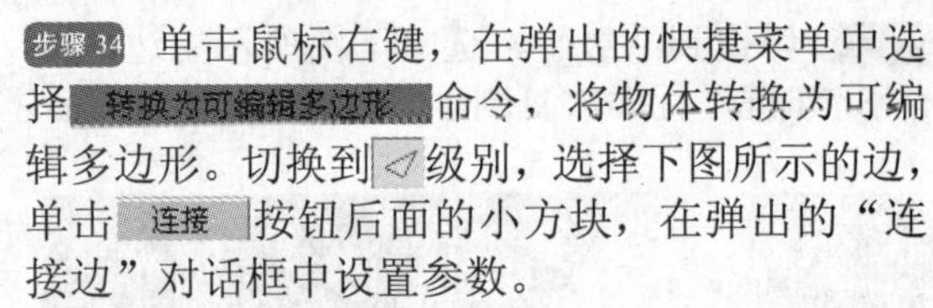

步骤 34 单击鼠标右键，在弹出的快捷菜单中选择转换为可编辑多边形命令，将物体转换为可编辑多边形。切换到级别，选择下图所示的边，单击连接按钮后面的小方块，在弹出的“连接边”对话框中设置参数。

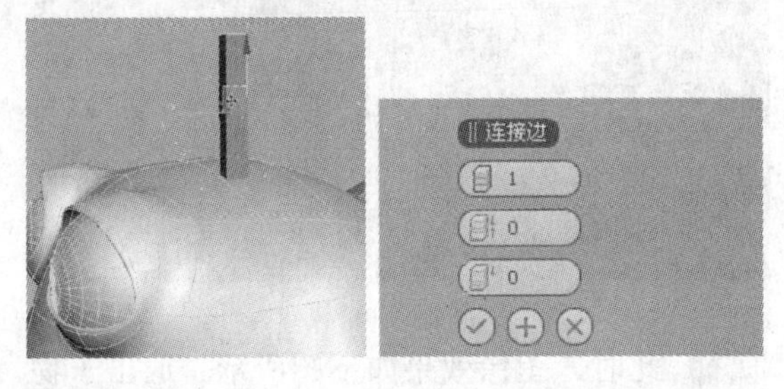

步骤 35 切换到级别，调节节点的位置。切换到级别，选择下图所示的面。

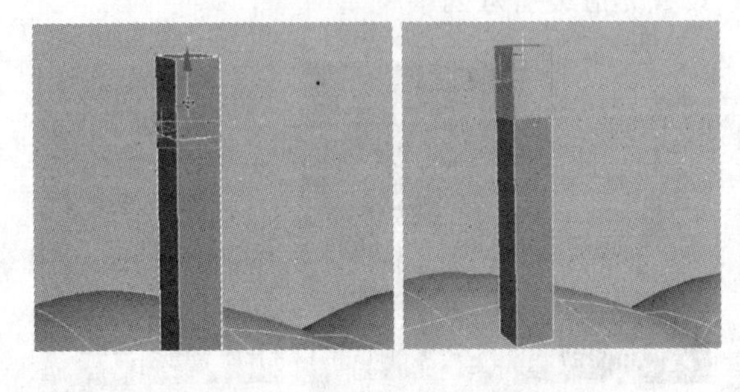

步骤 36 单击挤出按钮后面的小方块，弹出“挤出多边形”对话框，设置其参数，此时图像效果如下图所示。

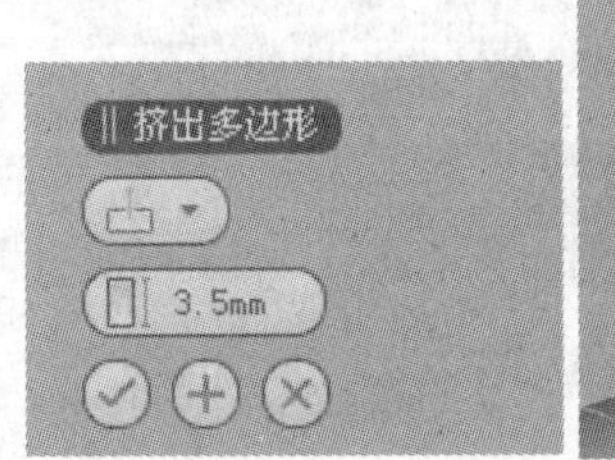

步骤 37 移动面到合适的位置，切换到边级别，选择下图所示的平行边。使用快捷键 Ctrl+Shift+E 对模型进行细分，并移动边的位置。

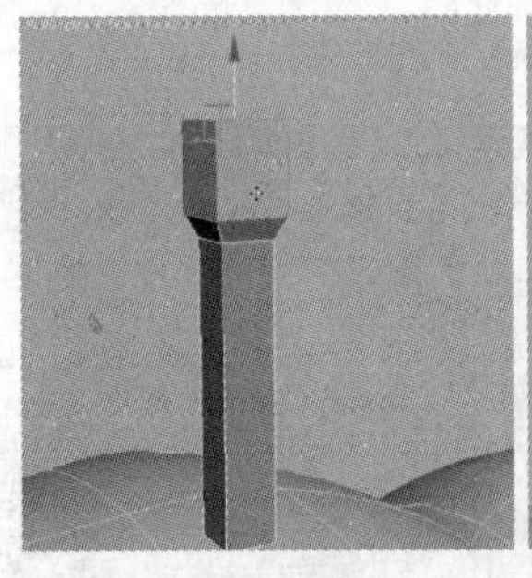

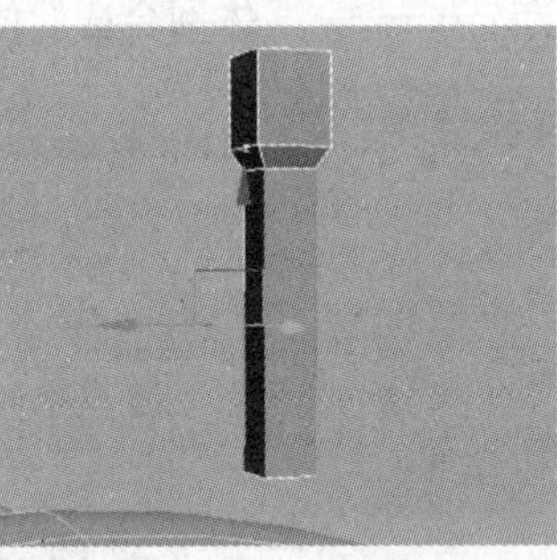

步骤 38 切换到点级别，调节节点的位置，然后切换到边级别，选择下图所示的平行边。使用快捷键 Ctrl+Shift+E 进行细分，并调节边的位置。

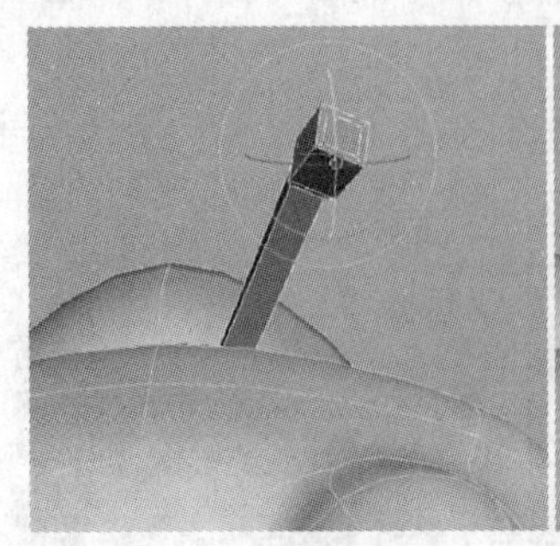

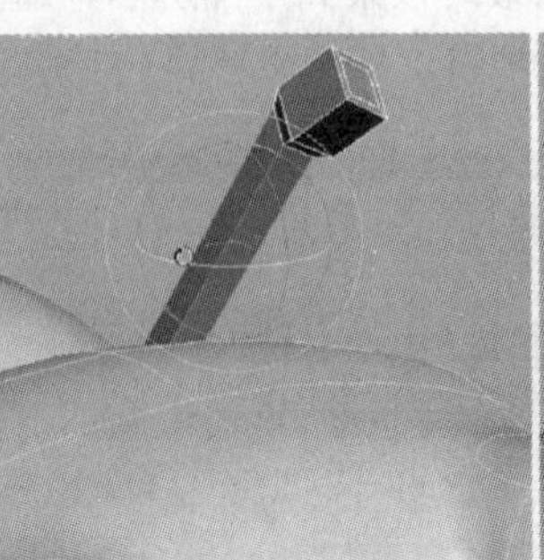

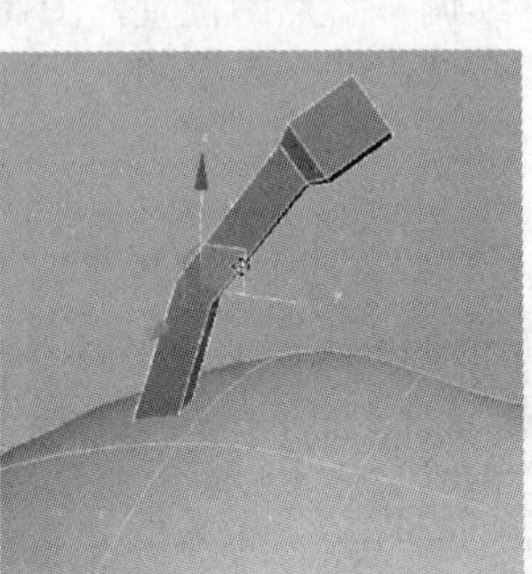

步骤 39　选择下图所示的边，单击 切角 按钮后面的小方块，在弹出的对话框中设置参数。此时，图像效果如下图所示。

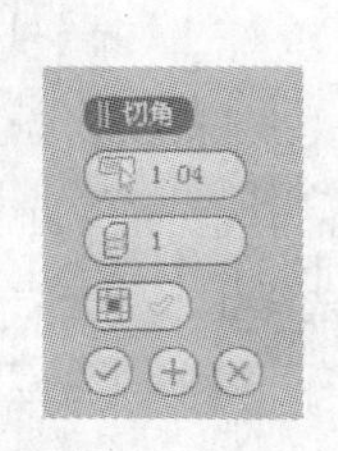

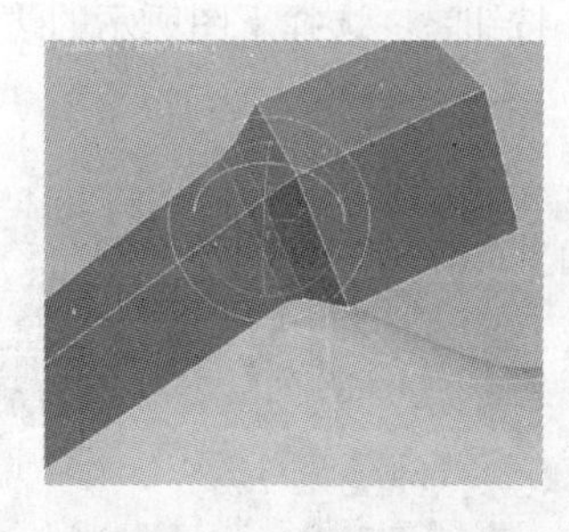

步骤 40　使用快捷键 Ctrl+Q 进行光滑显示，单击“选择并移动”按钮，按住 Shift 键进行移动复制，并调节复制得到的模型的位置。

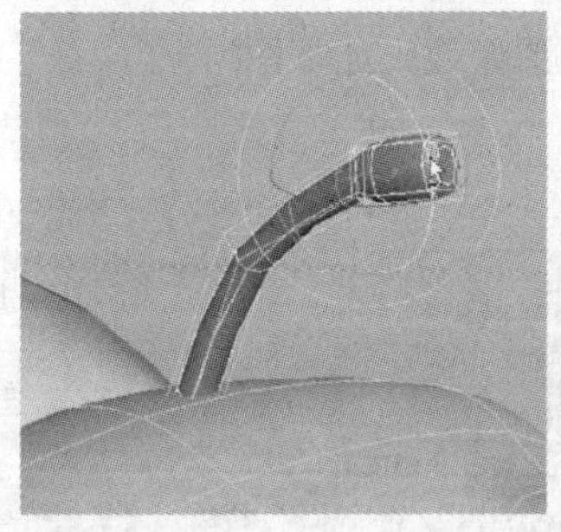

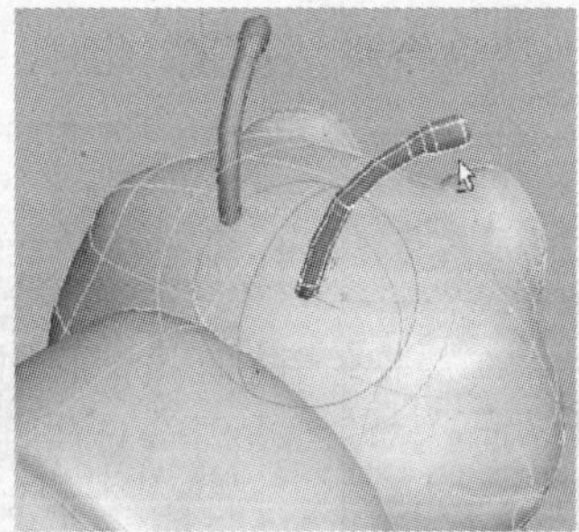

步骤 41　此时，图像效果如右图所示。

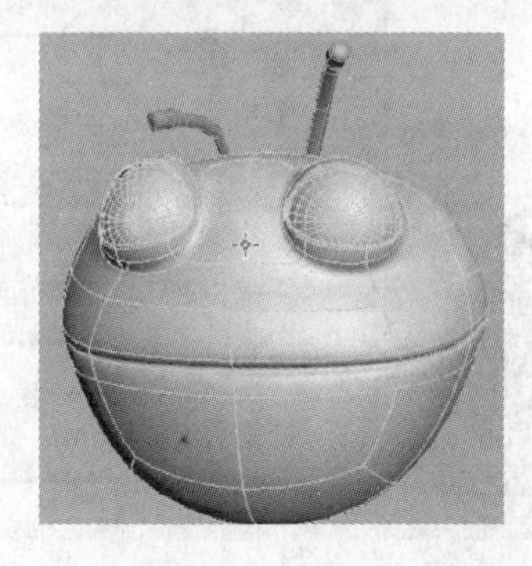

4.6.4 制作蜜蜂翅膀部分

步骤 01　在“几何体”面板中选择 标准基本体 类型，单击“平面”按钮，在场景中创建一个平面。单击“修改”按钮，打开“修改”面板设置参数。此时，“顶”视图中图像的效果如下图所示。

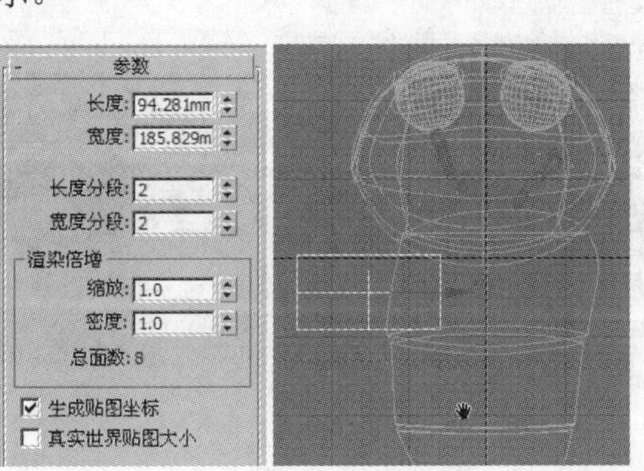

步骤 02　单击鼠标右键，将模型转换为可编辑多边形。切换到点级别，调节节点的位置，然后切换到边级别，选择下图所示的边。

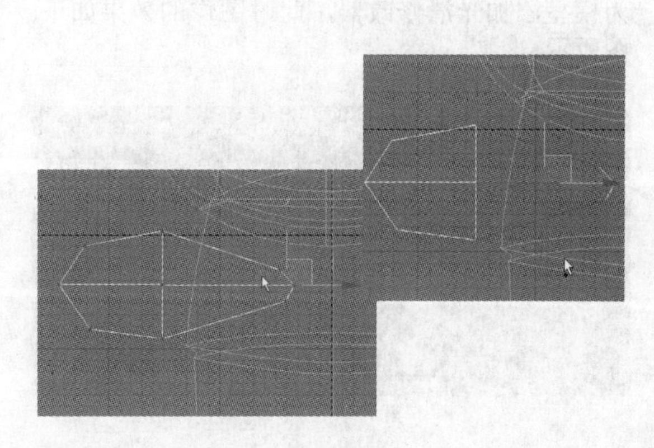

步骤 03 使用快捷键 Ctrl+Shift+E 对模型进行细分，然后切换到点级别，继续调节节点的位置。单击“边”按钮，选择下图所示的边。

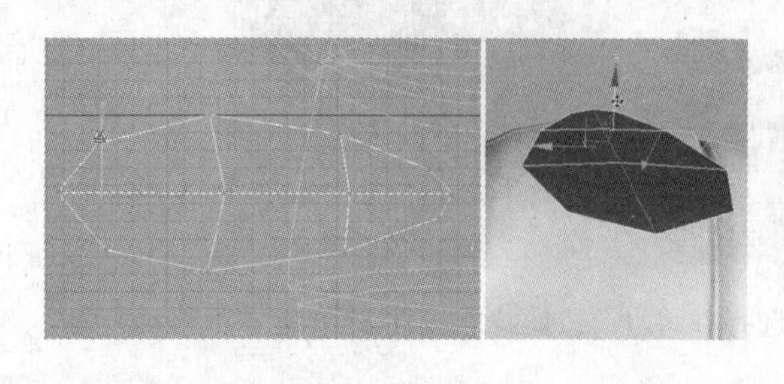

步骤 04 调节边到下图所示的位置，单击“顶点”按钮，继续调节节点的位置。

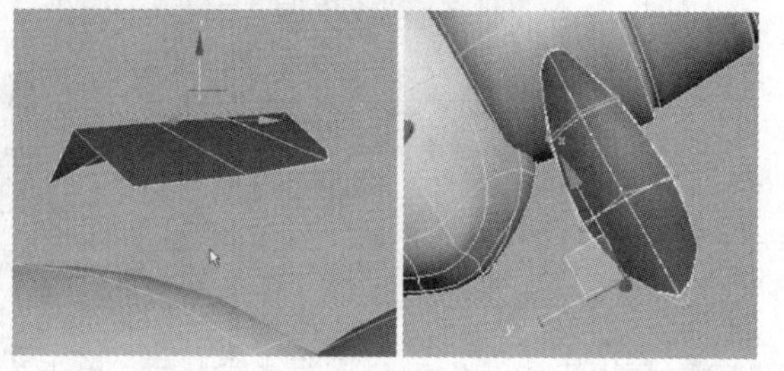

步骤 05 选择“壳”命令，为模型添加壳命令修改器，并设置参数。

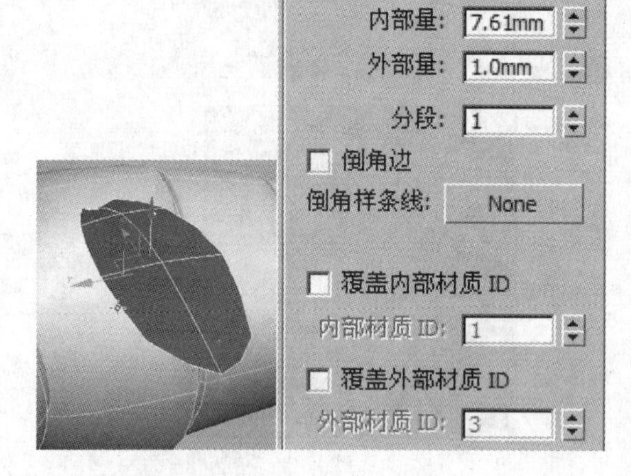

步骤 06 此时，图像效果如下图所示。

步骤 07 选择【转换为】命令，单击“顶点”按钮，调节节点的位置。选择“涡轮平滑”命令，为模型添加光滑修改器，此时图像的效果如下图所示。

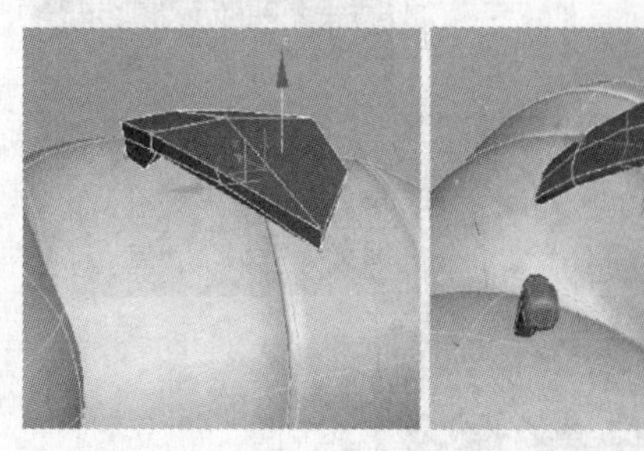

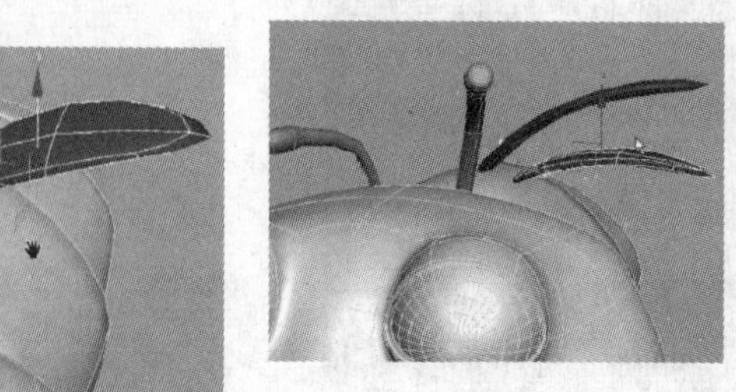

步骤 08 对模型进行复制，并调节模型的位置。然后，选择下图所示的模型。

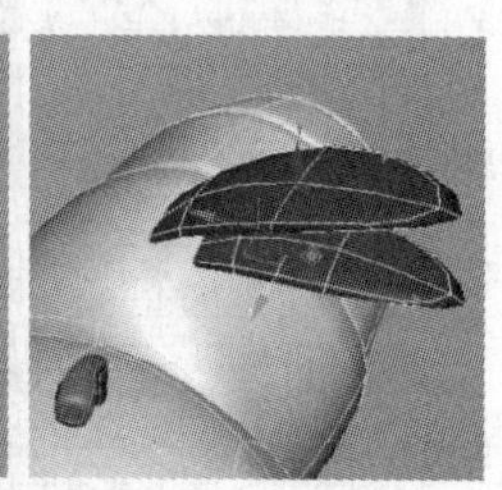

步骤 09 单击“镜像”按钮，在弹出的“镜像”对话框中设置参数，移动模型的位置。

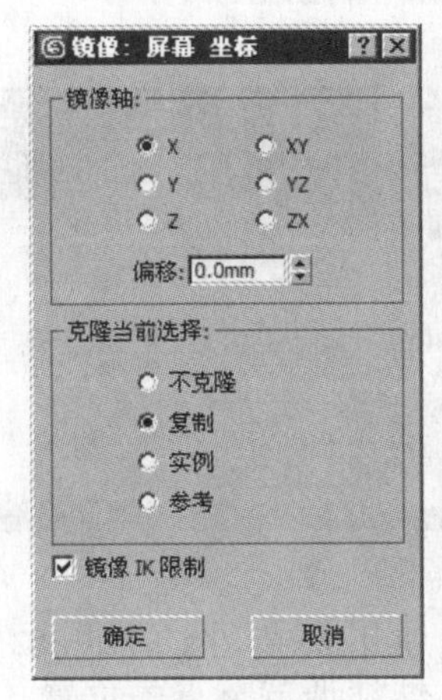

4.6.5 制作蜜蜂腿部

步骤 01 在“几何体”面板中选择，“标准基本体”类别，单击“长方体”按钮，在场景中创建一个物体。单击鼠标右键，将其转换为可编辑多边形，然后单击“边”按钮，选择下图所示的平行边。

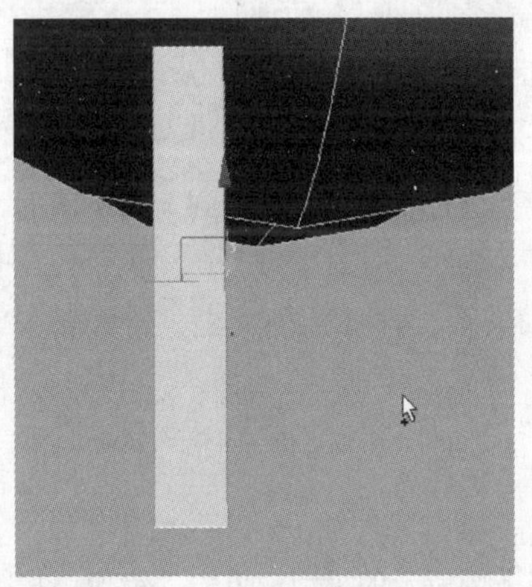

步骤 02 使用快捷键 Ctrl+Shift+E 对模型进行细分。切换到面级别，选择下图所示的一圈面。

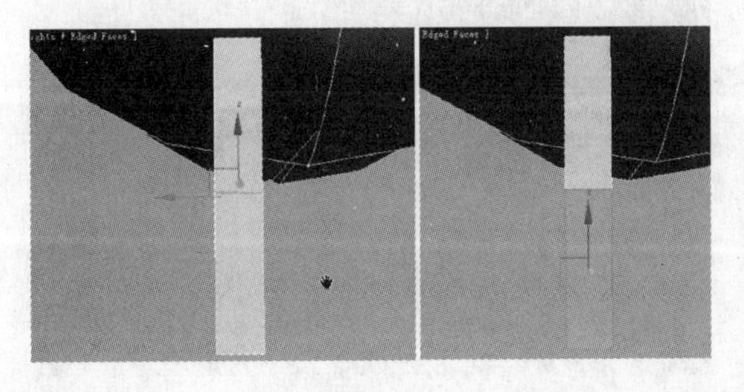

步骤 03 单击“挤出”按钮后面的小方块，在弹出的对话框中设置参数，对面进行挤出操作。选择挤出得到的面，移动其位置。

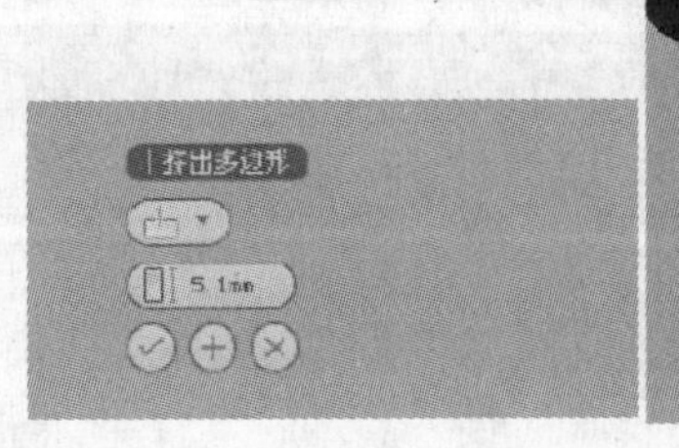

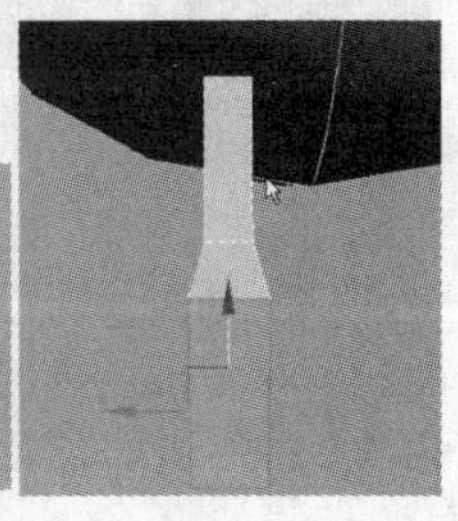

步骤 04 单击“边”按钮，切换到边级别，选择下图所示的边。使用快捷键 Ctrl+Shift+E 对模型进行细分，并调节边的位置。

步骤 05 选择下图所示的平行边，使用快捷键 Ctrl+Shift+E 继续进行细分。

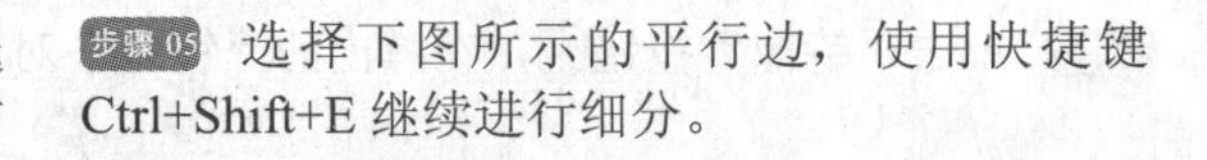

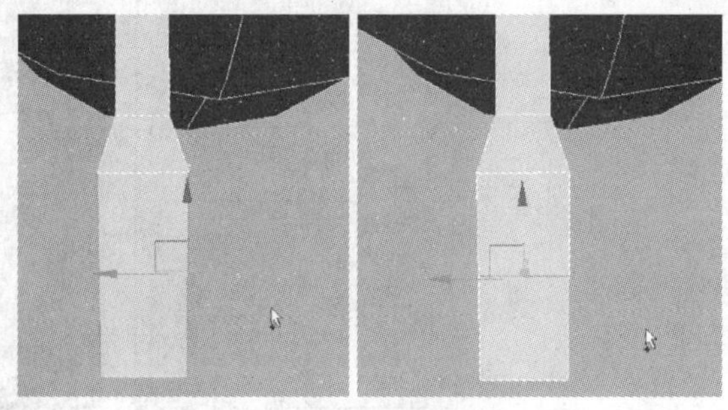

步骤 06 单击“顶点”按钮，调节节点的位置。切换到边级别，选择下图所示的边，单击“环形”按钮，得到平行的一圈边。

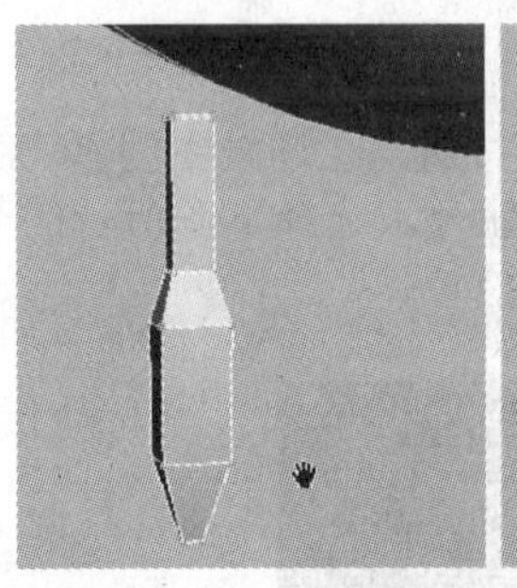

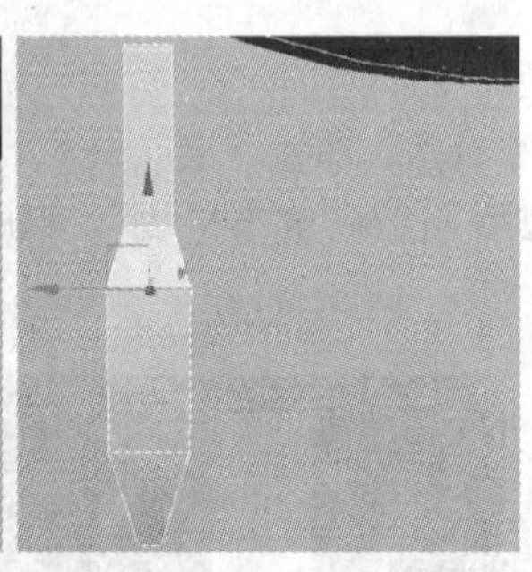

步骤 07 使用快捷键 Ctrl+Shift+E 对模型进行细分。继续调节节点的位置，并使用快捷键 Ctrl+Q 进行光滑显示，图像效果如下图所示。

步骤 08 对模型进行复制，并移动到下图所示的位置。

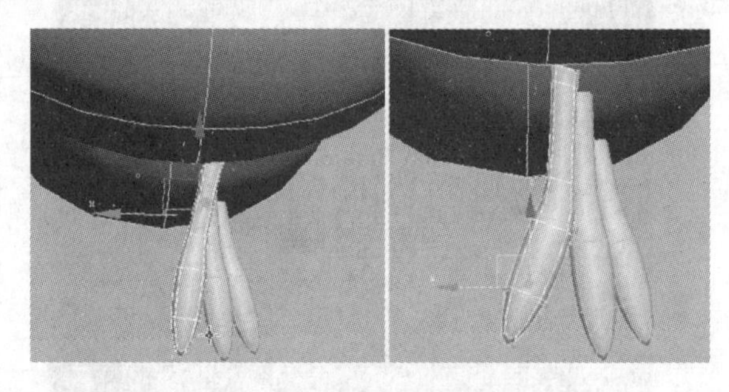

步骤 09 选择下图所示的模型，单击“镜像”按钮，在弹出的“镜像”对话框中设置参数。

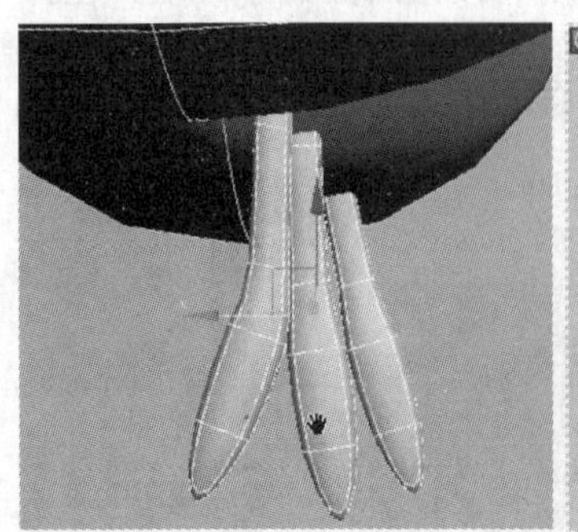

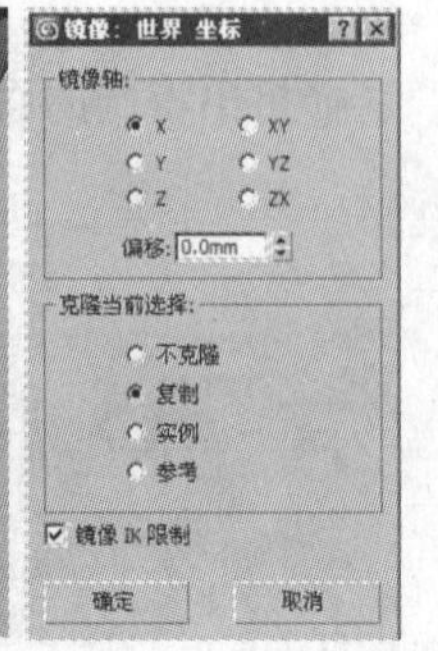

步骤 10 移动复制得到的模型到下图所示的位置，切换到点级别，调节节点的位置。

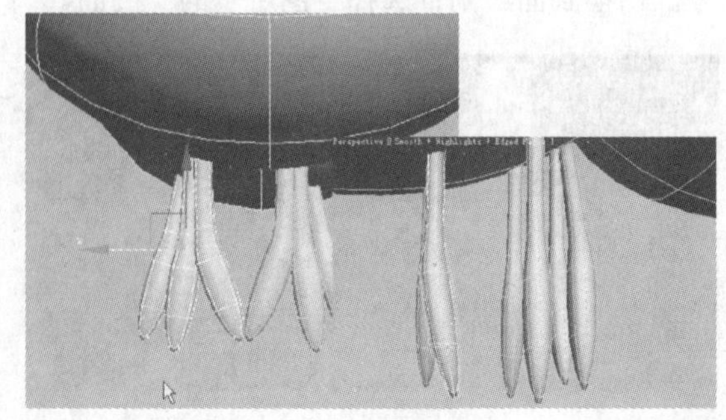

步骤 11 继续调节节点的位置。

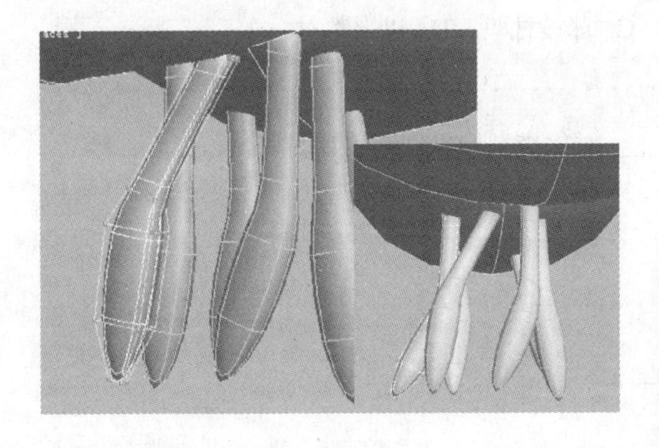

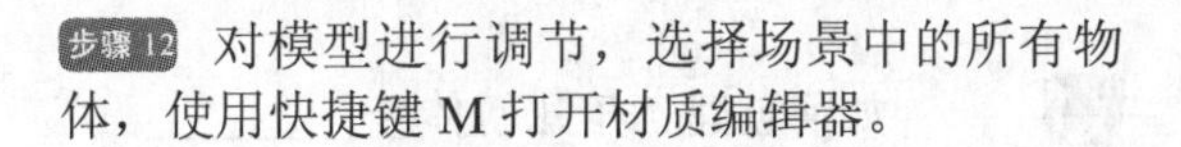

步骤 12 对模型进行调节，选择场景中的所有物体，使用快捷键 M 打开材质编辑器。

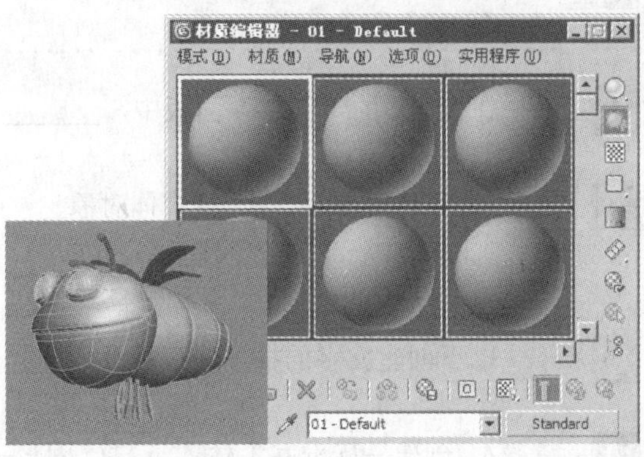

步骤 13 单击“颜色”按钮，弹出“对象颜色”对话框，选择黑色。此时，图像效果如下图所示。

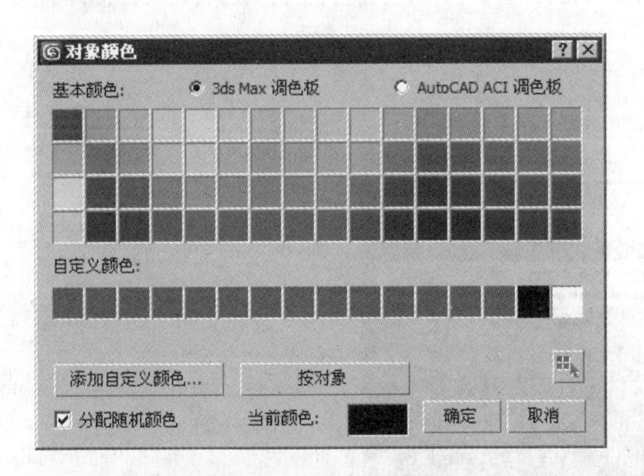

习题加油站

本章介绍了 3ds Max 中常用的基本物体和图形的创建，这些基本物体可以帮助我们快速完成大多数模型的创建。同时介绍了如何利用图形物体完成较为复杂的模型。

设计师认证习题

Q 以下组合全部属于“扩展基本体”的是______。

A
A. 环形结、水滴网格、管状体　　B. 球棱柱、切角长方体、环形结
C. 四棱锥、圆锥体、布尔　　D. 棱柱、管状体、球棱柱

Q 如何创建三角几何体__________。

A A. 创建圆柱降低边数　B. 棱柱　C. 球棱柱　D. 以上都对

Q 在 MAX 的“创建”面板中，__________对象类型可以创建预置的树。

A A. 实体对象　B. 复合体对象　C. AEC 扩展　D. 扩展基本体

Q 以下创建文字的描述正确的是__________。

A A. 创建—标准基本体　B. 图形—样条线
C. 图形—扩展样条线　D. 创建—扩展基本体

Q 图中哪个物体可以被渲染__________。

A A. box01　B. box02　C. box03　D. box05

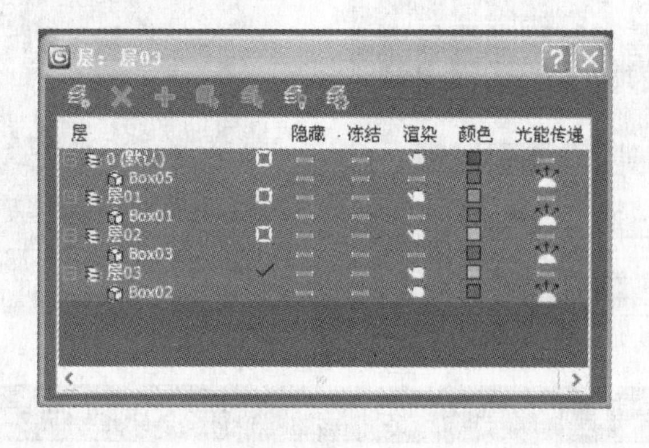

专家认证习题

Q 在“扩展基本体”中，哪些几何体没有“真实世界贴图大小”功能__________。

A A. 异面体、环形结、环形波、棱柱、软管
B. 所有扩展基本体都没有此功能
C. 所有扩展基本体都有此功能
D. 只有异面体、环形结、环形波都没有此功能

Q 下图中的 Sphere01 和 Sphere02 是什么关系__________。

A　A. 连接关系　B. 前后关系　C. 上下关系　D. 没有关系

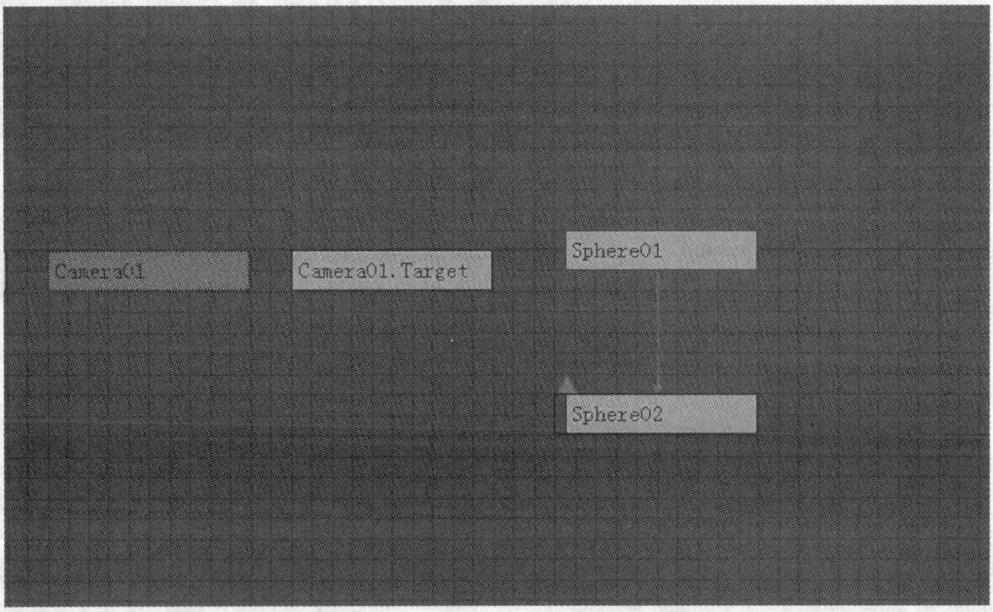

Q　在 3ds Max 中，以下哪个是“HDTV（视频）”的标准分辨率 ________。

A　A. 768×576 像素　B. 1920×1080 像素
C. 1204×768 像素　D. 720×576 像素

Q　在移动物体时，配合键盘上的 ________ 键能复制出新对象。

A　A. Shift　B. Ctrl　C. Alt　D. Esc

第5章 复合对象的应用

内容提要：

5.1 复合对象
5.2 手表模型
5.3 卧室模型

大师作品欣赏：

这幅作品表现的是一个户外场景，大部分物体都是以标准基本体为基础制作的，房子中间绿化带上的风景树也可以从 AEC 扩展里直接调用，而现状不一的风景树是通过变形复合对象来完成的。

这是一幅荒漠风景作品，场景中有很多小山丘和凹凸不平的地面。该效果可以通过“噪波”修改器来完成，使用“噪波”修改器能够使对象表面产生随机的分形噪波，比较适合制作表面凹凸不平的物体。

5.1 复合对象

复合对象是将两个以上的物体通过特定的合成方式结合为一个物体，对于合并过程，不仅可以反复调节，还可以表现为动画的方式，使一些高难度的造型和动画（比如：毛发、变形动画）制作成为可能。

复合对象包括几种独特的对象类型。选择“创建”→“复合”对象命令，或选择“几何体”面板中的“复合对象”选项，均可进入“复合对象”面板。复合对象的类型有变形、散布、一致、连接、水滴网格、图形合并、布尔、地形、放样、网格化等。

复合对象
对象类型
自动栅格

变形	散布
一致	连接
水滴网格	图形合并
布尔	地形
放样	网格化
ProBoolean	ProCutter

5.1.1 变形复合对象

变形复合对象可以合并两个或多个对象，使其与另外一个对象的顶点位置相符。如果随时执行这项插补操作，将会生成变形动画。

动手演练 | 物体变形

步骤 01 打开实例场景（光盘文件 \ 第 5 章 \ 物体变形 .max），这是由两个小狗组成的一个场景。

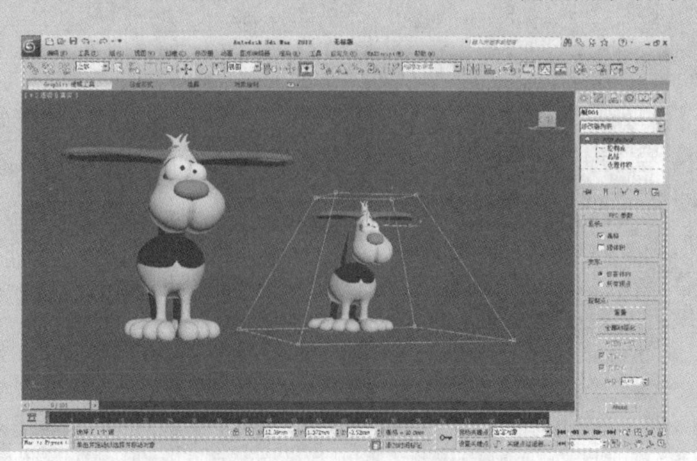

步骤 02 选择蓝色的大一点的动物，然后选择“创建”→“复合”→“变形”命令，将时间滑块放置到 100 帧的位置，再单击“拾取目标”按钮，选择已经变形的小一点的动物。这个时候，大一点的动物已经完成了一段变形的动画。

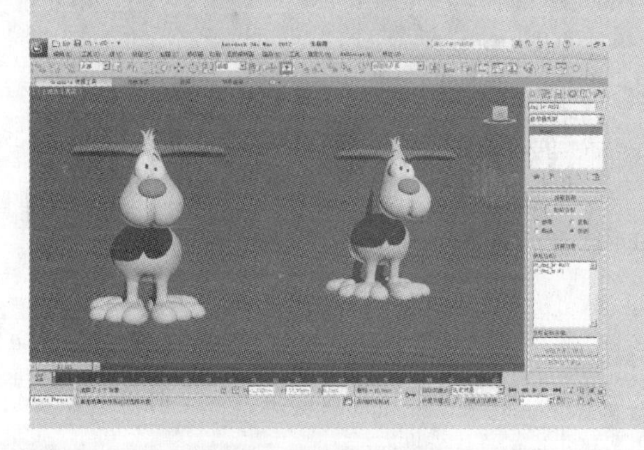

步骤 03 播放动画。

5.1.2 散布复合对象

通过“散布”命令可将所选对象散布到分布对象的表面。

动手演练 | 散布复合对象的应用

步骤 01 打开实例场景（光盘文件 \ 第 5 章 \ 散布复合对象 .max），该场景由一个平面和一棵植物组合而成。这个练习要将树通过“散布”命令分布在平面上。

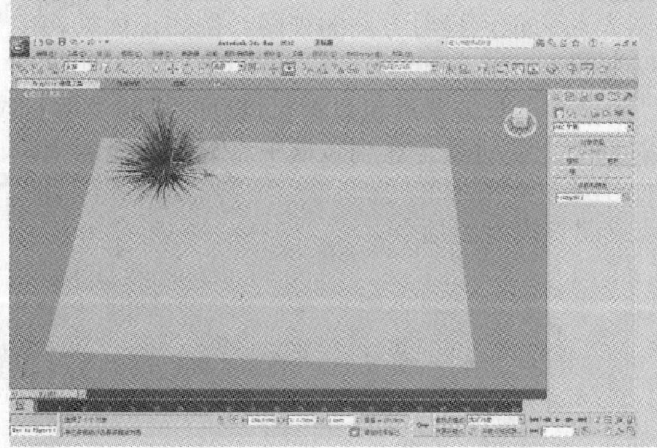

步骤 02 选择植物，然后选择“创建”→“复合”→“散布”命令，在“拾取分布对象”展卷栏中单击“拾取分布对象”按钮，选择平面物体。

步骤 03 调整植物的重复数为 32，表示有 32 棵植物分布在平面物体之上。

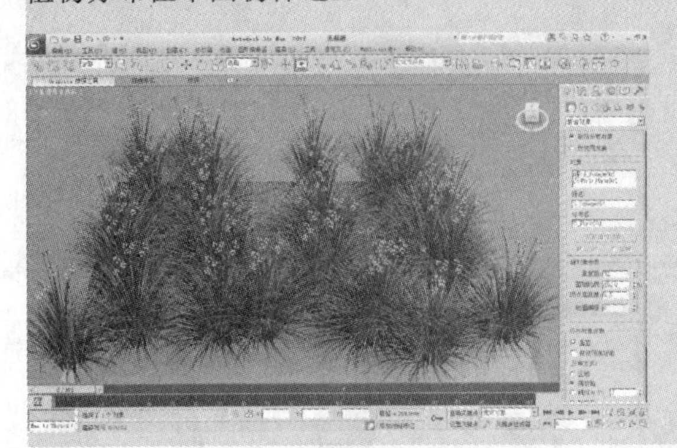

步骤 04 最终渲染效果如下图所示。

5.1.3 一致复合对象

一致对象是一种复合对象，通过将某个对象（称为包裹器）的顶点投影至另一个对象（称为包裹对象）的表面来创建。

- 定位两个对象，其中一个为包裹器，另一个为包裹对象。
- 选择包裹器对象，然后单击“几何体”面板“复合对象”下的“一致”按钮。
- 在“顶点投射方向”选项组中指定顶点投射的方法。

如果选择“使用活动视口”单选按钮，将激活方向为顶点投射方向的视图。例如，如果在主平面上包裹器位于包裹对象的上方，将激活“顶”视图。

- 选择“参考”、“复制”、“移动”或“实例”，指定要对包裹对象执行的复制类型。
- 单击拾取包裹对象，然后单击顶点要投射到其上的对象。在列表框中将显示两个对象，通过将包裹器对象一致到包裹对象，从而创建复合对象。
- 使用各种参数和设置改变顶点投射方向，或调整投射的顶点。

知识拓展：一致复合对象的属性

一致中所使用的两个对象必须是网格对象或可以转化为网格对象的对象。如果所选的包裹器对象无效，则“一致”按钮不可用。

5.1.4 连接复合对象

使用“连接”命令复合对象，可通过对象表面的洞连接两个或多个对象。要执行此操作，必须删除每个对象的面，在其表面创建一个或多个洞，并确定洞的位置，以使洞与洞之间面对面，然后应用连接。

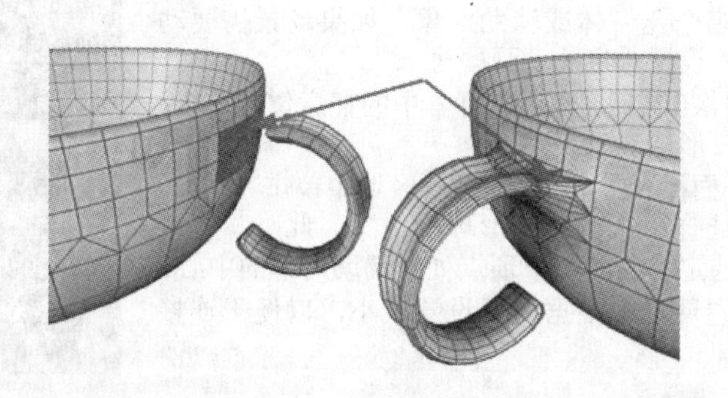

动手演练 | 连接复合对象的应用

步骤 01 打开一个实例场景（光盘文件\第 5 章\连接复合对象 .max），该场景是由 A、B 两个半球模型组成的一个场景，下面通过“连接”命令将它们之间连接起来。

步骤 02 选择 A 半球，然后选择“创建”→“复合”→“连接”命令，在“拾取操作对象”展卷栏中单击“拾取操作对象”按钮，然后选择 B 半球，则两个半球被连接为一个整体。

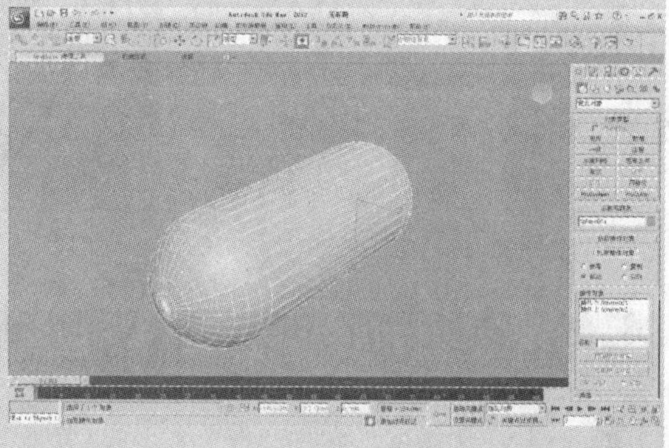

步骤 03 渲染如下图所示，可以看出通过“连接”命令制作出了一个类似于“胶囊”的物体。

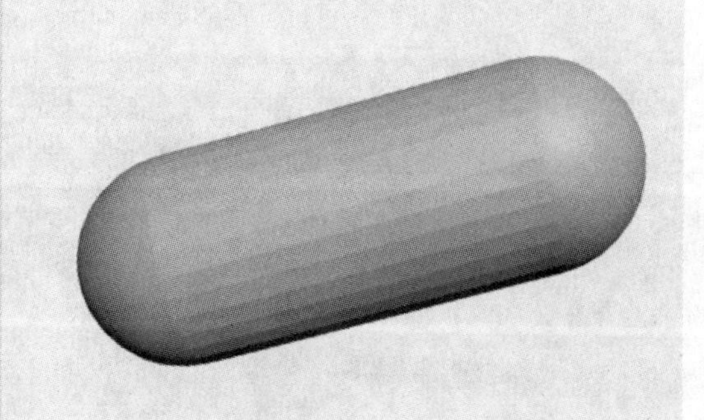

5.1.5 水滴网格复合对象

水滴网格复合对象可以通过几何体或粒子创建一组球体，还可以将球体连接起来，就像这些球体是由柔软的液态物质构成的一样。如果球体在离另外一个球体的一定范围内移动，它们就会连接在一起。如果这些球体相互移开，将会重新显示球体的形状。

- 创建一个或多个几何体或辅助对象。如果场景需要动画，根据需要设置对象的动画即可。
- 单击“水滴网格”按钮，然后在屏幕中的任意位置单击，以创建初始变形球。
- 进入“修改”面板，在“水滴对象”区域中单击“添加”按钮，然后选择用来创建变形球的对象。此时，变形球会显示在选定对象的每个顶点处或辅助对象的中心。
- 在“参数”卷展栏中根据需要设置大小，以便于连接变形球。

5.1.6 图形合并复合对象

使用“图形合并”命令可以创建包含网格对象和一个或多个图形的复合对象，这些图形嵌入在网格中，或从网格中消失。在下图中，“图形合并”命令将字母、文本图形与蛋糕模型网格合并在一起。

动手演练 | 图形合并复合对象的应用

步骤 01 打开实例场景（光盘文件\第 5 章\图形合并 .max）。

步骤 02 选择物体，然后选择“创建”→“复合”→“图形合并”命令。在“拾取操作对象”展卷栏中单击“拾取图形”按钮，选择图形物体，则图形被嵌入到物体的网格中。

步骤 03 为了看清楚效果，选择物体，单击右键，在弹出的快捷菜单中选择“转换为可编辑多边形”命令，然后在“选择”展卷栏中选择多边形层级，在“编辑几何体”展卷栏单击“挤出”按钮后面的小方块。

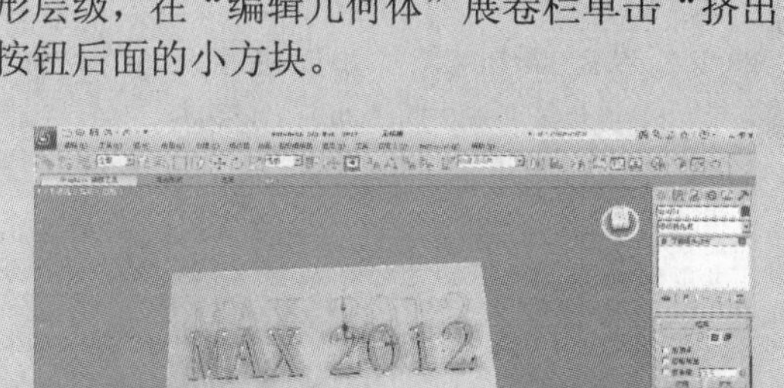

步骤 04 渲染效果如下图所示。

5.1.7 布尔复合对象

“布尔”命令通过对两个对象执行布尔操作将它们组合在一起。

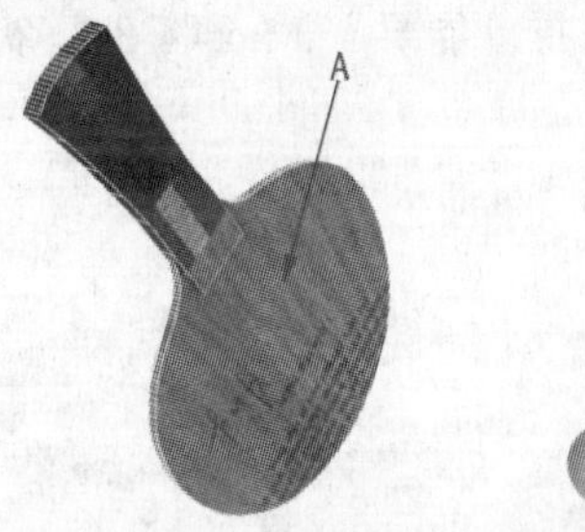

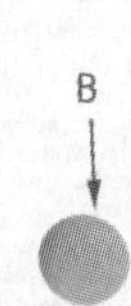

- 选择对象，此对象为操作对象 A。
- 单击“布尔”按钮，操作对象 A 的名称显示在“参数”卷展栏的“操作对象”列表中。
- 在“拾取布尔”卷展栏上选择操作对象 B 的复制方法：参考、移动、复制或实例。
- 在“操作”区域中选择要执行的布尔操作：并集、交集、{ 差集（A-B）}、{ 差集（B-A）} 或切割。
- 在“拾取布尔”卷展栏上单击“拾取操作对象 B”，然后单击视图，以选择操作对象 B，3ds Max 将执行布尔操作。

5.1.8 地形复合对象

通过“地形”命令可以生成地形对象，3ds Max 通过轮廓线数据生成这些对象。用户可以选择表示海拔轮廓的可编辑样条线，并在轮廓上创建网格曲面，还可以创建地形对象的“梯田”表示，使每个层级的轮廓数据都是一个台阶，以便和传统的土地形式研究模型相似。

动手演练 | 地形复合对象的应用

步骤 01 打开实例场景（光盘文件 \ 第 5 章 \ 地形复合对象 .max）。

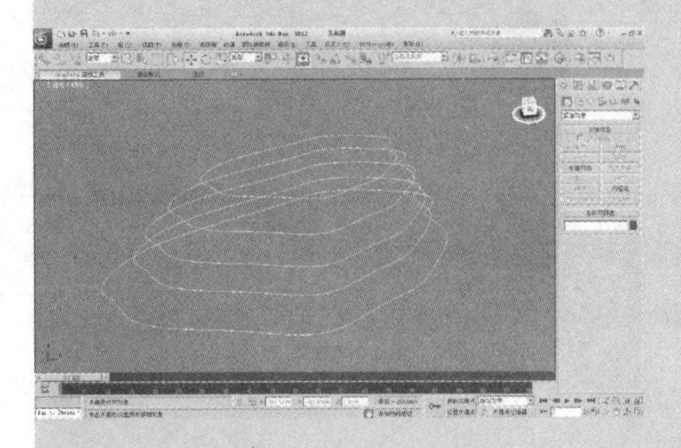

步骤 02 选择最底层的一条线，然后选择“创建”→“复合”→“地形”命令，在“拾取操作对象”卷展栏中单击“拾取操作对象”按钮，然后从下往上依次单击其他几个线条。

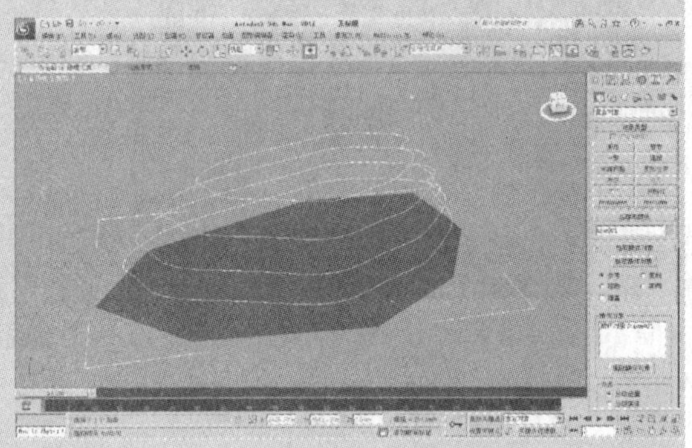

步骤 03 完成地形的建立，这里只是一个示例，在实际的地形建造过程中等高线的分布可能要密得多。

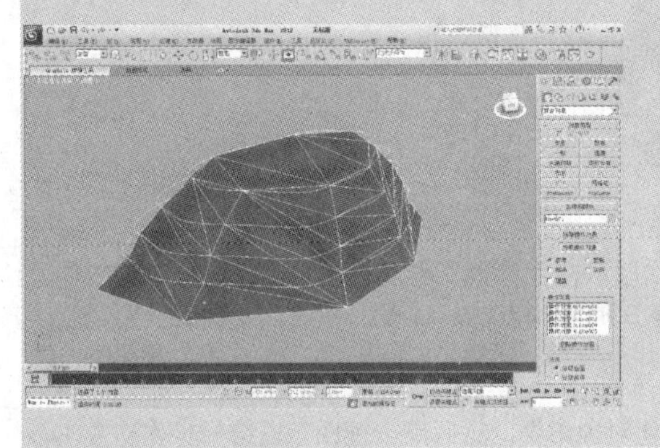

步骤 04 单击“创建默认值”按钮，此时，3ds Max 将在每个区域的底部列出海拔高度，并用不同的颜色表示。

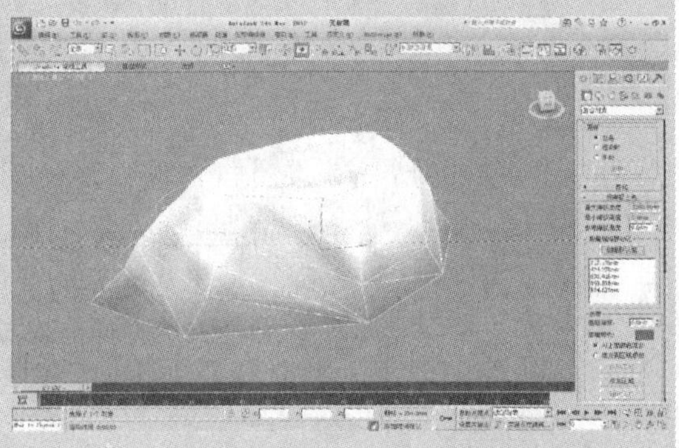

5.1.9 放样复合对象

放样复合对象是沿着第 3 个轴挤出二维图形，即从两个或多个现有样条线对象中创建放样对象，这些样条线之一会作为路径，其余的样条线会作为放样对象的横截面或图形。在沿路径排列图形时，3ds Max 会在图形之间生成曲面。

可以为任意数量的横截面图形创建作为路径的图形对象。该路径可以是一个框架，用于保留形成对象的横截面。如果仅在路径上指定一个图形，3ds Max 会假设在路径的每个端点有一个相同的图形，然后在图形之间生成曲面。

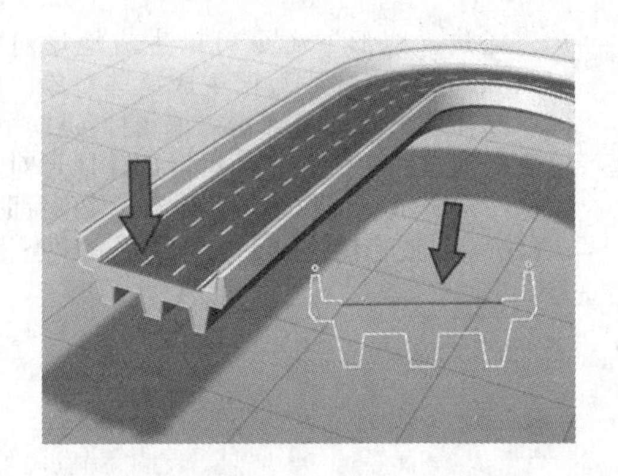

动手演练 | 放样复合对象的应用

步骤 01 在场景中创建一个二维图形（光盘文件\第 5 章\放样复合对象 .max）。

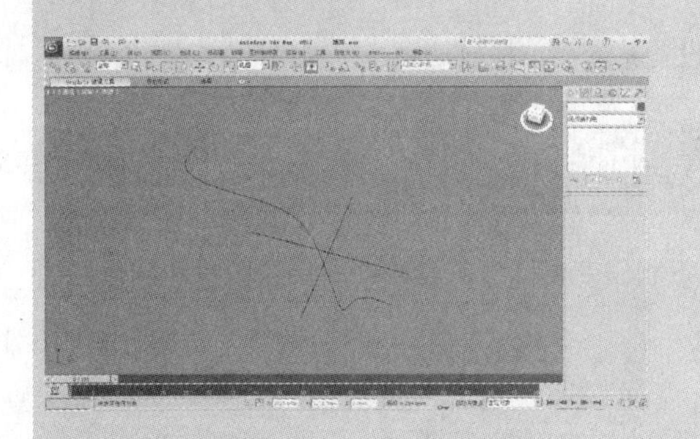

步骤 02 在“透视”视图中创建一个“圆环”图形对象。

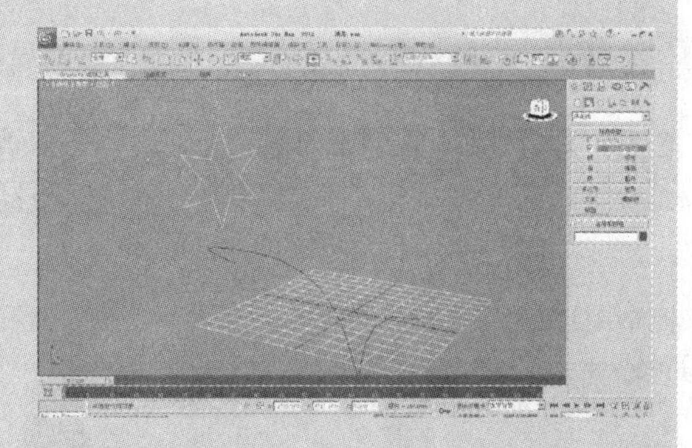

步骤 03 选择样条线，然后在“复合对象”层级中单击“放样”按钮。

步骤 04 在“创建方法”卷展中单击“获取图形”按钮，并在视口中选择圆环对象。

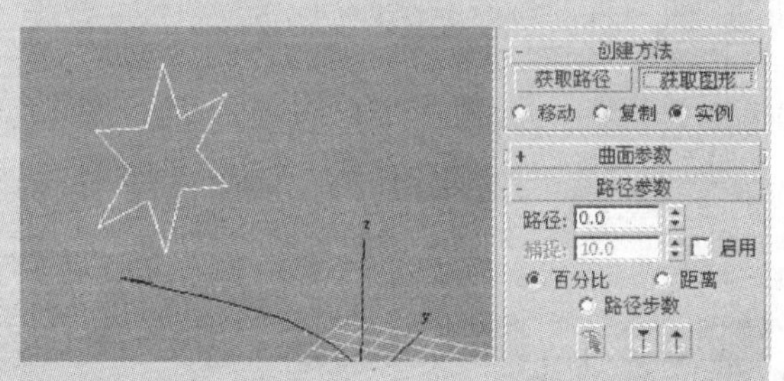

步骤 05 拾取三通图形对象后，新的放样对象将生成在视口中。

5.1.10 网格化复合对象

“网格化”命令以每帧为基准将程序对象转化为网格对象，这样可以应用修改器，如弯曲或 UVW 贴图。它可用于任何类型的对象，但主要为使用粒子系统而设计，“网格化”命令对于复杂修改器堆栈的实例化对象同样有用，具体方法如下。

步骤 01 添加并设置粒子系统。

步骤 02 选择“创建”→“复合”→“网格化”命令。

步骤 03 在视图中拖动可以添加网格对象。网格的大小可以不适合，但它的方向应该和粒子系统的方向一致。

步骤 04 打开“修改”面板，单击“参数”卷展栏中的“拾取对象”按钮，然后选择粒子系统。网格对象变为该粒子系统的副本，并在视图中将粒子显示为网格对象，无须考虑粒子系统视图显示的设置。

步骤 05 将修改器应用于修改网格对象，然后设置其参数，播放动画。

5.2 案例实训——手表模型

在本案例中制作一个手表模型，首先来看一下制作手表模型所要依据的参考图片和制作好的模型图片。

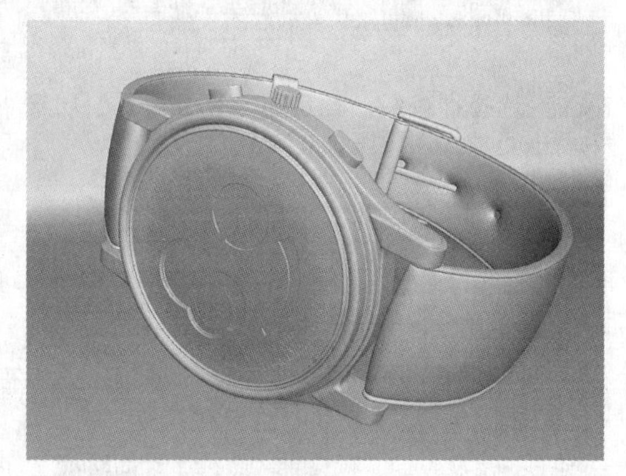

5.2.1 表壳的制作

步骤 01 打开 3ds Max，选择需要的视图，然后按快捷键 Alt+B，调出“视口背景”对话框。单击“文件”按钮，在弹出的“选择背景图像”对话框中找到与视图相对应的素材图片，并设置参数，在“前”视图中导入手表参考图片（光盘文件 \ 第 5 章 \ 手表模型 \ 手表模型 .max）。

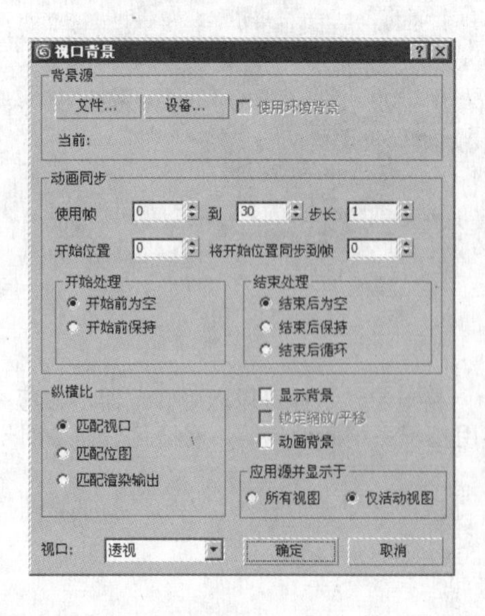

步骤 02 单击按钮进入“创建”面板，然后单击按钮，在“标准基本体”类型下单击“圆柱体”按钮，对照参考图，创建一个圆柱体。然后在该物体上单击右键，在弹出的快捷菜单中选择 转换为可编辑多边形 命令，将其转换为可编辑多边形。接下来，单击按钮进入“修改”面板，激活按钮，选择面，单击“倒角”按钮右边的小方块，在弹出的对话框中设置参数，对所选面进行多次斜角挤压。然后激活按钮，选择所有的棱边，单击“切角”按钮右边的小方块，在弹出的对话框中设置参数，对所有的棱边进行倒角处理。在物体上单击右键，在弹出的快捷菜单中选择 NURMS 切换 命令，进行光滑处理。

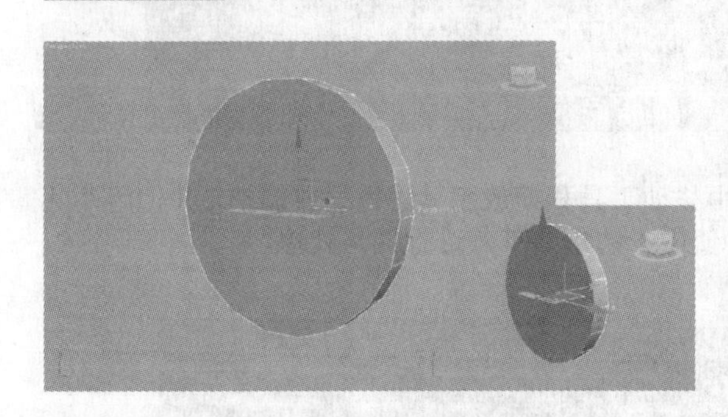

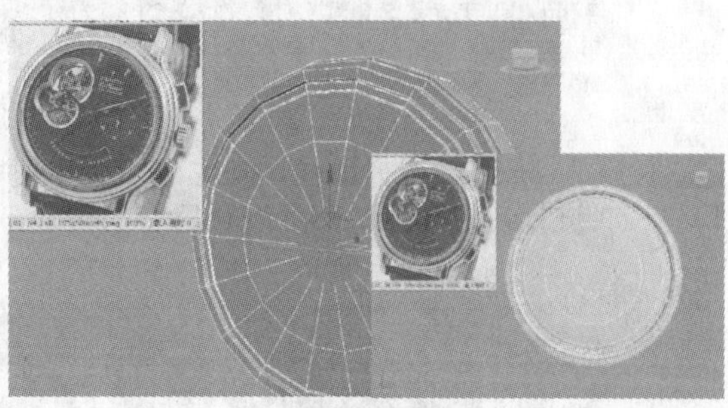

步骤 03 激活按钮，选择面，然后单击“分离”按钮，将其分离出来，作为手表上的玻璃外壳。接下来，给它赋予一个半透明材质。

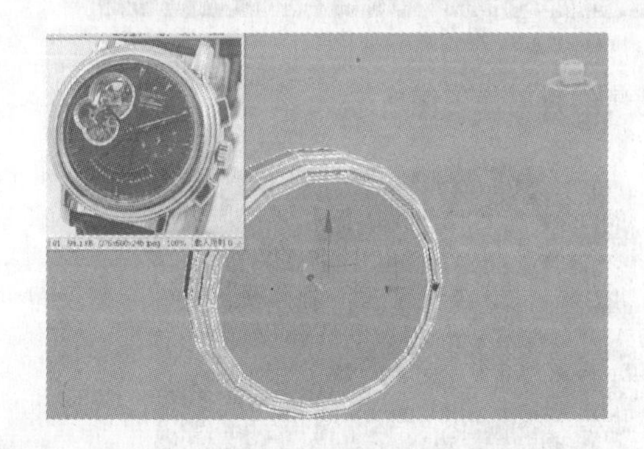

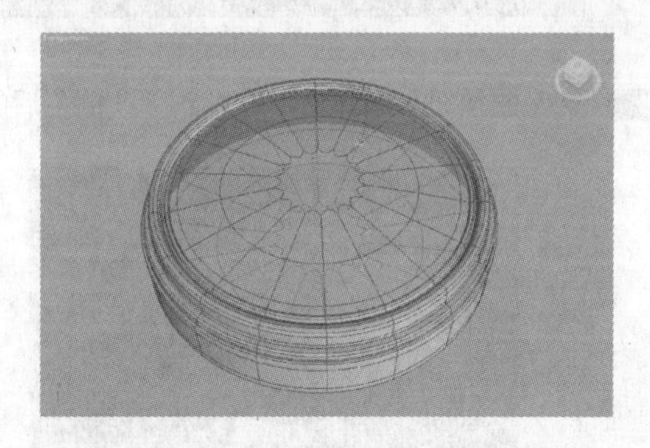

5.2.2 表盘和指针的制作

步骤 01 制作表盘。单击按钮进入“创建”面板，然后单击按钮，在“样条线”类型下单击“圆”按钮，对照参考图，创建出表盘上的轮廓线。分别选择线框，单击右键，在弹出的快捷菜单中选择“转换为可编辑样条线”命令，将其转变成可编辑样条曲线。接下来，使用“附加”工具将单个圆形线框合并在一起。激活按钮，选择其中一个线框，单击“布尔”按钮，拾取其他线框，进行布尔运算。最后勾勒出其他的线框形状，使用“附加”工具将所有的线框合并在一起。

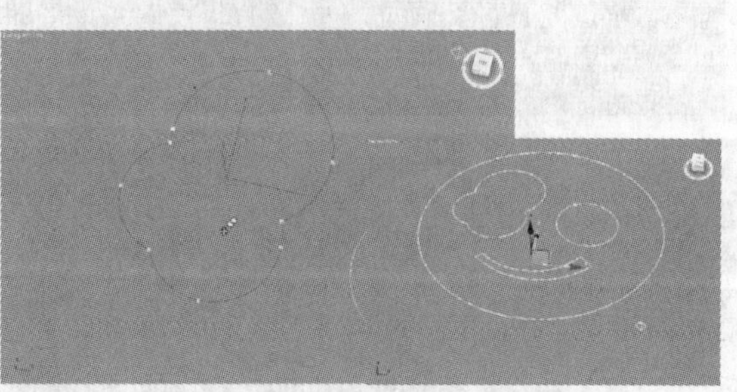

步骤 02 选中线框，单击按钮进入“修改”面板，在“修改器列表”类型下给线框添加“挤出”修改器，对线框进行挤压。然后将挤压的物体转换为可编辑多边形，激活■按钮，选择多余的面，将其删除，使表盘只留下一个面，并将其放置到合适的位置。

步骤 03 激活按钮，选择曲线，按住 Shift 键，使用移动工具和缩放工具进行缩放调整，并使用“封口”工具进行封口处理。然后选择所有的棱边，使用“切角”工具进行倒角处理。

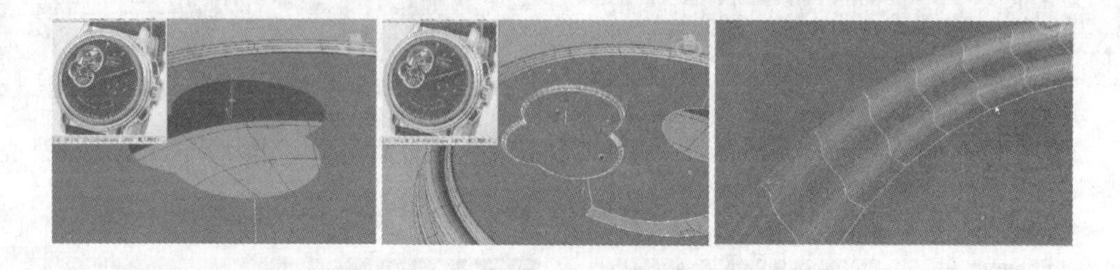

步骤 04 激活■按钮，选择面，进行删除。倒角后的最终效果如下图所示。

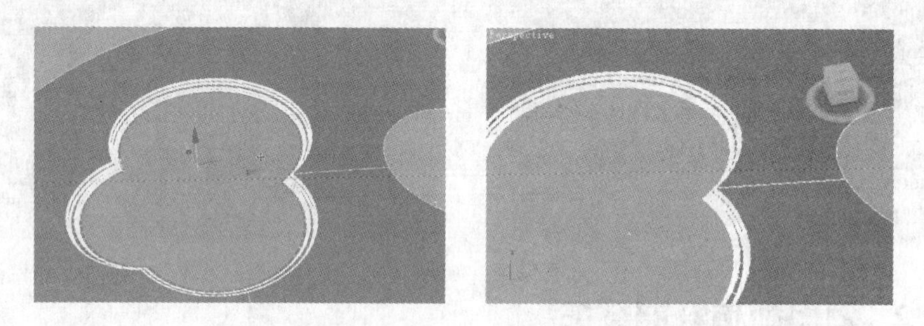

步骤 05 同样，选择曲线，按住 Shift 键，使用移动工具沿 Z 轴向下拉伸，然后使用“封口”工具进行封口处理。接下来，选择曲线进行拉伸并封口，再使用“切角”工具对棱边进行倒角处理。

步骤 06 制作表盘上的刻度。首先使用“长方体”工具创建出刻度形状，将它们转换为可编辑多边形，并使用“附加”工具合并在一起。然后选中刻度，在工具栏上单击“视图”右边的按钮，在其下拉菜单中选择“拾取”选项，拾取表盘的坐标。接下来，单击按钮右下角的小按钮，在下拉菜单中选择工具，这时刻度的坐标将以表盘坐标为准。选择“工具”→“阵列”命令，弹出“阵列”对话框，进行阵列复制。

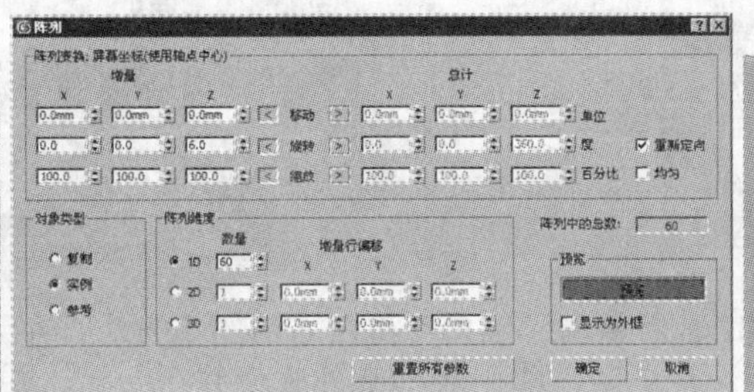

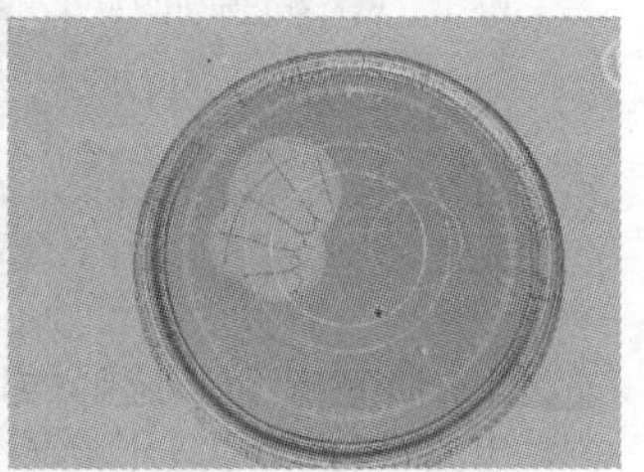

步骤 07 使用“文本”工具创建出表盘上字母的线框，然后使用“挤出”修改器进行挤压，得到字母。

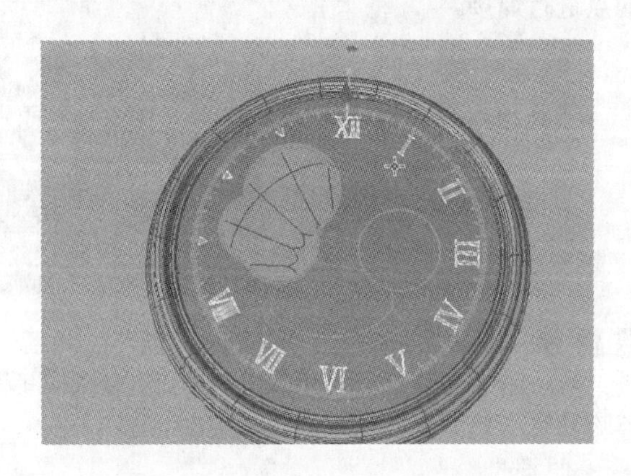

步骤 08 制作指针模型。首先对照参考图，使用“圆”按钮，创建一个圆形线框，并使用“线”工具勾勒出指针的形状。接下来，使用“附加”工具将圆形线框和指针线框合并在一起。然后选择其中一个线框，单击“布尔”按钮，进行布尔运算，制作出指针的线框形状。接着给线框添加“挤出”修改器，进行挤压。使用同样的方法，制作出其他指针。

5.2.3 手表把的制作

步骤 01 创建一个长方体，将其转换为可编辑多边形，然后对照参考图，选择相应的点进行调整。接下来，使用“连接”工具给物体添加曲线，并进行调整。

步骤 02 激活■按钮，选择面，然后单击“倒角”按钮右边的小方块，在弹出的对话框中设置参数，对所选面进行斜角挤压处理。接下来，将手表把和外壳合并在一起，并使用“焊接”工具将相应的点进行焊接。

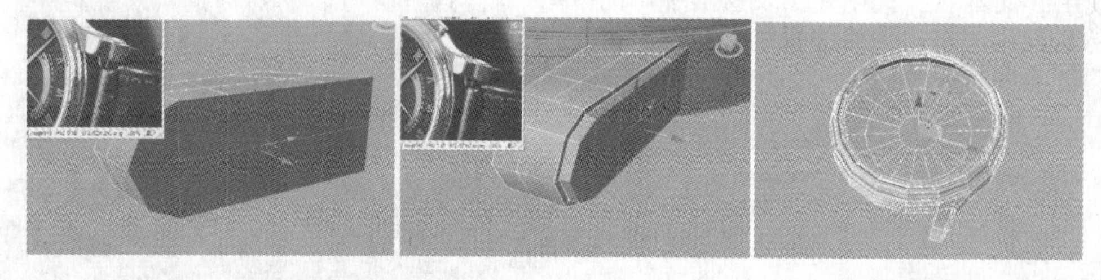

步骤 03 激活按钮，选择点，按Delete键删除。然后给剩余的部分添加“镜像”修改器，进行镜像复制。接下来，激活按钮，选择曲线，单击“连接”按钮右边的小方块，在弹出的对话框中设置参数，给物体添加新的曲线。

步骤 04 激活按钮，选择点，按 Delete 键删除。然后，使用同样的方法给剩余的部分添加“镜像”修改器，进行镜像复制。

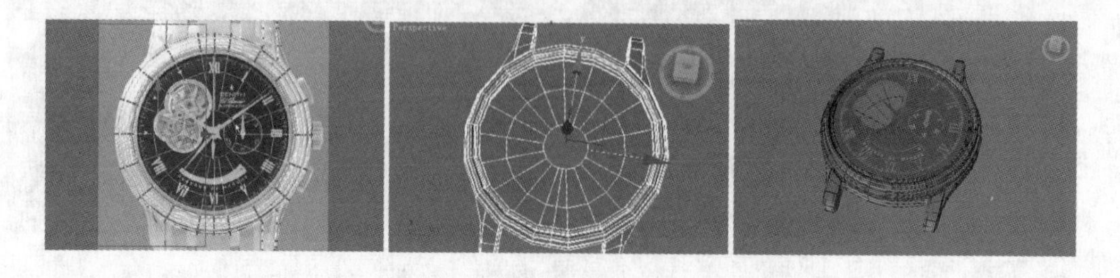

5.2.4 齿轮的制作

步骤 01　单击按钮，在“样条线”类型下单击“圆”按钮，在“顶”视图中创建一个圆形线框。将线框转换为可编辑样条曲线，然后使用“拆分”工具给线框添加点。选择相应的点，使用工具进行调整。然后单击按钮进入“修改”面板，给线框添加“挤出”修改器，对线框进行挤压。接下来，将挤压出的物体复制一个，并将复制出来的物体隐藏起来（在后面还会用到）。

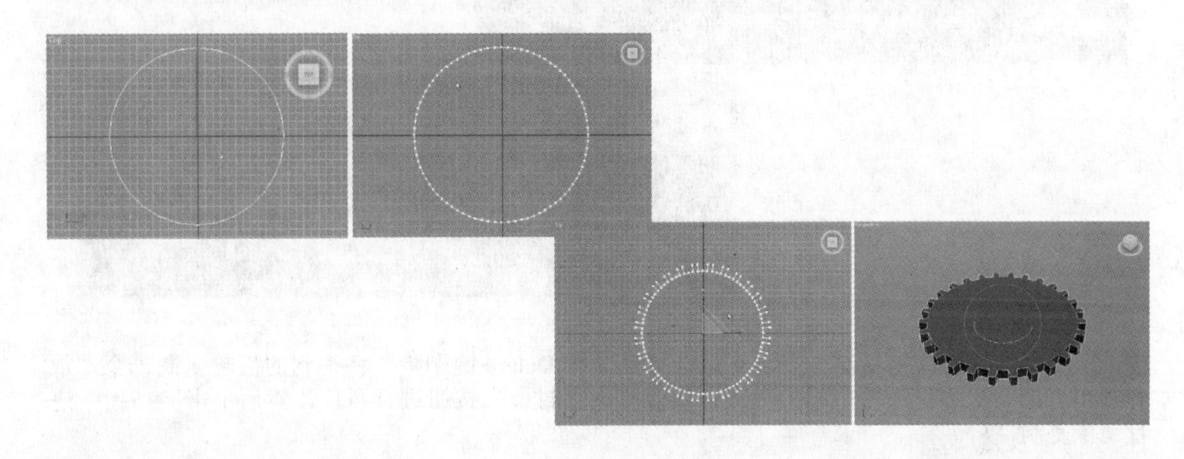

步骤 02　返回到线级别，创建几个圆形线框。然后使用“附加”工具将其与齿轮线框合并在一起，再返回到挤压级别。

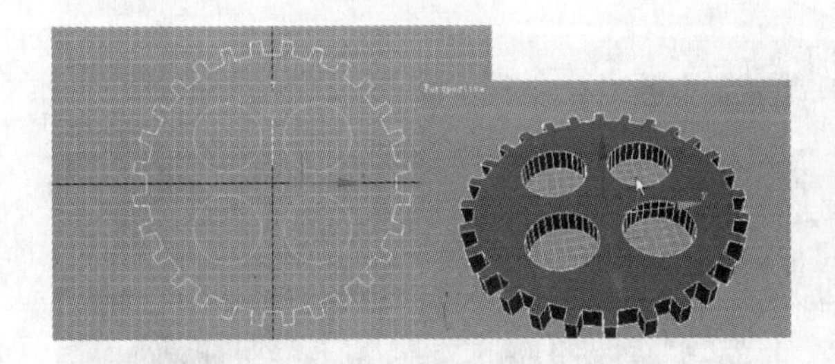

步骤 03　将挤压出来的齿轮物体转换为可编辑多边形。选择曲线，单击“切角”按钮右边的小方块，在弹出的对话框中设置参数，对所选曲线进行倒角处理，以使棱边更加光滑。

步骤 04　创建一个圆柱体，然后将该圆柱体复制一个，并将这两个圆柱体移动到合适的位置。选中齿轮，单击按钮，在“复合对象”类型下单击“ProBoolean”按钮，然后在其工具面板中单击“开始拾取”按钮拾取圆柱体，进行超级布尔运算。接下来，将其转换为可编辑多边形，对多余的线进行删除调整。

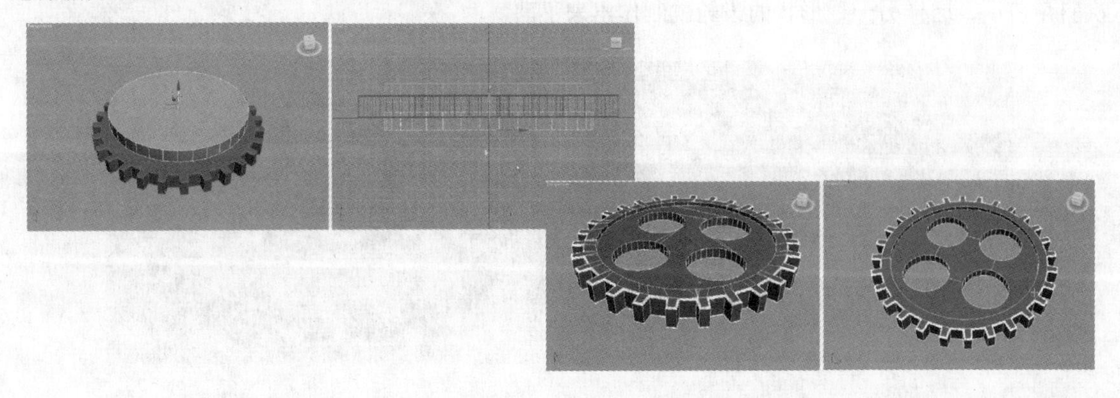

步骤 05 激活 按钮，选择曲线，使用“切角”工具进行倒角处理，最终效果如下图所示。

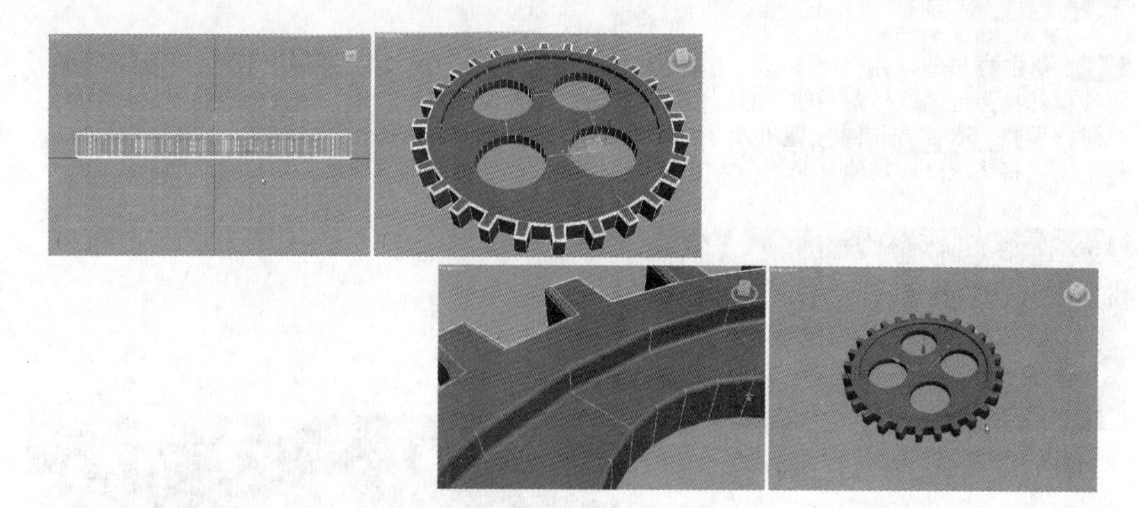

步骤 06 将制作好的齿轮复制一个，然后选择点，按 Delete 键删除。将得到的齿轮复制一个，放着备用。接下来选择齿轮中间的一圈曲线，单击“封口”按钮进行封口，然后单击 按钮，进行镜像复制。

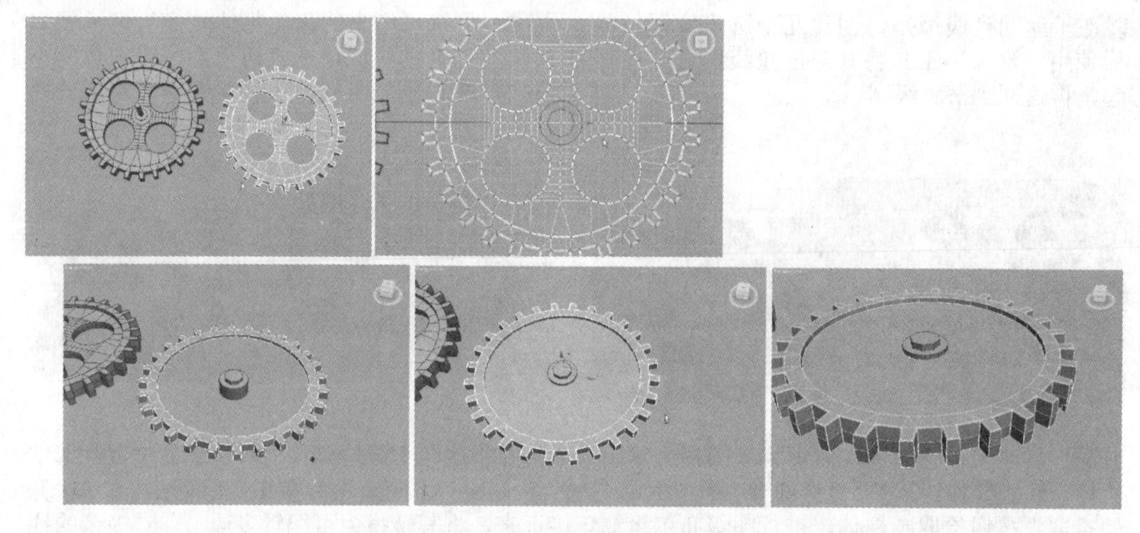

步骤 07 选中面，单击“倒角”按钮右边的小方块，在弹出的对话框中设置参数，对所选面进行多次斜角挤压，这样另一种形状的齿轮就制作出来了。

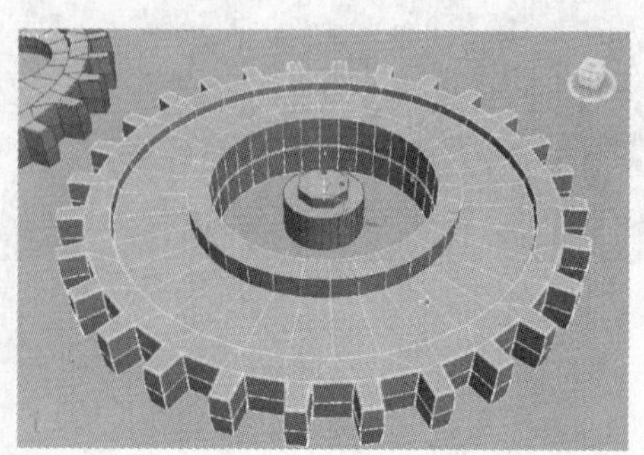

步骤 08 选中刚才复制出来备用的齿轮，单击按钮，进行镜像复制并调整。接下来创建一个倒角盒子，将其转换为可编辑多边形，然后选择点进行调整并对其进行复制。再创建一个球体，放置在中心处。

步骤 09 将刚开始隐藏的齿轮显示出来，将其返回到线级别。然后在齿轮线框中间绘制线框形状，将它们与锯齿线框合并在一起，再返回到挤压级别。

步骤 10 对齿轮的大小进行调整，然后，将这些齿轮摆放到手表中，读者可以根据自己的想法对齿轮进行摆放。

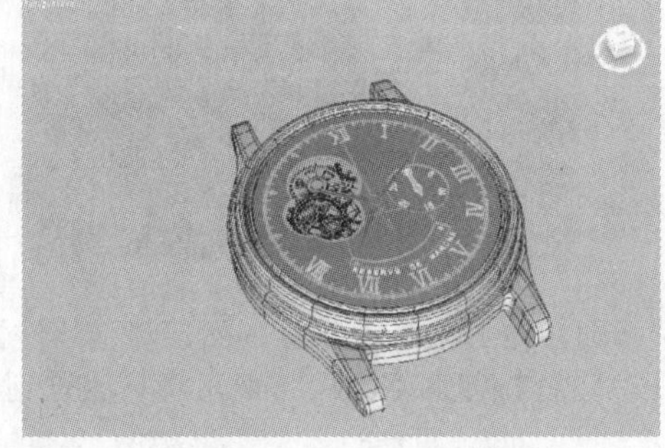

5.2.5 发条轴和表带的制作

步骤 01 创建一个圆柱体，将其转换为可编辑多边形。然后激活按钮，选择曲线，使用缩放工具将两条曲线向两边扩大。

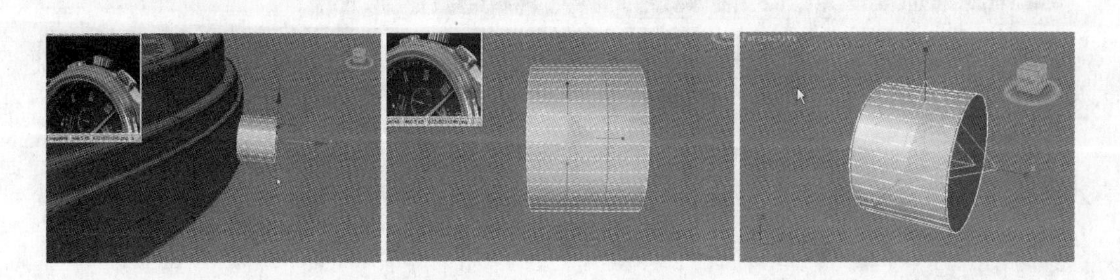

步骤 02 激活 按钮，选择点，使用缩放工具向里缩放。然后激活 按钮，选择一端的面，按 Delete 键删除。

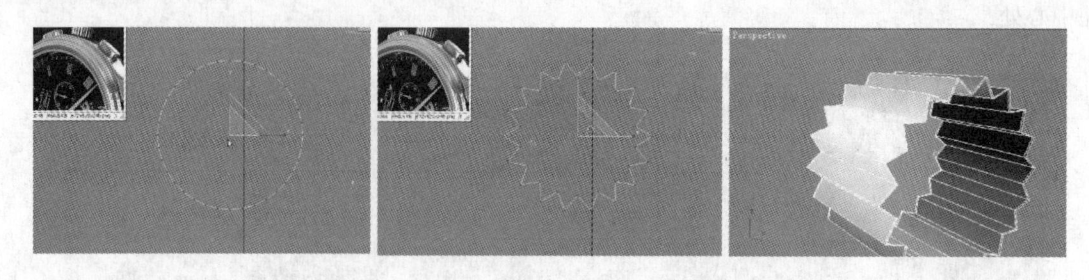

步骤 03 激活 按钮，选择所有边曲线，单击“切角”按钮右边的小方块，在弹出的对话框中设置参数，对所选曲线进行倒角处理，然后使用“封口”工具将开口处进行封口处理。

步骤 04 激活 按钮，选择面，单击“倒角”按钮右边的小方块，在弹出的对话框中设置参数，对所选面进行斜角挤压。

步骤 05 选择面，按 Delete 键删除，然后激活 按钮，选择一圈曲线，按住 Shift 键，使用移动工具和缩放工具进行拉伸调整。接下来，将其放置到合适的位置。

步骤06 创建一个圆柱体，作为表带的支架。然后创建一个长方体，并将其转换为可编辑多边形。激活■按钮，选择面，按Delete键删除。

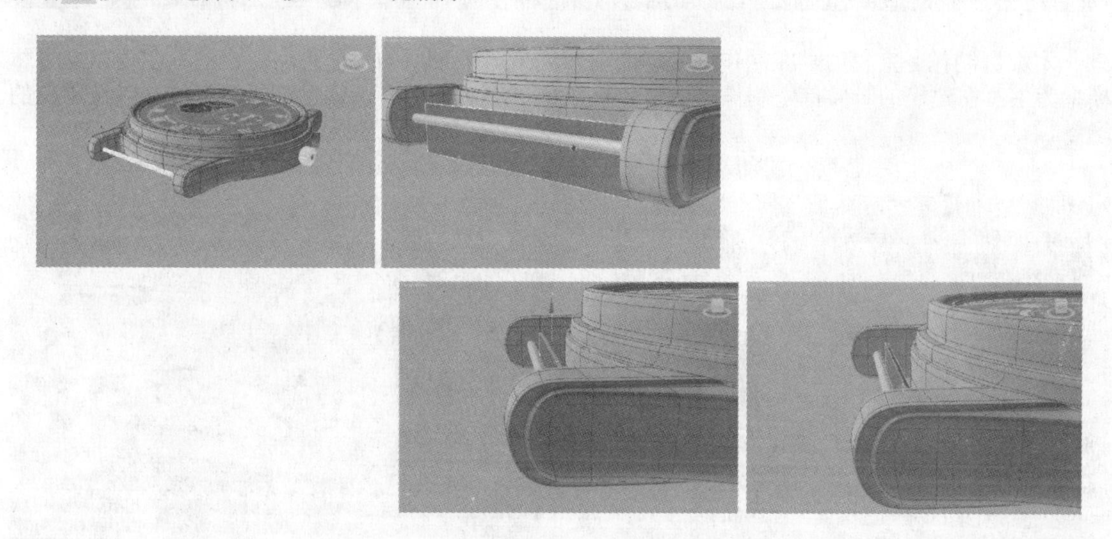

步骤07 激活◌按钮，选择曲线。然后按住Shift键，对照参考图，进行多次拉伸并调整。接下来，对表链进行镜像复制，并对表链进行细节调整。

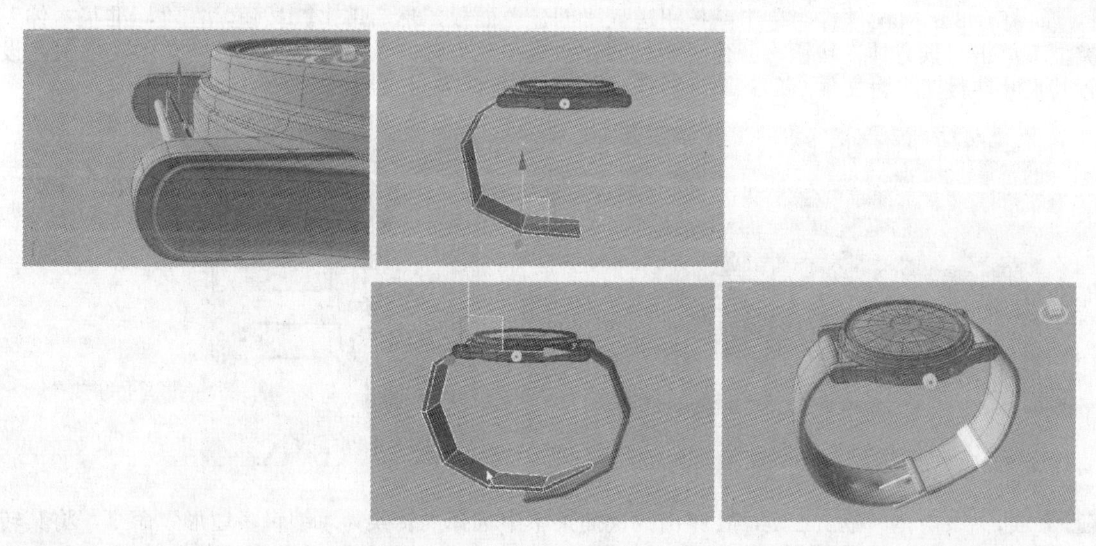

步骤08 手表的最终效果如下图所示。

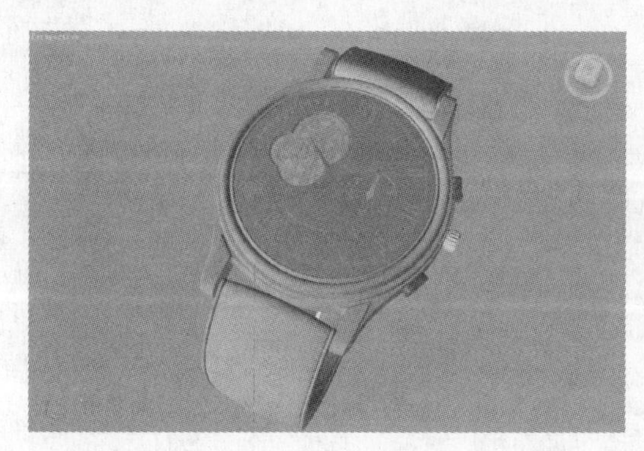
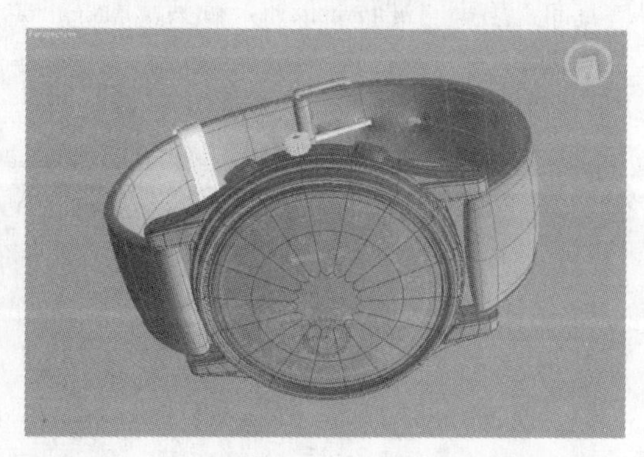

5.3 案例实训——卧室模型

本案例制作卧室模型，在制作该模型之前，先来分析模型的建模思路。该模型主要以立方体模型为主，在建模的时候首先制作出主体建筑模型，然后制作出主体建筑的细节部分以及周围的场景。

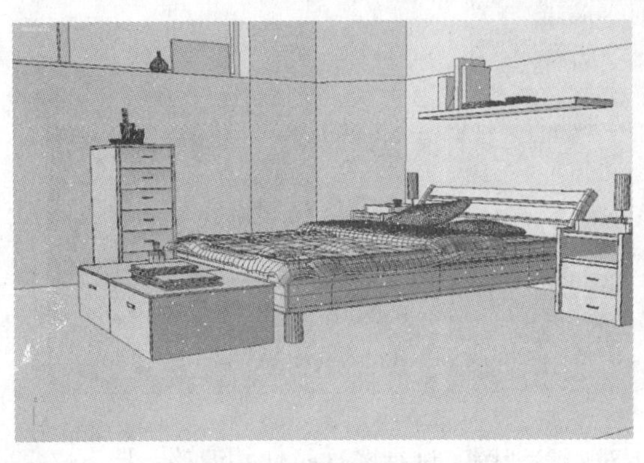

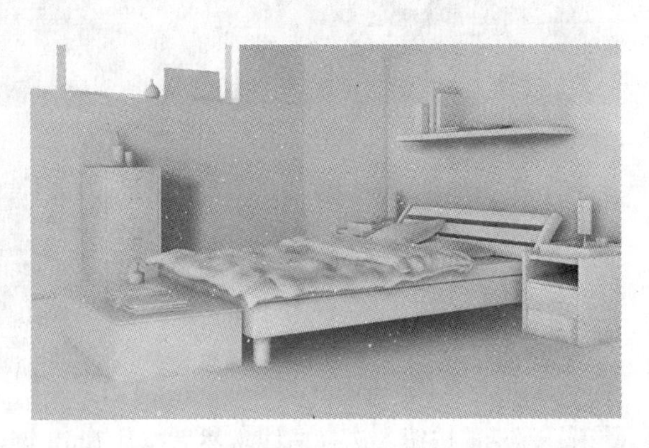

5.3.1 房间的结构

步骤 01 打开3ds Max软件，单击按钮进入“创建”面板，然后单击按钮，在“标准基本体”类型下单击“长方体”按钮，创建一个长方体。选中长方体，单击按钮进入“修改”面板，设置其尺寸参数（光盘文件\第5章\卧室模型\卧室模型.max）。

步骤 02 选中该物体，单击右键，在弹出的快捷菜单中选择“转换为可编辑多边形”命令，将其转换为可编辑多边形。然后激活按钮，选择面，按Delete键删除。接下来，按快捷键Ctrl+A选中所有面，单击“翻转”按钮，翻转法线。

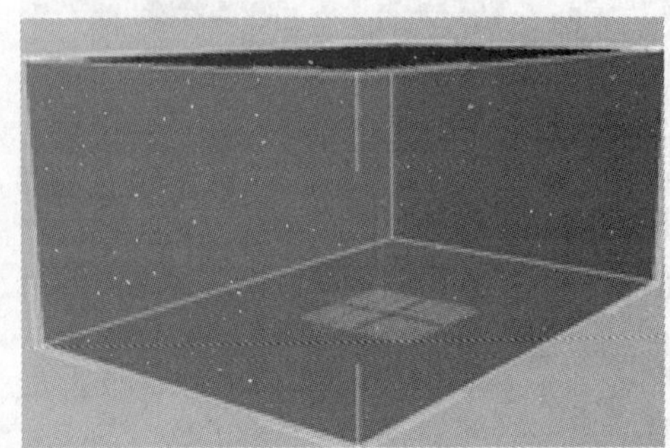

步骤 03 激活 按钮，选择曲线。然后单击“切角”按钮右边的小方块，在弹出的“切角”对话框中设置参数，对所选曲线进行倒角处理。

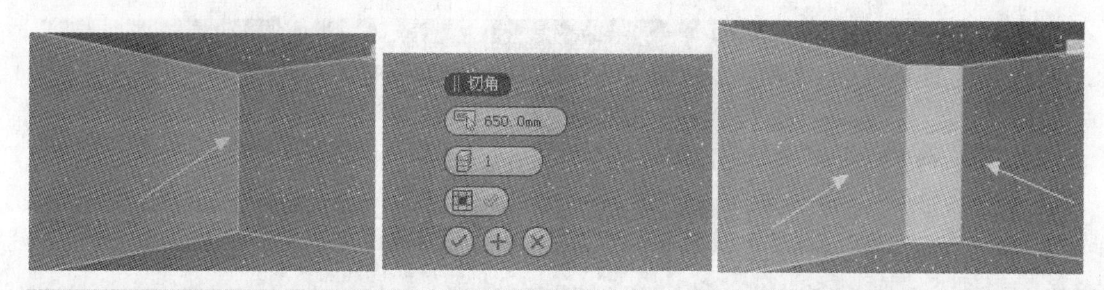

知识拓展：切角的设置

单击“切角”按钮，然后拖动活动的对象中的边。要采用数字方式对边进行切角处理，可单击“切角设置”按钮，然后更改“切角量”值。如果对多个选定的边进行切角处理，则这些边的切角相同。如果拖动一条未选定的边，那么将取消选定任何选中的边。

步骤 04 选择曲线，单击“连接”按钮右边的小方块，在弹出的对话框中设置参数，给物体添加新的曲线。

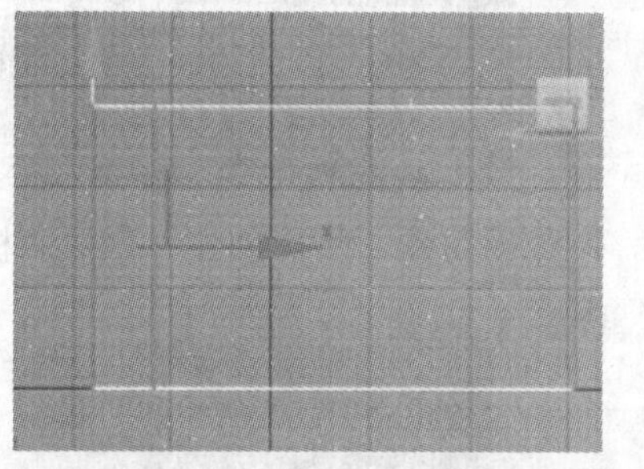
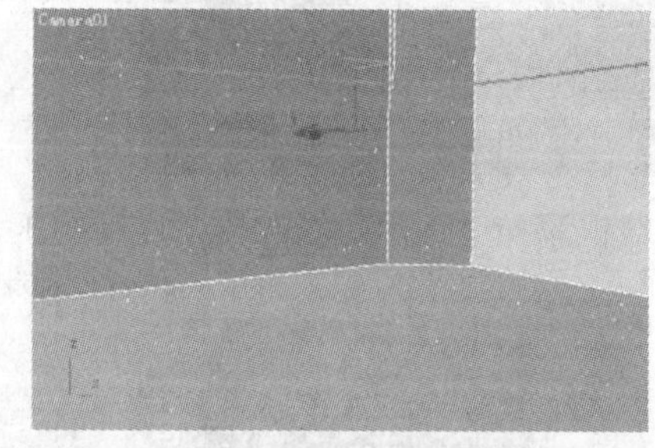

步骤 05 选择曲线，使用“连接”工具给物体添加新的曲线。

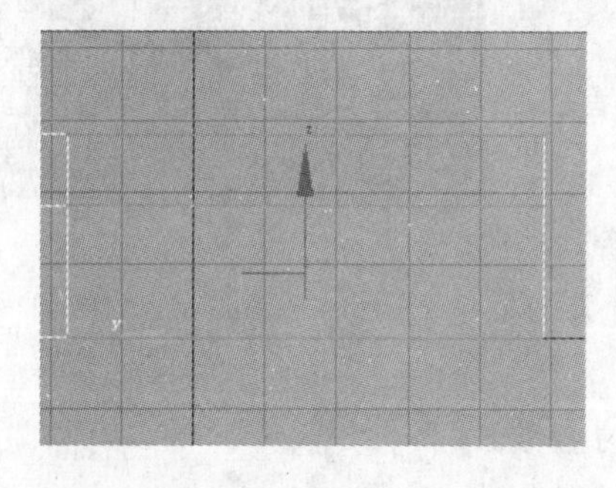
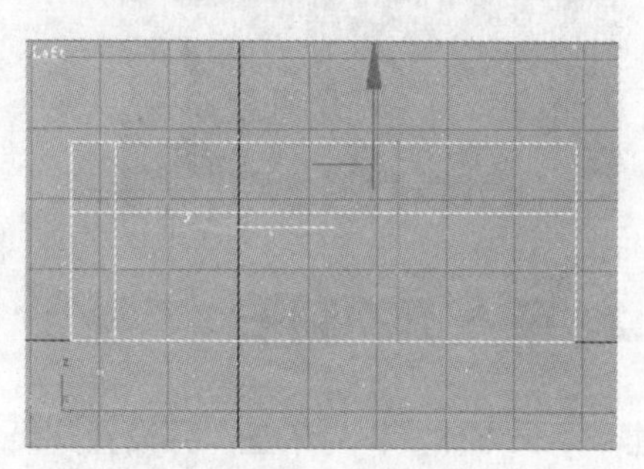

步骤 06 继续选择曲线，使用“连接”工具给物体添加新的曲线。

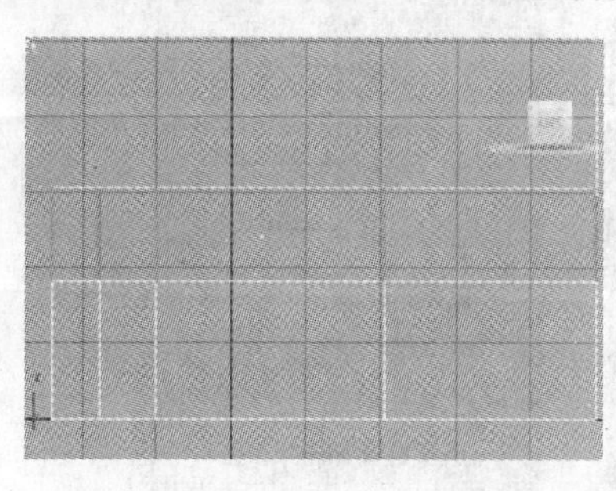
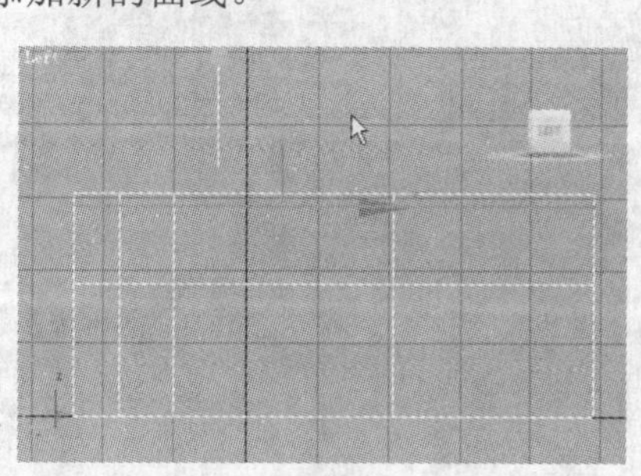

步骤 07 激活■按钮，选择面，按 Delete 键删除。然后激活◎按钮，选择一圈曲线，按住 Shift 键，沿 X 轴向外拉伸，生成窗台沿。

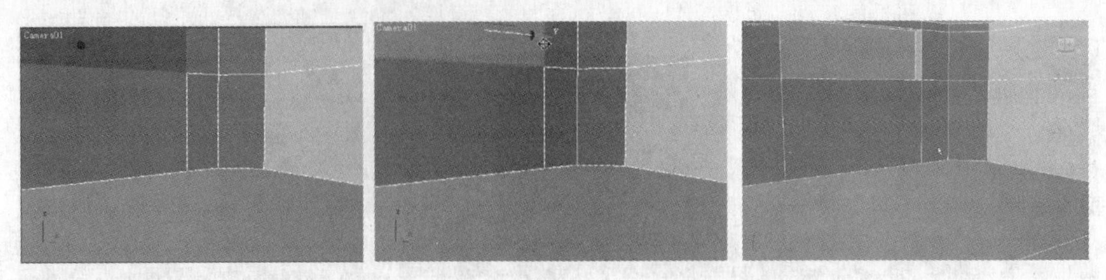

步骤 08 单击按钮，在“样条线”类型下单击“线”按钮，创建一个线框。单击按钮进入“修改”面板，激活按钮，选中线框，然后单击“轮廓”按钮，对线框进行扩边处理。

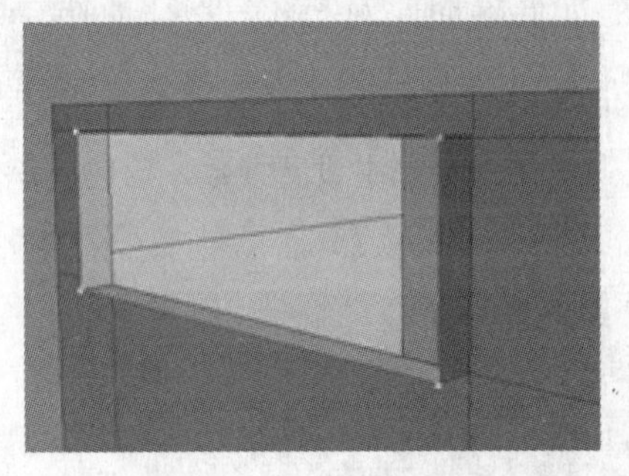

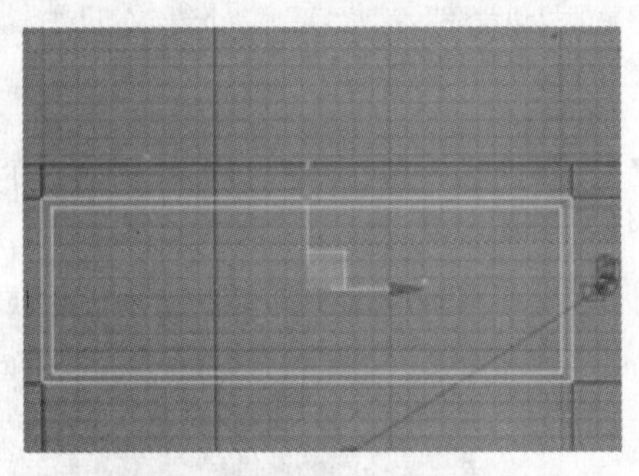

步骤 09 给该线框添加“挤出”修改器，进行挤压，制作出窗框。然后创建一台摄影机，调整视图。

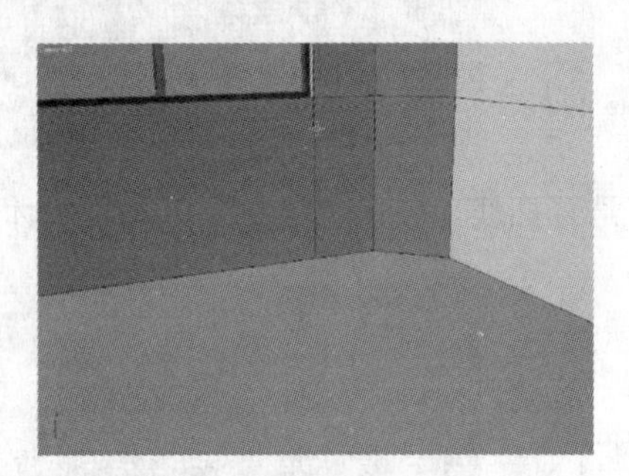

5.3.2 单人床的制作

步骤 01 创建一个长方体，作为床垫，并设置其尺寸参数。

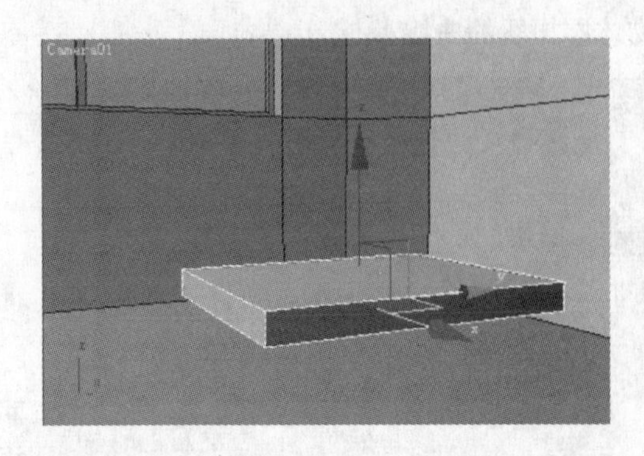

步骤 02 单击"圆柱体"按钮，创建圆柱体，作为床的底座。

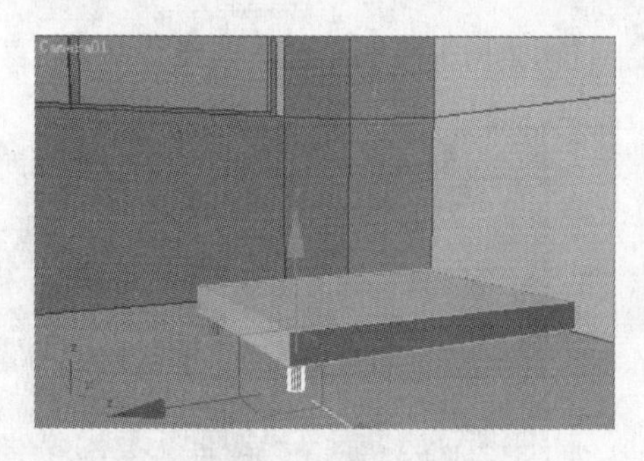

步骤 03 单击按钮，在"样条线"类型下单击"线"按钮，创建一条曲线。单击按钮进入"修改"面板，激活按钮，然后选中线框，单击"轮廓"按钮对线框进行扩边处理。

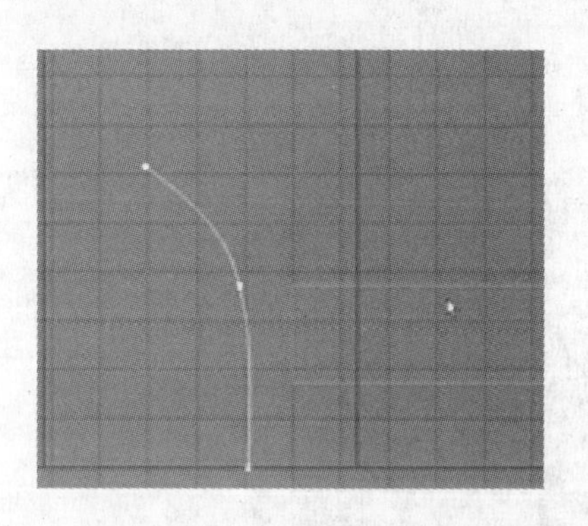

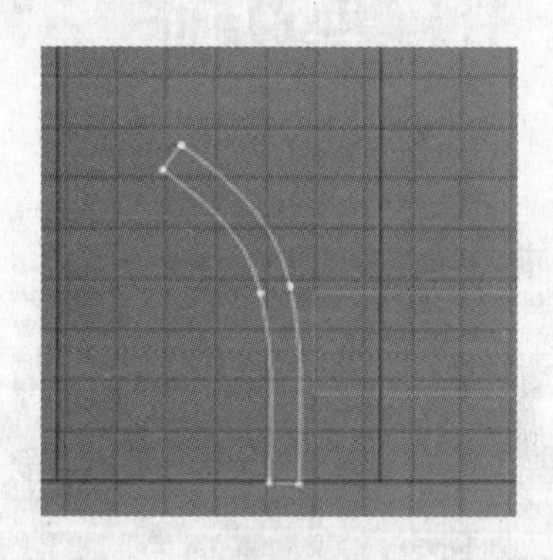

步骤 04 添加"挤出"修改器，对线框进行挤压。将挤压得到的物体转换为可编辑多边形，然后激活按钮，选择相应的点，使用"连接"工具在相应的两点之间添加曲线。

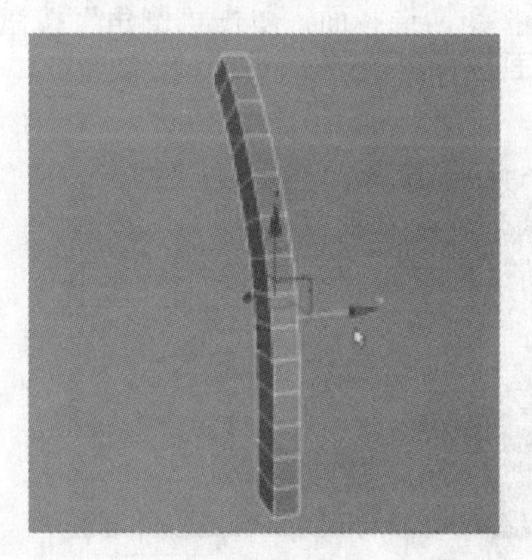

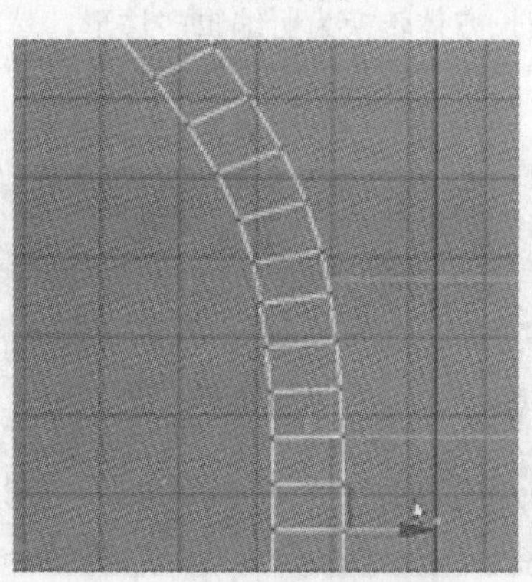

步骤 05 单击按钮，在"扩展基本体"类型下单击"切角长方体"按钮，创建倒角盒子作为床头处的挡板。

步骤 06 将床垫向上复制一份并调整其厚度，然后调整其分段数，选择相应的点进行细节调整。

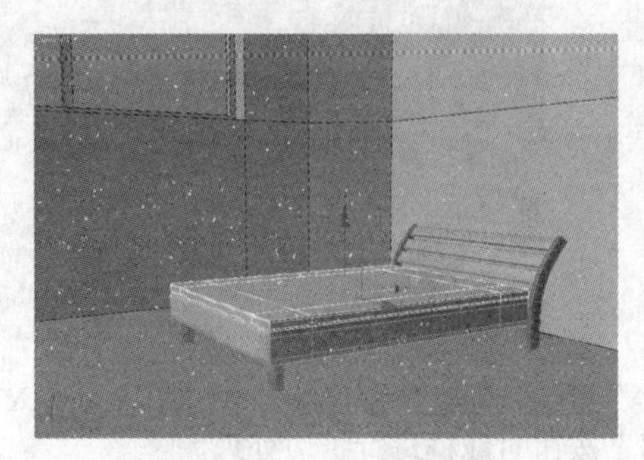

5.3.3 书桌模型的制作

步骤 01 创建一个长方体，在“修改”面板的“参数”卷展栏中调整其尺寸参数。

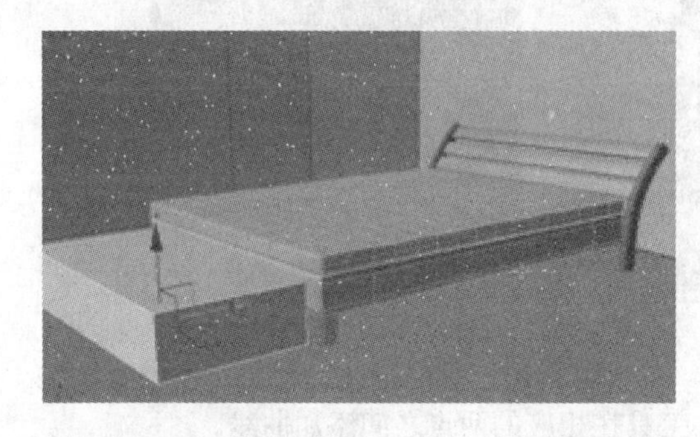

步骤 02 将该长方体转换为可编辑多边形，然后激活■按钮，选择面，单击“倒角”按钮右边的小方块，在弹出的“倒角”对话框中设置参数，对所选面进行斜角挤压，制作出桌面。

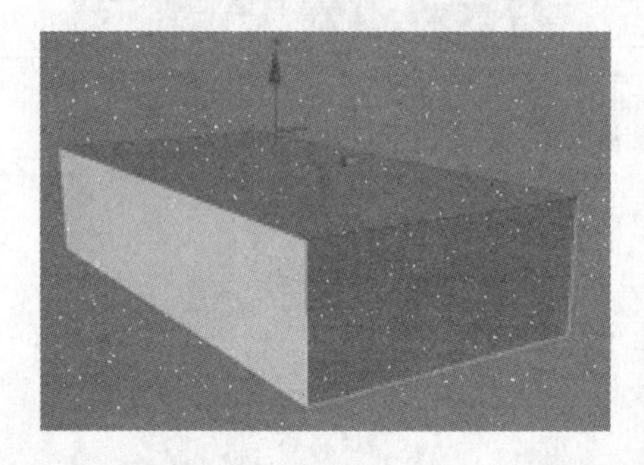

步骤 03 激活◁按钮，选择一圈曲线，单击“连接”按钮右边的小方块，在弹出的对话框中设置参数，给物体添加新的曲线。

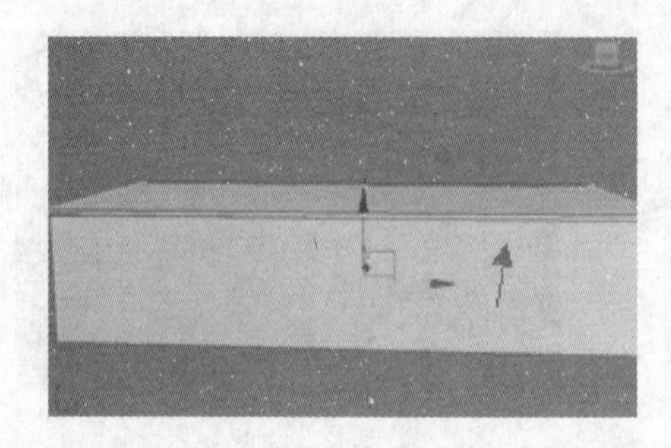
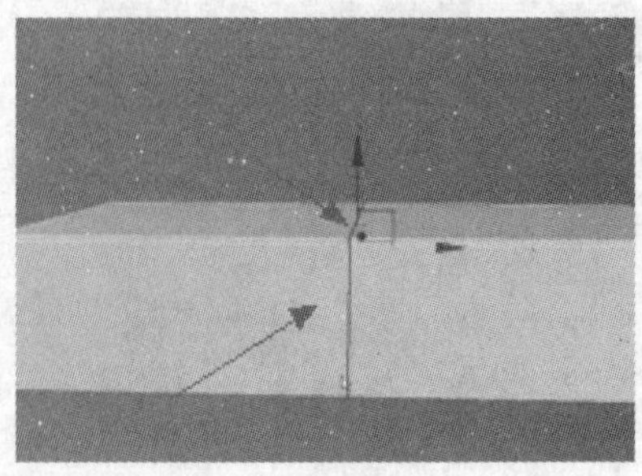

步骤 04 激活■按钮，选择面，然后单击“倒角”按钮右边的小方块，在弹出的“倒角”对话框中设置参数，对所选面进行斜角挤压，制作出抽屉。

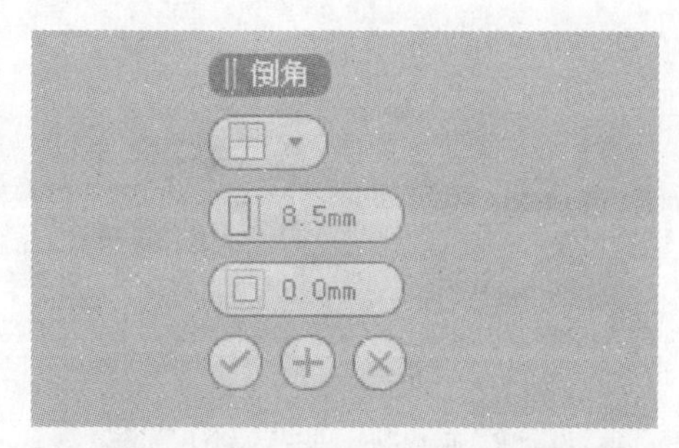

步骤 05 效果如右图所示。

5.3.4 抽屉把手的制作

步骤 01 创建一个长方体，将其转换为可编辑多边形，然后使用“连接”工具给物体添加新的曲线，添加曲线后的效果如下图所示。

步骤 02 激活■按钮，选择面，然后单击“挤出”按钮右边的小方块，在弹出的“挤出”对话框中设置参数，对所选面进行斜角挤压。

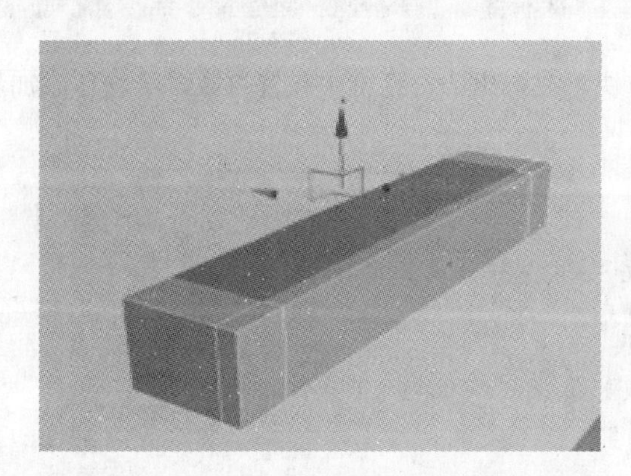

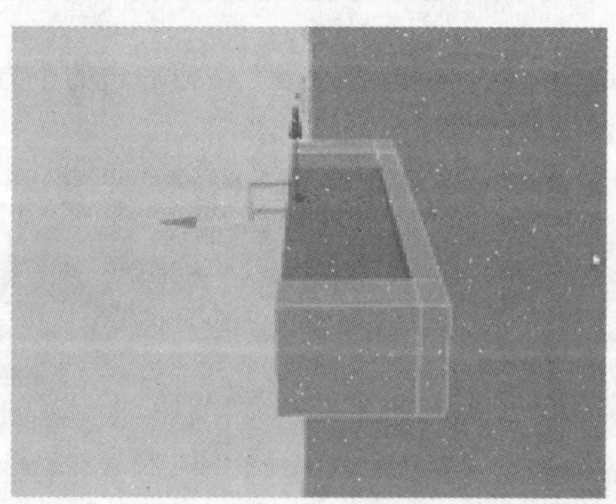

步骤 03 使用“连接”工具在棱边处添加曲线，然后将把手进行复制并放置到合适的位置。

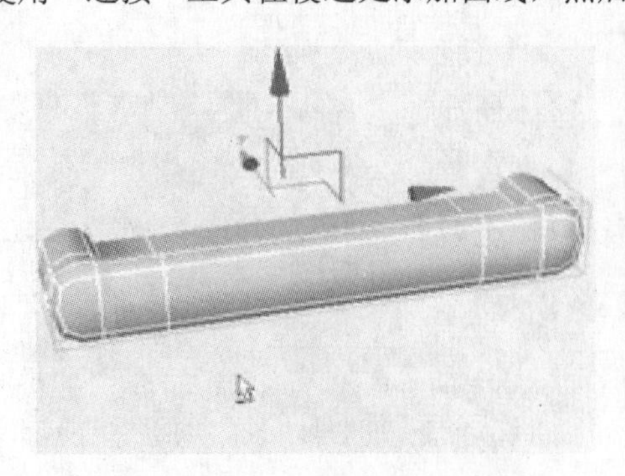

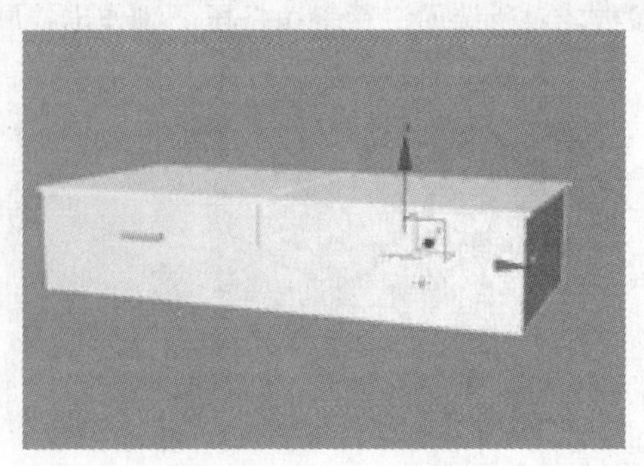

5.3.5 书桌上物品的制作

步骤 01 创建出如下图所示的物体作为书籍，接下来制作墨水瓶。首先创建一个圆柱体，并将其转换为可编辑多边形。

步骤 02 选择面，单击“倒角”按钮右边的小方块，在弹出的“倒角”对话框中设置参数，对所选面进行斜角挤压。然后激活◁按钮，选择瓶颈处的曲线，单击“切角”按钮右边的小方块，在弹出的“切角”对话框中设置参数，对所选曲线进行倒角处理。

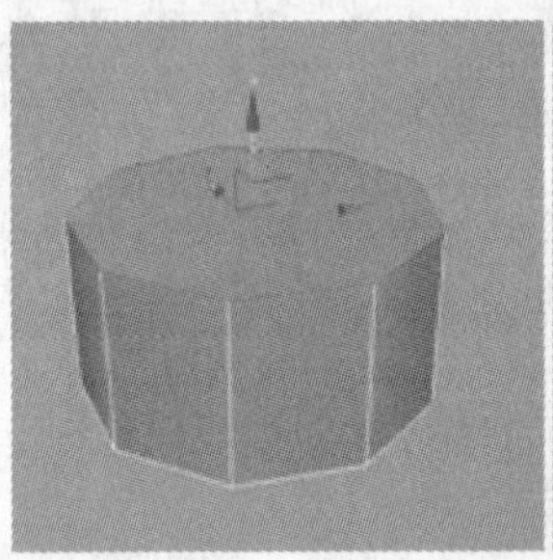

步骤 03 选择曲线，单击“连接”按钮右边的小方块，在弹出的对话框中设置参数，给物体添加新的曲线并设置参数。

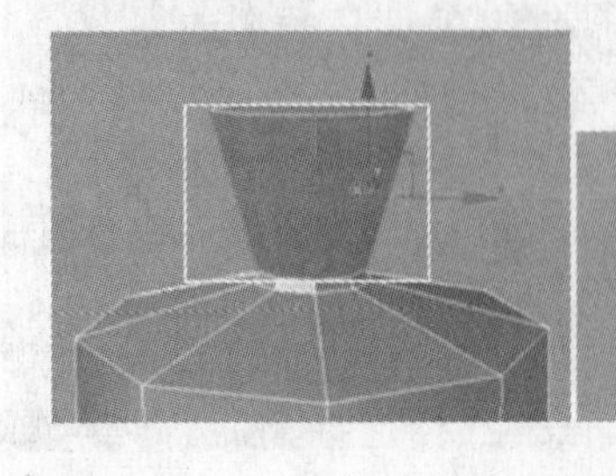

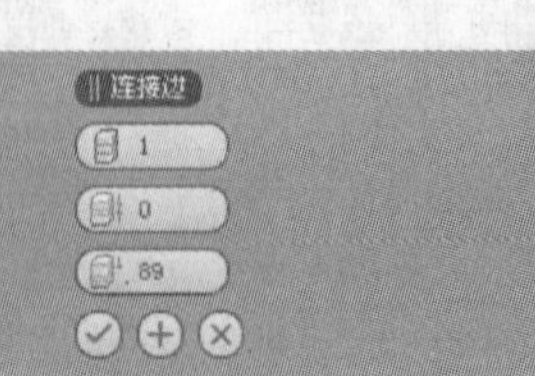

步骤04 选择如图所示的曲线，单击“连接”按钮右边的小方块，在弹出的对话框中设置参数。

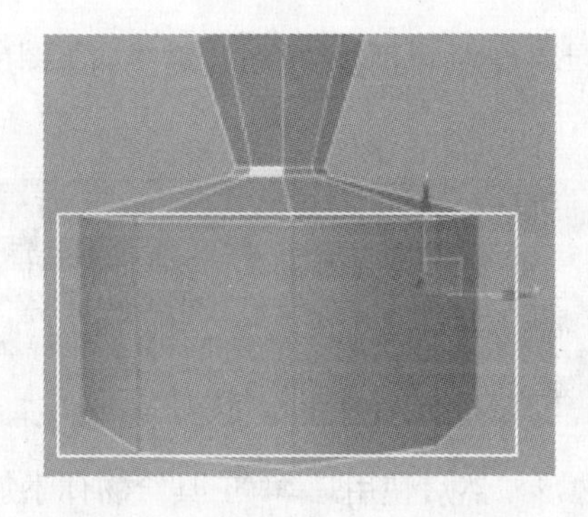

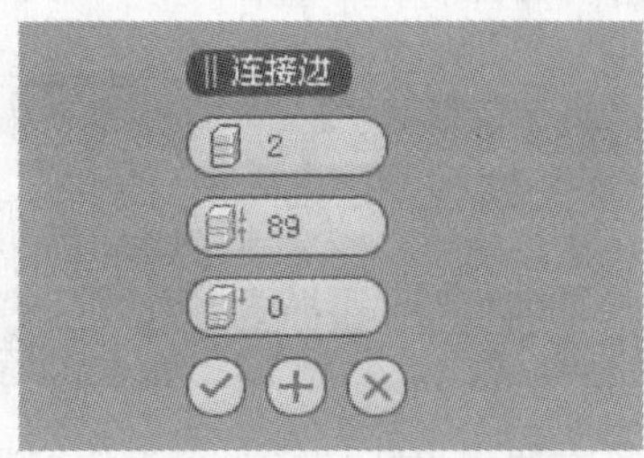

步骤05 效果如下图所示。

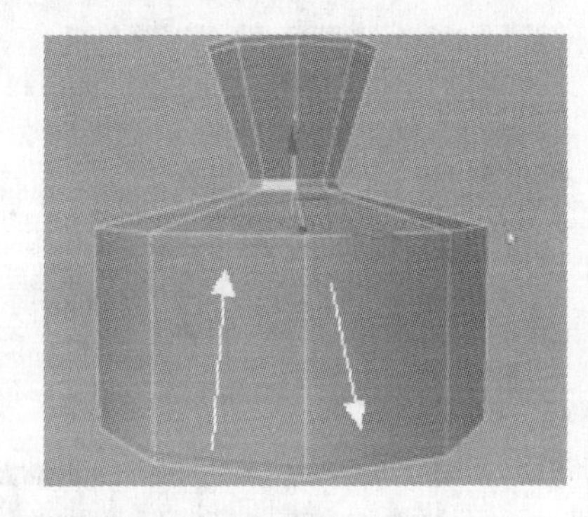

步骤06 激活■按钮，选择面，单击“倒角”按钮右边的小方块，在弹出的“倒角”对话框中设置参数，对所选面进行斜角挤压。

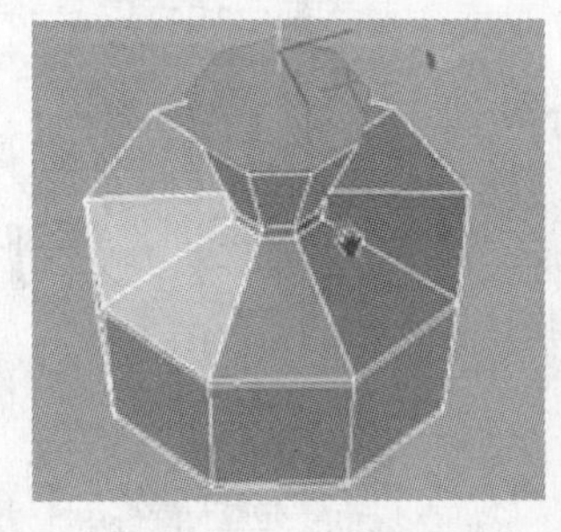

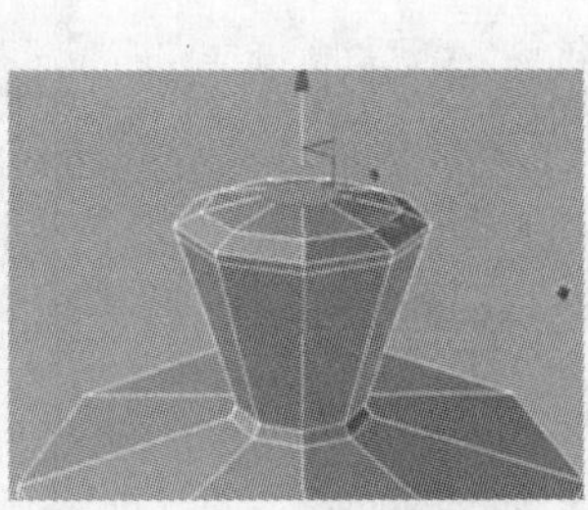

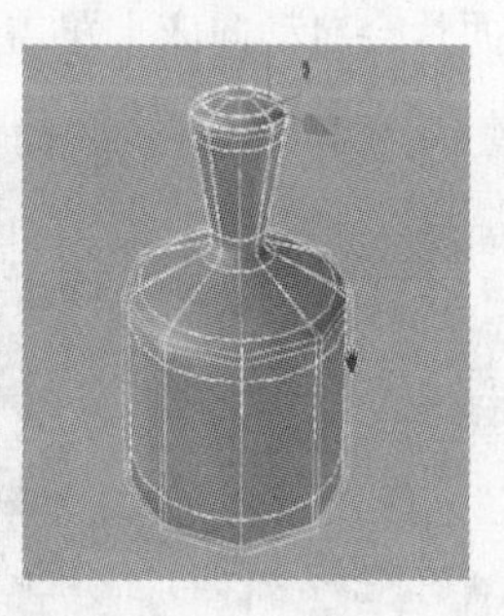

步骤07 将制作好的物品放置到合适的位置，效果如下图所示。

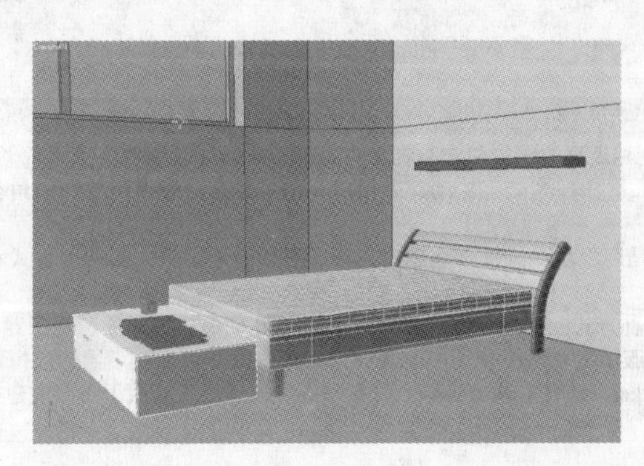

5.3.6 被褥和靠垫的制作

步骤 01 创建一个面片，并将其转换为可编辑多边形。然后激活 按钮，选择如下图所示的曲线，按住 Shift 键进行多次拉伸，生成新的面。

步骤 02 创建一个长方体，将其转换为可编辑多边形。然后使用 连接 工具给物体添加新的曲线并进行调整，光滑后的效果如下图所示。

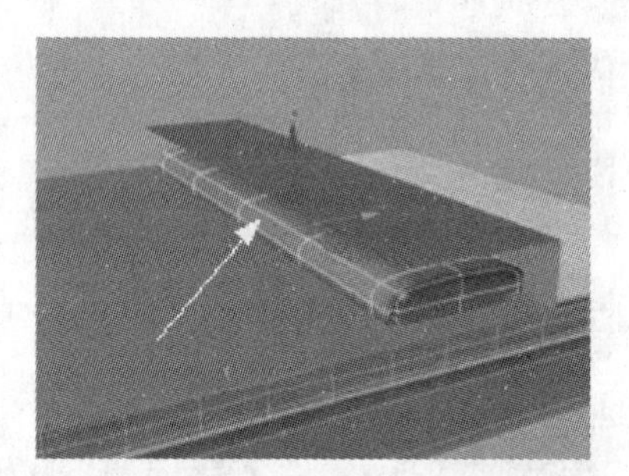

步骤 03 给物体添加“Cloth”修改器，在其“参数”卷展栏中单击“对象属性”按钮，会弹出“对象属性”对话框。在该对话框中选择如图所示的选项，单击“参数”卷展栏中的“Cloth 力”按钮，这时面片会自动向床上覆盖。

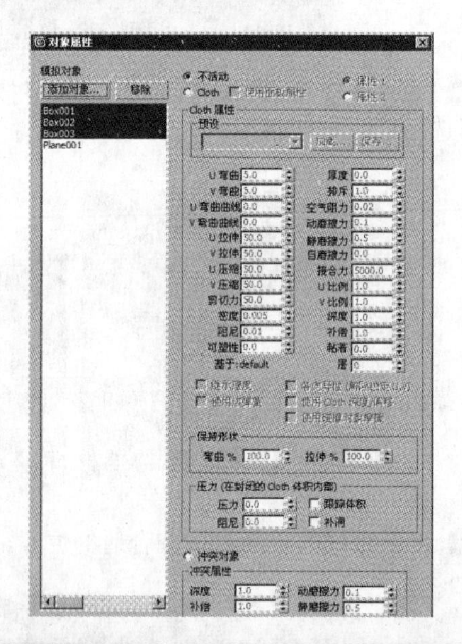

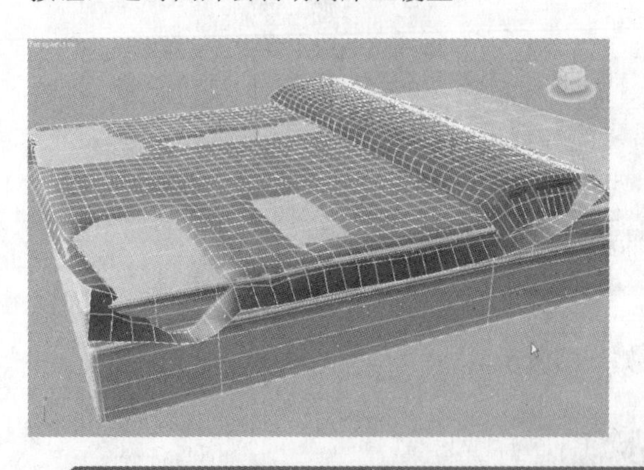

知识拓展：Cloth 修改器

Cloth 是为角色和动物创建逼真的织物和定制衣服的高级工具。Cloth 系统包含两个修改器：

Cloth 修改器用于模拟布料和环境交互的动态效果，其中可能包括碰撞对象（如角色或桌子）和外力（如重力和风）。

Garment Maker 修改器是用于从二维样条线创建三维衣服的专用工具，其使用方式和通过裁剪布片来缝制真实的衣服比较类似。

衣服建模可采用以下两种方式：使用标准 3ds Max 建模方法创建布料对象，然后对其应用 Cloth 修改器；或者使用样条线设计出虚拟的衣服图案，然后使用 Garment Maker 修改器将这些不同的虚拟图案缝合在一起，构成完整的衣服。借助于 Garment Maker，还可以从外部导入样条线图案，然后将其用于衣服的建模。

步骤 04 激活 按钮，选择相应点进行细节调整。然后在绘制变形区域中单击“推 / 拉”按钮，对面片进行调整。接下来给被褥添加“置换”修改器，在其“参数”卷展栏中添加褶皱纹理贴图，效果如下图所示。

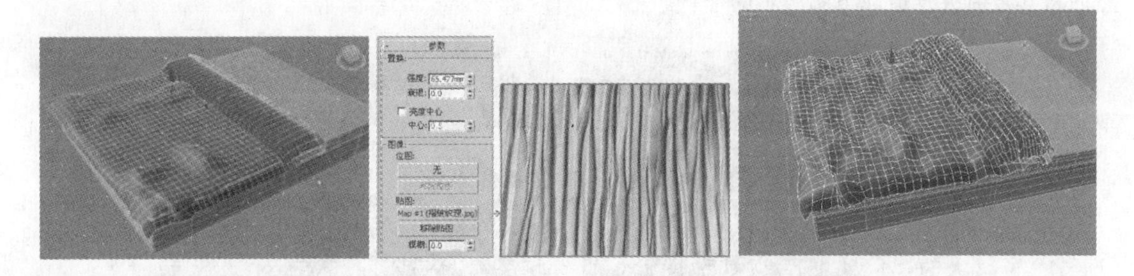

步骤 05 给被褥添加 壳 修改器，使其产生厚度。然后添加“网格平滑”修改器，进行光滑处理，效果如下图所示。最后制作出其他的小装饰物。

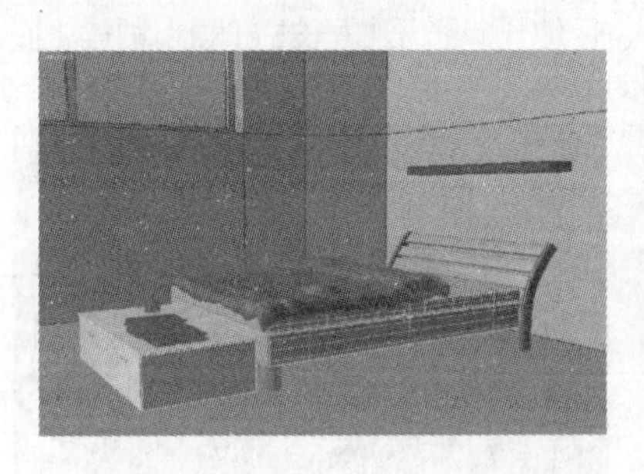

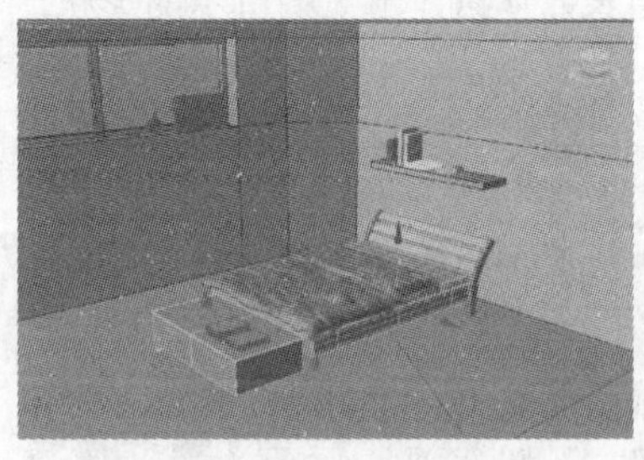

步骤 06 创建一个长方体，将其转换为可编辑多边形。然后激活 按钮，选择相应的点调整其形状。接下来对其进行光滑处理，然后在光滑的状态下将其转换为可编辑多边形，这样可以使靠垫更加光滑。

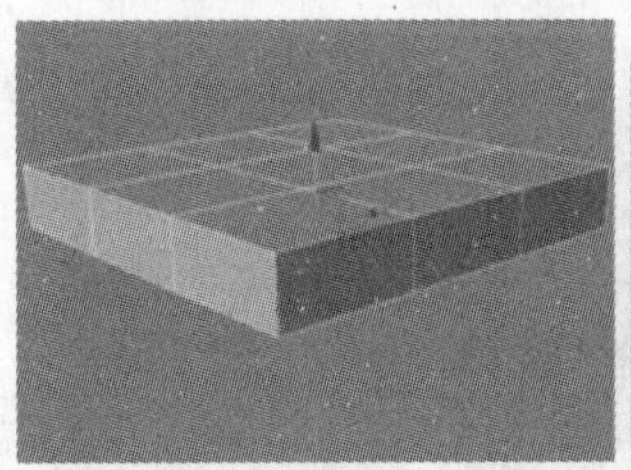

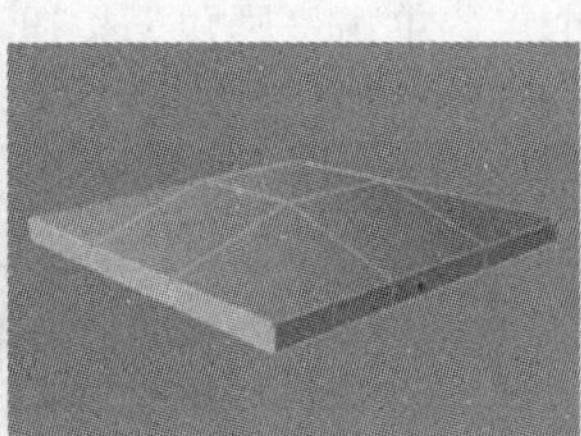

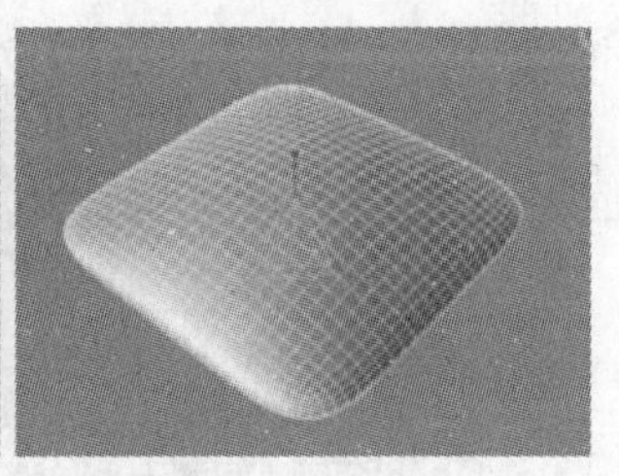

步骤 07 给靠垫添加“置换”修改器，在其“参数”卷展栏中添加黑白纹理贴图，进行置换，并设置参数。然后，复制靠垫并放置到合适的位置。

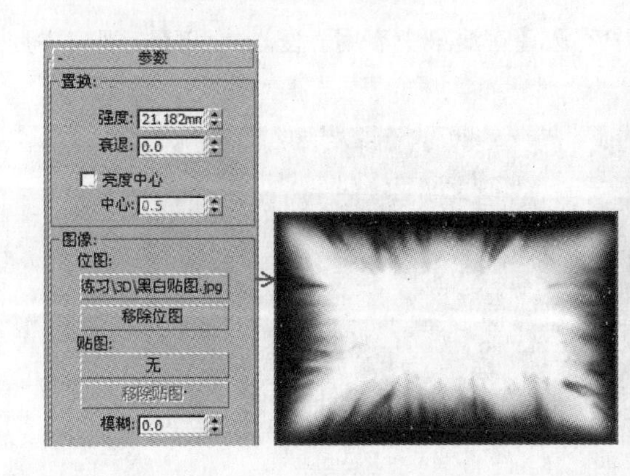

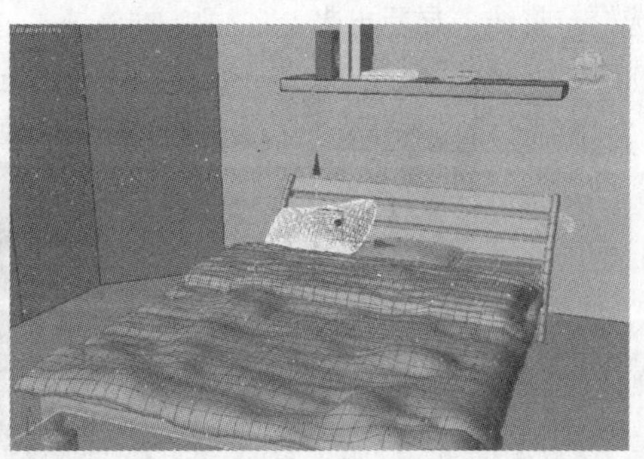

5.3.7 床头柜和床头柜把手的制作

步骤 01 单击按钮，在“扩展基本体”类型下单击“切角长方体”按钮，创建一个倒角长方体，然后将其复制并摆放成下图所示的形状。

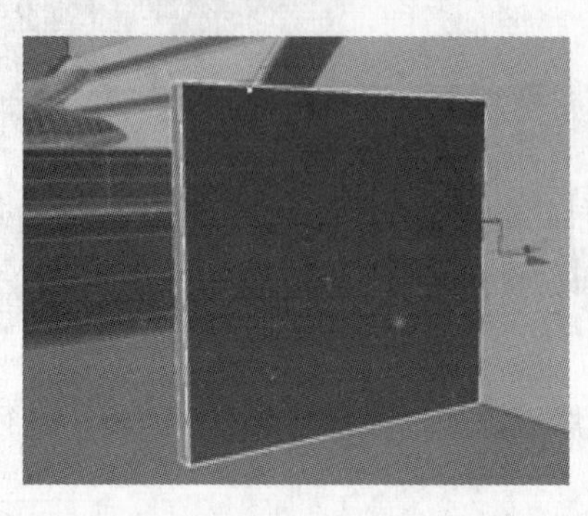

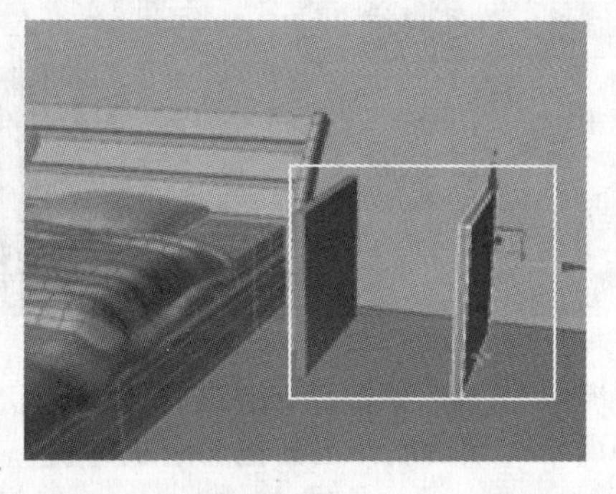

步骤 02 使用倒角长方体搭建出下图所示的形状，然后使用两个倒角长方体制作出抽屉。

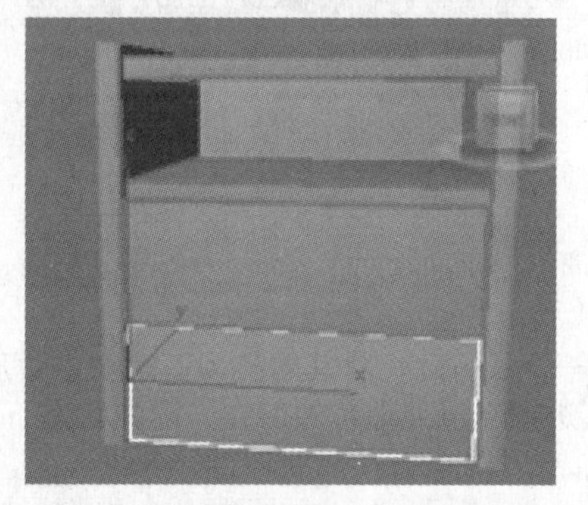

步骤 03 创建一条曲线，然后选择两个点，单击“圆角”按钮，进行倒角处理。

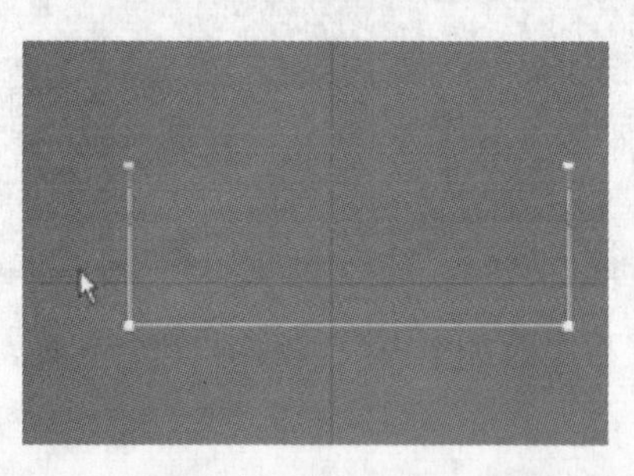

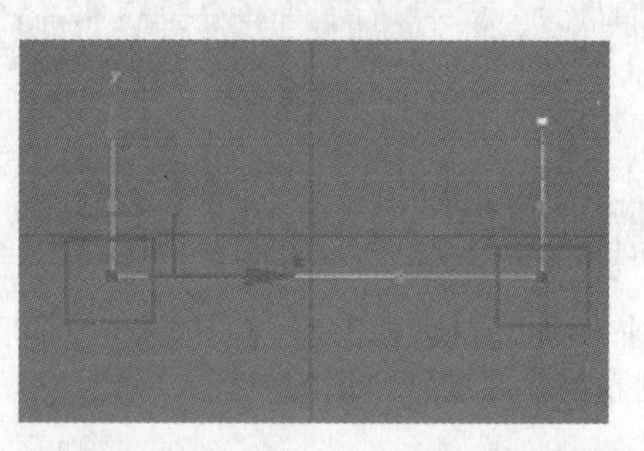

步骤 04 进入“修改”面板，在“渲染”卷展栏中勾选【在渲染中启用】复选框和【在视口中启用】复选框，将线条显示出来。

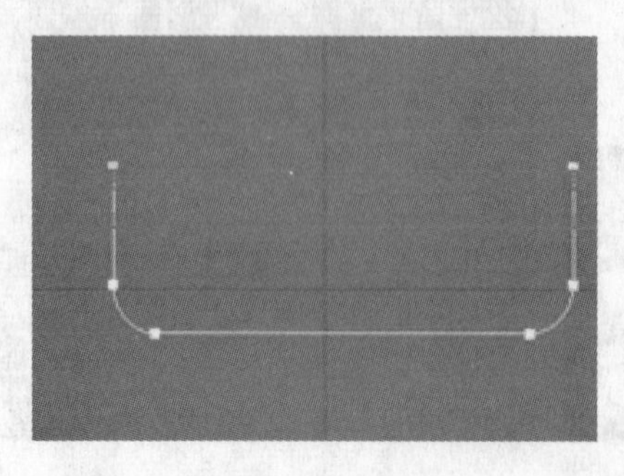

步骤 05 将床头柜复制一个放置到另一边。

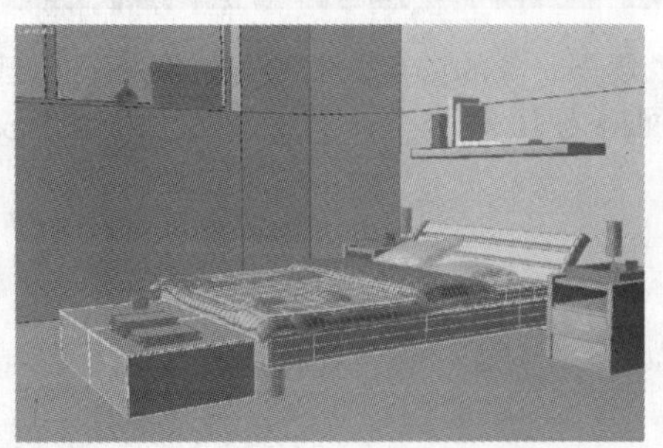

5.3.8 储物柜的制作

步骤 01 创建一个倒角长方体，然后复制出一个并摆放成下图所示的样子。

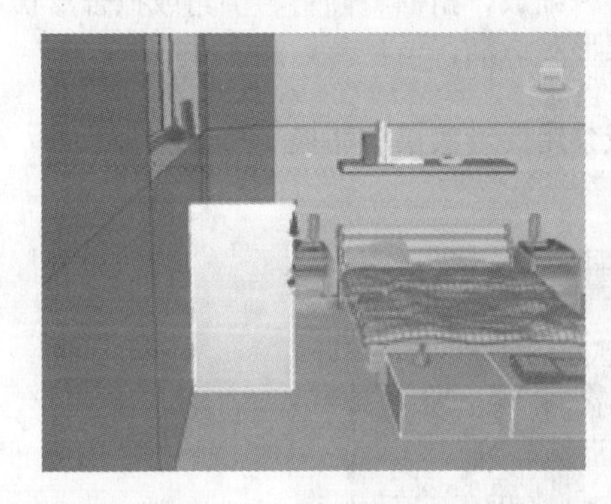
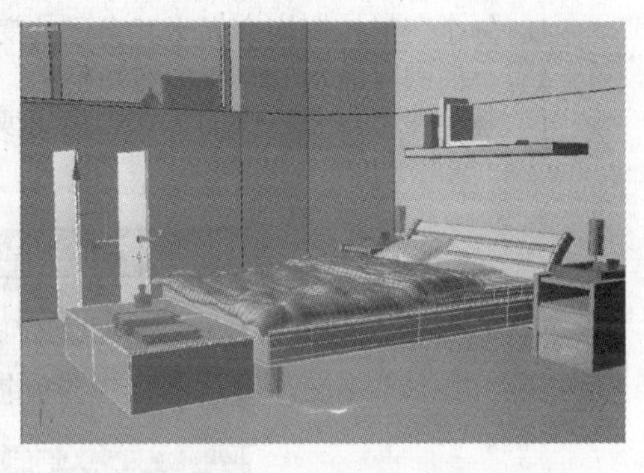

步骤 02 创建一个长方体，作为抽屉，对其进行复制。然后，将上步制作好的把手复制过来，并放置到合适的位置。

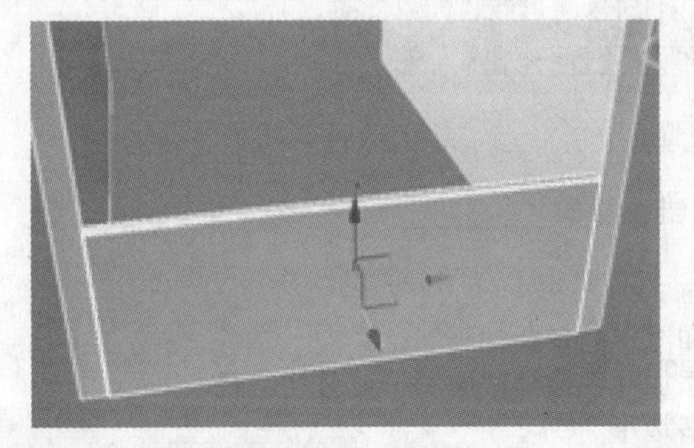

步骤 03 储物柜和卧室的最终效果如下图所示。

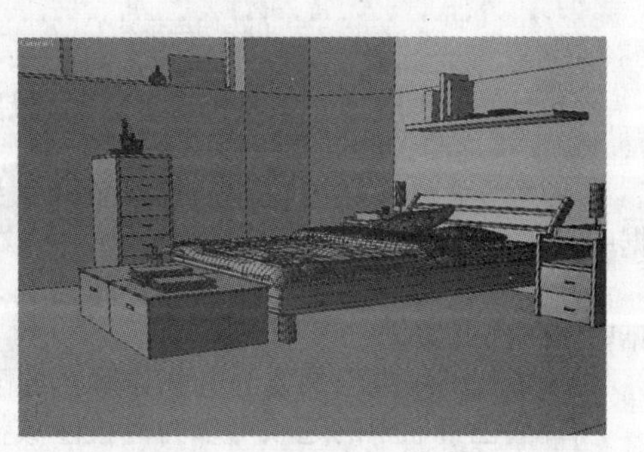

习题加油站

本章学习了复合对象的应用，有变形、散布、一致、连接、水滴网格、图形合并、布尔、地形、放样、网格化 10 种类型，其中最常用的是“放样”。下面通过习题来巩固本章所学习的内容。

设计师认证习题

Q 如图，下面关于放样的“变形”卷展栏，描述错误的是 ＿＿＿＿＿。

A
A. 变形控件用于控制放样对象沿着路径缩放、扭曲、倾斜、倒角或拟合形状
B. 每个变形按钮均会显示其自己的变形对话框
C. 不能同时显示所有变形对话框
D. 每个变形按钮右侧的按钮是启用或禁用变形效果的切换

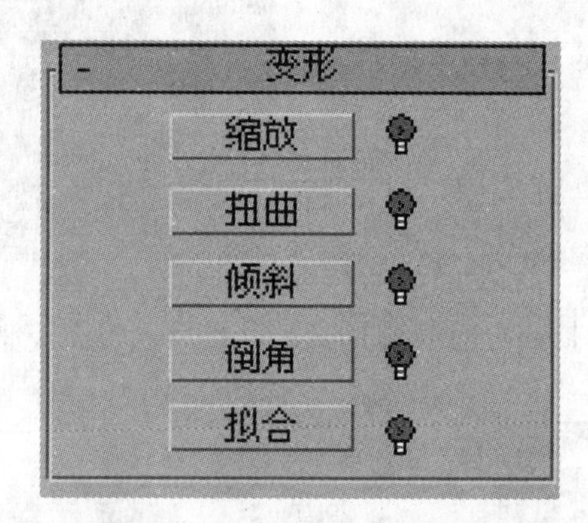

Q 下面关于“放样”工具的叙述错误的是 ＿＿＿＿＿。

A
A. 可以对横截面图形设置动画
B. 可以更改（或设置）路径和图形的参数动画
C. 创建放样对象之后，可以添加并替换横截面图形或替换路径
D. 不可以将放样对象转换为多边形

Q 下列关于“地形”工具的参数，说法错误的是 ＿＿＿＿＿。

A
A.“最大海拔高度”在地形对象的 Z 轴上显示最大海拔高度。3ds Max 可以从轮廓数据中派生出此数据
B.“最小海拔高度”在世界空间的 X 轴上显示最小海拔高度，3ds Max 可以从轮廓数据中派生出此数据
C.“基础海拔”是要为其指定颜色的区域的基础海拔
D.“色带”中的选项可以为海拔区域指定颜色

专家认证习题

Q 下面关于“网格化”工具的描述错误的是＿＿＿＿＿。

A A.“网格化”工具以每帧为基准将程序对象转化为网格对象
B.“网格化”工具可以将任何几何体对象转化为网格对象
C.“网格化”工具可以将任何粒子系统转化为网格对象
D. 经过“网格化”工具转化的网格对象不受修改器的影响

Q 下图是散布的各种分布方式，下列各项参数解释错误的是＿＿＿＿＿。

A A. 区域：在分布对象的整个表面区域上均匀地分布散布对象
B. 所有顶点：在分布对象的每个顶点放置一个散布对象，重复数的值将被忽略
C. 所有面的中心：在分布对象上的每个三角形面的中心放置一个散布对象，重复数的值可以设置
D. 沿边：沿着分布对象的边随机散布对象

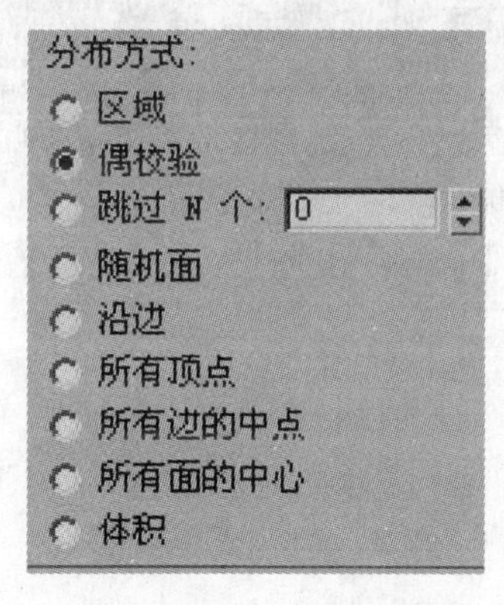

Q 下列关于“水滴网格”工具的参数，叙述错误的是＿＿＿＿＿。
① 水滴网格复合对象可以通过几何体来创建一组变形球体。② 水滴网格复合对象可以通过粒子创建一组球体，并且可将球体进行连接。③ 对于几何体和形状，变形球位于每个顶点。④ 水滴网格只可以通过粒子系统来创建一组变形球体。⑤ 水滴网格只可以通过几何体来创建一组变形球体。

A A. ①⑤　　B. ①④　　C. ③②　　D. ④⑤

第6章 使用修改器和编辑工具

内容提要：

大师作品欣赏：

这是一幅海底世界图。海水的特点就是高低起伏，这个效果可以通过给对象添加“噪波”修改器来实现。“噪波”修改器不仅能制作高低起伏的海面，还可以制作凹凸不平的岩石或山丘。

这幅作品是一些简单玻璃容器的产品表现，这种容器模型是修改器应用的一个主要方面。通过给容器侧面的轮廓线添加“车削”修改器，可以得到三维对象。

6.1 修改器的基本知识

从“创建”面板添加对象到场景中之后，通常会在“修改”面板中更改对象的原始创建参数，并应用修改器。修改器是整形和调整基本几何体的基础工具。

6.1.1 认识修改器堆栈

修改器堆栈（或简写为“堆栈”）是“修改”面板上的列表。它包含有历史记录，上面有选定的对象，以及应用于它的所有修改器。

在内部，3ds Max 会从堆栈底部开始计算对象，然后顺序移动到堆栈顶部，对对象应用更改。因此，应该从下往上读取堆栈，沿着 3ds Max 使用的序列来显示或渲染最终对象。

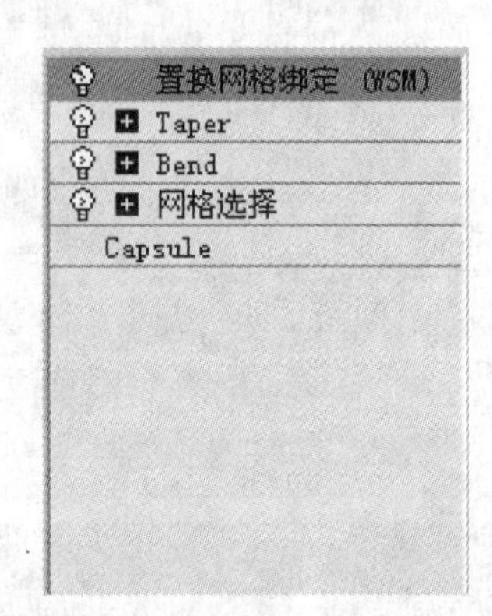

- 在堆栈的底部，第一个条目始终为对象的类型。单击此条目即可显示原始对象创建参数，以便对其进行调整。如果还没应用过修改器，那么这就是堆栈中唯一的条目。
- 在对象类型之上，会显示对象空间修改器。单击修改器条目即可显示修改器的参数，可以对其进行调整，或者删除修改器。
- 如果修改器有子对象（或子修改器）级别，那么它们的前面会有加号或减号图标。
- 在堆栈顶部，是绑定到对象的世界空间修改器和空间扭曲（在示例图中，“置换网格绑定”是世界空间修改器），它们总是在顶部显示，称做“绑定”。

动手演练 | 修改器的基本操作

步骤 01 在“修改”面板中的修改器堆栈上单击“配置修改器集”按钮，打开“修改器集”的快捷菜单。

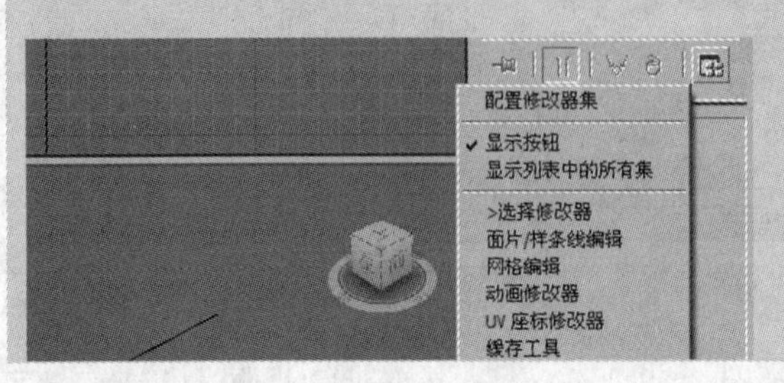

步骤 02 在“修改器集”菜单中选择“显示按钮”命令，则当前修改器集中的修改器将以按钮形式显示在命令面板中。

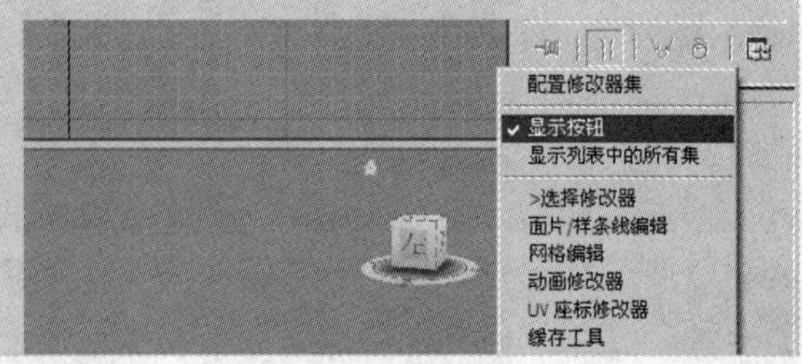

步骤 03 再次打开“修改器集”的快捷菜单，并选择【曲面修改器】命令。

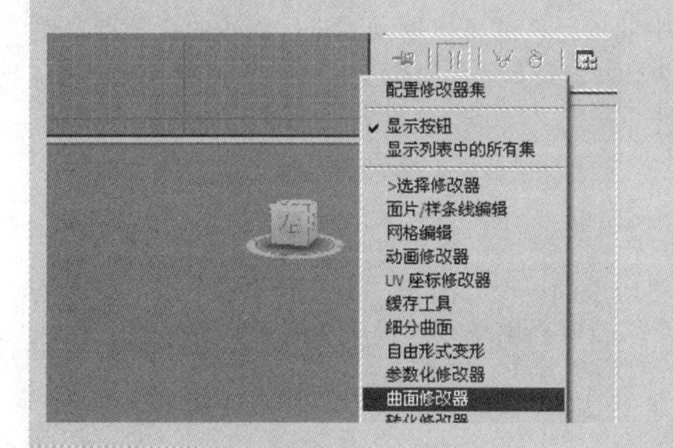

步骤 04 选择“曲面修改器”命令后，该修改器集中的所有修改器将以列表的形式出现在命令面板中。

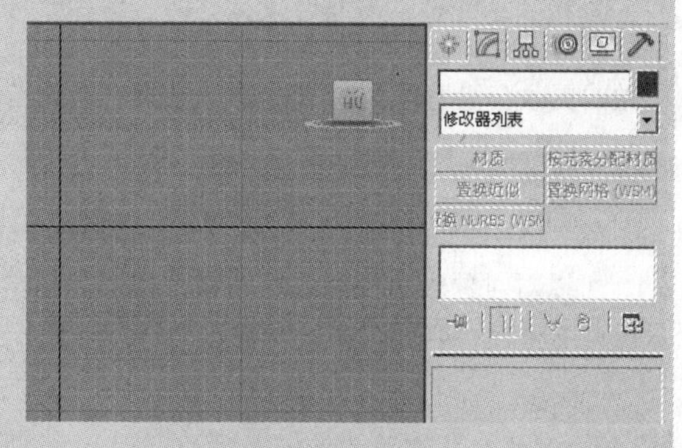

步骤 05 如果选择“配置修改器集”命令，则打开相应的对话框，在“配置修改器集”对话框中，用户可以修改或创建修改器集。

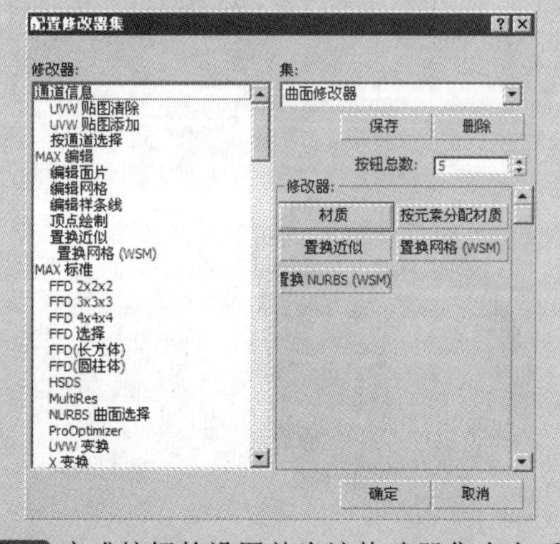

步骤 06 在对话框中的右侧可选择各种修改器，使用鼠标拖曳的方法可将选择的修改器指定到右侧的按钮中。

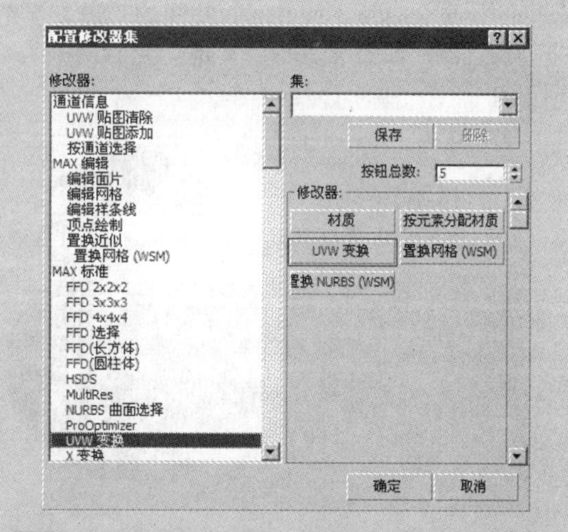

步骤 07 完成按钮的设置并为该修改器集命名后，单击“保存”按钮保存该修改器集。

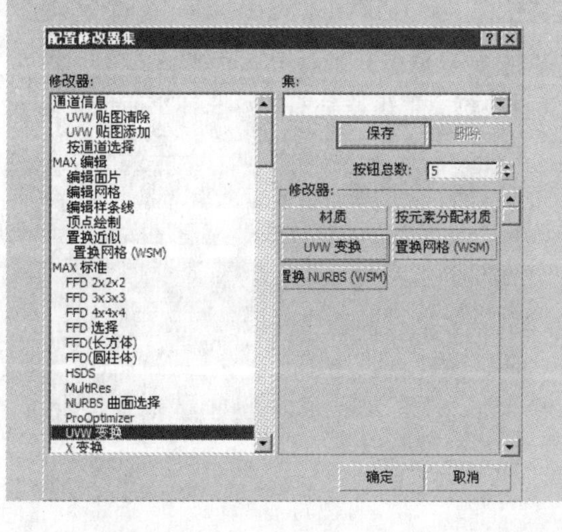

步骤 08 在“修改器”面板中，重新打开“修改器集”的快捷菜单，可观察到新创建的修改器集被添加到其中。

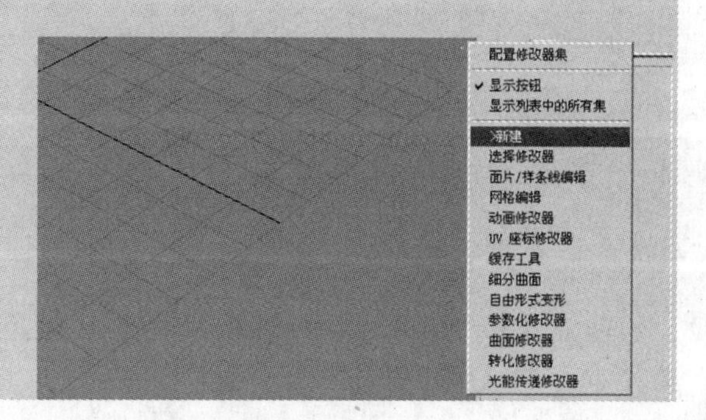

6.1.2 修改器堆栈的应用

堆栈的功能是不需要做永久修改。单击堆栈中的项目，就可以返回到进行修改的那个点。然后可以暂时禁用修改器，或者删除修改器，也可以完全丢弃它，在堆栈中的该点插入新的修改器。所做的更改会沿着堆栈向上摆动，更改对象的当前状态。

1. 添加多个修改器

可以对对象应用任意数目的修改器，包括重复应用同一个修改器。当开始对对象应用修改器时，修改器会以应用的先后顺序“入栈”。第一个修改器会出现在堆栈底部的对象类型的上方。

2. 堆栈顺序

3ds Max 会以修改器的堆栈顺序应用它们（从底部开始向上执行，变化一直累积），所以修改器在堆栈中的位置是很关键的。堆栈中的两个修改器，如果执行顺序颠倒过来，则对象应用修改器的效果会有所不同。例如左图的管道，首先应用了一个“锥化”修改器，然后应用了一个“弯曲”修改器；而右图所示的管道，先应用的是“弯曲”修改器。

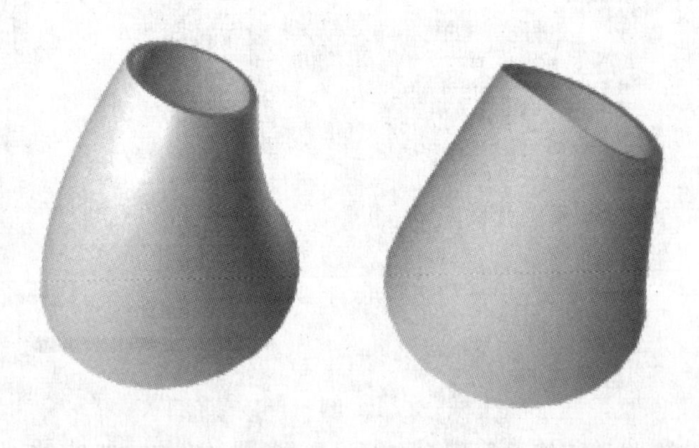

动手演练 | 不同堆栈顺序的效果

步骤 01 在场景中创建一个文本（光盘文件 \ 第 6 章 \ 堆栈顺序 .max）。

步骤 02 在左视图，创建“矩形”样条线，在该样条曲线上单击鼠标右键，在弹出的快捷菜单中选择“转换为可编辑样条线”命令。

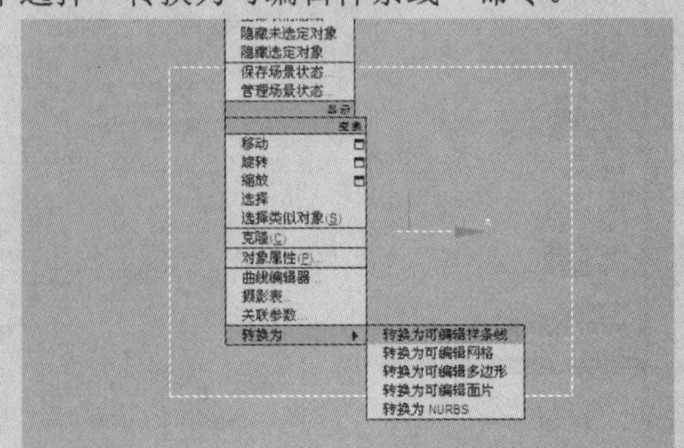

步骤 03 进入“线段”层级，删除绘制的一半线段。

步骤 04 选择文本，在“修改器列表”下拉列表框中添加“倒角剖面”修改器。

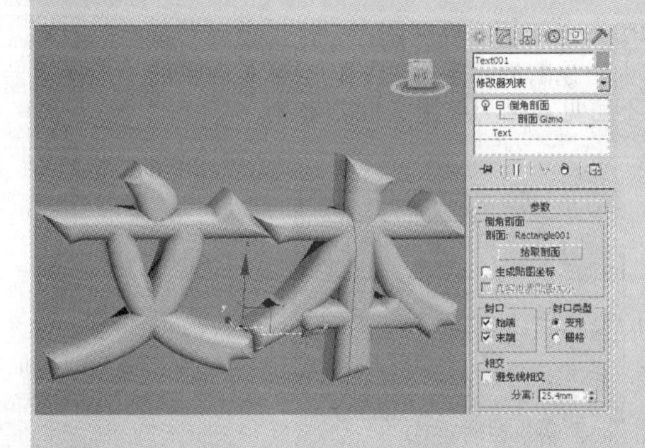

步骤 05 打开“倒角剖面”层级，在该层级里缩放文本。

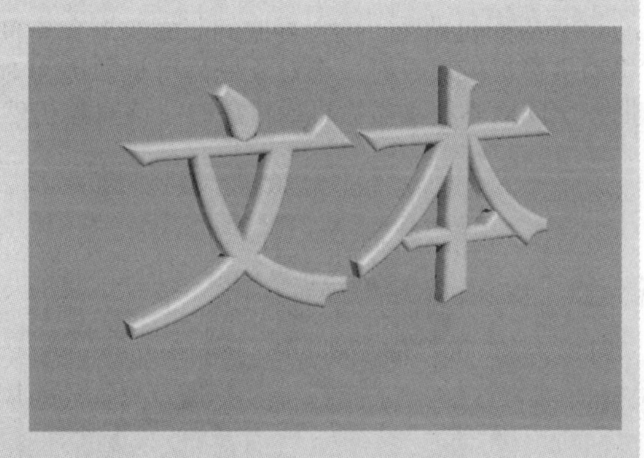

步骤 06 在“修改器列表”下拉列表框中，添加“锥化”修改器。

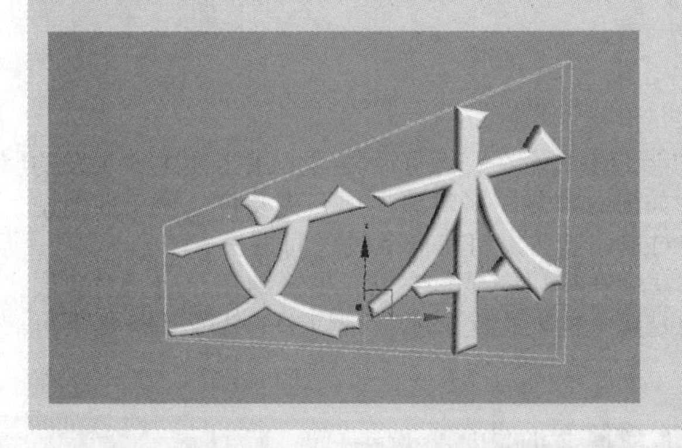

步骤 07 在“修改器列表”下拉列表框中，继续添加“弯曲”修改器。

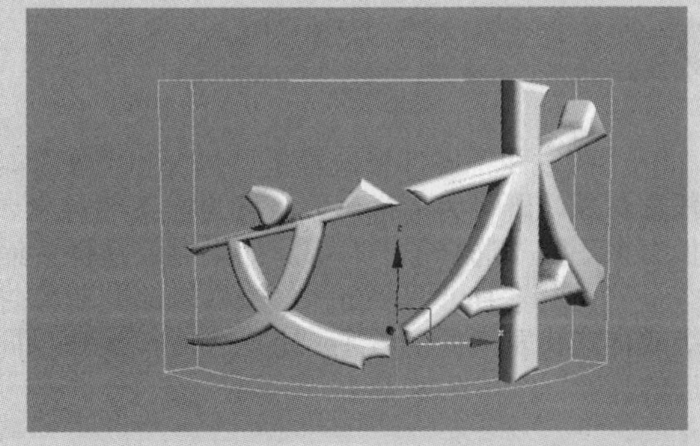

6.2　常用修改器

使用“修改器”与变换的区别在于它们影响对象的方式，使用修改器不能变换对象的当前状态，但可以塑形和编辑对象，并能更改对象的几何形状及属性。

6.2.1 常用的世界空间修改器

世界空间修改器的行为与特定对象空间扭曲一样。它们携带对象，但像空间扭曲一样对其效果使用世界空间而不使用对象空间。世界空间修改器不需要绑定到单独的空间扭曲 gizmo，使它们便于修改单个对象或选择集。

应用世界空间修改器就像应用标准对象空间修改器一样。通过“修改器”菜单、“修改”面板中的“修改器列表”和可应用的修改器集中，可以访问世界空间修改器。世界空间修改器是用星号或修改器名称旁边的（WSM）文本表示的。星号或（WSM）用于区分相同修改器（如果存在）的对象空间版本和世界空间版本。

将世界空间修改器指定给对象之后，该修改器显示在修改器堆栈的顶部，当空间扭曲绑定时相同区域中作为绑定列出。

1. 摄影机贴图修改器

世界空间修改器类似于摄影机贴图修改器，由于它基于指定摄影机将 UVW 贴图坐标应用于对象。因此，如果当应用于对象时将相同贴图指定为背景的屏幕环境，则在渲染的场景中该对象不可见。

“摄影机贴图”的世界空间版本和对象空间版本之间的主要区别在于，当使用对象空间版本移动摄影机或对象时，该对象变为可见，因为对于对象的局部坐标 UVW 坐标是固定的。当使用世界空间版本移动摄影机或对象时，该对象仍然不可见，因为使用了世界坐标。

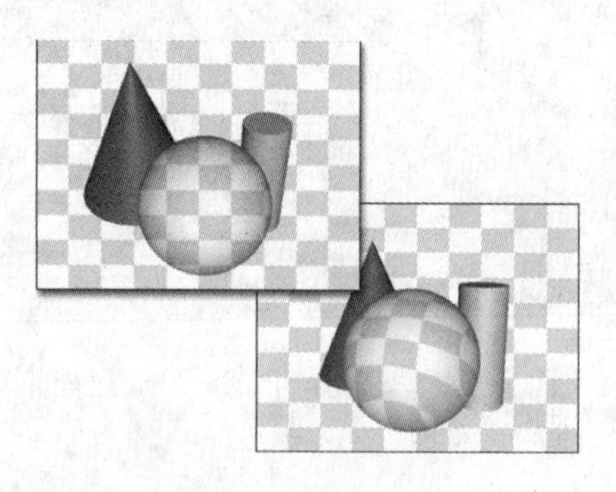

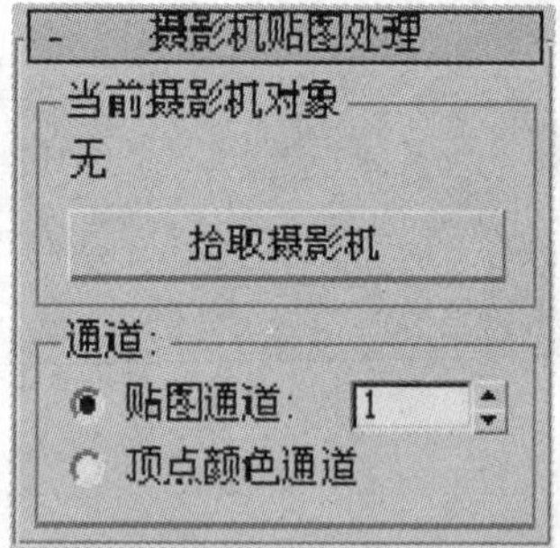

2. 头发和毛发修改器

“头发和毛发”修改器是“头发和毛发”功能的核心所在。该修改器可应用于要生长头发的任意对象，既可为网格对象也可为样条线对象。如果对象是网格对象，那么头发将从整个曲面生长出来，除非选择了子对象。如果对象是样条线对象，则头发将在样条线之间生长。

当选择“Hair 和 Fur”修改器修改的对象时，会在视口中显示头发。尽管当在导向子对象层级或样式头发（如下所述）上工作时，头发导向是可选的，但是显示在视口中的头发本身是不可选的。

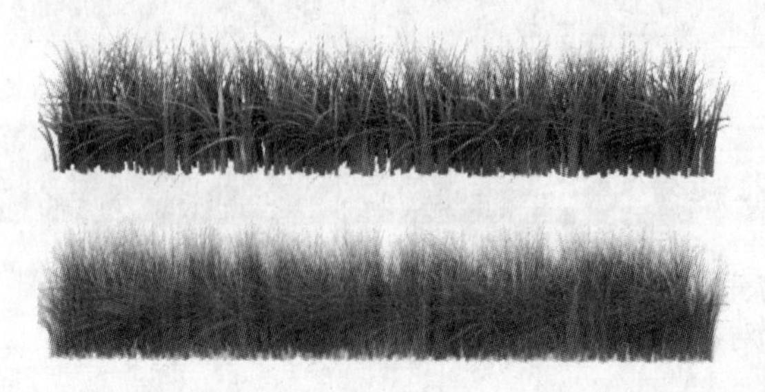

动手演练 | 头发和毛发的基本应用

步骤 01 在“创建”面板中单击“球体”按钮，创建球体，并将其转换为可编辑多边形，在“修改器列表”中添加“Hair 和 Fur”修改器，头发在视口中显示为棕色线条（光盘文件 \ 第 6 章 \ 头发和毛皮 .max）。

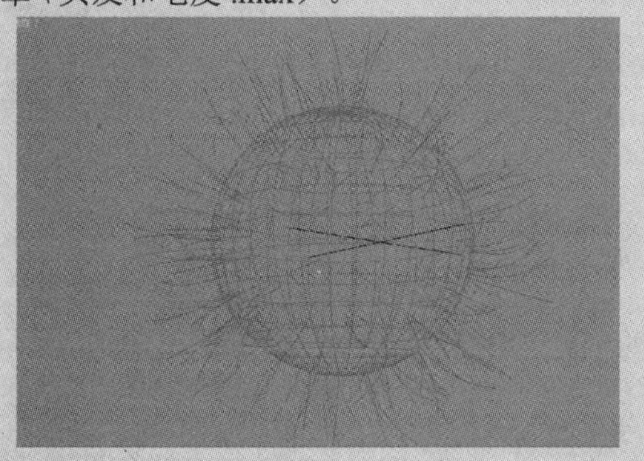

步骤 02 按数字键 4 进入“多边形”级别■，在视图中选择需要的面，然后单击“更新选择”按钮。这样只会在选择的面上出现毛发。

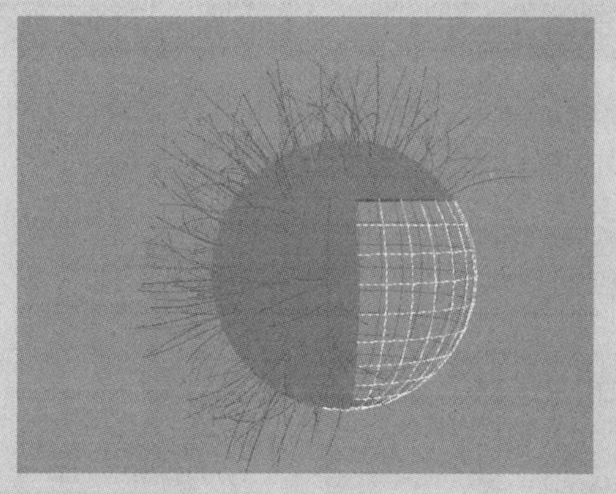

步骤 03 激活“透视”或“摄影机”视口，然后渲染场景。（头发不能在“正交”视口中渲染。）

步骤 04 在“常规参数”卷展栏中，可以设置毛发的参数。

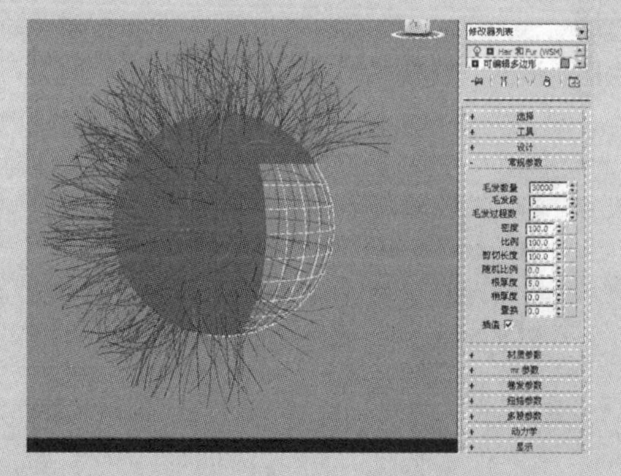

步骤 05 返回到 选择 卷展栏，单击“导向”按钮，编辑毛发，然后渲染场景。

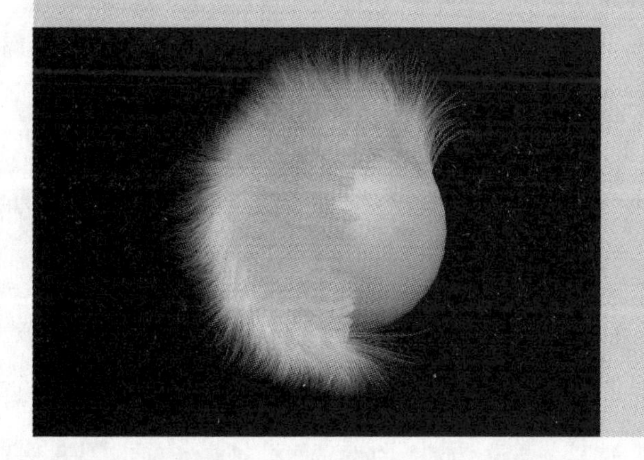

步骤 06 在 工具 卷展栏中，单击“加载”按钮，弹出毛发预设对话框。在其中可以选择预设的各种毛发类型。

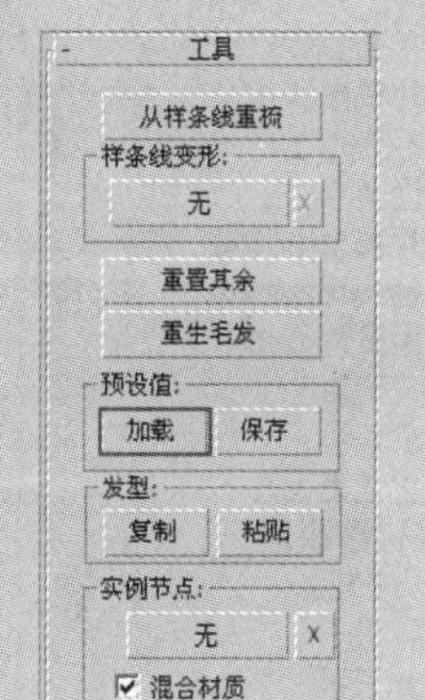

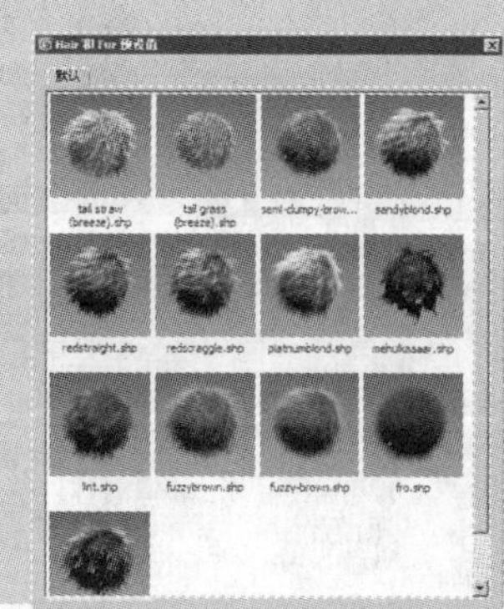

3. 路径变形

“路径变形”世界空间修改器根据图形、样条线或 NURBS 曲线路径变形对象。除了在界面有所不同之外，世界空间修改器与对象空间“路径变形”修改器工作方式完全相同。

动手演练｜模拟绕地球的月球轨道

步骤 01 在顶视口中，创建半径为 100 个单位的圆（光盘文件 \ 第 6 章 \ 路径变形 .max）。

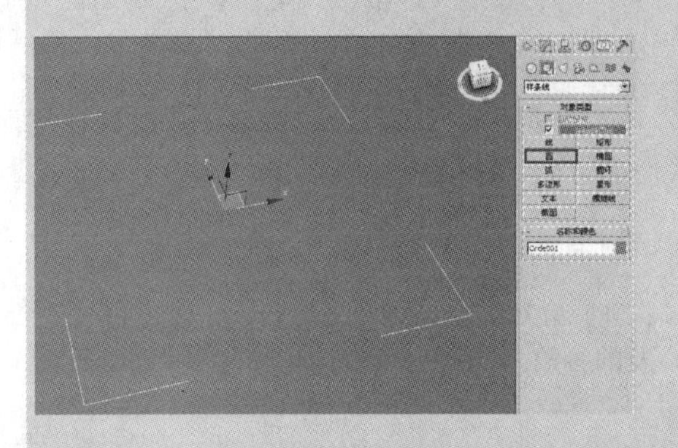

步骤 02 在前视口中，创建一个有 7 个字母、大小为 25 的文本图形。

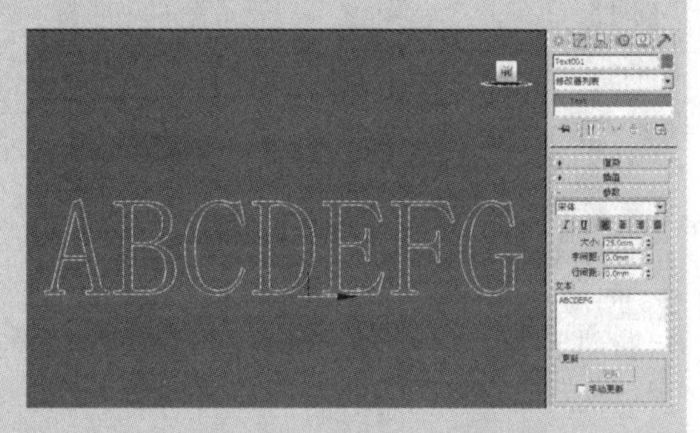

步骤 03 将一个“挤出”修改器应用到该文本图形上，并将“数量”设置为 10。

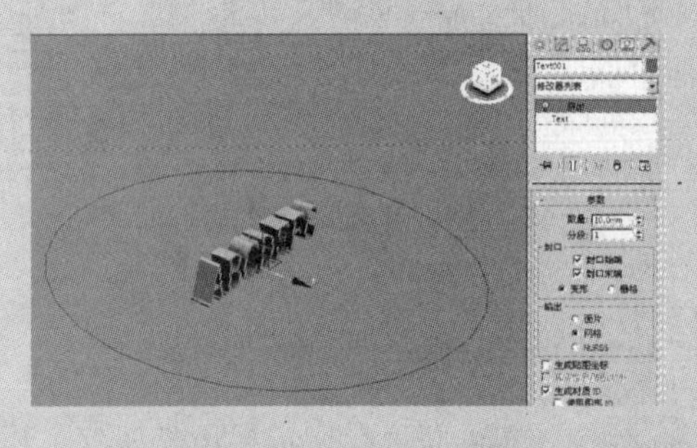

步骤 04 在主工具栏上，将“参考坐标系”设置为“局部”。观察挤出文本对象的三轴架，可以看到其 Z 轴相对于世界空间从后到前移动。

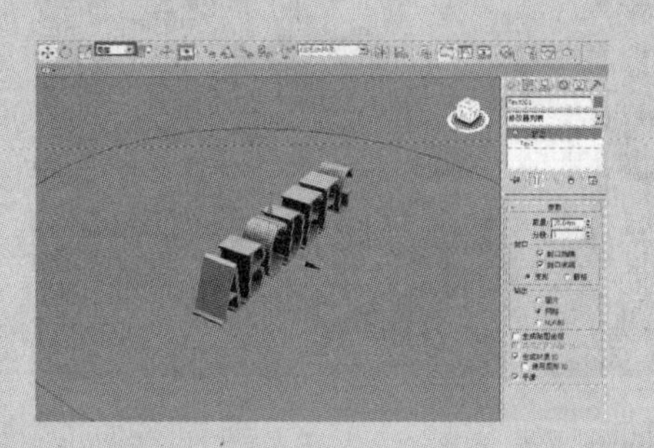

步骤 05 将一个“路径变形”子对象修改器应用到文本对象上。单击“拾取路径”按钮，然后选择圆。会出现一个圆 Gizmo。该圆穿过文本对象的局部沿 Z 轴移动，所以产生的影响最小，但是可以从“顶”视图中看到轻微的楔子形状变形。

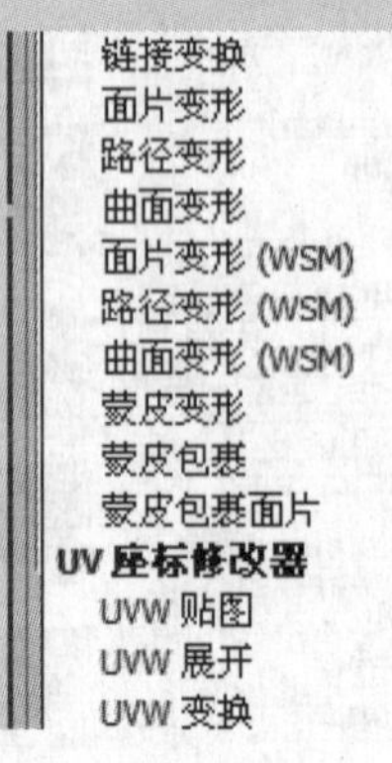

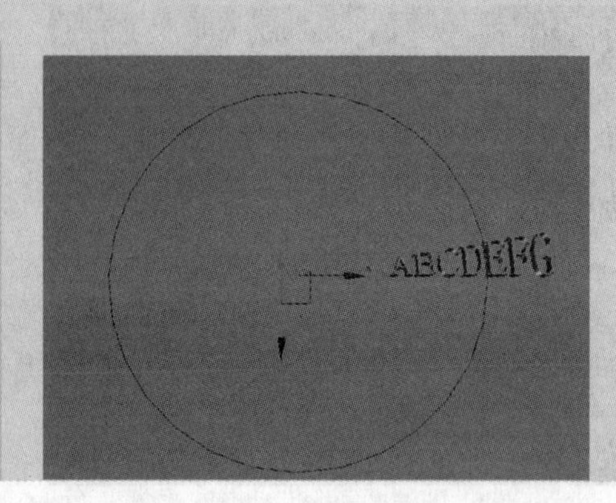

步骤 06 在“路径变形轴”选项组中，选择 Y 选项，然后选择 X 选项。圆 Gizmo 旋转以穿过指定的轴移动，并根据每次更改对文本对象做出不同的变形。

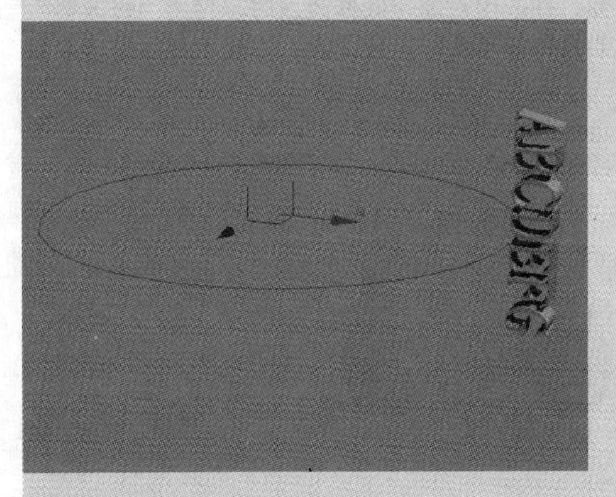

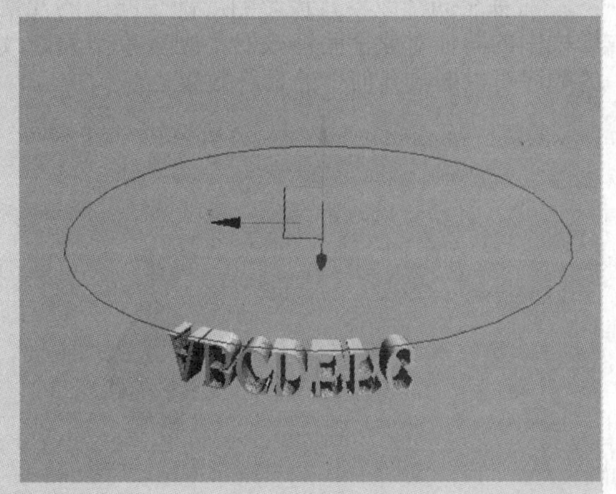

步骤 07 调整“百分比”微调按钮以查看其影响，然后将其设置为零。用同样的方法查看“拉伸”、“旋转”和“扭曲”效果，然后将它们恢复为原始值。

步骤 08 选择“翻转”复选框来切换路径的方向，然后禁用该选项。

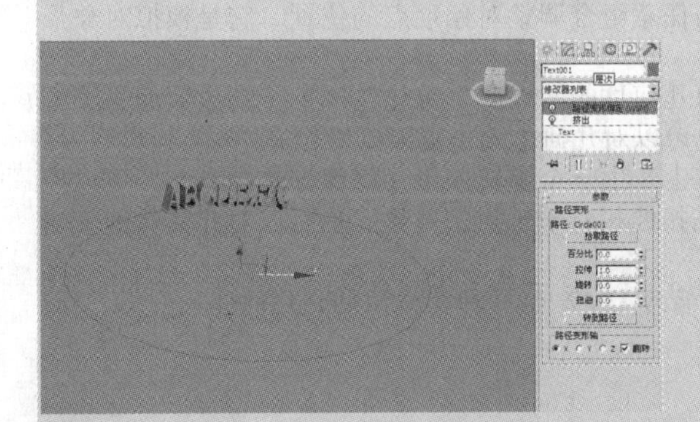

步骤 09 单击“转到路径”按钮，并左右移动 Gizmo 路径。文本对象根据自身与 Gizmo 的相对位置进一步变形。

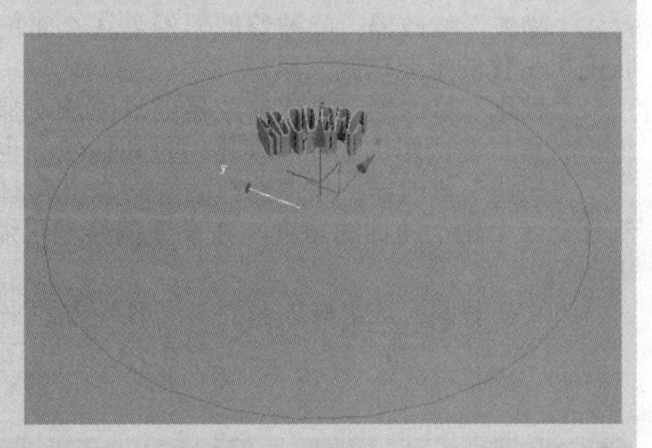

步骤 10 选择初始的圆形，并更改其半径。文本对象的变形会改变，因为其 Gizmo 是图形对象的一个实例。

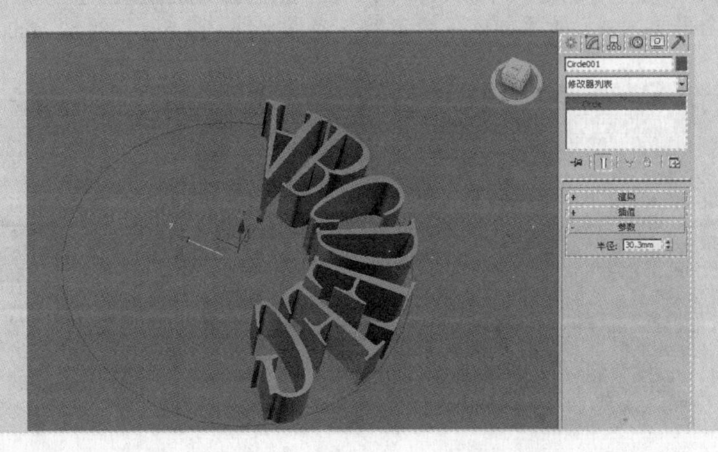

6.2.2 常用的对象空间修改器

对象空间修改器直接影响局部空间中的几何体。在应用对象空间修改器时，使用“修改器”堆栈中的其他对象空间修改器，则对象空间修改器直接显示在对象的上方。堆栈中显示的修改器的顺序可以影响几何体的最终效果。

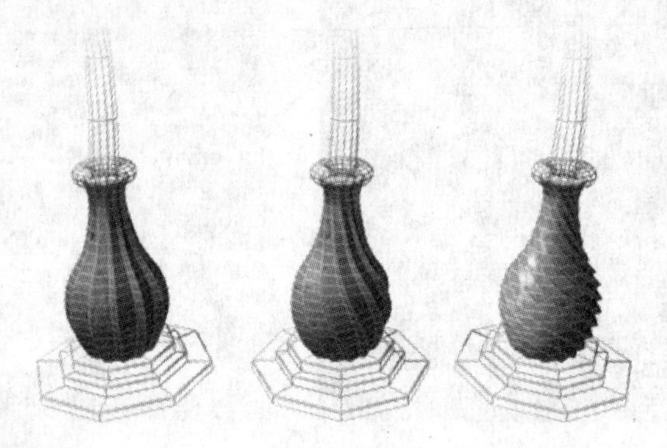

1. 常用修改器

“弯曲”修改器：弯曲修改器允许将当前选中对象围绕单独轴弯曲 360°，在对象几何体中产生均匀弯曲。可以在任意 3 个轴上控制弯曲的角度和方向。也可以对几何体的一段限制弯曲。

“晶格”修改器：晶格修改器将图形的线段或边转换为圆柱体，并在顶点产生可选的关节多面体。使用它可基于网格拓扑创建可渲染的几何体，或作为获得线框渲染效果的另一种方法。

“噪波”修改器：噪波修改器沿着 3 个轴的任意组合调整对象顶点的位置。它是模拟对象形状随机变化的重要动画工具。

“锥化”修改器：锥化修改器通过缩放对象几何体的两端产生锥化轮廓；一端放大而另一端缩小。可以在两组轴上控制锥化的量和曲线。也可以对几何体的一端限制锥化。

“扭曲”修改器：扭曲修改器在对象几何体中产生一个旋转效果（就像拧湿抹布）。可以控制任意 3 个轴上扭曲的角度，并设置偏移来压缩扭曲相对于轴点的效果。也可以对几何体的一端限制扭曲。

UVW 贴图：该组修改器提供了各种方法来管理 UVW 坐标和将材质贴到几何体。

动手演练 | 通过修改器制作卷轴

步骤 01 首先制作卷轴的造型。新建一个场景文件，单击 标准基本体 创建面板中的 平面 按钮，在前视图创建一个平面，并设置平面的各个参数（光盘文件 \ 第 6 章 \ 卷轴 .max）。

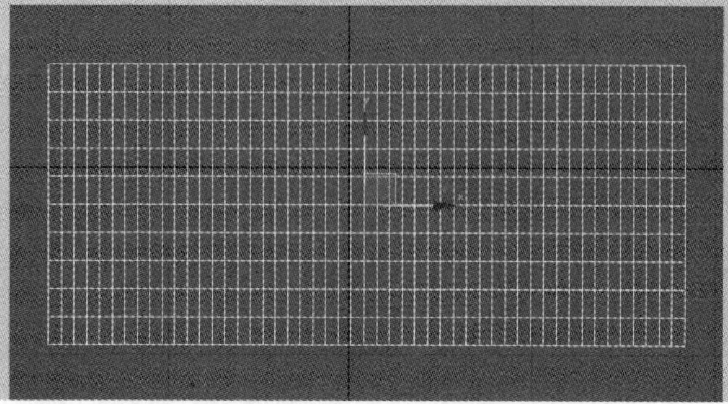

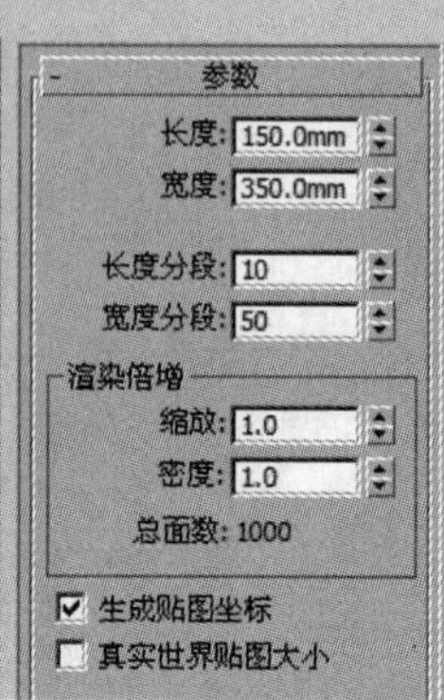

步骤 02 选择平面，单击“创建”按钮 显示“修改”面板，给物体添加 壳 修改器，使平面成为双面。然后继续给物体添加 弯曲 修改器，并对相关参数进行设置。可以通过移动 Gizmo 或 中心 子物体的位置控制卷轴展开或卷起。

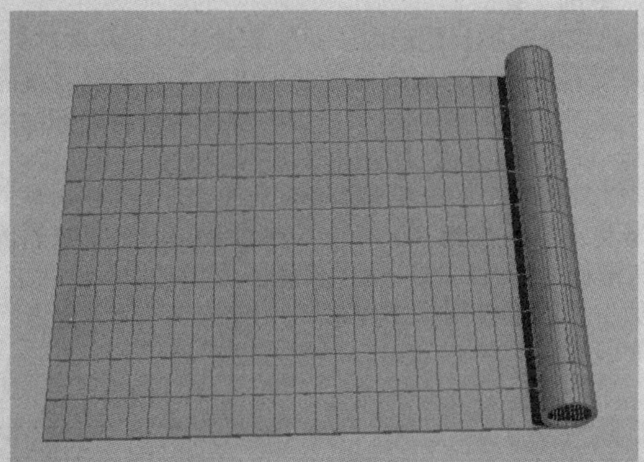

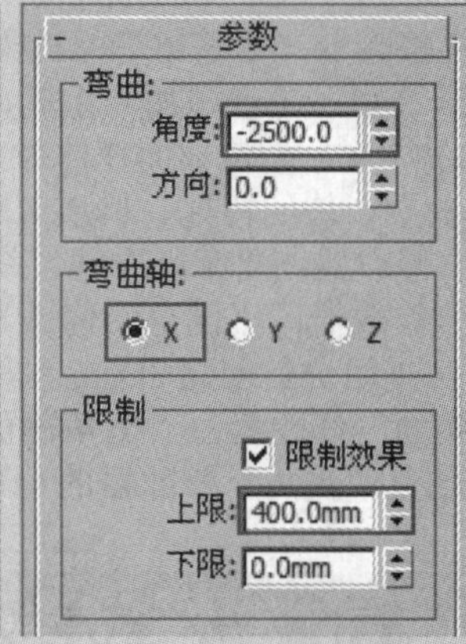

步骤 03 在前视图选择卷轴造型，单击主工具栏上的 按钮，以关联的方式镜像复制一个相同的造型。在“克隆当前选择”选项组中选择 实例 单选按钮。

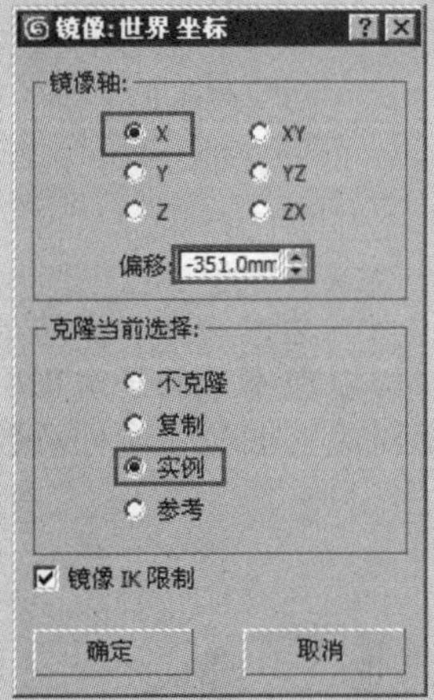

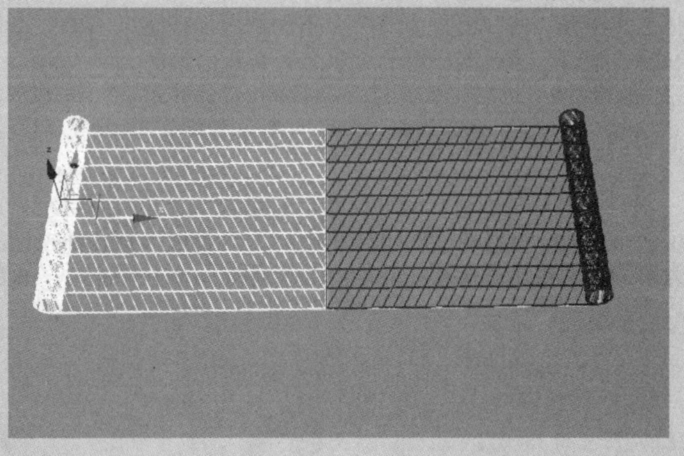

步骤 04 接下来创建一个圆柱体，作为卷轴的轴造型。然后在轴造型的上方创建一个球体，将球体复制一个并移动到轴的下方，然后对球体和圆柱体进行布尔运算。

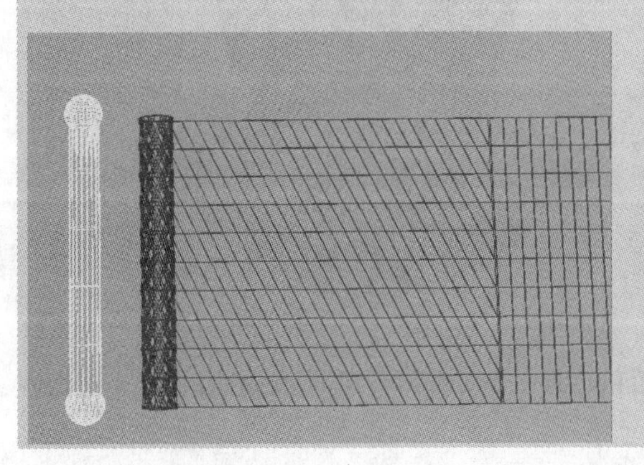

步骤 05 在前视图中选择轴，再一次镜像复制出一个卷轴，然后将放置到合适的位置。

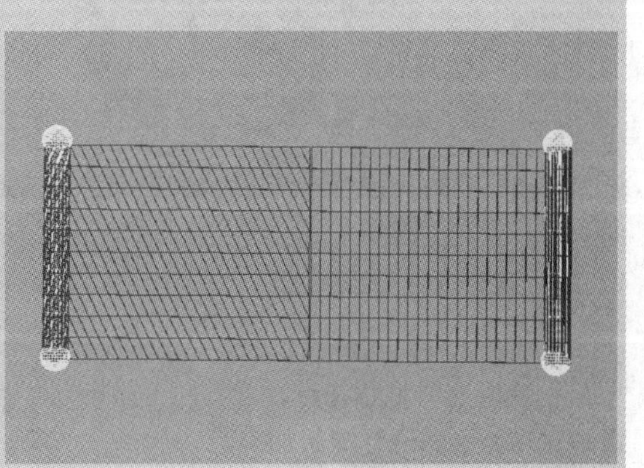

2. 将二维物体转换为几何体的修改器

当在场景中创建一个二维图形时，要将该二维图形作为几何体的截面进行转换，可以使用如“挤出”、“倒角剖面”、“壳”和“车削”修改器。

“挤出”修改器：“挤出”修改器将深度添加到图形中，并使其成为一个参数对象。

“壳”修改器：通过添加一组朝向现有面相反方向的额外面，“壳”修改器“凝固”对象或者为对象赋予厚度，无论曲面在原始对象中的任何地方消失，边将连接内部和外部曲面。可以为内部和外部曲面、边的特性、材质 ID，以及边的贴图类型指定偏移距离。

“车削”修改器：“车削”通过绕轴旋转一个图形或 NURBS 曲线来创建 3D 对象。

“倒角”修改器：“倒角”修改器将图形挤出为 3D 对象并在边缘应用平或圆的倒角。此修改器的一个常规用法是创建 3D 文本和徽标，而且可以应用于任意图形。

“倒角剖面”修改器：“倒角剖面”修改器使用一个图形作为路径或“倒角剖面”来挤出另一个图形。它是“倒角”修改器的一种变量。

6.3 可编辑对象

除了 NURBS 以外，要访问对象的子对象，多数情况下必须首先将该对象转换为可编辑对象，或将各种修改器之一应用于该对象，如“编辑网格”、“样条线”、“平面或网格”、“样条线”选择。“选择”修改器只为随后应用的修改器所进行的修改指定子对象。将对象转换为可编辑对象和将“编辑”修改器应用于对象之间是有区别的。

6.3.1 可编辑多边形

编辑多边形是一种可编辑对象，它包含 5 个子对象层级：顶点、边、边界、多边形和元素。其用法与可编辑网格曲面的用法相同。编辑多边形有各种控件，可以在不同的子对象层级将对象作为多边形网格进行操作。但是，与三角形面不同的是，多边形对象的面是包含任意数目顶点的多边形。

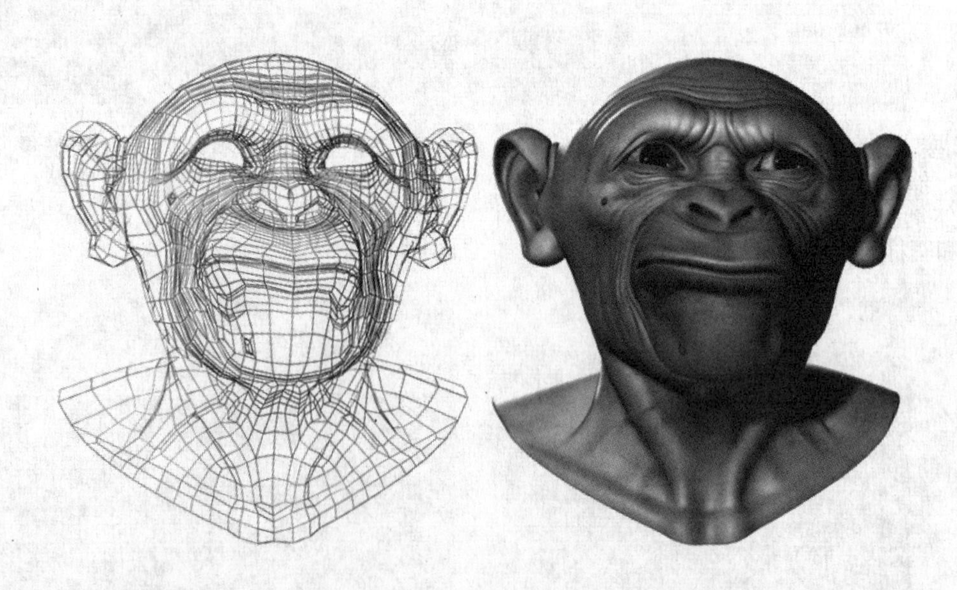

可编辑多边形物体包括点、边、轮廓边、面和元素 5 个次物体级别，可以在任何一个次物体级别对物体形态进行深层加工。

可以执行移动、旋转、缩放等基本修改，也可在按住 Shift 键的同时拖动复制。

使用“编辑”卷展栏中提供的选项修改选定内容或对象。

将子对象选择传递给堆栈中更高级别的修改器，可对选择应用一个或多个标准修改器。

使用“细分曲面”卷展栏中的选项改变曲面特性。

由于在“修改器”命令中没有直接可以转换为可编辑多边形物体的命令，物体在转换为多边形物体后，会塌陷以前的创建参数，如果想保留以前的创建参数，可选择“多边形选择”修改命令。

1. 选择次物体级

“选择”卷展栏提供了各种工具，用于访问不同的子对象层级和显示设置，以及创建和修改选定内容，还显示了与选定实体有关的信息。

如果首次访问“修改”面板时选定某个可编辑多边形，将会处于“对象”层级。此时，可以访问可编辑多边形（对象）中的几种功能。单击“选择”卷展栏顶部的按钮，可以切换各种子对象层级，还可以访问相关的功能。

单击此处的按钮与在“修改器”堆栈中选择子对象类型相同。再次单击该按钮可将其禁用，然后返回“对象”选择层级。

知识拓展：Ctrl 和 Shift 键的转换

使用 Ctrl 和 Shift 键，可以采用下面两种不同的方式转换选定子对象：

在“选择”卷展栏中，按住 Ctrl 并单击子对象，可将当前选择转换到新层级，同时，选择与前一个选择相关的新层级中的所有子对象。例如，如果选择某个顶点，然后按住 Ctrl 键并单击“多边形”按钮，将会选中使用该顶点的所有多边形。

要将选定内容仅转换为以前已经选定其源组件的所有子对象，则在更改相关的层级时同时按住 Ctrl 和 Shift 键。例如，如果按住 Ctrl+Shift 组合键并单击将选定的顶点转换为选定的多边形，生成的选定内容只包括原来已经选定其所有顶点的多边形。

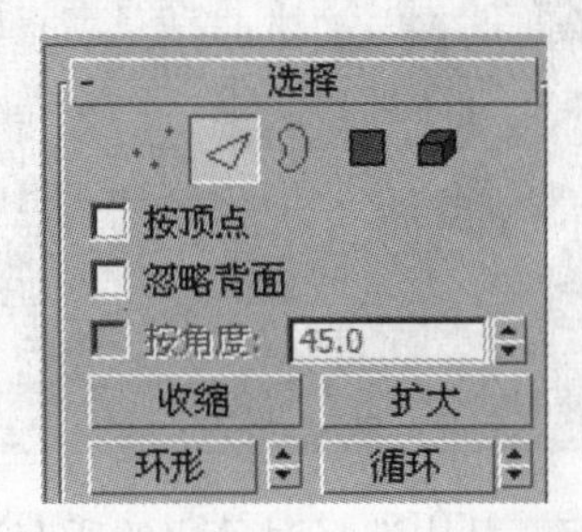

顶点：启用用于选择光标下的顶点的“顶点”子对象层级；选择区域时可以选择该区域内的顶点。

边：启用用于选择光标下的多边形的“边”子对象层级；选择区域时可以选择该区域内的边。

边界：启用“边界”子对象层级。使用该层级，可以选择为网格中的孔洞设置边界的边序列。边界始终由面的一边组成，且始终是完整的环。例如：长方体没有边界，但茶壶对象包含下面一组边界，它们位于壶盖、壶身和壶嘴各有一个边框，而手柄有两个边框。如果创建圆柱体，然后删除一个端点，则围绕该端点的边将会形成一个边界。

多边形：启用可以选择光标下的多边形的“多边形”子对象层级。选择区域时会选择该区域中的多个多边形。

元素：启用“元素”子对象层级，从中选择对象中的所有连续多边形。选择区域时用于选择多个元素。

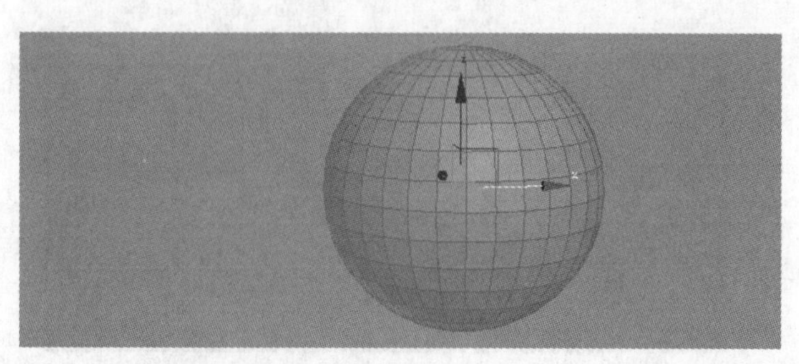

按顶点：启用时，只有通过选择所用的顶点，才能选择子对象。单击顶点时，将选择使用该选定顶点的所有子对象。

忽略背面：启用后，选择子对象将只影响朝向你的对象。禁用（默认值）时，无论可见性或面向方向如何，都可以选择鼠标光标下的任何子对象。如果光标下的子对象不止一个，则反复单击在其中循环切换。同样，如果禁用“忽略背面”，区域选择会包含所有子对象，而无须考虑它们的朝向。

按角度：启用并选择某个多边形时，软件可以根据复选框右侧的角度设置选择邻近的多边形。该值可以确定要选择的邻近多边形之间的最大角度。本设置仅在“多边形”子对象层级可用。

知识拓展：“背面消隐”的状态设置

“显示”面板中的“背面消隐”设置的状态不影响子对象选择。因此如果“忽略背面”已禁用，仍然可以选择子对象，即使看不到它们。

例如，如果单击长方体的一个侧面，且角度值小于 90°，则仅选择该侧面，因为所有侧面相互成 90° 角。但如果角度值为 90° 或更大，将选择所有长方体的所有侧面。使用该功能，可以加快连续区域的选择速度。其中，这些区域由彼此间角度相同的多边形组成。通过单击一次任何角度值，可以选择共面的多边形。

收缩：通过取消选择最外部的子对象缩小子对象的选择区域。如果无法再减小选择区域，将会取消选择其余的子对象。

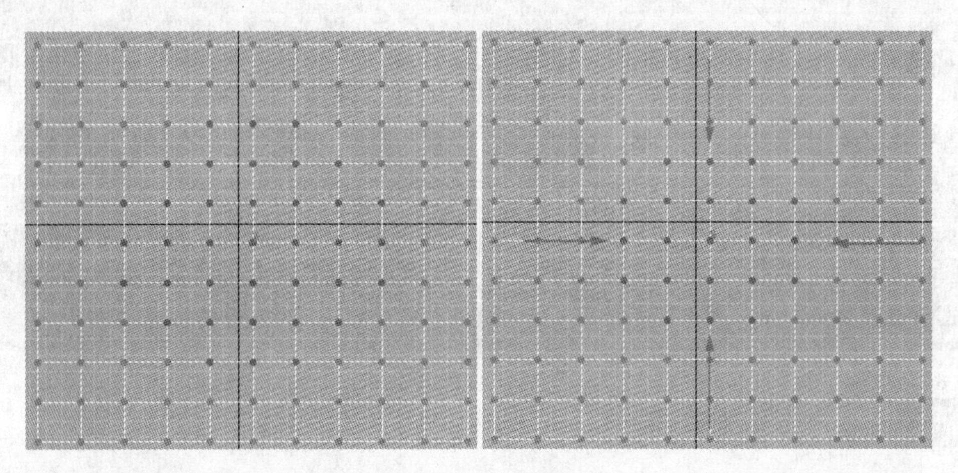

扩大：朝所有可用方向外侧扩展选择区域。

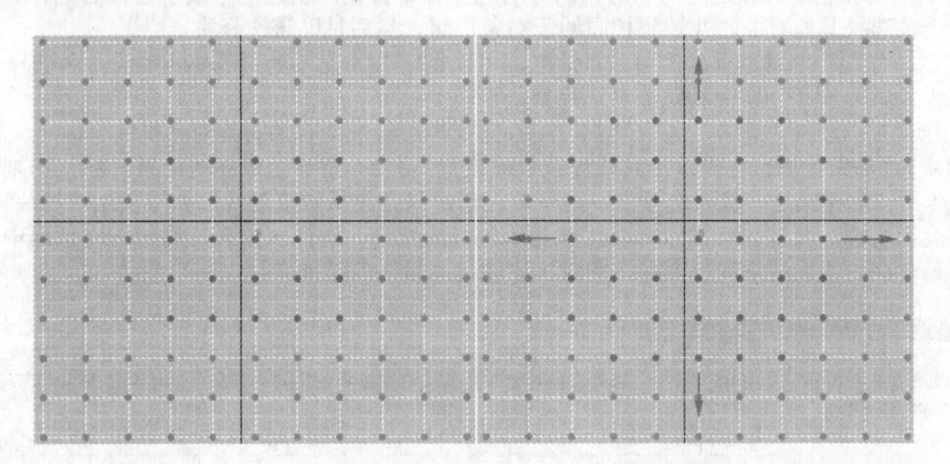

环形：通过选择与选定边平行的所有边来扩展边选择。“环形”仅适用于边和边界选择。

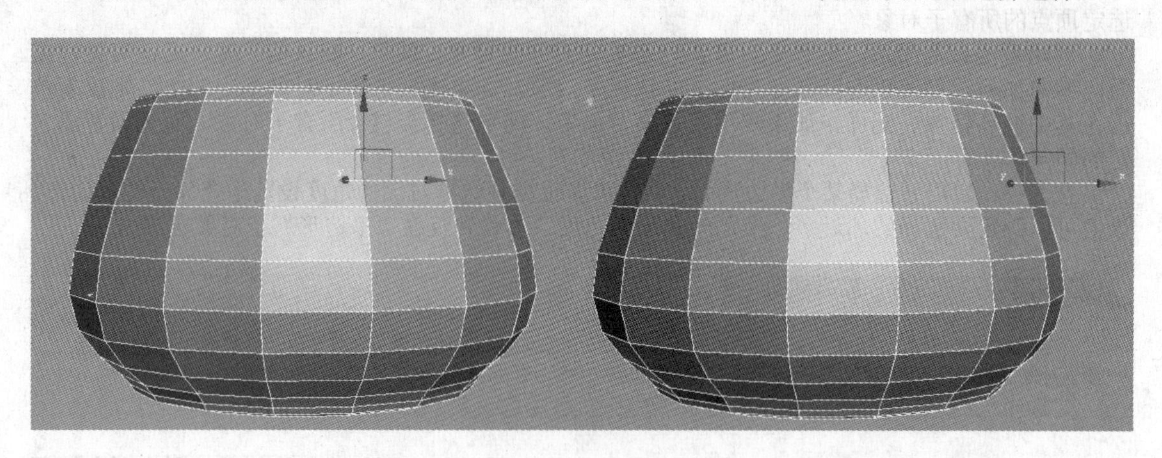

循环：尽可能扩大选择区域，使其与选定的边对齐。“循环”仅适用于边和边界选择，且只能通过四路交点进行传播。

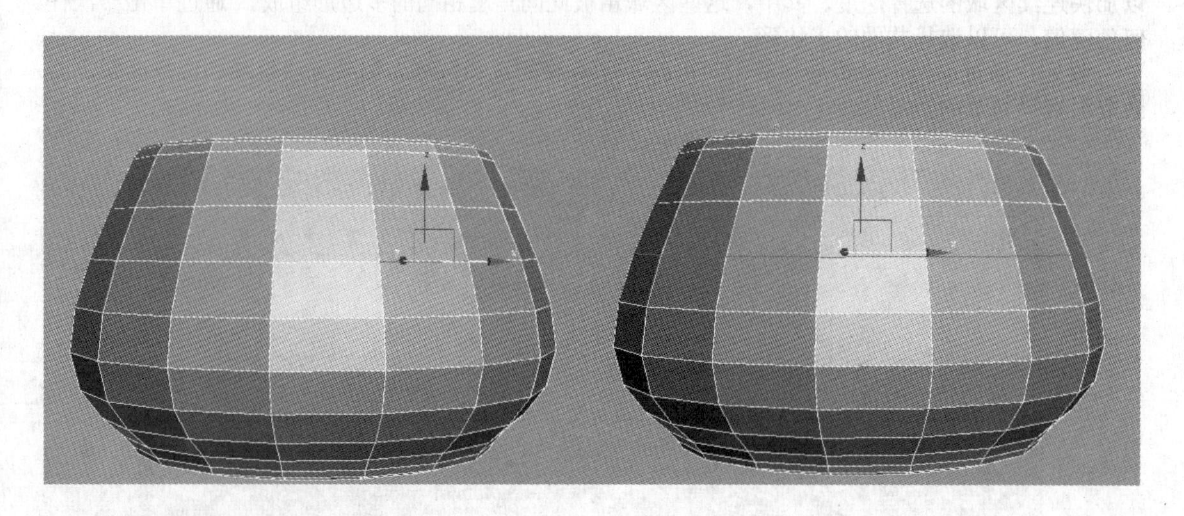

2. 命名选择

用于复制和粘贴对象之间的子对象的命名选择集。首先，创建一个或多个命名选择集，复制其中一个，选择其他对象，并转到相同的子对象层级，然后粘贴该选择集。

复制：打开一个对话框，使用该对话框，可以指定要放置在复制缓冲区中的命名选择集。

粘贴：从复制缓冲区中粘贴命名选择集。

完全交互：切换“切片”和“切割”工具的反馈层级及所有的设置对话框。

启用时，如果使用鼠标操纵工具或更改数值设置，将会一直显示最终的结果。使用“切割”和“快速切片”时，如果禁用“完全交互”，则单击之前，只会显示橡皮筋线。如果使用“切片平面”，只有在变换平面后释放鼠标按钮时，才能显示最终的结果。同样，如果使用相应对话框中的数值设置，只有在更改设置后释放鼠标按钮时，才能显示最终的结果。

知识拓展：子对象 ID 的使用

该功能使用的是子对象 ID，因此，如果目标对象的几何体与源对象的几何体不同，则粘贴的选定内容可能会包含不同的子对象集。

“完全交互”的状态不会影响使用键盘对数值设置的更改。无论是启用该选项，还是禁用该选项，只有通过按 Tab 或 Enter 键，或者在对话框中单击其他控件退出该字段时，该设置才能生效。

3. 材质区域

设置 ID：用于向选定的子对象分配特殊的材质 ID 编号，以供“多维 / 子对象材质”和其他应用使用，使用该微调按钮或通过键盘输入编号。可用的 ID 总数是 65 535。

选择 ID：选择与相邻 ID 字段中指定的“材质 ID”对应的子对象。输入或使用该微调按钮指定 ID，然后单击“选择 ID”按钮。

按名称选择：该下拉列表框显示了对象包含为其分配的“多维 / 子对象材质”时子材质的名称。单击下拉按钮，然后从下拉列表中选择某个子材质。此时，将会选中分配该材质的子对象。如果对象没有分配到“多维 / 子对象材质”，将不会提供名称列表。同样，如果选定的多个对象已经应用“编辑平面”、“编辑样条线”或“编辑网格”修改器，则名称列表将会处于非激活状态。

清除选定内容：选择该复选框，如果选择新的 ID 或材质名称，将会取消选择以前选定的所有子对象。取消选择该复选框，则选定内容是累积结果，因此，新 ID 或选定的子材质名称将会添加到现有平面或元素选择集中。默认设置为启用。

知识拓展：材质名称的指定

子材质名称是指在该材质的“多维 / 子对象”基本参数卷展栏的“名称”下拉列表框中指定的名称；这些名称不是在默认情况下创建的，因此，必须使用任意材质名称单独指定。

4. 平滑组区域

按平滑组选择：显示说明当前平滑组的对话框。通过单击对应编号按钮选择组，然后单击“确定”按钮。如果选择“清除选定内容”复选框，首先会取消选择以前选择的所有多边形。如果取消选择“清除选定内容”复选框，则新选择添加到以前的所有选择集中。

清除全部：从选定多边形移除任何平滑组指定。

自动平滑：根据多边形间的角度设置平滑组。如果任何两个相邻多边形法线间的角度小于该按钮右侧的微调按钮设置的阈值角度，则这两个多边形处于同一个平滑组中。

阈值：使用该微调按钮（“自动平滑”按钮右侧），可以指定相邻多边形法线之间的最大角度。该选项可以确定这些多边形是否处于同一个平滑组中。

5. 编辑顶点颜色区域

颜色：单击色样可以更改选定多边形或元素中各顶点的颜色。

照明：单击色样可更改选定多边形或元素中各顶点的照明颜色。使用该选项，可以更改照明颜色，但不会更改顶点颜色。

Alpha：用于向选定多边形或元素中的顶点分配 Alpha（透明）值。微调数值框中的值是百分比；0% 是完全透明，100 % 是完全不透明。

6.3.2 编辑网格

“编辑网格物体”修改命令面板主要针对网格物体的不同次级别进行编辑。可以通过在场景中网格物体上右击，在弹出的快捷菜单选择进入不同的次物体级别；也可以在修改堆栈中单击 + 号图标，从下拉的缩进子项目中进入不同的次级结构。更快地进入次级的方法是直接按下键盘上的 1、2、3、4、5 键，分别进入不同的次级物体级。

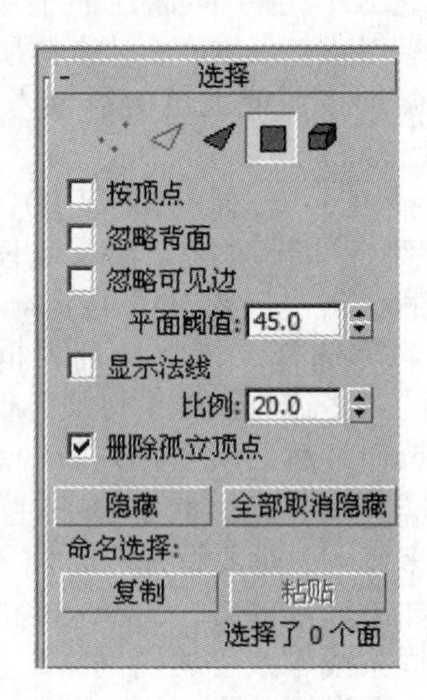

下面介绍“选择”卷展栏中各参数的含义。

顶点：用于选择光标下顶点的“顶点”子对象层级；选择区域时可以选择该区域内的顶点。

边：启用“边”子对象层级，这样可以选择光标下的面或者多边形的边；选择区域时在区域中选择多个边。在“边”子对象层级，选定的隐藏边显示为虚线，可以做更精确的选择。

面：启用“面”子对象层级，这样可以选择光标下的三角面；选择区域时在区域中选择多个三角面。如果选定的面有隐藏边并且着色选定面处于关闭状态，边显示为虚线。

多边形：启用“多边形”子对象层级，这样可以选择光标下所有共面的面。通常，多边形是在可视线边中看到的区域。选择区域时，可以选择该区域中的多个多边形。

元素：启用“元素”子对象层级，这样可以选择对象中所有的相邻面。选择区域时可以选择多个元素。

按顶点：选择该复选框时，单击顶点，将选中任何使用此顶点的子对象。也可以按区域选择子对象。

忽略背面：选择该复选框时，选定子对象只会选择视图中显示其法线的子对象。取消选择该复选框时，无论法线方向如何，选择对象包括所有的子对象。

忽略可见边：当选择了多边形“面”选择模式时，选择该复选框。当“忽略可见边”复选框处于取消选择状态时，单击一个面，无论“平面阈值”值为多少，选择不会超出可见边。当该功能处于启用状态时，面选择将忽略可见边，并使用“平面阈值”设置作为指导。

通常情况下，如果想选择面，将“平面阈值”设置为 1.0。如果想选择曲线曲面，那么根据曲率量增加该值。

平面阈值：指定阈值的值，该值决定对于“多边形”面选择来说哪些面是共面。

显示法线：选择此复选框，程序在视图中显示法线，法线显示为蓝色。

比例：选择“显示法线”复选框后，用于指定视图中显示的法线大小。

删除孤立顶点：选择此复选框，则删除子对象的连续选择时 3ds Max 将消除任何孤立顶点。

在取消选择此复选框后，删除子对象的连续选择时会保留所有的顶点。该功能在“顶点”子对象层级上“不可用”。默认设置为启用。

孤立顶点是指没有与之相关的面几何体的顶点。例如：假如取消选择“删除孤立顶点”复选框，并且删除了 4 个多边形的矩形选择，所有围绕在单独中心点周围的顶点将在空间中挂起，但是中心点保持原有位置。

隐藏：隐藏任何选定的子对象。边和整个对象不能隐藏。

3ds Max 2012“编辑”菜单中的“反选”命令，对选择要隐藏的面很有用。选择想要聚焦的面，选择“编辑”→“反选”命令，然后单击“隐藏”按钮。

全部取消隐藏：还原任何隐藏对象，使之可见。只有在处于“顶点”子对象层级时能将隐藏的顶点取消隐藏。

1. 命名选择区域

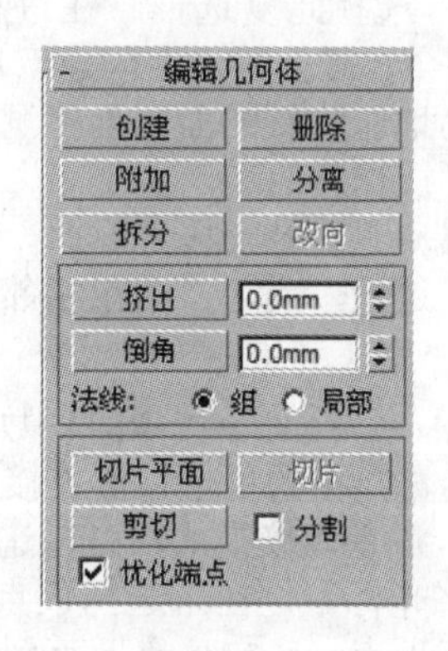

“选择”卷展栏中的“命名选择”选项区域包括两个参数，下面分别介绍。

复制：将命名选择放置到复制缓冲区。

粘贴：从复制缓冲区中粘贴命名选择。

下面介绍“编辑几何体”卷展栏中的各个参数。

创建：不仅可以创建顶点，而且可以构建新面；在“多边形”子对象层级，可以创建任何边数的多边形。

要创建面，单击“创建”按钮。此时，将会高亮显示对象中的所有顶点，其中包括删除面后留下的孤立顶点。单击现有的 3 个顶点，然后定义新面的形状。另外，还可以在“多边形”和“元素”子对象层级创建新面。在“面”和“元素”子对象层级，在第三次单击之后，都会创建新面。在“多边形”子对象层级，可以根据需要多次单击，以便向新多边形中添加顶点。要绘制完新多边形，请单击两次，或重新单击当前多边形中现有的任何顶点。

通过按住 Shift 键并在空间中单击，可以在这种模式下添加顶点；此时，这些顶点将被合并到正在创建的面或多边形中。在任意视图中都可以开始创建面或多边形，但是后续的所有单击操作必须在同一个视图中执行。

删除：删除选定的子对象。

附加：将场景中的另一个对象附加到选定网格。可以附加任何类型的对象，包括样条线、片面对象和 NURBS 曲面。附加非网格对象时，该对象会转化成网格，然后单击要附加到当前选定网格对象中的对象。

分离：将选定面作为单独的对象（默认情况）或当前对象的元素进行分离。在弹出的“分离”对话框中选择“作为克隆对象进行分离”选项，可以复制面，但不能将其移动。系统提示输入新对象的名称。如果不使用“作为克隆对象进行分离”选项，将分离的对象移至新位置之后，将会在原始对象中留下一个孔洞。

断开：将面分成 3 个较小的面。即便处于“多边形”或“元素”子对象层级，该功能也适用于面。单击“断开”按钮，然后选择要断开的面。每个面都可以在单击的位置处进行断开。可以根据需要依次单击尽可能多的面。要停止断开，则重新单击“断开”按钮或右击。

挤出：单击此按钮，然后垂直拖动任意面，以便对其进行倒角处理。

切角：单击此按钮，然后垂直拖动任何面，以便对其进行倒角处理。释放鼠标，然后垂直移动鼠标光标，以便对挤出对象执行倒角处理。再次单击完成操作。

法线：将“法线”设置为“组”（默认值）时，将会沿着一组连续面的平均法线进行挤出处理。

如果挤出多个这样的组，每个组将会沿着自身的平均法线方向移动。如果将“法线”设置为“局部”，将会沿着每个选定面的法线方向进行挤出处理。

切片平面：一个方形化的平面，可以通过移动或者旋转改变将要剪切物体的位置，单击“切片平面”按钮后，“切片”按钮呈可用状态。

切片：单击此按钮后，将在切片平面处剪切选择的次物体。

分割：选择此复选框，在进行切片或者剪切操作时，会在细分的边上创建双重的点，这样，可以很容易地删除新的面来创建洞，或者像分散的元素一样操作新的面。

优化端点：选择此复选框时，在相邻的面之间进行光滑过渡，反之，则在相邻面之间产生生硬的边。

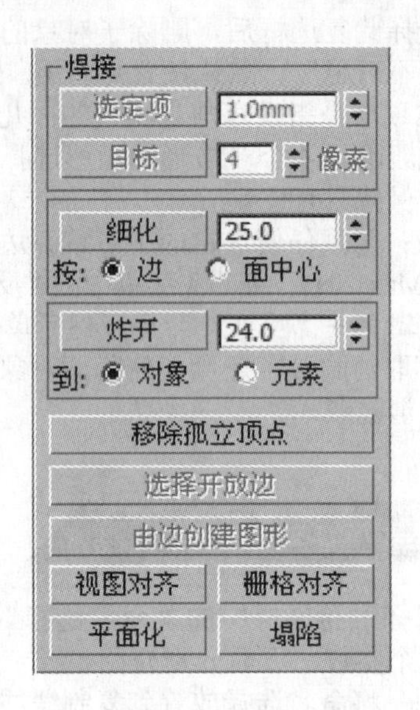

选定项：焊接“焊接阈值”数值框（位于按钮的右侧）中指定的公差范围内的选定顶点。所有线段都会与产生的单个顶点连接。

目标：进入焊接模式，可以选择顶点并将它们移来移去。移动时，光标照常变为“移动”光标，但是将光标定位在未选择顶点上时，它就变为“+”。在该点释放鼠标以便将所有选定顶点焊接到目标顶点，选定顶点下落到该目标顶点上。

细化：根据“边”、“面中心”和“张力（微调按钮）”的设置，单击即可细化选定的面。

使用这些控件可以细化（细分）选定的面。增加局部网格密度和建立模型时，可以使用细化功能。你可以对选择的任何面进行细分。两种细化方法包括“边”和“面中心”。

炸开：根据边所在的角度将选定面炸开为多个元素或对象。

移除孤立顶点：无论当前选择如何，删除对象中所有的孤立顶点。

选择开放边：选择所有只有一个面的边。在大多数对象中，该选项可以显示丢失面存在的地方。

由边创建图形：选择一条或多条边后，单击此按钮从选定的边创建样条线图形，弹出“创建图形”对话框，可以命名图形，将其设为“平滑”或“线性”及忽略隐藏边。新图形的轴点位于网格对象的中心。

平面化：是强制所有选定的边成为共面。该平面的法线是与选定边相连的所有面的平均曲面法线。

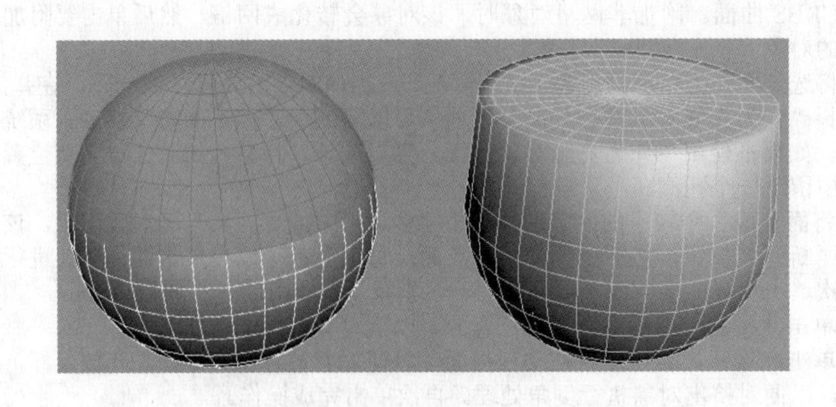

视图对齐：将选定的边与活动视图的平面对齐。如果是正交视图，其效果与对齐构建栅格（主栅格处于活动状态时）一样。与透视视图（包括摄影机和灯光视图）对齐时，将会对面进行重定向，使其与某个平面对齐。其中，该平面与摄影机的查看平面平行。（透视视图具有不可视的摄影机平面。）在这些情况下，除发生旋转之外，选定的边不会进行转换。

栅格对齐：使选定的边与当前的构建平面对齐。启用主栅格的情况下，当前平面由活动视图指定。使用栅格对象时，当前平面是活动的栅格对象。

塌陷：塌陷选中的边，将一条选定边末端的顶点焊接到另一端的顶点上。

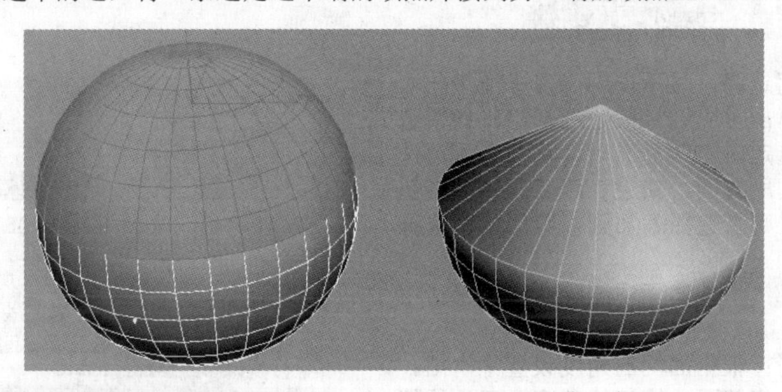

2. 法线区域

下面介绍“曲面属性”卷展栏中各参数。

翻转：翻转选定面的曲面法线的方向。

统一：翻转对象的法线，使其指向相同的方向，通常是向外。将对象的面还原到原始方向时，这个选项是很有用的。有时，作为 DXF 文件的组成部分合并到 3ds Max 2012 对象中的法线不是常规的形式，具体情况视创建对象时所用的方法而定。使用该功能可以对其进行纠正。

翻转法线模式：翻转单击的任何面的法线。要退出此模式，则重新单击此按钮，或者在程序界面的任何位置右击。

知识拓展：翻转法线

使用“翻转法线模式”的最佳方式是，对所用的视图进行设置，以便在启用“平滑 + 高亮显示”和“边面”时进行显示。如果将“翻转法线模式”与默认设置结合使用，可以使面沿着背离用户的方向翻转，但不能将其翻转回原位。为了获得最佳结果，取消选择“选择”卷展栏中的“忽略背面”复选框。无论当前方向如何，执行上述操作时，可以单击任何面，使其法线的方向发生翻转。

3.“材质”选项区域

设置 ID：用于向选定的子对象分配特殊的材质 ID 编号，以供“多维 / 子对象”材质和其他应用使用。使用该微按钮或通过键盘输入编号。可用的 ID 总数是 65 535。

选择 ID：选择与相邻 ID 字段中指定的“材质 ID”对应的子对象。输入数值或使用微调按钮指定 ID，然后单击“选择 ID”按钮。

按名称选择：该下拉列表框显示了对象包含为其分配的“多维 / 子对象”材质时子材质的名称。单击下拉按钮，然后从下拉列表框中选择某个子材质。此时，将会选中分配该材质的子对象。如果对象没有分配到“多维 / 子对象”材质，将不会提供名称列表。同样，如果选定的多个对象已经应用“编辑平面”、“编辑样条线”或“编辑网格”修改器，则该下拉列表框将会处于非活动状态。

子材质名称是那些在该材质的“多维/子对象基本参数”卷展栏的“名称”列表框中指定的名称。这些名称不是在默认情况下创建的，因此，必须使用任意材质名称单独指定。

清除选定内容：选择此复选框后，如果选择新的 ID 或材质名称，将会取消选择以前选定的所有子对象。取消选择此复选框时，将对选定内容进行累积，因此，新 ID 或选定的子材质名称将会添加到现有的平面或元素选择集中。默认设置为启用。

4.“平滑组”选项区域

按平滑组选择：显示说明当前平滑组的对话框。通过单击对应编号按钮选择组。如果选择了“清除选定内容”复选框，首先会取消选择以前选择的所有面。如果“清除选择”按钮为禁用状态，则新选择添加到以前的所有选择集中。

清除全部：从选定面中删除所有的平滑组分配。

自动平滑：根据面间的角度设置平滑组。如果任何两个相邻面法线间的角度小于该按钮右侧设置的阈值角度，则表示这两个面处于同一个平滑组中。

阈值：使用该选项右侧的微调按钮（位于“自动平滑”的右侧），可以指定相邻面的法线之间的最大角度。该选项可以确定这些面是否处于同一个平滑组中。

5.“编辑顶点颜色”选项区域

使用这些控件，可以分配颜色、照明颜色（着色）和选定面中各顶点的 Alpha（透明）值。

颜色：单击色样可更改选定面中各顶点的颜色。在面层级分配顶点颜色时，可以防止面与面的融合。

照明：单击色样可更改选定面中各顶点的照明颜色。使用该选项，可以更改照明颜色，而不会更改顶点颜色。

Alpha：用于向选定面上的顶点分配 Alpha（透明）值。其值是百分比值，0 是完全透明，100% 是完全不透明。

6.3.3 编辑面片

平面建模是指基于平面的建模方法，它是一种独立的模型类型，在多边形建模基础上发展而来，解决了多边形表面不易进行弹性（光滑）编辑的难题，可以使用类似于编辑 Bezier 曲线的方法来编辑曲面。

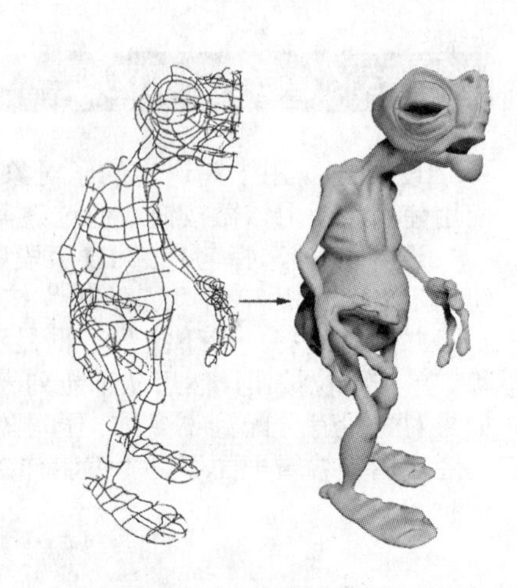

平面建模的优点在于用于编辑的顶点很少，非常类似于 NURBS 曲面建模，但是 NURBS 要求更严格，只要是三角形和四边形的平面，都可以自由地拼接在一起，平面建模适合于生物模型，不仅容易制作出光滑的表面，而且容易生成表皮的褶皱。另外，易于产生各种变形体。

要将创建的模型转换为平面进行编辑，首先应选择对象，然后右击该对象，在弹出的快捷菜单中选择“转换为可编辑平面”命令。即可进入平面编辑面板。

“选择”卷展栏提供了各种按钮，用于选择子对象层级和使用命名的选择及显示和过滤器设置，还显示了与选定实体有关的信息。

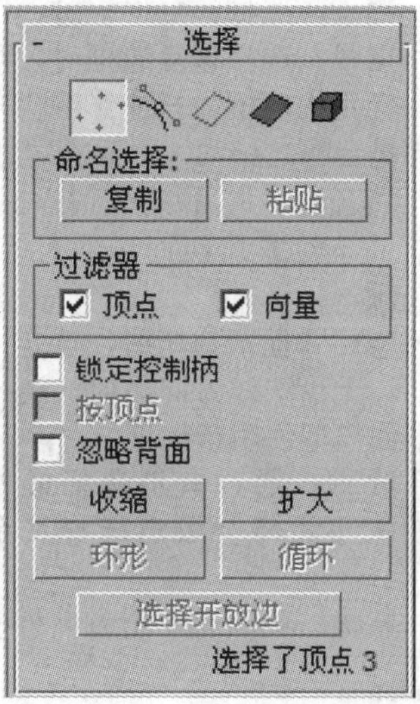

选择
命名选择:
复制　粘贴
过滤器
顶点　向量
锁定控制柄
按顶点
忽略背面
收缩　扩大
环形　循环
选择开放边
选择了顶点 3

“可编辑平面”包含 5 个子对象编辑层：顶点、控制柄、边、平面和元素。在每个层级所做的选择将会在视图中显示为平面对象的组件。每个层级都保留自身的子对象选择。返回某个层级时，选择将会重新显示。

单击此处的按钮和在“修改器堆栈”卷展栏中单击子对象类型的作用是相同的。重新单击该按钮将其禁用，然后返回到对象选择层级。

顶点：用于选择平面对象中的顶点控制点及其向量控制柄。在该层级，可以对顶点执行焊接和删除操作。

默认情况下，变换 Gizmo 或三轴架将会显示在选定顶点的几何中心。

控制柄：用于选择与每个顶点有关的向量控制柄。位于该层级时，可以对控制柄进行操纵，而无须对顶点进行处理。变换 Gizmo 或三轴架将会显示在选定控制柄的几何中心。

边：选择平面对象的边界边。在该层级时，可以细分边，还可以向开放的边添加新的平面。变换 Gizmo 或三轴架显示在单个选定边的中心。对于多条选定的边，相关的图标位于选择中心。

平面：选择整个平面。在该层级，可以分离或删除平面，还可以细分其曲面。细分平面时，其曲面将会分裂成较小的平面。其中，每个平面有自己的顶点和边。

元素：选择和编辑整个元素。元素的面是连续的。

知识拓展：高亮显示着色选定面

高亮显示着色选定面的方法是启用“视图属性”对话框中的“着色选定面”按钮。右击视图名称，然后在弹出的快捷菜单中选择“配置”命令，可打开“视图属性”对话框。另外，还可以使用默认的键盘快捷键 F2 切换该功能。

1.“命名选择”选项区域

这些功能可以与命名的子对象选择集结合使用。要创建命名的子对象选择，请进行相关的选择，然后在该工具栏的“命名选择集”字段中输入所需的名称。

复制：将命名子对象选择置于复制缓冲区。单击该按钮之后，从显示的“复制命名选择”对话框中选择命名的子对象选择。

粘贴：从复制缓冲区中粘贴命名的子对象选择。

使用“复制”和“粘贴”按钮，可以在不同对象之间复制子对象选择。

2.“过滤器”选项区域

此选项区域的两个复选框只能在“顶点”子对象层级使用。使用这两个复选框，可以选择和变换顶点和 / 或向量（顶点上的控制柄）。禁用某个复选框时，不能选择相应的元素类型。如果禁用“顶点”，可以对向量进行操纵，而不会意外地移动顶点。

不能同时禁用这两个复选框。禁用其中一个复选框时，另外一个复选框将不可用。此时，可以对与启用的复选框对应的元素进行操纵，但不能将其禁用。

顶点：选择该复选框时，可以选择和移动顶点。

向量：选择该复选框时，可以选择和移动向量。

锁定控制柄：只能影响“角点”顶点。将切线向量锁定在一起，以便于移动一个向量时，其他向量会随之移动。只有在“顶点”子对象层级时，才能使用该选项。

按顶点：单击某个顶点时，将会选中使用该顶点的所有控制柄、边或平面，具体情况视当前的子对象层级而定。只有处于“控制柄”、“边”和“平面”子对象层级时，才能使用该选项。

忽略背面：启用时，选定子对象只会选择视图中显示其法线的那些子对象。禁用时（默认情况），无论法线方向如何，选择对象包括所有的子对象。如果只需选择一个可视平面，可以对复杂平面模型使用该选项。

收缩：通过取消选择最外部的子对象缩小子对象的选择区域。如果无法再减小选择区域的大小，将会取消选择其余的子对象。如果处于“控制柄”子对象层级，则不能使用该选项。

扩大：朝所有可用方向外侧扩展选择区域。如果处于“控制柄”子对象层级，则不能使用该选项。

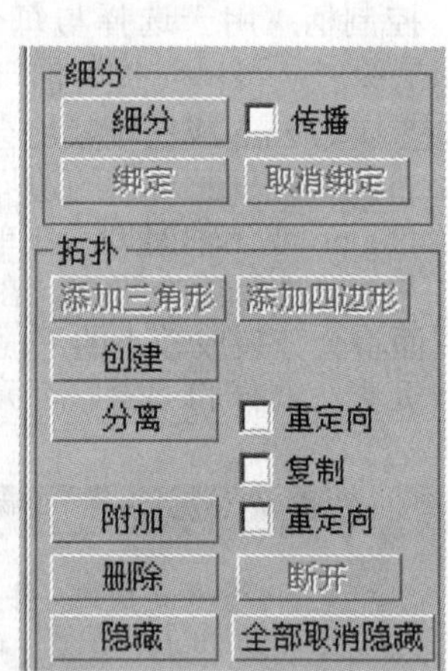

环形：通过选择与选定边平行的所有边来扩展边选择。只有在“边”子对象层级时，才能使用该选项。

循环：尽可能扩大选择区域，使其与选定的边对齐。只有在“边”子对象层级时，才能使用该选项。

选择开放边：选择只由一个平面使用的所有边。只有在“边”子对象层级时，才能使用该选项。用户可以使用该选项解决曲面问题。此时，将会高亮显示开放的边。

选择信息：“选择”卷展栏的底部是提供与当前选择有关的信息的文本显示。如果选中多个子对象或未选中任何子对象，该文本将会提供选定的子对象数目和类型。如果选择了一个子对象，该文本给出选定项目的标识编号和类型。

下面介绍“几何体”卷展栏中的相关参数。

细分：对选择表面进行细化处理，得到更多的面，使表面更光滑。

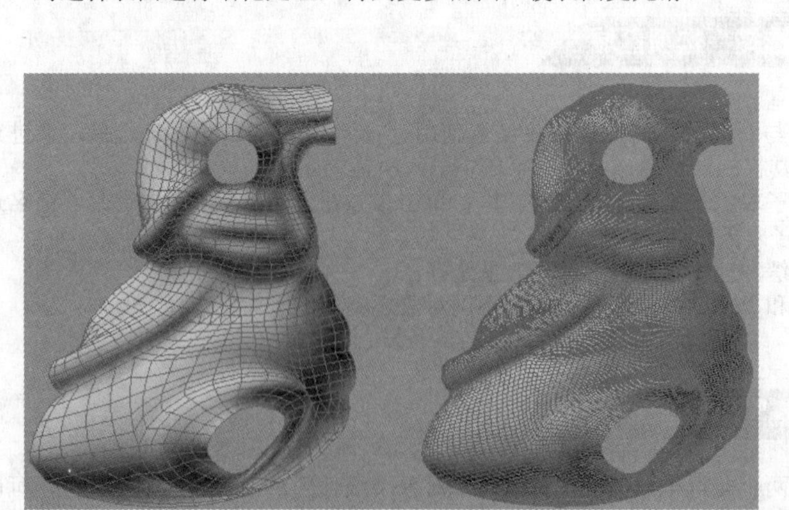

传播：控制细分设置是否以衰减的形式影响到选择平面的周围。

绑定：用于在同一个物体的不同平面之间创建无缝合的连接，并且它们的顶点数可以不相同，单击“绑定”按钮后，移动鼠标指针到不是拐角处的点，指针变为+后，拖动指针到另一平面的边线上，同样，指针变为+后，释放鼠标；选择点会跳到选择线上，完成绑定，绑定的点以黑色显示。如果取消绑定，选择绑定的点后，单击“取消绑定”按钮。

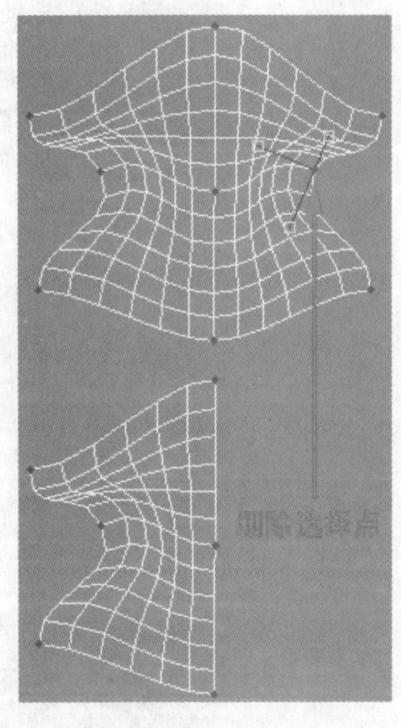

增加三角形：在选择的边上增加一个三角平面，新增的平面会沿当前平面的曲率延伸，保持曲面的光滑。

增加四边形：在选择边上增加一个方形平面，新增的平面会沿当前平面的曲率延伸，保持曲面的光滑。

创建：在现有的几何体或自由空间创建点、三边或四边平面。三边平面的创建可以在连续单击三次后右击结束。

分离：将当前选择的平面分离出当前物体，使它成为一个独立的新物体，可通过“重定向”复选框对合成后的物体重新设置。

附加：单击此按钮，选择另外的物体，可以将它转换并合并到当前平面中来，可通过“重定向”复选框对合并后的物体重新设置。

删除：将当前选择的平面删除。在删除点、线的同时，也会将共享这些点、线的平面一同删除，如右图所示。

断开：将当前选择点打断，单击此按钮后不会看到效果，但是如果移动断点处，会发现它们已经分离了。

隐藏：将选择的平面隐藏，如果选择的是点或者线，将隐藏点和线所在的平面。

全部取消隐藏：将隐藏的平面全部显示出来。

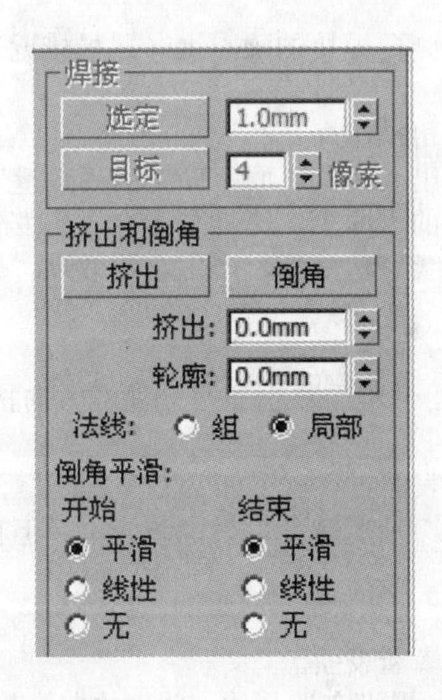

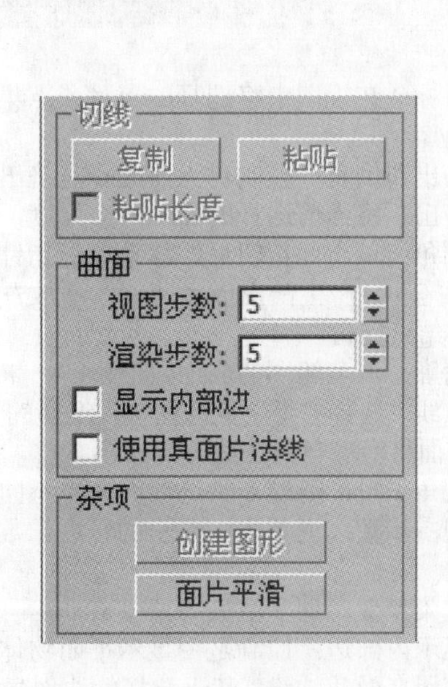

选定：确定可进行顶点焊接的区域面积，当顶点直接的距离小于此值时，它们就会焊接为一个顶点。

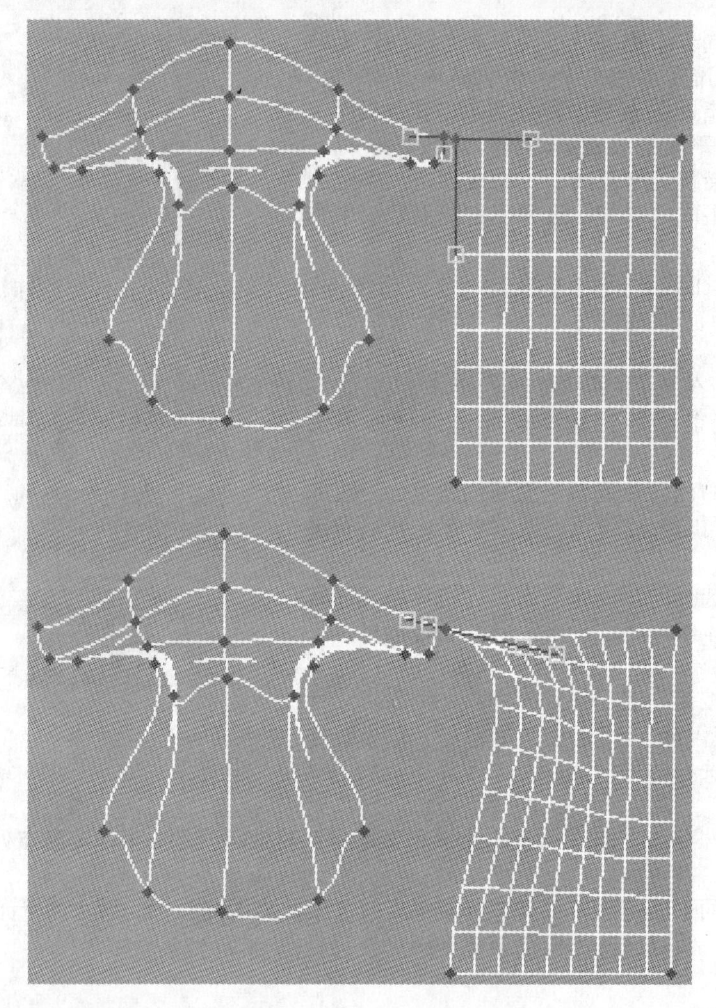

目标：在视图中将选择的点（或点集）拖动到要焊接的顶点上（尽量接近），这样会自动进行焊接。

挤出和倒角：控制对当前选择是挤出还是倒角操作。

挤出：将当前选择的面加一个厚度，使它凸出或凹入表面，厚度由“数量”值决定。

倒角：单击此按钮后，移动鼠标指针到选择的平面上，指针显示会发生变化，按住鼠标左键并上下拖动，产生凸出或者凹陷，释放左键并继续移动鼠标，产生倒边效果，也可在释放左键后右击，结束倒角。

轮廓：调节轮廓的放缩数值。

法线：选择“组”复选框时，选择的平面将沿着整个平面组平均法线方向挤出，选择“局部”时，平面将沿着自身法线方向挤出。

倒角平滑：通过 3 种选项而获得不同的倒角表面。

视图步数：调节视图显示的精度。数值越大，精度越高，表面越光滑。但视图刷新速度也同时降低。

渲染步数：调节渲染的精度。

显示内部边：控制是否显示平面物体中央的横断表面。

使用真面片法线：基于选择的边创建曲线，如果没有选择边，创建的曲线基于所有平面的边。

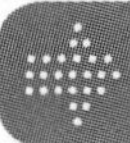

6.4　案例实训——静物

本案例首先进行桌面布料系统模拟，这是具有一定技术难度的建模操作。然后使用多种多边形建模工具制作一个具有复杂细节的桌面静物模型，如：盘子、金属器具和古典花盘等，最终通过摆放来完成静物的整体效果。

6.4.1　制作桌布

步骤 01 单击“创建”按钮打开“创建”面板，单击“几何体”按钮进入几何体创建面板，选择“标准基本体”类型，单击“长方体”按钮，在“顶”视图中创建一个长方体模型。单击“修改”按钮打开“修改”面板，在“参数”卷展栏中设置相关参数（光盘文件 \ 第 6 章 \ 静物模型 \ 静物模型 .max）。

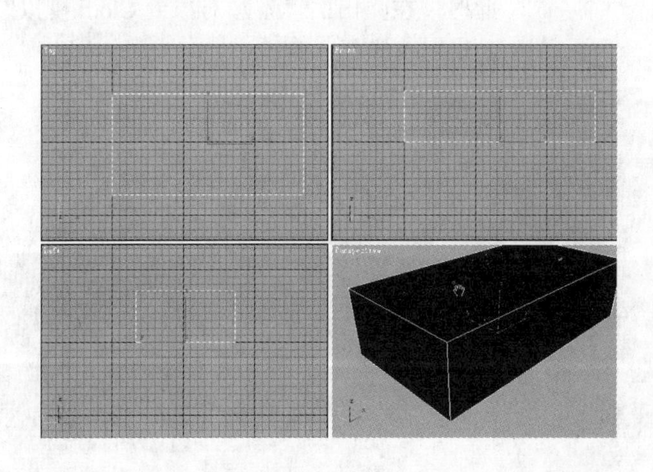

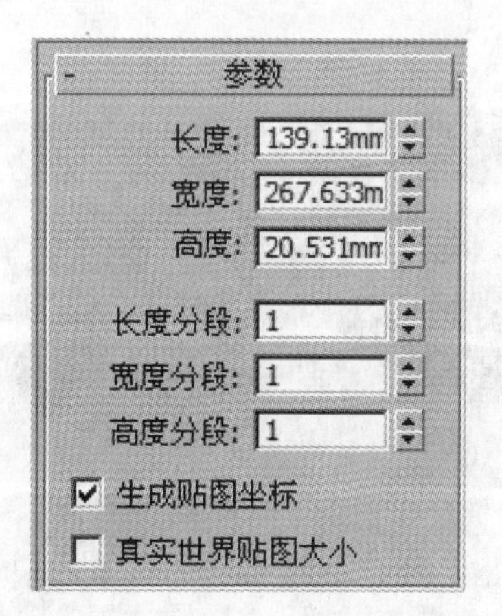

步骤 02 单击“平面”按钮，在正视图中创建一个平面模型。单击“修改”按钮显示“修改”面板，在“参数”卷展栏中设置相关参数。

步骤 03 按 Ctrl+C 组合键，自动为视图适配摄影机，视图左上角显示为 Camera001 视图；然后在左上角右击，在弹出的快捷菜单中选择“视图”→“透视图”命令。

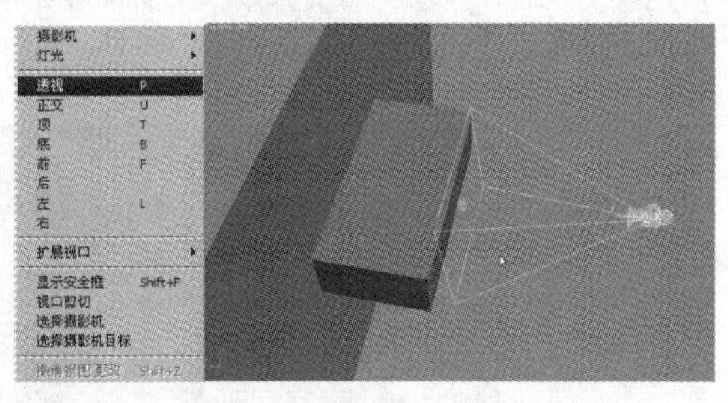

步骤 04 单击工具栏中的按钮，进入材质编辑器，选择一个材质球，单击“将材质指定给选定对象”按钮，为物体赋予材质。然后单击命令与颜色显示栏中右边的彩色方块，在弹出的对话框中选择物体曲线的颜色，这里选择黑色，然后单击“确定”按钮。

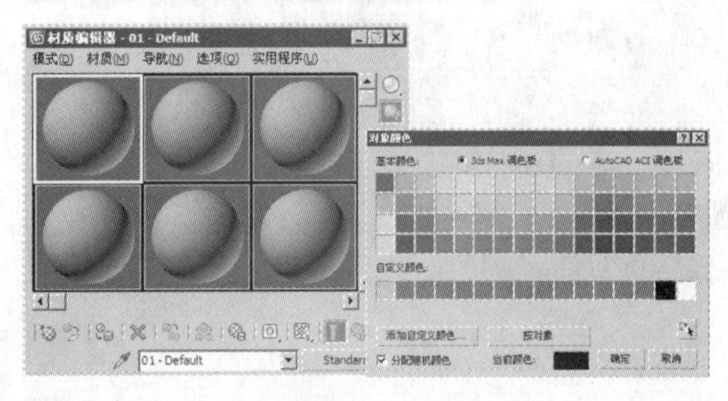

步骤 05 此时，图像效果如下图所示。

步骤 06 单击按钮显示“创建”面板，单击按钮进入几何体面板，选择标准基本体类型，单击“平面”按钮，在顶视图中创建一个平面模型。单击按钮显示“修改”面板，在“参数”卷展栏中设置相关参数。

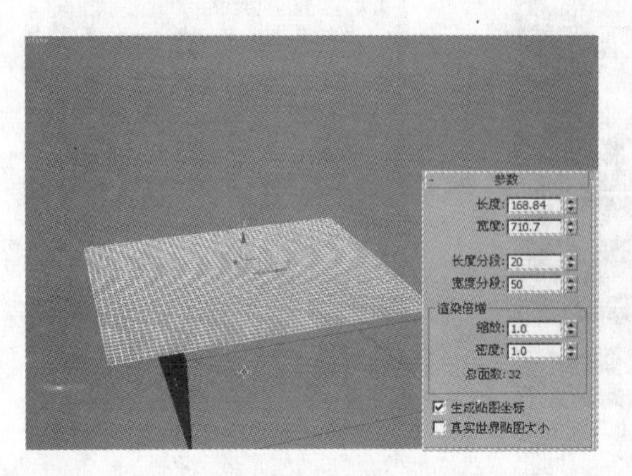

步骤 07 单击修改列表右边的按钮，在弹出的快捷菜单中选择 Cloth 命令，在“对象”卷展栏中单击“对象属性”按钮，在弹出的“对象属性”对话框中选择 Plane02 物体，选择布料特性为 Silk（丝）特性，然后单击“添加对象 ...”按钮。此时，在弹出的“添加对象到 Cloth 模拟”对话框中选择所需 物体，单击 添加 按钮。

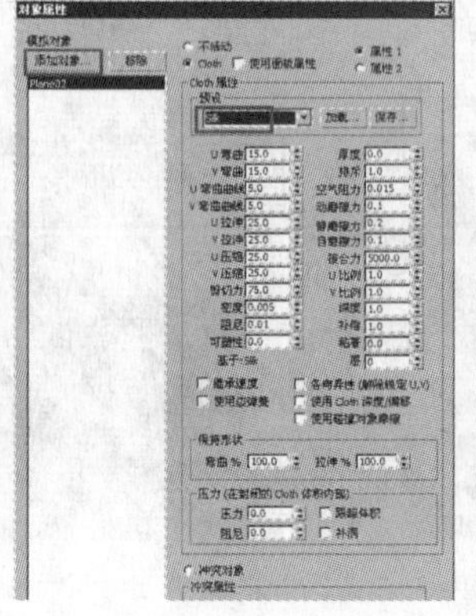

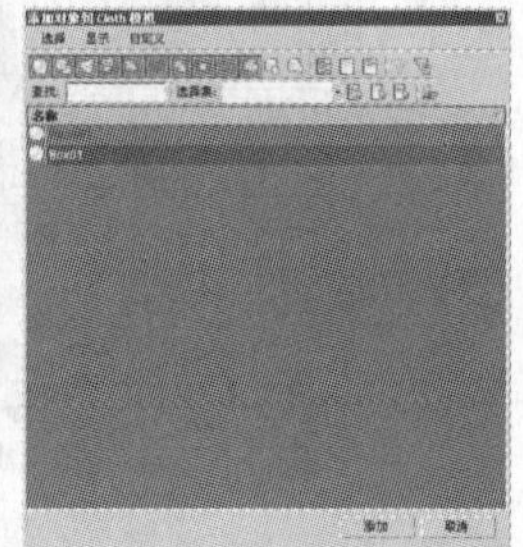

步骤 08 在“对象属性”对话框中单击“添加对象”按钮，添加Box01物体，选择“冲突对象”单选按钮，单击“确定”按钮。然后在“对象”卷展栏中单击“模拟局部”按钮，进行运算，则平面物体以布料的特性自动落下。

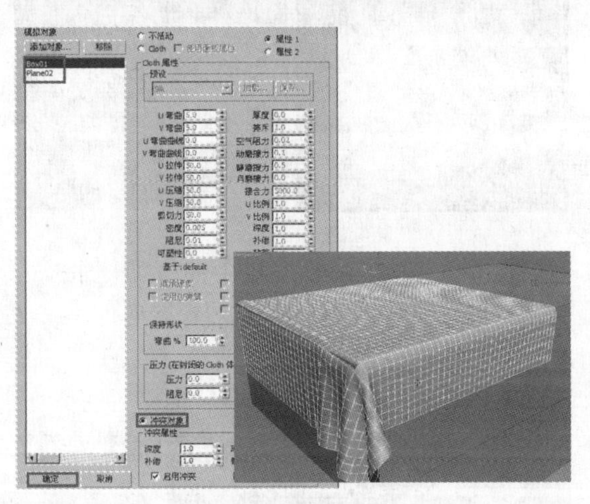

步骤 09 在对象上右击，在弹出的快捷菜单中选择“转换为可编辑多边形”命令，将模型转换为可编辑的多边形。此时可以看到，桌子的角露出来了。然后对桌布进行调整。单击按钮进入边物体层级，选择图中所示的边。单击“环形”按钮，得到平行的一圈边。

步骤 10 单击“连接”按钮，添加一条曲线。单击按钮进入点物体层级，调整平面模型，使模型盖住桌子。

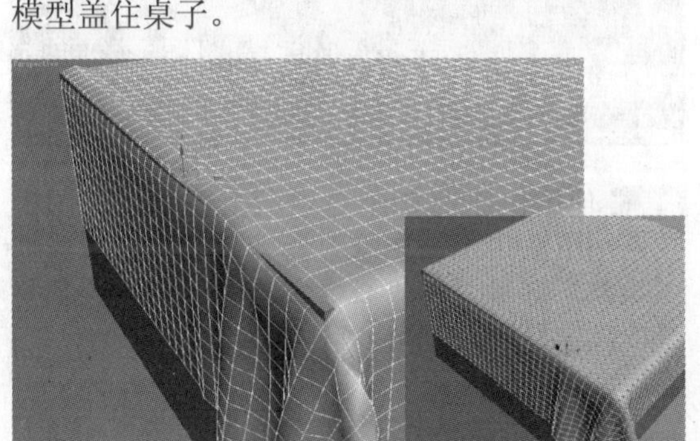

步骤 11 然后通过调整节点，调整出桌布周围的褶皱效果。

步骤 12 选择图中所示的节点．在“软选择”卷展栏中选择“使用软选择”复选框，在“衰减”数值框中设置软选择的区域。

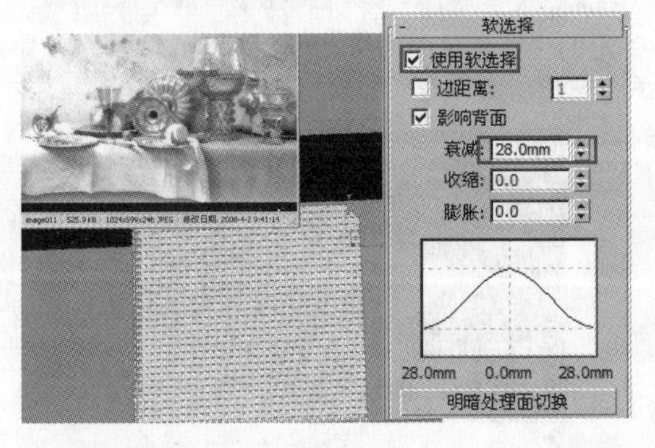

步骤 13 此时，图像效果如下图所示。将节点向里移动，然后在主工具栏中单击按钮或者按E键，选择“旋转工具”，将节点进行旋转调整。

步骤 14 扩大软选择的范围，并对模型进行调整，效果如下图所示。

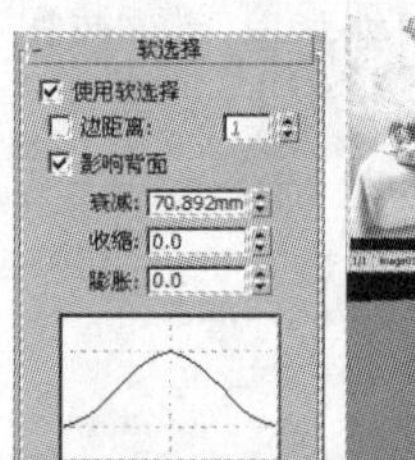

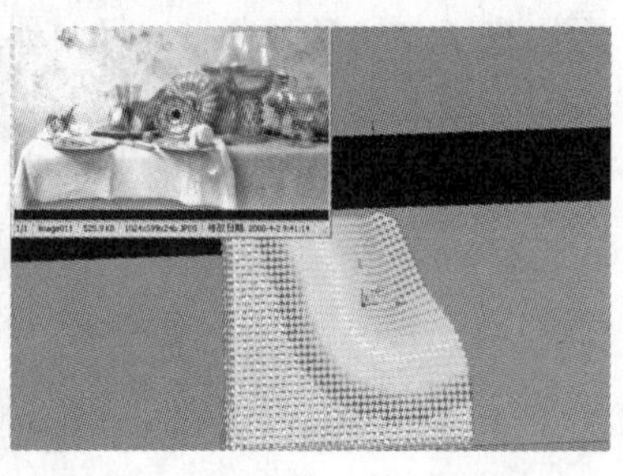

步骤 15 选择桌布一侧的所有曲线，按住 Shift 键，移动复制出新的面。

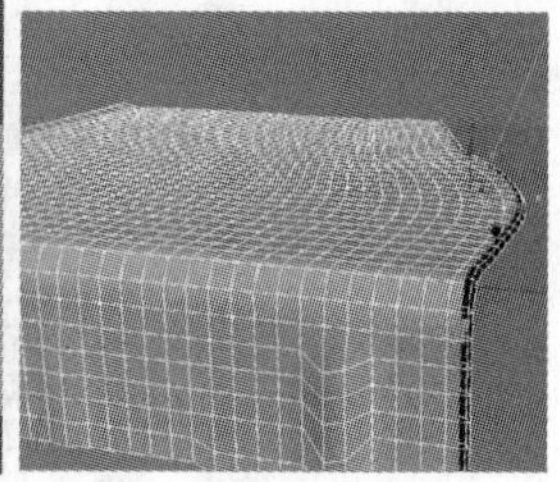

步骤 16 单击◁按钮进入面物体层级，在对象上右击，在弹出的快捷菜单中选择“转换到面”命令，选择面。单击“扩大”按钮，再多选择一排面。

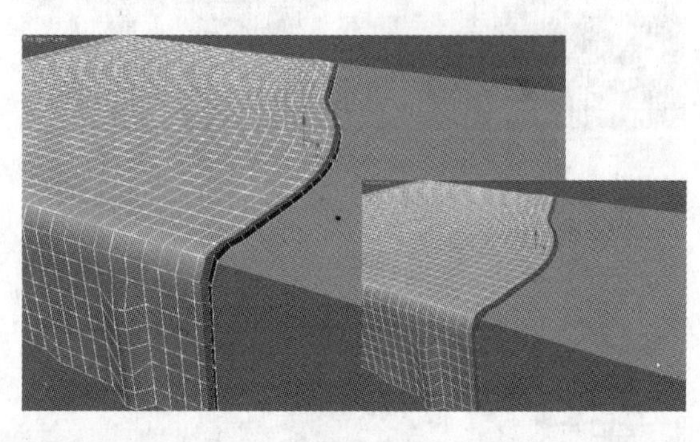

步骤 17 单击编辑多边形卷展栏中的翻转按钮，翻转法线，然后退出子物体层级。

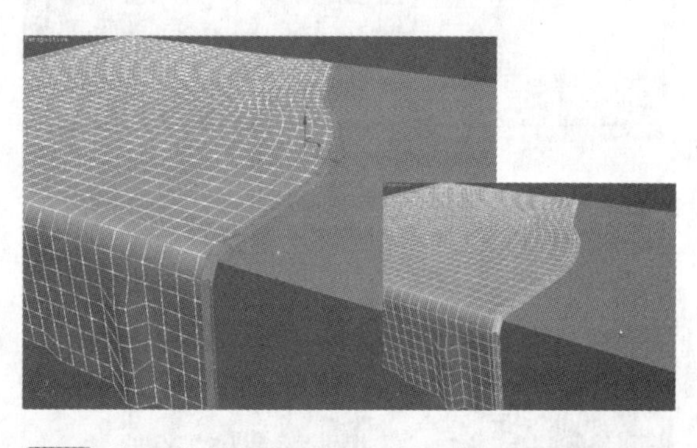

步骤 18 按数字键 1 切换到点级别，选择图中所示的节点。然后进入软选择，调节节点到如下图所示的位置。

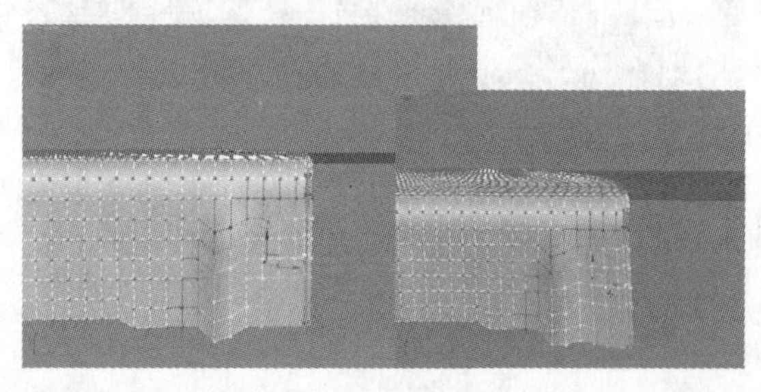

步骤 19 使用快捷键 Ctrl+Q 进行光滑显示，图像效果如下图所示。在修改器下拉列表框中选择“噪波”选项，在“参数”卷展栏中设置相关参数，调整模型的变形参数。

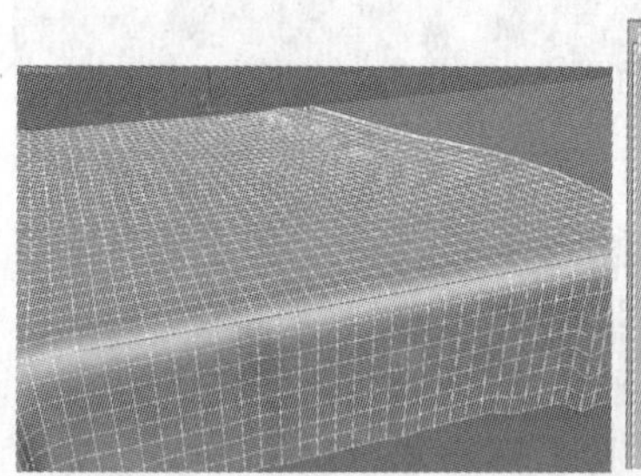

步骤 20 此时，图像效果如下图所示。右击对象，在弹出的快捷菜单中选择“转换为可编辑多边形”命令，将模型转换为为可编辑的多边形。为模型赋予材质，制作完成的模型如下图所示。

6.4.2　制作大酒杯模型

步骤 01 单击按钮进入“创建”面板，在“创建”面板中单击按钮进入二维命令面板，选择“样条线”类型，单击“线”按钮，在正视图中绘制杯子侧面的弧度曲线。单击“修改”按钮，在“选择”卷展栏中单击按钮，或者按数字键 1，进入点物体层级，选择图中所示的节点。

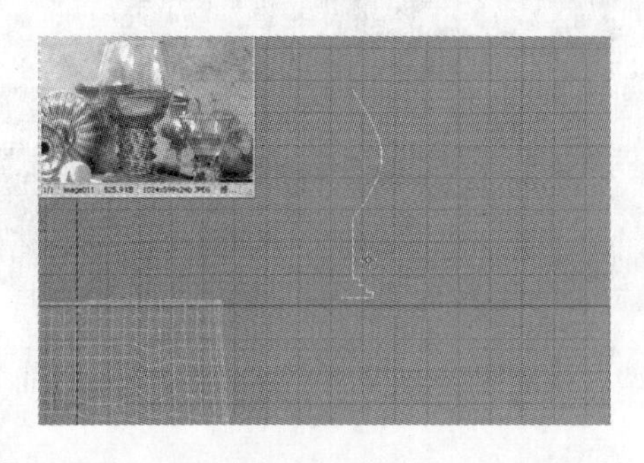

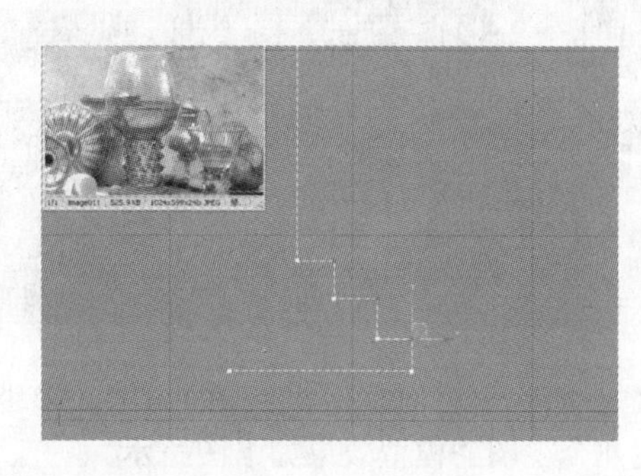

步骤 02 单击“圆角”按钮，创建出内圆的弧度。单击按钮或者按数字键 3，进入样条线层级，然后选择整条样条曲线。

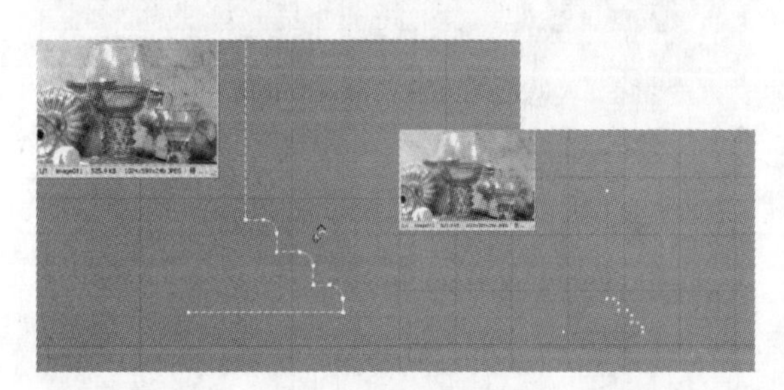

步骤 03 单击“轮廓”按钮，在曲线上拖动，对曲线进行扩边操作。然后对照图片，将杯子形状调整到如下图所示的效果。

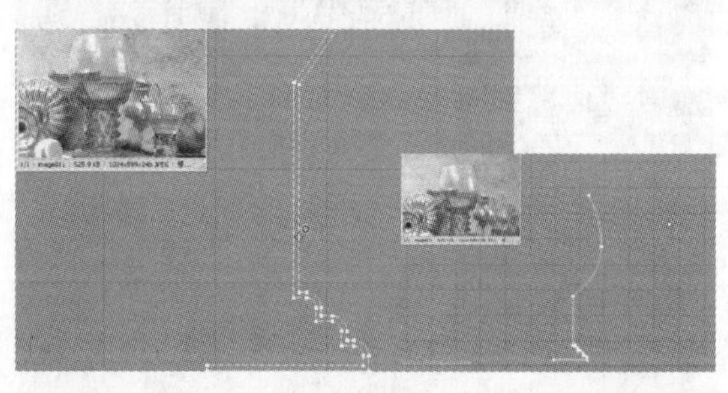

步骤 04 在修改器下拉列表框中，选择“车削”选项，在“参数”卷展栏中设置相关参数。单击“最小”按钮，模型效果如下图所示。

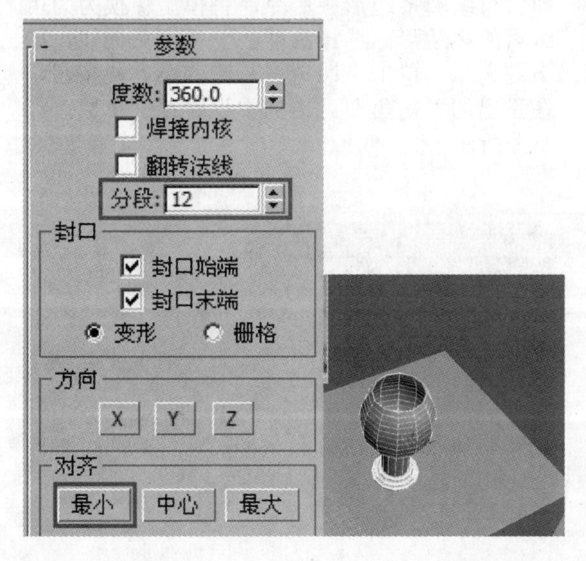

步骤 05 在杯子上右击，在弹出的快捷菜单中选择 转换为可编辑多边形 命令，将模型转换为为可编辑的多边形，使用数字键 2 切换到边级别，选择如图所示的边。单击“连接”右侧的小方块按钮，在弹出的对话框中设置连接参数，设置“分段”选项为 4，然后单击“确定”按钮，添加 4 条曲线。

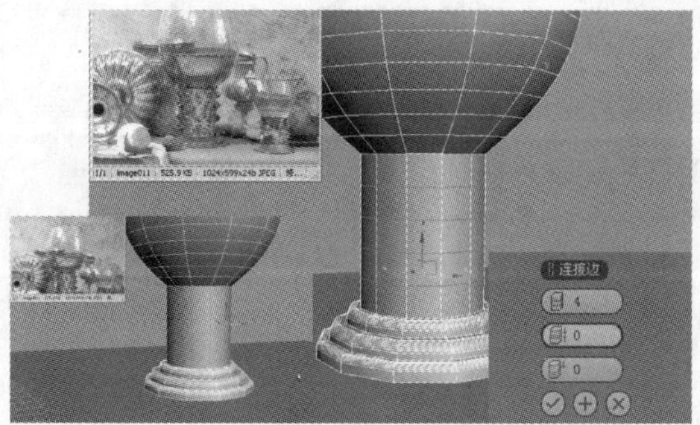

步骤 06 按数字键 4 切换到面级别，间隔式地选择如下图所示的面。单击“倒角”右侧的小方块按钮，在弹出的“倒角”对话框中设置“斜角”挤压参数，如下图所示。

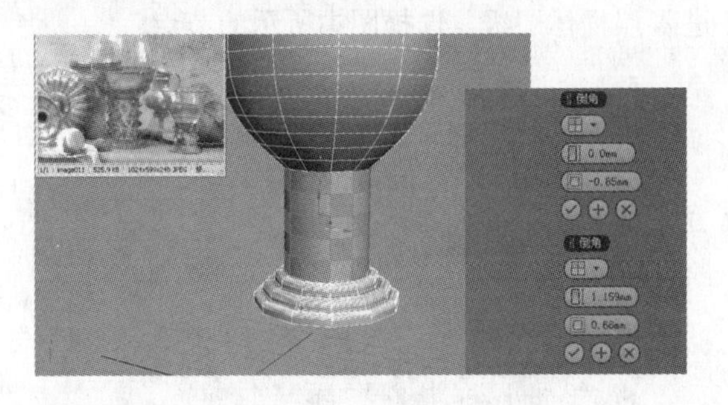

步骤 07 模型挤压效果如下图所示。右击杯子，在弹出的快捷菜单中选择“NURMS 切换”命令，平滑显示效果如下图所示。

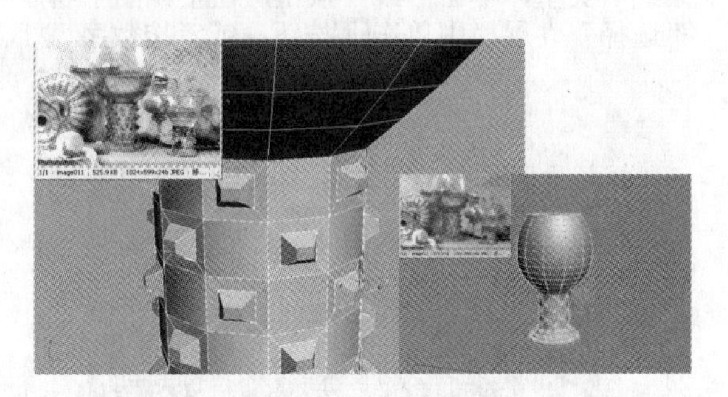

步骤 08 此时杯子模型制作完成。对照图片中模型的位置，将模型调整到如下图所示的位置。此时，其他几个视图的模型效果如下图所示。

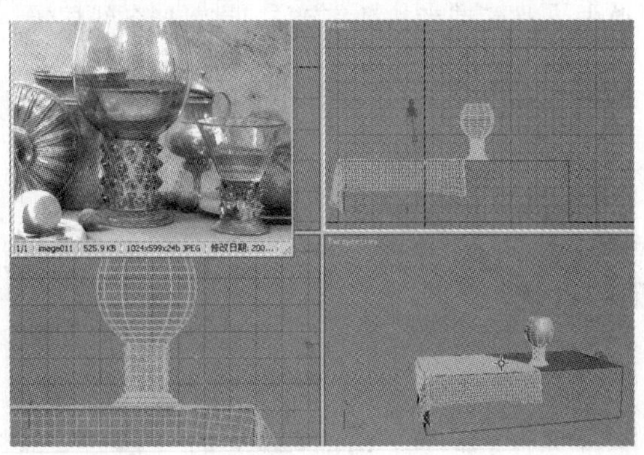

6.4.3 制作坚果模型

步骤 01 单击“创建”按钮，在“创建”面板中单击按钮进入几何体面板，选择“标准基本体”类型，单击“球体”按钮，在正视图中创建一个球体模型，如下图所示。单击“修改”按钮，参数设置如下图所示。

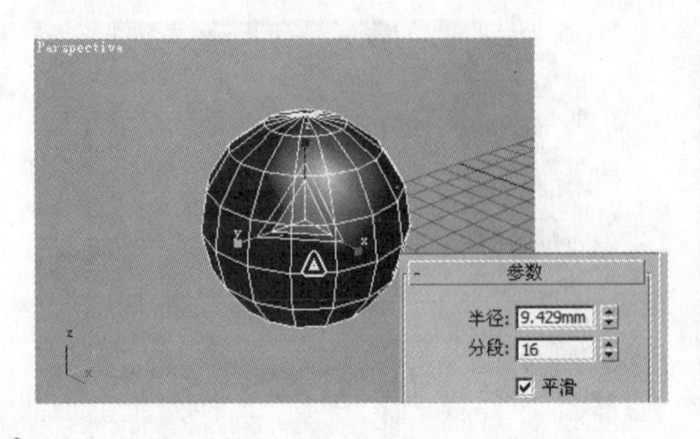

步骤 02 右击球体，在弹出的快捷菜单中选择“转换为可编辑多边形”命令，将模型转换为为可编辑的多边形。选择圆球的一条横截曲线，如下图所示。单击“切角”右侧的小方块按钮，在弹出的“切角”对话框中设置相关参数，如下图所示。

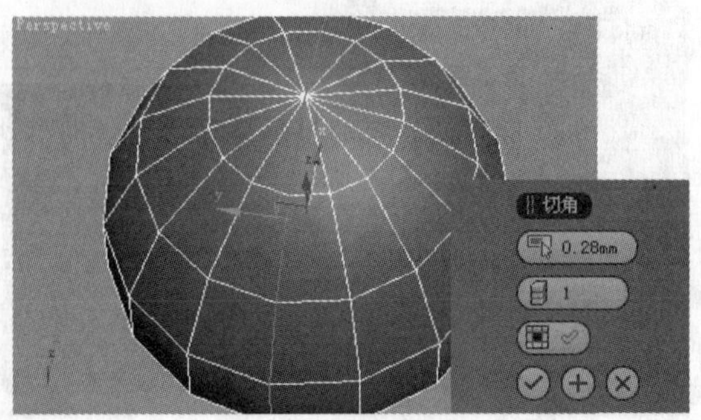

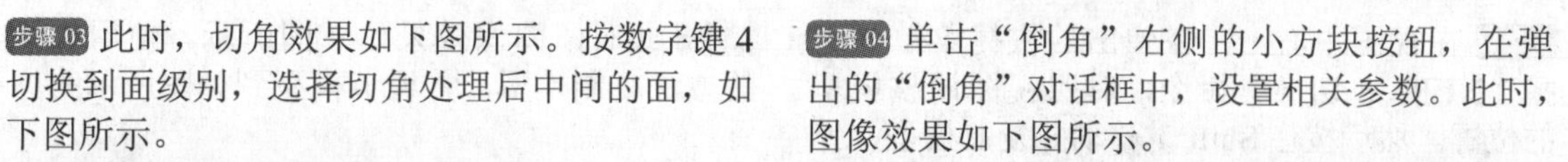

步骤 03 此时，切角效果如下图所示。按数字键 4 切换到面级别，选择切角处理后中间的面，如下图所示。

步骤 04 单击“倒角”右侧的小方块按钮，在弹出的“倒角”对话框中，设置相关参数。此时，图像效果如下图所示。

步骤 05 如果模型挤压出来的效果不好，可使用快捷键 Alt+X，将模型透明显示，然后将模型里面的节点调整出来。使用数字键 1 切换到点级别，选择如下图所示的两点。

步骤 06 单击“连接”按钮，在两个节点之间创建边。使用相同的方法，连接其他节点。

步骤 07 使用数字键 4 切换到面级别，选择如下图所示的面。单击“倒角”按钮，弹出“倒角”对话框，设置相关参数，如下图所示。

步骤 08 此时，图像效果如下图所示。继续设置倒角参数，如下图所示。

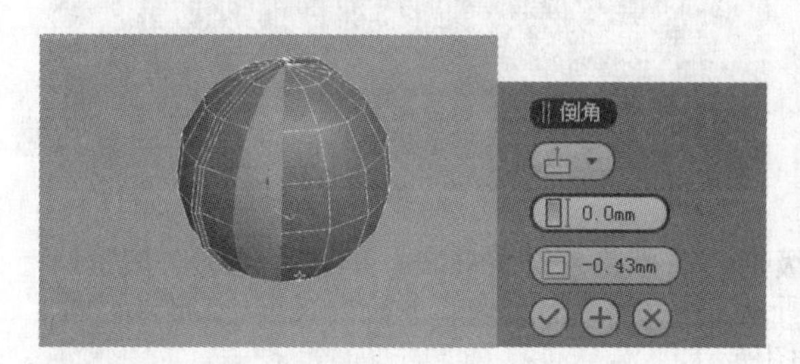

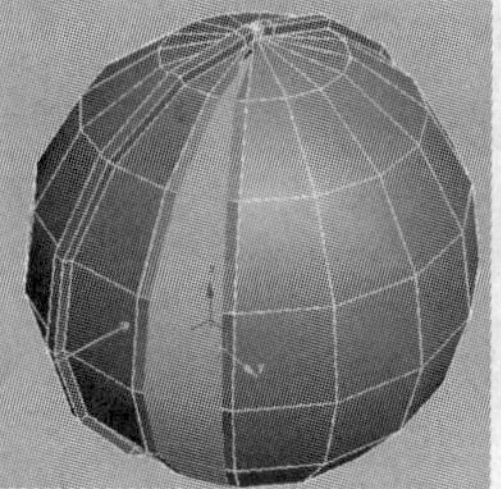

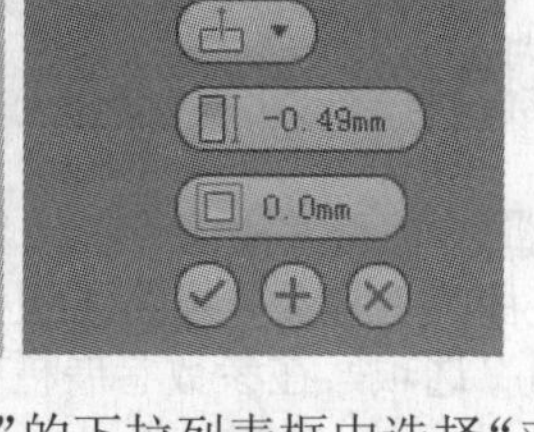

步骤 09 此时，挤压效果如下图所示。使用相同的方法制作出半个模型，然后选择没有制作的半个模型的面，按 Delete 键删除选择的面。

步骤 10 在“修改器列表”的下拉列表框中选择“对称”选项，为模型添加对称修改器，将模型沿着 Y 轴对称显示，在“修改”面板按下图所示进行设置。

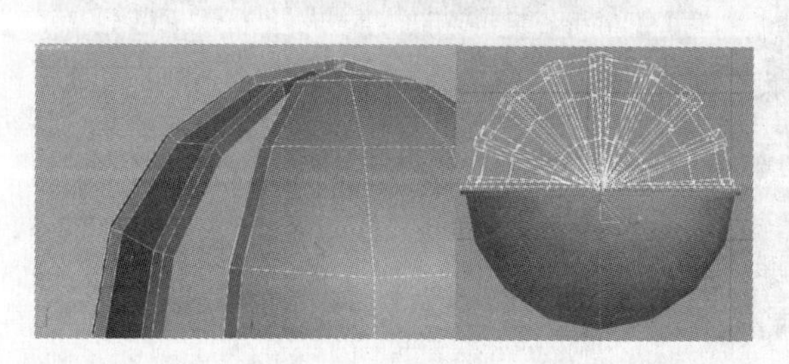

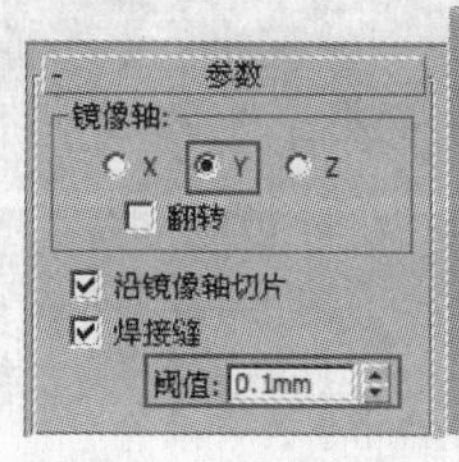

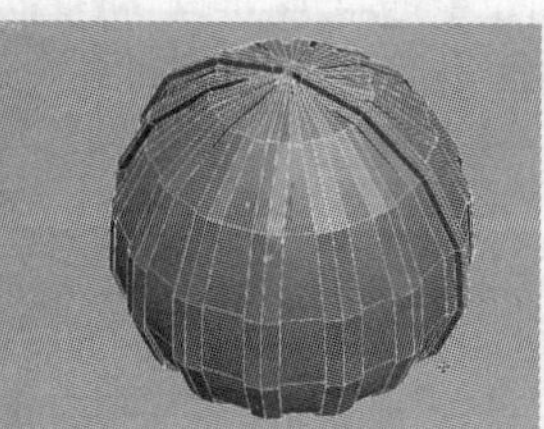

步骤 11 在视图中右击，在弹出的快捷菜单中选择“NURMS 切换”命令，对照视图调整模型的位置。然后按住 Shift 键移动并复制模型，弹出“克隆选项”对话框，选择“实例”单选按钮。

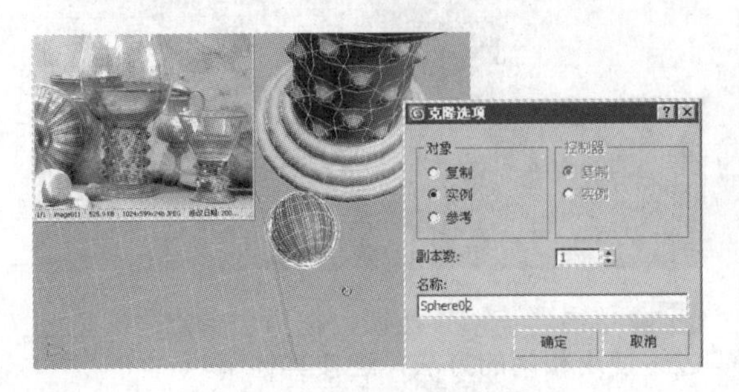

步骤 12 此时，图像效果如下图所示。使用相同的方法复制模型，并调节模型到如图所示的位置。

6.4.4 制作调料壶模型

步骤 01 单击“线”按钮，在正视图中绘制调料壶的侧面形状。在“选择”卷展栏中单击按钮，或者按数字键 1，进入点物体层级，选择如下图所示的节点。

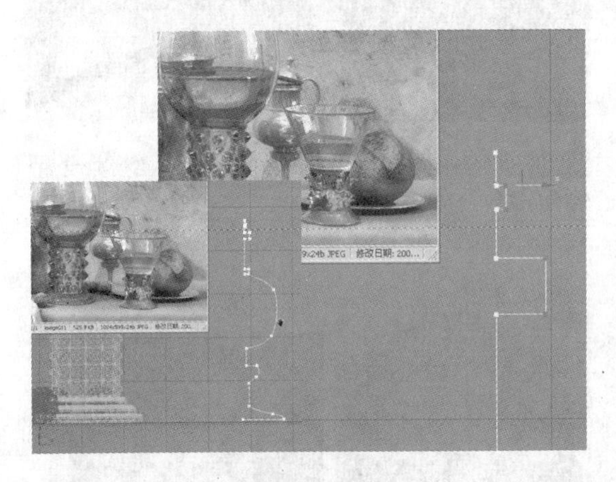

步骤 02 单击“圆角”按钮，将节点创建出内圆的弧度，并调节节点到如图所示的位置。在“焊接”按钮右侧的数值框中设置焊接节点之间的距离，单击“焊接”按钮，焊接两个节点。

步骤 03 单击按钮或者按数字键 3，进入样条线级别，选择整条样条曲线。单击“轮廓”按钮，在曲线上拖动，将曲线制作出边框，效果如下图所示。在“修改器列表”下拉列表框中，选择“车削”选项，在参数卷展栏中设置相关参数，如下图所示。

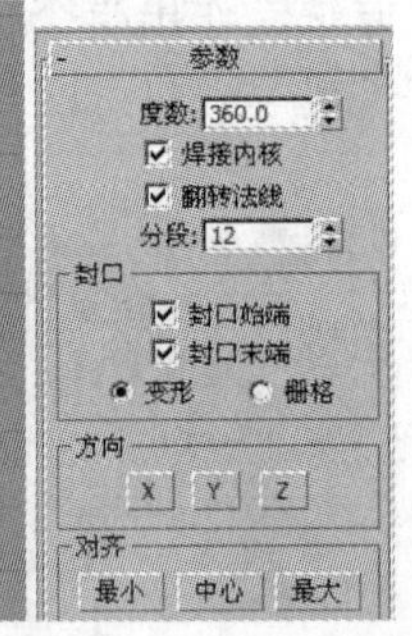

步骤 04 单击“最小”按钮，模型效果如下图所示。在“修改器列表”下拉列表框中选择 涡轮平滑 命令，将模型光滑显示，效果如下图所示。

步骤 05 单击“球体”按钮，在顶视图中创建一个球体模型，单击“创建”按钮打开“修改”面板，在参数卷展栏中设置相关参数，如下图所示。

步骤 06 在视图中右击，在弹出的快捷菜单中选择“转换为”→“转换为可编辑多边形”命令，将模型转换为为可编辑的多边形。选择下面半个球的面，按 Delete 键删除多余的点。然后将模型沿着 Z 轴缩放。单击“边界”按钮进入边界物体层级，选择半个圆下面的边缘曲线。

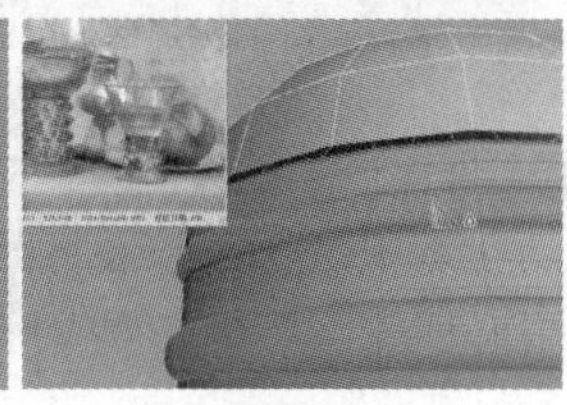

步骤 07 按住 Shift 键，复制出如图所示的形状。然后选择物体顶上的面。

步骤 08 单击“倒角”右侧的小方块按钮，弹出“倒角”对话框，设置相关参数，如下图所示，单击“确定”按钮后，继续调节相关参数，图像效果如右图所示。

步骤 09 退出子物体层级，在主工具栏中单击“对齐”按钮，然后单击调料壶模型，在弹出的对话框中设置对齐参数，单击“确定”按钮，将壶盖模型与调料壶模型对齐。使用旋转工具将壶盖模型调整到如图所示的位置。

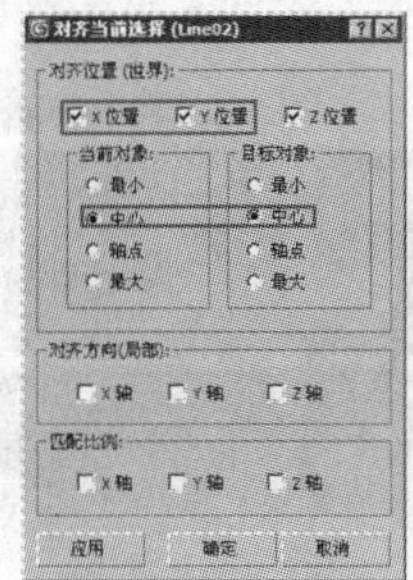

步骤 10 下面制作壶把模型。单击“线”按钮，在正视图中绘制如下图所示的形状。然后单击“矩形”按钮，在顶视图中创建一个长方形，如下图所示。

步骤 11 选择Line曲线，在“创建”面板中单击“几何体”按钮，选择“复合对象”类型，单击“放样”按钮，在卷展栏中单击“获取图形”按钮，然后单击长方形，在“蒙皮参数”卷展栏中设置相关参数，如图所示。

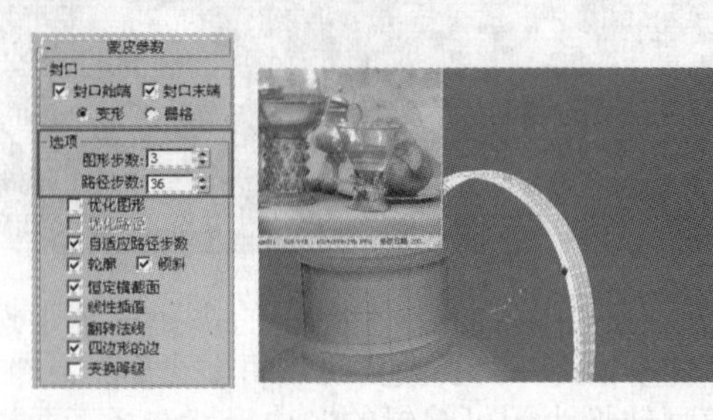

步骤 12 将调料壶摆放到图片中对应的位置。

6.4.5 制作食物模型

步骤 01 单击“线”按钮，在正视图中绘制如下图所示的曲线。按数字键2，进入样条线层级，选择整条样条曲线，单击“轮廓”按钮，在曲线上拖动，将曲线制作出边框。

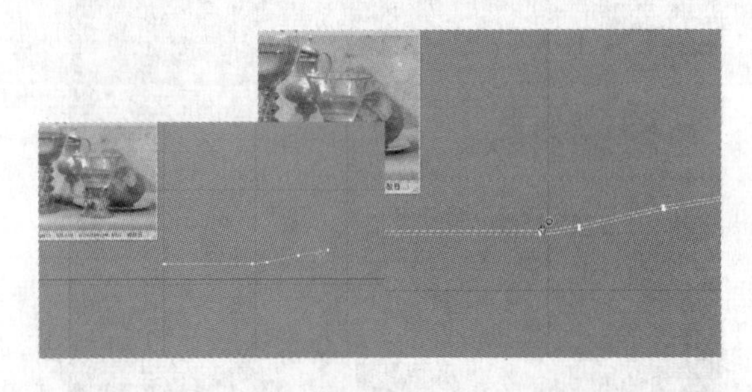

步骤 02 在“修改器列表”下拉列表框中，选择“车削”选项，在参数卷展栏中设置相关参数，单击“最小”按钮，模型效果如下图所示。

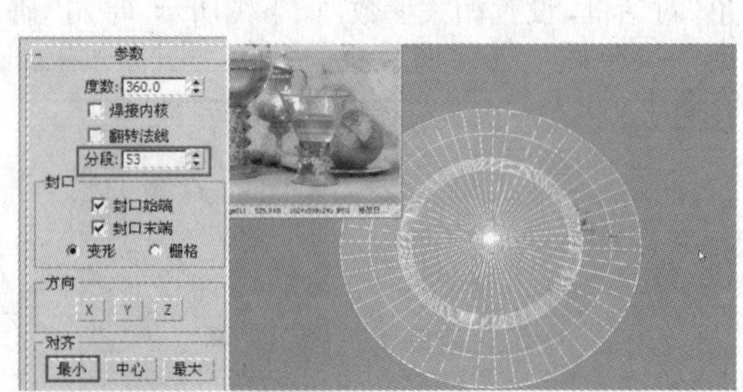

步骤 03 单击“球体”按钮，在正视图中创建一个球体模型。右击球体，在弹出的快捷菜单中选择“转换为可编辑多边形”命令，将模型转换为可编辑的多边形。切换到点级别，调节节点到如下图所示的位置。

步骤 04 单然后选择图中所示的曲线，单击“切角”后面的小方块按钮，在弹出的对话框中设置“倒角”参数，完成设置后单击“确定”按钮。

步骤 05 选择物体，按 M 键，打开材质编辑器。选择一个材质球，然后单击按钮，将材质赋予物体，效果如右下图所示。

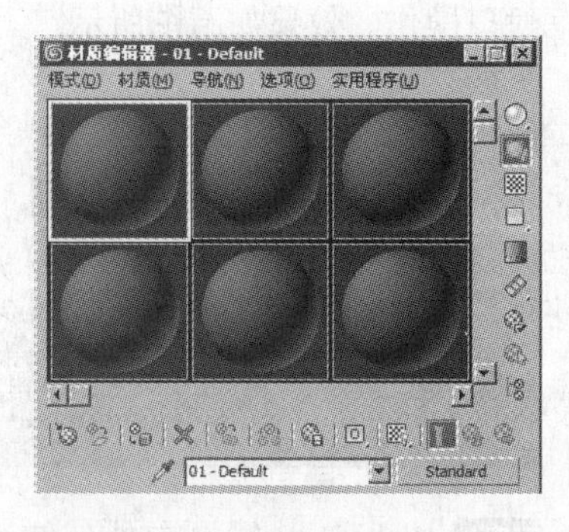

6.4.6　制作小酒杯模型

步骤 01 单击“线”按钮，在正视图中绘制一条样条曲线。单击按钮，然后单击“圆角”按钮，对节点进行圆角处理，效果如下图所示。

步骤 02 选择整条曲线，然后单击“修改”按钮进入“修改”面板，在“修改器列表”下拉列表框中，选择“车削”选项，单击“最小”按钮，模型效果如下图所示。单击按钮，选择如下图所示的线条。

步骤 03 单击“轮廓”按钮，进行扩边处理，效果如下图所示。选择物体，切换到边级别，选择如下图所示的曲线。

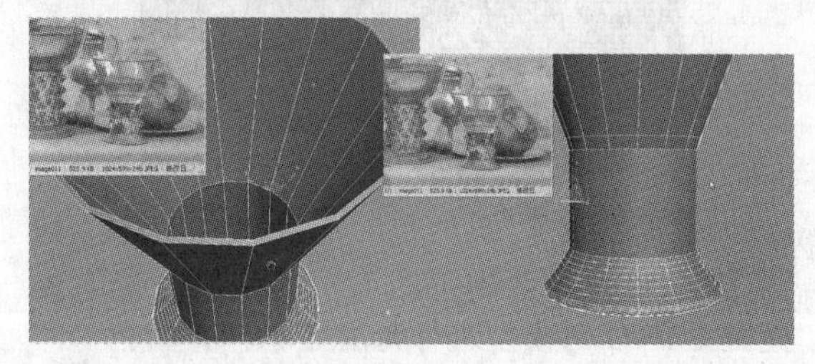

步骤 04 单击“连接”右边的小方块按钮，在弹出的“连接”对话框中设置相关参数。此时，图像效果如下图所示。

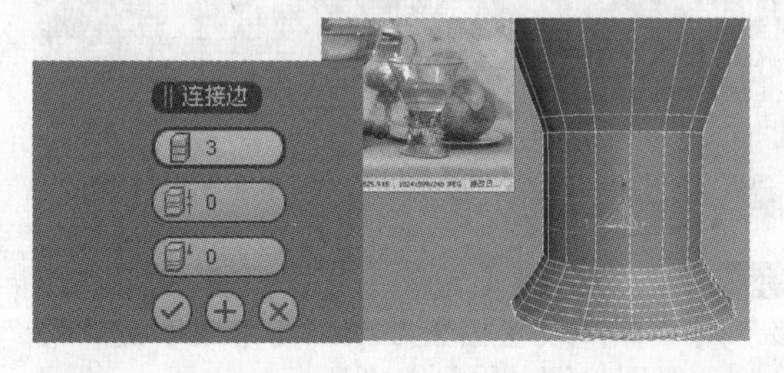

步骤 05 继续使用同样的方法对模型进行细分，效果如图所示，使用快捷键 4 切换到面级别，选择如图所示的面。

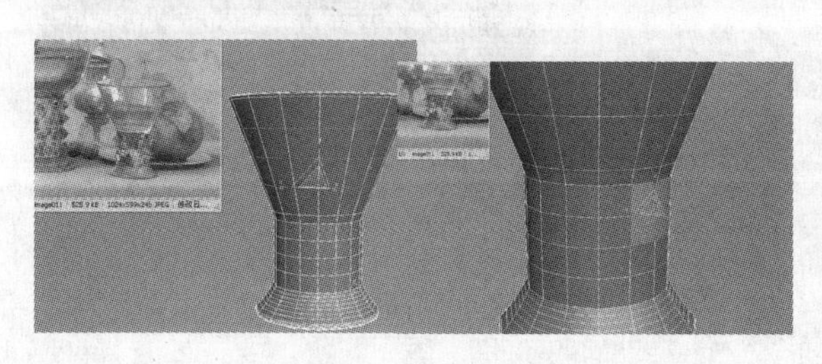

步骤 06 单击“倒角”后面的小方块按钮，弹出“倒角”对话框，设置相关参数，如下图所示。效果如下图所示。

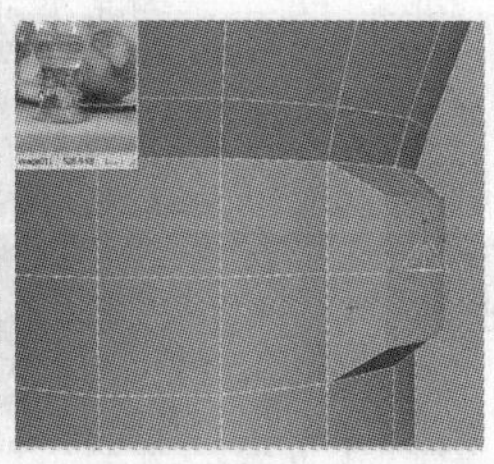

步骤 07 按下 Delete 键删除下图所示的面，使用数字键 3 切换到边界级别，选择下图所示的开放的边。

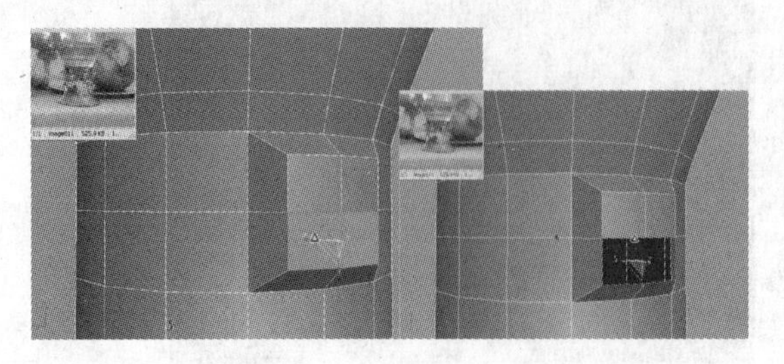

步骤 08 按下 Shift 键，向外延伸，并调节边到如图所示的位置。然后单击“封口”按钮，进行封口操作，效果如下图所示。

步骤 09 激活 按钮，按 Delete 键删除下图所示的面，然后单击“边界”按钮 ，选择如下图所示的曲线。

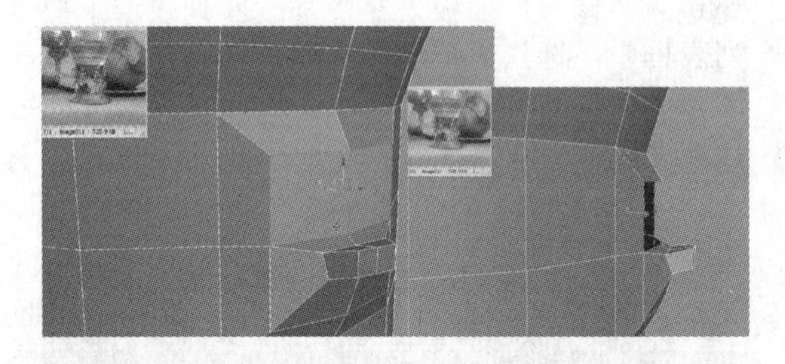

步骤 10 按下 Shift 键，向外延伸，然后调整它的形状。然后单击“封口”按钮，进行封口操作，效果如下图所示。

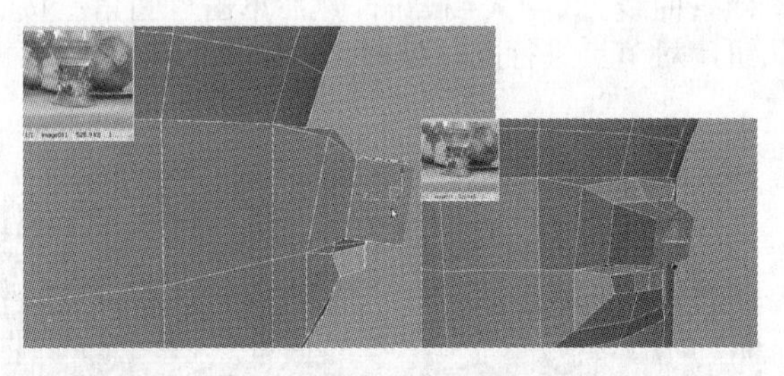

步骤 11 单击“边”按钮 ，选择如图所示的曲线，单击“连接”右边的小方块按钮，弹出如图所示的对话框，设置相关参数，给物体添加新的曲线。

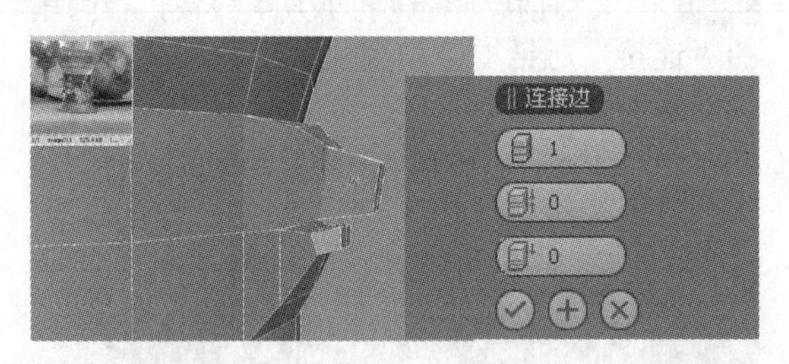

步骤 12 细分效果如图所示，然后选择下图所示的边。

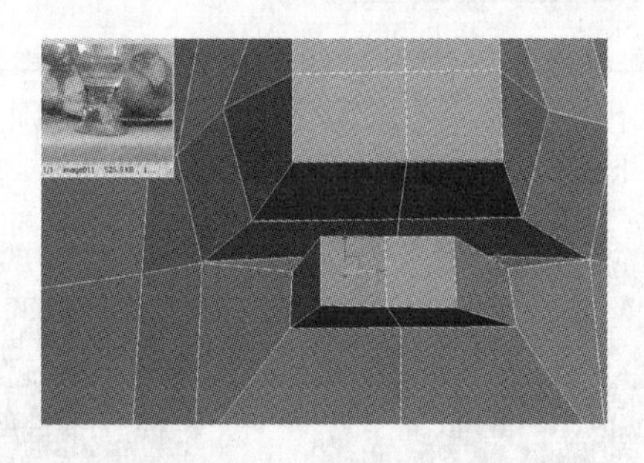

步骤 13 单击“连接”右边的小方块按钮，弹出“连接”对话框，设置相关参数，使用数字键 4 切换到面级别，调节面到下图所示的位置。

步骤 14 继续调节面到下图所示的位置，使用快捷键 Ctrl+Q 对模型进行光滑显示。

步骤15 选择左下图所示的面，用与面相同的方法再制作出一个面，效果如右下图所示。

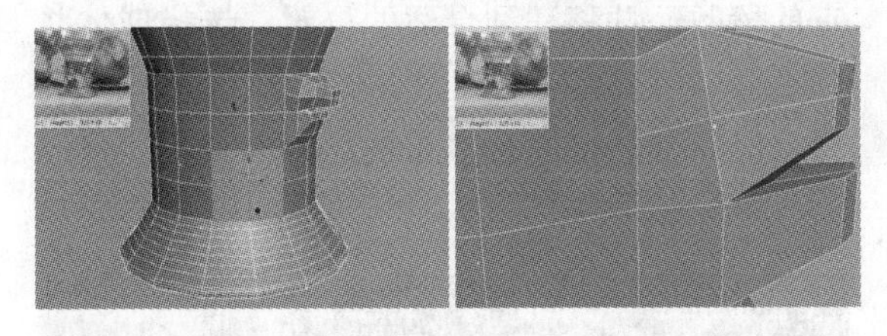

步骤16 单击“顶点”按钮，选择下图所示的点，单击“切角”右边的小方块按钮，弹出“切角”对话框，设置相关参数，如下图所示。

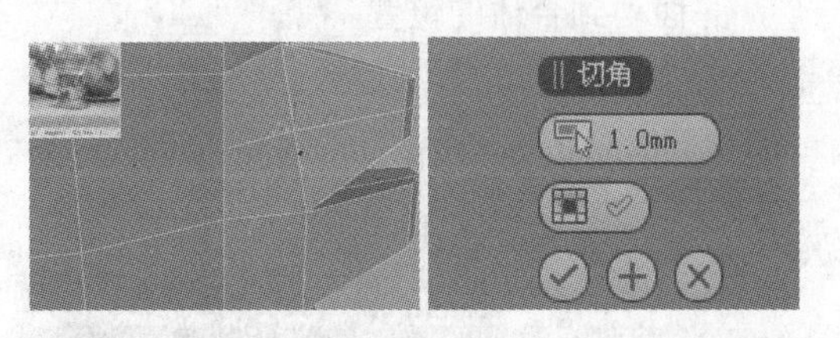

步骤17 使用数字键4切换到面级别，选择下图所示的面，使用Delete删除选择的面，使用数字键3切换到边界级别，选择下图所示的边。

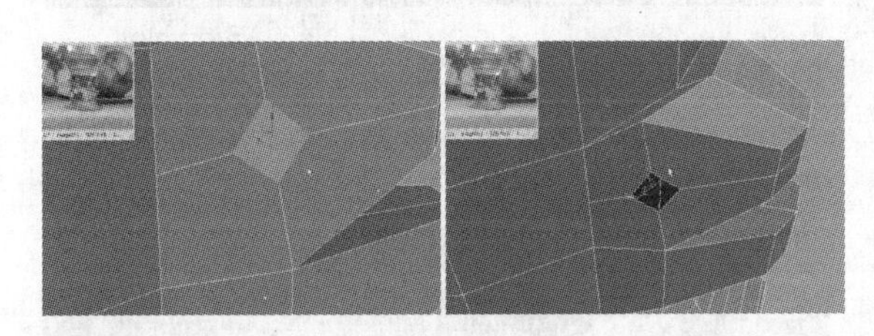

步骤18 按住Shift键，向外延伸，并调节边到下图所示的位置。单击“球体”按钮，创建一个球体，调整其大小并移动到合适的位置，效果如下图所示。

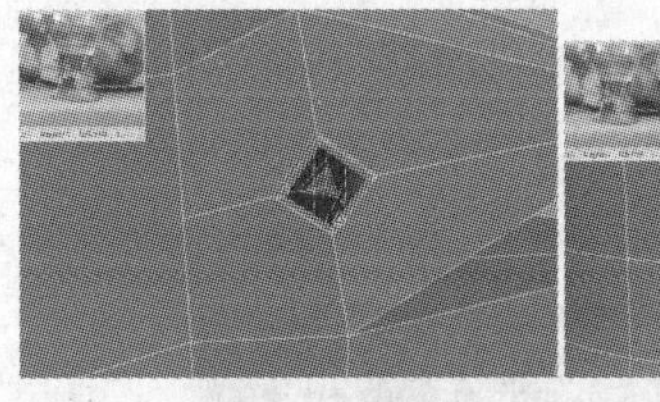
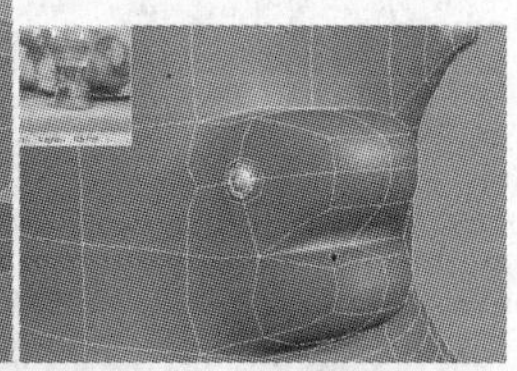

步骤19 选择球体并右击，在弹出的快捷菜单中选择“转换为”→“转换为可编辑多边形”命令，将其转换为可编辑多边形。然后单击“附加”按钮，将其和杯子连接在一起。最后，进一步调整其形状。单击■按钮，选择下图所示的面。

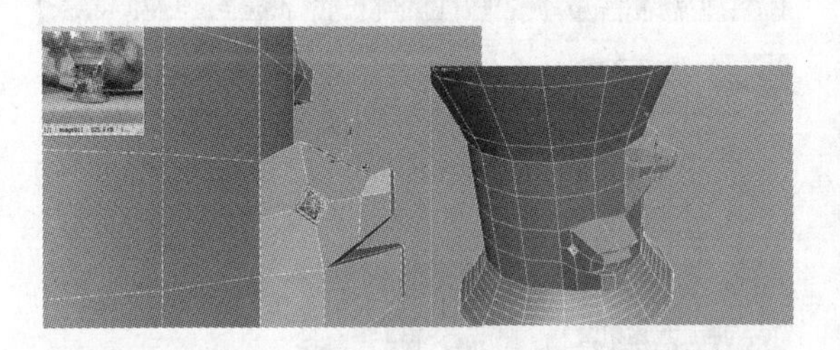

步骤20 单击“分离”按钮，将其分离出来，然后利用旋转工具进行旋转复制，效果如下图所示。然后单击“目标焊接”按钮，对分离的点分别进行焊接。单击“线”按钮，在正视图中绘制一条样条曲线，单击按钮，选择点，进行调整。

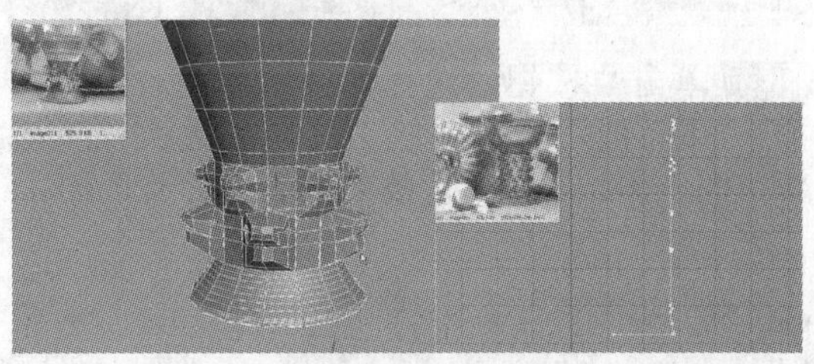

步骤21 择整条曲线，然后单击“修改”按钮进入“修改”面板，在“修改器”列表下拉列表框中，选择“车削”选项，在参数卷展栏中设置相关参数，单击“最小”按钮，模型效果如下图所示。

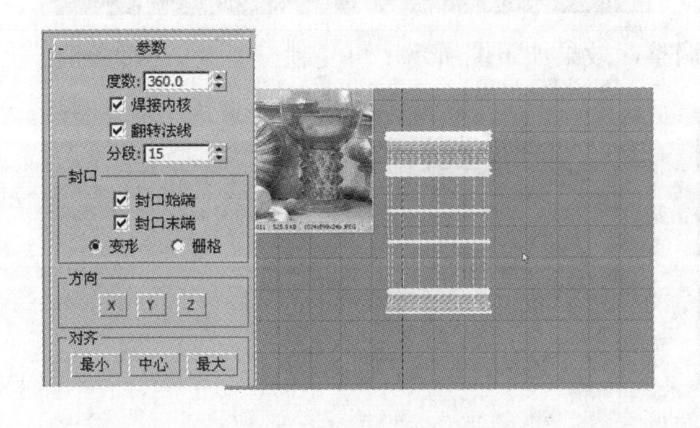

步骤22 然后进行调整，并将其移动到合适的位置，效果如下图所示。

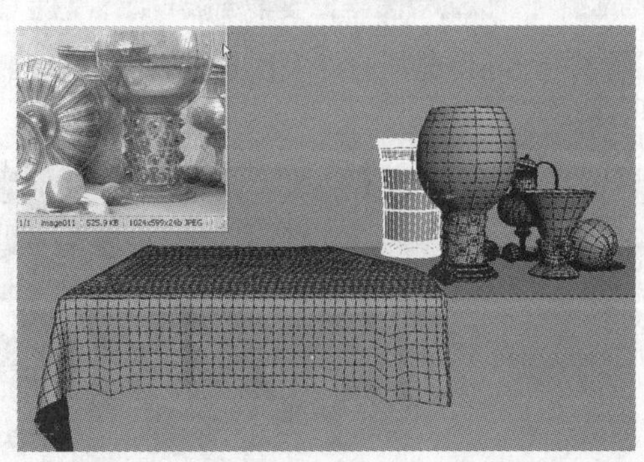

6.4.7 制作水果和水果刀模型

步骤01 选择如图所示的盘子，按下Shift键复制一个，并移动到合适的位置。

步骤02 单击“球体”按钮，创建一个球体，调整它的段数，并移动到合适的位置。选择球体并右击，在弹出的快捷菜单中选择“转换为”→“转换为可编辑多边形”命令，将模型转换为为可编辑的多边形。然后利用缩放工具进行调整。

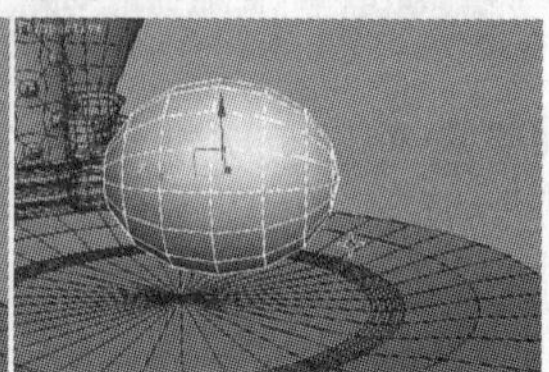

步骤03 切换到点级别，调节节点到合适的位置。单击“边”按钮◁，选择下图所示的曲线。

步骤04 单击“切角”右边的小方块按钮，弹出“切角”对话框，设置相关参数。此时，切角效果如下图所示。

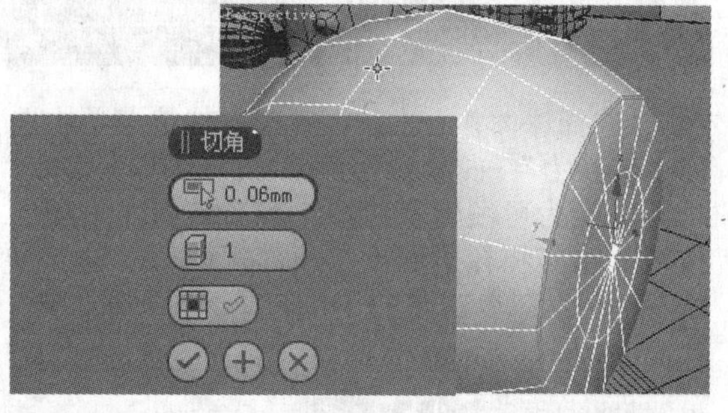

步骤05 单击■按钮，选择如图所示的一圈面，按下Shift键，利用缩放工具向外过大，生成新的面，作为水果皮，效果如下图所示。

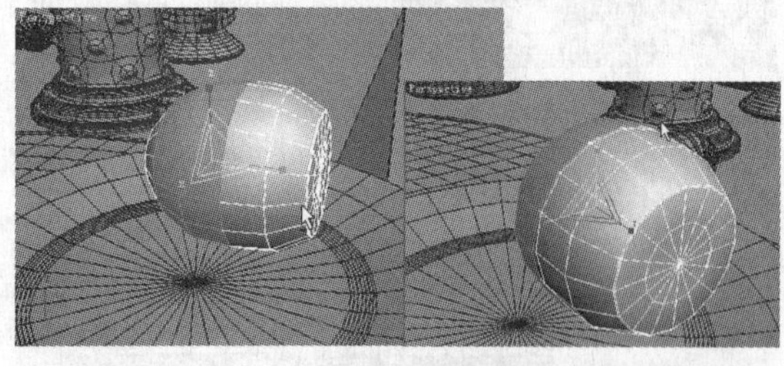

步骤06 按下Delete键删除如下图所示的面，单击“边”按钮◁，选择下图所示的曲线。

步骤07 按下Shift键，向外多次延伸，并做适当调整，效果如下图所示。再复制一个盘子移动到下图所示的位置。

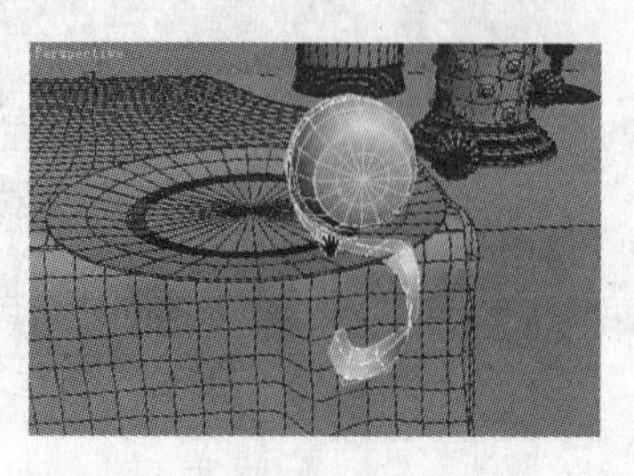

步骤 08 单击“长方体”按钮，创建一个盒子物体，将模型转换为为可编辑的多边形。单击“边”按钮，选择下图所示的曲线，使用快捷键 Ctrl+Shift+E 对模型进行细分，并调节边到如下图所示的位置。

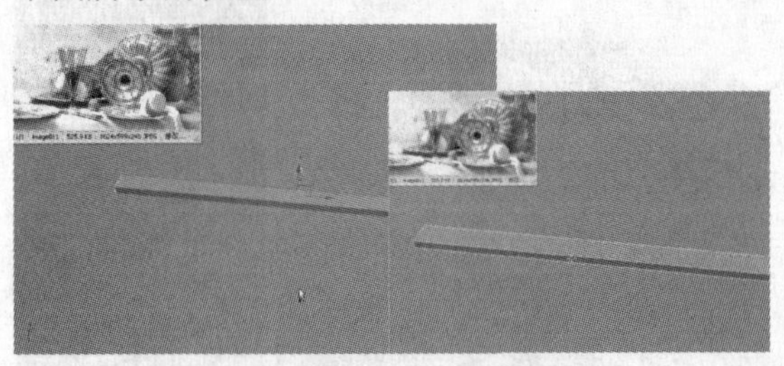

步骤 09 使用数字键 4 切换到面级别，移动面到下图所示的位置。单击“边”按钮，选择下图所示的曲线。

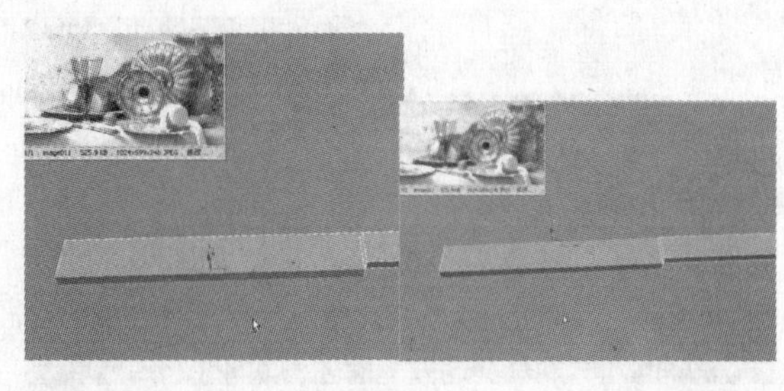

步骤 10 使用快捷键 Ctrl+Shift+E 对模型进行细分，使用数字键 4 切换到面级别，选择如图的上下两个面，利用缩放工具，沿 Z 轴进行压缩。此时，图像效果如下图所示。

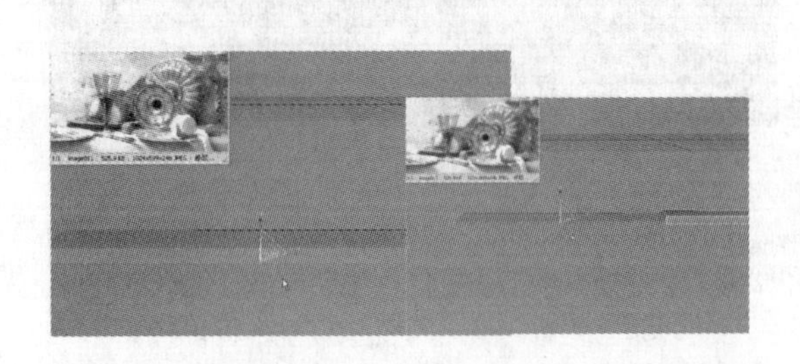

步骤 11 单击“边”按钮，选择如图所示的曲线，使用快捷键 Ctrl+Shift+E 对边进行细分，然后继续选择如图所示的边。

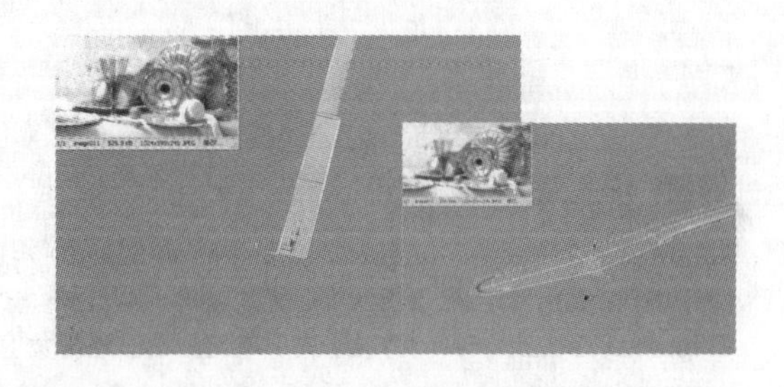

步骤 12 选择如下图所示的曲线，单击“连接”右边的小方块按钮，在弹出的“连接”对话框中调节参数，给物体添加新的曲线。

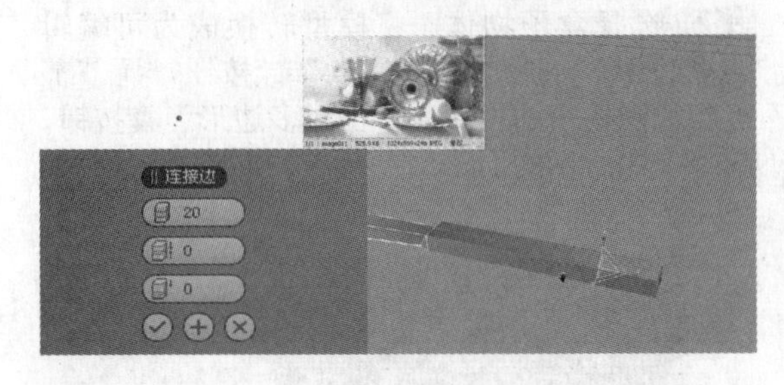

步骤 13 单击“连接”右边的小方块按钮，弹出“连接”对话框，设置相关参数，如图所示。

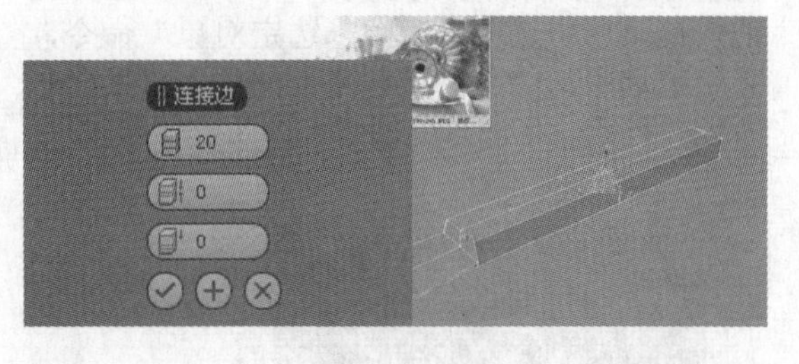

步骤 14 使用相同的方法继续对模型进行细分，然后调节边到下图所示的位置。单击按钮，选择下图所示的面。

步骤 15 然后单击“倒角”右边的小方块按钮，弹出“倒角”对话框，设置相关参数，如下图所示。效果如下图所示。

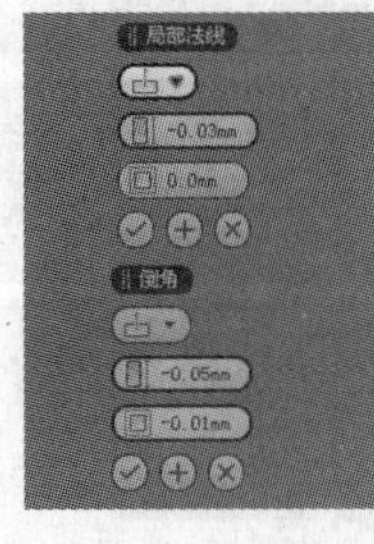

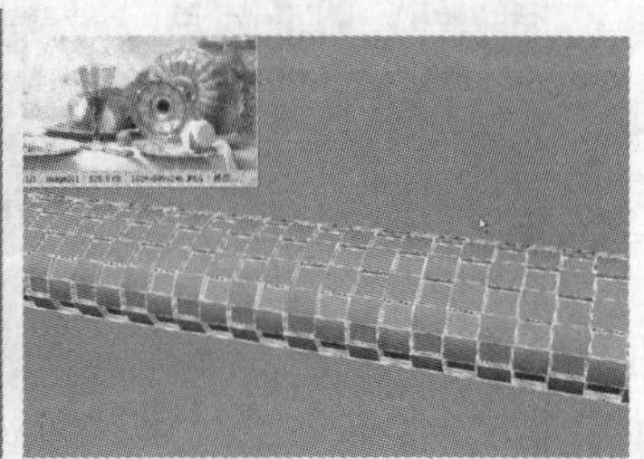

步骤 16 单击“边”按钮，选择如图所示的一圈曲线，单击“连接”右边的小方块按钮，弹出“连接”对话框，设置相关参数并调节边到下图所示的位置。

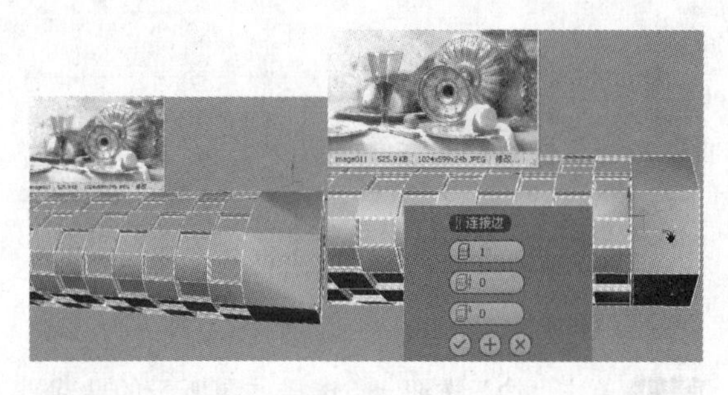

步骤 17 单击“多边形”按钮，选择如图所示的面，单击“挤出”右边的小方块按钮，弹出“挤出”对话框，设置相关参数。

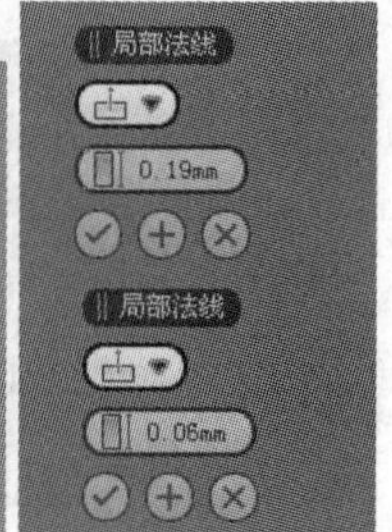

步骤 18 选择水果刀并右击，在弹出的快捷菜单中选择 NURMS 切换 命令，将其进行光滑处理。然后将其移动到合适的位置，效果如右图所示。

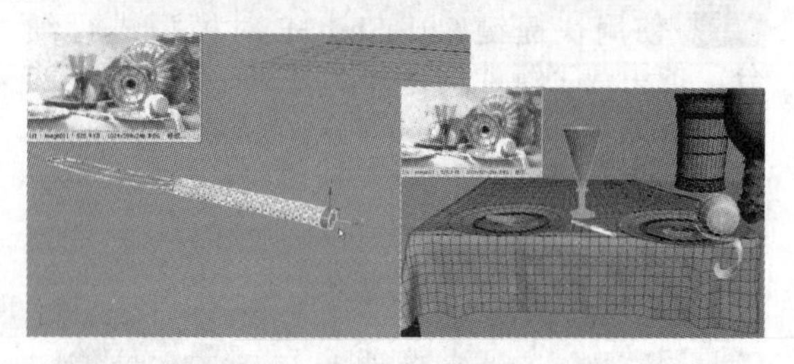

知识拓展：挤出类型

①组：沿着每一个连续的多边形组的平均法线执行挤出操作。②局部法线：沿着每一个选定的多边形法线执行挤出操作。③按多边形：独立挤出或倒角每个多边形。④挤出高度：以场景为单位指定挤出的数，可以向外或者向内挤出选定的多边形，具体情况取决于该值是正值还是负值。

6.4.8 制作肉类模型

步骤 01 选择下图所示的盘子，并右击，在弹出的快捷菜单中选择“隐藏未选定对象”命令，将未被选中的物体隐藏起来。然后，单击“长方体”按钮，在场景中创建一个长方体模型。

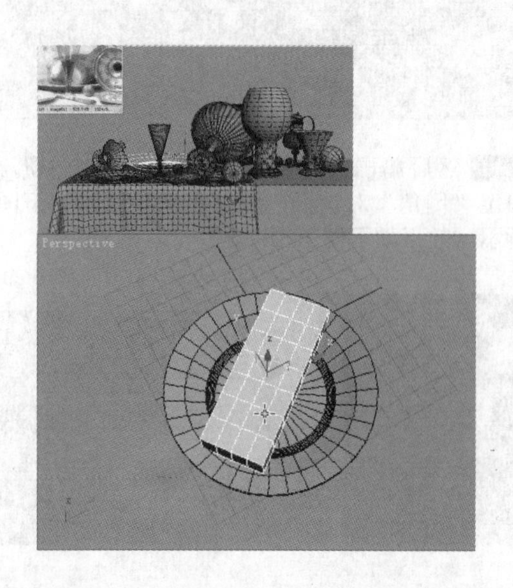

步骤 02 选择盒子物体，将模型转换成为可编辑的多边形。然后单击“顶点”按钮，调节节点到如图所示的位置。单击“多边形”按钮，选择下图所示的面。

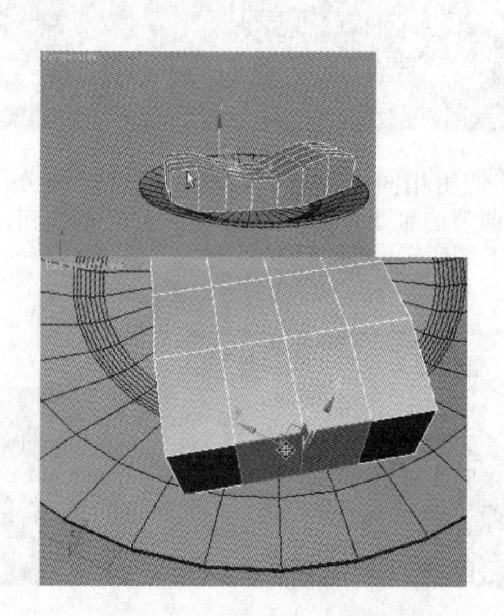

步骤 03 单击“倒角”右边的小方块按钮，在弹出的对话框中设置相关参数，如下图所示，效果如下图所示。

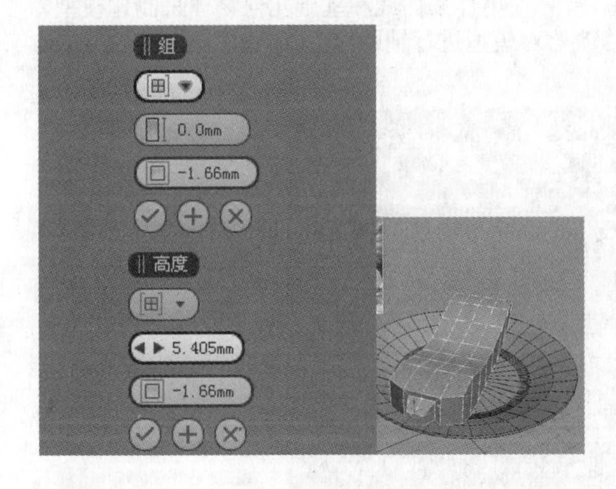

步骤 04 选择边，并使用快捷键 Ctrl+Shift+E 对模型进行加线。然后将模型塌陷为可编辑多边形，并对模型进行光滑显示，效果如下图所示。

步骤 05 在“修改器列表”下拉列表框中，选择 噪波 选项，为模型添加“噪波”修改器，设置“修改”面板中的相关参数，图像效果如下图所示，然后将模型塌陷为可编辑多边形。

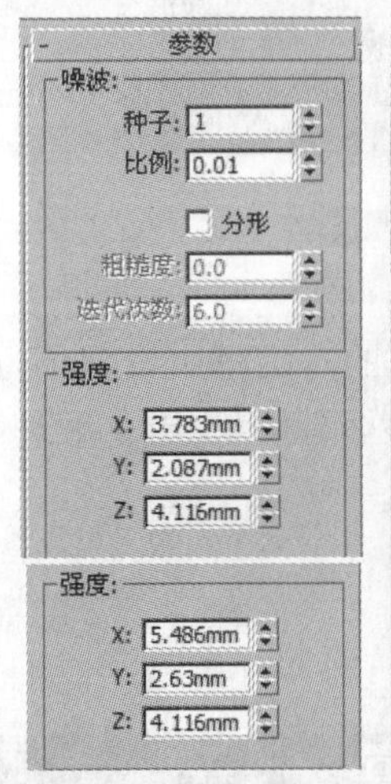

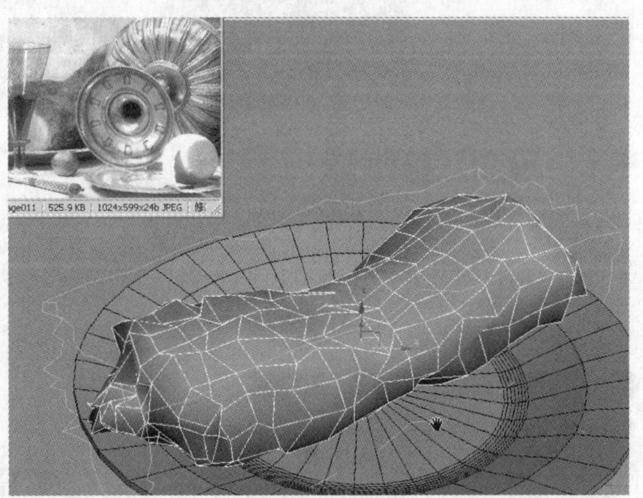

步骤 06 此时，图像效果如下图（左）所示，取消独立显示模式，对照参考图进行调整，最终效果如下图（右）所示。

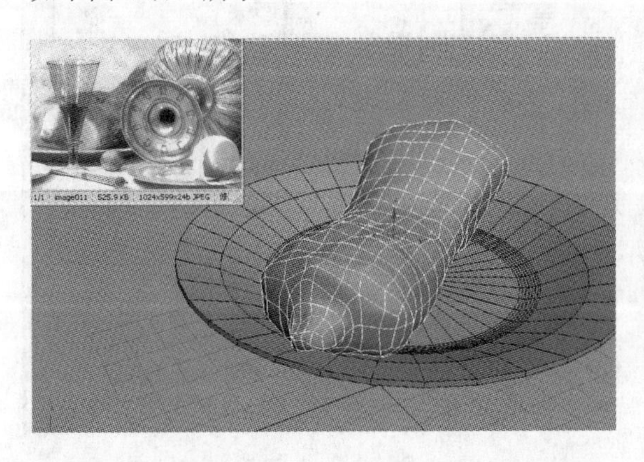

6.5 案例实训——建筑模型

本实例将完成悉尼国际赛舟中心模型的制作。首先使用样条曲线和基础几何物体来制作模型，然后使用 Poly 工具对模型进行塑造，最后使用修改器对模型进行辅助修改。

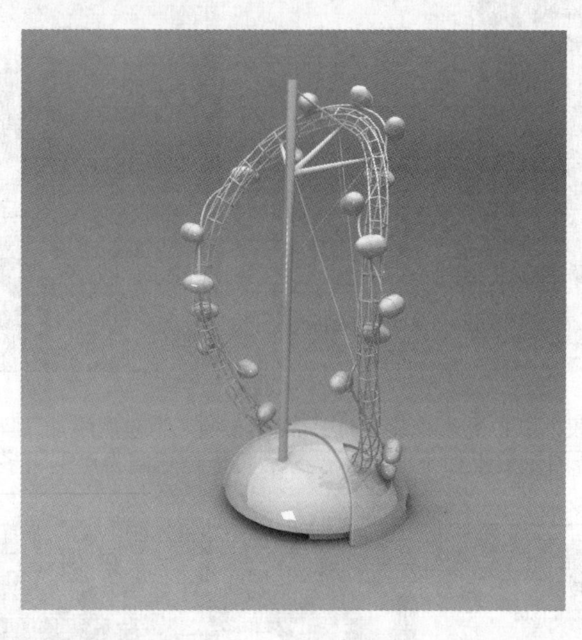

6.5.1 设置软件参数

在菜单栏选择“自定义”→“单位设置”命令，在弹出的对话框中设置单位参数。单击“系统单位设置”按钮，在弹出的对话框中设置单位参数（光盘文件\第 6 章\建筑模型\建筑模型 .max）。

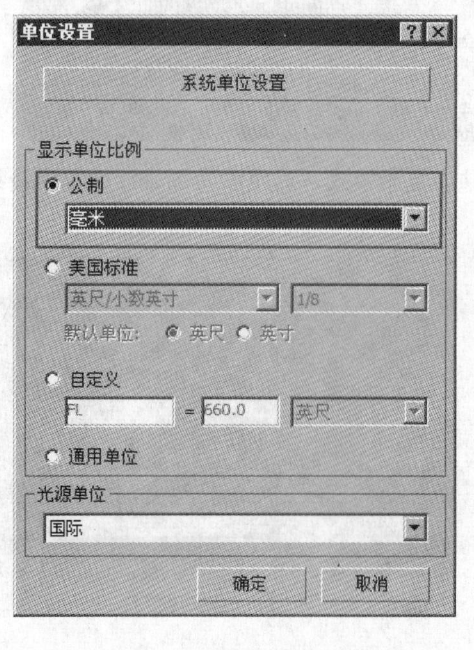

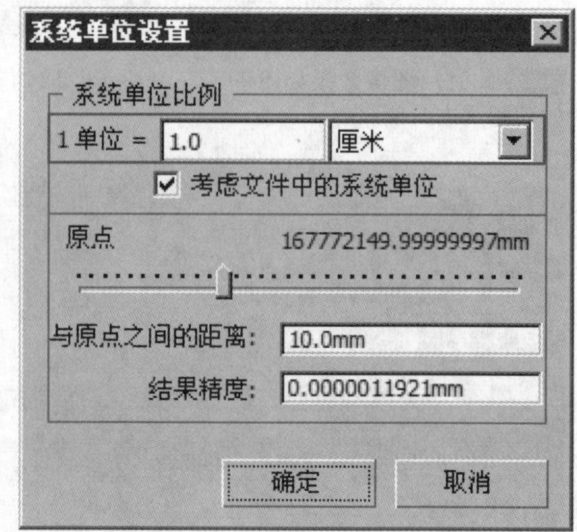

6.5.2　制作半球状和网格体模型

步骤 01 首先制作半球体建筑。打开 3ds Max 2012，单击“球体”按钮，在场景中创建一个球体模型，在“修改”面板中设置具体参数，如下图所示。

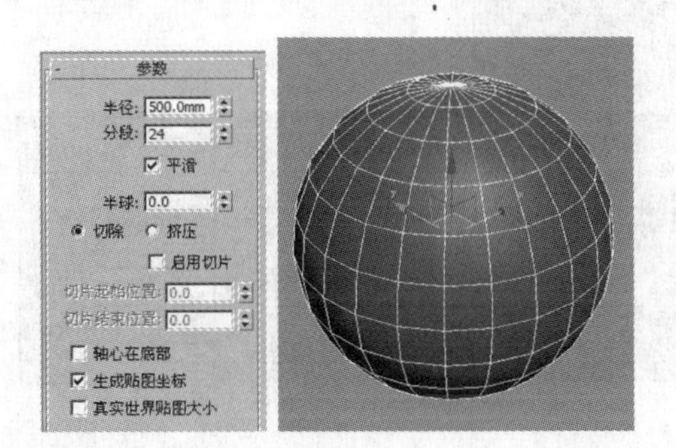

步骤 02 单击“几何球体”按钮，在场景中创建一个几何球体模型，在“修改”面板中设置具体参数，如下图（左）所示，模型显示如下图（右）所示，然后将模型转换为可编辑多边形。

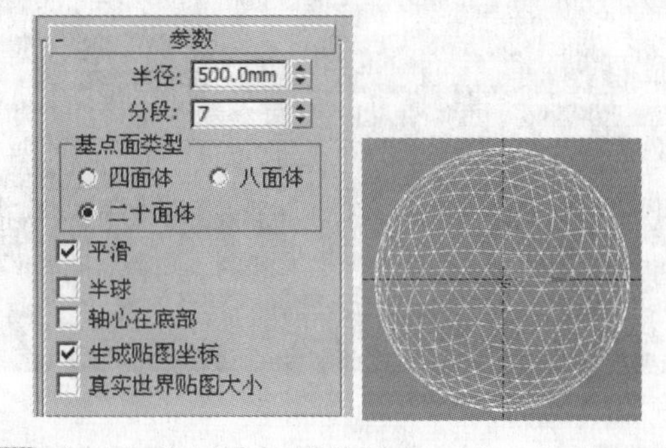

步骤 03 按 Delete 键删除一半几何球体模型。按 Delete 键删除一半球体模型。

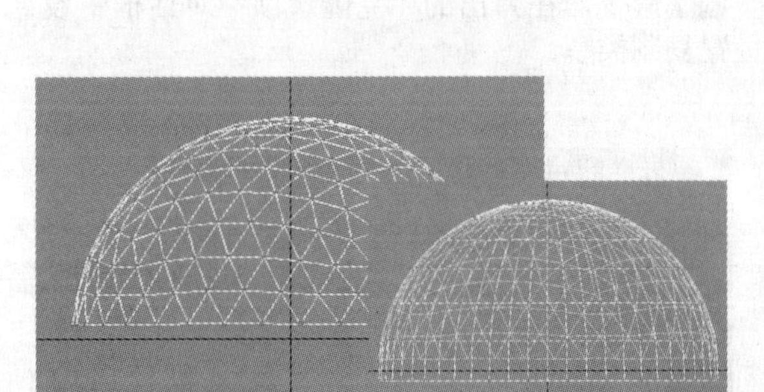

步骤 04 选择之前创建的球体模型。在“修改”面板中为其添加一个“晶格”修改器，在“修改”面板中设置具体参数，显示效果如下图（右）所示。

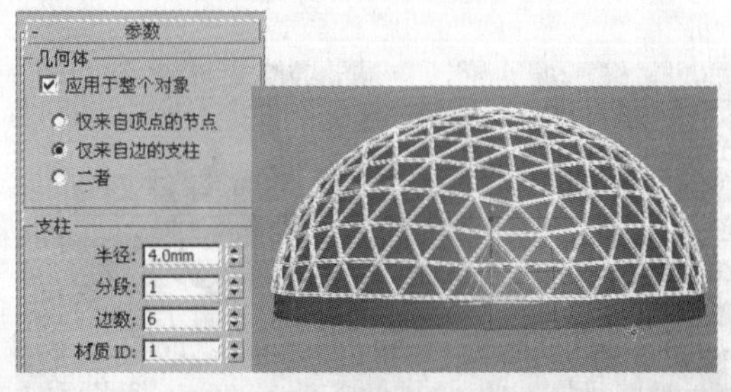

步骤 05 单击“切割”按钮，在半球体模型上切割细分曲线，同时调节节点到如右图所示的位置。然后按 Delete 键删除一半半球体模型。

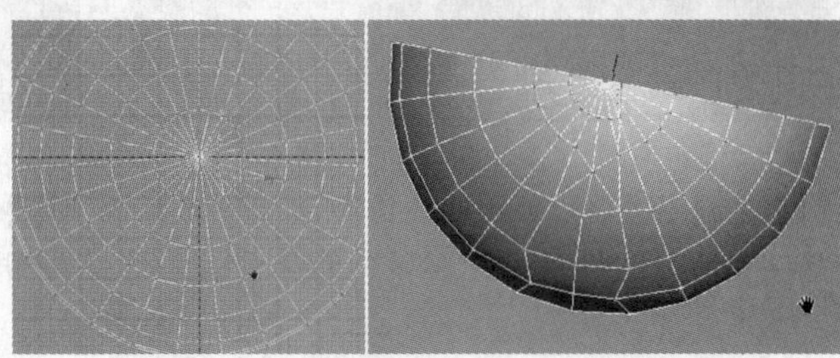

步骤 06 继续按 Delete 键，删除模型上部分面。切换到点级别，调节模型上的节点到如下图所示的位置。在“修改”面板中为其添加一个“对称”修改器，在“修改”面板中设置对称参数，如下图（右）所示。

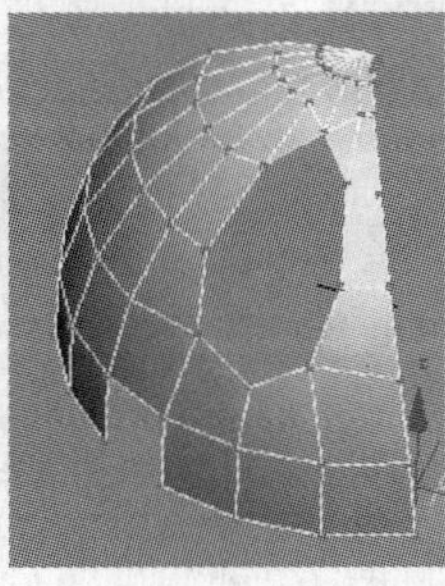

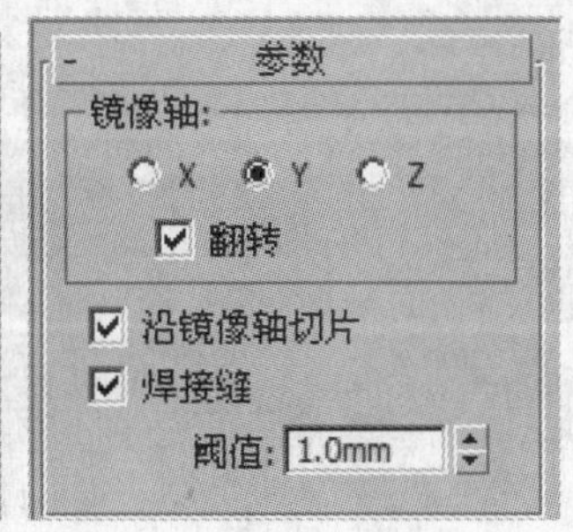

步骤 07 对称效果如下图（左）所示。同时将模型转换为可编辑多边形。单击 焊接 右边的小方块按钮，在弹出的 Weld Vertices 对话框中设置焊接参数，焊接模型上的节点。选择焊接好的模型，在"修改"面板中为模型添加一个 壳 修改器，在"修改"面板中设置壳参数，如下图（右）所示。

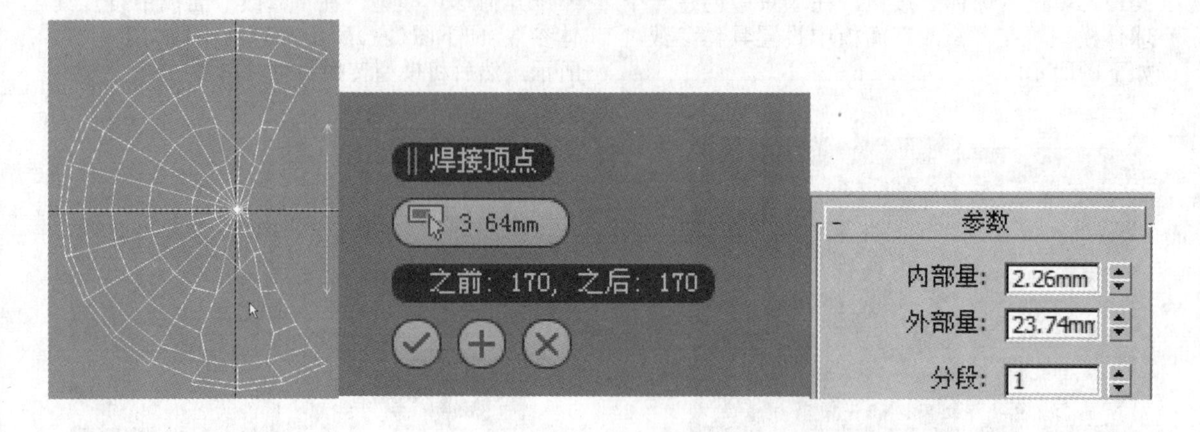

步骤 08 此时，效果如下图所示，然后将模型转换为可编辑多边形。切换到边级别，选择如下图所示的边。

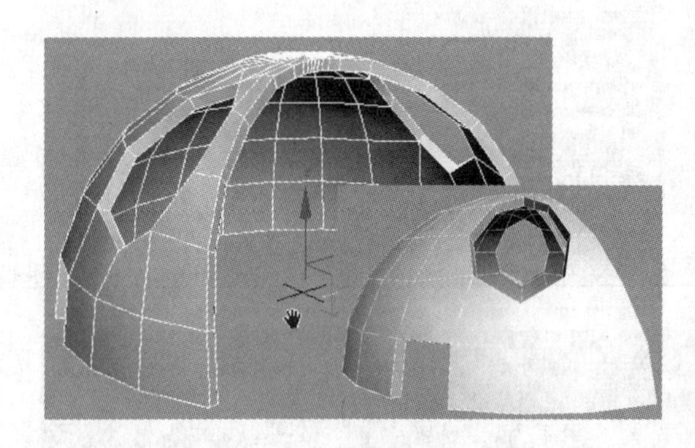

步骤 09 单击 切角 按钮，在模型上进行切角操作。然后右击模型，在弹出的快捷菜单中选择 克隆(C) 命令，在弹出的"克隆选项"对话框中设置复制类型。

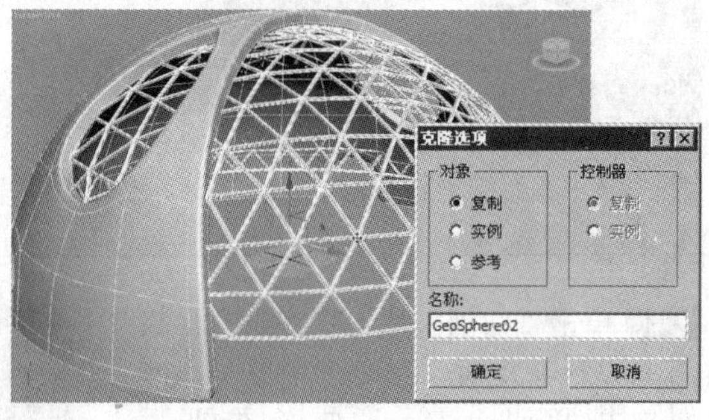

步骤 10 复制图像后，使用快捷键 M 打开材质编辑器，给复制的半球体模型设置半透明材质，效果如下图所示。

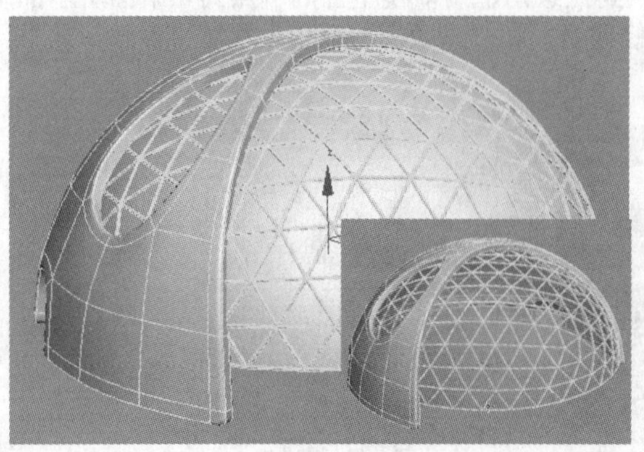

步骤 11 选择如下图所示的边，然后单击 利用所选内容创建图形 按钮，在场景中创建曲线。

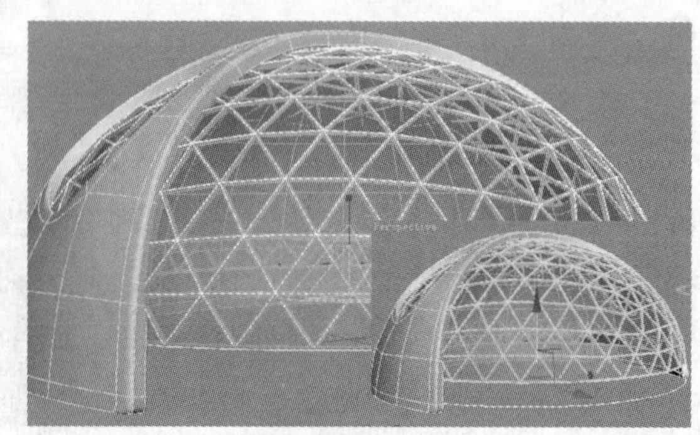

6.5.3　制作内部的圆形内壁

步骤 01 选择新创建的圆形曲线，单击 轮廓 按钮，在曲线上进行拖动操作，效果如下图（左）所示。接着给双曲线模型添加一个 挤出 修改器，在“修改”面板中设置挤压参数，如下图（右）所示。

步骤 02 挤压效果如下图所示。返回曲线级别，删除曲线上部分线段。

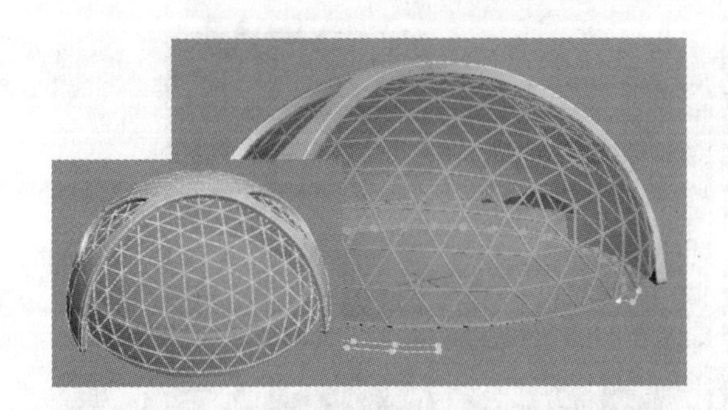

步骤 03 此时，挤压效果如下图所示。

6.5.4　制作网格状的金属架、柱子及拉线模型

步骤 01 单击 圆 按钮，在场景中创建一条圆形曲线，并将曲线转换为可编辑曲线；调节曲线上的节点到如下图（左）所示的位置。单击 多边形 按钮，在场景中创建一条六边形曲线。选择圆形曲线，单击 放样 按钮，接着单击 获取图形 按钮，再单击六边形曲线，在放样修改面板中设置具体参数，如下图（右）所示。

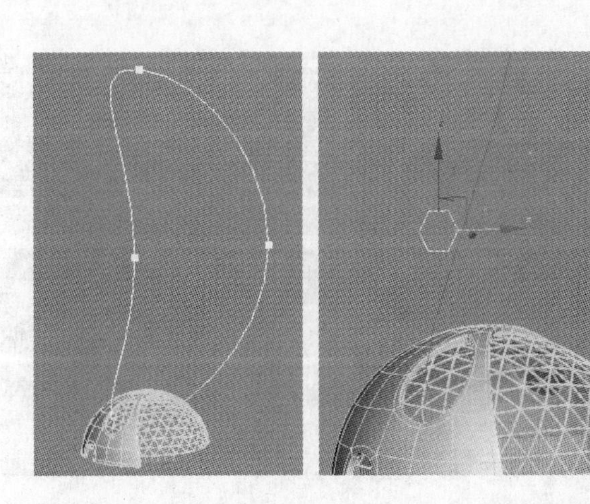

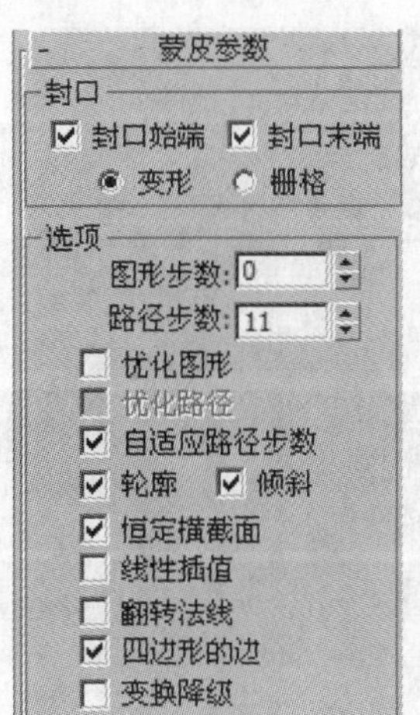

步骤 02 在六边形修改面板中设置具体参数，如下图（左）所示，放样效果如下图（中）所示。单击 扭曲 按钮，对放样好的模型进行扭曲操作，如下图（右）所示。

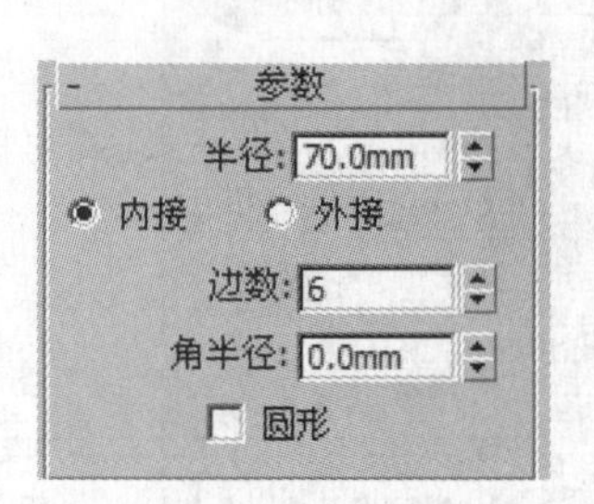

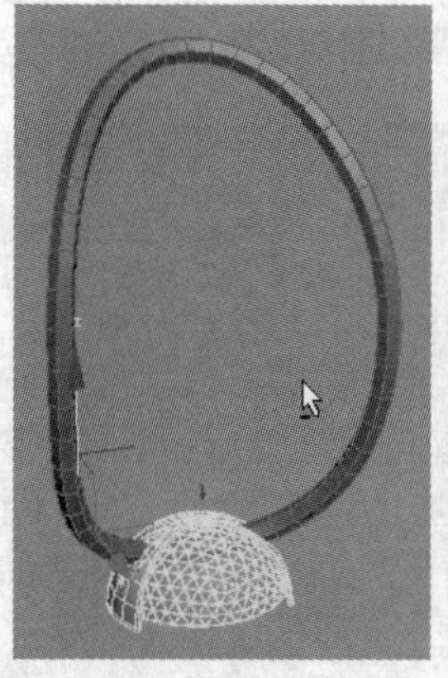

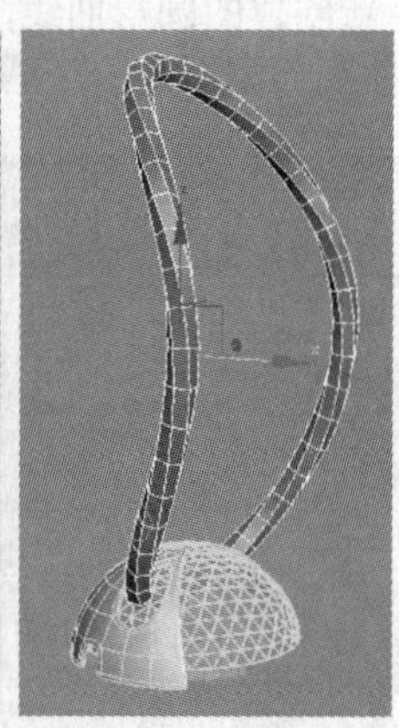

步骤 03 在“修改”面板中为放样好的模型添加一个 晶格 修改器，在“修改”面板中设置具体参数，如下图（左）所示。单击 圆柱体 按钮，在场景中创建一个圆柱体模型，“在修改”面板中设置具体参数，模型显示如下图（右）所示。

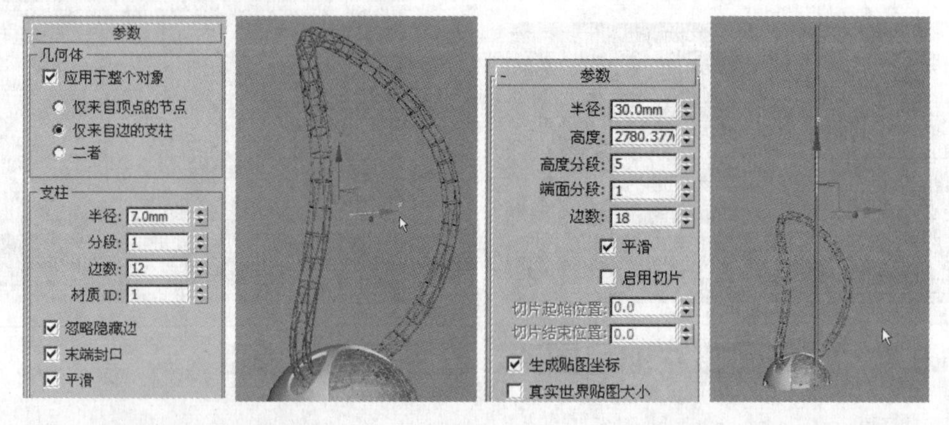

步骤 04 按住 Shift 键旋转复制圆柱体模型，并调节其大小，单击 圆 按钮，在场景中创建一条圆形曲线，并将其转换为可编辑曲线，调节曲线上的节点到下图（右）所示的位置。

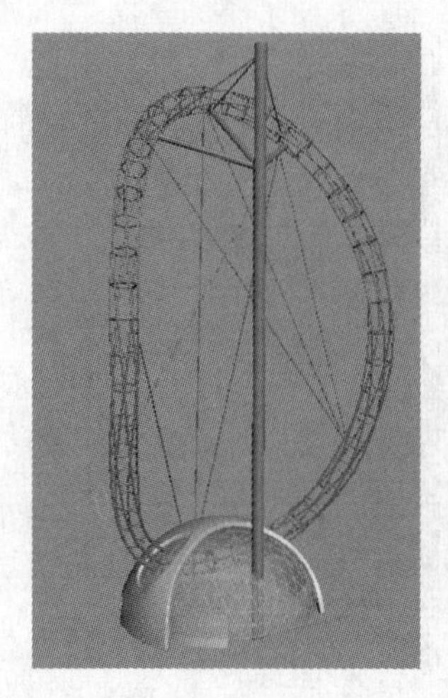

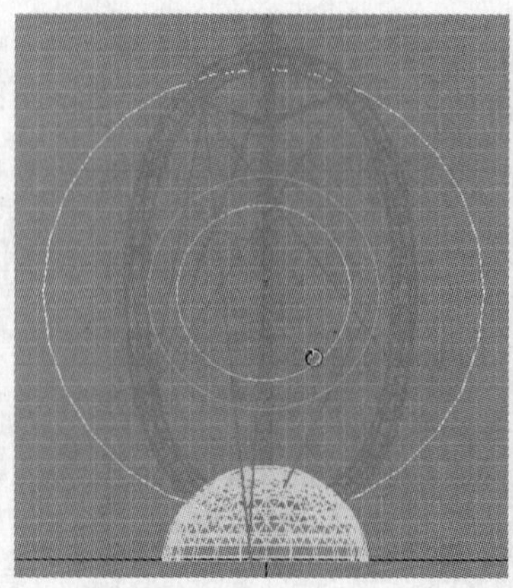

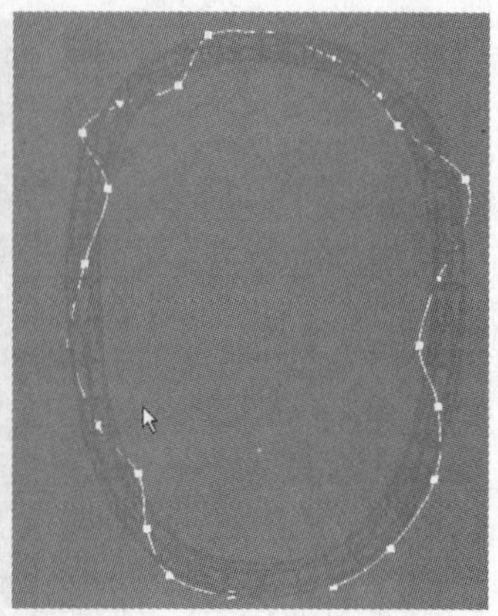

步骤 05 继续单击 圆 按钮，在场景中创建一条圆形曲线。

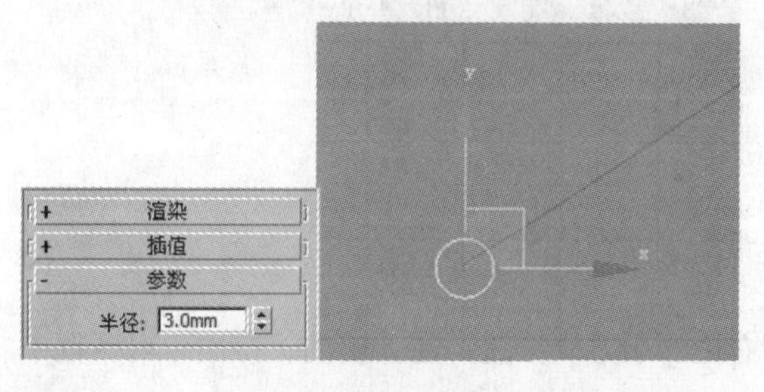

步骤 06 选择抽象曲线，单击 放样 按钮，接着单击 获取图形 按钮，在场景中单击圆形曲线，进行放样操作，并调节放样后模型上的节点到下图所示的位置。

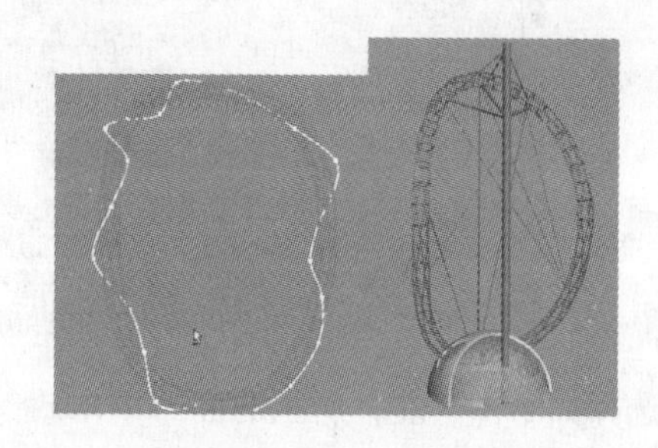

6.5.5　制作空中仓和底座

步骤 01 单击 球体 按钮，在场景创建一个球体模型，在"修改"面板中设置具体参数。

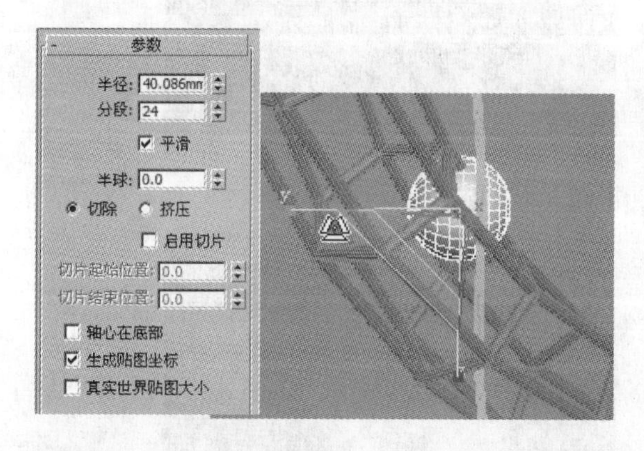

步骤 02 对球体模型进行缩放操作，如下图（左上）所示，然后将模型陷成可编辑多边形，选择如下图（右下）所示的边。

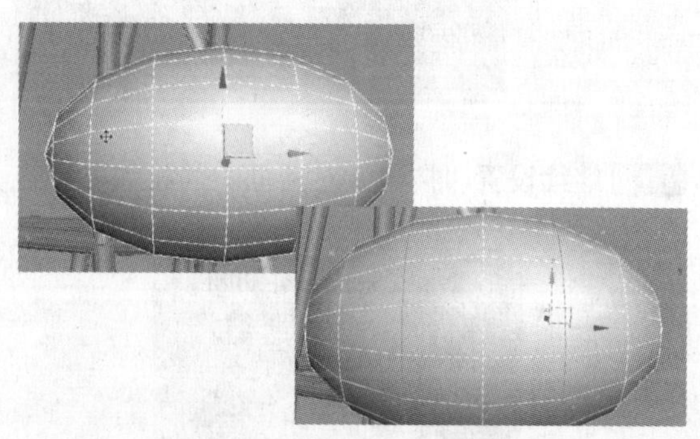

步骤 03 单击 切角 右边的小方块按钮，在弹出的"切角"对话框中设置具体参数。切角效果如下图所示。

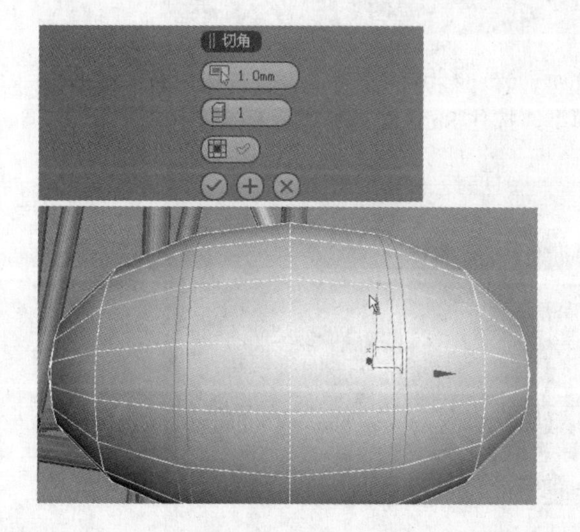

步骤 04 制作空中仓的凹凸边沿。选择下图所示的面。单击 挤出 右边的小方块按钮，在弹出的"挤出"对话框中设置具体参数。

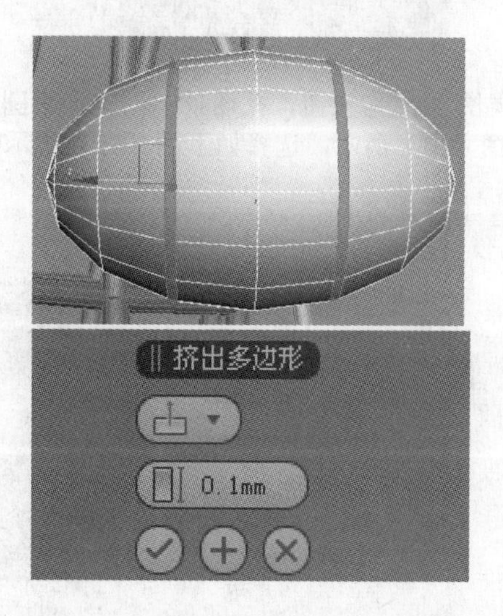

步骤05 单击“确定”按钮，具体参数设置如下图所示。

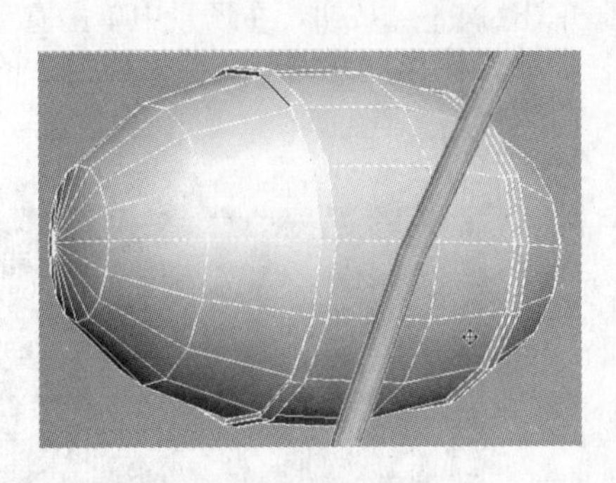

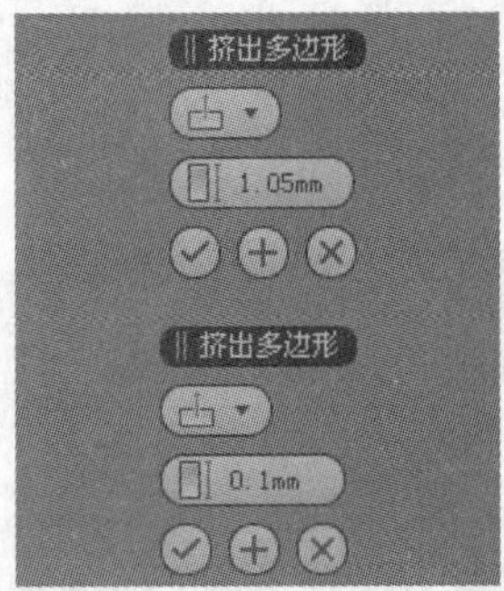

步骤06 选择如下图（左）所示的面。单击 挤出 右边的小方块按钮，在弹出的“挤出”对话框中设置具体参数。

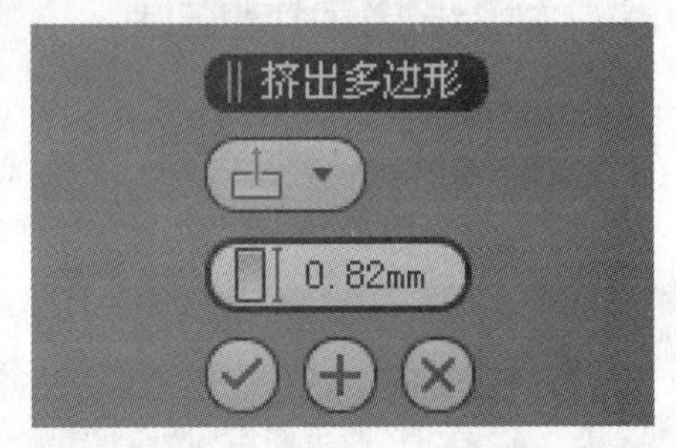

步骤07 继续设置“挤出”对话框中的相关参数，如下图（左）所示。

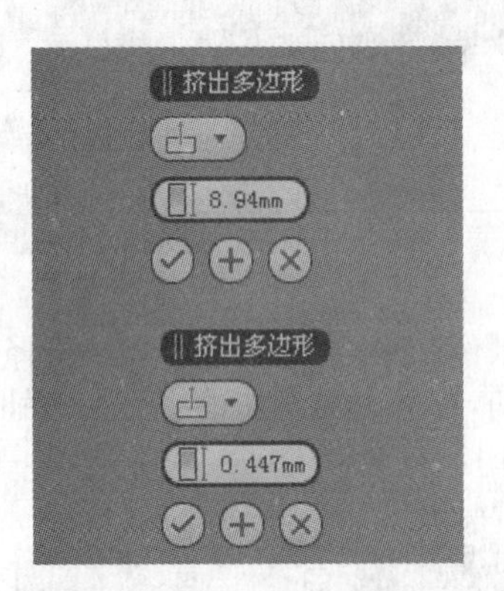

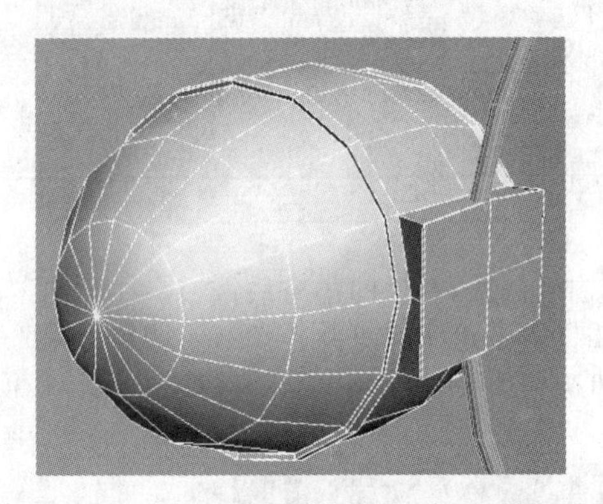

步骤08 单击 圆环 按钮，在场景中创建一个圆环模型，在“修改”面板中设置具体参数，模型显示如下图（中）所示。选择如下图（右）所示的模型，按住 Shift 键对其进行复制操作。

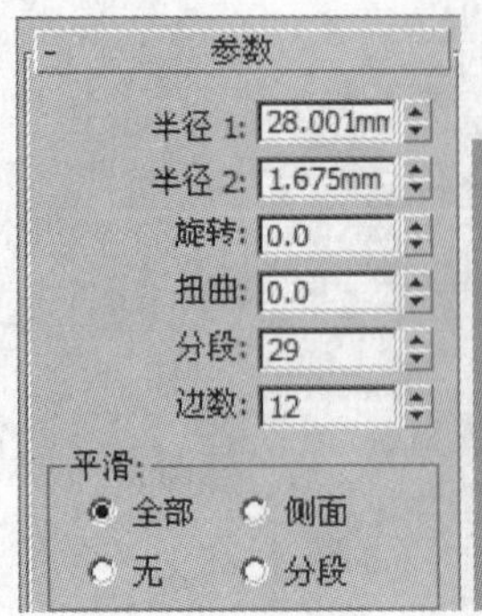

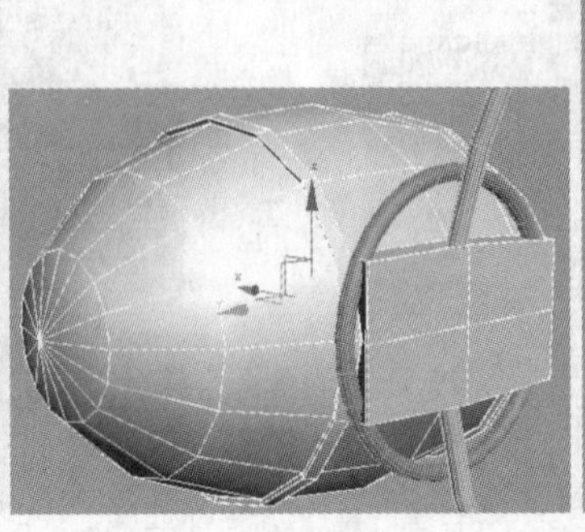

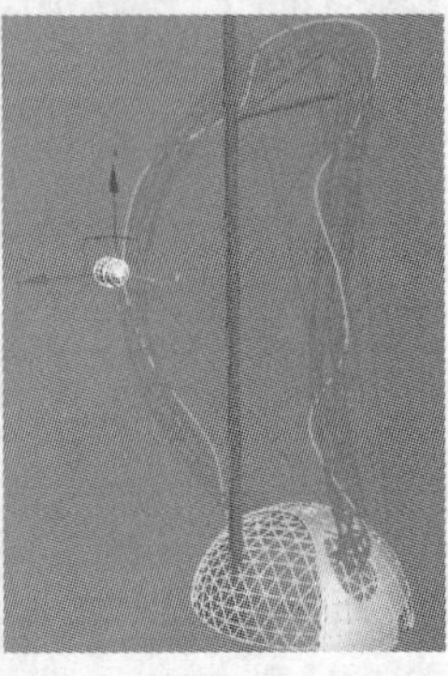

步骤 09 图像效果如下图（左）所示。选择如下图（中）所示的模型。在“修改”面板中添加一个 锥化 修改器，在“修改”面板中设置相关参数。

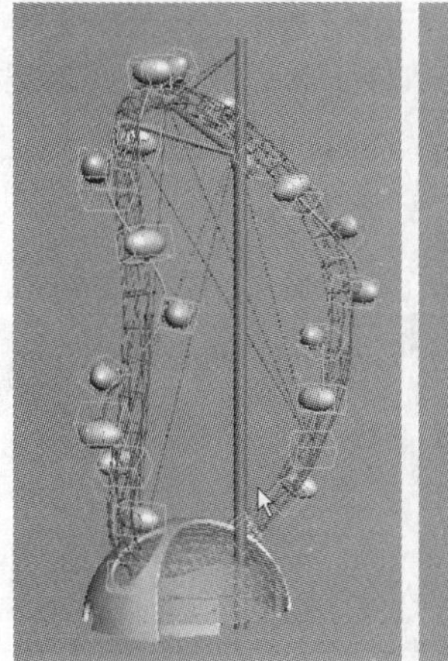
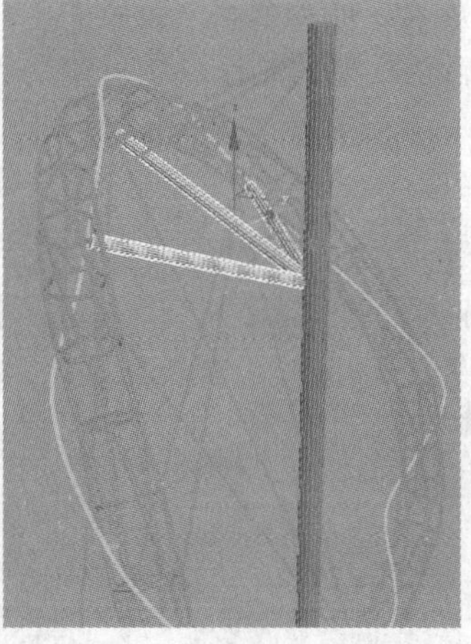
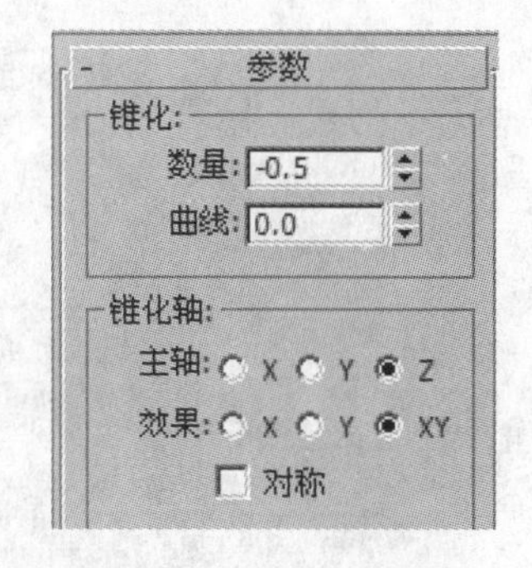

步骤 10 此时，锥化效果如下图（左）所示。单击 圆柱体 按钮，在场景中创建一个圆柱体模型，在“修改”面板中设置具体参数。然后在场景中创建一个平面模型，如下图（右）所示。

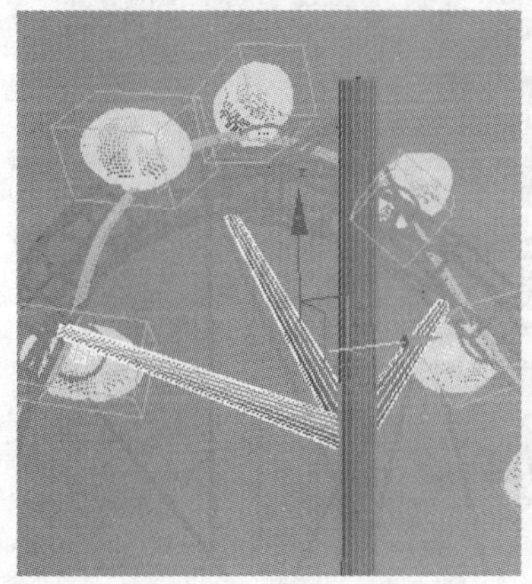
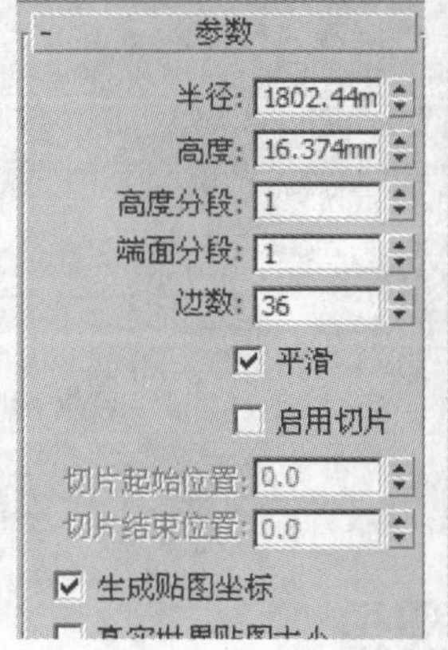

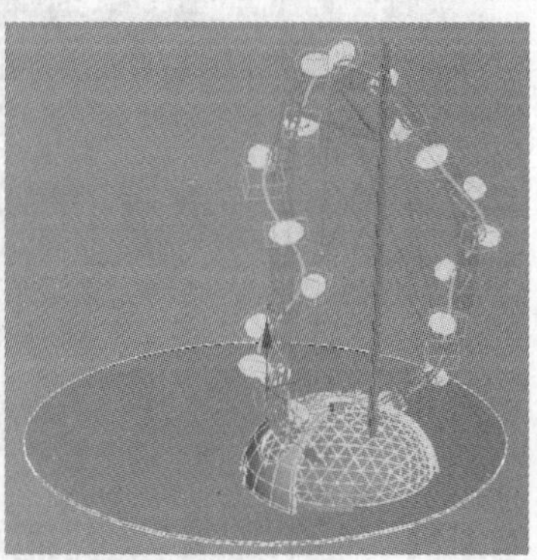

步骤 11 此时，图像效果如下图（左）所示。使用快捷键 F9 进行渲染，完成本实例的制作，渲染效果如下图所示。

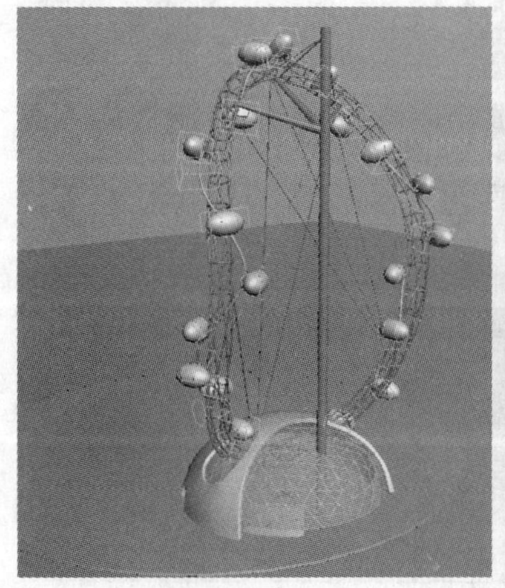

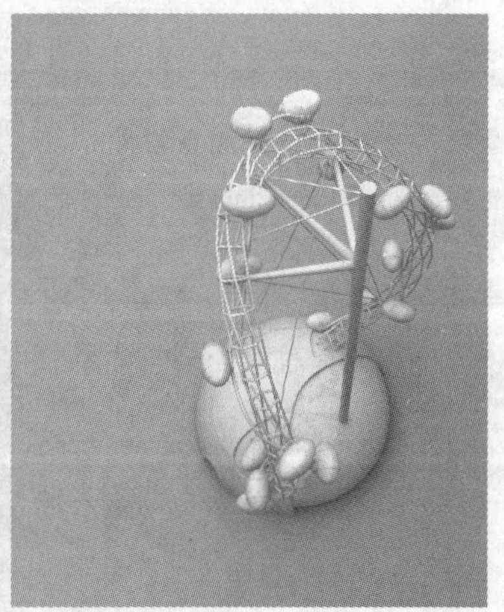

6.6 案例实训——苹果小人

本案例首先在场景中创建基本体，将其转换为平面，对平面进行编辑制作，作为苹果主体，然后创建平面，对平面进行编辑，完成舌头模型的制作，然后使用放样工具完成苹果顶部把柄模型的制作，最终完成苹果小人模型的制作。

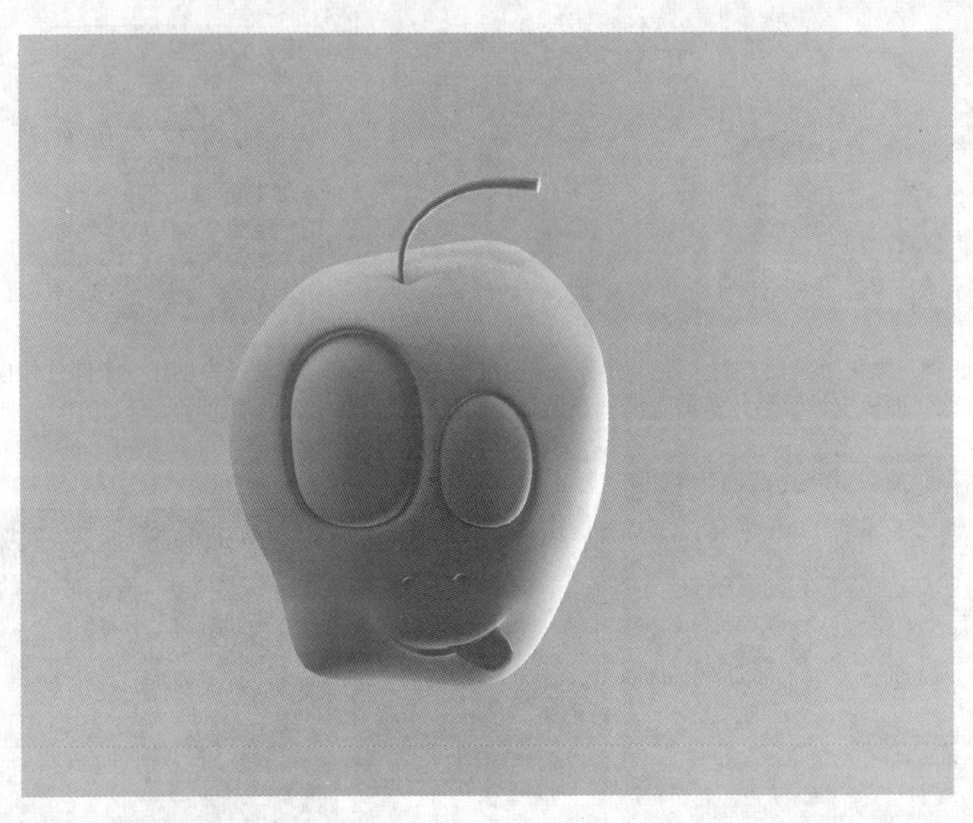

6.6.1 制作苹果主体部分

步骤 01 单击“几何体”按钮，切换到标准基本体创建面板，单击长方体按钮，在场景中创建一个长方体。单击按钮，弹出“对象颜色”对话框，在该对话框中设置物体颜色。

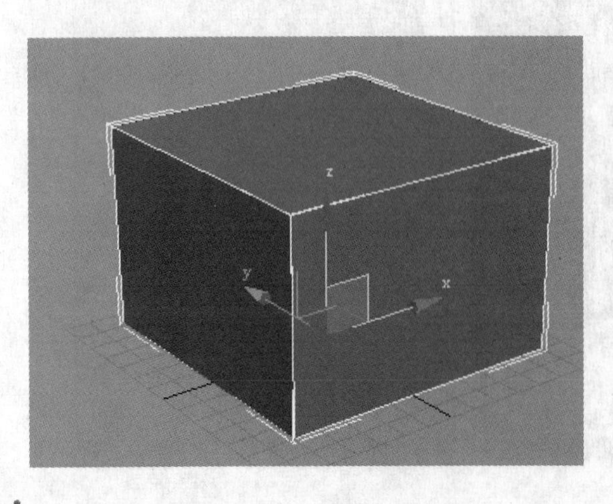

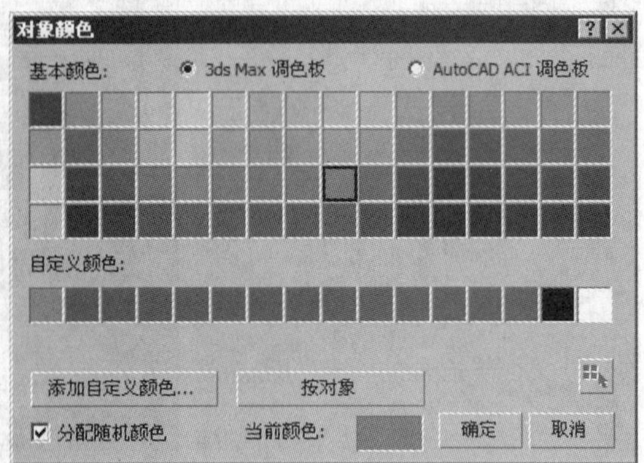

步骤 02 此时，图像效果如下图（左）所示。单击“修改”按钮，在“修改”面板中设置具体参数。

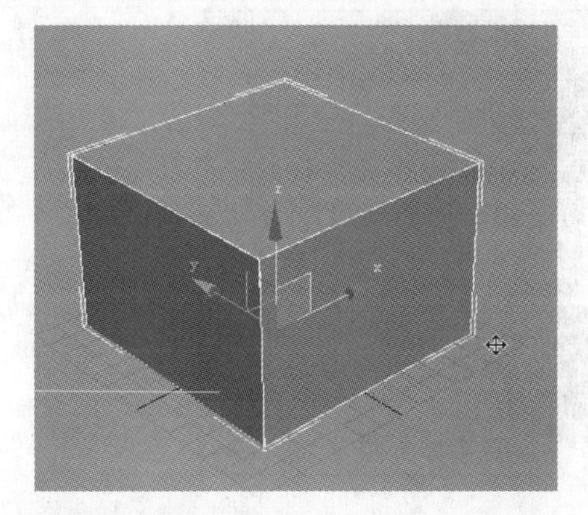

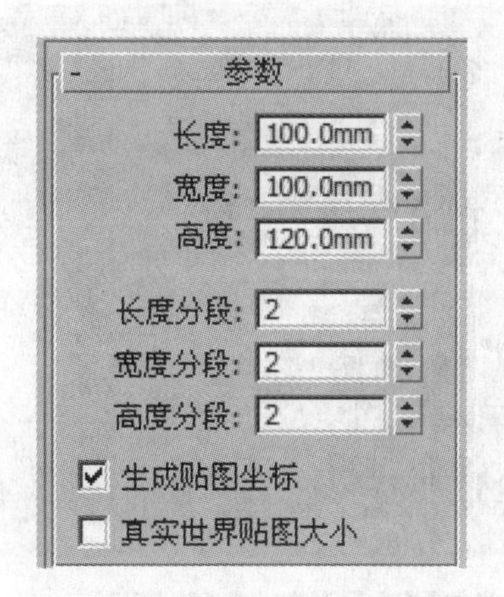

步骤 03 此时，图像效果如下图（左）所示。然后将坐标归零，如下图（右）所示。

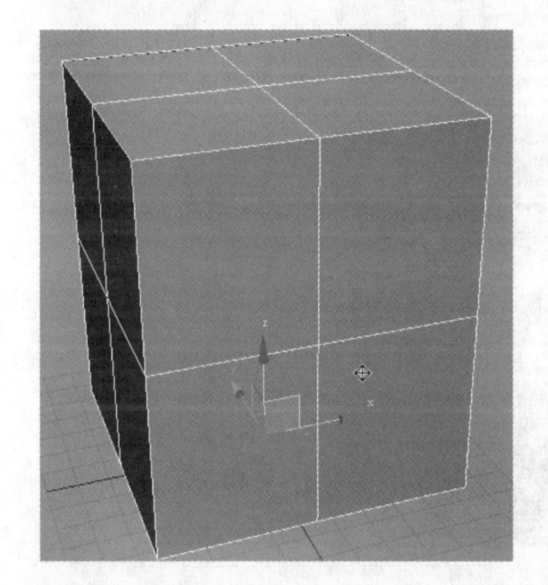

步骤 04 在视图中右击，在弹出的快捷菜单中选择“转换为”→“转换为可编辑多边形”命令，将其转换为可编辑的多边形物体。切换到“顶点”级别，在视图中选择如下图（右）所示的点。

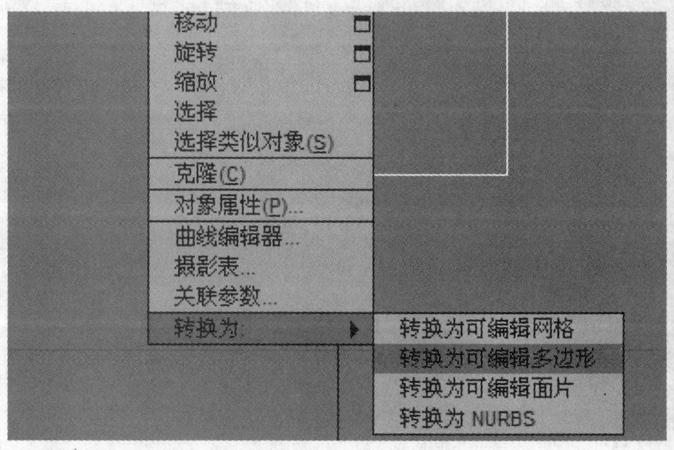

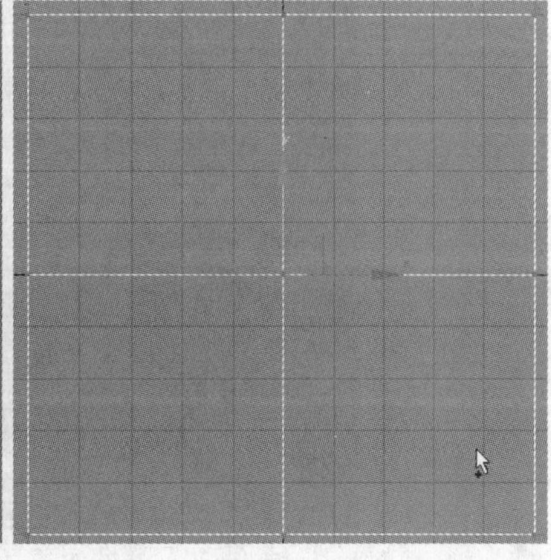

步骤 05 单击“选择并均匀缩放”按钮，对物体进行缩放。继续选择如下图（右）所示的点。

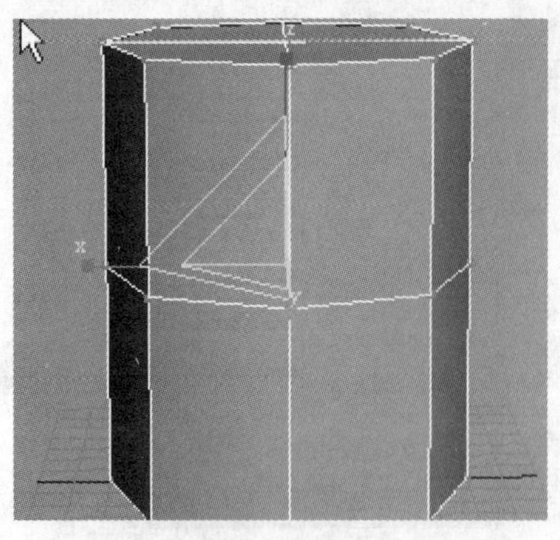
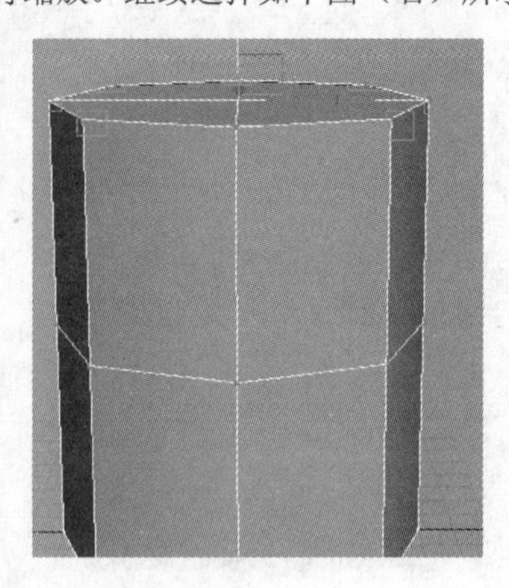

6.6.2 编辑苹果主体模型

步骤 01 单击“选择并移动”按钮，使用移动工具调节节点到如下图（左）所示的位置。同样移动底面节点到如下图（右）所示的位置。

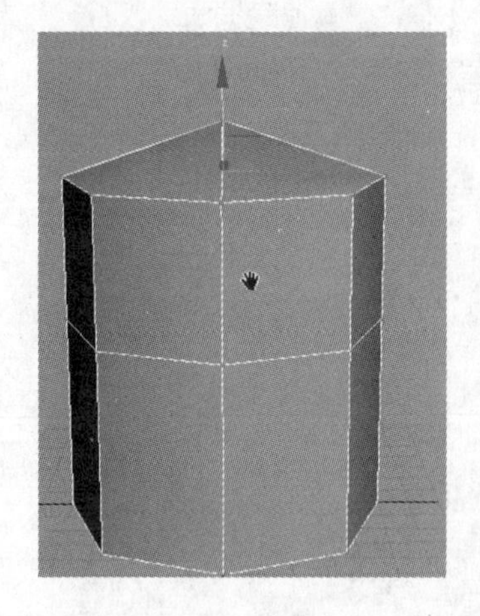
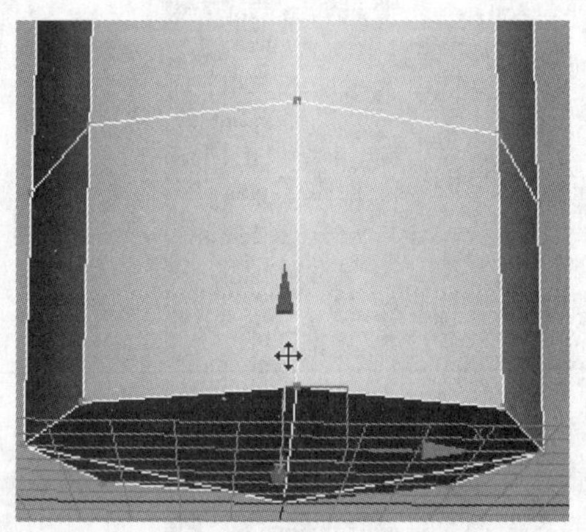

步骤 02 对模型进行光滑显示，图像效果如下图（左）所示。右击模型，在弹出的快捷菜单中选择相应的命令，将模型转换为可编辑的多边形，此时，图像效果如下图（右）所示。

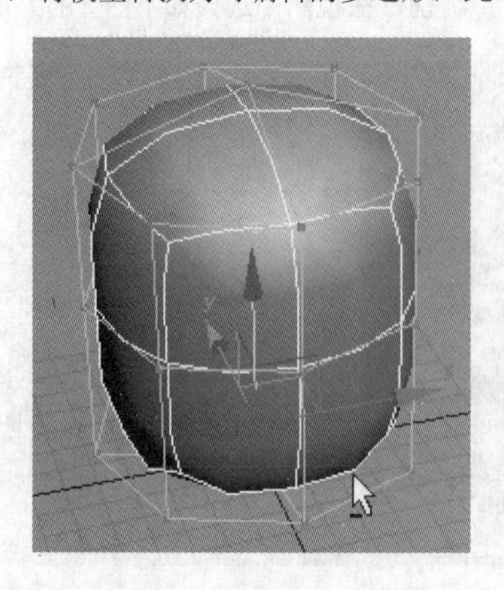
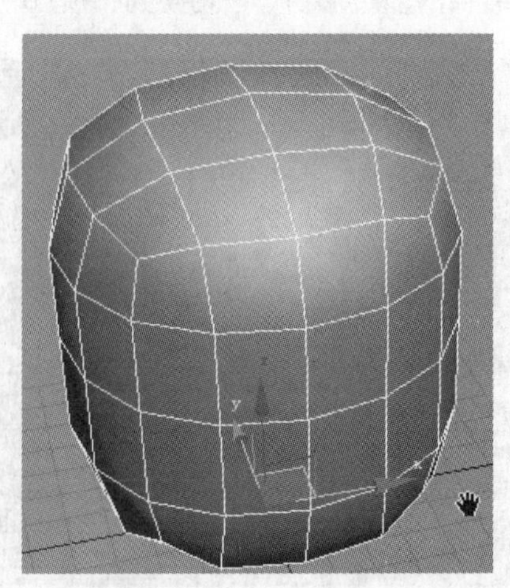

步骤 03 使用快捷键 Ctrl+Z 撤销操作到如下图（左）所示的图像效果。选择如下图（右）所示的点。

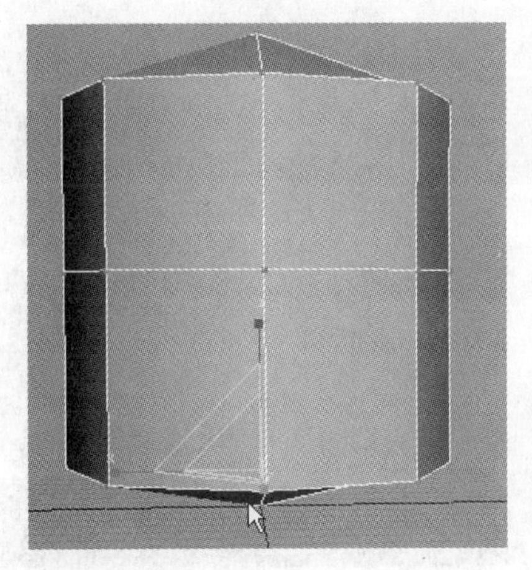
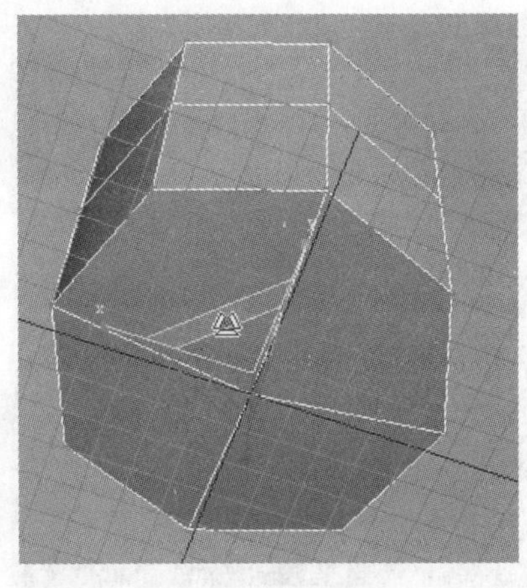

步骤 04 使用缩放工具对选择的节点进行缩放。继续使用缩放工具，调节节点到如下图（右）所示的位置。

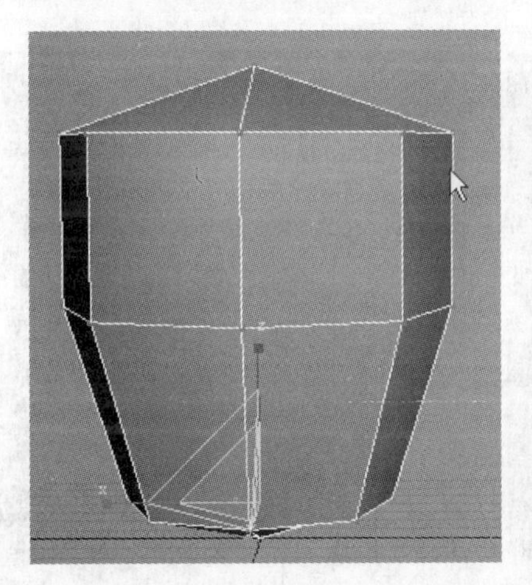
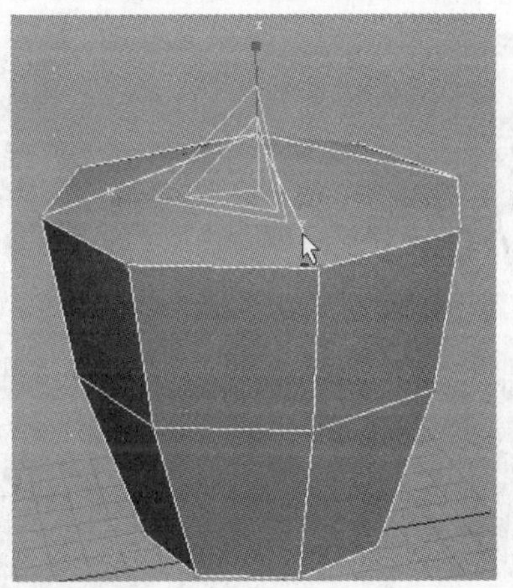

步骤 05 使用快捷键 Ctrl+Q 进行光滑显示，图像效果如下图（左）所示。在模型上右击，在弹出的快捷菜单中选择相应的命令，将模型转换为可编辑的多边形，此时，图像效果如下图（右）所示。

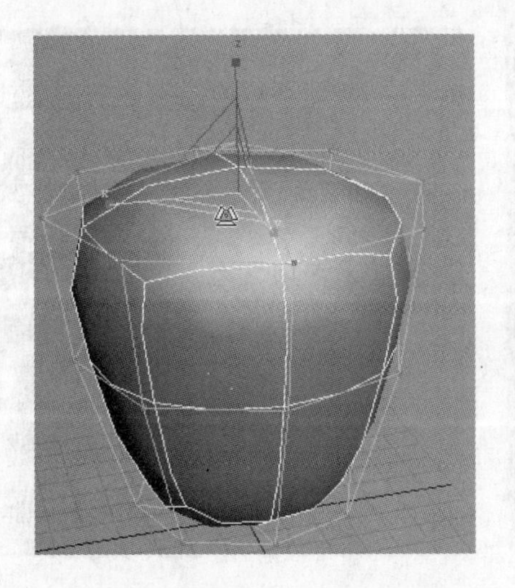
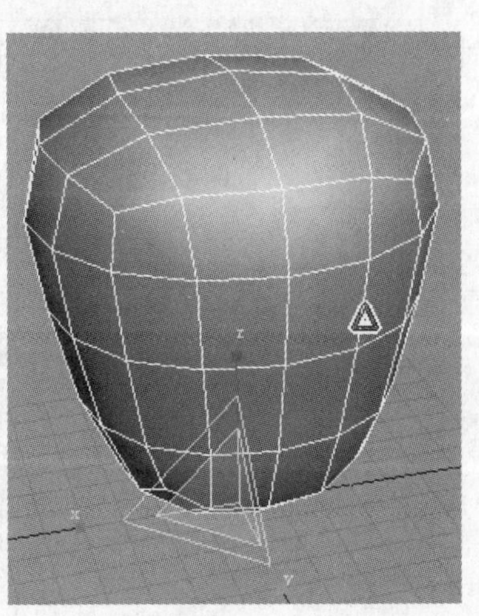

步骤 06 使用数字键4切换到“多边形”■级别，选择如下图（左）所示的面，移动面到如下图（右）所示的位置。

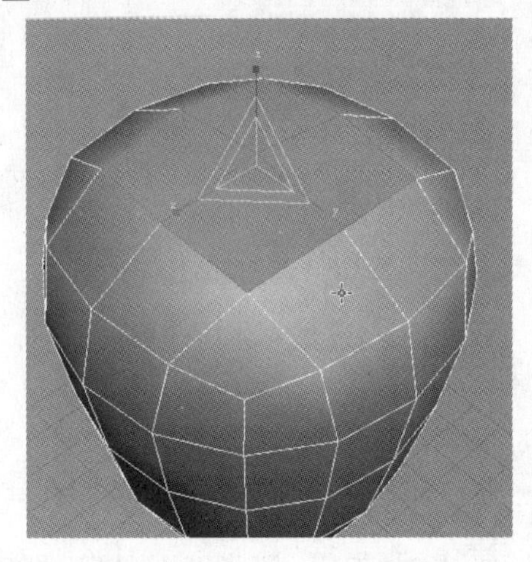
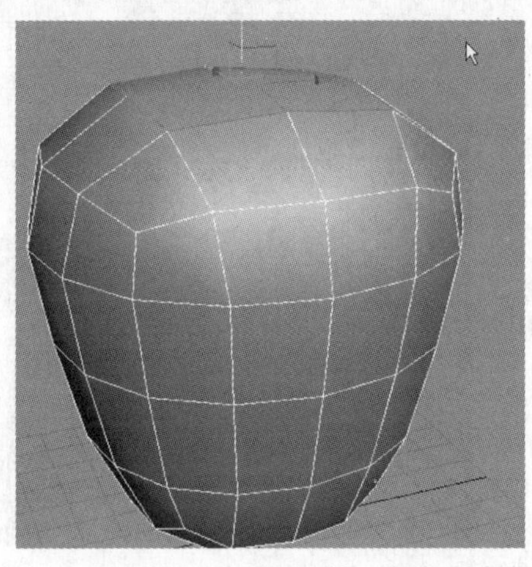

步骤 07 切换到“顶点”∴级别，调节节点到如下图（左）所示的位置。随机调整节点，使模型显得不规整，效果如下图（右）所示。

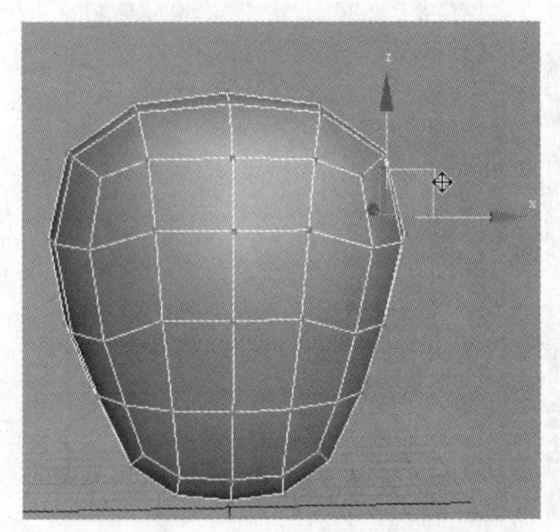
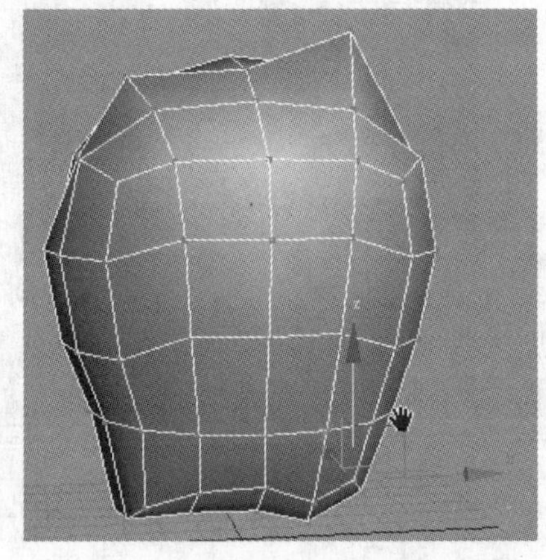

步骤 08 在“修改器列表”下拉列表框中选择 噪波 选项，对模型添加“噪波”修改器，具体参数设置如下图（左）所示。此时，图像效果如下图（右）所示，在模型上右击，将模型塌陷，转换为可编辑的多边形。

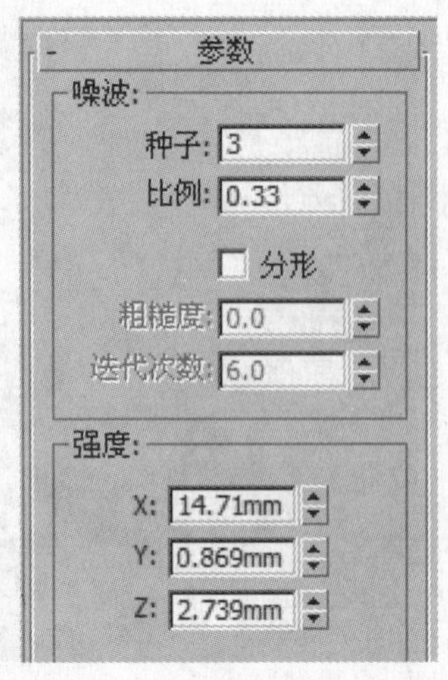

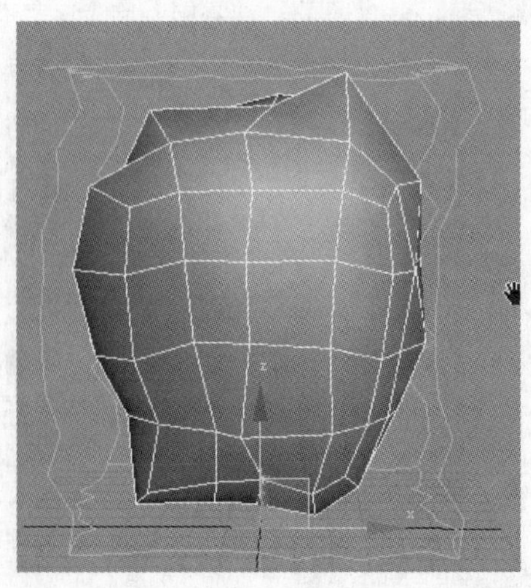

步骤 09 图像效果如下图所示。

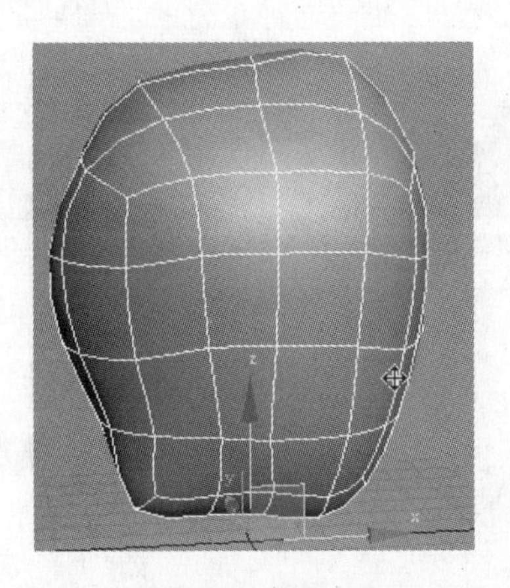

知识拓展："噪波"修改器

"噪波"修改器：沿着 3 个轴的任意组合调整对象顶点的位置，它是模拟对象形状随机变化的重要动画工具。"噪波"修改器参数设置面板中，各参数含义如下。

种子：从设置的数中生成一个随机的起始点，在创建地形时尤其重要，因为每一种设置都可以生成不同的配置。

比例：设置噪波影响（不是强度）的大小，较大的值产生更为平滑的噪波。

强度区域：控制噪波效果的大小，只有应用了强度后噪波效果才会起作用。

X、Y、Z：沿着 3 条轴设置噪波效果的强度。至少为这些轴中的一条输入数值以产生噪波效果。

6.6.3　制作苹果细节部分

步骤 01 取消光滑显示，选择如下图（左）所示的点，单击 切角 右边的小方块按钮，弹出"切角"对话框，设置具体参数。

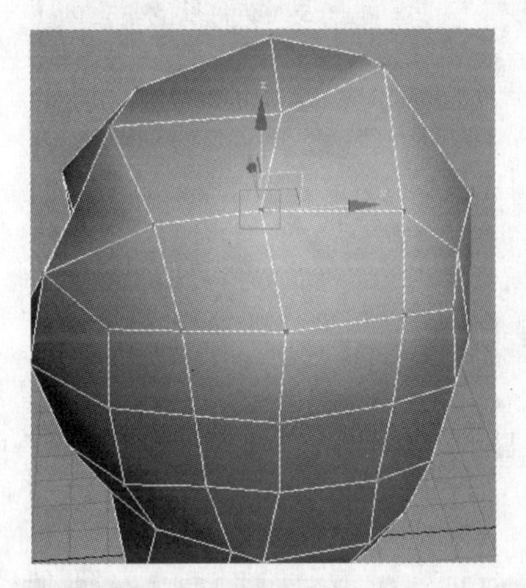

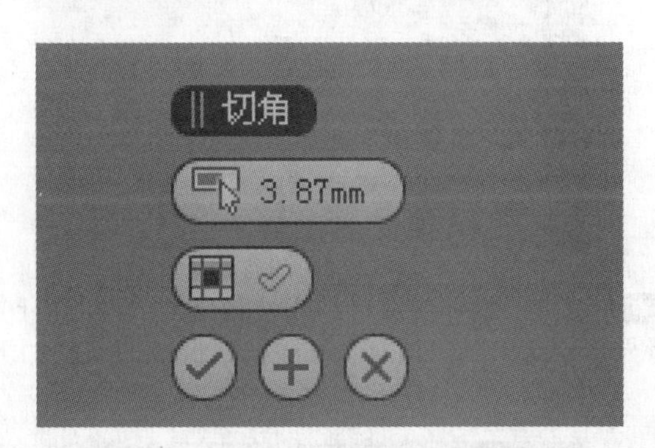

步骤 02 此时，进行切角处理的效果如下图（左）所示。切换到"多边形" 级别，选择如下图（右）所示的面。

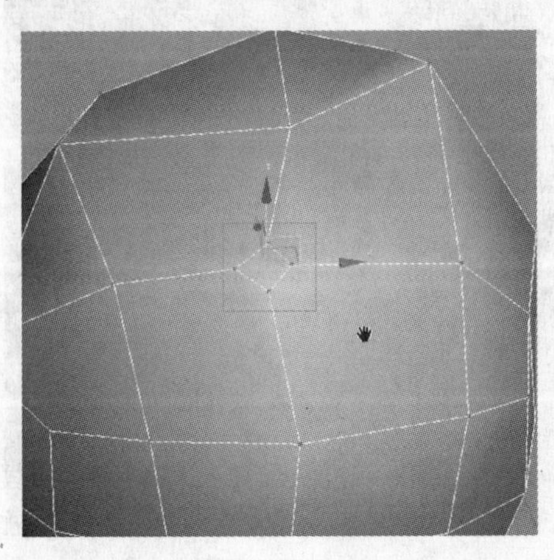

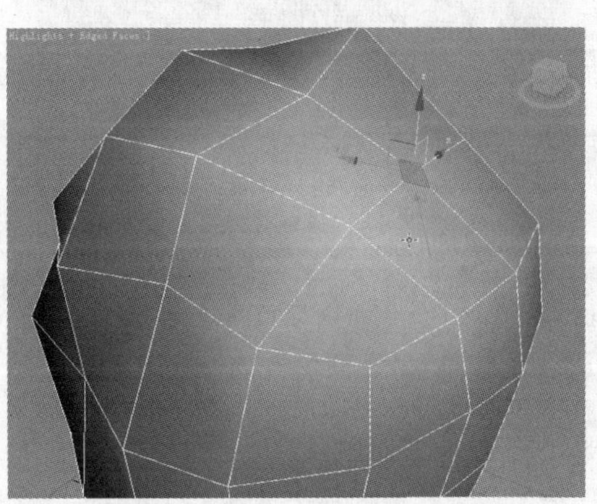

步骤 03 单击 倒角 右边的小方块按钮，弹出“倒角”对话框，设置具体参数。

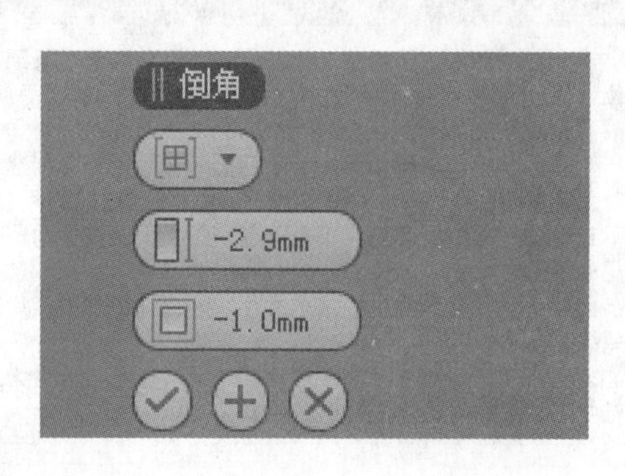

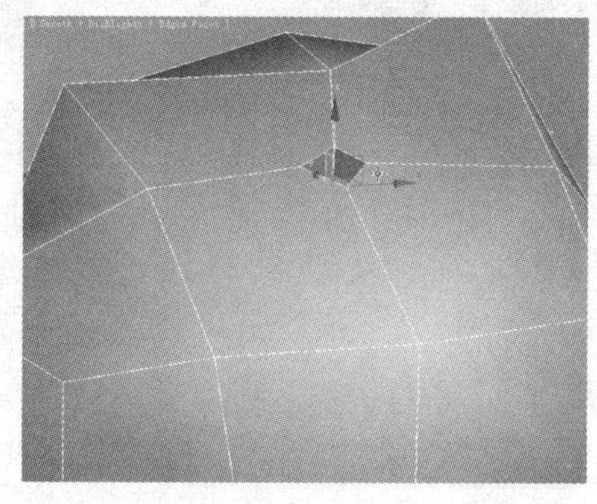

步骤 04 切换到“边”级别，选择如下图（左）所示的边，使用缩放工具对其进行缩放，图像效果如下图（右）所示。

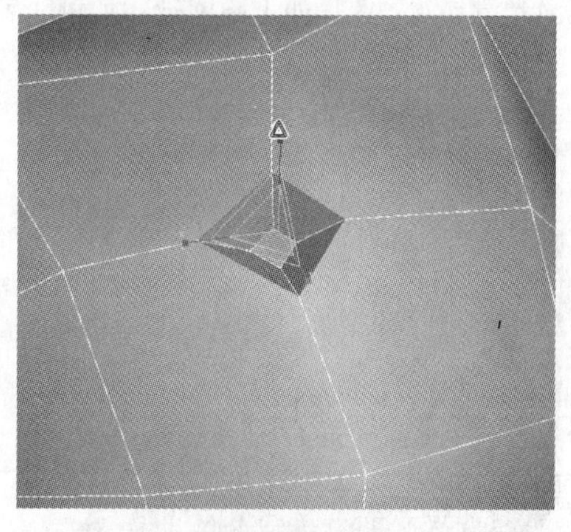

步骤 05 退出子物体层级，使用快捷键 Ctrl+Q 进行光滑显示，图像效果如下图（左）所示。曲线光滑显示，切换到“顶点”级别，调节节点到如下图（右）所示的位置。

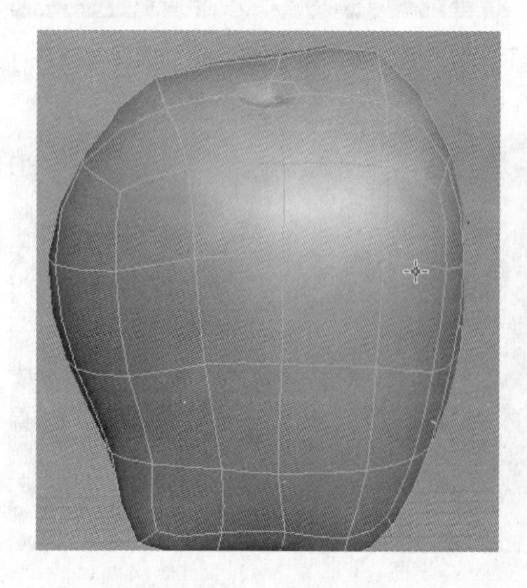

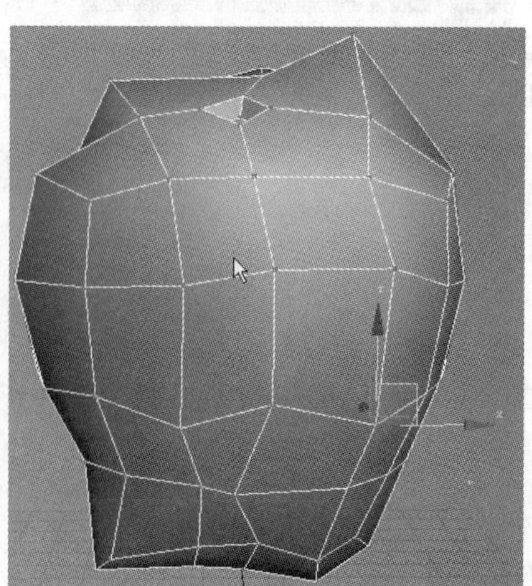

6.6.4　制作苹果脸部

步骤 01 使用数字键 4 切换到“多边形”■级别，选择如下图（左）所示的 4 个面。单击 倒角 □ 右边的小方块按钮，在弹出的“倒角”对话框中设置具体参数。

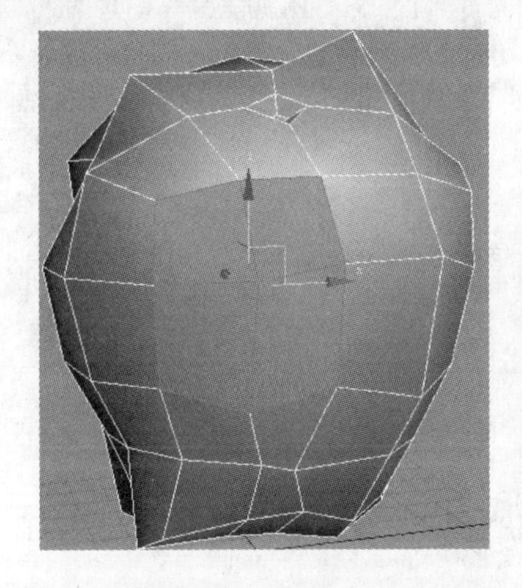

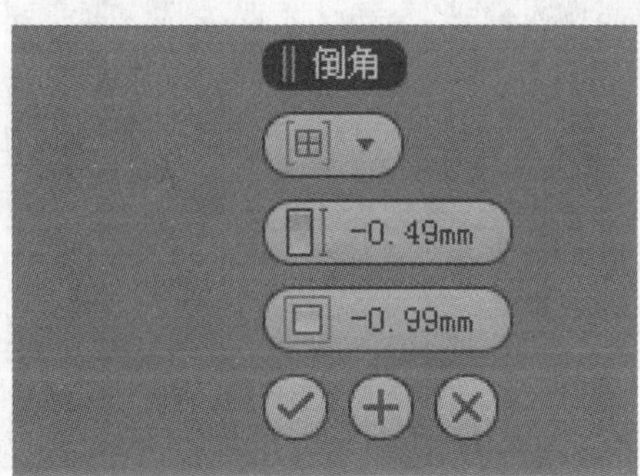

步骤 02 此时，图像效果如下图（左）所示。继续对面进行倒角操作，具体参数设置如下图（右）所示。

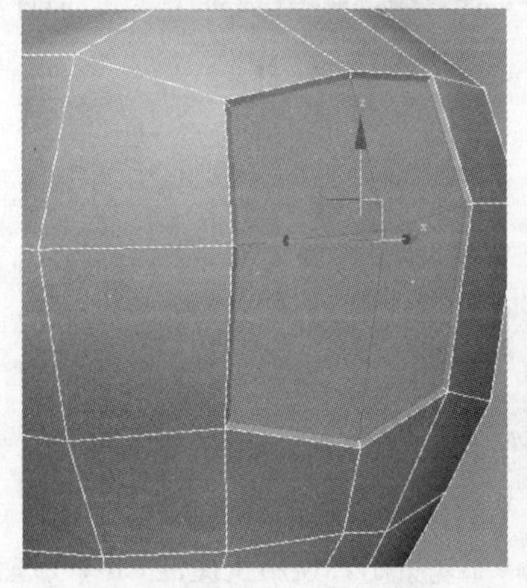

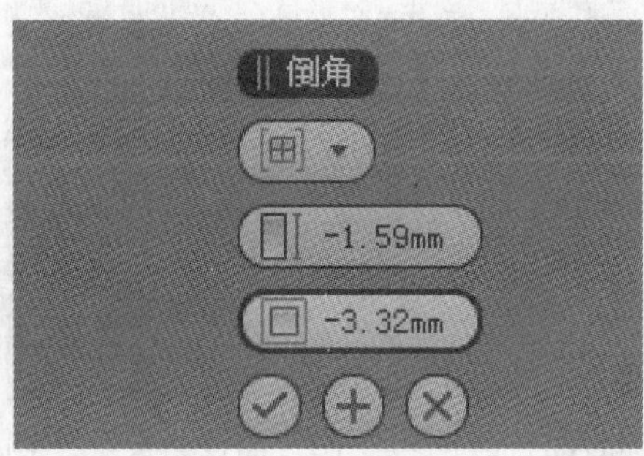

步骤 03 此时，图像效果如下图（左）所示。再对面进行倒角操作，具体参数设置如下图（右）所示。

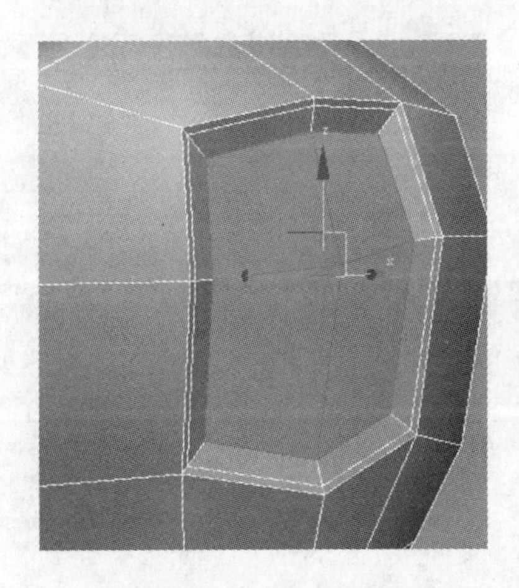

步骤 04 此时，图像效果如下图（左）所示。选择如下图（右）所示的面。

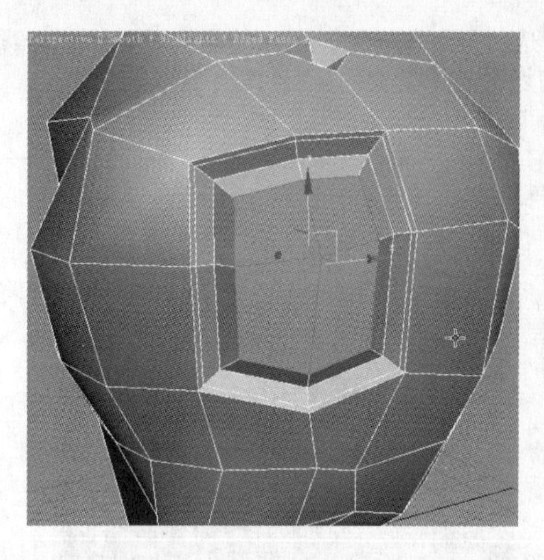

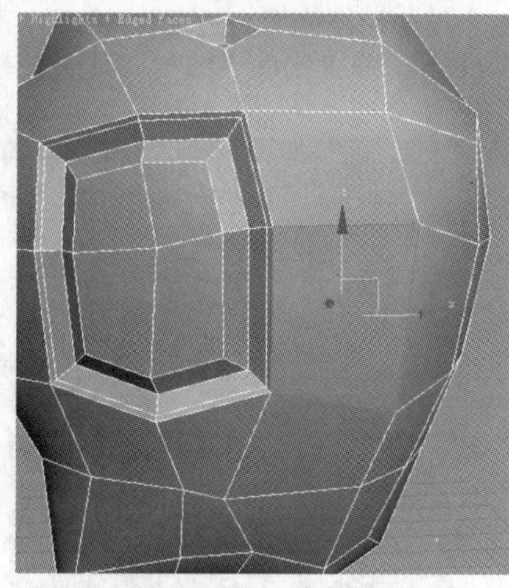

步骤 05 单击 倒角 ▢右边的小方块按钮，在弹出的“倒角”对话框中设置相关参数。此时，图像效果如下图（右）所示。

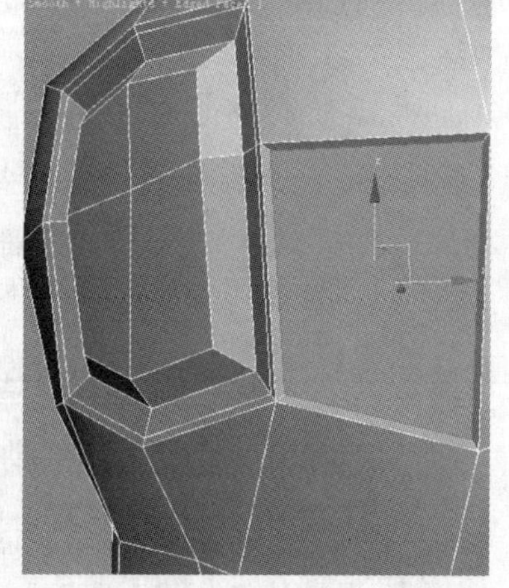

步骤 06 继续对面进行倒角操作，图像效果如下图（左）所示。使用快捷键 Ctrl+Q 进行光滑显示，图像效果如下图（右）所示。

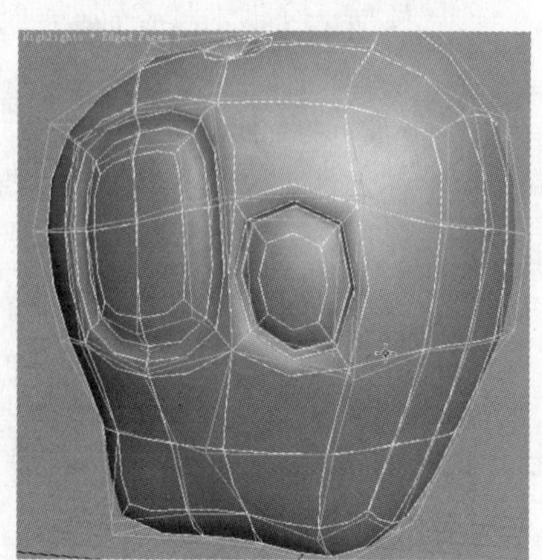

步骤 07 取消光滑显示，切换到“顶点”级别，调节节点到如下图（左）所示的位置。选择如下图（右）所示的边，单击 环形 按钮，选择一圈平行边。

步骤 08 单击 连接 右边的小方块按钮，在弹出的“连接”对话框中，设置相关参数。此时，图像效果如下图（右）所示。

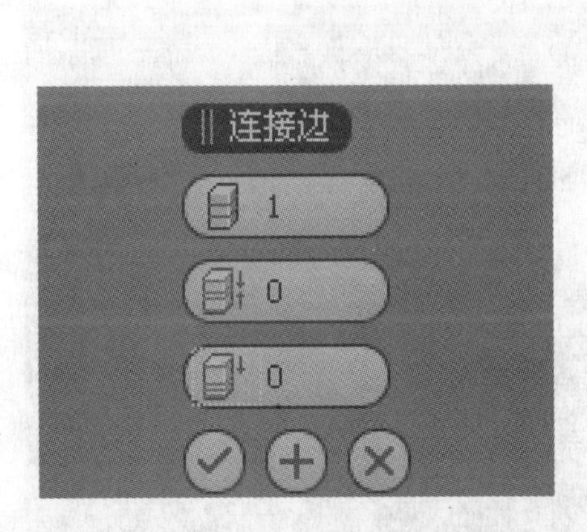

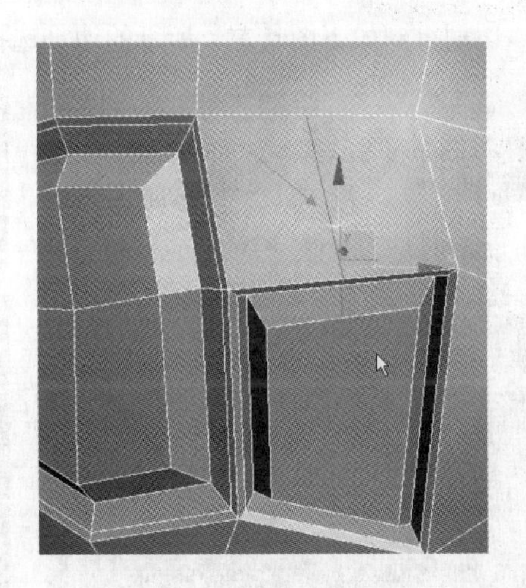

步骤 09 切换到“顶点”级别，调节节点到如下图（左）所示的位置。对模型进行光滑显示，设置“迭代次数”为 2。

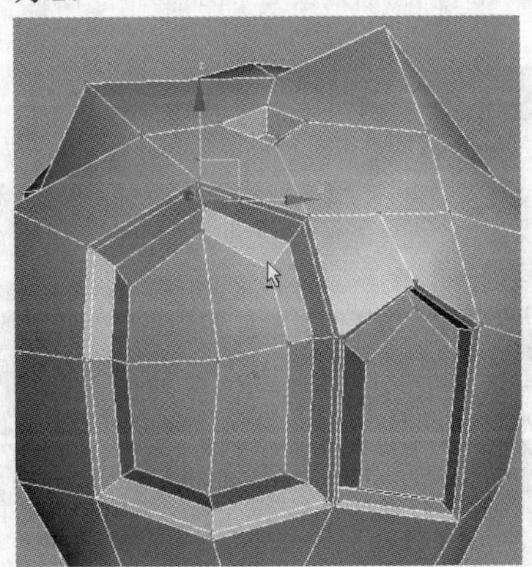
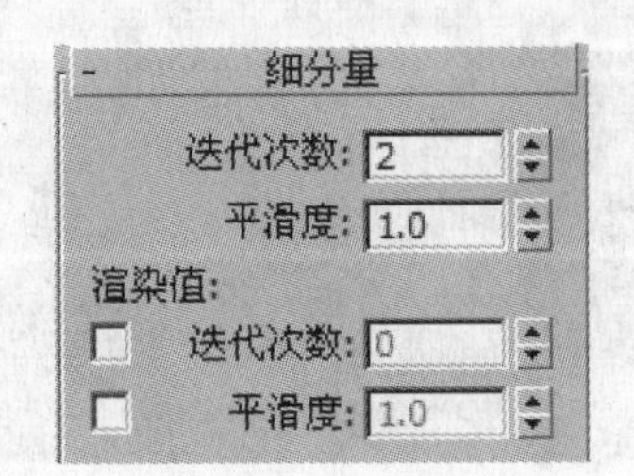

步骤10 此时，图像效果如下图（左）所示。在模型上右击，在弹出的快捷菜单中选择“剪切”命令，如下图（右）所示，为模型切割线。

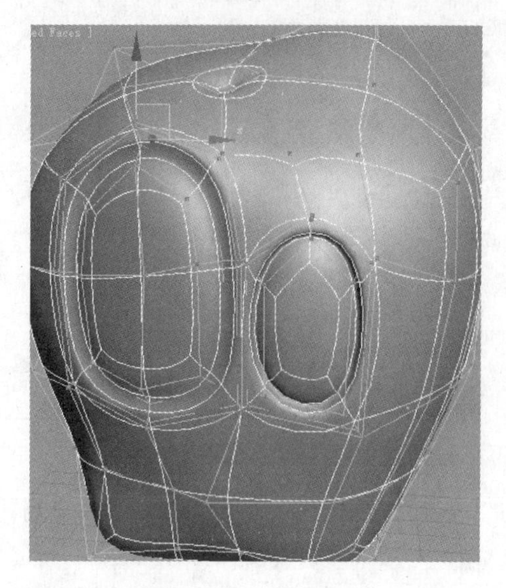

NURMS 切换
忽略背面
塌陷
附加
剪切 ✓
快速切片
重复
转换到面
转换到顶点
元素
多边形
边界
边
顶点
顶层级

步骤11 此时，切割得到如下图（左）所示的边。选择如下图（右）所示的边，将其删除。

步骤12 选择下图（左）所示的边，将选择的边删除。此时，图像效果如下图（右）所示。

步骤13 继续使用 切割 工具，对模型进行加线，图像效果如下图（左）所示。选择下图（右）所示的边，使用快捷键 Delete 键将其删除。

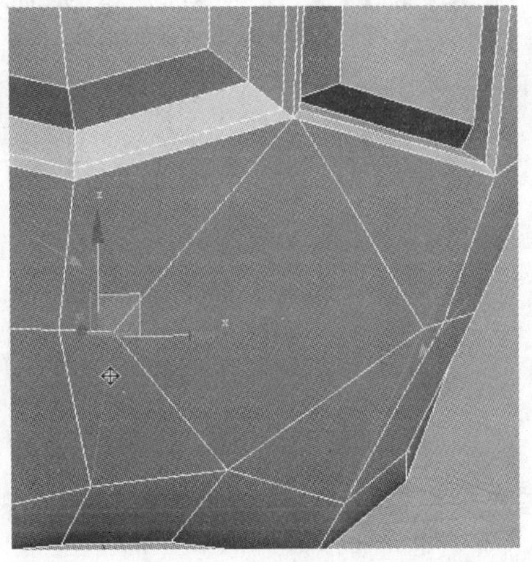

步骤14 切换到“顶点” 级别，调节节点到下图（左）所示的位置。使用数字键2切换到“边” 级别，选择下图（右）所示的边。

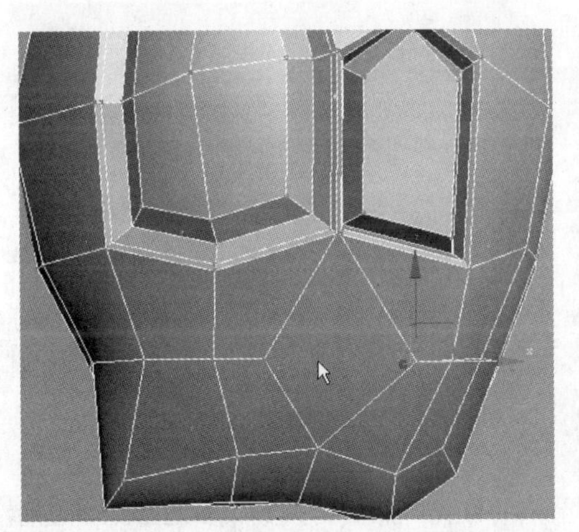

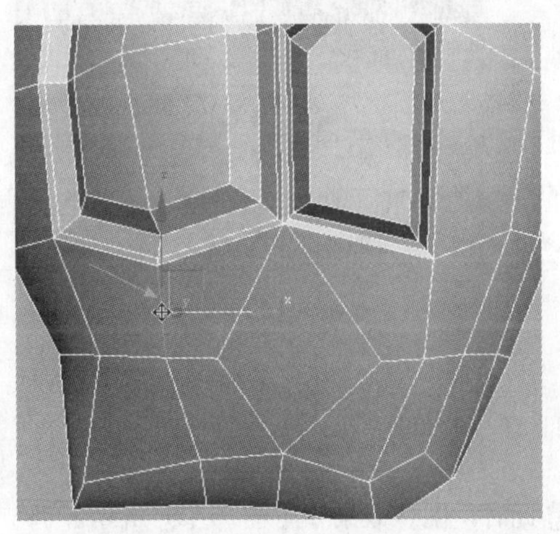

步骤15 单击 环形 按钮，得到下图（左）所示的边。单击 连接 右边的小方块按钮，在弹出的“连接”对话框中，设置相关参数。

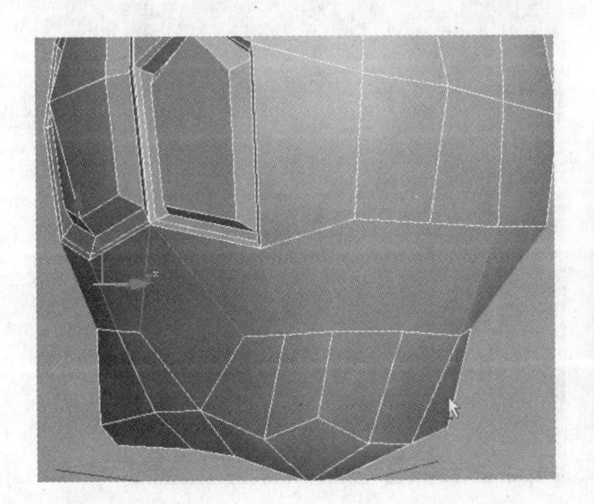

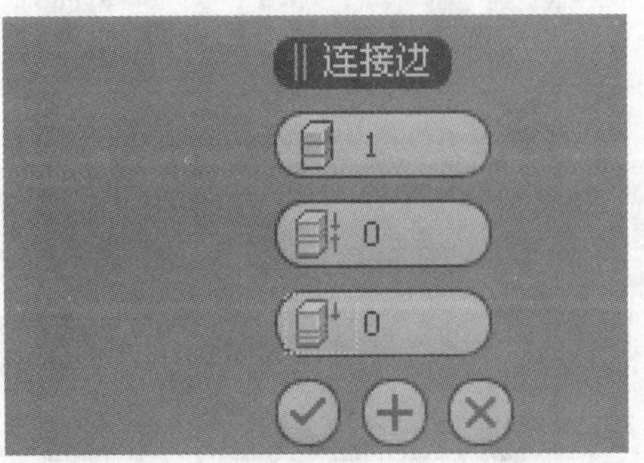

步骤16 此时，图像效果如下图（左）所示。在两点之间创建边，如下图（右）所示。

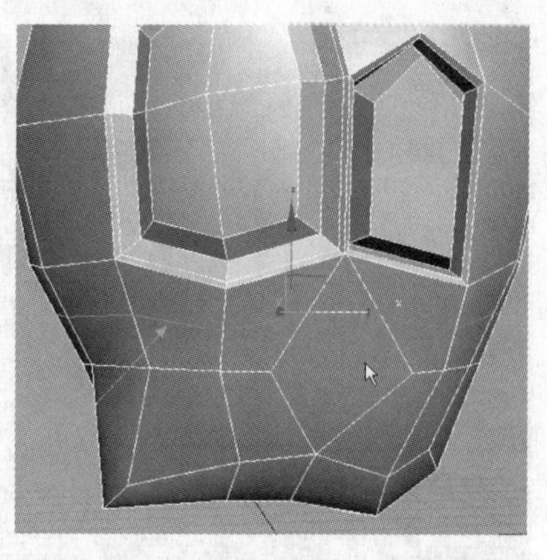

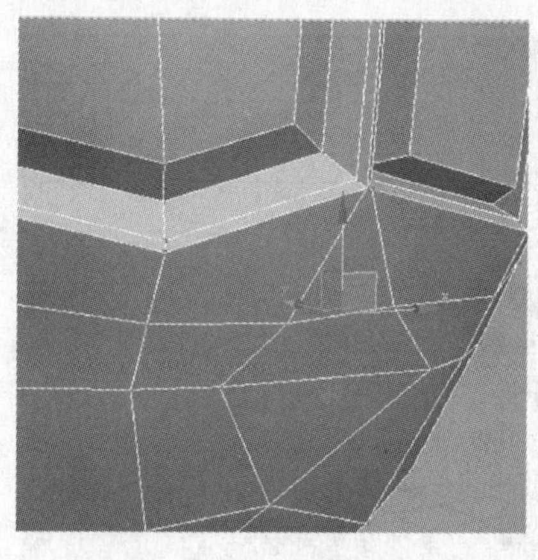

步骤17 选择下图（左）所示的点。单击 切角 □右边的小方块按钮，在弹出的“切角”对话框中，参数设置如下图（右）所示。

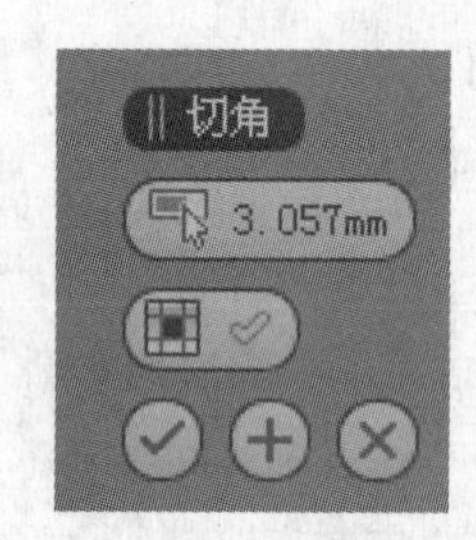

步骤18 此时，图像效果如下图（左）所示。调节节点的位置，然后切换到“多边形”■级别，选择下图（右）所示的面。

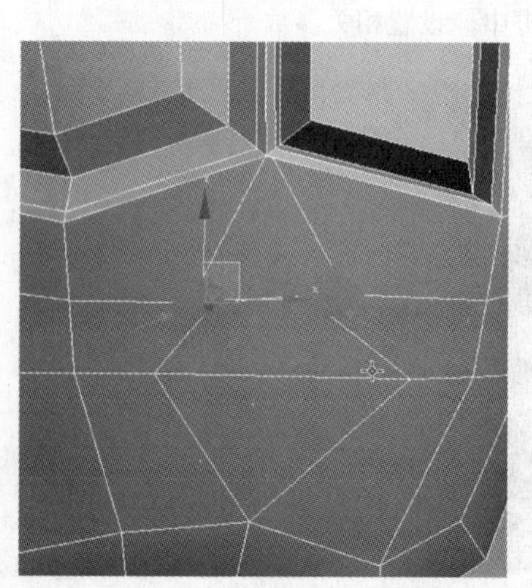

步骤19 单击 倒角 右边的小方块按钮，在弹出的"倒角"对话框中，设置具体参数。切换到"顶点"级别，调节节点到下图（右）所示的位置。

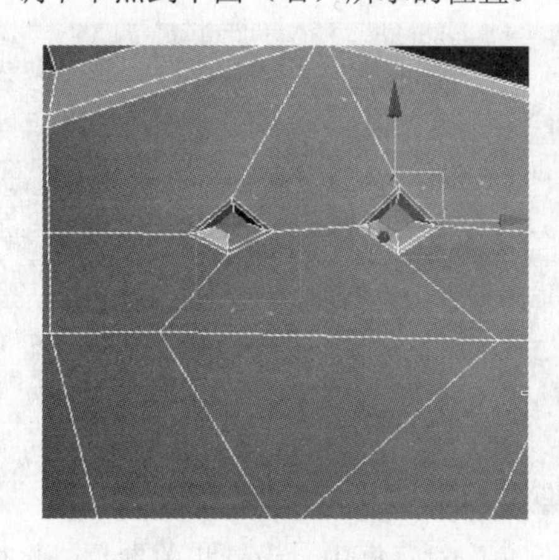

步骤20 在模型上右击，在弹出的快捷菜单中选择 切割 命令，为模型加线，并删除多余的边。调节节点的位置，选择下图（右）所示的边。

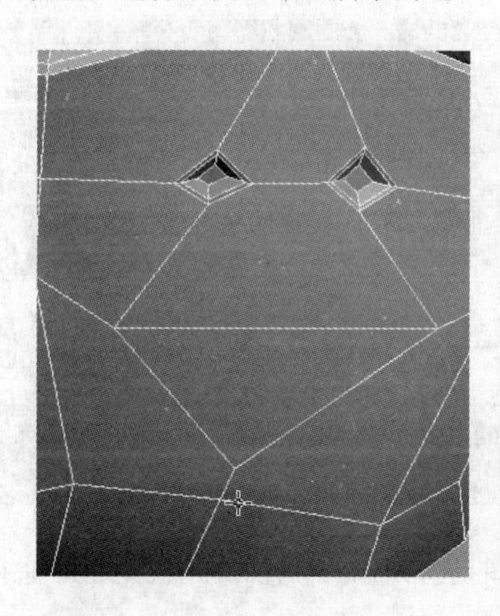

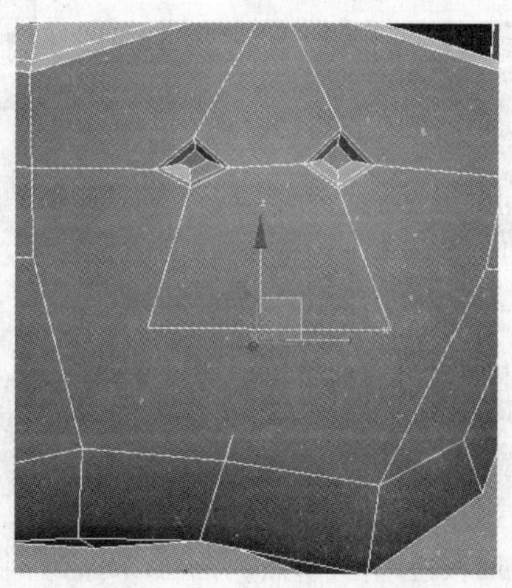

步骤21 单击 切角 右边的小方块按钮，在弹出的"切角"对话框中，设置相关参数。此时，图像效果如下图（右）所示。

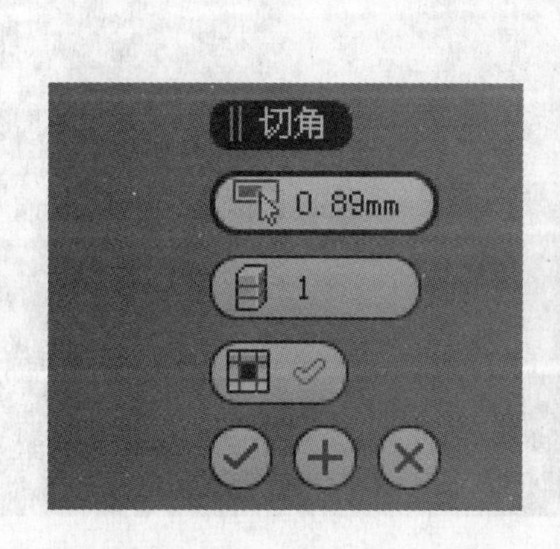

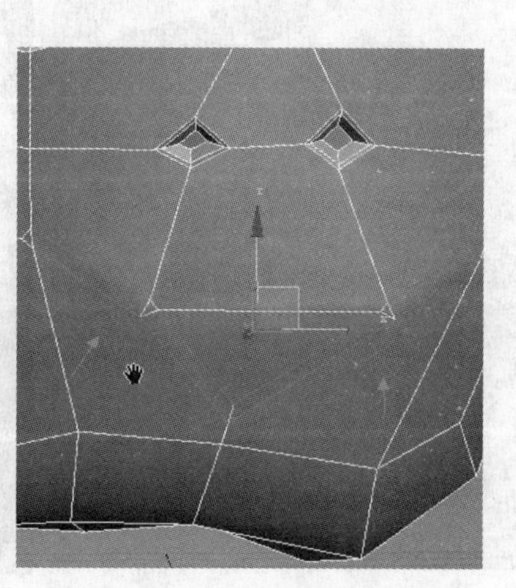

步骤 22 单击 目标焊接 按钮，对节点进行焊接。切换到“多边形” 级别，选择下图（右）所示的面。

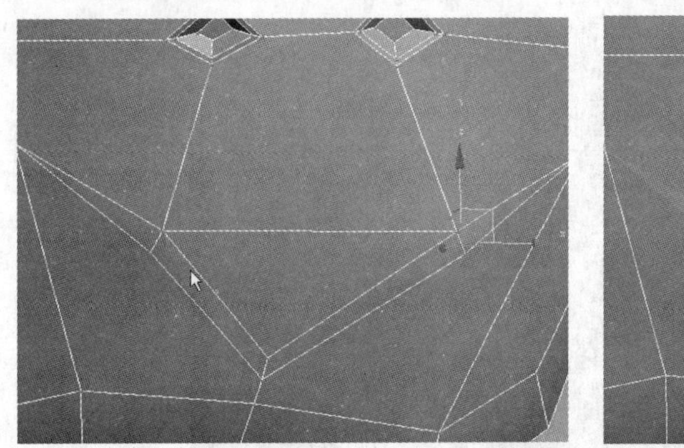

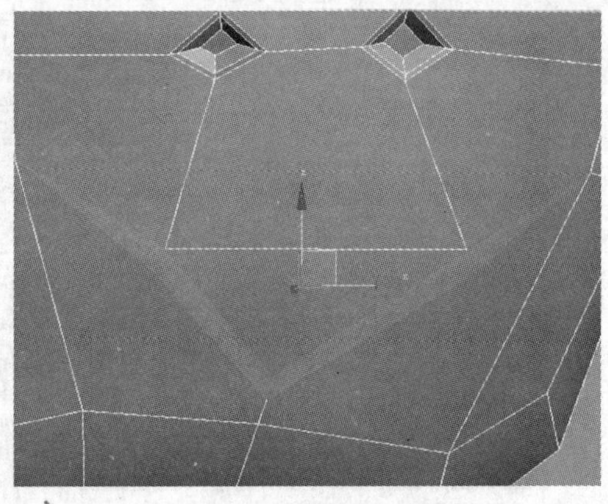

步骤 23 单击 倒角 右边的小方块按钮，在弹出的“倒角”对话框中，设置相关参数。此时，图像效果如下图（右）所示。

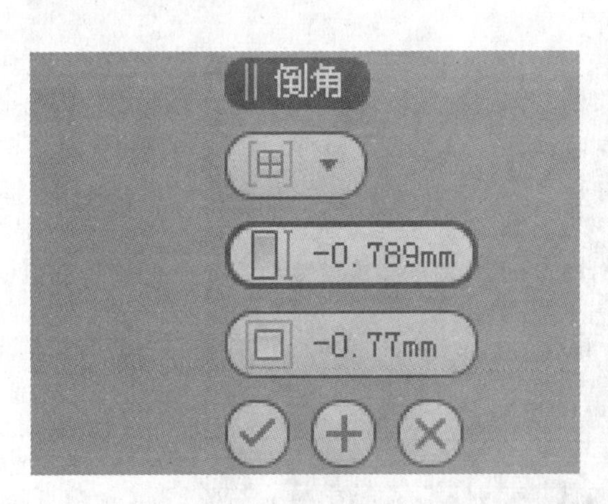

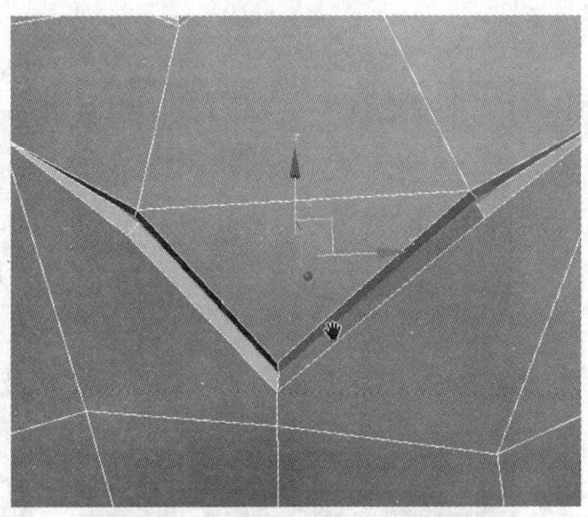

步骤 24 单击 目标焊接 按钮，焊接节点，并调节节点到下图（左）所示的位置。使用快捷键 F9 进行渲染，渲染效果如下图（右）所示。

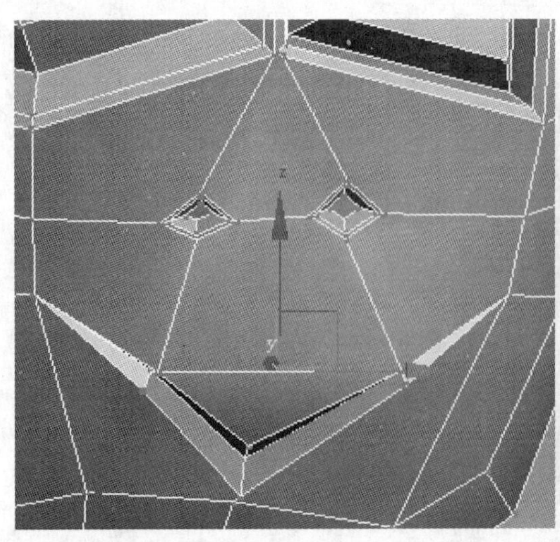

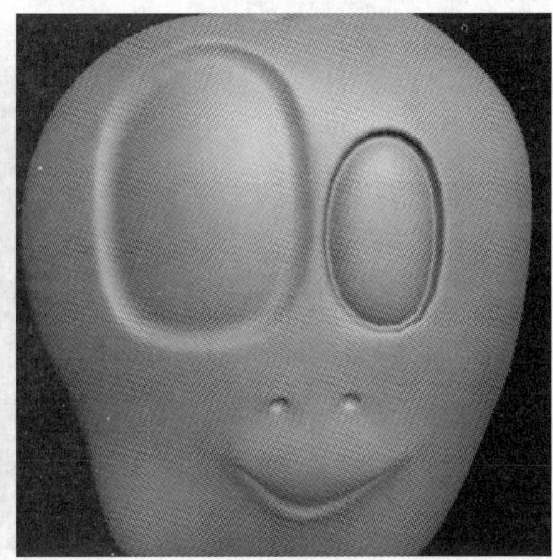

6.6.5　制作苹果舌头部分

步骤 01 单击"几何体"按钮，单击 平面 按钮，在前视图创建一个平面，并旋转到下图（左）所示的位置。在平面上右击，在弹出的快捷菜单中单击 转换为可编辑面片 命令，调整把柄的节点到下图（右）所示的位置。

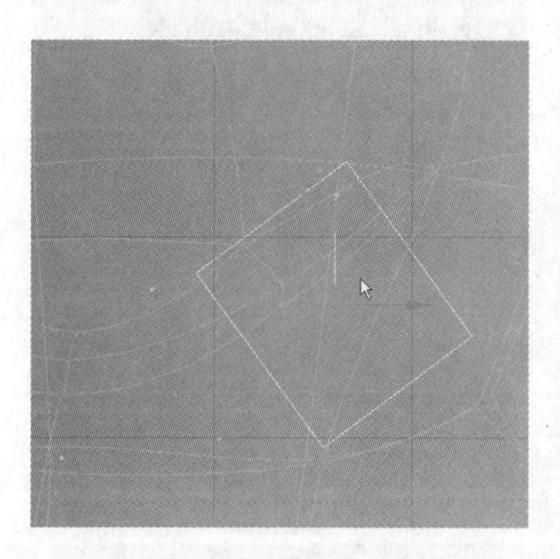
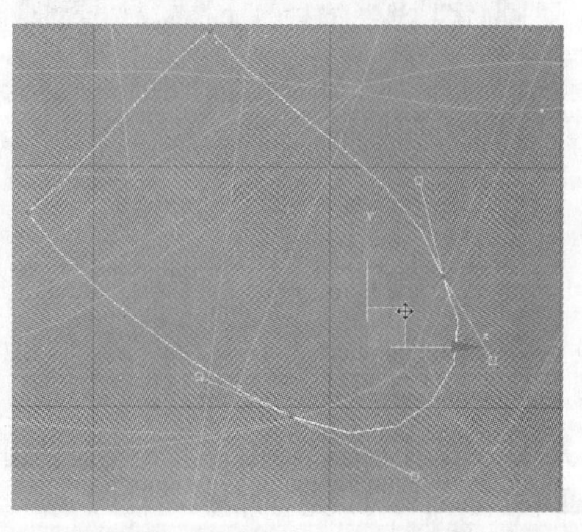

步骤 02 继续调节节点到下图（左）所示的位置。切换到"面片"级别，选择下图（右）所示的面。

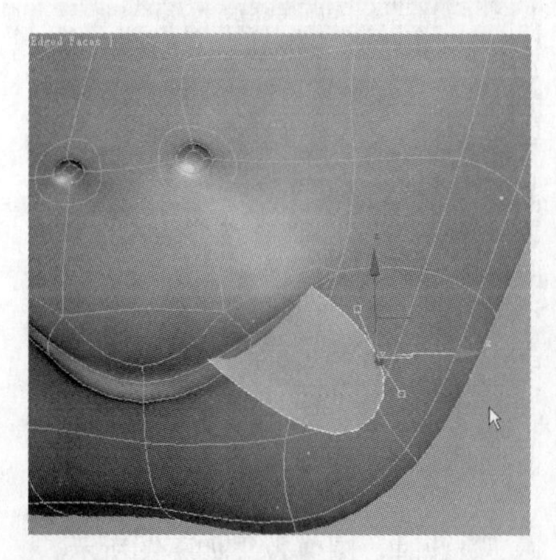
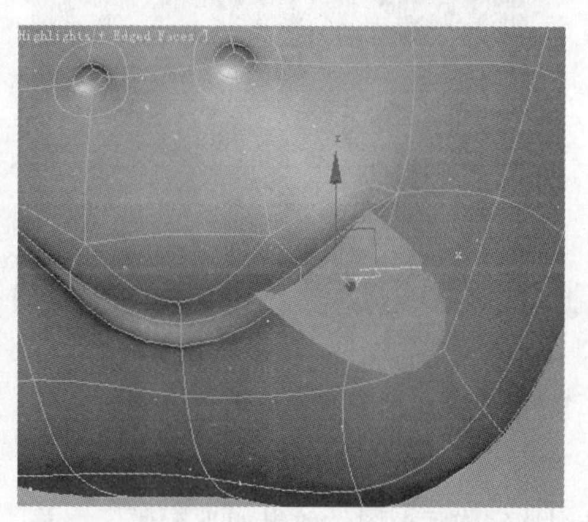

步骤 03 单击 挤出 按钮，对面进行挤压操作。退出子物体级别，使用快捷键 Alt+Q 对物体进行独立显示，切换到"边"级别，选择下图（右）所示的一圈边。

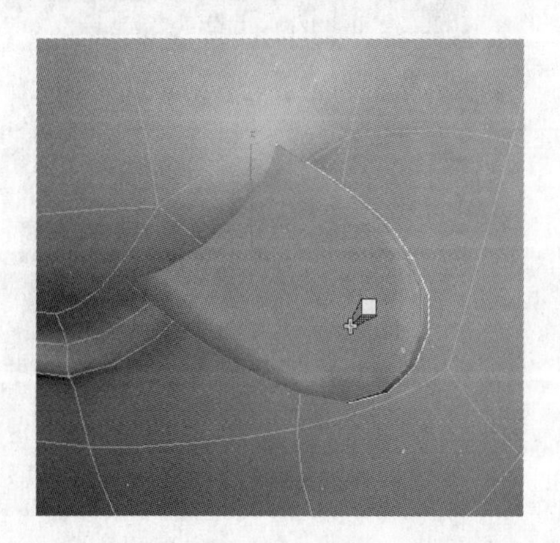
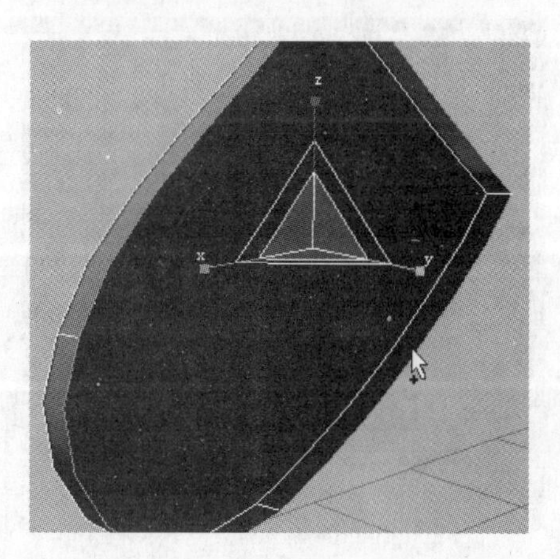

步骤04 单击“选择并均匀缩放”按钮，按住 Shift 键对边进行缩放操作。选择下图所示的边。

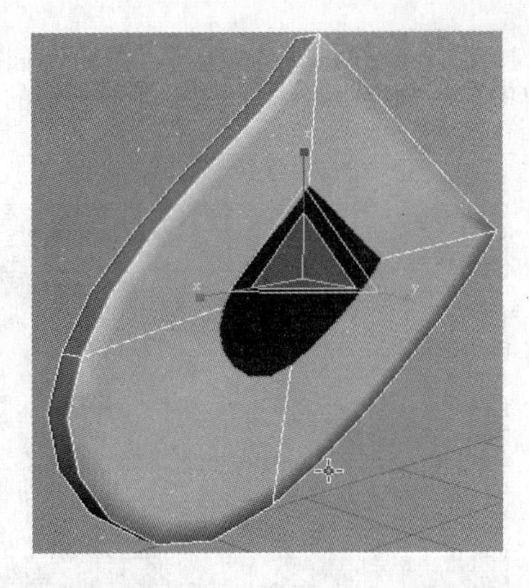

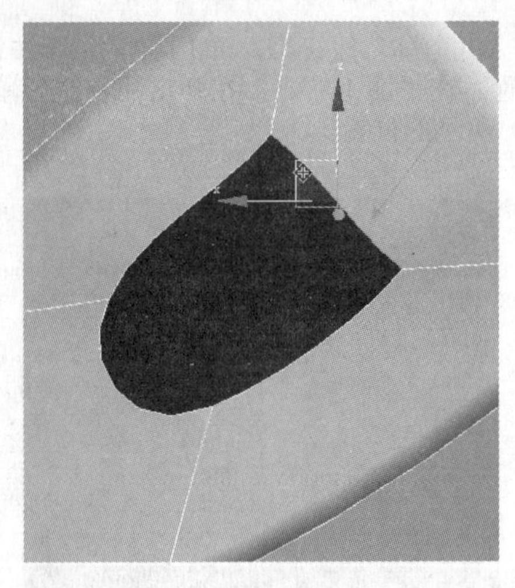

步骤05 按住 Shift 键，继续使用移动工具对边进行移动并复制。切换到“顶点”级别，单击焊接按钮，对目标点进行焊接。

步骤06 焊接完成后，图像效果如下图所示。关闭下图所示的对话框，显示场景中的所有物体。

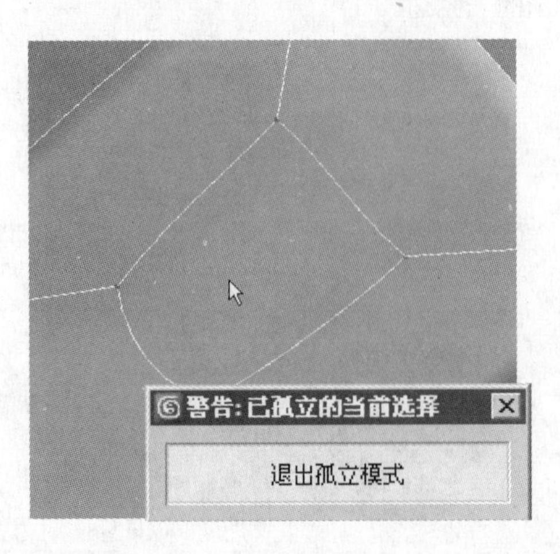

步骤07 此时，图像效果如下图所示。

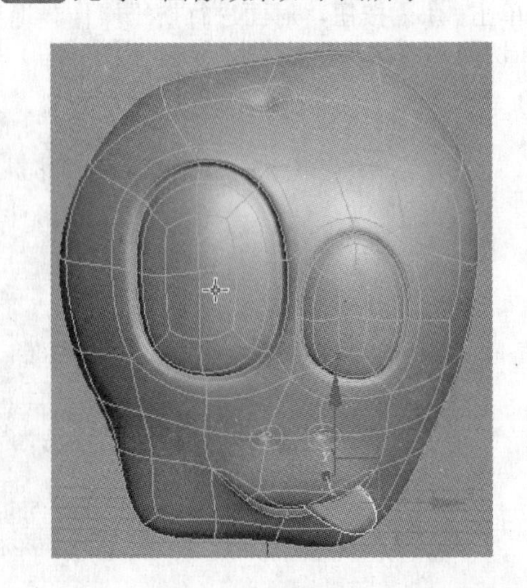

6.6.6　制作苹果上部的把柄

步骤 01 单击“图形”按钮，切换到 样条线 创建面板，单击 线 按钮，在场景中创建一条样条曲线。切换到“顶点”级别，调节节点到下图（右）所示的位置。

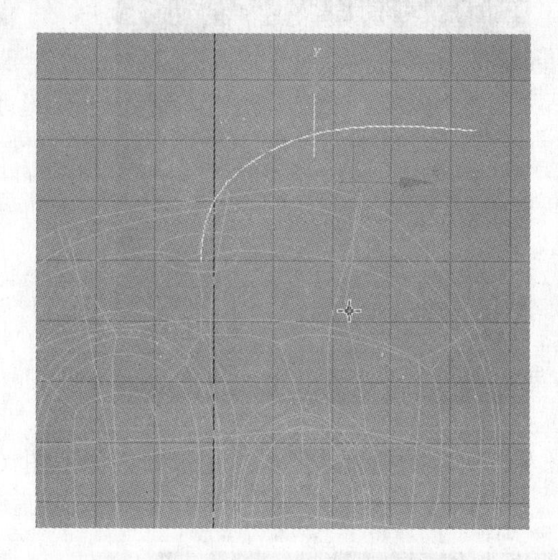

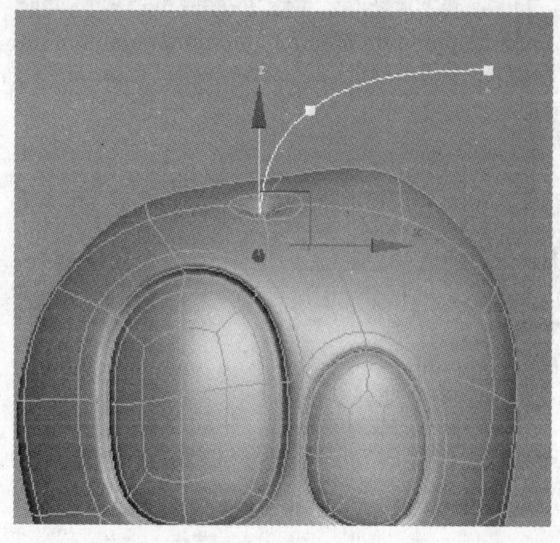

步骤 02 退出子物体级别，单击“图形”按钮，切换到 样条线 创建面板，单击 圆 按钮，在场景中创建一个圆形样条曲线。选择之前创建的线性样条曲线，切换到 复合对象 创建面板，单击 放样 按钮，然后单击 获取图形 按钮，再单击圆形样条曲线。

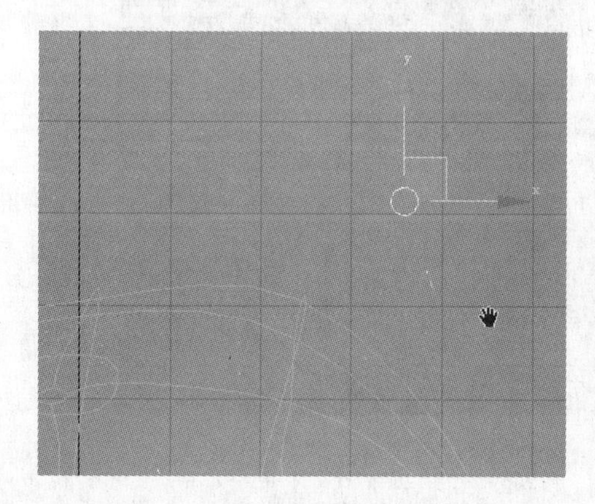

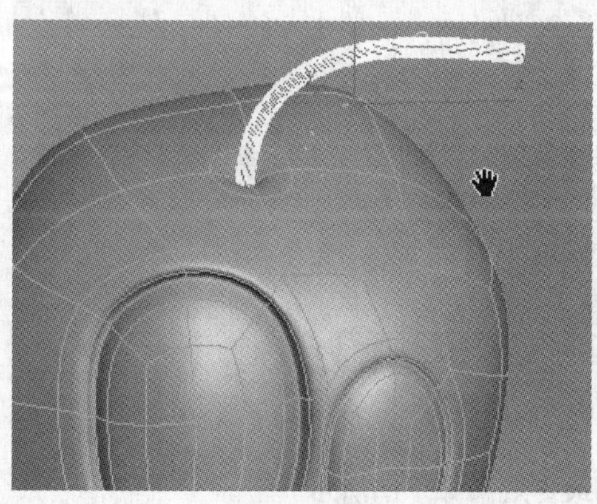

步骤 03 在放样修改面板中单击下图（左）所示的按钮。此时，弹出“缩放变形”对话框，调整曲线。

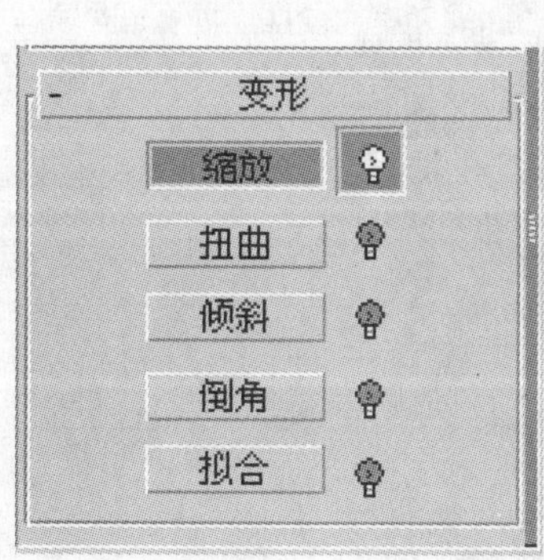

步骤 04 此时，图像效果如下图（左）所示。使用快捷键 F9 进行渲染，渲染效果如下图（右）所示。

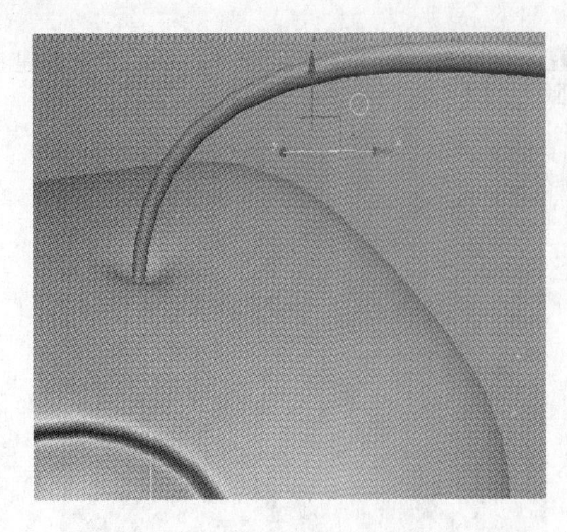
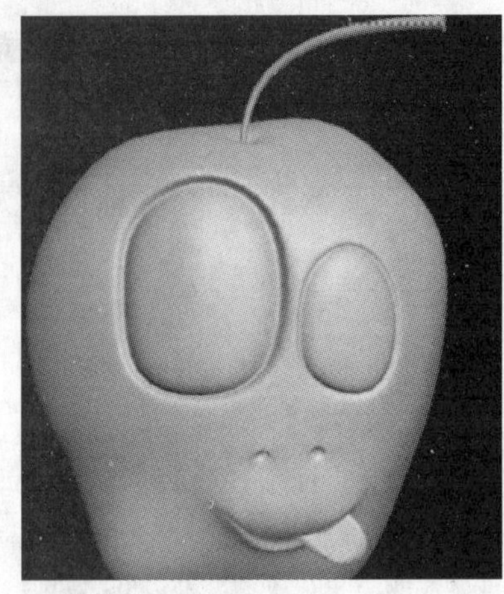

步骤 05 切换到“顶点”级别，调节节点到下图（左）所示的位置。此时，图像效果如下图（右）所示，完成本实例的制作。

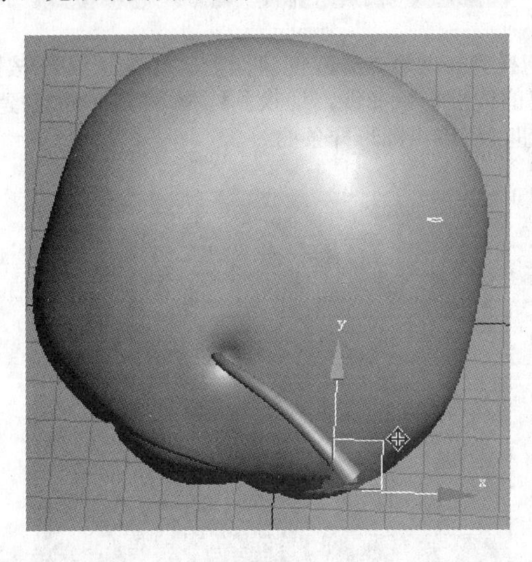
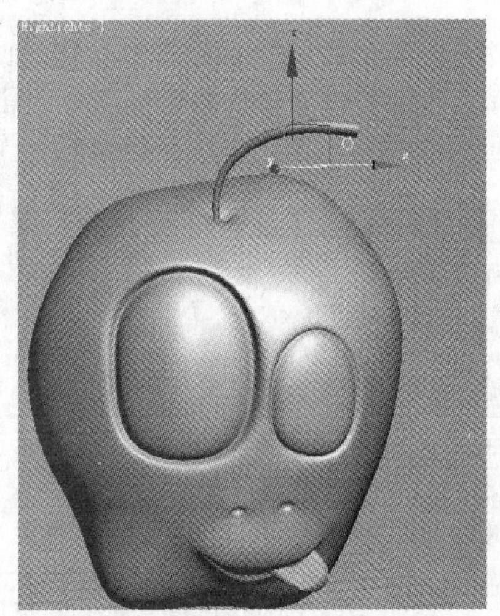

步骤 06 最终效果如下图所示。

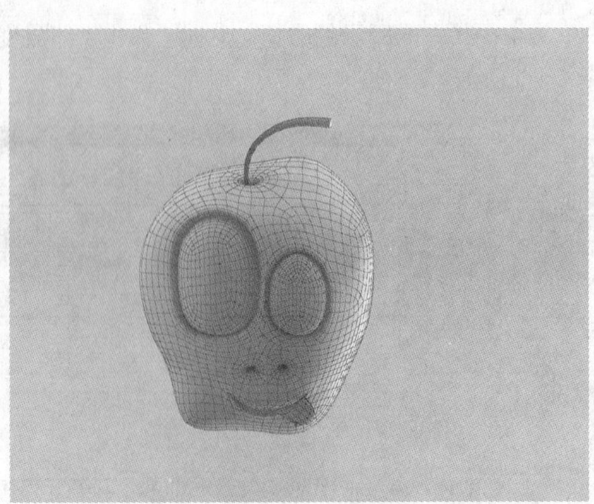

习题加油站

本章介绍了修改器的概念，讲解了如何使用修改器堆栈及在子对象层级使用堆栈，并以实例形式的动手演练来巩固所学知识。下面通过做习题来巩固本章知识。

设计师认证习题

Q　给下图（左）对象加入什么命令可以得到右图效果？________。

A　A. 挤出　　B. 倒角　　C. 对称　　D. 车削

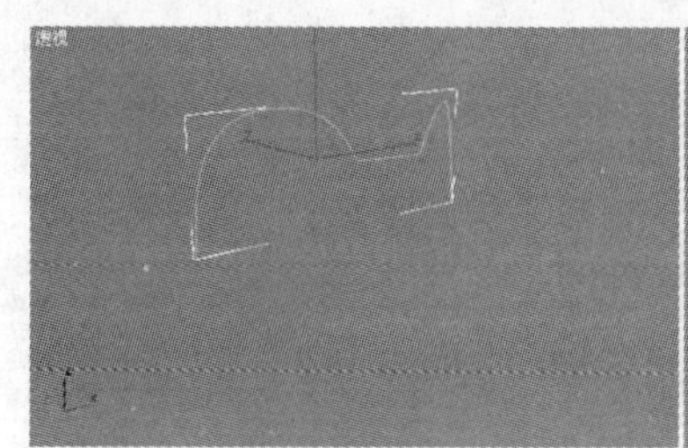

Q　以下关于“置换”修改器的描述不正确的是________。

A　A. “置换”修改器要求被置换物体有足够的分段数以表现细节

B. “置换”修改器只能识别贴图的灰度信息

C. “置换”修改器可以将一个图像映射到三维对象表面，根据图像的灰度值，对三维对象产生影响，白色部分凸起，黑色部分凹陷

D. “置换”修改器的贴图有5种贴图 Gizmo 可以使用，分别是“平面”、“柱形”、“球形”、“长方体”和“收缩包裹”

Q　下图中对象使用了以下哪个命令？________。

A　A. FFD2*2*2　　B. FFD 长方体　　C. FFD3*3*3　　D. FFD4*4*4

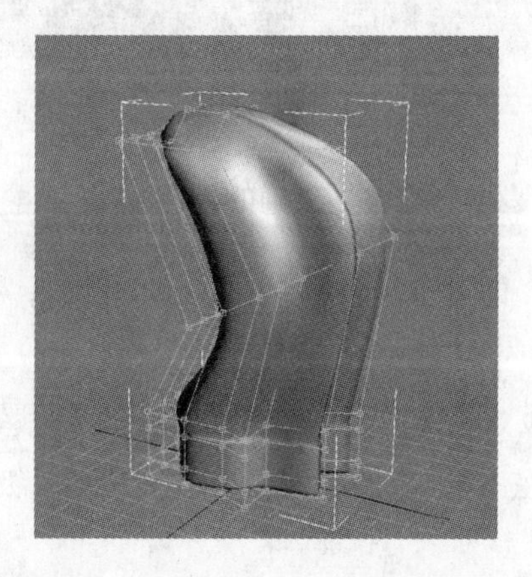

专家认证习题

Q 以下有关“噪波”修改器说法错误的是 ________。

A
A. 通过调节“种子”值，可以使噪波随机产生不同的效果
B. 选择“分形”复选框可以使噪波效果更剧烈
C. 噪波动画需要手动设置关键点才能产生
D. 为平面对象添加“噪波”修改器可以制作山脉、水面等

Q 下面哪些“可编辑多边形”中的命令参数无法制作动画效果 ________。

A
A. 挤出　　B. 目标焊接　　C. 桥　　D. 切角

Q 怎样将图中左侧的模型选择状态切换成右边的模型选择效果？________。

A
A. 进入“多边形”子对象级别，按住键盘上的 Ctrl 键，依次选择对应的面
B. 进入“多边形”子对象级别，按住键盘上的 Shift 键，依次选择对应的面
C. 进入“多边形”子对象级别，按住键盘上的 Shift+Ctrl 组合键，依次选择对应的面
D. 以上都不对

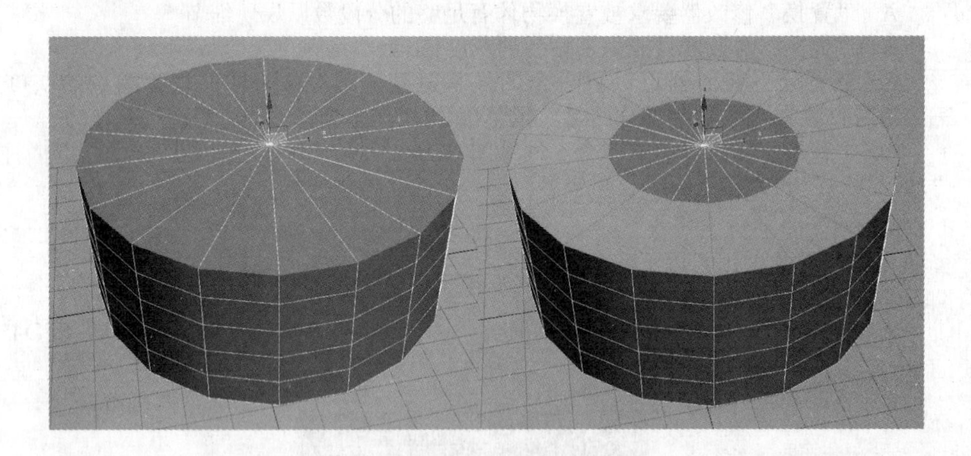

Q 以下关于“可编辑多边形”描述不正确的是 ________。

A
A. “可编辑多边形”有 5 个子对象修改级别，分别是“顶点”、“边”、‘边界”、“多边形”、“元素”
B. “环形”和“循环”命令只能用于“边”或“边界”子对象级别
C. “挤出”和“倒角”命令都可以在视图中通过手动方式进行操作
D. “忽略背面”只在“顶点”、“边”和“多边形”级别下有效

第 7 章 NURBS曲面建模

内容提要：

大师作品欣赏：

这幅作品表现的是一个Q版的乌龟造型，耷拉的双眼让这只乌龟显得很没有生气。此乌龟造型的龟背可以先用样条线勾勒出大致轮廓，再使用NURBS内部工具完成制作。

这幅室内设计效果图中很多物体都可以通过先画样条线再添加“车削曲面”修改器来完成，如：碗、碟子、杯子和茶壶，还有椅子，这种方法制作起来非常方便。

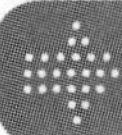

7.1 NURBS 标准建模方法

标准的 NURBS 建模方法，一般可以直接建立 NURBS 类型的曲线，包括点曲线和 CV 曲线两种。

动手演练 | NURBS 曲线的基本操作

步骤 01 单击"创建"面板中的"平面造型"按钮，在下拉列表框中选择"NURBS 曲线"选项。

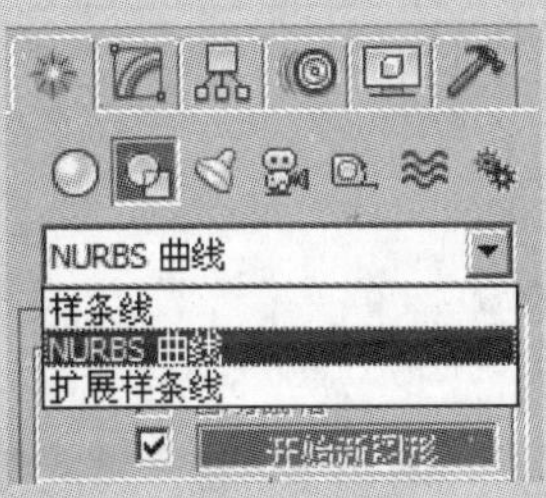

步骤 02 此时显示 NURBS 曲线的相关参数。

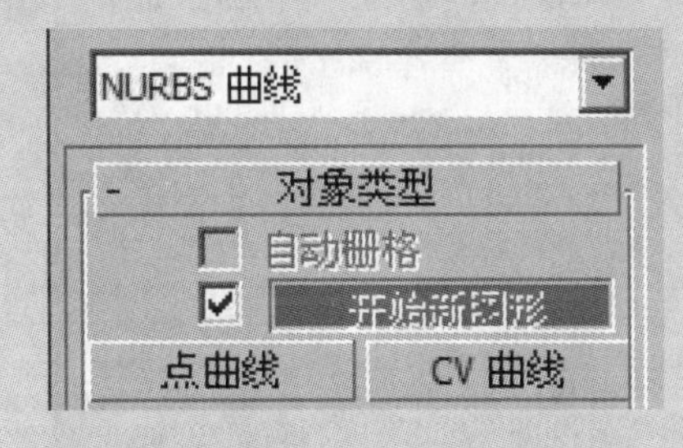

步骤 03 点曲线绘制的曲线是由点控制的，它的每一个点上的曲度是系统内定的，无法单独控制，这种曲线不易掌握它的曲度。

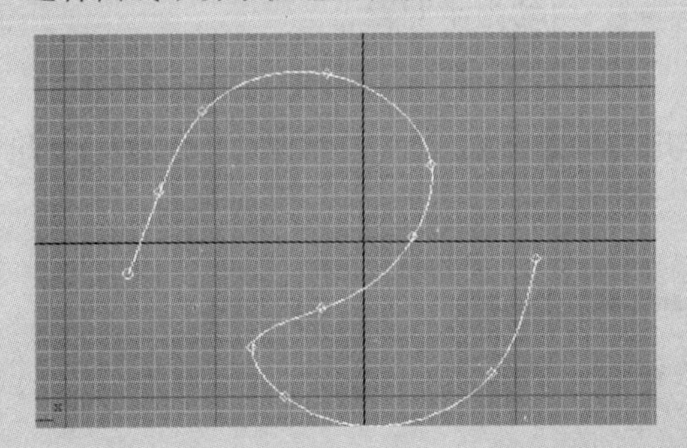

步骤 04 可控曲线是通过曲线周围的控制点来描绘曲线的。

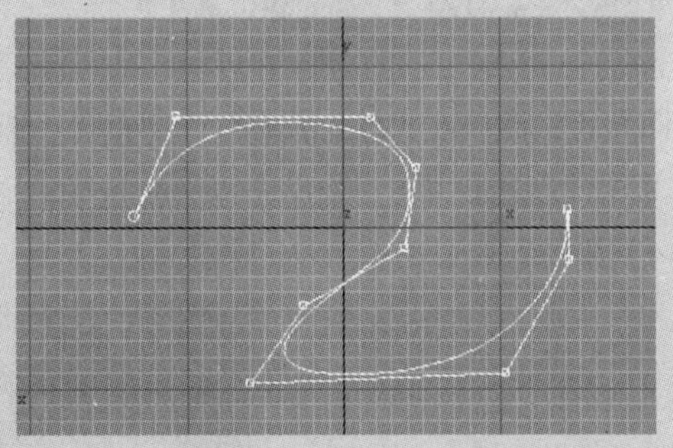

步骤 05 这种可控曲线点的优点是不仅可以调节其位置，还可以通过调节它的权重来改变曲线的形状，这样使得 NURBS 曲线的调节方式更加多样，曲线的形态也更易控制，所以通常使用这种方式来绘制 NURBS 曲线。下图所示是权重值为 20 和 0 的曲线效果。

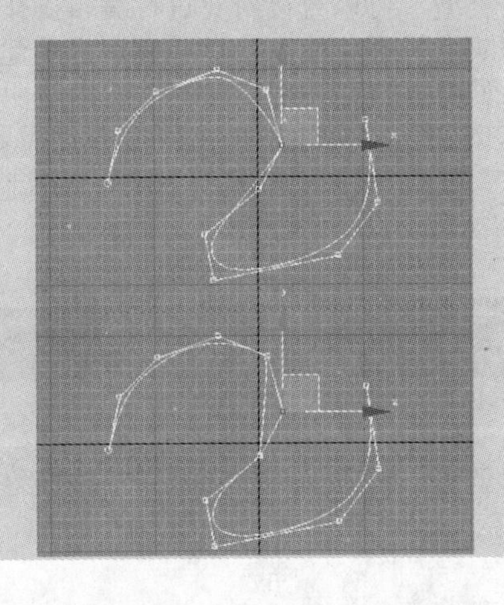

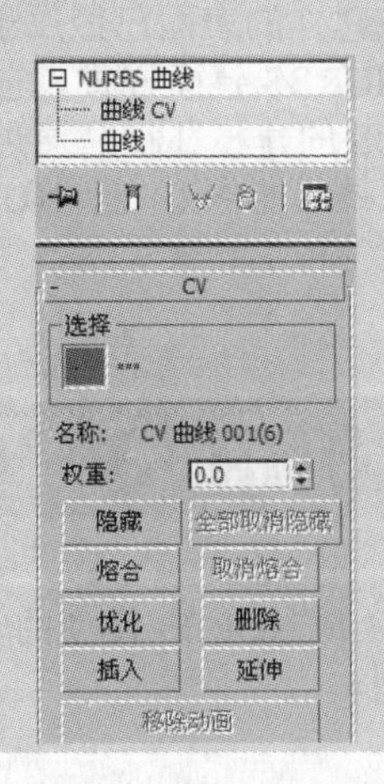

在完成 NURBS 曲线绘制以后，在“修改”面板中，单击按钮，打开 NURBS 工具栏，可以直接进行 NURBS 的制作。如下图（左）所示 NURBS 工具栏中提供了各种工具，可以对它进行 NURBS 建模编辑操作，这是标准的 NURBS 建模过程。还有一种方式是通过直接建立 NURBS 类型的表面。单击“创建”面板中的“几何体”按钮，从下拉列表框中选择“NURBS 曲面”选项，显示 NURBS 曲面的相关参数，如下图（右）所示。

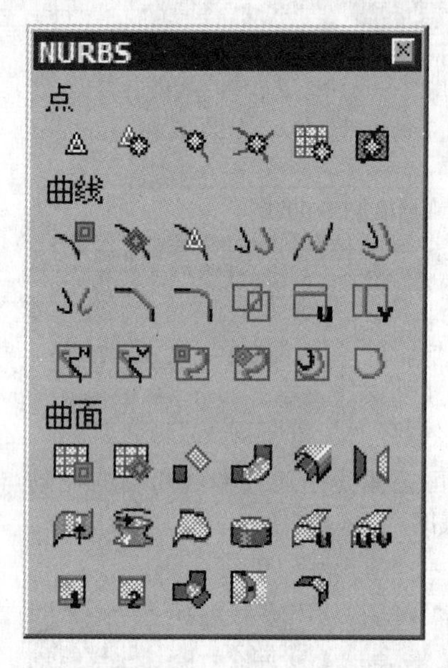

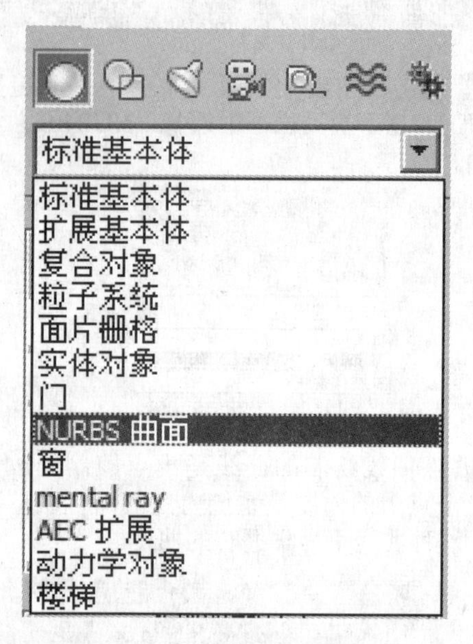

在 NURBS 曲面的“对象类型”卷展栏中包括由点直接控制的表面点曲面，还有由 CV 控制的表面 CV 曲面两个按钮。

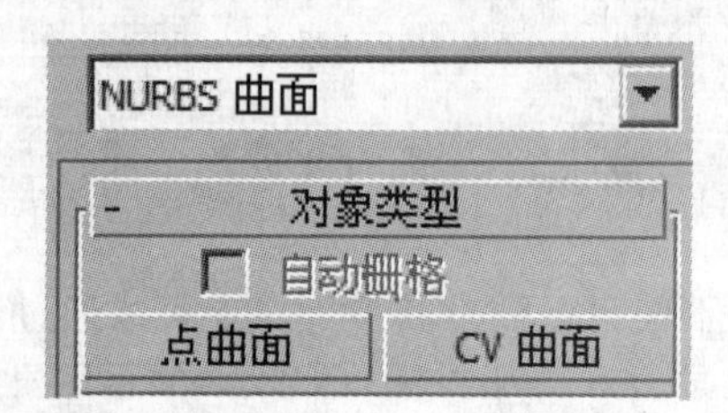

用这种方法建立的表面已经属于 NURBS 曲面类型，可以直接对它进行编辑操作。这两种方法都是标准的 NURBS 建模方式。它们都有一定的缺点，不可能直接建成有良好的建模属性的物体，因为 NURBS 的建模往往是通过 NURBS 快捷面板中的工具来实现的，所以这两种方式虽然是开始阶段，但是只能作为一个 NURBS 建模的初步过程，具体的 NURBS 建模还需要在 NURBS 快捷面板中通过各种工具来实现。

7.2 NURBS 模型的转换方法

本节将介绍 4 种 NURBS 模型的转换方法，它们是通过标准几何体、曲线、Loft 放样和万能转换 NURBS 模型。

7.2.1 通过标准基本体转换 NURBS

NURBS 建模的方法有几种，一种可以通过标准基本体转换为 NURBS 以后进行编辑操作。标准基本体有 10 种，创建标准基本体的面板如下图所示。

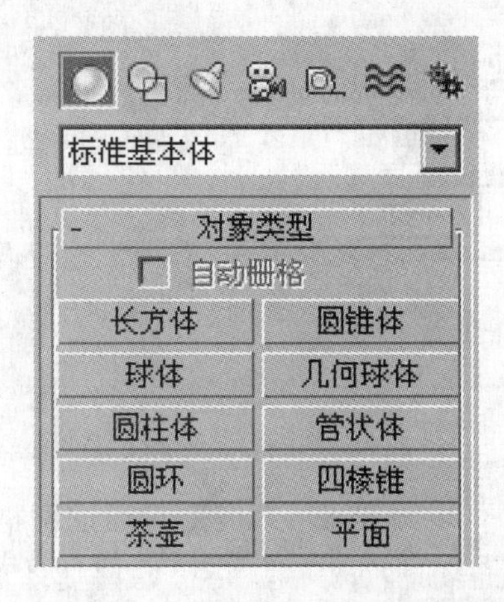

动手演练　标准基本体转换 NURBS 的应用

步骤 01 单击按钮显示“创建”面板，单击按钮，在标准基本体的“对象类型卷展栏”中单击“球体”按钮，在视图中建立一个球体模型（光盘文件 \ 第 7 章 \ 标准基本体转换为 NURBS.max）。

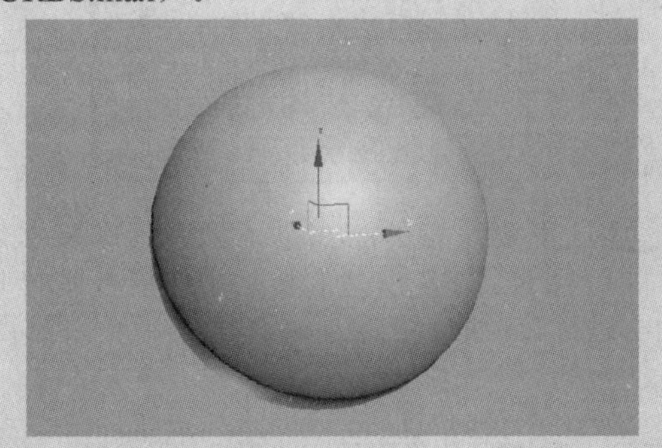

步骤 02 右击球体，在弹出的快捷菜单中选择“转换为”命令，有 4 种方式可供选择。

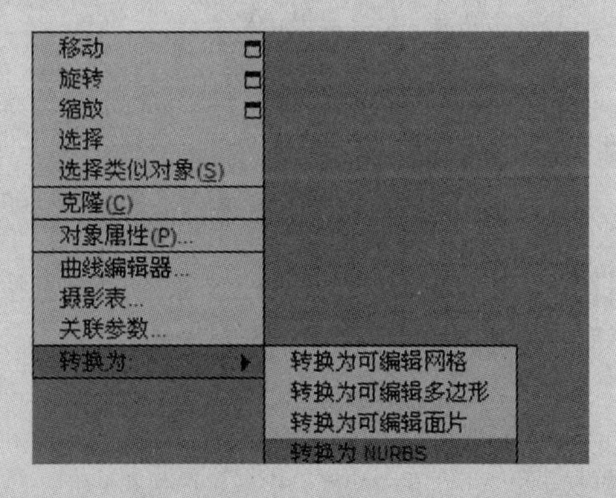

步骤 03 在这 4 种方式中，一种是可编辑的网格物体，一种是可编辑的多边形物体，一种是可编辑的面片物体，第 4 种就是 NURBS，选择“转换为 NURBS”命令，将球体塌陷为 NURBS。此时，“修改”面板如下图所示。

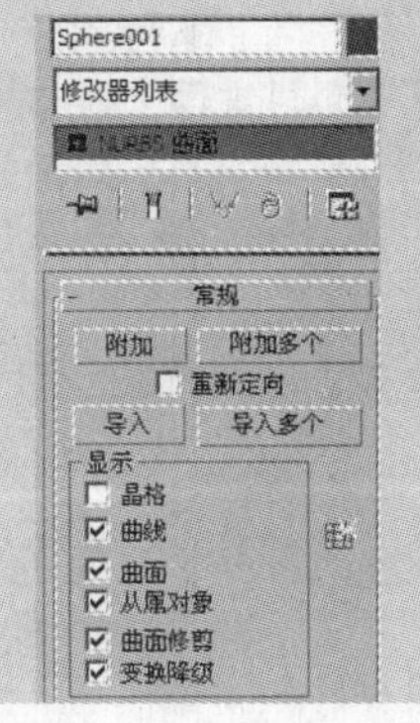

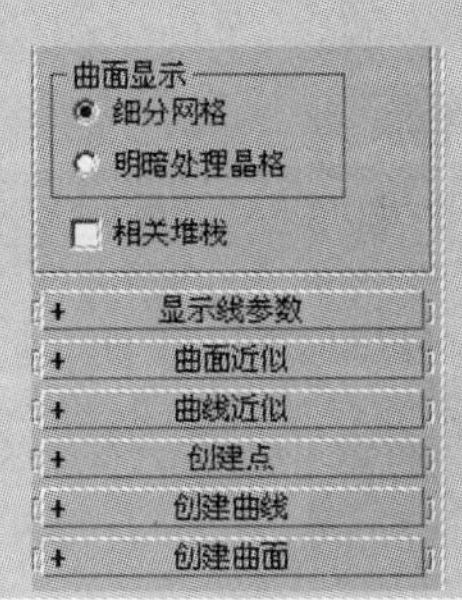

步骤 04 将球体塌陷为 NURBS 以后，就可以对它进行 NURBS 的曲面编辑了。单击 NURBS 曲面 按钮，进入 NURBS 的曲面 CV 次物体编辑状态。

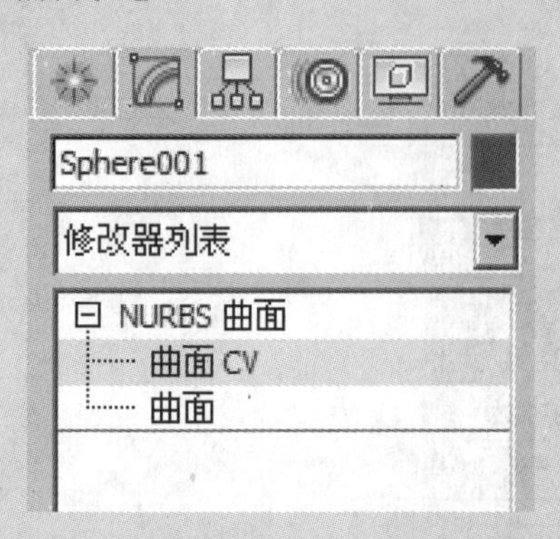

步骤 05 此时，视图中的球体上出现了可控点。

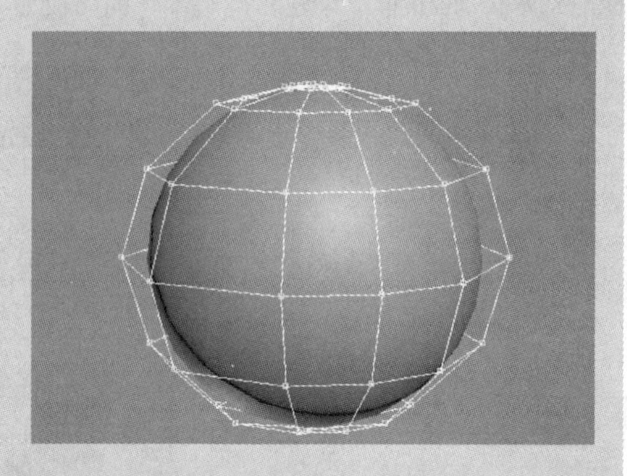

步骤 06 通过球体表面的控制点可以调整它的形态。

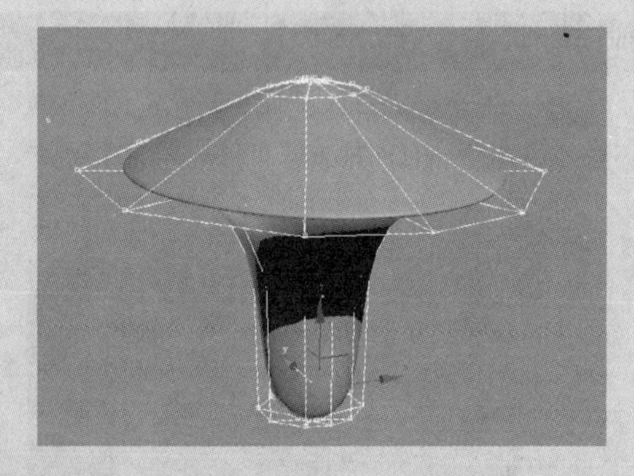

步骤 07 通过调整控制点的权重值，可以对物体的形态进行吸引和挤压。

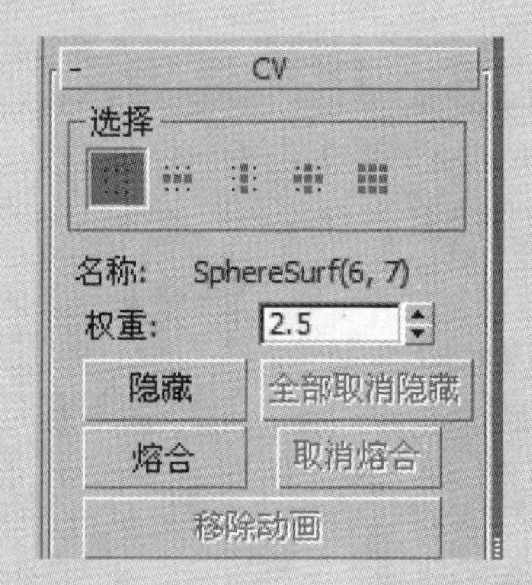

步骤 08 下图是权重值分别为 2.5 和 5 的顶点拉伸效果。

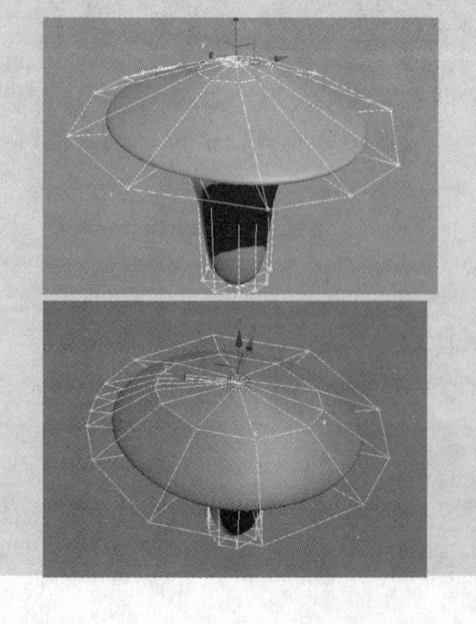

步骤 09 这里要注意的一点是，只有标准基本体才能进行 NURBS 模型的转换。扩展基本体是无法进行转换的。扩展基本体面板如下图所示。

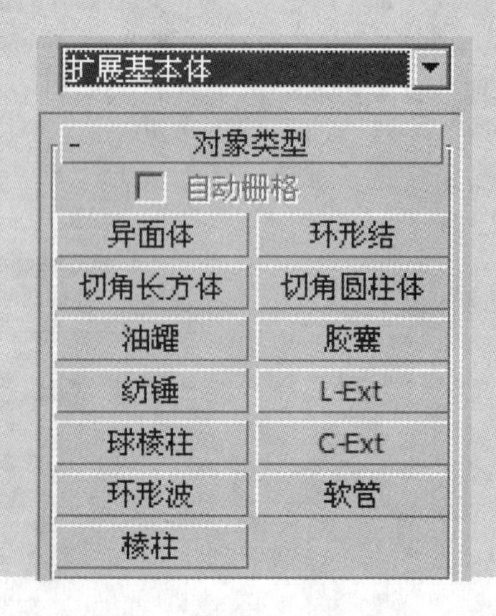

7.2.2　通过曲线转换 NURBS

第二种可以进行 NURBS 转换的方法是通过绘制轮廓线，然后在“修改”面板中进行挤压或者旋转放样，这种经过挤压或旋转放样的模型可以输出为 NURBS 模型。

完成操作以后进行 NURBS 塌陷，塌陷以后即为 NURBS 模型。除此之外，还可以通过对顶点的移动变化来修改模型。

动手演练｜曲线转换 NURBS 的应用

步骤 01 首先单击“创建”面板中的“图形”按钮，在“图形”面板中单击 线 按钮，在视图中建立一个曲线（光盘文件 \ 第 7 章 \ 曲线转换为 NURBS.max）。

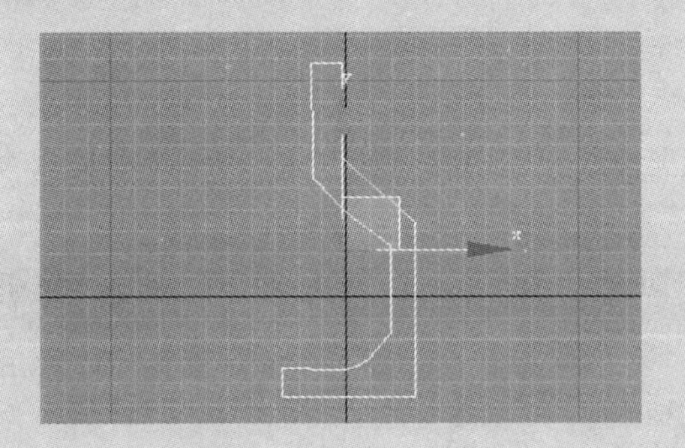

步骤 02 进入“修改”面板中，在“修改器列表”下拉列表框中选择 车削 选项，对曲线进行旋转变形。

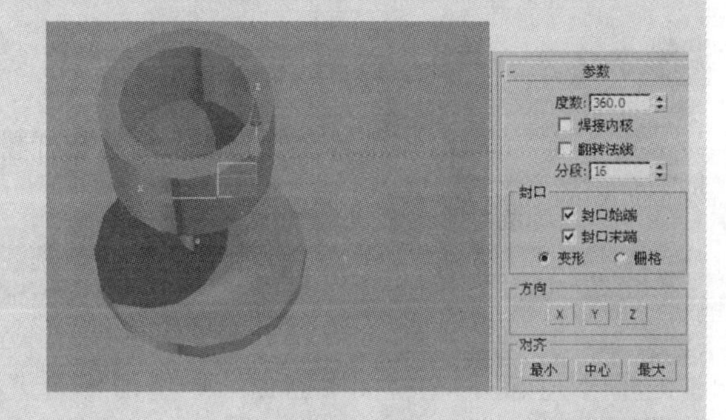

步骤 03 这种经过旋转放样或挤压放样的模型，可以将它输出为 NURBS 模型，在“修改”面板中，选择“输出”选项区域的“NURBS”单选按钮即可。

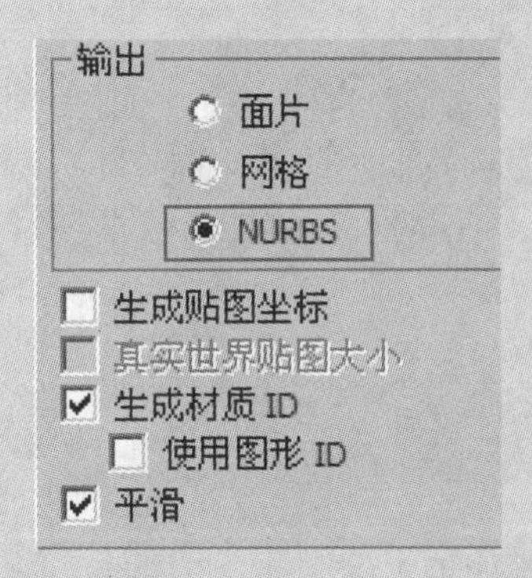

步骤 04 在最后完成操作以后进行塌陷，塌陷的结果就是一个 NURBS 曲面模型。在模型上右击，在弹出的快捷菜单中选择“转换为”→“转换为 NURBS”命令。

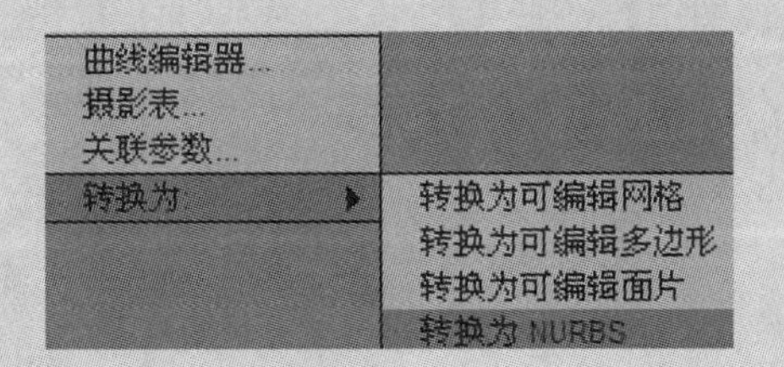

步骤 05 还可以通过对点的移动变换来修改它的模型。

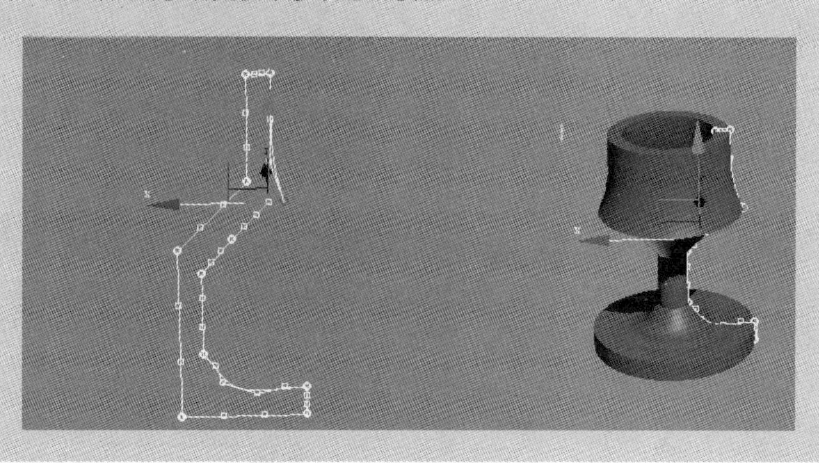

7.2.3　通过放样转换 NURBS

第 3 种 NURBS 模型转换的方法，是将放样模型进行 NURBS 模型的转换，放样本身完成的是一个多边形模型。

动手演练　放样转换 NURBS 的应用

步骤 01 单击“创建”按钮，打开“创建”面板，单击“图形”按钮，在“图形”面板中单击 星形 按钮，在视图中创建一个星形作为放样剖面之一（光盘文件\第 7 章\放样转换为 NURBS.max）。

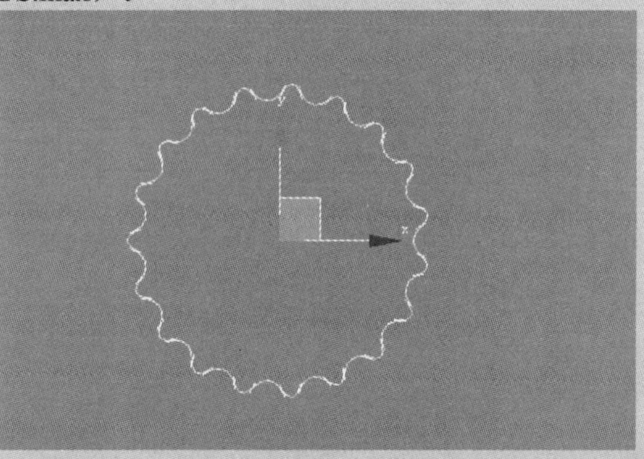

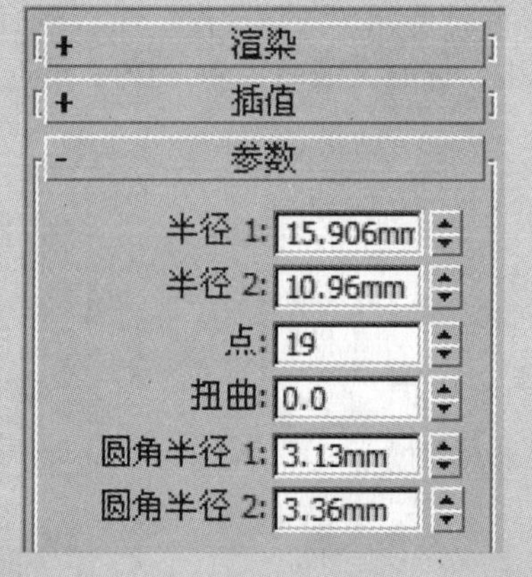

步骤 02 继续单击 圆 按钮，在星形正中绘制圆形，作为瓶盖的另一个放样剖面。如果有必要可单击“对齐”按钮将两个剖面中心对齐。

步骤 03 单击 线 按钮，在侧视图中绘制瓶盖的高度直线。这样，所有的放样元素绘制完成。将两个剖面曲线放置到合适的位置。

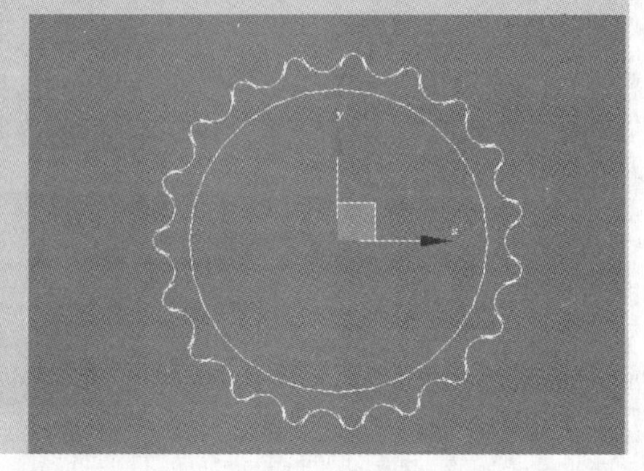

步骤 04 单击“创建”面板中的“几何体”按钮，从下拉列表框中选择 复合对象 选项，进入合成物体创建面板。单击 放样 按钮，准备开始模型放样。

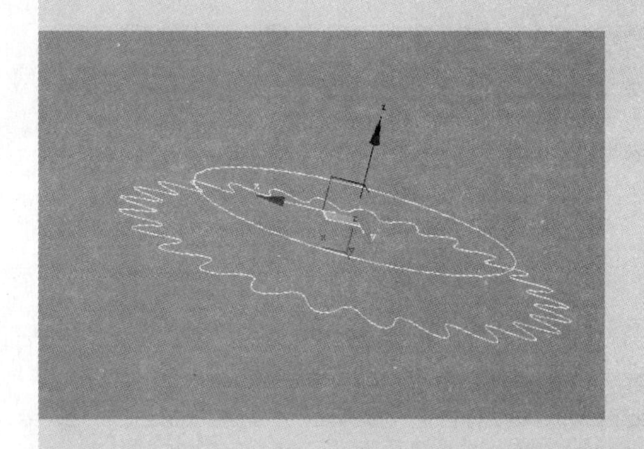

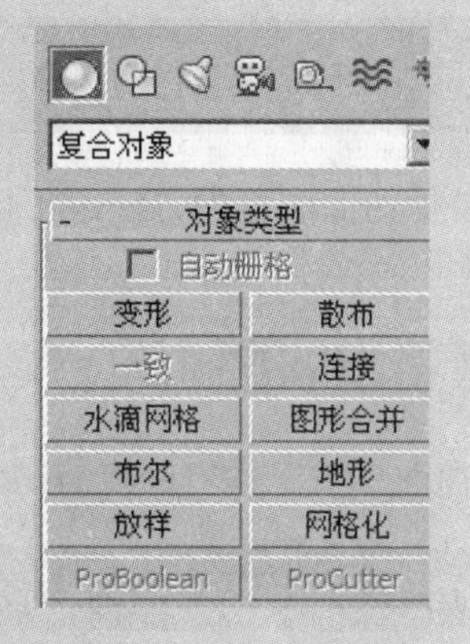

步骤 05 在视图中选择放样剖面后，完成一个基本放样模型。

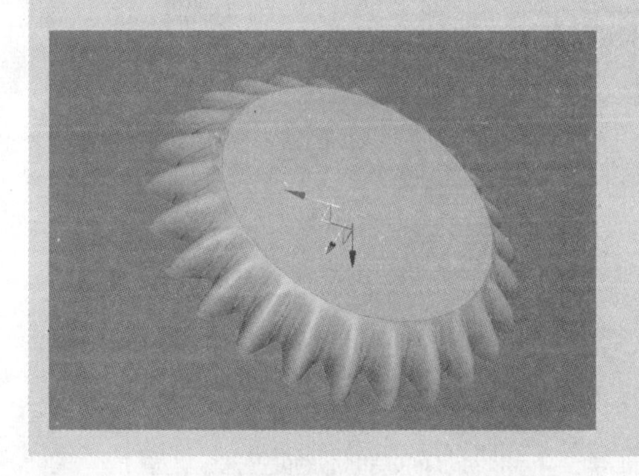

步骤 06 当模型完成以后，可以在“修改”面板中将其进行 NURBS 模型的转换，这样就可以将一个放样模型转换为 NURBS 的曲面模型。

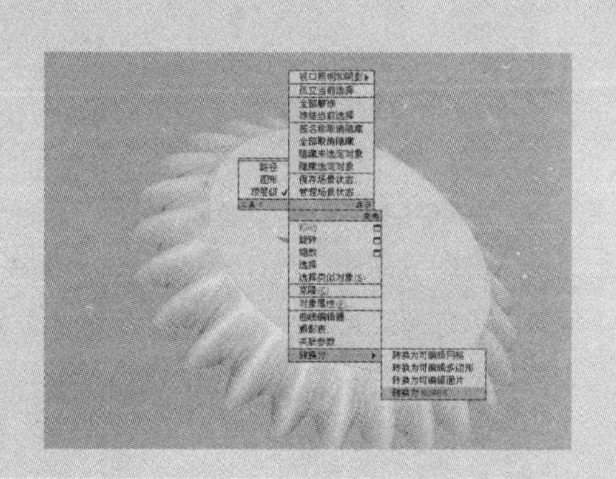

7.2.4 万能转换 NURBS

在 3ds Max 2012 中，NURBS 其实提供了一种万能的转换方法，就是将任何种类的几何体，包括从外部引入的多边形几何体，均转换为 NURBS，但是这种方法不切实际，往往需要先通过“转换为”命令，将其先转换成面片物体。

在 3ds Max 2012 内部，面片物体是可以向 NURBS 物体进行转换的，虽然这个步骤是可行的，但是没有实际意义，如果转换成 NURBS 物体，所得到的物体非常复杂，无法编辑，而且经常使系统陷入瘫痪状态，不建议使用这种方法转换。

7.3 NURBS 曲面成形工具

NURBS 提供了多种曲面成形的方法，可以通过 NURBS 工具栏中的工具来实现。下面介绍 NURBS 曲面成形工具。

7.3.1 创建挤出曲面

单击“创建挤出曲面”按钮可以将 NURBS 曲线挤出成形，该工具的用途非常广泛。

动手演练 | 创建挤出曲面的基本操作方法

步骤 01 首先绘制 NURBS 曲线，在“修改”面板提供的快捷工具中有各种各样的 NURBS 成形方式，单击“创建挤出曲面”按钮（光盘文件 \ 第 7 章 \ 挤出工具 .max）。

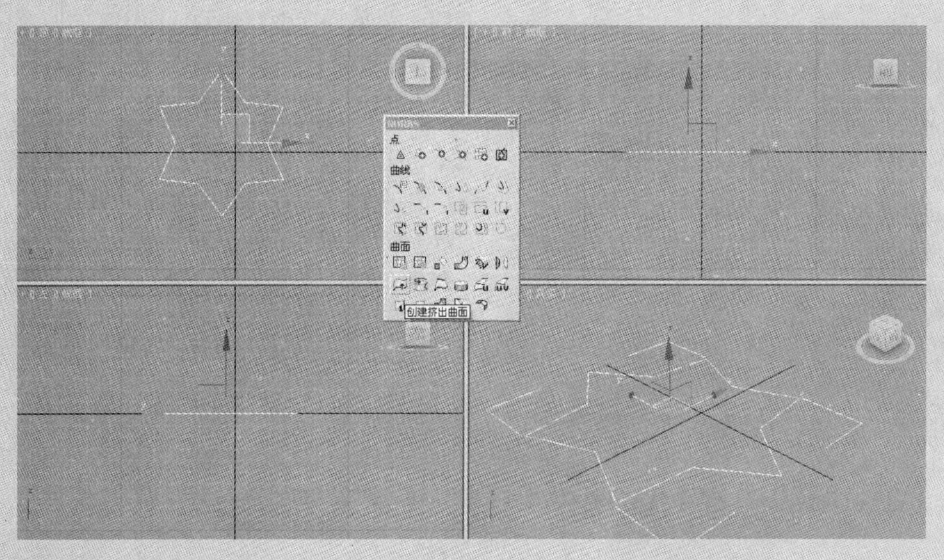

步骤 02 通过挤出直接产生曲面，这是通过拉伸产生的曲面。

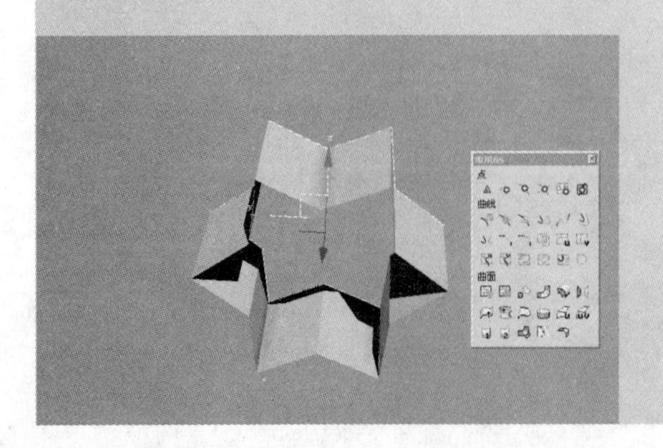

步骤 03 单击 NURBS 曲面 前面的“+”号，进入“曲面”次物体等级。

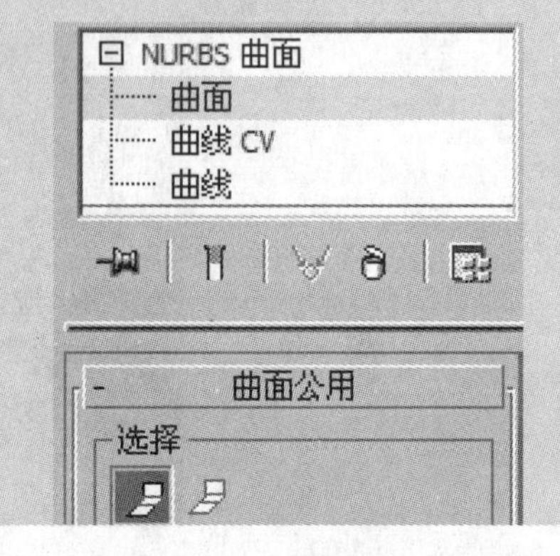

步骤 04 单击曲面物体，选择挤出的曲面。

步骤 05 在“修改”面板的最下方，可以打开初始建立拉伸曲面的控制参数。

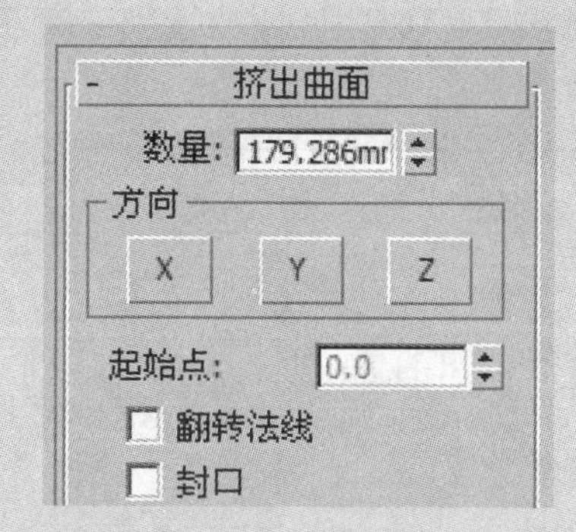

步骤 06 通过设置相关参数可以重新调节拉伸的高度，以及拉伸的轴向。

7.3.2 创建车削曲面

在 NURBS 内部可以通过创建车削曲面按钮将曲线进行旋转放样。

动手演练 | 创建车削曲面的基本操作方法

步骤 01 首先绘制一条旋转的剖面曲线（光盘文件 \ 第 7 章 \ 车削工具 .max）。

步骤 02 单击“创建车削曲面”按钮，选择曲线，可以得到一个 360° 的旋转模型。

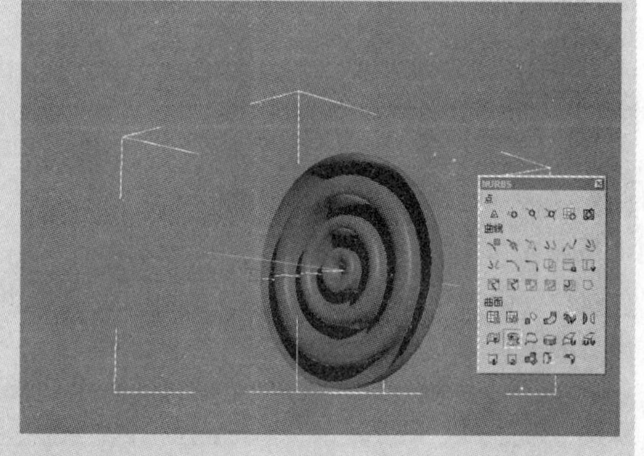

步骤 03 通过调节角度可以产生不完整的表面。

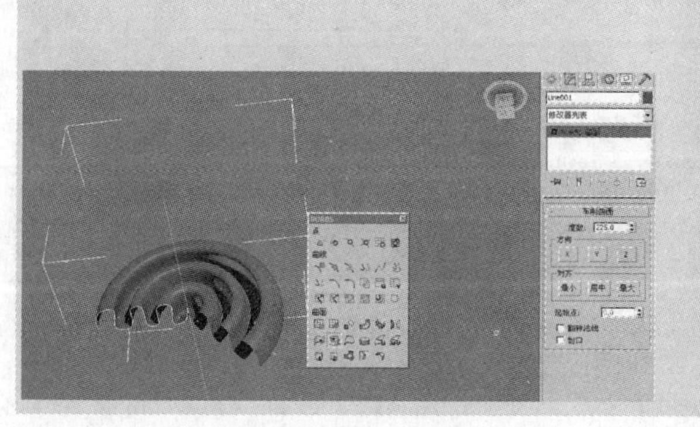

步骤 04 右击物体，在弹出的快捷菜单中选择“对象属性”命令。

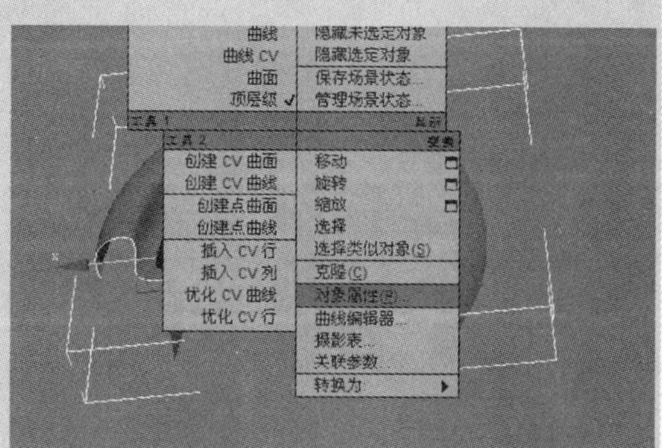

步骤 05 在“对象属性”对话框中，取消选择背面消隐复选框。

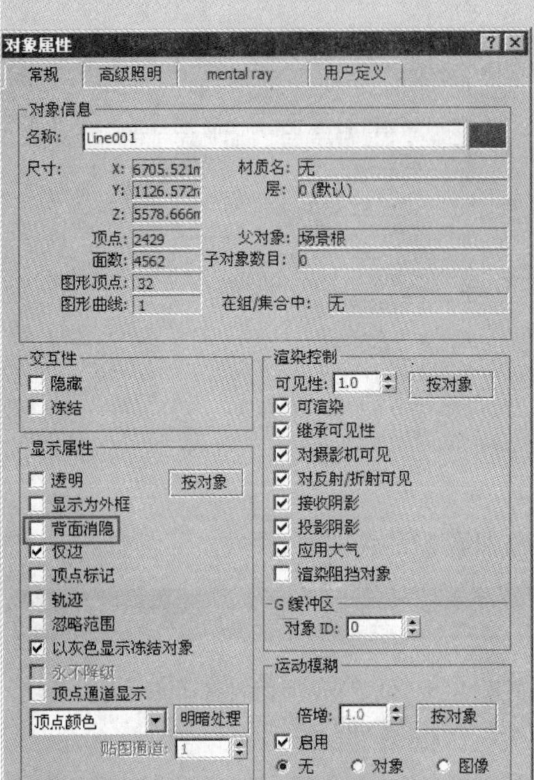

步骤 06 此时即可看到曲面的反面。

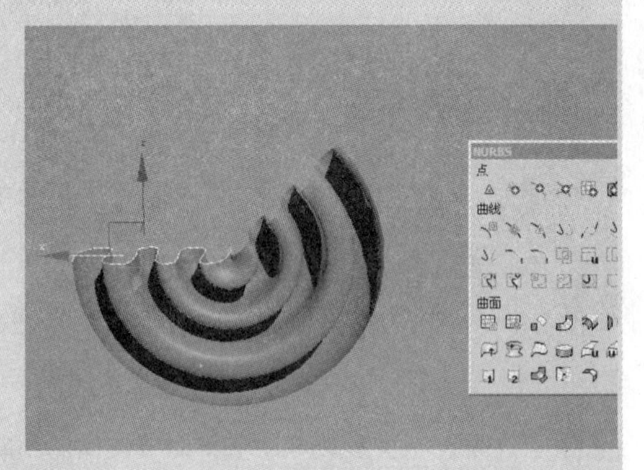

步骤 07 选择车削放样的表面进入它的曲面次物体等级，可以选择旋转所依靠的轴向，以及各种各样的对齐方式。

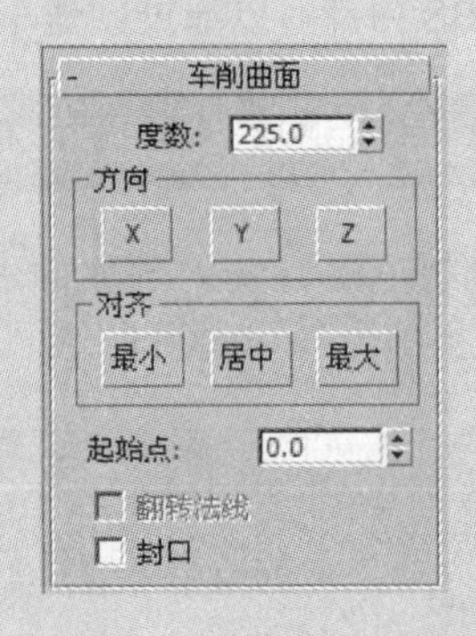

7.3.3 创建规则曲面

单击“创建规则曲面”按钮可以制作规则成形的 NURBS，是通过两条任意的空间曲线在任意空间中产生一个表面，这就是规则成形方法。这些曲线可以是空间类型的，这样就可以产生出空间类型的曲面。

动手演练 | 创建规则曲面的基本操作方法

步骤 01 首先绘制两条任意的 NURBS 曲线（光盘文件 \ 第 7 章 \ 规则成形工具 .max）。

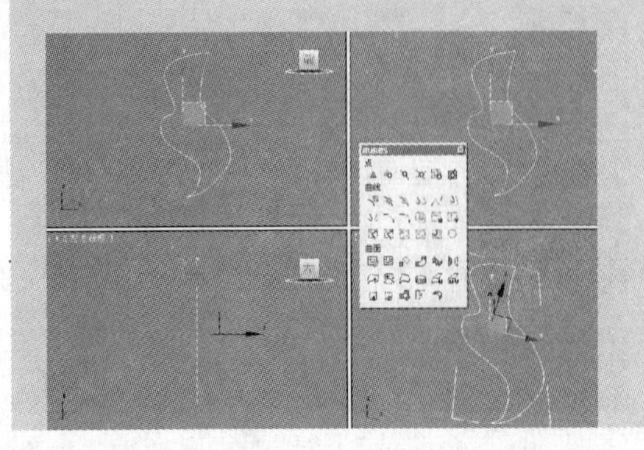

步骤 02 单击“修改”面板中的“附加”按钮，将它们组合在一起。

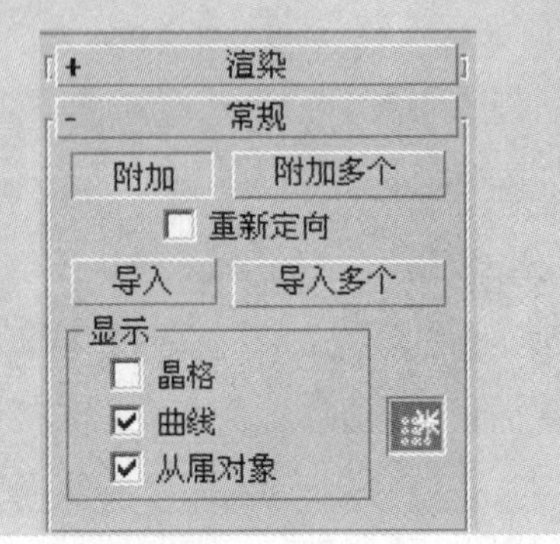

步骤 03 单击"创建规则曲面"按钮，依次选择两条曲线。

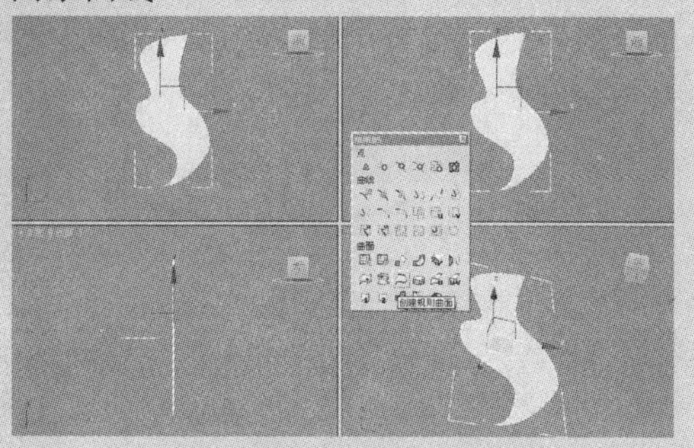

步骤 04 在"顶点"次物体模式下，在不同的视图中移动顶点，可以产生出空间类型的曲面。

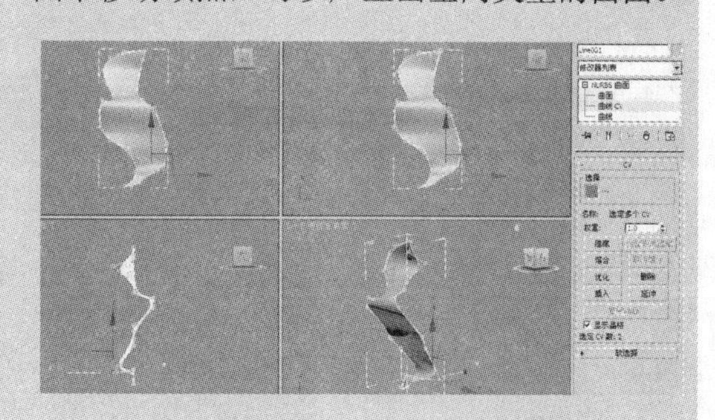

7.3.4 创建封口曲面

创建封口曲面可以补充建模，它可以对物体表面的空洞进行填补。例如，由一个车削产生的模型，在曲面的顶部是一个空洞，可针对闭合的曲线将曲面进行封闭，从而产生一个封闭的曲面模型。

动手演练　创建封口曲面的基本操作方法

步骤 01 首先利用前面学习的创建车削曲面的方法将制作好的曲线进行旋转操作（光盘文件 \ 第 7 章 \ 封口成形工具 .max）。

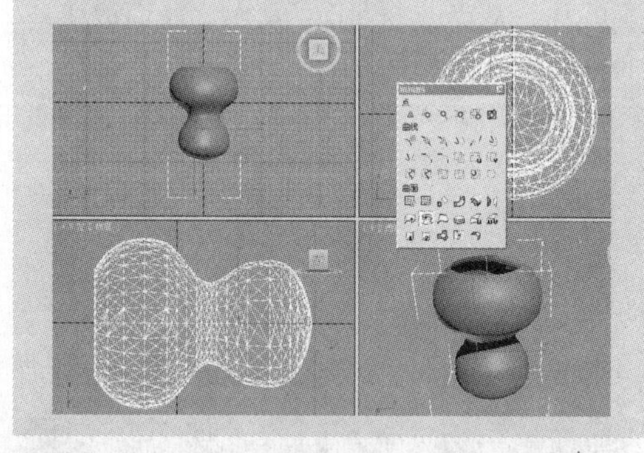

步骤 02 单击"创建封口曲面"按钮，选择没有封闭的曲线。此时便产生了一个封盖效果。

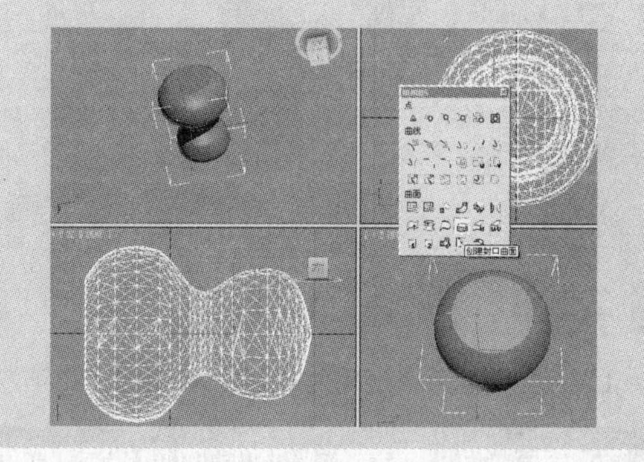

7.3.5 创建 U 向放样曲面

创建 U 向放样曲面是一种 NURBS 的曲面建模方法，它根据 U 向的轴点进行放样，类似于一种蒙皮操作。

动手演练　创建 U 向放样曲面的基本操作方法

步骤 01 首先创建 CV 曲线（光盘文件 \ 第 7 章 \U 向放样工具 .max）。

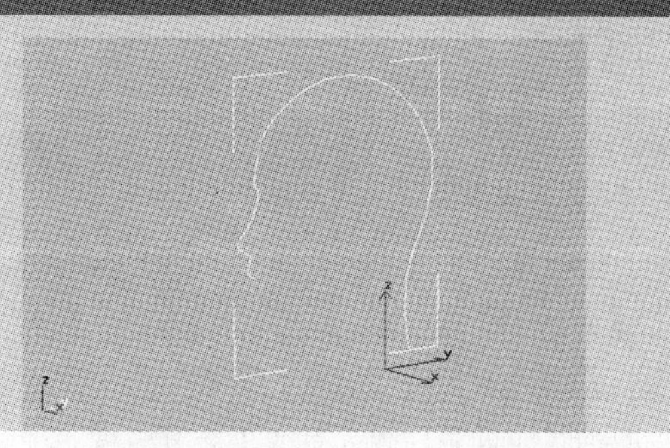

步骤 02 创建完曲线以后，在曲线的内部对曲线进行复制，配合Shift键复制出同样的一条曲线。

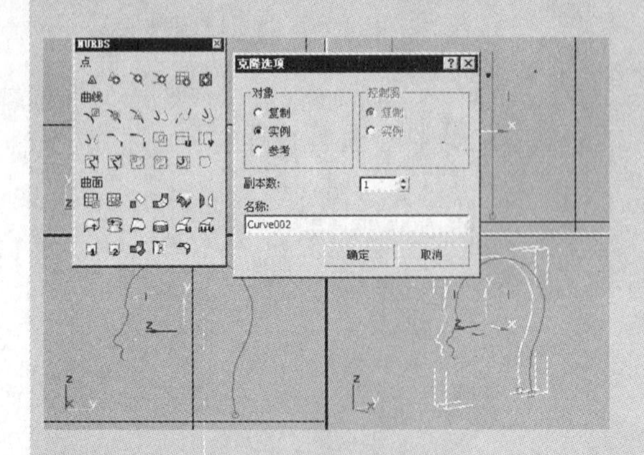

步骤 03 这样复制的方法，可以产生出与原曲线类型相似的曲线，也可以直接绘制新的曲线，U 向放样操作对每条曲线上控制点的多少不进行严格的要求。

步骤 04 下面将多条曲线排列在一起，单击“创建 U 向放样曲面”按钮 U，然后依次单击每条曲线，右击结束命令。

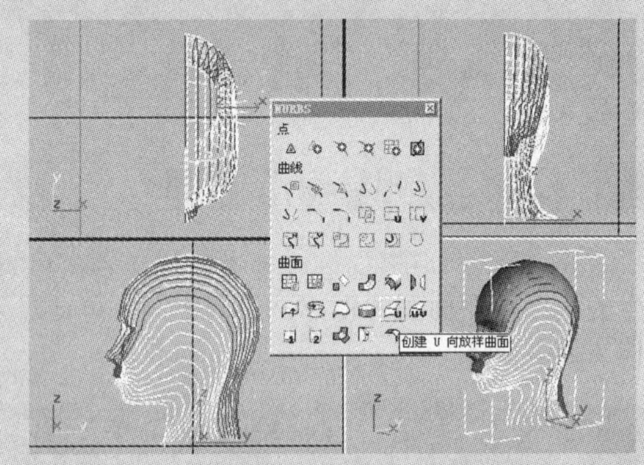

步骤 05 观察“修改”面板中 4 条曲线的顺序，此时已经产生了蒙皮模型。

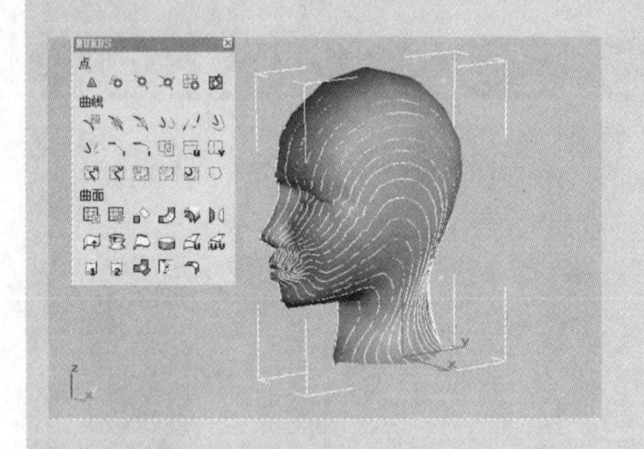

步骤 06 在模型完成以后还可以继续对每一个曲线进行编辑操作，从而改变曲线的形状和曲面的形状。也可以对每一条曲线上的控制点进行编辑操作，从而改变曲面的类型，U 向放样是一种非常强大的建模方式。

7.3.6 创建 UV 放样曲面

UV 放样操作是更为先进的 NURBS 放样方法，可根据所提供的两个方向的曲线来控制造型。

动手演练 | 创建 UV 放样曲面的基本操作方法

步骤 01 首先绘制几条 U 向的 NURBS 曲线，在 NURBS 内部进行“曲线”次物体 U 向的复制（光盘文件 \ 第 7 章 \UV 向放样工具 .max）。

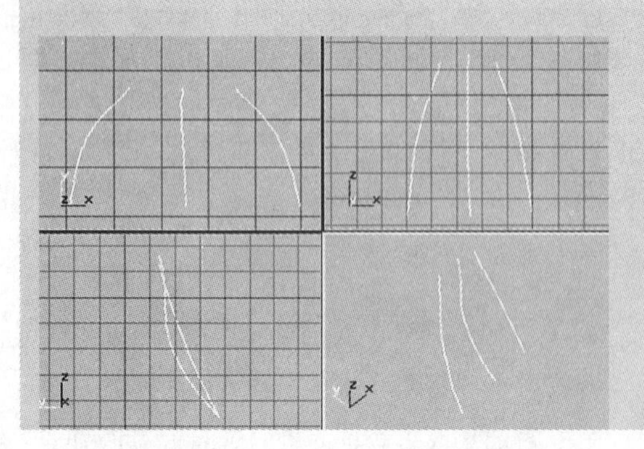

步骤 02 再绘制 V 向的曲线，对曲线进行一些编辑操作，这样就得到了 U 向和 V 向两个轴向的曲线。

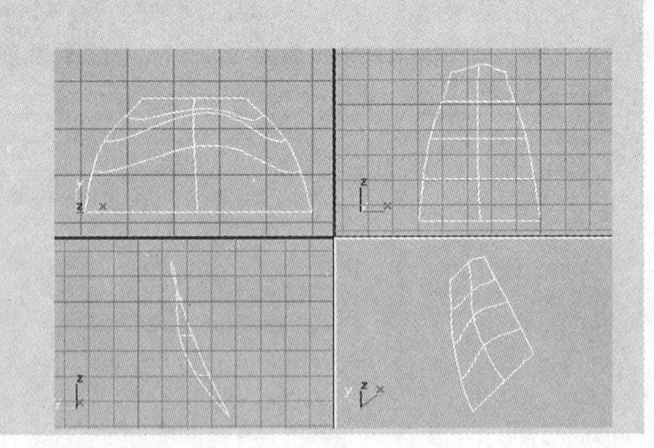

步骤03 单击“创建UV放样曲面”按钮，然后依次单击U向的曲线，右击鼠标结束U向曲线的实体操作，再依次单击V向的曲线，右击鼠标结束操作，这样就得到了一个曲面模型。

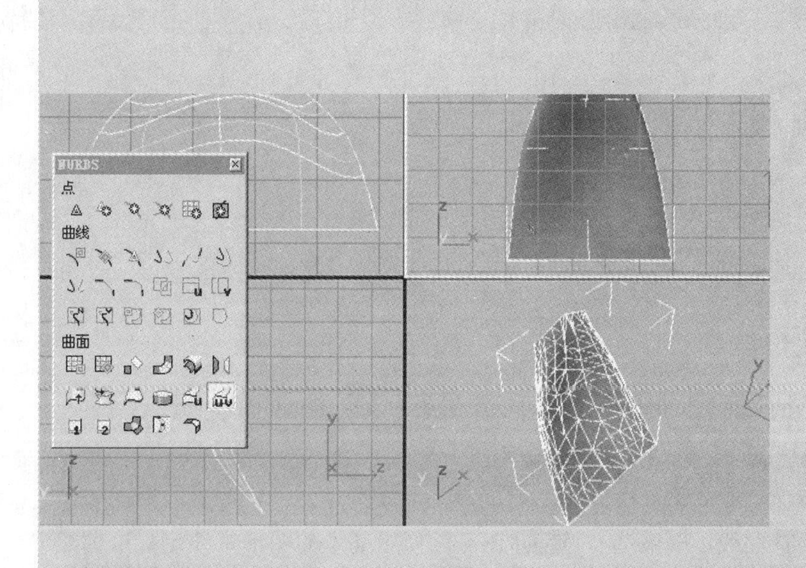

步骤04 在“修改”面板中，可以看到U向和V向的曲线名称和顺序。

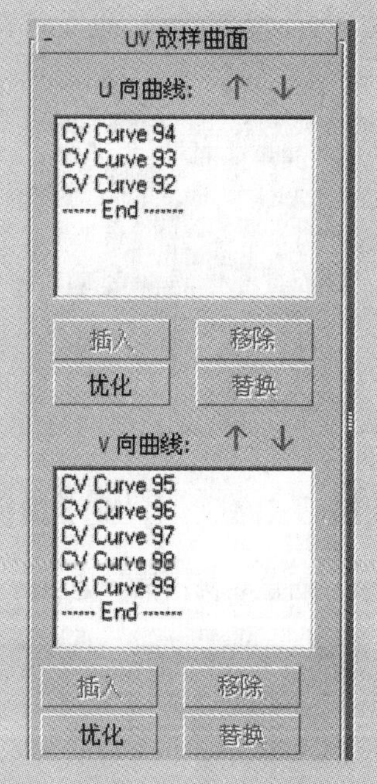

这种控制方式非常类似于曲面面片建模，对UV向曲线控制点的多少、曲线类型不做要求，曲线是否搭接也没有要求，只要在UV向存在不同的曲线就可以产生出曲面模型，对曲线进行编辑操作可以对模型产生形态的变化。

7.3.7 创建单轨扫描

创建单轨扫描是更高级的挤压操作，它可以制作出类似放样的模型。

动手演练 | 创建单轨扫描的基本操作方法

步骤01 首先创建作为扫出用的剖面图形，在曲线内部创建作为路径的曲线（光盘文件\第7章\单轨扫描工具.max）。

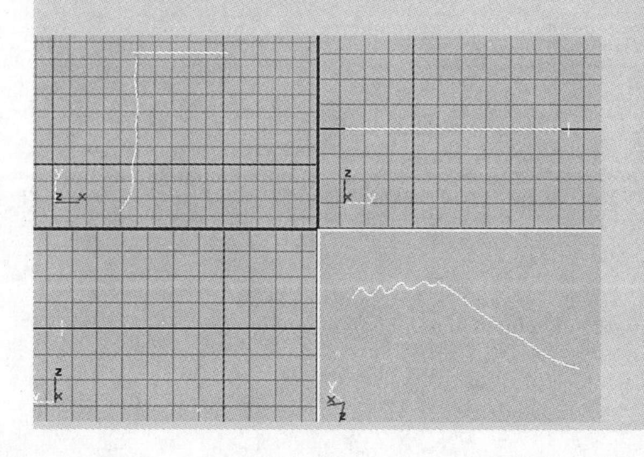

步骤02 单轨扫描允许在同一条路径上放置多个不同的剖面曲线。绘制一条新的曲线，将不同的剖面线放置在路径上。

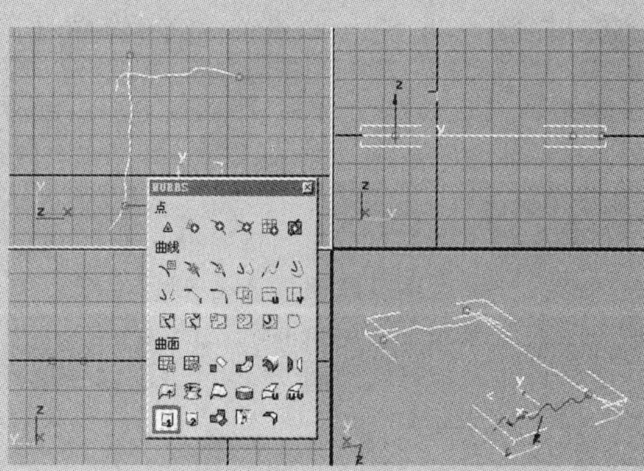

步骤 03 单击“创建单轨扫描”按钮，先单击作为扫出路径的曲线，再依次单击横叠曲线，最后右击鼠标结束操作。

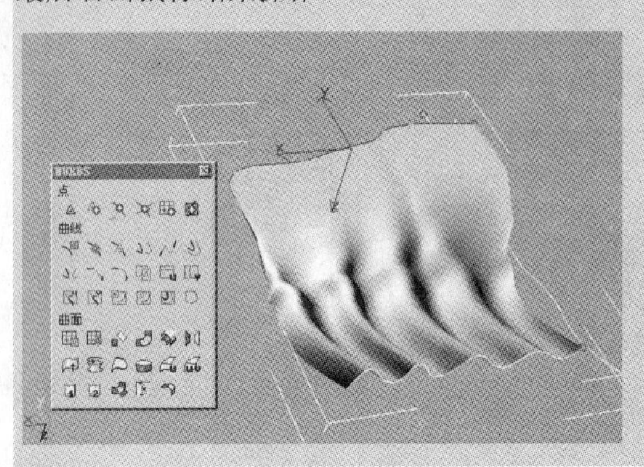

步骤 04 作为路径上的横剖面曲线可以放置若干个，而且它的形态和点不做要求。作为路径的曲线可以是空间曲线，这样就得到了一个由一维扫出而产生的曲面模型。

7.3.8 创建双轨扫描

创建双轨扫描是由两条路径曲线控制扫出。它可以产生更为复杂的 NURBS 曲面。

动手演练 | 创建双轨扫描的基本操作方法

步骤 01 绘制用于控制路径的第一条曲线，取消选择 开始新图形 复选框，这样以后创建的曲线都在同一个模型内部（光盘文件 \ 第 7 章 \ 双轨扫描工具 .max）。创建用于控制路径的第二条曲线。

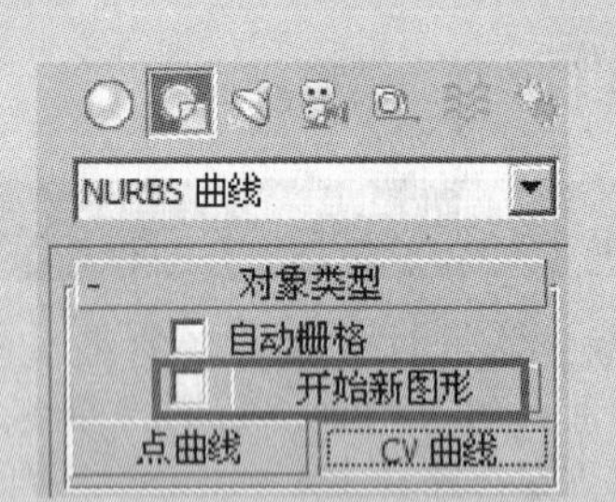

步骤 02 还可以使用基本的图形来绘制标准曲线。在“创建”面板的下拉列表框中选择样条线选项，打开标准曲线命令面板，单击 多边形 按钮，绘制一个多边形曲线。

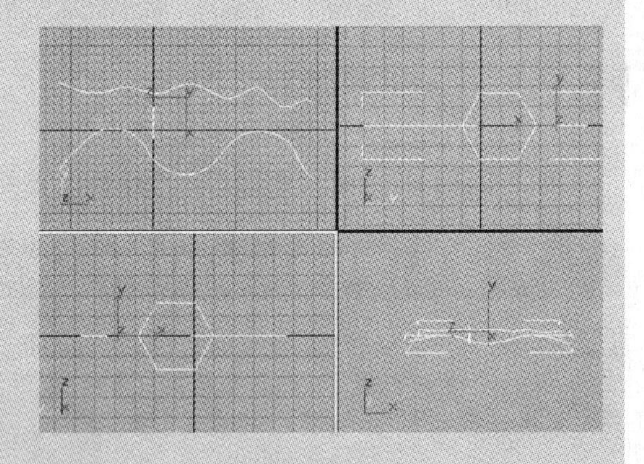

步骤 03 单击按钮，进入 NURBS 曲面编辑操作，单击“创建双轨扫描”按钮，先选择第一条路径曲线，再选择第二条路径曲线，最后选择作为横截曲面的曲线，这样就产生了一个双轨扫描模型。

双轨扫描模型不仅可以通过两条路径曲线控制形态，而且还可以通过多个剖面图形来控制曲面的形态。在创建完双轨扫描模型后，仍可以为它增加新的横剖面曲线。创建一个圆作为新的横剖面曲线。

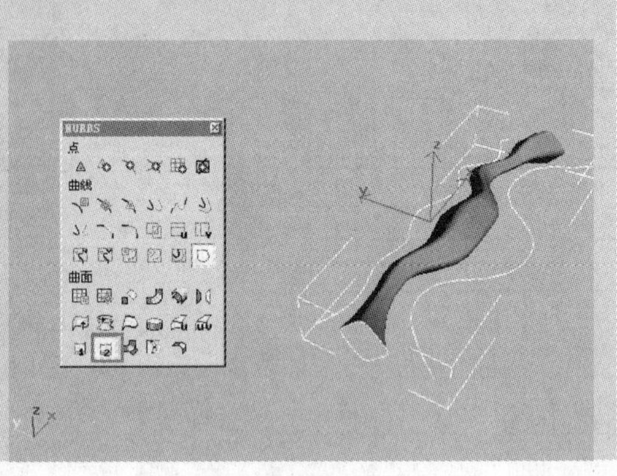

步骤 04 进入 NURBS 物体“曲线”次物体状态，单击“附加”按钮，将圆导入模型中，将新的横剖面曲线移到相应的位置。

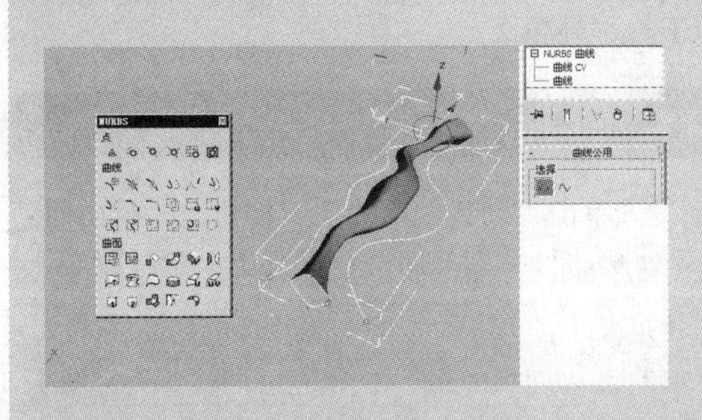

步骤 05 进入到“曲面”次物体等级，选择刚才建立的双轨扫描曲面，在“修改”面板的最下方是双轨扫描的控制面板。

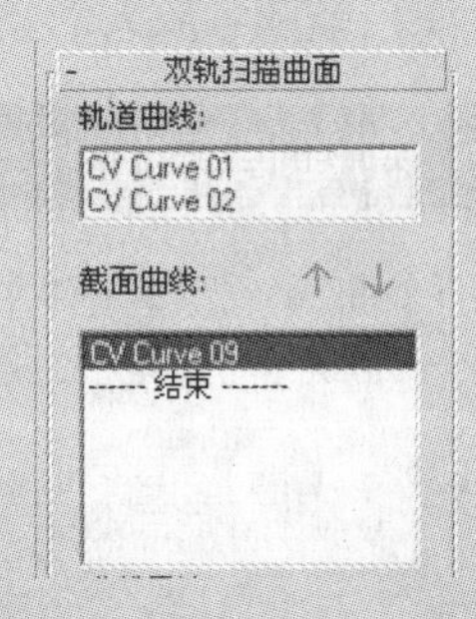

步骤 06 单击“插入”按钮，然后单击圆形曲线作为新的剖面曲线加入，如下图所示，这样就有两条曲线来控制它的剖面形状。这种方法还可以加入若干个新的横剖面曲线，产生形态各异的曲面模型。

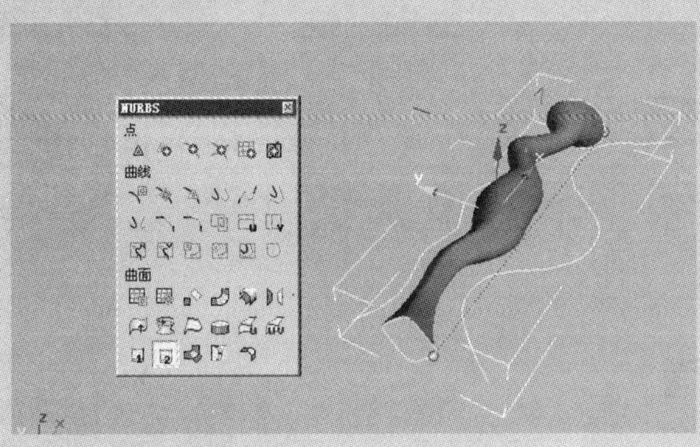

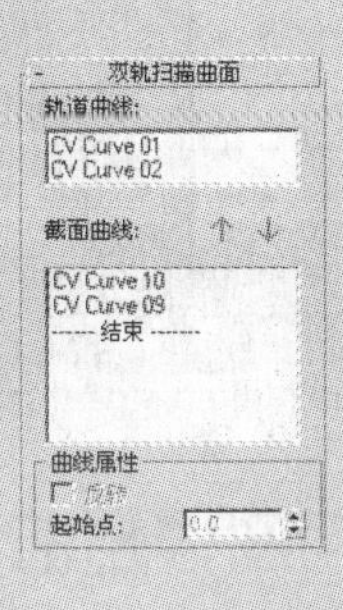

7.3.9　创建变换曲面

创建变换曲面相当于移动复制操作，它可以将指定的曲面进行移动复制。

动手演练　创建变换曲面的基本操作方法

步骤 01 首先创建一个曲面（光盘文件\第 7 章\变换工具 .max）。

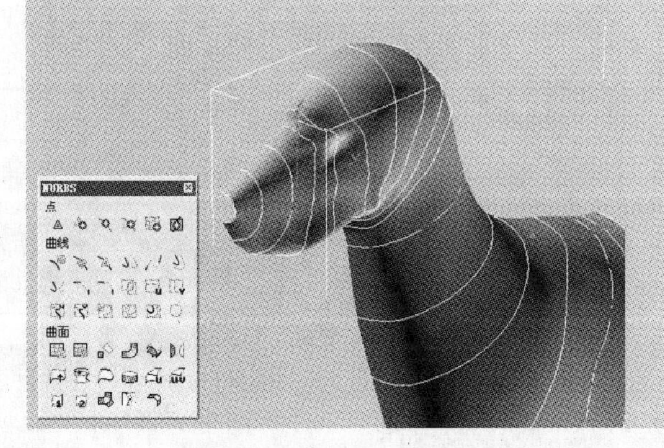

步骤 02 单击“创建变换曲面”按钮，单击曲面并移动，将看到曲面被移动复制。

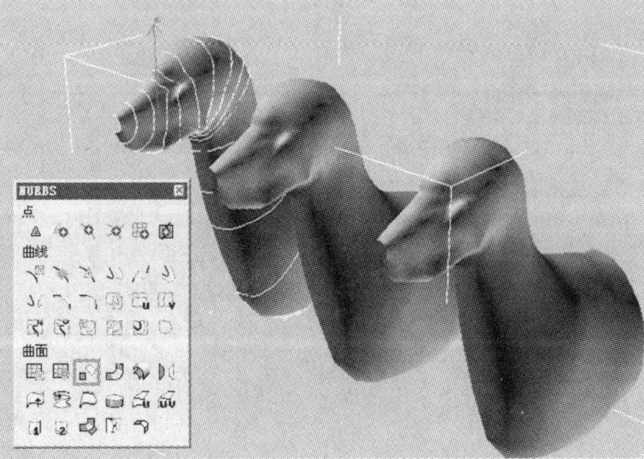

7.3.10 创建偏移曲面

创建偏移曲面是一种类似于变换复制的复制方式，在复制的同时，它可以将曲面进行放大或缩小，从而产生内缩或者放大的复制曲面，类似于一种外轮廓。

动手演练 | 创建偏移曲面的基本操作方法

步骤 01 首先创建一个曲面（光盘文件\第7章\偏移工具.max）。

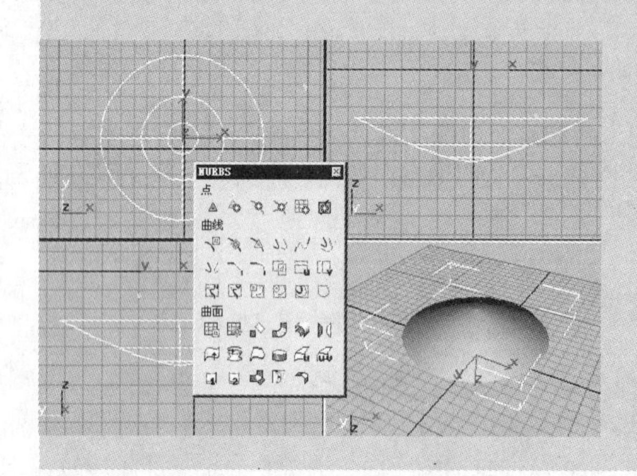

步骤 02 单击“创建偏移曲面”按钮，单击曲面并移动，将看到曲面好像产生了一个外轮廓。

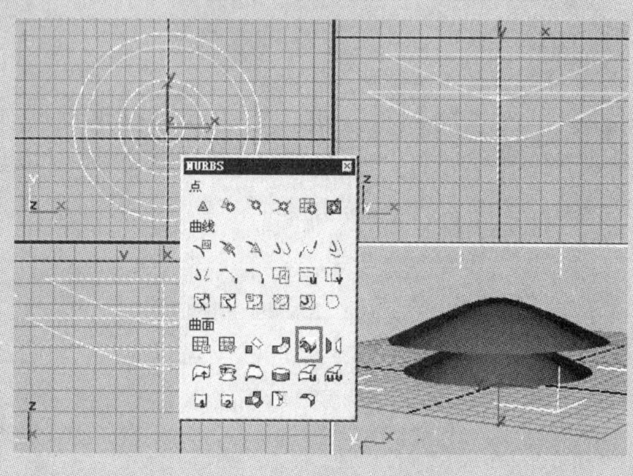

7.3.11 创建混合曲面

创建混合曲面可以将两个分离的曲面进行混合，产生出中间的过渡曲面，通常和“创建偏移曲面”按钮等结合使用。

动手演练 | 创建混合曲面的基本操作方法

步骤 01 首先制作两个曲面（光盘文件\第7章\混合工具.max）。

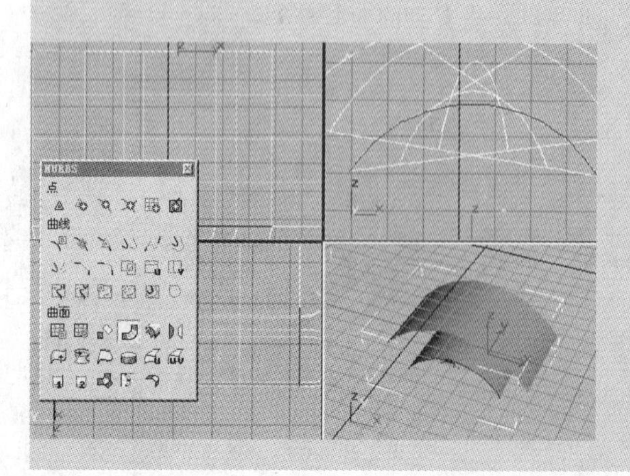

步骤 02 单击“创建混合曲面”按钮，选择第一个曲面，然后选择第二个曲面。此时将看到两个曲面相互混合在一起（中间产生了曲面）。

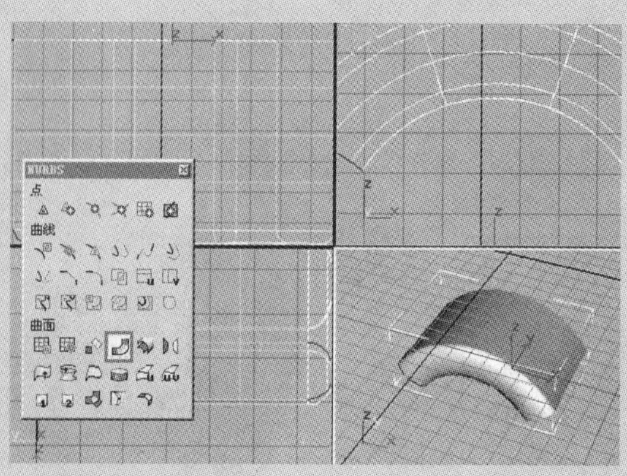

步骤 03 在“混合曲面”参数卷展栏可以调节过渡曲面的相关参数，选择“翻转末端 1”和“翻转末端 2”复选框，可以调节曲面的反向和正向，“张力 1”和“张力 2”两个选项是两个曲面的张力值，如果将值都设置为 0，则产生直角的切面。增大张力值可以使产生的融合曲面产生弧度。

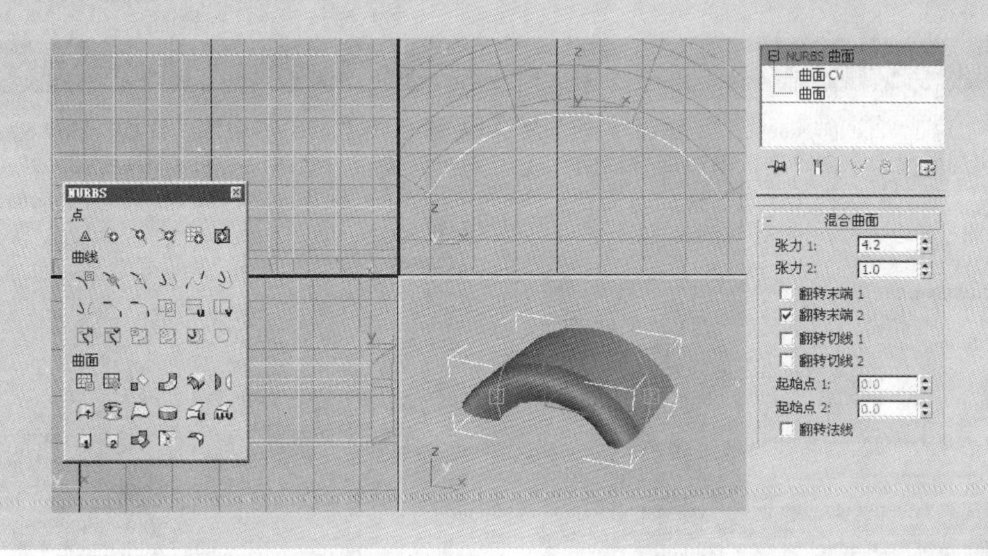

7.3.12　创建镜像曲面

创建镜像曲面是将 NURBS 内部的曲面进行镜像操作。

动手演练｜创建镜像曲面的基本操作方法

步骤 01 首先创建一个曲面（光盘文件\第 7 章\镜像曲面工具 .max）。

步骤 02 先单击“创建镜像曲面”按钮，再单击将要镜像的曲面，从而产生一个镜像的新曲面，通过命令面板的参数可以调节不同的镜像轴，通过“偏移”参数可以调节镜像曲面之间的位置。

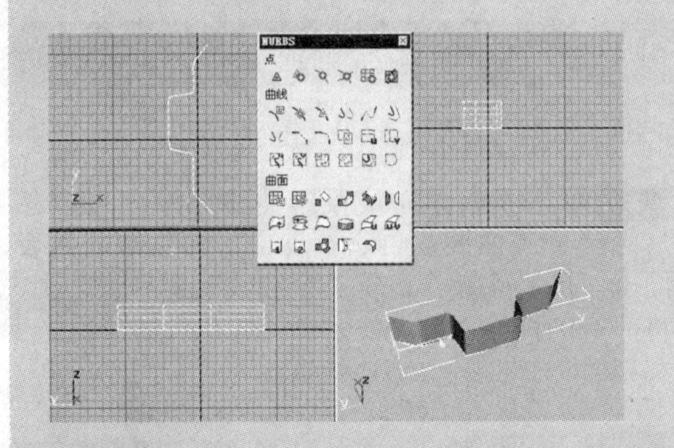

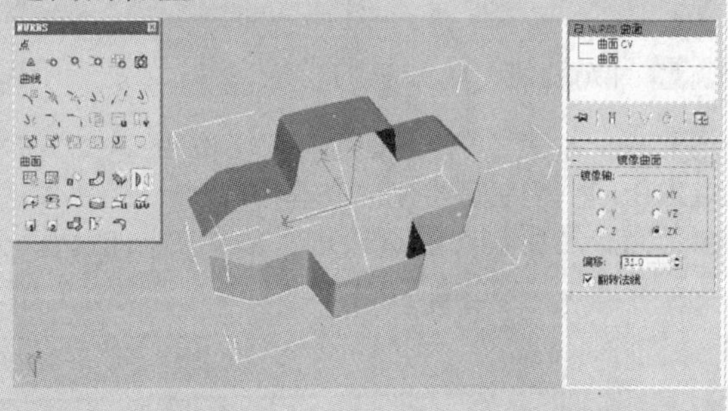

步骤 03 单击“创建混合曲面”按钮，将两个新产生的曲面进行融合。

步骤 04 单击第一个曲面的边线，再单击第二个曲面的边线，在参数面板中分别控制它们的起始点和张力值，对它们之间的曲度变化进行调节，这样就得到了一个融合的曲面。

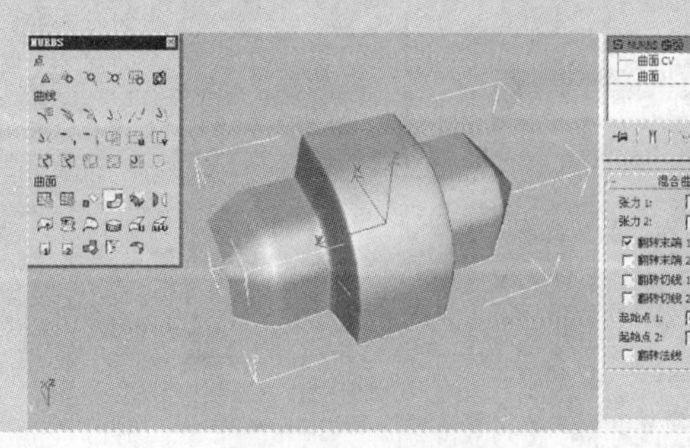

7.3.13 创建多边混合曲面

创建多边混合曲面可以将多个不相连的边所产生的空洞进行缝补，产生融合的表面。

动手演练 | 创建多边混合曲面的基本操作方法

步骤 01 创建一个简单场景文件，这是一个合并在一起的曲面。单击“创建多边混合曲面”按钮，可使它们之间产生过渡曲面（光盘文件\第 7 章\多边融合曲面工具 .max）。

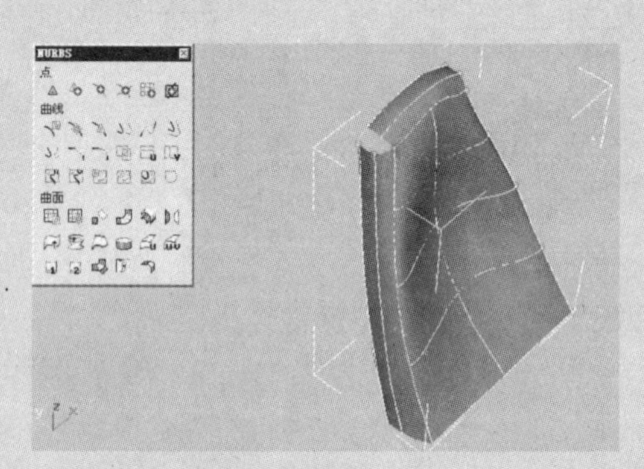

步骤 02 单击“创建多边混合曲面”按钮，然后分别单击两个曲面，再单击绿色的曲线，右击鼠标结束操作，这样就完成了一个曲面混合操作。

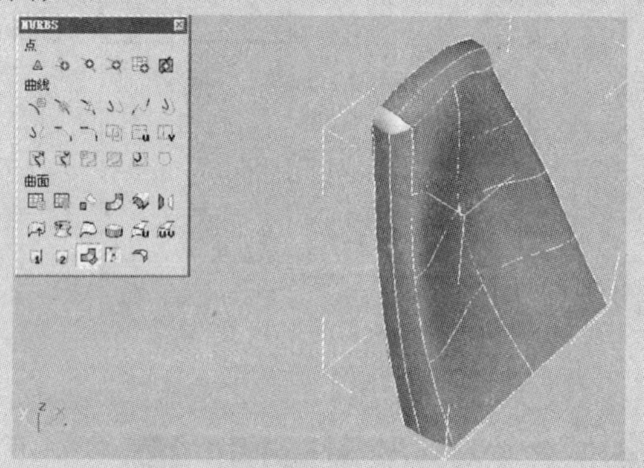

此时已将这个空洞进行了缝补，产生了混合的表面，这个表面和其他相邻的面都是无缝衔接的光滑的曲面。

7.3.14 创建多重曲线修剪曲面

创建多重曲线修剪曲面是一个比较复杂的剪切操作，它可将表面上多条曲面同时进行剪切。

动手演练 | 创建多重曲线修剪曲面的基本操作方法

步骤 01 首先创建一个简单的场景文件，这是一个弧形曲面（光盘文件\第 7 章\多重剪切工具 .max）。

步骤 02 单击“创建 CV 曲线”按钮，在 NURBS 物体内部绘制 4 条单独曲线，在曲线绘制完成之后，不能直接进行多重曲面剪切，首先要进行映射操作。

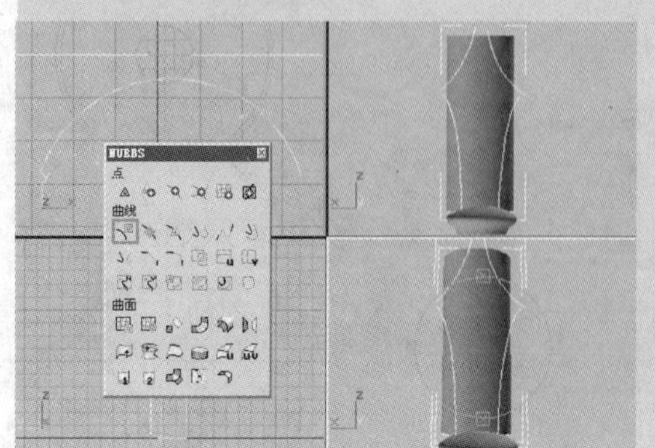

步骤 03 单击“创建向量投影曲线”按钮，然后选择一条曲线，再选择曲面，将它映射到表面上。重复此操作，将其余曲线映射到表面上，将原来的曲线删除。

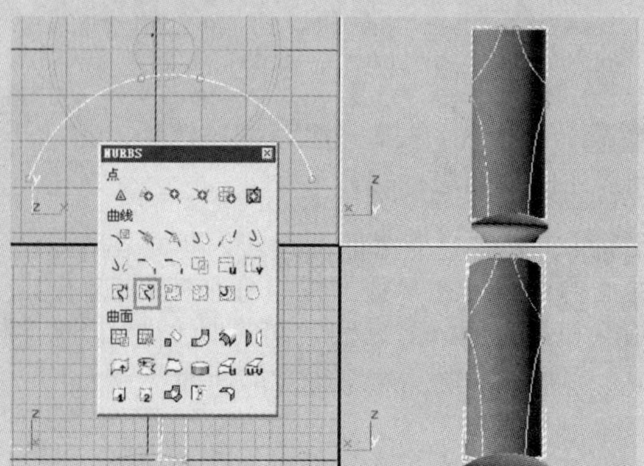

这时已经可以看到映射到曲面表面的曲线，这种曲线是可以直接进行多重修剪操作的。

步骤 04 单击“创建多重曲线修剪曲面”按钮，选择将要修剪的表面，选择一条曲线，可以看到曲线的一侧进行了修剪，右击鼠标结束一次操作。再次选择修剪的表面，选择第二条曲线，右击鼠标结束操作。如果发现所得到的修剪反转了，选择“反转修剪窗”复选框即可。继续选择曲面，再次选择曲线，右击鼠标结束操作。这样就得到了一个修剪曲面，右击鼠标结束操作。

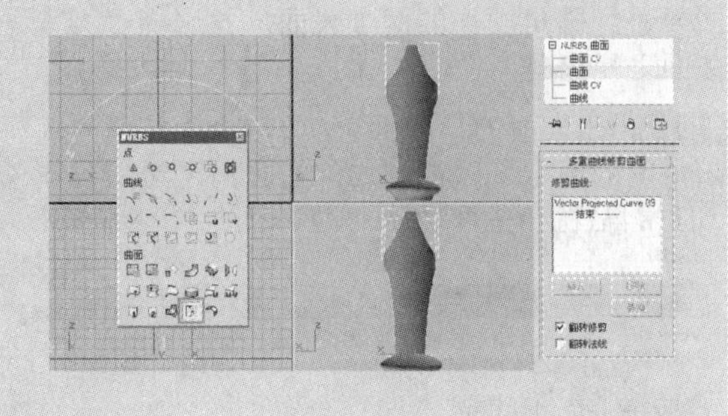

7.3.15　创建圆角曲面

单击创建圆角曲面可以进行将尖锐的直角变为圆角的操作，这对于产生光滑的棱角非常有帮助。

动手演练｜创建圆角曲面的基本操作方法

步骤 01 首先创建一个标准的立方体，在“修改”命令面板中，将它塌陷为 NURBS 属性的物体（光盘文件 \ 第 7 章 \ 圆角工具 .max）。

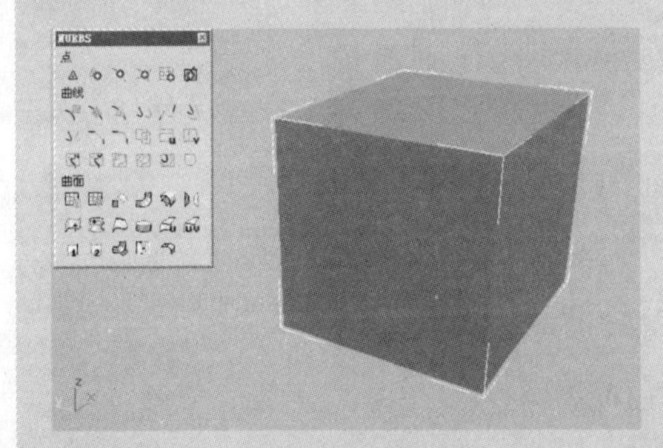

步骤 02 单击创建“圆角曲面”按钮，选择将要进行圆角操作的两个边，在“修改”面板中可以通过“起始半径”和“结束半径”参数调节圆角起点和末端的大小。

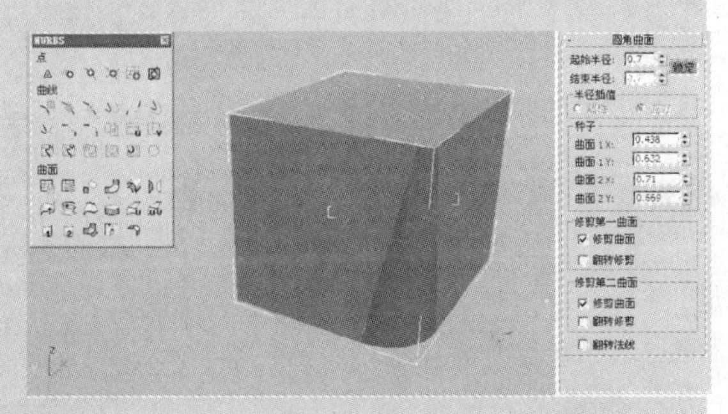

步骤 03 选择“修剪曲面”复选框可以打开表面的裁剪操作，这样可以将圆角两边的面进行修剪，只留下最后的圆角结果。选中所得的圆角表面，可以在“修改”面板中进行其他的修改操作。

步骤 04 这种圆角操作非常有用，尤其是在修剪操作中。单击“创建曲面上的 CV 曲线”按钮，直接在曲面上绘制一条曲线，然后选择“修剪”复选框，可将曲面所包含的表面进行修剪处理，这样就得到一个表面的空洞。

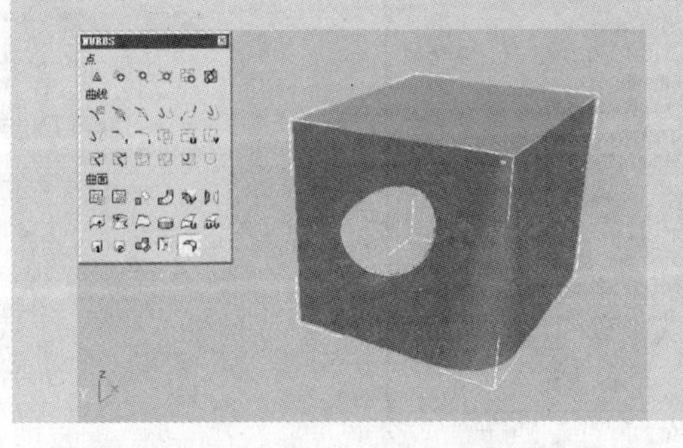

步骤 05 单击“创建挤出曲面”按钮，对空洞的边界线进行挤压操作，这样可以得到一个挤伸出来的表面。在这个操作完成之后，所得到的边界往往是直角的，这时候就要用到圆角操作。

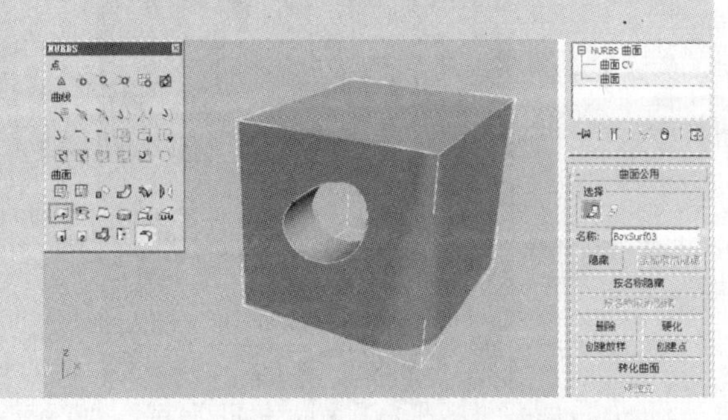

步骤 06 单击“创建圆角曲面”按钮，分别单击要进行圆角操作的两个表面，并选择“修剪曲面”复选框。

步骤 07 由于表面的角度太大，单击锁定按钮先关闭角度的锁定，以得到均匀的圆角，然后再调节**起始半径**圆角的参数。

知识拓展：起始半径

起始半径的值是有限制的，如果过大，则得到的表面将会出现错误。

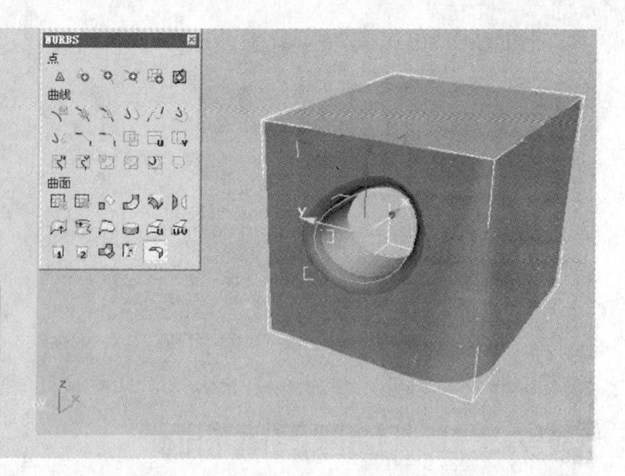

7.4 案例实训——茶具模型

本案例主要介绍NURBS建模方法，通过创建样条曲线，将样条曲线转换为NURBS曲面建模，拾取形状，来完成茶具的制作。

7.4.1 制作茶杯

步骤 01 单击“图形”按钮，切换到NURBS曲面创建面板，单击点曲面按钮，在场景中创建一个点曲面模型，切换到“修改”面板后，弹出NURBS对话框（光盘文件\第7章\茶具模型\茶具模型.max）。

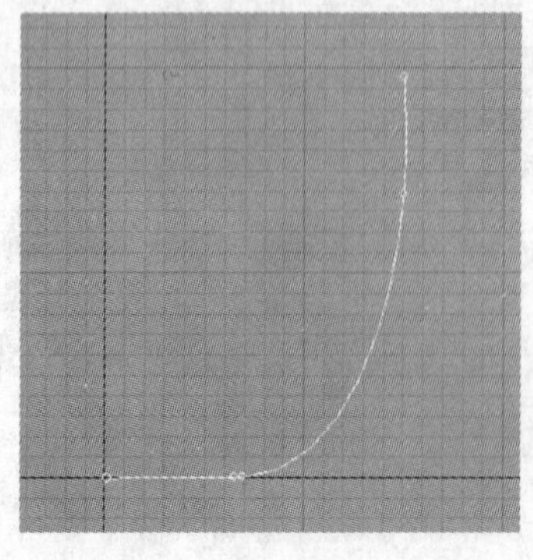

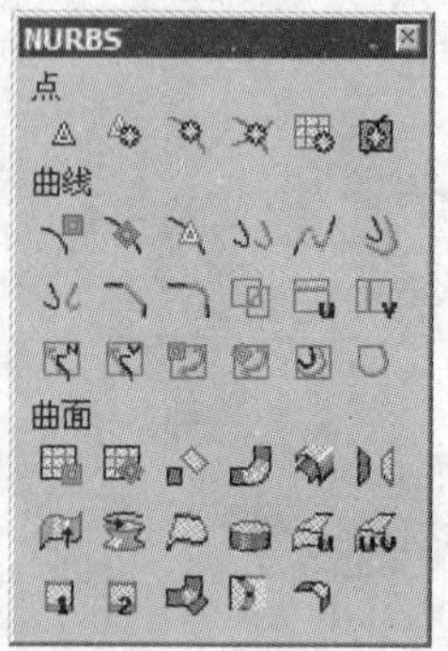

步骤 02 按数字键 1，切换到■级别，调节节点到如下图所示的位置。退出子物体层级，单击如下图所示的按钮。

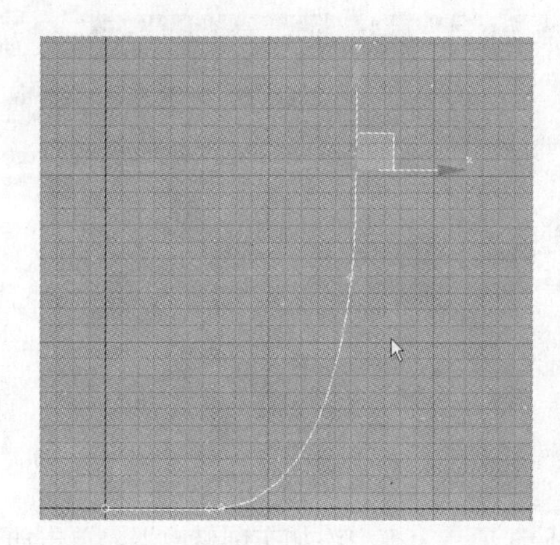

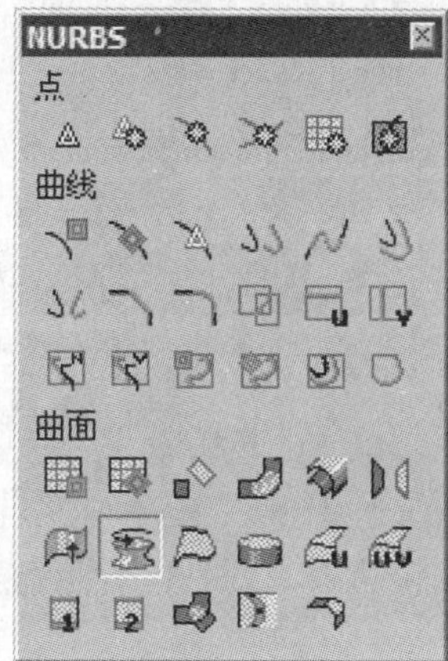

步骤 03 此时，图像效果如下图所示。使用快捷键 Ctrl+Z 返回到上一步，在对象上右击，弹出如下图所示的快捷菜单。

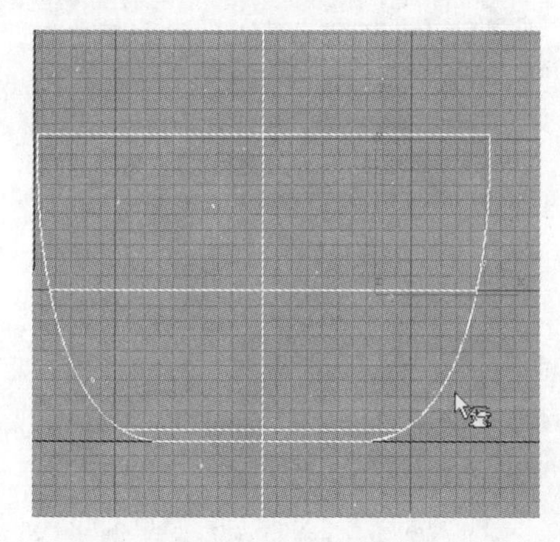

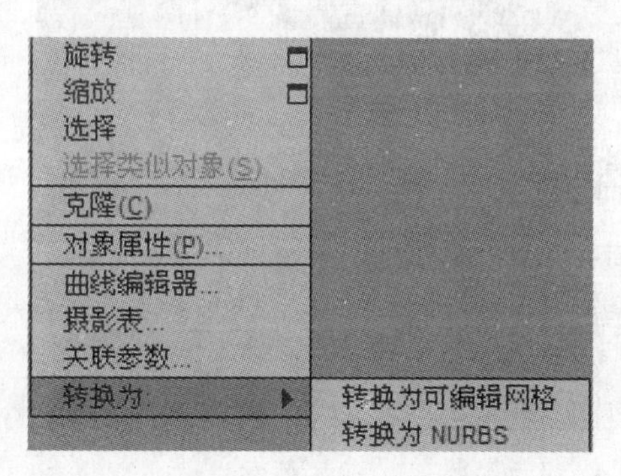

步骤 04 此时，我们可以看到样条曲线不能转换为可编辑的样条曲线，单击 Delete 键，将模型删除，单击“图形”按钮，切换到 样条线 创建面板，单击 线 按钮，在场景中创建一个样条曲线。使用数字键 1 切换到点级别，选择如下图所示的点。

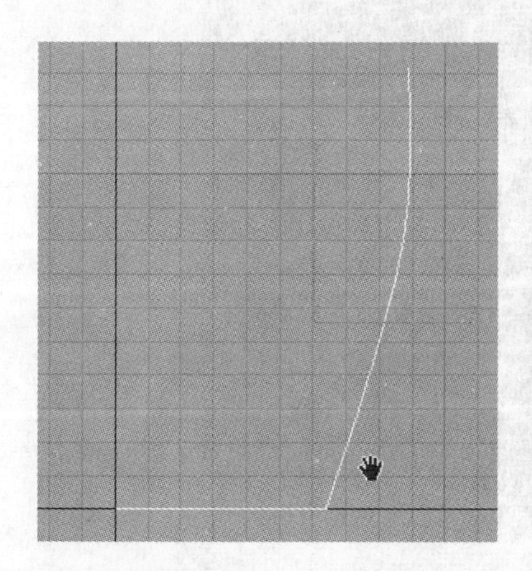

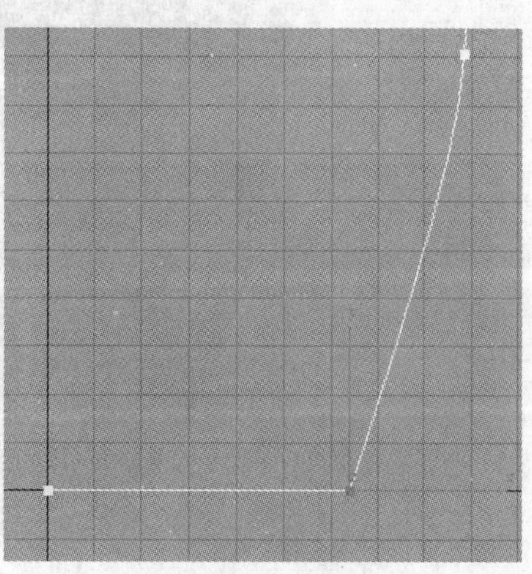

步骤 05 单击 圆角 按钮，对节点进行圆角处理。调节节点到如下图所示的位置。

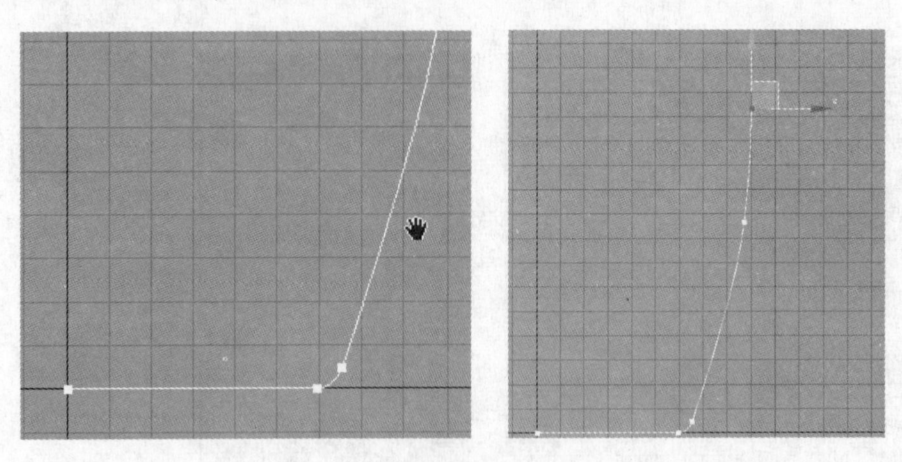

步骤 06 在“修改器列表”下拉列表框中选择 车削 选项，为模型添加车削修改器，单击如下图所示的按钮。

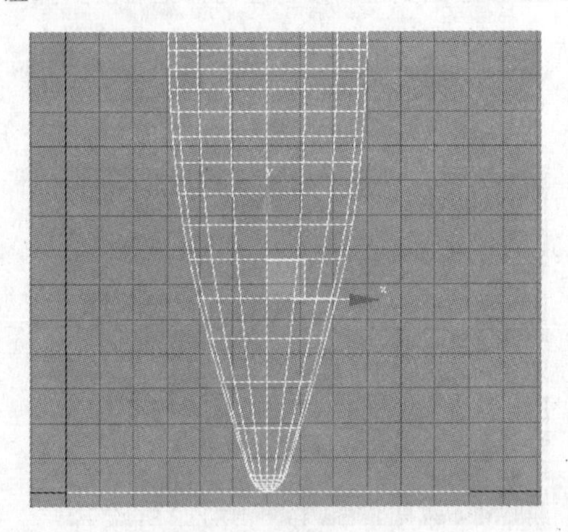

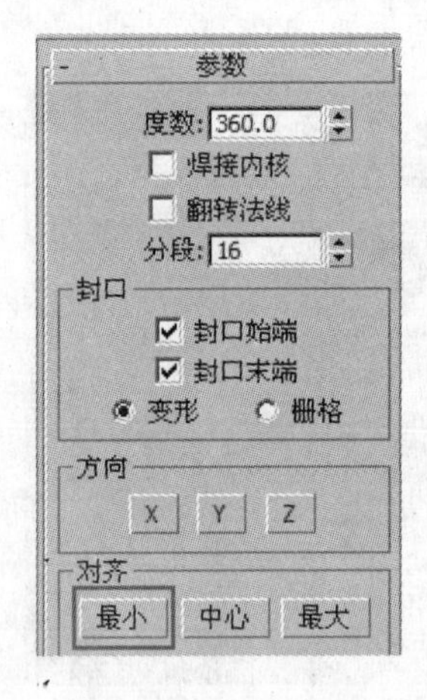

步骤 07 此时，图像效果如下图所示。

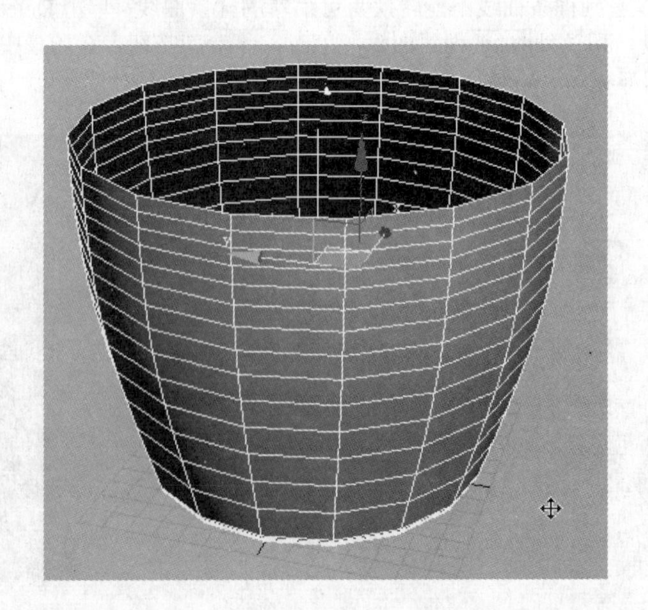

步骤 08 从上图可以看出图像效果不是很好，删除 车削 修改器，继续调节节点到如下图（左）所示的位置。在“修改器列表”下拉列表框中选择 车削 命令，为模型添加车削修改器，此时，图像效果如下图（右）所示。

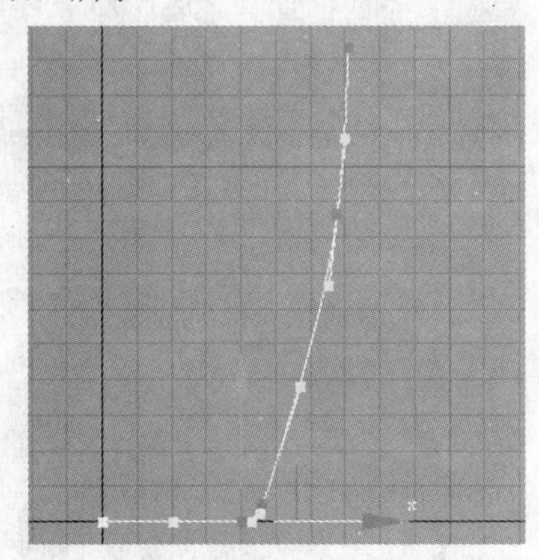

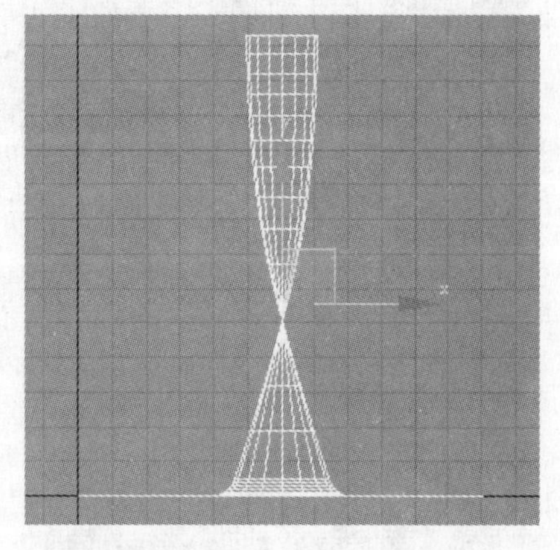

步骤 09 单击“最小”按钮。此时，图像效果如下图（右）所示。

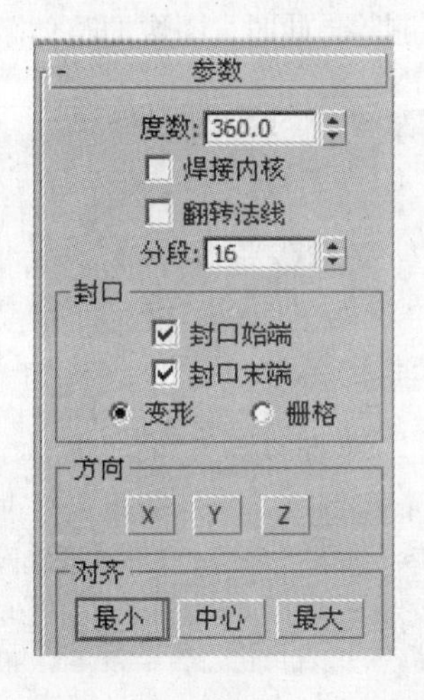

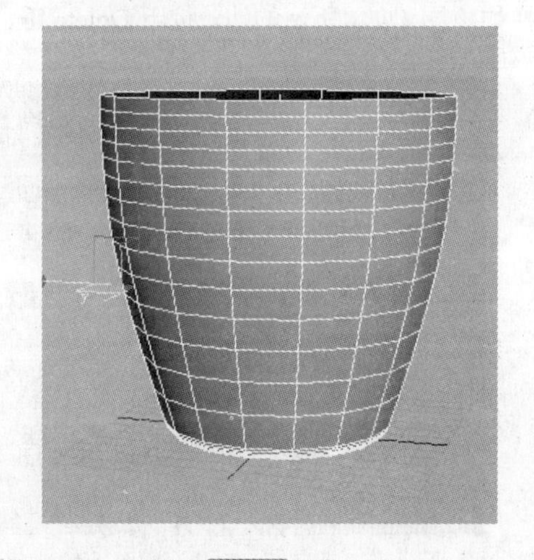

步骤 10 此时杯子的形状已经好看多了。删除 车削 修改器，切换到 样条线 创建面板，选择如下图（左）所示的边。单击 轮廓 按钮，对模型进行扩边操作，图像效果如下图（右）所示。

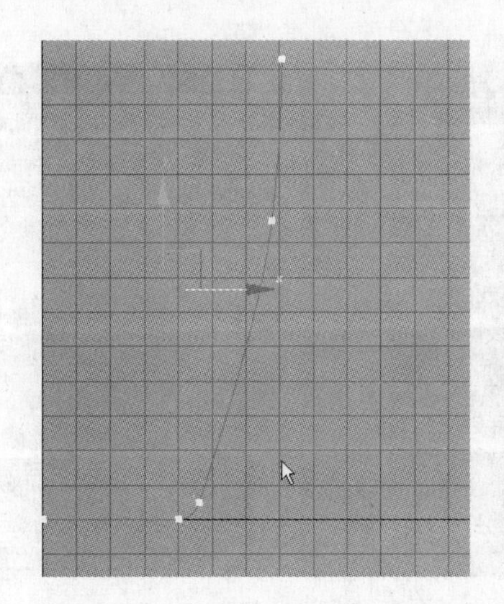

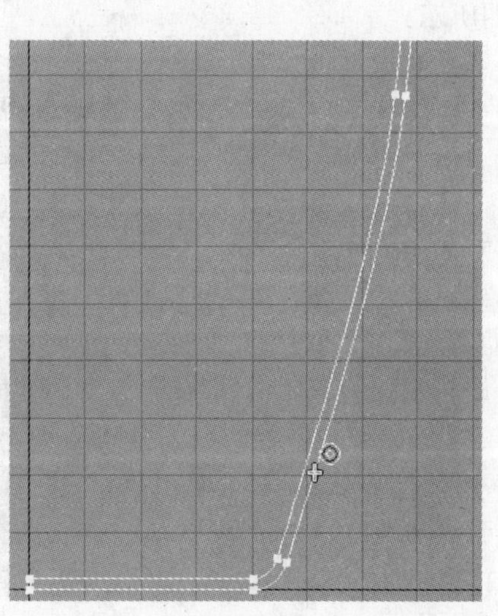

步骤 11 选择如下图（左）所示的节点。单击 圆角 按钮，对节点进行圆角处理，效果如下图（右）所示。

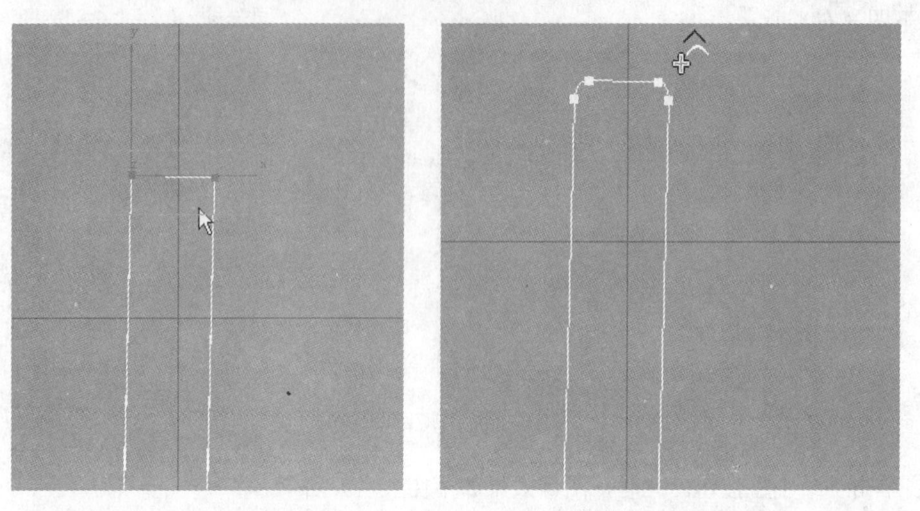

步骤 12 选择如下图（左）所示的边，按下 Delete 键，将其删除。此时，图像的整体效果如下图所示。

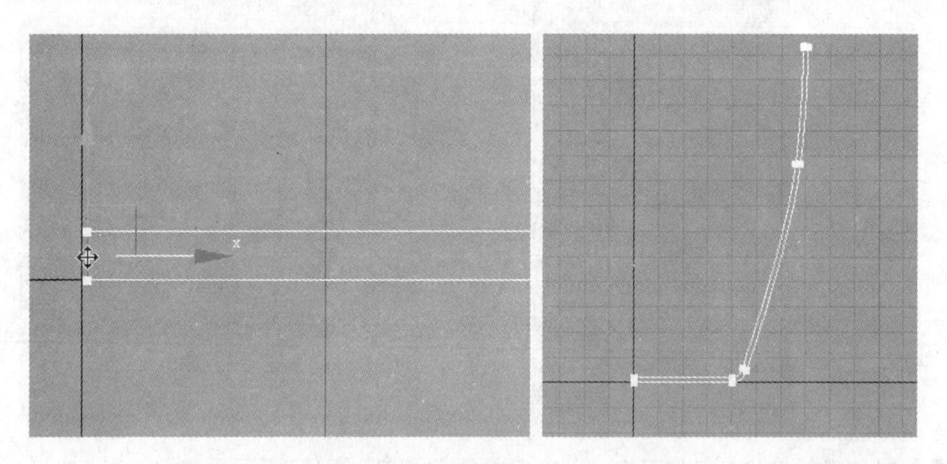

步骤 13 在视图中右击，在弹出的快捷菜单中选择如下图（左）所示的命令，将样条曲线转化为可编辑的曲面。切换到“修改”面板，弹出 NURBS 对话框，单击对话框中的“创建车削曲面”按钮，如下图所示。

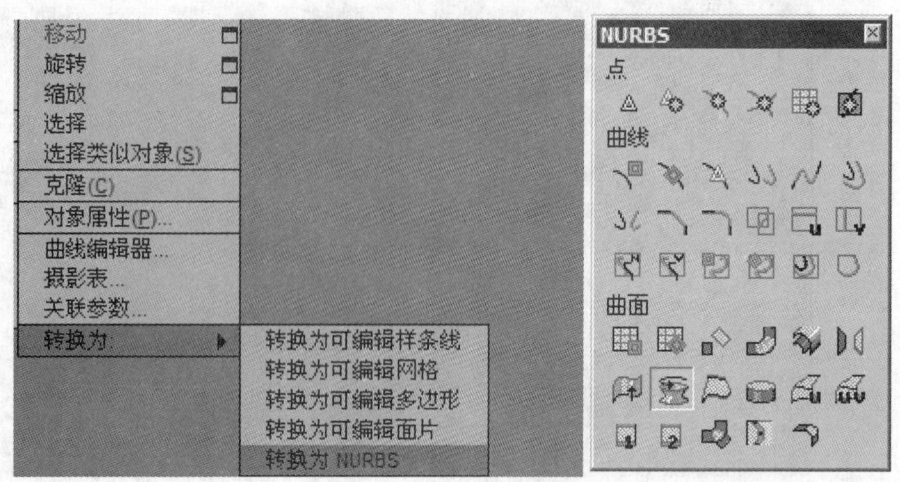

步骤 14 此时，图像效果如下图（左）所示。选择如下图（右）所示的“翻转法线”复选框。

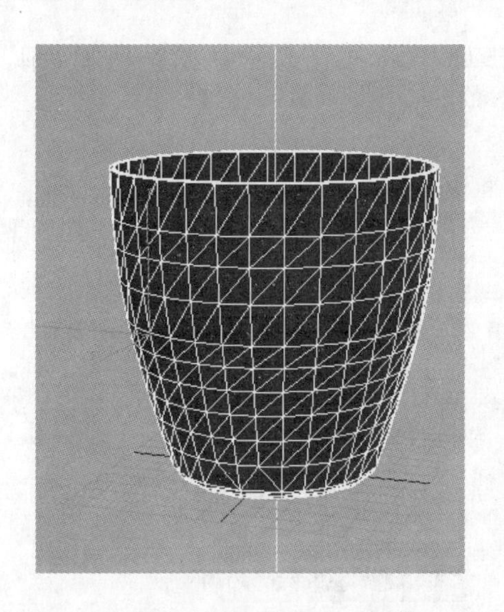

步骤 15 翻转法线后，图像效果如下图（左）所示。单击“基础曲面”按钮，给模型设定一个高的级别。

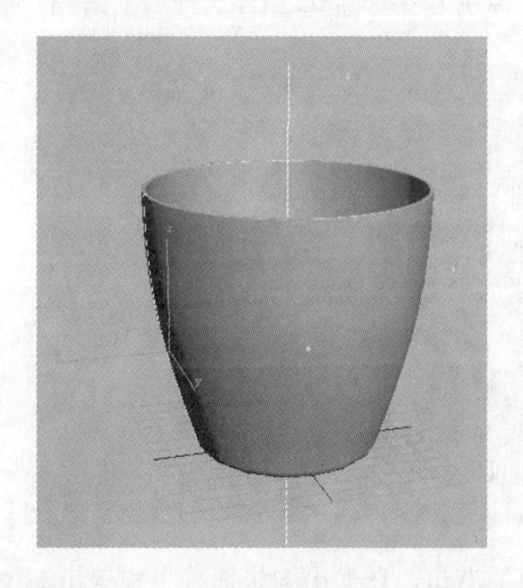

步骤 16 此时，图像效果如下图（左）所示。按快捷键 F4 后，取消边框显示，图像效果如下图（右）所示。

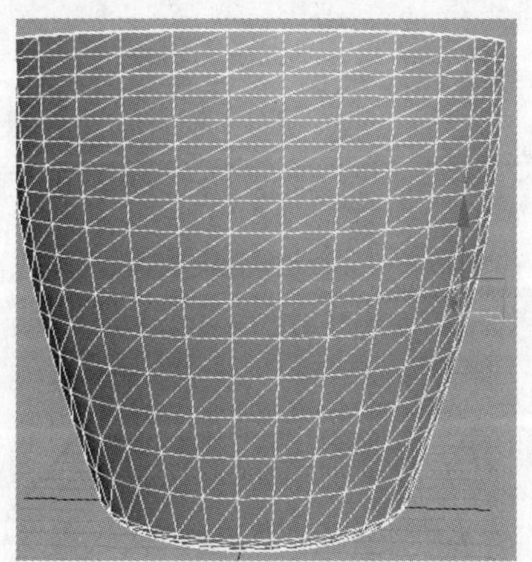

7.4.2 制作茶杯手柄部分

步骤01 切换到 标准基本体 创建面板，单击 管状体 按钮，在场景中创建一个管状体。单击“修改”按钮，切换到“修改”面板，设置相关参数，如下图所示。

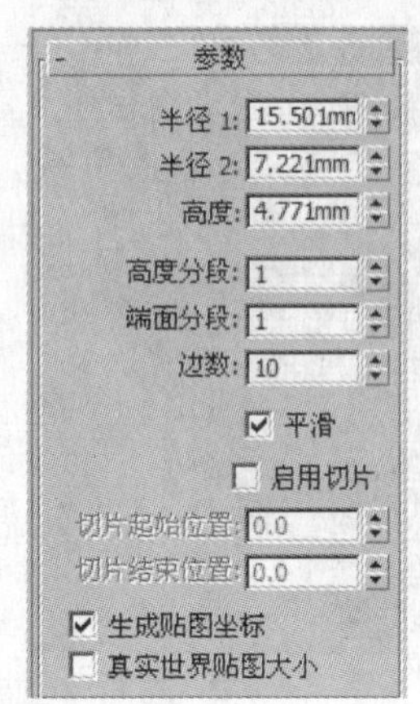

步骤02 此时，图像效果如下图（左）所示。将管状体转换为可编辑多边形，选择如下图（右）所示的边。

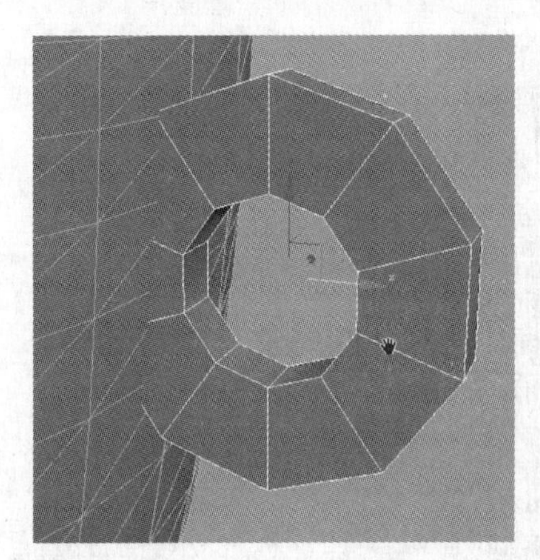
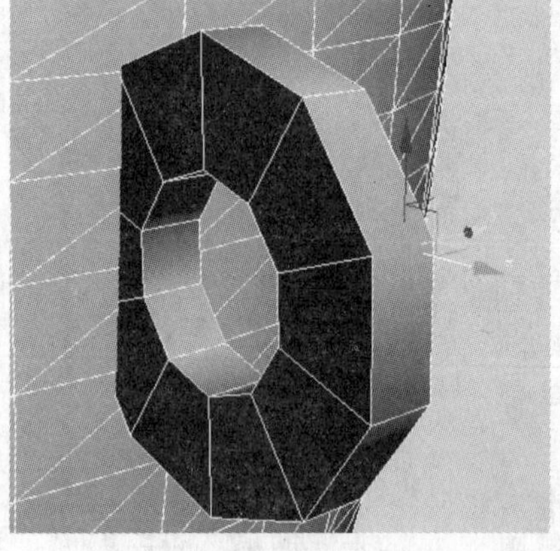

步骤03 单击 环形 按钮，选择平行的一圈边，然后右击，在弹出的快捷菜单中单击 连接 后面的小方块按钮，弹出“连接”对话框，按下图所示设置相关参数。此时，图像效果如下图（右）所示。

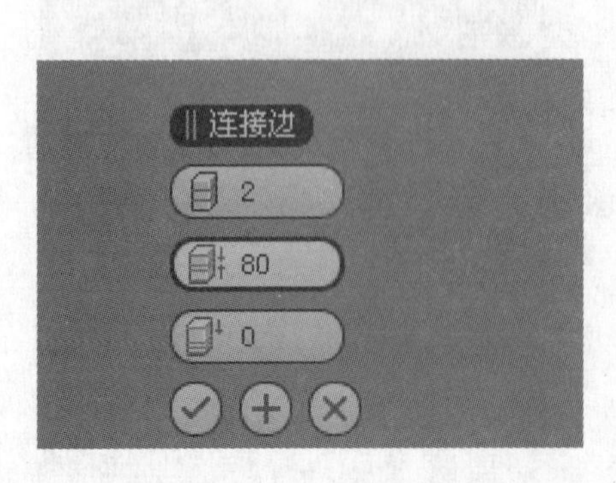

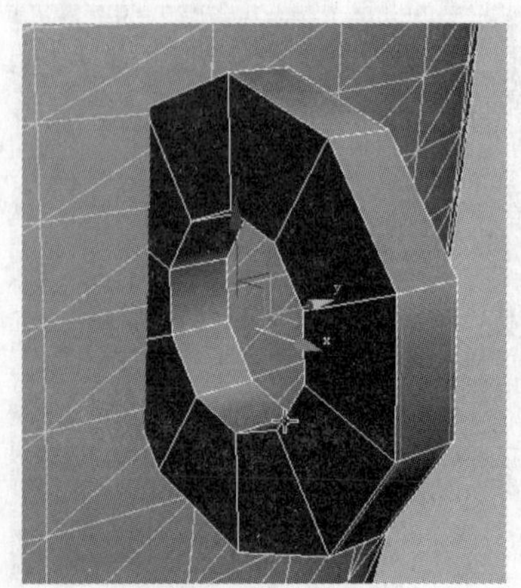

步骤 04 选择如图所示的边，单击 环形 按钮，选择平行的一圈边。然后右击，在弹出的快捷菜单中单击 连接 右侧的小方块按钮，弹出“连接”对话框，按下图所示设置相关参数。

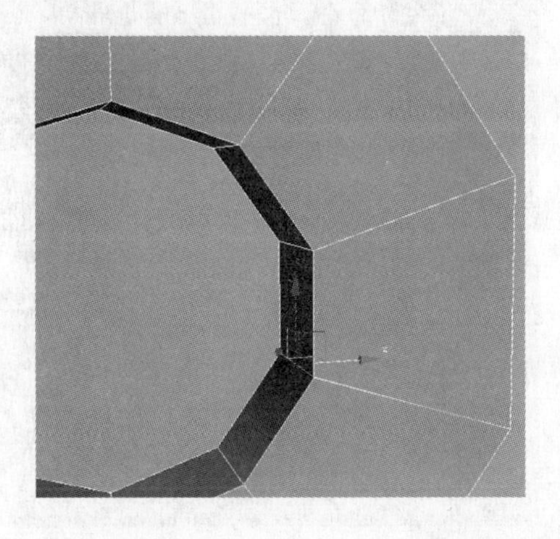

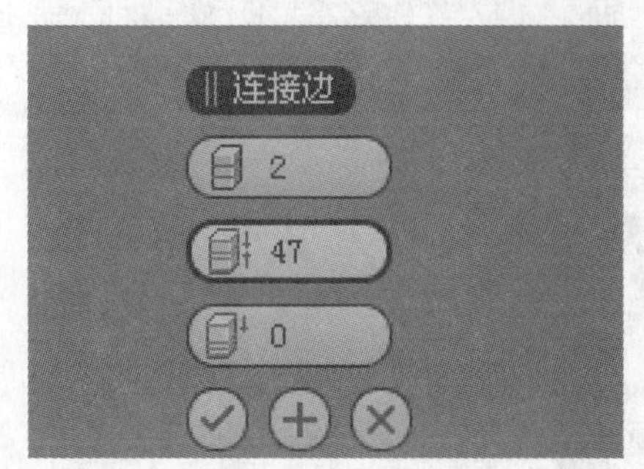

步骤 05 此时，图像效果如下图所示。使用快捷键 Ctrl+Q 对模型进行光滑显示，设置“迭代次数”为 2。

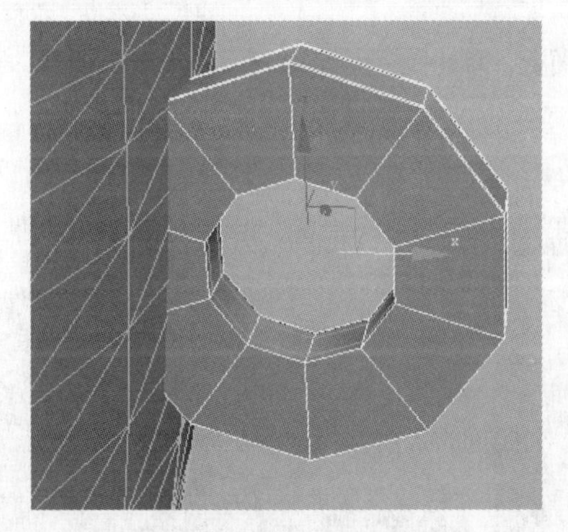

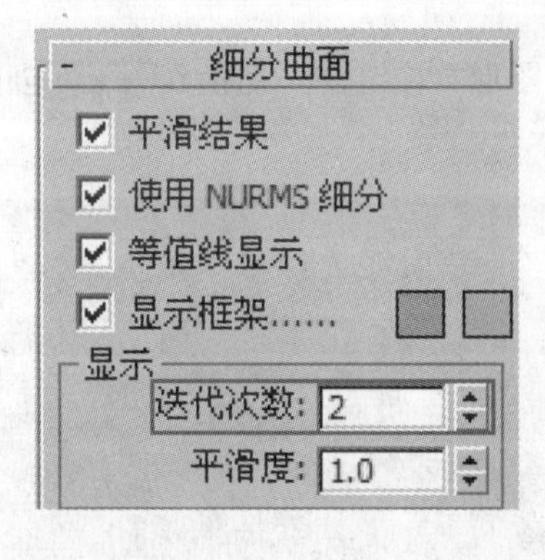

步骤 06 光滑显示后，图像效果如下图（左）所示。选择如下图（右）所示的边，单击 循环 按钮，得到模型上的两圈边。

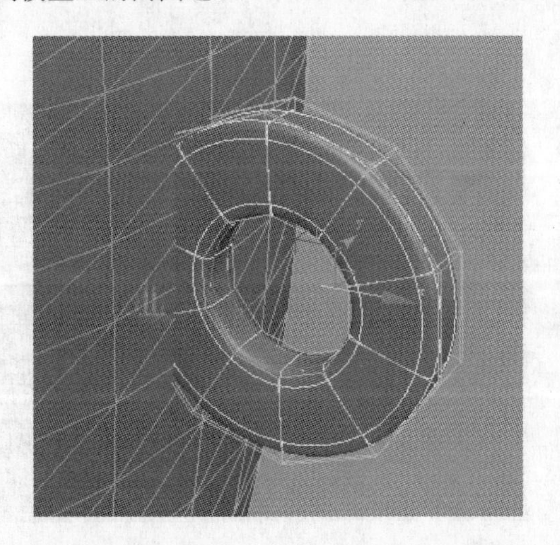

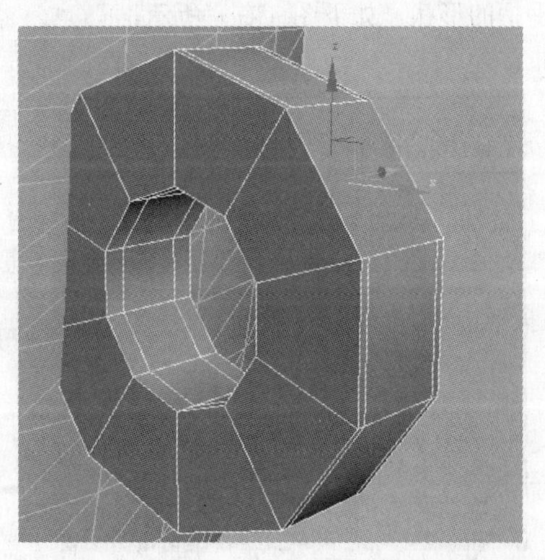

步骤07 单击“选择并均匀缩放”按钮，对边进行缩放操作，调节边到如下图（左）所示的位置。使用快捷键 Ctrl+Q 对模型进行光滑显示，图像效果如下图（右）所示。

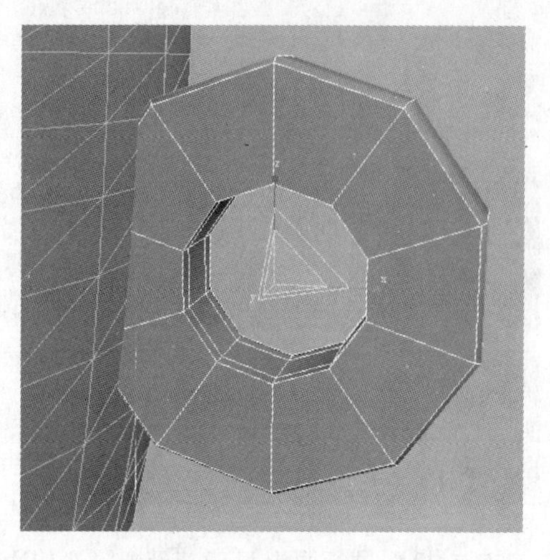

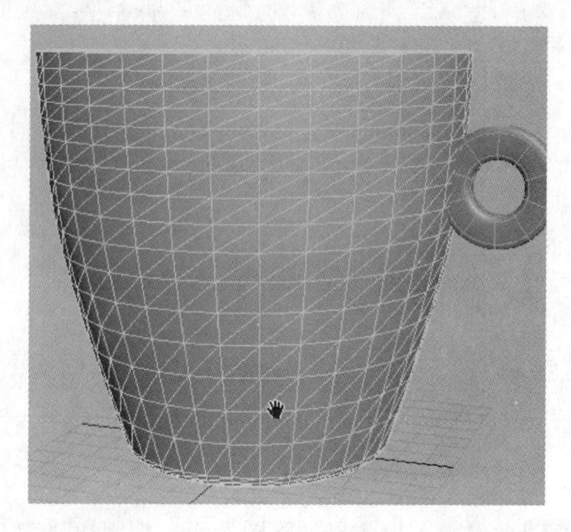

7.4.3 制作底部盘子

步骤01 单击“图形”按钮，切换到样条线创建面板，单击 线 按钮，在场景中创建一条样条曲线。选择如下图（右）所示的点。

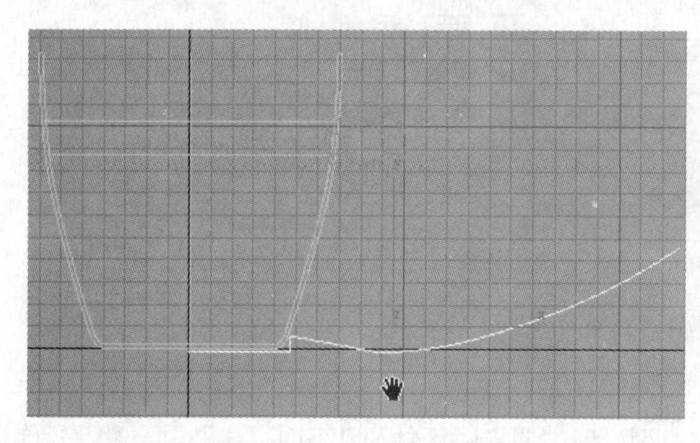

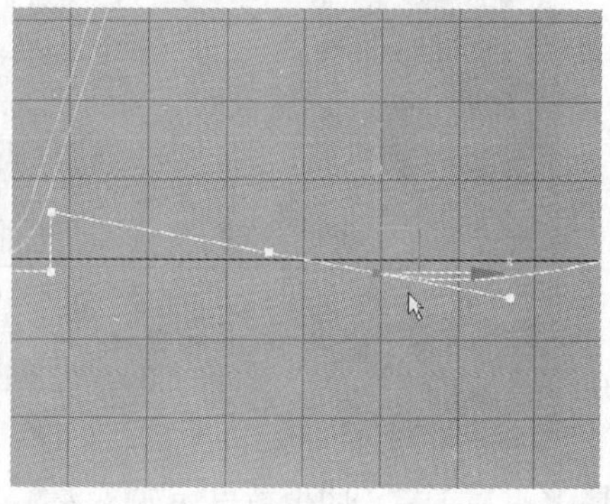

步骤02 右击鼠标，在弹出的快捷菜单中选择如下图（左）所示的命令，将节点转换为Bezier尖角曲线。调整手柄的形状，如下图（右）所示。

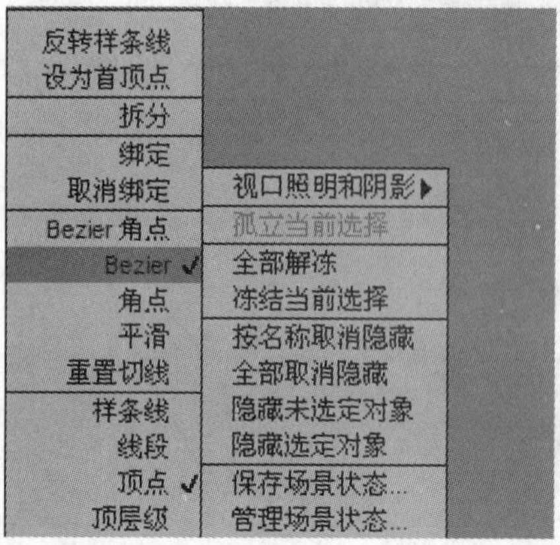

反转样条线
设为首顶点
拆分
绑定
取消绑定
Bezier 角点
Bezier ✓
角点
平滑
重置切线
样条线
线段
顶点 ✓
顶层级
视口照明和阴影 ▶
孤立当前选择
全部解冻
冻结当前选择
按名称取消隐藏
全部取消隐藏
隐藏未选定对象
隐藏选定对象
保存场景状态...
管理场景状态...

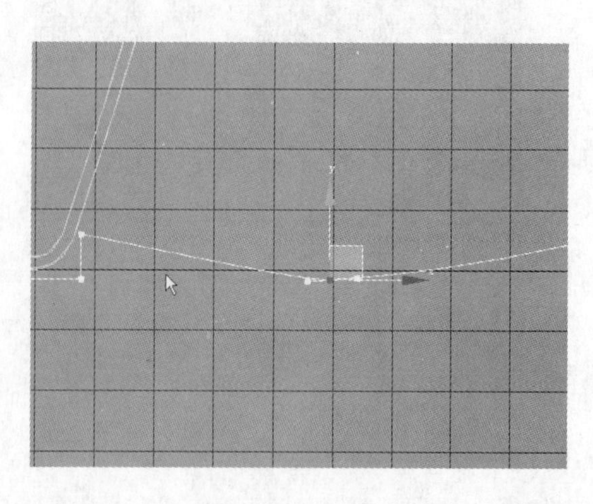

步骤 03 选择如下图（左）所示的点。单击 圆角 按钮，对点进行圆角处理，图像效果如下图（右）所示。

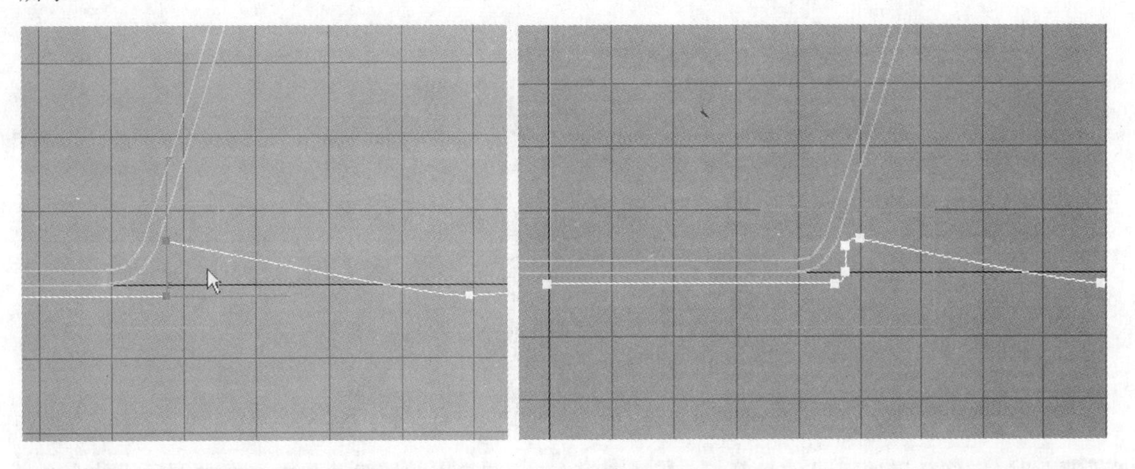

步骤 04 退出子物体层级，在“修改器列表”下拉列表框中选择 车削 命令，为模型添加车削修改器，此时，在车削修改器修改面板下，单击 最小 按钮，图像效果如下图（左）所示。继续调整样条曲线节点到如下图（右）所示的位置。

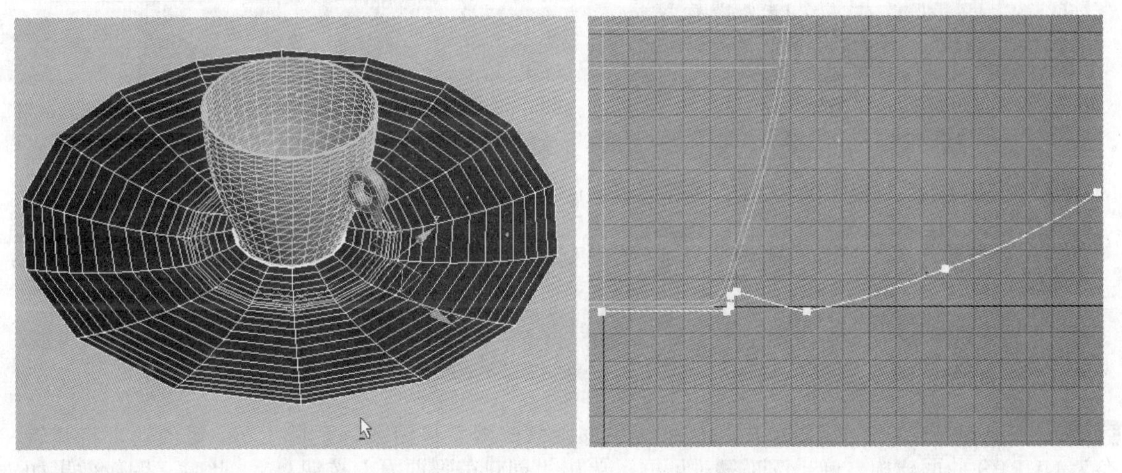

步骤 05 此时，图像效果如下图（左）所示。继续调节节点到如下图（右）所示的位置。

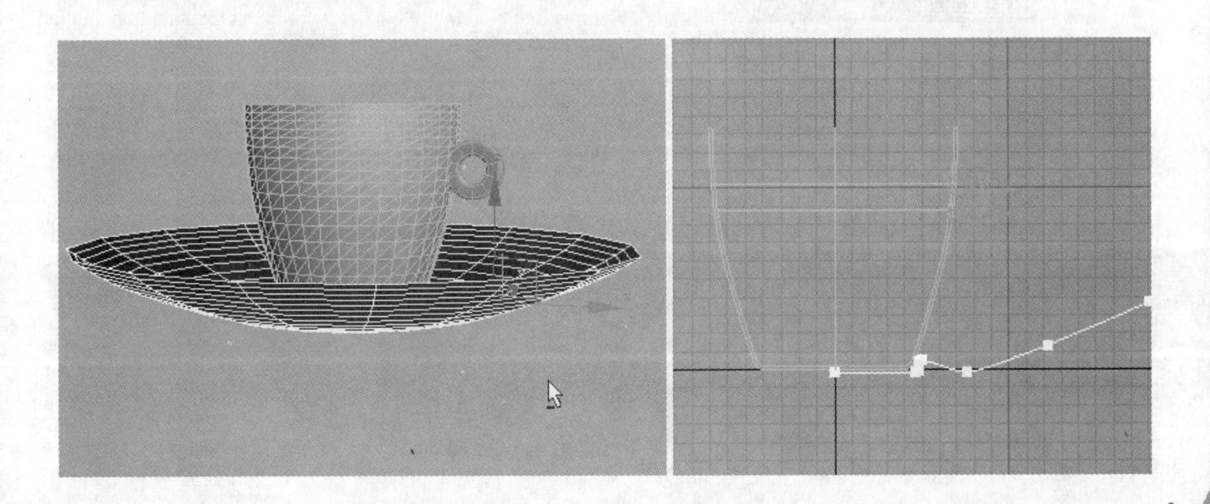

步骤06 单击 轮廓 按钮，为样条曲线进行扩边操作，删除多余的边，图像效果如下图（左）所示。选择如图所示的点，单击 圆角 按钮，对模型进行圆角处理。

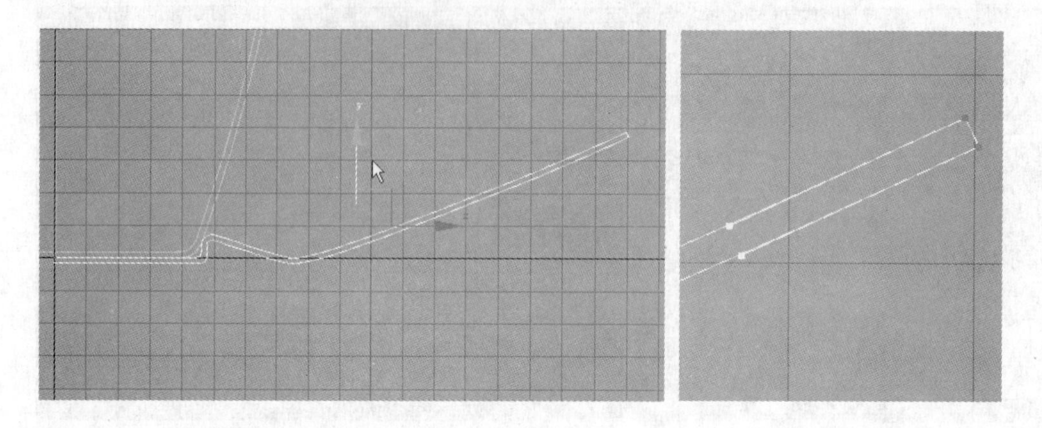

步骤07 此时，图像效果如下图（左）所示。在视图中右击，在弹出的快捷菜单中选择如图所示的命令，将其转换为 NURBS 曲面建模。

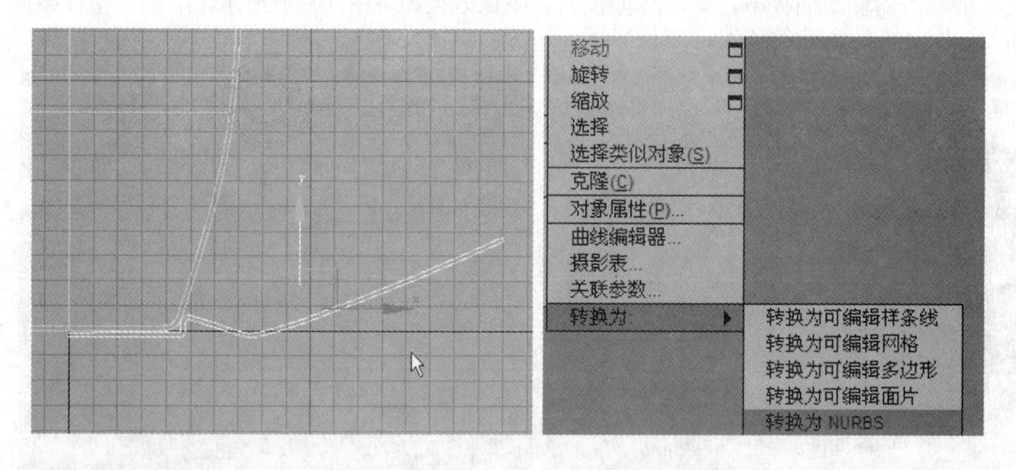

步骤08 选择 车削 修改器层级，单击“从堆栈中移除修改器”按钮，删除 Lathe 修改器，将其转换为 NURBS 曲面建模，弹出 NURBS 对话框，单击“创建车削曲面”按钮。此时，图像效果如下图（右）所示。

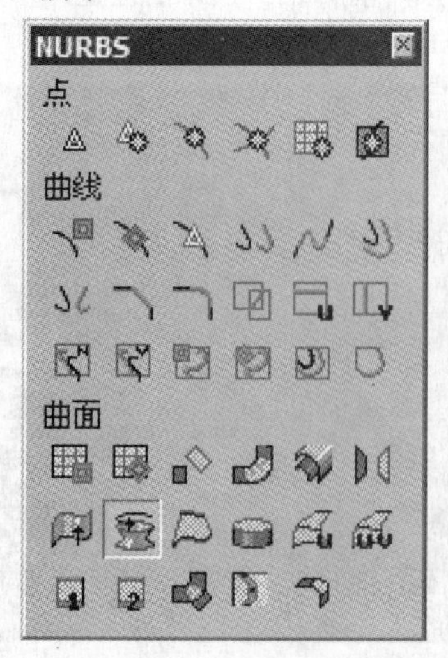

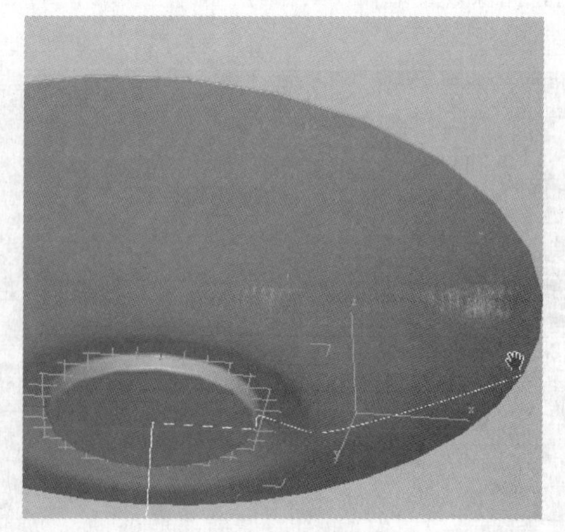

步骤 09 单击“修改”按钮，切换到“修改”面板，单击“基础曲面”按钮。此时，图像效果如下图（右）所示。

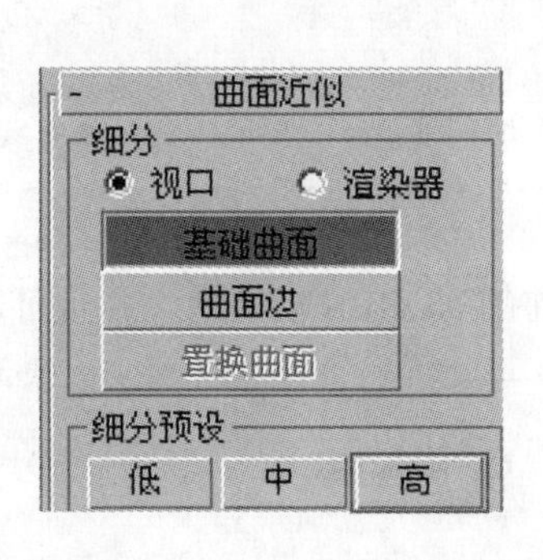

步骤 10 单击“选择并移动”按钮，按住 Shift 键，对模型进行移动复制，弹出“克隆选项”对话框，设置相关参数。此时，图像效果如下图所示，完成本实例的制作。

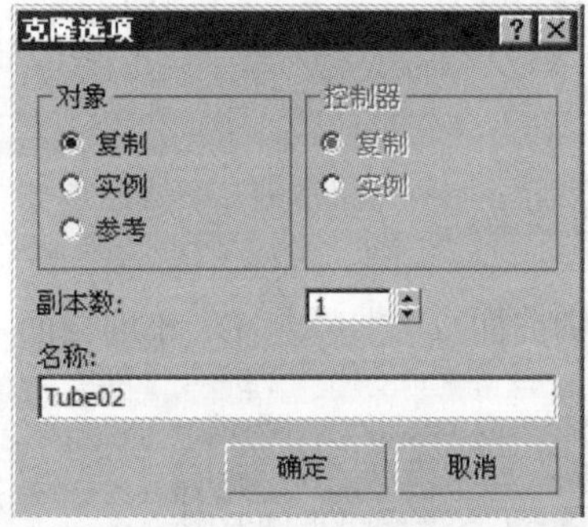

步骤 11 最终效果如下图所示。

习题加油站

本章介绍了 NURBS 曲面建模技术，并且讲解了使用 NURBS 曲面建模和 NURBS 曲面在建模中的优势。下面通过习题巩固本章所学知识。

设计师认证习题

Q 在 NURBS 系统中，可以将对象合并到当前的 NURBS 模型中，并且可以随时更改被合并对象的基本参数，可以使用的命令是 ________。

A A. 连接　B. 合并　C. 附加　D. 导入

Q 以下选项中不可以直接右击，将其转换为 NURBS 的对象是 ________。

A A. 异面体　B. 软管　C. 球棱柱　D. 环形结

Q 以下选项中可以通过 ______ 命令实现如下图所示的效果。

A A. 挤出曲面　B. 车削曲面　C. 规则曲面　D. 车削曲面

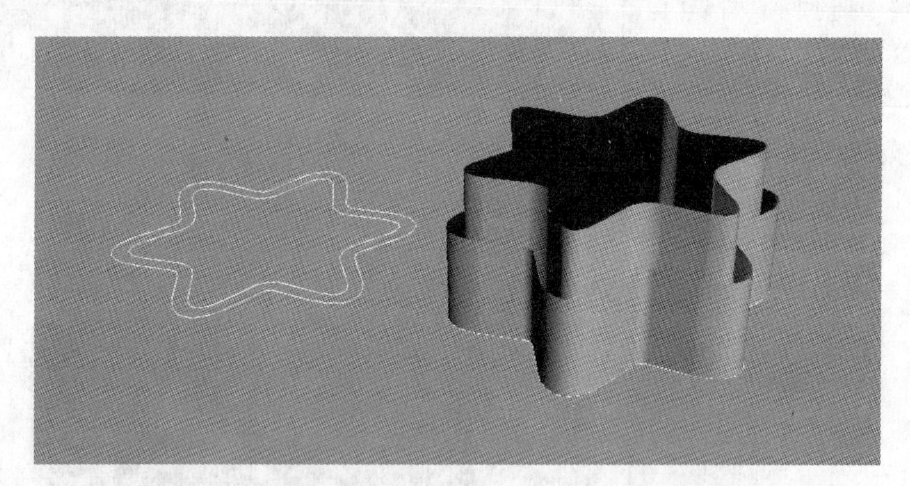

Q 以下选项中关于 NURBS 曲面创建描述错误的是 ________。

A A. 车削曲面：将一条曲线旋转放样，创建一个新的曲面

B. 规则曲面：在两条曲线之间创建一个曲面

C. 偏移曲面：向一侧移动复制相同大小的曲面

D. 封口曲面：创建一个曲面，沿一条闭合的曲线边界将曲面封闭，常用来对挤出产生的曲面进行封闭

专家认证习题

Q 创建曲面至少需要3条曲线，两条作为轨道定义曲面的边，另一条定义曲面的界面部分。以上说法描述的命令是 ________。

A A. 创建混合曲面　　B. 创建双轨扫描
C. 创建单轨扫描　　D. 创建多重曲线修剪曲面

Q 如下图所示，使用“创建U向放样曲线”命令先拾取星形，再拾取圆形，模型出现图A的结果，要得到图B的效果可以执行的操作是 ________。

A A. 选择“CV曲线01”并选择“反转”复选框
B. 选择“CV曲线01”并选择“反转”，将“起始点”值设置为1
C. 选择“CV曲线02”并选择“反转”复选框
D. 选择“CV曲线02”并选择“反转”复选框，将“起始点”值设置为1

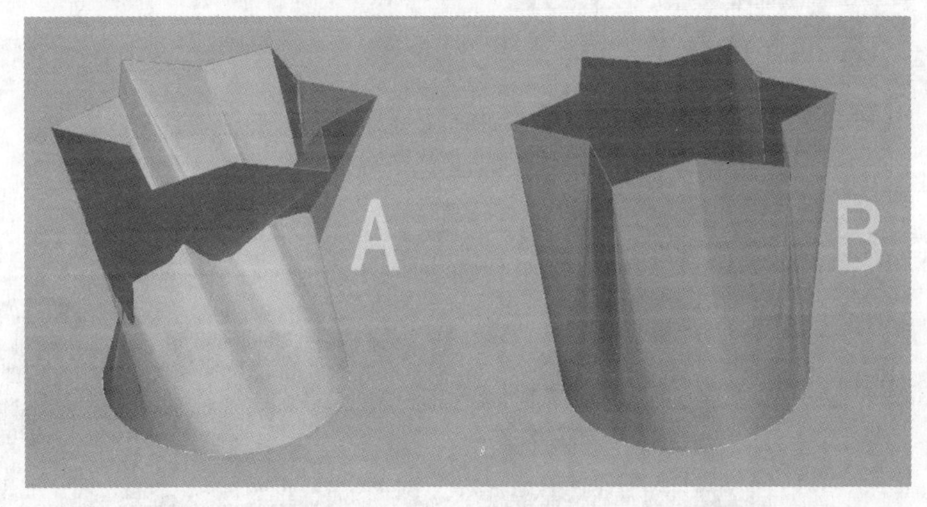

Q 下面是关于“曲面”修改器的叙述，其中错误的是 ________。

A A. 该修改器可以配合“横截面”修改器综合应用，来创建曲面及面片模型
B. 该修改器自身具备调整曲面平滑度的功能
C. 该修改器是作用于三维模型的修改器
D. 该修改器是基于样条线网格的轮廓生成面片曲面

灯光

内容提要：

大师作品欣赏：

相对于下面那幅作品，这幅作品的效果刚好与之相反。整个场景光线让人感到很舒服。没有了阴冷与潮湿，有的只是惬意和温暖。

这幅作品表现的是地下通道出入口，该作品完美地表现了光线溢出和逆光的效果。虽然有太阳光线的进入，但是还是让人有阴冷、潮湿的感觉。

8.1 真实灯光理论

灯光是制作三维图像时用于表现造型、体积和环境气氛的关键。我们在制作三维图像时，总希望建立的灯光能和真实世界的相差无几。现实生活中，很多光照效果是我们非常熟悉的，正因为如此，我们对灯光不是很敏感，从而也降低了在三维世界中探索和模拟真实世界光照效果的能力。本章将介绍对光照的认知程度，从而帮助你在三维世界里成功模拟真实照明的理解能力。

灯光为我们的视觉感官提供了基本的信息，通过摄影机的镜头，使物体的三维轮廓形象易于辨认。但灯光照明的功能远远不止于此，它还提供了满足视觉艺术需求的元素，它赋予了场景以生命和灵性，使场景中的气氛栩栩如生。在场景中，不同的灯光效果能够使人产生不同的情绪：快乐、悲伤、神秘、恐怖……这里面的变化是戏剧性的、微妙的。可以说光线投射到物体上，为整个场面注入了浓浓的感情色彩，并且能够直观地反映到视图中。温暖柔和的灯光使整个画面产生了温馨的效果。

设计、造型、表面处理、光、动画、渲染和后期处理，这些都是我们在做每一个项目时所涉及的大致流程。大部分制作者，都把主要精力放在了造型方面，其他方面费的心思相对较少，而最容易忽视的大概就是布光了。在场景中随意放上几盏灯，然后依赖于软件和渲染器的渲染引擎，这样做只能产生一个不真实的图像。我们的目标是产生照片般真实感的图像，这就要求不但有好的造型，还要有好的贴图和好的布光。在 3ds Max 中模拟太阳光是很难的。

当然，若要专门模拟太阳光，必须对自然光是如何反射、折射，色彩如何变化，如何在自然中改变强度十分了解才行。模拟自然光要求充分考虑所用光源的位置、强度和颜色。下面就从几个方面进行探讨。

1. 颜色

光的颜色取决于光源。白色光由各种颜色组成。白色光在遇到障碍物时会改变颜色，当然，不会变成白色也不会是黑色。如果遇到白色的物体，则反射回来的是同样的光线。如果遇到黑色的物体，则所有的光，不管最初是什么颜色，都会被物体吸收而不会产生反射。因此当你看到一个全黑的物体时，你所看的黑颜色只是因为没有光从那个方向进入到你的眼睛。

2. 反射和折射

完全反射只有在反射物绝对光滑时才能实现。

现实中，不是所有的入射光线都按同一方向反射。他们中的一些以其他角度反射出去，这大大降低了反射光线的强度。

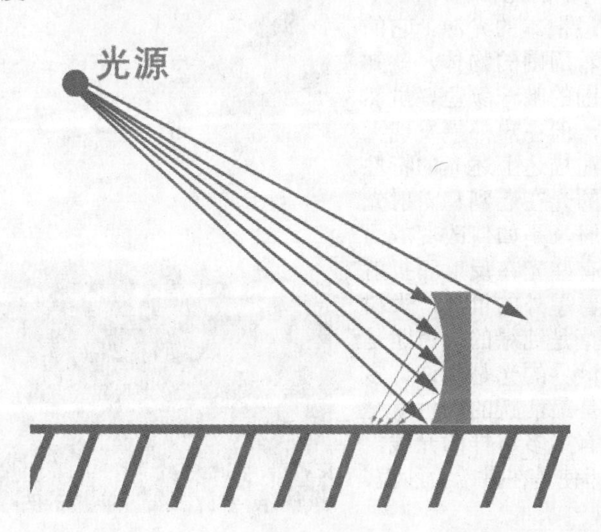

光折射时也是一样。入射光并不是按照同方向弯曲，而是根据折射面情况被分成几组，按不同角度折射。

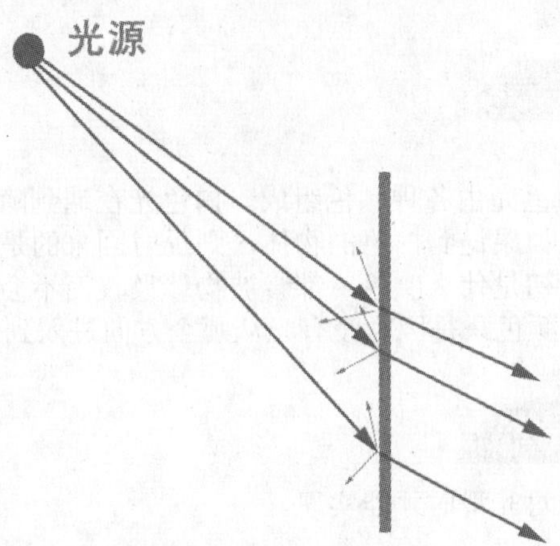

这种不规则的反射和折射产生出界限不清的反射光和折射光。这同样引出一个事实，即反射光源自一个点光源，而不是一个单一方向的光源。反射光的强度呈衰减之势，最终将消失于环境色中。

现在的 3ds Max 软件已可以支持基本的反射。任何一个被定义了反射特性的物体都可以找到入射光线。光线被反弹的次数受光线递归限度的控制，并可以在 3ds Max 软件中设置。

3. 强度衰减

光线强度随距光源的距离和光照面积的大小而衰减。在大多数三维软件中，光线的衰减都按照线性刻度来计算，3ds Max 直接支持灯光衰减控制。

在实际制作之前，大家应该已经对光的特性有所了解。我们需要了解的是这些特性如何影响自然光。

8.2 自然光属性

自然光，即真实世界之光，有无数种。要研究每一种自然光可能会花费大量时间，本节只介绍最基本的几种。

在户外，阳光是最根本的光源。它的颜色微微偏黄，但近看周围的物体，就知道黄颜色不是影响周围的唯一颜色。虽然太阳光是最根本的光，但在户外能发现无数种其他颜色的光。在描述上述光的特性时，提到了一种颜色的光在遇到和入射光线颜色不同的障碍物时，是如何改变成另外一种颜色的。而且有些光在反射和折射时会分散。现在看一看屋外的世界，大树是褐色和绿色的，小草是纯绿的，道路是灰色的……一个真实世界的光是由许许多多的颜色组成的，但是最活跃的颜色就是太阳光。即使周围没有太多这样的光线，也还有其他环境光。即使是在撒哈拉沙漠，

沙子也不总是纯黑色的，就连大气中的灰尘粒子都在反射光。

每片树叶，每块砖头，甚至人类自己都在扮演二次光源！但是，这些二次光源都完全独立于他们所反射的光的颜色和强度。如果反射物体是黑色的，则它就不会反射太多的光，大部分会被吸收，加上光减弱，反射光的范围就会减少得更多。但是如果反射物的颜色较亮，比如一堵白色的墙，那么它就会在光的分布上对周围物体产生极大的影响。在图中，白色比橘色射出的光要多得多。

光在一天的不同时段也呈现出不同的颜色。黎明时，阳光是红色调的。日落时分，红色更加明显。这两者之间，阳光主要都是黄色调的。

一天之中，阴影的位置和形状也都在发生着变化。黎明时，没有基色源。所有在黎明时所看到的光都是经过大气反射的。假设有这样一个地方，那里有一些物体挡在你和太阳之间，在这种情况下，想找到一个清晰的阴影是很难的。整个天空就是一个基色源，其他物体当然也在反射光，但效果不明显。

正午时分，阴影就十分明显。阴影投射物和阴影接受物之间的距离决定了阴影的清晰度。为了更好地说明阴影清晰度的变化，这里夸大了平面上随距离增大阴影柔和度的变化。现实中，直射的阳光所造成的阴影逐渐变淡的比例要比阴影投射物和阴影接受物之间的距离增大的比例慢得多。阴影清晰度的变化比例受光源大小的影响。光源相对于物体越大，阴影柔和度的增加比例就越大。

日落时，物体没有直接受阳光的直射，它的阴影就非常柔和。黎明时也是一样，整个天空作为一个大的光源，它发出的光遮盖了大多数的阴影。同样，在阴影里的物体只有在离地面非常近的时候，才能投射出同样边缘柔和的阴影。

8.3 标准灯光

在目标聚光灯、自由聚光灯、目标平行灯、自由平行灯、泛灯光和天光这些灯光对象中，聚光灯与泛光灯是最常用的，它们相互配合能获得最佳的效果。泛光灯是具有穿透力的照明，也就是说在场景中泛光灯不受任何对象的阻挡。如果将泛光灯比做一个不受任何遮挡的灯，那么聚光灯则是带着灯罩的灯。在外观上，泛光灯是一个点光源，而目标聚光灯分为光源点与投射点，在“修改”面板中，它比泛光灯多了聚光参数的控制选项。

标准灯光对象有 6 种类型：目标聚光灯、自由聚光灯、目标平行灯、自由平行灯、泛灯光和天光。

8.3.1 泛光灯

泛光灯没有方向控制，均匀地向四周发散光线。它的主要作用是作为一个辅光，帮助照亮场景。优点是比较容易建立和控制，缺点是不能建立太多，否则场景对象将会显得平淡而无层次。

动手演练 | 创建泛光灯

步骤 01 在顶视图创建一个物体。

步骤 02 单击“创建”按钮，在“创建”面板中单击“灯光”按钮。

步骤 03 单击 泛光灯 按钮，在顶视图的左上方创建一盏泛光灯。注意此时系统将自动关闭默认的灯光，场景反而变暗了。

步骤 04 在顶视图的右下方再创建一盏泛光灯，并将两盏灯调整到合适的位置。

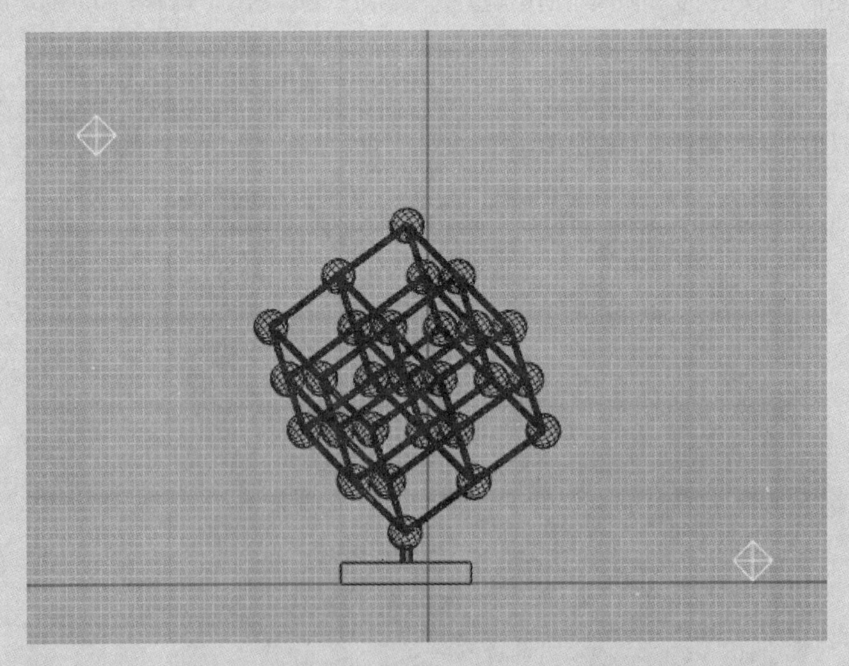

步骤 05 3ds Max 中所有不同的灯光对象都共享一套参数控制系统。它们控制着灯光的最基本特征，比如亮度、颜色、贴图或投影等。

8.3.2 聚光灯

聚光灯相对于泛光灯来说，多了投射目标的控制。3ds Max 2012 中的聚光灯又分为目标聚光灯和自由聚光灯。目标聚光灯和自由聚光灯的强大能力使得它们成为 3ds Max 环境中基本但十分重要的照明工具。与泛光灯不同，聚光灯的方向是可以控制的，而且它们的照射形状可以是圆形或长方形。

动手演练 | 创建聚光灯

步骤 01 先创建一个物体。

步骤 02 单击“创建”按钮，在“创建”面板中单击“灯光”按钮。

步骤 03 单击 目标聚光灯 按钮，在左视图右上方单击确定聚光灯源的位置，拖动鼠标在适当位置再次单击确定目标点，创建聚光灯之后创建另一盏泛光灯。聚光灯有聚光区和衰弱区。聚光区是灯光中间最明亮的部分，衰弱区的范围是聚光灯能力所及的部分。通过对聚光区与衰弱区的调整，可以模拟灯光强弱的效果。

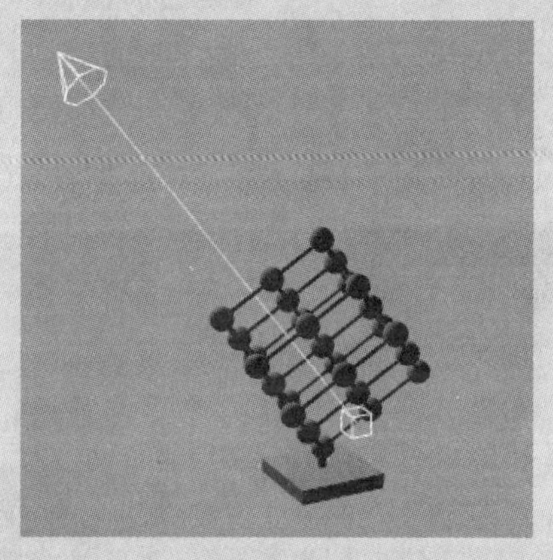

步骤 04 调节聚光灯的衰减区使灯光的周围变得柔和一些。确认聚光灯为当前的选择对象，浅蓝色代表聚光区，深蓝色代表衰弱区。

8.3.3 天光

天光主要运用了全局照明技术，使物体产生热辐射效果。

动手演练 | 天光的应用

步骤 01 在顶视图创建一个物体（光盘文件 \ 第 8 章 \ 天光灯的应用 .max）。

步骤 03 在菜单栏选择“渲染”→“渲染设置”命令，打开“高级照明”渲染界面。在其中可以指定灯光的全局属性，确定选择“天光”复选框。

渲染设置：默认扫描线渲染器
公用 | 渲染器
Render Elements | 光线跟踪器 | 高级照明
选择高级照明
光跟踪器 ☑ 活动
参数
常规设置：
全局倍增：1.0 对象倍增：1.0
☑ 天光：1.0 颜色溢出：1.0
光线/采样数：250 颜色过滤器：
过滤器大小：0.5 附加环境光：
光线偏移：0.03 反弹：0
锥体角度：88.0 ☑ 体积：1.0
☑ 自适应欠采样
初始采样间距：16x16
细分对比度：5.0
向下细分至：1x1
☐ 显示采样
产品 预设：---------- 渲染
ActiveShade 查看：透视

步骤 02 在场景中创建一束天光。

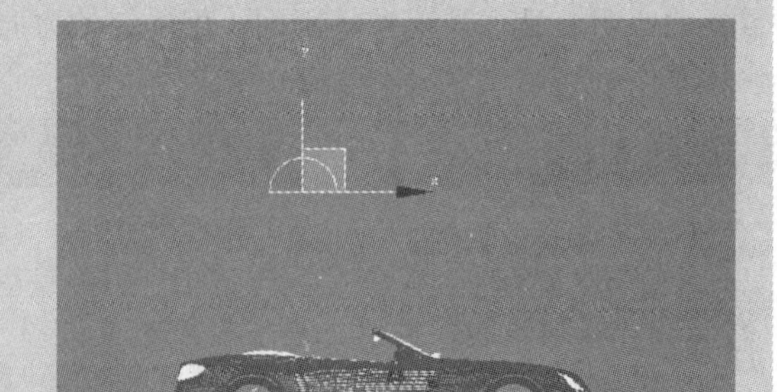

步骤 04 渲染摄影机视图，将看到全局照明的天光效果。全局照明广泛运用于室内外装饰效果图和表现图中。

步骤 05 在“修改”面板中将天光的灯光“倍增”参数设置为 1.2，在“高级照明”页面中将“全局倍增”参数也设置为 1.2，渲染出来的天光效果将更亮，效果更清晰。

8.4　光度学灯光

光度学灯光使用光度学（光能）值，通过这些值可以更精确地定义灯光，就像在真实世界一样。可以创建具有各种分布和颜色特性的灯光，或导入照明制造商提供的特定光度学文件。

光度学灯光包括3种类型：目标灯光、自由灯光和mr Sky门户。

知识拓展：光度学灯光的特性

光度学灯光使用平方反比持续衰减，并依赖于使用实际单位的场景。

8.4.1　目标灯光

目标灯光与标准的泛光灯一样从几何体的某一点发射光线。可以设置灯光分布，此灯光分布有3种类型，并有相应的图标。使用目标对象指向灯光。

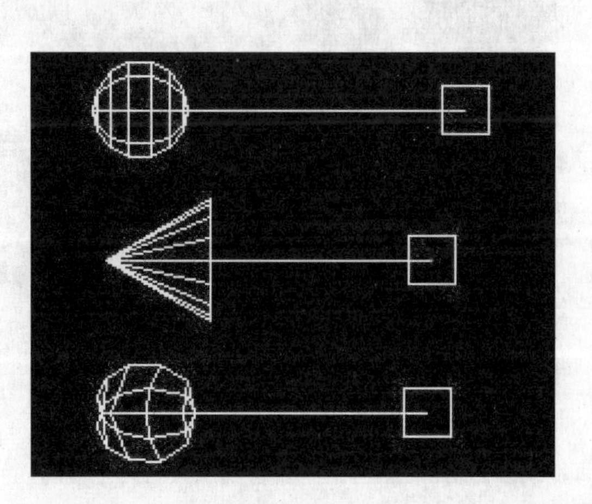

步骤01 在“创建”面板中单击“灯光”按钮。从下拉列表中选择“光度学”选项。在“对象类型”卷展栏中单击“目标灯光”按钮。

步骤02 在视图中拖动。拖动的初始点是灯光的位置，释放鼠标的点为目标位置，此时灯光成为场景的一部分。设置创建参数。可以通过移动变换调整灯光。

8.4.2 自由灯光

自由灯光与标准的泛光灯一样从几何体的任意点发射光线。可以设置灯光分布，此灯光的分布有 3 种类型，并有相应的图标。自由灯光没有目标对象。可以通过变换以指向灯光。

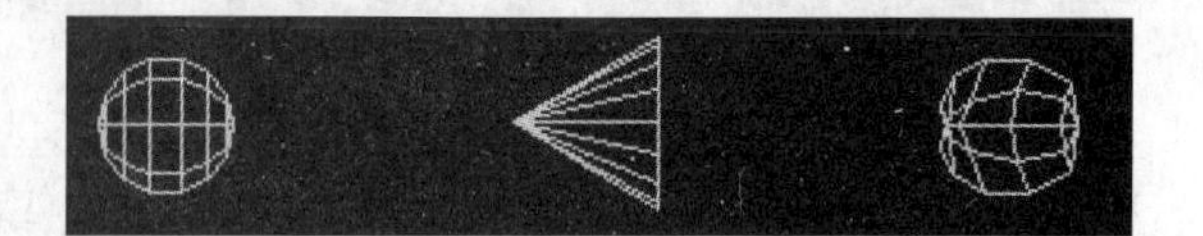

知识拓展：光域网

光域网实际就是“光度学”分布，是光源灯光强弱分布的 3D 形示。平行光分布信息以 IES 格式存储在光度学数据文件中，而对于光度学数据则采用 LTLI 或 CIBSE 格式。可以加载各个制造商提供的光度学数据文件，将其作为 Web 参数。

光域网是灯光分布的三维表示方式。她将测角图表延伸至三维，以便同时检查垂直和水平角度上的发光强度。光域网的中心标识灯光对象的中心。任何给出方向上的发光强度与 Web 和光度学中心的距离成正比，在指定的方向上与中心保持在一条直线上进行测量。

动手演练 | 光度学灯光的使用

步骤 01 首先打开场景文件（光盘文件\第 8 章\光度学灯光的使用 .max）。

步骤 02 在“创建”面板的模块中选择光度学灯光类型。

知识拓展：玻璃物体的阴影类型

若场景中有玻璃物体，则选择 VRay 阴影类型，并在“参数”卷展栏中激活“阴影”选项区域中的☑启用复选框，否则阴影无法穿透玻璃茶几。

步骤 03 单击 目标灯光 按钮，在视图中顶棚射灯的位置建立一盏点光灯。

步骤 04 在“修改”面板中设置相关参数。

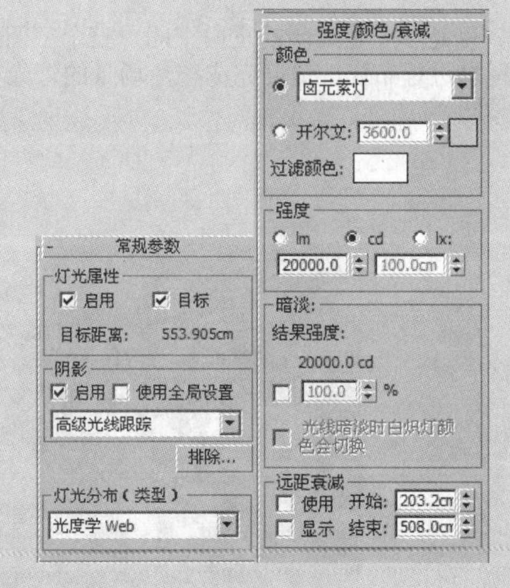

步骤 05 在“常规参数”卷展栏的“灯光分布类型”选项组选择“光度学 Web”选项，然后在“分布（光度学 Web）”选项组中单击“选择光度学文件”按钮，选择本书配套光盘 Maps 目录下的 point_recessed_medium_75w.ies。

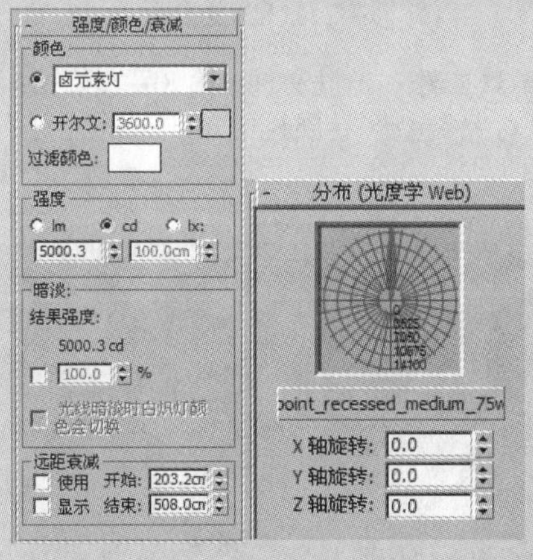

步骤 06 将该灯光分别以关联的方式复制到其他射灯的位置。

步骤 07 单击“渲染”按钮即可得到渲染效果。

8.5 案例实训——模拟茶馆灯光环境

本例是一个全封闭的室内空间，整个空间比较大，可以分为几个区域，在布光的时候可以对几个区域进行布光，最终完成整个场景的灯光设置。通过学习本案例可以掌握对大型场景进行布光的技巧。

8.5.1 布置天花板灯光

步骤 01 打开场景文件（光盘文件 \ 第 8 章 \ 茶馆 \ 茶馆灯光 .max）。在“创建”面板中单击“灯光”按钮，在“对象类型”卷展栏中单击“泛光灯”按钮，创建“泛光灯”，并按下图所示阵列泛光灯的位置。

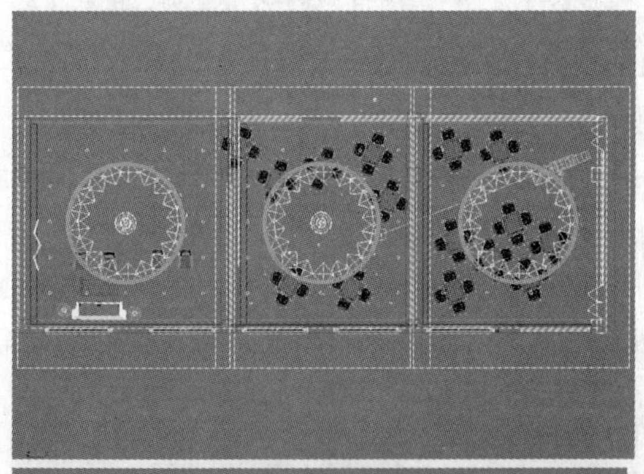

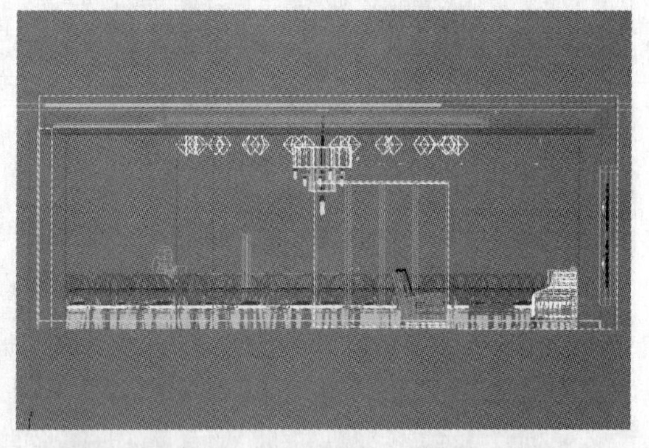

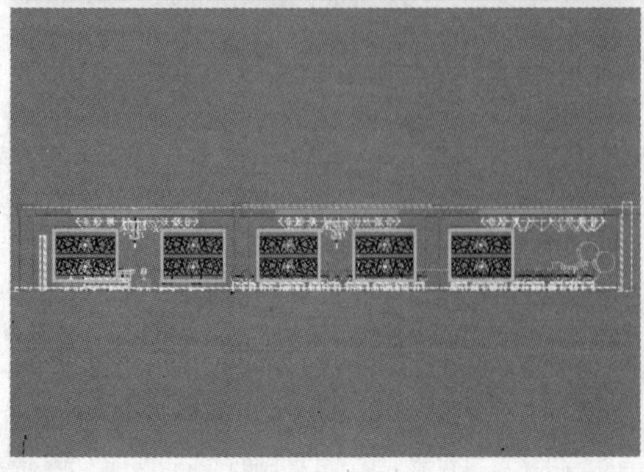

步骤02 按下图所示设置灯光参数。

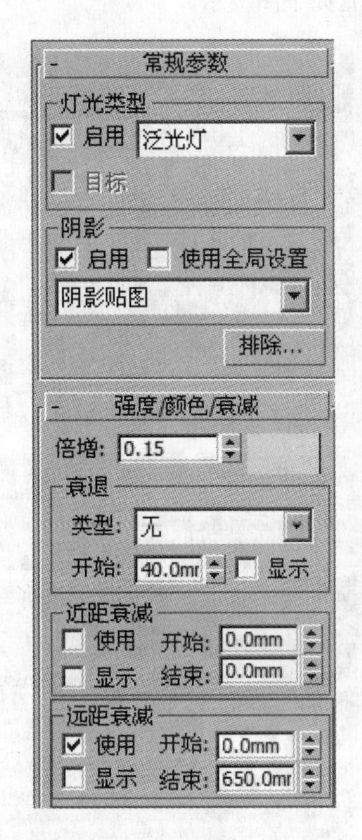

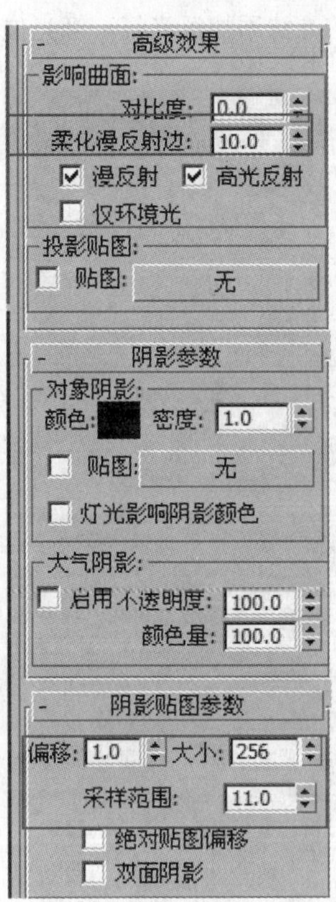

步骤03 渲染及测试效果如下图所示。

8.5.2 模拟吊灯对环境的影响

步骤 01 按照上一节介绍的方法添加泛光灯，灯光位置如下图所示。

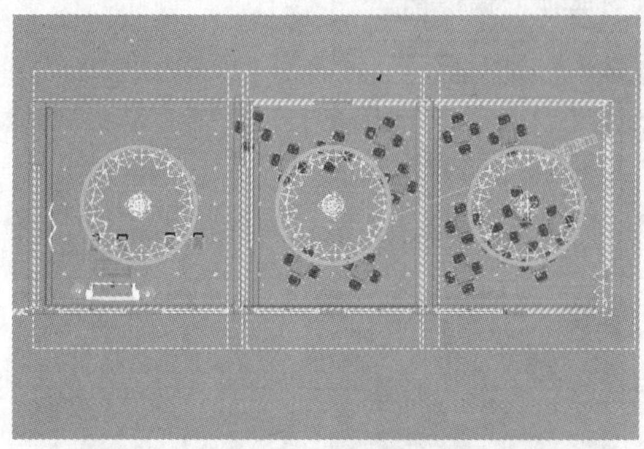
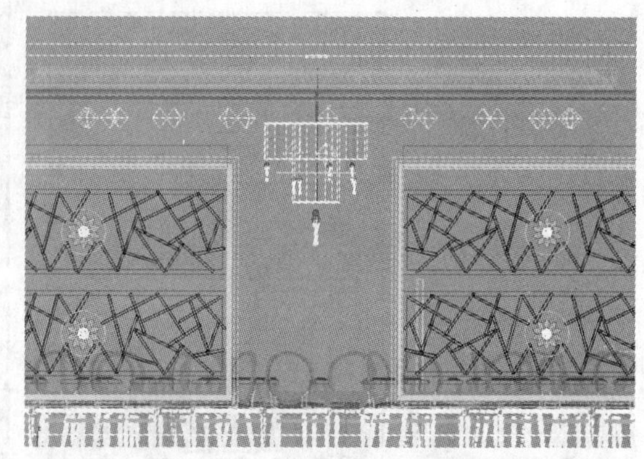

步骤 02 灯光的参数设置如下图所示。

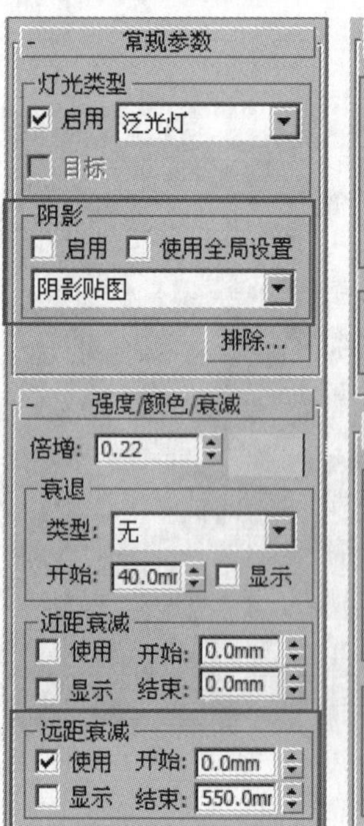

步骤 03 渲染及测试效果如下图所示。

8.5.3 模拟筒灯对环境的影响

步骤 01 按照前面介绍的方法添加目标聚光灯，目标聚光灯的位置如下图所示。

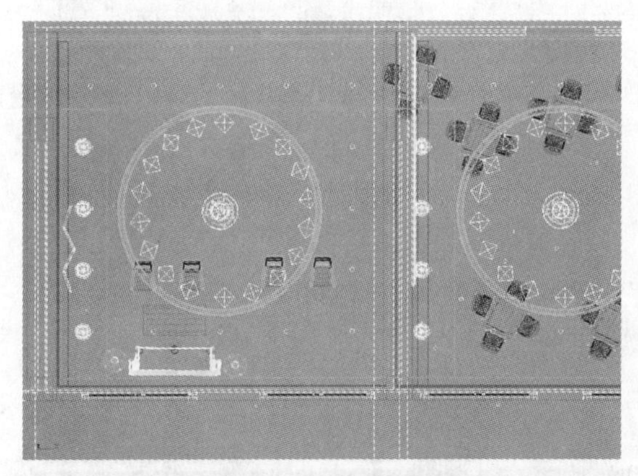

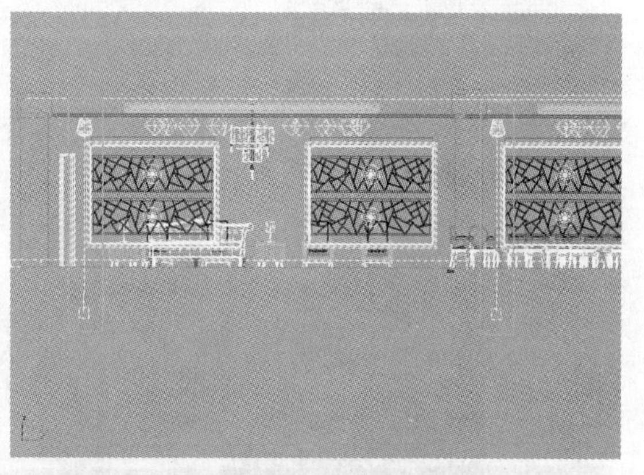

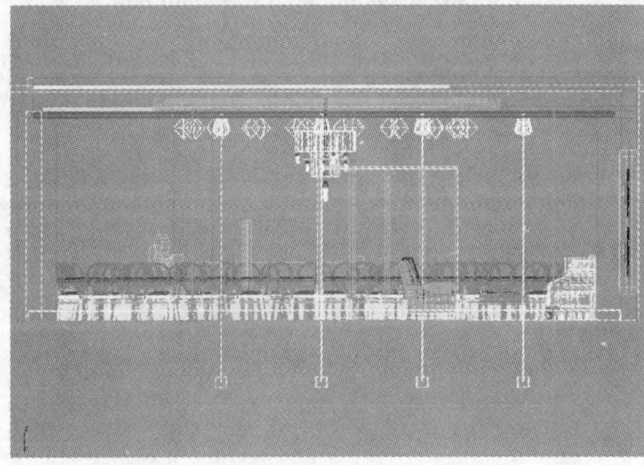

步骤 02 灯光的参数设置如下图所示。

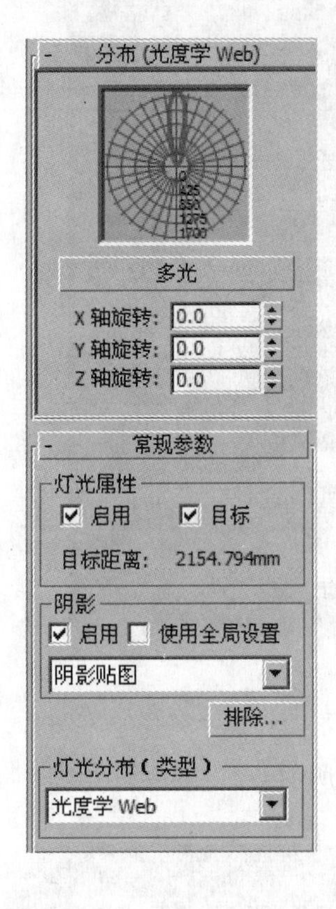

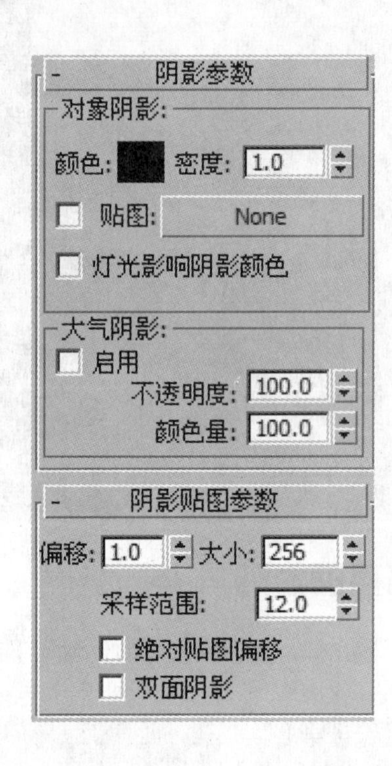

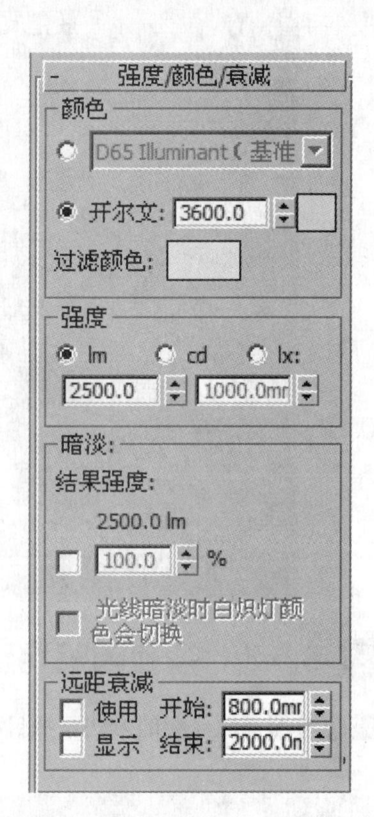

步骤 03 渲染及测试效果如下图所示。

步骤 04 继续添加筒灯，位置如下图所示。

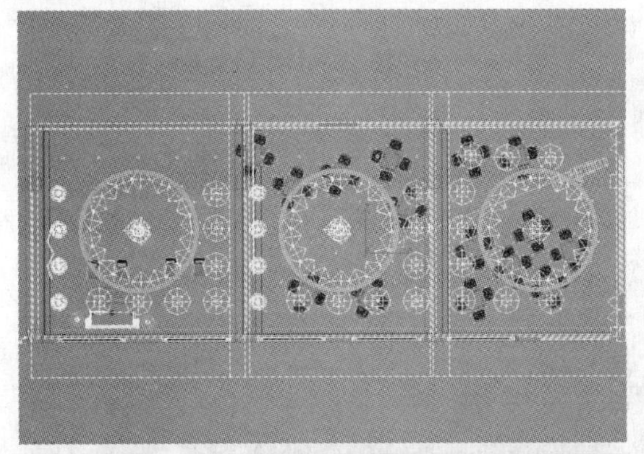
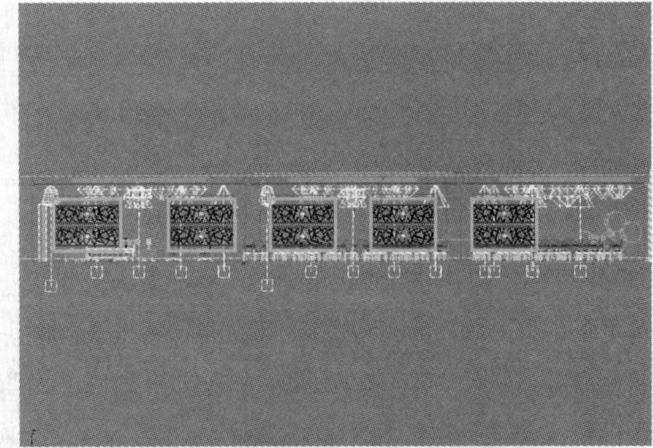
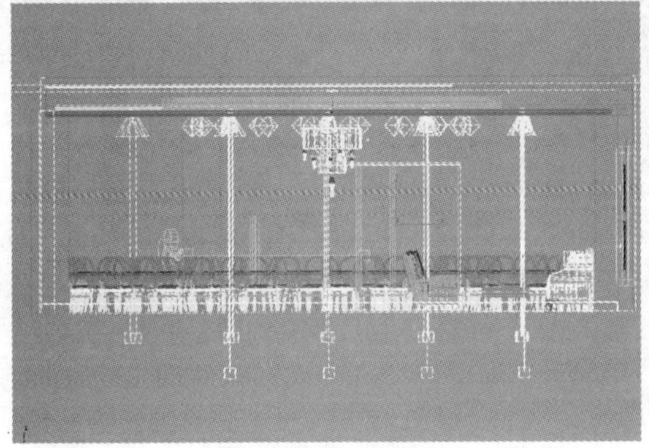

步骤 05 灯光的参数设置如下图所示。

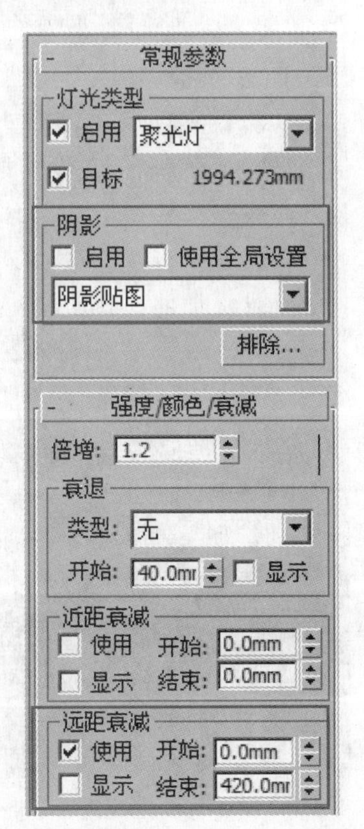

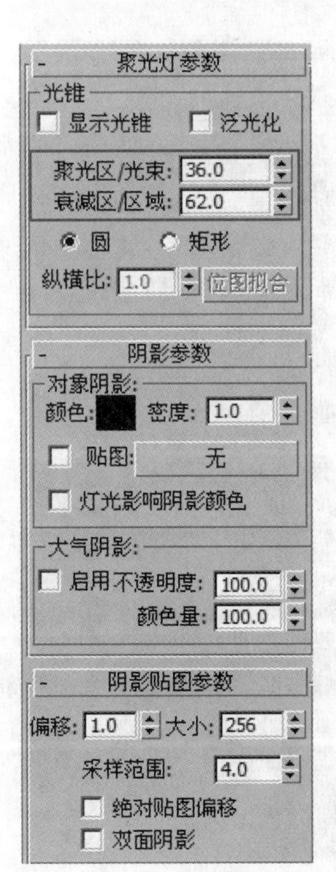

步骤 06 渲染及测试效果如下图所示。

8.5.4 添加补光

步骤 01 添加泛光灯充当补光。泛光灯位置如下图所示。

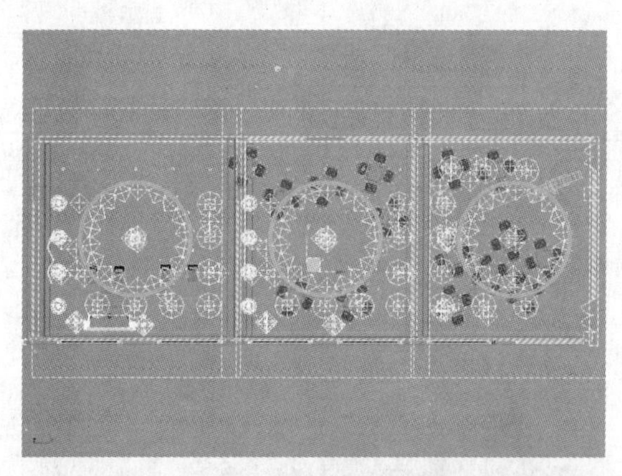

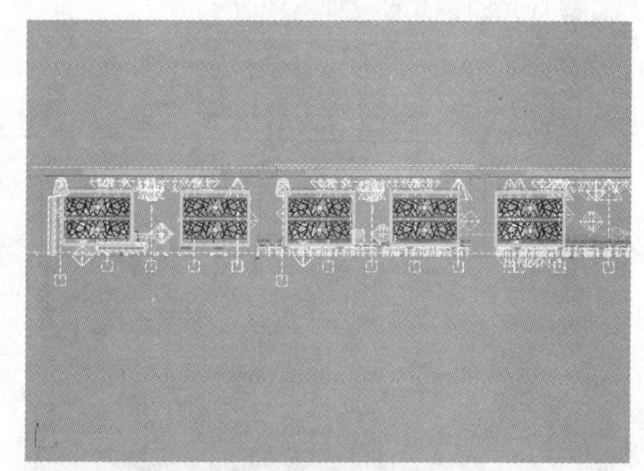

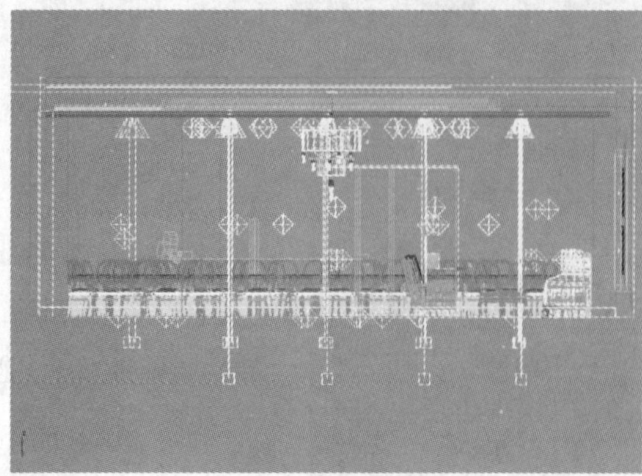

步骤02 灯光的参数设置如下图所示。

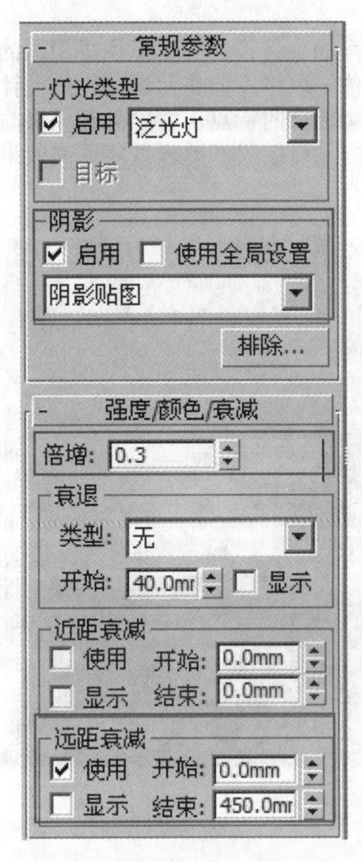

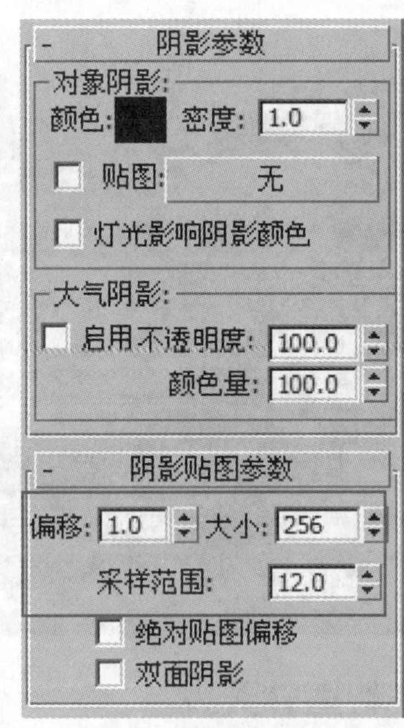

步骤03 渲染及测试效果如下图所示。

8.6 案例实训——模拟中式客厅灯光环境

本节将介绍一个中式客厅的制作过程，该客厅的主体设计构思运用了中国的传统风格，它所使用的灯具、材质和家具元素都有着明显的中式传统风格，但在元素结构的设计上却运用了极为简洁、明快的手法，这样就能区别于中式传统结构复杂的特点，突出简约风格与传统风格相融合的设计空间。中午的阳光透过窗户照射到客厅里面，可以很好地表现客厅的效果，在布光的时候我们可以按照这个思路去进行。

8.6.1 模拟室外天光

步骤 01 打开场景文件（光盘文件\第 8 章\中式客厅\中式客厅灯光 .max）。在“创建”面板中单击“灯光”按钮，在“对象类型”卷展栏中单击“目标聚光灯”按钮，创建“目标聚光灯”，并阵列聚光灯，其位置如下图所示。

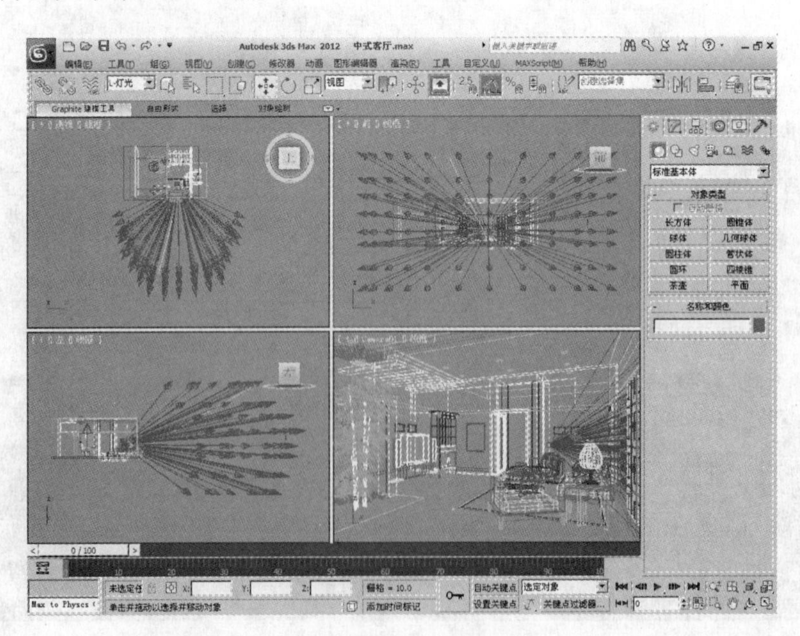

步骤 02 灯光的参数设置如下图所示。

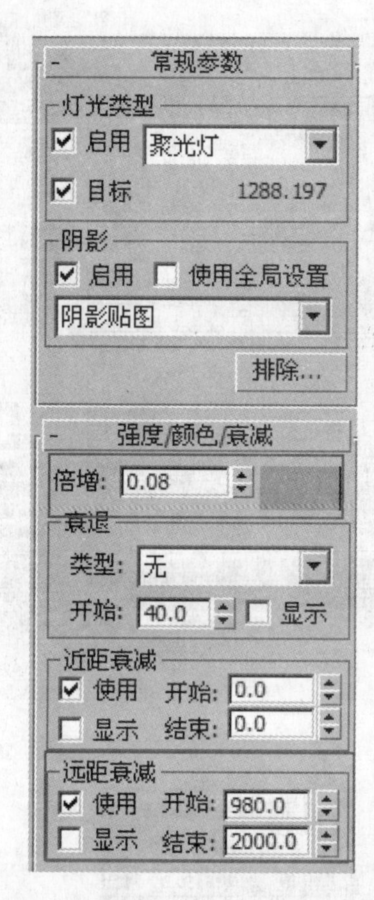

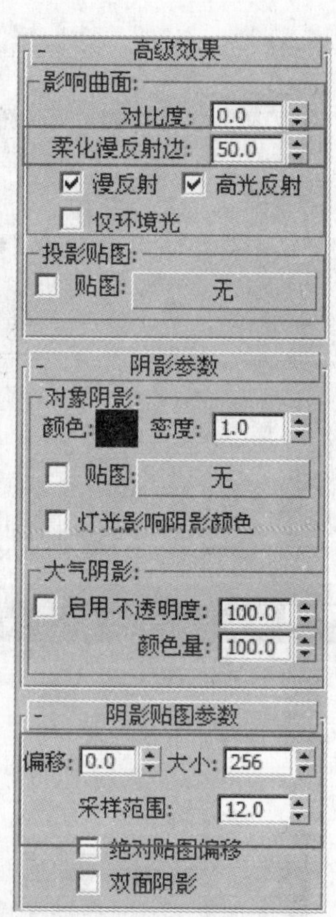

步骤 03 按 F9 键快速渲染，测试灯光效果如下图所示。

步骤 04 在“对象类型”卷展栏中单击“泛光灯”按钮，创建“泛光灯”，并阵列泛光灯，其位置如下图所示。

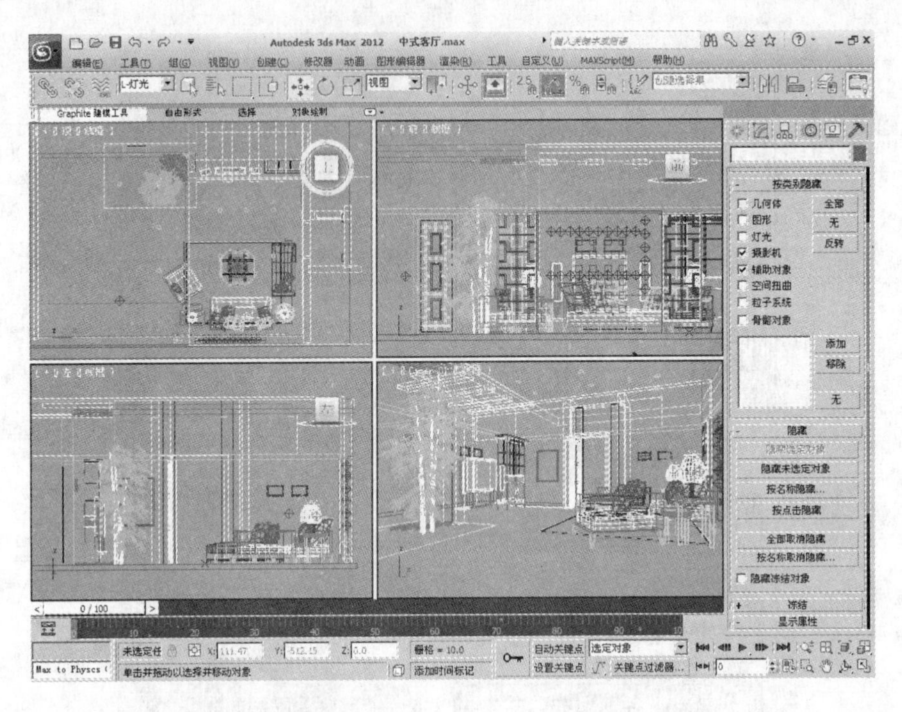

步骤 05 Omni01 组灯的参数设置如下图所示。

步骤 06 Omni02 组灯的参数设置如下图所示。

常规参数

- 灯光类型
  - ☑ 启用　泛光灯
  - ☐ 目标
- 阴影
  - ☑ 启用　☐ 使用全局设置
  - 阴影贴图
  - 排除...

强度/颜色/衰减

- 倍增：0.1
- 衰退
  - 类型：无
  - 开始：40.0　☐ 显示
- 近距衰减
  - ☑ 使用　开始：0.0
  - ☐ 显示　结束：0.0
- 远距衰减
  - ☑ 使用　开始：0.0
  - ☐ 显示　结束：150.0

高级效果

- 影响曲面：
  - 对比度：0.0
  - 柔化漫反射边：50.0
  - ☑ 漫反射　☑ 高光反射
  - ☐ 仅环境光
- 投影贴图：
  - ☐ 贴图：无

阴影参数

- 对象阴影：
  - 颜色：　密度：1.0
  - ☐ 贴图：无
  - ☐ 灯光影响阴影颜色
- 大气阴影：
  - ☐ 启用不透明度：100.0
  - 颜色量：100.0

阴影贴图参数

- 偏移：0.0　大小：128
- 采样范围：12.0
- ☐ 绝对贴图偏移
- ☐ 双面阴影

步骤 07 渲染及测试效果如下图所示。

8.6.2 模拟室内人工光源

步骤 01 按照前介绍的方法继续添加 Omni 灯，灯光位置如下图所示。

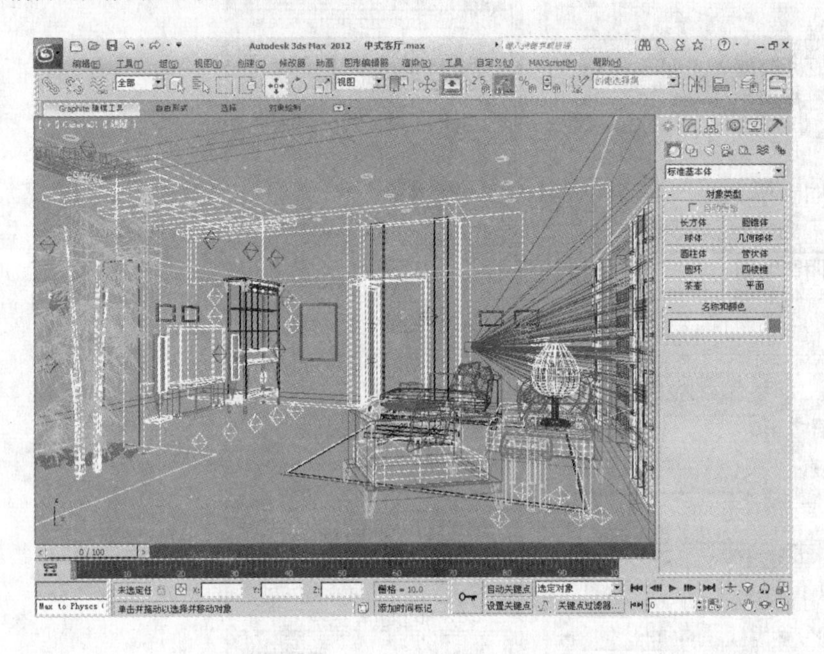

步骤 02 Omni03 组灯光参数设置如下图所示。

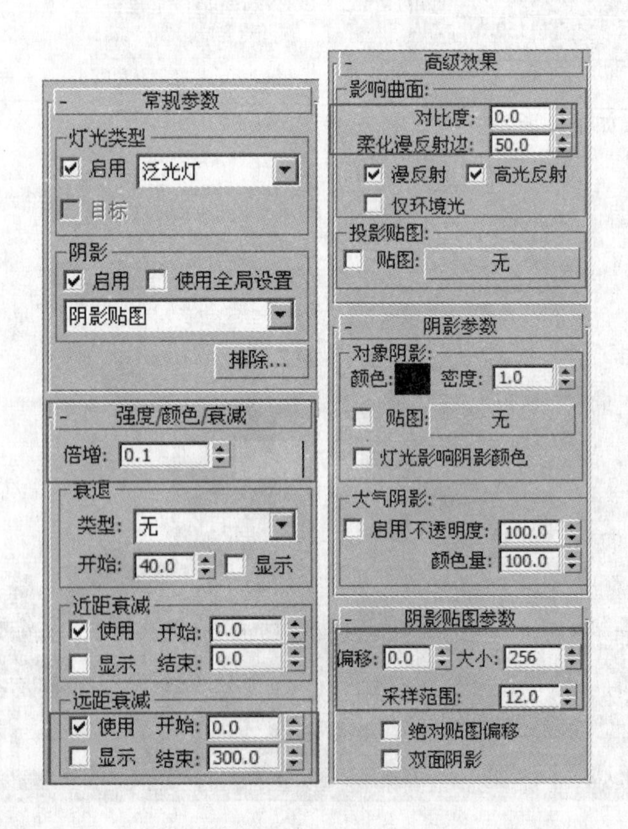

步骤 03 Omni04 组灯光参数设置如下图所示。

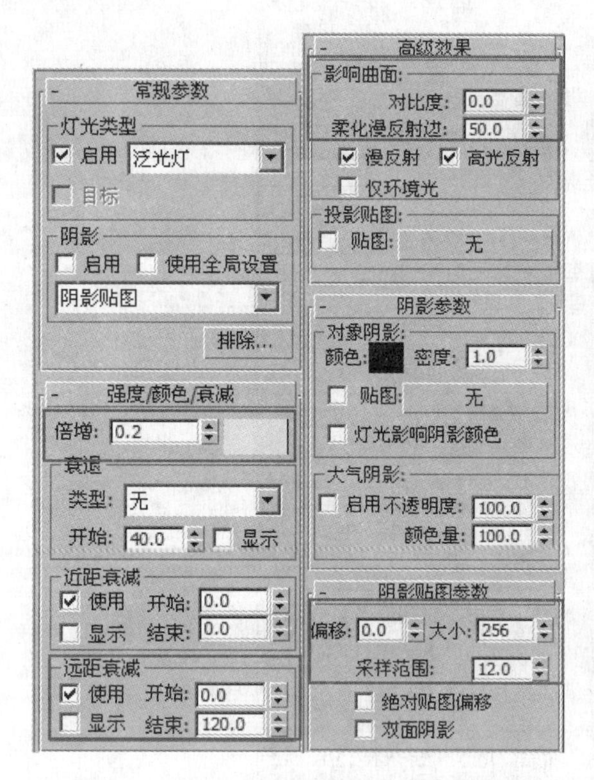

步骤 04 Omni05 组灯光参数设置如下图所示。

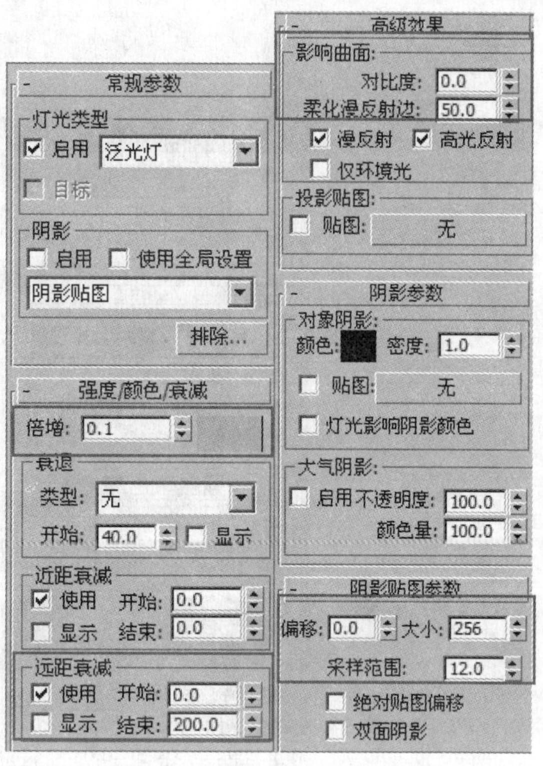

步骤 05 Omni06 组灯光参数设置如下图所示。

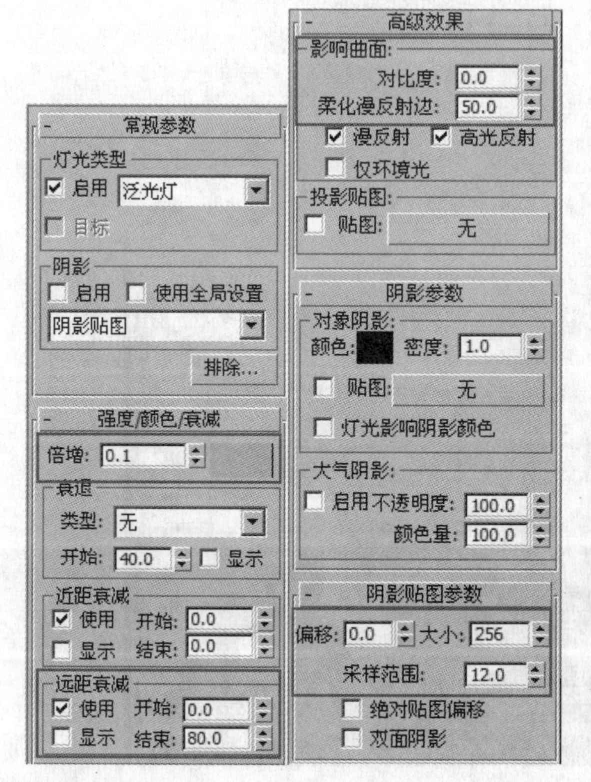

步骤 06 Omni07 组灯光参数设置如下图所示。

步骤 07 Omni08 组灯光参数设置如下图所示。

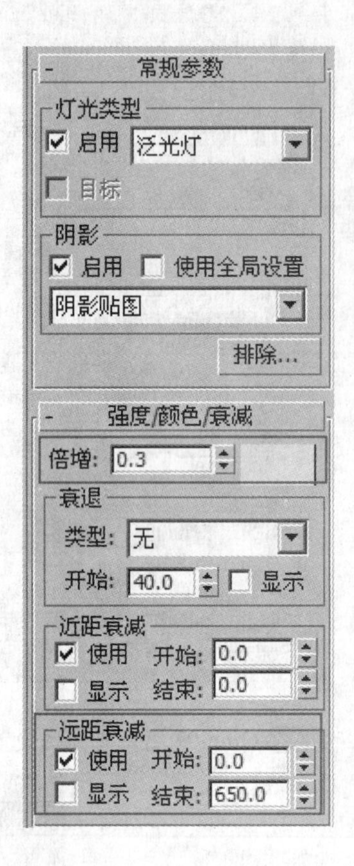

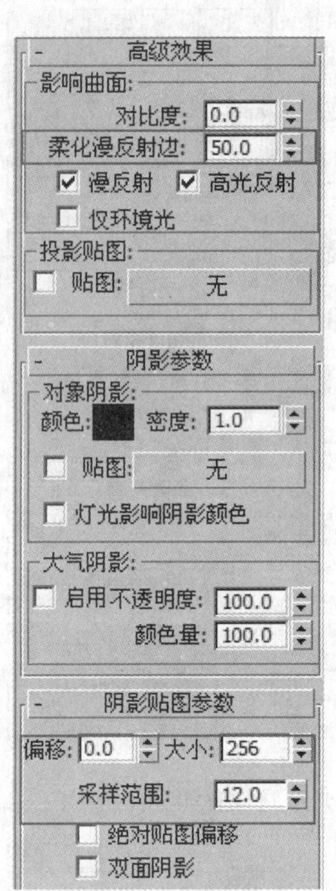

步骤 08 渲染及测试效果如下图所示。

步骤 09 在“创建”面板中单击“灯光”按钮，在灯光类型下拉列表框中选择“光度学”选项，单击“目标灯光”按钮，阵列灯光如下图所示。

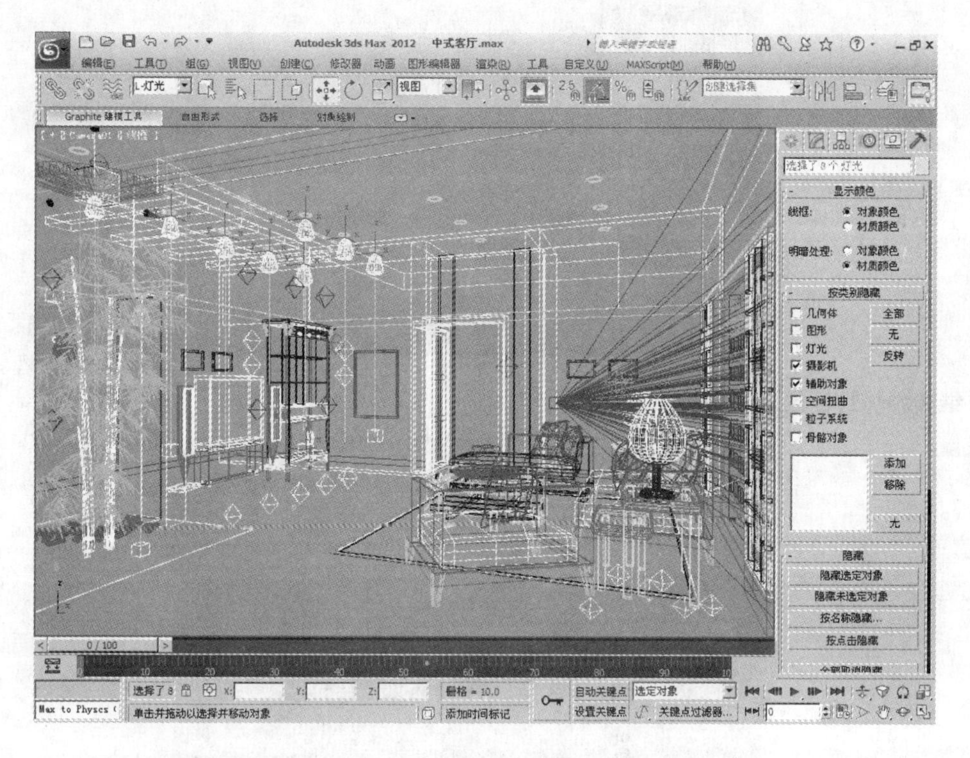

步骤 10 灯光的参数设置如下图所示。

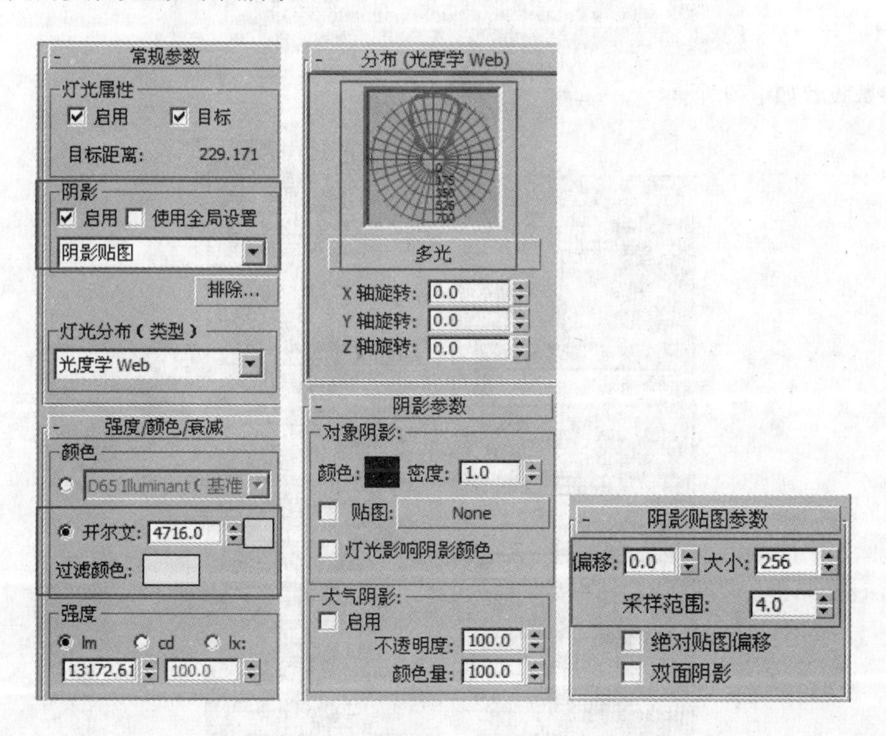

步骤 11 渲染及测试效果如下图所示。

步骤 12 继续添加目标聚光灯，位置如下图所示。

步骤 13 灯光参数设置如下图所示。

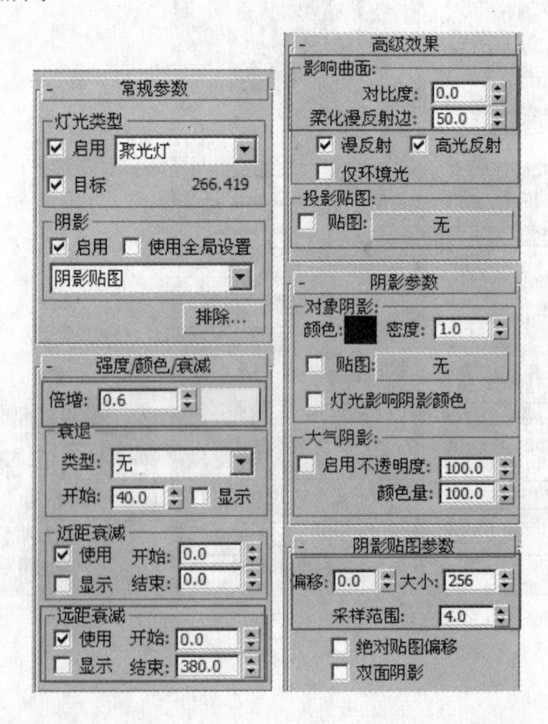

步骤 14 渲染及测试效果如下图所示。

8.6.3　确定主光源

步骤 01 在“创建”面板中单击“灯光”按钮，在“灯光类型”下拉列表框中选择“标准”选项，在“对象类型”卷展栏中单击“目标平行光”按钮，添加目标平行光，位置如下图所示。

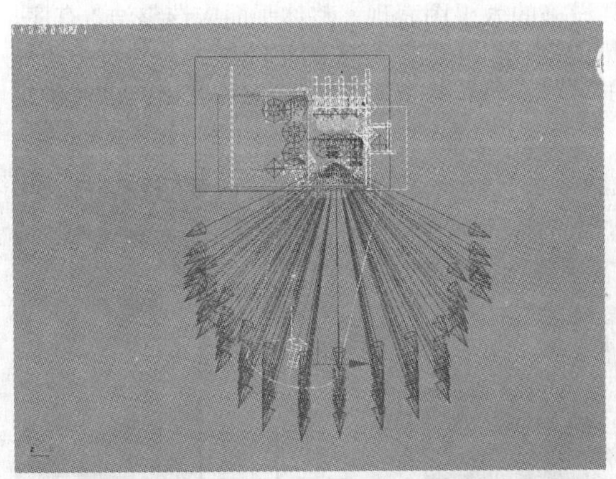

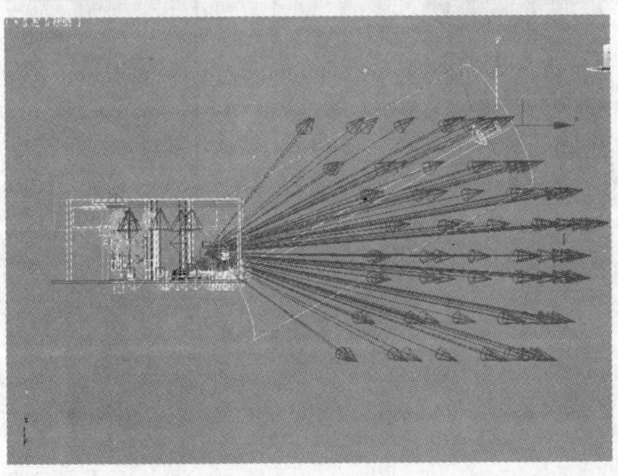

步骤 02 灯光参数设置如下图所示。

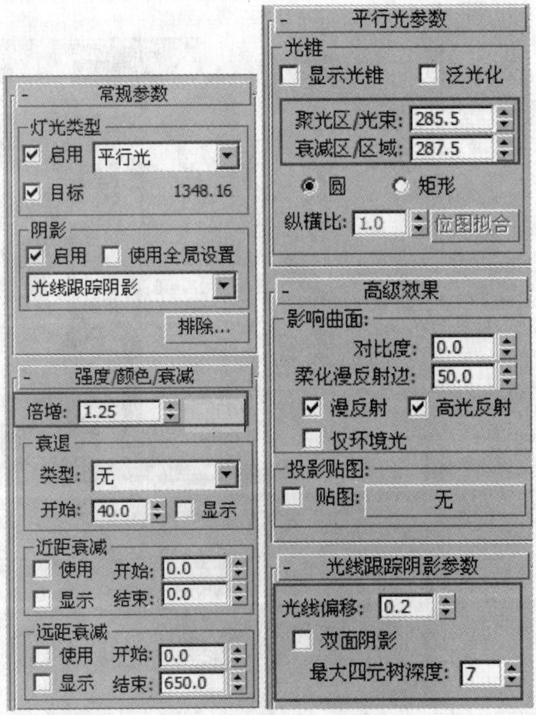

常规参数
灯光类型
启用 平行光
目标 1348.16
阴影
启用 使用全局设置
光线跟踪阴影
排除...

强度/颜色/衰减
倍增: 1.25
衰退
类型: 无
开始: 40.0 显示
近距衰减
使用 开始: 0.0
显示 结束: 0.0
远距衰减
使用 开始: 0.0
显示 结束: 650.0

平行光参数
光锥
显示光锥 泛光化
聚光区/光束: 285.5
衰减区/区域: 287.5
圆 矩形
纵横比: 1.0 位图拟合

高级效果
影响曲面:
对比度: 0.0
柔化漫反射边: 50.0
漫反射 高光反射
仅环境光
投影贴图:
贴图: 无

光线跟踪阴影参数
光线偏移: 0.2
双面阴影
最大四元树深度: 7

步骤 03 最终完成的渲染效果如下图所示。

8.7 案例实训——模拟公共卫生间灯光环境

本节将介绍公共卫生间的效果制作，学习公共设施的效果图表现。整体画面应该整洁、有序，公共设施的效果灯光尽量充裕一些，灯光配合阴影的变化产生比较真实的空间感。公共设施的灯光渲染应尽量模拟真实，不应该有过亮或者过暗的区域出现，主光源的方向应该突出，以便确定建筑的方向等。

8.7.1 模拟室外天光

步骤01 首先模拟室外天光。在“创建”面板中单击“灯光”按钮，在“对象类型”卷展栏中单击“泛光灯”按钮，泛光灯位置如下图所示（光盘文件\第8章\公共卫生间\公共卫生间灯光.max）。

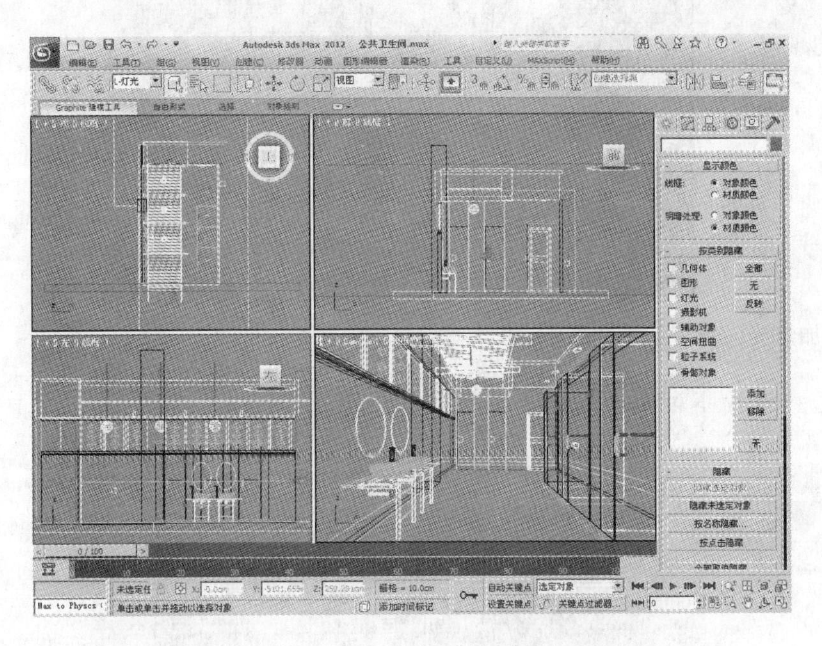

步骤02 灯光的参数设置如下图所示。

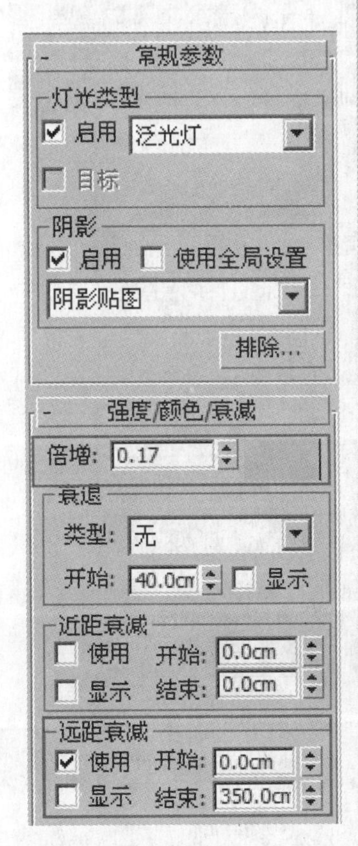

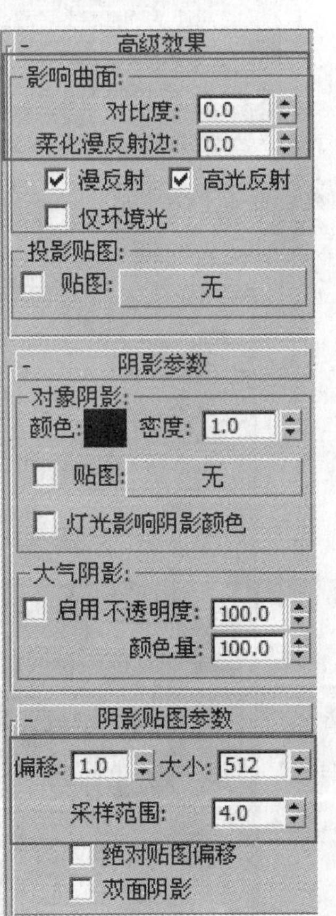

步骤 03 渲染测试效果如下图所示，可以看出场景中有淡淡的蓝色天光出现，阴影的过渡非常柔和。

步骤 04 继续添加灯光，位置如下图所示。

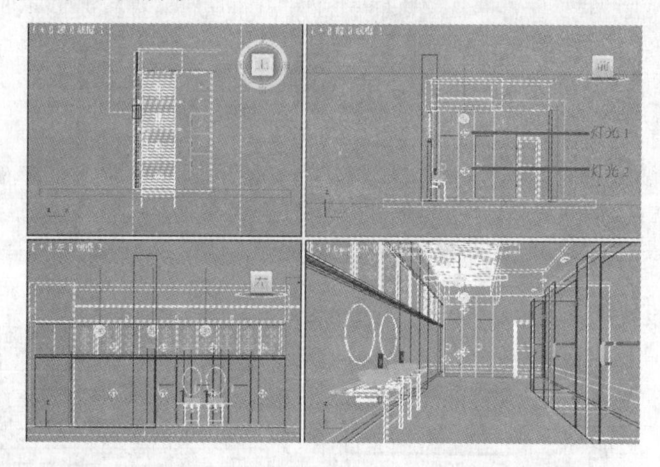

步骤 05 Omni001 组参数设置如下图所示。

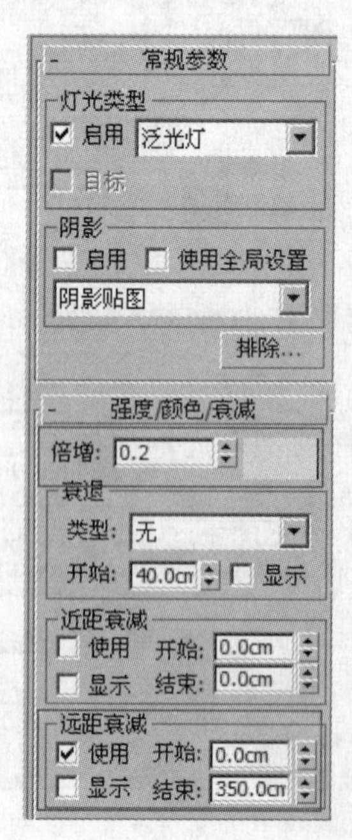

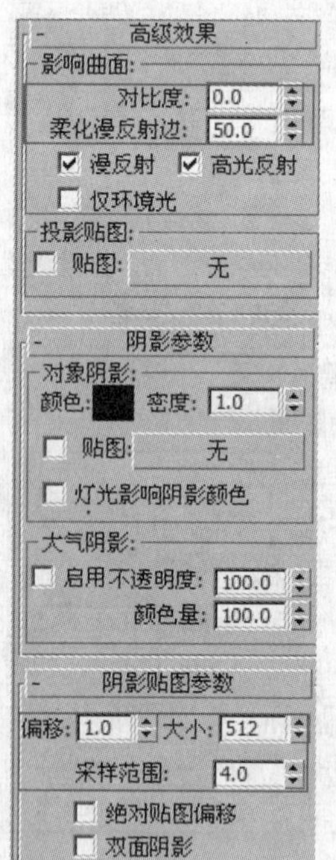

步骤 06 渲染及测试效果如下图所示。

步骤 07 Omni002 组参数设置如下图所示。

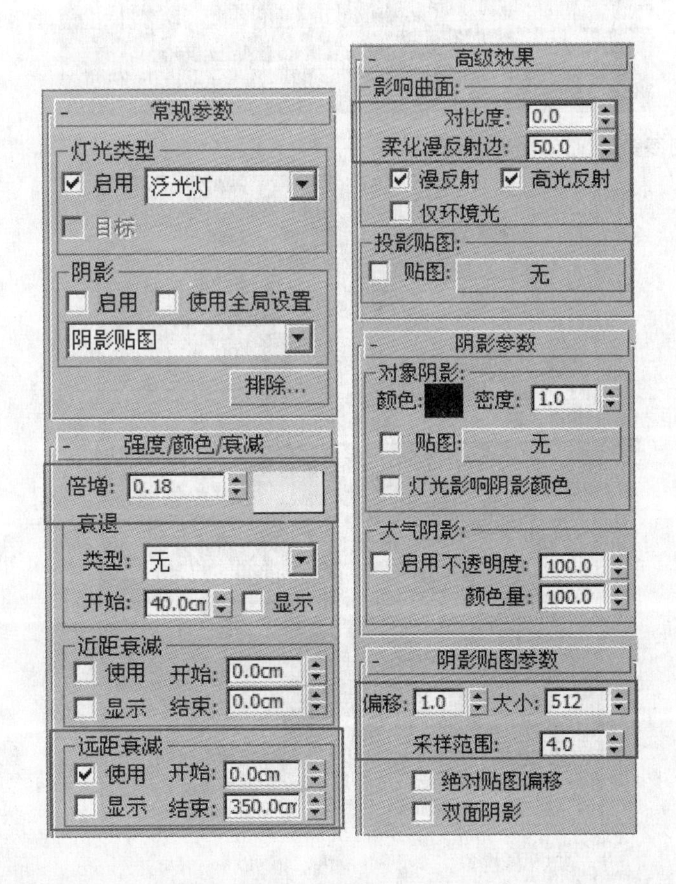

步骤 08 渲染及测试效果如下图所示。

步骤 09 继续添加灯光，灯光的位置如下图所示。

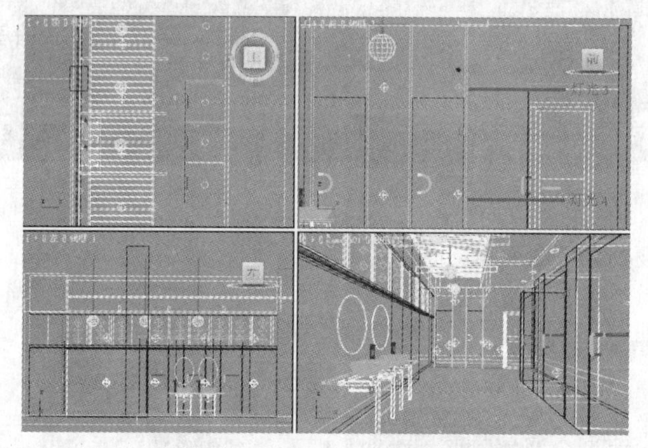

步骤 10 Omni003 组的参数设置如下图所示。

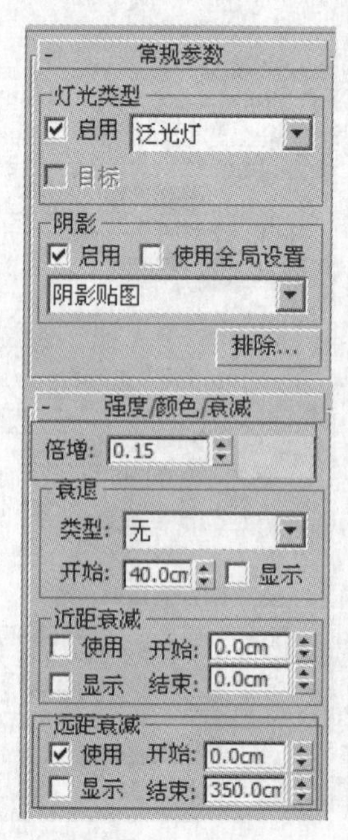

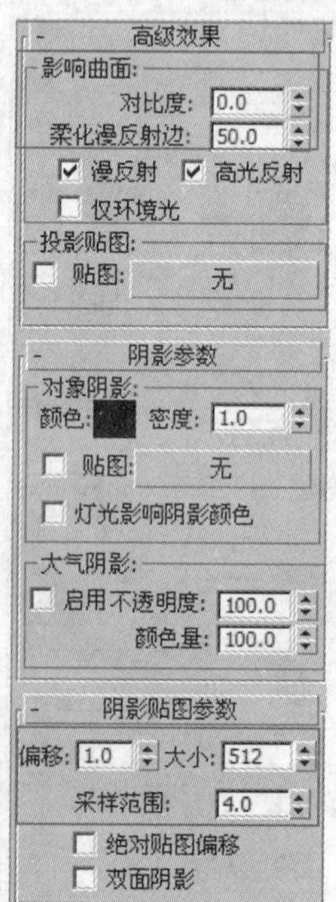

步骤 11 渲染及测试效果如下图所示。

知识拓展：标准灯光的特性

对于标准灯光，默认情况下，“衰减”为禁用状态。要使用衰减着色或渲染场景，不管场景中有多少灯光均可启用该功能。标准灯光的所有类型均支持衰减。在衰减开始和结束的位置可以显式设置。这只是一部分操作，无须在灯光对象和照明对象之间设置严格的逼真距离。更重要的是，使用该功能可以微调衰减的效果。

步骤 12 Omni004 组的参数设置如下图所示。

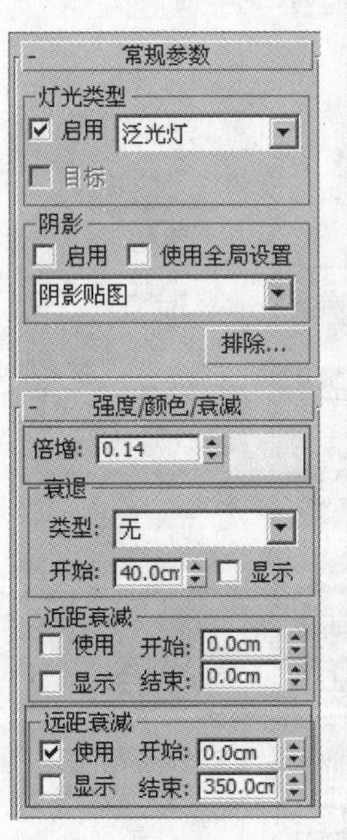

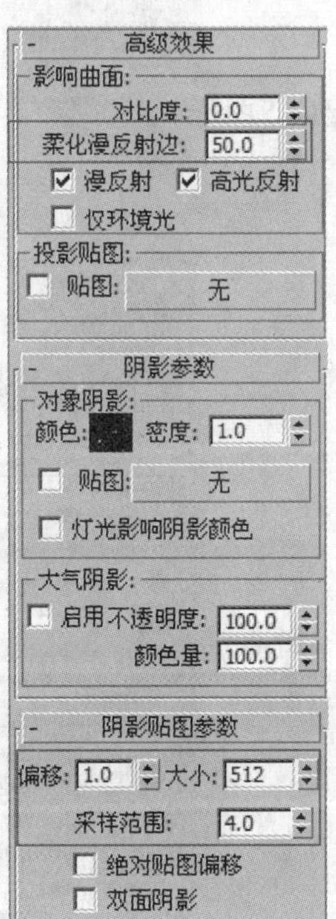

步骤 13 渲染及测试效果如下图所示。

步骤 14 添加第 5 组灯光，具体位置设置如下图所示。

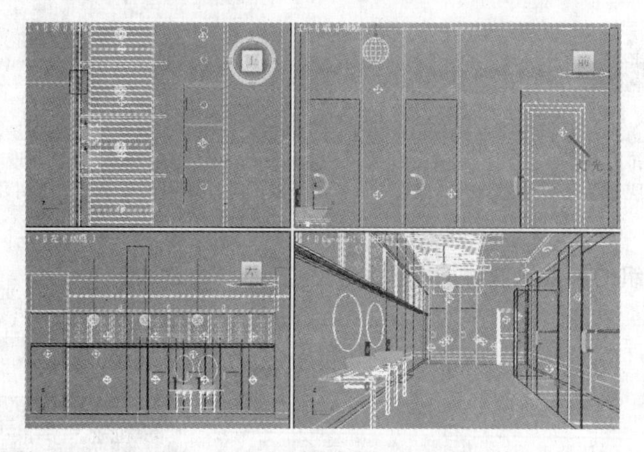

步骤 15 灯光参数设置如下图所示。

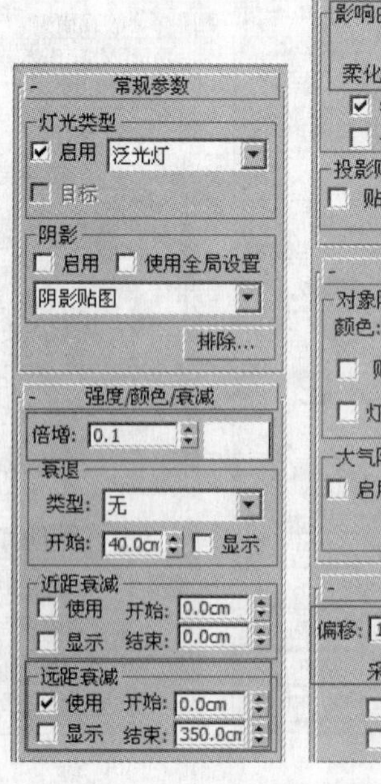

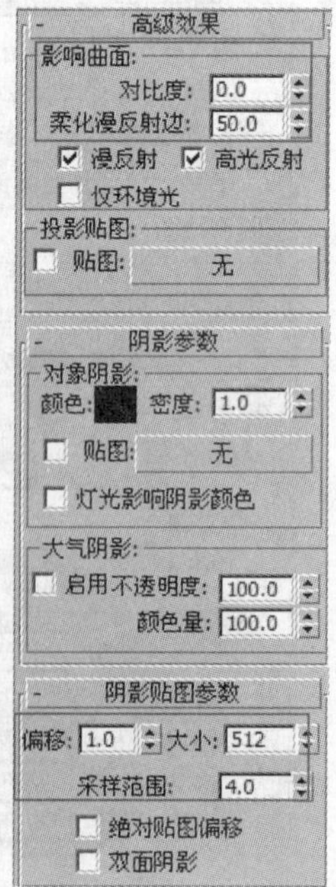

步骤16 渲染及测试效果如下图所示。

8.7.2 模拟主光源

步骤01 在“创建”面板中单击“灯光”按钮，在“对象类型”卷展栏中单击“目标平行光”按钮，创建一束“目标平行光”如下图所示。

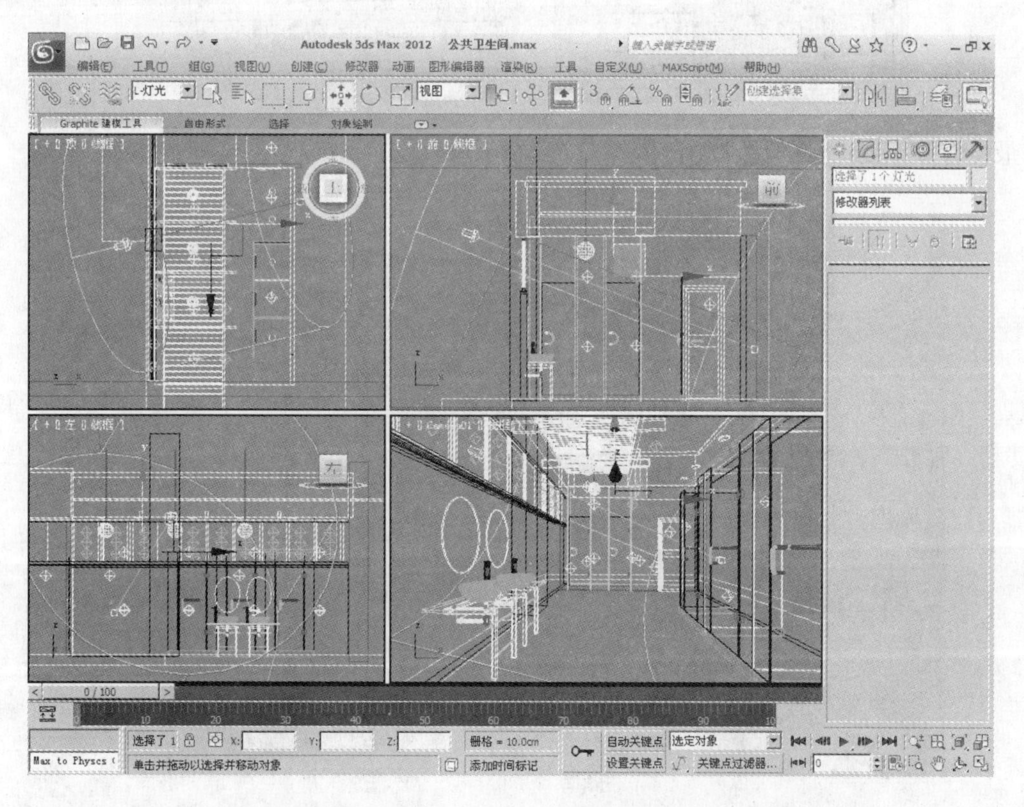

步骤 02 参数设置如下图所示。

常规参数
灯光类型
☑ 启用 平行光
☑ 目标 509.853cm
阴影
☑ 启用 ☐ 使用全局设置
阴影贴图
排除...
强度/颜色/衰减
倍增: 0.5
衰退
类型: 无
开始: 40.0cm ☐ 显示
近距衰减
☐ 使用 开始: 0.0cm
☐ 显示 结束: 0.0cm
远距衰减
☐ 使用 开始: 0.0cm
☐ 显示 结束: 325.0cm

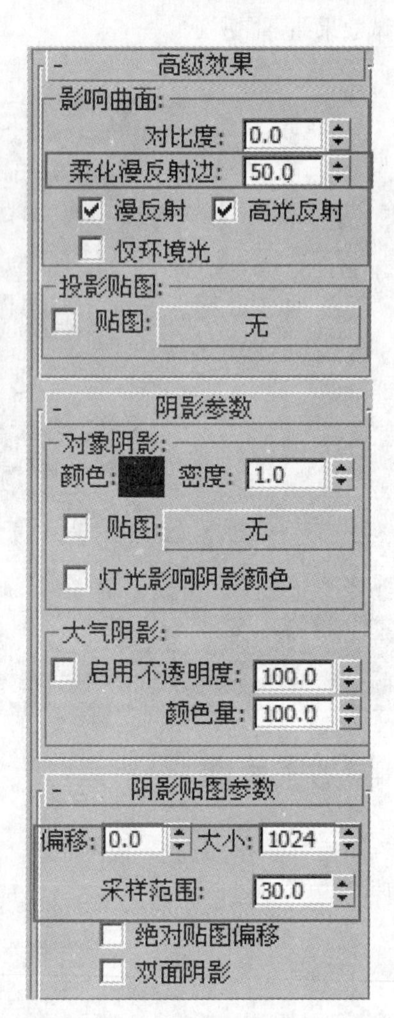

步骤 03 最终渲染效果如下图所示。

习题加油站

本章讲解了在 3ds Max 创建灯光的相关知识，通过学习可知 3ds Max 中的灯光有两大部分：标准灯光和光度学灯光。本章最后通过几个实例进行深入的介绍。下面通过习题来巩固所学知识。

设计师认证习题

Q 以下对 3ds Max 中标准灯光的强度分析不正确的是 ________。

A A. 灯光的强度只和它的强度倍增有关系
B. 灯光的强度在某种情况下和灯光的颜色有关系
C. 灯光的强度在某种情况下和灯光到物体之间的距离有关
D. 灯光的强度和灯光的衰减范围有关

Q 在“标准灯光”的 8 种灯光类型中，________ 灯光不支持“衰减”参数的调节。

A A. 目标聚光灯 B. 泛光灯 C. 自由平行光 D. 天光

Q 观察下图，下列选项中对灯光的各类型阴影描述错误的是 ________。

A A. “阴影贴图”是一种渲染器在预渲染场景通道时生成的位图。阴影贴图不会显示透明或半透明对象投射的颜色

B. “光线跟踪阴影”是通过跟踪从光源采样出来的光线路径所产生的阴影效果。比“阴影贴图”更精确。对于透明或半透明对象，它能产生更逼真的阴影效果

C. “区域阴影”实际上是通过设置一个虚拟的灯光维度空间来伪造区域阴影的效果，它只适用于标准灯光类型

D. “高级光线跟踪阴影”与“光线跟踪阴影”类似，但它提供了更多的控制参数

Q 在下列灯光类型中，哪种灯光类型更容易模拟点光源 ________。

A A. 目标平行光 B. 泛光灯 C. 自由平行光 D. 目标聚光灯

专家认证习题

Q 在标准灯光中，________灯光在创建的时候不需要考虑位置的问题。

A A. 目标平行光 B. 目标聚光灯 C. 泛光灯 D. 天光

Q 下面关于“天光”说法正确的是__________。

A A. 在渲染“天光”时，用默认扫描线渲染器效果更好
B. 当使用“天光”渲染凹凸贴图的材质时，不会遇到视觉异常
C. “天光”的位置对渲染结果会有影响
D. 随着“每采样光线数”的提高，渲染的品质也会随之提高，但速度会相应减慢

Q 在光度学灯光中，关于灯光分布的4种类型中，__________类型可以载入光域网使用。

A A. 统一球体、聚光灯 B. 光度学 Web
C. 聚光灯、光度学 Web D. 光度学 Web、统一漫反射

Q 以下选项中关于光度学灯光的类型描述正确的是__________。

A A. 光度学灯光中的“目标灯光”和“自由灯光”不能相互转换
B. 光度学灯光中的“自由灯光”无法调整灯光的方向
C. 光度学灯光中的“目标灯光”和“自由灯光”可以通过“灯光属性”中的（目标点）功能相互转换
D. 在“mr Sky 门户”中也可以控制灯光的阴影类型

Q 怎样关闭灯光？__________。

A A. 通过“灯光列表”关闭
B. 选择要关闭的灯光右击，在弹出的快捷菜单中选择“对象属性”命令，在弹出的对话框中取消选择“可渲染”复选框
C. 通过灯光的“修改”面板取消选择“启用”复选框
D. 隐藏要关闭的灯光

Q 光度学灯光与标准灯光在哪些方面有区别__________。

A A. 阴影方面 B. 衰减方面 C. 大气和效果方面 D. 强度控制方面

第 9 章

材质

内容提要：

大师作品欣赏：

或许在制作有些效果图的时候不那么依赖贴图，但是类似上面这幅作品中，斑驳的骷髅表面的效果却是无法不依赖贴图的。

玻璃的质感非常鲜明，在创作时往往很难把握，而这幅作品将玻璃的通透性和光滑特性表现得近乎真实，除了作者的深厚功底以外，VRay的强大渲染功能也不可缺少。

9.1 材质编辑器简介

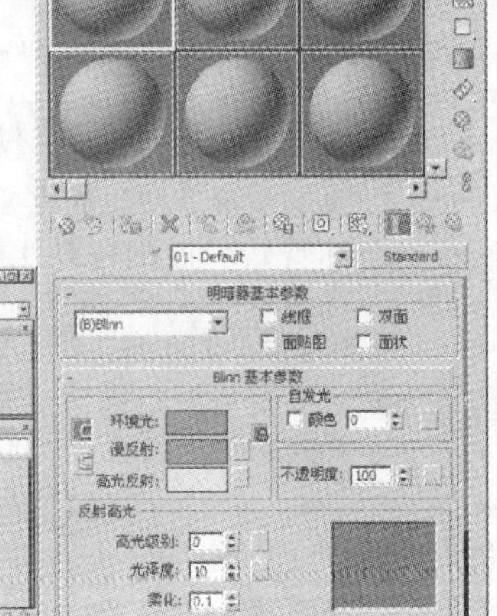

材质编辑器是3ds Max软件一个功能非常强大的模块，所有的材质都在这个编辑器中进行制作。材质是某种物质在一定光照条件下产生的反光度、透明度、色彩及纹理的光学效果。在3ds Max中，所有模型的表面都要按真实三维空间中的物体加以装饰，才能达到生动逼真的视觉效果。

材质编辑器提供了创建和编辑材质及贴图的功能。材质将使场景更具真实感。材质详细描述对象如何反射或透射灯光。材质属性与灯光属性相辅相成，明暗处理或渲染将两者合并，用于模拟对象在真实世界的情况。可以将材质应用于单个的对象或选择集；一个场景可以包含许多不同的材质。在Autodesk 3ds Max Design 2012中，有两个材质编辑器界面：

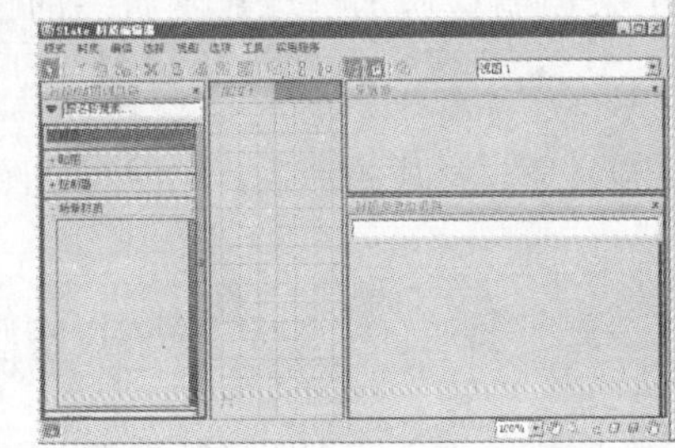

在主工具栏中单击“材质编辑器”弹出按钮，选择 （精简材质编辑器）；在主工具栏中单击“材质编辑器”弹出按钮，选择 （Slate材质编辑器）。

或在“渲染”菜单中选择“材质编辑器”→“精简材质编辑器”命令；在“渲染”菜单 中选择“材质编辑器”→“ Slate材质编辑器”命令。

9.1.1 精简材质编辑器

精简材质编辑器是一个材质编辑器界面，其对话框比板岩（Slate）材质编辑器小。通常，Slate界面在设计材质时功能更强大，而在只需应用已设计好的材质时精简界面更方便。

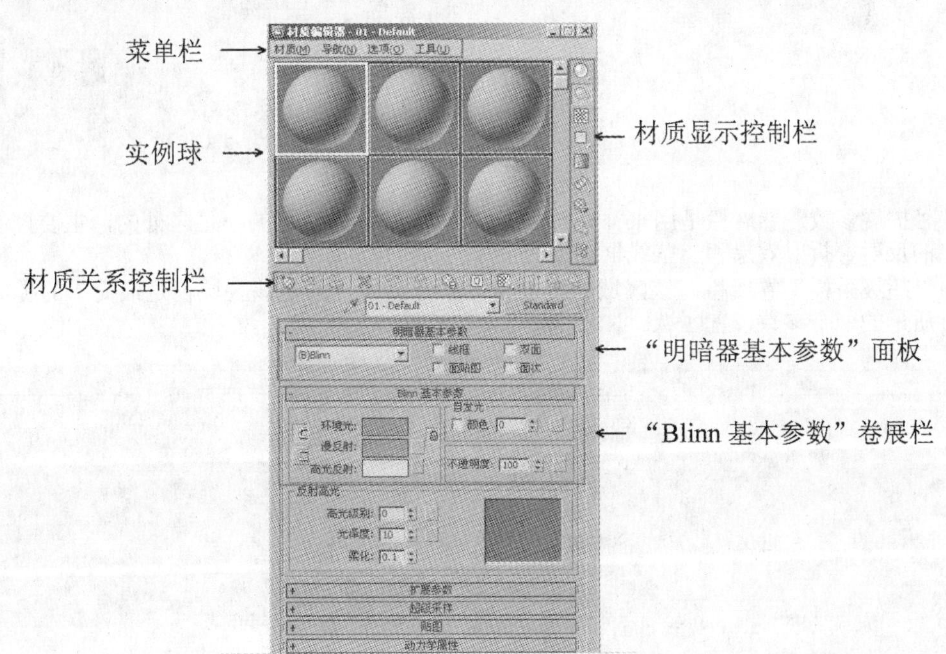

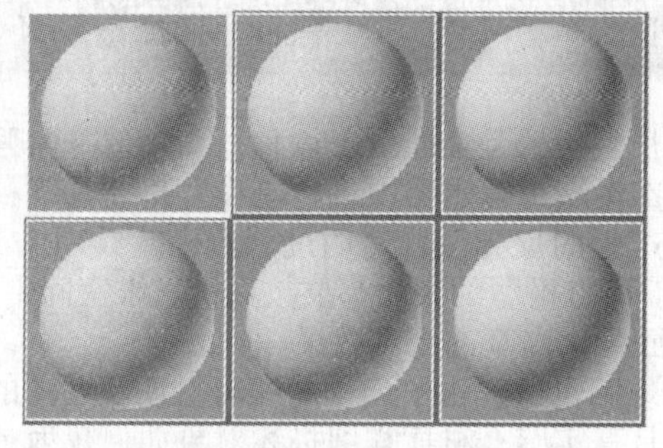

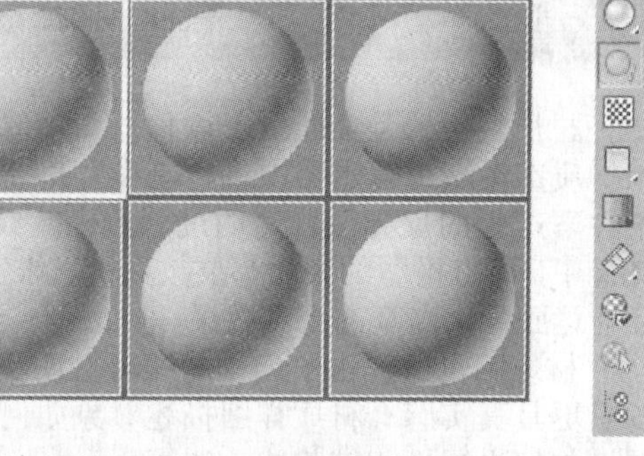

- 菜单栏主要控制的是材质编辑器的材质、导航、自定义、渲染材质和运用材质选择等功能，但是这些功能基本都能在面板中找到。一般情况下不是很常用，只在一些特殊的情况下才会使用。
- 材质示例球起到了材质编辑器的显示窗的功能，运用了硬件渲染技术，使用者能方便地看到材质的最终渲染效果，是调节材质的重要参考项目。
- 材质显示控制栏是用来控制材质示例球显示状态的工具箱，可以控制材质示例球的背景反光灯等属性，使使用者能很好地运用材质示例球的显示功能，同时还可以输出材质动画。
- 材质关系控制栏是控制材质与材质的关系、贴图与贴图的关系，以及材质与场景物体之间关系的工具栏。
- “明暗器基本参数”卷展栏是用来控制阴影特性的，参数比较少，要真正调节阴影的参数还要使用“Blinn 基本参数”卷展栏来调节。
- “Blinn 基本参数”卷展栏是材质编辑器主要的调节参数的区域，这里控制了大量材质的表面属性调节参数，也是通往下一个材质层级的入口，起着十分重要的作用。

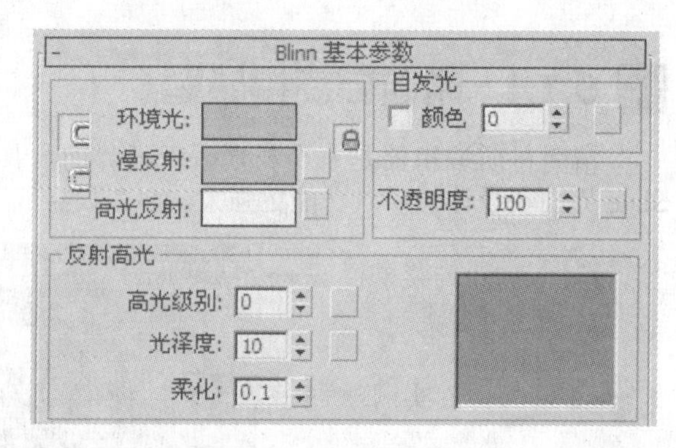

- “扩展参数”卷展栏是用来补充“Blinn 基本参数”卷展栏的不足之处的，主要控制简单的反射、折射效果和一些线框参数。
- “超级采样”卷展栏：该区域一直被很多读者忽视，但是该区域正是最简单的提高材质质量的一个参数设置区域。

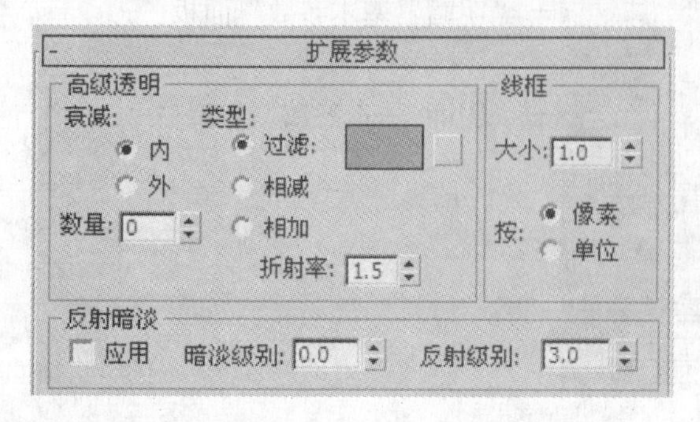

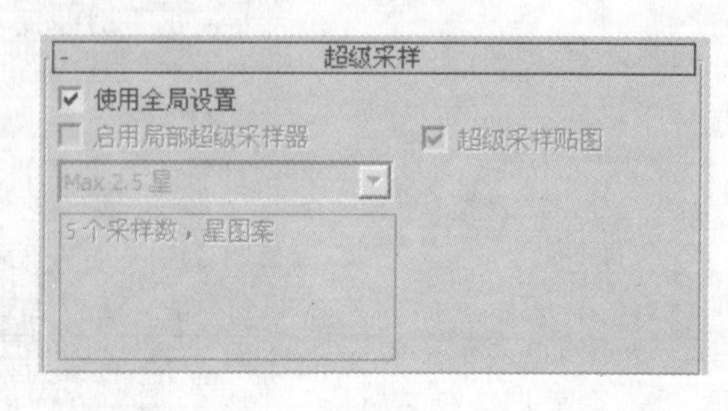

- “贴图”卷展栏：这里是一个入口，可以清晰地控制材质不同属性的通道，并且对其进行下一层级贴图的指定，也是材质编辑器的主要面板。其本身只起到一个入口的作用，它的很多参数可以在基本属性面板看到，它可以说是基本属性面板的后台，通过它可以很方便的控制不同的通道属性。
- “动力学属性”卷展栏：其中的参数是和 3ds Max 的动力学碰撞一起运用的参数，对材质本身没有任何影响，也就是说根本不对渲染起作用，只对物体指定摩擦力等参数参加动力学的计算。

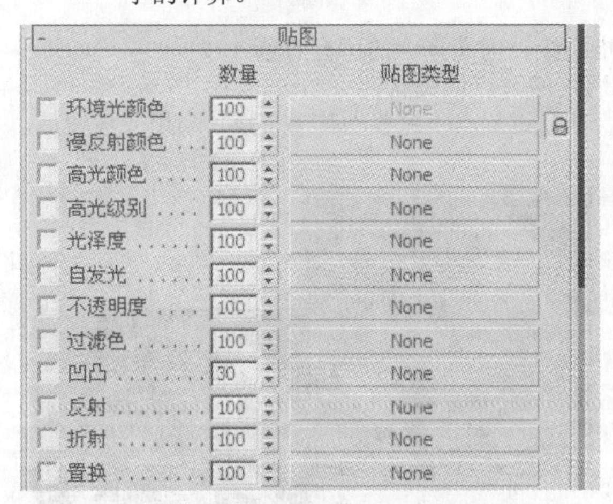

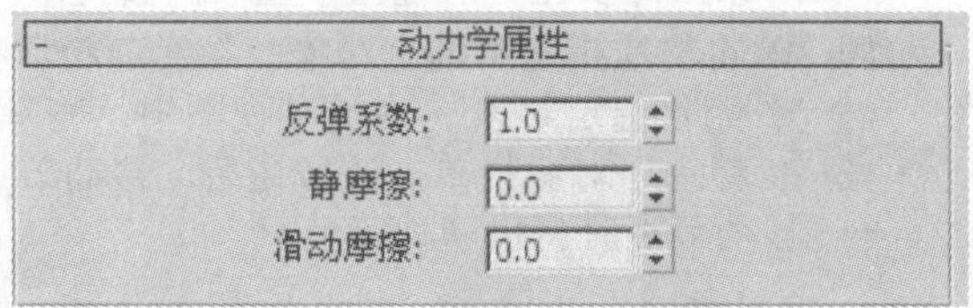

9.1.2 Slate 材质编辑器

Slate 材质编辑器是一个材质编辑器界面，它在我们设计和编辑材质时使用节点和关联以图形的方式显示材质的结构。它是精简材质编辑器的替代项。通常 Slate 界面在设计材质时功能更强大，而精简界面在只需应用已设计好的材质时更方便。Slate 界面是具有多个元素的图形界面。最突出的特点包括：可以在“材质/贴图浏览器”中浏览材质、贴图和基础材质与贴图类型；可以在当前活动视图中组合材质和贴图；可以在“材质参数编辑器”中更改材质和贴图设置。

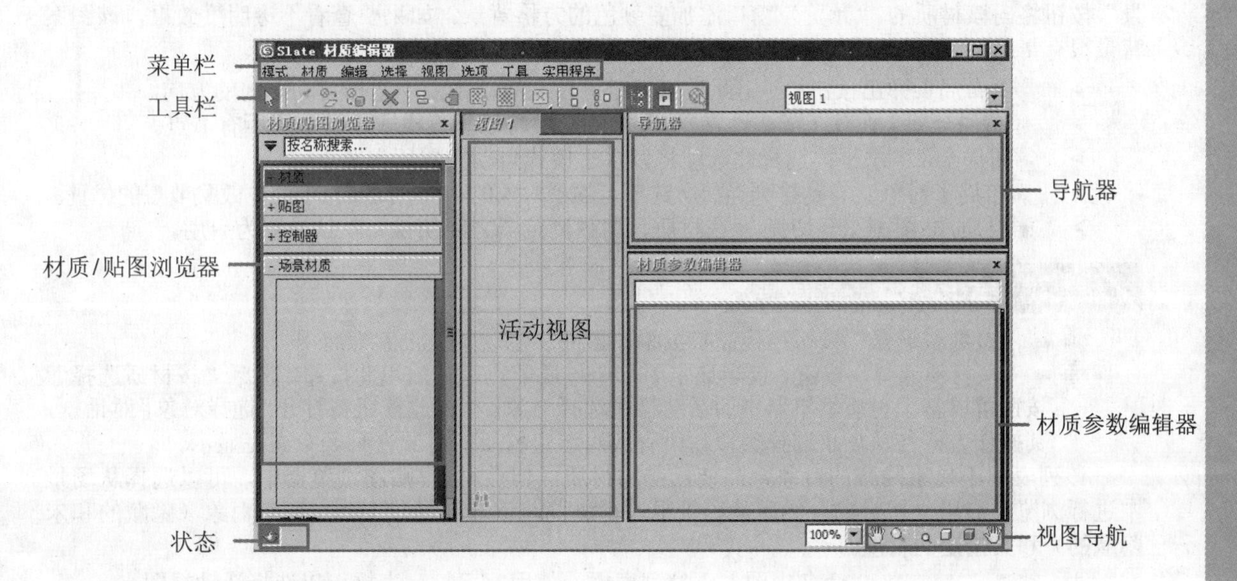

1. 工具栏

- 选择工具：“选择工具”处于激活状态时，此菜单选项旁边会有一个复选标记。除非已选择一种典型导航工具（例如“缩放”或“平移”），否则“选择工具”始终处于激活状态。
- 从对象拾取材质：单击该按钮后，3ds Max 会显示一个滴管光标。单击视口中的一个对象，可以在当前视图中显示出其材质。
- 将材质指定给选定对象：将当前材质指定给当前选择中的所有对象。
- 删除选定对象：在活动视图中，删除选定的节点或关联。
- 移动子对象：单击该按钮后，移动节点时将随节点一起移动其子节点。禁用此按钮后，移动节点时将仅移动该节点。
- 隐藏未使用的节点示例窗：对于选定的节点，在节点打开的情况下切换未使用的示例窗的显示。

- 在视口中显示明暗处理材质：用于在视口中显示贴图的控件，是一个弹出按钮，该按钮具有下列 4 种可能的状态：
- 为在视口中显示标准贴图的禁用状态，使用 3ds Max 软件显示并禁用活动材质的所有贴图的视口显示。
- 为在视口中显示标准贴图的启用状态，使用 3ds Max 软件显示并启用活动材质的所有贴图的视口显示。
- 为在视口显示硬件贴图的禁用状态，使用硬件显示并禁用活动材质的所有贴图的视口显示。
- 为在视口中显示硬件贴图的启用状态，使用硬件显示并启用活动材质的所有贴图的视口显示。

在预览中显示背景：仅当选定了单个材质节点时才启用此按钮。启用“在预览中显示背景”按钮将向该材质的“预览”窗口添加多颜色的方格背景。如果要查看不透明度效果，该图案背景很有帮助。

- “布局”弹出按钮：使用此弹出按钮可以在活动视图中选择自动布局的方向。
- 布局全部 - 垂直（默认设置）：选择此选项将以垂直模式自动布置所有节点。
- 布局全部 - 水平：选择此选项将以水平模式自动布置所有节点。
- 布局子对象：自动排列当前所选节点的子对象的布局。此操作不会更改父节点的位置。
- 材质/贴图浏览器切换：在材质、贴图浏览器之间切换。默认设置为启用。

2. 参数编辑器

- “参数编辑器”按钮：控制参数编辑器的显示。默认设置为启用。
- “按材质选择”按钮：仅当选定了单个材质节点时才启用此按钮。激活“按材质选择”按钮可以基于材质编辑器中的活动材质选择对象。单击此按钮将打开“选择对象”对话框，其操作方式与从场景选择类似。所有应用选定材质的对象在列表中高亮显示。

该列表中不显示隐藏的对象，即使已应用材质。但在材质/贴图浏览器中，可以选择从场景中进行浏览，启用“按对象”然后从场景中进行浏览。该表在场景中列出所有对象（隐藏的和未隐藏的）和其指定的材质。

- 视图 1 “命名视图”下拉列表框：使用此下拉列表框可以选择活动视图。

3. 视图菜单

- 平移工具：启用“平移工具”后，在当前视图中拖动鼠标就可以平移视图了。“平移工具”会一直保持活动状态，直到选择另一个 工具，或再次启用“选择工具”。
- 平移至选定项：将视图平移至当前选择的节点。
- 缩放工具：启用“缩放”工具后，在当前视图中拖动鼠标就可以缩放视图了。“缩放工具”会一直保持活动状态，直到我们选择另一个工具，或再次启用“选择工具”。
- 缩放区域工具：启用“缩放区域工具”后，在视图中拖出一块矩形选区就可以放大该区域。“缩放区域工具”会一直保持活动状态，直到选择另一个工具，或再次启用“选择工具”。
- 最大化显示：缩放视图，从而让视图中的所有节点都可见且居中显示。
- 最大化显示选定对象：缩放视图，从而让视图中的所有选定节点都可见且居中显示。

9.2 阴影类型分析及贴图基本属性

通过对阴影类型的了解和学习，并掌握各种材质应该配合哪种阴影类型使用，才能达到最好的效果。

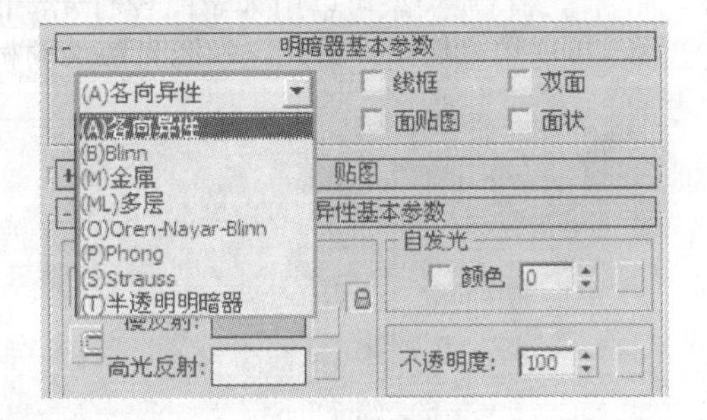

3ds Max 的材质编辑器中提供了 8 种阴影类型。本章主要进行阴影类型及贴图基本属性的介绍。

8 种阴影类型为（A）各向异性、（B）Blinn、（M）金属、（ML）多层、（O）Oren-Nayar-Blinn、（P）Phong、（S）Strauss 和（T）半透明明暗器。材质类型效果如下图所示。

材质的阴影类型主要是控制材质高光的分布方式，它不是材质效果的最终决定因素，但是在一个材质的调节过程中起着很重要的作用。它可以快速地区别出不同材质的属性，使你能近一步进行调节。在 3ds Max 中的材质阴影类型，能很方便地模拟半透明的材质。8 种阴影类型针对的是不同的表面属性，有的适合表现塑料制品，有的适合表现金属，有的适合表现粗糙陶器表面。所以选择一个正确的材质阴影类型是调节出一个真实材质的良好开始。下面具体讲解各种不同材质阴影类型的用途。

9.2.1 阴影材质类型

材质阴影类型是在 3ds Max 发展过程中加入的，主要用来解决 3ds Max 的非圆形高光问题。在早期版本的 3ds Max 中基本上只有简单的圆形高光分布，这使得对一些如不锈钢金属非圆形高光材质有些力不从心。这种材质类型可以很方便地调节材质高光的 UV 比例，即可以产生出一种椭圆形甚至是线形的高光。

下面介绍该材质类型在材质编辑器中的参数。控制高光的参数均在“反射高光”选项区域，“高光级别”用来控制整个高光的强度，高光的亮度全由这个参数控制。“光泽度”用来控制高光的范围。“各向异性”是高光的异向性，是这种材质阴影类型的关键，使用该参数来控制成椭圆的两个半径的 UV 比例。

这种材质类型可以用来做比较有光泽的金属，甚至用在不同的贴图通道上，当加上一些贴图后，可以用来模拟好像光盘和激光防伪商标的高级反光材质。这是传统的材质很难实现的效果。

9.2.2 Bilne 和 Phong 材质阴影类型

Blinn 材质阴影类型是 3ds Max 中比较古老的材质阴影类型之一，参数简单，主要用来模拟高光比较硬朗的塑料制品。它和 Phong 的基本参数相同，效果也十分接近，只是在背光的高光形状上有所区别。

Blinn是呈圆形的高光而Phong是成梭形，所以一般用Blinn表现反光较剧烈的材质；用Phong表现反光比较柔和的材质，但是区别不是很大。一般来说，Phong表现凹凸、反射、反光和不透明等效果的计算比较精确。

这两个材质的基本参数，“高光级别”是用来控制整个高光强度的，高光有多亮全由此参数控制。“光泽度”用来控制高光的范围，即高光有多大区域。一般情况下，这两个参数共同起作用，用于调节高光大小和强弱。

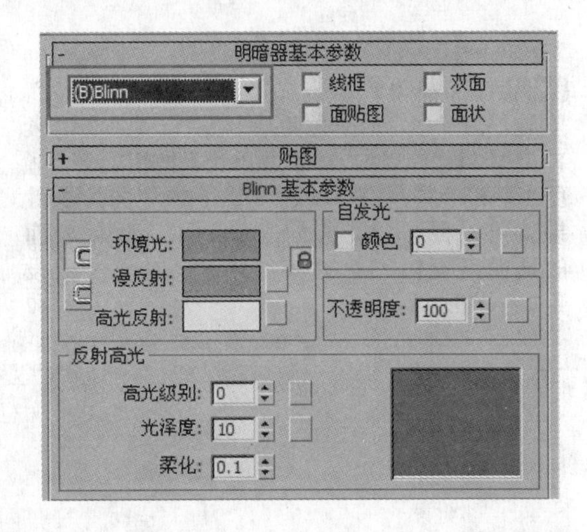

动手演练 | Bilne材质的应用

步骤01 打开场景文件（光盘文件\第9章\Bilne材质应用.max），场景中有5只海马模型，灯光采用3ds Max默认的灯光系统，如右图所示。

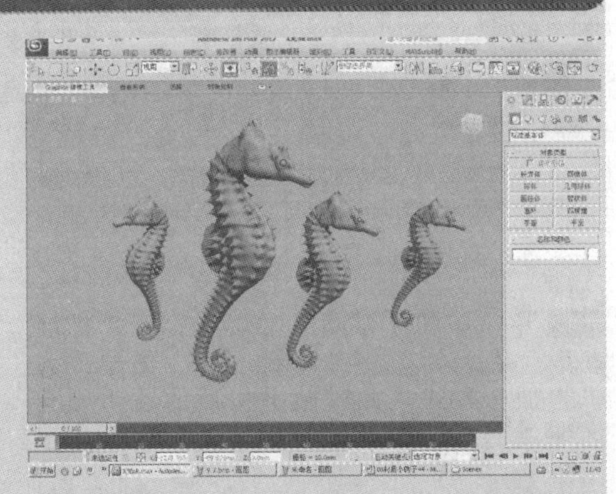

步骤02 按M键打开材质编辑器，选择一个空白材质球，将其命名为XRAY。将“漫反射”过渡色设置为红褐色，纯度不要太高；将“自发光”强度设置为100，然后关闭所有高光，具体参数设置如下图所示。

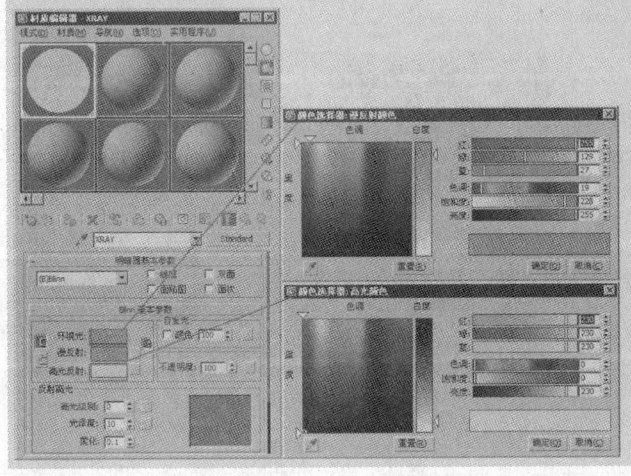

步骤03 在“不透明度”通道添加一个“衰减”贴图，不修改任何参数直接渲染当前场景，效果如下图所示。

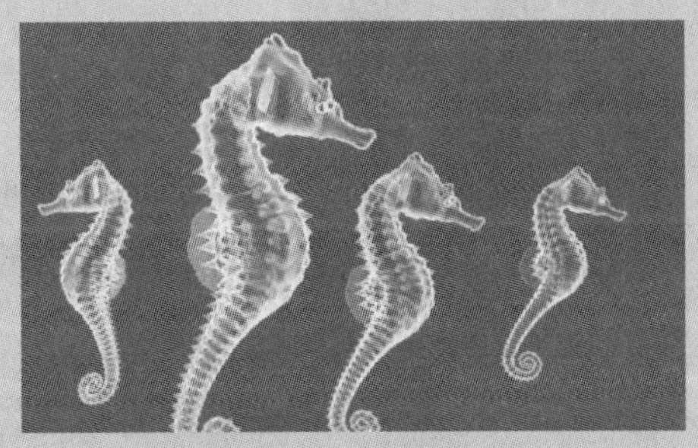

步骤 04 在当前“衰减”贴图中，在“颜色 2”位置添加一个新的“衰减”贴图，将其“衰减类型”设置为阴影/灯光，并单击按钮翻转“颜色 1”和“颜色 2”，这样整个物体的边缘效果就可以根据受光方向来控制了，物体表面的透明度变化也就更加自然了，具体参数设置如下图所示。

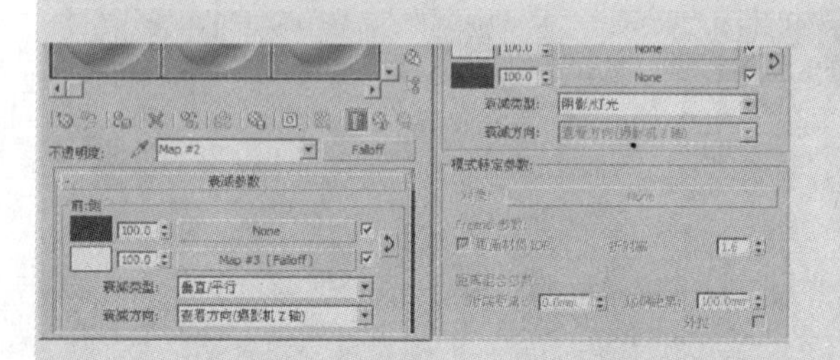

步骤 05 单击按钮，返回第一层“衰减”贴图面板，将混合曲线调节为如下图所示的效果。注意小红框内的设置，这样就得到了柔化边缘的效果，并将整个“衰减”的不透明度整体降低了一些，由于后面还要加入增量设置，所以材质的不透明度不能太亮。具体参数设置如下图所示。

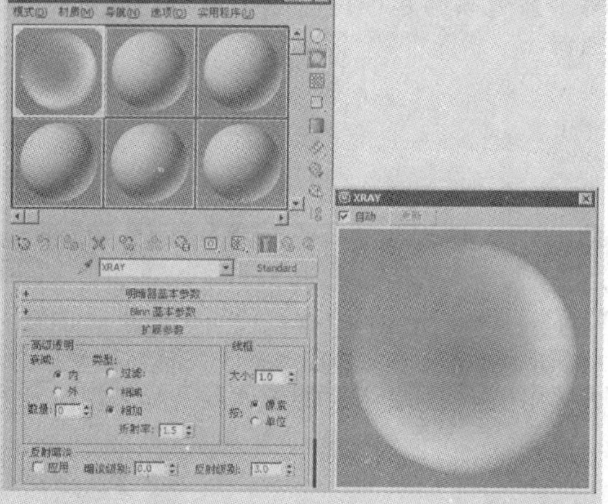

步骤 06 单击按钮返回最上层，打开“扩展参数”卷展栏，将“高级透明”类型改为“相加”方式，此时整个材质的透明相交区域就变亮了。具体参数设置及效果如下图所示。

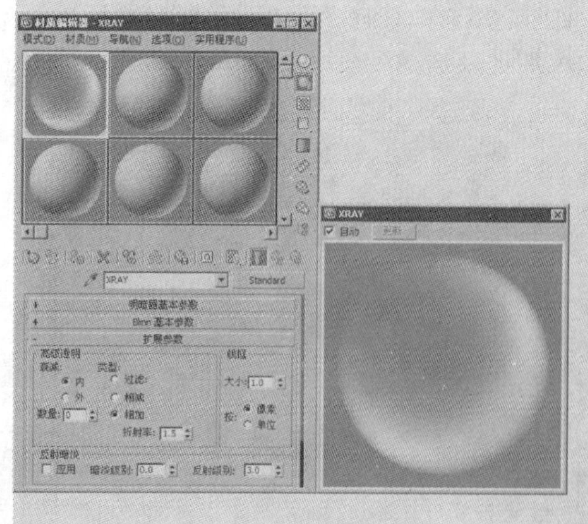

步骤 07 整个材质制作完毕后，进行渲染，效果如下图所示。

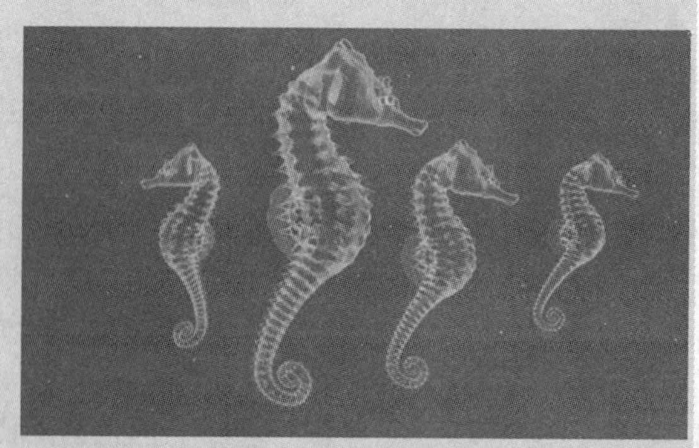

9.2.3 金属材质阴影类型

要在 3ds Max 中制作一个金属材质，比如要在物体的反射上做文章，首先要选择一种和金属的高光方式相对应的材质阴影类型。其实 3ds Max 中几乎每种材质阴影类型都可以用来做金属效果，但是“金属、Strauss”材质阴影类型更加适合。“金属”是早期制作金属的主要材质阴影类型，但是控制起来并不是很方便，后来加入的 Strauss 材质阴影类型相对来说更好控制。

金属材质阴影类型的高光很特别，为了表现金属的质感，其高光设计得比较尖锐，反差比较强烈。但是和周围区域也是存在快速的过渡区，甚至可能发生高光内反现象，可以理解为高光产生一种在最亮处发生了边暗，反而次亮处成为最亮的效果。

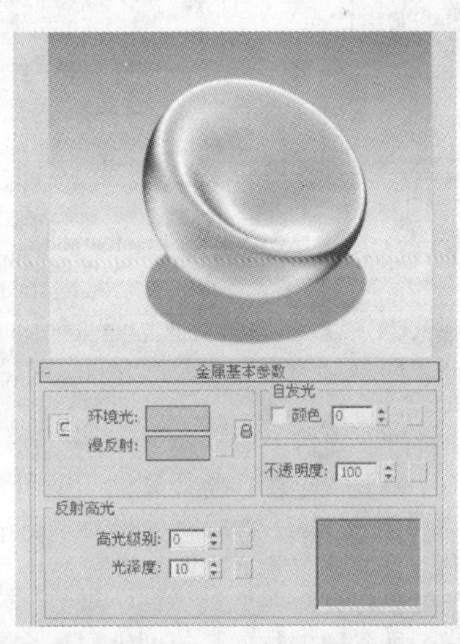

动手演练 | 制作不锈钢

步骤 01 打开场景文件（光盘文件\第 9 章\不锈钢 .max），这个场景中有两个轮毂模型，为了得到漂亮的高光，场景中设置了几个点光源，并且阴影贴图的柔化度设得比较高，这样渲染出来的阴影效果比较自然。

步骤 02 按 M 键打开材质编辑器，选择一个新的材质球，先设置轮胎的黑色材质，参数设置如下图所示。

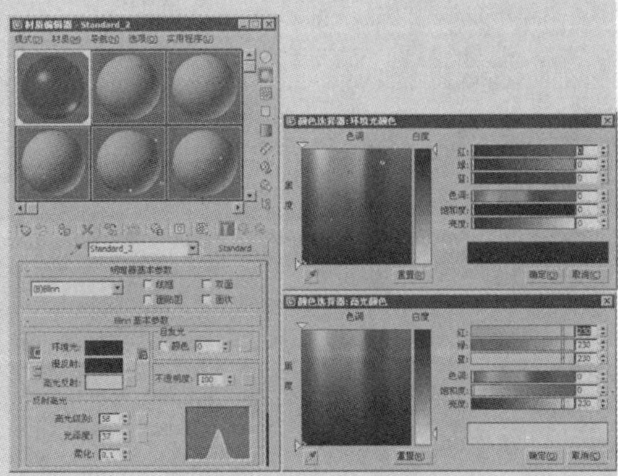

步骤 03 打开材质编辑器，新建一个标准材质，将其命名为“Metal”，然后将材质的“着色”属性设置成“（ML）多层”方式，具体参数设置如下图所示。

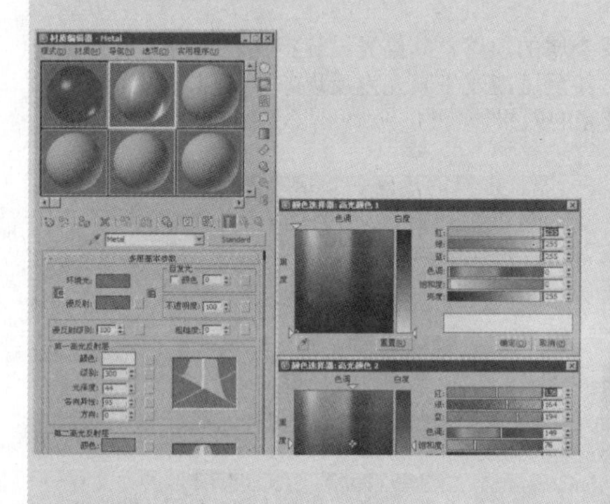

步骤 04 在“漫反射”通道中添加一个“衰减”贴图，将“衰减”贴图的“颜色 1”设置为灰色，“颜色 2”设置为白色。“颜色 1”的灰色不要太浅，否则不能突出金属的高光效果，具体参数设置如下图所示。

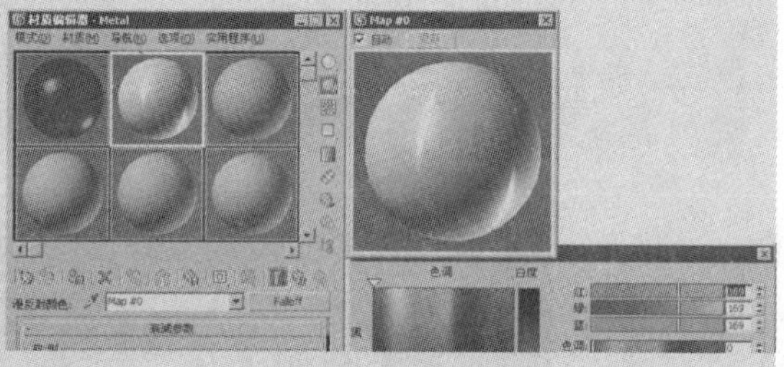

步骤 05 单击按钮返回最上层，在“凹凸”通道中添加一个“噪波”贴图，将“噪波”贴图的“大小”调节到 0.005，然后将“坐标”选项区域的 X 和 Y 方向的“瓷砖”值都设置为 0，这样“噪波”效果就只会在 Z 轴方向上重复，在物体上形成一圈一圈的纹理。返回上层，将“凹凸”通道的通道强度设置到 90 左右，具体参数设置如下图所示。

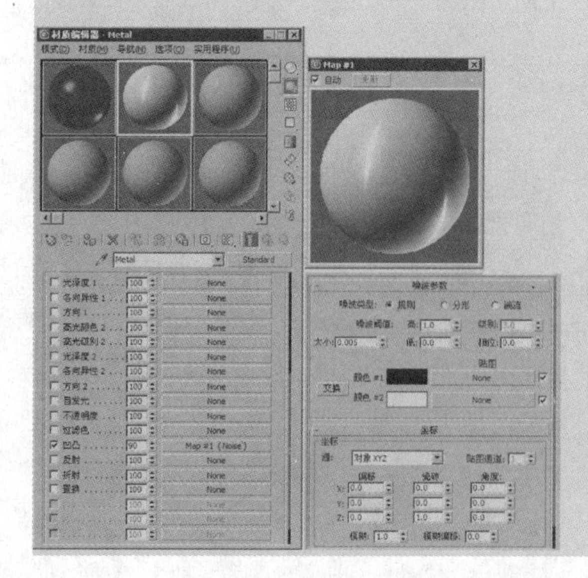

步骤 06 接下来制作金属反射效果，注意不锈钢虽然也属于反射很强的物质，但是因为是粗糙的一类金属，反射太强会失去体积感和真实感，所以在反射效果中加入一些衰减变化。返回最上层，在“反射”通道添加一个“衰减”贴图，然后在“衰减”贴图的“颜色 1”通道中再添加一个“光线跟踪”贴图，这样反射最强的区域就跑到物体边缘了。具体参数设置如下图所示。

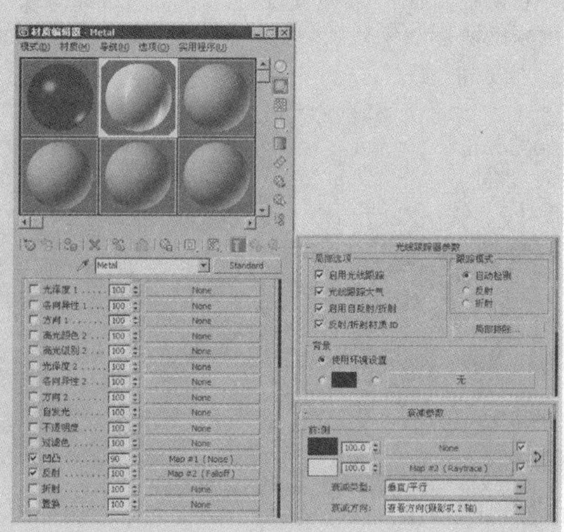

步骤 07 将金属材质赋予场景中的两个轮毂模型，然后渲染当前场景，得到如下图所示的效果。

步骤 08 从渲染后的效果图可以看出，物体上的凹凸效果非常粗糙，有些区域甚至标成了好多杂点，这个问题可以通过提高渲染采样来解决。返回 Metal 材质层，将“超级采样”类型设置成 Hammer sley 方式，然后将“质量”值提高到 0.8，这样就能得到一个非常真实的渲染效果，具体参数设置如下图所示。当前渲染时间也就相应地提高了很多，渲染最终场景的效果如下（右）图所示。

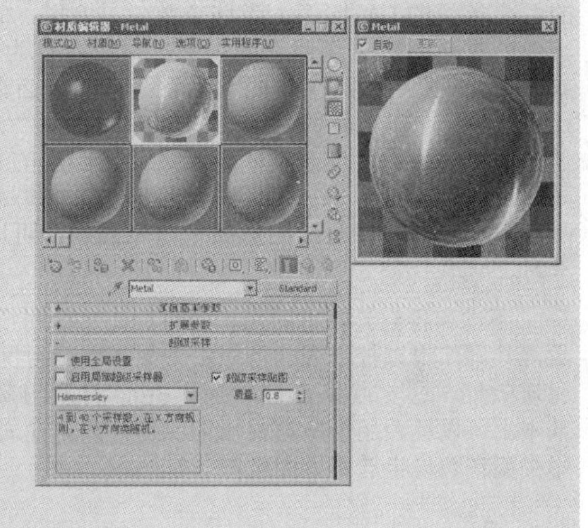

知识拓展：Hammer sley 材质简介

Hammer sley 是指根据一个散射、拟随机图案，沿 X 轴方向进行空间采样，而在 Y 轴方向，对其进行空间划分。根据质量要求，采样数范围为 4 ～ 40。此方法不是自适应方法。

9.2.4 多层材质阴影类型

“（ML）多层”材质阴影类型是一种高级的材质阴影类型。它同时具有两个各向异性材质阴影类型的高光效果，并且是可以叠加的，可以产生十字交叉的高光效果。两条高光同时出现在物体表面。

也可以利用两个高光的特点将它们调节成不同的大小，达到一个很有层次的高光效果，可以用来模拟汽车类金属漆表面的效果。

下来看看（ML）多层材质阴影类型的参数设置。很明显相对于各向异性材质阴影类型，该材质阴影类型多出了不少参数，有两个高光反射层，可以单独调节两高光异向高光。“颜色”是用来调节高光颜色的参数，也可以在这个通道中添加位图或者程序纹理。“级别”用来控制整个高光的强度，高光有多亮全由这个参数控制。“光泽度”用来控制高光的范围，就是高光有多大区域。“各向异性”是高光的异向性，是这种材质阴影类型的关键，用该参数来控制成椭圆的两个半径的 UV 比例。当这个数值是 0 时，它就和其他的材质阴影类型没有区别了，可以看作为 Phong 或 Blinn 来使用。这个数值最大时是 100，当数值为 100 时，它的高光就成为了一条线的形状。“方向”是方向性的参数，用来控制高光成为椭圆后的方向，同样也可以用图像来控制，得到不同的高光方向。这些参数和各向异性材质阴影类型是相同的，可以参考学习。

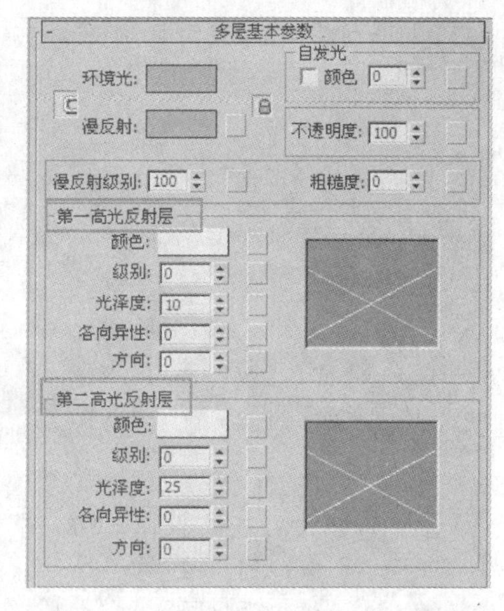

不过和各向异性材质阴影类型相比，该材质阴影类型添加了“粗糙度”和“漫反射级别”参数，共同作用以控制表面的粗糙效果和漫反射区的分布。可以用这两个参数来制作出相对粗糙的材质效果。这一点和 Oren-Nayar-Blinn 材质阴影类型比较相似，使得（ML）多层材质阴影类型基本上可以适合用于所有材质的制作，只是在表现半透明的方面比较弱，而半透明明暗器材质阴影类型在表现半透明方面做得非常好。

动手演练 | 多层材质的应用

步骤 01 打开场景文件（光盘文件 \ 第 9 章 \ 多层材质的应用 .max），可以看到此场景是由两个狮子模型构成的，并设置了目标聚光灯和泛光灯，如下图所示。

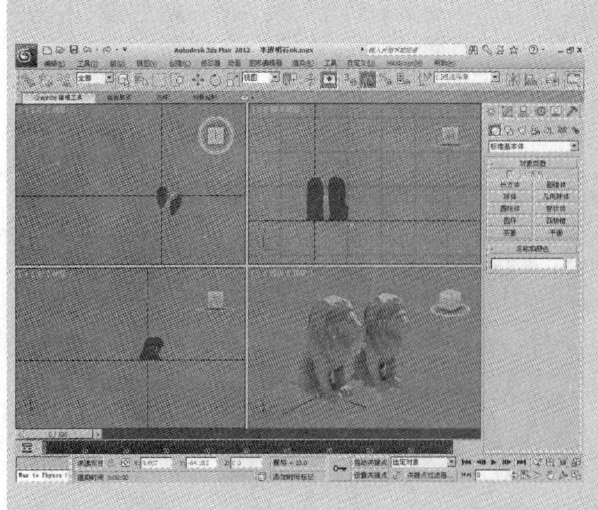

步骤 02 按 M 键打开材质编辑器，选择一个空白的材质球，将其命名为“3SSS”。在“明暗器基本参数”卷展栏中设置“着色”类型为“（ML）多层”类型，如下图所示。

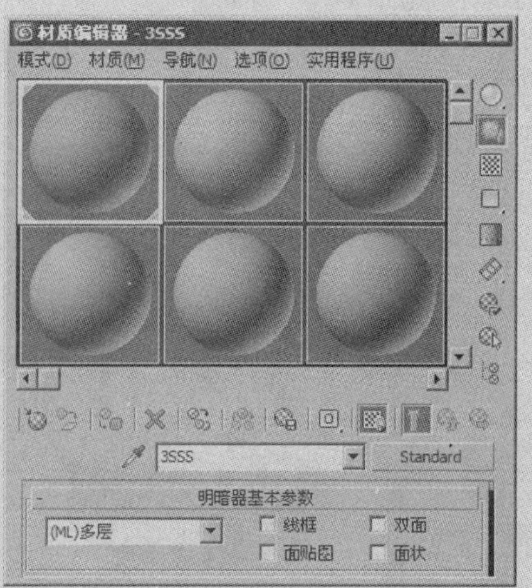

步骤03 在“多层基本参数”卷展栏中设置“环境光”颜色为天蓝色，设置“漫反射”贴图为“噪波”贴图，在“噪波参数”卷展栏中设置“噪波类型”为“湍流”，设置“大小”为25，另外设置“颜色1”贴图为“噪波”贴图，设置“颜色2”颜色为黄褐色。在下一层的“噪波参数”卷展栏中同样设置“噪波类型”为“湍流”，设置“大小”为15.1，设置“颜色1”颜色为黑色，设置“颜色2”贴图为“烟雾”贴图，接着在“烟雾参数”卷展栏中设置“大小”为40，设置“颜色1”颜色为深红色，设置“颜色2”颜色为浅黄色。具体参数设置如下图所示。

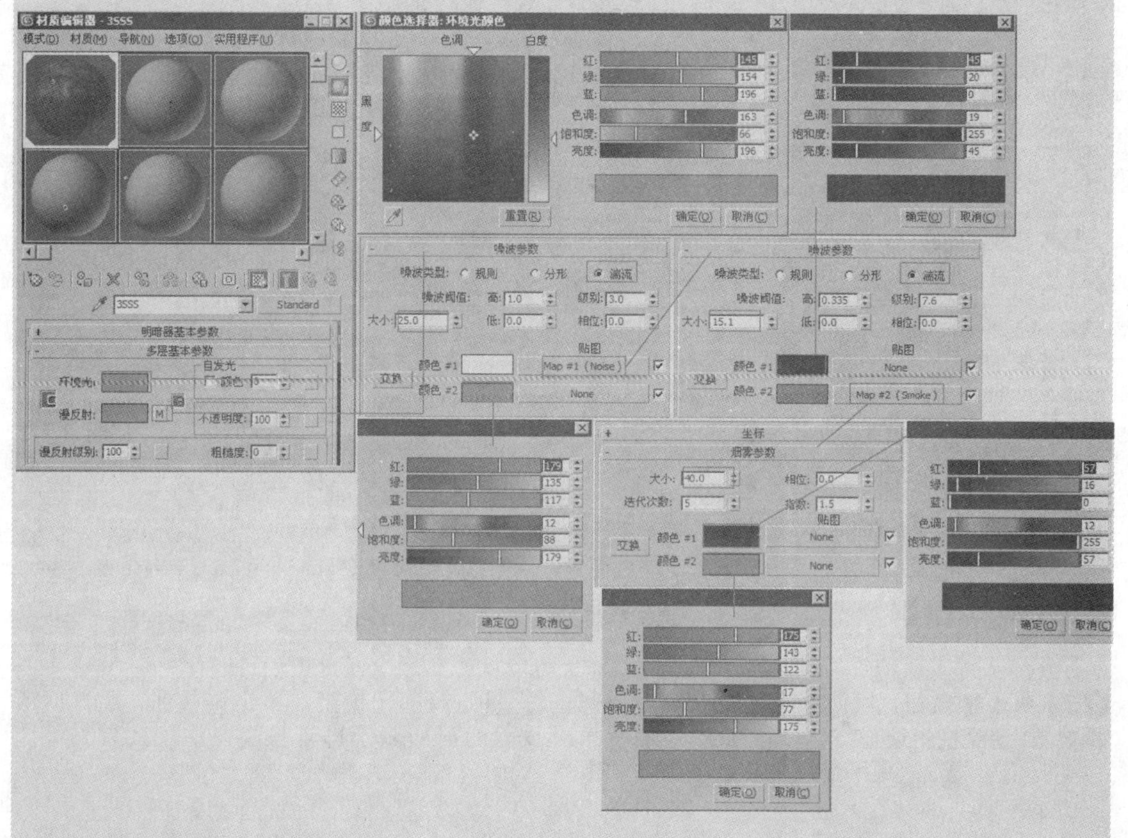

步骤04 选择狮子模型，单击按钮，将此时所设置的材质赋予狮子模型，渲染效果如下图所示。

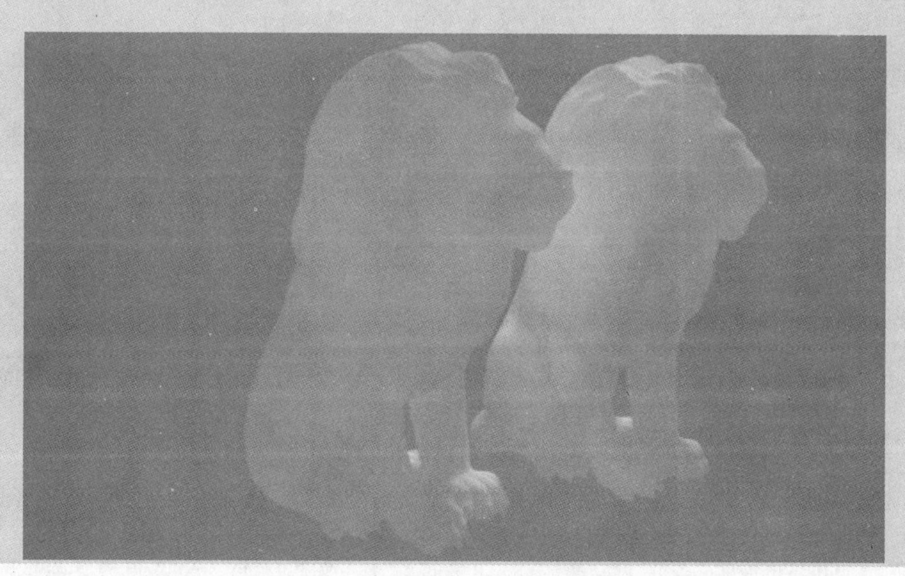

步骤 05 单击按钮，回到最上层。在“多层基本参数”卷展栏中设置“自发光”贴图为“衰减”贴图，在“衰减参数”卷展栏中设置“衰减类型”为“阴影/灯光”，设置“阴影”贴图也为“衰减”贴图，在下一层的“衰减参数”卷展栏中设置“衰减类型”为“朝向/背离”，设置“背离”贴图为“渐变”贴图，在“渐变参数”卷展栏中设置“颜色 1”为红色，“颜色 2”为深红色，“颜色 3”为黑色，设置“颜色 2”位置为 0.5，设置“渐变类型”为“线性”。具体参数设置如下图所示。

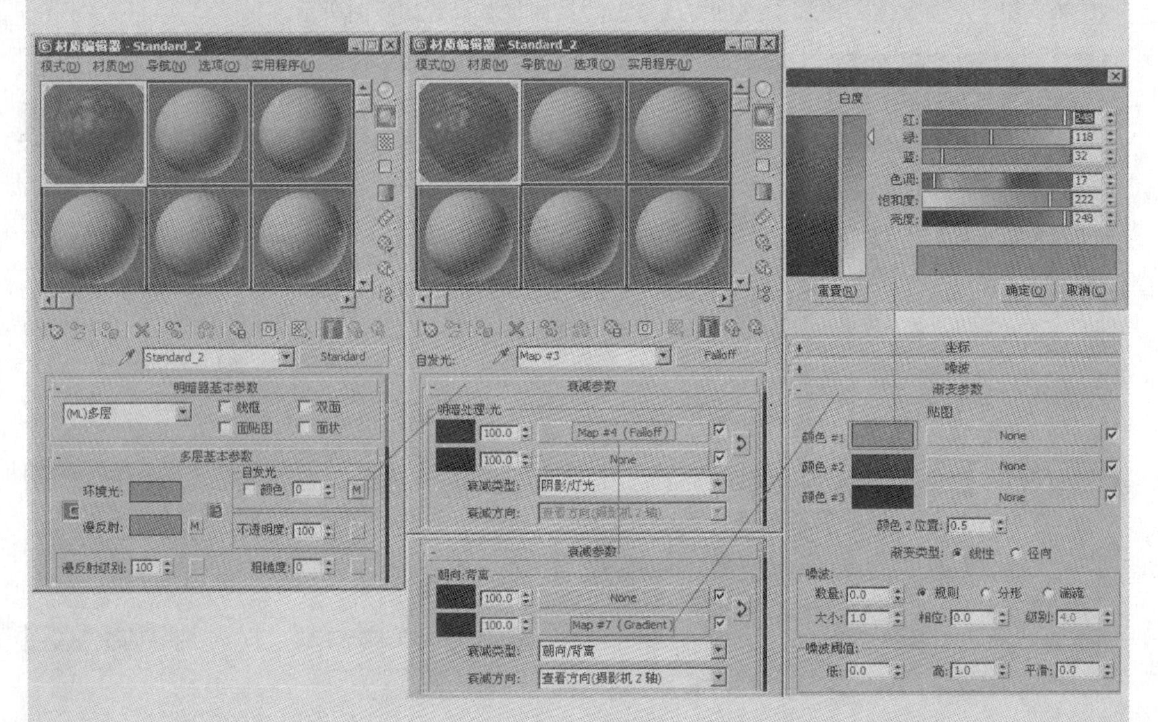

步骤 06 单击按钮，回到最上层。在“多层基本参数”卷展栏中设置“第一高光反射层”和“第二高光反射层”选项区域中的相关参数，如下图所示。

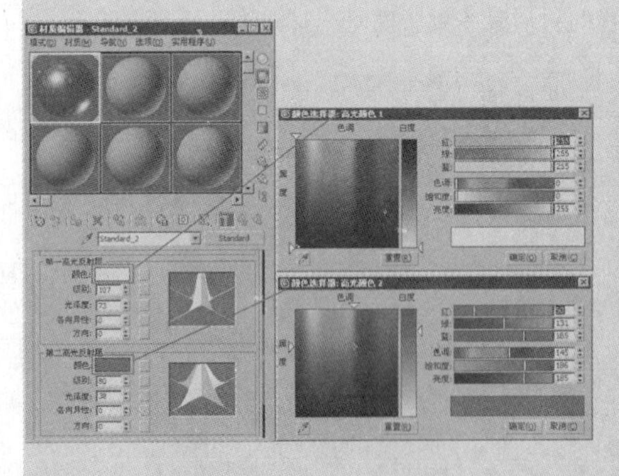

步骤 07 选择狮子模型，单击按钮，将此时所设置的材质赋予狮子模型，渲染效果如下图所示。

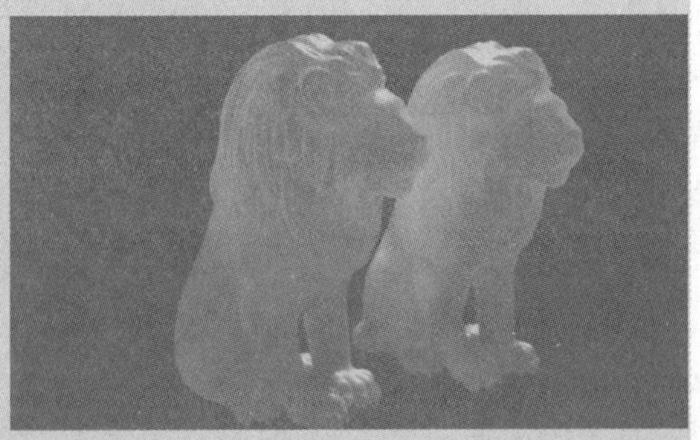

步骤 08 单击按钮，回到最上层。在“贴图”卷展栏中设置“漫反射颜色”强度为 50。设置“凹凸”贴图为“噪波”贴图，在“噪波参数”卷展栏中设置“噪波类型”为“湍流”，设置“大小”为 25，设置“颜色 2”为黑色，设置“颜色 1”贴图为“噪波”贴图，在下一层的“噪波参数”卷展栏中设置“噪波类型”为“湍流”，设置“大小”为 15.1，设置“颜色 1”为白色，“颜色 2”

贴图为“烟雾”贴图，在“烟雾参数”卷展栏中设置“大小”为 33.7，设置“颜色 1”为白色，“颜色 2”为灰白色。具体参数设置如下图所示。

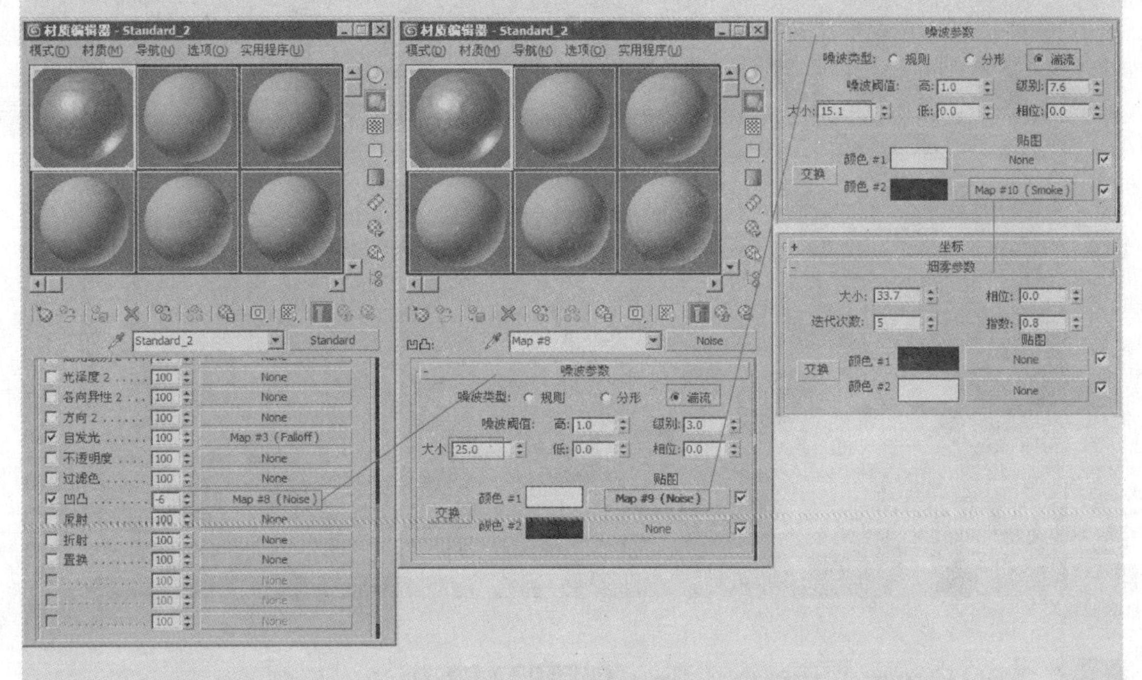

步骤 09 单击按钮，回到最上层。在“贴图”卷展栏中设置“反射”贴图为“衰减”贴图，在“衰减参数”卷展栏中设置“前”贴图颜色为黑色，设置“侧”贴图为“光线跟踪”贴图，在“光线跟踪器参数”卷展栏中设置“跟踪模式”为“自动检测”，设置背景颜色贴图为“衰减”贴图，在下一层的“衰减参数”卷展栏中设置“前”和“侧”贴图颜色均为黑色。具体参数设置如下图所示。

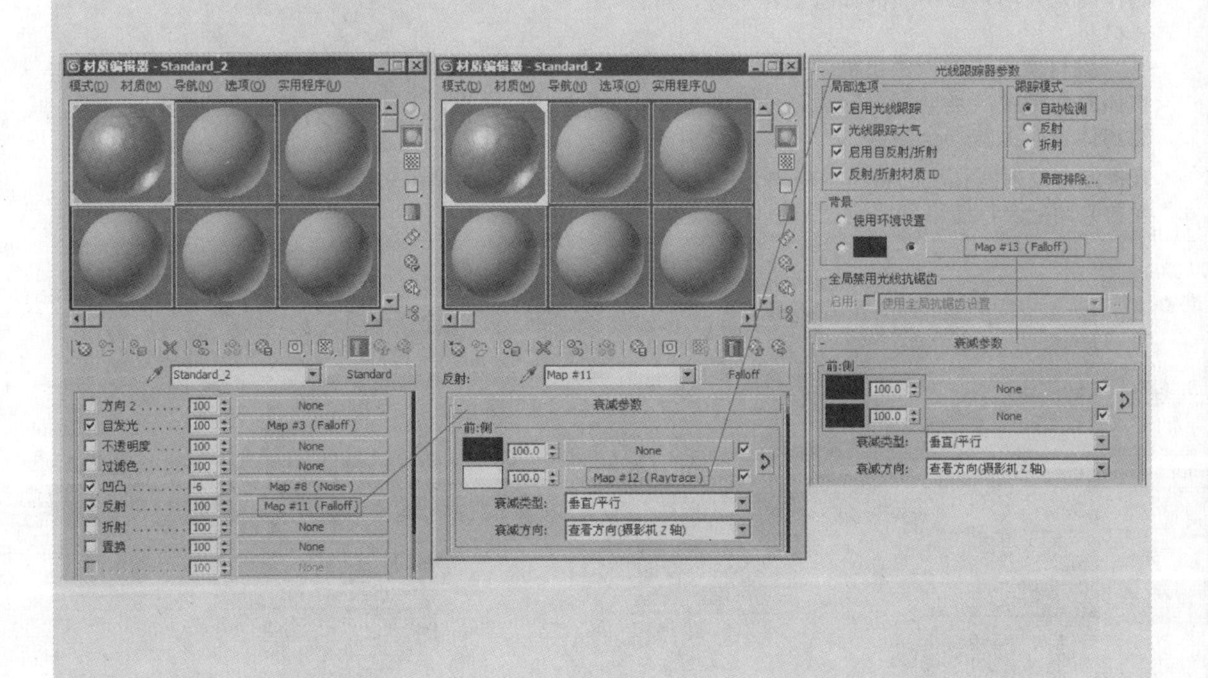

步骤 10 选择狮子模型，单击按钮，将此时所设置的材质赋予狮子模型，渲染效果如下图所示。

9.2.5 Oren-Nayar- Blinn 材质阴影类型

Oren-Nayar- Blinn 材质阴影类型，是一种新型的复杂材质阴影类型，是由 Blinn 材质编辑器发展而来的，在 Blinn 的基础上添加了“粗糙度”参数和“漫反射级别”参数，可以用于制作高光并不是很明显的如陶土、木材、布料等材质。

该材质阴影类型“粗糙度”参数用来控制物体的粗糙度，是把有限的高光分散到更广阔的物体表面上的一个参数。“漫反射级别”用来控制漫反射区强度的物体本身固有色有多亮，当然也可以用贴图来控制。在使用时和“粗糙度”参数共同配合，能得到比较理想的材质效果。

9.2.6　Strauss 材质阴影类型

Strauss 材质阴影类型是用来模拟金属的一种材质阴影类型，是在 3ds Max 的发展过程中引入，用来解决金属材质阴影类型不好控制的问题的。其参数很简单。下面介绍具体含义。

“光泽度”用来控制材质的高光范围，“金属度 ”用来控制材质金属性的参数。可以用这个参数简单地在金属与非金属之间进行调节，不过效果一般。“不透明度”可以用来控制材质的透明度，调节这个参数会影响到整体的高光亮度。

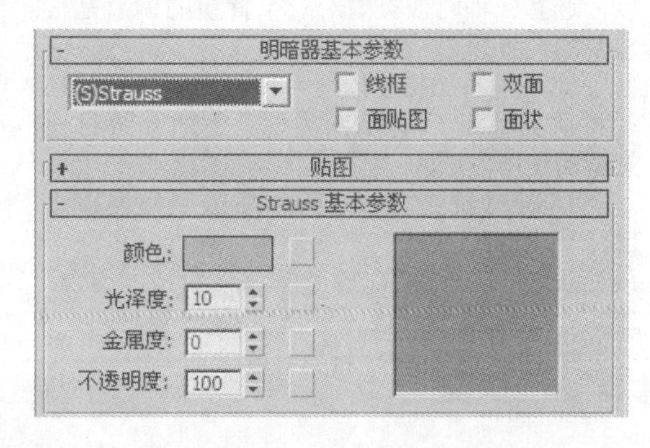

9.2.7　半透明明暗器材质阴影类型

“半透明明暗器”材质阴影类型主要是为了解决没有半透明材质阴影类型的问题。也就是说这种材质阴影类型可以模拟像蜡烛、玉石、纸张等半透明材质。可以在材质的背面看到灯光效果，也可以模拟如人的耳朵等在背光下面的效果。

此材质阴影类在基本材质阴影类型参数的基础上，增加了“半透明基本参数”卷展栏，用来控制半透明的效果。“半透明颜色”用来指定物体透出色，也可以理解为半透明物体内部介质的颜色。“过滤颜色”用来控制过滤颜色，即可以透光物体后的阴影区域的颜色。

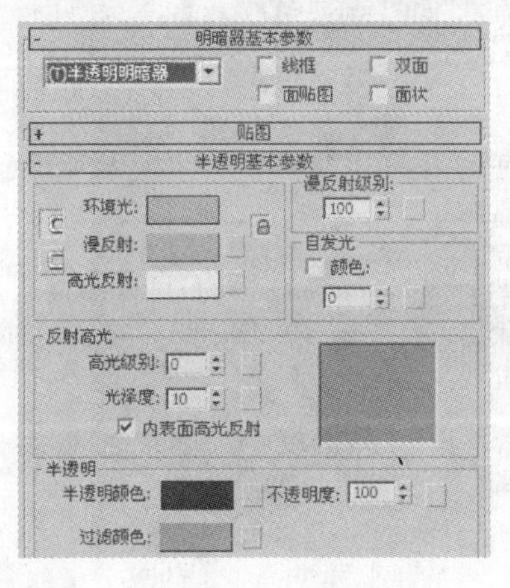

用半透明明暗器材质阴影类型，可以模拟电影放映机投影到屏幕上的效果。这样一来可以在背面看到透过来的阴影图像，并且半透明属性还能继续向前进行照射。

9.3 主要材质类型

材质类型决定了材质整体属性的选择方向。大千世界物体表面的属性千奇百怪，当想要用 3ds Max 制作出一个材质表面属性时，首先要找到一种适合的材质类型，这是制作材质大的方向。如果选择错误的话，即使努力调节贴图属性和效果，结果也有可能南辕北辙。所以，选择一种材质类型对一个材质的调节是很重要的一步。

如果不添加外挂插件，3ds Max 本身有 16 种材质类型和 35 种贴图类型。下面介绍材质类型的使用方法。

16 种材质类型分别为：高级照明覆盖、Ink ‘n Paint（卡通）、变形器、标准、虫漆、顶/底、多维/子对象、光线跟踪、合成、混合、建筑、壳材质、双面、外部参照材质、天光/投影和 DirectX Shader 材质。

9.3.1 高级照明覆盖

“高级照明覆盖”材质贴图类型，用于配合高级照明覆盖使用。在使用 3ds Max 的高级照明覆盖功能时，这种材质并不是必须使用的。但是使用了高级照明覆盖材质后，可以进行一些高级照明覆盖的校正，使之得到更好的效果。它在对材质进行高级照明覆盖的参数进行调节时，并不影响基本材质本身，只是在基本的属性上附加了一些加强功能。所以当使用高级照明覆盖时，也可以选择不使用高级照明覆盖材质。下图所示为使用高级照明覆盖材质制作的效果图。

下面介绍“高级照明覆盖”材质类型的参数设置。

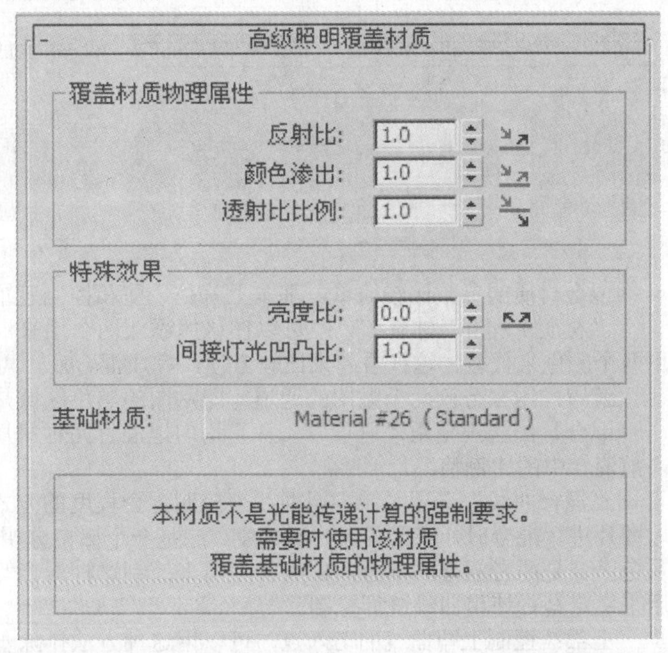

反射比：反射光亮取决于材质的颜色。这里可以加强或减弱反射，使更多或更少的光被反射。例如对橙色地面的反射光亮进行调节，反射光亮为0时，几乎不对其他物体进行反射光的影响。当加大反射光亮的数值为1时，可以看到白色小球背光部分的颜色发生了改变，也就是说是受到了地面的影响。

颜色渗出：颜色混合可以被增减，就像“反射比”是用来改变反射光强度的参数一样。此参数用来改变反射时颜色的影响强度。当增加这个参数时，颜色就会加强，反之亦然。看到同样的场景，这里只是改变了颜色渗出的参数，第一个球体反光区域的颜色全部消失。

透射比比例：是指通过一个透明物体的光量。可以增减该数值，此选项不会使材质更透明。

亮度比：用于把自发光物体变为真正的发光体。在高级照明覆盖属性中可以使用物体发光效果，“亮度比”就是用来控制使物体发光的强度参数。

间接灯光凹凸比：在反射光照的区域仿真凹贴图。如果效果不理想，可以手动调整该数值改变它们。改变该数值不会影响直射光照射区域的凹凸贴图。

基础材质：可以在这里访问到原始的材质属性。

9.3.2 混合材质类型

“混合”材质类型是一种可以将两个不同的材质混合到一起的材质类型。依据一个遮罩决定某个区域使用的材质类型。这张贴图一般是黑白的，有时使用彩色贴图的明度来控制混合。蜥蜴的皮肤材质就是使用了混合材质类型进行区分的。

下面介绍混合材质类型的参数及“混合曲线”的设置。

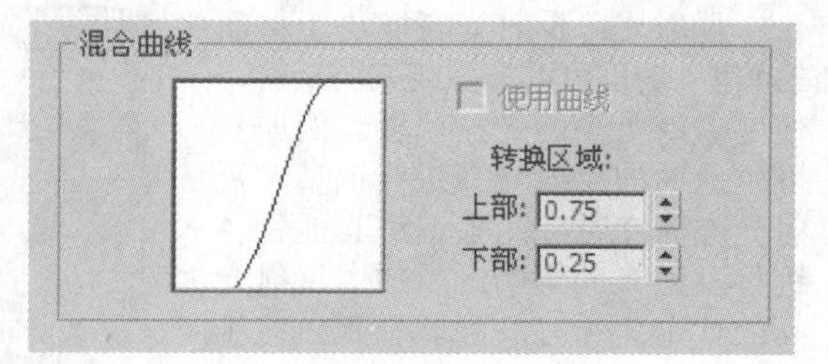

混合材质的参数比较简单，基本上就是一些和控制遮罩有关的参数。

“材质 1”和“材质 2”：可以在这里添加两个用来混合的材质。在调节混合时，可以先使用两个颜色来代替，这样看起来比较方便，完成混合后，再将两个材质关联即可。

遮罩：用来分割两个贴图的通道，即贴图的黑色区域是一个材质，白色是另外一个。

混合量：当不使用“遮罩”，并且均匀地混合两种材质时，使用这个数值来调剂两种材质在当前混合中的比例情况。

“混合曲线”选项区域：用曲线来控制混合程度的方式，这个是针对图片遮罩来说的。在使用图片进行混合时，依据图像的明暗度。这是一个黑白分明的世界，但是其中一定有过渡的灰色，灰色区域是两者混合的部分，曲线就是用来控制这种混合倾向程度的。其中“使用曲线”复选框用来决定是否使用曲线进行控制。

上部：控制上端曲线的切入点，可以用这种方法排除一些不想使用颜色的明度区域。

下部：用来控制低端点的情况，用法与“上部”一样。

动手演练 | 混合材质的应用

步骤 01 打开场景文件（光盘文件 \ 第 9 章 \ 混合材质的应用 .max）。在这个场景中有个冰块模型，并在它们的后方设置了一个反光板，用来制作冰块上的反光效果，如下图所示。

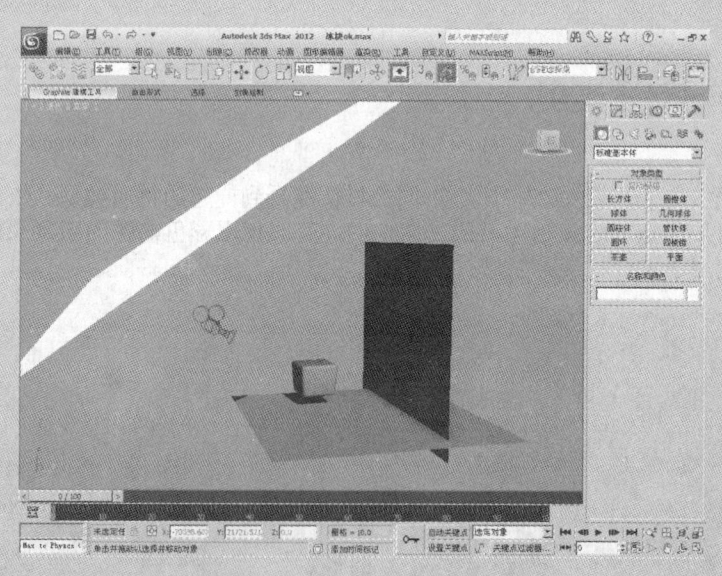

知识拓展：Phong 阴影类型简介

Phong 阴影类型是从 3ds Max 的最早版本中保留下来的，它的功能类似于 Blinn。不足之处是 Phong 的高光有些松散，不像 Blinn 那么圆。

步骤 02 单击 按钮，选择一个“混合”材质，并命名为“合成冰块”，然后在“材质 1”通道中添加一个“光线跟踪”材质，命名为“关联光冰”，在“材质 2”通道中添加一个“光线跟踪”材质，命名为“冰沙”，在“遮罩”通道中添加一个“灰泥”贴图，如下图所示。

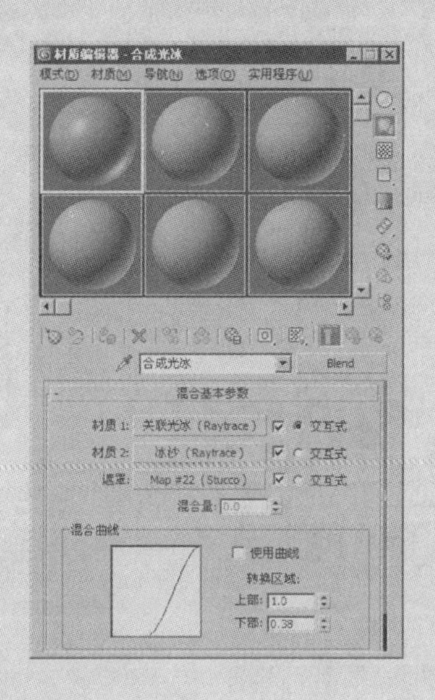

步骤 03 在“材质 1”的“光线跟踪基本参数”卷展栏中设置“明暗处理”类行为 Phong，设置“折射率”为 1.75，在“凹凸”通道中添加一个“衰减”贴图，在“衰减”卷展栏中设置“前”贴图颜色为黑色，设置“贴图强度”为 31，设置“侧”贴图为“烟雾”贴图，在“烟雾参数”卷展栏中设置“大小”为 40。具体参数设置如下图所示。

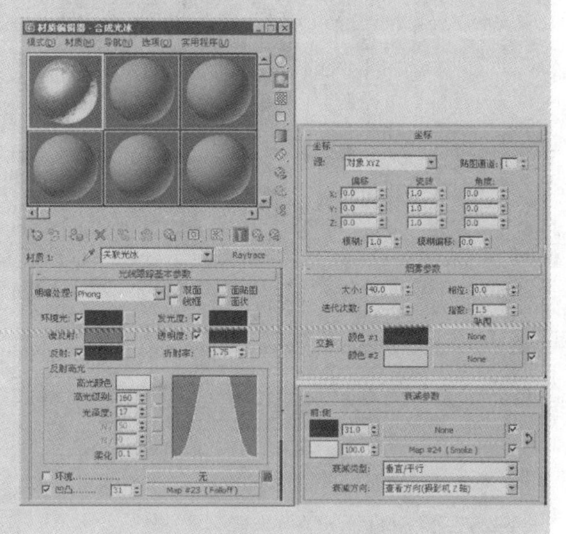

步骤 04 单击 按钮，回到最上层。在“材质 2”的“光线跟踪基本参数”卷展栏中设置“明暗处理”类行为 Phong，设置“折射率”为 1.55，在“反射”通道中添加一个“衰减”贴图。在“凹凸”通道中添加一个“混合”贴图，设置“贴图强度”为 30，在“混合参数”卷展栏的颜色 1 通道中添加一个“烟雾”贴图，在“颜色 2”通道中添加一个“凹痕”贴图，设置“混合量”为 31.7，在“烟雾参数”卷展栏中设置“大小”为 107.7、“指数”为 1.5，在“凹痕”卷展栏中设置“大小”为 114、“强度”为 11.4。具体参数设置如下图所示。

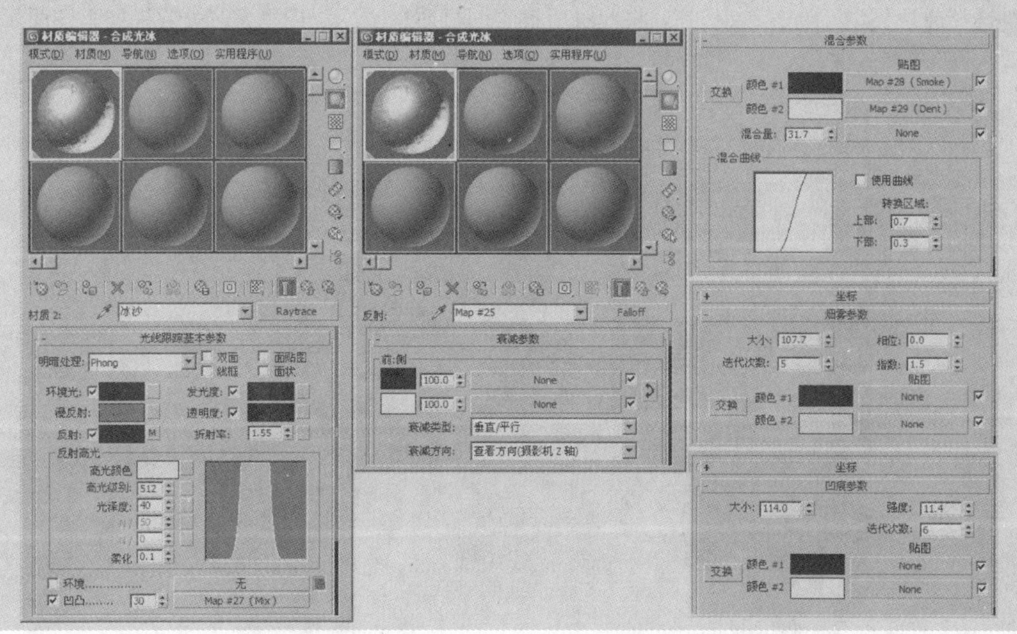

步骤 05 单击按钮，回到最上层。在“遮罩”通道中添加一个“灰泥”贴图，在“灰泥参数”卷展栏中设置“大小”值为 20，设置“厚度”值为 0.32，设置“阈值”值为 0.36。具体参数设置如下图所示。

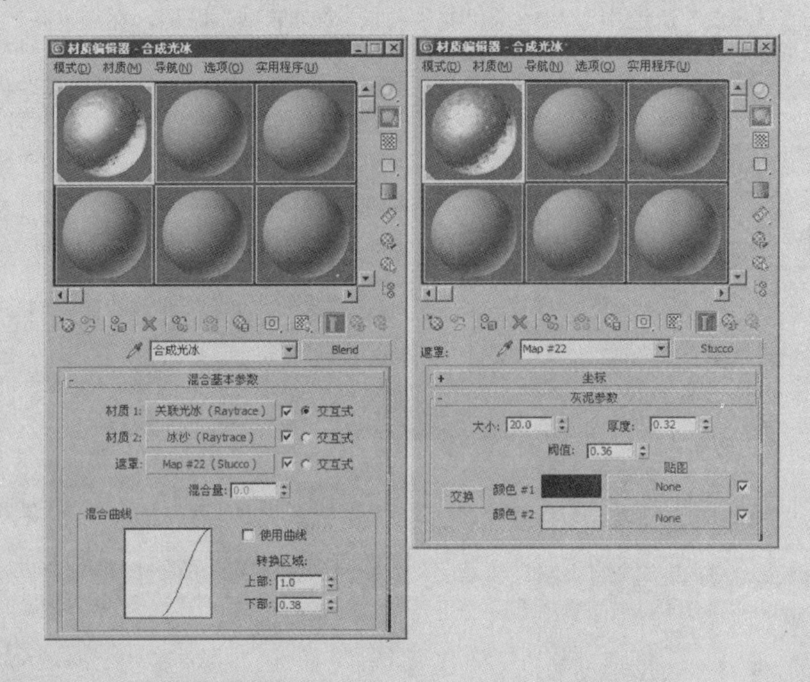

知识拓展：灰泥贴图简介

“灰泥”贴图是一种 3D 贴图。它生成一个表面图案。该图案对于凹凸贴图创建灰泥表面的效果非常有用。“灰泥”贴图用于涂抹灰泥的墙。该贴图的相关参数中，“大小”用来设置整体贴图的大小；“厚度”用来设置两种颜色混合时边界的过渡情况，当值是 0 时，边界会变得十分明显和突出；“阈值”用来设置贴图中两种颜色的混合比例；“交换”用来颠倒两个颜色或贴图的位置。

步骤 06 选择冰块模型，单击按钮，将此时所设置的材质赋予冰块模型，渲染效果如下图所示。

9.3.3 合成材质类型

“合成”材质类型是一个最多可以混合 10 个材质的材质类型。可以依据自己的要求对材质指定合成的方式，合成的方式有 3 种，分别是加法、混合和减法。

合成基本参数
基础材质: Material #29 (Standard)
合成类型
材质 1: None A S M 100.0
材质 2: None A S M 100.0
材质 3: None A S M 100.0
材质 4: None A S M 100.0
材质 5: None A S M 100.0

基本材质：最底层的材质，可以在这个材质上面添加另外 9 种材质。

材质 1 ～材质 9：可以依据这个顺序叠加其他材质，一共有 9 个。

A/S/M：用来设置混合方式的按钮。A 是使用加法方式计算两个材质的属性。M 是使用减法方式计算两个材质的属性。S 是使用混合方式计算两个材质的属性。这个和上一小节中讲解的“混合”材质的“混合方式”相同。后面是百分比微调按钮，这个是用来调节材质在合成材质中混合数量的参数。

9.3.4 双面材质类型

在接触到一些薄片物体时，需要使用双面材质为这个物体指定一个两面的贴图效果，例如两面的印刷品等。

双面材质比较简单，只有两个材质通道，选择然后添加需要的材质即可。

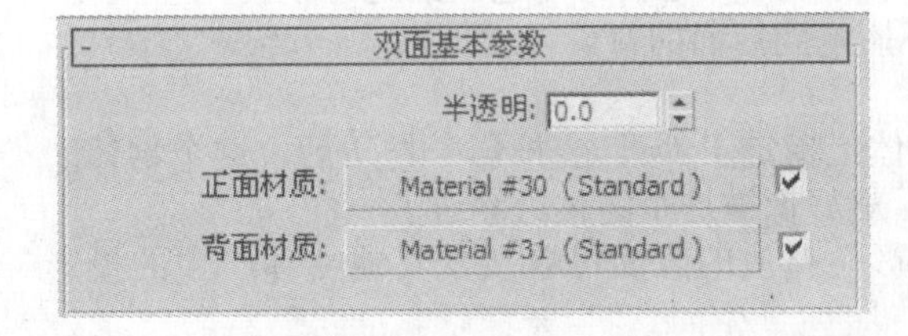

双面材质类型只有一个可以调节的参数，即“半透明”，该参数用来控制两面材质的透明效果。

9.3.5 Ink'n Paint 卡通材质类型

“Ink'n Paint”卡通材质类型是一种神奇的材质类型，它可以将三维物体转变为二维图形。右图中的这种技术其实是很有前景的一项技术。传统的二维动画片的制作极其费时费力，如果能将三维动画转变为二维图形就可以大大提高工作效率。在 3ds Max 中制作卡通效果除使用“Ink'n Paint”卡通材质类型外，还可以使用一些如 Final Toon、Cartoon Reyes 等渲染插件。

卡通材质的一般工作原理，是将物体的外轮廓线和内结构线绘制出来，然后使用一个阶梯渐变颜色作为物体的颜色。

反真实渲染是最近兴起的一项技术，正在不断的完善，现在已经可以模拟手绘、铅笔画、国画、油画等效果。Ink'n Paint 卡通材质类型就是一种很好地实现卡通效果的方法。这一特性通常称为 Toon Shader 卡通光影模式。

下面介绍“基本材质扩展”卷展栏。

基本材质扩展
基本材质扩展
双面　面贴图　面状
未绘制时雾化背景:　不透明 Alpha
凸凹……….　30.0　None
置换……….　20.0　None

双面：使用两面贴图效果，即材质的两面均可见的效果。

面贴图：面贴图效果用来把贴图指定到每一个面的方法。

面状：是使用类似于取消表面光滑组的方法，得到一个棱角分明的效果。

未绘制时雾化背景：当取消选择此复选框后，物体表面以背景颜色进行填充，当选择“未绘制时雾化背景”复选框之后，能在物体和摄影机之间产生雾效果。

不透明 Alpha：选择此复选框，Alpha 通道将失去作用，物体表面为不透明状态。

凹凸：对材质的表面产生凹凸效果的通道。

置换：可以添加置换贴图对物体的表面起作用，产生真实的 3D 凹凸效果。

9.3.6 天光 / 投影材质类型

“天光/投影”是一个和合成结合紧密的材质类型。很多情况下需要将一些 3D 的物体放回真实的空间中，这时就会遇到一些例如 3D 物体的投影如何处理等问题。此时可以使用“天光 / 投影”材质类型使 3D 物体产生投影，并且同时不影响到后面的背景显示。

这种材质有两个作用，下面分别介绍。

一是使背景不被遮挡，这个特性是在某个物体上指定了“天光/投影”材质后，这个物体区域后的物体将不再显示，并且直接可以看到背景，就好像被这个物体给穿透了一样。

二是产生真实的投影效果，即在“天光 / 投影”材质的表面可以接受其他物体产生的投影效果。

如下图所示的效果，背景使用了一个黑蓝的渐变色，然后为地面指定了一个“天光 / 投影”材质，这样一来物体将在地面上投射出阴影。在第二组中为前面的球体也赋予了一个“天光 / 投影”材质，这样球所在的区域就被挖空了，但是同样还可以产生阴影效果。

下面，具体介绍其参数的设置。

无光/投影基本参数
无光
不透明 Alpha
大气
应用大气　以背景深度
以对象深度

不透明 Alpha：用来处理在渲染中是否使“天光/投影”材质出现在 Alpha 通道中，该选项对后期处理是非常有用的。

应用大气：用来决定大气效果是否对“天光/投影材质”起作用。

以背景深度：是一种 2D 的方式，一般阴影会被雾效所覆盖，需要调整“阴影”选项区域的参数来控制显示。

以对象深度：这是一种 3D 模式，先渲染出物体的阴影，然后添加雾效果。

下面介绍“阴影”选项区域的相关参数。

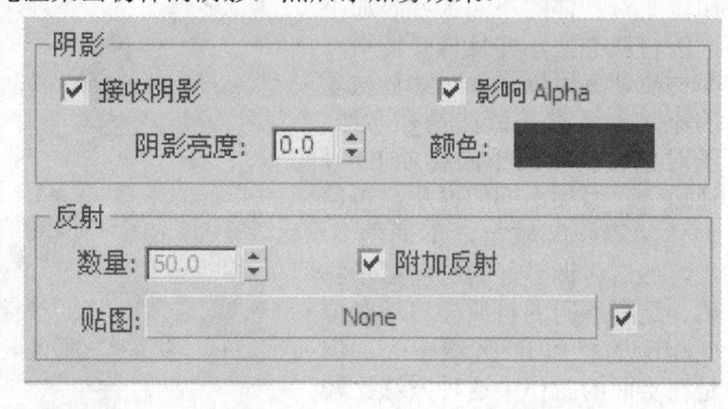

接收阴影：选择此复选框，会在“天光/投影材质”上产生阴影效果，如果取消选择此复选框，将不会产生阴影，当然是在灯光的设置中打开阴影的前提下去考虑的。

阴影亮度：用来设置产生阴影的明亮程度，为 0 时最黑，当达到 1 时就不会出现阴影了，一般控制在 0.5。

影响 Alpha：用来设置是否对 Alpha 产生影响。

颜色：用来控制阴影部分的颜色。

下面介绍“反射”选项区域的相关参数。

数量：用来控制反射的强度，可以对反射效果进行加强或者减弱的变化。

贴图：用来指定当前通道中使用的贴图类型，如果要产生真实的反射效果，就使用光线追踪贴图方式。

9.3.7 变形器材质类型

在制作一些动画时会遇到这样的场面，一个物体变成了另外的物体，然后其表面材质也发生了变化。“变形器材质”类型最多允许有 100 个通道和表情变形通道相对应。调节变形的同时也会使材质随着变形发生改变。

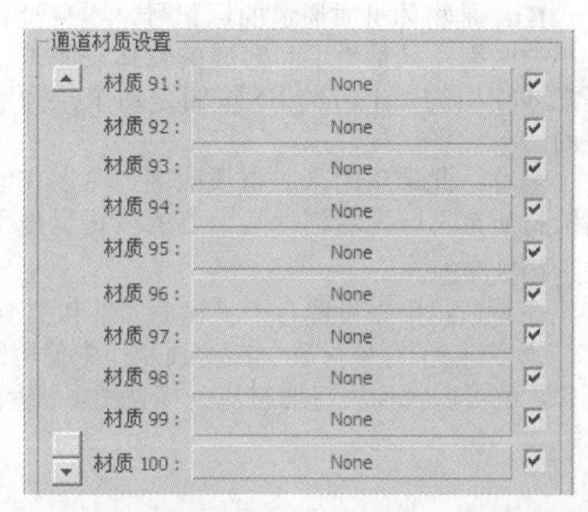

下面举例说明。首先建立 3 个球体，然后对后两个球体进行形态的改变，得到 3 个顶点数目相同，但是形状不同的三个球体。然后对球体 1 添加一个“变形”修改器，再将其他两个球的形态，分别拾取到不同的变形通道上去，这样球体即可产生变化，这就是用来做表情动画的方法。

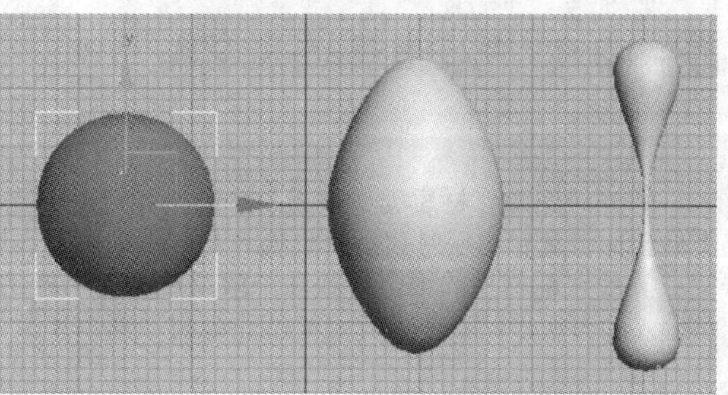

9.3.8 多维/子对象材质类型

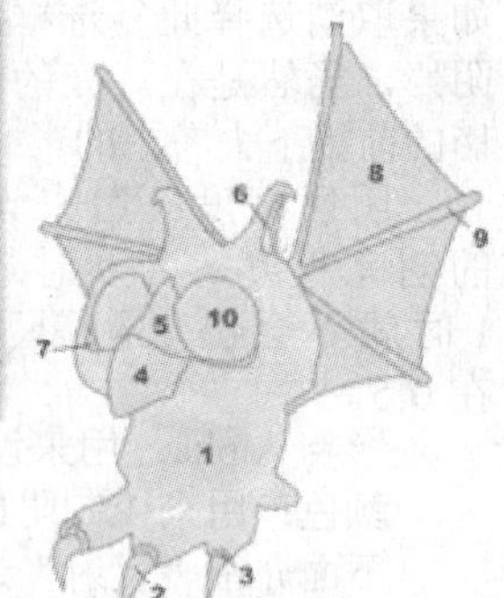

“多维/子对象”材质的作用就是对物体的不同区域添加不同的材质类型，并且只要使用一个材质球就可以完成对物体材质的添加。通常的做法是在多维/子对象材质中的不同材质 ID 号通道上，添加不同的材质，再给物体的不同区域指定不同的 ID 号，然后将调节好的材质赋予物体。这样不同的材质会自动对位到相应的材质 ID 区域中去。但是在实际的工作中这种方法比较费力，一般情况下我们会对物体不同的区域直接指定不同的材质，然后用一个材质采样工具采样到一个材质球上，这样就完成了一个多维/子对象材质的制作。

下面介绍此材质类型的相关参数。

多维/子对象基本参数

10 设置数量 添加 删除

ID	名称	子材质	启用/禁用
1		Material #44（Standard）	☑
2		Material #45（Standard）	☑
3		Material #46（Standard）	☑
4		Material #47（Standard）	☑
5		Material #48（Standard）	☑

设置数量：设置次物体使用多重子材质的数量。其实“多维/子对象材质”做次物体材质也很恰当，因为一般情况下是在一个物体的不同部分使用了不同的材质，然后共同组成了整个材质，就是多重子材质。

添加：添加次物体材质的数目。

删除：删除不需要的材质。

ID：是物体材质通道的标记号，本身没有大小的区别，只是为了和对应的物体表面进行匹配才使用的。上方的 ID 按钮是用来排列顺序的。

名称：此选项用来对材质改名，可以在这里给材质定义一个名称。其上方的按钮也是用来进行排序的。

子材质：用来设置各个子材质属性和类型的按钮。上方的按钮也是用来进行排列顺序的。

“多维/子对象材质”在动画制作中使用的范围还是非常广泛的，大家只要能理解 ID 分区的概念，就可以像使用普通材质一样使用多维/子对象材质了。

9.3.9 光线跟踪材质类型

“光线跟踪”材质类型是 3ds Max 中相对来说比较复杂的材质类型。可使用光线跟踪材质类型做出比较真实的反射和折射效果，是制作玻璃和金属材质的首选。

光线跟踪材质的很多参数和一般材质的是一样的，只是有个别的关系到了折射/反射计算的部分才会有所不同。下面介绍光线跟踪材质基本参数。

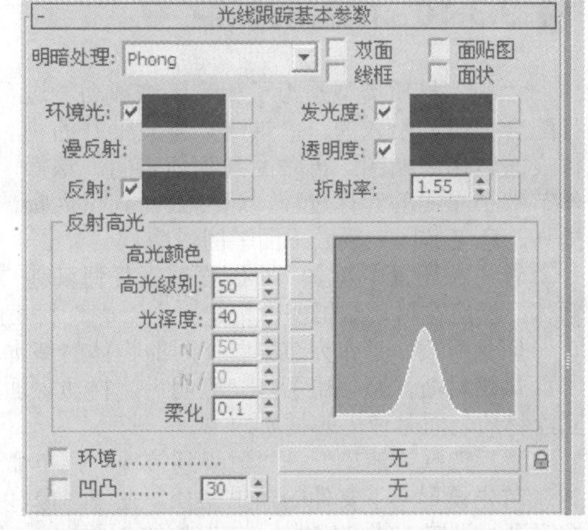

“明暗处理”方式下拉列表框：包含5种阴影方式。

线框：以线框模式进行显示和渲染。

双面：在计算机图形学的早期为了节省系统资源，一般物体都是以单面显示，如果想看到物体的另外一面，就要打开双面渲染方式。

面贴图：抛开其他的贴图坐标方式直接把图像贴到每一个面上去。

面状：打开相当于关闭所有光滑组的模式，相邻面之间不产生光滑的过渡效果，表面变得像切割完的钻石一样。

环境光：与一般材质的环境通道的作用是一样的，环境光通道是用来模拟物体受到环境影响产生效果的通道。一般情况下它都是和固有色通道捆绑在一起使用的，对物体表面的影响需要和环境一起设置，控制起来不是很方便，效果好像在固有色上叠了一层。一般情况下还是直接和固有颜色一起使用比较好。

漫反射：固有色通道，这是材质最重要的属性通道之一，即这个通道决定了物体本身的颜色，是黑是白全由这个通道控制。可以对这个通道添加位图或者程序纹理。

反射：是设置材质表面反射效果的通道，可直接使用颜色或者使用贴图。当直接使用颜色时，如果将固有色设置成黑色，可以用来模拟一些有色金属表面的反射效果。

发光度：用来控制材质的自发光情况，相当于一般材质的自发光通道。

透明度：用来设置材质透明情况的通道，这个通道控制了半透明的颜色。比如要制作一个红色的玻璃效果，只要在这个通道上添加红色即可。不过为了更好地表现有色透明材质，通常会将物体的固有色和透明颜色进行关联，或者将固有色设置成黑色。

折射率：设置物体折射的情况，不同物质的折射率是不同的，空气为1，一般的玻璃为1.6左右，钻石是2.419。其实，折射率一般来说只有在通过不同的介质时才表现得比较明显，有的时候我们只是用不同的方法来模拟，并不一定完全按照真实的折射率来制作场景，只要折射的关系正确即可。下图所示就是不同折射率的表现，分别是0.8、1.55和2.5。

9.3.10 壳材质类型

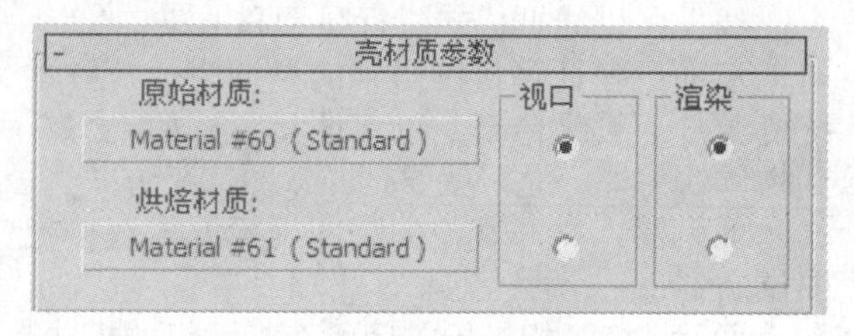

“壳”材质类型是为了和渲染纹理功能进行配合使用才引入的。“烘焙”将渲染好的物体表面转化为贴图，再贴回到物体表面。该操作节省了光线的计算过程，速度上得到了大幅提高，意义非同一般。下面举例说明。

首先在场景中建立一个茶壶或者任何其他物体，然后在材质编辑器中指定一个“壳”材质给茶壶，这时可以看到材质的面板。

原始材质：是作为渲染前使用的物体的基本材质，也就是为了得到烘焙，给物体贴的材质。

烘焙材质，是使用了灯光照明后，材质表面的明暗和一些其他信息渲染到纹理的图像，再贴回给材质表面时使用的材质。

然后选择“渲染”→“渲染到纹理”菜单命令，弹出“渲染到纹理”窗口。

首先设置一下文件的输出路径，在“对象和输出设置”选项区域，单击“预设”右面的下拉按钮进行设置。指定完成后单击“添加元素”按钮，用来添加输出的纹理元素类型。

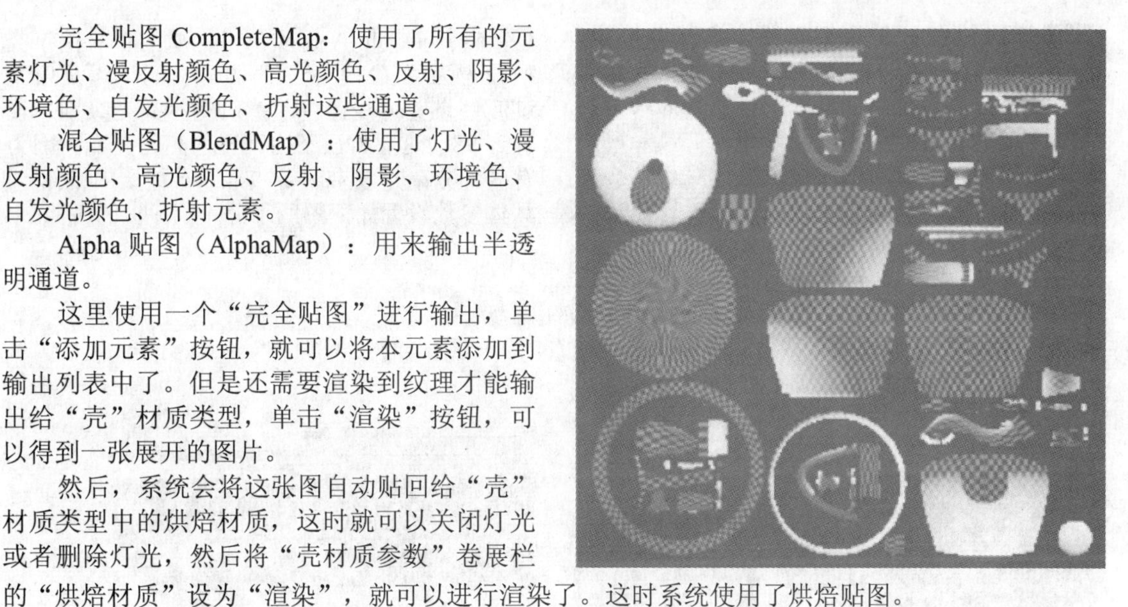

完全贴图 CompleteMap：使用了所有的元素灯光、漫反射颜色、高光颜色、反射、阴影、环境色、自发光颜色、折射这些通道。

混合贴图（BlendMap）：使用了灯光、漫反射颜色、高光颜色、反射、阴影、环境色、自发光颜色、折射元素。

Alpha 贴图（AlphaMap）：用来输出半透明通道。

这里使用一个“完全贴图”进行输出，单击“添加元素”按钮，就可以将本元素添加到输出列表中了。但是还需要渲染到纹理才能输出给“壳”材质类型，单击“渲染”按钮，可以得到一张展开的图片。

然后，系统会将这张图自动贴回给“壳”材质类型中的烘焙材质，这时就可以关闭灯光或者删除灯光，然后将“壳材质参数”卷展栏的“烘焙材质”设为“渲染”，就可以进行渲染了。这时系统使用了烘焙贴图。

9.3.11 虫漆材质类型

“虫漆”材质类型，是可以用来混合两个材质的材质类型，也就是在一个材质的上面叠加另外的一个材质。

基础材质：是在叠加中处于基础位置的材质，也就是下层（底层）。

虫漆材质：是在基础材质上面叠加虫漆材质。

虫漆颜色混合：控制“虫漆”材质在基础材质表面上叠加的数量。

可以使用黑色的“虫漆”材质，给物体叠加高光到材质表面上。

动手演练｜虫漆材质的应用

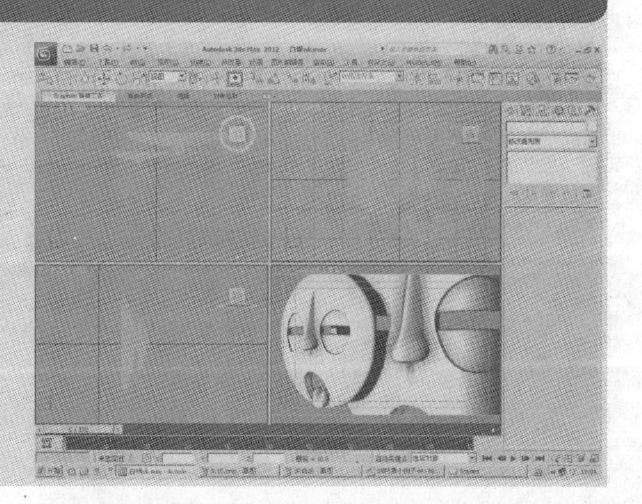

步骤 01 打开场景文件（光盘文件\第9章\虫漆材质的应用.max），该场景有两个面具模型和一个平行灯光，但是为了突出画面气氛，在灯光上使用了一个渐变贴图，用它来模拟带阴影的光线变化。

步骤 02 按 M 键打开材质编辑器，单击按钮，在弹出的“材质 / 贴图浏览器”对话框中选择“虫漆”材质类型。“虫漆”材质分为两个材质层。第一层材质称为“基础材质”，是制作最主要的质感和纹理的层级；第二层材质称为“虫漆材质”，主要用于合成，它可以将这一层材质效果叠加给底层材质，如果这一层的不透明度为 0，那么就只会叠加高光区域。在这个实例中需要运用这种特性来反映金属物质的高光表现。将这个材质命名为 Gold Mask，然后将第一层“基础材质”命名为 Gold-A，第二层“虫漆材质”命名为 Gold-B，如下图所示。

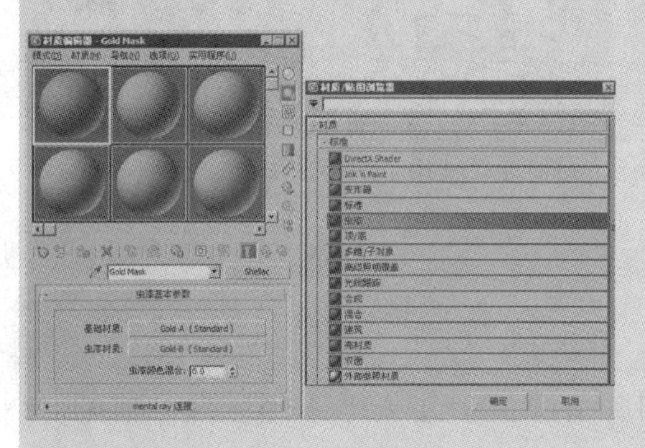

步骤 03 打开 Gold-A 材质，将材质的“着色”类型设置为“（M）金属”方式，将“漫反射”过渡色设置为浅蓝色，然后将“高光级别”设置到 98（这层材质不用设置太高的高光，因为有一部分高光效果需要在第二层材质中制作）。具体参数设置如下图所示。

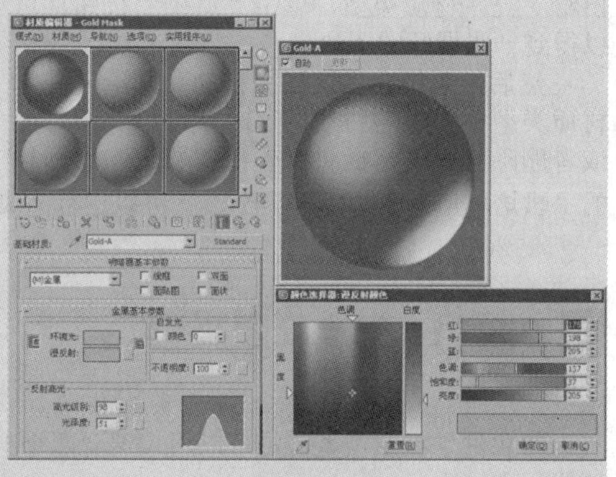

步骤 04 在“高光级别”通道中添加一个“混合”贴图，在“混合”贴图的“颜色 1”通道中添加一个“烟雾”贴图，然后将烟雾贴图的“大小”设置为 40，“迭代次数”设置为 5（这个参数可以提高贴图的细节表现），把“指数”调节为 1.0（这个参数用于控制“烟雾”贴图两个色彩的对比关系），最后将“坐标”选项区域的 X 方向的“瓷砖”调节为 0.3（这样整个“烟雾”贴图看起来会长一些）。具体参数设置如下图所示。

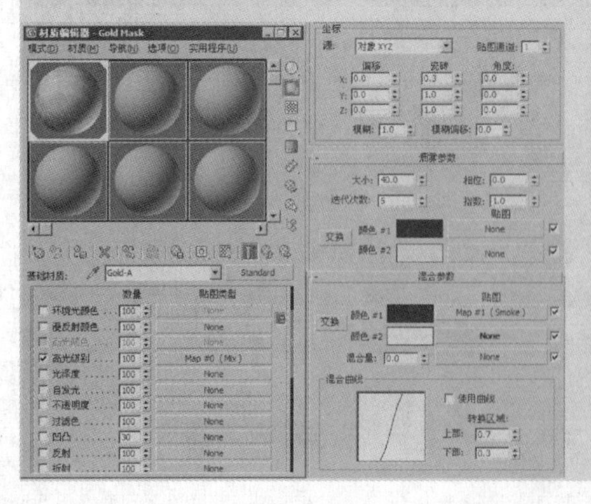

步骤 05 在“烟雾”贴图的“颜色 2”通道添加一个“凹痕”贴图，将“凹痕”贴图的“大小”设置为 200，“强度”设置为 20，“迭代次数”设置为 2，这样“烟雾”贴图的细节就通过“凹痕”丰富了。具体参数设置如下图所示。

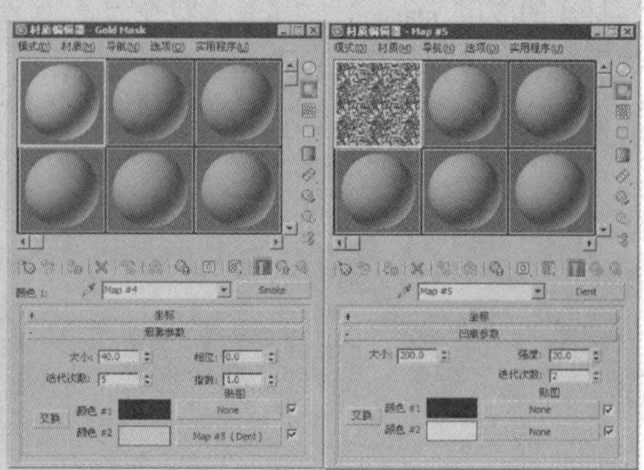

步骤 06 返回“混合”贴图层，在“颜色 2”通道添加一个“细胞”贴图。将“细胞颜色”设置为黑色，将“分界颜色”的“颜色 2”设置为白色，然后设置“细胞特性”为“圆形”方式，并选中“分形”复选框，然后将“迭代次数”设为 5.0（这样细胞贴图就能产生噪化的细节了），将贴图的“大小”值设置为 41.1，“扩散”调节为 0.49 左右（通过调节“扩散”值可以控制细胞贴图 3 个色彩之间的比率关系和对比度）。具体参数设置如下图所示。

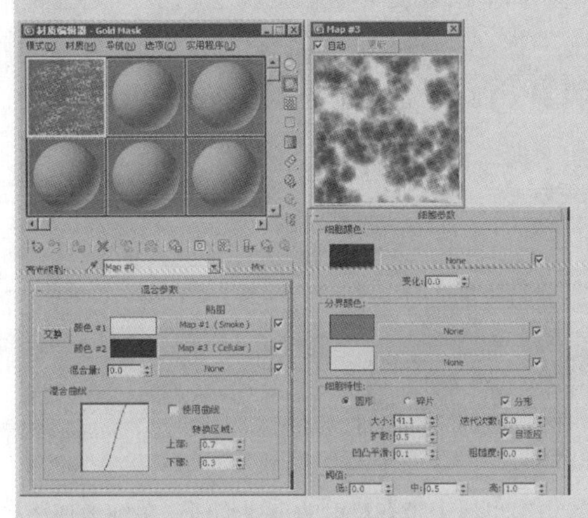

步骤 07 在这个细胞贴图的“分界颜色”选项区域，“颜色 1”通道上添加一个“噪波”贴图，将“噪波”贴图的“噪波类型”设为“分形”，“大小”调节为 2.0 左右，将“颜色 1”设置为黑色，“颜色 2”设置为深褐色，这样就在细胞纹理的灰度区域增加了一些颗粒状的纹理细节。具体参数设置如下图所示。

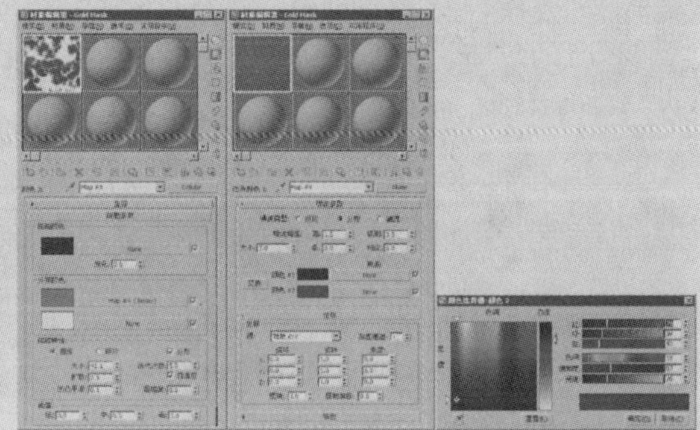

知识拓展：细胞贴图简介

细胞贴图是一种程序贴图，生成用于各种视觉效果的细胞图案，包括马赛克瓷砖、鹅卵石表面甚至海洋表面。

步骤 08 返回“混合”贴图层，在“混合量”通道添加一个“噪波”贴图，用这个贴图来制作上面两个贴图的混合蒙版。将“噪波”贴图的噪化方式设置为“分形”，“大小”设置为 40 左右，调节“噪波阈值”的“高”值为 0.57，“低”值为 0.35，这样就得到了高对比度的蒙版。具体参数设置如下图所示。现在就在白银材质上表现出了非常细致的高光纹理效果，非常像破损的金属表面。将 Gold Mask 材质赋予场景中的面具模型，渲染当前效果得到如下（右）图所示的效果。

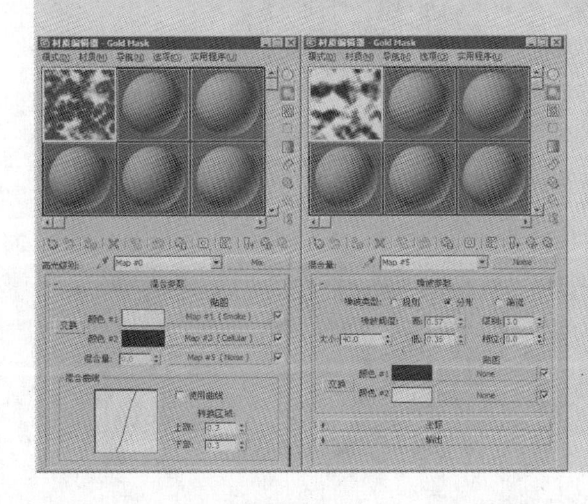

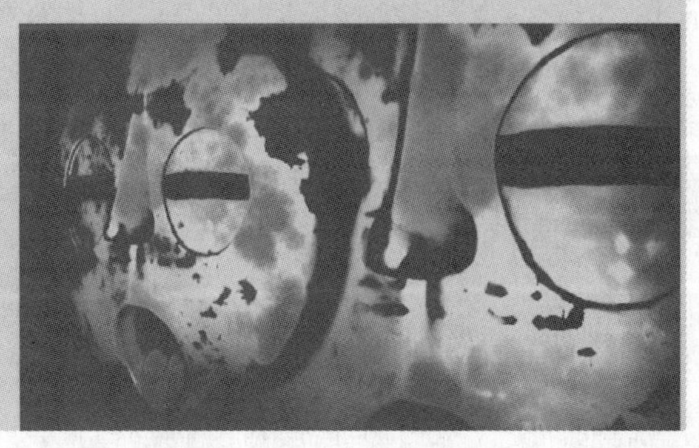

步骤 09 制作 Gold-A 材质的凹凸效果。打开“高光级别”通道中已制作好的“混合”贴图，在“颜色 2”通道的“细胞”贴图上右击，选择“复制”命令，然后返回 Gold-A 材质面板，在“凹凸”贴图通道上右击，选择“粘贴（实例）”命令，这样就将“细胞”贴图以实例复制的方式复制到了 Gold-A 材质的“凹凸”通道中，现在调整这两个通道的任何一个“细胞”贴图都能同步地产生变化，最后将“凹凸”通道的强度设为 –50，这样就产生了和高光位置一致的凹凸效果。具体参数设置如下图所示。

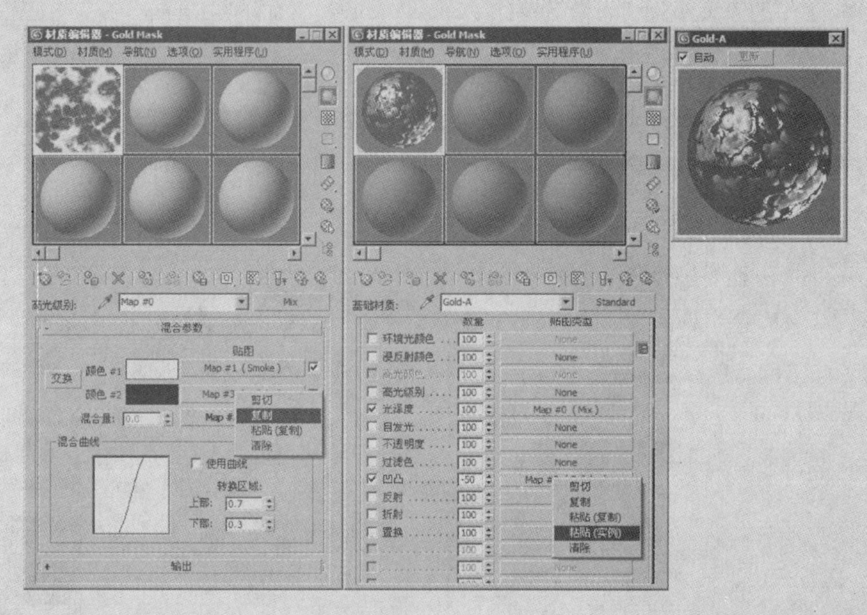

步骤 10 Gold-A 材质已经制作出了基本的质感，但是白银也属于带有反射的金属物质，单纯地使用高光来表现金属是表现不出可信的质感的，需要制作一个反射贴图来模拟细致的金属反光，这里采用模拟环境贴图的方法来制作反射效果。在 Gold-A 材质的“反射”通道上添加一个“衰减”贴图。在材质的不同区域上表现出一些细致的蓝色和灰色反光，单独使用一个“衰减”贴图是不够的，所以在“衰减”贴图的“颜色 1”和“颜色 2”通道上再各自分别增加一个“衰减”贴图，调节“衰减”贴图的类型、色彩和曲线如下图所示。

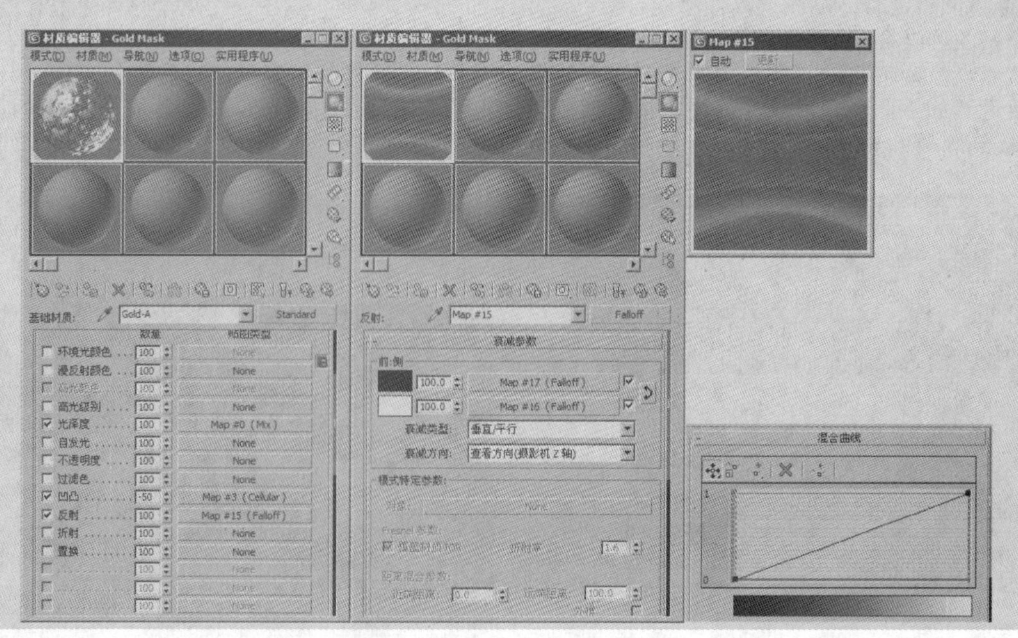

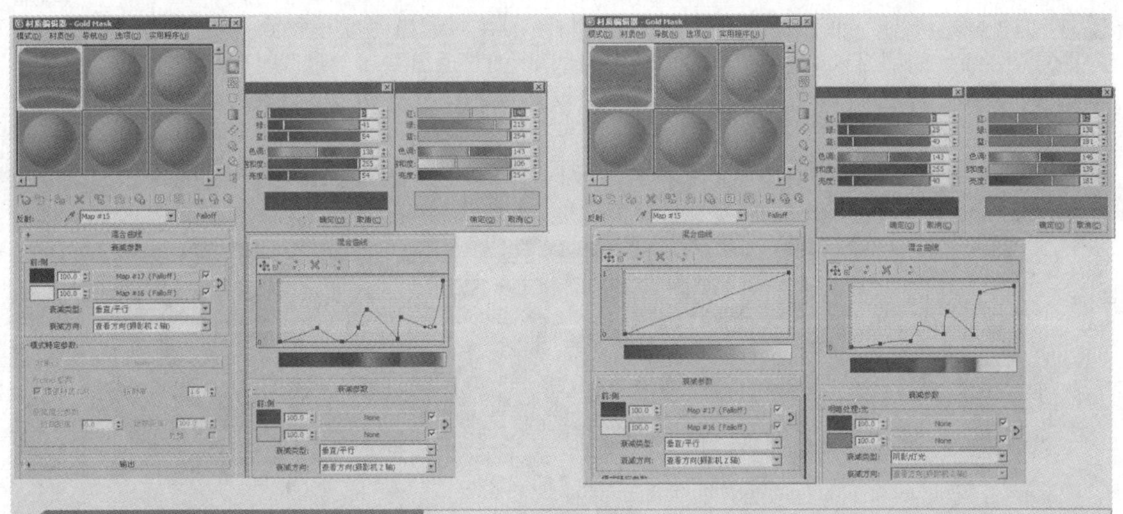

知识拓展：衰减方式简介

衰减方式用来决定用什么方式实现从黑色到白色的过渡衰减，共有5种选择方式，垂直/水平、朝向/背离、菲涅耳、阴影/灯光和距离混合方式。

步骤 11 通过模拟的反射贴图，得到了一个环境反射效果。Gold-A 材质制作完毕，渲染当前场景，得到如右图所示的效果。

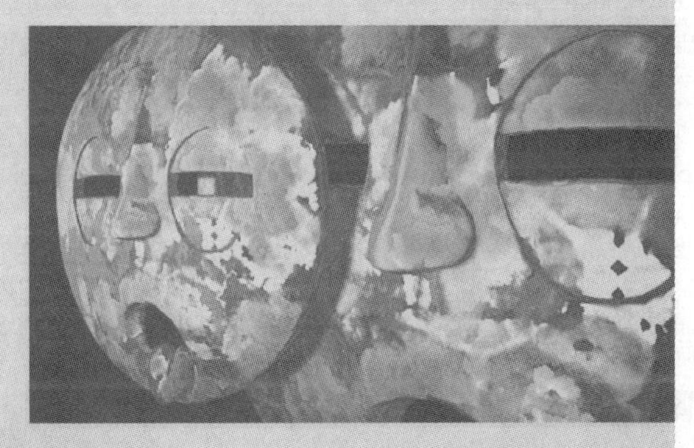

步骤 12 材质效果已经将白银的质感塑造出来了，但是比较生硬，一方面是因为出高光以外的区域太过暗淡，另外一方面是在表层缺乏一个总体的色彩倾向，且高光不够细致柔和。通过制作外层的虫漆材质部分来解决这个问题。进入虫漆 材质的Gold-B 层材质，将“着色”类型设置为“各向异性”，将“漫反射”设置为灰色，“高光反射”设置为天蓝色，“高光级别”设置到121 左右，“光泽度”设置到 16 左右，“各向异性”异面性设置到 50 左右。具体参数设置如右图所示。

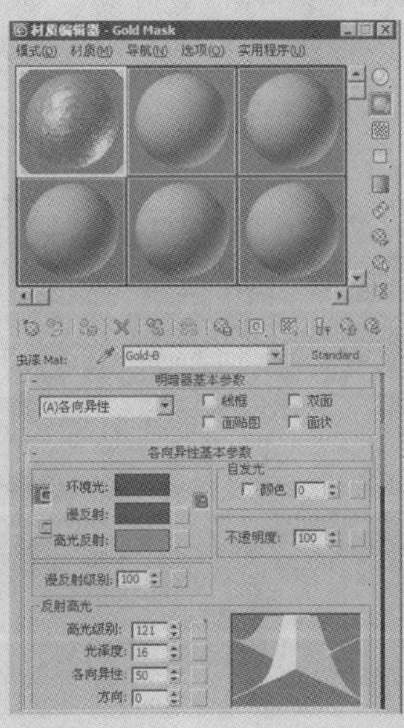

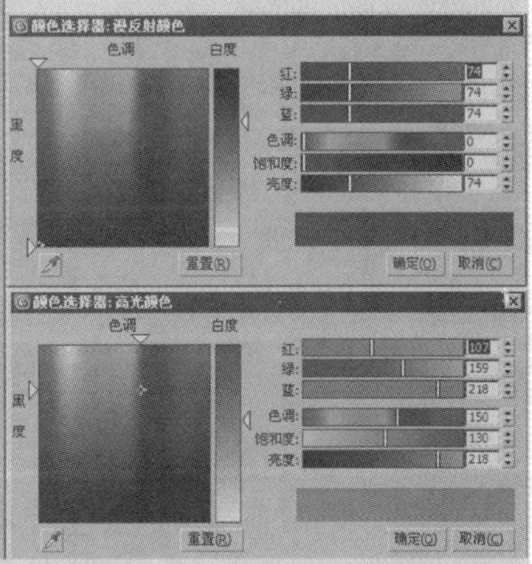

步骤 13 在“高光级别”通道添加一个“混合”贴图，并将通道强度设置到 517 左右，用它来混合更复杂、细致的高光效果。在“混合”贴图的“颜色 1”通道添加一个“烟雾”贴图，将“烟雾”贴图的“大小”设置为 5.0 左右，“迭代次数”设置为 3.0，将“指数”设置为 0.1（降低“烟雾”的对比度）。然后单击“交换”按钮反转“烟雾”的两个色彩，最后将“坐标”选项区域 X 方向的值设置为 0.5（让贴图看起来有一些横向的拉伸变化），Z 方向的“角度”设置为 17.6° 左右（让它稍微有些倾斜变化）。具体参数设置如下图所示。

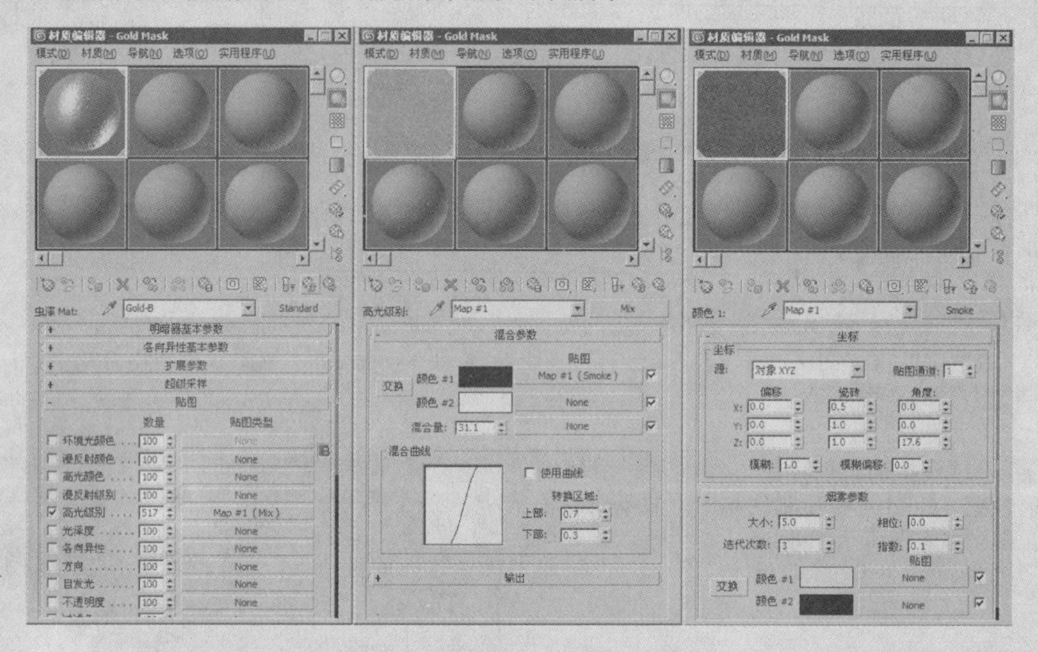

步骤 14 返回“混合”贴图层，为了得到非常复杂的高光变化，需要在“混合”贴图的“颜色 2”通道中再添加一个“混合”贴图，为了不混淆两个“混合”贴图，将这个贴图命名为“混合 2”。在“混合 2”贴图的“颜色 1”通道中添加一个“噪波”贴图，将“噪波”贴图的类型设为“分形”，“大小”设置为 5.0 左右，调节“噪波阈值”的“高”值为 0.76，“低”值为 0.08，增强色彩的对比度，然后将“坐标”选项区域 X 方向的“瓷砖”值设置为 0.1，拉长“噪波”贴图形状，然后将 Z 方向的“角度”设置为 12.4° 左右，倾斜噪波贴图。具体参数设置如下图所示。

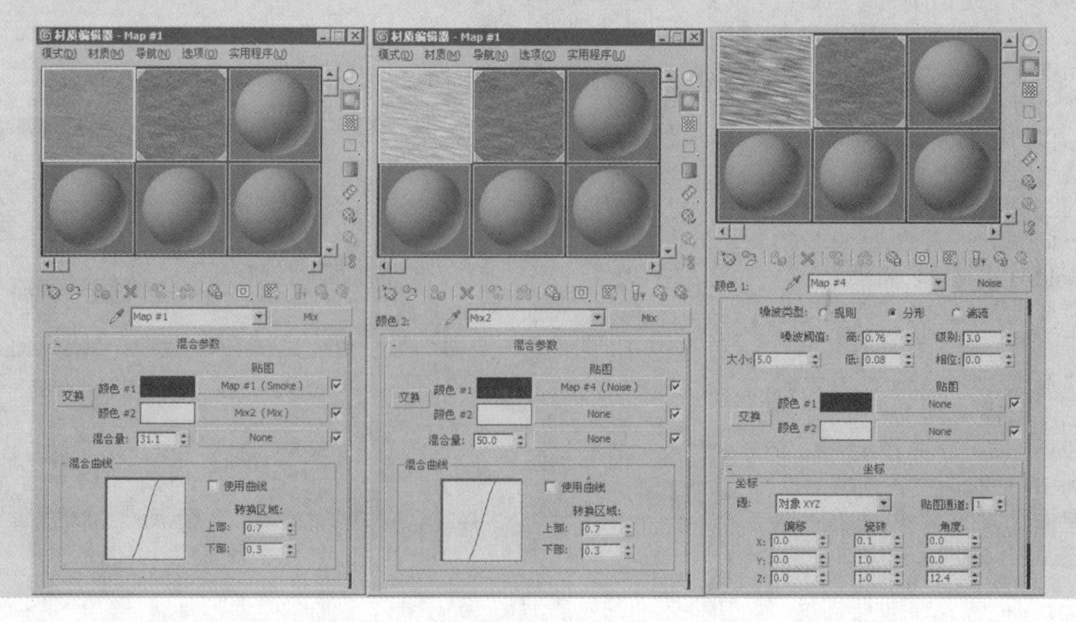

知识拓展："噪波"贴图的劣势

"噪波"贴图在精确度不高的地方表现纹理的一些变化还是很方便的，但只能控制两种颜色，所以在控制上不方便。

步骤15 返回"混合2"贴图层，在"颜色2"通道添加一个"细胞"贴图，将"细胞颜色"设置为黑色，将"分界颜色"的"颜色2"设置为白色，然后设置"细胞特性"为"圆形"，将"迭代次数"值设为3.0，将贴图的"大小"值设置为15.7左右，"扩散"值调节为0.94左右。在"坐标"选项区域将X方向的"瓷砖"值设置为0.2，将"凹凸量"修改为5，这样当把这个贴图复制给"凹凸"通道时，就可以在不改变通道强度的情况下，单独增强这层"细胞"贴图的凹凸贴图强度。返回"混合2"贴图层，将"混合量"设置为50，这样就产生了一个交叉纹理效果。具体参数设置如下图所示。

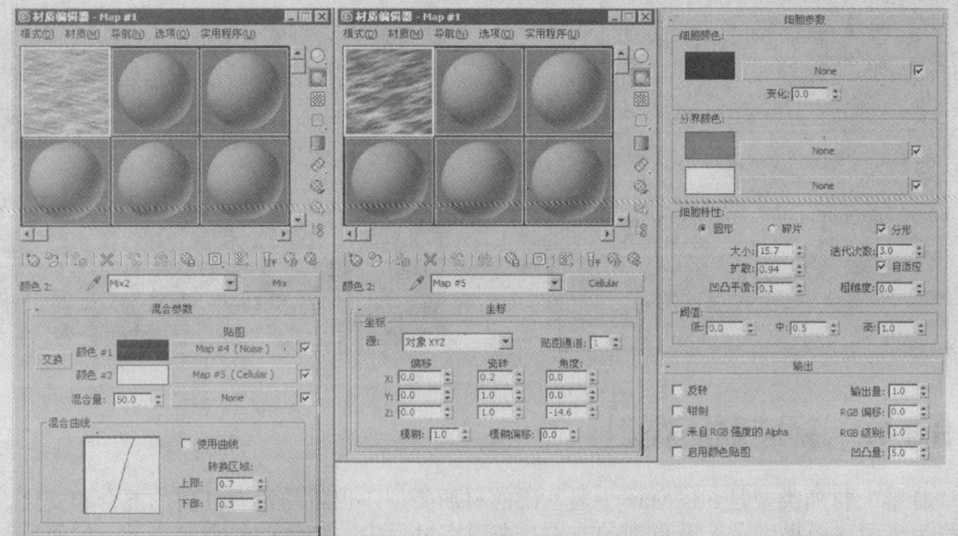

步骤16 返回"高光级别"通道的"混合"贴图，将"混合量"设为31.1左右，这样高光强度贴图就制作完成了。将这个"混合"贴图复制到"凹凸"通道，将"通道强度"设为–40左右，这样就得到了一个高光和凹凸都非常细致的材质效果。具体参数设置如下图所示。

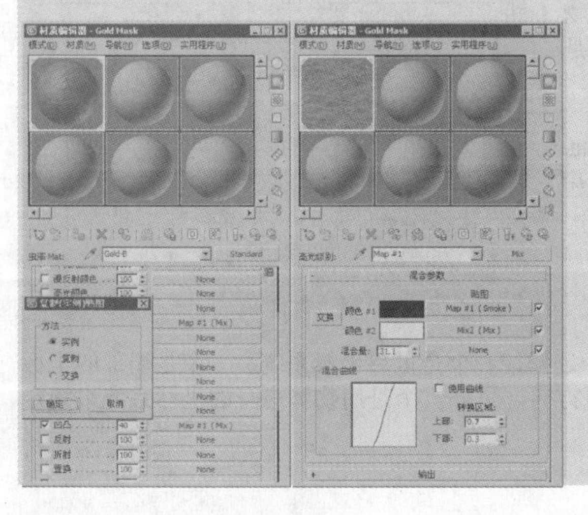

步骤17 制作Gold-B材质的反射贴图，在"反射"通道中增加一个"衰减"贴图，将"衰减"贴图的"颜色1"设置为暗蓝色，这样可以在暗部产生一些冷色调，然后将刚才制作好的Gold-B材质"高光级别"通道的"混合"贴图复制到这个"衰减"贴图的"颜色2"处，这样可以在反光处产生一些和高光一致的反射效果。具体参数设置如下图所示。

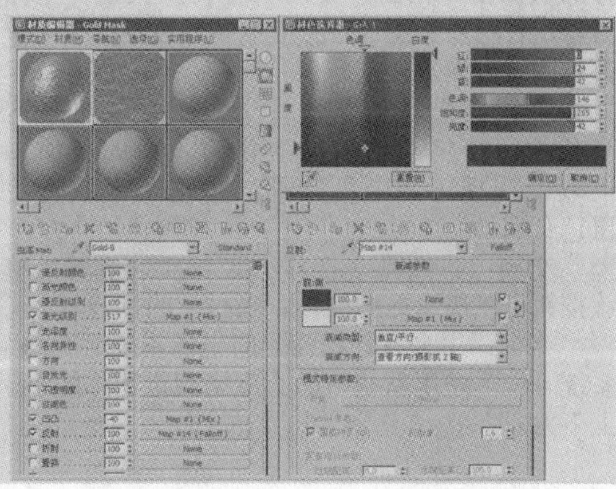

步骤 18 现在 Gold-A 和 Gold-B 材质均已制作完毕，返回“虫漆”材质的最上层，将“虫漆颜色混合”设置为 30 左右。增加这个数值能够加强 Gold-B 材质层的混合强度，此值越高，材质色彩就会越亮。

步骤 19 白银材质制作完毕后，渲染最终场景得到如下图所示的效果。

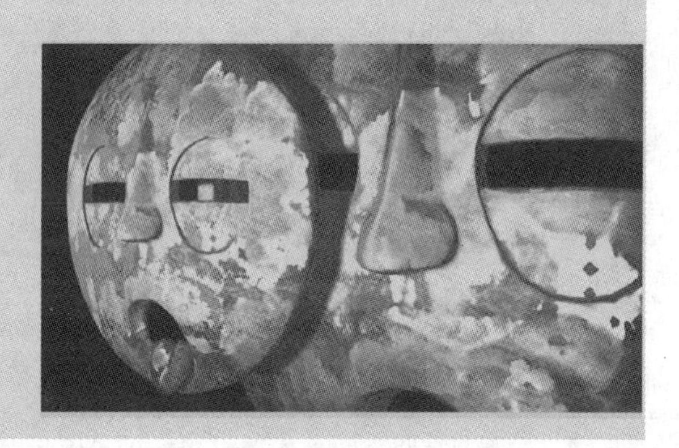

9.3.12 标准材质类型

“标准”材质类型是 3ds Max 中最基础的材质类型，也就是没有任何的混合和变化。标准材质类型为表面建模提供了非常直观的方式。在现实世界中，物体的外观取决于它如何反射光线。在 3ds Max 中，标准材质模拟表面的反射属性。如果不使用贴图，标准材质会为对象提供单一统一的颜色。

9.3.13 顶/底材质类型

“顶/底”材质类型同样是混合两种材质，但是混合的方式是按照方向来确定的，也就是说物体的表面法线向上，使用一种材质类型，下面是另外一种材质类型。它的基本参数设置比较简单，都是围绕方向来决定的。

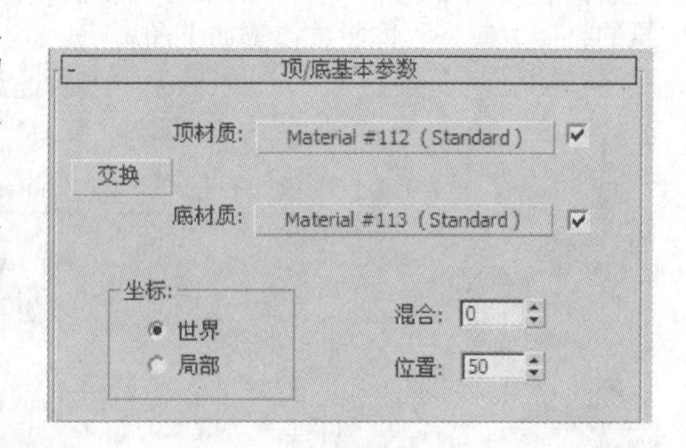

“顶材质”和“底材质”：可以通过这两个长按钮指定其他的材质作为顶或底材质。如果取消选择这两个复选框，在这个区域将使用黑色代替。

交换：作用是交换顶、底材质的位置，单击该按钮可以快速地颠倒顶、底材质的位置。

坐标：用来设置相匹配的坐标系统，有两个选择，一个是世界坐标系统，一个是局部的坐标系统。一个是用系统中的上下来规定物体的上下方向，另外一个是用物体自身的坐标系统来规定上下方向。

混合：对两个材质进行混合设置。右侧的数值框用来设置上下两种材质融合到对方的数量。当为 0 时，两种材质是完全分离的。

位置：控制分界线在上方和下方更偏重于哪个方向的设置。数值越小，分界线越靠近下方，反之亦然。

“顶/底”材质很多时候可以用来模拟蒙尘效果，就是放了很长时间的物体表面上积了很多灰的效果。制作的方法是先制作一个底材质，这是一个一般的材质，然后再调节出一个顶材质，即灰尘效果，然后合成为顶、底材质，指定给物体。

9.3.14 建筑材质类型

建筑材质类型可以使你更为高效地得到更好的真实效果，它非常适合使用在建筑表面材质中，主要支持 3ds Max 的 Radiosity 和 Mental ray 间接光照系统。这种材质是以物理学模拟为基础的，只需要使用很少的设置就可以得到很真实的效果。

9.3.15 mental ray 材质类型

3ds Max 6 以后增加了 mental ray 渲染器，而不是像以前的版本，作为外挂渲染器来使用。并将 3ds Max 的渲染能力大幅度提高。本节介绍 3ds Max 2012 的 MR 的 GI 设置和焦散的制作过程，这是 MR 最为突出的两项功能。

首先讲解如何将 3ds Max 本身的渲染器转变为 Mental ray Renderer（简称 MR）渲染器，可以按键盘上的 F10 键打开“渲染设置：默认扫描线渲染器”窗口。

在“指定渲染器”卷展栏中，进行渲染器的更改，将当前产品级的默认扫描线渲染器设置为 Mental ray 渲染器。

在弹出的“选择渲染器”对话框中修改渲染器为 Mental ray Renderer（简称 MR）。

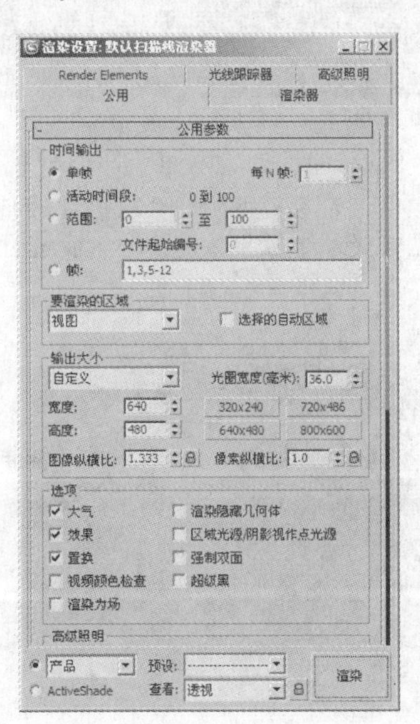

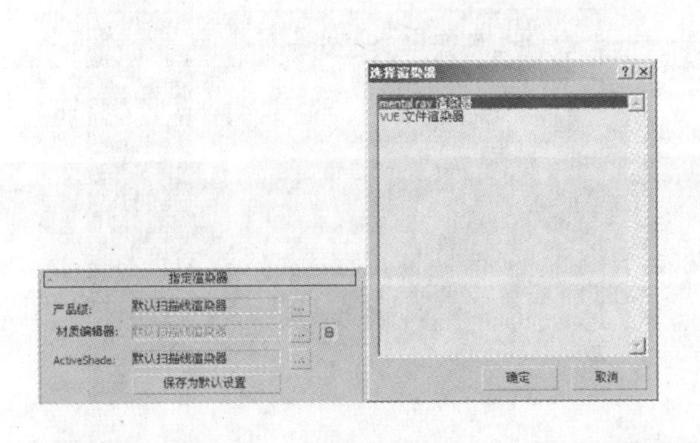

设置完成后，再次对场景进行渲染会发现，渲染时不是一根扫描线从上到下进行渲染，而是将图像分成了不同的区域进行渲染。这样就可以使用 MR 为当前的渲染器了。

在将扫描线渲染器更改为 MR 后，会发现渲染参数卷展栏中添加了不少的新的设置选项。其实在使用了新的渲染器后，软件的很多性能都得到很大的提升，包括全局照明系统、焦散、景深设置、运动模糊和置换。下面介绍该渲染器的具体应用。

9.3.16 实际应用全局光照

下面通过案例来具体学习。首先介绍 GI（全局光照）的设置。

动手演练 应用全局光照

步骤 01 在场景中创建一个方盒子和一个球体。分别对场景中的物体添加不同的材质，这里的方法是将 Box 的法线进行翻转，然后进入物体内部，在不同的表面上指定不同的颜色。创建一个灯光，一般说来灯光的位置在物体的上方，并且可以直接照到物体面向读者的面。

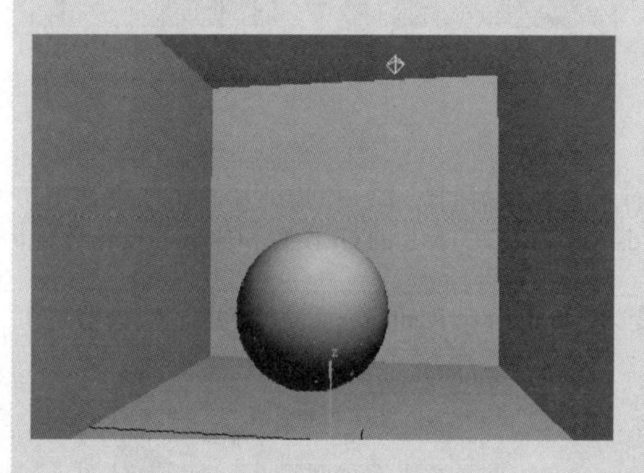

步骤 02 将灯光的属性进行简单调节，这里要对灯光添加阴影，使场景能得到阴影效果。在灯光的属性面板中，选择“阴影”选项区域的“启用”复选框。进入 Mental ray 的设置面板对“全局照明（GI）”做初步设置。这里选择“全局照明（GI）”选项区域的“启用”复选框。

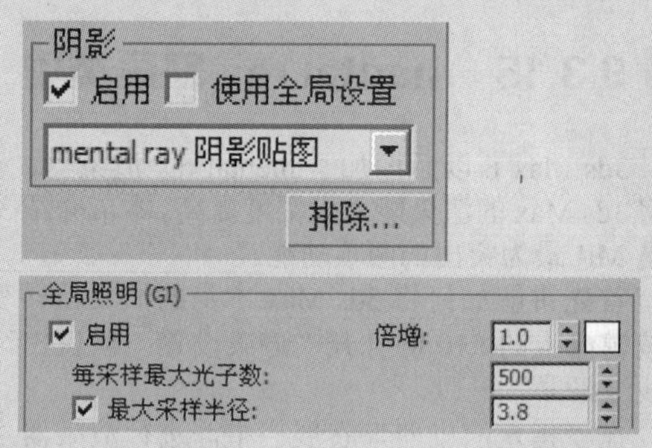

步骤 03 渲染场景，观察效果。此时其实整个场景的光子已经开始传递了，并且可以看到带有不同颜色。若希望得到一个表面比较均匀的效果，可以改变光子的大小和数目来改善渲染效果。先将光子半径设置为 3，然后进行渲染。此时得到的光子效果要比以前清晰，但还是比较花。

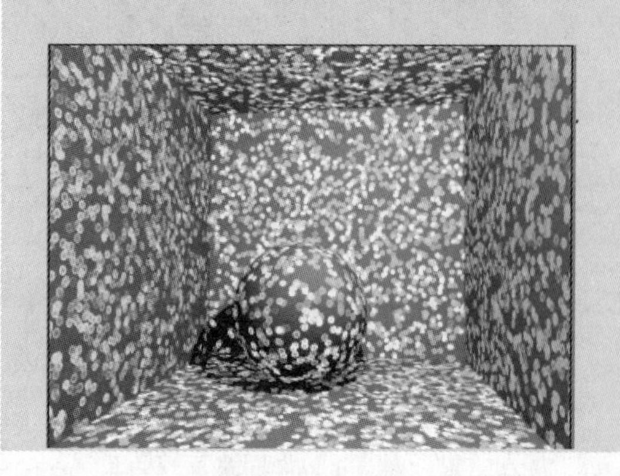

步骤 04 设置全局灯光参数。通过提高光子数目的方法，可以得到更好的图像效果。光子数目的增加和渲染的时间成正比。

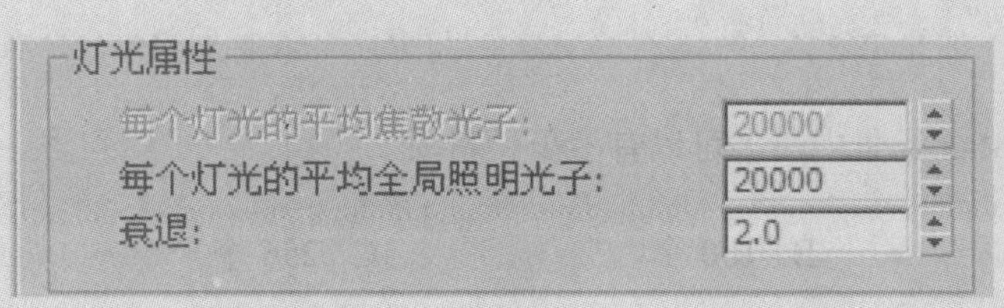

步骤 05 这里只对“每个灯光的平均全局照明光子数目”进行调节。这个参数可以控制当前场景中使用的光子总量。下图是使用了 100 000 个光子的效果，这里将得到更为细致的效果。

步骤 06 如果想得到更好的渲染效果就需要打开最终聚集选项（在“渲染设置”对话框中启用“最终聚集”选项），但是这样将要花费很长的时间来进行渲染。因此在调整的时候设置为预览模式，可以看到画面上还有很多不光滑的部分。调整完成后可进行最终渲染了，此时可将采样的数值设置得相对高一些。

习题加油站

本章介绍了材质编辑器在材质编辑过程中的重要功能，学习了各种阴影类型、材质类型和各种贴图效果的制作方法。下面通过习题来巩固所学知识。

设计师认证习题

Q 一个 3ds Max 场景中最多可以有多少种材质 ________。

A A. 24 个　B. 100 个　C. 256 个　D. 任意多个

Q 在标准材质中，以下哪个值是用来控制材质高光强度的 ________。

A A. 高光级别　B. 光泽度　C. 高光反射　D. 柔化

Q 以下关于“多维/子对象”材质的描述不正确的是 ________。

A A. “多维/子对象”材质中的每个子材质都是一个完整的材质
B. “多维/子对象”材质不能再嵌套更多的“多维/子对象”材质
C. 当删除该“多维/子材质”时，其所有子材质也会被一同删除
D. “多维/子对象”材质可以设定无数个子材质

Q 观察下图效果，哪一个材质实例窗中的反射效果属于“菲涅耳”反射效应 ________。

A

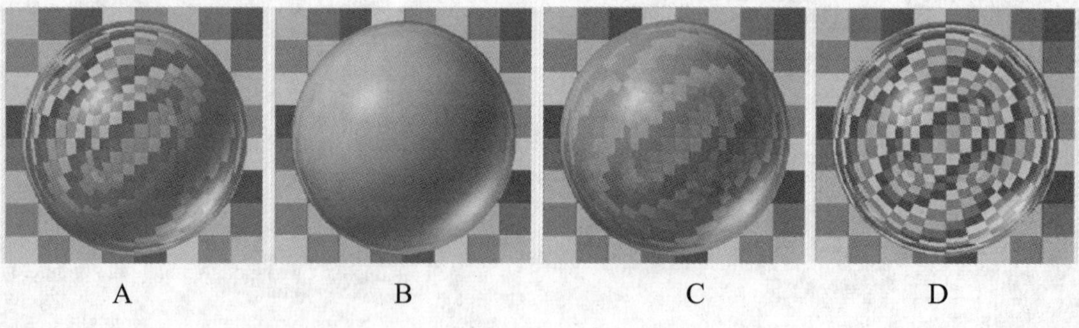

A　B　C　D

Q “不透明度”的百分比值为 ________ 时，对象完全透明显示。

A A. 0　B. 30　C. 50　D. 100

专家认证习题

Q 在材质编辑器的“明暗器基本参数”卷展栏中，哪种明暗器适合建立弧形表面的椭圆形高光，可以用于产生磨砂金属或头发的效果__________。

A A. 金属　　B. Phong　　C. 各向异性　　D. Bline

Q 表现室内日景效果时，窗玻璃通常应具有以下哪种效果__________。

A A. 有轻微反射　　B. 有强烈反射　　C. 没有反射　　D. 有强烈折射

Q 下图中的人物为一个单一对象，下列关于赋予该对象的材质叙述，其中正确的是__________。

A A. 被赋予的“合成”材质由不同的“Ink’n Paint”材质叠加组成
B. 被赋予的“多维/子对象”材质由不同的“Ink’n Paint”材质组成
C. 该对象被赋予的是“合成”材质
D. 该对象被赋予了“多维/子对象”材质

Q “建筑”材质使用“镜像”模板时以下哪些贴图通道是不可用的__________。

A A.“反光度”贴图　　B. “透明度”贴图
C. “漫反射”贴图　　D. “半透明”贴图

第 10 章

摄影机和环境

内容提要：

大师作品欣赏：

这幅作品的制作用到了 3ds Max 自带的“体积光”效果，整个画面的光感非常强烈。那种阳光照射进来的效果被作者表现得淋漓尽致。

这幅作品选择了一个非常适合观察的角度，让整朵花展现在我们眼前。摄影机应用的景深效果，使背景和花朵更自然地结合，使整个画面显得很有空间感，主次也更加分明。

10.1 摄影机

3ds Max 提供了两种摄影机类型，包括目标摄影机和自由摄影机两种，前者适用于表现静帧或单一镜头的动画，后者适用于表现摄影机路径动画。

10.1.1 目标摄影机

目标摄影机查看目标对象周围的区域。创建目标摄影机后，看到一个由两部分组成的图标，该图标表示摄影机和其目标（一个白色框）。可以分别为摄影机和摄影机目标设置动画，以便当摄影机不沿路径移动时，方便控制摄影机。

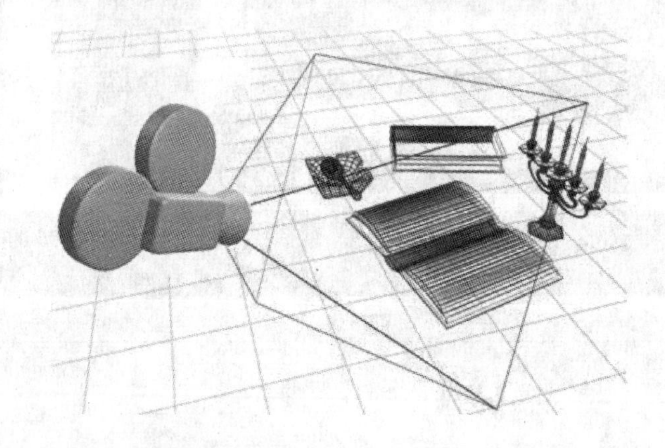

10.1.2 自由摄影机

自由摄影机在摄影机指向的方向查看区域。创建自由摄影机后，可以看到一个图标，该图标表示摄影机和其视野，与目标摄影机图标看起来相同，但是不存在要设置动画的单独的目标图标。当摄影机的位置沿一个路径被设置动画时，更适合使用自由摄影机。

10.2 摄影机的使用

Cameras 可创建一个摄影机并设置其位置的动画。例如，可能要飞过一个建筑或走过一条道路。也可以设置其他摄影机参数的动画。

10.2.1 景深

景深的存在使镜头具有真实再现视觉感受的能力，使画面具有虚实对比关系，这是突出主题、表现空间感不可缺少的手段。

动手演练 景深的控制

步骤 01 打开场景文件（光盘文件\第 10 章\景深的控制 .max），场景中已经设置了一个摄影机。将摄影机目标点的投射位置移动到第 4 个人物的位置。

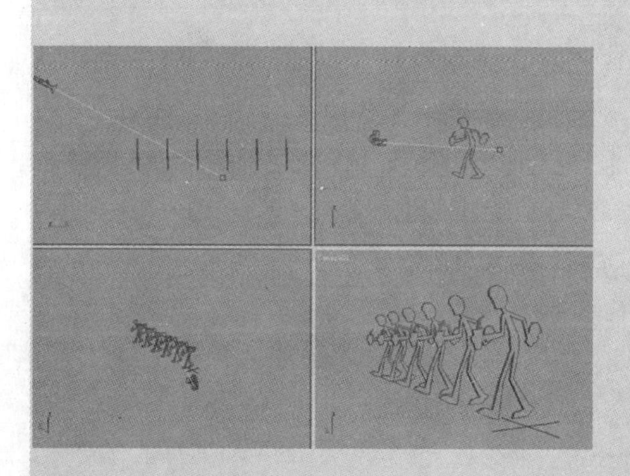

步骤 02 选择 Camera01 视图，按 Shift+Q 组合键进行快速渲染。

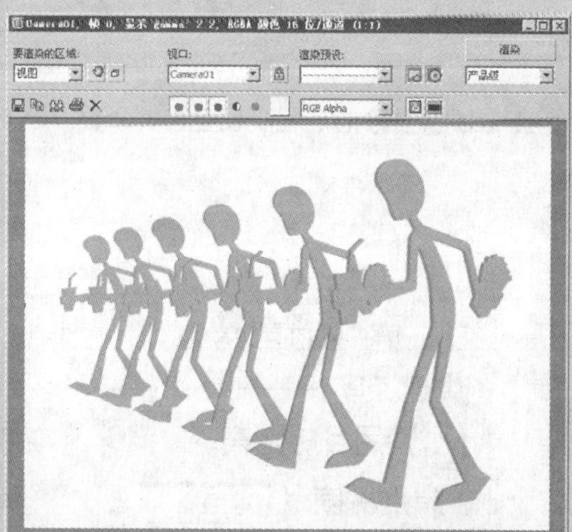

步骤 03 将渲染好的图像加入到 RAM 播放器对话框的通道中，以便于进行比较。

步骤 04 选择“渲染”→“RAM 播放器”命令，打开“RAM 播放器”对话框。

步骤 05 单击“RAM 播放器”对话框 Channel A（通道 A）的按钮，打开“RAM 播放器配置”对话框。

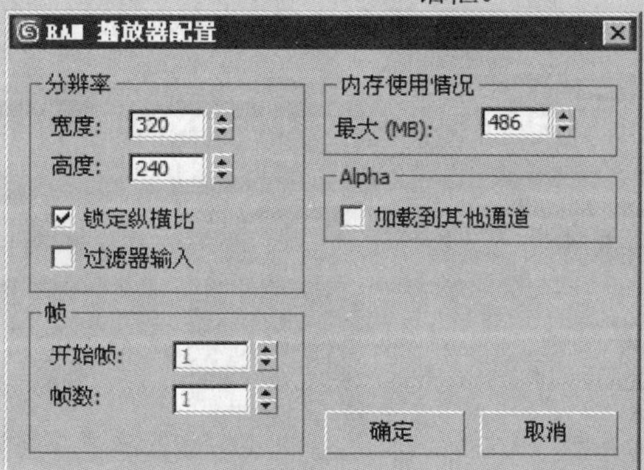

步骤 06 单击“OK”按钮，将渲染好的图像加载到 RAM 播放器的通道 A 中。

步骤 08 在 景深参数 卷展栏中设置相关参数。

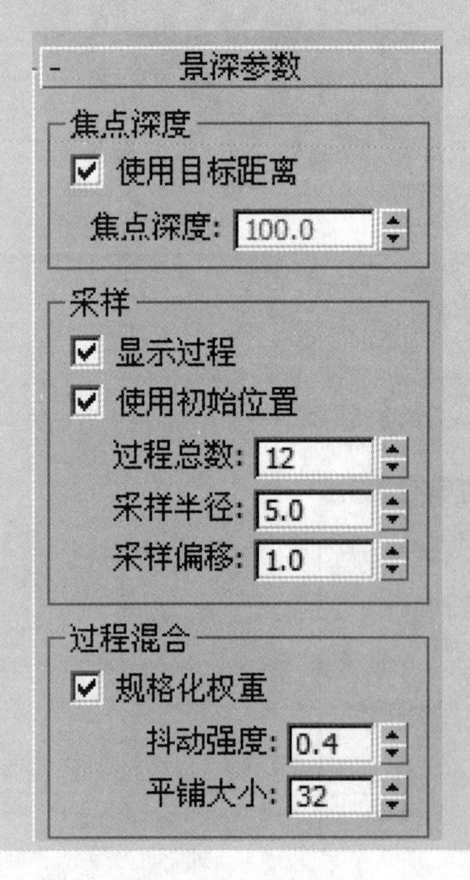

步骤 07 最小化“RAM 播放器”对话框。下面设置景深效果。在视图中选择摄影机，单击按钮，在多过程效果选项区域选择启用复选框，并选择景深 选项。这样便启用了景深效果。

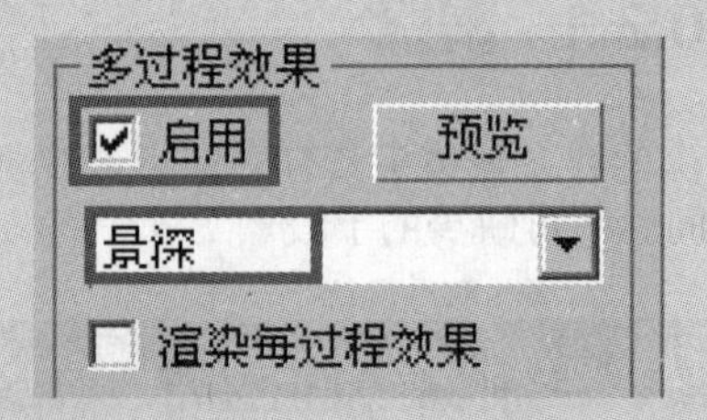

步骤 09 按 Shift+Q 组合键，对画面进行快速渲染。此时 3ds Max 开始独立进行各个层的渲染，然后将它们结合在一起形成最后的图像。

步骤 10 单击“RAM 播放器”对话框中通道 B 的按钮，打开“RAM 播放器配置”对话框。单击“OK”按钮，将渲染好的图像加载到 RAM 播放器的通道 B 中。此时即可对比观察两个渲染的图像了。移动画面上下的三角形滑块可以像卷帘窗一样观察通道 A 和通道 B 的效果。

10.2.2 动态模糊

动态模糊或运动模糊是在静态场景或一系列图片中像电影或动画中快速移动的物体造成明显的模糊拖动痕迹的效果。

动手演练 | 制作动态模糊效果

步骤 01 首先打开一个蝴蝶模型文件，制作蝴蝶翅膀的动态模糊效果（光盘文件\第10章\动态模糊\动态模糊效果.max）。

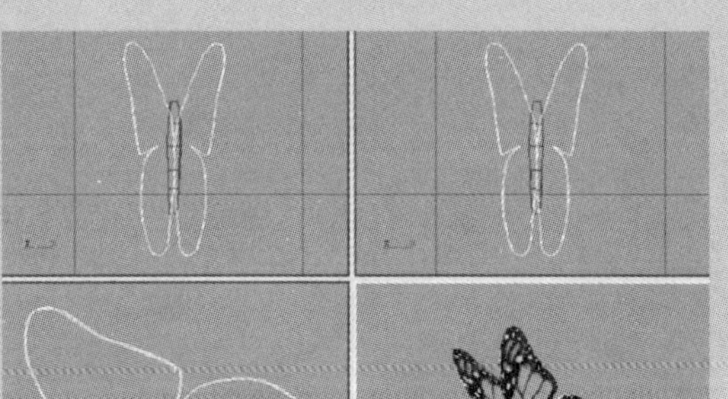

步骤 02 在主工具栏中单击按钮，在前视图中对蝴蝶的两个翅膀各进行45°旋转。

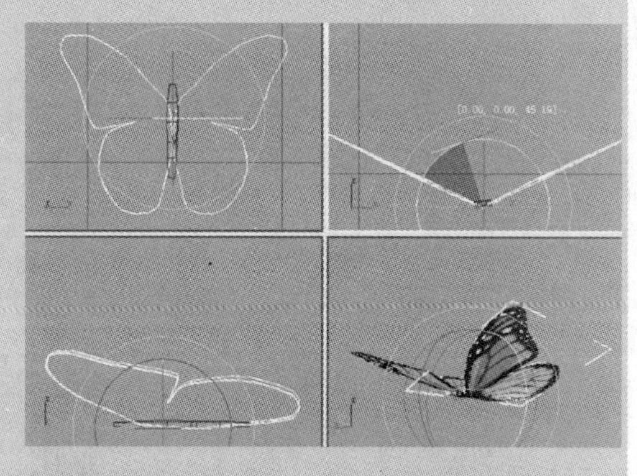

步骤 03 单击自动关键点按钮，准备制作翅膀动画。移动时间滑块到第100帧，向上45°旋转两个翅膀，如下图所示。

步骤 04 现在蝴蝶翅膀的一组煽动动画制作好了。下面制作整个100帧时间内的翅膀动画。拖动时间滑块观察动画：第0帧～第100帧产生了翅膀动画效果。单击自动关键点按钮关闭动画制作。

步骤 05 下面设置运动模糊效果。选择摄影机Camera01，单击按钮。

步骤 06 选择多过程效果选项区域中的“启用”复选框，启动多层效果。

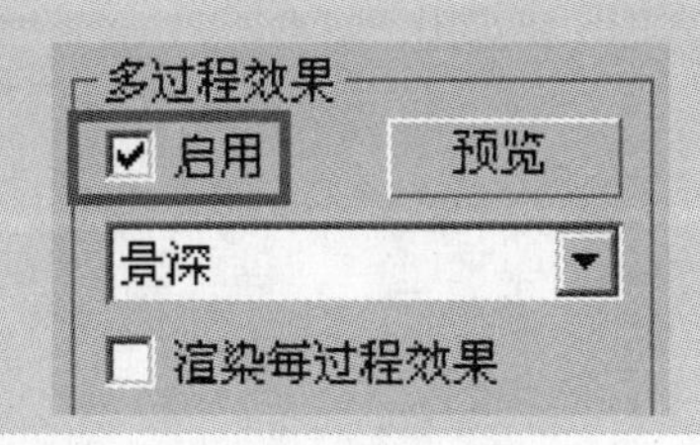

步骤 07 单击“景深”右侧的下拉按钮，从下拉列表中选择“运动模糊”选项。

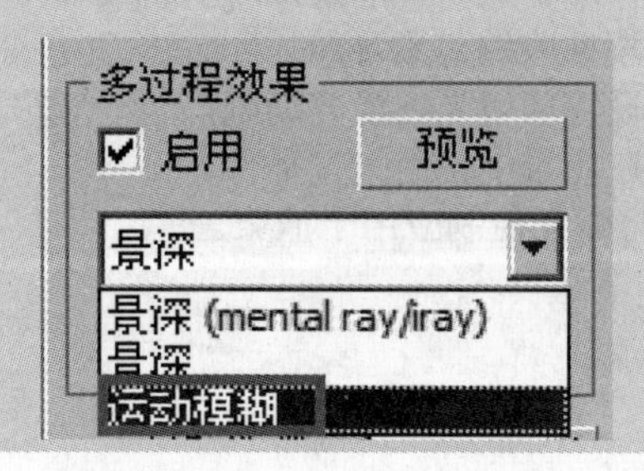

步骤 08 在 运动模糊参数 卷展栏中，设置相关参数。右击蝴蝶翅膀，在弹出的快捷菜单中选择“对象属性”命令，打开物体属性对话框，在 运动模糊 选项区域选择 图像 单选按钮。单击“确定”按钮，这样该物体便具有了动态模糊属性。

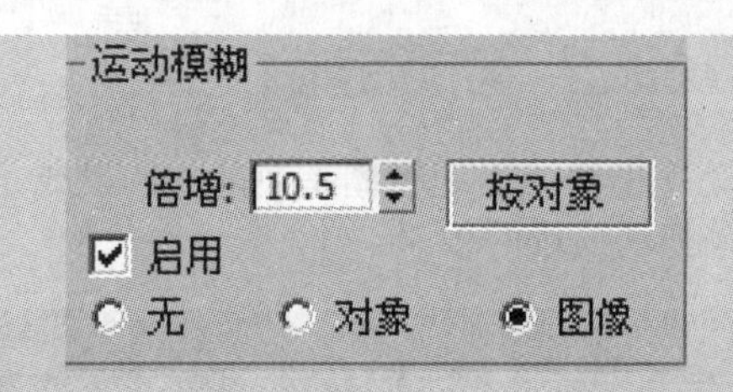

步骤 09 按 Shift+Q 组合键，对摄影机视图进行渲染，蝴蝶的翅膀产生了动态模糊效果。

步骤 10 用相同的方法设置另一个翅膀的动态模糊属性，完成后的渲染效果如下图所示。

10.3 环境控制

选择“渲染”→“环境”菜单命令，弹出“环境和效果”窗口，可在该窗口中设置大气效果和背景效果。

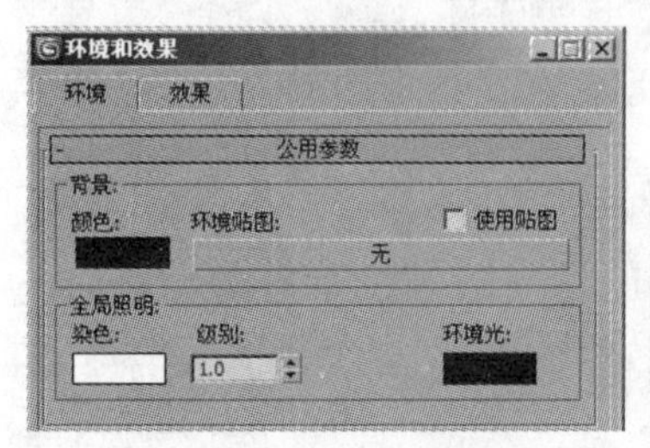

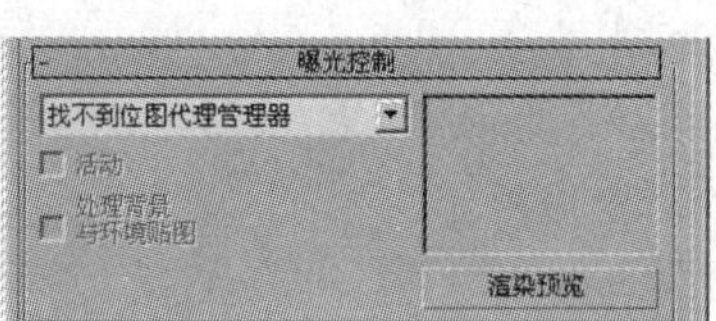

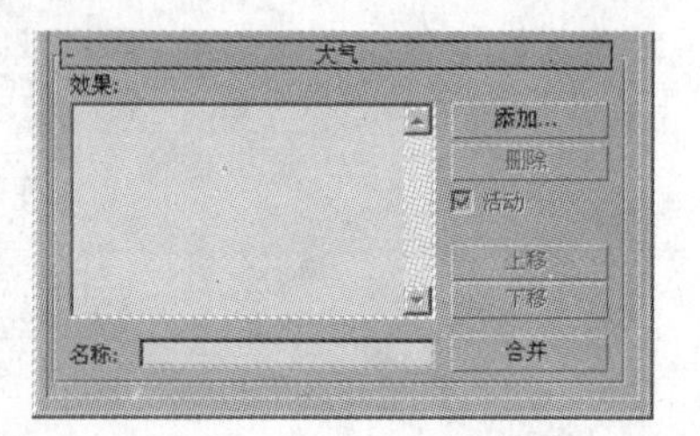

使用环境功能可以执行以下操作：

- 设置背景颜色和背景颜色动画。
- 在渲染场景（屏幕环境）的背景中使用图像，或者使用纹理贴图作为球形环境、柱形环境或收缩包裹环境。
- 设置环境光环境光动画。
- 在场景中使用大气插件。
- 将曝光控制应用于渲染。

10.4 曝光控制

“曝光控制”用于调整渲染的输出级别和颜色范围的插件组件，就像调整胶片曝光一样。如果渲染时使用“光能传递”，“曝光控制”尤其有用。

“曝光控制”可以补偿显示器有限的动态范围。显示器的动态范围大约有两个数量级，最亮的颜色比最暗的颜色亮大约 100 倍。比较而言，眼睛可以感知大约 16 个数量级的动态范围。可以感知的最亮的颜色比最暗的颜色亮大约 10^{16} 倍。“曝光控制”调整颜色，使颜色可以更好地模拟眼睛的大动态范围，同时仍在可以渲染的颜色范围内。

曝光控制有 4 种类型，即自动曝光控制、对数曝光控制、线性曝光控制和伪彩色曝光控制。

10.4.1 自动曝光控制

“自动曝光控制”从渲染图像中采样，生成一个柱状图，在渲染的整个动态范围内提供良好的颜色分离。“自动曝光控制”可以增强某些照明效果，否则，这些照明效果会过于暗淡而看不清。如下图所示，自动曝光可以影响整个图像的照明。

知识拓展：动画中自动曝光的使用

在动画中不应使用“自动曝光控制”，因为这样将导致每个帧使用不同的柱状图，可能会使动画闪烁。

“自动曝光控制参数”卷展栏如右图所示。

自动曝光控制参数
亮度: 50.0 颜色修正:
对比度: 50.0 降低暗区饱和度级别
曝光值: 0.0
物理比例: 1500.0

亮度：调整转换颜色的亮度。范围为 0 ～ 200。默认值为 50。

对比度：调整转换颜色的对比度。范围为 0 ～ 100。默认值为 50。

曝光值：调整渲染的总体亮度。范围为 –5.0 ～ 5.0；负值使图像更暗，正值使图像更亮。默认值为 0.0。曝光值相当于具有自动曝光功能的摄影机中的曝光补偿。此参数可用于设置动画效果。

物理比例：设置曝光控制的物理比例，用于非物理灯光。可以调整渲染，使其与眼睛对场景的反应相同。每个标准灯光的倍增值乘以“物理比例”值，得出灯光强度值（单位为坎德拉，cd）。例如：默认的“物理比例”为 1500，渲染器和光能传递将标准的泛光灯当做 1500 cd 的光度学等向灯光。“物理比例”还用于影响反射、折射和自发光。范围为 0.0 ～ 200 000.0 cd。默认值为 1 500.0。

一根蜡烛大约 1 cd（该单位也称为“烛光”）。100W 的白炽灯泡大约 139 cd。向所有方向发光的 60W 灯泡大约为 70 cd，而带反射镜的同样灯泡大约为 4500 cd，因为通光量集中到一个较窄的角度。

“颜色修正”复选框和色样：如果选中该复选框，颜色修正会改变所有颜色，使色样中显示的颜色为白色。默认设置为禁用状态。可以使用此控件模拟眼睛对不同照明的调节方式。例如，即使房间内的灯光包含白炽灯泡发出的黄色色调，我们仍会将已知白色的对象看做白色，例如打印纸。为了获得最佳效果，应使用很淡的颜色修正色，例如淡蓝色或淡黄色。

降低暗区饱和度级别：选择此复选框时，渲染器会使颜色变暗淡，好像灯光过于暗淡，眼睛无法辨别颜色。默认设置为禁用状态。“降低暗区饱和度级别”会模拟眼睛对暗淡照明的反应。在暗淡的照明下，眼睛不会感知颜色，而是看到灰色色调。

除非灯光照度非常低，低于 5.62 英尺烛光（流明/平方英尺，简写为 ftc，1ftc=10.76 1ux），否则，此设置的效果不明显。如果照度低于 0.00562 英尺烛光，场景将完全呈现灰色。

知识拓展：设置光线跟踪

如果对自发光使用光线跟踪，需要设置“物理比例”。将此值设置为等于场景中最亮的光源。这将设置适合反射、自发光，以及材质提供的所有其他非物理元素的转换比例。有时，某个对象反射或发射的灯光可能比场景中最亮的灯光对象还要强；此时，应使用该对象的“亮度”值作为“物理比例”。

10.4.2 线性曝光控制

“线性曝光控制”从渲染图像中采样，使用场景的平均亮度将物理值映射为 RGB 值。“线性曝光控制”最适合用于动态范围很低的场景。在动画中不应使用“线性曝光控制”，因为每个帧将使用不同的柱状图，可能会使动画闪烁。

“线性曝光控制参数”与“自动曝光控制参数”设置相同。

10.4.3 对数曝光控制

“对数曝光控制”使用亮度、对比度，及场景是否是日光中的室外等参数，都将物理值映射为 RGB 值。“对数曝光控制”比较适合动态范围很高的场景。

“对数曝光控制”是最适合制作动画的曝光控制类型，因为动画不使用柱状图。

“对数曝光控制参数”卷展栏如右图所示。

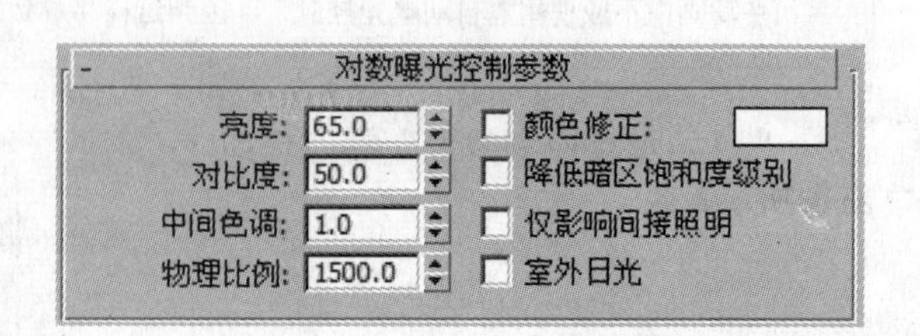

室外日光：选择此复选框，则转换适合室外场景的颜色。默认设置为禁用状态。

仅影响间接照明：选择此复选框，“对数曝光控制”仅应用于间接照明的区域。默认设置为禁用状态。

如果场景的主照明从标准灯光（而不是光度学灯光）发出，应选择“仅影响间接照明”复选框，此时光能传递和曝光控制生成的结果与默认的扫描线渲染器类似。使用标准灯光但是取消选择“仅影响间接照明”复选框时，光能传递和曝光控制生成的结果与默认的扫描线渲染器差异很大。通常，如果场景的主照明从光度学灯光发出，不需要选择“仅影响间接照明”复选框。

10.5　体积雾环境效果

“体积雾”可以制作雾效果，雾密度在 3D 空间中不是恒定的。此插件提供吹动的云状雾，似乎在风中飘散。

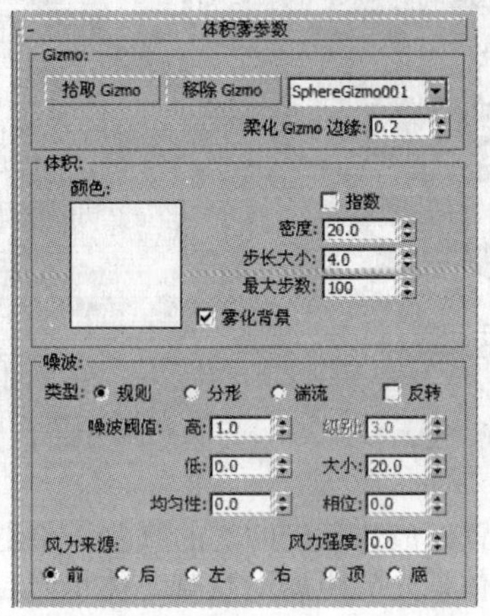

1. Gizmo

“Gizmo”选项区域：默认情况下，体积雾填满整个场景。不过，可以选择“SphereGizmo001”选项包含雾。Gizmo 可以是球体、长方体、圆柱体或这些几何体的特定组合。

2.“体积”选项区域

在“体积”选项区域，可对体积雾的颜色、密度和步长等属性进行参数设置。

颜色：设置雾的颜色。单击色样，然后在颜色选择器中选择所需的颜色。

密度：控制雾的密度。范围为 0 ～ 20（超过该值可能会看不到场景）。

步长大小：确定雾采样的粒度，即雾的“细度”。“步长”大小较大，会使雾变粗糙（到了一定程度，将变为锯齿）。

最大步数：限制采样量，以便使雾的计算不会永远执行。如果雾的密度较小，此选项尤其有用。

雾背景：将雾功能应用于场景的背景。

3.“噪波”选项区域

体积雾的“噪波”选项区域相当于材质的“噪波”选项。

类型：从 3 种噪波类型中选择要应用的一种类型。

噪波阈值：限制噪波效果。范围为 0 ～ 1.0。如果噪波值高于“低”阈值而低于“高”阈值，动态范围会拉伸到填满 0 ～ 1。这样，在阈值转换时会补偿较小的不连续，因此，会减少可能产生的锯齿。

风力来源：定义风来自于哪个方向。

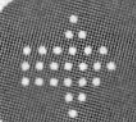 10.6 体积光环境效果

“体积光”根据灯光与大气（雾、烟雾等）的相互作用提供灯光效果。

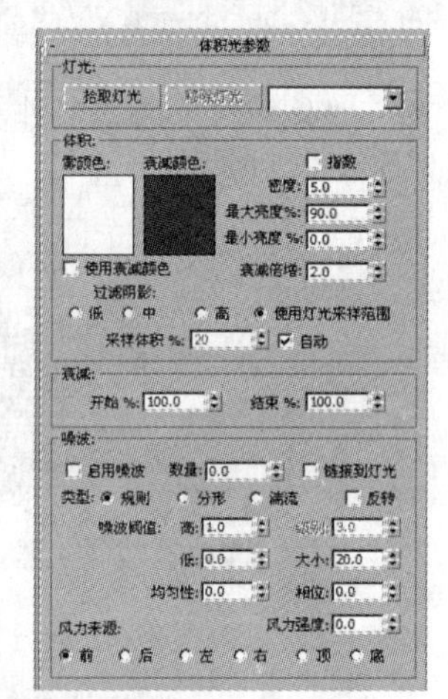

雾颜色：设置组成体积光的雾的颜色。单击色样，然后在颜色选择器中选择所需的颜色。

衰减颜色：体积光随距离而衰减。体积光经过灯光的近距衰减距离和远距衰减距离，从“雾颜色”渐变到“衰减颜色”。单击色样将显示颜色选择器，这样可以更改衰减颜色。

衰减倍增：调整衰减颜色的效果。

启用噪波：选择复选框时，渲染时间会稍有增加。

10.7 案例实训——炙热的太阳

本案例通过环境效果制作一个燃烧的太阳。

 10.7.1 制作太阳的火焰和辅助体

步骤 01 单击“创建”按钮打开“创建”面板，单击“几何体”按钮，在标准基本体面板中单击“球体”按钮，在顶视图中拖动鼠标，创建一个半径为 80、分段为 50 的球体（光盘文件 \ 第 10 章 \ 炙热的太阳 .max）。

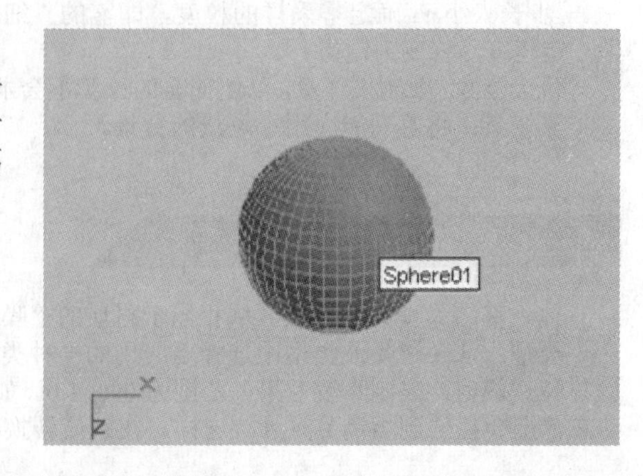

步骤 02 选中球体，在球体上右击，在弹出的快捷菜单中选择“对象属性(P)...”命令，弹出“对象属性”对话框，设置“对象 ID”为 1。

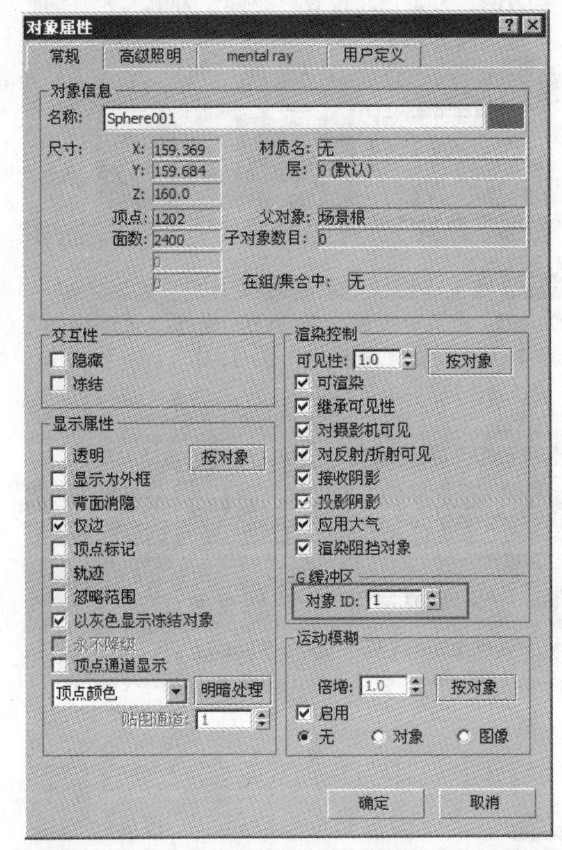

步骤 03 单击“创建”按钮，打开“创建”面板，单击“辅助体”按钮，在下拉列表框中选择“大气装置”选项，单击“球体 Gizmo”按钮，在顶视图中创建一个半径稍微比 Sphere01 球体大一些的辅助体。

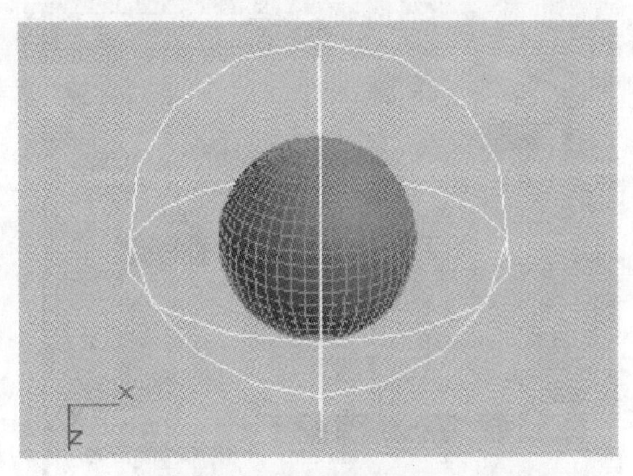

步骤 04 确定 Sphere01 球体为当前选项，单击工具栏中的“对齐”按钮，然后单击球体 Gizmo01，弹出“对齐当前选择”对话框。在“对齐位置（边界）”选项区域中，选择 X、Y、Z 三轴的对齐项，在“当前对象”和“目标对象”选项组中均选择“中心”单选按钮。单击“确定”按钮。

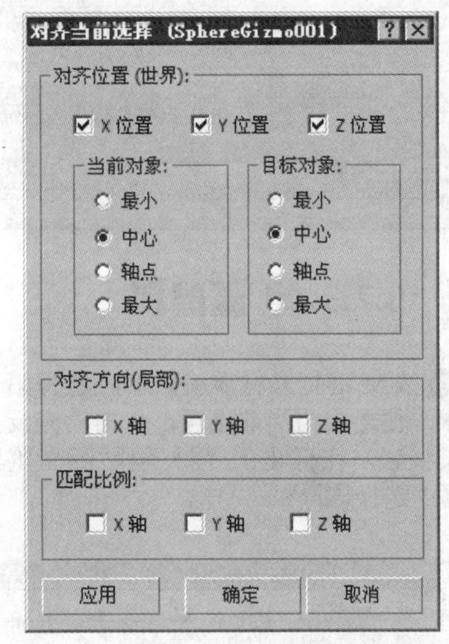

10.7.2 给辅助体增加火焰效果

步骤 01 打开“修改”面板，在“新种子”下方的“大气和效果”卷展栏中单击“添加”按钮，弹出“添加大气”对话框。选择该对话框中的“火效果”选项，并保持其他选项为系统默认设置。单击“确定”按钮退出对话框。

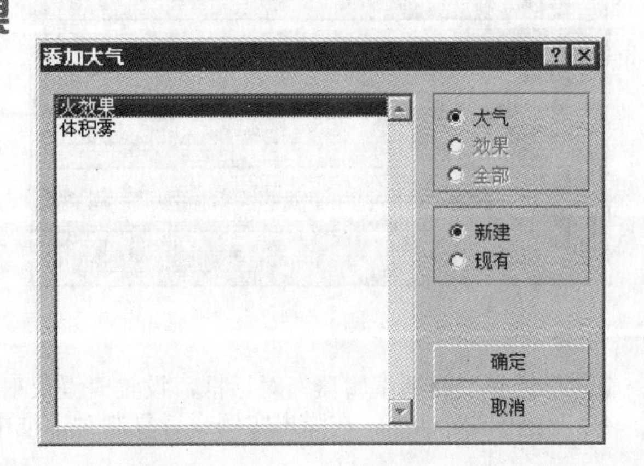

步骤 02 选中“火效果”选项，单击“设置”按钮，直接弹出“环境和效果”对话框。

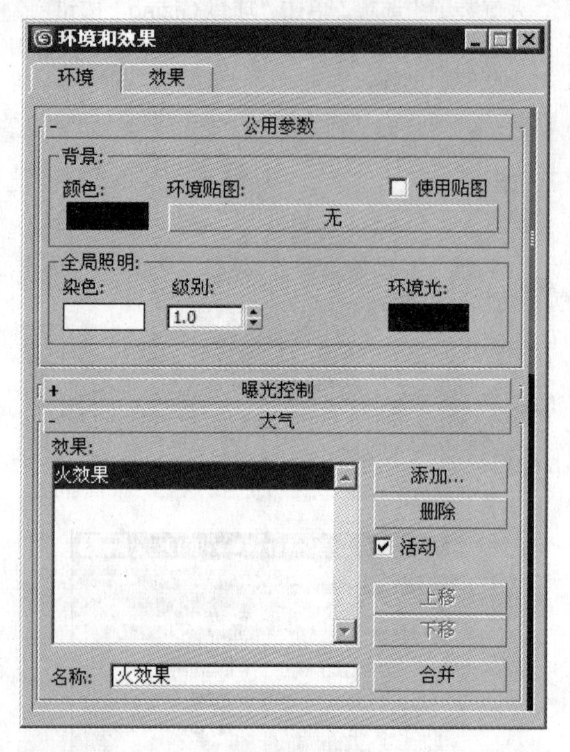

步骤 03 在“火效果参数”卷展栏中，设置火效果最浓烈的“内部颜色”为桔黄色。设置燃烧“外部颜色”为红色，设置爆炸效果的“烟雾颜色”为黑色。设置“拉伸”为 1，设置“规则性”为 0.2。

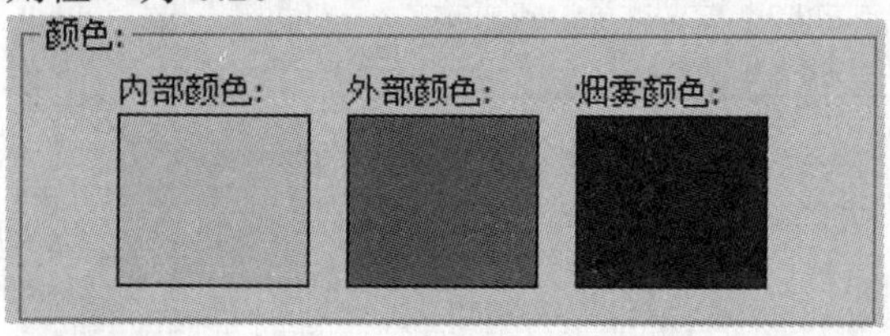

步骤 04 设置“特性”选项区域中的“火焰大小”为 6.0，设置“密度”为 15.0，设置“火焰细节”为 10.0，设置“采样数”为 15.0。

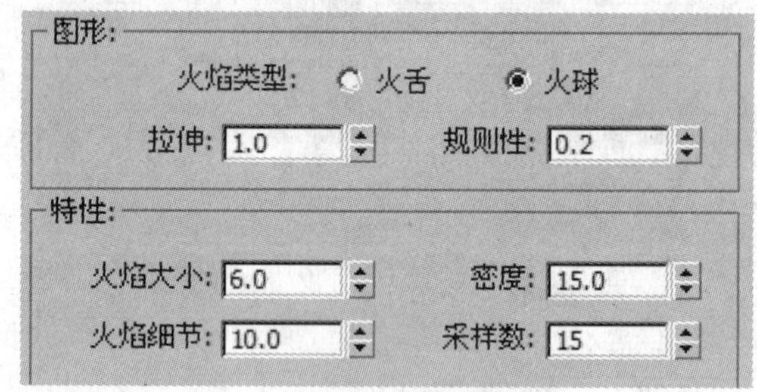

10.7.3 设置背景

步骤 01 按 M 键打开材质编辑器，选择第一个材质球，使之成为当前选项。单击“漫反射”旁的长按钮，在弹出的“材质/贴图浏览器”对话框中选择 噪波 贴图。

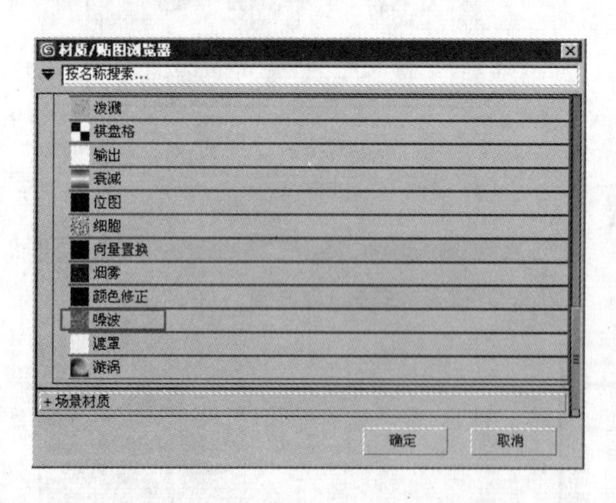

步骤 02 在“噪波参数”卷展栏中，设置“噪波类型”为“分形”，在“噪波阈值”选项组中，设置“高”值为 1，“低”值为 0.7。设置“级别”为 3.0。

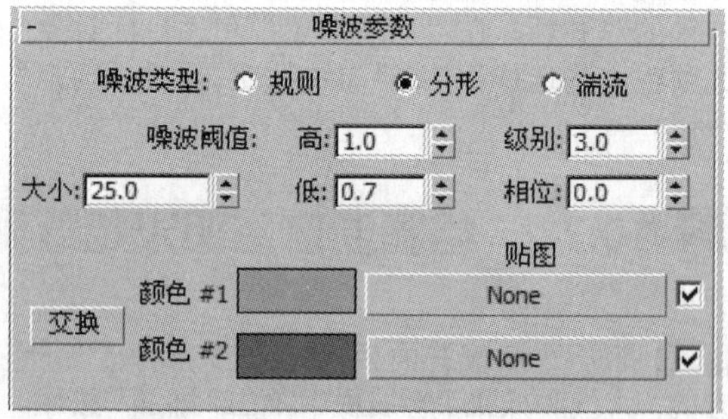

步骤 03 在菜单栏中选择“渲染 (R)”→“环境 (E)...”命令，在弹出的“环境”对话框中选择“使用贴图”复选框，并单击“无”按钮，弹出“材质 / 贴图浏览器”对话框。

步骤 04 选择“材质编辑器”对话框，设置“漫反射”通道的颜色为 Map 2 贴图项。单击“OK”按钮，退出该对话框。在弹出实例或者复制对话框中选择实例选项。

10.7.4 编辑太阳材质

步骤 01 按 M 键打开材质编辑器，单击“漫反射”旁的长按钮，在弹出的“材质 / 贴图浏览器”对话框中选择“噪波”贴图。

步骤 02 在“噪波参数”卷展栏中，设定“大小”为 25，设置“噪波类型”为“规则”样式。

步骤 03 在“噪波阈值”选项组中，设置“高”值为 1，“低”值为 0。设置级别为 3.0。

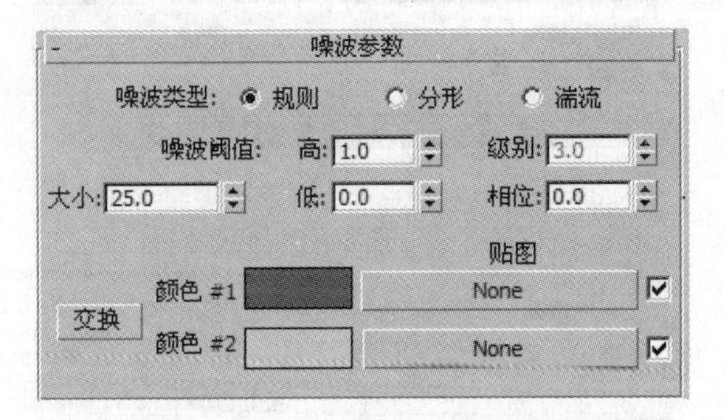

步骤 04 单击回到上层，将“贴图”卷展栏中的“漫反射颜色”贴图拖动到“自发光”贴图中，此时样本球上的明暗面消失了。

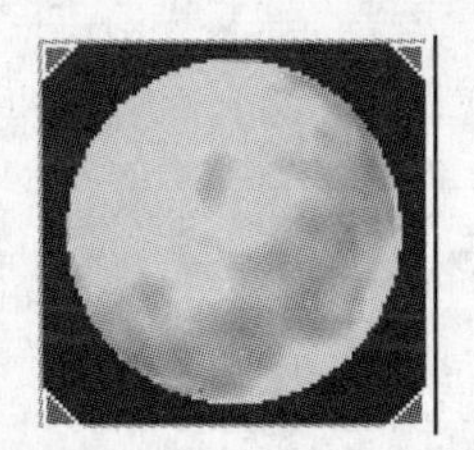

步骤 05 单击“将材质指定给选定对象”按钮，将材质指定到选定物体上，将此材质赋予太阳。

步骤 06 单击“快速渲染”按钮，查看渲染画面，此时太阳的火焰有些生硬，下一节我们给太阳加入辉光效果。

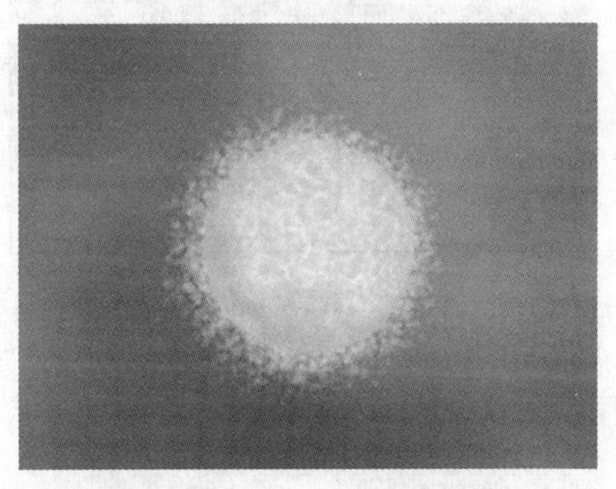

10.7.5 加入太阳辉光效果

步骤 01 在菜单栏中选择“渲染 (R)”→“Video Post(V)...”命令，弹出“Video Post”对话框。

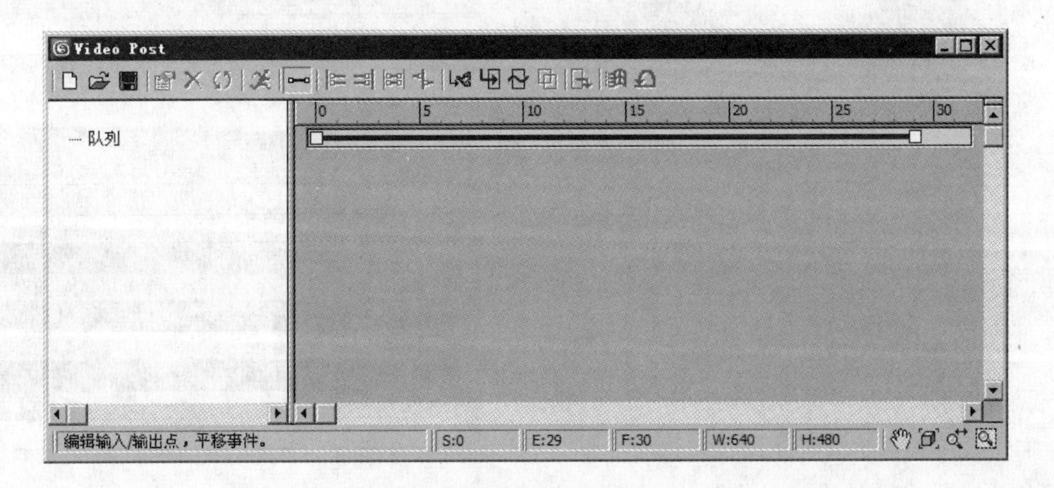

步骤 02 单击“添加场景事件”按钮，在队列中加入透视视窗。

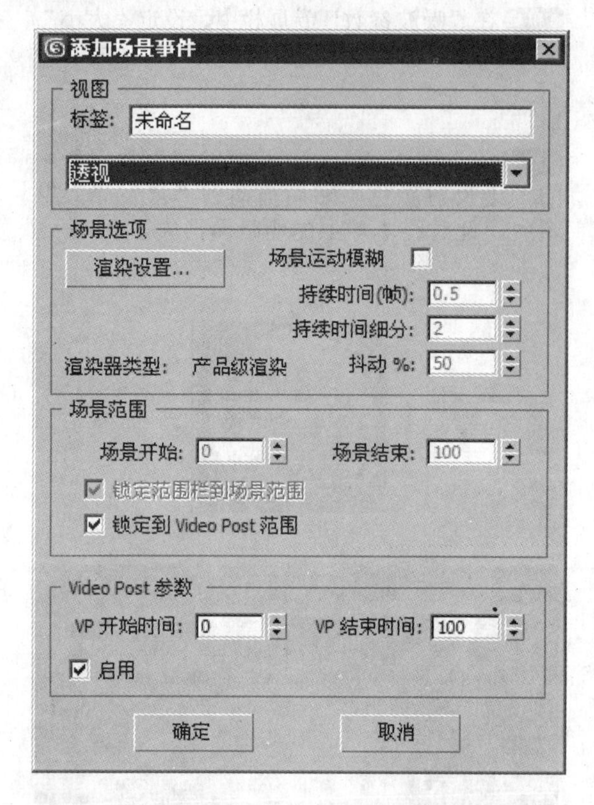

步骤 05 单击“设置”按键，单击“预览”和“VP 队列”按钮，显示场景渲染效果。

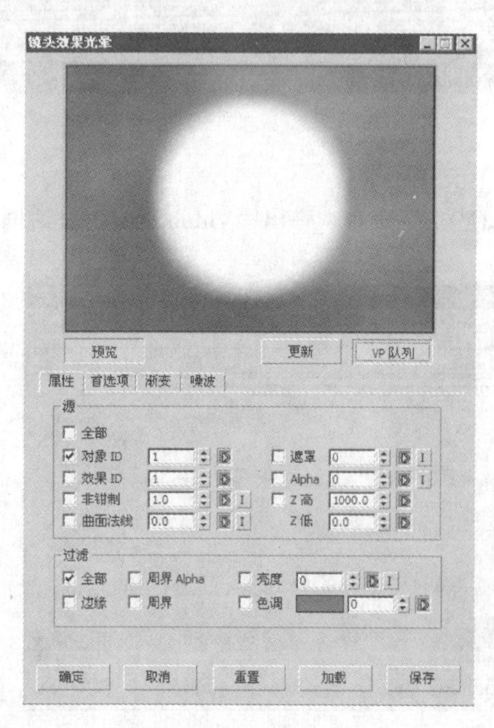

步骤 03 在弹出的“编辑场景事件”对话框中，选择“视图”为“透视”视图，单击“确定”按钮。

步骤 04 单击“添加图像过滤事件”按钮加入效果。在“过滤器插件”选项区域选择“镜头效果光晕”选项。

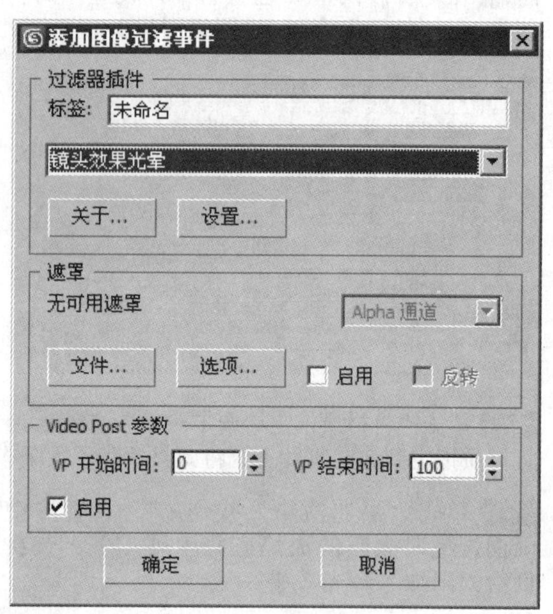

步骤 06 设置“- 源 -”选项区域的“对象 ID”为 1。在“- 过滤 -”选项区域，确定发光处理的方法为“全部”。

步骤 07 在“首选项”选项卡中，设置“- 效果 -”选项区域的“大小”值为 5.0，“柔化”值为 3.0。

场景
影响 Alpha
影响 Z 缓冲区
效果
大小 5.0
柔化 3.0

步骤 08 在“渐变”选项卡中，设置“径向颜色”右边的色表为桔红色。

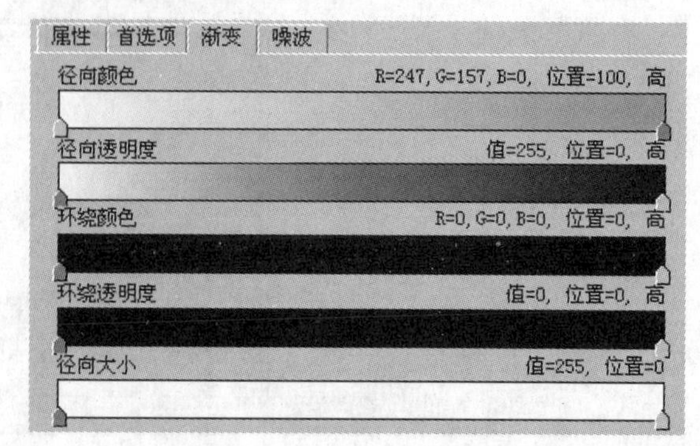

步骤 09 单击“添加图像输出事件”按钮，输出名为 Sun.avi。

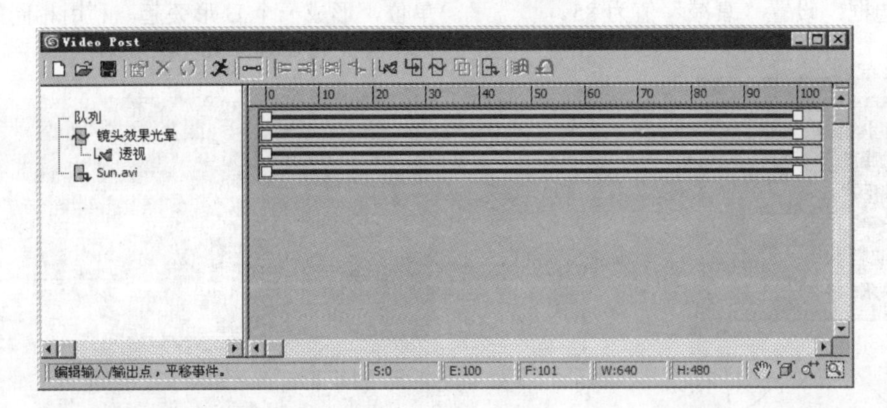

步骤 10 移动太阳的视角。

步骤 11 单击“执行序列”按钮，选择“范围”单选按钮，确认为默认值。单击“渲染”按钮，开始渲染图像。炙热的太阳效果即制作完毕。

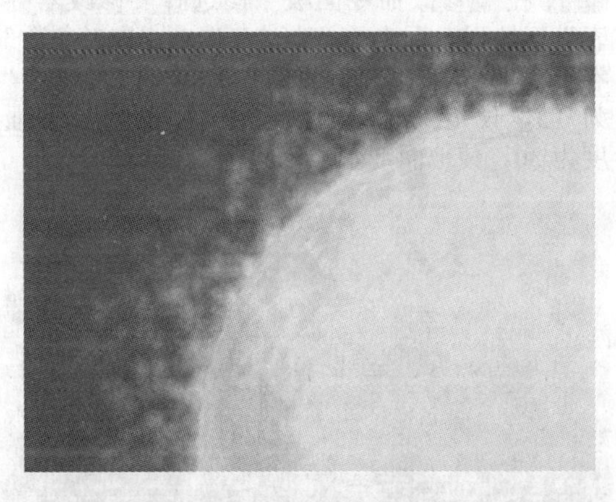

10.8 案例实训——海底体光

本例学习制作海底体积光效果。

10.8.1 制作海底

步骤 01 打开“创建”面板，在“标准基本体”的创建面板中单击“平面”按钮，在顶视图中创建一个方形面片作为海底地面（光盘文件\第10章\海底体光 .max）。

步骤 02 在“修改”面板中，设置“长度”、“宽度”均为 250，“长度分段”和“宽度分段”均为 25。

步骤 03 选择面片并右击，在弹出的快捷菜单中选择“转换为可编辑多边形”命令，在“修改”面板中进入面级别，选择中间某个面。

步骤04 打开“软选择”卷展栏，选择“使用软选择”复选框，设置“衰减”值为85。

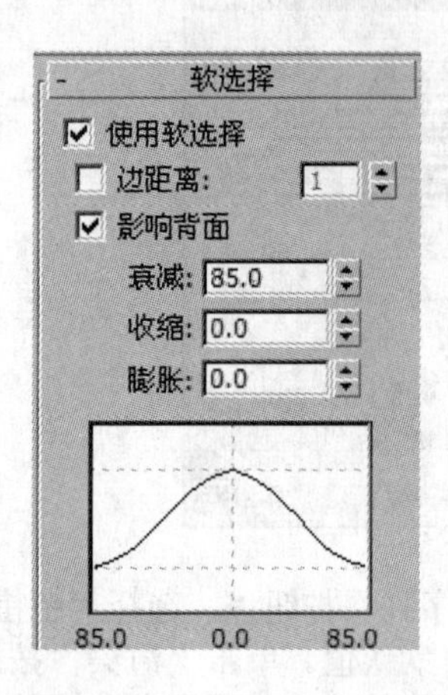

步骤05 在前视图中向上移动被选择的面约50个单位，形成一个U形突起。利用相同的方法在网格体上再创建立几个突起效果。

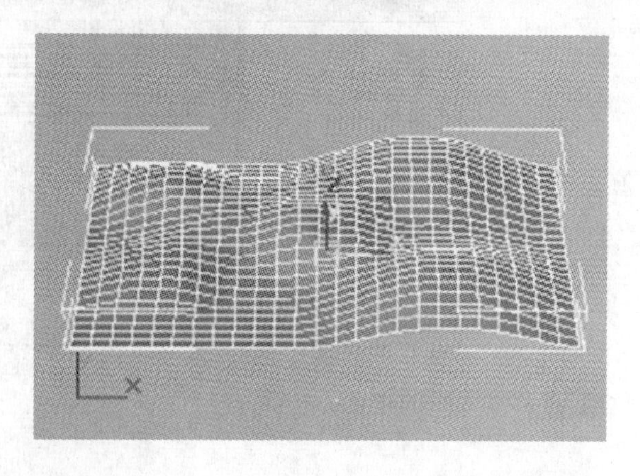

步骤06 在修改命令面板中，选择“修改器列表”下拉列表框中的“噪波”选项，在“参数”卷展栏中，设定“比例”为100，设定“粗糙度”为0.5，设定“迭代次数”为5，设置Y轴强度为30，使地面产生一种起伏效果。

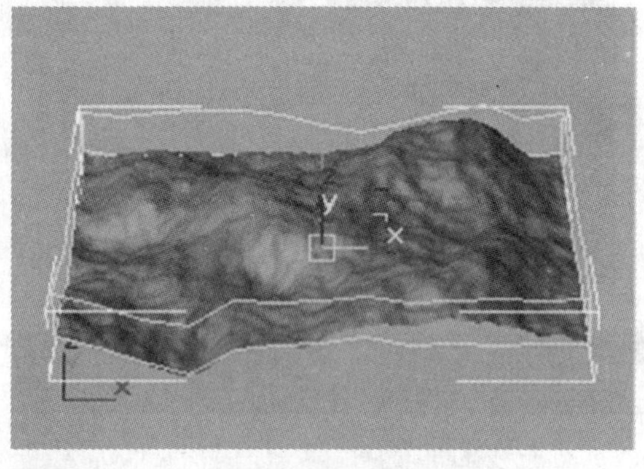

步骤07 打开“创建”面板，单击“摄影机”按钮，在“摄影机”面板中单击“目标”按钮，创建一部摄影机。

10.8.2 制作海底光线

步骤01 激活透视图，按下C键切换为Camera01视图，并调整摄影机视图的视角。

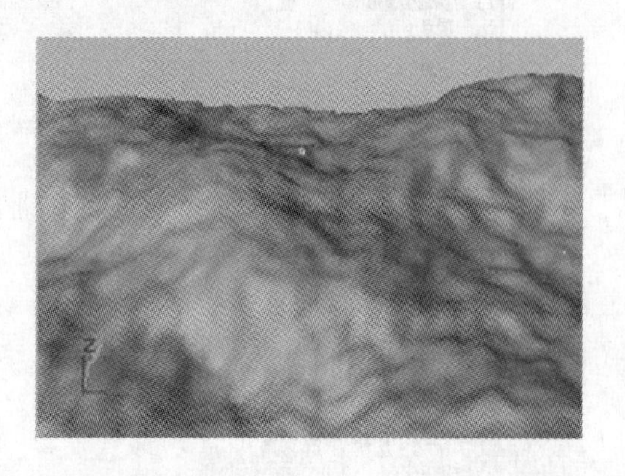

步骤02 单击“创建”按钮，打开“创建”面板，单击“灯光”面板中的“目标平行光”按钮，在顶视图中创建一束平行光源，旋转并移动它们的位置，然后单击“泛光灯”按钮创建一盏昏暗的泛光灯给整个场景增加可视度。

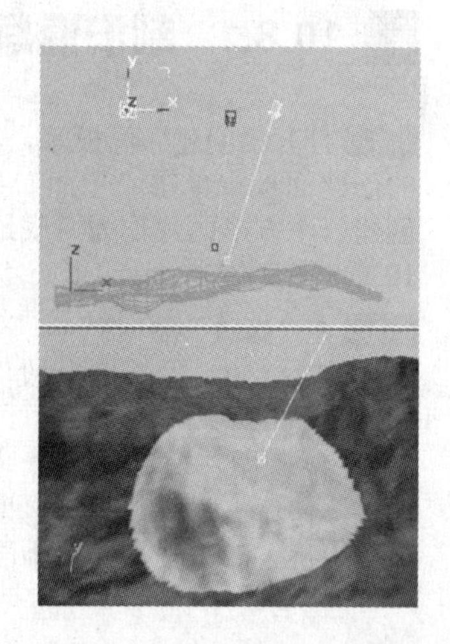

步骤03 选择目标平行光，展开“强度/颜色/衰减”卷展栏，在“近距衰减”选项区域选择“使用”和“显示”复选框，把“开始”和“结束”值分别改为50和130。

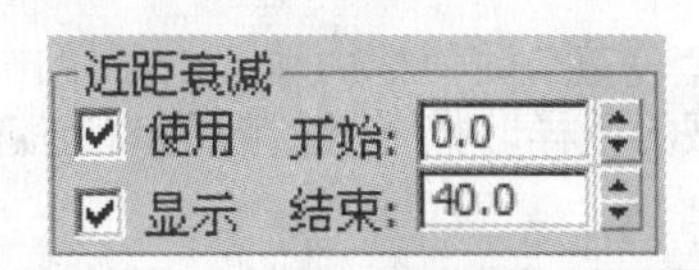

步骤04 按M键打开材质编辑器，单击“获取材质”按钮打开“材质/贴图浏览器”对话框，单击按钮选择“打开材质库...”选项，然后选择材质“石灰石墙面”，单击“OK”按钮。

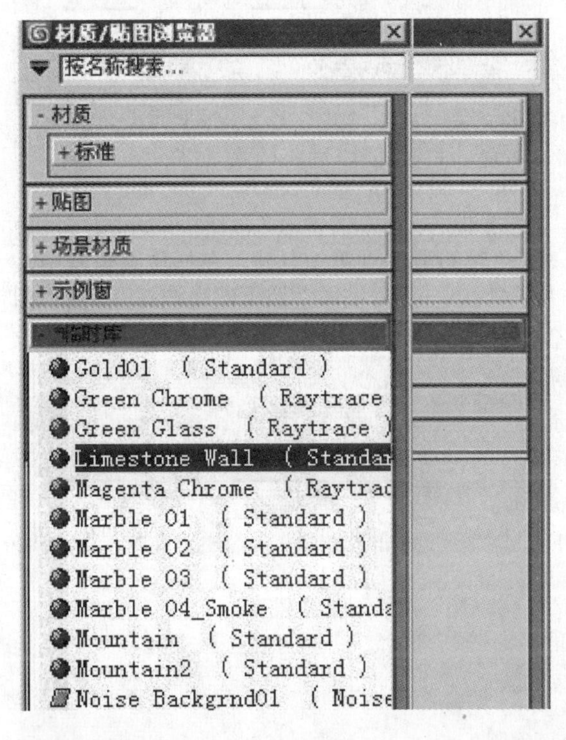

步骤05 此时“临时库”中出现了石灰石材质选项，点取“漫反射”右面的图像按钮以进入该层级，在适配卷展栏的“重复”选项下面两个数值内输入3，点取到同级面板按钮，进入凹凸贴图层级，在“重复”选项下面的两个数值框内同样输入3。

步骤06 激活方形面片物体，单击“将材质指定给选定对象”按钮，将材质指定给方形面片。

步骤07 在材质编辑器中激活第二个样本球，单击位图贴图右侧的长按钮，在图像文件列表中选择一幅彩色图形Abstrwav.jpg。

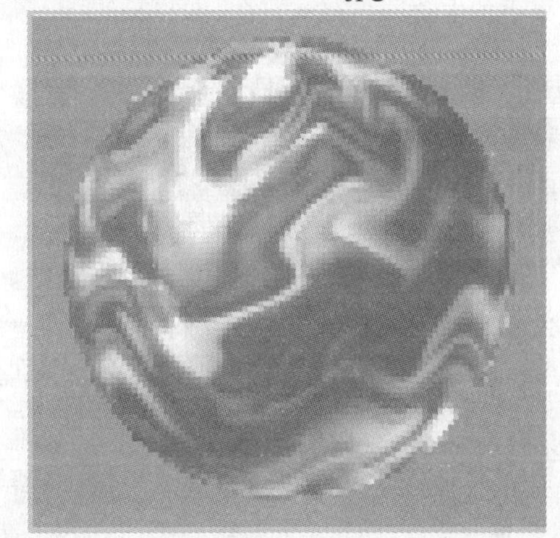

步骤08 选择平行光源，打开“修改”面板，选择选“投影贴图”，单击“贴图”右边的按钮，在“材质/贴图浏览器”项中选择材质编辑器项，选择刚编辑好的材质贴图。

步骤09 在菜单栏选择“渲染(R)”→“环境(E)...”命令打开“环境和效果”对话框。单击“添加...”按钮，在弹出的“添加大气效果”对话框中选择“体积光”选项，单击“确定”按钮，单击“拾取灯光”按钮，在视图中选择平行光源，然后单击“衰减颜色”下方的色样，设定颜色为蓝色。

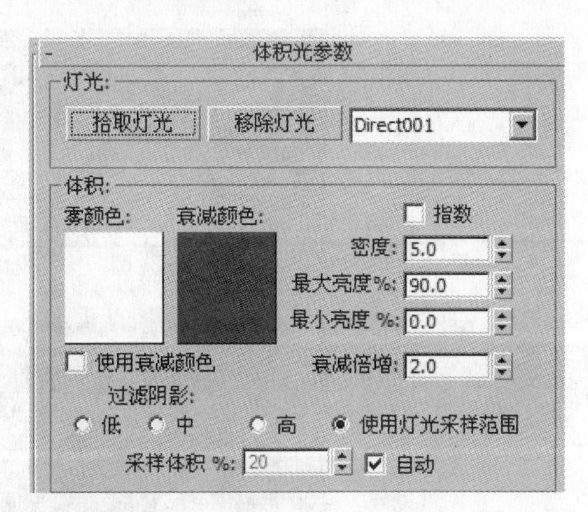

步骤 10 在“密度”数值框内输入 15。单击“背景”选项区域的色样，把背景的颜色改为淡蓝色。

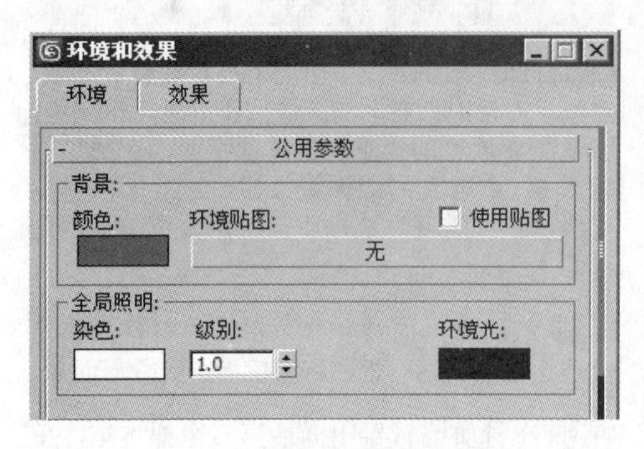

步骤 11 设定“最大亮度 %”参数为 90%，并选择“启用噪波”复选框。将“数量”参数设为 0.5。在“噪波阈值”选项组中，将“高”设为 1，“大小”为 20。

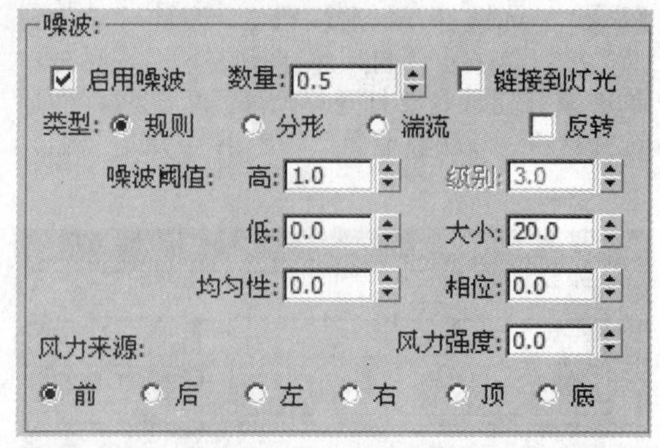

步骤 12 在场景前面加入一块贴图背景，使水下效果更加生动。

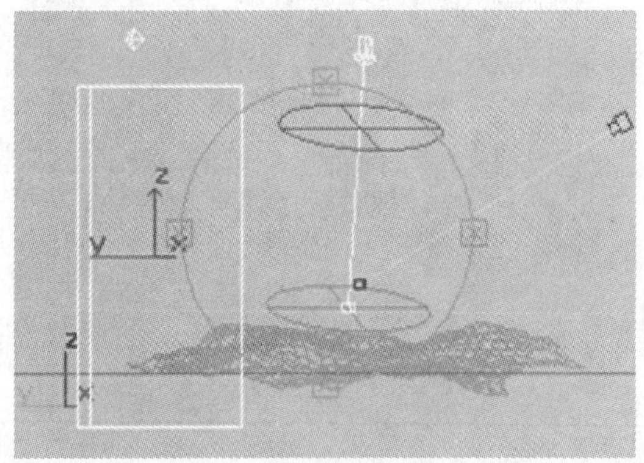

步骤 13 激活“自动关键点”按钮，开始制作动画。拖动时间滑块到第 100 帧，在材质编辑器中，将 Abstrwav.jpg 贴图参数下的噪波打开，将“相位”值设为 10。关闭“自动关键点”按钮。

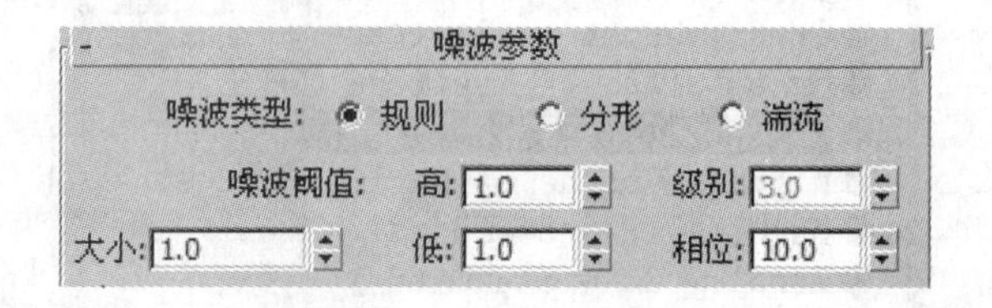

步骤 14 单击“播放动画”按钮，观看动画效果。

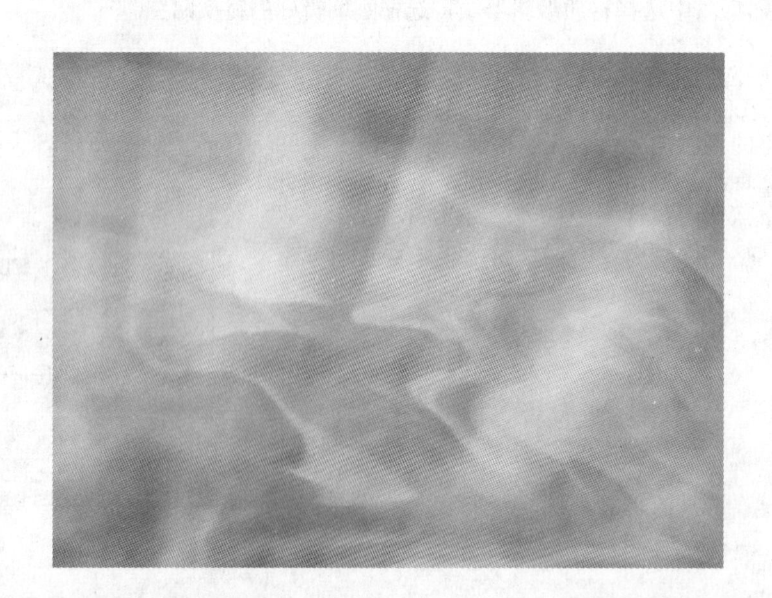

习题加油站

本章系统地介绍了关于摄影机各种参数的用法，以及如何在场景中建立摄影机视角。还具体介绍了曝光控制的使用，以及如何利用 3ds Max 自身制作一些简单的特效。

设计师认证习题

Q 以下关于 3ds Max 中摄影机参数的说法不正确的是 ________。

A A. 摄影机为目标摄影机类型时，可以成功完成“注视约束”动画控制器的添加

B. 当创建完自由摄影机后，可以通过“修改”面板的“类型”下拉列表框将其改变为“目标摄影机”

C. 当已选中一种备用镜头类型后，其他备用镜头类型仍然能在后续工作中被选择

D. 当创建完目标摄影机后，“修改”面板中一共有 9 种备用镜头

Q 如下图所示，当首次创建目标摄影机或者自由摄影机时，“镜头”与“视野”的默认数值是 __________。

A

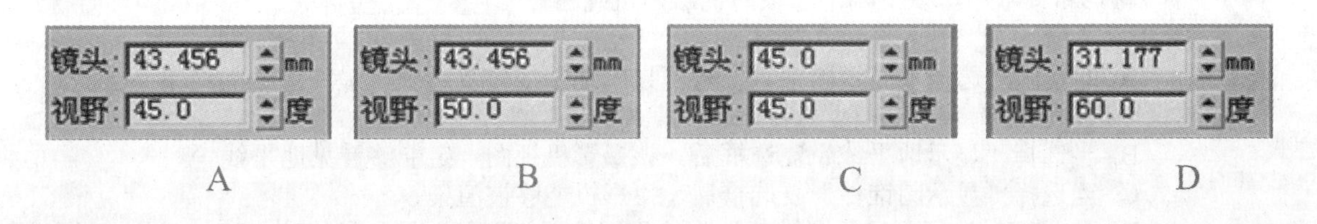

A　　B　　C　　D

Q 下图中使用了大气装置的什么效果 _________。

A A. 体积光　B. 火　C. 雾　D. 体积雾

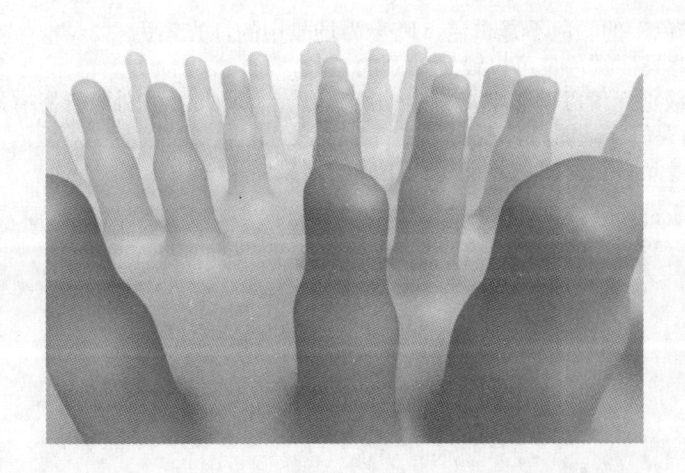

专家认证习题

Q 在摄影机视图观察蓝色立方体，如下图所示。在不改变摄影机位置，不选择备用镜头类型，不改变“视野”值的前提下，选择“正交投影”复选框后，会出现的透视变化是____________。

A

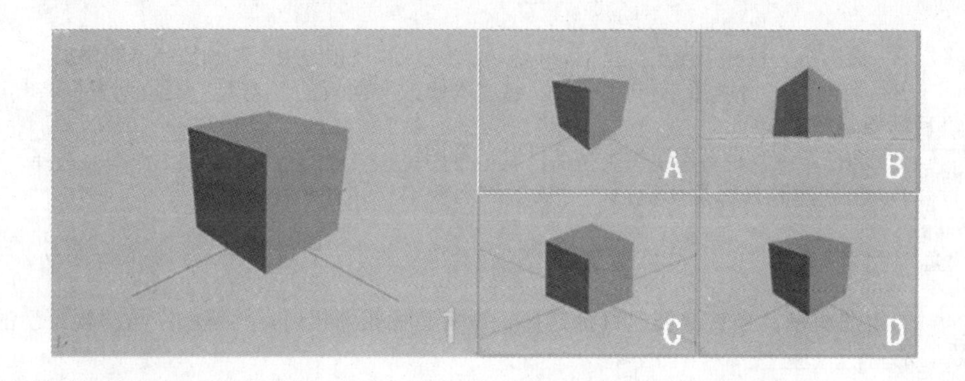

Q 摄影机参数中，以下哪个选项的说法是正确的？____________。

A A. 即使同时选择“显示圆锥体”与“显示地平线”复选框，最终渲染的结果不会受到这两个选项的影响

B. 当选择“显示地平线”复选框后，该摄影机视图一定能够看见地平线

C. 当选择“显示圆锥体”复选框后，摄影机能够被渲染

D. 如果同时选择“显示圆锥体”与“显示地平线”复选框，最终渲染的结果将会显示摄影机的圆锥体及一条可见地平线

Q 如下图所示，以下关于“环境”面板中“公用参数”的描述不正确的是____________。

A A.“染色”的颜色不是白色，则会为场景中的灯光染色

B. “背景”颜色是可以设置动画的

C. “级别”值可以影响场景中的所有灯光。增大“级别”值将增强场景的总体照明，减小“级别”值将减弱总体照明

D. 环境光必须为黑色才能得到正确的渲染结果

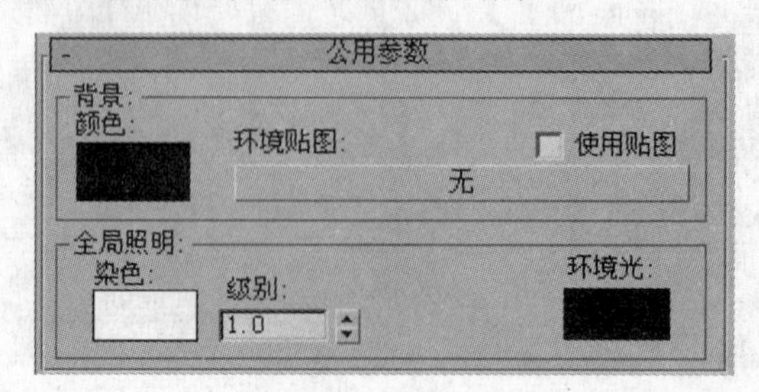

第 11 章

动画制作

内容提要：

大师作品欣赏：

这幅静帧图片表现了一个妈妈在陪女儿玩耍的情景。场景中角色的骨骼可以使用3ds Max所提供的character studio系统直接创建，并将它绑定到模型上设置人物角色的动作形态。

这是一个游戏人物角色，作者通过对表情的刻画很好地凸显了作品悲伤的气氛。在3ds Max中通过调整蒙皮骨骼可以很方便地制作角色的面部表情动画。

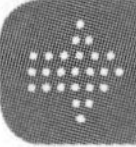

11.1 关键帧动画

所谓关键帧动画，就是给需要制作动画效果的属性，准备一组与时间相关的值，这些值都是在动画序列中比较关键的帧中提取出来的，而其他时间帧中的值，可以用这些关键值，采用特定的插值方法计算得到，从而制作出比较流畅的动画效果。

11.1.1 自动记录关键帧

通过单击“自动关键点”按钮开始创建动画，设置当前时间，然后更改场景中的事物。可以更改对象的位置，对其进行旋转或缩放，或者更改所有其他设置或参数。

动手演练 自动记录关键帧的应用

步骤 01 打开一个实例场景（光盘文件\第11章\自动记录关键帧.max），是一个鱼缸和一条鱼组成的场景，下面制作把鱼移动到鱼缸外面的动画。

步骤 02 单击“自动关键点”按钮，将时间滑块移动到100帧的位置，然后选择鱼，沿Y轴移动鱼，将其移到鱼缸的外面。此时在0帧和100帧的位置会自动生成两个关键帧。

步骤 03 在0帧到100帧之间移动时间滑块时，鱼缸中的鱼会从鱼缸中游到画面右侧。

11.1.2 手动记录关键帧

手动记录关键帧可以人为地控制关键帧，非常方便动画的制作。

动手演练 | 手动记录关键帧的应用

步骤 01 首先单击“手动记录关键帧”按钮，使手动记录关键帧功能处于开启状态，然后单击其右侧的“设置关键点”按钮，在 0 帧的位置就会手动记录一个关键帧（光盘文件 \ 第 11 章 \ 手动记录关键帧 .max）。

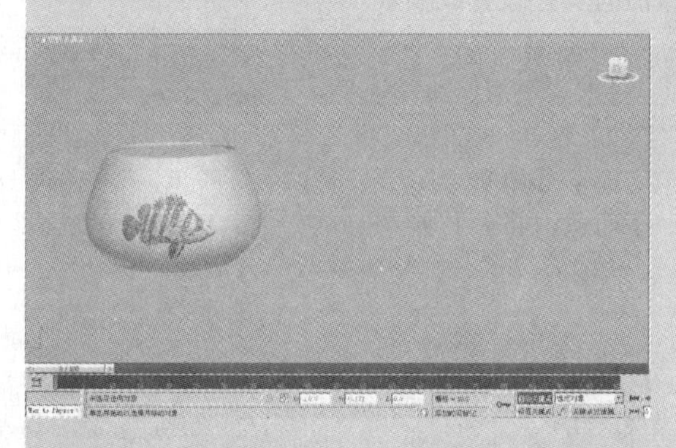

步骤 02 然后沿 Y 轴将鱼移动到鱼缸的外面，再次单击“设置关键点”按钮，在第 100 帧的位置就会手动记录一个关键帧。

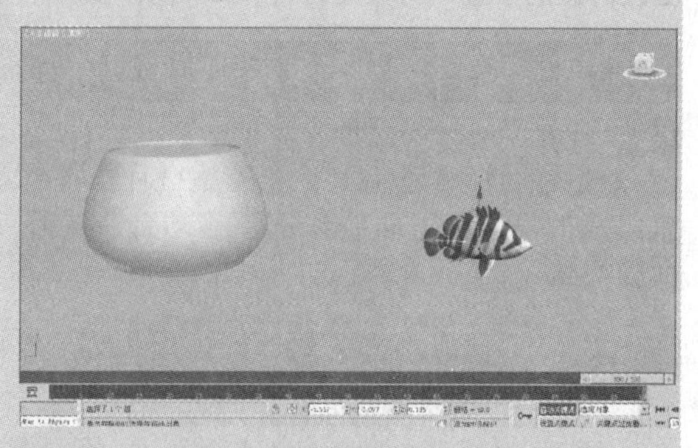

步骤 03 用鼠标拖动时间滑块在 0 到 100 之间来回移动，物体就会在 Box 两端来回移动。

步骤 04 通过“手动记录关键帧”和“自动关键点”按钮对同一个实例场景进行同样的设置，可以发现使用“自动关键点”按钮设置动画效果更方便，而使用“手动记录关键帧”按钮制作动画的灵活性更大，在具体操作过程中可以结合使用。

11.1.3 旋转动画

本节将介绍旋转动画的制作。旋转动画和移动动画的制作过程非常相似，只是命令有所区别。利用旋转工具改变物体的方向，然后将其改变过程记录下来即可。

动手演练 | 物体的旋转动画

步骤01 选中国际象棋场景中的一个骑士，然后右击，在弹出的快捷菜单中选择“隐藏未选定对象”命令，将未被选中的物体隐藏起来（光盘文件\第11章\旋转动画.max）。

步骤02 选中骑士，激活动画控制面板中的“自动关键点”按钮，将时间滑块拖动到第40帧处。然后利用“旋转工具”对模型进行旋转，此时系统即记录下了起始关键帧。旋转动画即制作完成。关闭“自动关键点”按钮，单击动画控制面板中的按钮即可预览动画效果。

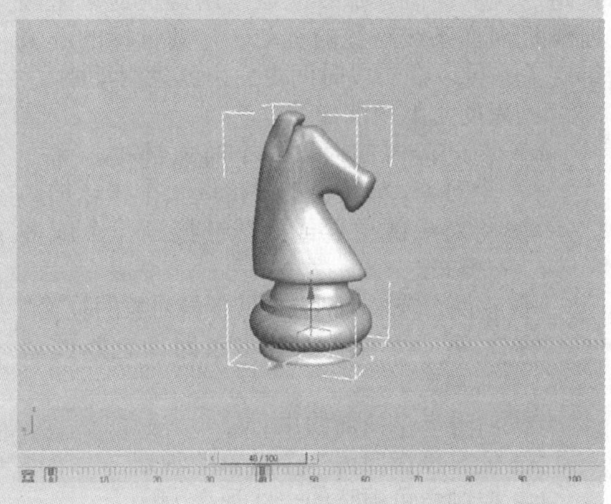

11.1.4 缩放动画

本节制作缩放动画。利用“缩放工具”改变物体的大小，然后将其改变过程记录下来即可。

动手演练 | 物体的缩放动画

步骤01 继续选中骑士模型，激活动画控制面板中的“自动关键点”按钮，将时间滑块拖动到第50帧处。然后使用“缩放工具”将模型缩小，此时系统即记录下了起始关键帧（光盘文件\第11章\缩放动画.max）。

步骤02 将时间滑块拖动到第60帧处，然后使用“缩放工具”将模型放大，此时系统即记录下了结束关键帧。然后关闭“自动关键点”按钮，动画即制作完成。单击动画控制面板中的按钮即可预览动画效果。

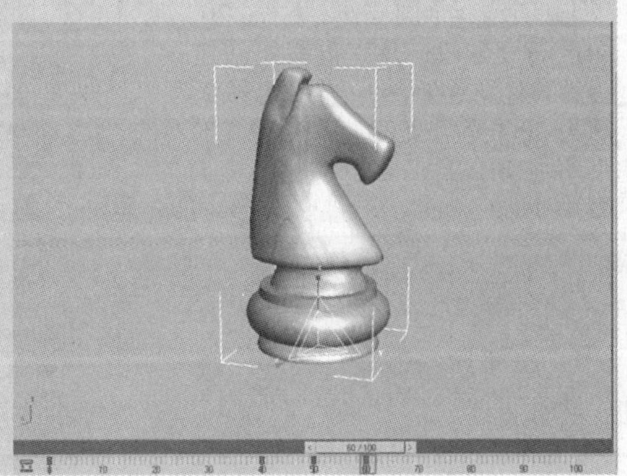

11.2 约束动画

动画约束用于帮助动画过程自动化，可用于通过与其他对象的绑定关系，控制对象的位置、旋转或缩放。约束需要一个对象及至少一个目标对象。目标对受约束的对象施加了特定的限制。例如：如果要迅速设置飞机沿着预定跑道起飞的动画，那么应该使用路径约束来限制飞机向样条线路径的运动。与其目标的约束绑定关系可以在一段时间内启用或禁用动画。

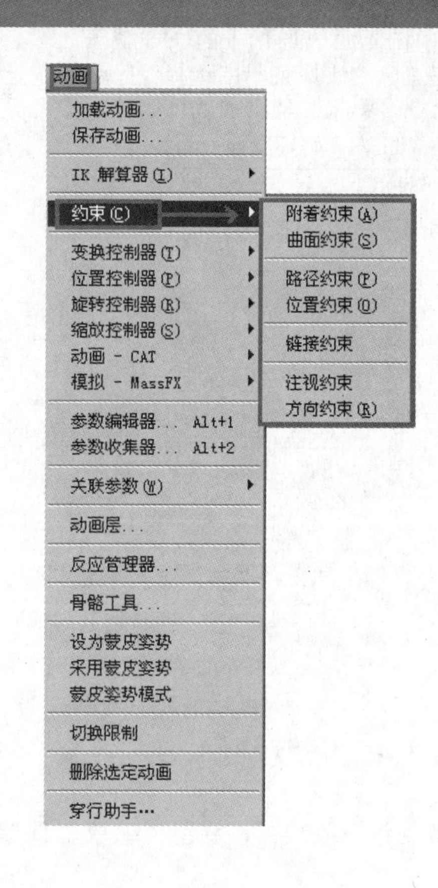

约束的常见用法如下：

- 在一段时间内将一个对象链接到另一个对象，如角色的手拾取一个棒球拍。
- 将对象的位置或旋转链接到一个或多个对象。
- 在两个或多个对象之间保持对象的位置。
- 沿着一个路径或在多条路径之间约束对象。
- 沿着一个曲面约束对象。
- 使对象指向另一个对象的轴点。
- 控制角色眼睛的“注视”方向。
- 保持对象与另一个对象的相对方向。

约束共有 7 种类型，包括附着约束、曲面约束、路径约束、位置约束、链接约束、注视约束和方向约束。

11.2.1 附着约束

“附着约束”是一种位置约束，它将一个对象的位置附着到另一个对象的面上（目标对象不用必须是网格，但必须能够转化为网格）。

通过随着时间设置不同的附着关键帧，可以在另一对象的不规则曲面上设置对象位置的动画，即使这一曲面是随着时间而改变的也可以。

动手演练 | 制作附着约束动画

步骤 01 创建一个圆柱体。半径：20，高：40，高度分段：18。再继续创建一个圆锥体。设置半径 1 为 6、半径 2 为 0，高为 20（光盘文件 \ 第 11 章 \ 附着约束动画 .max）。

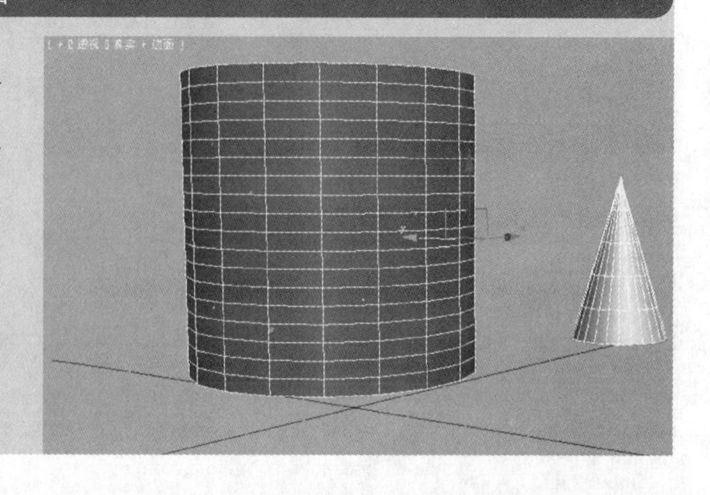

步骤 02 选择圆柱体，应用“弯曲”修改命令，设置弯曲“角度”为 –100。

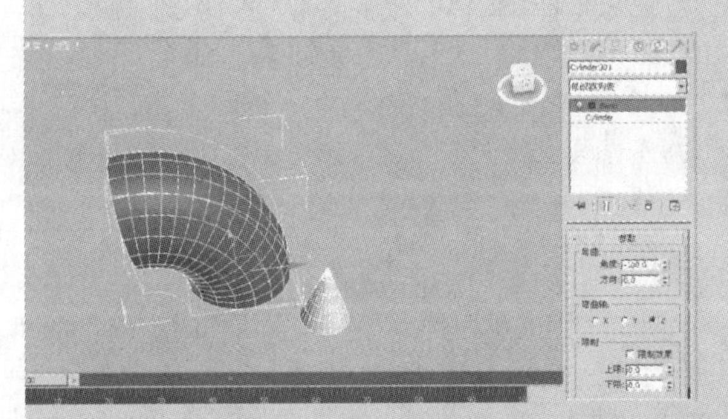

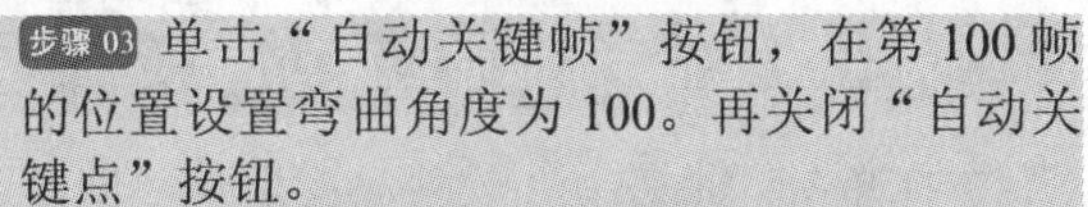

步骤 03 单击“自动关键帧”按钮，在第 100 帧的位置设置弯曲角度为 100。再关闭“自动关键点”按钮。

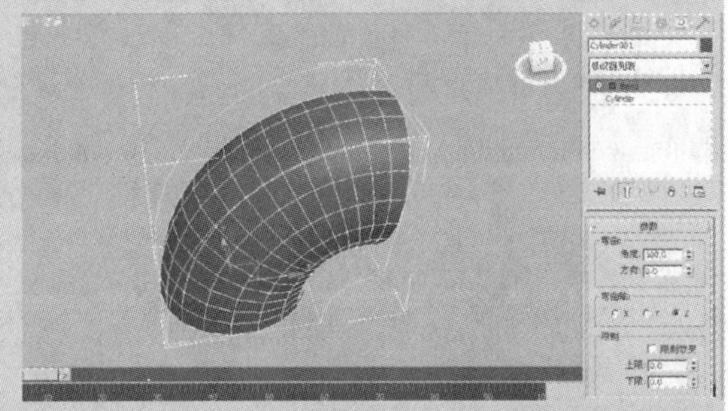

步骤 04 选择圆锥体，单击“运动”在“指定控制器”卷展栏中选择“位置轨迹项目”，接着单击“指定控制器”按钮，弹出“指定位置控制器”对话框。在“指定位置控制器”对话框中选择“附加”选项。“圆锥体”会自动移动到坐标中心，附着约束的参数也会在“运动”面板中显示出来。

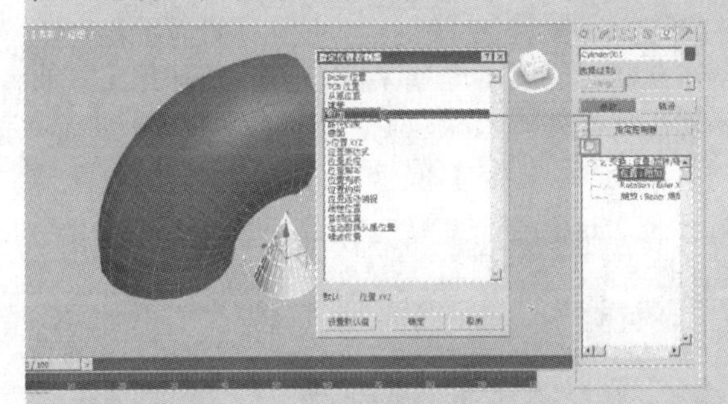

步骤 05 在“附着参数”卷展栏中，单击“拾取对象”按钮，在视图中选取圆柱体。单击“设置位置”按钮，在柱体的表面单击并拖动，圆锥体会约束到圆柱体的表面，并跟随鼠标的位置移动。

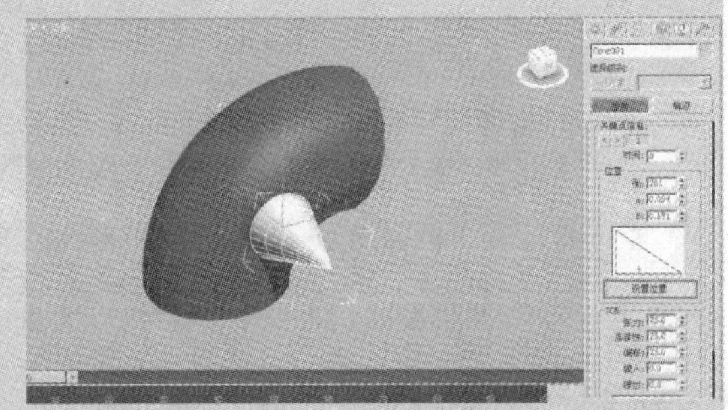

步骤 06 播放动画，圆柱体在弯曲时，圆锥体始终附着在柱体的表面。

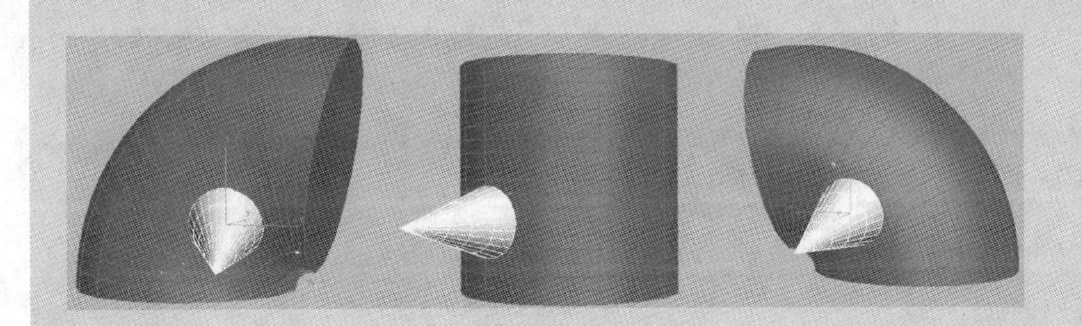

11.2.2 曲面约束

约束一个物体沿另一个物体表面进行变换，只有具有参数化表面的物体才能作为目标表面物体，这些类型包括球体、圆锥体、圆柱体 、圆环、单个方形面片、放样物体、NURBS 物体。

动手演练 | 制作曲面约束动画

步骤 01 打开 3ds Max 2012 软件，在场景中创建一个圆柱体和一个球体（光盘文件\第 11 章\曲面约束动画 .max）。

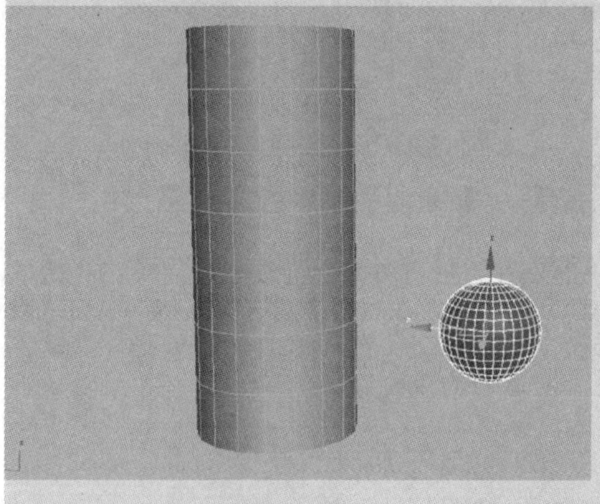

步骤 02 选择球体，在菜单栏中选择“动画”→“约束”→“曲面约束”命令。

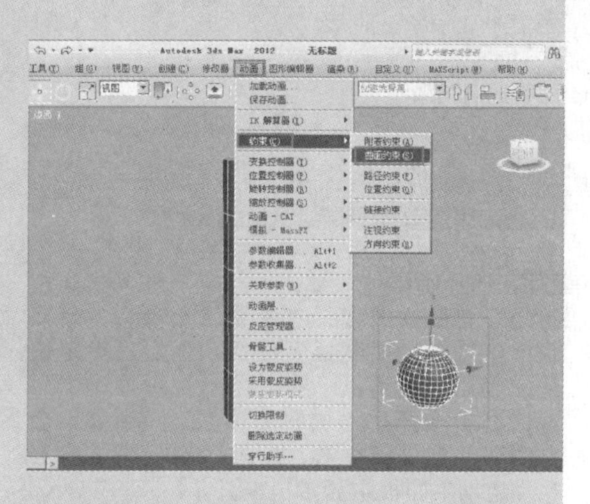

步骤 03 然后在视图中选择圆柱体，使球体约束到圆柱体表面。

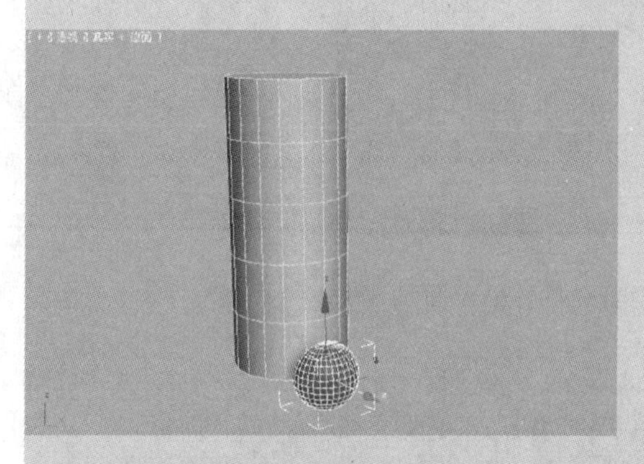

步骤 04 单击“自动关键点”按钮，设置关键点，在 0 帧的位置，调节 V 向位置，使球体正好放置在圆柱体的底部。

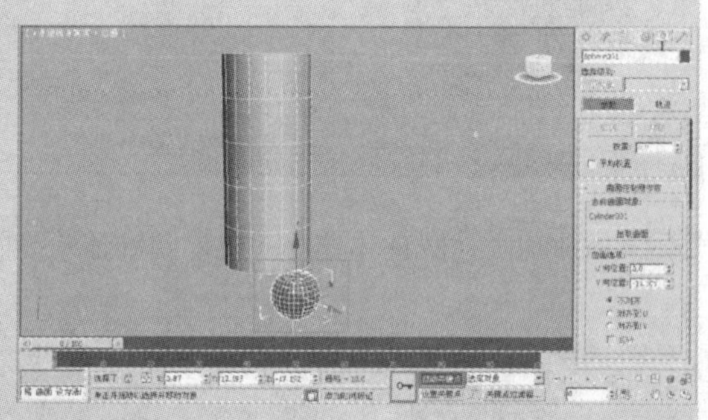

步骤 05 调节时间滑块到第 100 帧位置，调节 V 向位置，使球体正好放置在圆柱体的顶部，设置 U 向位置的值为 300。单击“自动关键点”按钮，结束动画的制作。

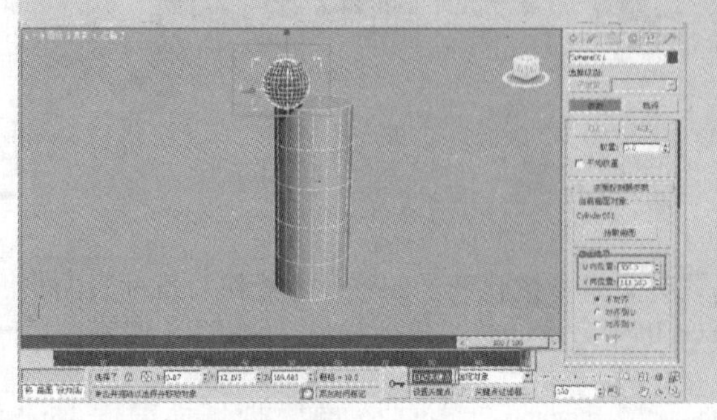

步骤 06 播放动画，球体沿圆柱体的表面旋转上升。

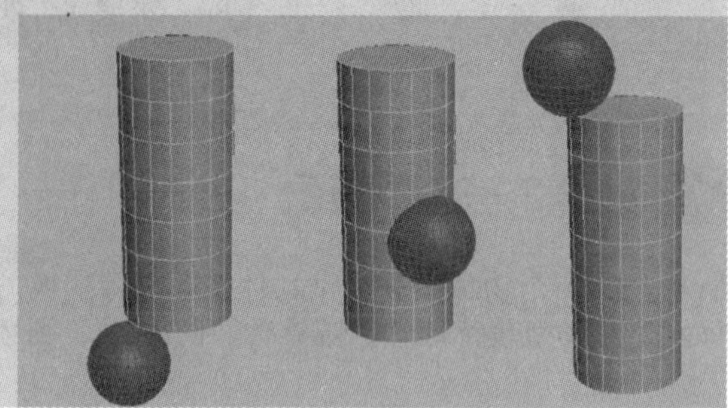

11.2.3 路径约束

路径约束会对一个对象沿着样条线或在多个样条线间的平均距离间的移动进行限制。路径目标可以是任意类型的样条线。样条曲线（目标）为约束对象定义了一个运动的路径。目标可以使用任意的标准变换、旋转、缩放工具设置为动画。在路径的子对象等级上设置关键帧（例如顶点）或者片段来对路径设置动画会影响约束对象。

动手演练 | 制作路径约束动画

步骤 01 创建一个半径为 10 的球体和一个半径为 60 的圆（光盘文件 \ 第 11 章 \ 路径约束动画 .max）。

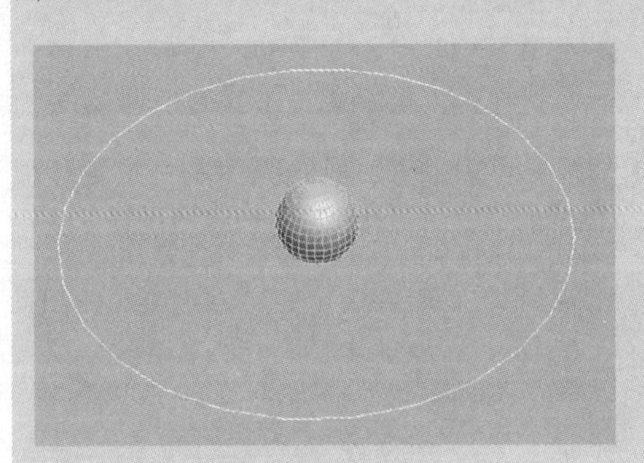

步骤 02 在视图中选择球体，在菜单栏中选择“动画”→“约束”→“路径约束”命令。

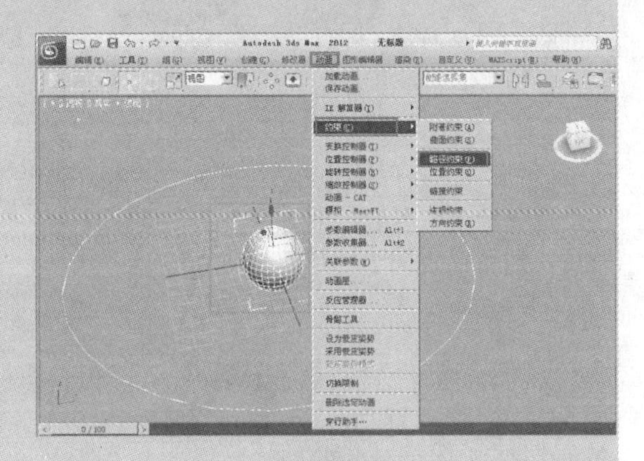

步骤 03 移动鼠标，会从球体的轴心点处牵引出一条虚线，选择圆，球体已约束在圆上。播放动画，球体会沿着圆环运动。

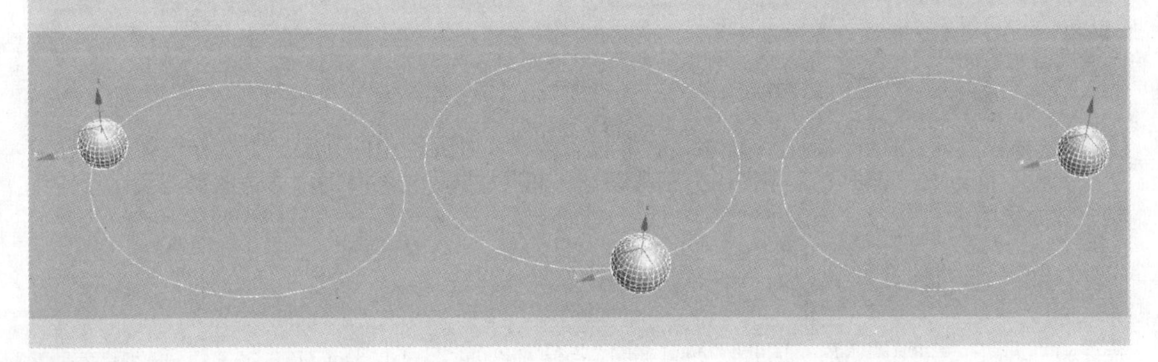

11.2.4 位置约束

以一个物体的运动来牵动另一个物体的运动，主动物体称为目标物体，被动物体称为约束物体。在指定了目标物体后，约束物体不能单独运动，只有在目标物体移动时，才跟随运动。目标物体可以是多个物体，通过分配不同的权重值控制对约束物体影响的大小，权重值为 0 时，对约束物体不产生任何影响，对权重值的变化也可记录为动画，例如将一个球体约束到桌子表面，对权重值设置动画可以创建球体在桌子上弹跳的效果。

动手演练 | 制作位置约束动画

步骤 01 打开 3ds Max 2012 软件，在场景中，分别创建球体、立方体和圆柱体，并放置立方体在球体和圆柱体之间（光盘文件\第 11 章\位置约束动画 .max）。

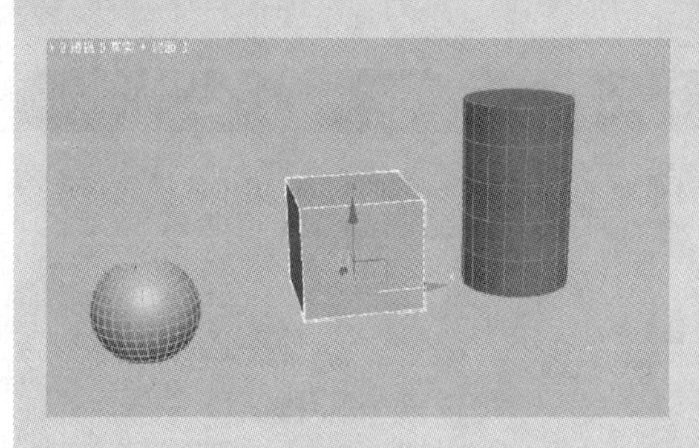

步骤 02 选择立方体，在菜单栏中选择“动画”→“约束”→“位置约束”命令，接着在视图中选择球体作为目标体。

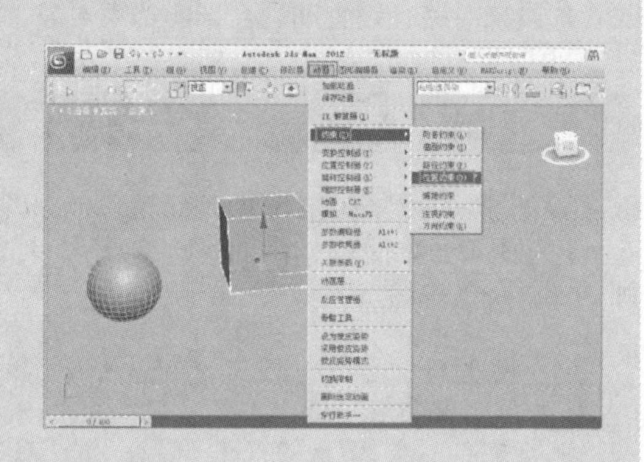

步骤 03 单击“运动”按钮，打开“运动”面板，在“位置约束”卷展栏中单击“添加位置目标”按钮，然后在视图中选择圆柱体。

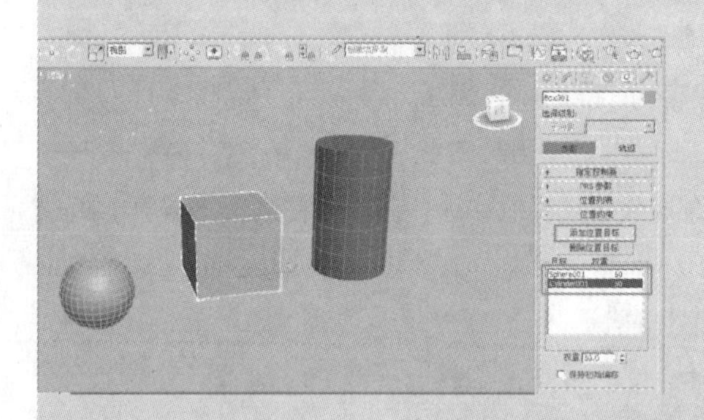

步骤 04 在顶视图移动球体或圆柱体，立方体总是保持在球体和立方体的平均距离位置，这是因为默认球体和柱体的权重值分配是相等的。

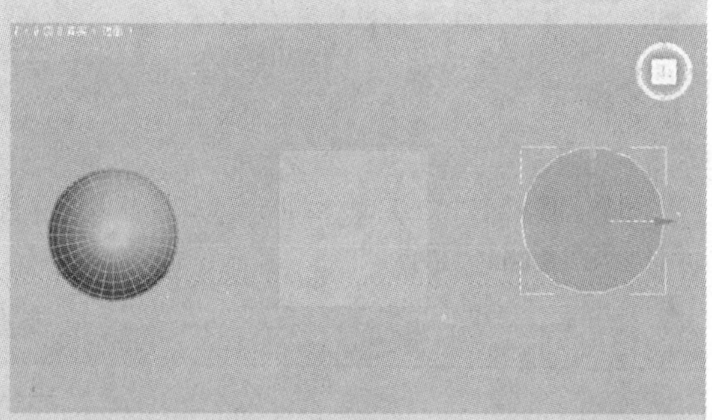

步骤 05 选择立方体，打开“运动”面板，在“位置约束”卷展栏中的列表框中选择球体的名称，更改其权重值为 22。此时在顶视图中分别移动球体和圆柱体，圆柱体对立方体的影响要比球体对立方体的影响大。

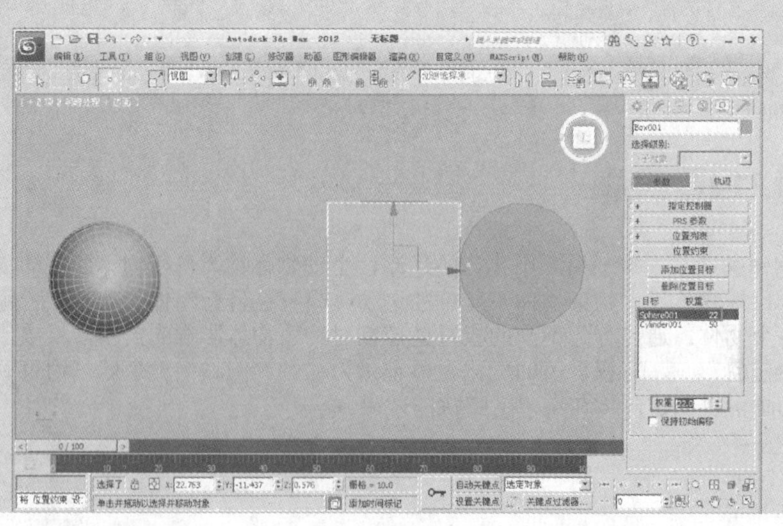

11.3　基本动画的创建

本节主要是运用前面所讲的知识制作一些基本的动画效果。如音乐动画、噪波动画等。

11.3.1　基本轨迹的编辑方法

在编辑制作轨迹时，应了解编辑的对象和动作发生的区段，以及动作的具体情况。下面通过一个简单的实例来学习基本轨迹的编辑流程。

动手演练｜基本轨迹编辑方法的应用

步骤 01 打开 3ds Max 2012 软件，在主工具栏单击“曲线编辑器”按钮，打开“轨迹视图 - 曲线编辑器”对话框。

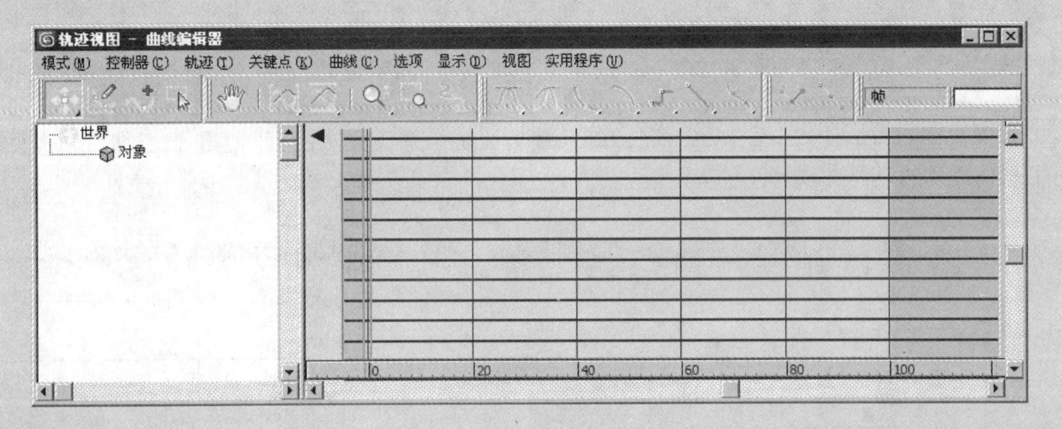

步骤 02 选择透视图，创建一个球体，半径为 20，如下图所示，此时在曲线编辑器对话框中，“对象”项目下多了一个“球体 01”项目，表明场景中所有动画项目在轨迹视图中都一一对应。

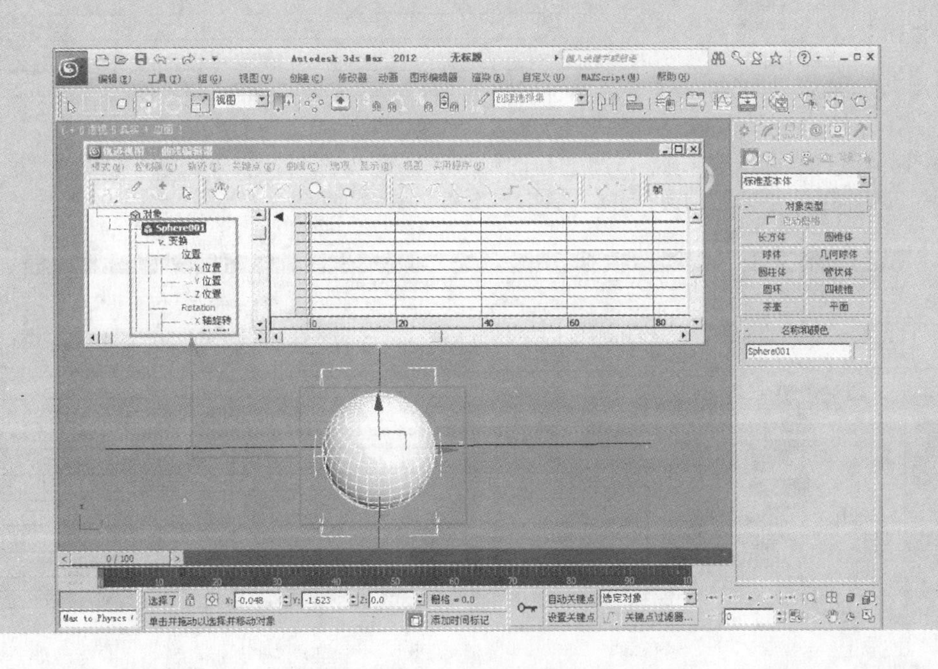

步骤 03 单击自动关键点按钮，拖动时间滑块至第 10 帧；单击主工具栏中的“移动工具”按钮，在透视图中将球体向右上方（X、Z）移动一段距离。

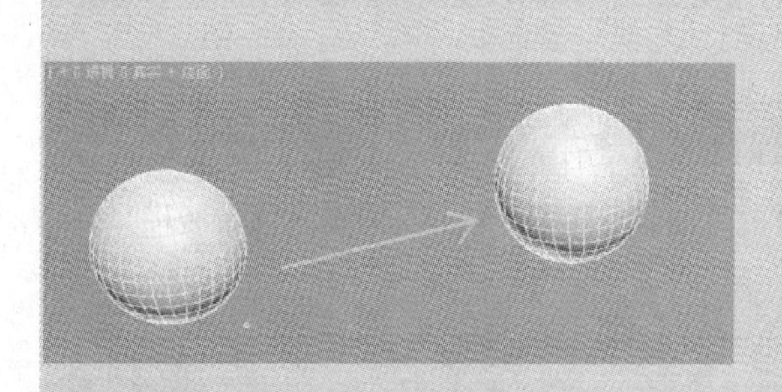

步骤 04 拖动时间滑块到第 20 帧，在透视图中将球体向右下方（X、Z）移动一段距离，关闭“自动关键点”按钮。现在拖动时间滑块，球体将会在 0~20 帧表现移动的动画。

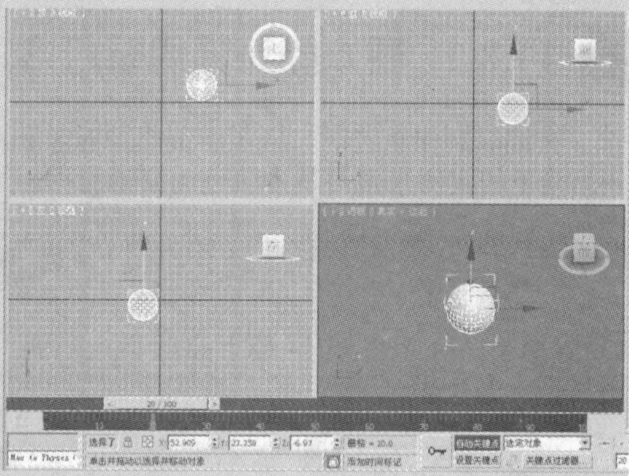

步骤 05 由于系统默认开启了变换项目的自动展开设置，所以已经自动在左侧控制器窗口中，显示出了变化项目的内部项目，已经制作了动画的项目为黄色选择状态，右侧的编辑器窗口中也显示出了球体运动的动画曲线。

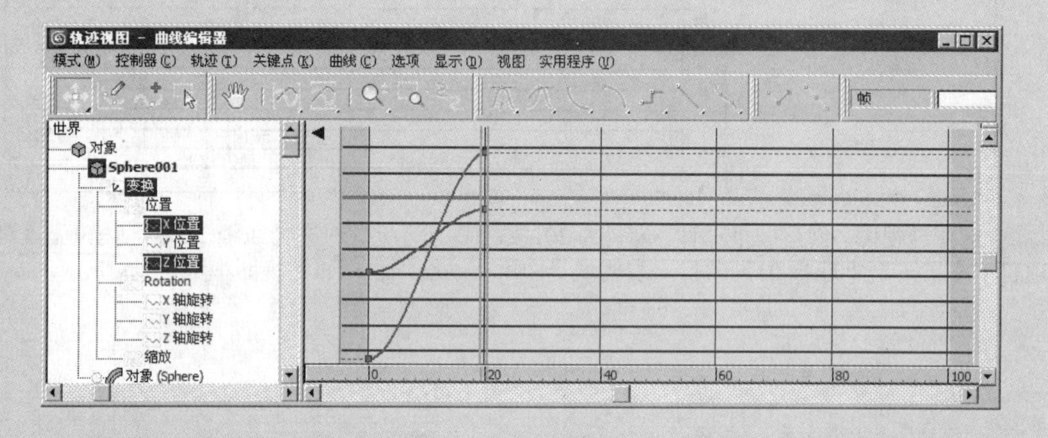

步骤 06 选择蓝色曲线隆起的顶点，将它移动到水平位置以下，产生向上的抛物线型，这时拖动时间滑块，球体在 Z 轴的运动方向正好与刚才的运动方向相反。

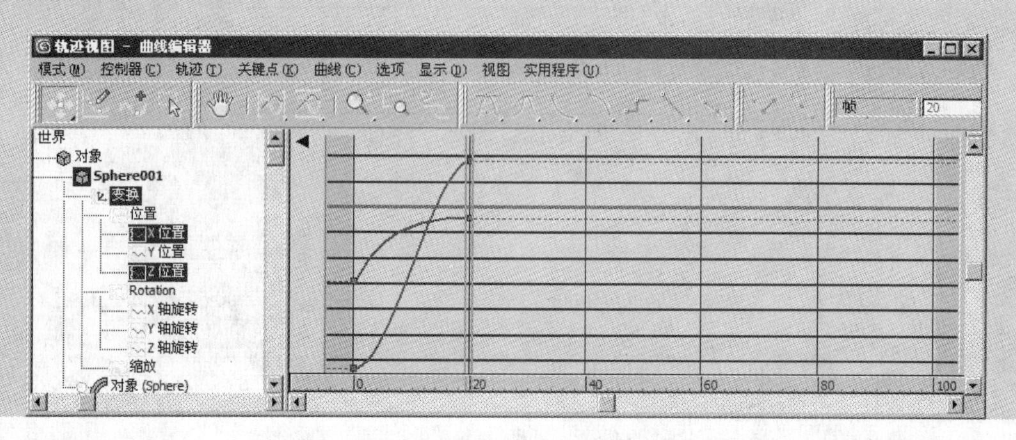

11.3.2 Look At 动画

Look At 动画即注视约束动画，它是约束物体的方向到另一个物体上的特殊类型。通常用于眼球等物体的指定，可以将眼球约束到另外一个虚拟体上，通过虚拟体的移动变换，来决定眼球转动的方向。下面讲解注视约束动画的运用。

动手演练｜注视约束动画的运用

步骤 01 首先打开场景文件“注视约束动画”场景，该场景中是一个卡通人物的头部模型（光盘文件\第 11 章\注视约束动画 .max）。

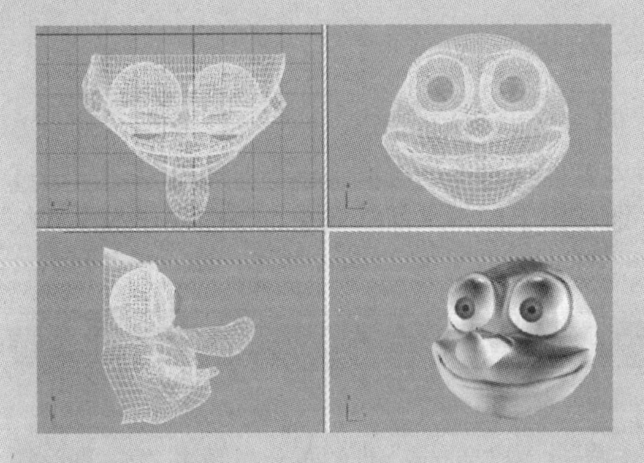

步骤 02 想要制作眼球的动画，要先把眼球约束到另外一个物体上。首先单击“创建”按钮，然后单击“辅助对象”按钮，在其卷展栏中单击“虚拟对象”按钮，创建一个虚拟物体，并将其移动到与眼球合适的位置，然后再复制出一个虚拟对象移动到另一个眼球处，再创建一个大点的虚拟物体放在两个小虚拟物体之间。

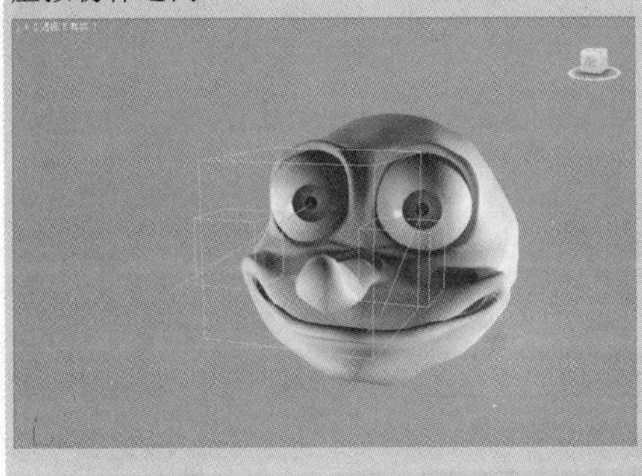

步骤 03 选中其中一个眼球，在菜单栏中选择“动画”→“约束 (C)”→“注视约束”命令，这时将在眼部出现一条曲线，拾取眼球所对应的虚拟物体，眼球的方向将发生变化。然后在“参数”栏中选中“保持初始偏移”复选框，使眼球保持原始形态。

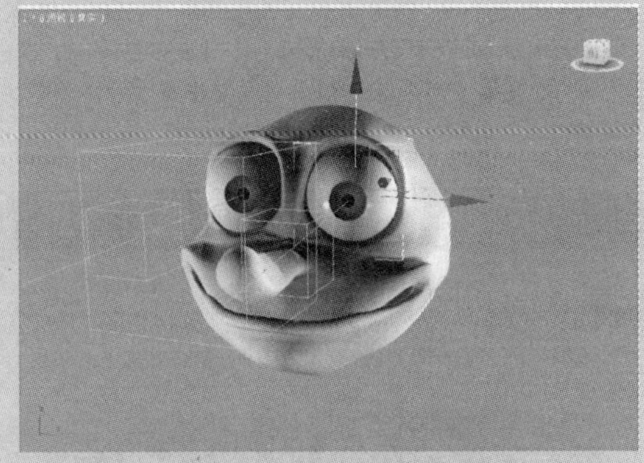

步骤 04 此时移动虚拟物体，眼球就会跟着虚拟物体的方向而变化。下面使用同样的方法对另一个眼球进行约束。

步骤 05 人的眼球是不可以同时看两个物体的，所以要让两个眼球一起动。单击工具栏中的“选择并链接”按钮，分别将两个小的虚拟物体和大的虚拟物体进行链接。此时只需要移动大的虚拟物体就可以控制两个眼球的动画。

11.3.3 噪波动画

噪波动画就是给物体添加“噪波”修改器或者在贴图通道中的凹凸通道添加噪波贴图，通过录制修改器相位子对象的位置变化所产生的效果，通常用于制作水面的效果。下面制作水面波纹的效果。

动手演练 | 噪波动画的应用

步骤 01 首先打开场景文件（光盘文件\第11章\噪波动画\噪波动画.max）。

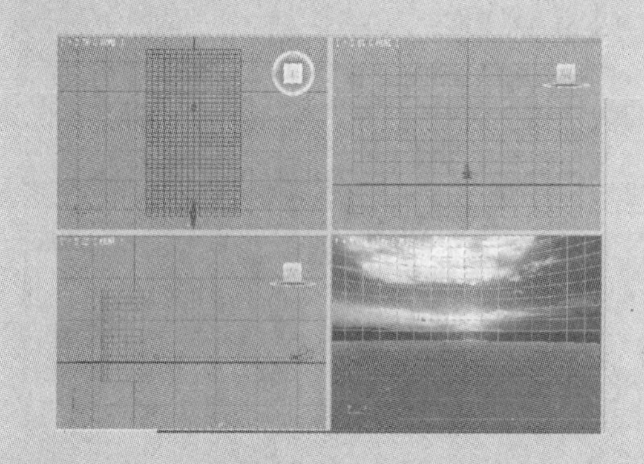

步骤 03 下面对水面做动画了，即对它的噪波变化过程进行录制。打开动画录制面板，将时间滑块移动到第 100 帧处，然后调节“噪波参数”卷展栏下的“相位”的参数即可。动画录制完成以后，关闭动画录制器。此时可以渲染动画查看效果。

步骤 02 选中水面，然后按 M 键打开材质编辑器，选择一个材质球赋予水面。然后在“贴图”卷展栏下的“凹凸”通道中添加“噪波”贴图类型，在“反射”通道中添加“光线跟踪”贴图类型。“噪波参数”卷展栏中的设置如下图所示。

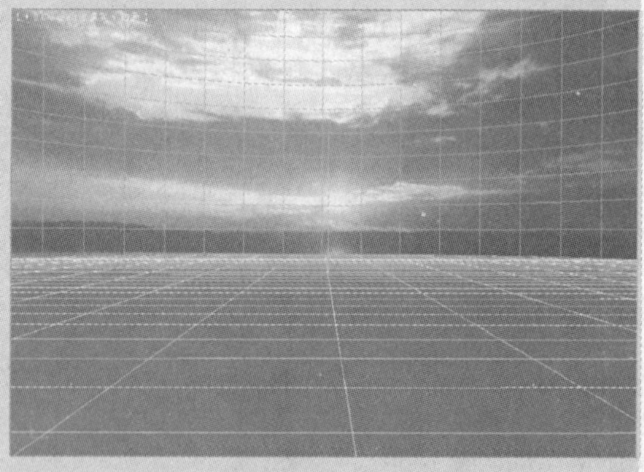

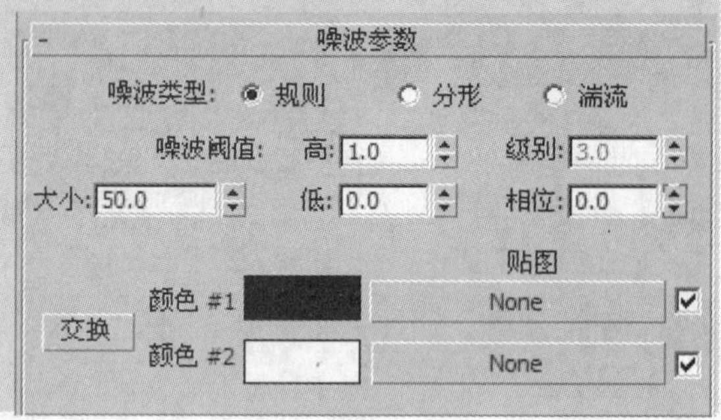

11.3.4 音乐动画

音乐动画是给物体的某一个参数进行控制器的指定，从而使物体在音乐的控制中进行变化。

动手演练｜音乐动画的制作

步骤 01 首先打开 3ds Max 2012 软件，然后创建一个茶壶（光盘文件 \ 第 11 章 \ 音乐动画 \ 音乐动画 .max）。

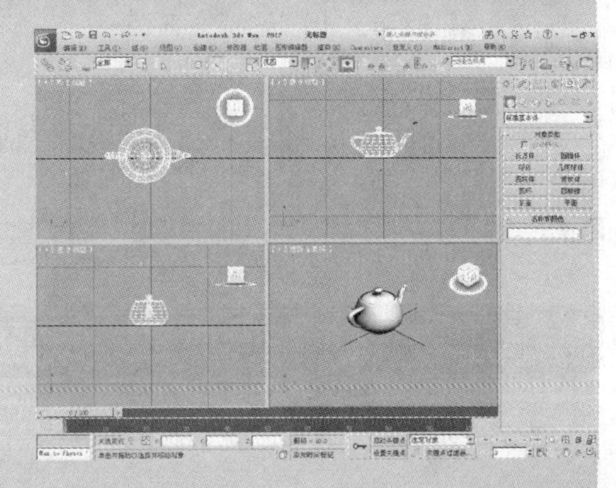

步骤 02 选中茶壶并右击，在弹出的快捷菜单中选择“曲线编辑器”命令，弹出“轨迹视图 - 曲线编辑器”窗口。在其左侧可以找到茶壶的各个参数。

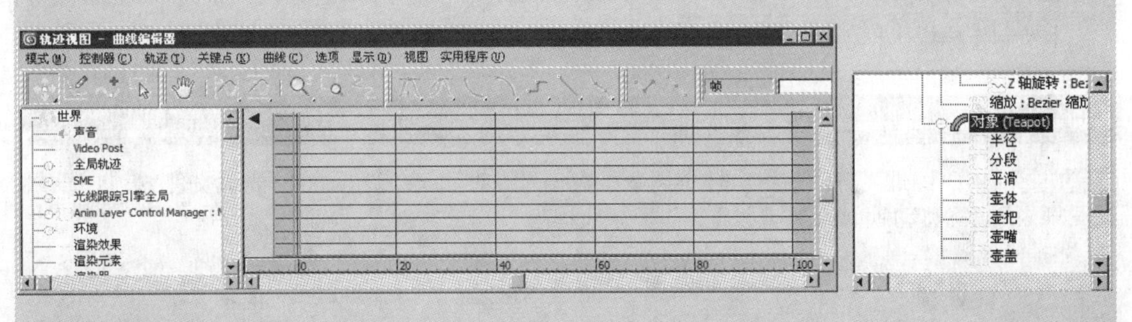

步骤 03 接下来制作让音乐控制茶壶的半径，让茶壶半径跟着音乐的节奏而变化。首先选择“半径”选项，然后右击，在弹出的快捷菜单中选择“指定控制器”命令，这时将弹出“指定浮点控制器”对话框。选择“音频浮点”音乐控制器选项添加给“半径”参数。此时将弹出“音频控制器”对话框。

指定浮点控制器
Bezier 浮点
Biped 子动画
LinkTimeControl
TCB 浮点
波形浮点
布尔控制器
从属浮动
浮点表达式
浮点脚本
浮点列表
浮点型反应
浮点运动捕捉
浮动限制
启用/禁用
线性浮点
音频浮点
运动剪辑从属浮点
噪波浮点
默认: Bezier 浮点
设置默认值　确定　取消

音频控制器
音频文件
<无>
选择声音　移除声音　绝对值:
实时控制
启用实时设备
Realtek HD Audio Input
采样
阈值: 0.0
重复采样: 1
快速轨迹视图:
控制器范围
最小值: 0.0　最大值: 1.0
通道
左
右
混合
关闭

步骤 04 单击“音频控制器”对话框中的“选择声音”按钮，添加音乐，然后在“控制器范围”选项区域调节“最小值”和“最大值”。最后单击“关闭”按钮即可。当音乐添加完成后即可在“轨迹视图 - 曲线编辑器”窗口中看到音乐所产生的动画路径了。不同的音频就会有不同的路径（添加的音频格式为 AVI、Wave）。

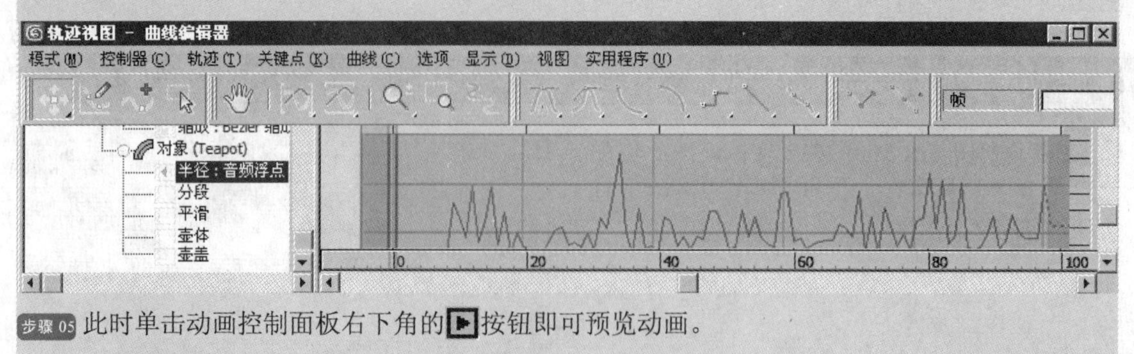

步骤 05 此时单击动画控制面板右下角的▶按钮即可预览动画。

11.4 案例实训——动画实例的应用

本节讲解更深一层动画实例的制作。

11.4.1 蝴蝶飞舞动画

本节制作蝴蝶飞舞动画。这个动画的制作主要是综合运用了前面所讲的内容。

动手演练 | 制作蝴蝶飞舞动画

步骤 01 首先打开“蝴蝶飞舞动画”场景，该场景中有一只蝴蝶和一条环行曲线（光盘文件\第11章\蝴蝶飞舞\蝴蝶飞舞动画 .max）。

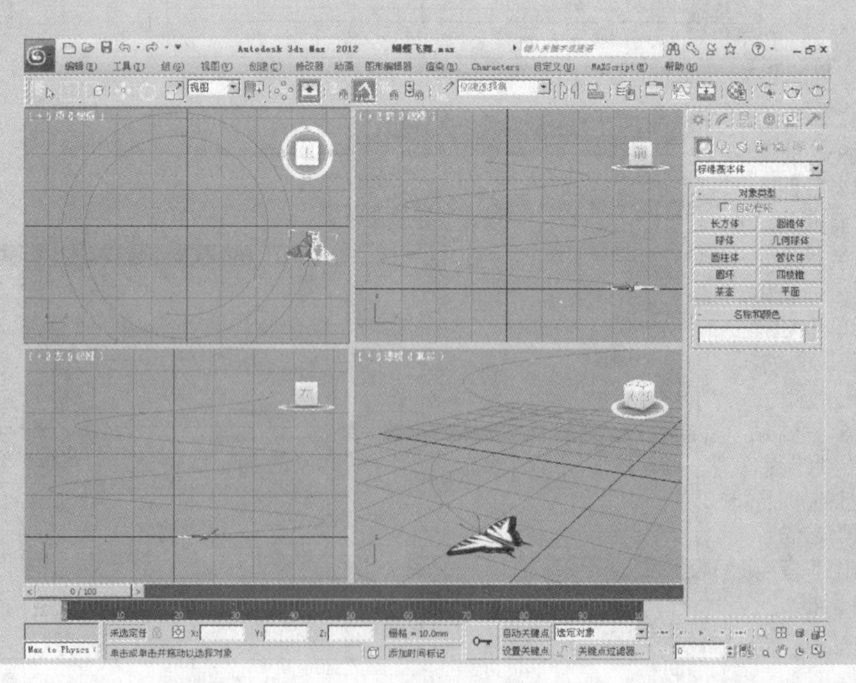

步骤02 首先对蝴蝶制作动画。选中一个翅膀，然后单击动画控制面板中的“自动关键点”按钮，使用“旋转工具”制作翅膀挥舞动画，然后对另一只翅膀做同样的动画。

步骤03 蝴蝶飞舞的动画是一个循环动画，只需要做好前面3帧翅膀的飞舞动画，然后进入动画轨迹面板将动画轨迹进行复制即可。

步骤04 蝴蝶飞舞的动画制作完成以后，接下来制作让蝴蝶绕着环形曲线飞舞动画。首先将蝴蝶的翅膀和身体链接在一起，然后再将蝴蝶约束到环形曲线上。首先单击“创建”按钮，然后单击“辅助对象”按钮，在其卷展栏中单击“虚拟对象”按钮，创建一个虚拟物体，并将其移动到与翅膀合适的位置，然后再复制一个虚拟物体移动到另一只翅膀处，再创建一个大点的虚拟物体放在两个小虚拟物体之间。

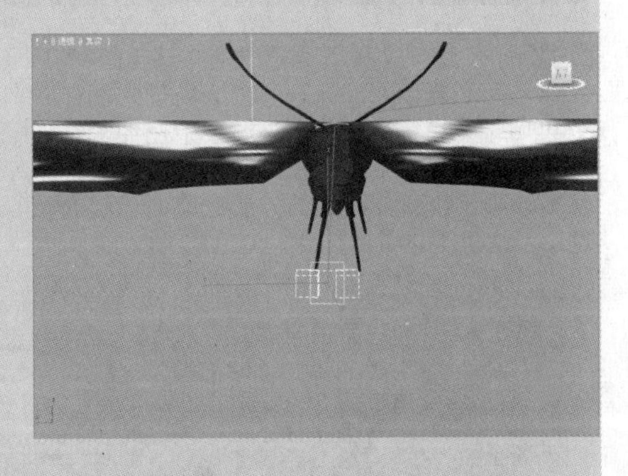

步骤05 然后单击主工具栏上的“选择并链接”按钮，将蝴蝶翅膀与相应的虚拟物体链接在一起。此时移动虚拟物体，蝴蝶就会跟着虚拟物体的移动而变化。最后分别将两个小的虚拟物体和大的虚拟物体进行链接。这样蝴蝶的翅膀和身体就链接在一起了。如果直接将翅膀和身体链接，动画效果就会出现错误，所以需要借助于虚拟物体。

步骤 06 接下来将蝴蝶约束到环形曲线上。蝴蝶已经和虚拟物体链接在一起了，因此只需要将大的虚拟物体约束到环形曲线上即可。选择大的虚拟物体，然后选择“动画”→“约束(C)”→“路径约束(P)”命令，拾取环形曲线作为路径，此时蝴蝶就会移动到曲线上去。这时系统已经记录好了动画，单击动画控制面板右下角的▣进行预览即可。

步骤 07 此时蝴蝶已经在沿曲线进行飞行了，可是蝴蝶的方向却不对。在“路径参数”卷展栏中选择“跟随”复选框，让蝴蝶模型跟随曲线的法线方向，这样蝴蝶的方向就会与曲线路径方向一致。此时预览动画，蝴蝶沿曲线飞行时方向就不会出错了。

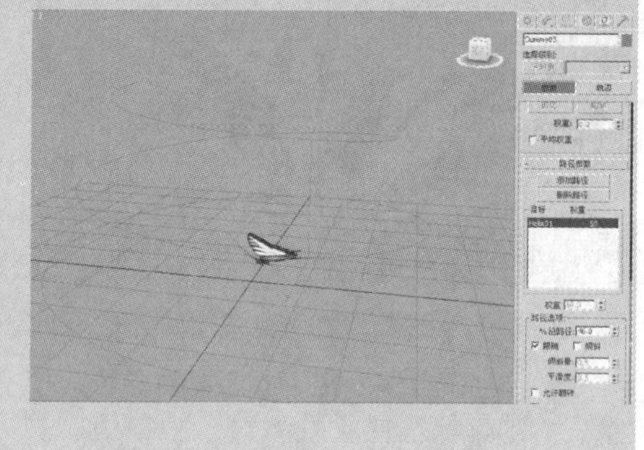

步骤 08 蝴蝶飞舞的动画制作完成了。

11.4.2 乒乓球动画

本节制作乒乓球的动画，在该动画中主要介绍控制器对动画的影响。

动手演练 | 制作乒乓球动画

步骤 01 打开场景文件（光盘文件 \ 第 11 章 \ 乒乓球 \ 乒乓球动画 .max），在该场景中创建一个乒乓球案和乒乓球。在该场景中已经配合虚拟物体添加了多个关键帧，制作出了乒乓球的基本动画。创建关键点的方法在前面已经介绍过了，这里不再赘述。

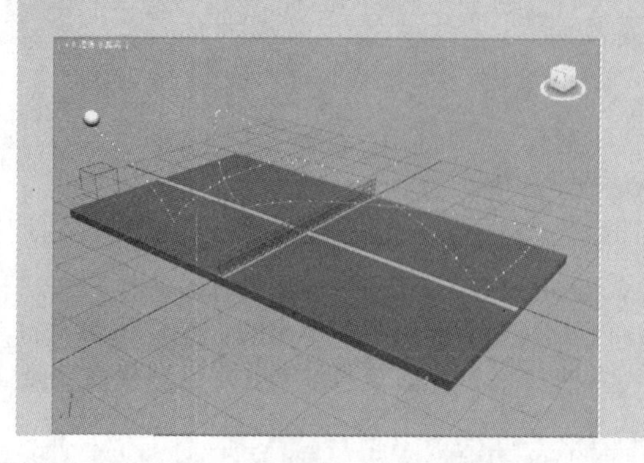

步骤 02 接下来进一步完善动画的效果。选中乒乓球，单击◎按钮进入“运动”面板，打开“指定控制器”卷展栏。当前物体的变换有 3 个选项，即位移、旋转和缩放。

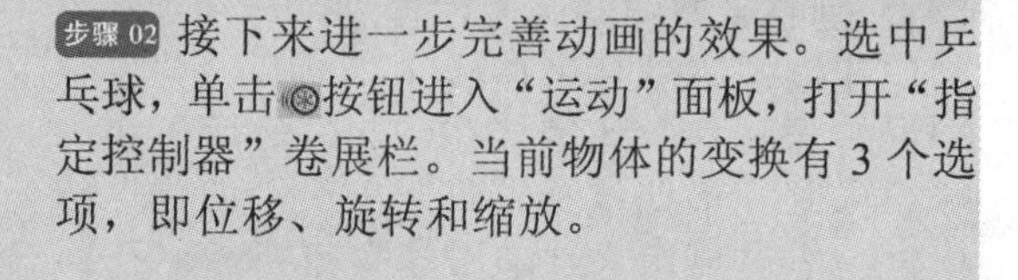

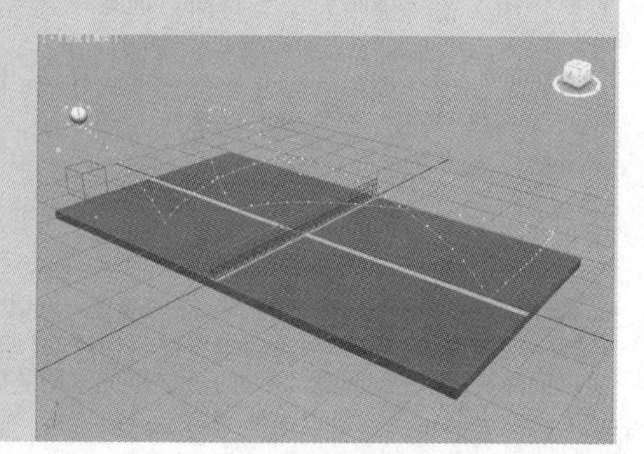

步骤03 若想替换当前的变换方式，需选中被改变选项，然后单击按钮，在弹出的对话框中选择所需要的变换方式。

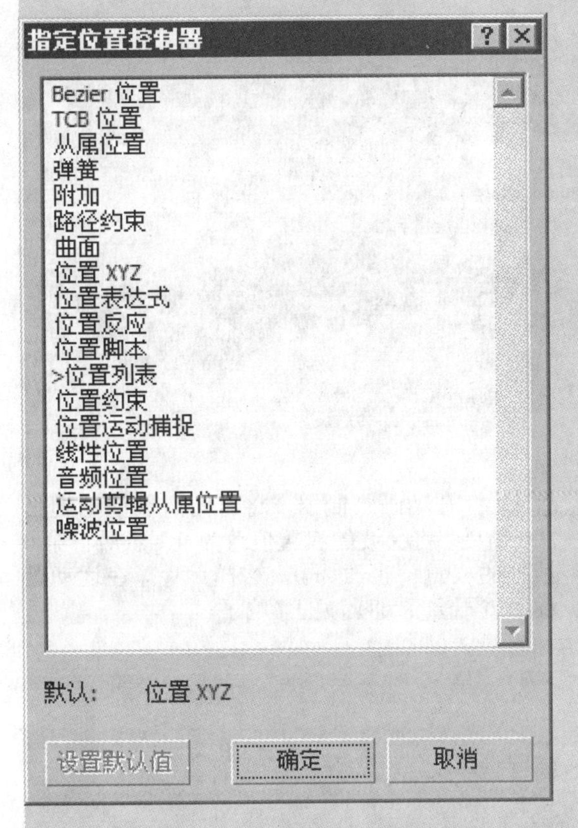

步骤04 由于乒乓在运动停止后还会在原地弹跳或抖动，因此还要给它添加原地弹跳或抖动的变化。如果使用上面的方法进行添加只能替换掉当前的方式，这里使用另一种方法来添加。在菜单栏中选择“动画”→“位置控制器(P)”→“噪波”命令，给物体添加噪波变换方式。

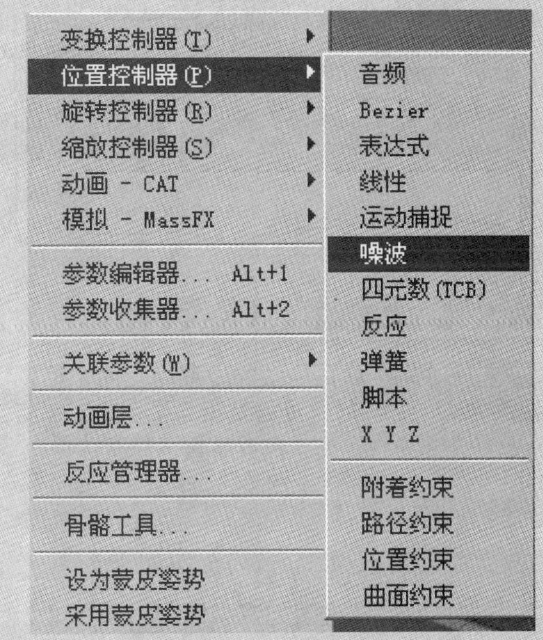

步骤05 下图为添加噪波方式后的效果。此时预览动画，即可看到乒乓球运动过程中不停地抖动。

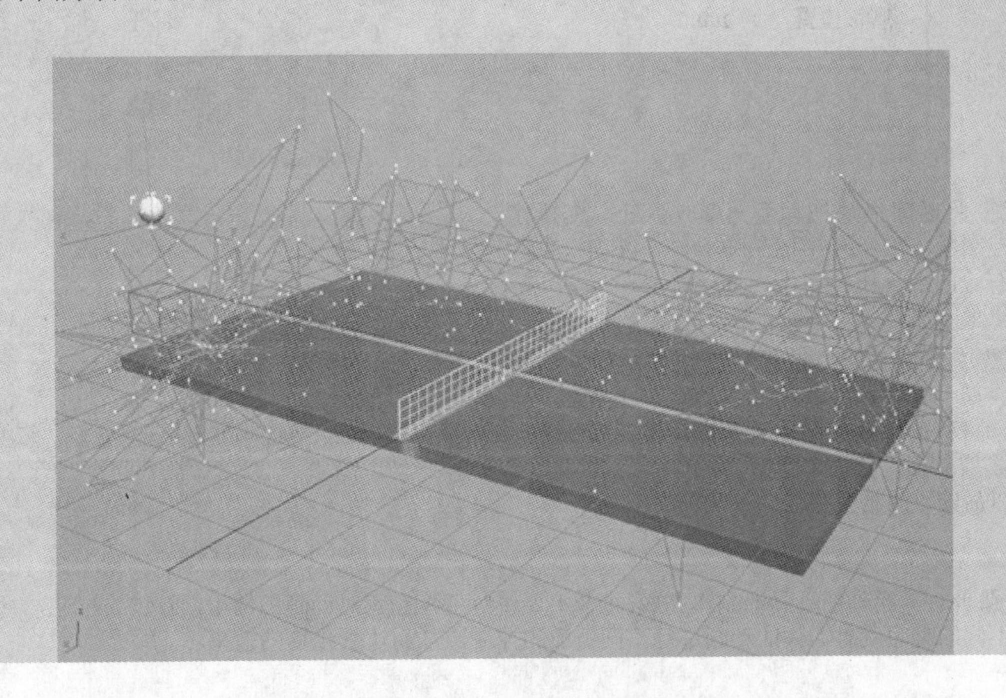

步骤 06 添加了噪波方式后，现在整个运动曲线都受到了噪波的影响。但乒乓球应只在停下来的时候产生抖动效果，这就还需要在"指定控制器"卷展栏中双击噪波变换方式，在弹出的噪波控制对话框中设置噪波的幅度大小及 3 个轴向上的幅度。

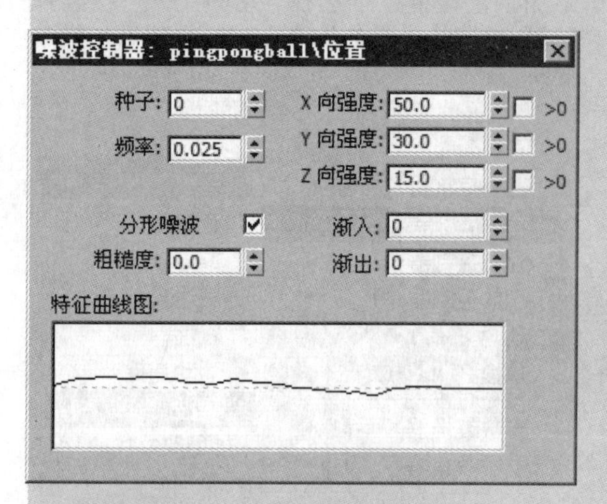

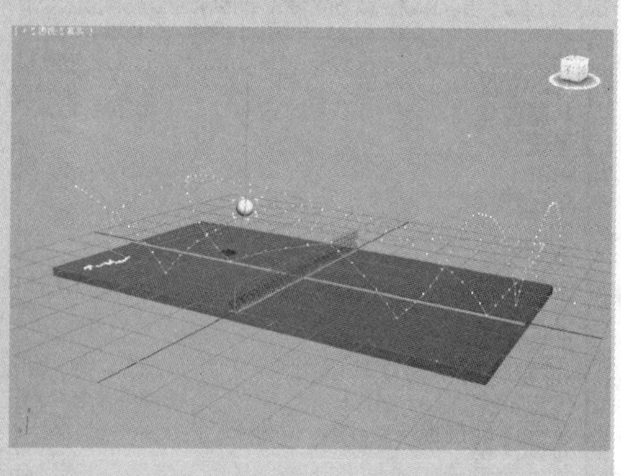

步骤 07 此时乒乓球在运动的过程中受两个控制器的约束，它们的权重值是相互平衡的。在实际应用中可以调节它们的权重值来控制动画。

步骤 08 打开动画录制器，将时间滑块拖动到第 200 帧处，将噪波的权重值改为 0，然后将第 0 帧处的权重值也改为 0，这样乒乓球在运动过程中就不会受到噪波的影响了。

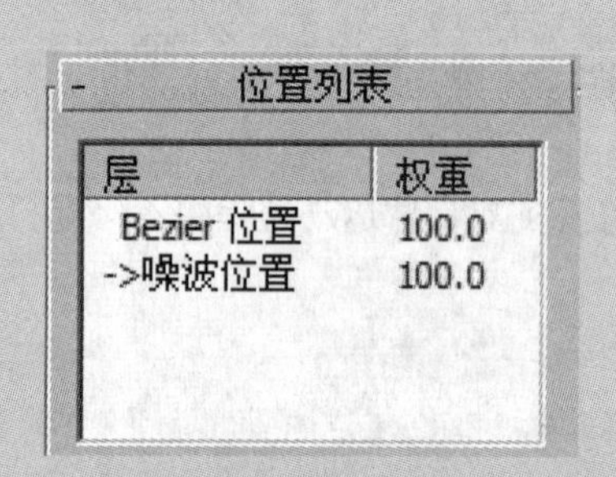

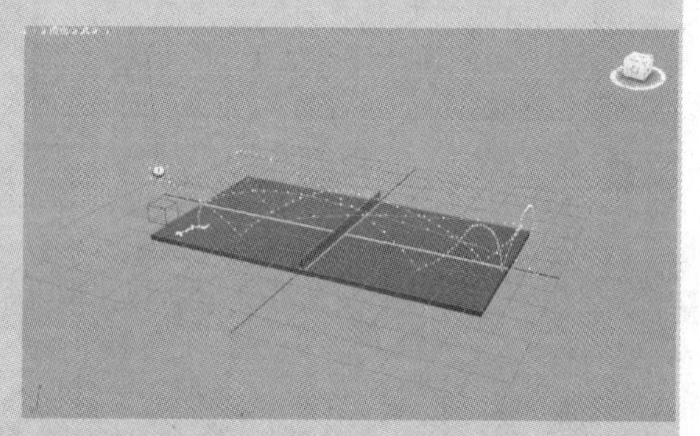

步骤 09 将时间滑块拖动到第 200 帧处，选择移动控制器，配合键盘上的 Shift 键，并在权重参数右边的小按钮上右击，这样就会在第 200 帧处记录一个不动关键帧。

步骤 10 接下来设置 200 帧后不受移动控制器的约束而受噪波控制器约束的动画。在第 201 帧处，将移动控制器的权重值改为 0，然后选择噪波控制器，将其权重改为 100，这时第 201 帧以后的时间将受噪波的控制。

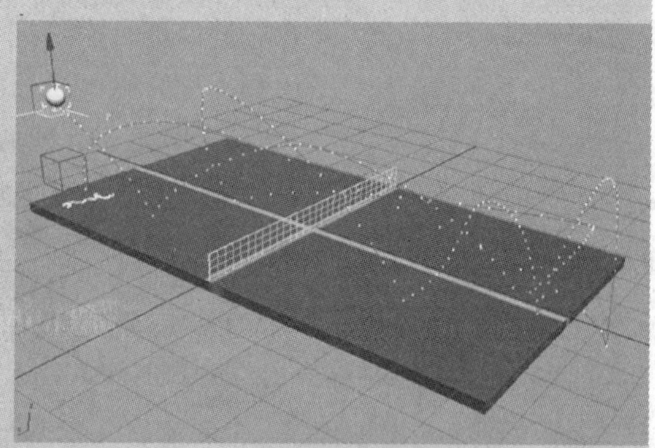

步骤 11 此时乒乓球的动画即制作完成。本节主要讲解了控制器对动画的约束，通过对权重值的调整，在不同的时间段对物体的动画进行不同性质的控制，从而达到预期的效果。

11.4.3　循环动画

循环动画就是将制作好的一段动画通过对其运动路径的复制产生的循环运动。

动手演练｜制作循环动画

步骤01 打开 3ds Max 2012，创建一个茶壶模型。

步骤02 打开动画录制器，将时间滑块拖动到第20帧处，然后对茶壶做移动动画。再对茶壶制作循环动画。单击主工具栏上的按钮，打开“轨迹视图 - 曲线编辑器”窗口，在该窗口中显示茶壶运动的轨迹。

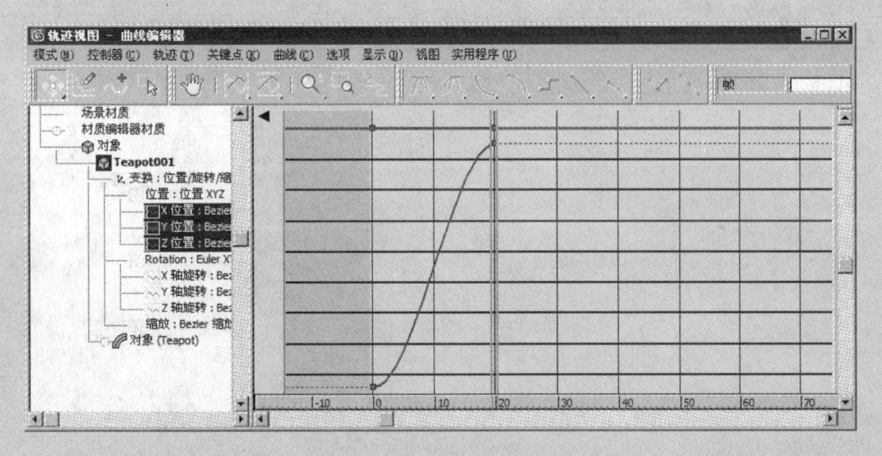

步骤03 在“轨迹视图 - 曲线编辑器”窗口中，可以根据自己的需要来改变轨迹曲线，这样动画也将随之改变。若想制作循环动画，就要将物体运动的路径进行镜像复制。选择“控制器(C)”→“超出范围类型(O)...”命令，这时将弹出“参数曲线超出范围类型”对话框，显示各种动画路径复制方式。

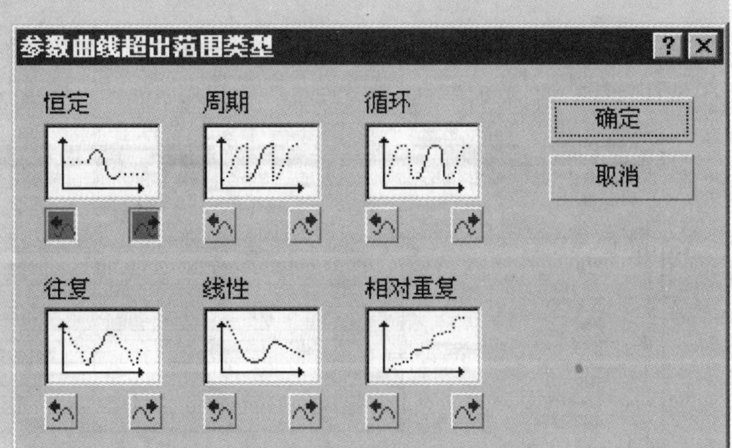

步骤 04 制作循环动画则单击“往复”方式下面的按钮，这样曲线就会镜像复制。

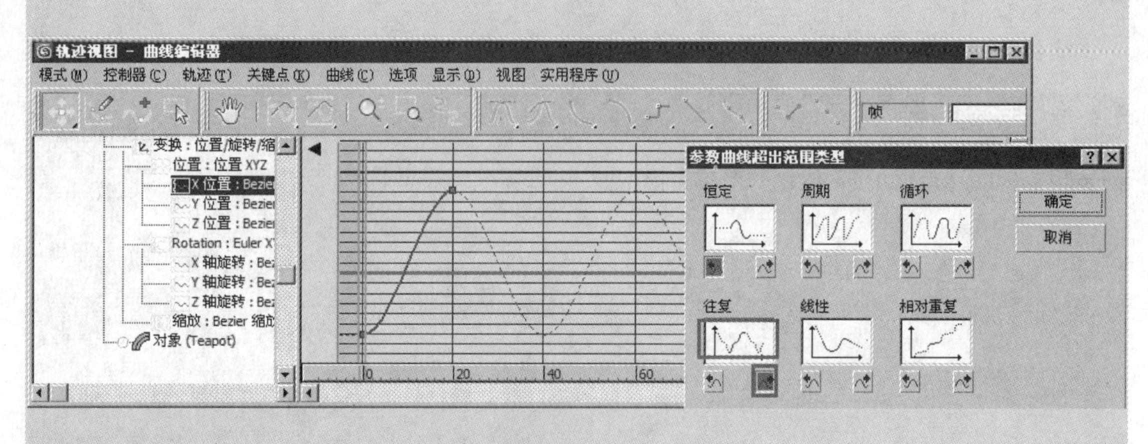

步骤 05 此时循环动画即制作完成，预览动画效果即可。

11.4.4 重复动画

重复动画就是将制作好的运动进行重复的动画。

动手演练 | 制作重复动画

步骤 01 打开 3ds Max 2012，创建一个茶壶模型。

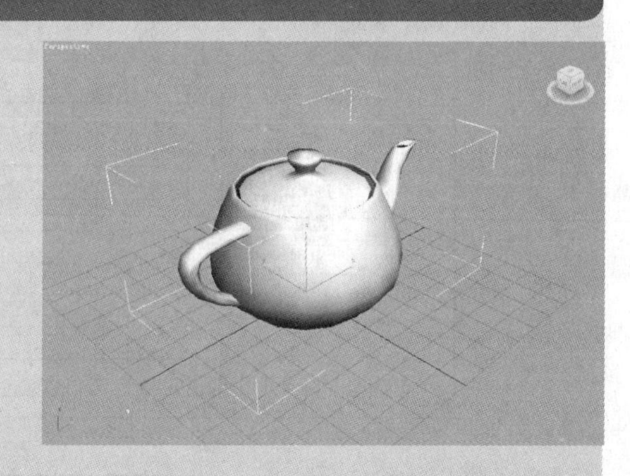

步骤 02 打开动画录制器，将时间滑块拖动到第 20 帧处，然后对茶壶做移动动画。动画制作完成后关闭动画录制器，然后单击主菜单栏上的按钮进图运动轨迹面板。

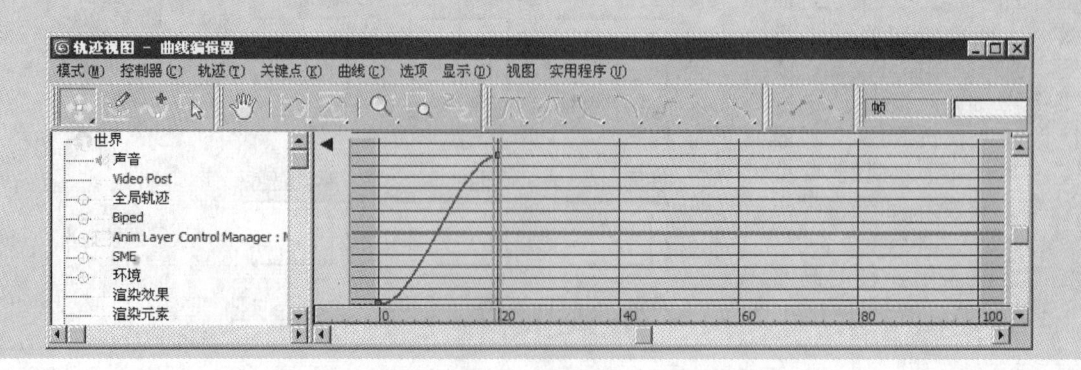

步骤 03 选择“控制器”→“超出范围类型 (O)...”命令，弹出“参数曲线超出范围类型”对话框，其中有多种系统自带的路径复制方式。

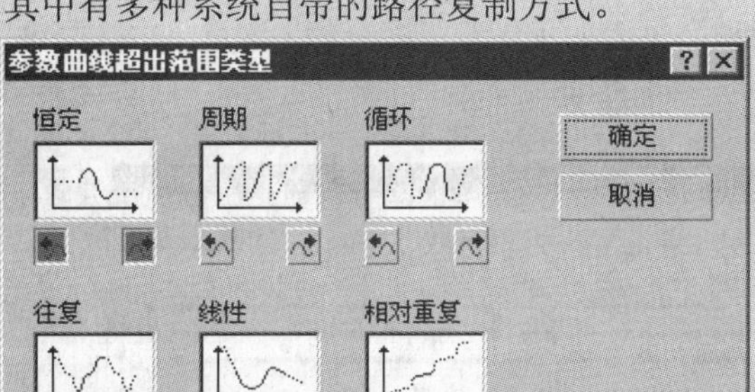

步骤 04 在该对话框中设置重复动画的路径复制方式。

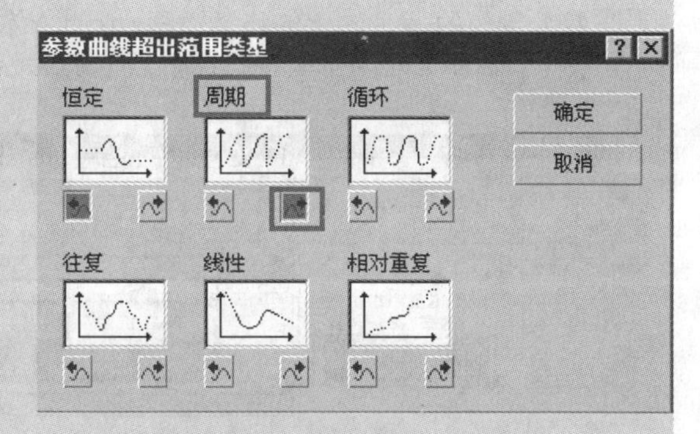

步骤 05 单击“确定”按钮，重复动画即设置完成。读者可以多尝试其他复制方式，看看会产生哪些不一样的动画。

11.4.5 动画时间编辑

本节介绍时间编辑的用法。

动手演练｜动画时间编辑

步骤 01 首先打开 3ds Max 2012，然后创建一个茶壶，并制作 X 轴上的移动动画。

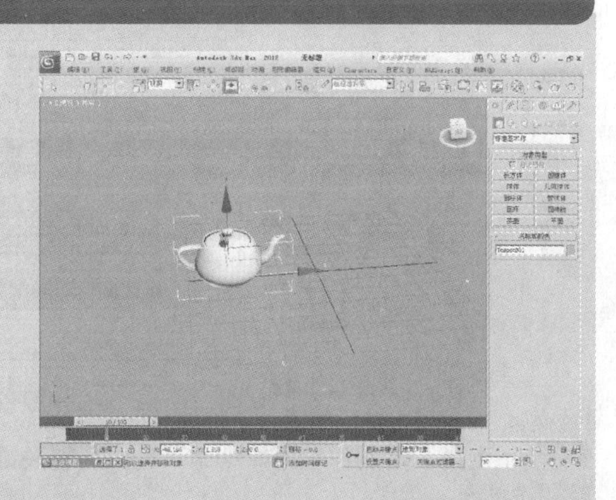

步骤 02 单击主工具栏上的按钮，打开“轨迹视图 - 摄影表”窗口。然后选择“模式 (M)”→“摄影表 (D)...”命令，这时动画轨迹面板将转换成映射面板。在该面板中将会显示出关键帧。

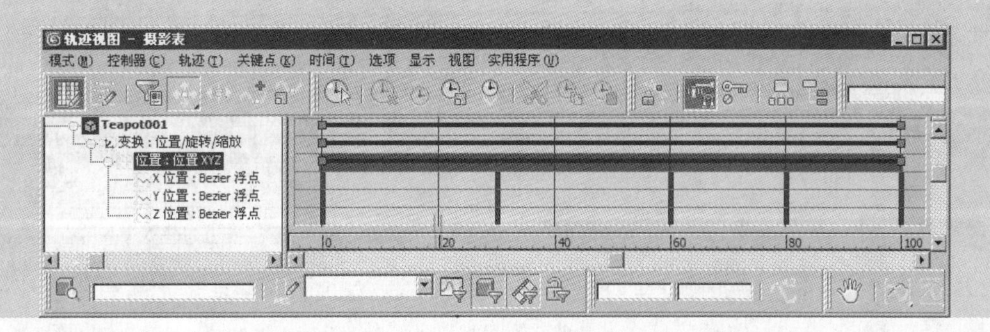

步骤 03 右图所示为时间编辑所使用的工具。

步骤 04 我们制作的是 X 轴上的移动动画，因此 Y 轴和 Z 轴上的关键帧是多余的。这里单击按钮，可以选中 Y 轴和 Z 轴上的关键帧。然后单击按钮，将它们删除。

步骤 05 单击按钮，我们还可以选择 X 轴上的部分关键帧，再单击按钮将其删除，删除后效果如下图所示。这样就可以将选择范围内的动画全部删除。

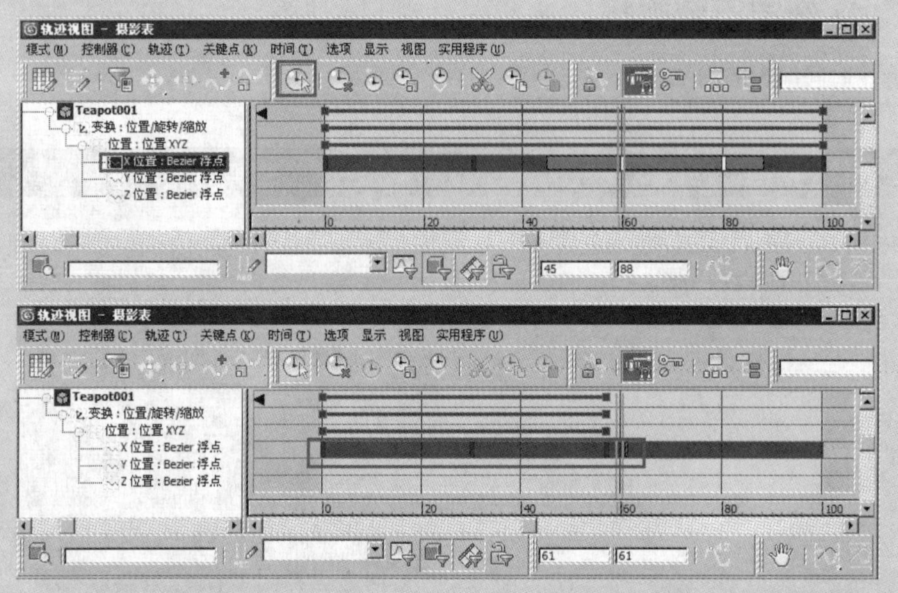

步骤 06 下图所示是制作的原始动画。选中所有关键帧，然后单击按钮，整个原始动画过程将会被翻转过来。

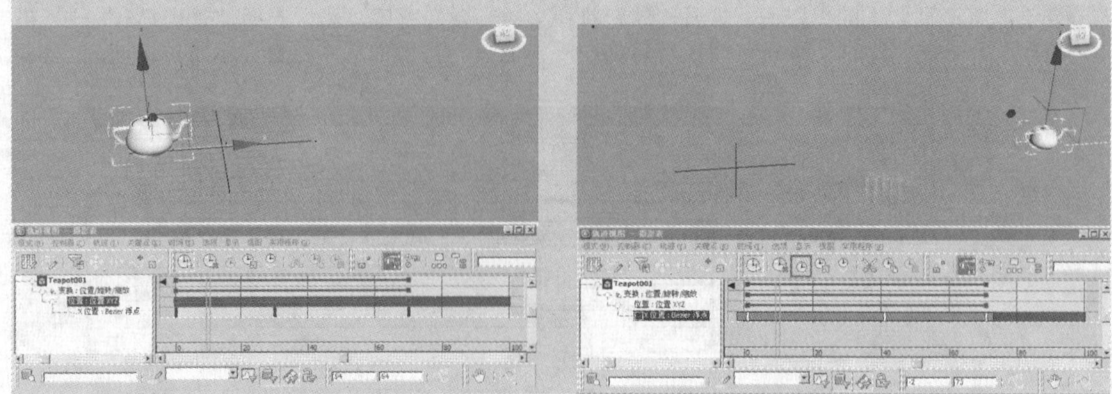

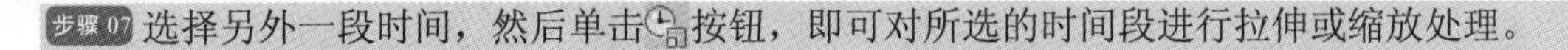

步骤 07 选择另外一段时间，然后单击按钮，即可对所选的时间段进行拉伸或缩放处理。

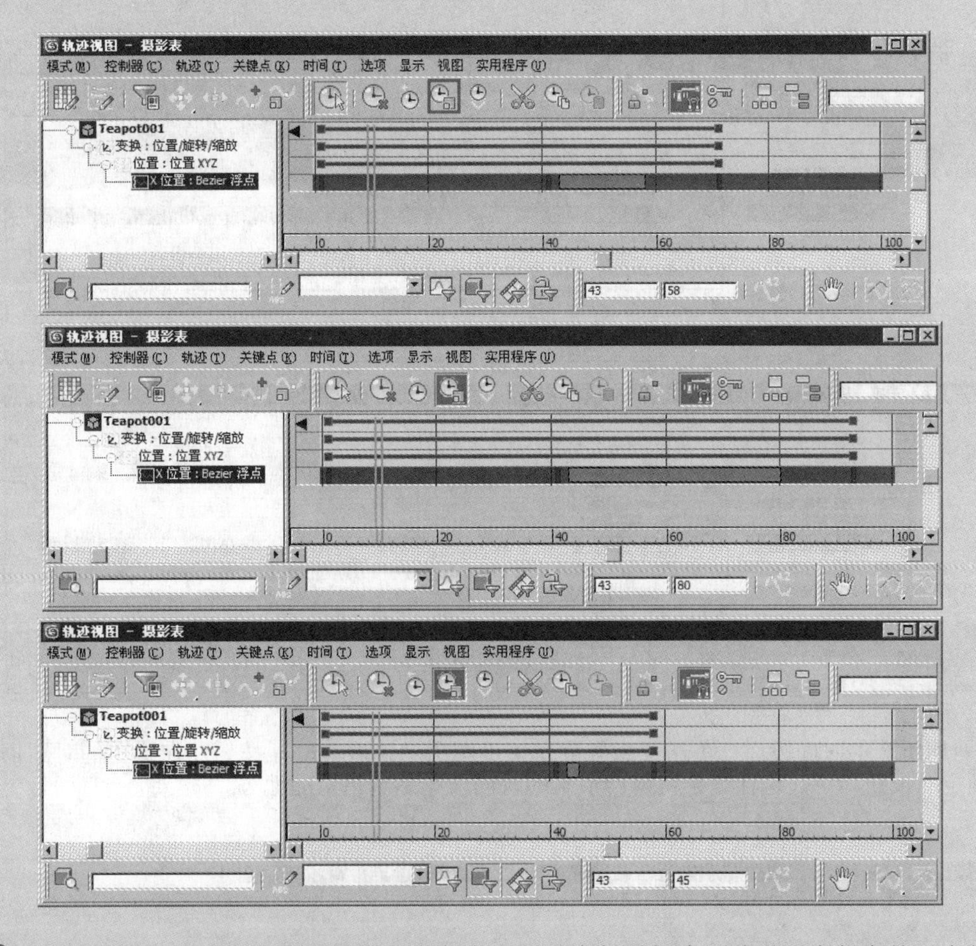

步骤 08 单击按钮，这时在鼠标光标的右上角会出现一个加号标志，此时可在任意的两个关键帧之间添加时间。

步骤 09 除此之外还可以对时间段进行剪切处理。例如，选择时间段，然后单击按钮就可以将其剪切。

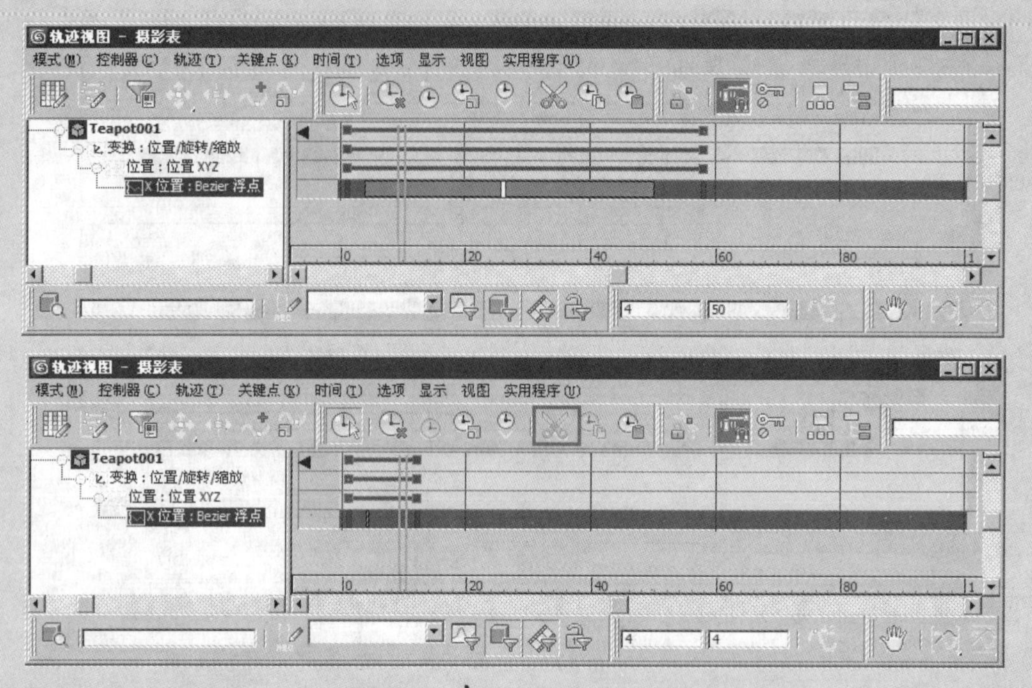

步骤 10 剪切所选的时间段后，单击任意位置，如下图所示。再单击按钮，在弹出的对话框中单击“确定”按钮即可，这样就会将剪切下来的时间段粘贴到指定的地方。

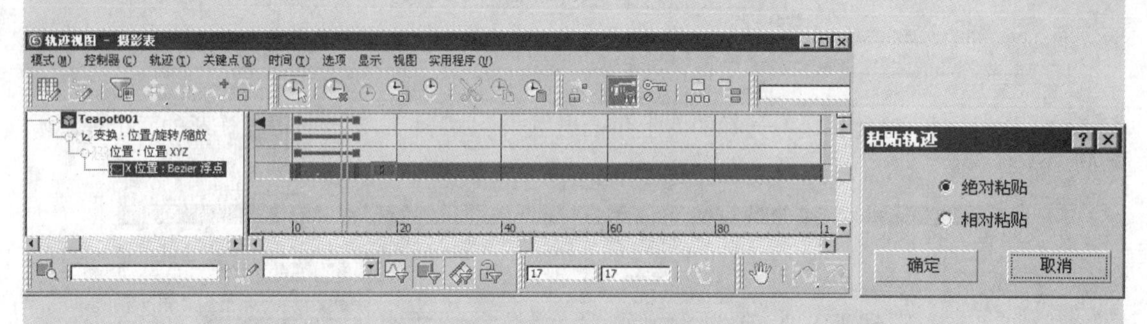

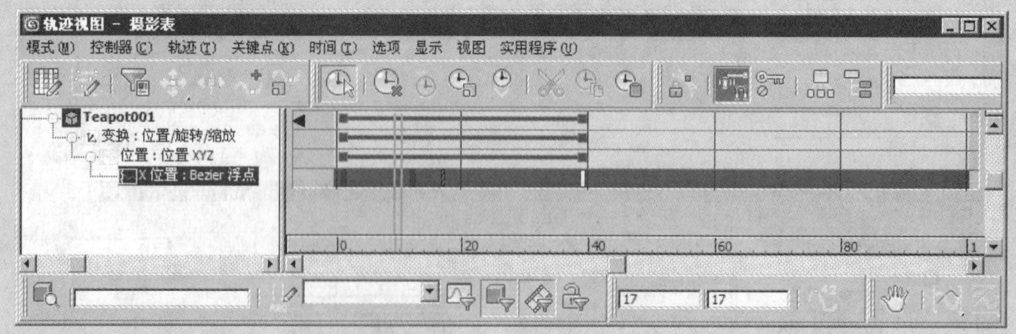

动画时间编辑的工具对动画制作的控制和修改有很大的帮助，读者可以多多练习，体会它的优越之处。

11.4.6 圣诞树动画

本节介绍圣诞树动画的制作方法，该动画的制作，主要在于材质上的变化。

动手演练 | 制作圣诞树动画

步骤 01 打开场景文件（光盘文件 \ 第 11 章 \ 圣诞树 \ 圣诞树动画 .max），在该场景中圣诞树的模型已经制作完成。

步骤 02 在圣诞树上有一些小球体作为圣诞树上的彩灯。本实例做的动画就是彩灯闪烁的效果。首先将彩灯分成若干部分，然后将它们分别进行群组。

步骤 03 打开材质编辑器进行彩灯材质的设置。这里主要设置“自发光”的颜色，从而使彩灯产生自发光的效果。

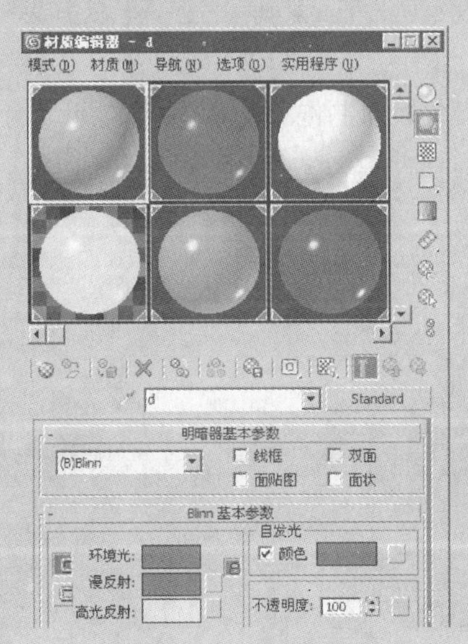

步骤 04 将设置好的材质分别赋予彩灯。

步骤 05 设置彩灯闪烁的动画。本动画总时间长为 110 帧。打开动画录制器，将时间滑块移动到第 0 帧处。然后打开材质编辑器，将所有彩灯材质的“不透明度”参数设置为 20，这时所有彩灯将为透明状态，这样就可以模拟彩灯变暗的效果了。

步骤 06 接下来将时间滑块移动到第 20 帧处，然后将所有彩灯的“不透明度”参数设置为 100，这样在 20 帧处的彩灯就会变亮。使用相同的方法，在不同的时间帧，继续设置彩灯材质的透明度变化，从而达到彩灯闪烁的效果。

步骤 07 等动画设置完成以后单击▶按钮可以预览动画效果。最后按下数字键 8，在弹出对话框中的“背景”选项区域选择添加一张背景图片。

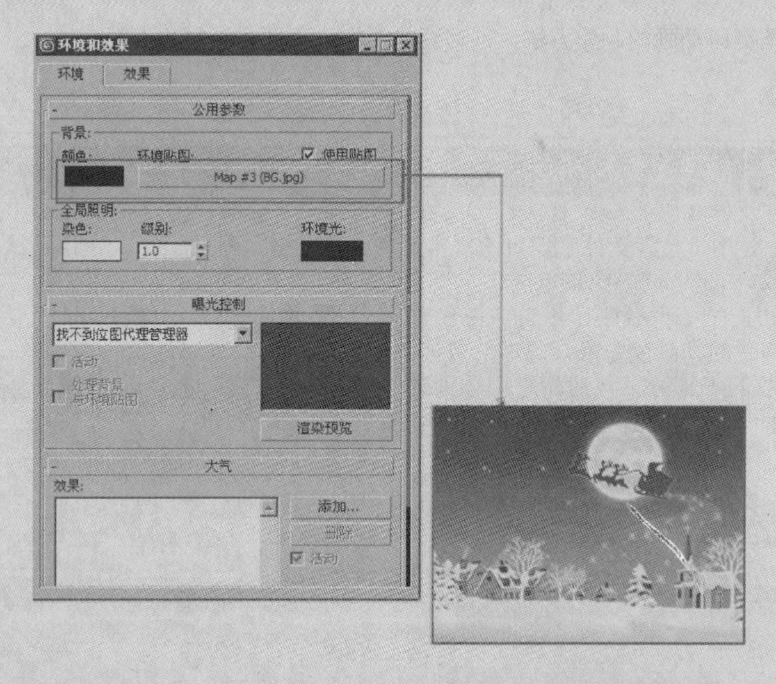

步骤 08 至此圣诞树动画即制作完成了，本例主要是通过改变材质的透明度来控制彩灯闪烁的，从而达到动画的效果。

11.4.7 光效动画

本节介绍光效动画的制作。

动手演练 | 制作光效动画

步骤 01 首先打开场景文件（光盘文件 \ 第 11 章 \ 光效动画 .max），该场景的制作主要使用了放样工具，然后将其约束到一条环形曲线上。本案例使用这个场景制作游戏中的法术效果。

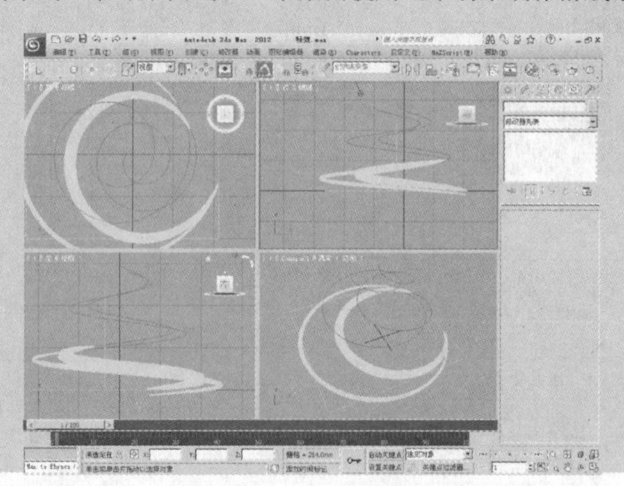

步骤 02 选中螺旋体，打开动画录制器，将时间滑块移动到第 0 帧处，然后设置其参数。

步骤 03 接下来将时间滑块移动到第 100 帧处，然后设置其参数。

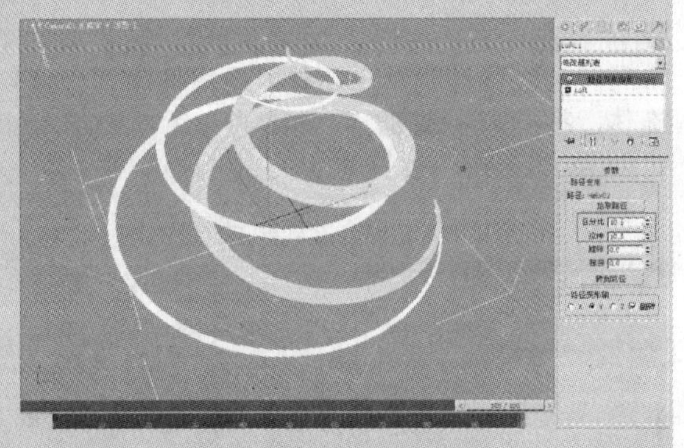

步骤 04 选中如下图所示的其中一个螺旋体，然后将时间滑块移动到第 0 帧处。然后右击选中的螺旋体，在弹出的快捷菜单中选择“对象属性”命令。在弹出的对话框中将“可见性”设置为 0。使用相同的方法设置另一个螺旋体。

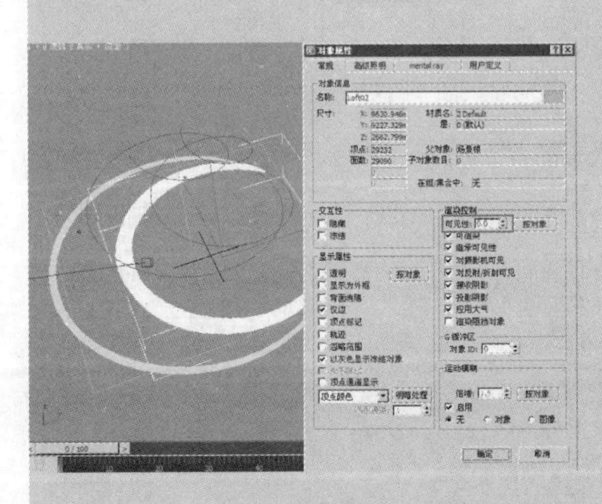
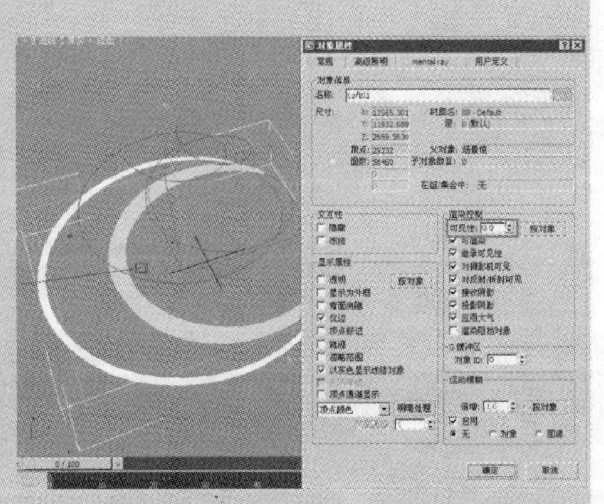

步骤 05 选中其中一个螺旋体，将时间滑块移动到第 100 帧处，然后在设置其“可见性”为 1。

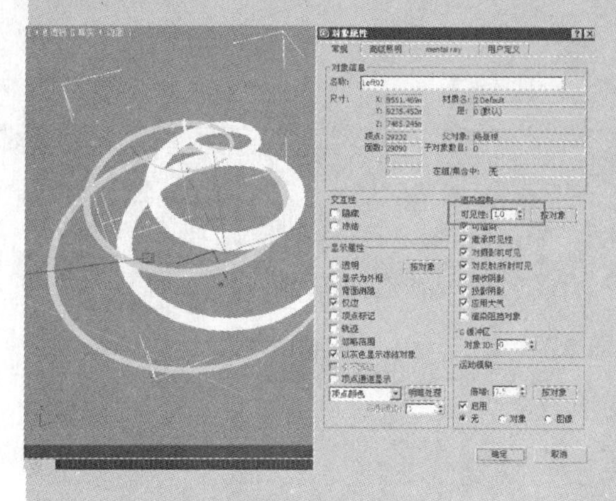

步骤 06 使用相同的方法设置另一个螺旋体。

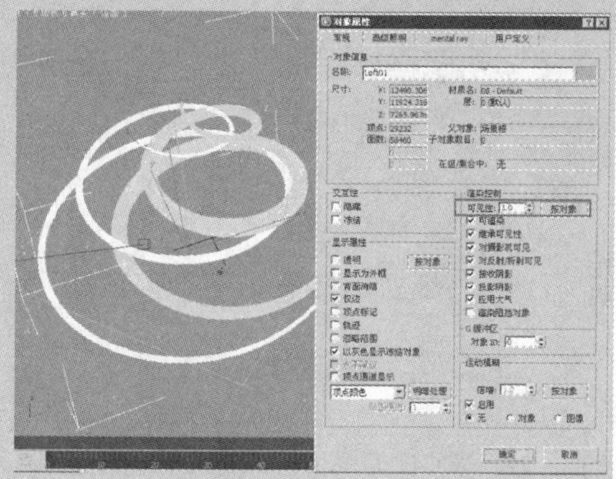

步骤 07 确定“自动关键点”按钮处于激活状态，将时间滑块移动到第 0 帧处。选中其中一个螺旋体，按下数字键 8，在弹出的对话框中选择“效果”选项卡，设置属于它的 Glow 参数。

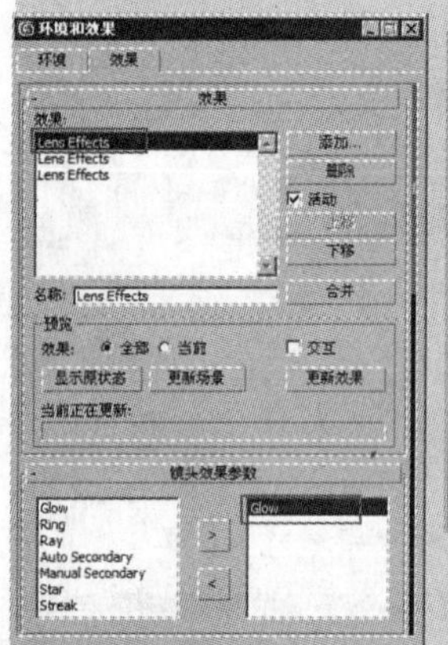

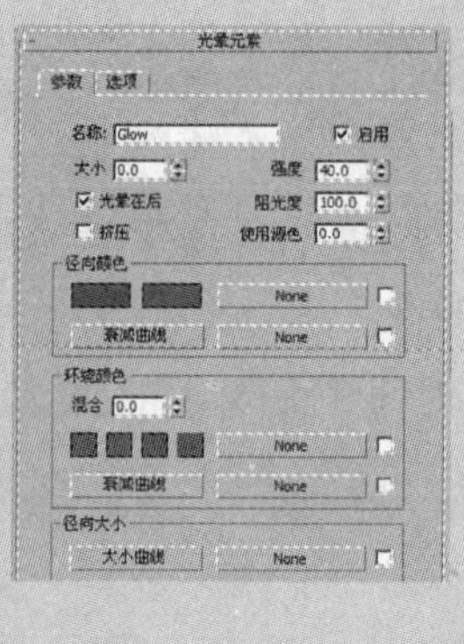

步骤 08 使用相同的方法给另外一个螺旋体添加光晕效果。

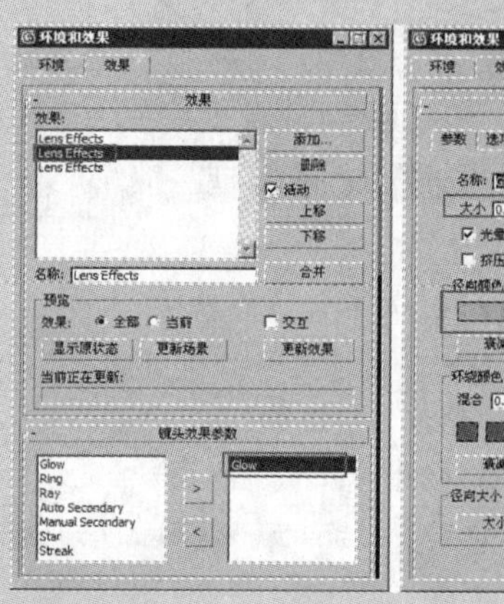

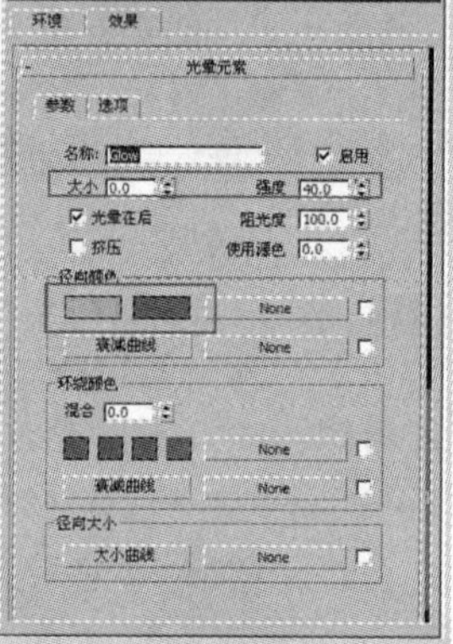

步骤 09 将时间滑块移动到第 100 帧处，然后调整光晕的参数。

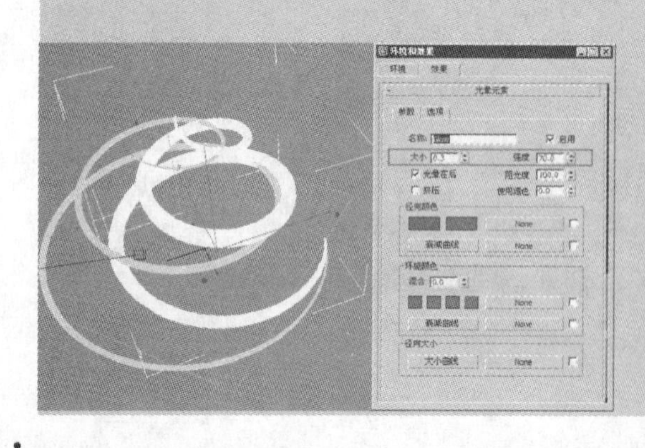

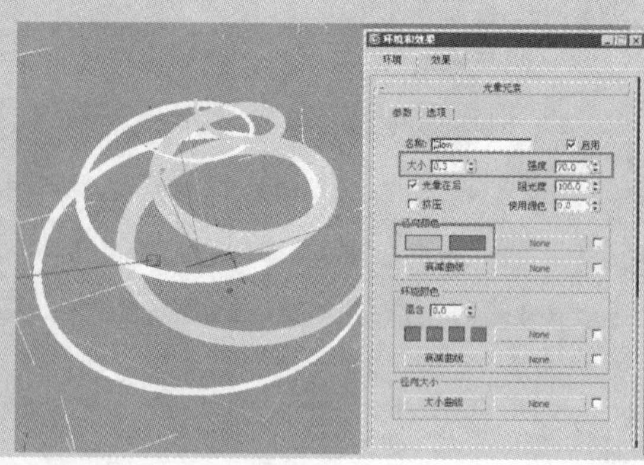

步骤 10 设置完光效动画后，在周围添加两点，制作周围两点的动画效果。

步骤 11 首先在顶视图创建一个暴风雪粒子系统，确认粒子喷出的方向为正上方。

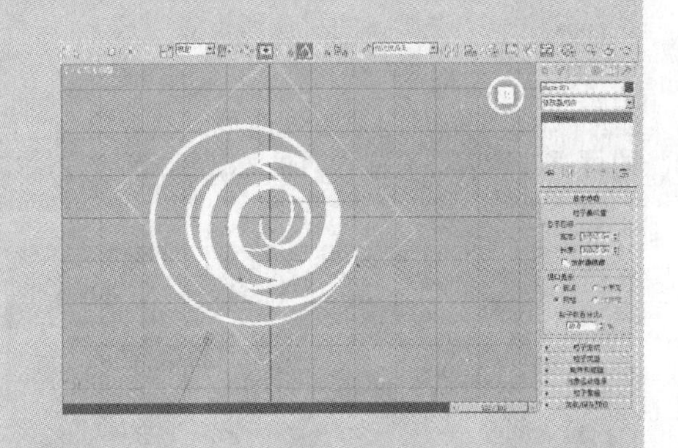

步骤 12 设置该粒子系统的其他参数。将“发射开始”设为 -10 帧，可以让粒子在 0 帧之前提早发射。

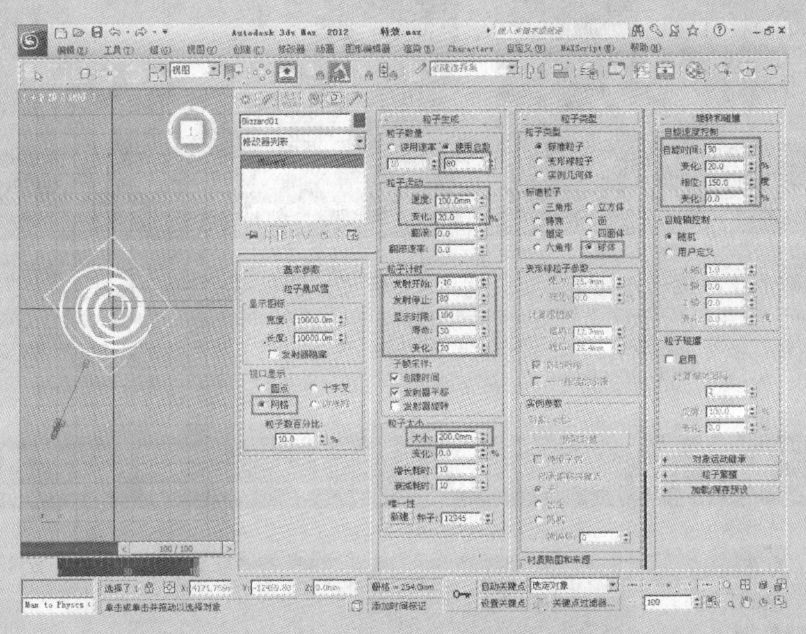

步骤 13 至此周围两点的粒子系统即制作完成了。下面设置材质。打开材质编辑器，选择一个空白材质球，然后设置其颜色及参数。

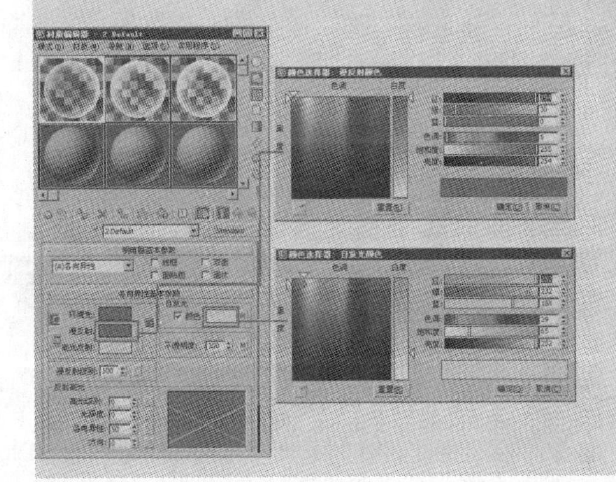

步骤 14 接下来在“不透明度”选项右侧添加一个“衰减”材质类型。然后在衰减材质类型的黑色颜色块处添加“渐变贴图”，并设置相关参数。

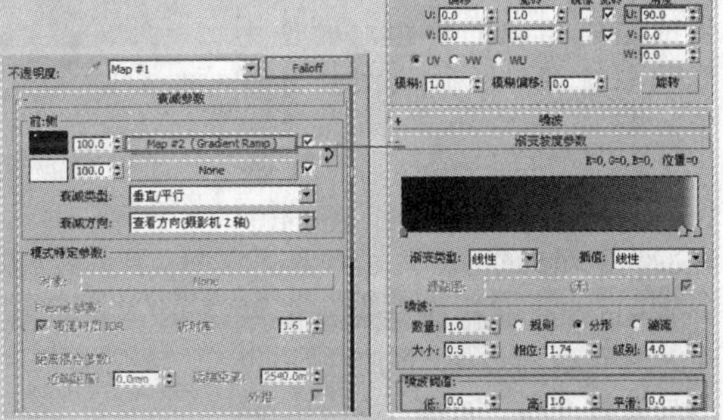

步骤15 在“不透明度”选项右侧添加一个“衰减”材质类型，将其复制到“自发光”材质球上。这样其中一个螺旋体的材质即设置完成。

步骤16 将设置好的材质复制两份，然后改变它们的颜色，就可以得到另一个螺旋体的材质和两点的材质。最后将设置好的材质赋予相应的物体，然后即可预览动画效果。

步骤17 至此光效动画即制作完成了，这里主要给物体添加了 Effect 特效中的 Glow，这样就会使螺旋体产生光效，从而达到我们所想要的效果。读者可以根据自己的创意进行制作，更加熟练地掌握其用法。

11.5 了解 Character Studio

Character Studio 为制作三维角色动画提供了专业的工具。使动画片绘制者能够快速而轻松地建造骨骼动画效果，从而创建运动序列环境。具有动画效果的骨骼用来驱动 3ds Max 几何运动，以此创建虚拟的角色。使用 Character Studio 可以生成这些角色的群组，而使用代理系统和过程行为制作其动画效果。

Character Studio 由 3 个 3ds Max 插件组成，即 Biped、Physique 和群组。

Biped 能够构建骨骼框架并使之具有动画效果，为制作角色动画做好准备。可将不同的动画合并成按序列或重叠的运动脚本，或将它们分层，也可以使用 Biped 来编辑运动捕获文件。

Physique 通过使用两足动物框架来制作实际角色网格动画，模拟与基础骨架一起运动时，网格屈曲和膨胀。

群组通过使用代理系统和行为制作三维对象和角色组的动画。可以使用高度复杂的行为来创建群组。

Character Studio 提供用于制作角色动画的整套工具。使用 Character Studio 可以为两足角色（两足动物）创建骨骼层，然后通过各种方法使其具有动画效果。如果角色用两条腿走路，那么该软件将提供独一无二的 “足迹动画” 工具。根据重心、平衡和其他因素自动制作移动动作。

假如打算以手动方式制作动画，可以使用自由形式的动画。这种动画制作方式同样适用于多足角色，或者飞行角色、游动角色。使用自由形式的动画，可以通过传统的反向运动技术制作骨架的动画和两足动物游泳的动画。

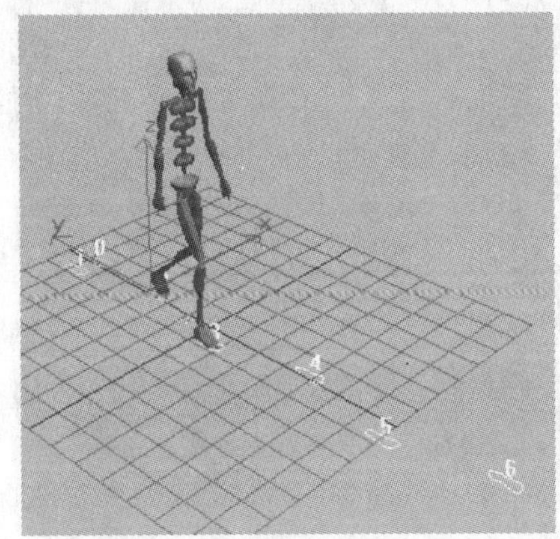

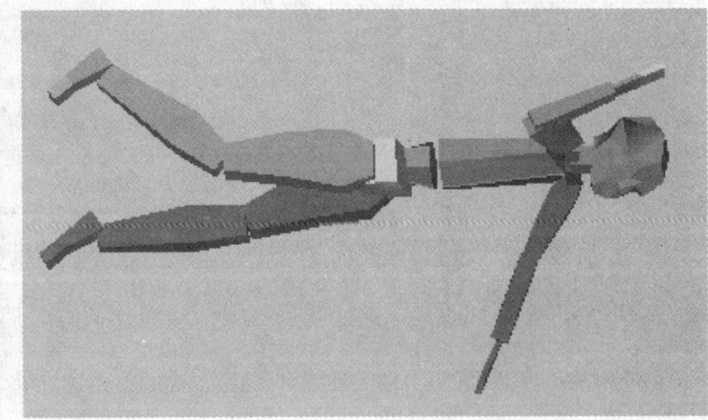

下面了解 Biped（两足动物）的相关知识：

Biped（两足动物）是 3ds Max 一个系统插件，可以在“创建”面板中选择。在创建一个两足动物后，使用“运动”面板中的“两足动物控制”使其生成动画。两足动物提供了设计动画角色体形和运动所需要的工具。

Biped（两足动物）：如同创建链接层次一样，使用两足动物模块创建两足动物骨骼，用做动画的双腿形体。两足动物骨骼具有即时动画的特性。

体形和关键帧模式：在 Character Studio 中是用来互换运动和角色的。在体形模式中，使两足动物与角色模型匹配。例如，制作一个巨兽动画，再保存该动画，然后将其加载到一个小孩身上。运动文件被保存为 Character Studio BIP 文件（BIP 文件包含两足动物骨骼大小和肢体旋转数据。它们采用原有的 Character Studio 运动文件格式）。

创建两足动物动画，有两种主要方法：足迹方法自由形式方法。每种方法都有其长处。两种方法可以互相转换，或者在单一动画中合并使用。

两足动物属性：两足动物骨骼有很多属性，用以帮助更快捷、更精确地进行动画制作。

人体构造：连接两足动物上的关节以仿效人体解剖。默认情况下，两足动物类似于人体骨骼，具有稳定的反向运动层次。这意味着，在移动手和脚时，对应的肘或膝也随之做相应的移动，从而产生一个自然的人体姿势。

可定制非人体结构：两足动物骨骼很容易被用在四腿动物或者一个自然前倾的动物身上，比如恐龙。

自然旋转：旋转两足动物的脊椎时，手臂支撑它们对于地面的相对角度，而不是像手臂合成肩膀的方式行为。例如，假设两足动物站立着，手臂悬在身体的两侧；当向前旋转两足动物的脊椎时，两足动物的手指将接触地面而不指向身后。对手部而言，这是更自然的姿势，这将加速两足动物关键帧的过程。该功能也适用于两足动物的头部。当向前旋转脊椎，头部保持着向前看的方向。

设计步进：两足动物骨骼使用Character Studio步进，用来帮助解决锁定脚在地面的常见问题。步进动画也提供了快速勾画出动画的简易方法。

动手演练 | 制作走路动画

步骤01 选择“创建”→“系统”→“Biped”命令，在3ds Max 2012右侧的面板中单击Biped按钮，创建一个人体骨骼物体。

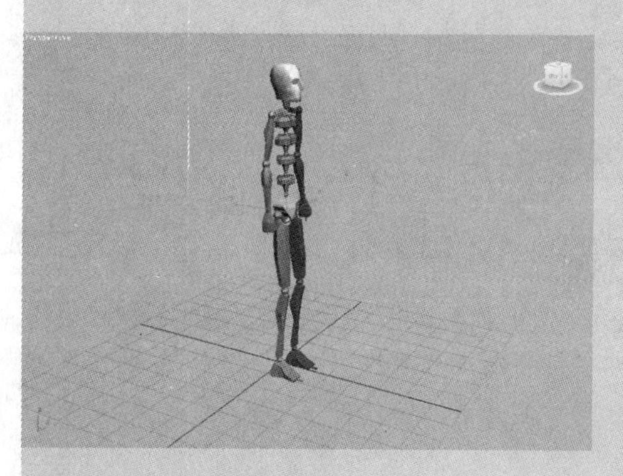

步骤02 在顶视图中创建一架摄影机，适当调节摄影机的角度和位置，将透视视图转换为摄影机视图。

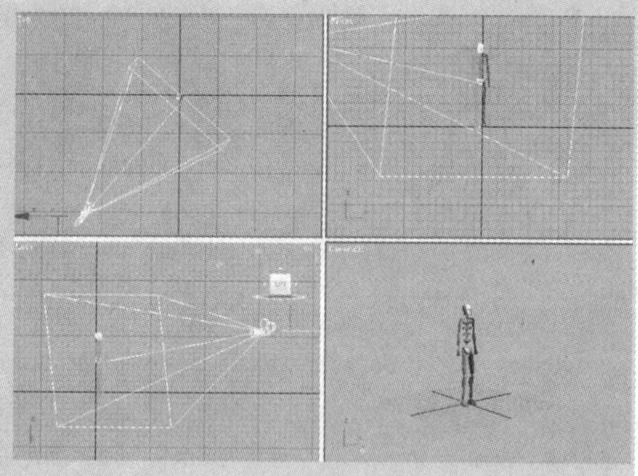

步骤03 选中人体骨骼，单击按钮进入“运动”面板，这时将会展开人体运动相关参数卷展栏。可以根据需要设置相关参数。

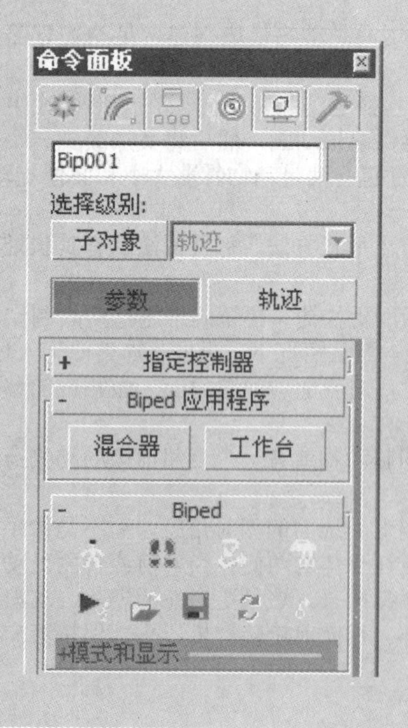

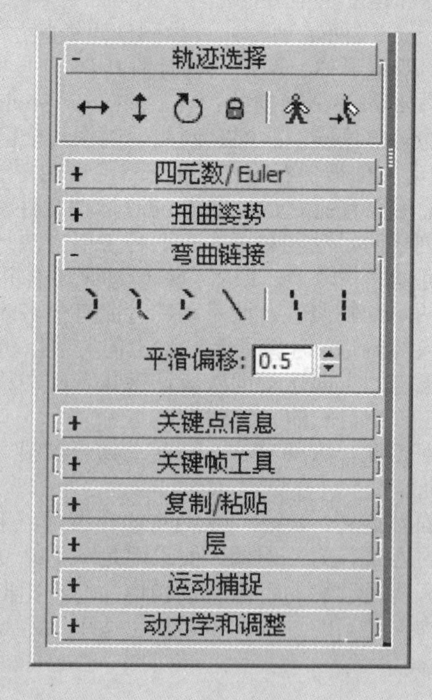

下面使用系统自带的工具栏制作人物的行走动画。系统自带了两种制作步伐的工具，一种是自动生成步伐，另一种是手动设置步伐。首先介绍自动生成步伐的用法。

步骤 01 选中人体骨骼，单击 Biped 卷展栏下的按钮，然后再单击“足迹创建”卷展栏下的按钮，弹出如下图所示的对话框。在“足迹数”文本框中可以设置步数，设置完成后单击“确定”按钮。这时在人体的脚下就会出现脚印。

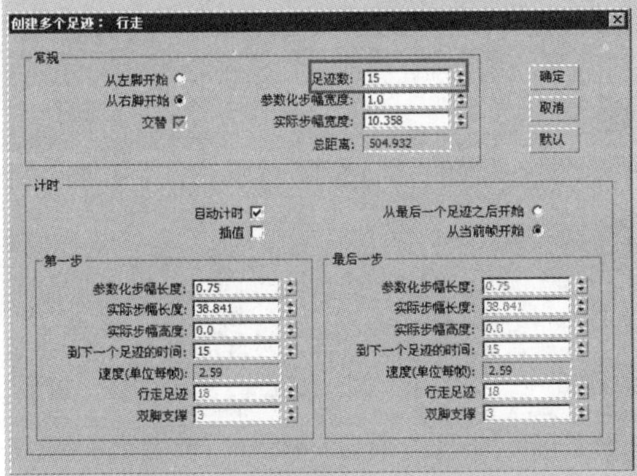

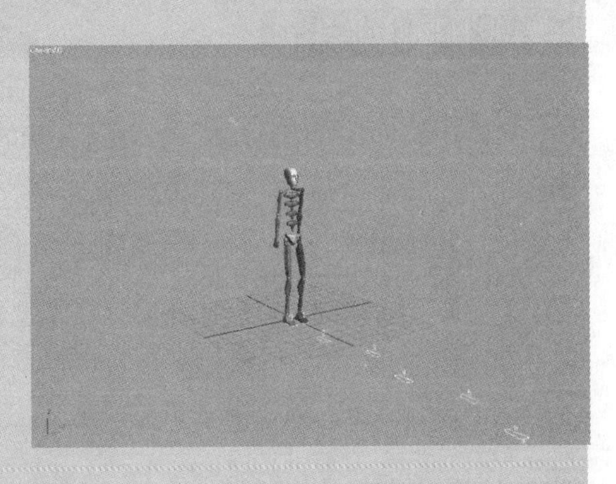

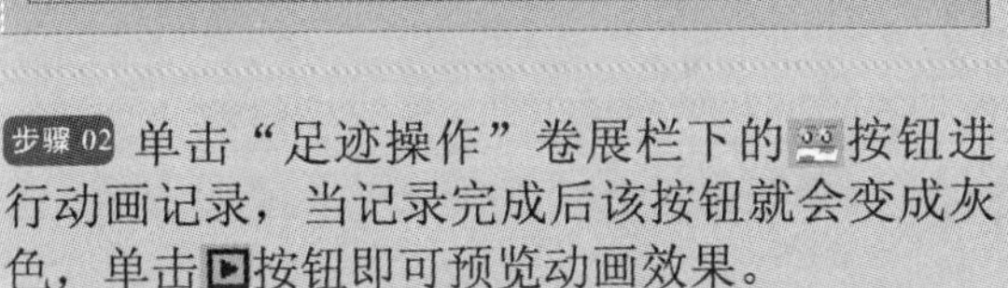

步骤 02 单击“足迹操作”卷展栏下的按钮进行动画记录，当记录完成后该按钮就会变成灰色，单击按钮即可预览动画效果。

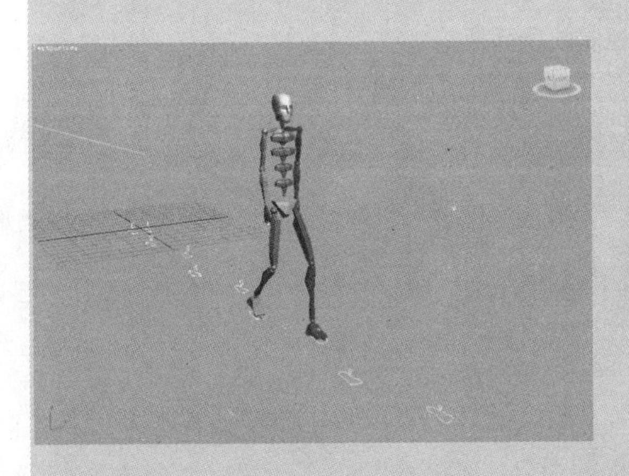

步骤 03 选中人体骨骼，单击 Biped 卷展栏下的按钮，再单击“足迹创建”卷展栏下的按钮，此时将鼠标移动到工作区域时，鼠标上就会有一个脚印的图标出现。此时即可手动设置步伐。

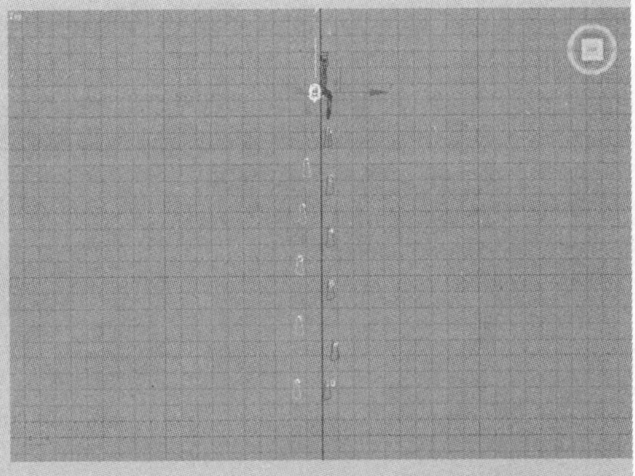

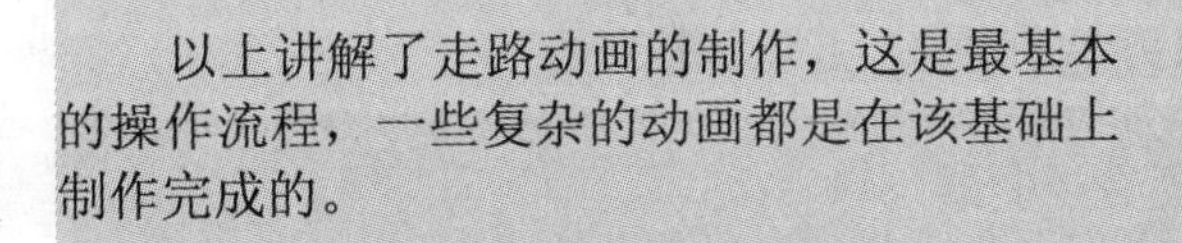

步骤 04 手动生成步伐后单击“足迹操作”卷展栏下的按钮进行动画记录。最后预览动画效果。

以上讲解了走路动画的制作，这是最基本的操作流程，一些复杂的动画都是在该基础上制作完成的。

习题加油站

通过学习本章知识读者对 3ds Max 的动画框架有了一个清晰的认识，可以熟练掌握利用动画关键帧技术制作不同速度和效果的动画。下面通过习题来巩固所学知识。

设计师认证习题

Q 下面关于“预览动画”的叙述不正确的是________。

A A. 可以在预览动画中显示帧的编号
B. 制作“预览动画”类别来显示或隐藏分类项目
C. 可以记录材质动画
D. 生成预览动画的时间段可以自定义指定

Q 关于时间动画原理描述错误的是________。

A A. 如果快速查看一系列相关的静态图像，那么观众会感到这是一个连续的运动
B. 电影的帧速率是 29.97
C. 中国电视所使用的制式是 PAL 制
D. 动画中的每一个单独图像称为一帧

Q 如下图所示，以下不能在时间控制区控制的项目是________。

A A. 在指定关键帧的范围内播放动画
B. 对选定对象进行动画的播放或停止
C. 指定到某一关键帧
D. 跳转到时间轴的开头或结尾位置

Q 可以使用菜单命令为对象追加控制器，也可以在“运动”面板中为对象追加控制器，关于两者的区别，以下说法正确的是________。

A A. 链接约束控制器无法通过“运动”面板指定
B. 在菜单栏和“运动”面板中都可以为多个对象一起追加控制器
C. 通过菜单追加控制器是先为对象添加列表控制器，在保持原有控制器的同时追加新控制器，而在“运动”面板中追加是替换现有控制器
D. 有些项目不可以直接通过“运动”面板追加，只能通过菜单追加

专家认证习题

Q 以下关于调节关键点的描述错误的是 ＿＿＿＿＿＿。

A
A. “线性浮点”控制器不能调节曲线的曲率
B. 在“摄影表”中，如果在两个关键点之间进行插入时间的操作，不会影响关键点之间的切线类型
C. 同一关键点的输入与输出始终为同一种切线类型
D. 在“摄影表”中只能改变关键点锁定的时间，但不能改变关键点的切线类型

Q 下图为一个物体的位移曲线（红 X 绿 Y 蓝 Z），通过该曲线分析物体的运动，以下描述正确的是 ＿＿＿＿＿＿。

A
A. X 轴为减速，Y 轴为加速，Z 轴为加速
B. X 轴为加速，Y 轴为减速，Z 轴为减速
C. X 轴为加速，Y 轴为减速，Z 轴为加速
D. X 轴为减速，Y 轴为减速，Z 轴为加速

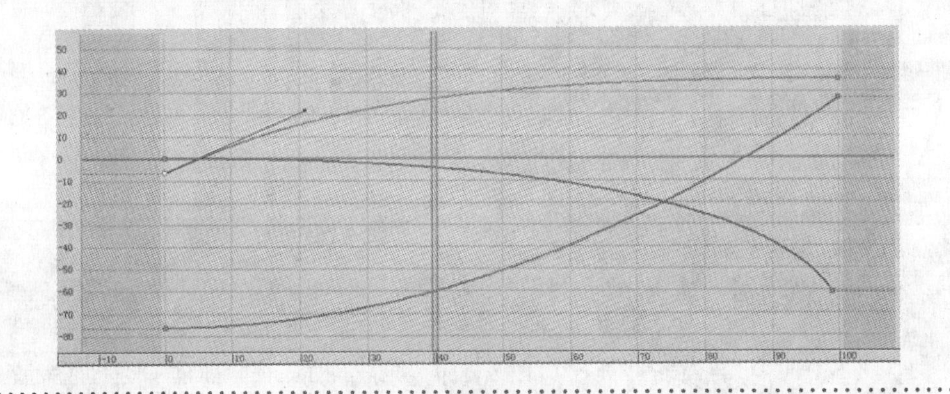

Q 以下哪项操作不能在轨迹视图中完成？ ＿＿＿＿＿＿。

A
A. 手绘轨迹曲线
B. 按时间选择关键点
C. 使用软选择对轨迹视图进行编辑
D. 将移动曲线转化为样条线

Q 以下哪项操作不能在“层次”面板中完成 ＿＿＿＿＿＿。

A
A. 设置对象的链接关系
B. 改变对象的轴心位置
C. 对变换中某个项目进行锁定
D. 临时取消父子级链接关系

第12章 粒子系统

内容提要：

大师作品欣赏：

这幅作品表现的是一个下雨的场景，这幅作品最精彩的地方就在于对雨水的刻画。从天空降落的雨水击打在人物身上溅起一层水雾，而雨滴在下落过程中所产生的运动模糊效果也表现得非常到位。

这幅作品表现了一个冬天下雪的场景。这个场景中洋洋洒洒的雪花可以通过 3ds Max 粒子系统中的“雪粒子”系统来制作。

12.1 粒子系统的常用参数

粒子系统的常用参数，分别通过“基本参数”、“粒子生成”、“粒子类型”、“旋转和碰撞”、“对象运动继承”、“气泡运动”、“粒子繁殖”及“加载/保存预设”卷展栏中的相关参数进行详细讲述。

“基本参数”卷展栏

通过设置“基本参数”卷展栏中的参数，可以创建和调整粒子系统的大小，并拾取分布对象。此外，还可以指定粒子相对于分布对象几何体的初始分布，以及分布对象中粒子的初始速度。除此之外，还可以指定粒子在视图中的显示方式。

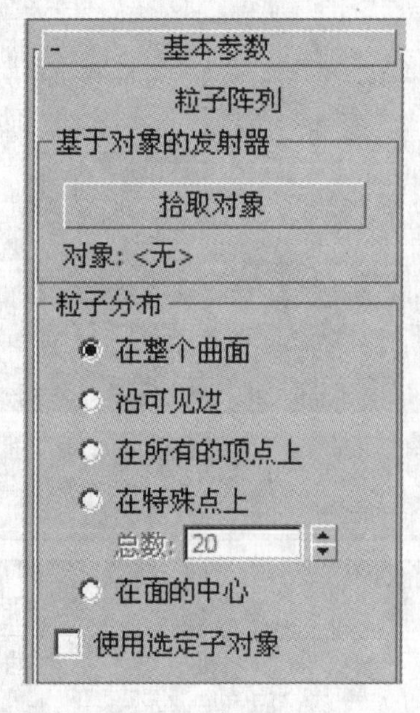

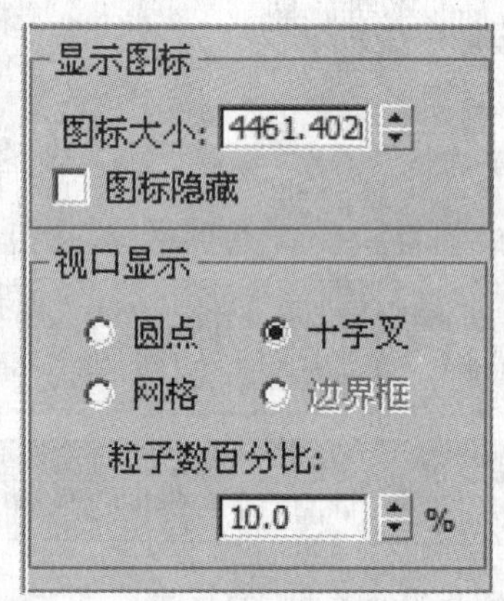

“基于对象的发射器”选项区域。

拾取对象：创建粒子系统对象后，“拾取对象”按钮变为可用。单击此按钮，然后通过单击选择场景中的某个对象。所选对象成为基于对象的发射器，并作为形成粒子的源几何体或用于创建类似对象碎片的粒子的源几何体。

“对象”文本字段：显示所拾取对象的名称。

“粒子分布”选项区域。

以下选项确定标准粒子在基于对象的发射器曲面上最初的分布方式。仅当拾取对象用做标准粒子、变形球粒子或实例几何体的分布栅格时，这些控件才可用。

在整个曲面：在基于对象的发射器的整个曲面上随机发射粒子。此为默认选项。

沿可见边：从对象的可见边随机发射粒子。

在所有的顶点上：从对象的顶点发射粒子。

在特殊点上：在对象曲面上随机分布指定数目的发射器点。

总数：在选择“在特殊点上”单选按钮后，指定使用的发射器点数。

在面的中心：从每个三角面的中心发射粒子。

使用选定子对象：对于基于网格的发射器及一定范围的基于面片的发射器，粒子流的源只限于传递到基于对象的发射器中的修改器堆栈的子对象选择。

指定的粒子分布类型确定所使用的子对象几何体的类型：“在整个曲面”为面，“沿可见的边”为边，“在所有的顶点上”为顶点，“在特殊点上”为面，“在面的中心”为面。

如果已将对象转换为可编辑网格，并且通过顶点、边和面选择选中了该对象的各种子对象，在切换粒子分布选项时，将看到粒子从对象的不同区域发射。

仅当使用面片和元素子对象层级时，“使用选定子对象”才适用于面片对象发射器，但不适用于作为发射器使用的 NURBS 对象。

知识拓展：以最佳方式查看发射器

首先打开“粒子生成”卷展栏，在“粒子运动”选项区域中将“速度”设置为 0，移动到出现粒子的帧，然后选择各种粒子分布选项。

- “显示图标”选项区域：调整粒子系统图标在视图中的显示。

图标大小：设置图标的总体大小（以单位数计）。

图标隐藏：选择该复选框后，视图中将隐藏粒子阵列图标。

- “视口显示”选项区域：指定粒子在视图中的显示方式。

圆点：粒子显示为圆点。

十字叉：粒子显示为十字叉。

网格：粒子显示为网格对象。选择该单选按钮会减慢视图重画的速度。

边界框：仅对于实例几何体，每个实例粒子（无论是单个对象、层次还是组）显示为边界框。

粒子数百分比：此选项以渲染粒子数百分比的形式指定视图中显示的粒子数。默认设置为 10%。

如果要看到与场景中将渲染的粒子数相同的粒子数，将显示百分比设置为 100%。不过，这样可能会大大减慢视图的显示速度。

12.2 粒子系统的分类

3ds Max 非常吸引人的一项功能就是它的粒子系统，在模仿自然现象、物理现象及空间扭曲上具备得天独厚的优势。粒子系统可以涉及大量实体，每个实体都要经历一定数量的复杂计算。因此，将它们用于高级模拟时，你必须使用运行速度非常快的计算机，且内存容量尽可能大。另外，功能强大的图形卡可以加快粒子几何体在视图中的显示速度。而且，该图形卡仍然可以轻松加载系统，如果碰到失去响应的问题，等待粒子系统完成其计算，然后减少系统中的粒子数，实施缓存或采用其他方法来优化性能。

12.2.1 非事件驱动的粒子系统

非事件驱动的粒子系统为随时间生成粒子的子对象提供了相对简单直接的方法，以便模拟雪、雨、尘埃等效果。主要在动画中使用粒子系统。如下图所示是作为粒子系统创建的喷泉。

3ds Max 提供 6 个内置的、非事件驱动的粒子系统：喷射粒子系统、雪粒子系统、超级喷射粒子系统、暴风雪粒子系统、粒子阵列粒子系统和粒子云粒子系统。

1.“粒子生成”卷展栏

此卷展栏中的选项控制粒子产生的时间和速度、粒子的移动方式，以及不同时间粒子的大小。

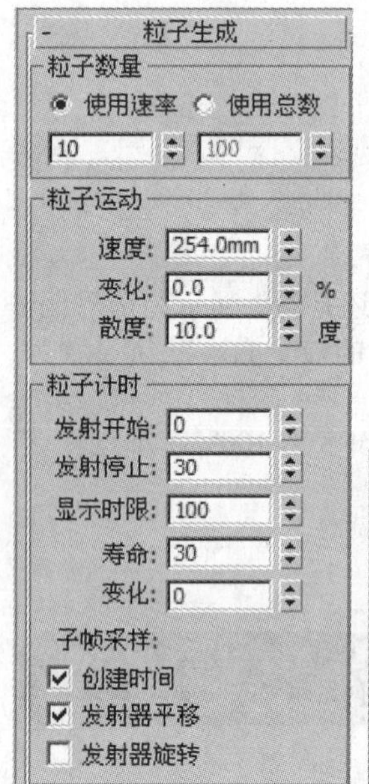

“粒子数量”选项区域：提供了两种方法来决定粒子的数量。

使用速率：用粒子产生的比率值来控制生长中的粒子数目。

使用总数：粒子产生的总数目（包括从开始到生长期再到结束的总体数目）。

“粒子运动”选项区域：有 3 个选项，分别控制初始粒子速度及发射的方向。

速度：设置在生命周期内的粒子每一帧移动的距离。

变化：为每一个粒子发射的速度指定一个百分比变化量。

散度：每个粒子与发射器法线所成角度的变化范围。

知识拓展：碎片簇

碎片簇的初始方向是簇的种子面的法线方向。可利用以下方法来创建簇：选择一个面（种子面），然后根据在“粒子类型”卷展栏的“对象碎片控制”选项区域中选择的方法，创建从该面向外的簇。

“粒子计时”选项区域：指定粒子发射开始和停止的时间，以及各个粒子的寿命。

发射开始：设置粒子从哪一帧开始出现在场景中。
发射结束：设置粒子最后被发射出的帧号。
显示时限：设置到第几帧时，粒子将不显示在视图中，这不影响粒子的实际效果。
寿命：设置每个粒子诞生后的生存时间。
变化：设置每个粒子寿命的变化百分比值。

- “子帧采样”选项区域：用于避免粒子在普通帧计数下产生肿块，而不能完全打散，先进的子帧采样功能提供更高的分辨率。

创建时间：在时间上增加偏移处理，以避免时间上的肿块堆集。

发射器平移：如果发射器本身在空间中有移动变化，可以避免产生移动的肿块集。

发射器旋转：如果发射器在发射时自身进行旋转，打开它可避免肿块，并且产生平稳的螺旋影像。

- “粒子大小”选项区域：用来控制粒子的尺寸大小。

大小：确定粒子的尺寸大小。

变化：设置每个可进行尺寸变化的粒子的尺寸变化百分比。

增长耗时：设置粒子从尺寸极小变化到尺寸正常所经历的时间。

衰减耗时：设置粒子从正常尺寸萎缩到消失的时间。

唯一性：通过设置种子数，可以在相同的参数设置下产生不同的随机效果。

新建：随机指定一个种子数值。

种子数：使用数值框指定一个种子数。

2.“粒子类型”卷展栏

使用此卷展栏上的控件可以指定所用的粒子类型，以及对粒子执行的贴图类型。相关参数如下图所示。

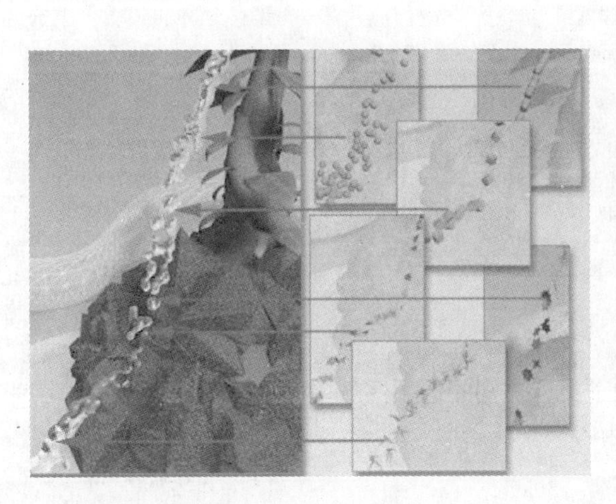

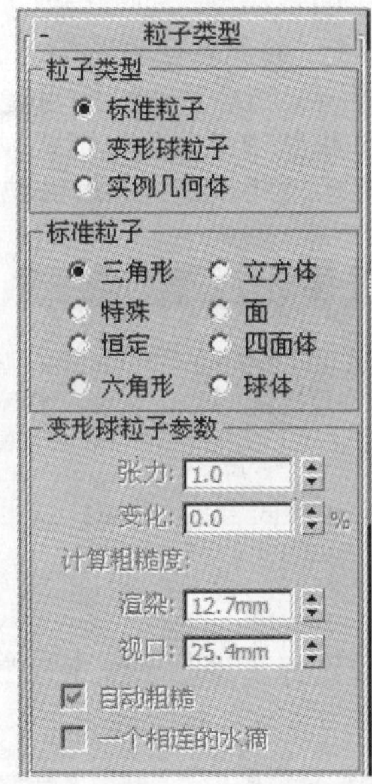

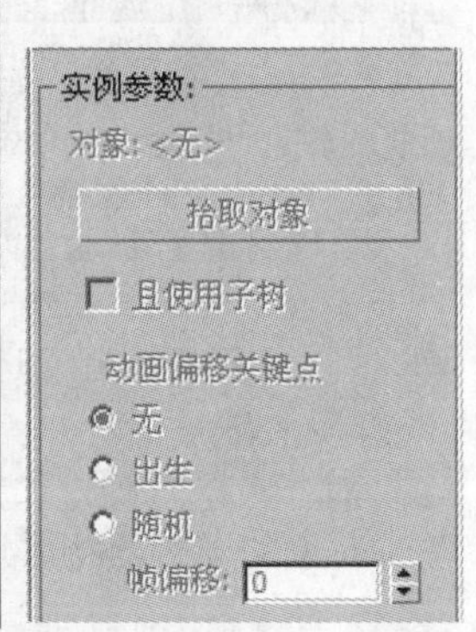

- “粒子类型”选项区域：指定粒子类型的3个类别中的一种。根据所选选项不同，“粒子类型”卷展栏下方会出现不同的控件。

标准粒子：使用几种标准粒子类型中的一种，例如三角形、立方体和四面体等。

变形球粒子：使用变形球粒子。这些变形球粒子是粒子系统，其中单独的粒子以水滴或粒子流形式混合在一起。

- “标准粒子”选项区域。如果在“粒子类型”选项区域选择“标准粒子”单选按钮，则此区域中的选项变为可用。选择以下选项之一指定粒子类型：

三角形：将每个粒子渲染为三角形。对水流或烟雾使用噪波不透明的三角形粒子。

立方体：将每个粒子渲染为立方体。

特殊：每个粒子由 3 个交叉的 2D 正方形组成。

面：将每个粒子渲染为始终朝向视图的正方形。对气泡或雪花使用相应的不透明贴图。

恒定：提供保持相同大小（在“大小”数值框中以像素为单位指定）的粒子。此大小永远不会更改，与距摄影机的距离无关。

四面体：将每个粒子渲染为贴图四面体。对雨滴或火花使用四面体粒子。

六角形：将每个粒子渲染为二维的六角形。

球体：将每个粒子渲染为球体。

- “变形球粒子参数”选项区域。如果在“粒子类型”选项区域中选择了“变形球粒子”单选按钮，则此选项区域中的选项变为可用，且变形球作为粒子使用。变形球粒子需要额外的时间进行渲染，但是对于表现喷射和流动的液体效果非常有效。

张力：确定有关粒子与其他粒子混合倾向的紧密度。张力越大，聚集越难，合并也越难。

变化：指定张力效果变化的百分比。

计算粗糙度：指定计算变形球粒子解决方案的精确程度。粗糙值越大，计算工作量越少。不过，如果粗糙值过大，可能变形球粒子效果很小或根本没有效果。反之，如果粗糙值设置过小，计算时间可能会非常长。

渲染：设置渲染场景中变形球粒子的粗糙度。如果选择“自动粗糙”复选框，则此选项不可用。

视口：设置视图显示的粗糙度。如果启用了“自动粗糙”，则此选项不可用。

自动粗糙：一般规则是，将粗糙值设置为介于粒子大小的 1/4 ～ 1/2 之间。如果选择此复选框，会根据粒子大小自动设置渲染粗糙度，视图粗糙度会设置为渲染粗糙度的大约两倍。

一个相连的水滴：如果禁用该选项（默认设置），将计算所有粒子；如果启用该选项，将使用快捷算法，仅计算和显示彼此相连或邻近的粒子。

知识拓展：正确使用“一个相连的水滴”模式

“一个相连的水滴”模式可以加快粒子的计算速度，但是只有变形球粒子形成一个相连的水滴，才应使用此模式。也就是说，所有粒子的水滴必须接触。例如：一个粒子流依次包含 10 个连续的粒子、一段间隔、12 个连续的粒子、一段间隔、20 个连续的粒子。如果对其使用“一个相连的水滴”，则将选择其中一个粒子，并且只有与该粒子相连的粒子群才会显示和被渲染。

- “对象碎片控制”选项区域。

对于粒子阵列，如果选择了“对象碎片”粒子类型，则此选项区域中的选项变为可用，并且基于对象的发射器将爆炸为碎片，而不是用于发送粒子。

- “实例参数”选项区域。

允许设置一种代替的粒子，将多个粒子阵列捆绑到同一个目标对象上，这样就可以产生不同类型的粒子了，例如制作胶囊的群体，或者制作飞出无数蝴蝶的特效。

拾取对象：单击此按钮，在视图中选取一个物体，可以将其作为一个粒子原型。

且使用子树：如果选择的物体又连接的子物体，选择此复选框，可以将子物体一起作为粒子原型。

动画偏移关键点：该选项组中的参数是针对带有动画设置的替身几何体的。

无：不产生动画偏移。即每一帧场景中产生的所有粒子在这一帧都相同于替身几何体原型在这一帧时的动画效果。

出生：从每个粒子自身诞生的帧数开始，发生与替身原型物体相同的动作。

随机：根据下面的“偏移帧数”值框，设置起始动画帧的偏移数。

帧偏移：逐帧产生偏移。

3.“旋转和碰撞”卷展栏

粒子经常高速移动，在这样的情况下，可能需要为粒子添加运动模糊以增强其动感。此外，现实世界的粒子通常边移动边旋转，并且互相碰撞。

此卷展栏上的选项可以影响粒子的旋转，提供运动模糊效果，并控制粒子间的碰撞。

旋转和碰撞
自旋速度控制
自旋时间: 0
变化: 0.0 %
相位: 0.0 度
变化: 0.0 %
自旋轴控制
随机
运动方向/运动模糊
拉伸: 0
用户定义
X 轴: 1.0
Y 轴: 0.0
Z 轴: 0.0
变化: 0.0 度

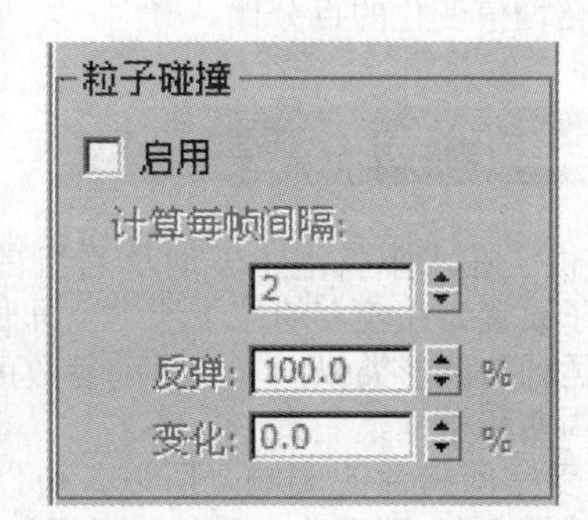

“自旋速度控制”选项区域：主要用于对粒子自身的旋转角度和碰撞进行设置。

自旋时间：控制粒子自身旋转的节拍，即一个粒子进行一次自旋需要的时间，该值越高，自旋越慢，当值为 0 时，不发生自旋。

变化：设置自旋时间变化的百分比值。

相位：设置粒子诞生时的旋转角度。它对碎片类型无意义，因为它们总是由 0 度开始分裂。

变化：设置相位变化的百分比值。

“自旋轴控制”选项区域。

随机：随机为每个粒子指定自旋轴向。

运动方向/运动模糊：围绕由粒子移动方向形成的向量旋转粒子。

拉伸：沿粒子发散方向拉伸粒子的外形，此拉伸强度会依据粒子速度的不同而变化。

用户定义：通过 X、Y、Z 三个轴向数值框，自行设置粒子沿各种轴进行自旋的角度。

变化：设置 3 个轴向自旋设置的变化百分比值。

“粒子碰撞”选项区域：允许粒子之间的碰撞，并控制碰撞发生的形式。

启用：在计算粒子移动时启用粒子间碰撞。

计算每帧间隔：每个渲染间隔的间隔数，期间进行粒子碰撞测试。该值越大，模拟越精确，但是模拟运行的速度将越慢。

反弹：在碰撞后速率恢复到之前速率的百分比。

变化：用于设置粒子的反弹速率的随机变化百分比。

4.“对象运动继承”卷展栏

每个粒子移动的位置和方向由粒子创建时发射器的位置和方向确定。如果发射器穿过场景，粒子将沿着发射器的路径散开。使用以下选项可以通过发射器的运动影响粒子的运动。如右图所示。

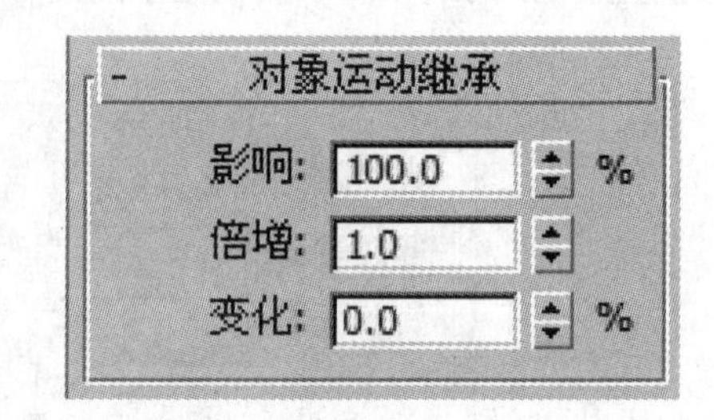

影响：在粒子产生时，继承基于对象发射器运动的粒子所占的百分比。例如：如果将此选项设置为 100（默认设置），则所有粒子均与移动的对象一同移动；如果将其设置为 0，则所有粒子都不会受对象平移的影响，也不会继承对象的移动。

倍增：修改发射器运动影响粒子运动的量。此值可以是正数，也可以是负数。

变化：提供倍增值变化的百分比。

5.“气泡运动”卷展栏

该卷展栏提供了在水下气泡上升时所看到的摇摆效果。通常，将粒子设置为在较窄的粒子流中上升时，会使用该效果。气泡运动与波形类似，气泡运动参数可以调整气泡波的振幅、周期和相位。

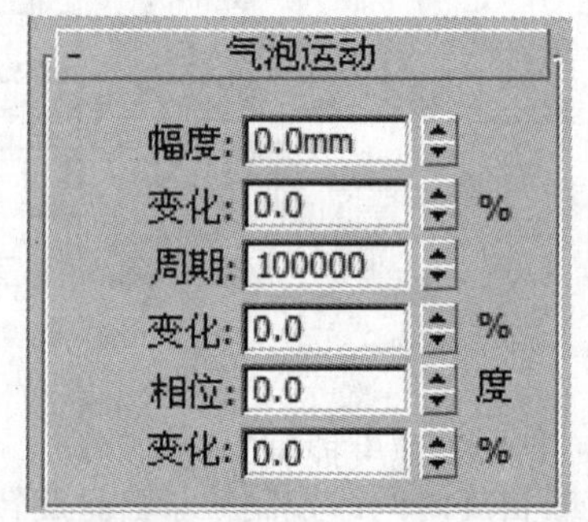

气泡运动不受空间扭曲的影响，所以，可以使用空间扭曲控制粒子流的方向，而不改变局部的摇摆气泡效果。

粒子碰撞、导向板绑定和气泡噪波不能很好地配合使用。如果这三个选项同时使用，粒子可能会漏过导向板。应使用动画贴图取代气泡运动。对气泡的动画贴图使用面粒子，其中的气泡小于贴图大小。气泡在贴图周围移动，形成动画。这是以贴图级别模拟气泡运动。

幅度：粒子离开正常运动轨迹的最大距离。

变化：每个粒子所应用的幅度变化的百分比。

周期：粒子通过气泡波的一个完整振动的周期。建议的值为 20 ～ 30 个时间间隔。

变化：每个粒子的周期变化的百分比。

相位：气泡图案与运动方向的初始夹角。

变化：每个粒子相位变化的百分比。

知识拓展：测量气泡运动

气泡运动按时间测量，而不是按速率测量，所以，如果周期值很大，运动可能需要很长时间才能完成，因此没有明显的运动。周期设置为很大的默认值，从而使此类型的运动默认为无。

6."粒子繁殖"卷展栏

"粒子繁殖"卷展栏上的选项可以指定粒子消亡时或粒子与粒子导向器碰撞时，粒子会发生的情况。 使用此卷展栏上的选项可以使粒子在碰撞或消亡时繁殖其他粒子。

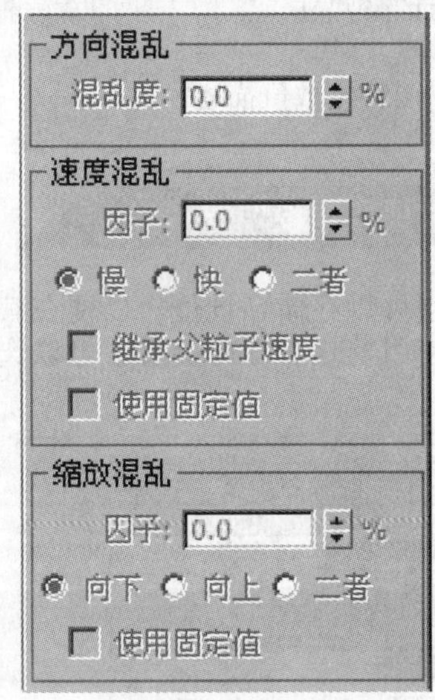

- "粒子繁殖效果"选项区域：用于设置粒子在碰撞或生命周期结束后是否有新的个体爆发。

无：关闭或打开孵化系统。

碰撞后消亡：粒子在碰撞到捆绑的空间扭曲后生命周期结束。

持续：粒子爆发的持续性设置。

变化：粒子爆发的持续性变化百分比。

碰撞后繁殖：粒子在碰撞到捆绑的空间扭曲后，按倍数进行爆发，此选项可以制作类似于水珠碰撞物体后的特效。

消亡后繁殖：粒子在生命结束后按产卵数量进行繁殖。

繁殖拖尾：粒子在运动过程中产生的新粒子，沿其运动轨迹继续产生跟随运动。

繁殖数目：设置一次繁殖产生的新粒子数目。

影响：设置在所有粒子中，有百分之几的粒子在碰撞时发生粒子爆发，例如：值为100时，所有的粒子都会爆发出新的粒子。

倍增：设置新粒子爆发时产生的数目的倍增量。

变化：设置倍增器值爆发时的百分比。

- "方向混乱"选项区域：设置新个体在其母物体方向上的方向变化比例。当此值越小时，发生的方向变化越小；此值越大时，随机方向运动的活力越大。

- "速度混乱"选项区域：设置新爆发的粒子相对于原来粒子的自身速度值。

因子：设置新爆发的粒子相对于原来粒子速度的百分比变化范围，此值越大时，发生速度改变越明显。

慢：随机减慢新爆发粒子的速度。

快：随机加快新爆发粒子的速度。

二者：一部分减慢速度，一部分加快速度。

继承父粒子速度：新爆发的粒子在继承原来粒子速度的基础上进行速率变化，形成拖尾效果。

使用固定值：选择此复选框，因子设置的范围将变为一个恒定值，产生规则的缩放效果。

“缩放混乱”选项区域：产生粒子尺寸大小变化。

因子：设置新爆发的粒子相对于原来粒子尺寸的百分比变化范围，此值越大时，发生尺寸改变越明显。

向下：向下方改变尺寸。

向上：向上方改变尺寸。

二者：整体改变尺寸。

使用固定值：用特定数值描述。

7.“加载/保存预设”卷展栏

使用以下选项可以存储预设值，以便在其他相关的粒子系统中使用。例如：在设置了粒子阵列的参数并使用特定名称保存后，可以选择其他粒子阵列系统，然后将预设值加载到新系统中。

预设名：定义设置名称。单击“保存”按钮保存预设名。

“保存预设”列表框：包含所有保存的预设名。3ds Max 附带了许多预设，要查看这些预设的功能，只需创建一个粒子系统，加载预设，然后播放动画即可。有些预设（例如粒子阵列的 Shimmer Trail）对移动的粒子系统最有效。

加载：加载“保存预设”列表框中当前高亮显示的预设。此外，在列表框中双击预设名也可以加载该预设。

保存：保存“预设名”文本框中的当前名称并放入“保存预设”列表框。

删除：删除“保存预设”列表框中的选定项。

12.2.2 喷射粒子系统

发射有方向的粒子喷射，粒子形状为锥体或是四方体，用来制作下雨、喷水和喷泉等特效。

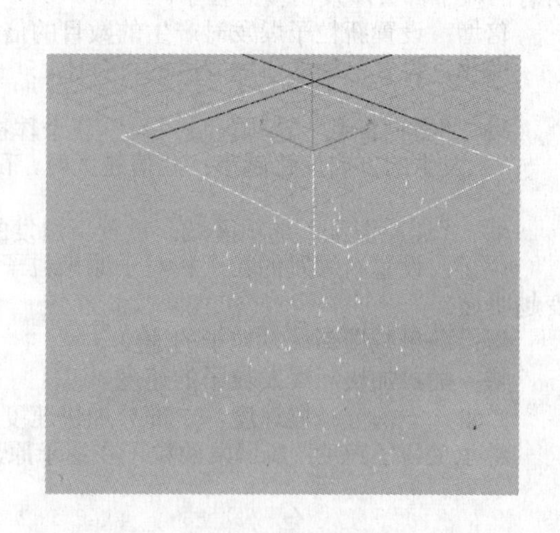

 12.2.3 雪粒子系统

“雪”与“喷射”粒子系统的参数设置几乎相同，只是粒子的形态可以是六角形面片，用来模拟雪花，而且增加了翻滚参数，控制每片雪花在落下的同时可以进行翻滚运动。下图所示为利用“粒子”系统制作的大雪纷飞的景象。

动手演练 | 制作下雪动画

步骤 01 打开 3ds Max 2012，单击按钮进入命令控制面板，在“粒子系统”类型下单击“雪”按钮，在顶视图创建一个雪粒子发射器，并将其移动到合适的位置（光盘文件 \ 第 12 章 \ 下雪 \ 下雪动画 .max）。

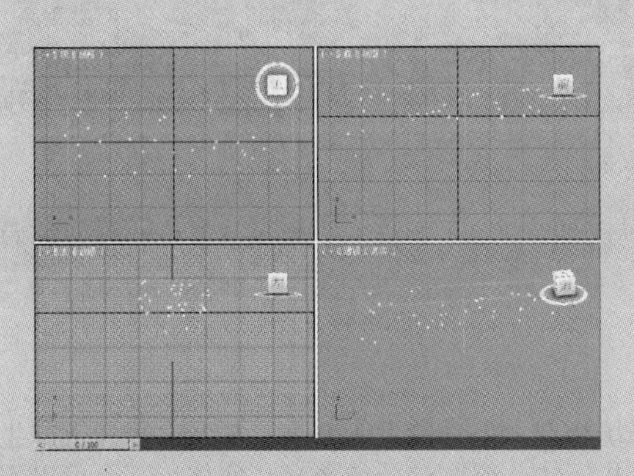

步骤 02 雪粒子由一个四边形的发射平面和指示发射方向的线段组成，在渲染时是不显示的。如果拖动时间滑块，可以看到白色的雪花从发射器中飘下来。

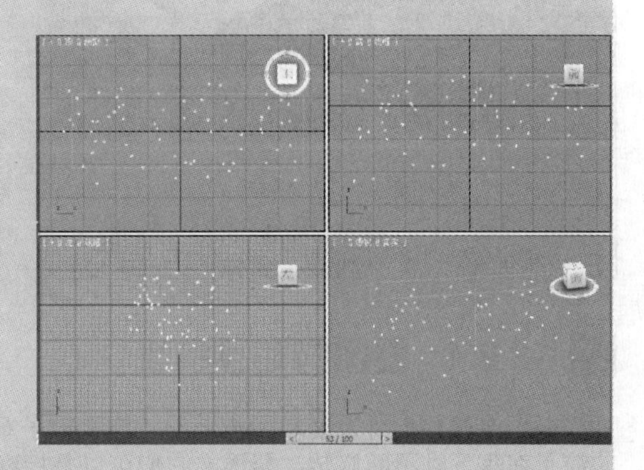

步骤 03 选择雪粒子，在“参数”卷展栏中，将“计时”选项区域的“开始”值设为 -50，可使动画一播放就开始下雪，“生命”值设为 150，使雪花不在下落的途中突然消失。在“渲染”选项区域选择“面”单选按钮，以便进行贴图操作，其余参数设置如右图所示。

参数
粒子:
视口计数: 100
渲染计数: 500
雪花大小: 5.0mm
速度: 6.0
变化: 3.0
翻滚: 0.0
翻滚速率: 1.0
雪花 圆点 十字叉
渲染:
六角形
三角形
面
计时:
开始: -50
寿命: 150
出生速率: 0.0
恒定
最大可持续速率 3.3
发射器:
宽度: 712.612m
长度: 223.572m
隐藏

步骤 04 现在为雪粒子制作材质。按M键打开材质编辑器，激活一个材质球，将其赋予场景中的雪粒子。在“Bilnn基本参数”卷展栏中设置相关参数。

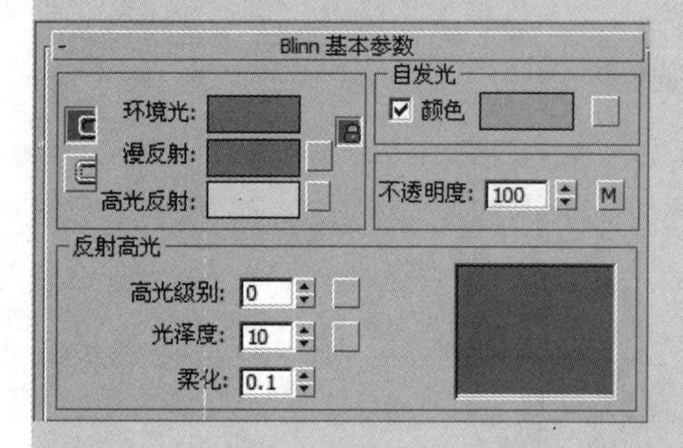

步骤 05 在“不透明度”选项右侧单击按钮，在弹出的“材质/贴图浏览器”对话框中设置“渐变类型”，渐变参数设置如下图所示。并设置“自发光”颜色为灰色。

步骤 06 最后按数字键8，在弹出的“环境和效果”对话框中导入环境贴图作为动画背景。渲染的效果如下图所示。

12.2.4 暴风雪粒子系统

从一个平面向外发射粒子流，与“雪”粒子系统相似，但功能更为复杂，从发射平面上产生的粒子在落下时不断旋转、翻滚，它们可以是标准几何体、超密粒子或替身几何体，甚至可以不断产生粒子变化。

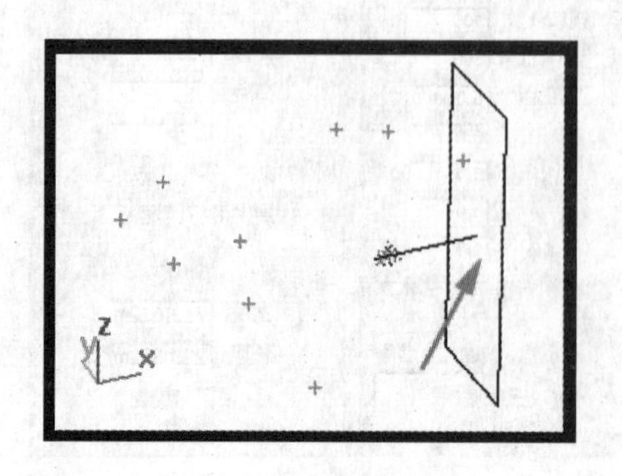

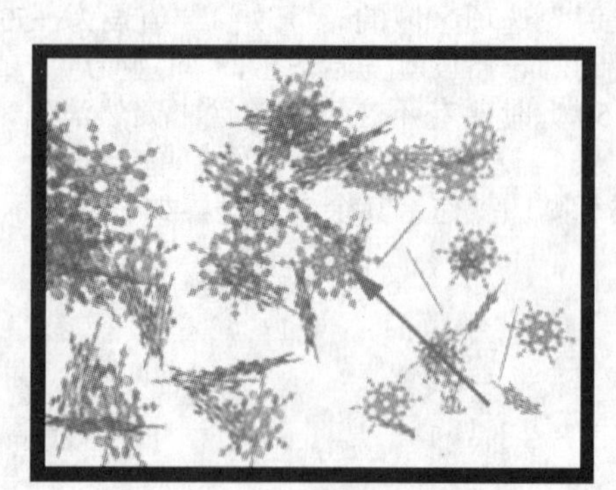

12.2.5 粒子云粒子系统

如果希望使用“粒子云”填充特定的体积，就必须使用“粒子云”粒子系统。“粒子云”粒子系统可以创建一群鸟、一个星空或一队在地面行军的士兵。可以使用提供的基本体（长方体、球体或圆柱体）限制粒子，也可以使用场景中任意可渲染的对象作为体积，只要该对象具有深度（二维对象不能使用粒子云）。

动手演练｜制作粒子流体动画

步骤 01 打开场景文件（光盘文件\第 12 章\粒子流体\粒子流体动画 .max）。该场景中有一个桌面和一个盘子。本例制作一个水流入盘子又溅出来的动画。

步骤 02 单击按钮进入命令控制面板，在“粒子系统”类型下单击“粒子云”按钮，在顶视图创建一个粒子云发射器。

步骤 03 设置粒子的参数。在“粒子类型”卷展栏中选择“变形球粒子”，这样看上去才像水流。

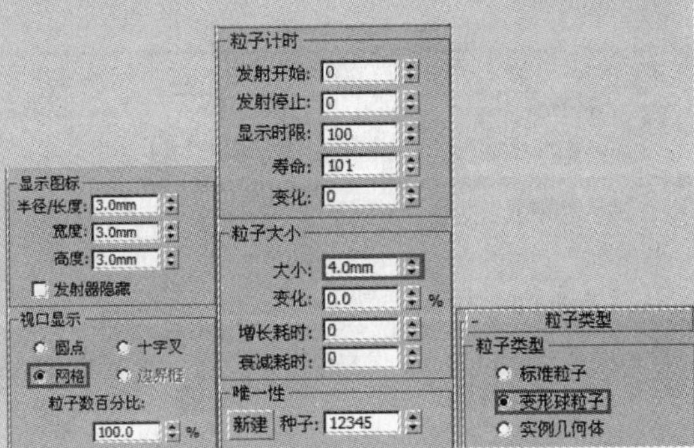

步骤 04 单击“空间扭曲”按钮，在打开的面板中单击“重力”按钮，创建一个重力。单击工具栏上的按钮，将重力和粒子发射器进行空间绑定，这样粒子发射器所发射的粒子就会因为重力的作用向下落。

步骤 05 现在粒子下落会直接穿透盘子和桌面，因此要创建一个导向板。单击按钮进入动力学面板，在“导向器”类型下单击“泛方向导向板”按钮，创建一个全能导向板。

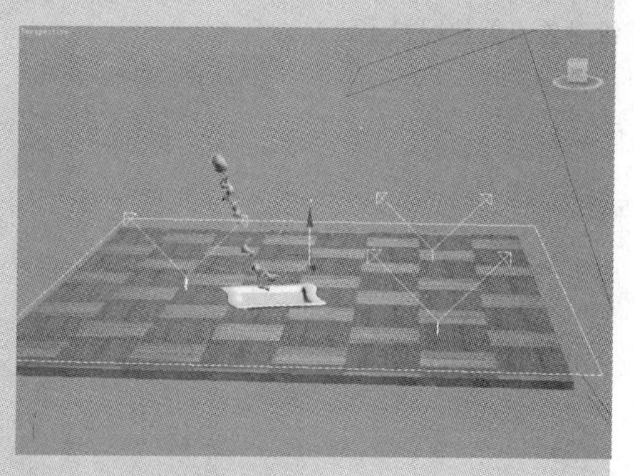

步骤 06 单击主工具栏上的按钮，先将导向板和盘子进行空间绑定，然后再将导向板和粒子发射器进行空间绑定。这时粒子就不会穿透盘子了，而是被反弹起来。

步骤 07 上一步的反弹效果似乎很夸张，所以需要选择导向板，进入“修改”面板，将“反弹”数值设置小一些，这里设置为 0.4。

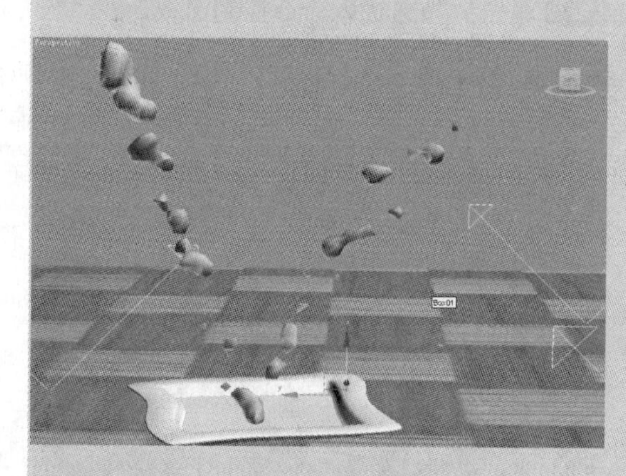

步骤 08 打开材质编辑器，选择一个空白材质球，并设置一些高光。

步骤 09 在“贴图”卷展栏中的“反射”通道中添加“光线跟踪”贴图即可。

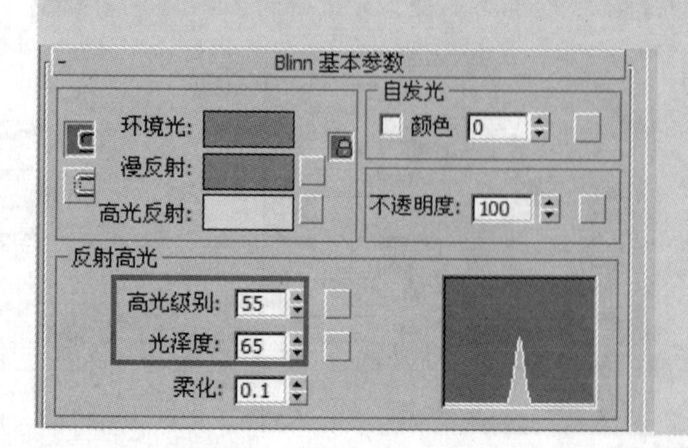

贴图

	数量	贴图类型
☐ 环境光颜色	100	None
☐ 漫反射颜色	100	None
☐ 高光颜色	100	None
☐ 高光级别	100	None
☐ 光泽度	100	None
☐ 自发光	100	None
☐ 不透明度	100	None
☐ 过滤色	100	None
☐ 凹凸	30	None
☑ 反射	100	Map #3 (Raytrace)
☐ 折射	100	None
☐ 置换	100	None

步骤 10 将设置好的材质赋予粒子。

知识拓展：隐藏发射器对象

软件无法自动隐藏选择作为基于对象发射器的对象。要隐藏该对象，可以打开“显示”面板，在“隐藏”卷展栏中单击“隐藏选定对象”按钮，或在“轨迹视图 - 曲线编辑器”窗口中，在对象上右击，在弹出的快捷菜单中选择中应用“隐藏”命令。

12.2.6 粒子阵列粒子系统

以一个三维物体作为目标对象，从它的表面向外发散出粒子阵列。目标对象对整个粒子宏观的形态起决定作用，粒子可以是标准几何体，也可以是其他替代物体。

动手演练 | 制作物体爆炸碎片

步骤 01 首先打开一个场景文件（光盘文件 \ 第 12 章 \ 物体爆炸 \ 物体爆炸碎片 .max），在该场景中已经将地形和飞机的模型制作完成。

步骤 02 首先制作飞机的动画。在顶视图绘制一条曲线并进行调整，作为飞机的飞行路径。

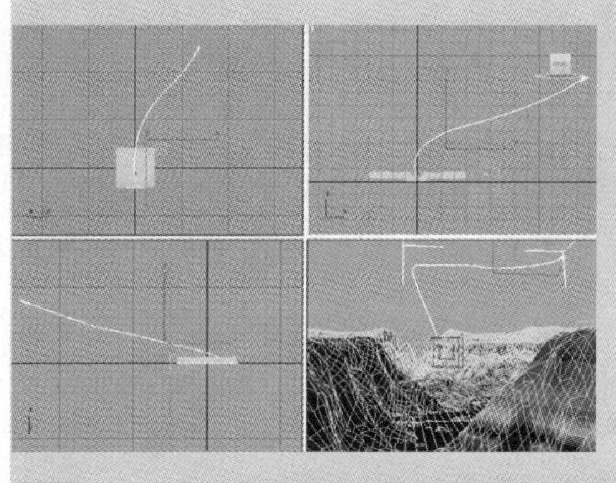

步骤 03 选中飞机，然后在菜单栏中选择“动画”→“约束”→“路径约束”命令，然后拾取曲线路径，这时飞机就会被约束到路径上。但是此时飞机的方向是不对的，因此进入“运动”面板，选择“跟随”复选框，这样飞机的方向才能跟随路径方向。将飞机约束到路径上以后，系统就会自动生成一段动画。

步骤 04 下面制作飞机爆炸的碎片。单击按钮进入命令控制面板，然后单击按钮，在“粒子系统”类型中单击“粒子阵列”按钮，创建一个粒子阵列系统。

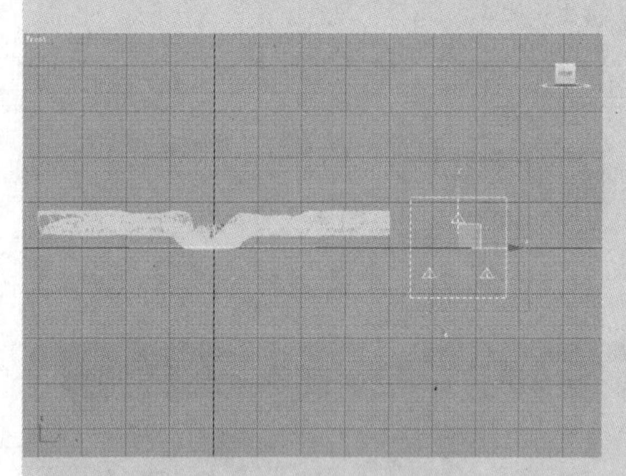

步骤 05 选中阵列粒子发射器，单击按钮进入“修改”面板。然后单击“拾取对象”按钮，在视图中拾取飞机，将它作为发射粒子的发射器。拖动时间滑块，此时可以发现已经有粒子从飞机表面发出了。

步骤 06 接下来设置粒子分散碎块，将飞机发散的粒子变为表面的碎块，并且保留原表面的贴图材质。

步骤 07 进入粒子系统的“修改”面板，展开“粒子类型”卷展栏，选择“对象碎片”单选按钮。然后在“基本参数”卷展栏的“视口显示”选项区域选择“网格”单选按钮。此时拖动时间滑块就会看到原物体的每一个三角面都均匀地向周围散开。

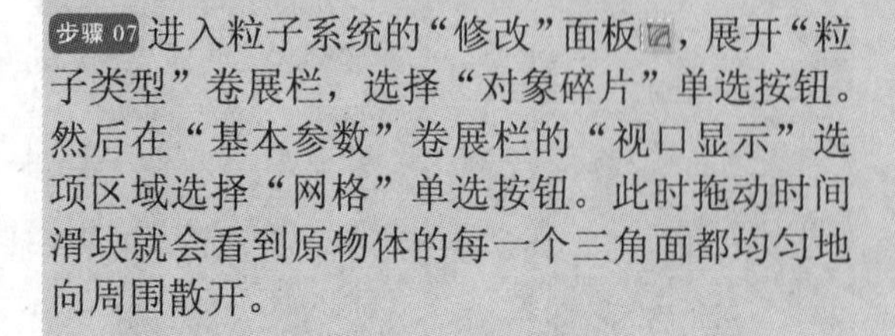

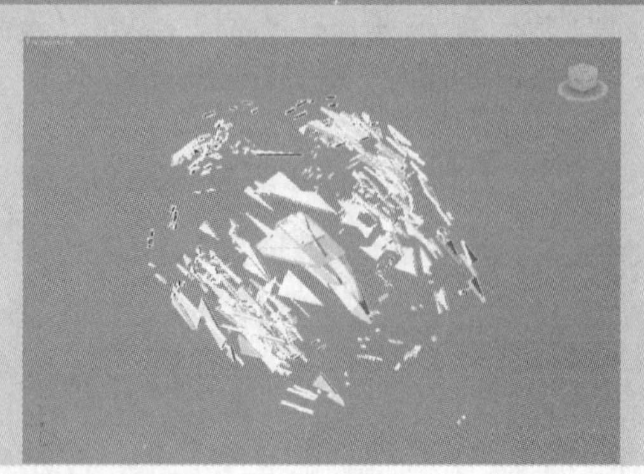

步骤 08 在“粒子类型”卷展栏的“对象碎片控制”选项区域选择“碎片数目”单选按钮，设置其下的“最小值”为 200，这样所有表面将进行随机组合，产生 200 个大的碎块，各种块的大小和形状都是随机的。设置“厚度”值为 5，这样每个碎块的厚度将增加，更具有立体感，不像是一个个的薄片了。

步骤 09 在下面的“材质贴图和来源”选项区域，选择“拾取的发射器”单选按钮，单击“材质来源”按钮。这样碎块的材质将仍保留原始飞机的材质，因为飞机就是碎块的发射器。

步骤 10 在“旋转和碰撞”卷展栏中，设置“自旋时间”为 30，这表示每个碎块沿自身的旋转轴每 30 帧自旋一周，此值越大，碎块自旋得越慢。将其下的“变化”数值设置为 50，让粒子飞行的速度各不相同，有快有慢。

步骤 11 现在粒子的发射时间是从第 0 帧开始的，若能从指定帧（如第 121 帧）开始发射，则打开“粒子生成”卷展栏，在“粒子计时”选项区域设置“发射开始”帧为 121。拖动时间滑块，观看碎块从第 121 帧开始发射。设置“寿命”值为 24，使碎块在 24 帧内进行爆炸与消亡。此时粒子的动画即制作完成，接下来制作飞机的可视动画。

步骤 12 选中飞机，将时间滑块拖动到第 0 帧处，打开动画录制器，然后在飞机上右击，在弹出的快捷菜单中选择“对象属性”命令。然后在弹出的对话框中将“可见性”值设置为 1，在第 0 帧处记录一个关键帧。然后拖动时间滑块到第 120 帧处，手动打下一个关键帧，将“可见性”值设置为 1。将时间滑块拖动到第 121 帧处，手动打下一个关键帧，将“可见性”值设置为 0。接下来在“运动模糊”面板中选择“图像”类型，然后将“运动模糊”值设置为 0.3。这样飞机在飞行中就会有运动模糊的感觉。最后单击物体属性面板上的“确定”按钮。使用相同的方法，为碎块添加运动模糊效果。

步骤 13 关闭动画录制器，对 120 帧和 125 帧之间的动画进行测试渲染，可以看到飞机在爆炸成碎块后消失了。

步骤 14 接下来制作爆炸所造成的火焰效果。单击“创建”按钮进入“创建”面板，然后单击“几何体”按钮，在“粒子系统”的“对象类型”卷展栏中单击“超级喷射”按钮，创建超级粒子发射器。

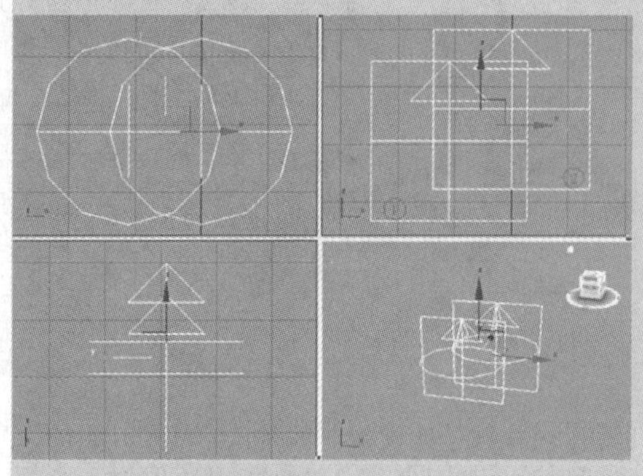

步骤 16 第二个超级喷射粒子的参数设置如下图所示。

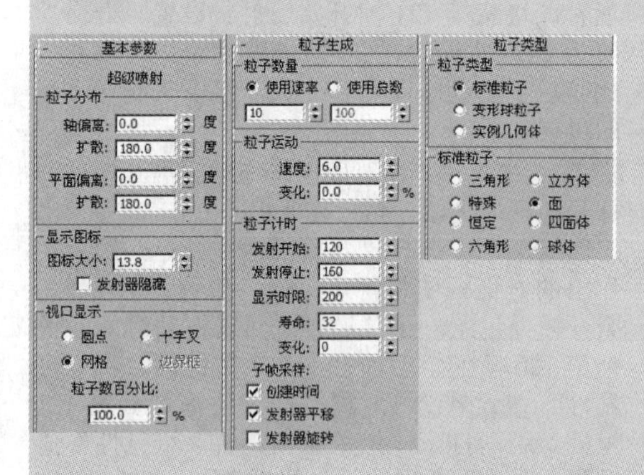

步骤 18 在“粒子年龄参数”卷展栏中的“颜色2”和“颜色 3”选项区域添加“噪波”贴图，设置相关参数。

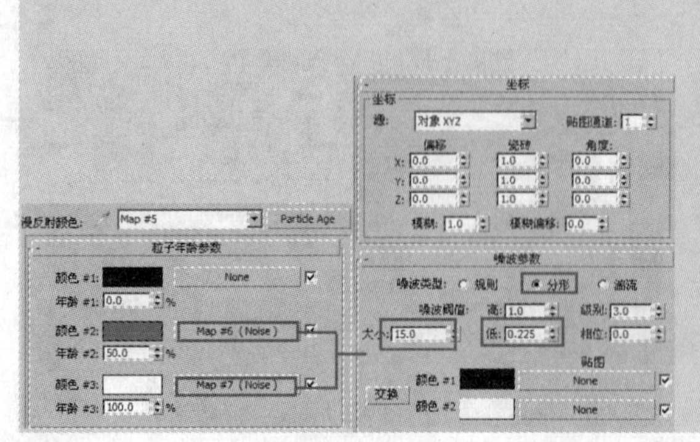

步骤 15 第一个超级喷射粒子的参数设置如下图所示。

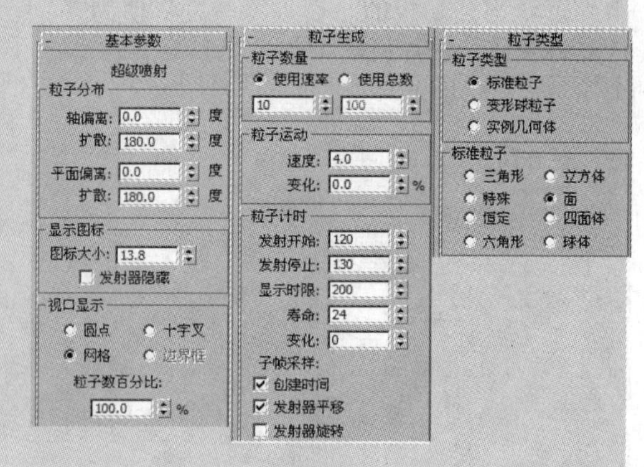

步骤 17 首先设置烟雾的材质。打开材质编辑器，选择一个空白材质球，在“漫反射”通道中添加“粒子年龄”贴图。

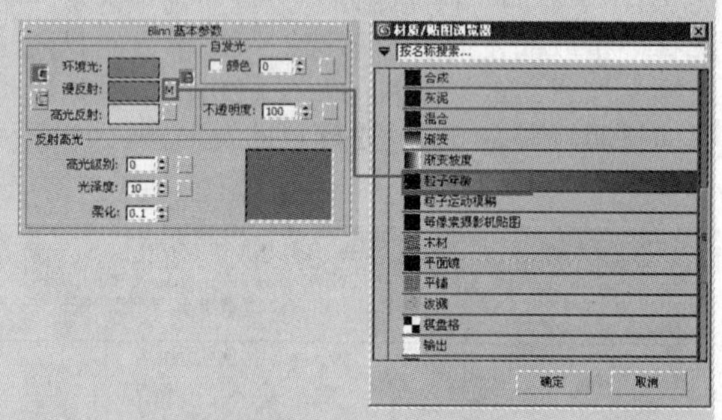

步骤 19 下面设置火焰的材质。选择一个空白材质球，在“漫反射”通道中添加“粒子年龄”贴图。然后设置火焰的颜色。

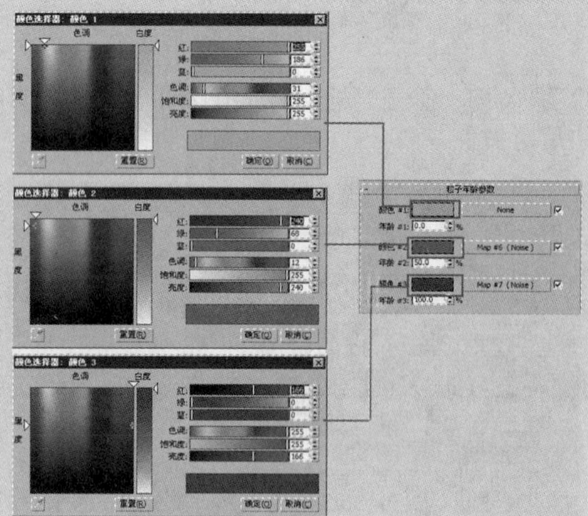

步骤 20 在粒子年龄卷展栏中的“颜色 2”和“颜色 3”选项区域添加“噪波”贴图，设置相关参数。

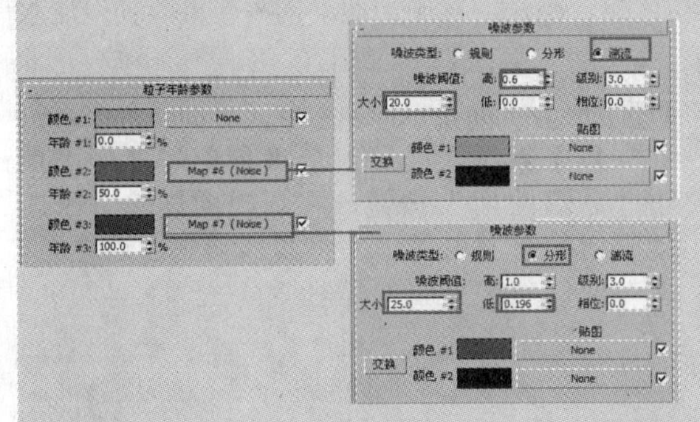

步骤 21 将火焰材质赋予粒子发射器，另外一个赋予烟雾材质。

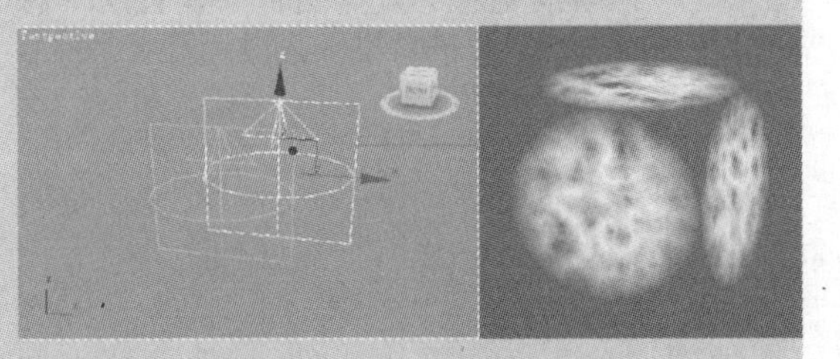

步骤 22 最后将这两个超级粒子发射器移动到飞机爆炸的相应位置即可。完成后渲染第 120 ～第 125 帧查看效果。

12.2.7 超级喷射粒子系统

超级喷射，顾名思义就是与“喷射”粒子系统相似，但功能更为复杂。它可以由一个出发点发射，产生单一方向或扩散的粒子喷射形状。它可以发射标准几何体，还可以发射其他替代物体。

动手演练 制作超级粒子喷泉

我们已经对粒子系统有了一定的了解，下面使用粒子系统来制作一个喷泉动画。在该动画的制作过程中，使用“超级喷射”与重力空间扭曲物体配合制作，在施加运动模糊效果，表现流水的效果。

步骤 01 打开场景文件（光盘文件 \ 第 12 章 \ 超级粒子喷泉 \ 超级粒子喷泉 .max）。

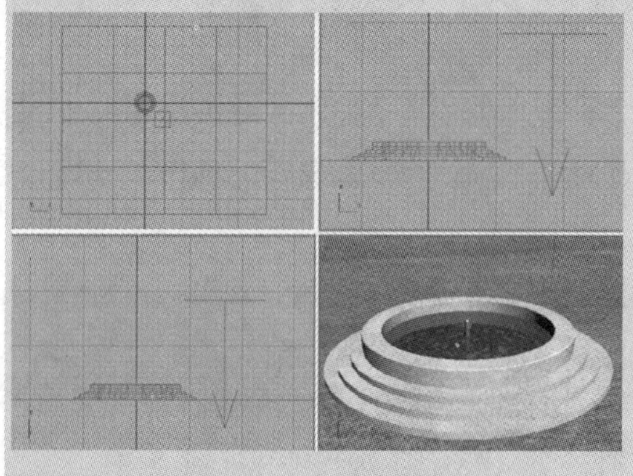

步骤 02 单击“创建”按钮进入“创建”面板，在“粒子系统”的“对象类型”卷展栏中单击“超级喷射”按钮，在顶视图创建一个超级喷射粒子发射器，并将其移动到合适位置。

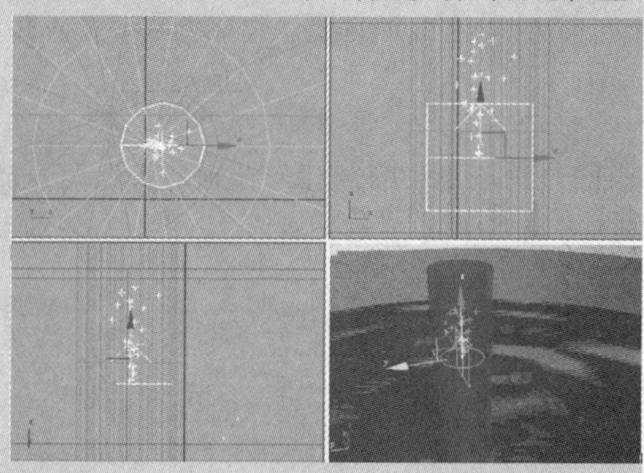

步骤 03 下面设置粒子的相关参数。

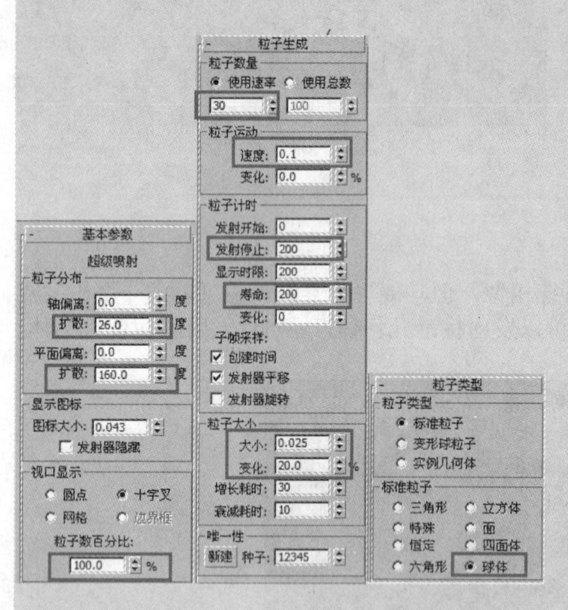

步骤 04 设置完成后预览动画，可以看见粒子是直接向上发射的。所以我们还要配合空间扭曲物体来给它添加重力。单击“创建”控制命令按钮进入面板，然后单击“空间扭曲”按钮进入空间扭曲物体面板。单击“重力”按钮，创建一个重力空间扭曲物体。

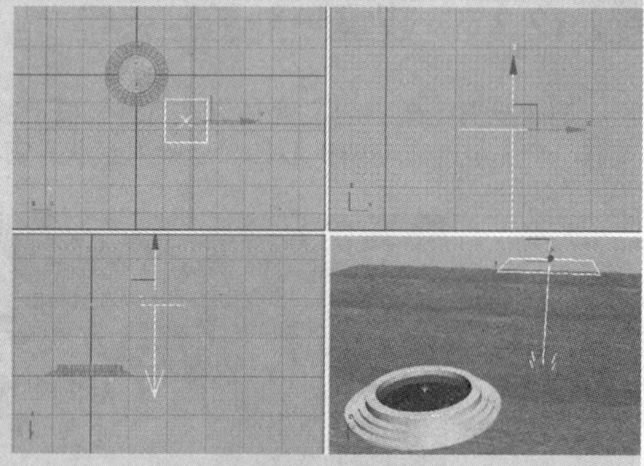

步骤 05 接下来对粒子系统和重力进行空间绑定。选中粒子系统，单击主工具栏上的“绑定到空间扭曲”按钮，将粒子系统和重力绑定在一起。然后设置重力参数。

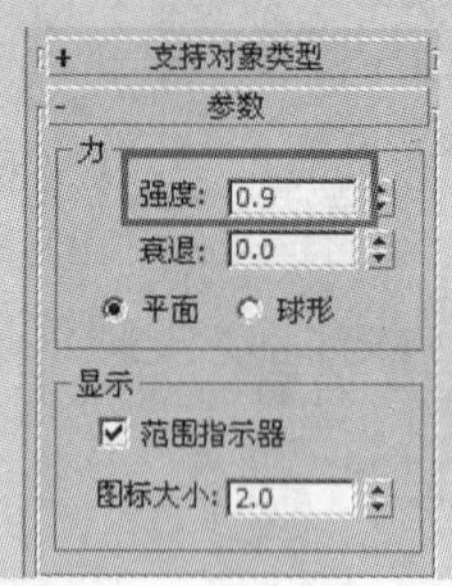

步骤 06 接下来预览动画，此时的粒子就会因为重力的作用而下落了。

步骤 07 喷泉动画制作完成后，制作水材质。打开材质编辑器，选择一个材质球，在“明暗器基本参数”卷展栏中将材质的颜色设置为白色，然后在“自发光”和“不透明度”两个选项指定 衰减 贴图，目的就是使材质边缘产生透明。

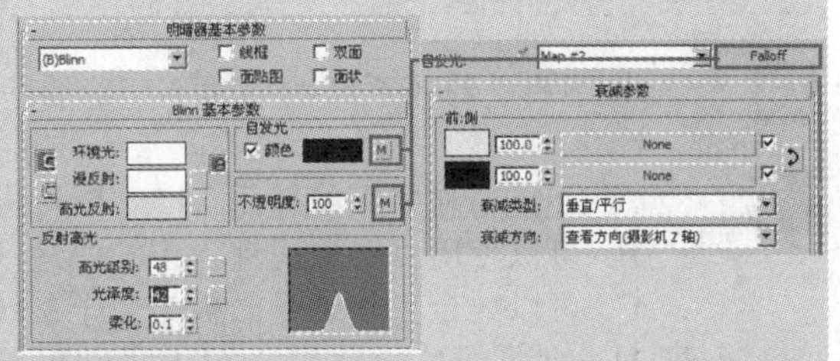

步骤 08 将设置好的材质赋予粒子系统。

步骤 09 在粒子系统上右击，在弹出的快捷菜单中选择“对象属性”命令，在其中选择“运动模糊”选项区域的“启用”单选按钮，并设置模糊参数。

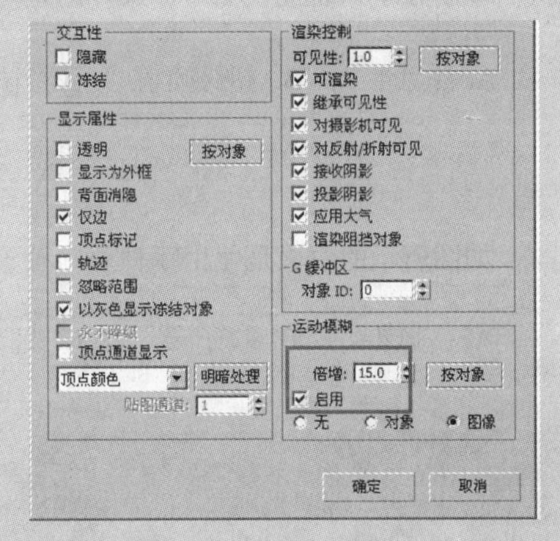

步骤 10 此时渲染动画即可看见水的效果了。

习题加油站

本章主要学习了粒子系统的制作理念和流程。通过对于粒子系统的全局事件和从属事件的学习后，相信读者对于粒子系统有了一个完整的认识，并能够制作有一定难度的粒子效果。下面通过习题来巩固所学知识。

设计师认证习题

Q 以下有关粒子系统的描述不正确的是 ________。

A
A. 不能对粒子系统使用 Video Post 进行特效处理
B. 可以使用“对象属性”中的“运动模糊”对运动的粒子进行模糊处理
C. 可以配合“效果”面板为粒子系统进行特效处理
D. 给粒子系统使用“粒子运动模糊”贴图，可以实现粒子在运动过程中产生模糊效果

Q 以下粒子系统能模拟对象爆炸的是 ________。

A A. 暴风雪　B. 超级喷射　C. 粒子云　D. 粒子阵列

Q 如图所示的效果是使用哪种基础粒子制作的？ ________。

A A. 暴风雪　B. 粒子云　C. 超级喷射　D. 粒子阵列

Q 以下关于给粒子添加运动模糊说法正确的是 ________。

A
A. 可以在“对象属性”中设置粒子的运动模糊效果，但粒子只支持图像运动模糊方式
B. 使用“粒子运动模糊”贴图时，可以通过调节“自旋控制”中的相关参数来控制运动模糊的效果
C. 可以在“对象属性”中设置粒子的运动模糊，但粒子只支持对象运动模糊方式
D. 所有的粒子系统都支持“粒子运动模糊”贴图

专家认证习题

Q 制作粒子在瓶中反复弹跳，与瓶壁不断碰撞反弹的效果，必须给粒子绑定哪种“空间扭曲”对象？__________。

A A. 导向板　B. 全导向器　C. 漩涡　D. 导向球

Q 如下图所示，为下图的粒子加入哪种“空间扭曲”对象可以达到下（右）图所示效果？__________。

A A. 重力　B. 阻力　C. 风　D. 导向板

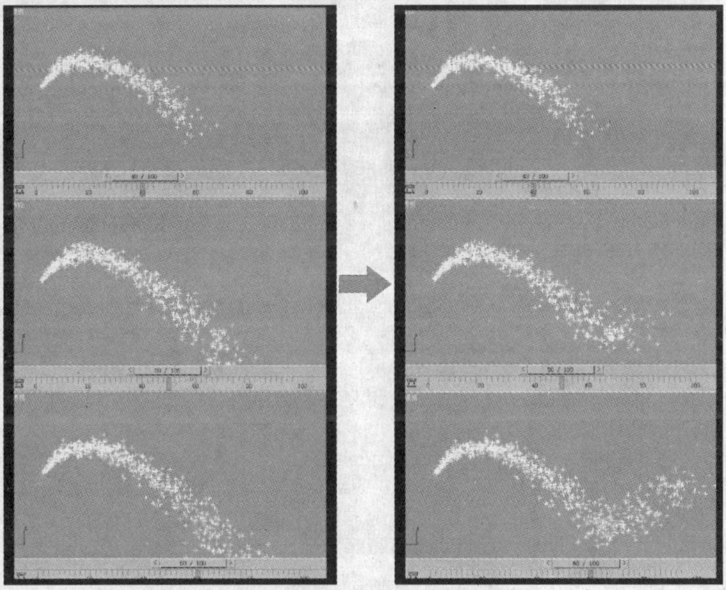

Q 使用“粒子阵列”制作对象爆炸时，对象碎片的材质__________。

A A. 必须用爆炸对象（即“拾取的发射器”）的材质

B. 可以为对象碎片单独制作一种材质，既不同于“拾取的发射器”材质，也不同于“图标”材质

C. 可以用爆炸对象（即“拾取的发射器”）的材质也可以用粒子自身（即“图标”）的材质

D. 只能用粒子自身（即“图标”）的材质

Q 以下粒子系统中，不能拾取场景中的三维模型作为发射的粒子是__________。

A A. 超级喷射　B. 喷射　C. 粒子云　D. 暴风雪

第 13 章 综合实例

内容提要：

大师作品欣赏：

这幅作品通过对材质的应用，制作出具有卡通效果的街道。墙体和地面的制作当然都离不开噪波贴图，柱子的贴图用到了凹凸贴图。

这是一幅小区夜景图，作者通过对场景材质的设置，以及对场景摄影机和灯光的调整，并设置渲染参数最终制作出这幅非常逼真的作品。

13.1 摄影室渲染

本例将对摄影棚照明方法做进一步的讲解。本例主要运用了 3ds Max 内置的聚光灯、点光灯、光域网，以及 VRay 的球体灯光等。最后我们还要学习几种贴图和材质的制作方法以及渲染方法。本例最终渲染效果如图所示。

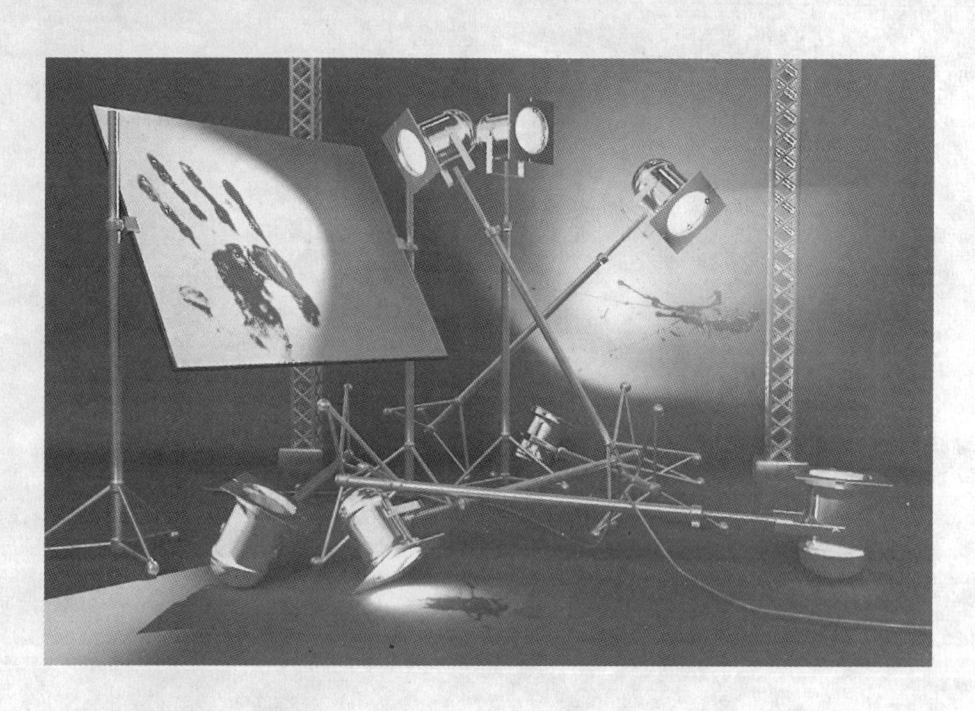

13.1.1 设置渲染环境

步骤 01 首先导入场景文件，这是一个摄影室的场景模型，如下图所示（光盘文件\第 13 章\摄影室渲染\摄影室渲染 .max）。

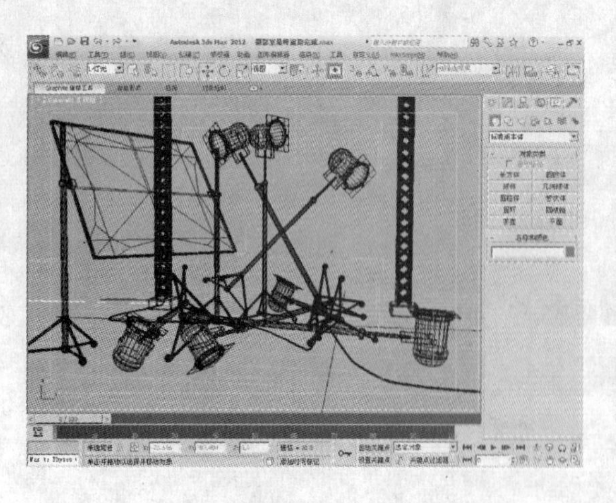

步骤 02 按 F10 键打开渲染设置对话框，首先设置 VRay 为当前渲染器，如下图所示。

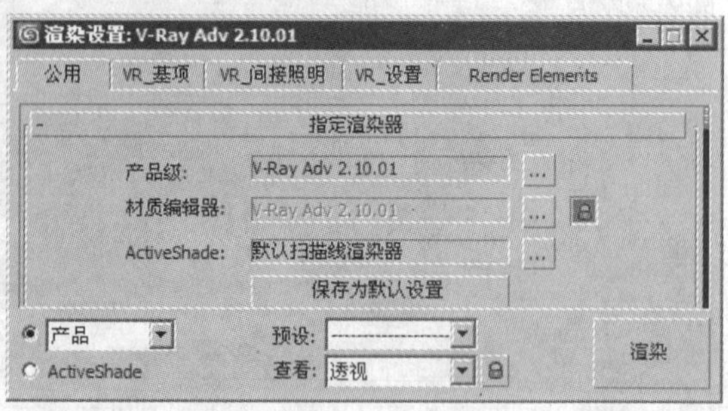

步骤 03 在 V-Ray:: 全局开关 卷展栏中设置总体参数，如右图所示。因为要调整灯光，所以这里关闭了默认的灯光。

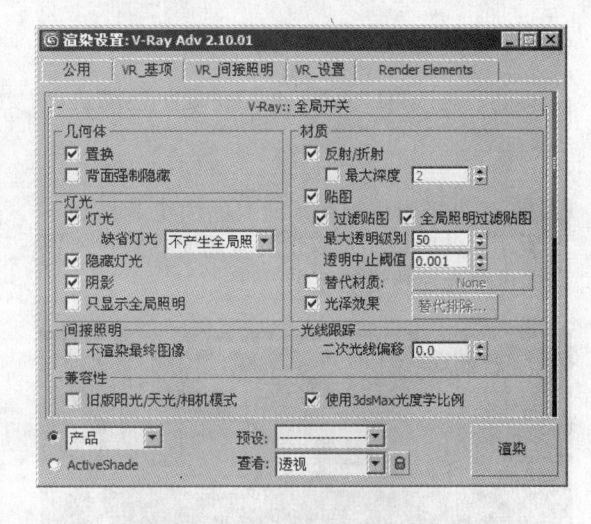

13.1.2 设置聚光灯

步骤 01 在“创建”面板的“灯光”面板中单击“目标聚光灯”按钮，在场景左边的筒灯物体内部放置一盏聚光灯，使其照向反光板物体，如下图所示。

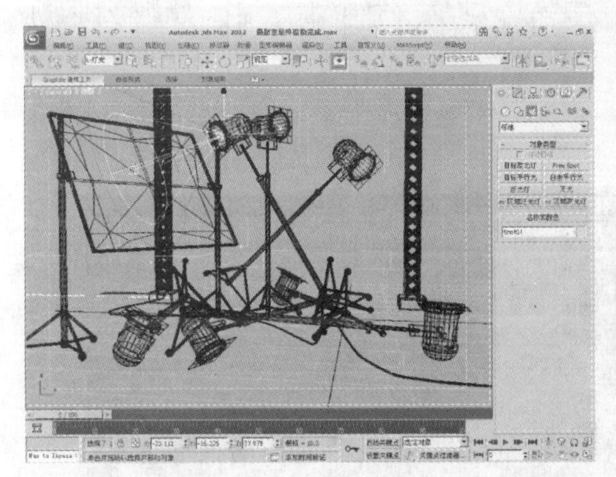

步骤 02 在“修改”面板中设置相关参数，如下图所示。设置“倍增”为 1，“颜色”为乳白色。

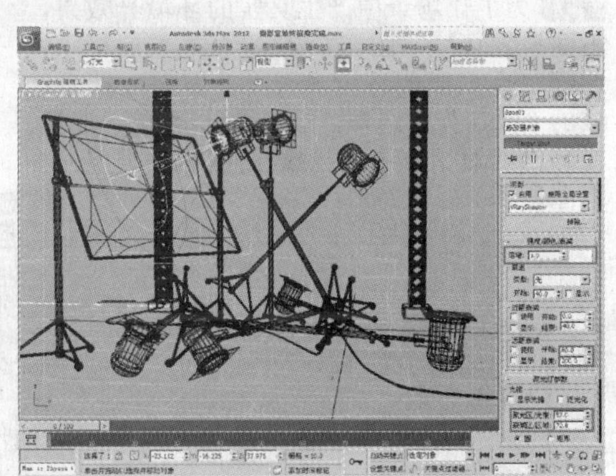

步骤 03 按 M 键打开材质编辑器，选择一个空白材质球，设置材质样式为 VRayMtl 材质，设置“漫反射”的颜色为 R：170，G：170，B：170 中度灰色，如下图所示。

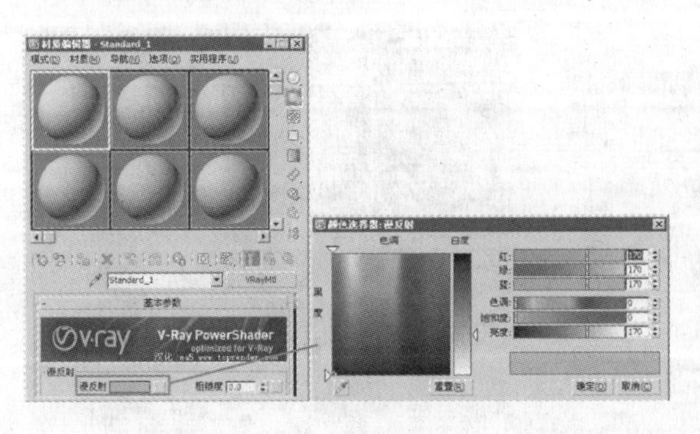

步骤 04 将该材质球拖动复制到 V-Ray:: 全局开关 卷展栏的“替代材质”按钮上，如下图所示。在弹出的对话框中选择“实例”单选按钮，进行关联复制。

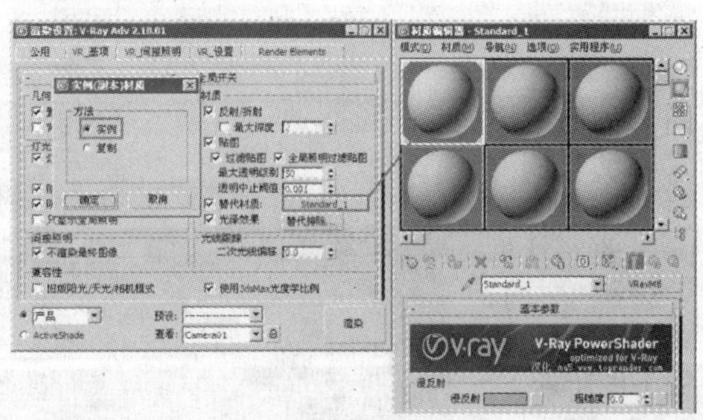

知识拓展：替代材质

选择该复选框时，允许用户通过使用后面的材质槽指定的材质来替代场景中所有物体的材质来进行渲染。

步骤 05 渲染摄影机视图，此时的渲染效果如下图所示。此时由于没有设置全局光参数，所以画面没有光能传递的效果。

步骤 06 在 V-Ray:: 间接照明(全局照明) 卷展栏中选择“开启”复选框，设置第一次反弹为“发光贴图”方式，第二次反弹选择“灯光缓存”方式，如下图所示。

步骤 07 为了让场景中产生真实的环境光效果，下面设置环境贴图。在 V-Ray:: 环境 卷展栏中，选择“全局照明环境（天光）覆盖”选项区域的“开启”复选框，单击 None 按钮，在弹出的对话框中选择 VR_HDRI 贴图类型，如下图所示。

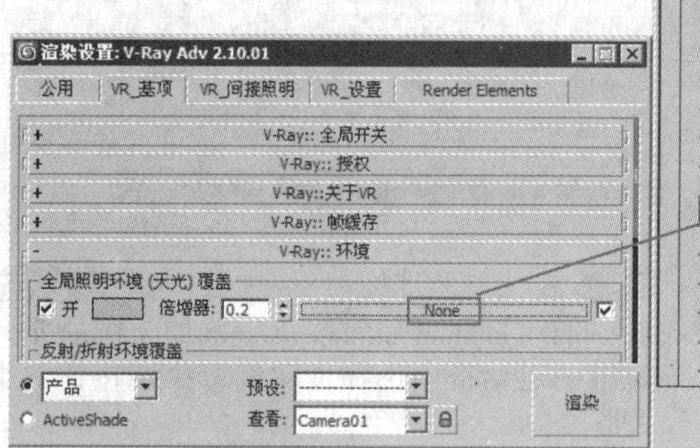

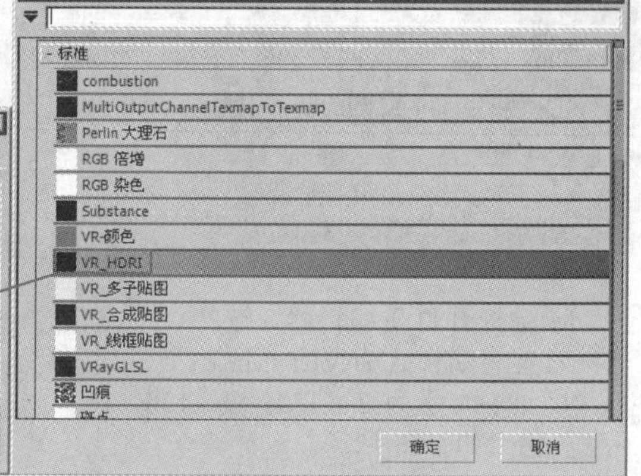

步骤 08 将该贴图以关联的方式拖动复制到材质球上（在弹出的对话框中选择“实例”单选按钮），如下图所示。

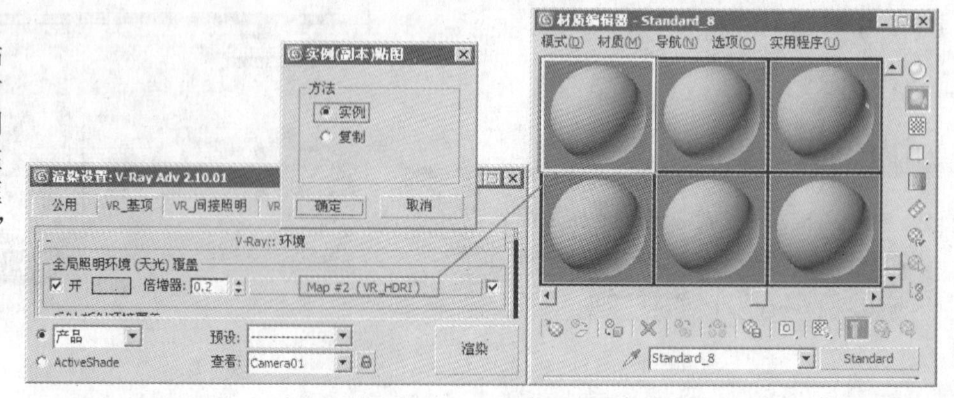

步骤 09 单击“浏览”按钮，设置贴图为本书配套光盘 Maps 目录下的 entrance1_sw_1024_blurry.hdr，如下图所示。

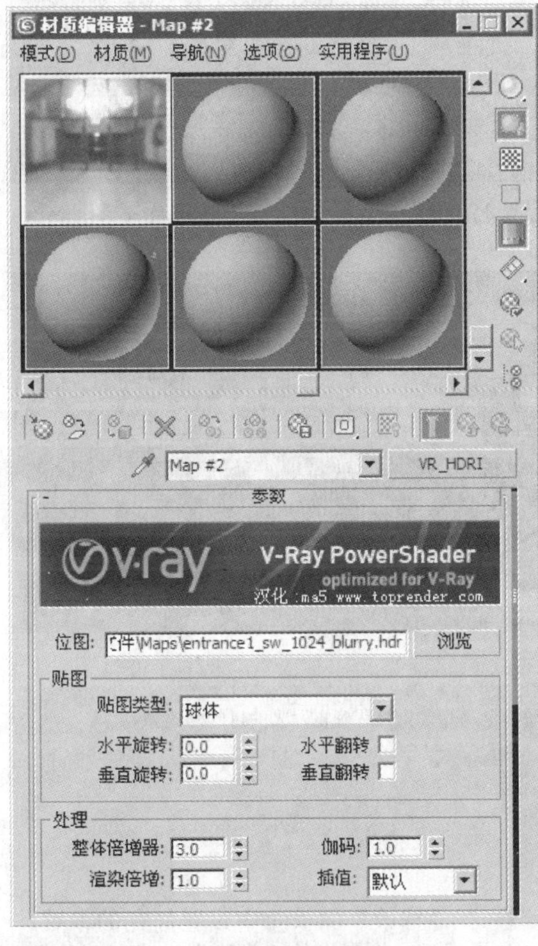

步骤 10 下面测试渲染的参数设置。在 V-Ray:: Irradiance map 卷展栏中设置发光贴图的参数，如下图所示，这是一种低级别的渲染设置。

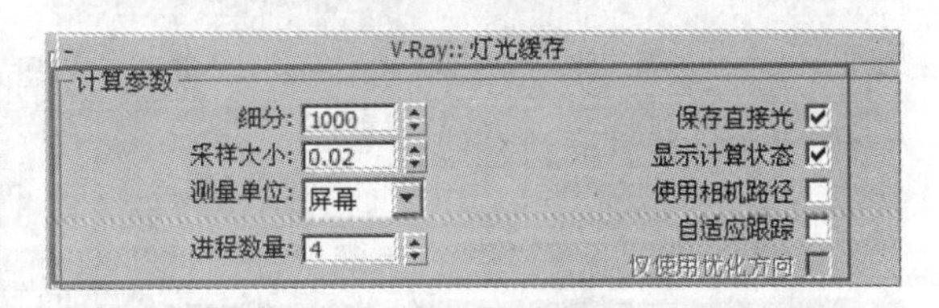

步骤 11 在 V-Ray:: 灯光缓存 卷展栏中设置灯光贴图的参数，如下图所示。将“细分”设置为300，这样渲染的速度就会加快。

步骤 12 重新进行渲染，此时的效果如下图所示。可以看到，画面中产生了全局光效果。

13.1.3 设置发光材质

步骤 01 首先取消选择 V-Ray:: 全局开关 卷展栏的“替代材质”复选框。选择一个空白材质球，单击“Standard”按钮，在弹出的“材质/贴图浏览器”对话框中选择 VR_发光材质 材质样式，如下图所示。

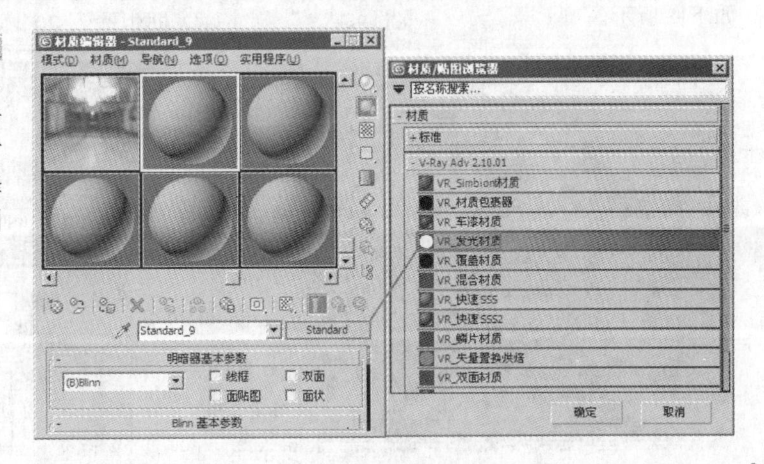

步骤 02 在 VR_发光材质 面板中按下图所示进行设置，在“颜色”右侧的数值框中输入 1.0。

步骤 03 将该材质赋予场景中的发光灯泡物体，如下图所示。

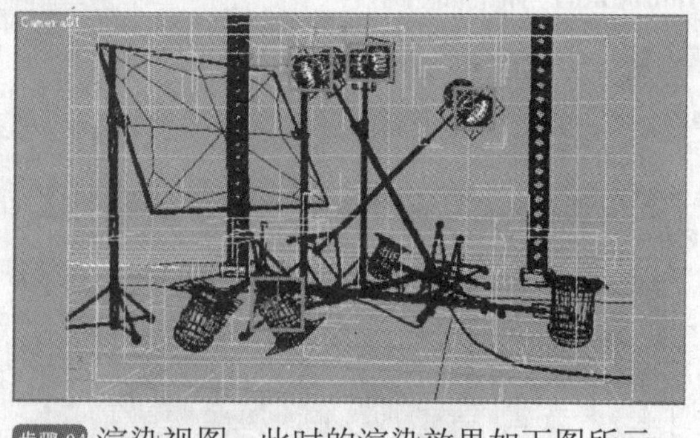

步骤 04 渲染视图，此时的渲染效果如下图所示。

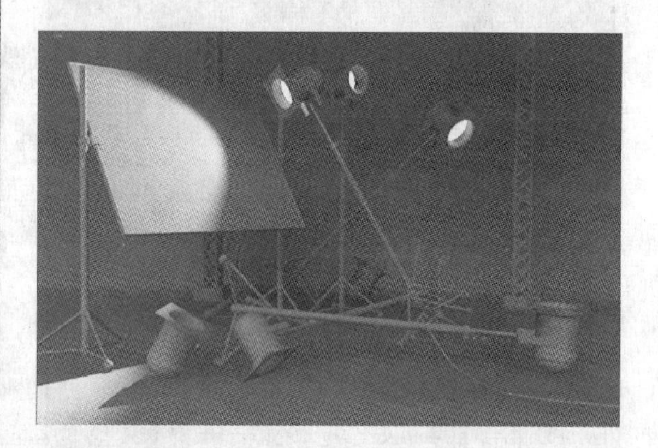

知识拓展：VRayLightMtl 材质简介

VRayLightMtl 材质是一种灯光材质，通过给基本材质增加全局光效果来达到自发光的目的，比如制作一个有体积的发光体（日光灯管）。

13.1.4 设置球体光源

步骤 01 在“创建”面板中单击“灯光”按钮，选择“VRay”类型，单击“VR 光源”按钮，在场景的左边创建一束“VR 光源”灯光，如下图所示。

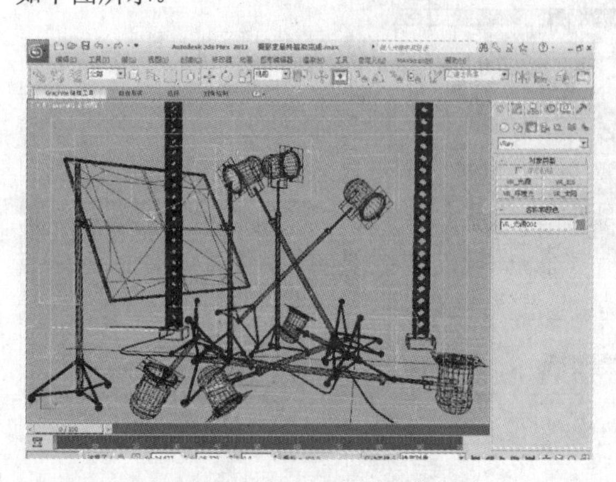

步骤 02 在“修改”面板中设置灯光的参数，如下图所示。将灯光的“类型”设为“球体”，灯光“颜色”设为乳黄色，在“倍增器”数值框中输入 20。

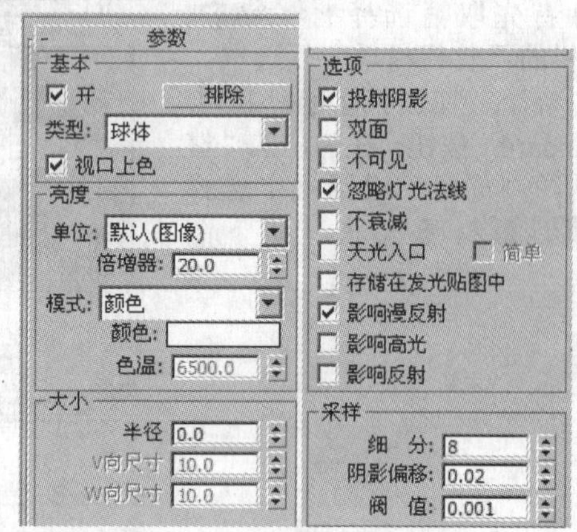

步骤03 此时的渲染效果如右图所示。

13.1.5 设置目标点光源

步骤01 在“创建”面板中，单击“灯光”按钮，选择“光度学”类型，单击“目标灯光”按钮，在场景的左侧创建一束目标灯光，使其方向照射到背景幕布上，如下图所示。

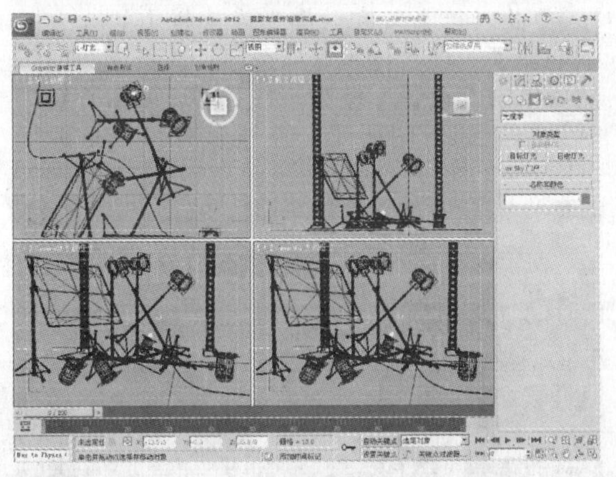

步骤02 在“修改”面板中设置灯光的参数，如下图所示。

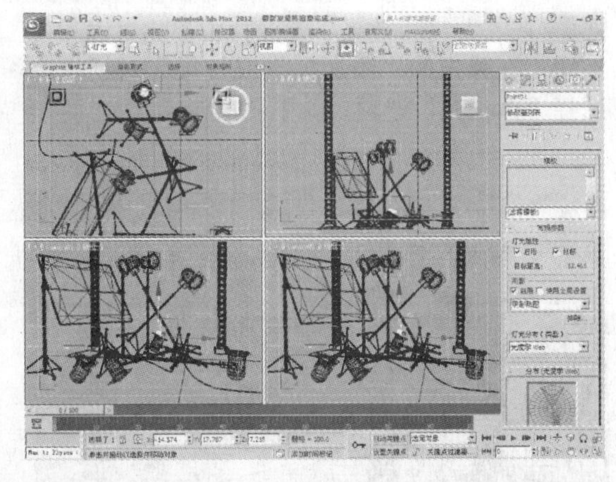

步骤03 在“分布（光度学 Web）”卷展栏中设置光域网文件为本书配套光盘 Maps 目录下的 SD-020.ies 文件，如下图所示。设置灯光的“强度”为 370。

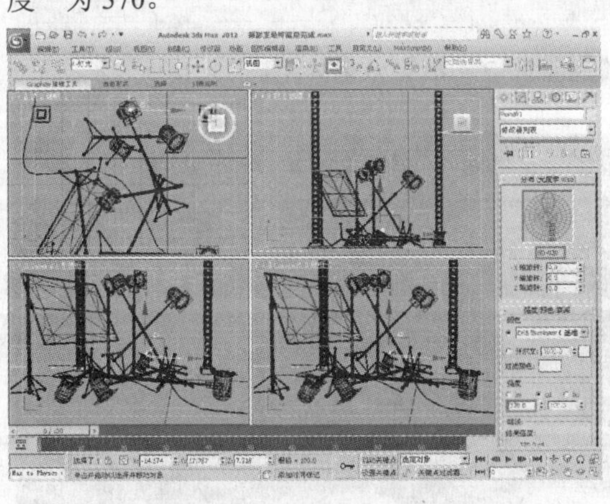

步骤04 此时的渲染效果如下图所示。

13.1.6 设置体光

步骤 01 在“创建”面板中，单击“灯光”按钮，在“对象类型”卷展栏中单击“目标聚光灯”按钮，在场景右侧的筒灯物体内部放置一盏聚光灯，如下图所示。

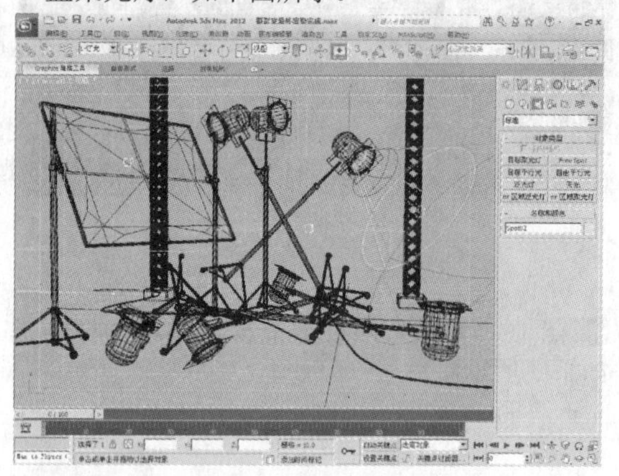

步骤 02 在“修改”面板中设置相关参数，如下图所示。设置“阴影”方式为“光线跟踪阴影”，“倍增”为 1.0。灯光颜色为纯白色。

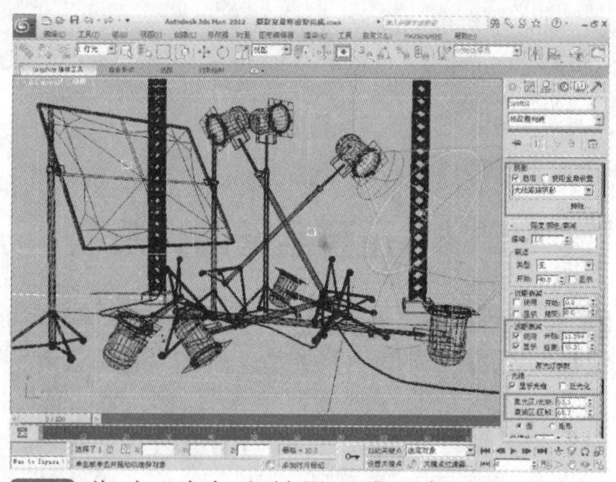

步骤 03 在“大气和效果”卷展栏中单击“添加”按钮，在弹出的“添加大气或效果”对话框中选择“体积光”选项，如下图所示。

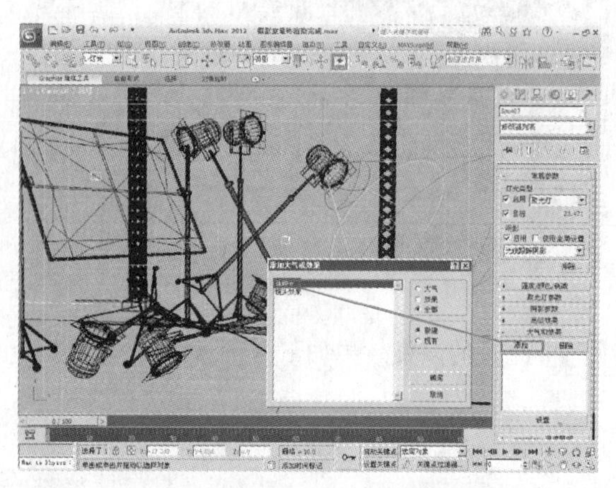

步骤 04 此时“大气和效果”卷展栏中的列表框中增加了一项“体积光”选项，选择该选项，然后单击“设置”按钮，打开“环境和效果”对话框，如下图所示。在这里对体积光进行编辑。

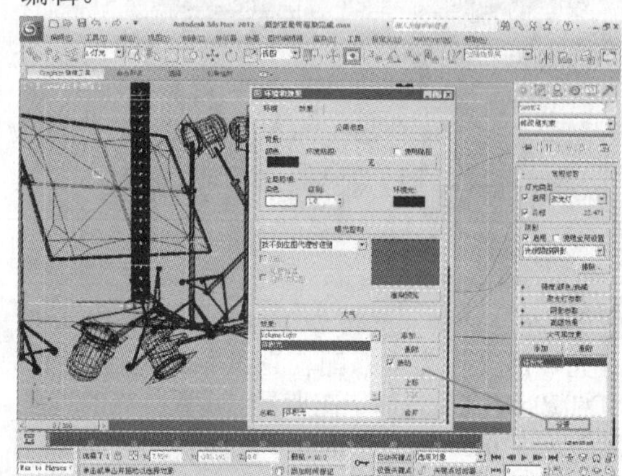

步骤 05 设置体积光的相关参数，如下图所示。

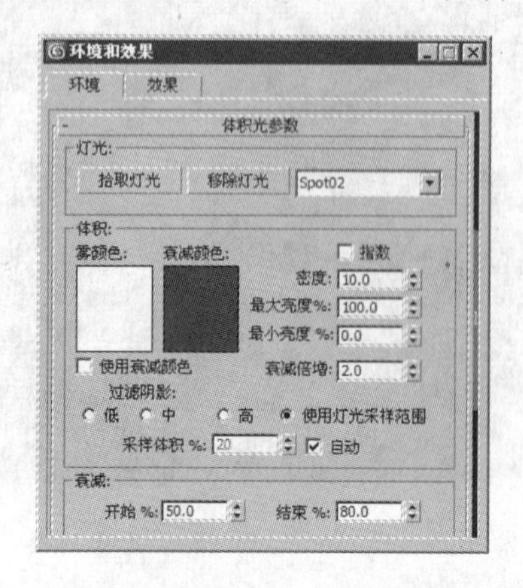

步骤 06 此时的渲染效果如下图所示。

13.1.7 设置材质

步骤01 按F10键打开渲染对话框，为了使物体反射产生较好的效果，先设置物体的总体反射贴图。在 V-Ray:: 环境 卷展栏中，选择“反射/折射环境覆盖”选项区域的“开启”复选框，然后将“全局照明环境（天光）覆盖”贴图复制到“反射/折射环境覆盖”贴图按钮上，如下图所示。

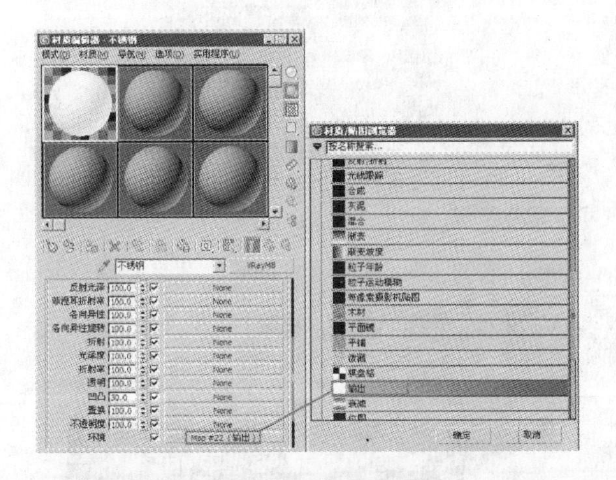

步骤02 首先设置不锈钢灯罩材质。选择一个空白材质球，单击standard按钮，在弹出的“材质/贴图浏览器”对话框中选择 VRayMtl 材质样式。在“基本参数”卷展栏中设置相关参数，如下图所示。

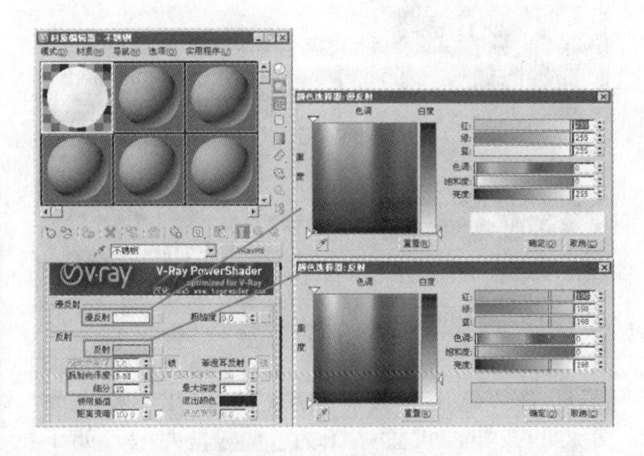

步骤03 在“贴图”卷展栏中设置“环境”的贴图为 输出 类型，这是一个用于加强贴图强度的程序贴图类型，目的是使不锈钢的反射更加强烈，如下图所示。

步骤04 在“输出”卷展栏中设置相关参数，如下图所示。

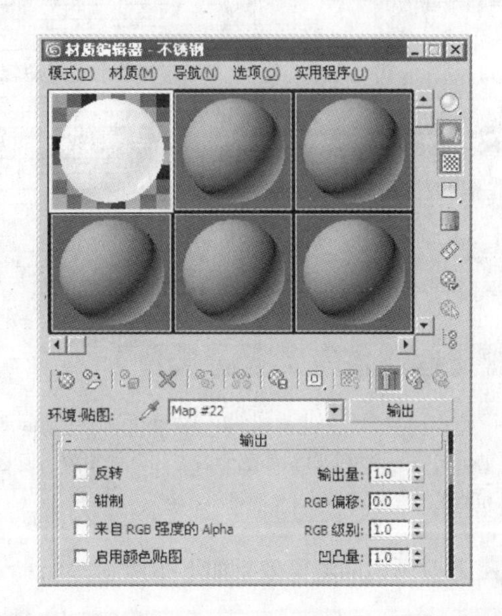

知识拓展：输出贴图的作用

输出贴图的作用是对贴图进行整体控制，这种控制不会破坏原贴图或文件，这对三维制作非常有利，可以减少Photoshop等图形软件对图片文件的修改，尽可能用贴图的输出贴图进行调整，减少贴图的使用量。

步骤05 将该材质赋予场景中所有的灯罩物体。

步骤06 下面设置灯管的不锈钢材质。选择一个空白材质球，单击standard按钮，在弹出的“材质/贴图浏览器”对话框中选择 VRayMtl 材质样式。在“基本参数”卷展栏中设置颜色和反射参数，如下图所示。

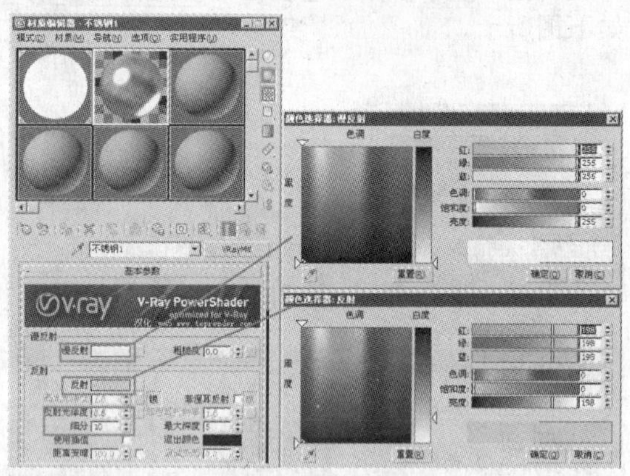

步骤07 下面设置幕布的材质。选择一个空白材质球，单击standard按钮，在弹出的“材质/贴图浏览器”对话框中选择 VRayMtl 材质样式。设置“漫反射”的贴图类型为 输出，如下图所示。

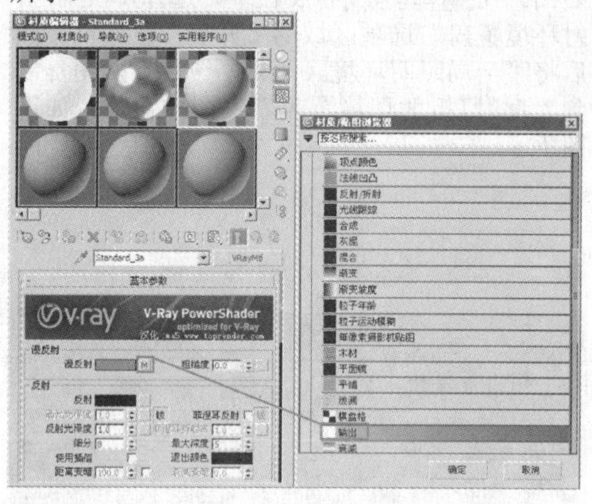

步骤08 在“输出参数”卷展栏中单击“贴图”旁边的按钮，设置贴图为 RGB染色 类型，如下图所示。

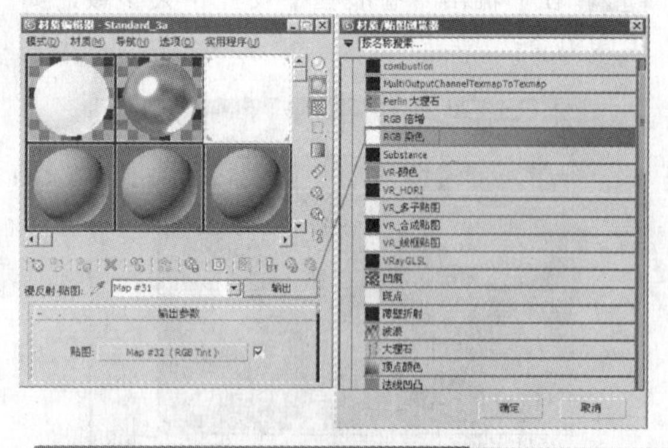

步骤09 在“RGB染色参数”卷展栏中设置颜色均为纯白色，目的是增强幕布的白色，如下图所示。

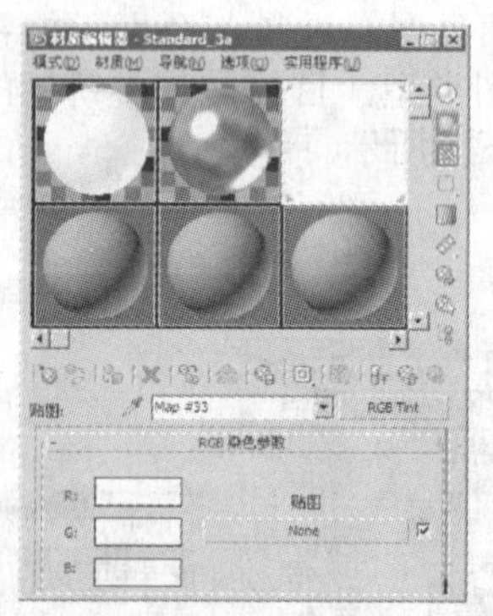

知识拓展：RGB染色

RGB染色可以调整图像中3种颜色通道的值。3种色样代表3种通道。更改色样可以调整其相关颜色通道的值。通道的默认颜色命名为红、绿和蓝，但是可以为它们指定任意颜色，而不必限制于红色、绿色和蓝色的变体。

步骤10 此时画面的渲染效果如下图所示。

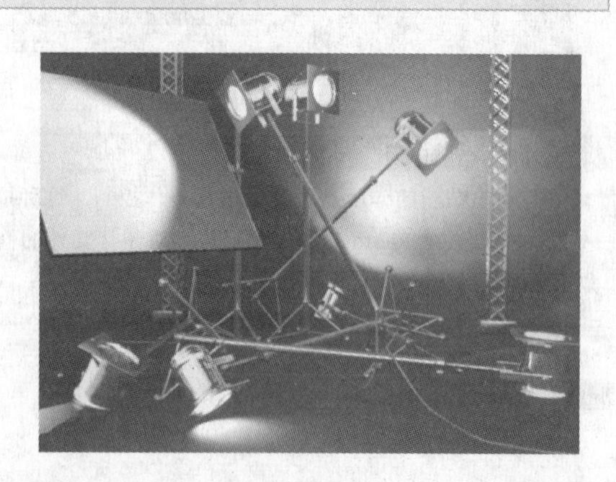

13.1.8 设置污垢贴图

步骤 01 在材质编辑器上选择幕布材质球，单击按钮回到材质编辑器最上层。单击 VRayMtl 按钮，在弹出的对话框中选择 混合 材质类型，如下图所示。

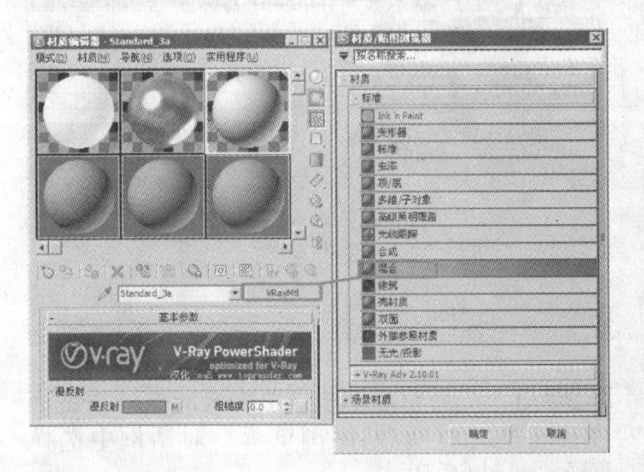

步骤 02 单击“材质 2”旁边的材质按钮，进入其设置面板，设置相关参数，如下图所示。

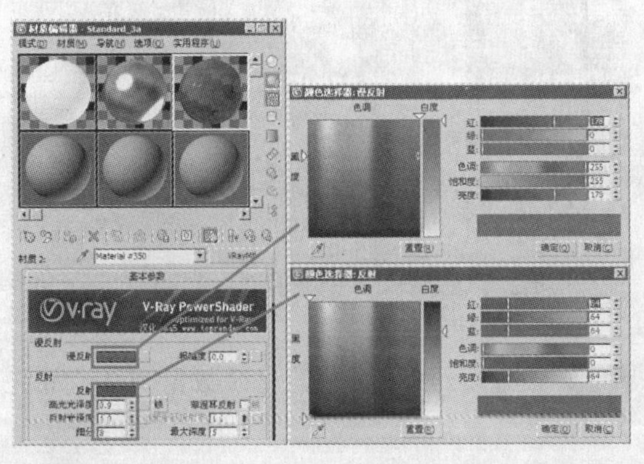

步骤 03 在“贴图”卷展栏中设置“凹凸”贴图为本书配套光盘 Maps 目录下的“手印 .jpg”文件，如下图所示。目的是产生凹凸效果。在 Bump 凹凸通道贴上这张“手印 .jpg”文件，凹凸的“大小”为 20 。

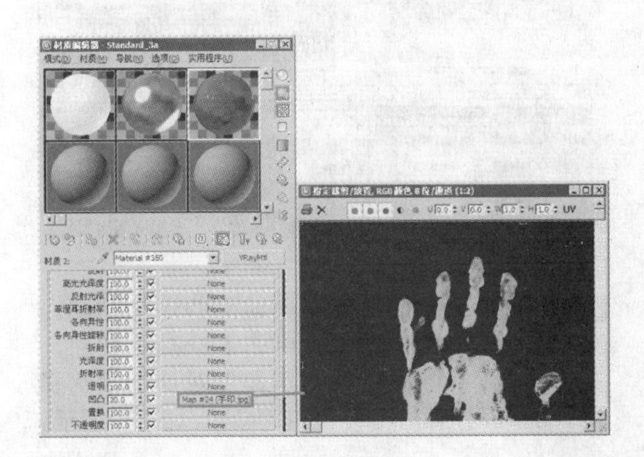

步骤 04 在“坐标”卷展栏中关闭“瓷砖”的连续属性，如下图所示。

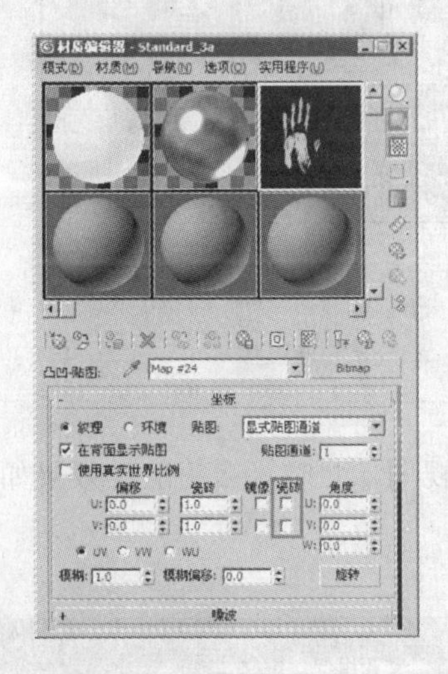

步骤 05 单击按钮回到材质编辑器最上层。设置“遮罩”贴图为本书配套光盘 Maps 目录下的“手印 matt.jpg”文件，如右图所示，然后关闭“瓷砖”的连续属性。

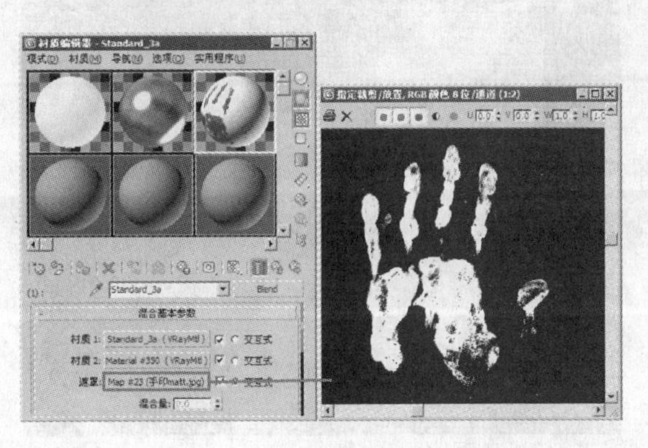

步骤 06 在“修改”面板中给面板物体添加“UVW 贴图”，将贴图坐标移动到如下图所示的位置。

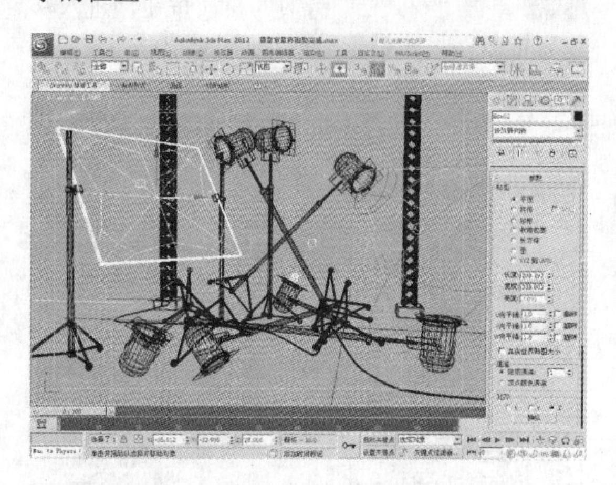

步骤 07 下面设置幕布黑色塑料框的材质。单击 Blend 按钮，在弹出的“材质/贴图浏览器”对话框中选择样式为 多维/子对象 材质，如下图所示。

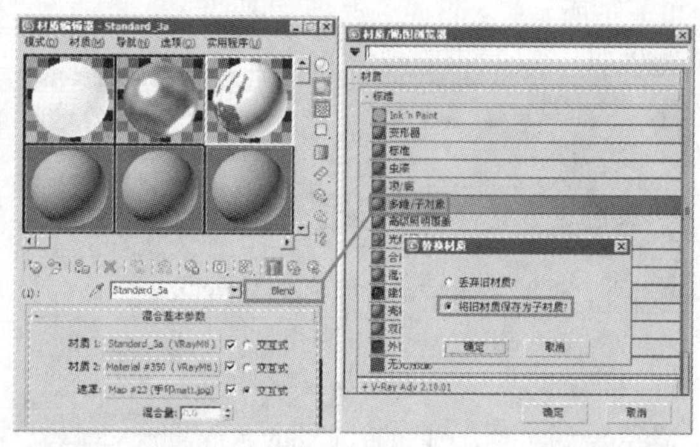

步骤 08 设置多维/子对象的材质数量为 2，如下图所示。

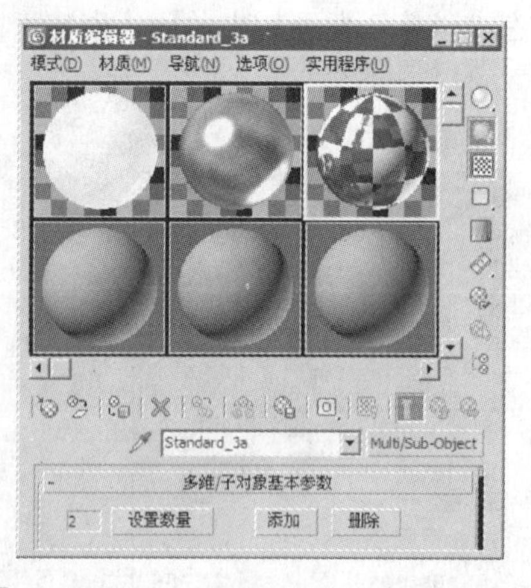

步骤 09 进入二号材质面板，单击 Standard 按钮，在弹出的“材质/贴图浏览器”对话框中选择 VRayMtl 材质样式。

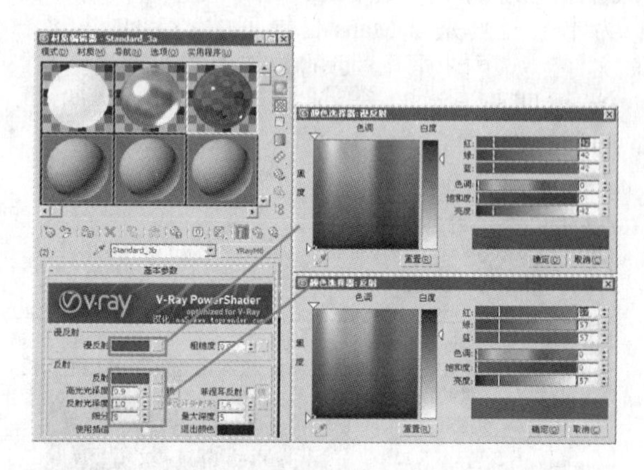

步骤 10 渲染视图，此时幕布的渲染效果如下图所示。

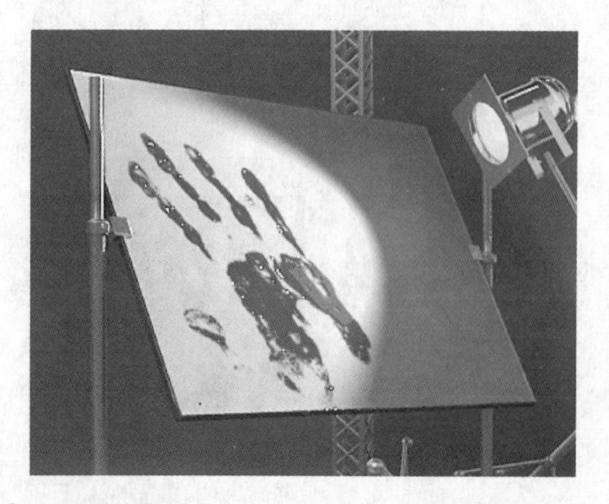

步骤 11 下面设置背景墙面和地面的污垢贴图。选择一个空白材质球，单击 Standard 按钮，在弹出的“材质/贴图浏览器”对话框中选择 VRayMtl 材质样式。设置相关参数，如下图所示。

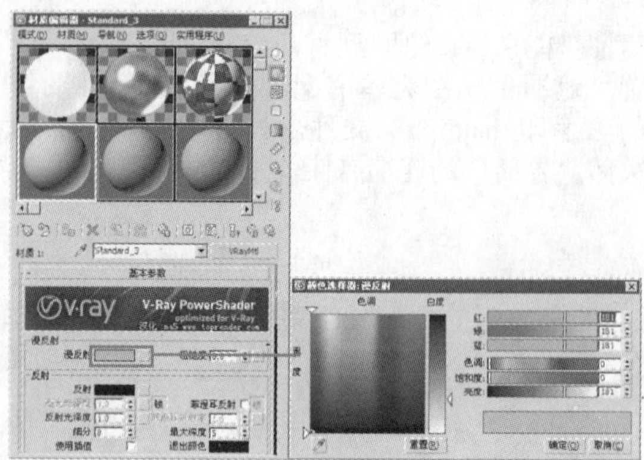

步骤12 单击 VRayMtl 按钮，在弹出的对话框中选择 混合 材质类型，如下图所示。

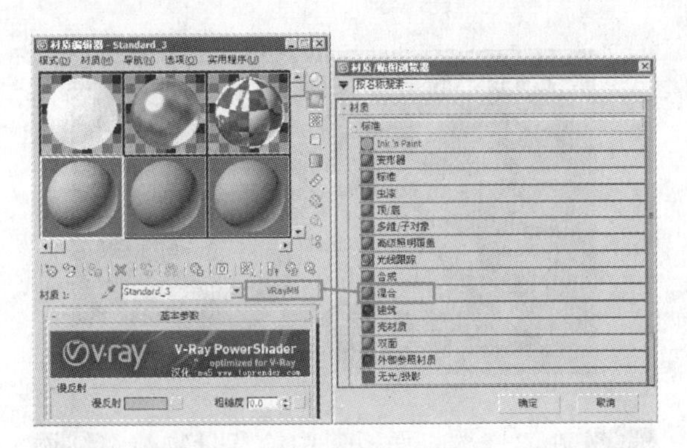

步骤13 单击“材质2”旁边的材质按钮，进入其设置面板，设置相关参数，如下图所示（参考手印的油漆材质）。

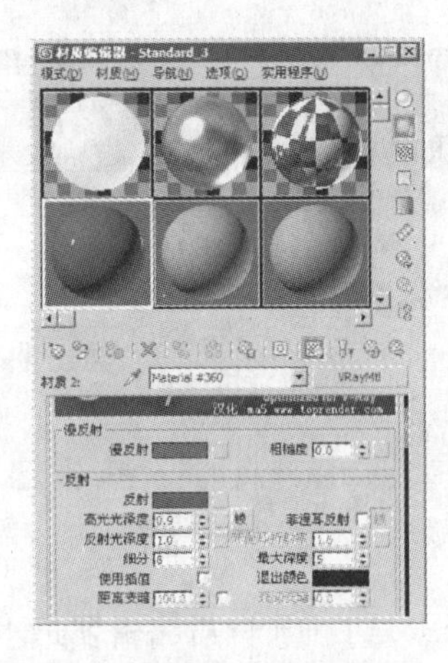

步骤14 在“贴图”卷展栏中设置“凹凸”贴图为本书配套光盘Maps目录下的“血迹 bump.jpg”文件，如下图所示。目的是产生凹凸效果，凹凸的“大小”是20。

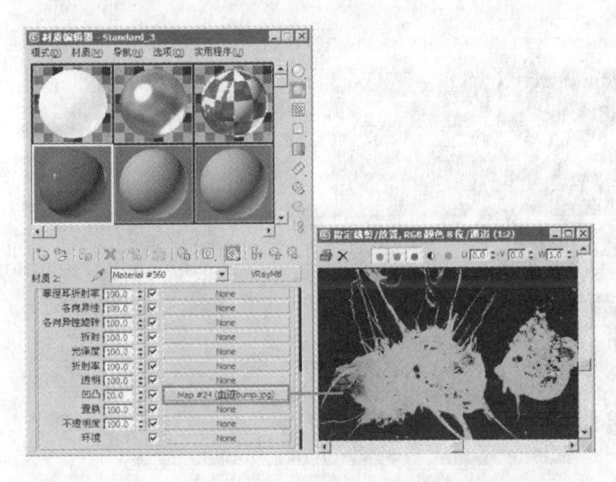

步骤15 并关闭“瓷砖”的连续属性，如下图所示。

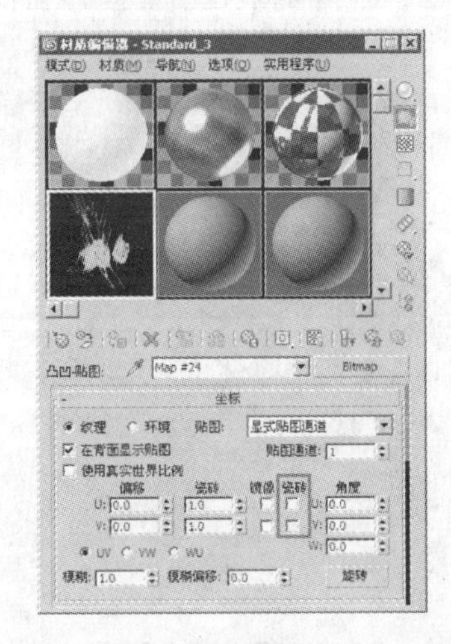

步骤16 单击 按钮回到材质编辑器最上层。设置“遮罩”贴图为本书配套光盘Maps目录下的“血迹 1matt.jpg”文件，如下图所示，并关闭“瓷砖”的连续属性。

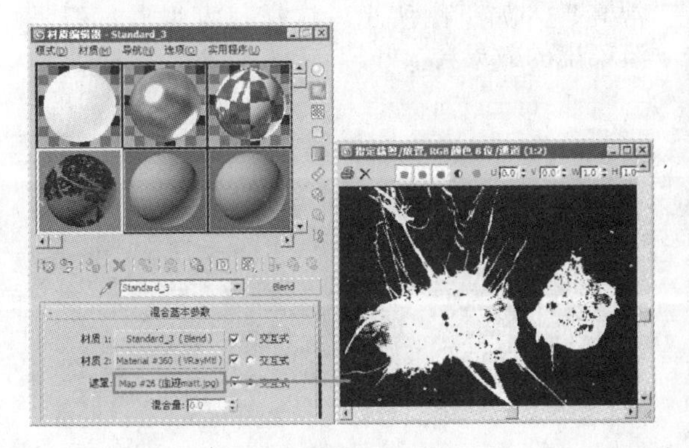

步骤17 在“修改”面板 中给背景物体添加“UVW贴图”，将贴图坐标移动到如图所示的位置。

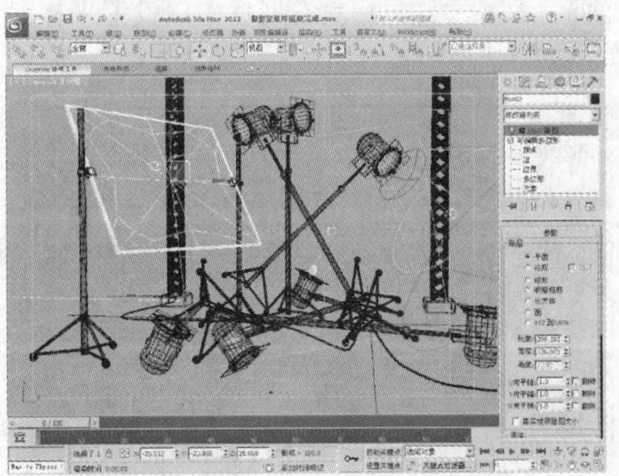

步骤 18 单击按钮回到材质编辑器最上层。单击 Blend 按钮，在弹出的对话框中选择混合材质类型，如下图所示。

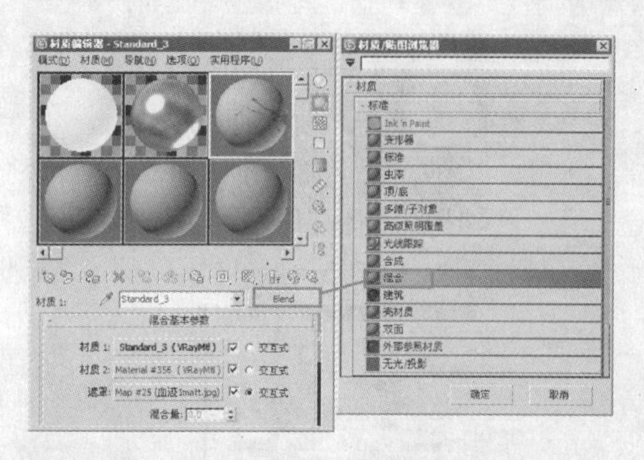

步骤 19 单击“材质 2”旁边的材质按钮，进入其设置面板，参考手印的油漆材质进行设置。在“贴图”卷展栏中设置“凹凸”贴图为本书配套光盘 Maps 目录下的“血迹 bump.jpg”文件，如下图所示，并关闭“瓷砖”的连续属性。

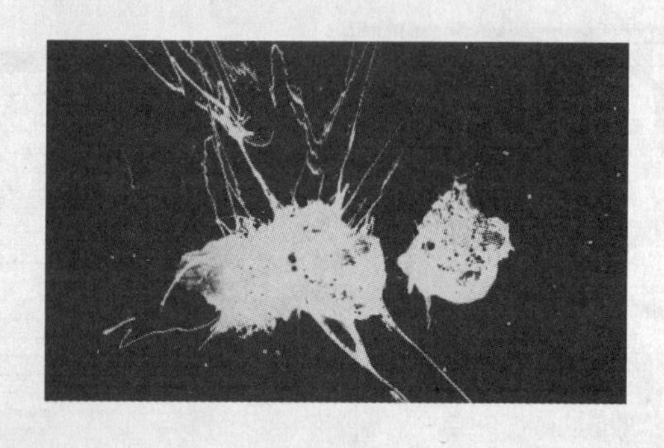

步骤 20 单击按钮回到材质编辑器最上层。设置“遮罩”贴图为本书配套光盘 Maps 目录下的“血迹 matt.jpg”文件，并关闭“瓷砖”的连续属性，在“坐标”卷展栏中设置“贴图通道”为 2，如下图所示。

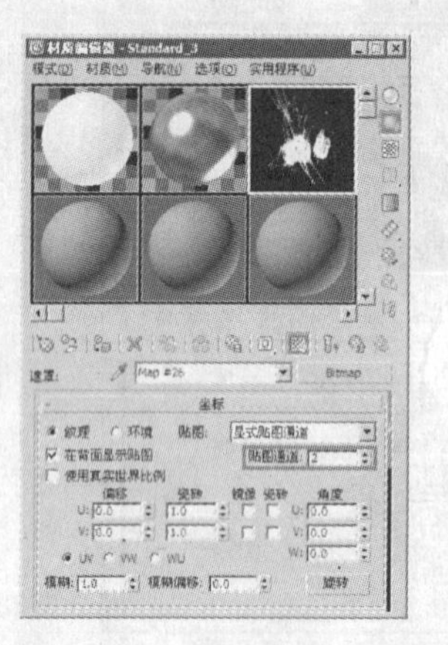

步骤 21 在“修改”面板中给背景物体继续添加“UVW 贴图”，在“通道”选项区域设置“贴图通道”为 2，将贴图坐标移动到如下图所示的位置，使地面产生污垢贴图。

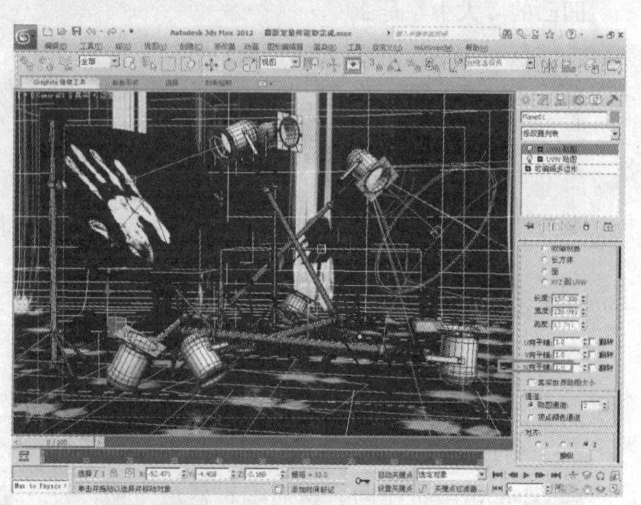

13.1.9 最终渲染设置

步骤 01 按 F10 键打开渲染对话框，在 V-Ray:: 图像采样器(抗锯齿) 卷展栏中，设置采样参数，如下图所示。

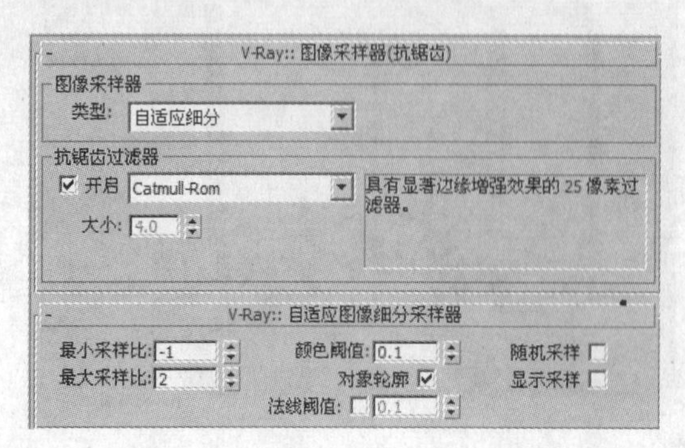

步骤 02 打开 V-Ray:: 发光贴图 卷展栏，在“内建预置”选项区域设置光照贴图采样级别为“非常高”，如下图所示。这样速度很慢，但是渲染出的效果会很好。

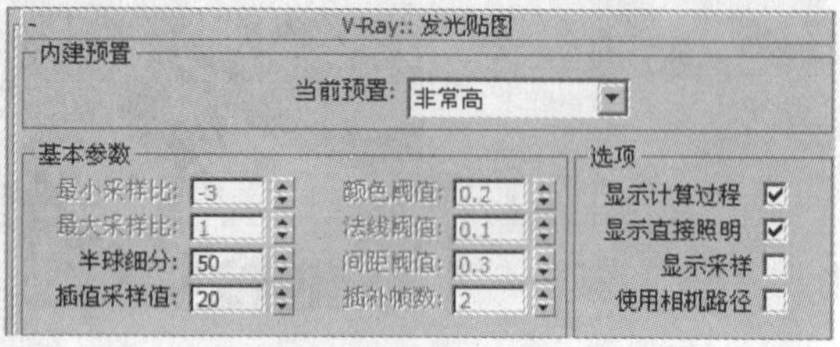

V-Ray:: 发光贴图

内建预置

当前预置: 非常高

基本参数

最小采样比: -3　颜色阈值: 0.2
最大采样比: 1　法线阈值: 0.1
半球细分: 50　间距阈值: 0.3
插值采样值: 20　插补帧数: 2

选项

显示计算过程 ☑
显示直接照明 ☑
显示采样 ☐
使用相机路径 ☐

知识拓展：自适应细分采样器简介

自适应细分采样器是一个具有强大功能的高级采样器。在没有 VRay 模糊特效（直接 GI、景深和运动模糊等）的场景中，它是最好的首选采样器。它使用较少的样本（这样就减少了渲染时间）就可以达到其他采样器使用较多样本所能够达到的质量。但是，在具有大量细节或者模糊特效的情况下，比其他两个采样器更慢，图像效果也更差。比起其他采样器，它也会占用更多的内存。

步骤 03 在 V-Ray:: 灯光缓存 卷展栏中设置相关参数，如下图所示。将“细分”设置为 1000，也是速度慢，效果好。

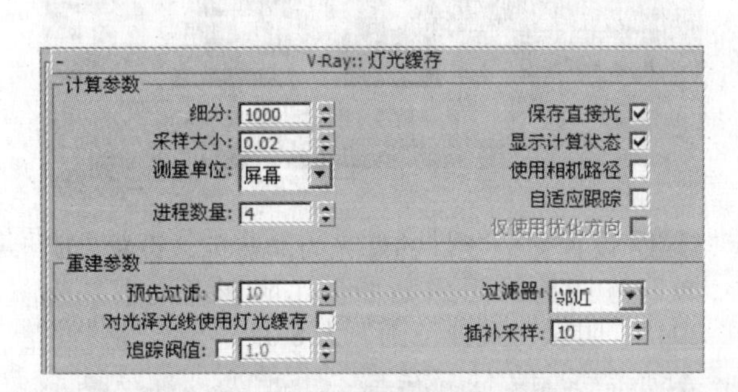

步骤 04 最终渲染效果如下图所示。

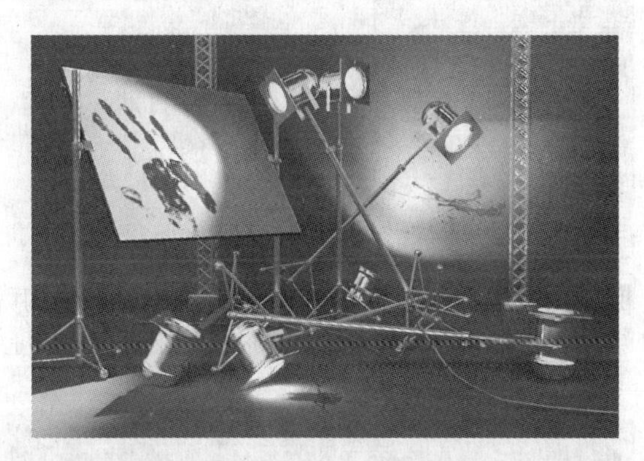

13.2 丽都世纪建筑动画制作

本案例制作一个大型小区的景观动画，本场景主要从材质和灯光上来表现夜晚和白天小区的景色，展现出一幅宁静并且绚丽的场景。

13.2.1 夜景灯光设置

步骤 01 打开场景文件，这是一幅小区的模型图，包括楼宇、道路、河流、树木及阁楼等，如右图所示。

步骤 02 首先设置天光。在“创建”面板中单击“目标平行光”按钮，在场景中创建三束目标平行光，用来模拟夜晚的天光，具体位置如下图所示。

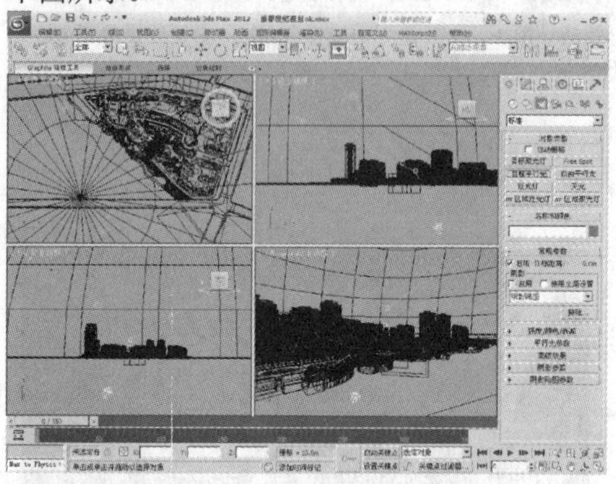

步骤 03 接下来设置灯光参数。在“修改”面板中设置天光的参数，如下图所示。设置灯光颜色为深蓝色。

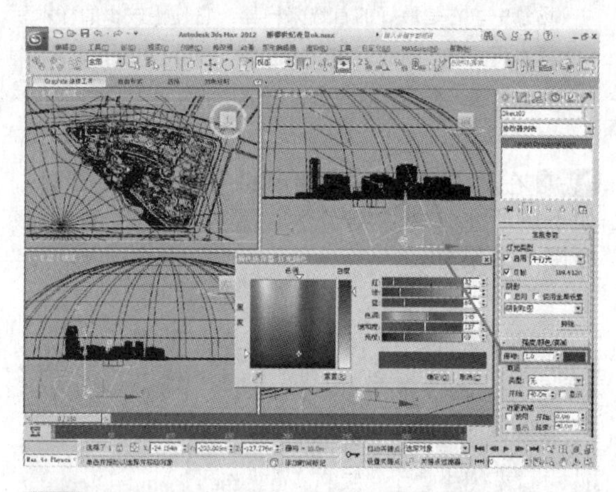

步骤 04 设置“阴影”方式为“阴影贴图”，阴影“大小”为2048，阴影“采样范围”为8.0。

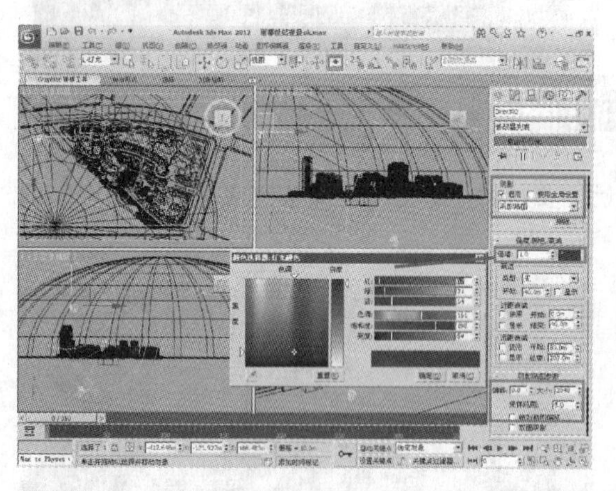

步骤 05 设置另一盏灯的灯光为淡蓝色，设置“阴影”方式为“阴影贴图”，阴影“大小”为2048，阴影“采样范围”为8.0。

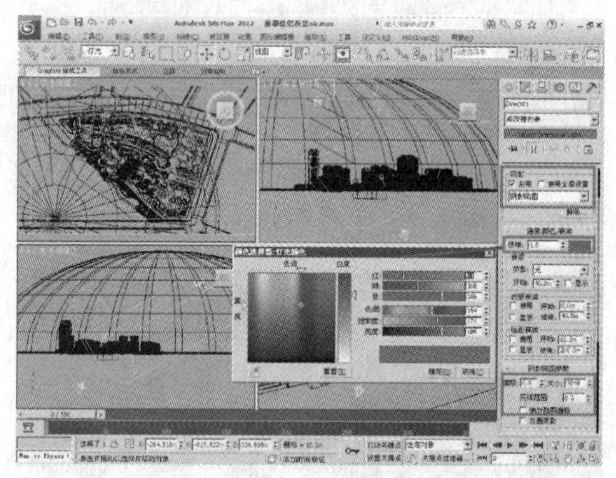

步骤 06 接下来设置路灯照明。在“创建”面板中单击“泛光灯”按钮，在场景中创建33盏泛光灯，用来模拟路灯照明，具体位置如下图所示。

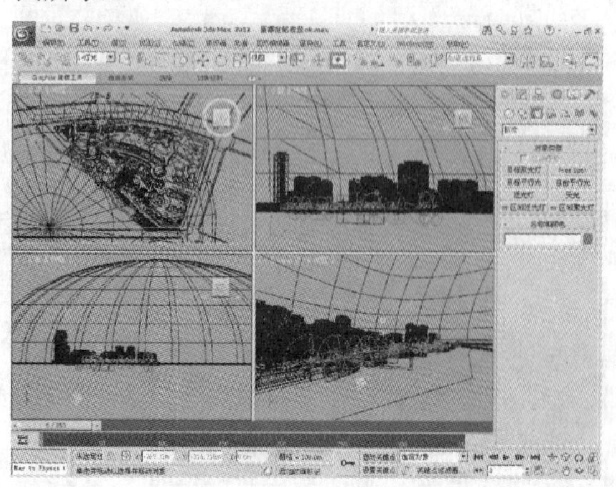

步骤 07 接下来在“修改”面板中设置泛光灯的参数，如下图所示。设置灯光为泛光灯，颜色为淡绿色，亮度“倍增”为2.0。

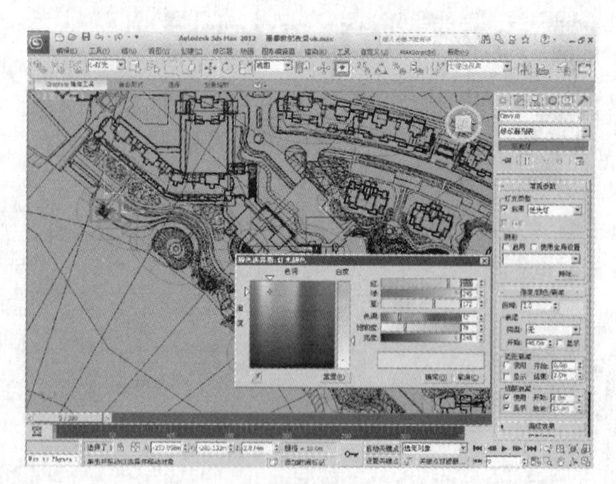

步骤 08 设置灯光为泛光灯，颜色为淡蓝色，亮度“倍增”为1.5。

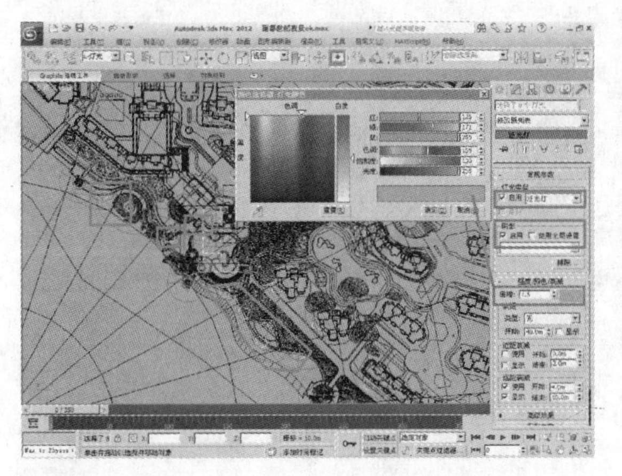

步骤 09 设置灯光为泛光灯，颜色为淡黄色，亮度“倍增”为1.8。

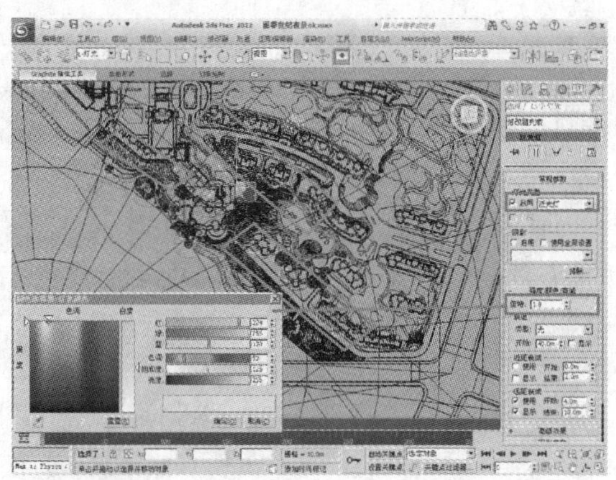

步骤 10 设置灯光为泛光灯，颜色为乳黄色，亮度“倍增”为3.0。

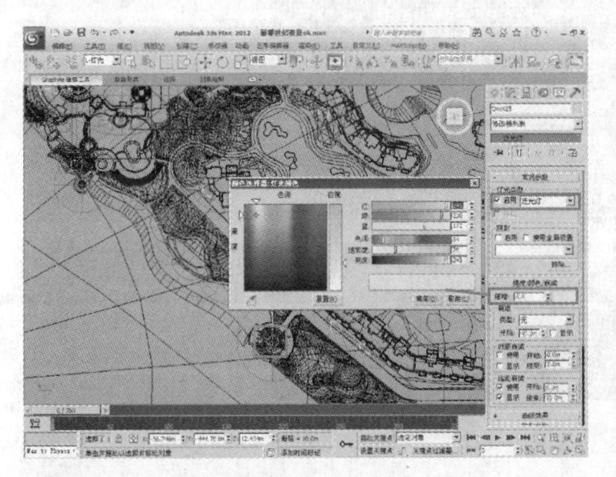

步骤 11 设置灯光为泛光灯，颜色为乳黄色，亮度“倍增”为2.0。

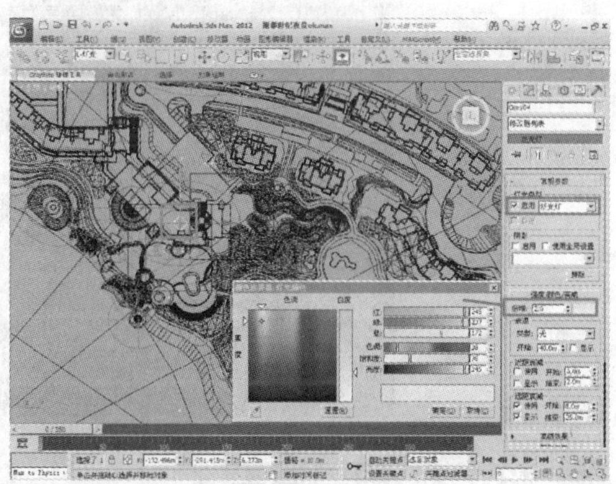

步骤 12 设置灯光为泛光灯，颜色为亮绿色，亮度“倍增”为3.0。

步骤 13 设置灯光为泛光灯，颜色为亮绿色，亮度“倍增”为3.0。

步骤 14 设置灯光为泛光灯，颜色为淡绿色，亮度“倍增”为 2.0。

步骤 15 设置灯光为泛光灯，颜色为深黄色，亮度“倍增”为 3.0。

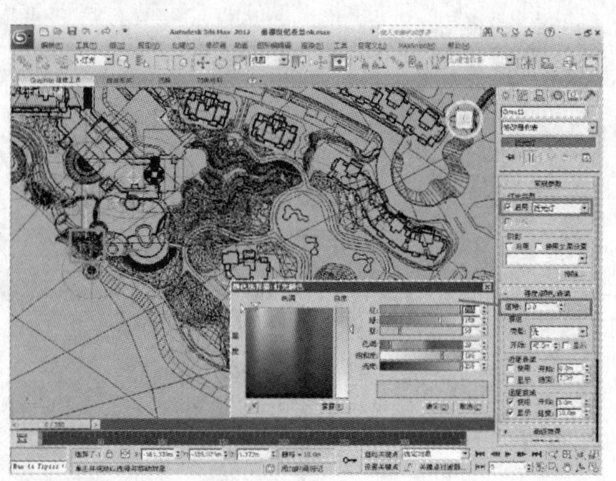

步骤 16 到此，场景灯光即设置完成。最终渲染效果如下图所示。

13.2.2 日景渲染

步骤 01 按 F10 键打开渲染对话框，首先设置 VRay 为当前渲染器，如下图所示。

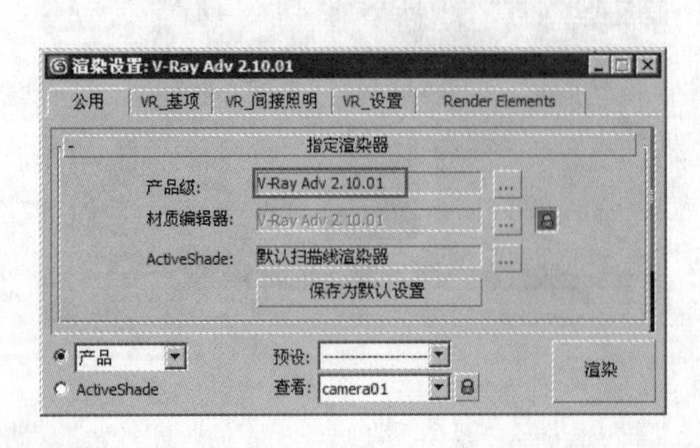

步骤 02 在 V-Ray:: 全局开关 卷展栏中设置总体参数，如下图所示。因为要调整灯光，所以在这里关闭了默认的灯光。并取消选择“反射 / 折射”和“光泽效果”复选框，这两项是非常影响渲染速度的。

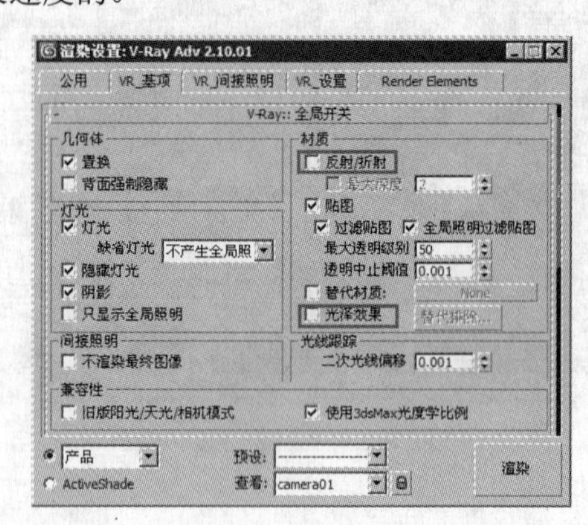

步骤 03 在 V-Ray:: 图像采样器(抗锯齿) 卷展栏中，按下图所示进行设置，这是抗锯齿采样设置。

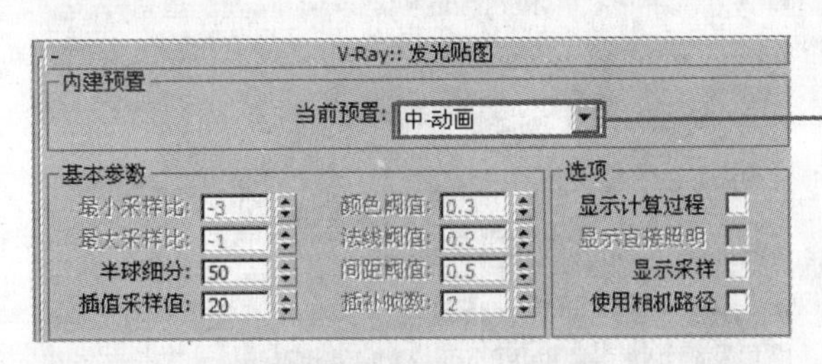

步骤 04 在 V-Ray:: 间接照明(全局照明) 卷展栏中设置相关参数，如下图所示，这是间接照明设置。

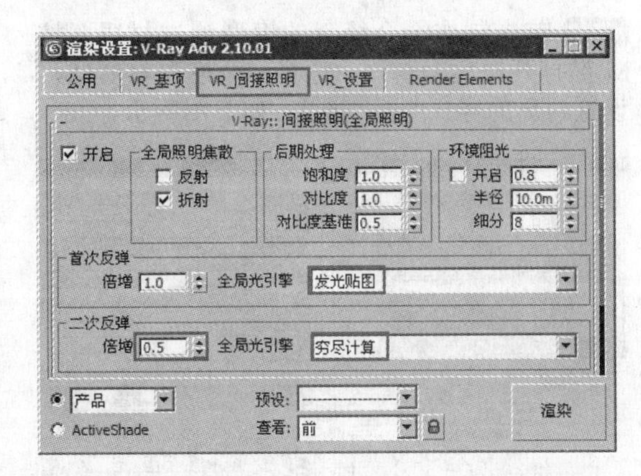

知识拓展：二次反弹

VRay 的二次光线反弹其实是一种漫射效果。现实世界中，光线进行一次光线反弹后在物体上的另一次反弹，不会像一次反弹那样强烈，呈渐弱的方式衰减。在 VRay 的二次反弹参数中，这种强度是可以调节的。

步骤 05 在 V-Ray:: 发光贴图 卷展栏中，设置“当前预置”为“中 - 动画”方式，这种采样值适合作为测试渲染时使用。然后设置“当前预置”为“自定义”，如下图所示，这是发光贴图参数设置。

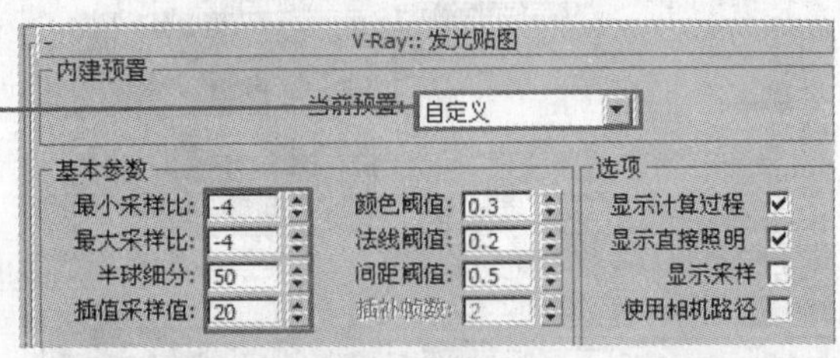

步骤 06 在 V-Ray::穷尽-准蒙特卡罗 卷展栏中设置相关参数，如下图所示。

V-Ray::穷尽-准蒙特卡罗

细分: 25　二次反弹 3

步骤 07 在 V-Ray:: 颜色映射 卷展栏中设置曝光类型为“VR- 线性倍增”，参数设置如下图所示。

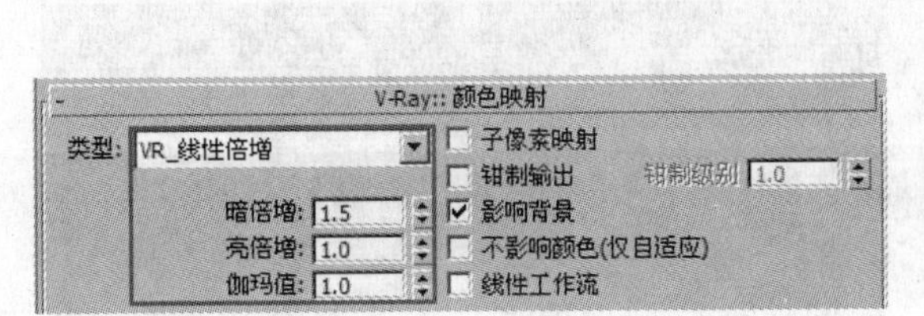

步骤 08 按数字键 8 打开“环境和效果”对话框，设置“背景”颜色为黑色，如下图所示。

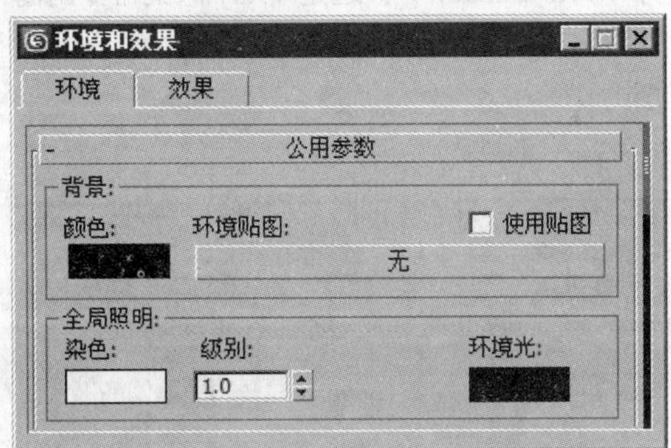

13.2.3 日景灯光设置

步骤 01 首先制作一个统一的模型测试材质。按M键打开材质编辑器，选择一个空白材质球，设置材质的样式为 VRayMtl，如下图所示。

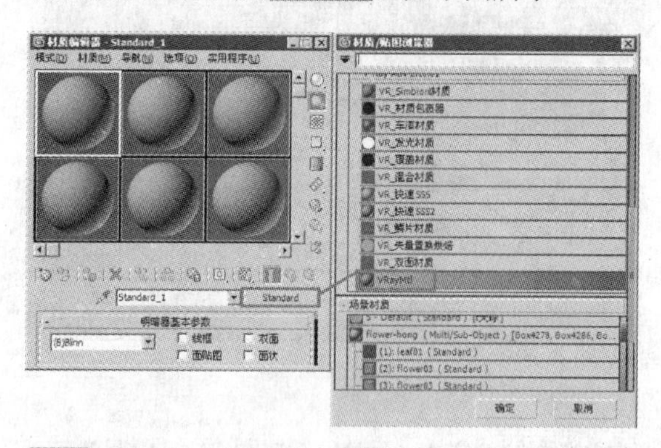

步骤 02 在 VRayMtl 材质面板设置“漫反射”的颜色为浅灰色，如下图所示。

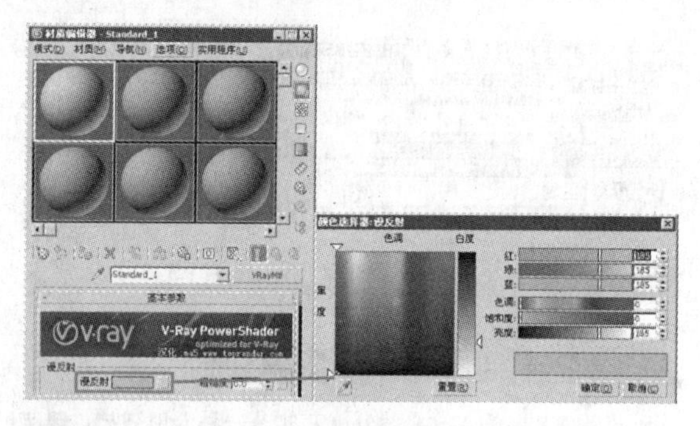

步骤 03 按F10打开渲染对话框，选择“替换材质”复选框，将该材质拖动到None按钮上，这样就给整体场景设置了一个临时的测试用的材质，如下图所示。

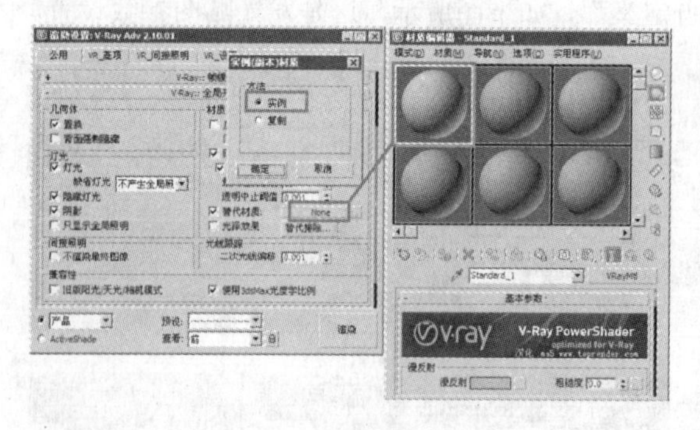

步骤 04 在“创建”面板中单击“目标平行光”按钮，在场景中创建两束目标平行光，用来模拟天光，具体位置如下图所示。

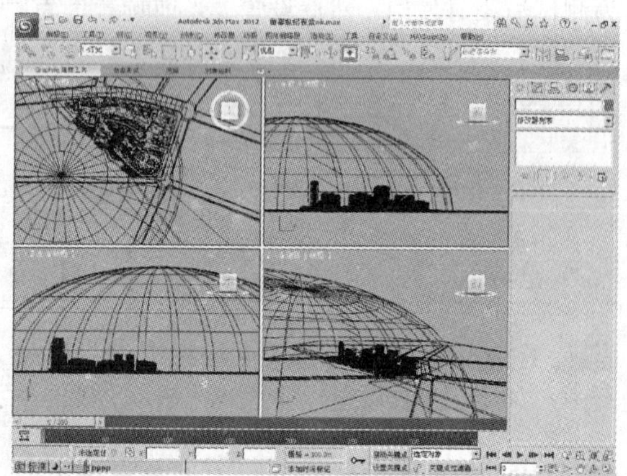

步骤 05 在“修改”面板中设置“天光1”参数如下图所示。灯光颜色为深蓝色，“阴影”方式为“VRayShadow”，这是VRay渲染器专用的阴影模式。

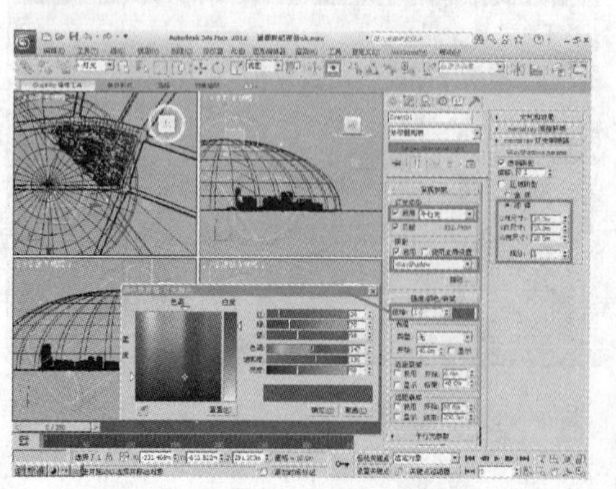

步骤 06 按F9键对视图进行渲染，此时的渲染效果如下图所示。

步骤 07 在“修改”面板设置“天光 2”参数，如下图所示。灯光颜色为暖黄色，“阴影”方式为“VRayShadow”。

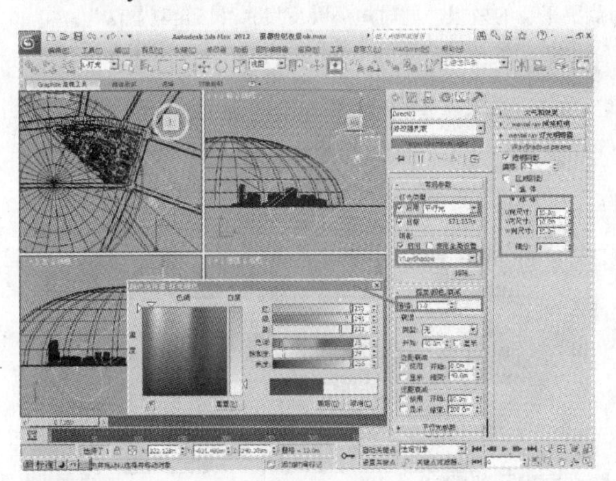

步骤 08 重新对摄影机视图进行渲染，效果如下图所示。灯光设置完成。

13.2.4 动画渲染设置

步骤 01 按 F10 键打开渲染对话框，在 V-Ray:: 全局开关 卷展栏中，选择“光泽效果”复选框，如下图所示。

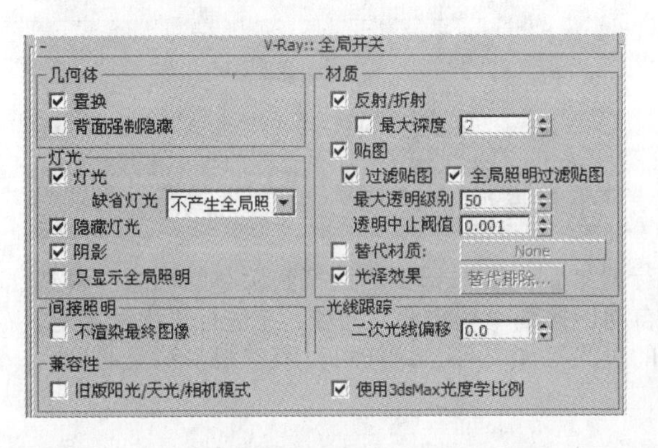

步骤 02 在 V-Ray:: 图像采样器(抗锯齿) 卷展栏中，按下图所示进行设置，这是抗锯齿采样设置。

V-Ray:: 图像采样器(抗锯齿)
图像采样器
类型: 自适应DMC
抗锯齿过滤器
开启 Catmull-Rom 具有显著边缘增强效果的 25 像素过滤器。
大小: 4.0

步骤 03 在 V-Ray:: 颜色映射 卷展栏中设置曝光类型为“VR- 指数”，具体参数设置如下图所示。

V-Ray:: 颜色映射
类型: VR_指数 子像素映射
钳制输出 钳制级别 1.0
暗倍增: 1.5 影响背景
亮倍增: 1.0 不影响颜色(仅自适应)
伽玛值: 1.0 线性工作流

步骤 04 打开 V-Ray:: 发光贴图 卷展栏，在“内置预设”选项区域中设置光照贴图采样参数，如下图所示。

V-Ray:: 发光贴图
内建预置
当前预置: 自定义
基本参数
最小采样比: -5 颜色阈值: 0.4
最大采样比: -4 法线阈值: 0.5
半球细分: 50 间距阈值: 0.1
插值采样值: 20 插补帧数: 2
选项
显示计算过程
显示直接照明
显示采样
使用相机路径

步骤 05 在“高级选项”区域设置参数如右图所示，这样可以让图像产生较好的细节。

高级选项
插补类型: 最小方形适配(好/平滑) 多过程
采样查找方式: 重叠(非常好/快) 随机采样
检查采样可见性
用于计算插值采样的采样比: 15

知识拓展：插补类型

系统提供了 4 种“插补类型”可以选择。“加权平均值”：该值用于设置在发光贴图中，GI 样本点到插补点的距离和法向差异进行的简单混合。“最小方形适配（好 / 平滑）”：这是默认的设置类型，它将计算一个在发光贴图样本之间最合适的 GI 的值。可以产生比加权平均值更平滑的效果，同时渲染会变慢。“三角测量法”：几乎所有其他的插补方法都有模糊效果，确切地说，它们都趋向于模糊间接照明中的细节，同样都有密度偏置的倾向。不同的是，“三角测量法”不会产生模糊效果，它可以保护场景细节，避免产生密度偏置。由于它没有模糊效果，因此看上去会产生更多的噪波。为了得到充分的细节，可能需要更多的样本，这可以通过增加发光贴图的半球细分值或者最小 DMC 采样器中的噪波临界值的方法来完成。“最小方形加权法”：这种方法是对“最小方形适配”方法缺点的修正，它的渲染速度相当缓慢，不建议采用。

步骤 06 在“光子图使用模式”选项区域的“模式”下拉列表框中选择“动画（预处理）”模式，选择“自动保存”和“切换到保存的贴图”复选框，单击“自动保存”后面的“浏览”按钮，在弹出的自动保存光照贴图对话框中输入要保存的 3.vrmap 文件名，并选择保存路径，如右图所示。

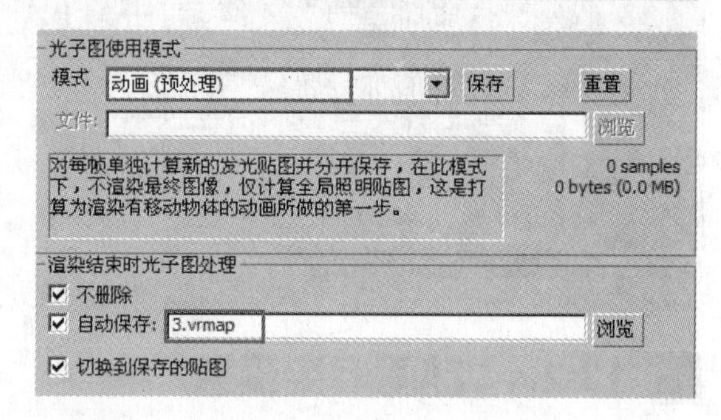

步骤 07 打开 V-Ray::穷尽-准蒙特卡罗 卷展栏，按下图所示进行设置。

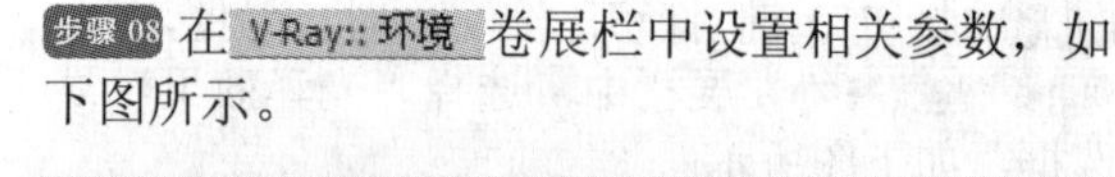

步骤 08 在 V-Ray:: 环境 卷展栏中设置相关参数，如下图所示。

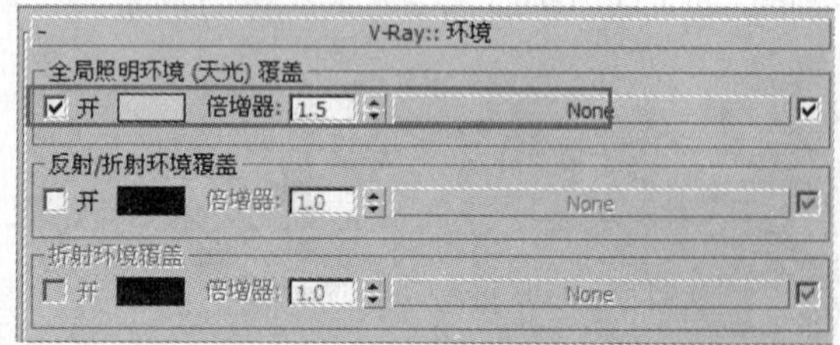

步骤 09 在“公用”选项卡设置较小的渲染尺寸进行渲染。由于选择了“切换到保存的贴图”复选框，所以在渲染结束后，“模式”下拉列表框中自动切换到“从文件”选项。在进行再次渲染时，VRay 渲染器将直接调用“文件”文本框中指定的发光贴图文件，这样可以节省很多渲染时间。渲染效果如下图所示。

13.2.5 动画设置

步骤01 首先创建一架自由摄影机。在“创建”面板中，单击“摄影机”按钮，在“对象类型”卷展栏中单击“自由”按钮，在顶视图中建立一架自由摄影机，如下图所示。

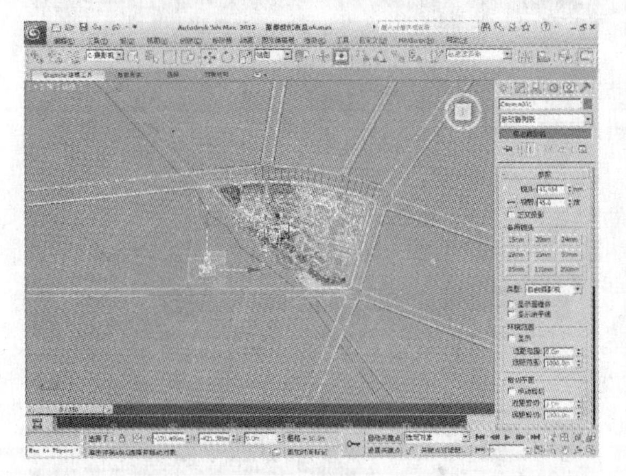

步骤02 在“创建”面板中，单击“图形”按钮，在“对象类型”卷展栏中单击“线”按钮，在顶视图绘制一条Line曲线。这是一条摄影机的运动路径曲线。在前视图中将其移动到摄影机视点的高度，如下图所示。

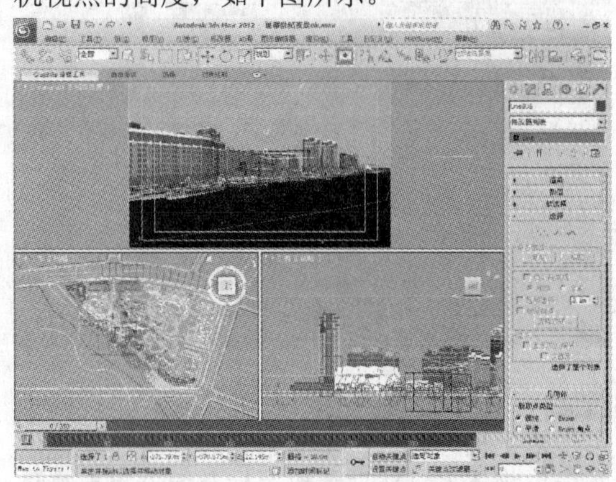

步骤03 单击“创建”按钮，在“辅助对象”面板中单击“虚拟对象”按钮，创建一个虚拟物体，如下图所示，然后制作让这个虚拟体沿着路径运动的效果。

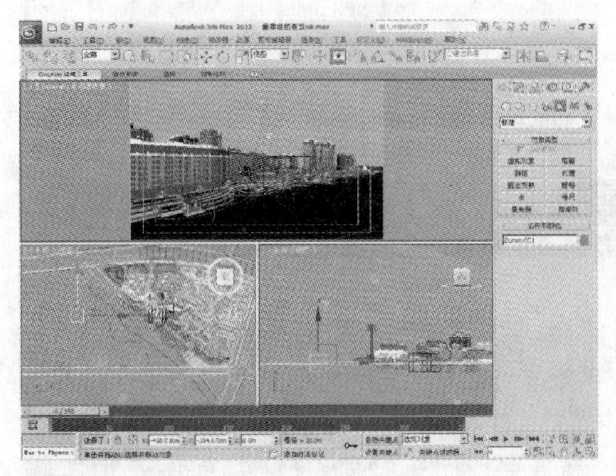

步骤04 进入“动画”面板，在“指定控制器”卷展栏中选择“位置：位置”选项，然后单击按钮，打开“指定位置控制器”对话框，在控制器列表框中选择“路径约束”选项后，单击“确定”按钮，如下图所示。

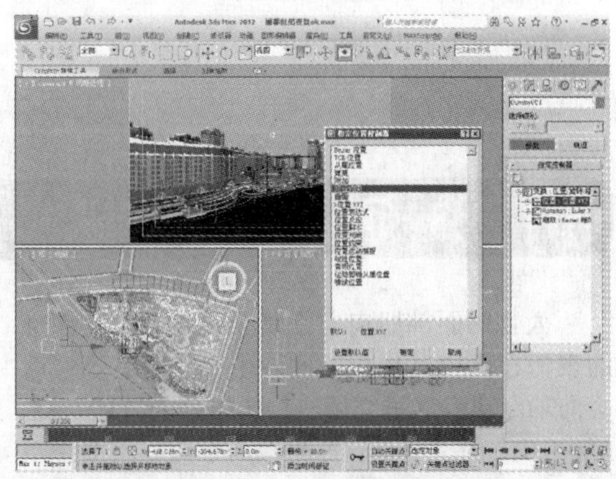

步骤05 此时会进入路径动画面板，单击“添加路径”按钮，然后在视图中选择路径曲线，此时拖动时间滑块，可以看到虚拟物体的动画效果，如右图所示。

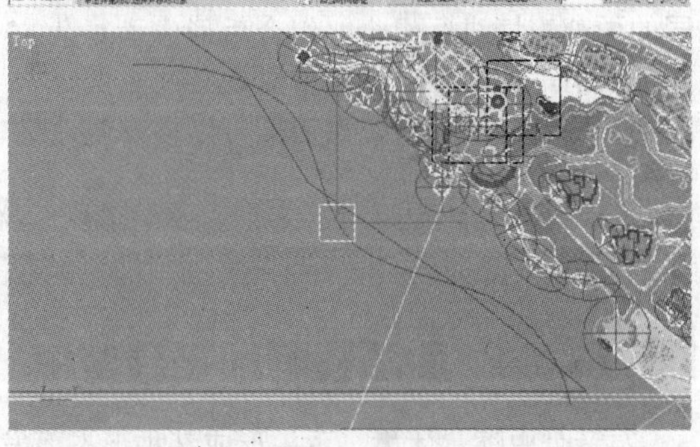

步骤 06 选择“跟随”复选框，转向的问题即解决了，如下图所示。

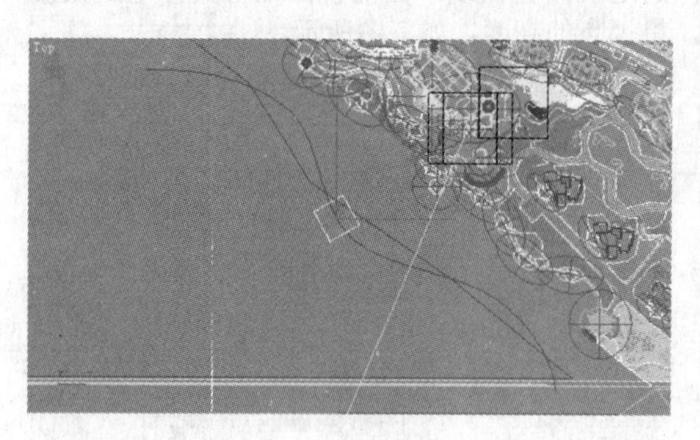

步骤 07 现在需要将摄影机和虚拟物体连接在一起。先将自由摄影机的位置移动和旋转到合适的视角，如下图所示。

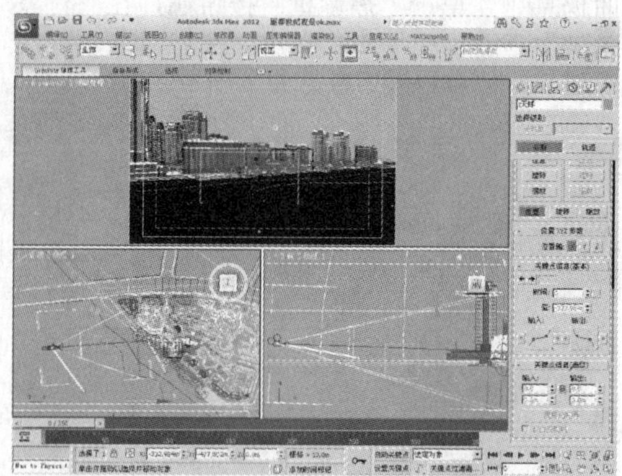

步骤 08 单击主工具栏的按钮，然后在视图中单击摄影机，此时产生一条连线，将连线拖动到虚拟物体上，然后释放鼠标左键，虚拟物体闪烁了一下，表示它们两个已经产生了连接。拖动时间滑块观察动画效果，此时摄影机也跟随虚拟物体沿着路径一起移动，如右图所示。

13.3 面部表情控制

人物的面部肌肉非常复杂，控制人物面部的表情在建模时也相对比较困难，稍有不慎就会前功尽弃。这里介绍一种比较好的方法，3ds Max 2012 的“变形器”修改命令可以将多个不同的面部表情进行组合，组合后形成了复杂的面部表情，如右图所示，前提是必须先做好一系列面部表情的模型，然后就可以很方便地进行组合了。

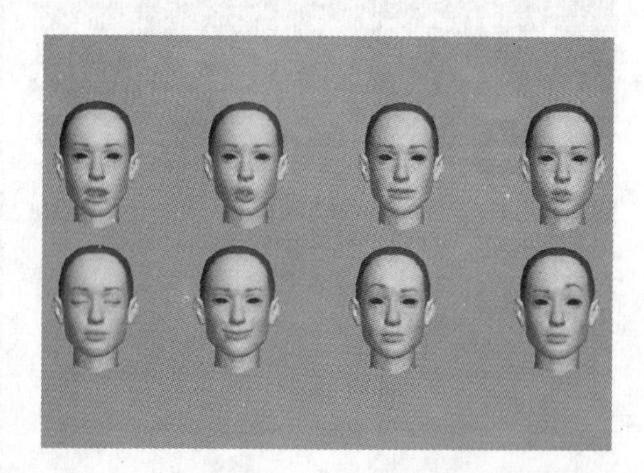

13.3.1 面部表情和发音变化

发音是由嘴、牙齿、舌头形成某种形态而发出的语音，它们是说话发声的基础。一组音素列成一串，形成单词和词组的发音。这听起来很简单，如果将这种想法保留到为动画复制语音，你就会发现其过程相当复杂。

现在我们该知道制作面部模型的一个简单的单词发音（如“Hello”）需要做多少工作了。为了更好地理解将要在嘴周围的操作，先来看看脸部的肌肉，这能帮助我们建立关键形态的模型，并且能理解发音时脸部肌肉是如何协调工作的。

尽管脸部有多达26块的肌肉，但仅仅有11块对脸部表情和说话有作用（加上移动颌部上下的主肌肉群），如右图所示。

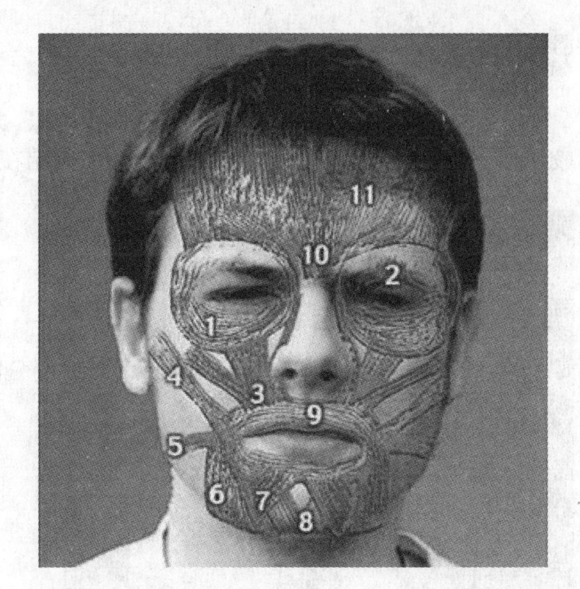

13.3.2 产生表情的面部肌肉

1．眼轮匝肌

眼轮匝肌与上眼睑相连，位于眉毛之下。眼睛斜视时挤压眼睛周围，注意眼轮匝肌在眼睛下方运动（而不是下眼睑周围）。

2．提睑肌

惊讶表情时提起眼睑，也用于眨眼。

3．上唇方肌

有三个分支：里边一支始于鼻子基部；中间的连接到眼眶底部；外边一支连接到颧骨。它们在上嘴唇附近相交，可表现冷笑的肌肉。

4．颧骨肌

连接颧骨和眼轮匝肌处的嘴角，向上后方拉动嘴角形成微笑，这也是微笑比皱眉所需肌肉较少的原因。

5．Risorius/ 颈阔肌

Risorius始于颌部后方，颈阔肌实际上始于胸膛上部，两者在嘴角相交，作用是伸展嘴唇形成痛苦、做鬼脸或哭的表情（颈阔肌没有画出，因为它会挡住其他肌肉）。

6．三角肌

向下拉动嘴角形成悲哀的表情。

7．下唇方肌

沿下巴底部向上止于嘴唇，向下拉动下嘴唇用于说话。

8．颌肌

使下巴皱起并往下推动下嘴唇，帮助形成噘嘴生气的表情。

9．口轮匝肌

围绕嘴部，可卷曲或绷紧嘴唇。

10．皱眉肌

位于鼻梁和眉毛中部，用于皱起眉头或拉动眉毛内角到一起。

11．前额肌

主要用于皱眉动作。始于发际线附近的头骨上方，使眉毛扬起。经常用于惊讶或震惊的表情。

13.3.3 颞肌和咬肌控制

移动下颌时运动最明显的肌肉是颞肌和咬肌，两者都能使下颌紧闭并帮助咀嚼或咬紧牙齿。咬肌始于颧骨并向下包住下颌的底部。颞肌固定在头骨侧面并通过一根肌腱向下穿过颧骨区连接到颌部，它们都是强有力的肌肉，而控制张开下颌的肌肉位于脖子里面，在正常的头部运动和谈话时不易见到，颞肌和咬肌部位如左图所示。

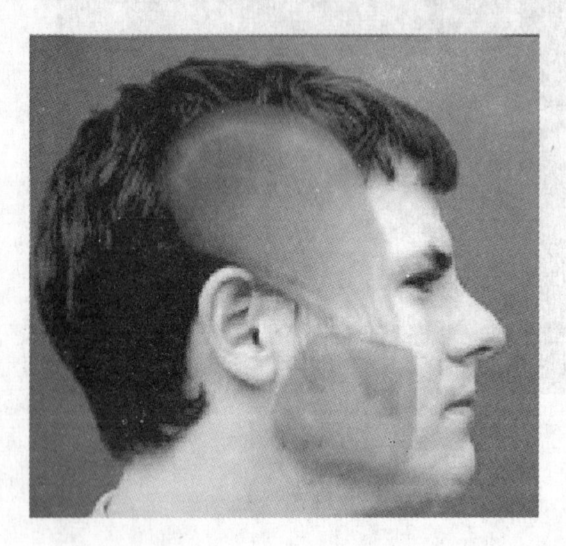

当我们认识了一些脸部肌肉及位于皮肤下面何处的基本知识后，应能方便地设想它们在说话发音时是怎样起作用的。

13.3.4 发音和表情

尽管在通常的说话中有十多种不同的嘴位和嘴形，但也不需要在动画中全部用上。本节试用一些真人照片制作一个小型图形库。在正常情况下，一个真人说话时嘴唇动作不太夸张，颌部运动幅度也较小（卡通角色则是利用形态变化较大的嘴唇运动）。

在正常的说话时，应注意嘴唇的微妙动作，嘴唇、牙齿和舌头在快速运动而颌部仅在小范围内运动。

试着做一个试验，录下一位朋友说话的动画，并凑近观察他们说话的动作，你就会明白为什么嘴形难以定义甚至难以捕捉。下面的资料为你提供一个有用的参考或者一个起点。

步骤 01 牙齿相靠或略微分开，成发C、D、G、K、N、S、Z音的姿势。牙齿进一步分开成发长元音E的形态。所有发音均在口腔内部形成，对于T音，舌头触及下牙，如下图所示。

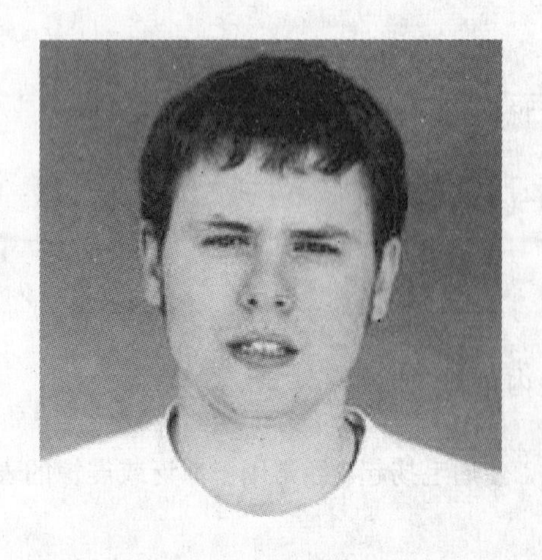

步骤 02 嘴唇的正常位置正确发出M、B和P音，如下图所示，嘴唇既不压紧也不改变本身厚度。这些是简单的嘴形，但每个人讲话都不相同。

步骤03 嘴唇绷紧时呈圆形，有时略前突，发出长长的 [u:] 的音，如下图所示，如单词“crude”、“rude” 或 “food”，下巴略有运动。

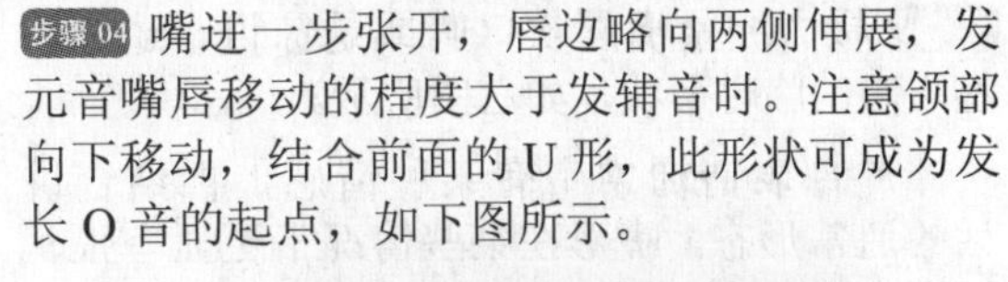

步骤04 嘴进一步张开，唇边略向两侧伸展，发元音嘴唇移动的程度大于发辅音时。注意颌部向下移动，结合前面的U形，此形状可成为发长O音的起点，如下图所示。

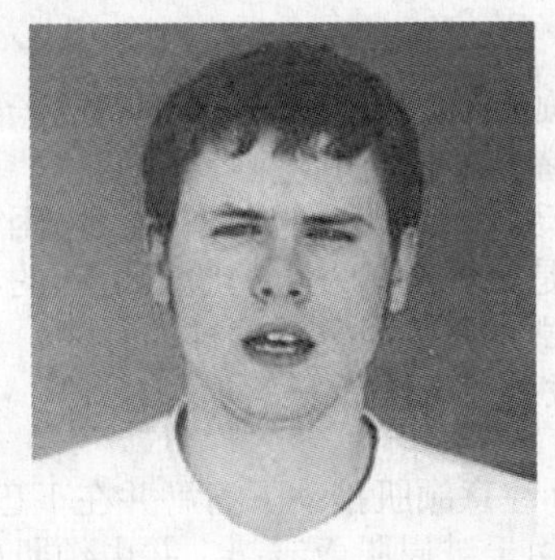

步骤05 为了形象的目的而略有夸张，注意下嘴唇内缩进上齿。在正常语速下嘴唇和牙齿快速接触，很少内缩，除非以愤怒的样子发F音，如下图所示。

步骤06 有点夸张，此嘴形是发“Look”、“Follow”之中L音的形状。注意舌头如何上抬到上齿后面（讲话时通常可见）。颌部运动相当明显，除去舌头嘴形就成了变调的长O音，如下图所示。

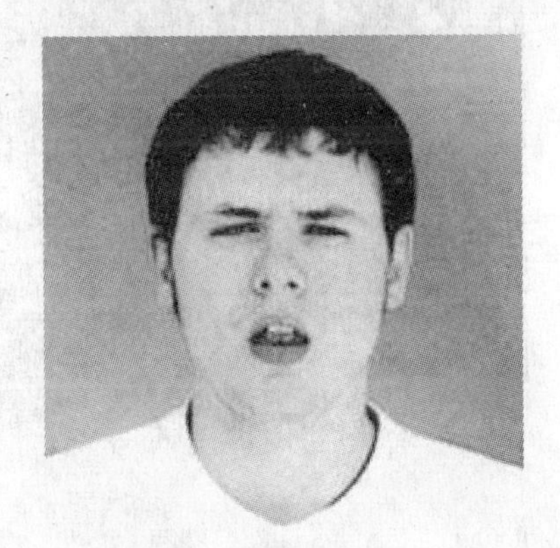

步骤07 发出如“That”或“They”中的TH的发音，舌头略向两齿间突出或刚刚擦到牙齿。这在正常交谈的多数情况下不太注意，如下图所示。

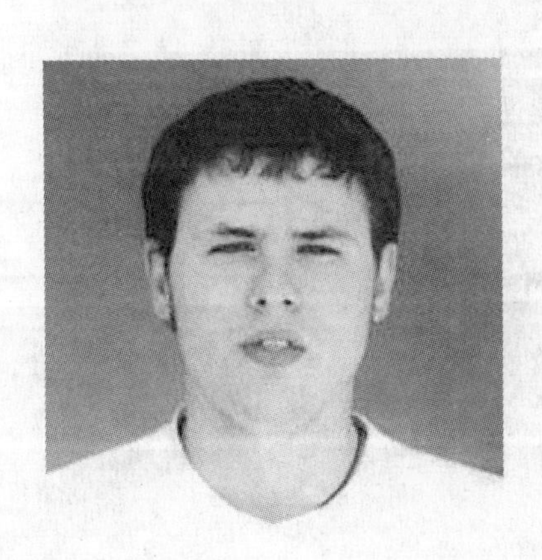

步骤08 这个声音经常出现在如“Show”、“Shut”单词中。两齿相碰并且嘴唇略微卷曲。同样地，在大多数讲话情况下不易注意，如下图所示。

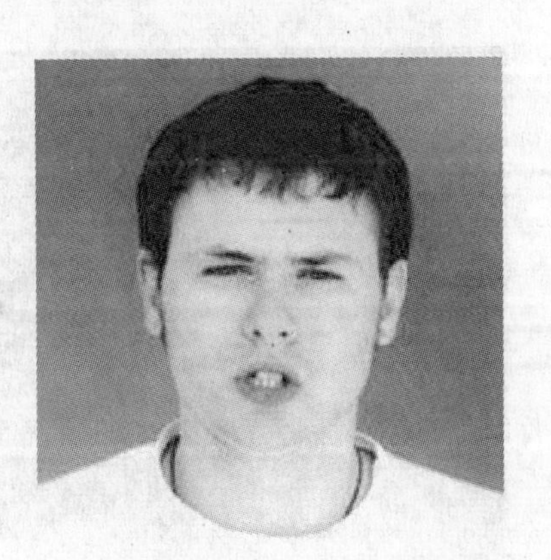

步骤 09 极力绷紧嘴唇吹口哨或是惊讶、遗憾、恳求时的临时形状，如右图所示。

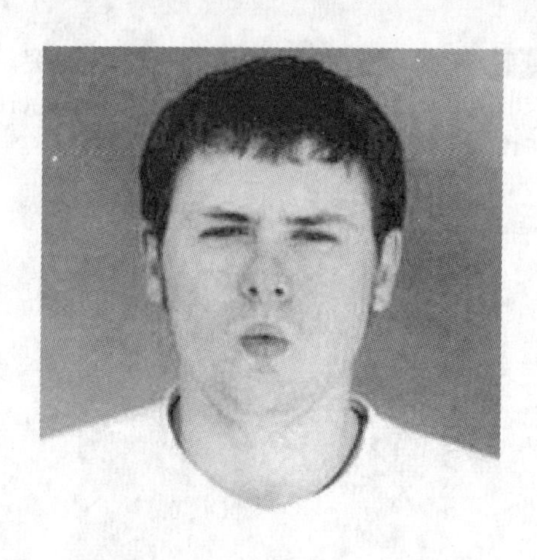

脸部表情通常带有某种情感，再结合讲话的通常形态，嘴形在某些情况下更显夸张、极端。

如果你注意观察一张愤怒的脸，能很容易见到嘴形在愤怒和咆哮时的变化，而要结合说话的动画，此表情的制作是相当困难的，这类情感是某种突然发生的脸部运动的极端形态。如果剧本要求角色有这样的行为，应该确保预先计划并相应建立关键模型。

步骤 10 注意颌肌推动下嘴唇并在下巴形成肉峰，额头由于皱眉肌而皱起，并由额肌引起皱纹，形成悲伤表情的眼睛和嘴角被三角肌下拉，如下图所示。

步骤 11 牙齿相互靠近，眉毛松弛，眼睛由于脸颊肌肉的挤压微微向上斜视，嘴角由颧骨肌向后往耳朵的方向拉动，脸颊显得丰满并且改变形状，这是微笑的表情，如下图所示。

步骤 12 颌部下移使眼睛放宽，这是大笑或某些其他情感反应包括讲话在内的前奏，如下图所示。

步骤 13 注意皱起的眉头，上唇微微以冷笑之势上拉，上唇提肌极力拉动使外鼻区域向上，下唇有颌肌向上方推动，这是厌恶或轻蔑的表情，如下图所示。

步骤 14 如下图所示，这是愤怒时失去控制的一刻，眼睛几乎闭上，颈阔肌剧烈地牵拉嘴角并使颌部向下（注意嘴形成的矩形）。

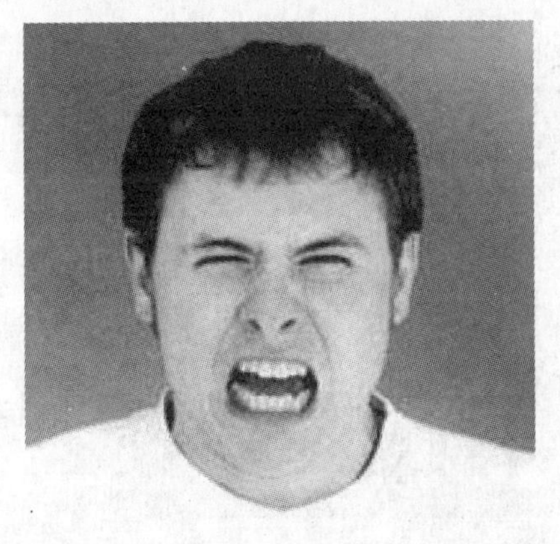

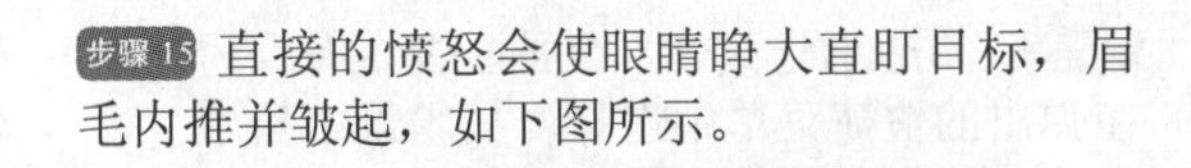

步骤 15 直接的愤怒会使眼睛睁大直盯目标，眉毛内推并皱起，如下图所示。

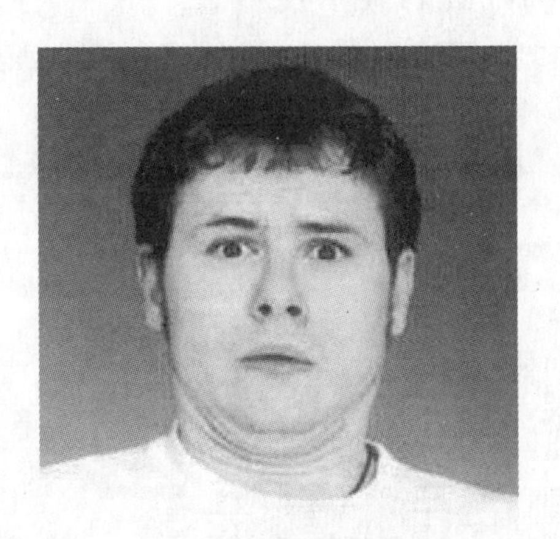

脸部的情感表现是复杂多变的，这里只是一些有代表性的表情。人类表情更全面的参考需要你仔细的观察才能获得。

13.3.5 面部表情控制

步骤 01 打开本书配套光盘 Scenes 目录下的 Mashaface.max 场景文件，如下图所示。人物的右侧有 10 个不同表情的模型，分别代表各种发音和喜怒哀乐的表情。

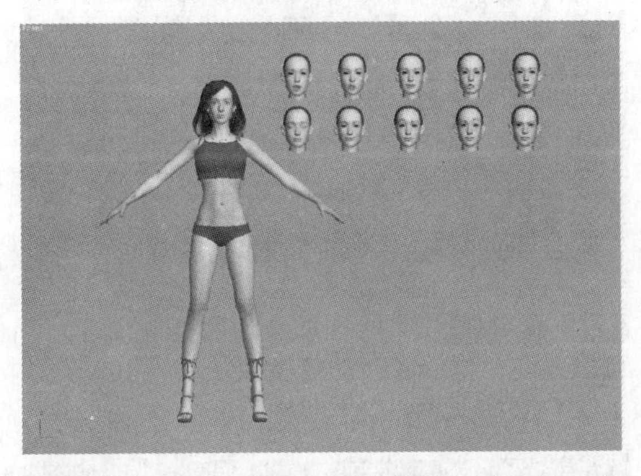

步骤 02 选择 Body1 物体，这是人物的原始表情，如下图所示。

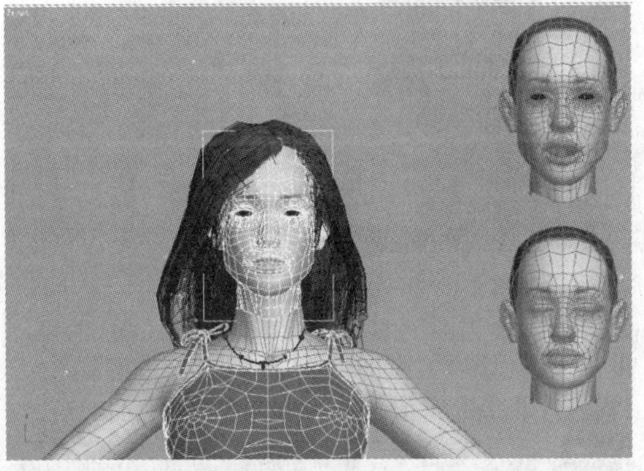

步骤 03 在“修改”面板中给该物体添加“变形器”修改命令，如下图所示。

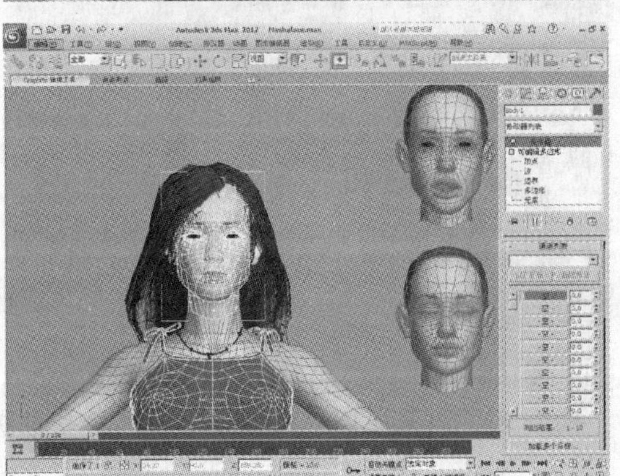

步骤 04 右击“通道列表”卷展栏的“-空-”按钮，在弹出的快捷菜单中选择“从场景中拾取”命令，如下图所示。

步骤 05 选择场景中的一个面部表情模型，比如：模型 A。此时该模型的名称加入到了“-空-”按钮上，产生了第一个变形物体，如下图所示。

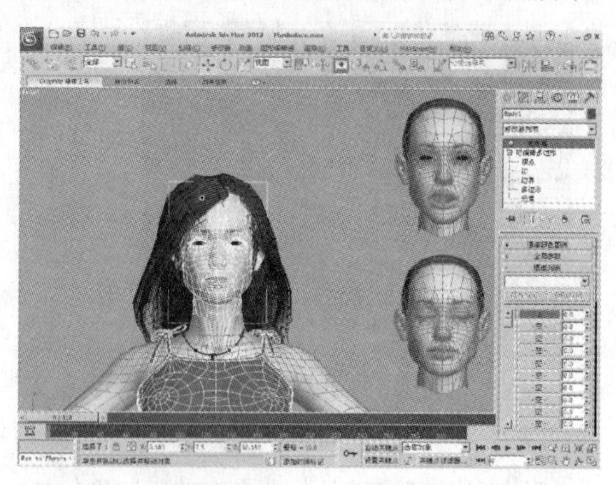

步骤 06 单击 A 按钮旁边的微调按钮，可以发现原始模型的表情开始发生变化，参数从 0 ～ 100 产生了张嘴的变形，如下图所示。

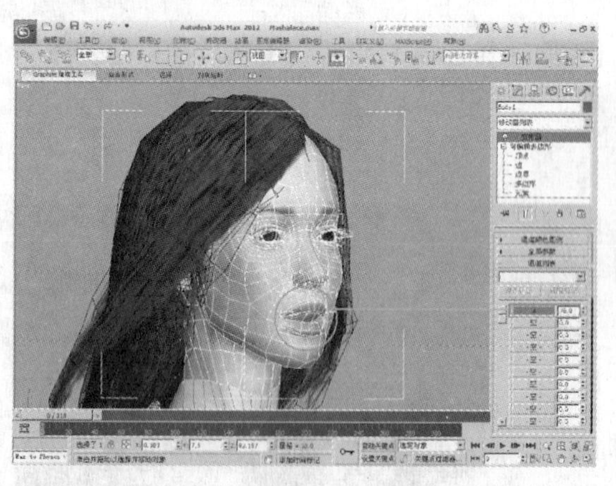

步骤 07 右击 A 按钮下边的“空 ”按钮，在弹出的快捷菜单中选择“从场景中拾取”命令，如下图所示。

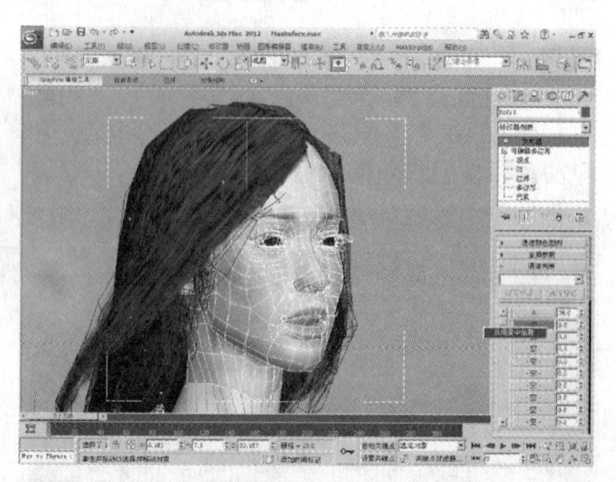

步骤 08 选择另外一个表情模型，如：物体 O。此时该模型的名称加入到了“-空-”按钮上，产生了第二个变形物体，如下图所示。

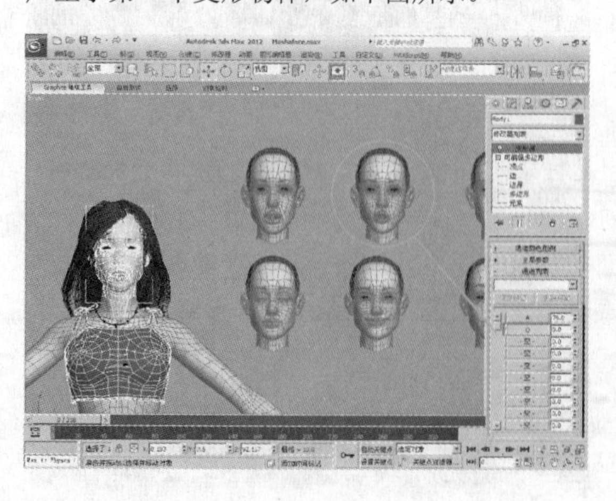

步骤 09 拖动 O 按钮旁边的微调按钮，可以发现模型的表情随着参数从 0 ～ 100 产生了发 O 音的变形，如下图所示。

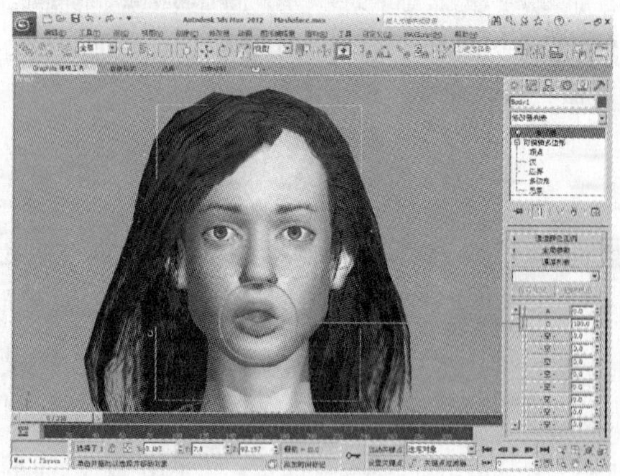

步骤 10 如果想让表情变成物体A和物体O之间的一种表情，可以将两个按钮的参数进行混合调整，如下图所示。这就是我们所介绍的面部表情的制作方法。

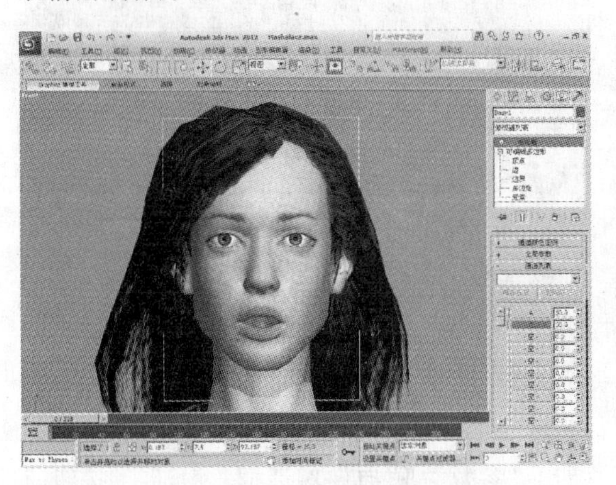

步骤 11 继续将所有的表情模型加入到剩下的“空 ”按钮上，产生不同的表情控制按钮，如下图所示。

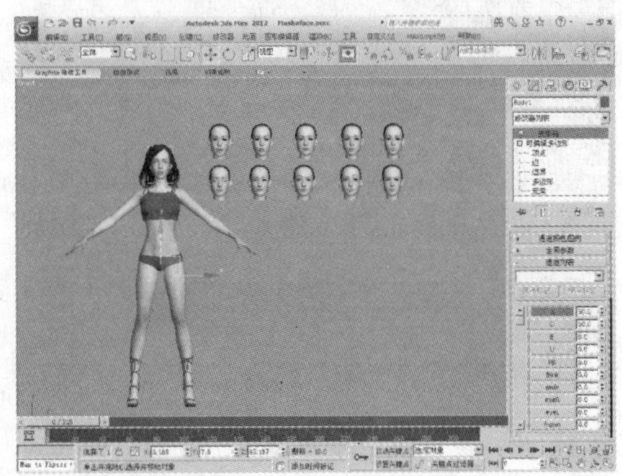

13.3.6 使用导线操纵器

步骤 01 在“创建”面板中，单击“辅助对象”按钮，选择“操纵器”类型，单击“滑块”按钮，在前视图中创建一根导线物体，如下图所示。我们将使用这根导线物体来驱动控制面部表情的参数。

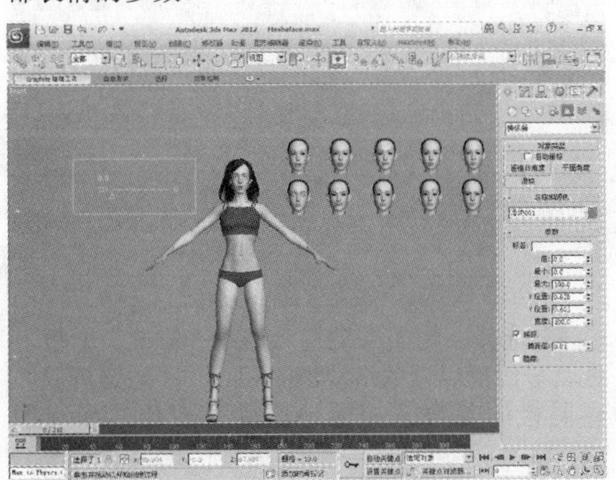

步骤 02 在“修改”面板中设置“标签”的名称为A，这与刚才设置的A物体的名称吻合，现在要用这根导线来控制A物体的参数变化，如下图所示。

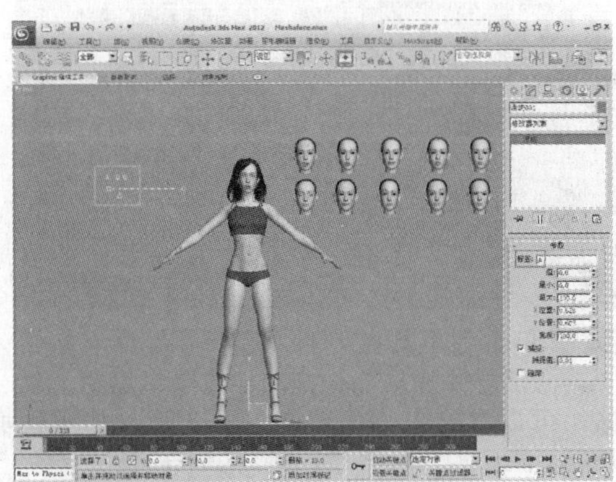

步骤 03 右击鼠标，在弹出的快捷菜单中选择“关联参数...”命令，如右图所示。

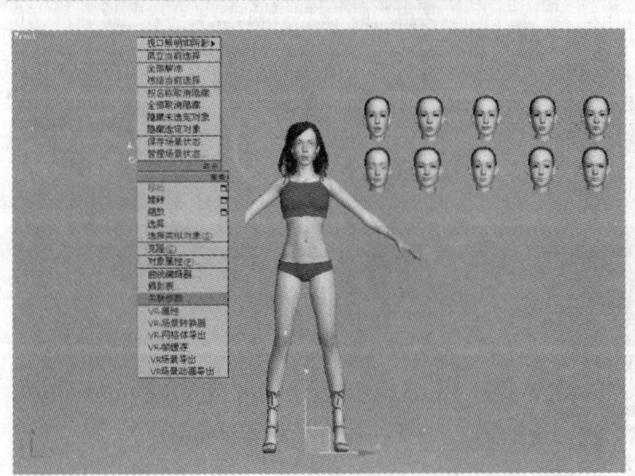

步骤 04 此时弹出了另一个快捷菜单，选择“对象（滑块）”→“Value”命令，这是参数值的选择，如下图所示。

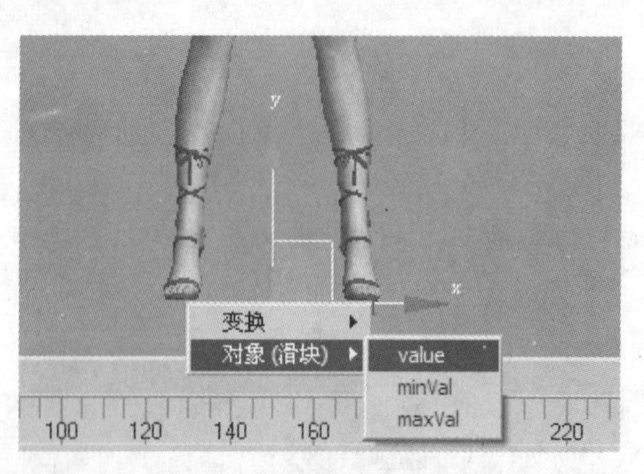

步骤 06 此时再次弹出快捷菜单，选择“修改对象”→“变形器”命令，然后选择“变形器”下面的一系列控制参数之一，这次要控制 A 物体，所以选择“[1]A(可用目标)”命令，如下图所示。

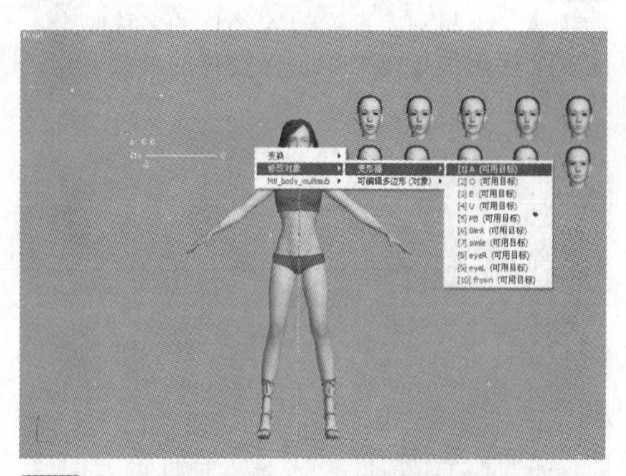

步骤 08 单击主工具栏中的“选择并操作”按钮，激活导线操纵器，拖动导线操纵器的滑块，可以看到人物面部产生了变形，如下图所示。

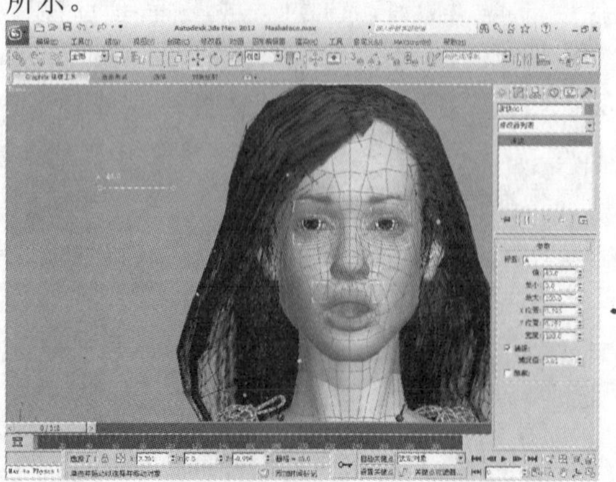

步骤 05 此时弹出了一条虚线，用这条虚线连接到面部表情模型上，单击鼠标，如下图所示。

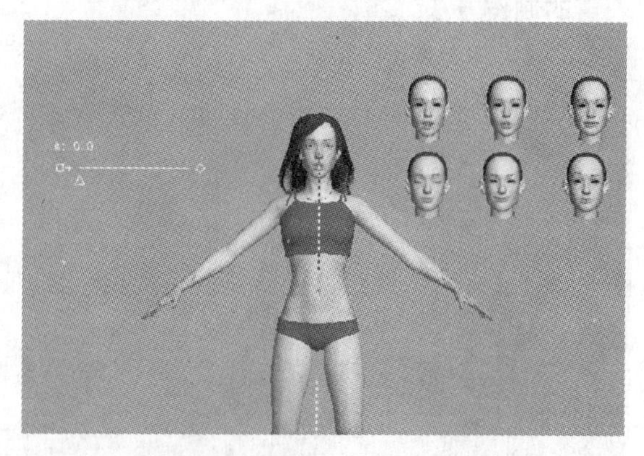

步骤 07 选择“[1]A(可用目标)”选项后，系统弹出“参数关联 #1”对话框，激活<-->按钮，然后单击“连接”按钮，如下图所示。

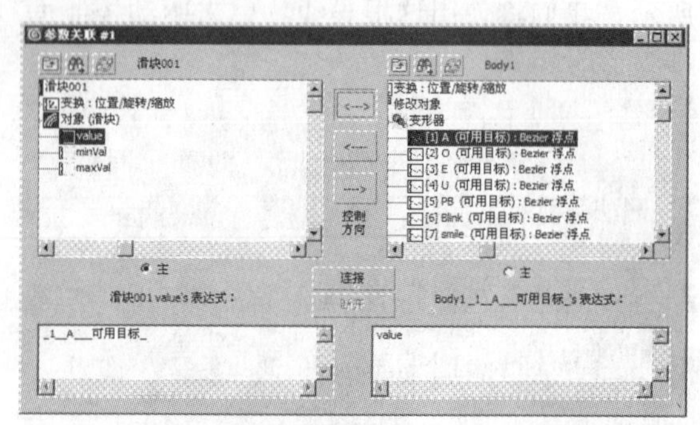

步骤 09 选择人物面部模型，进入“修改”面板，拖动导线操纵器的滑块的同时，“通道列表”卷展栏的参数也相应地产生了变化，如下图所示。

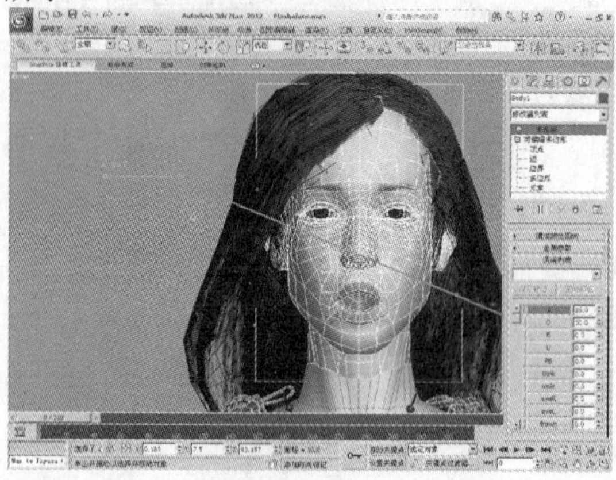

步骤10 在“修改”面板中将“最大”值设置为10，拖动导线操纵器的滑块，可以看到参数在这里受到了限制，这就是参数的控制方法，如下图所示。

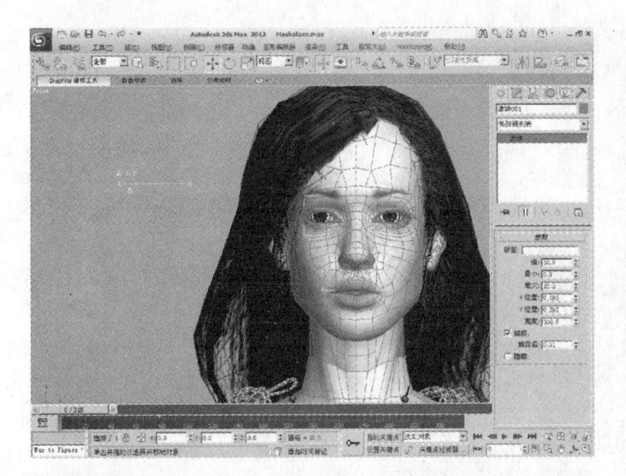

步骤11 继续制作其他的导线操纵器，直到面部所有参数都可以用导线操纵器来控制，如下图所示。

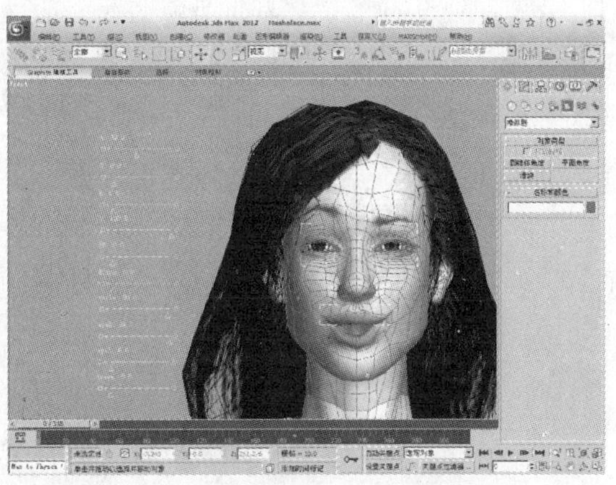

步骤12 我们可以用这组参数来制作建模时难度比较大的面部表情，如下图所示。

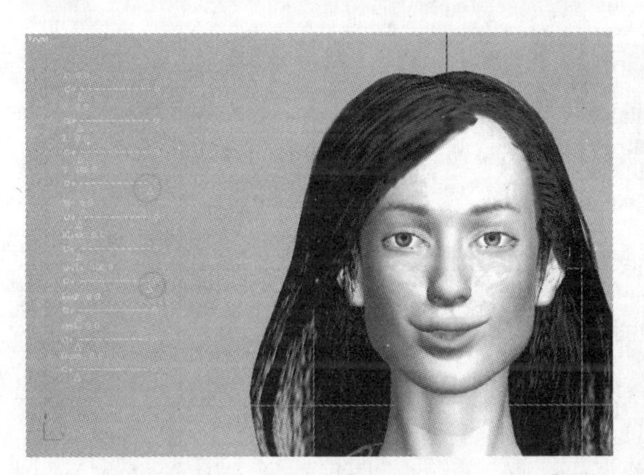

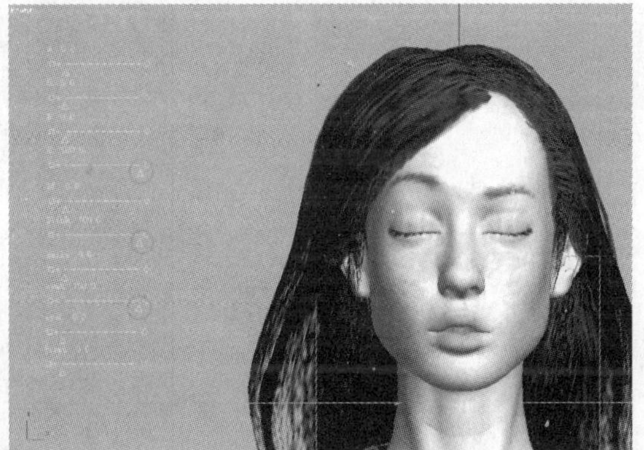